JN231693

現場で役立つ
広告&PRムービー
制作大全

After Effects
パーフェクト教本

電報児タムラ［著］

After Effects
Perfect Tutorial Book
To Create Movies About
Advertising & PR

技術評論社

【免責】

- 本書に記載された内容は、情報の提供のみを目的としています。したがって、本書を用いた運用は、必ずお客様自身の責任と判断によって行ってください。これらの情報の運用の結果、障害が発生しても、技術評論社および著者はいかなる責任も負いません。
- 本書ではAfter Effectsのインストール方法や操作に関するトラブルシューティングは行っておりませんので、あらかじめご了承ください。プラグインのダウンロードにはユーザー登録が必要なものがあります。プラグインのインストールについても、必ずお客様自身の責任と判断によって行ってください。また、紹介しているプラグインについては、配布が打ち切られるなどのケースがあります。あらかじめ、ご承知おきください。
- 本書記載の情報は、2019年3月現在のものを掲載しております。ご利用時には、変更されている可能性があります。また、OSやソフトウェアに関する記述は、特に断りのない限り、2019年3月現在での最新バージョンをもとにしています。OSやソフトウェアはバージョンアップされる場合があり、本書での説明とは機能内容や画面図などが異なってしまうこともあり得ます。本書ご購入の前に、必ずバージョン番号をご確認ください。
- 本書で使用するサンプルファイルには、After Effects CC 2018用のプロジェクトデータも収録されていますが、本書はAfter Effects CC 2019をベースとして作成しております。前バージョンご使用による不具合、解説の相違などについては、お客様自身の責任と判断によってご対応ください。本書では、After Effects CC 2018で作成された画面が一部使用されていますが、学習していくうえでの支障はありません。
- 解説にあたってはmacOS版の画面を基本的に掲載しています。また、エクスプレッションの記述において紙面では一部全角文字を使用しています。電子書籍（PDFなど）から、エクスプレッションをコピーしてそのまま利用されることは、本書では想定しておりません。

以上の注意事項をご承諾いただいた上で、本書をご利用願います。これらの注意事項に関わる理由に基づく、返金、返本を含む、あらゆる対処を、技術評論社および著者は行いません。あらかじめ、ご承知おきください。

【動作環境】

本書は、Adobe Creative Cloud版のAfter Effects CC 2019を対象にしています。その他のAfter Effectsのバージョンでは、一部利用できない機能や操作方法が異なる場合があります。また、本書で紹介しているPremiere Pro CC、Photoshop CCも同様に、Adobe Creative Cloud版を利用しています。
また、お使いのパソコン特有の環境によっては、本書の操作が行えない可能性があります。本書の動作は、一般的なパソコンの動作環境において、正しく動作することを確認しています。
動作環境に関する上記の内容を理由とした返本、交換、返金には応じられませんので、あらかじめご注意ください。

はじめに

本書を閲覧いただき、ありがとうございます。

私が初めてAfter Effectsの書籍を書いたのは20年前になります。今は昔と違い、テレビ放送以外でもWeb動画、デジタルサイネージを含め、街のいろいろなところで動画を見かけるようになりました。After Effectsを学ばれているクリエイターも格段に増え、学校などでは、動画制作分野にとどまらず、アニメやゲーム制作、スマートフォンアプリのデザイン開発などにも、After Effectsは幅広く使われています。

本書の主な特徴は、動画を作品としてまとめ上げるために、各テクニックをチュートリアル形式で解説していることです。過去に私が経験したさまざまな実例から100以上におよぶ課題を提示して、皆さんが必要とするテクニックを網羅しています。

After Effectsの基本機能以外にも、実際の作品づくりに向けたプロのテクニックを知りたい、さまざまな魅せ方のテクニックを身に付けたいという方には、最適な書籍に仕上げることができたのではないかと自負しています。

なお、操作がわかりにくい部分については、YouTube解説動画で補足しています。適宜QRコードを掲載しているので、アクセスして理解を深めてください。さらに、After Effects画面内でのレイヤー解説など、さまざまな新しい試みを実践しており、書籍の発売後も追加コンテンツとしてアップデートしていく予定です。私が動画制作で培ってきたノウハウが皆さんのお役に立てることを願ってやみません。

電報児タムラ

◎サンプルファイルについて

本書の解説に使用している「サンプルファイル」（プロジェクトファイル、動画、静止画、音声など素材ファイルを含む）は、本書付属のDVDに収録されています。ご使用のパソコン環境に合わせ、ハードディスクなどにコピーした上でご利用ください。また、サンプルファイルは、下記のページよりダウンロードすることができます。DVDドライブが使用できない環境の方はご利用ください。

https://gihyo.jp/book/2019/978-4-297-10479-5/support

ダウンロードを行う際には、IDとパスワードが必要になります。IDとパスワードが記載された紙がDVDのパッケージ内に同梱されていますのでご確認ください（再発行はできませんので、失くさないよう保管してください）。

上記URLにアクセスすると、以下のような画面が表示されます。サンプルファイルは、Windowsユーザ用とMacユーザ用とに分かれていますので、ご使用の環境にあったファイルをダウンロードしてください。ダウンロード用のファイルは、本書で使用する素材をすべてをまとめた「1_4_all」＜chap01_04.ZIP＞と、CHAPTERごとにまとめたものに分かれています。ご都合のよい方法でダウンロードしてください。ファイルはすべて圧縮（ZIP）されていますので、ダウンロード後は展開してご使用ください。

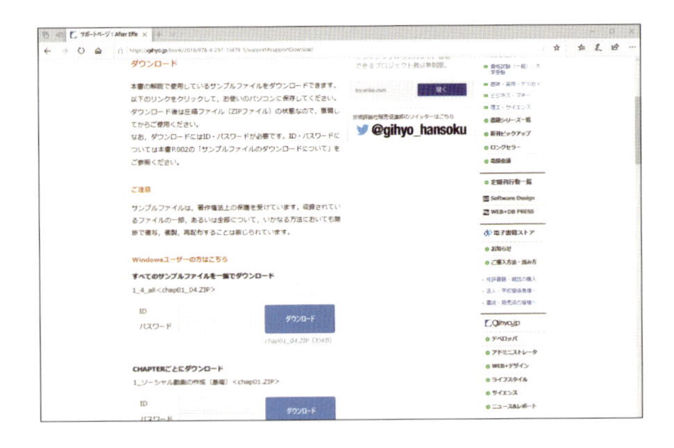

【Windowsの場合】
「Windowsユーザーの方はこちら」以下に、各ファイルのダウンロードボタンがありますので、IDとパスワードを入力し、ご希望のファイルをダウンロードしてください。ダウンロードボタンを押し、＜名前を付けて保存＞をクリックし、表示される画面で保存先を選択して、ダウンロードを行います。

Windowsユーザーの方はこちら
すべてのサンプルファイルを一括でダウンロード
1_4_all<chap01_04.ZIP>
ID DENPO-ZI
パスワード ●●●●●●●●●
ダウンロード
chap01_04.ZIP（33KB）

【Macの場合】
「Macユーザーの方はこちら」以下に、各ファイルのダウンロードボタンがあります。Windowsの場合と同様、ダウンロードページにアクセスしたらリンクをクリックします。IDとパスワードを入力し、ご希望のファイルをダウンロードしてください。ファイルは、ダウンロードフォルダに保存されます。

ダウンロードを実行し、圧縮ファイルを展開すると、以下のフォルダが確認できます（内容はDVDと同様です）。

フォルダ	日付
1_ソーシャル動画の作成（基礎）	2019年4月1日 0:00
2_1_文字の演出	2019年4月1日 0:00
2_2_モーション	2019年4月1日 0:00
2_3_反射と影	2019年4月1日 0:00
2_4_背景	2019年4月1日 0:00
2_5_場面転換とスライドショー	2019年4月1日 0:00
2_6_光	2019年4月1日 0:00
2_7_誘導の演出	2019年4月1日 0:00
3_ソーシャル動画の作成（応用）	2019年4月1日 0:00
4_Premiere Proとの連携	2019年4月1日 0:00
付録	2019年4月1日 0:00

ファイル名の先頭はCHAPTER番号になっています。たとえば「CHAPTER01　ソーシャル動画の作成（基礎編）」で使用するのは、「1_ソーシャル動画の作成（基礎）」フォルダ、「CHAPTER02　ソーシャル動画の演出」で使用するのは「2_1_文字の演出」～「2_7_誘導の演出」フォルダまでになります。CHAPTER02は複数のジャンルから成り立っているため、1～7までに分かれています。
例として「1_ソーシャル動画の作成（基礎）」フォルダを開くと、以下の図のようなファイル構成になっています。

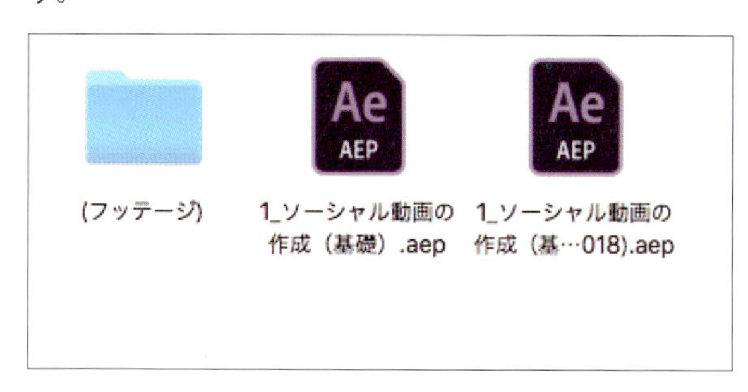

「1_ソーシャル動画の作成（基礎）.aep」がAfter Effectsのプロジェクトファイルと呼ばれるもので、本書で使用していくメインのファイルになります。同名のファイルで末尾に（CC2018）と付いたファイルがありますが、こちらはAfter Effects CCの2018版に対応したものです。どうしてもCC2019の環境が用意できない場合のみご使用ください。「フッテージ」というフォルダには各種素材が収録されています。詳しくは本書のP.038をご参照ください。
各フォルダ内の構成はそれぞれ異なっていますが、本書内の解説に従い、使用するファイルを確認してください。
また、「付録」というフォルダがありますが、こちらには、本書では収まりきらなかった素材が収録されています。こちらについては今後動画解説などでもサポートしていく予定です。以下のサイトから筆者のメーリングリストに登録することで、本書のサポート情報や最新の動画に関する案内を受け取ることができます。
https://www.denpo.com/
余裕のある方はぜひチャレンジしてみてください。

CONTENTS

CHAPTER 0 INTRODUCTION ——After Effectsをはじめる前に

CHAPTER 1 ソーシャル動画の作成(基礎編) ——After Effectsで商品PR動画を作成してみよう

CHAPTER 2 ソーシャル動画の演出

2-1 文字の演出

2-2 モーション＆エクスプレッション

CHAPTER 3 ソーシャル動画の作成(応用編)

CHAPTER 4 Premiere Proとの連携

付録

CHAPTER

0

INTRODUCTION

——After Effectsをはじめる前に

01 本書の構成

本書では、皆さんが一度は目にしたことがあるであろう動画演出を取り入れ、After Effects ならではの作り方を解説している。ここではその概要を紹介しよう。

あらゆるところで目にするソーシャル動画

最近では、テレビ以外でも Web や YouTube 含め、電車広告、街角でのデジタルサイネージ（パネル状の電子広告）など、広告動画を見かける機会が多くなってきた。また、スマートフォンやタブレットが浸透したせいもあり、“持ち歩けるデバイス”をターゲットにした、お手軽に見られる動画も普及してきたように感じる。

▲電車内の動画広告

▲スマートフォンで流れる広告

▲デジタルサイネージ

After Effectsのスキルと経験値をステップアップで高めていく

本書では、After Effects を使って、前述したようなソーシャル動画がどのように作られているのかを解説している。本書は大きく 4 章（CHAPTER）で構成され、わかりやすく図にすると下のようになる。
最初は盗賊退治から始まり、CHAPTER を追うごとにダンジョン、ボス戦、お姫様救出へと進んでいき、旅（学習）を続けることで、皆さんの After Effects の経験値とスキルポイントがアップしていくという仕組みで構成されている。

◀途中で挫折したり、諦めたりした場合には、ゲームーオーバーとなるが、コンティニューは無限である。エンディングまではかなり長い道のりだが、最後まで諦めずに冒険をクリアしてもらいたい

CHAPTER 1　ソーシャル動画の作成（基礎編）

CHAPTER 1 では After Effects を使用した動画の基礎的な解説も含め、実際のプロダクトを使用して、タイトル作りの基本から全体構成を解説している。

●商品PR動画を通じた全体構成の把握

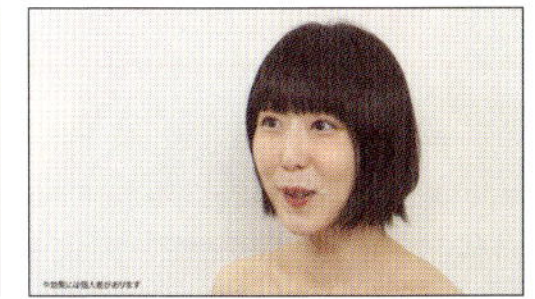

CHAPTER 2　ソーシャル動画の演出

CHAPTER 2 では、動画制作に役立つ文字やグラフ、ボタンの作り方をはじめ、アニメーション、反射、背景、光、場面転換とスライドショーなどの作り方を豊富に解説している。

●2-1　文字の演出

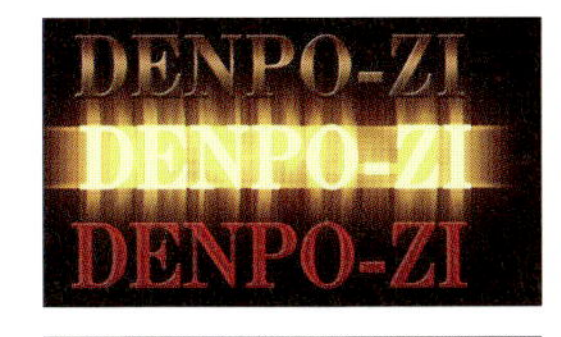

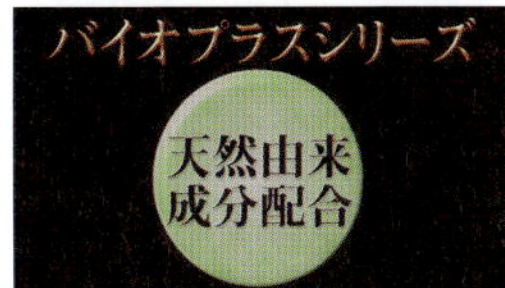

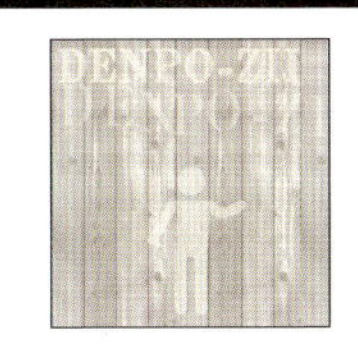

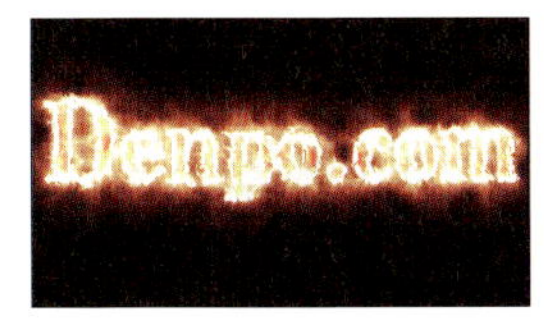

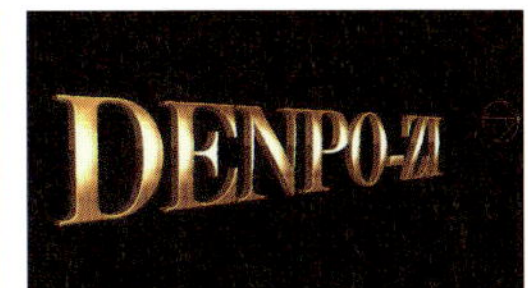

●2-2　モーション&エクスプレッション

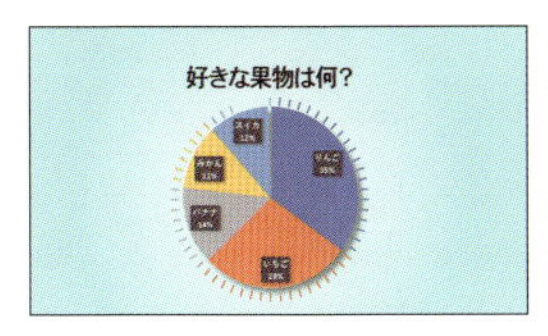

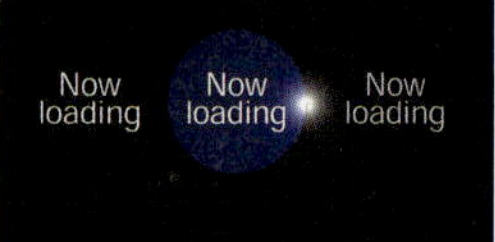
Now
loading
Now
loading
Now
loading

Now
loading
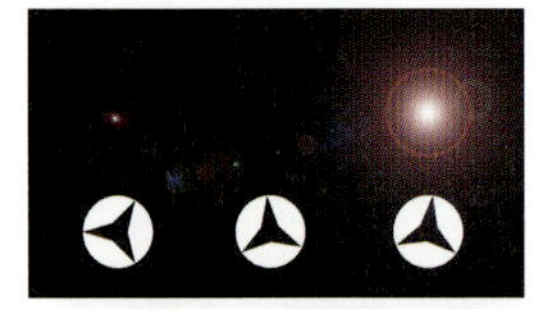
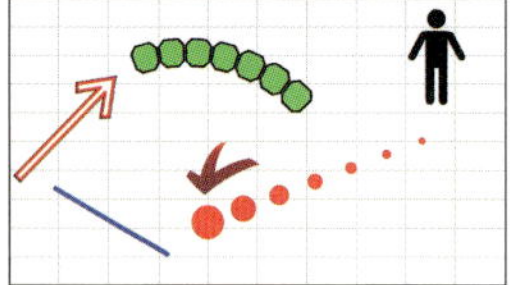
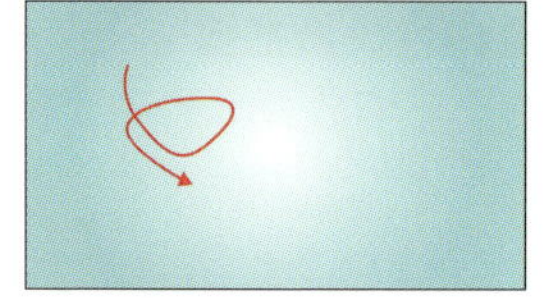
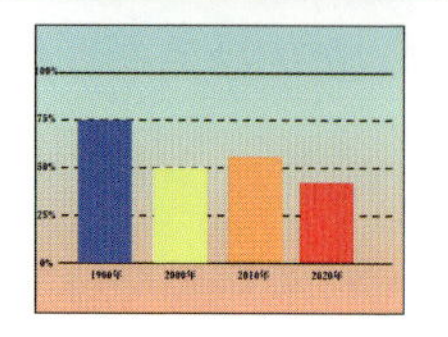
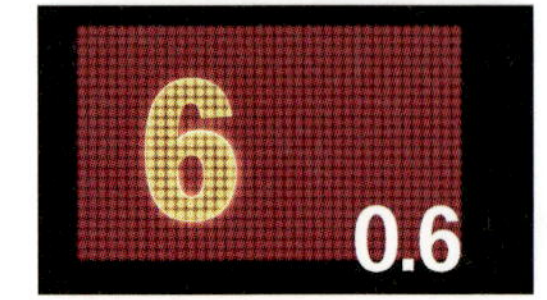
6
0.6

34
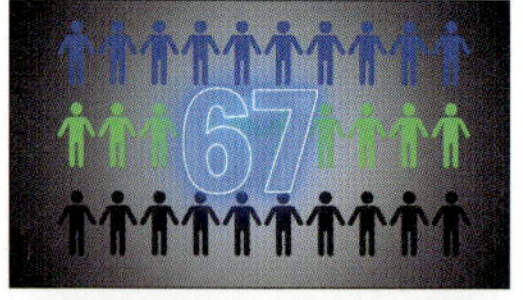
67
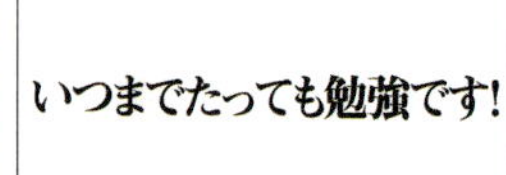
いつまでたっても勉強です!

お手軽
簡単レシピ

お手軽
簡単レシピ
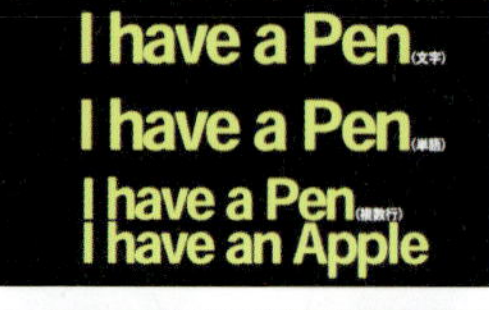
I have a Pen(文字)
I have a Pen(単語)
I have a Pen(複数行)
I have an Apple
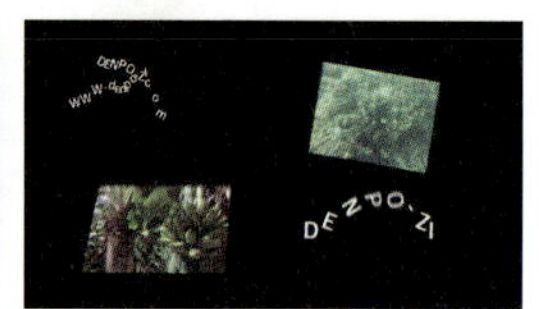

DENPO-ZI

DENPO-ZI
www.denpo.com
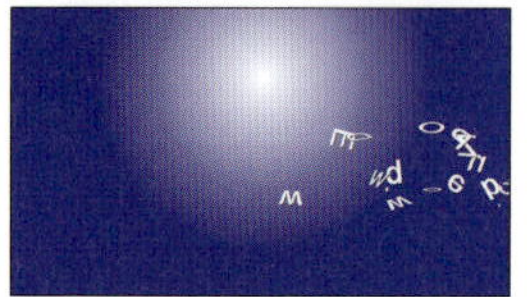

●2-3　反射と影

DENPO-ZI
DENPO-ZI
DENPO-ZI

DENPO-ZI

DENPO-ZI

●2-4　背景

洗ったあとの
爽快感がいい
頭皮の脂を
落としてくれる
髪がしっとりして
べたつかない

Foods
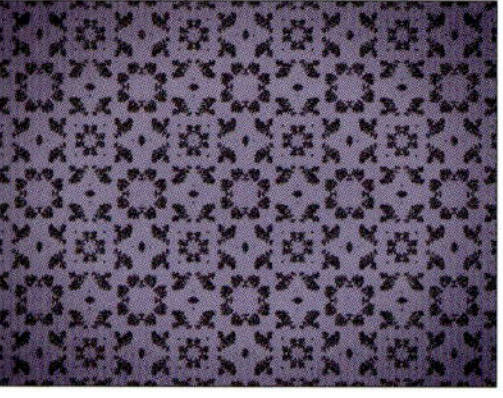

#コーデをしてみよう

●2-5　場面転換とスライドショー

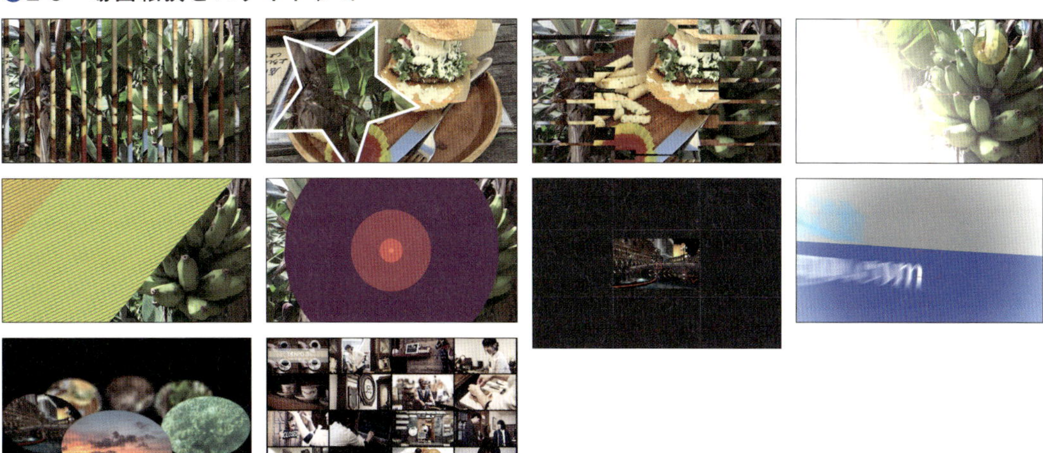

●2-6　光

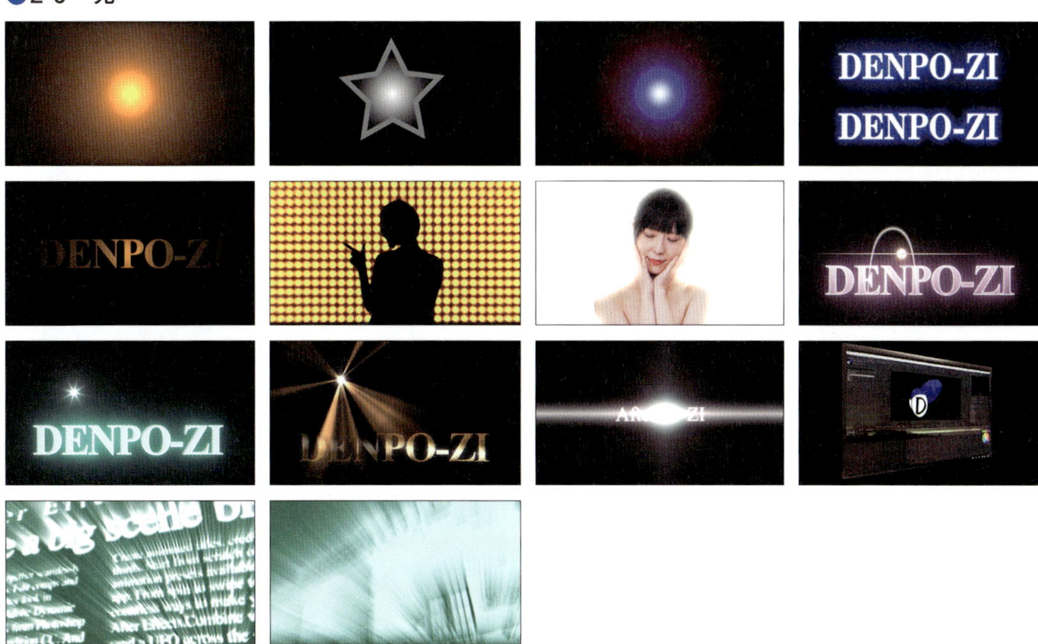

●2-7　誘導の演出

CHAPTER 3　ソーシャル動画の作成（応用編）

CHAPTER 3 では情報サービス動画の作り方を通じ、部品と土台による応用的な After Effects のテクニックを解説している。

●応用テクニック

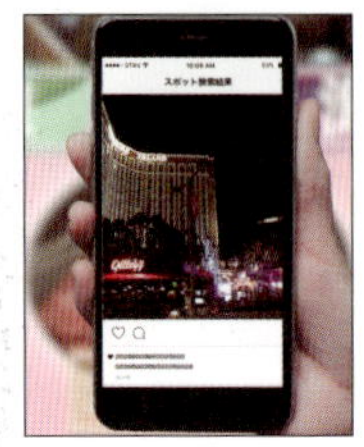

CHAPTER 4　Premiere Proとの連携

CHAPTER 4 では、エッセンシャルグラフィックスを使用した Premiere Pro と After Effects の連携機能を利用して、タイトル作りやモーションテンプレート作りを解説している。

●連携テクニック

本書全体の概要を理解していただいたら、いよいよ次ページから読み進めていただきたい。本 INTRODUCTION は、以下 4 つのセクションで構成されている。

●動画制作における重要ポイント
●編集機材とソフトウェアの準備
●After Effectsのインストールと準備
●本書における効果的な学習法

基礎的なことも含まれているので、読み飛ばしたいと考える読者もいるかもしれない。しかし、途中でつまずかないためのとても重要な内容を記載しているので、ぜひとも目をとおしていただきたい。

02 動画制作における重要ポイント

ソーシャル動画を制作する上で「素材」は大事な要素の1つだ。主な素材は動画と静止画になるが、ここでは、この2つについて解説しておこう。

動画と静止画を活用する

素材の作成や撮影などの環境面を考えて、ソーシャル動画制作に尻込みしてしまうユーザーもいると思うが、今回本書で使用している静止画／動画は、スマートフォンやデジタル一眼などで撮影されている。
動画は連続のフレームで構成されており、静止画とはいくつかの違いがあるが、難しく考えることはない。また、静止画の切り抜きなども無料のスマートフォンアプリやPhotoshopなどを使用しており、とくに特別な機材は使用していない。つまり本書のチュートリアル程度であれば、皆さんの環境で撮影や加工を行い、After Effectsでソーシャル動画を制作することが問題なくできるのだ。

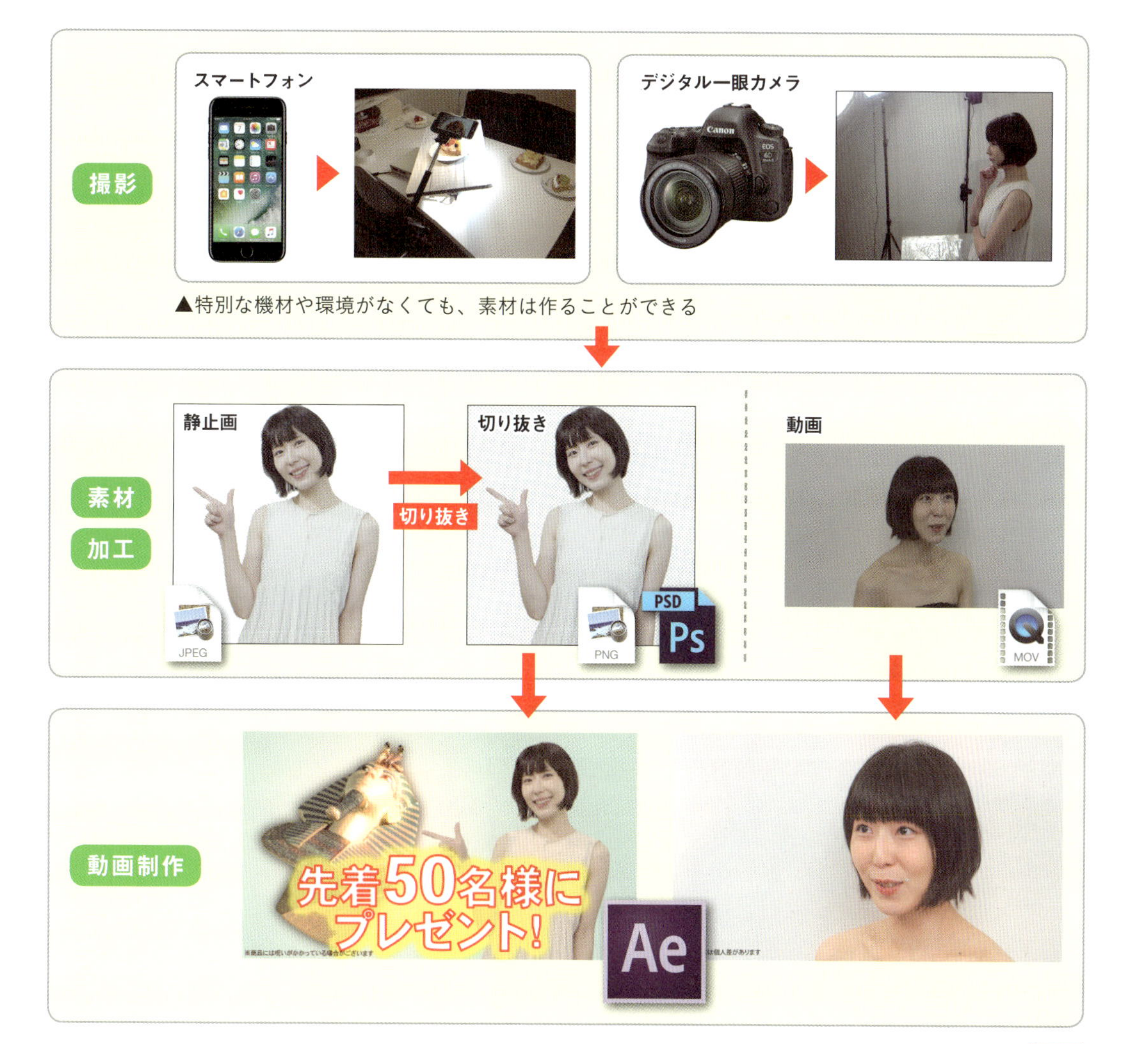

▲特別な機材や環境がなくても、素材は作ることができる

静止画と動画の違い

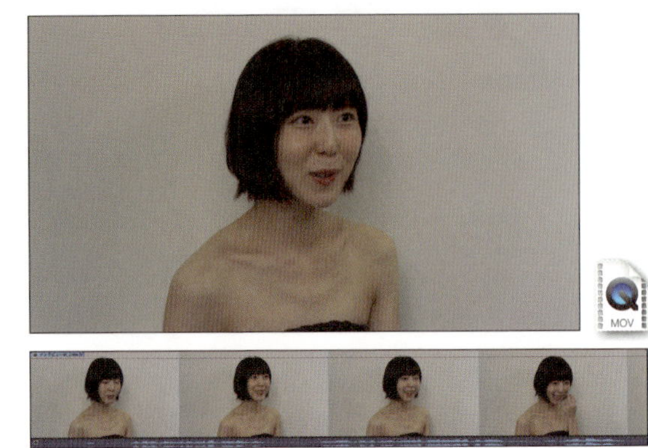

静止画

- 1 フレームのみ
- 高画質データ（RAW など）
- サウンドデータなし
- 高解像度
  スマートフォン（4032 × 3024px）
  デジタル一眼（8256 × 5504px）

動画

- 1 秒間に 30 枚の連続フレーム（1 秒＝ 30 フレームの設定の場合）
- サウンドデータあり
- タイムコードデータあり
- ビデオ解像度 HD（1920 × 1080px）
  4K（3840 × 2160px）

▲静止画と動画の違いも難しく考える必要はない

タイムコードを理解する

普段静止画を扱うフォトグラファーやデザイナーが、「動画」で難かしく感じるポイントは、「時間」という概念である。写真やプロダクトを動かすときの動画の基準となっている「タイムコード」と呼ばれる時間の概念を理解することが動画制作の理解を早めていくポイントだ。本書ではタイムコードをわかりやすく解説していくため、ページの端にパラパラ漫画のようにタイムコードを記載しているので、ぜひページをパラパラさせて時間の感覚を掴んでもらいたい（11 ページよりスタート）。0;00;00;01

本書で解説する動画では、日頃皆さんが見ているテレビや YouTube などでお馴染みの 1 秒間＝ 30 フレーム（29.97 フレーム）をベースに解説をしている。

解説では 1 秒地点と表記されたタイムコード表記を省略して、＜ 01:00f ＞と記載しており、2 秒 15 フレーム地点は＜ 02:15f ＞の記載となる。はじめは馴染めないかもしれないが、動画作成をする上で重要な項目なので慣れてほしい。

0;00;00;00
00000 (29.97 fps)

◀タイムコードは左から 0（時数）;00（分数）;00（秒数）;00（フレーム数）となっている。1;03;42;15 では、1 時間 3 分 42 秒 15 フレームで表記される

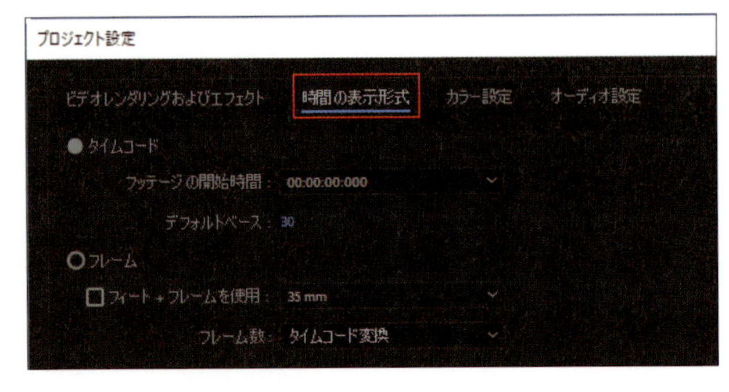

◀表記がタイムコードになっていない場合は（フレーム形式の表示になっている場合）、＜ファイル＞メニュー→＜プロジェクト設定＞をクリックして表示されるプロジェクト設定画面の＜時間の表示形式＞タブから変更することができる。また、タイムコードを command キー（Windows では Alt キー）を押しながらクリックすることでも変更することができる

03 編集機材とソフトウェアの準備

ここでは、After Effects というソフトウェアの特徴と、それを動かすパソコンの要件について解説する。

After Effectsとは?

今回使用する Adobe After Effects CC は、動画やアニメ、特殊効果などを作り出せるポピュラーな動画制作ソフトウェアである。Premiere Pro、Photoshop、Illustrator などと同じ Adobe の Creative Cloud コンプリートプランに加入している方であれば、一度は目にしたことはあるだろう。

After Effects を簡単に説明すると、「動く Photoshop」と考えていただくとわかりやすい。Photoshop が手の込んだ静止画加工を得意とするならば、手の込んだ動画加工は After Effects を使うとイメージである。ただ実際に After Effects を使用してみると、高いマシンスペックが要求されたり、長尺（長い動画）の編集・加工は苦手だったりするケースはある。しかし、Premiere Pro や Photoshop、Illustrator と一緒にうまく使用すれば、長所を発揮してパフォーマンスのよい動画編集を行うことができる。本書でも Premiere Pro ／ Photoshop との連携や機能での類似点も解説しているので、それらのソフトウェアを使ったことのないユーザーでもその勘所は理解していただけるだろう。

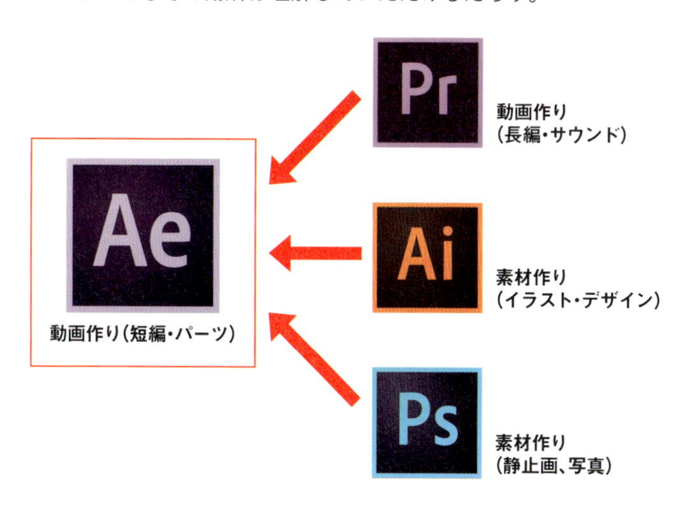

◀「Pr」は Premiere Pro を、「Ai」は Illustrator を、「Ps」は Photoshop を示す。「Ae」である After Effects は、3 つのソフトウェアとうまく連携することで、威力を発揮する

パソコン環境

After Effects は、パソコンの性能が大きく影響するソフトウェアである。通常皆さんがお使いのパソコンは、どの程度のスペックだろうか？　性能がよくないノートパソコンなどを使用して、この書籍に挑戦するのはかなりハードかもしれない。たとえるならば、鎧も盾もなく「木の棍棒」でボス戦に挑むようなものだ。フリーズする、プレビューが行えない、悪魔の声に悩まされる（P.031 参照）などのトラブルに見舞われることがないように、以降の冒険の準備（パソコン環境）を済ませてから、本書にチャレンジしていただきたい。

Adobe 公式の必要システム構成URL | https://helpx.adobe.com/jp/after-effects/system-requirements.html

●CPU

パソコンの頭脳となるCPUは、日進月歩で最新のものが登場している。しかし、現在使っているCPUが最新の動画作りに耐えられるかどうかはわからない。After Effectsでは動画処理に強力なCPUパワーを必要とし、これはほかのAdobe系ソフトウェアの中でも断トツである。もし、10年程前の古いOSを使用しているパソコンを使っているのであれば、間違いなく非力なCPUなので、パソコン自体を新調したほうがよいだろう。

具体的にどのレベルのCPUがよいかは、Web検索（キーワード：ビデオ編集　パソコン）などで調べてもらうと、さまざまなパソコンがヒットするので確認できる。もちろん、限られた予算の中で頭脳部分（CPU）だけを最高級にするよりは、以降で解説するパソコン全体のチューンナップに投資したほうが、総合的なパフォーマンスは上がるので、併せて確認していただきたい。

●メモリ

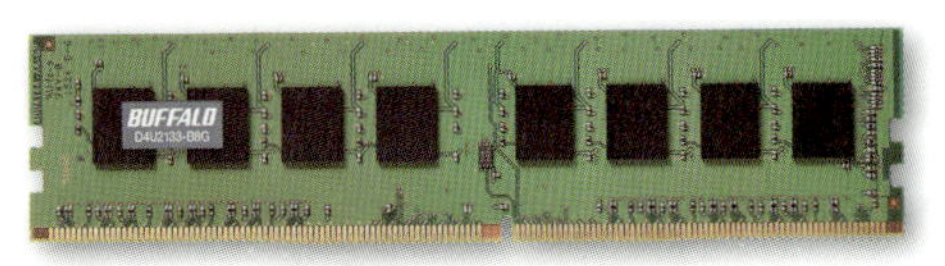

メモリ選択のポイントは容量にある。容量は、机を例にあげるとわかりやすい。狭い机では作業するにあたり、資料などをたくさん置くことができない。広い机のほうが作業がはかどり余裕が生まれる。メモリの容量も机の広さと同じで、大きな容量のほうが作業を快適に行えるというわけだ。

After Effectsでは、動画のプレビューを行うときにRAMからダイレクトにプレビューを行うので、メモリの搭載容量が少ないと狭い机を使うのと同じく、動画を快適に操作することができない。メモリが8GBと16GBの搭載パソコンを比べた場合、プレビューの長さに2倍の差が生じてしまう。また、高解像度の静止画を動かす場合やプラグインなどを使用する場合にも、メモリ搭載量が少ないと、フリーズしたり、クラッシュしたりする原因にもつながってしまう。さらに、Premiere ProやPhotoshopなど、ほかのソフトウェアを同時に動かす場合は、それらのソフトウェアもメモリを使用することから、メモリはできるだけ大きな容量を持つものを選んだほうがよいのだ。本書では16G以上のメモリ搭載を推奨する。

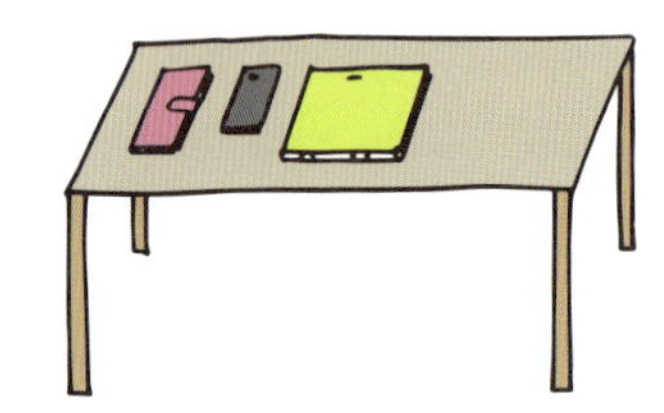

●GPU

CPUばかりに気を取られてはいけない。実はこちらのGPU（Graphics Processing Unit）のほうが重要な要素と言える。俗に言うビデオカードである。

ビデオカードには、本格業務用、ゲーム仕様などさまざまなものがあるが、高機能なビデオカードを装着することで、After Effectsの動作が劇的にスピードアップする。もしあなたの趣味がシューティングゲーム（FPS）だったらそれは運がよい。すでにAfter Effectsを快適に動作させるビデオカードがパソコンに搭載されているかもしれないからだ。

なかにはパソコン1台分ほどの値段のする高級ビデオカードも発売されているが、筆者の考えでは、一番投資したいデバイスと言える。P.019で示した「Adobe公式のシステム構成」のページ後半でも公式にサポートされているビデオカードが掲載されているので、確認していただきたい。

●大容量ハードディスク

動画である程度画質のよいものを扱うと、かなりのハードディスクの容量が必要となる。静止画と違い、動画では1秒＝30枚のパラパラ漫画写真を処理していくようなかたちになるので、最近の4K動画（3840×2160）、さらに8K動画（7680×4320）まで利用するとなると、通常のHDの動画サイズに比べ、必要な容量がさらに上がる。ちなみに高品質で保存用に圧縮した4Kの動画は、圧縮形式にもよるが、およそ8秒の長さで786MBが必要になる。ハードディスクの容量にも注意していただきたい。

●ディスプレイ

高精細ディスプレイは、動画制作では欠かせない機材だ。最近のカメラでも10bit以上で撮影される素材も珍しくなく、それらに対応できる色表現が動画でも内部処理的な要素で重要になってきている。
もちろん10bit以上のディスプレイだけを手に入れてもビデオカードが対応していなければ意味がないので、ペアでの購入をおすすめする。また、After Effectsでは、複数のディスプレイを使用することで使い勝手が向上する。もしあなたがトレーダーで、複数ディスプレイを何台もつないでいる環境であれば、それは運がいい！　大画面や複数ディスプレイ環境でのAfter Effectsの操作性はとても快適なので、その環境を皆さんのAfter Effectsでも試していただきたい。なお、ノートパソコン派の人も、可能ならばぜひ大型ディスプレイと接続して、デュアルスクリーン環境でその快適さを実感していただきたい。

●高速SSD／M.2 SSD

M.2 SSDなど高速SSDはまだ高価な買い物になるが、高速なSSDを利用すると、アプリケーションの立ち上げも早く、さらにAfter Effectsではキャッシュスペースとして十分なパフォーマンスを得ることができる。キャッシュは、After Effects内では一度行った操作などを記憶する部分だが、ディスクキャッシュスペースの割当をハードディスクからSSDに切り替えることで、かなり体感速度が増す。

●各種プラグイン

▲ボーンデジタルでは、ホームページでさまざまなプラグインを販売しており、メーカーやカテゴリからプラグインを探すことができるほか、製品に関する新着ニュースも知ることができる（https://www.borndigital.co.jp/software/）

After Effectsでは標準に用意されているエフェクト以外にも「プラグイン」と呼ばれるサードパーティー製のエフェクト類が発売されている。値段はさまざまだが（高いものだと10万円以上する）、これらプラグインを使用することでドラマティックな演出を行えたり、手順を抑えて複雑な表現が簡単に実現できたりするので、制作時間を短縮することが可能だ。もし制作に3分かかる動画をプラグインを利用することで1分で作ることができるならば、まさに「タイムマシーン！」である。本書では無料プラグインや役に立つプラグインなども併せて解説していく。

04 After Effectsのインストールと準備

ここでは、After Effectsのインストールとインストール後のいくつかの確認・設定について解説する。

After Effectsをインストールする

After Effects CCは、Adobe Creative Cloudに含まれるアプリである。Adobe Creative Cloudには、すべてのソフトウェアが利用できる「コンプリートプラン」が用意されている。プランの購入には、事前にAdobe ID（任意のメールアドレスとパスワードの組み合わせ）を登録しておく必要がある。プランを購入したら、Webブラウザで Adobeのサイト（http://www.adobe.com/jp/）にアクセスし、Adobe IDでログインし、「Creative Cloud」をダウンロードし、インストールする。これによって、右画面にあるように、「Creative Cloud」ツールが利用できるようになる（画面は「コンプリートプラン」）。ツールの起動は、Macでは画面上部のステータスメニューの、Windowsでは通知領域のをクリックする。起動した「Creative Cloud」で、＜After Effects CC＞の＜インストール＞をクリックすれば、インストールを行うことができる。

フォントの同期（インストール）と同期の確認

本書ではさまざまなフォントを使用してチュートリアルが構成されている。指定されたフォントがパソコンにインストールされておらず、別のフォントを使用してしまうと、フォントの見栄えが変わってしまうので注意が必要だ。作成時のフォントを「同期」させると、そうしたことを避けることができる。フォントは、プロジェクトファイルを開いたときに自動的に必要なフォント候補が表示され、そこから同期（インストール）できるほか、Adobe Fontsから必要なフォントをインストールすることもできる。

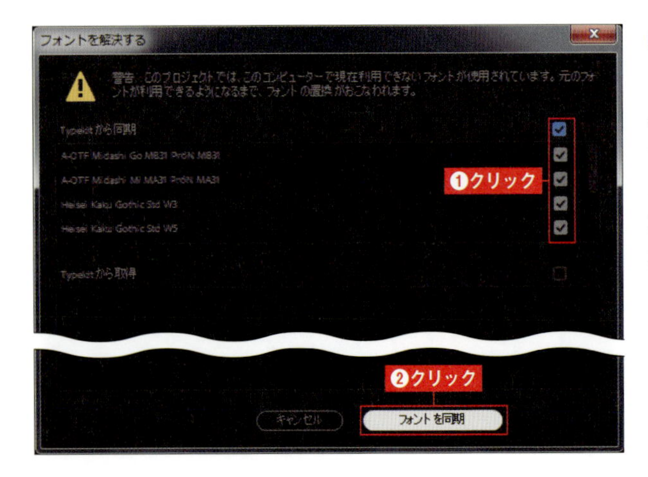

❶ フォントを同期する

プロジェクトファイルを開くと（P.005、P.038参照）、自動的に本書プロジェクトで使用されているフォント候補が表示される。チェックボックスにチェックを入れ❶、＜フォントを同期＞をクリックすると❷、Adobe Fontsとの同期が行われ、本書で使用するプロジェクトファイルで設定されたフォントを使用することができる。

なお、「2_6_光.aep」のプロジェクトファイルを開くと、Times-Romanが解決不可能と表示される場合があるが、問題はないのでそのまま＜OK＞をクリックして作業を進めてほしい。

② 同期が成功する

フォントの読み込みには時間がかかるが、無事フォントの同期が成功すると左のような画面が表示されるので、< OK >をクリックする。フォントのインストールが確認できたら、再度プロジェクトファイルを開いて確認してみよう。

CHECK 同期に失敗した場合

フォントの同期が失敗した場合は、まったく見栄えの違うフォントが表示されることがある。そのような場合は、<アセット>→<フォント>で同期の有無を確認して、再度プロジェクトファイルを開いて確認してみよう。

●同期済のフォントを確認する　その①

Creative Cloud 画面を表示し、<フォント>をクリックすることで、同期済みのフォントを確認することができる。

●同期済のフォントを確認する　その②

After Effects を起動している状態であれば、<ファイル>メニュー→< Adobe からフォントを追加>をクリックし❶、表示される Web の Adobe Fonts のライブラリページからログインして現在使用中のフォントを確認。フォントを追加したい場合は、右横の<アクティベート>をオンにすることで❷、新たなフォントが追加される。日本語を表示したい場合には、日本語モードに設定することでプレビュー表示が行える。

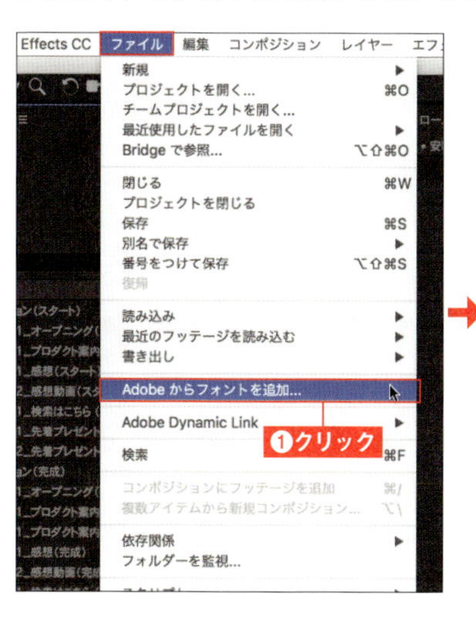

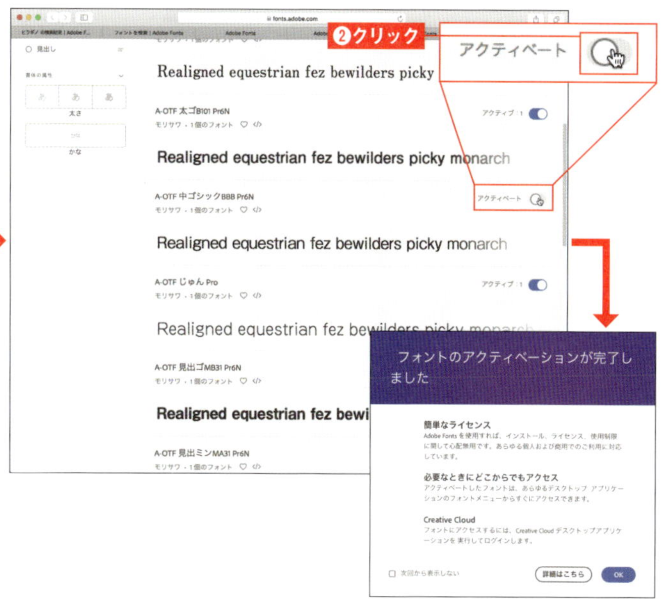

プラグイン／スマートフォンアプリのダウンロードとインストール

本書で解説するプロジェクトでは、無料プラグインなどを使用して作成されたチュートリアルが存在する。これらプラグインやスクリプトを使用したチュートリアルを勉強する場合には、下記アドレスからインストールしてもらいたい。

●Video Copilot

言わずとしれた定番プラグインが入手できるサイト。これが無料だなんて世の中捨てたものではない。

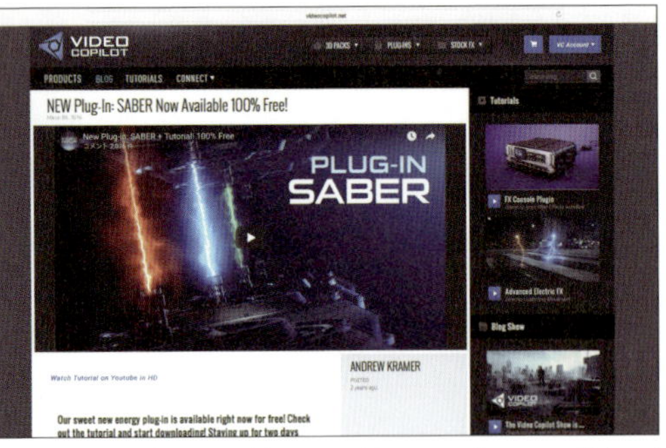

▲ SABER（https://www.videocopilot.net/blog/2016/03/new-plug-in-saber-now-available-100-free/）

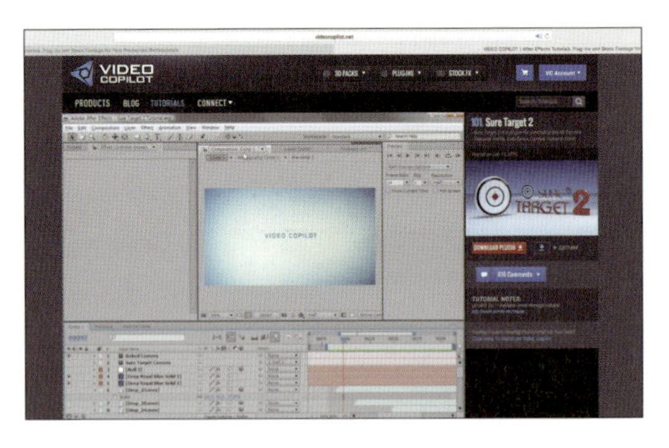

▲ Sure Target 2（http://www.videocopilot.net/tutorials/sure_target_2/）

●RedGiant

Particular などで有名な RedGiant の過去の遺産が入手できる。

Knoll Light Factory Pro
2.7.2 - Download for Mac OS X
2.5.3 - Download for Mac OS X
2.5.4 - Download for Windows
2.7.2 - Download for Windows

Knoll Light Factory Unmult
1.0 - Download for Mac OS X (32-bit)
1.1 - Download for Mac OS X (64-bit)
1.0 - Download for Windows (32-bit)
1.1 - Download for Windows (64-bit)

Magic Bullet Colorista
1.2 - Download for Mac OS X
1.2 - Download for Windows

12.4.3 - Download for Mac OS X
12.4.1 - Download for Windows
12.0.0 - Download for Windows

Toonit
1.1 - Download for Mac OS X
1.1 - Download for Windows

Trapcode 3D Stroke
2.0.4 - Download for Mac OS X
2.0.4 - Download for Windows

Trapcode Echospace
1.0.2 - Download for Mac OS X
CS3 Support
1.0.2 - Download for Windows

▲ Knoll Light Factory Unmult（https://www.redgiant.com/downloads/legacy-versions/）

●rd: scripts

自動処理のスクリプトを配布

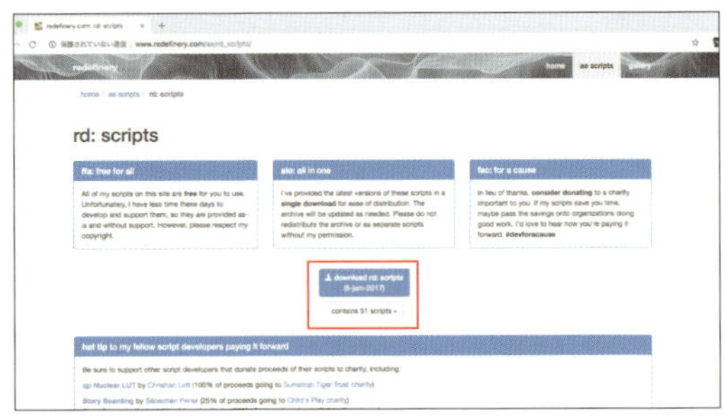

▲ rd:scripts（http://www.redefinery.com/ae/rd_scripts/）

●aescript+aeplugins

多くのバラエティー豊かなプラグインを販売している。

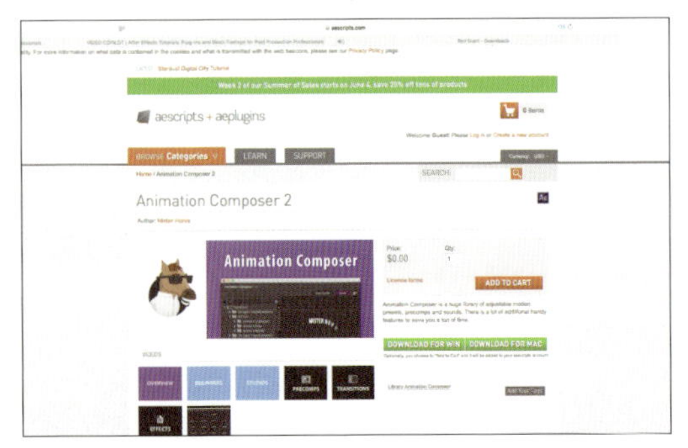

▲ Animation Composer 2（https://aescripts.com/animation-composer/）

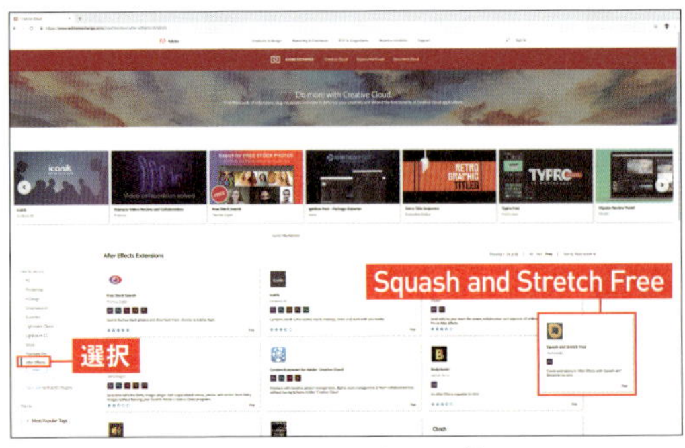

▲ Squash and Stretch Free（https://www.adobeexchange.com/creativecloud.after-effects.html#product）

●ADOBE CAPTURE CC

スマートフォンを使って、動画制作をパワーアップできる（各アプリはスマートフォンにダウンロードされる）。

▲画面下部からモバイルアプリの一覧にアクセスできる（https://www.adobe.com/jp/products/capture.html）

●UKRAMEDIA

エクスプレッションを活用したスクリプトを販売。

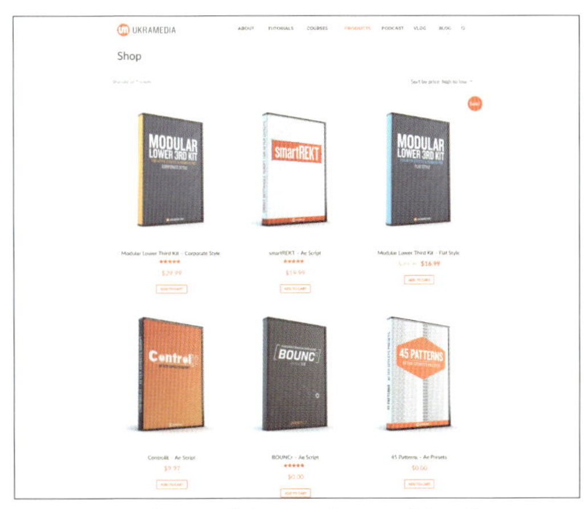

▲ BOUNCr（https://ukramedia.com/shop/）

各種プラグイン／スマートフォンアプリのインストール方法の解説動画

ビデオカードの確認　その①

After Effects の < After Effects CC > メニュー→<環境設定>→<プレビュー>（Windows では、<編集>メニュー→<環境設定>→<プレビュー>）をクリックし、環境設定画面の< GPU 情報>をクリックすると❶、GPU 情報画面が表示される。「OpenGL」「CUDA」の項目内に、After Effects で使用できるビデオカードが表示されているのが確認できる❷。

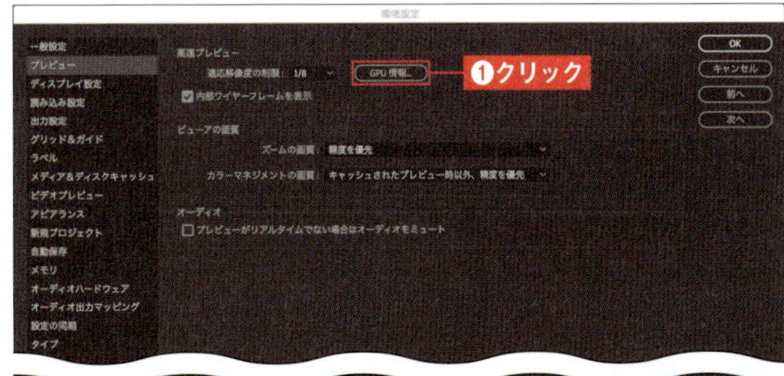

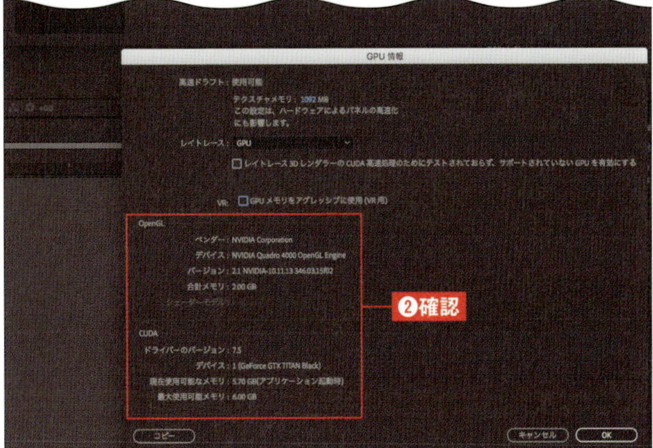

CHECK　表示されるビデオカードについて

Adobe 推奨のビデオカードが搭載されている場合には、ビデオカードの詳細情報が記載されるが、推奨ビデオカードが搭載されていない場合には空欄、もしくは「OpenGL」「CUDA」のいずれかが空欄になっている場合もある。なお、画面上の<レイトレース>は< GPU >に設定しておこう。

ビデオカードの確認　その②

次に<ファイル>メニュー→<プロジェクト設定>をクリックし、プロジェクト設定画面を表示させてみよう。<ビデオレンダリング及びエフェクト>タブをクリックし、「Mercury GPU 高速処理」と表示されていれば、ビデオカードの恩恵が受けられたことになる。「Mercury ソフトウェア処理」と表示された場合には、ビデオカードの恩恵は受けられず､ソフトウェアだけでの処理がされる。もしソフトウェア処理だけでパワー不足を感じた場合には、P.032「パソコンがパワー不足の場合の対処方法」を参考にしてもらいたい。

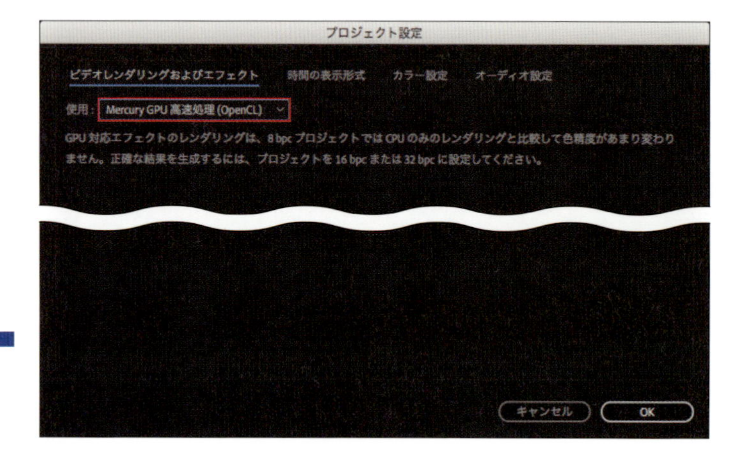

カラー設定の確認

<ファイル>メニュー→<プロジェクト設定>をクリックし、プロジェクト設定画面を表示させてみよう。<カラー設定>タブをクリックすると、「色深度」と「作業用スペース」の項目が表示される。各項目の詳細は以下のとおりである。本書では CHAPTER 2 で色の深度を変更する解説も行っているので（P.409 参照)、併せて覚えてもらいたい。

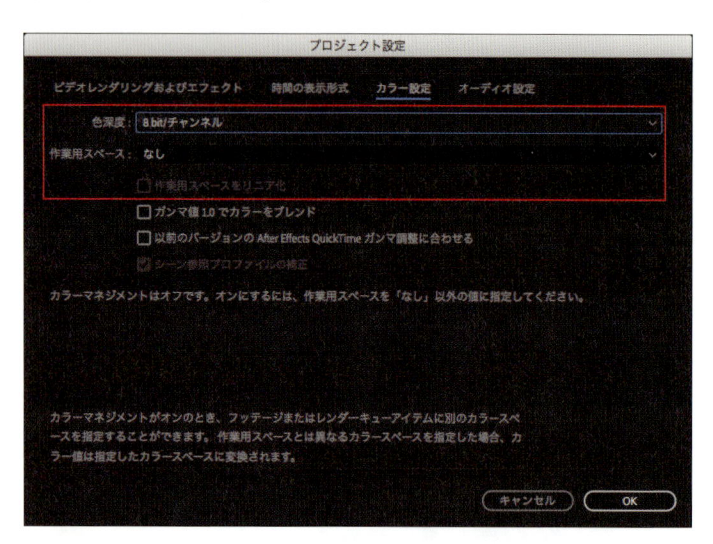

色深度	After Effects のプロジェクト上で最大何色表示させて作業をするかを選択する項目。bit 数が多いほど繊細な色を表示することができるが、そのぶんパソコンの負担が重くなる。bit 数が多い場合、主に繊細なグラデーションや光などを扱う部分、8bit 以上で撮影された静止画素材、動画素材などで、忠実な色表現を再現できる。
作業用スペース	主にグループワークでの使用や専門的なアウトプットを行う際に使用する。作業用スペースを割り当てることで、それぞれに特化した色表現を映し出す。

ディスクキャッシュの設定

< After Effects CC >メニュー（Windows では、<編集>メニュー）→<環境設定>→<メディア & ディスクキャッシュ>をクリックすることで、環境設定のディスクキャッシュの設定画面を表示させることができる。

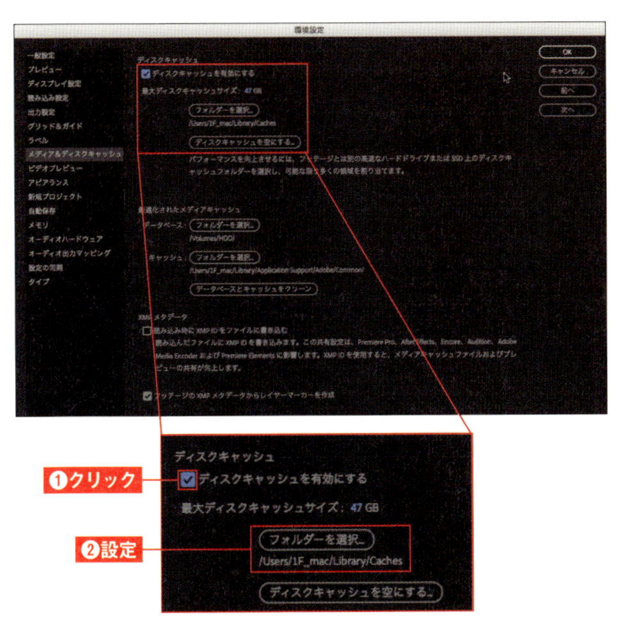

ここでは、<ディスクキャッシュを有効にする>のチェックをクリックしてオンにし❶、<フォルダーを選択>をクリックして❷、キャッシュのフォルダーの場所を設定してみよう。デフォルトでは、各ユーザー名の階層の下にフォルダが生成されるが、P.021 で解説した SSD ／ M.2 SSD などを搭載しているパソコンであれば、このディスクキャッシュの場所を、それら SSD ／ M.2SSD 内の場所に設定することで、高速にディスクキャッシュのやり取りを行えるようになる。体感的にも速く感じるはずだ。<最大ディスクキャッシュサイズ>は、割り当てた SSD ／ M.2 SSD の容量の範囲内で最大に割り当てるのがポイントだ。キャッシュとは、わかりやすく説明すると「記憶の断片」にたとえることができる。記憶の断片は徐々に蓄積されていくため、高速であれば「思い出す」速さが増していくというわけだ。

CHECK

ディスクキャッシュの消去

蓄積された「記憶の断片」だが、人が記憶がたまりすぎると、記憶が飛んでしまったり、覚えが悪くなる、寝付きが悪くなる、腸の調子が悪くなるなどの症状が出たりするように、After Effects でも同じような悪い症状が現れる場合がある。そのようなときは、<ディスクキャッシュを空にする>をクリックする。あるいは、<編集>メニュー→<キャッシュの消去>→<すべてのメモリ & ディスクキャッシュ>をクリックすれば、「記憶の断片」を削除することができる。

MEMO

メモリ & ディスクキャッシュの消去について

<すべてのメモリ & ディスクキャッシュ>を消去すると「記憶の断片」がすべて消去されてしまい、いままでの作業で蓄積してきた記憶がすべて消去され、「ほげぇ〜」状態となってしまう。1 つ前に戻る操作（<編集>メニュー→<取り消し>）を行いたくても<取り消し>がグレー表示され、実行すらできなくなってしまう。そうした場合を考慮して、<編集>メニュー→<キャッシュの消去>→<イメージキャッシュメモリ>だけを選択することも可能だ。これは主に RAM プレビューがうまく動作しない場合に役に立つので覚えておいてほしい。

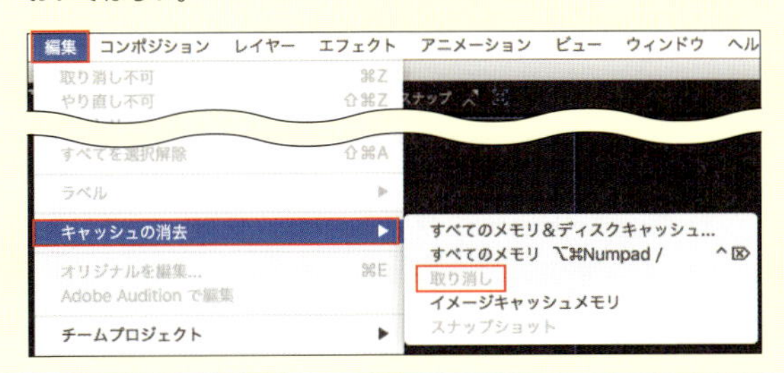

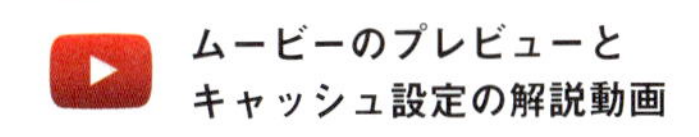

ムービーのプレビューと
キャッシュ設定の解説動画

05 本書における効果的な学習法

本書では解説を進めていく中で効果的な学習ができるよう、さまざまな工夫を施している。ここでは、それらの使用方法などを解説する。

QRコードによる動画解説へのリンク

本書では適宜 QR コードを記載している。このリンクにアクセスしてもらえれば、YouTube で公開している動画を見ることができる。この動画では、書籍で触れていない基本的な操作方法や、書籍で解説している補足的な内容を公開している。これらの動画を見ていただくことで、書籍が苦手とする動きのある解説などをパフォーマンスよく理解することができる。

◀パソコン画面を確認しながら本書を読むというスタイルに加えて、スマートフォンでもその都度補完動画を閲覧することで、効果的な学習が可能になる。なお、スマートフォンの閲覧後に、動画ページをパソコン画面で観覧しながら学習したいといった場合は、スマートフォンの YouTube のアプリとブラウザ上の YouTube のアカウントを同じに設定して「履歴」を表示すれば、効率よく動画を観覧することができる

サンプルプロジェクトの進行手順

サンプルのプロジェクトファイルを開いて左上のプロジェクトパネルを確認してみよう。

●「コンポジション(スタート)」をベースに学習していく

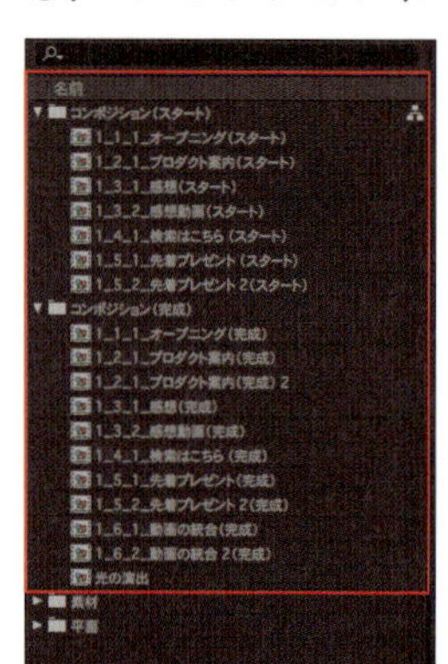

プロジェクト内には大きく分けて「コンポジション（スタート）」と「コンポジション（完成）」の 2 つが用意されている。名称どおり読者にトライしてもらいたいのは「コンポジション（スタート）」の項目だ。これは、すでに大まかに配置された素材が用意されているコンポジションで、これらコンポジションを活用して「コンポジション（完成）」へと近づけていくというコンセプトで本書は構成されている。**「コンポジション（完成）」は、本書内で数字や各パラメーターが小さく読みづらい場合に開き、パラメーターを確認するといったかたちでも活用してほしい。**

「コンポジション（完成）」を開いて、数字・各種パラメーターを確認する

279.0,803.0
110.0,110.0%
0x+0.0°

●コメントについて

画面のタイムラインパネル内には、範囲がわかりやすいようにマーカーなどでコメントを付けている。本書ではこのコメントに触れながら解説している箇所もあるので、これらを参照して学習を進めていくと効果的だ。

●コメント（マーカー）の表示／非表示について

マーカーが不要な場合は、マーカー先頭部分を右クリックして、表示されるメニューから<マーカーをロック>のチェックを外し、その後同じメニューから<マーカーを削除>を選択すれば、マーカーを削除することもできる。

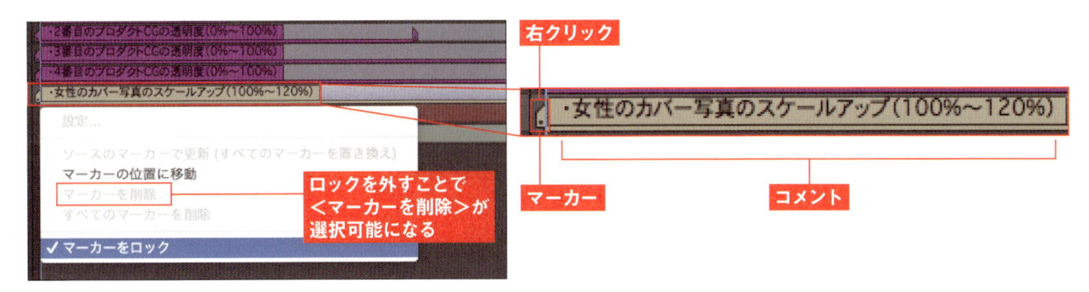

◉ 各レイヤー解説でのヒント表示とパラメーター

「コンポジション（完成）」のコンポジションには、**<レイヤー解説>**でヒントを記載しているので、本書の進行上で難しい部分や迷ったときなどは、このヒントを参考にすることでパフォーマンスよく学習することができる。

●ヒントの表示

ヒントには各レイヤーに適用されているエフェクトやレイヤーの解説が記載されている。このヒントは、各レイヤーの▶をクリックして展開すれば、記載範囲を広げて確認することができる。また、解説部分をクリックするとテキスト形式になるので、エクスプレッションなどの長文のスクリプトの記載などは、こちらからコピー＆ペーストして使うこともできる。ただし、電子書籍によるPDFで、エクスプレッションをコピーしてそのまま利用されることは、本書では想定していない。

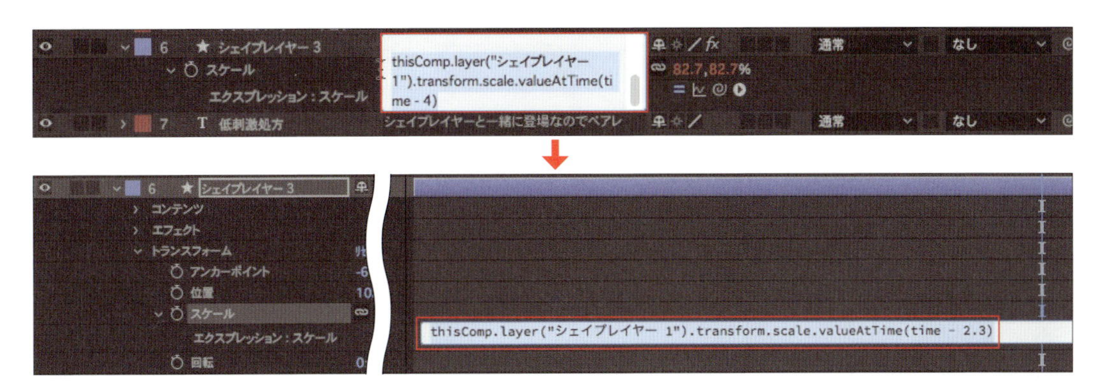

●ヒントの非表示

<各レイヤー解説>を非表示にしたい場合は、<各レイヤー解説>を右クリックして、表示されるメニューから<列を表示>→<レイヤー解説>をクリックしてチェックを外すことで隠すことができる。

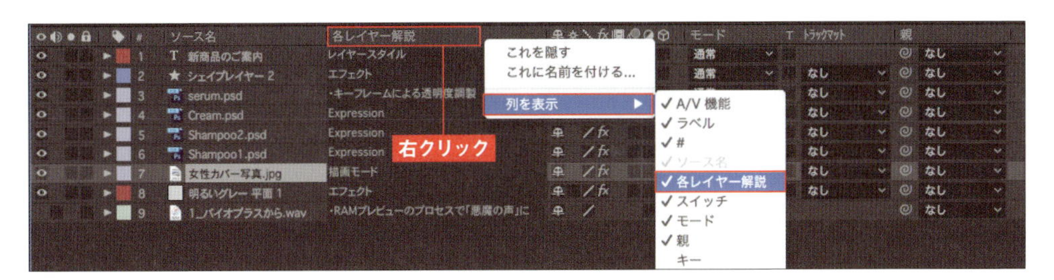

シャイレイヤーの表示設定

シャイレイヤーは、タイムライン上に配置されたレイヤーの表示、非表示を行うためのボタンである（ボタン名称は<タイムラインウィンドウですべてのシャイレイヤーを隠す>）。本書では解説による手順の簡略化や見栄えのために、意図的にシャイレイヤーを使用して特定のレイヤーを非表示にしているケースがある。「シャイレイヤーをオフ」「シャイレイヤーで表示」などの解説があった場合には、このボタンをクリックして非表示を解除すると、タイムラインに表示されなかったレイヤーが表示される。

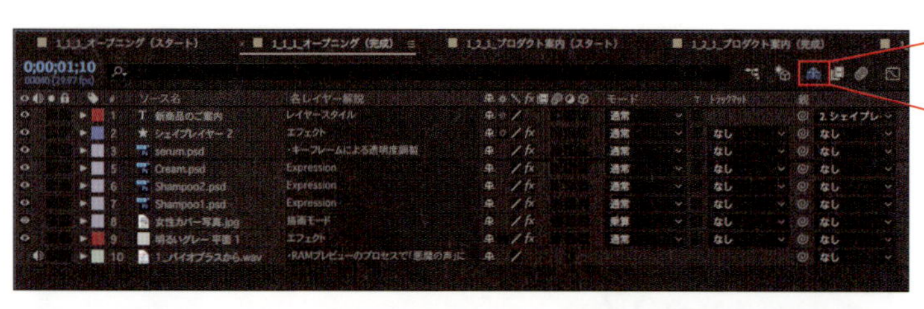

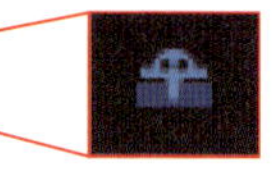

◀シャイレイヤーでレイヤーが非表示になっているときは、シャイレイヤーがブルーの色になっている

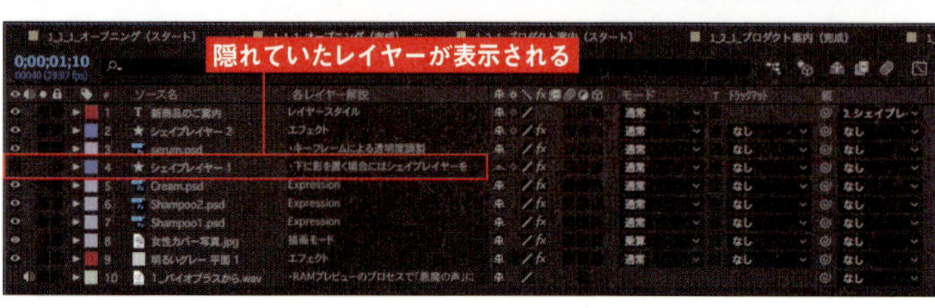

◀シャイレイヤーをクリックすると、隠れていたレイヤーがタイムライン上に表示される

レイヤーの表示と非表示

タイムラインパネル内に配置されているレイヤーは、解説によっては最初から非表示にされている場合がある。レイヤーを表示する旨の解説があった場合は、表示アイコン■をクリックして◉にすることで表示させることができる。

◀非表示の場合にはコンポジションパネルにはレイヤーが表示されない

▼表示ボタンをクリックすることでレイヤーがコンポジション内に表示される

エフェクトコントロールパネル

本書では、パフォーマンスよく理解していただきたいため、エフェクトコントロールパネル内では、すでにエフェクトが配置されている状態で解説をしている。エフェクト効果を適用する場合には、エフェクト名の左横にあるスイッチをクリックしてオンに設定していただきたい。本書ではこの操作のことを「エフェクトを適用（する）」と記載している。

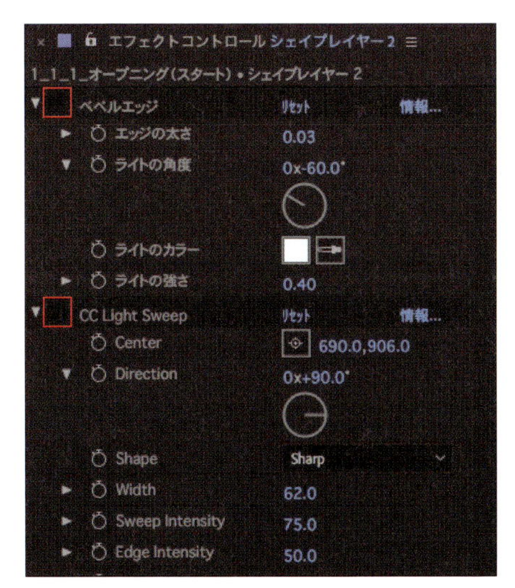
▲エフェクトが適用されていない場合

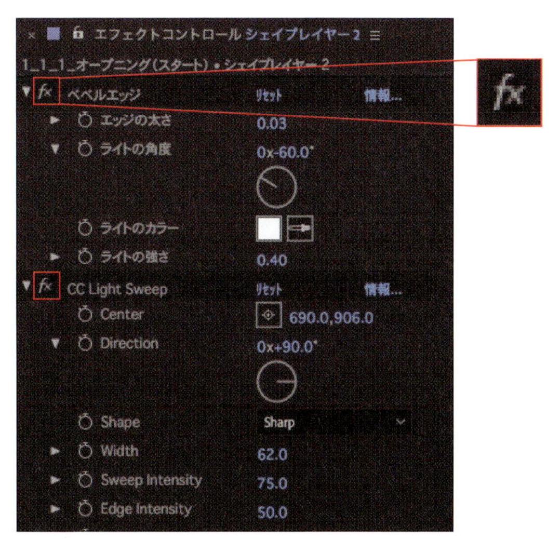
▲エフェクトが適用されている場合

各レイヤーの名称

キャプションやプロジェクトファイル内には、<ブラック平面８>、<シェイプレイヤー５>などの、著者が試行錯誤したあとの“残骸”が残っているために、名称の表記の番号がきれいに整理されていないものがある。名称の数字は、著者の試行錯誤の度合いを示すものなので、温かい目で見守りながら軽くスルーしていただきたい。

悪魔の声の対処法

本書で利用するプロジェクトの中には、動画内音声やサウンド（ナレーション、サウンド、効果音）ファイルを活用しているものがいくつか存在する。After Effects では、その特性からサウンドファイルを積極的に使用することは少ないが、今回の書籍では、After Effects のみで全体の機能の解説をしているのであえて使用している。
そこで気になるのがプレビューでの再生である。Premiere Pro と違い、プレビュー再生するために一度メモリに溜め込む After Effects では、再生のパフォーマンスが低下してしまい、サウンドが間延びして、「悪魔の声」のように聞こえてしまうことがある。この「悪魔の声」が気になる場合は、パソコンのボリュームを調整するか、画面左のサウンドのアイコンをクリックしてオフに設定することで回避することができる。
なお、デフォルトでは「コンポジション（スタート）」ではオフに、「コンポジション（完成）」ではオンの状態になっている。好みに応じてオン／オフを選択していただきたい。

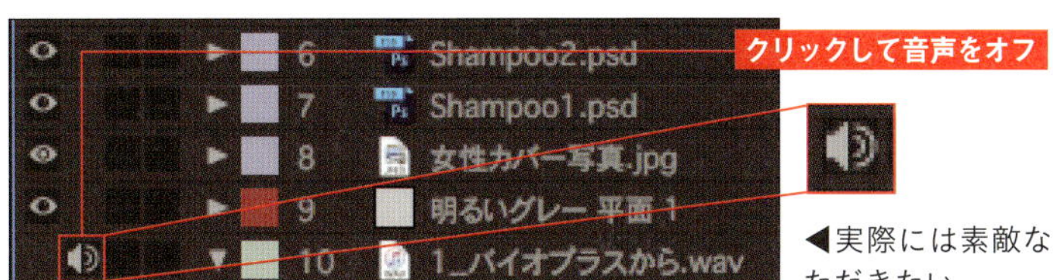

◀実際には素敵なナレーションの声なのでぜひ聞いていただきたい

パソコンがパワー不足の場合の対処法

読者の中にはパソコンのパワー不足でどうしても作業がはかどらなくなってしまう方もいると思う。そうした場合は、次の対処法を試していただきたい。

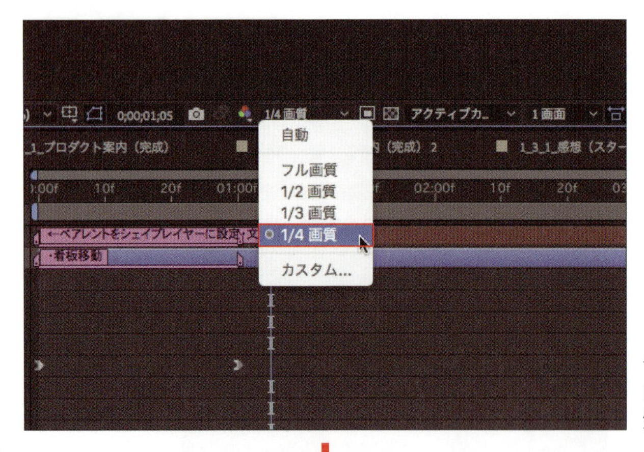

◀コンポジションパネル下にある解像度の をクリックし、表示されるメニューから＜ 1/4 画質＞などを選んで解像度を下げる

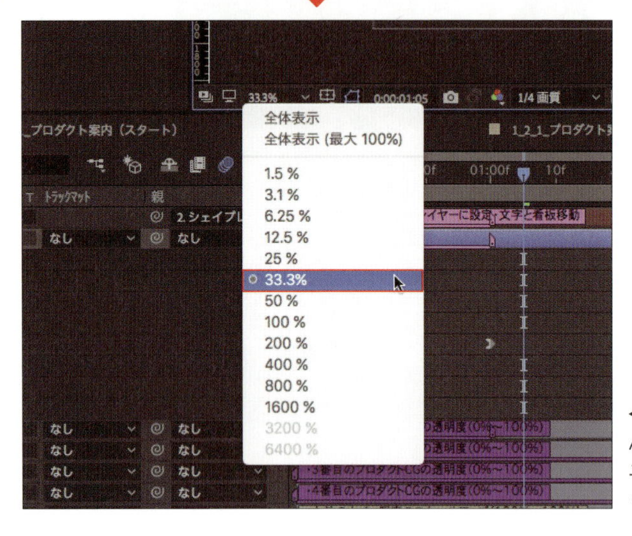

◀解像度を下げて画質が悪くなってしまったぶん、拡大率の をクリックし、表示されるメニューから＜ 33.3% ＞などを選んで表示を小さくする

この調整でパワー不足をかなり軽減できるはずだ。それでも支障が出てしまう場合には、P.019 ～ 021 を参照して環境を見直してもよいかもしれない。

本書を勉強していく中で行き詰まってしまったり、わからない機能や言葉などがあったりしたら、下記動画解説を参考にしてもらいたい。解説している「超基礎から始める After Effects」では、2D のイラストなどをベースとして After Effects を基礎から学ぶ講座を公開している。さまざまなイラストなどを使用してゲームオープニング、モーショングラフィック、イラストなどを自由に加工、演出する方法を解説しているので、効果的にスキルを身に付けていけるはずだ。

CHAPTER

1

ソーシャル動画の作成（基礎編）

——After Effectsで商品PR動画を作成してみよう

SECTION

01 パネルの特徴とパネルのレイアウトを理解する

After Effects では、主にパネル（同種の機能を持つ集合体）を利用してさまざまな効果を施していく。まずはパネルの特徴とレイアウトを理解しておこう。

パネルのレイアウトを変更する

メインウィンドウ（正式にはワークスペース）には、素材の管理を行うパネルや画像の合成結果を表示するパネル、タイムラインパネルなど、それぞれの役割を持つパネルが配置されている（各パネルの機能は P.040 参照）。常に使うパネルもあれば、作業によってはほとんど使用しないパネルも存在する。パネルは追加・削除することができ、好みに合わせて自由にレイアウトすることもできる。ここでは最初の準備段階として、パネル構成の設定方法を手順を追って解説する。

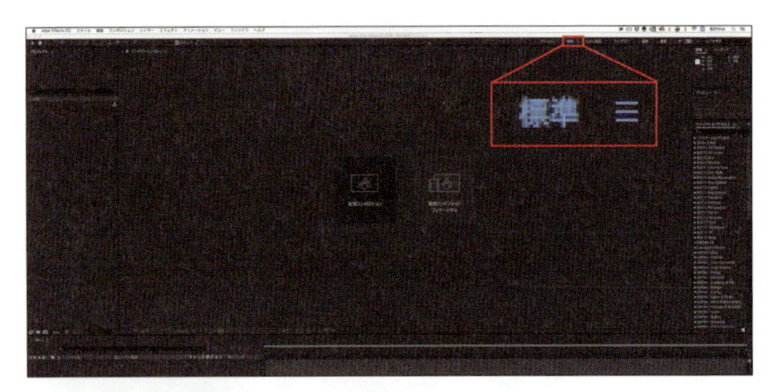

① 初期起動時のメインウィンドウ

起動後、メインウィンドウ右上の<標準>をクリックする。ウィンドウが切り替わり、「標準」という文字がブルーで強調される。これは、レイアウトが標準で設定されているということを示している。

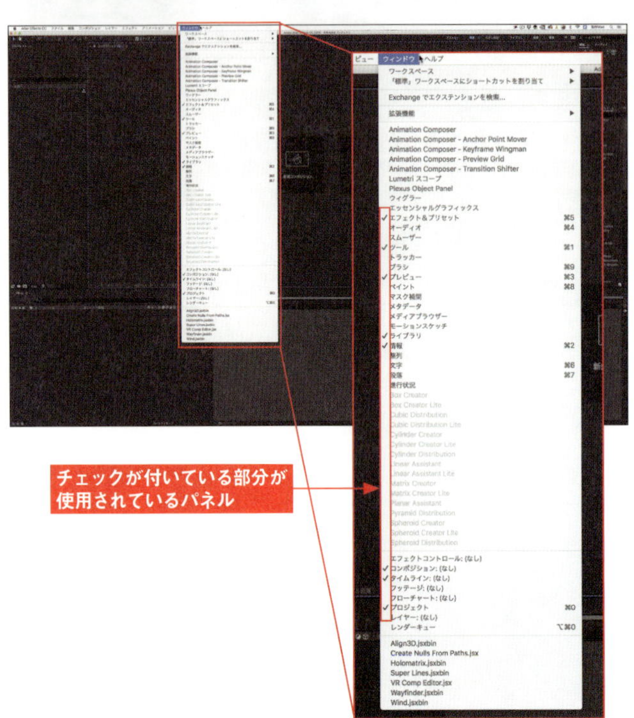

② 標準のパネル構成を確認する

メニューの<ウィンドウ>をクリックすると、各パネルの名称が並ぶメニューが表示される。名称の左にチェックが入っているパネルが、メインウィンドウに表示され、標準のパネル構成となっている。

③ パネルを4つ追加する

今回使用するパネルを 4 つ追加してみよう。<ウィンドウ>メニューをクリックし、<文字><整列><エフェクトコントロール：(なし)>< Lumetri スコープ>をクリックして、それぞれにチェックを入れる。適用後は、下図のように各レイアウト部分に追加のパネルが表示されるが、Lumetri スコープパネルは、プロジェクトパネルの横に新規に追加されたスペースに配置されているのが確認できる。

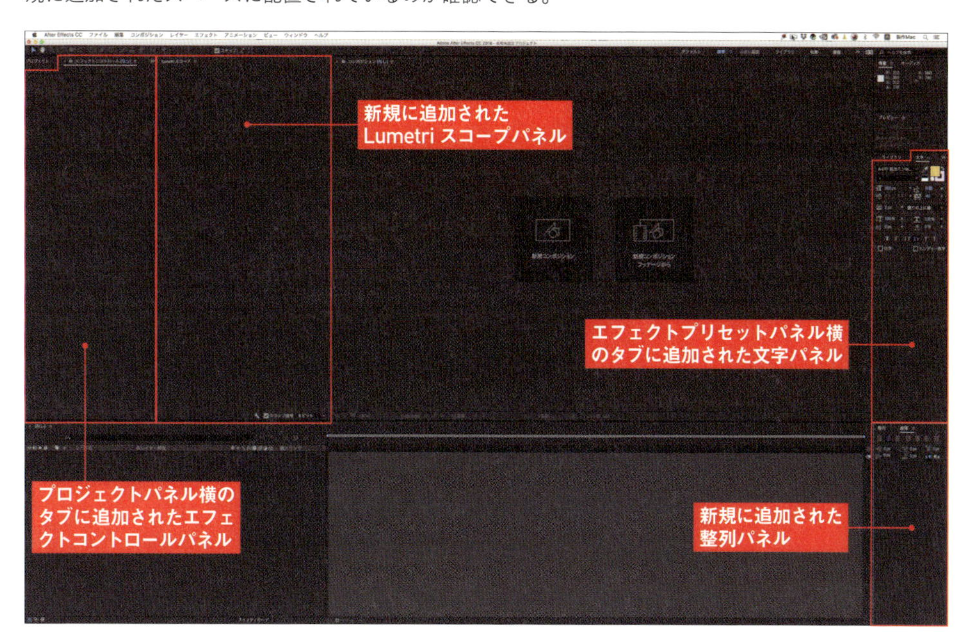

④ 使いやすいようにパネルを移動する

各パネルはパネル上部をドラッグ移動させることで、自由にレイアウトすることができる。ここでは、図のようにパネルをドラッグ移動させてレイアウトを変更しておこう。

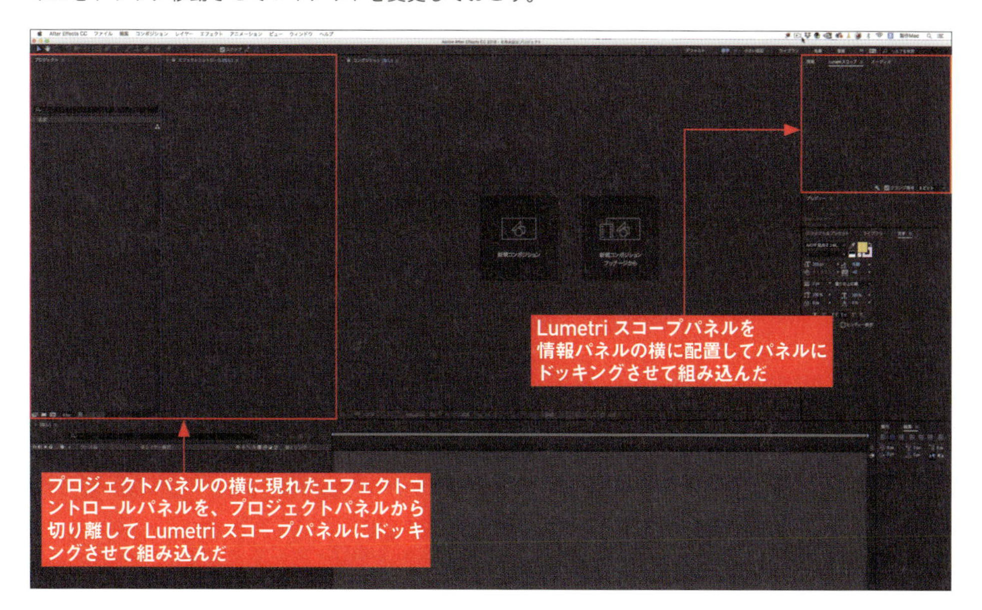

MEMO

パネル表示の範囲

パネルの境目をドラッグ移動させることで、パネル表示の範囲も調整可能だ。

パネルの設定と配置の解説動画

5 設定を保存する

設定が完了したら、＜ウィンドウ＞メニュー→＜ワークスペース＞→＜新規ワークスペースとして保存＞を選択する❶。新規ワークスペースとして、名称を入力（ここでは「チュートリアル用パネル」と入力）し❷、＜ OK ＞をクリックする❸。

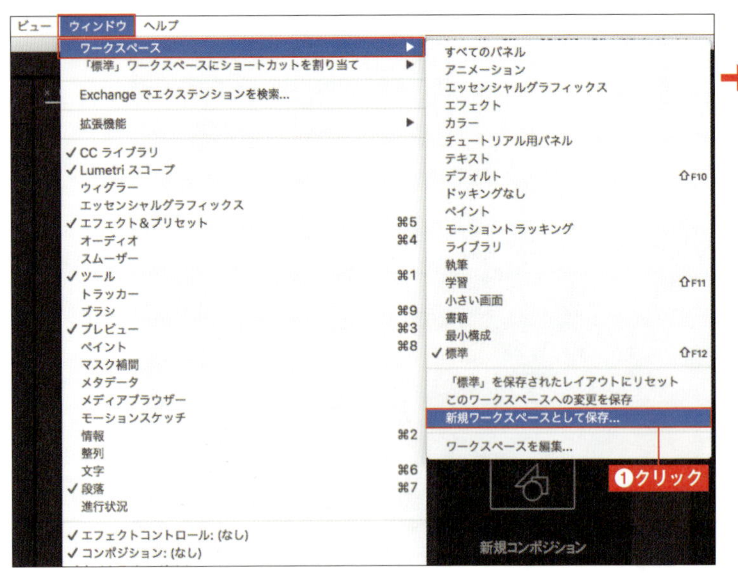

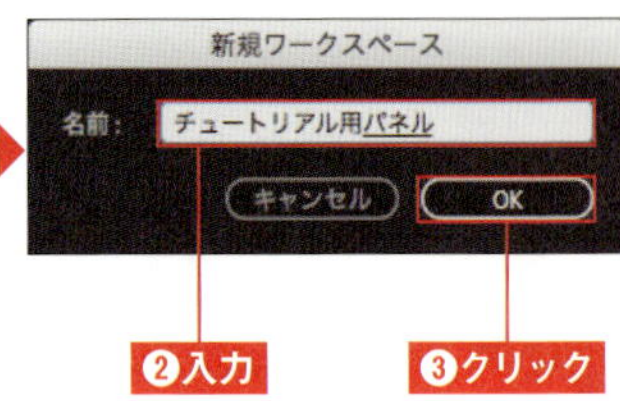

CHECK ワークスペースの呼び出し

ワークスペースとは、各パネルを構成したメインウィンドウのことである。ここでは、「チュートリアル用パネル」としてパネル構成を保存したので、＜ウィンドウ＞メニュー→＜ワークスペース＞→＜チュートリアル用パネル＞を選択するか、画面右上に羅列して表示されているボタンから＜チュートリアル用パネル＞をクリックすることで、このワークスペースを呼び出すことができる。

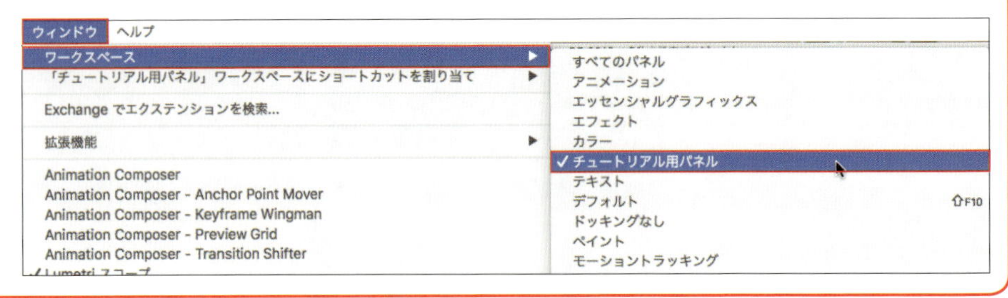

MEMO パネルの拡大

パネルの上部名称部分をダブルクリックすると、そのパネル部分のみが全画面で表示される。はじめは間違って操作してしまい、戸惑ってしまうかもしれないが、元に戻したいときは同じようにダブルクリックする。適用したエフェクトが多い場合や合成画面の確認を行うときにぜひ使用してもらいたい。

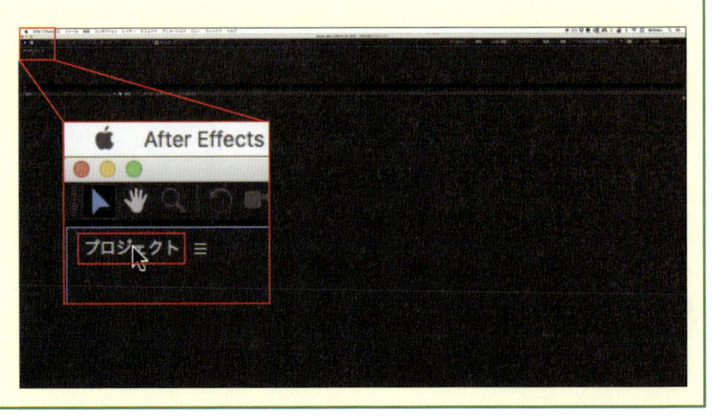

SECTION

02 プロジェクトファイルを開く

パネルのレイアウト設定が終わったら、次にサンプルファイルとして使用するプロジェクトファイルについて見ていこう。

完成サンプル動画を確認する

プロジェクトファイルを開く前に、完成サンプル動画を確認しておこう。各コンポジションから成り立つ動画は全体で約 30 秒のソーシャル動画 CM に構成されている。

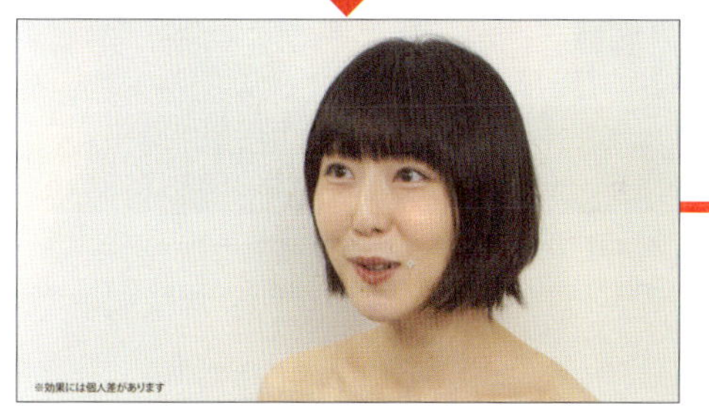

 完成サンプル動画 

プロジェクトファイルを開く手順

P.004～P.005を参考にサンプルファイルを準備したら、以下の手順でプロジェクトファイル（拡張子は表示されない場合がある）を開こう。開く方法は2つある。

■プロジェクトファイルを開く方法　その①

1 | After Effects CCを起動

↓

2 | 準備した「1_ソーシャル動画の作成（基礎）」のフォルダを開く

↓

3 | ファイル名「1_ソーシャル動画の作成（基礎）.aep」をダブルクリックして開く

■プロジェクトファイルを開く方法　その②

1 | After Effects CCを起動

↓

2 | After Effectsの<ファイル>メニュー→<プロジェクトを開く>をクリック［Command＋Oキー（アルファベットオー）、WindowsではCtrl＋Oキー（アルファベットオー）のショートカットキーでも可能］

↓

3 | 「1_ソーシャル動画の作成（基礎）」のフォルダ内にある「1_ソーシャル動画の作成（基礎）.aep」を選択して開く

プロジェクトファイルを開いた際のリンク切れとは

プロジェクトを開くとき、通常は「プロジェクト」「素材」ともに、リンク情報を元にして保存先のディレクトリを参照して開かれる。また、After Effectsの「ファイルの収集機能」を使用すると、プロジェクトファイルとともに「フッテージ」と呼ばれるフォルダが作成され、この中にリンクが維持された素材が収集される。そのため、使用されている素材のファイル名や保存場所を変更すると、プロジェクトファイルの保存時のリンク情報と変わってしまうので、素材のリンク切れが起きる。その場合、右図のようにアラートが表示され、素材がカラーバーに置き換えられて表示されてしまう。

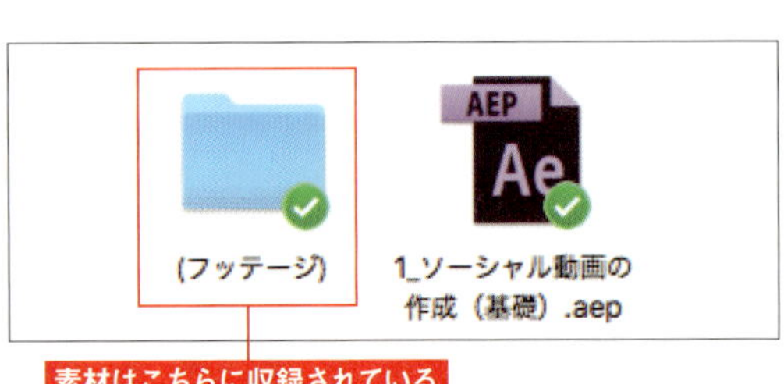

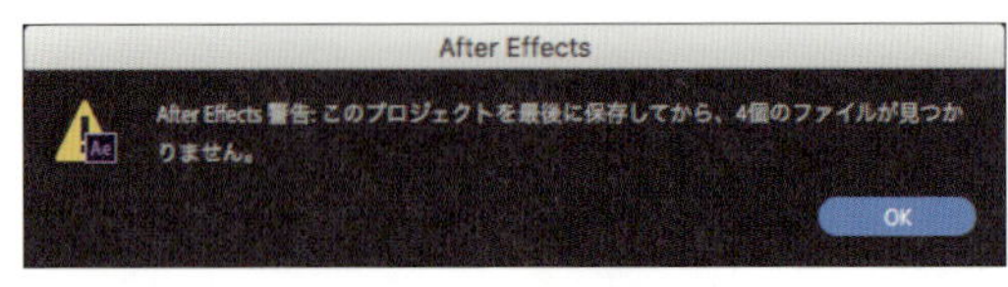

▲素材のリンク切れのアラートが表示される

↓

▲このように配置された素材がカラーバー表示に置き換えられる。ここでは、serum.psdと記載された商品および、女性の写真などが欠けている

リンク切れの対応はリンクを再接続して元に戻す

リンク切れは、リンクを再接続することで解決できる。リンク切れを起こしている素材をプロジェクトパネル内のファイルから見つけ出して選択し（カラーバー表示になっているアイコンがそれに該当する）、<ファイル>メニュー→<フッテージの置き換え>、もしくは素材を右クリック→<フッテージの置き換え>→<ファイル>を選択する。フッテージファイルを置き換え画面が表示されるので、リンク切れを起こした素材と同じ名前の素材を探し、ファイルを選択したら、<開く>をクリックする（Windowsでは<読み込み>をクリック）。無事、置き換えが完了すると、下図のように「不明だったアイテムが見つかりました」と表示される。

▲同じフォルダ内にある素材をリンク付けした場合には、そのほか素材のリンク付も自動的に行われる

1_ソーシャル動画の作成（基礎）
1_ソーシャル動画の作成（基礎）.aep
Adobe After Effects 自動保存
(フッテージ)

◀無事リンク切れが修復できた。本書ではプロジェクトファイルと同じ階層の「フッテージ」のフォルダ内に素材が保管されているので確認してもらいたい

CHECK 仮入れ作業で作業効率をアップする

リンクのフッテージの置き換えの機能だが、あらかじめ何種類かの候補があるような素材では「入れ換え」というテクニックで活用するケースが多い。つまり、まだ完成していないイラスト素材、写真素材などを大きさだけ合わせて仮入れ作業を行い、ほどよいタイミングで最終完成した素材と入れ換える。これによって、確認作業などを行う際にパフォーマンスよく進めていくことができる。

リンク切れ、紛失ファイルの対応と
イメージの置き換えに関する解説動画

SECTION

03 主なパネルの名称と役割を理解する

プロジェクトファイルを開くと、たくさんの素材が配置されているウィンドウに変わる。ここでは、パネルの名称と主な役割を解説する。

パネルの名称と主な役割

ここでは、P.034で作成した新規の「チュートリアル用パネル」(ワークスペース)から、プロジェクトファイルを開いている。プロジェクトファイルとは、素材や編集結果をまとめたものだ。今回のサンプルファイルを作業するにあたり、大きく7つのパネル構成でレイアウトされている。

❶	ツールパネル	After Effectsでの作業で使用する各種ツールが配置されているパネル。クリックすることで選択、使用することができる
❷	プロジェクトパネル	作業内で使用する素材や平面、オーディオデータなどを収納するパネル。各コンポジションもプロジェクトパネル内に生成される
❸	エフェクトコントロールパネル	各種エフェクト効果が適用されたタイムラインで選択されたレイヤーのエフェクトを表示するパネル
❹	コンポジションパネル	After Effectsでの合成結果を表示するパネル
❺	文字パネル(タブで切り替え)	入力した文字のフォントの種類、大きさ、線、各種配置のレイアウトなどを調整できるパネル
	エフェクトプリセットパネル(タブで切り替え)	エフェクトやモーションプリセットなどを視覚的にアイコン化して確認、適用できるパネル
	ライブラリパネル(タブで切り替え)	Adobe IDとリンクしてAdobe StockやCapture CCなどの購入、取得した画像などを確認、適用することができるパネル

❺	Lumetri パネル	視覚的に RGB のウェーブフォームで色や輝度などを確認することができるパネル
❻	タイムラインパネル	各種素材を並べて配置や合成、アニメーション設定などを行うパネル
❼	段落パネル（タブで切り替え）	配置した文字の段落を調整することができるパネル
	配置パネル（タブで切り替え）	複数の素材を均等に配置することができるパネル

TIPS

ツールパネルにおけるキーボードショートカットの活用

ツールパネルは、各種アルファベットなどを使用したショートカットが用意されているので、ぜひ活用してもらいたい。とくに重要なのは「選択ツール」だ。作業を行うにあたり、コンポジション画面でレイヤーを操作するときによく使うので覚えてもらいたい。

選択ツール	V
手のひらツール	H
ズームツール	Z
回転ツール	W
統合カメラツール	C
アンカーポイントツール	Y
長方形ツール	Q
ペンツール	G
横書き文字ツール	command + T (Windows では Ctrl + T)
ブラシツール／コピースタンプツール／ブラシツール	command + B で各種切り替え (Windows では Ctrl + B)
ロトブラシツール	option + W (Windows では Alt + W)
パペットピンツール	command + P (Windows では Ctrl + P)

SECTION

04 コンポジションを理解する

動画編集などの作業は、コンポジションを切り替えて行う。ここでは、コンポジションを解説し、サンプル動画のコンポジションについても見ていく。

コンポジションを切り替える

プロジェクトパネル内には「コンポジション（スタート）」と「コンポジション（完成）」のフォルダが用意されている。コンポジションとは、いわば題目と考えてもらうとわかりやすい。読者の皆さんにチャレンジしていただくのは、「コンポジション（スタート）」だ（次ページ参照）。コンポジションの切り替えは、3つの方法がある。

▲コンポジションの切り替えは、❶プロジェクトパネル内のコンポジションをダブルクリック、❷もしくはタイムライン上のタブをクリック、❸あるいは同じくタイムライン右上の»をクリックして表示されるコンポジション一覧から開きたいコンポジション名をクリックする

ここまでのプロジェクトの設定は、下記動画で解説されているので興味ある方はぜひ参考にしてもらいたい。また復習もかねてレイアウトの詳細解説も行っている。

画面のレイアウト、新規コンポジション作成とプロジェクトからの素材の読み込みと配置の詳細解説動画

商品PRサンプル動画からコンポジションを理解する

コンポジションは題目であると先に述べた。簡単なプロジェクトであれば1つの題目だけで作成できるが、さまざまな動画やエフェクトを使う複雑なプロジェクトでは、コンポジション（題目）をそれぞれ作成して、作業を進めたほうが格段にやりやすい。サンプルの商品PR動画の主なコンポジション（題目）の構成は、下記5つ＋1つの構成となっているのが確認できる。

●各コンポジションで作られた一段ずつの重箱

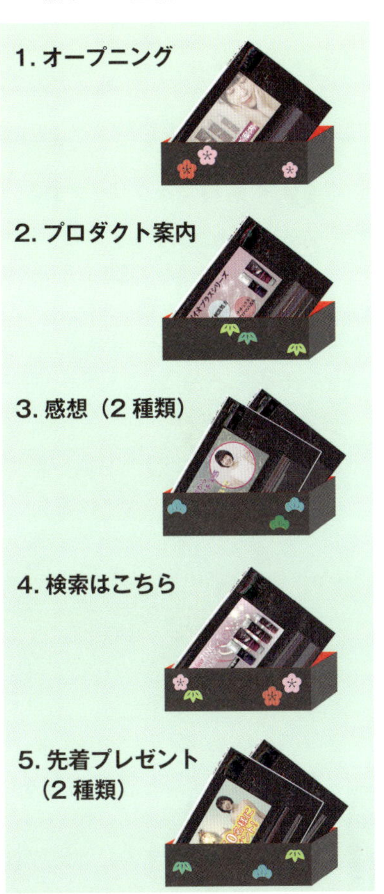

ネスト化

6. 統合

1～5 までの各題目を統合することで、PR動画の1つのまとまった作品が完成する。

●1つにまとめられた重箱。動画をネスト化（統合）することで完成された作品となる

▲たとえて解説すると、ちょうど各題目が重箱の1つの容器部分となっており、合計5段の重箱構成となっている。これら段別の箱を重ね合わせて最後に1つの箱とするのが「統合」の役目になる。これら統合することをAfter Effectsではネスト化と呼ぶ

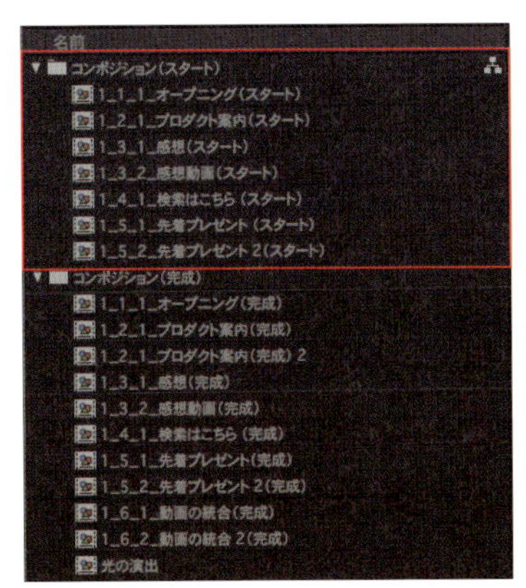

◀読者の皆さんは「コンポジション（スタート）」（サンプルファイル）で作業を行い、最終的には「コンポジション（完成）」と同じような作品を作り上げていただきたい。それが本書におけるサンプルファイルの位置付けだ。タイムラインパネルのコンポジションの並びは「スタート」「完成」の隣接した順番で並んでいるので、こちらも併せて確認してもらいたい

SECTION

05 使用する素材と名称を確認する

コンポジションの確認ができたら、使用する素材を確認してみよう。素材はプロジェクトパネル内の素材フォルダ内に収納されている。

各素材を確認する

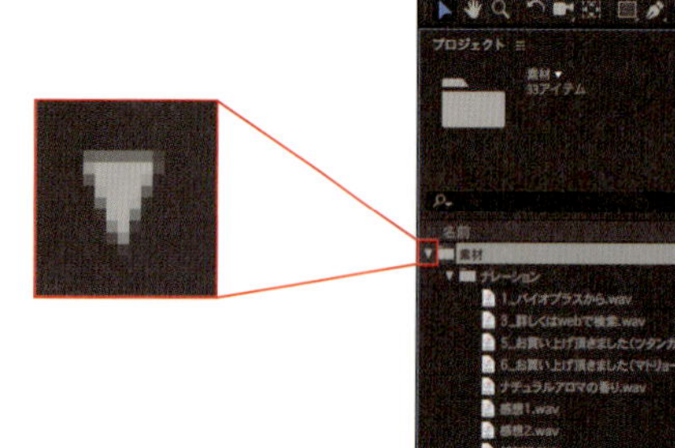

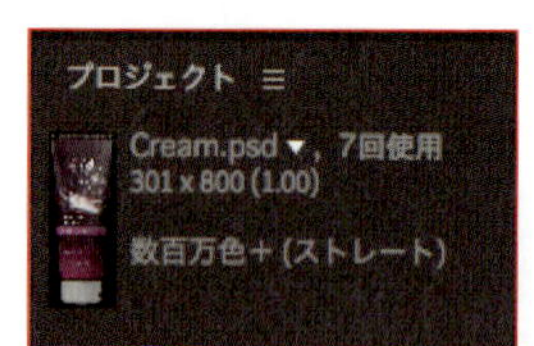

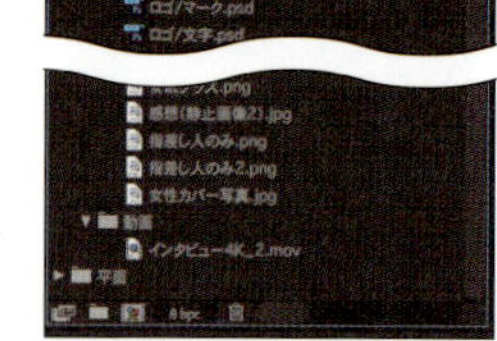

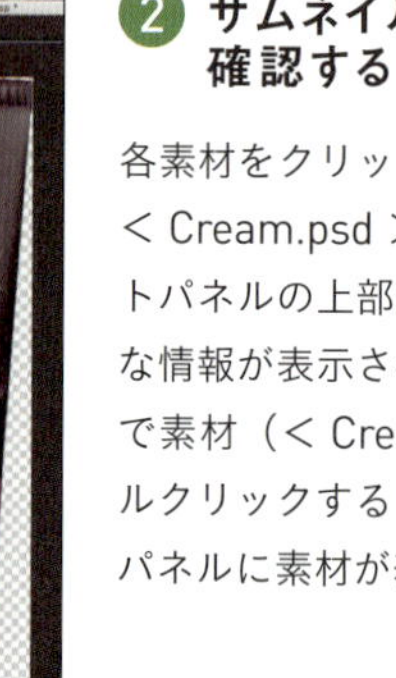

❶ <素材>をクリックする

画面左上のプロジェクトパネル内<素材>フォルダの▶をクリックすると、ボタンが▼に変わって素材が展開され（ナレーション／プロジェクトCG、ロゴ／効果音／静止画像／動画）、それぞれの素材を確認することできる。

❷ サムネイルと詳細情報を確認する

各素材をクリックすると（ここでは< Cream.psd >）❶、プロジェクトパネルの上部にサムネールと詳細な情報が表示される❷。なお、ここで素材（< Cream.psd >）をダブルクリックすると、コンポジションパネルに素材が表示される。

MEMO

表示される情報

プロジェクトパネルの上部に表示される詳細な情報は、素材の大きさ、アルファチャンネル（右記、解説動画参照）の有無、圧縮形式、サウンドの有無などだ。

アルファチャンネルの解説動画

③ 動画素材の流れを確認する

動画素材は画面下の時間軸「時間スケール」の「シークバー（フッテージの開始に相対的タイムマーカー）」（デフォルトでは左端の 0 秒地点< 00:00f >に位置）をドラッグすることで、動画の流れを確認できる。

 動画素材を確認する3つ方法の解説動画 

④ 写真をAdobe Stockから購入する

写真素材などは CC ライブラリパネル（表示されていない場合には、<ウィンドウ>メニューから< CC ライブラリ>を選択）画面右のプルダウンメニューから、< Adobe Stock >を選択する。目的のキーワードを入力することで、Adobe Stock 内の写真などが表示され、テーマに合った写真を見つけることができる。

写真を右クリックして<プロジェクトに追加>を選択することで、現在のプロジェクトパネル内に読み込むことができる。読み込んだ写真は透かしが入っているが、別途購入することで透かしを取ることもできる。最近では動画データなども増えているので、ぜひ Adobe Stock の Web ページなどで確認してもらいたい。

MEMO 元の画面に戻す

手順❷で素材をダブルクリックすると、素材が画面中央に表示される。元のコンポジション画面に戻すには、コンポジションパネルのタブの項目をクリック（ここでは<コンポジション 1_1_1_ オープニング（スタート）>）する。

SECTION

06 コンポジションを確認する ～オープニングの作成①

最初の構成である「オープニング」を作成していこう。ここでは、まずコンポジションの内容を確認する。

コンポジションを確認する

<コンポジション(スタート)>から**<1_1_1_オープニング(スタート)>**のコンポジションをダブルクリックしてみよう。なお、解説が難しく感じてしまう方は、「1_1_1_オープニング（完成）」タブと比較しながら進めていただきたい。また、下記のQRコードから完成動画を再度チェックしていただいてもよいだろう。

① 素材を確認する

<1_1_1_オープニング（スタート）>のコンポジションを選択すると、図のようにラフに配置された素材が確認できる。タイムラインに並んでいる素材の名称から、合計9つの素材が配置されていることがわかる。素材の上にある<ソース名>をクリックしてみよう。

② ソース名／レイヤー名を確認する

各素材名が[Cream.psd]のように[ ]の付いた記載に変化する（<ソース名>も<レイヤー名>に変わる）。この操作によって、プロジェクトパネル内でのソース名、レイヤーに配置したときのレイヤー名を切り替えることができる。進行していくチュートリアルでは、これら名称をわかりやすいようにレイヤー名に切り替えて解説している箇所もあるので、これらボタンの切り替えを行って名称を確認していってもらいたい。

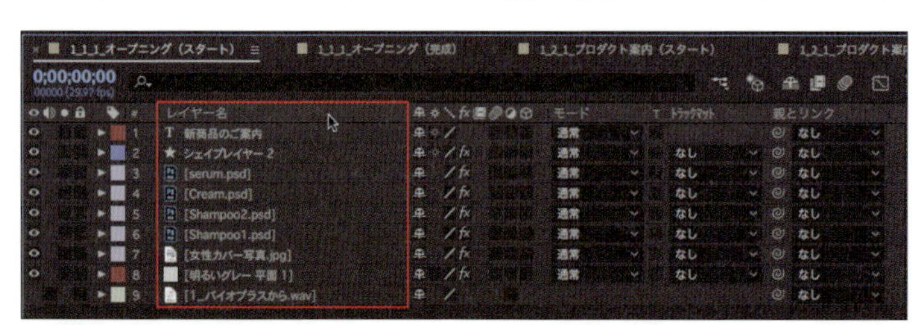

オープニングの完成動画

SECTION

07 背景を作成する ～オープニングの作成②

ここでは、グレーの平面背景をグラデーションにして、女性カバー写真と合成し、色彩を施してみる。

平面背景だけを表示してエフェクトをアクティブにする

タイムラインパネル内にはすでに９個のレイヤーが配置されている。最初は背景から作成していくため、全体がわかりづらくならないように背景となる<明るいグレー平面１>だけを表示する。

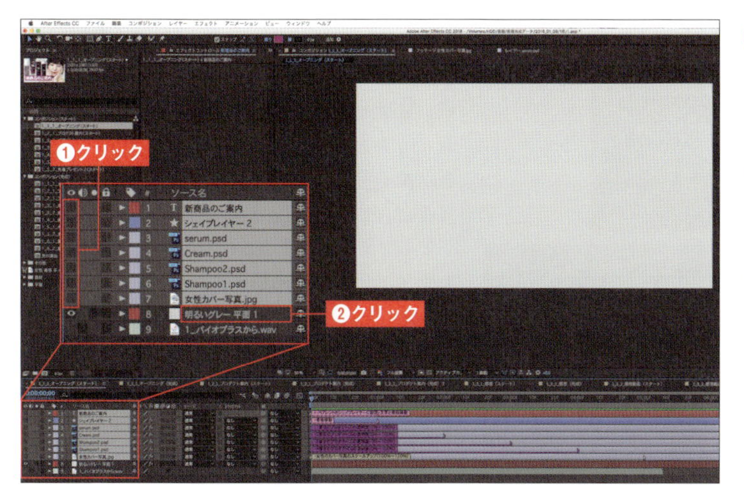

❶ グレーの平面背景だけを表示する

<明るいグレー平面１>以外の目のアイコンをクリックすると❶、空欄になって背景だけが表示される（以降、やをクリックしてレイヤーを表示したり、非表示にしたりする場合、単に「表示する」「非表示にする」と明記する）。次に<明るいグレー平面１>をクリックして選択する❷。なお、配置された任意の各レイヤーのソロボタンをクリックすることでも、同様にターゲットのレイヤーのみを表示させることもできる。

表示　非表示

❷ エフェクトをアクティブにする

エフェクトコントロールパネルにはグラデーションのエフェクトが配置されているのが確認できる。先頭のをクリックし、にしてアクティブにすると❶（以降、「適用」と明記する）、白黒のグラデーション画面が現れる❷。

適用　非適用

エフェクト適用方法の詳細解説動画

After Effects全エフェクトの解説動画

CHAPTER 1 ソーシャル動画の作成（基礎編）

グラデーションの色を変更して写真を調整する

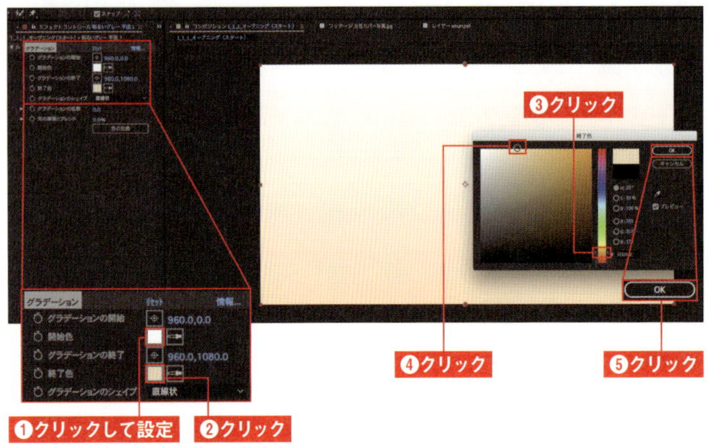

❶ 白と肌色が混じり合うマイルドなグラデーションにする

<開始色>のボックス■をクリックし、表示される開始色画面のカラーフィールドの左上隅をクリックして白を設定する❶。続いて<終了色>のボックス□をクリックして❷、表示される終了色画面のカラースライダー下部をクリックし❸、カラーフィールド左上をクリックする❹（ここでは、白と肌色あたりのマイルドな色を選択した）。最後に< OK >をクリックしよう❺。

❷ 必要に応じて女性カバー写真を調整する

続いてタイムラインパネルから<女性カバー写真 .jpg >を選択し❶、コンポジションパネルに表示する❷。エフェクトコントロールパネルを見ると、すでに女性カバー写真にはトーンカーブのエフェクトが適用されており❸、肌色のコントラストを上げて血色のよい感じに仕上げてある。トーンカーブを使用した肌補正を行いたいときは、エフェクト名の右にある<リセット>をクリックすれば❹、エフェクトが初期化され、設定を変更できる。

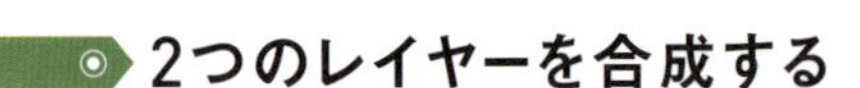

2つのレイヤーを合成する

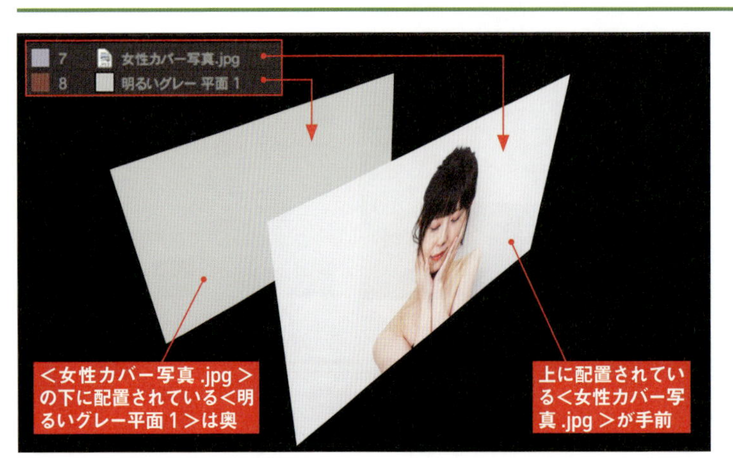

タイムラインパネル内のレイヤーは、上に配置されているものがコンポジションの前面に優先して表示される。左図の場合、<女性カバー写真 .jpg >が<明るいグレー平面 1 >に被さって画面手前に表示されている。この 2 つのレイヤーを合成してみよう。

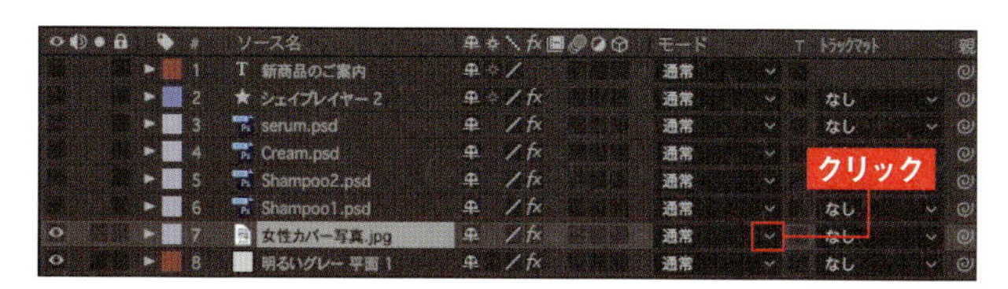

① 描画モードのプルダウンメニューを表示する

<女性カバー写真 .jpg >の<モード>のをクリックする。

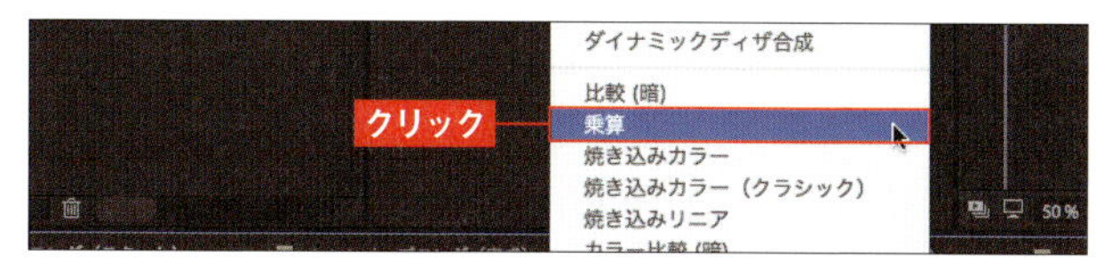

② <乗算>を選択する

表示されるメニューの<乗算>をクリックする。

③ 合成結果を確認する

乗算を選択することで女性カバー写真の明るい部分（背景の白部分）が透過され、前ページの手順❶で適用した「明るいグレー平面 1」のグラデーションと合成されたのが確認できる。描画モードでは明るい部分のみ表示させる「加算」などさまざまなモードが用意されているので、興味がある方は描画モードをいろいろと選んでみて、違いを確認してもらいたい。どのような描画モードがあるかについては、CHAPTER 2-4 のサンプルファイル「2_4_背景」フォルダ→「描画モード（各モード解説）」内の<全描画モード .aep >を開き、確認してほしい。

描画モードによる重ね合わせのテクニックの詳細動画

グラデーションを変更する

再びグラデーションを適用した<明るいグレー平面 1 >を選択し、グラデーションをさらに洗練させていこう。グラデーションの設定は、変化のパターンを変えたり、変化する開始地点などを変えたりすることができる。

① 放射状のグラデーションに変更する

女性の顔を中心に白が広がるような模様を作成してみよう。まず、<グラデーションのシェイプ>を<放射状>に設定して❶、<グラデーションの開始>をクリックし❷、十字のマウスカーソルの中心を開始地点である女性の鼻の中心に移動したら、そこでクリックする❸。次に<グラデーションの終了>をクリックし❹、終了地点を画面左下に移動してクリックすれば❺、放射状のグラデーションが完成する。

SECTION

08 写真を動かす ～オープニングの作成③

無事、背景を作り終えたら、女性の写真にスケールアニメーションを適用して、動的な要素を加えてみよう。

女性の写真を動かす

ここでは、「女性カバー写真」のサイズが時間に沿ってスケール（拡大／縮小）アップする、アニメーションの作り方を解説していこう。女性カバー写真のタイムラインのサンドストーン色（薄茶色）のレイヤーマーカー「女性のカバー写真のスケールアップ（100%～120%)」と記載されている範囲に、0秒～5秒のスケール値のキーフレームを設定していく。

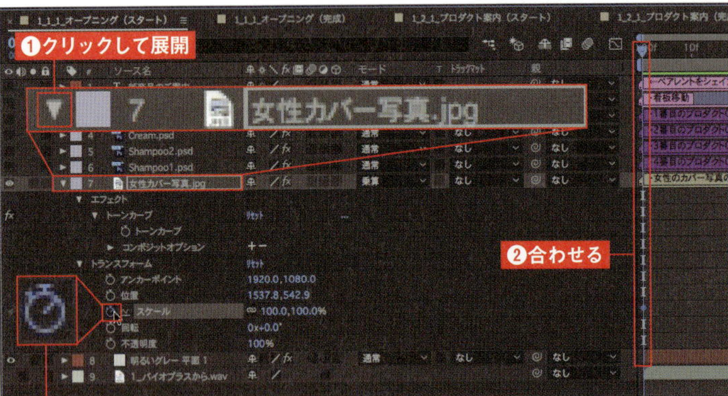

❶ キーフレームを追加する

＜女性カバー写真 .jpg ＞の▶をクリックし❶、＜トランスフォーム＞の▶をクリックして、＜スケール＞を表示しておく（もしくは＜女性カバー写真 .jpg ＞を選択後にショートカットの S キーを押すことで＜スケール＞が表示される、こちらのほうが断然速くて便利だ）。以上の操作を済ませたら、時間軸を 0 秒地点＜ 00:00f ＞に合わせ❷、ストップウォッチをクリックして❸、キーフレームを追加する。

❷ スケールを変更する

続いて時間軸をマーカーの最後の 5 秒地点＜ 05:00f ＞に移動し❶、スケールを＜ 100.100% ＞から＜ 120.120% ＞に変更する❷。無事 2 箇所のキーフレームが設定されたら、テンキーの 0 キーを押して、プレビューを開始してみよう。＜女性カバー写真 .jpg ＞が 5 秒間で 20% スケールアップしていれば OK だ。

キーフレームでのアニメーション作成の解説動画

CHECK

縦横のスケール変更

スケール変更の際、それぞれ縦横の比率を変えたい場合は、左に位置している鎖のアイコンをクリックしてチェックを外すことで、それぞれ縦横の比率を別々に変えることができる。

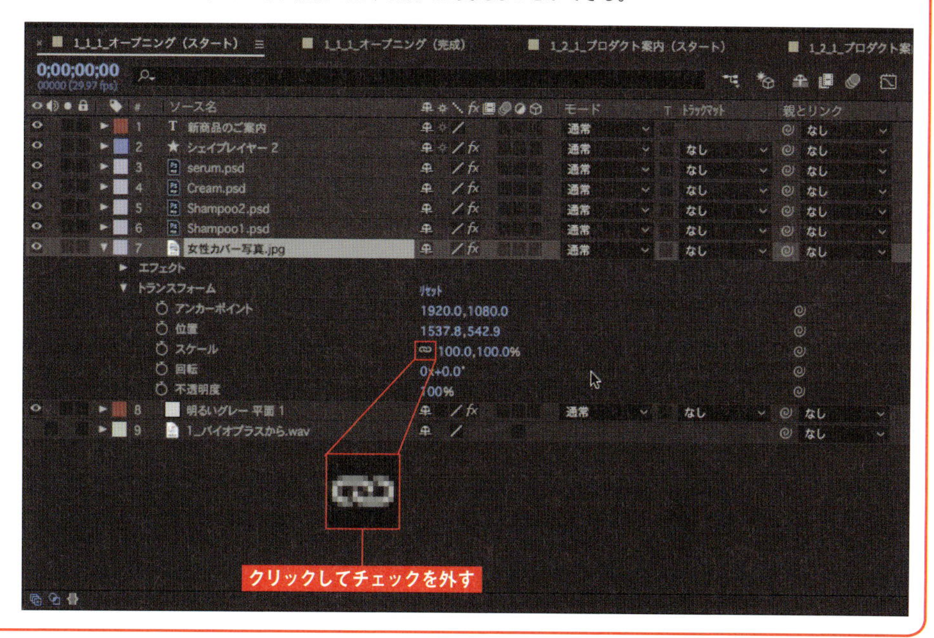

縦横のスケール変更の解説動画

MEMO

Space キーとテンキー 0 のプレビューの違い

プレビューは、Space キーを押しても行うことができる。Space キーでのプレビューは、時間軸がある地点からプレビューが開始される。動画の最初からプレビューを行う場合には、時間軸をドラッグして< 00:00f >地点に戻すか、home キーを押して< 00:00f >地点に戻す必要がある。

テンキー 0 のプレビューでは、ワークエリアの範囲（初期設定では< 00:00f >地点）から自動的にプレビューが開始される。テンキー 0 で任意の地点からプレビューしたい場合には、ショートカットキー B、N でタイムライン上のワークエリア範囲の開始／終了を選択し、プレビューさせることも可能だ。なお、プレビューを終了するときは、再び Space キーを押せばよい。やりやすい方法で自分なりのプレビュースタイルを身に付けてもらいたい。

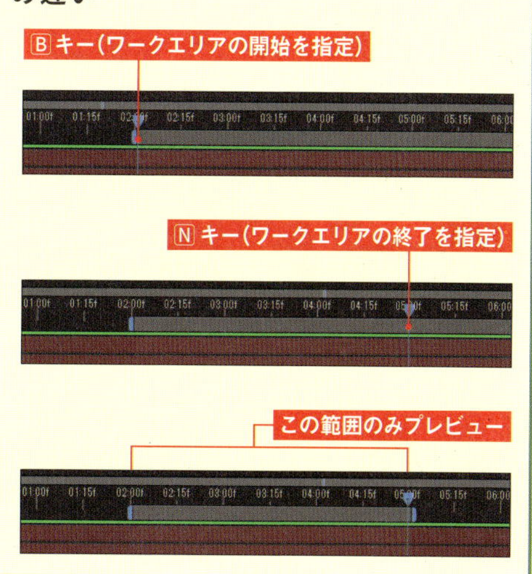

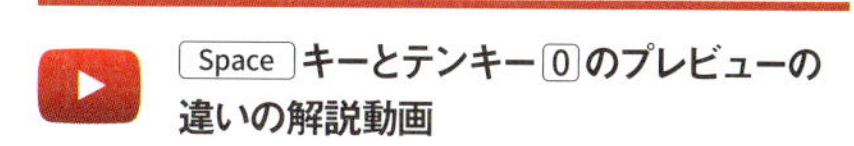

SECTION

09 アニメーションを設定する ～オープニングの作成④

スケールの設定を終えたら、女性の写真が単調な動きにならないようにグラフエディターを使用して、加速減速による細かい動きの調整を行っていこう。

グラフエディターで動きを調整する

グラフエディターは､速度の調整を別の表示画面で設定できるため､リニアな速度（平たんな変わらない速度）移動に比べ、徐々に加速、減速といったスピード効果をビジュアルで確認しながら追加できる。
グラフエディターを使用するかしないかでアニメーションには大きな違いが生まれるため、熟練者はほぼ使用している機能だ。今回は、5秒間で20%スケールアップする「女性カバー写真」を、最初は加速して徐々に減速するような動きに設定していく。

❶ タイムラインのレイヤー表示を変える

引き続き＜スケール＞を選択している状態で❶、タイムラインの上部に配置された＜グラフエディター＞をクリックすると❷、タイムラインのレイヤーの見え方が変わる❸。赤い線は「女性カバー写真」の「スケール」の値を表示している。

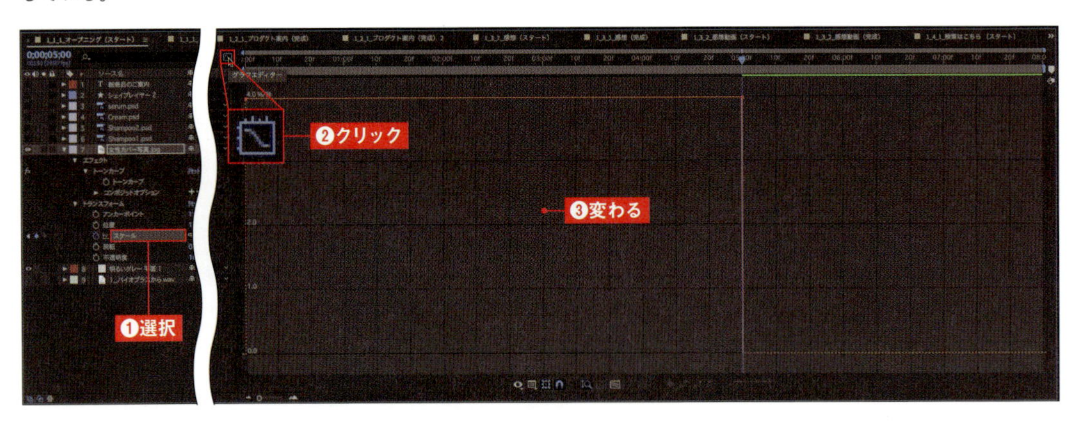

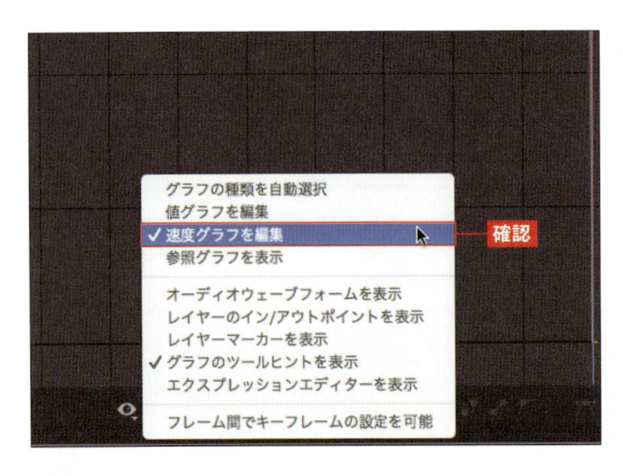

❷ 速度グラフを編集できるようにする

数値が表示されない場合には、グラフエディター下のの隣にある＜グラフの種類とオプションを選択＞をクリックし、表示されるメニューから＜速度グラフを編集＞にチェックが入っているかを確認する。

❸ イージーイーズインを実行する

赤い線をクリックして選択し❶、2つのキーフレームの選択が完了したら、画面右下にある<イージーイーズイン>をクリックする❷。

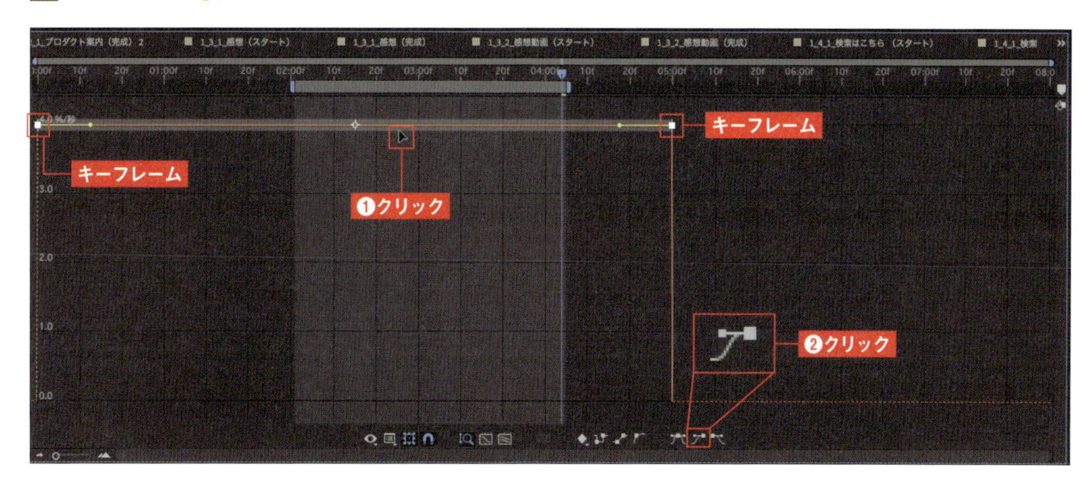

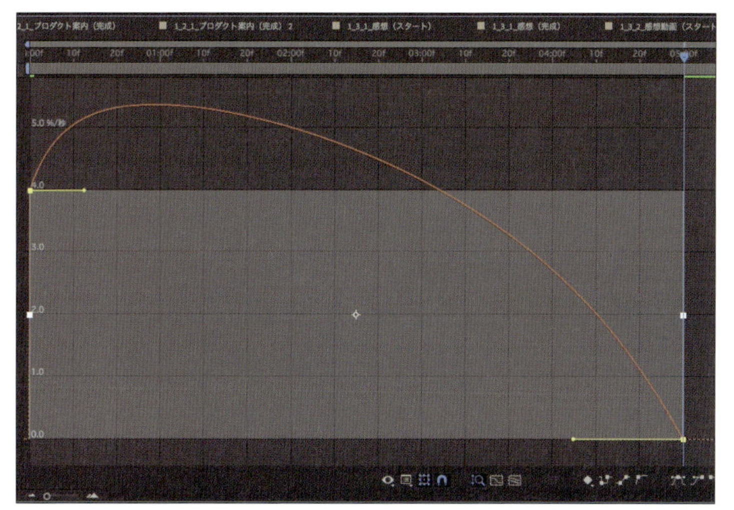

❹ スケールアップを確認する

図のように弧を描くような曲線が表示される。この曲線は、グラフエディターの左にある数値が1秒間に何％スケールアップするかの指標になるものだ。ここでは、線の弧が高いほどスケールアップが速く、低いほどスケールアップが遅くなる。テンキーの0、もしくはSpaceキーを押してプレビューを開始してみよう。スケールアップが最初は速く、徐々に遅くなっていくのが確認できるだろう。

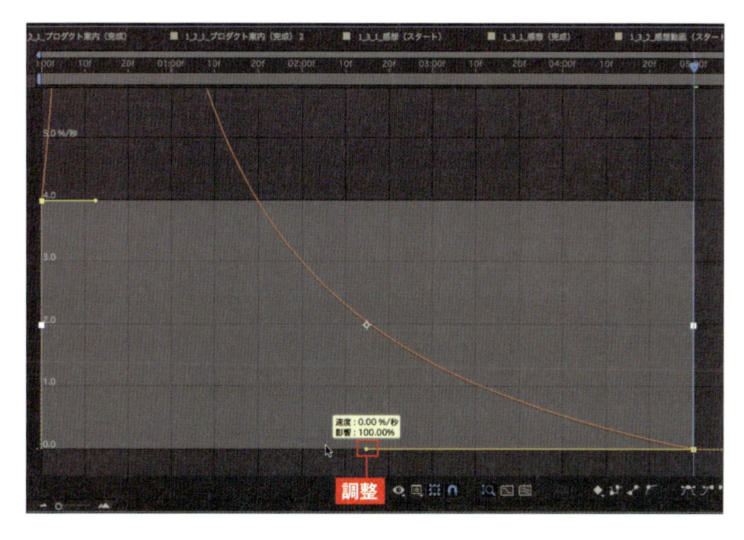

❺ 黄色いベジェ曲線を調整する

黄色いベジェ曲線の先端のを左にドラッグして調整することで、さらに速度の高低差を強調することができる。画面端にはみ出た曲線は、調整後に自動的に画面に収まるので心配いらない。

6 キーフレームを確認する

＜グラフエディター＞をクリックしてグラフエディターを閉じよう。無事にイージーイーズインが適用されると、キーフレームの形がではなくに変わったのが確認できるはずだ。

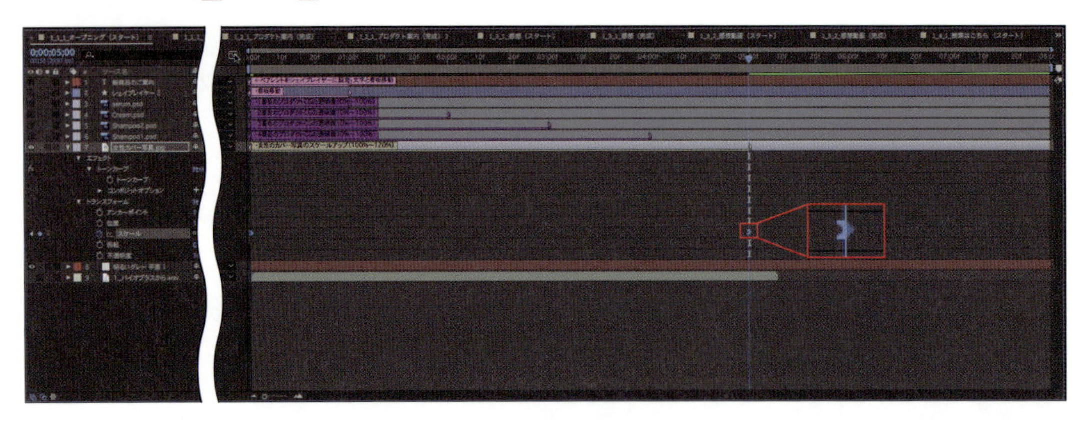

ここまで、グラフエディターが持つ機能のイージーイーズインについて解説してきたが、より詳しい解説動画も下記に用意している。イージーイーズインの詳細だけでなく、そのほかの機能であるイージーイーズアウト、イージーイーズ、リニアとは何かといったことも詳しく解説しているので、ぜひチェックして、グラフィックエディターの操作方法を身に付けていただきたい。

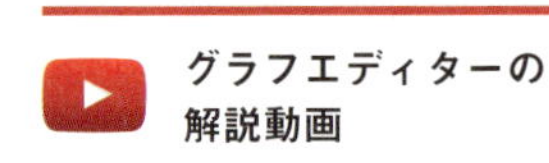

TIPS

グラフエディターのキーボードショートカット

グラフエディターでもショートカットが用意されている。2つ以上のキーフレームを選択することで適用することができる便利なキーボードショートカットだ。こちらもぜひ習得してもらいたい。

イージーイーズ	F9
イージーイーズイン	Shift + F9
イージーイーズアウト	command + shift + F9 （Windows では Ctrl + Shift + F9）

SECTION

10 アンカーポイントを設定する ～オープニングの作成⑤

アンカーポイントは、トランスフォーム内の項目、位置、スケール、回転、不透明度と並ぶ重要な項目だ。ここでは、その設定方法を解説する。

写真の動きの中心点を確認する

アンカーポイントが重要な理由は、アンカーポイントを中心に各位置、スケール、回転などの基準が算出されるからだ。今回作業した「女性カバー写真」のスケールを例にあげると、女性カバー写真の画面の中心部分でスケールアップしているのが確認できる。

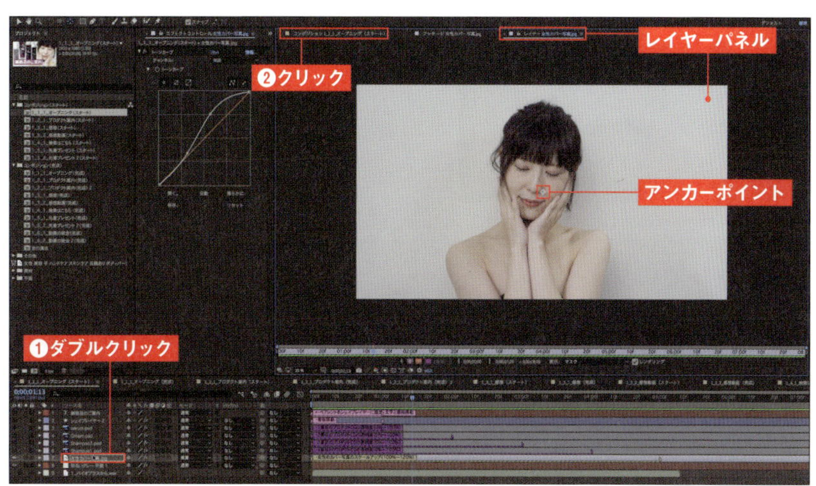

タイムラインパネル内の<女性カバー写真.jpg>をダブルクリックし❶、レイヤーパネルを表示させて、アンカーポイントの中心を確認してみよう。元に戻る場合は、再びコンポジションパネルのタブをクリックする❷。

MEMO レイヤーパネルとは？

レイヤーパネルは、タイムラインに配置された写真や動画などの状態を確認するためのパネルだ。ソースパネルと違い、タイムラインに配置された素材にはマスクやアンカーポイント、そのほかロトブラシなどのほかのエフェクトが適用、配置されているケースが多く、それら素材を混雑したタイムラインで確認するのが難しい場合に活用するものだ。

アンカーポイントを移動させる

アンカーポイントは､回転の基軸にも大きく影響する。シェイプレイヤーなどを使用して複雑なアニメーション設定を行う場合は、とくに注意が必要となるが、ここでは、基本的な操作を学んでほしい。

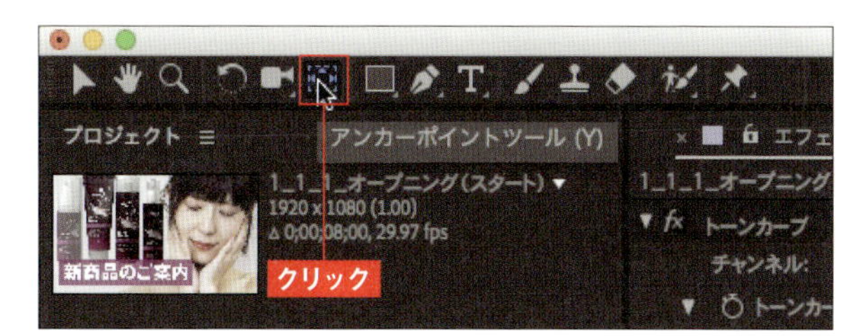

① アンカーポイントツールを実行する

画面左上のツールの<アンカーポイントツール>をクリックする。

② アンカーポイントを移動する

ここでは、アンカーポイントを鼻の中心部分にドラッグする。プレビューで確認してみると、鼻を中心に拡大しているのが確認できる。

③ 移動の効果を確認する

アンカーポイントを肩に移動させると、肩を中心に拡大していく。

MEMO　アンカーポイント移動のショートカットキー

アンカーポイントを画像、オブジェクトの中心へ移動させるショートカットキーは、以下のとおりだ。キー1つでオブジェクトの中心にアンカーポイントを移動させてくれるので、便利なショートカットキーの1つと言えるだろう。

Option ＋ Command ＋ Home キー（Mac）／ Ctrl ＋ Alt ＋ Home キー（Windows）

TIPS

新規に作成されたシェイプレイヤーのアンカーポイントの設定

＜After Effects CC＞→＜環境設定＞→＜一般設定＞（Windowsでは、＜編集＞→＜環境設定＞→＜一般設定＞）で表示される環境設定画面の＜アンカーポイントを新しいシェイプレイヤーの中央に配置＞にチェックを入れることで、新規に作成されたシェイプレイヤーのアンカーポイントの位置を、あらかじめ中央に自動配置することもできる。

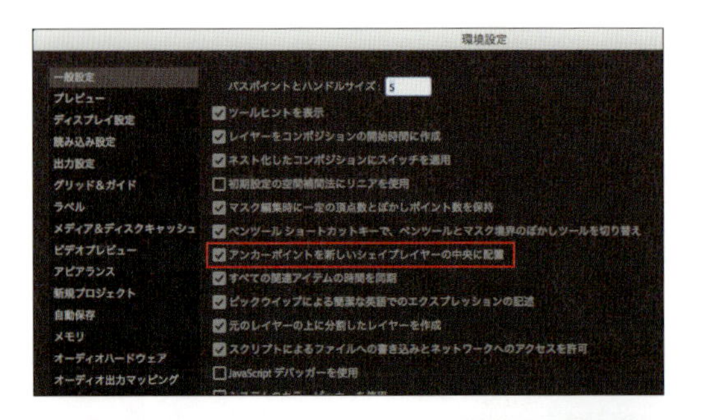

アンカーポイントの移動方法の解説動画

SECTION

11 レイヤー（プロダクト）を配置する ～オープニングの作成⑥

プロダクトの配置や調整は、スケールプロパティから、また、各レイヤーを表示してエフェクトコントロールパネルから行うことができる。

プロダクトの配置と調整を行う

ここでは、各プロダクトの配置と調整を行う。まずは、非表示にしていた各レイヤー（プロダクト）< serum >< Cleam >< Shampoo1 >< Shampoo2 >を表示させてみよう。

❶ レイヤーを表示する

4つのレイヤー（プロダクト）を Command キー（Windows では Ctrl キー）を押しながら複数選択し❶、表示マーク■をクリックすると❷、すべての項目に👁が表示され、選択項目が表示される。

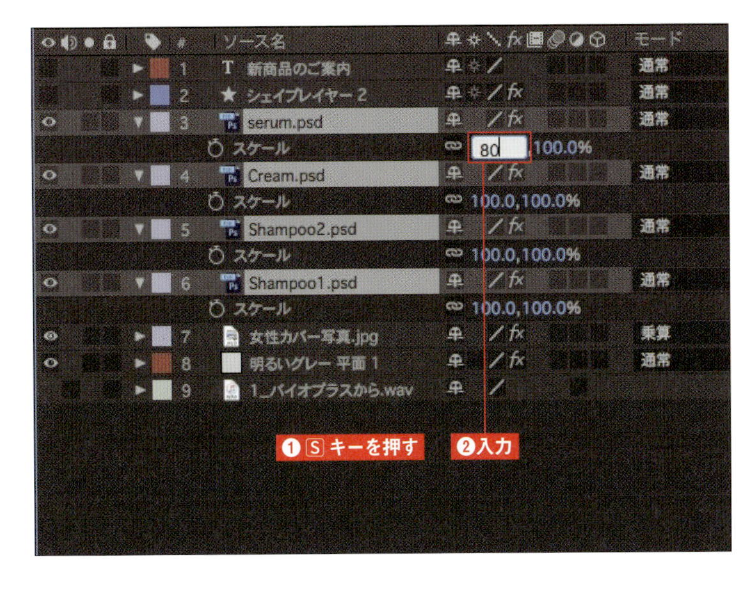

❷ スケールのプロパティを表示する

続いて複数選択した状態で S キーを押し❶（ここでは、ぜひショートカットキーを使っていただきたい）、トランスフォームの4つのレイヤー（プロダクト）の<スケール>のプロパティを表示させる。選択された4つのプロダクトの1つ< serum.psd >のスケールプロパティに< 80.0,80.0% >と入力する❷。

❸ スケール値が変更される

選択されているすべてのレイヤー（プロダクト）のスケール値が変更される。

❹ 一部のスケールを変更する

一番下にあるプロダクト＜Shampoo1＞は、ほかと大きさが異なるのでここだけ＜70.0,70.0%＞に設定する❶。これで全体のスケールのバランスが取れた形になる❷。

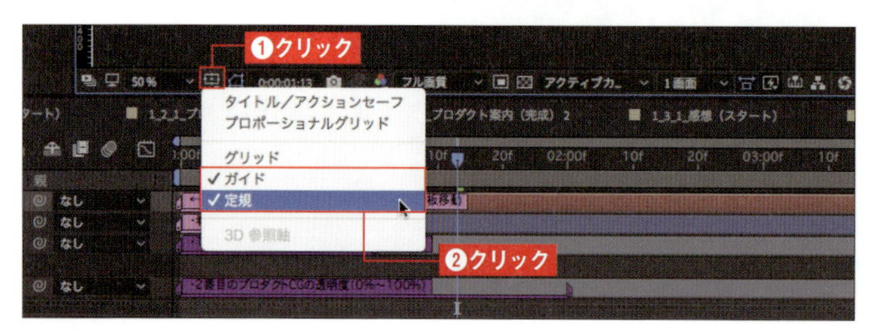

❺ 定規とガイドを表示する

コンポジションパネル内にある＜グリッドとガイドのオプションを選択＞をクリックして❶、表示されるメニューから＜定規＞と＜ガイド＞の２つをそれぞれクリックして選択する❷。

6 ガイド線を表示する

コンポジションパネル上に表示された「定規」上部分の数値の部分にカーソルを合わせて、ドラッグしながらプロダクトを合わせて並べたい位置にガイドをドロップする。こうすることで、ガイド線を目安にして各プロダクトの位置の微調整が行えるようになる（ガイドを戻したい場合には、同じように「定規」の数字部分にドラッグ＆ドロップすることで収納できる）。

7 ドロップシャドウを適用する

各レイヤー（プロダクト）を選択すると❶、エフェクトコントロールパネル内に<ドロップシャドウ>のエフェクトが配置されているので、クリックしてこれを適用すると❷、プロダクトの後ろに影が付加されたのが確認できる❸。影の色や距離、柔らかさなどは好みに合わせて調整してもらいたい。

TIPS

プロダクトの色の変更

配置したプロダクトの色は、現在ワインレッドのような色で統合されているが、こうしたプロダクトの色も After Effects では簡単に変更することができる。

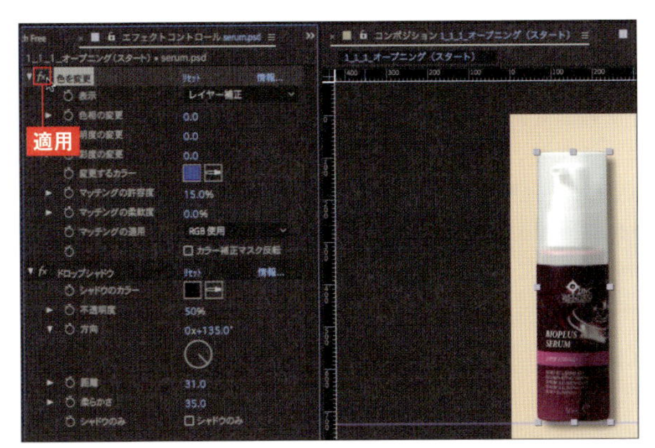

1 エフェクトを適用する

< [serum.psd] >のレイヤーを選択すると、<色を変更>というエフェクトが配置されているのが確認できる。この色の変更は現在の色をベースに色を変えてくれる便利なエフェクトだ。このエフェクトを適用しよう。

❷ 色とマッチングの適用を変更する

<変更するカラー>のスポイトツールから、serum のプロダクト部分の色（ワインレッド）を選択して設定し❶、<マッチングの適用>の< RGB 使用>をクリックして、表示されるメニューから<色相使用>に変更する❷。

❸ プロダクトの色を変更する

最後に<色相の変更>の数値を入力すれば❶、プロダクトの色が変更される❷。

このエフェクトを使用することで、服やアクセサリーのようなカラーメインのプロダクトの色を簡単に変更することができる。7 色の服を表現したい場合、わざわざ 7 枚の服を撮影して写真を用意しなくてもエフェクトで色を変更できるのだ。ただし、曖昧な色味などでは、パフォーマンスがでない場合がある。これは「色相」で変えているためで、黒や白などではなく RGB の値がはっきりと浮き出ているような色ものに効果を発揮するということを覚えておこう。

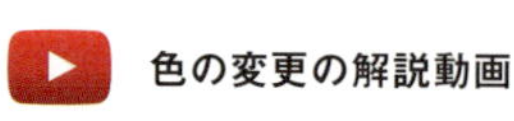

SECTION

12 キーフレームで不透明度の調整をする ～オープニングの作成⑦

レイヤー（プロダクト）の不透明度の調整は、大別するとキーフレームを使用する場合とエクスプレッションを使用する場合がある。

キーフレームによるレイヤー（プロダクト）の不透明度の調整

ここでは、キーフレームを使用した不透明度の調整方法を解説する。キーフレームをそれぞれ設定して、各レイヤー（プロダクト）が時間経過とともに次第に現れるようなアニメーションを施してみよう。

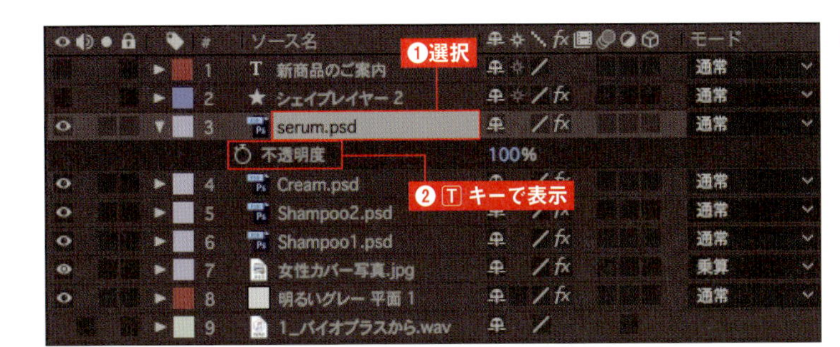

❶ 不透明度の項目を表示する

タイムラインパネル内の< serum.psd >を選択し❶、T キーを押してトランスフォーム内の不透明度の項目を表示する❷。

❷ キーフレームを設定する

時間軸を 1 秒の位置< 01:00f >に移動させ❶、<ストップウオッチ>をクリックする❷。ここでは初期の値が< 100% >となっているため、そのまま 100% の不透明度がキーフレームとして記録される。

❸ アニメーションを設定する

続いて 0 秒の位置＜ 00:00f ＞に時間軸を移動させ❶、不透明度の数値を＜ 0% ＞に設定する❷。こうすることで 1 秒間で 0% ～ 100% に変化するアニメーション設定が行えた。プレビューして確認すると、＜ serum.psd ＞のレイヤーが 1 秒間かけて次第に現れてくるアニメーションが確認できるはずだ。

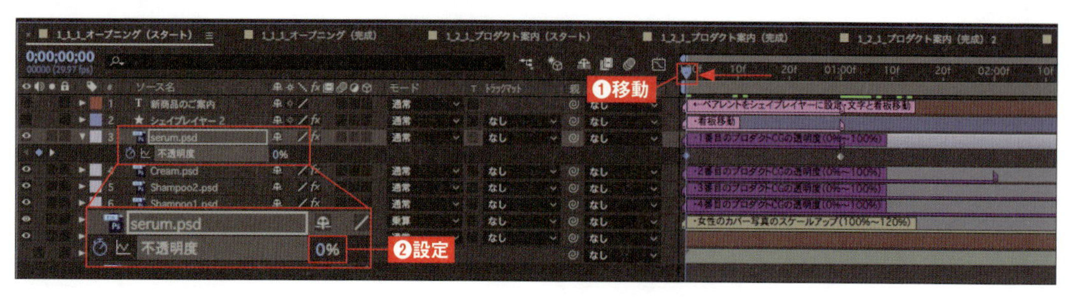

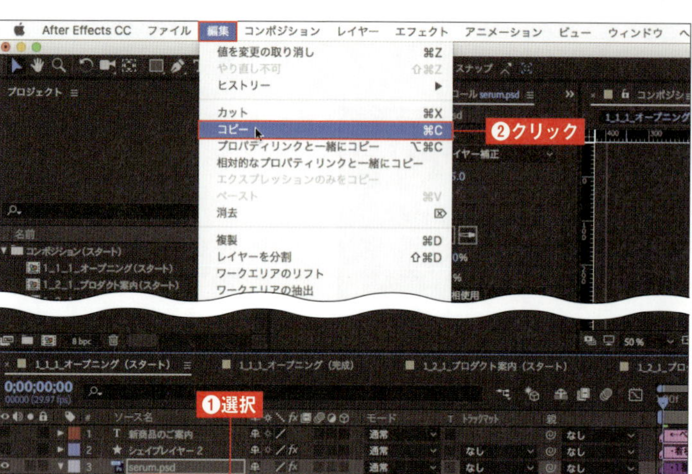

❹ 設定をコピーする

続いて＜ Cream.psd ＞のレイヤーにも同じようにキーフレーム設定を行い、不透明度を変えていくが、ここでは、手順❸で設定した＜ serum.psd ＞の**＜不透明度＞の文字部分を選択すると❶、配置したキーフレーム 2 つが自動的に選択される**ので、そのまま＜編集＞→＜コピー＞をクリックして❷、コピーしてみよう。

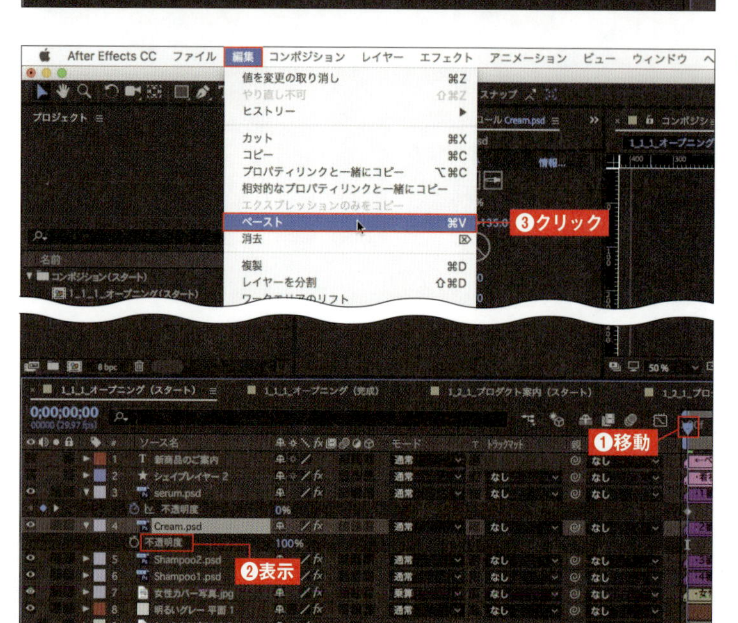

❺ 設定をペーストする

時間軸を 0 秒地点＜ 00:00f ＞に移動させ❶、タイムラインパネル内の＜ Cream.psd ＞のレイヤーの＜不透明度＞を表示し❷、＜編集＞→＜ペースト＞をクリックすると❸、＜ serum.psd ＞レイヤーと同じキーフレームが＜ Cream.psd ＞レイヤー上にコピーされる。

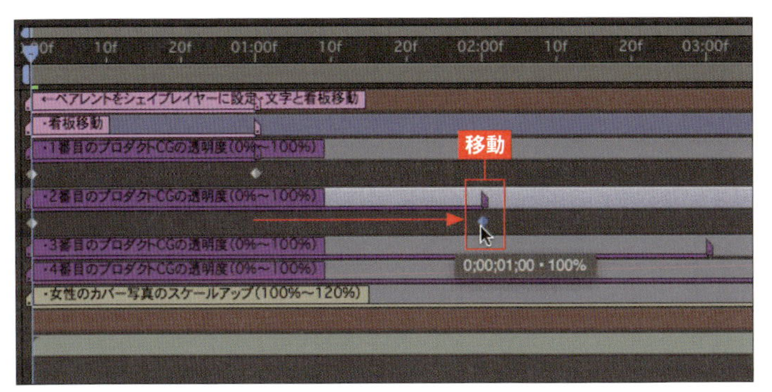

❻ キーフレームを移動してレイヤーを設定する

< Cream.psd >レイヤーの右端の終了点のキーフレームのみを選択し、ドラッグして2秒の位置< 02:00f >(マーカーの最後の位置)まで移動させてみよう。このようにキーフレームを移動することで、1秒、2秒とそれぞれ表示される< serum.psd >< Cream.psd >の各レイヤーの設定が完了する。

❼ そのほかのレイヤーにも設定を行う

< Shampoo2.psd >と< Shampoo1.psd >にも同様の方法で、それぞれ3秒の位置< 03:00f >と4秒の位置< 04:00f >にキーフレームを設定してみよう。これでそれぞれ各レイヤー(プロダクト)が1秒遅れで次第に現れてくるアニメーションが完成する。

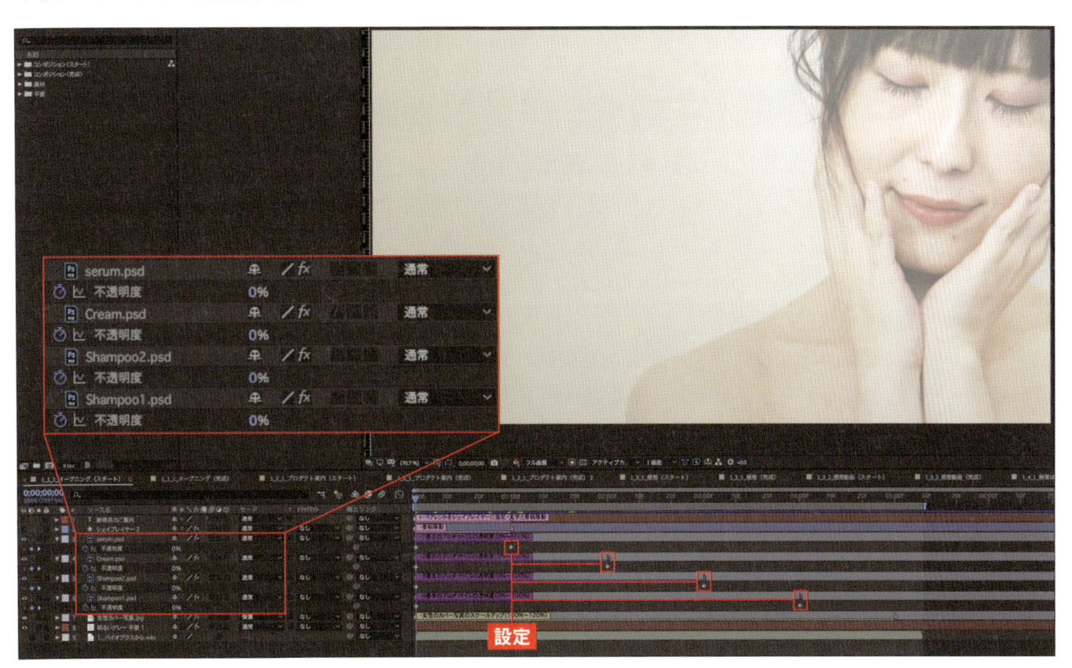

MEMO

テキストにペーストする

キーフレームの情報は、テキスト形式でペーストすることができる。手順❹で設定をコピーしたら、テキストエディタを起動し、command + V キー(Windowsでは Ctrl + V キー)を実行する。もちろん、これらの情報はメールで送ることも可能だ。実際には、主にモーショントラックのデータなどを送るときに使用するケースが多く見受けられる。

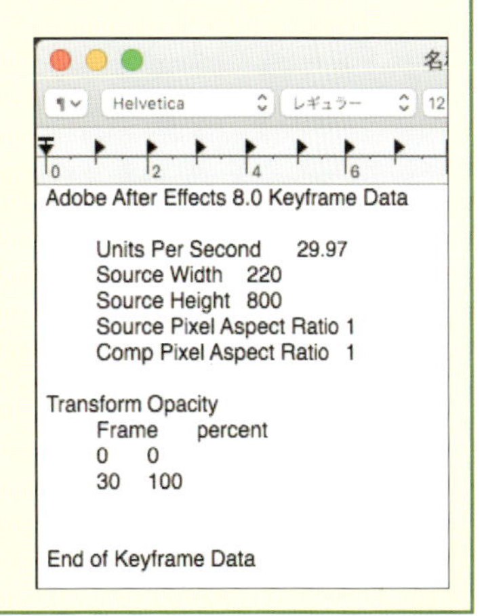

CHAPTER 1 ソーシャル動画の作成(基礎編)

SECTION

13 エクスプレッションで不透明度の調整をする ～オープニングの作成⑧

続いて、エクスプレッションを使用して、次第に現れるレイヤー（プロダクト）の設定方法を解説する。

エクスプレッションによるレイヤー（プロダクト）の不透明度の調整

キーフレームベースでの調整は、キーフレームを「設置する」というタイムラインベースでの設定になるが、After Effects では「エクスプレッション」というスクリプト言語があり、これを使用することでキーフレームよりもスマートで簡単なモーションの設定を行うことができる。たとえるならば、キーフレーム設置が「剣術」であれば、エクスプレッションは「魔法」だと考えればわかりやすい。レベルが上がるにつれて魔法攻撃だけでもキーフレームと同じような、さらに高度なモーションの設定を行うことができるのだ。

●どのような場面でエクスプレッションは使えるのか？

こうしたエクスプレッションは、実際にはどのような場面で活躍するのか？　多くの読者が疑問に思う点を挙げてみよう。

❶ 単調な動きでのループ的な活用
❷ キーフレームでの動きとエクスプレッションを同時に使用する複雑なモーション設定での活用
❸ レイヤーどうしのパラメーターを連動させる場合
❹ ヌルオブジェクトによるエフェクトのコントローラーとして使用する場合
❺ 幾何学的な動き（到底「人」による設定では面倒、もしくは複雑すぎて残業しなければならないレベルのアニメーションの設定を行う場合）
❻ かっこいいから（笑）

❻以外では有用的に活用する場面も多く、本書でもソーシャル動画制作で必要な基本のエクスプレッションを CHAPTER 2 で解説している。
ここではまず序盤として「1_1_1_オープニング」のレイヤー（プロダクト）部分を例に挙げて、簡単なエクスプレッションを使用した不透明度のコントロールを解説していこう。もしエクスプレッション言語がどうしても苦手というユーザーは、ここでの解説は飛ばしてもらっても CHAPTER 1 は完成させることができるので安心してほしい。

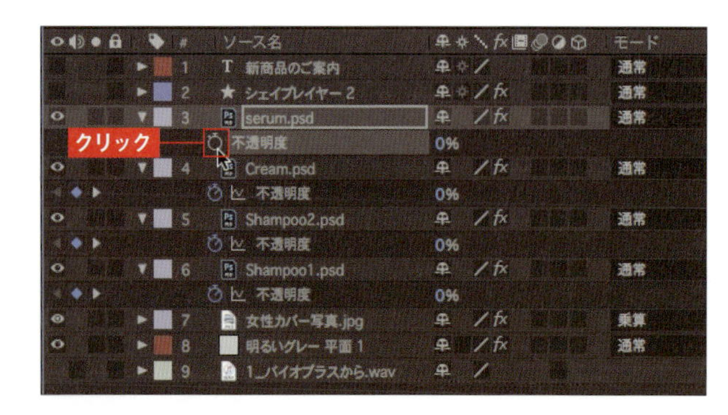

❶ キーフレームを削除する

全レイヤー（< serum.psd >< Cream.psd > < Shampoo2.psd > < Shampoo1.psd >）の各<ストップウォッチ>をクリックして、キーフレームを削除する。

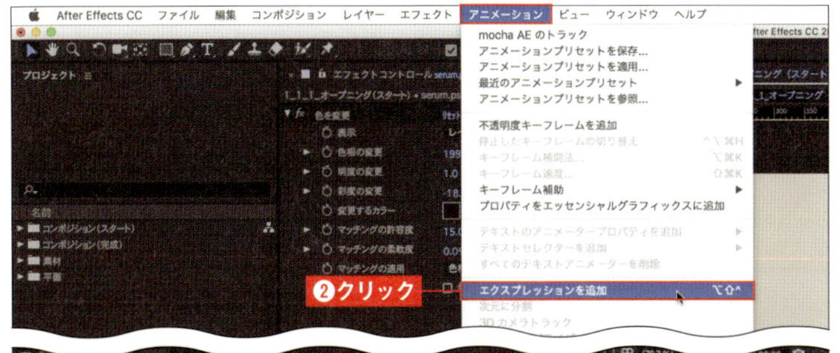

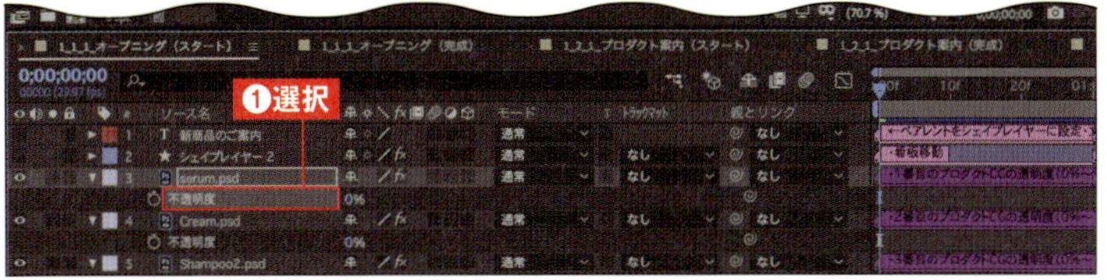

❷ エクスプレッションを追加する

まずは< serum.psd >から設定していこう。< serum.psd >の<不透明度>を選択し❶、<アニメーション>メニュー→<エクスプレッションを追加>をクリックする❷。

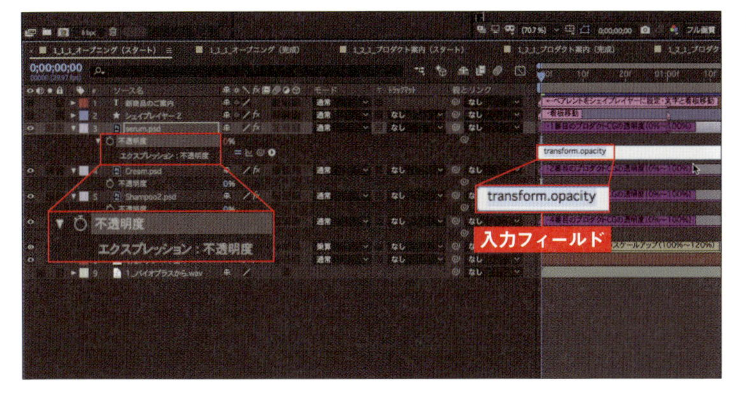

❸ エクスプレッションのツールが表示される

不透明度の項目にエクスプレッションのツールが表示され、タイムライン上には「transform.opacity」と表記されている入力フィールドが現れたのが確認できるはずだ。デフォルトではこのように各プロパティに合わせて、英語で「トランスフォーム内の透明度」のような文字が表記される。

❹ スクリプトを入力する

< transform.opacity >をクリックして、文字入力フィールドに「time*100」と入力してみよう。入力を終えたら入力フィールドの外にカーソルを移動させ、マウスの左ボタンかホイールをクリックする。**なお、こうしたスクリプトはすべて半角文字で入力する必要がある。**

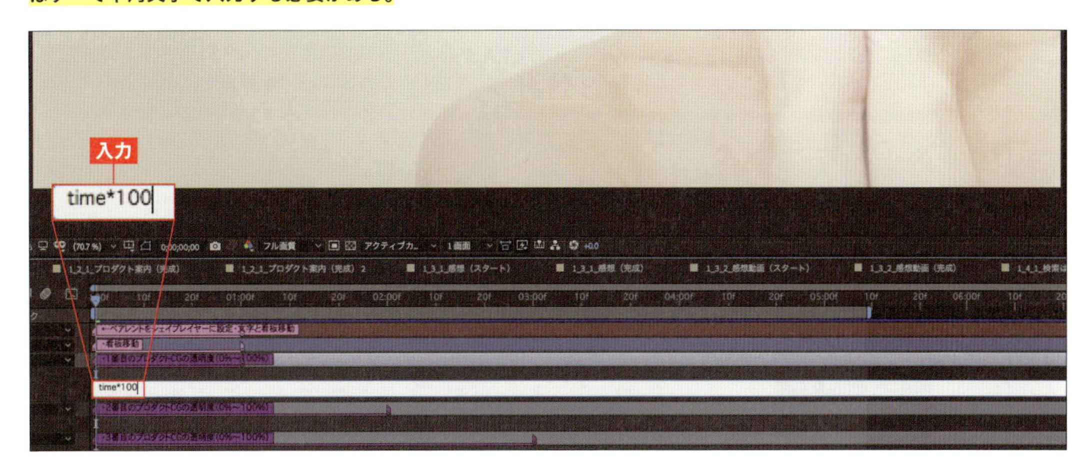

MEMO エクスプレッションのショートカットキー

エクスプレッションのショートカットキーは、適用したい項目（ここでは<不透明度>）を選択したあとに、Option + Shift + ^ キー、あるいは Option キー+[ストップウォッチ]をクリック（Windows では Alt + Shift + ^ キー、あるいは Alt キー+[ストップウォッチ]をクリック）する。取り消したい場合も同じ動作で取り消せる。

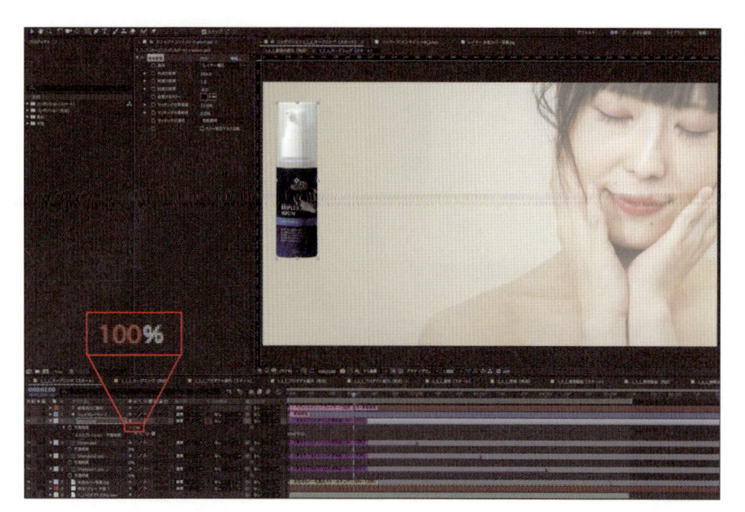

5 プレビューで確認する

プレビューで確認してみると不透明度の部分の % が赤く表示され、1 秒間かけて透明度が 0%〜 100% になっていくのが確認できる。

6 スクリプトを入力する

同じ工程で、今度は< Cream.psd >にエクスプレッションを適用し、文字入力フィールドには「time*50」と入力してみよう。プレビューで確認してみると今度は 2 秒間かけて透明度が 0%〜 100% になっていくのが確認できたはずだ。

CHAPTER 1 ソーシャル動画の作成（基礎編）

MEMO

time* とは何か

time* とはエクスプレッション言語であり、こうしたスクリプトを入力することで自動的にキーフレームの代わりにアクションを設定してくれるものだ。これらエクスプレッション言語は、エクスプレッションの言語メニューから選択することもできる。本書とは異なる記載の言語も存在するが活用範囲は高い。

◀ツールの一番右の<エクスプレッション言語メニュー>をクリックする

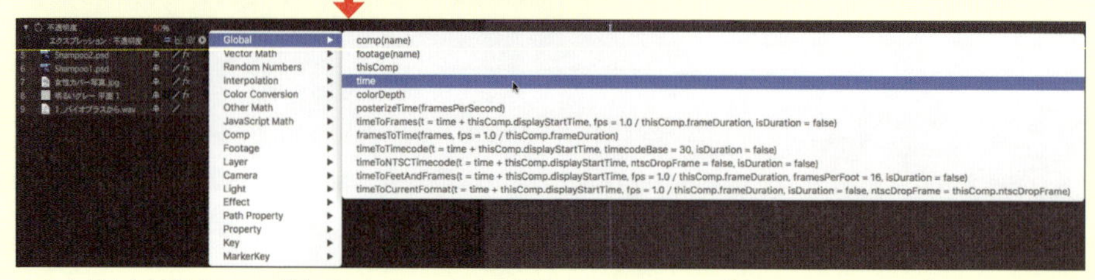

▲さまざまな言語メニューが表示される、これらを選択してカスタマイズすることでエクスプレッションを作成していく

本書ではソーシャル動画制作でよく使われる部分のみを解説していくが、エクスプレッションに興味がある方は専門書や YouTube などでも解説されているのでぜひそちらも参考にしてもらいたい。なお、**エクスプレッション言語は、大文字／小文字との混合の構成で記載されているものもある。本文、または巻末のエクスプレッション一覧を参考に記載を確認してもらいたい。**

time*をより深く理解する

今回使用した「time*」は、不透明度に「time*100」を適用した< serum.psd >のレイヤーでは、単純に「1秒間に透明度が100%の値に変化する」という意味だ。< Cream.psd >に適用したエクスプレッション「time*50」では、半分の数値なので、「1秒間に透明度が50%の値に変化する」。つまり、「2秒間で透明度が100%の値に変化する」計算になる。エクスプレッションの適用を確認したい場合は、適用したときに変化する「赤く表示された数値」を確認するとわかりやすい。今回は不透明度で行ったエクスプレッションだが、これを回転のプロパティに使用すると、「time*360」の場合には「1秒間に360度回転する」という永久的なアクションを作成することができるのだ(不透明度の場合には100%が上限なので、それ以降は変化はない)。

読者の中には、すでに次の< Shampoo2.psd >の3秒間での透明度調整を懸念されている方もいると思う。実はそのとおりで、ここで問題になるのは、3秒間で100%にすること、つまり数値が割り切れる設定ができないことだ。

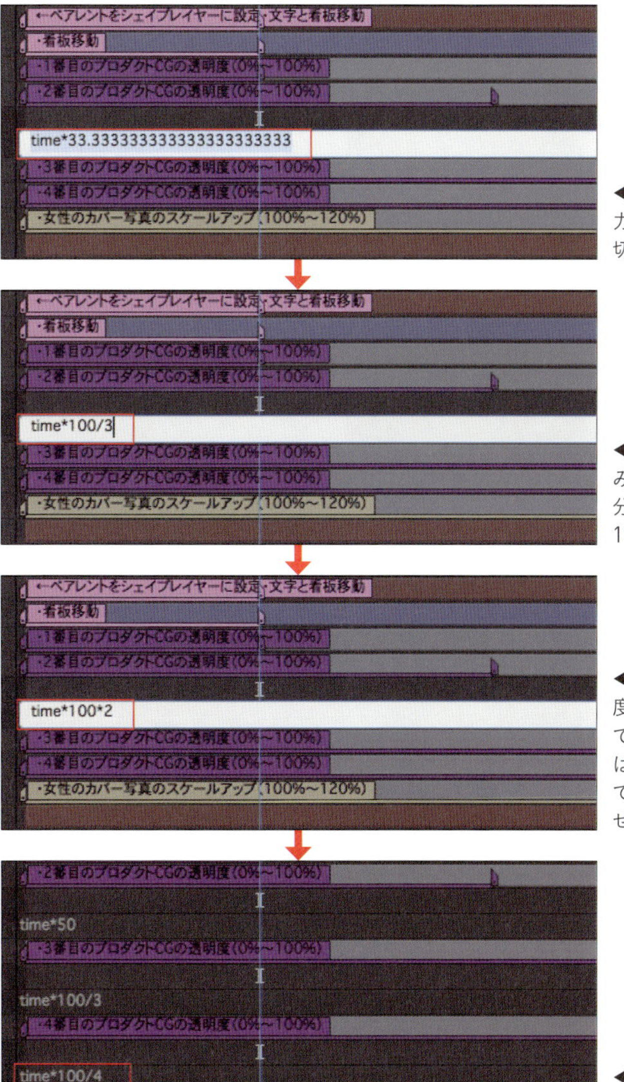

◀「time*33.3333333333333333333」と入力しても、結局は割り切れない。気持ちも割り切れない感じだ

◀こうした場合には「time*100/3」と記載してみよう。これは1秒間に透明度100%の値を3分割の速度で実行する、いわば「3秒間かけて100%に」の設定だ

◀逆に「time*100*2」と入力してみると、今度は1秒間に透明度が100%の値の2倍の速さで実行される。このケースでは「*」は掛け算、「/」は割り算を表す記号(演算子)ということだけでも覚えておくと、後々応用が効いてくるのでぜひ試してみてもらいたい

◀< Shampoo1.psd >では、図のとおり「time*100/4」もしくは「time*25」が正解となる

以上のようにエクスプレッションでは答えが1つではなく、言語のさまざまなテクニックを活用することで同じようなアクションにいたるケースも多く存在する。

SECTION

14 プレートと文字の演出をする ～オープニングの作成⑨

オープニングの最後に仕上げる項目はプレートと文字だ。立体的なプレートを作成し、文字にも演出を施して完成度を高めていこう。

文字とプレートにエフェクトを施す

1 レイヤーの非表示を解除する

＜新製品のご案内＞と＜シェイプレイヤー２＞の■をクリックし、■を表示して、２つのレイヤーの非表示を解除する。紫色のプレートは、シェイプレイヤーの長方形で作成し、その中の文字は横書きで、「新商品のご案内」と入力している。作り方は下記動画を参考にしてもらいたい。

シェイプレイヤーによる長方形の作成および文字入力の解説動画

2 ＜シェイプレイヤー2＞のエフェクトを確認する

まずは＜シェイプレイヤー２＞を選択し❶、Option + Command + Home キー（Windows では Ctrl + Alt + Home キー）でアンカーポイントをシェイプレイヤーの中心へ移動させておこう❷。次にエフェクトコントロールパネルの＜ベベルエッジ＞のエフェクトを適用すると❸、長方形のプレートの端が立体になるのが確認できる。＜エッジの太さ＞を調整することで❹、より立体感が増していく。

③ <CC Light Sweep>のエフェクトを確認する

続いて手順❷と同様に、< CC Light Sweep >のエフェクトを適用してもらいたい❶。CC Light Sweepは、光の線を作成するエフェクトだ。< Center >のターゲットを選択することで❷、長方形のシェイプレイヤーの真ん中に光が位置しているのが確認できるはずだ。CC Light Sweepでは光の強さを調整する< Sweep Intensity >と、エッジ部分の光沢の強弱を調整する< Edge Intensity >がメインの調整ポイントとなるので、パラメーターを調整してプレートの光沢感を確認してほしい。

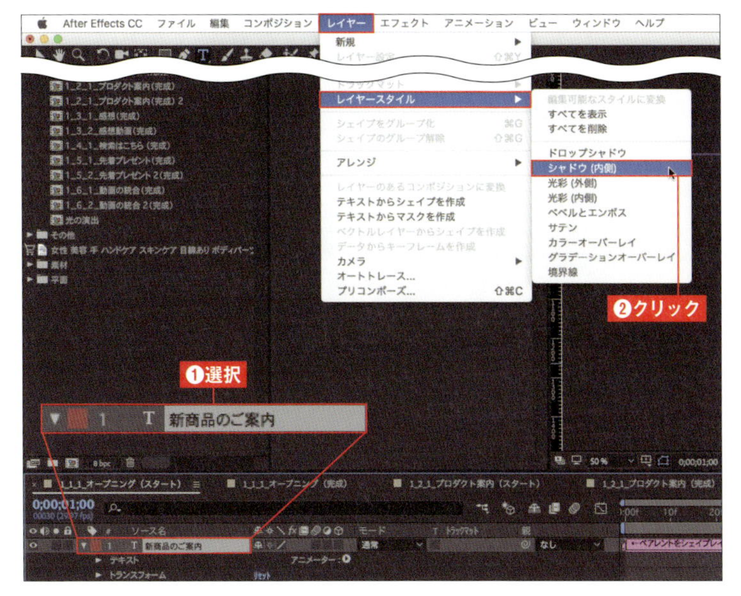

④ 文字にシャドウを適用する

文字である<新商品のご案内>のレイヤーを選択し❶、<レイヤー>メニュー→<レイヤースタイル>→<シャドウ（内側）>をクリックしてみよう❷。

このレイヤースタイルは、Photoshopなどでおなじみのレイヤー効果をそのままAfter Effectsで受け継いでいるエフェクトだ。もちろんPhotoshopでレイヤー効果を適用された素材データは、そのままAfter Effectsに引き継ぐこともできる。レイヤースタイルについての詳細はCHAPTER 2で細かく解説している。

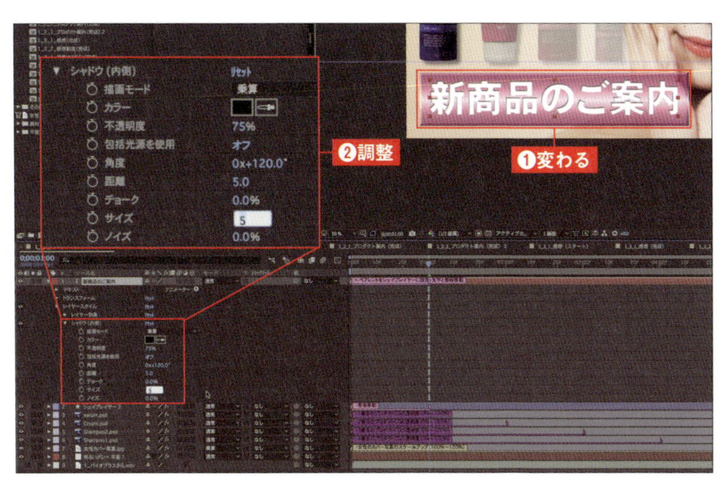

⑤ 各パラメーターを確認する

レイヤースタイルを適用すると、文字がプレートに埋め込まれたような文字に変わる❶。また、トランスフォームの下にレイヤースタイルという項目が現れ、<シャドウ（内側）>の▶をクリックすることで、各パラメーターの調整を行える❷。

ペアレントでプレートと文字を一緒に動かす

完成したプレートと文字をペアレントさせて一緒に動かしてみよう。ペアレントとは、両者を親子関係にして、同期させることだ。

1 ペアレントを実行する

<新商品のご案内>の<親ピックウイップ>をクリックし❶、そのまま、プレートの<シェイプレイヤー2>までドラッグ＆ドロップする❷。ペアレントが無事完了すると、の隣に親のレイヤーが表示され、プレートを動かすと文字も一緒に同期して動くのが確認できるはずだ。

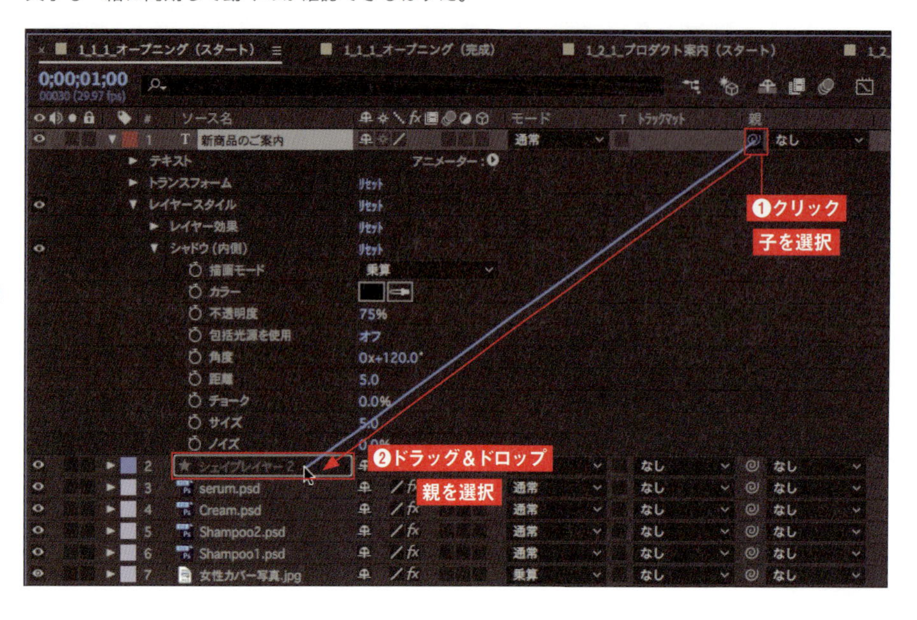

CHECK 親と子の関係

ここでは、「新商品のご案内」が子で「シェイプレイヤー2」が親となる。なぜ「シェイプレイヤー2」を親にしたかというと、レイヤーの大きさが「新商品のご案内」よりも大きいという単純な理由からだ。また、After Effects では「子は親を選ぶ」ことができるが、「親は子を選べない」。

2 動きを設定する

ペアレントの設定が完了したら、プレートを1秒間< 01:00f >かけて画面左端から中央へ移動するようキーフレームを設定する❶。これで「新商品のご案内」もプレートのキーフレーム合わせて同じように移動される。最後に<位置>を図のように「659.8、901.8」と調整する❷。余裕のある方はキーフレームを2つ選択して、Shift ＋ F9 キーを押すことで「イージーイーズイン」の移動も適用してみよう。

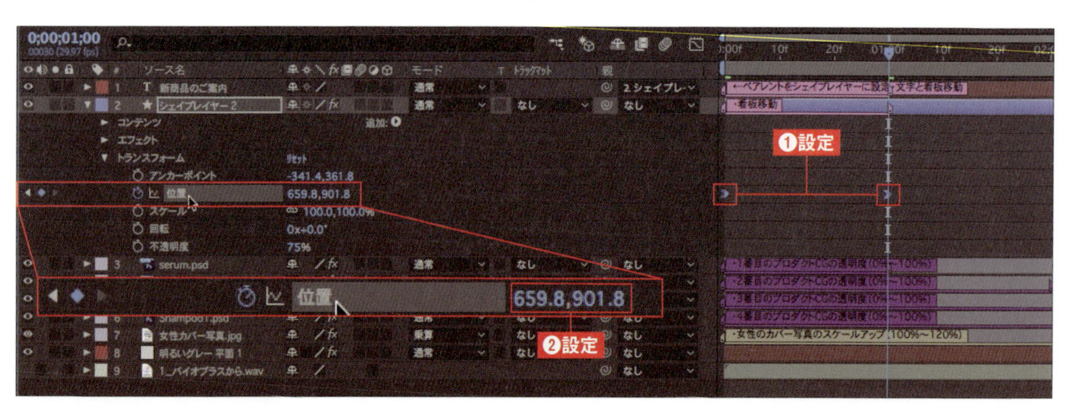

SECTION

15 モーションブラーの設定をする ～オープニングの作成⑩

移動するオブジェクトを効果的に演出したい場合には、「モーションブラー」が効果的だ。この機能を利用すると、「残像感」を演出できる。

モーションブラーとは

モーションブラーは、移動するオブジェクトに残像効果を施すことができる機能のことだ。遅く移動するオブジェクトには効果が薄いが、オブジェクトの速い移動に対しては、残像効果で自然な動きを作り出すことができる。モーションブラーには2つのスイッチがあり、タイムライン上部の<メインスイッチ>（モーションブラーが設定されたすべてのレイヤーにモーションブラーを適用するボタン）と、各レイヤー毎に設置された<サブスイッチ>（モーションブラー:シャッターが開いた状態をシミュレートするボタン）が存在する。この2つのスイッチがオンになっていないと、モーションブラーは適用されないので注意してもらいたい。

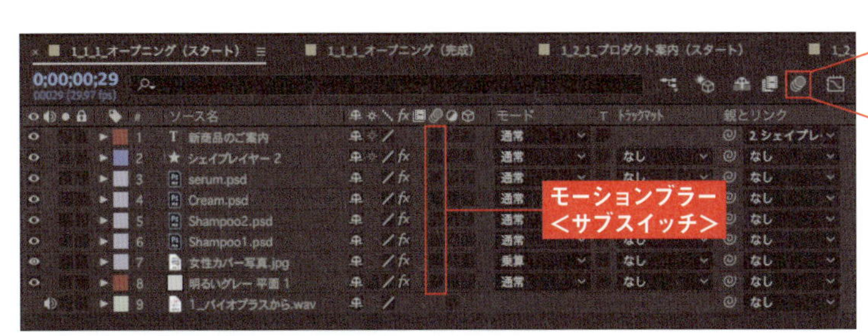

◀通常はメインスイッチをオンにしておき、個別にモーションブラーを適用したい各レイヤーに対してサブスイッチをオンにしていく

▲モーションブラーを適用すると、図のように速く移動するオブジェクトには残像効果が生まれ、自然な感じの移動感が演出される。適用したくないレイヤーはスイッチを外しておけば、そのレイヤーにはモーションブラーは適用されない

モーションブラーを調整する

モーションブラーは、基本的には初期設定で設定された値を基準に残像感を与えてくれるが、<コンポジション>メニュー→<コンポジション設定>を選択し、コンポジションパネル内で表示されるコンポジション設定画面の<高度>タブから、ブラーの残像感の強弱を調整することができる。

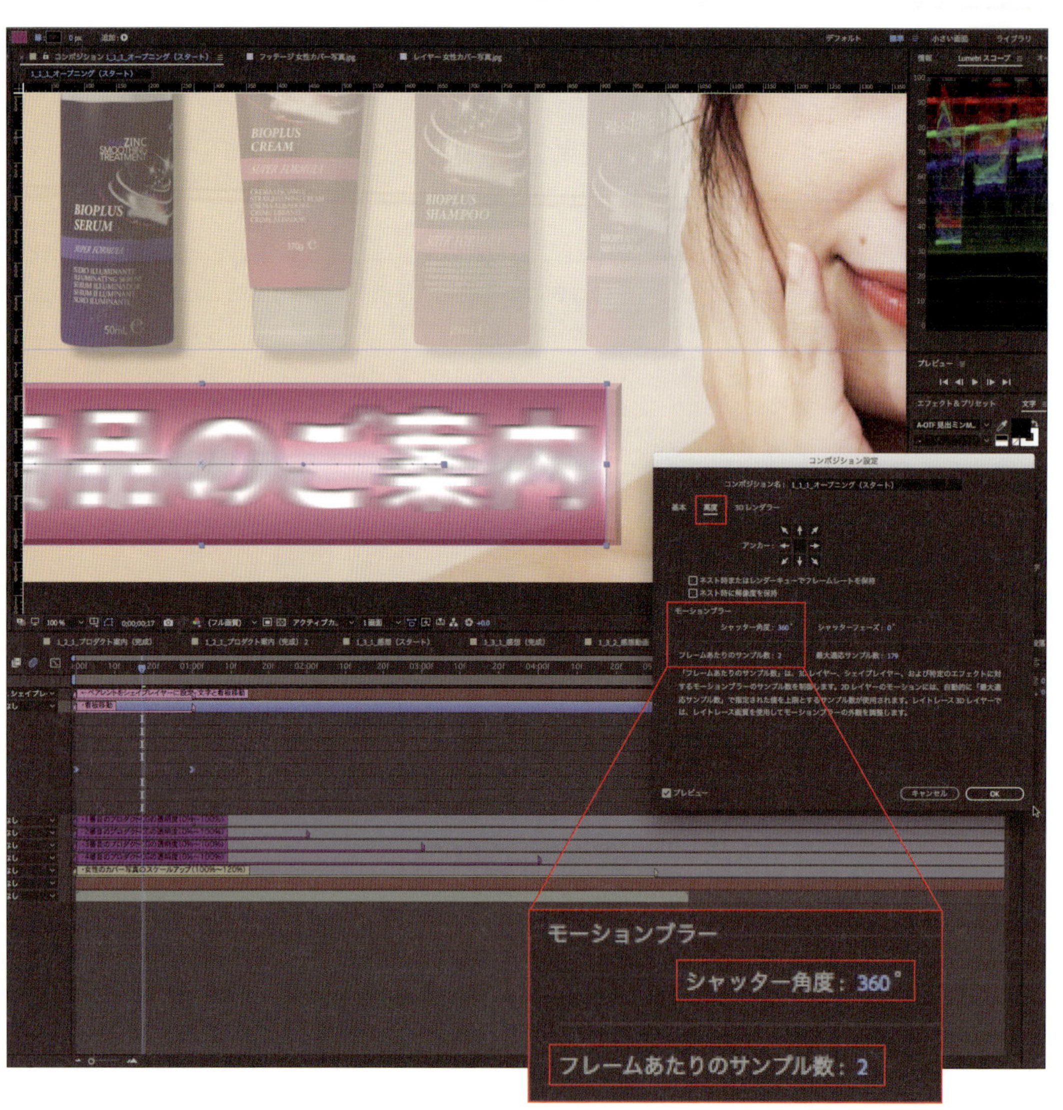

▲通常、文字や写真、動画に対してはモーションブラー内の<シャッター角度>で調整を行う。ここから調整を行うと、数字が大きい程ブラーが強く適用され残像感をアップさせることができる。シャイプレイヤーや3Dレイヤーでは、<フレームあたりのサンプル数>でブラーの調整を行う。サンプル数が多ければ多いほどブラーの枚数が増えるため、残像感が増していく。上図では文字に対しては<シャッター角度>を<360°>に設定しているため、残像感がさらにアップされているが、座布団部分（文字下のシェイプレイヤー）には<フレームあたりのサンプル数>を<2>で適用しているため、ほとんど残像感が出ていない状態となっている。いろいろと数字を変えてモーションブラー具合を試してみてもらいたい

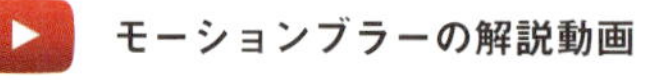
モーションブラーの解説動画

SECTION

16 背景を作成する ～プロダクト案内の作成①

「1_2_1_プロダクト案内（スタート）」で、各プロダクトの特徴を仕上げていく動画を作成していこう。まずは背景を作成していく。

グラデーションとレイヤーの重ねによる背景の作成

背景はオープニングと同じようにグラデーションをメインに構成していくが、<ホワイト平面2>を選択すると、すでに白とベージュのグラデーションが適用されているのが確認できる（手順❷の画面で確認していただきたい）。ここでは背景が単調なグラデーションになってしまうのを防ぐため、より深みのある背景の作成テクニックを解説していく。

❶ <1_2_1_プロダクト案内（スタート）>を選択する

まずは、コンポジション（スタート）フォルダ内から<1_2_1_プロダクト案内（スタート）>を選択してほしい。

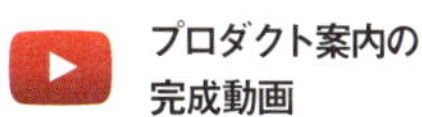

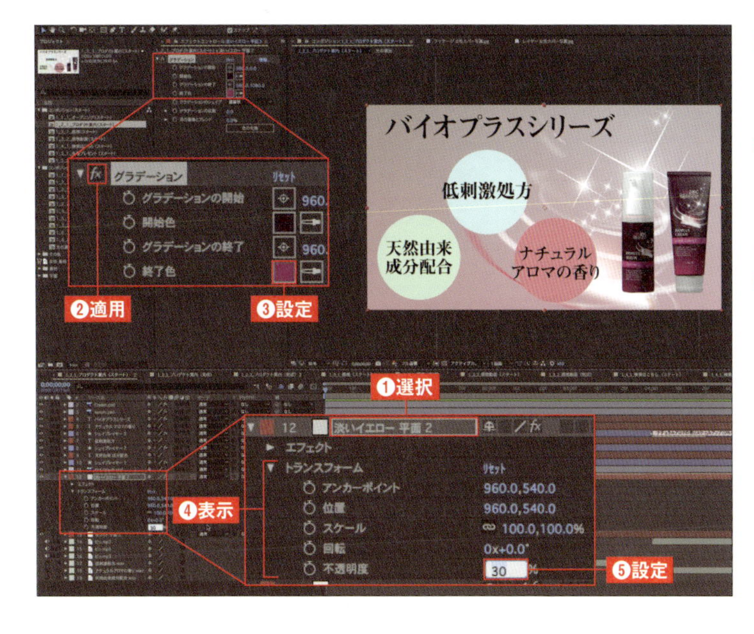

❷ グラデーションを設定して背景を合成する

<淡いイエロー平面2>を選択し❶、エフェクトコントロールパネル内のグラデーションのエフェクトをクリックして適用し❷、終了色を図のようなワインレッドに設定する❸。ちなみにこのワインレッドは、プロダクトの色をサンプリングしたものだ。その後<淡いイエロー平面2>の<トランスフォーム>を表示し❹、<不透明度>を<30%>に設定して❺、透過させてみよう。こうすることで前後の背景を構成する背景どうしを合成することができ、より深みのある色を演出することができる。

SECTION

17 文字の演出をする ～プロダクト案内の作成②

ここでは、グラデーションを文字に適用する。オープニングの文字で適用したレイヤースタイルのエフェクトを同じように適用すればOKだ。

文字にグラデーションを施す

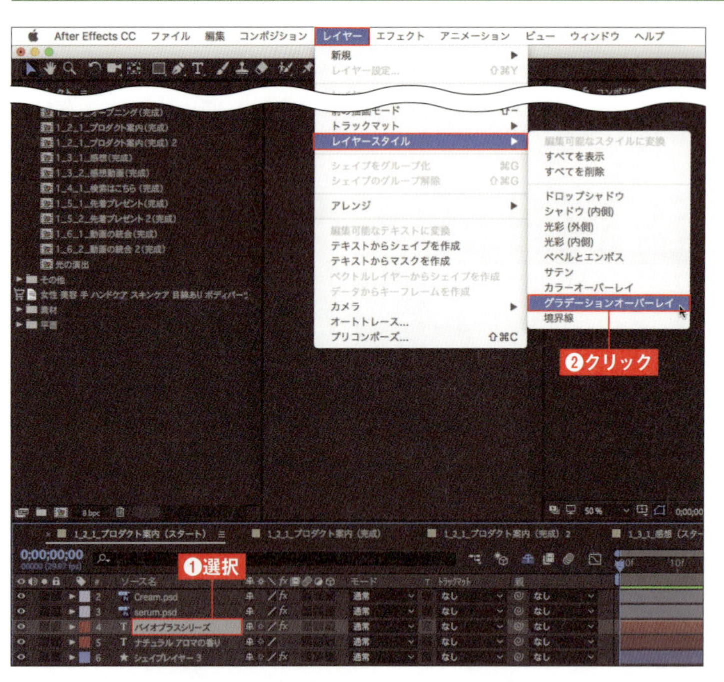

❶ グラデーションオーバーレイを表示する

＜バイオプラスシリーズ＞と表示された文字レイヤーを選択し❶、＜レイヤー＞メニュー→＜レイヤースタイル＞→＜グラデーションオーバーレイ＞をクリックする❷。

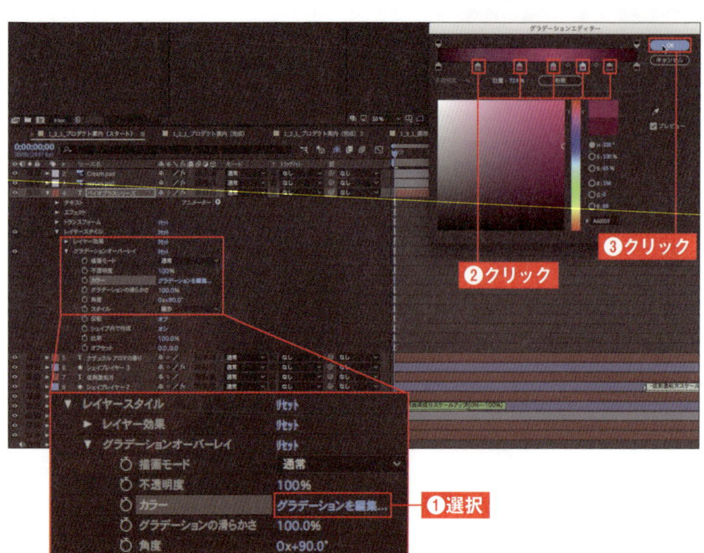

❷ グラデーションエディター画面を表示する

＜バイオプラスシリーズ＞の＜レイヤースタイル＞から＜グラデーションオーバーレイ＞の項目を展開し、＜カラー＞の＜グラデーションを編集＞を選択すると❶、グラデーションエディター画面が表示される。最初は左と右の2箇所しか色が指定されていないが、2箇所の間をクリックすることで❷、グラデーションの色範囲を増やしていくことができる。設定したら＜OK＞をクリックする❸。

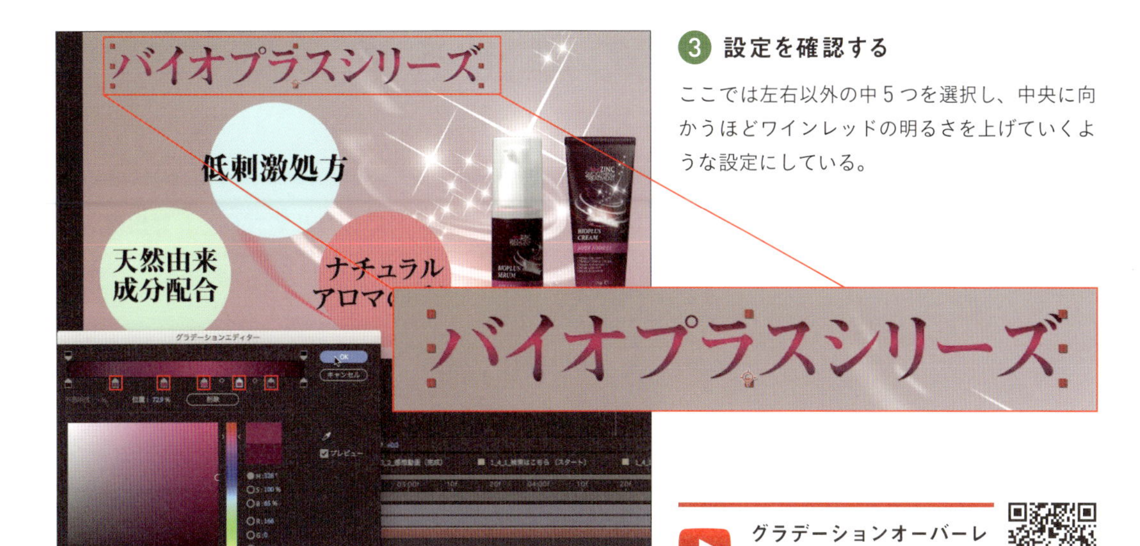

❸ 設定を確認する

ここでは左右以外の中5つを選択し、中央に向かうほどワインレッドの明るさを上げていくような設定にしている。

グラデーションオーバーレイの解説動画

文字を立体的にする

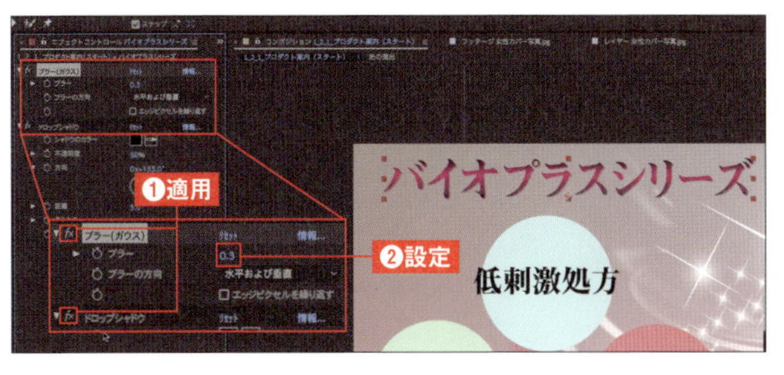

❶ エフェクトを有効にして文字のエッジを調整する

最後の仕上げは、エフェクトコントロールパネル内にある＜ブラー（ガウス）＞＜ドロップシャドウ＞を適用すれば文字は完成だ❶。ここでは、＜ブラー（ガウス）＞を少々適用することで（＜0.3＞に設定）❷、文字のエッジが若干滑らかになるようにしている。

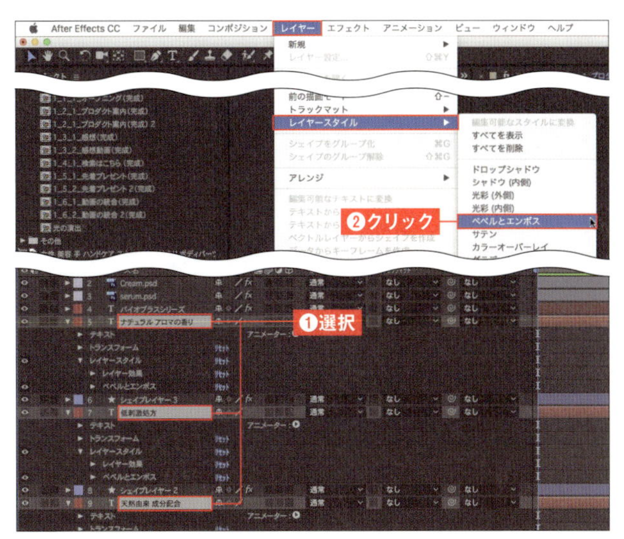

❷ ほかの文字を立体化する

続いてタイトル以外の文字、＜天然由来成分配合＞＜低刺激処方＞＜ナチュラルアロマの香り＞を選択して❶、＜レイヤー＞メニュー→＜レイヤースタイル＞→＜ベベルとエンボス＞をクリックして適用してみよう❷。適用されると文字が立体的になったのが確認できる。

MEMO　グラデーションオーバーレイについて

グラデーションオーバーレイは、演出次第ではCC Light Sweep（エフェクト）と同じような、中央に光の線が出るような表現も演出できる。CC Light Sweepのようにセンター位置を決める必要性がないため、便利なレイヤースタイルの1つだ。

SECTION

18 吹き出しの演出をする ～プロダクト案内の作成③

ここでは、円型プレートを立体化し、サウンドに合わせてプレートを出現させる方法を解説する。エクスプレッションによる出現方法も参考にしてほしい。

吹き出しを音に合わせて出現させる

P.068の「プレートと文字の演出をする」で学習したペアレントで、各文字と円型プレートを親子関係でつないでみよう。ペアレントの設定が完了したら、先に移動させる丸型シェイプレイヤーを各1つずつ選択し、それぞれ Option + Command + Home キー（Windowsでは Ctrl + Alt + Home キー）で、アンカーポイントをシェイプレイヤーの中心へ移動させておこう。この移動を行っておかないと円型プレートの中心からではなく、とんでもない場所から円型プレートが現れることになるからだ。

1 ペアレントを設定する

各文言（天然由来成分、低刺激処方、ナチュラルアロマの香り）を子としてそれぞれ下敷きの親になる円型プレートにピックウィップをドラッグ＆ドロップしてペアレントを設定する。プレートを移動させると、文字も一緒に付いてくるのが確認できる。3つのペアレントを設定していこう。

2 プレートを立体化する

タイムラインから3つのプレートをそれぞれ選択し❶、エフェクトコントロールパネルから＜ベベルアルファ＞のエフェクトをクリックして適用すると❷、立体的なプレートに変化する。

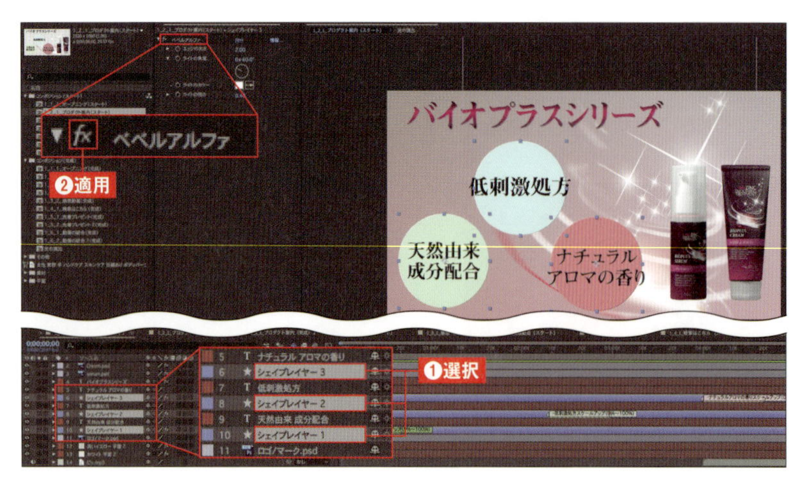

MEMO　ペアレントの例外

ペアレントはトランスフォーム内の項目を親子関係で関連させることはできるが、「不透明度」だけには効果が適用されない。

サウンドに合わせてプレートを出現させる

今度はプレートを動かしていくわけだが、まずはプレビューでサウンドを確認してみよう。ここでは「ピッ」というサウンドが鳴ると、各プレートが出現するという演出を施していく。

❶ タイムライン上のプレートにキーフレームの設定を行う

＜シェイプレイヤー 1＞の＜スケール＞の値を、0 秒地点＜ 00:00f ＞で＜ 0% ＞としてから❶、1 秒地点＜ 01:00f ＞で＜ 110% ＞まででスケールアップをさせていく❷。その後、1 秒 10 フレーム地点＜ 01:10f ＞に移動して、スケールダウン＜ 100.0,100.0% ＞に設定する❸。なお、通常の登場シーンであればスケール値の設定は 0% ～ 100% でまったく問題ないが、ここでは引きのアクセントを加えるために 10 フレーム分だけ 10% 拡大（110%）して、引きの演出を意図的に行っている。こうすることで出現のアクセントを簡単に加えることができる。

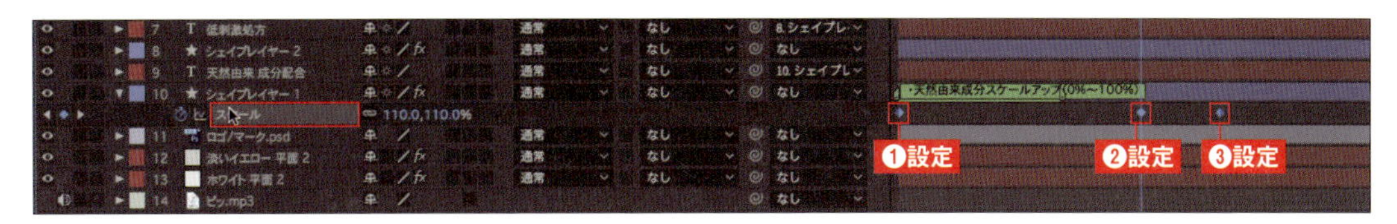

❷ ＜イージーイーズイン＞を適用する

最後にスケール上に配置された 3 つのキーフレームを選択し、Shift + F9 キーを押して＜イージーイーズイン＞を適用すれば、自然な出方に調整することができる。場合によっては、＜モーションブラー＞を好みに合わせて適用してもよいだろう。

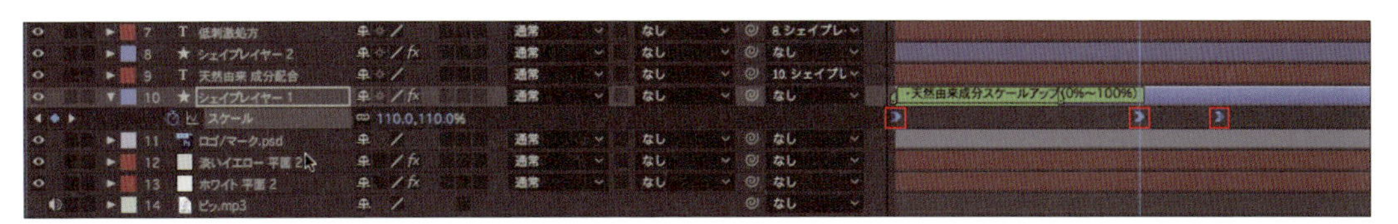

❸ キーフレームの設定をほかの円型プレートにも施す

不透明度の設定でも行ったように（P.062 参照）、スケールの 3 つのキーフレームをコピーし、ほかの円型プレートにもペーストして、すべての円型プレートに適用してみよう。＜シェイプレイヤー 1＞の＜スケール＞を選択し❶、3 つのキーフレームを選択したら＜コピー＞する❷。＜シェイプレイヤー 2＞の円型プレートにもシーフォーム色（薄緑）のマーカーの開始位置に時間軸を移動させて＜ペースト＞してみよう❸❹❺。

無事キーフレームが表示されたら、同じように＜シェイプレイヤー 3＞の円型プレートのピンク色のマーカー開始部分にも適用してみよう❻❼❽。ここでのポイントは、コピーしたキーフレームをペーストする場合には時間軸の部分からキーフレームがペーストされていくので、登場順に時間軸を移動させてからペーストすることだ。

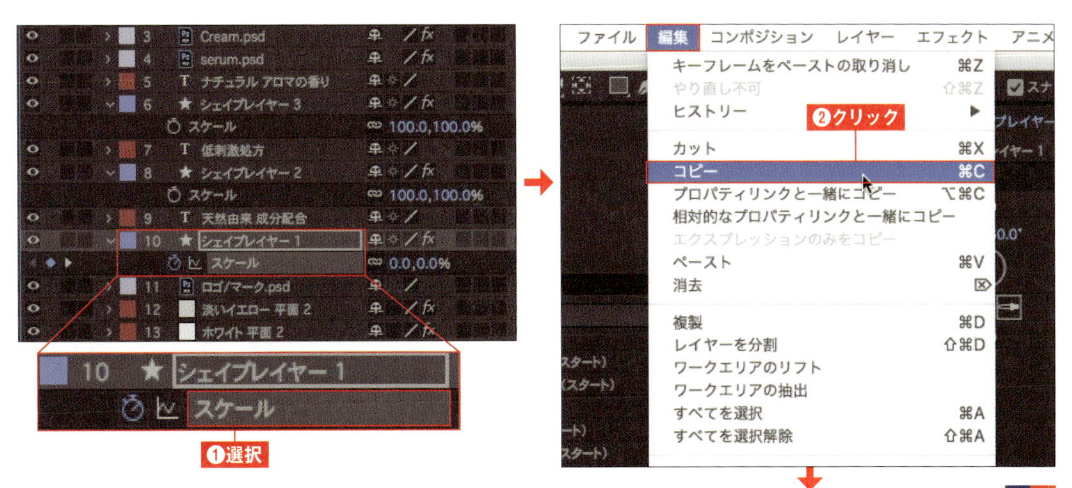

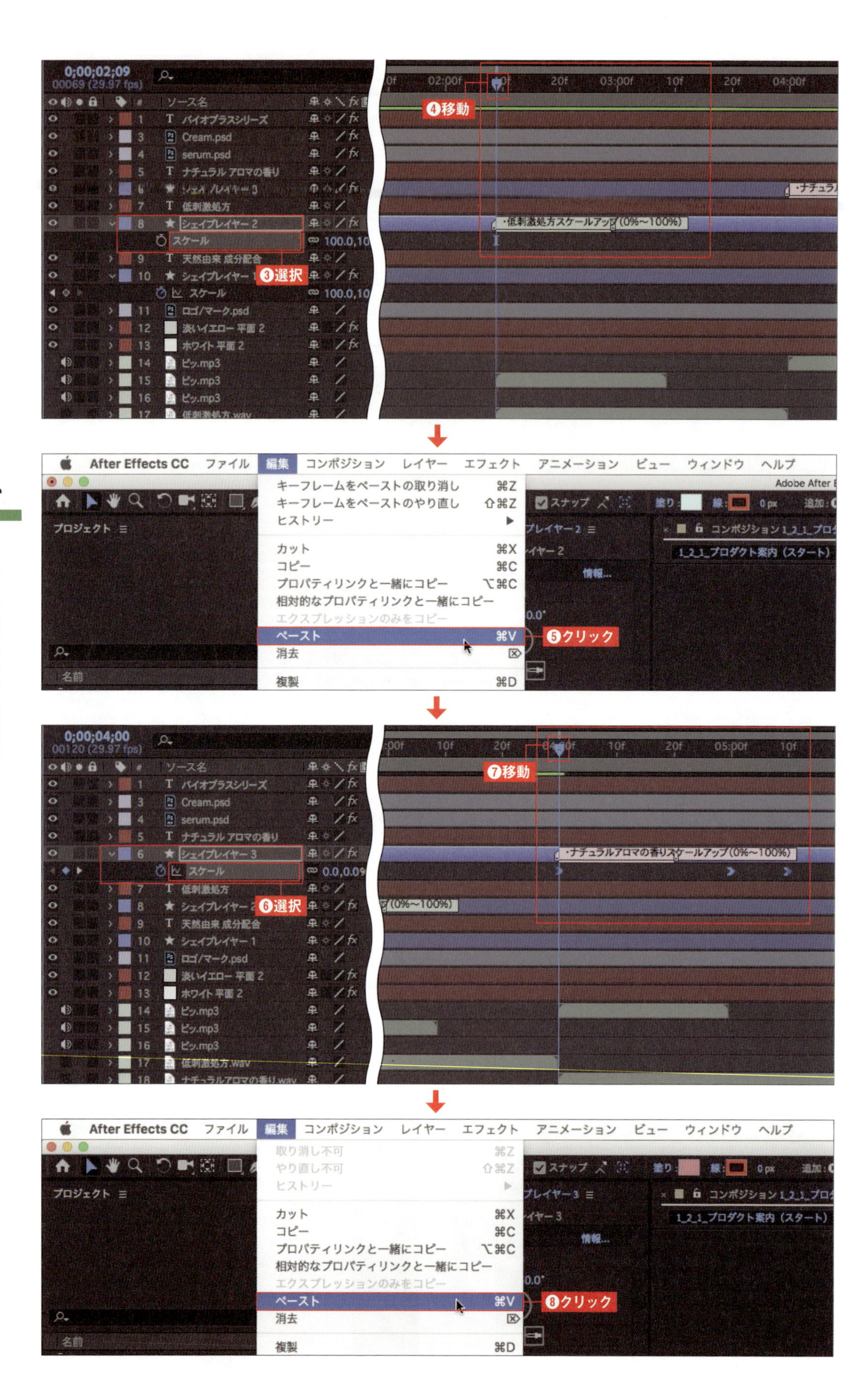
❹移動
❸選択
❺クリック
❼移動
❻選択
❽クリック

エクスプレッションによる吹き出しを演出する

吹き出しは、エクスプレッションでも同様に操作することができる（P.064 参照）。もしエクスプレッションによる不透明度のエフェクトに興味を持ってくれた方がいたら、<コンポジション（完成）>の< 1_2_1_プロダクト案内（完成）2 >のコンポジションを開いてチャレンジしてもらいたい。

1 キーフレームとエクスプレッションを確認する

再生してみると、天然由来成分配合のパネル<シェイプレイヤー 1 >と低刺激処方のパネル<シェイプレイヤー 2 >が同時にスケールアップされているのが確認できる。天然由来成分配合のパネル<シェイプレイヤー 1 >には、キーフレームが設定されているが、低刺激処方のパネル<シェイプレイヤー 2 >のスケールには「thisComp.layer（" シェイプレイヤー 1"）.transform.scale」と記載されている。これは天然由来成分配合のパネル<シェイプレイヤー 1 >のキーフレームと同期を行うためのエクスプレッションが適用されているためだ。

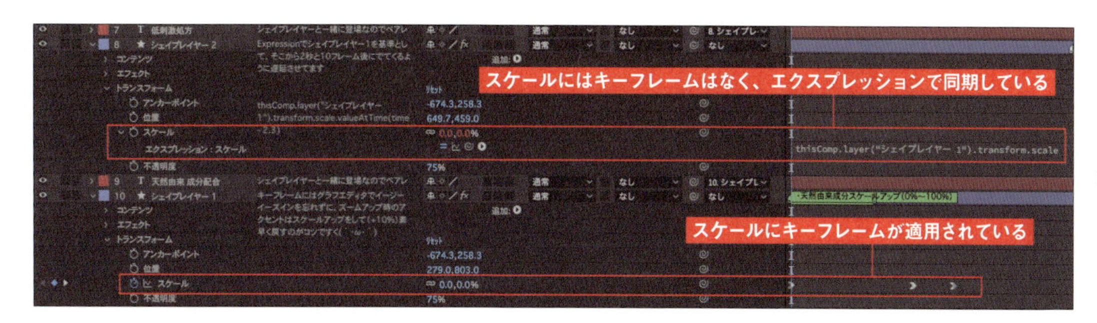

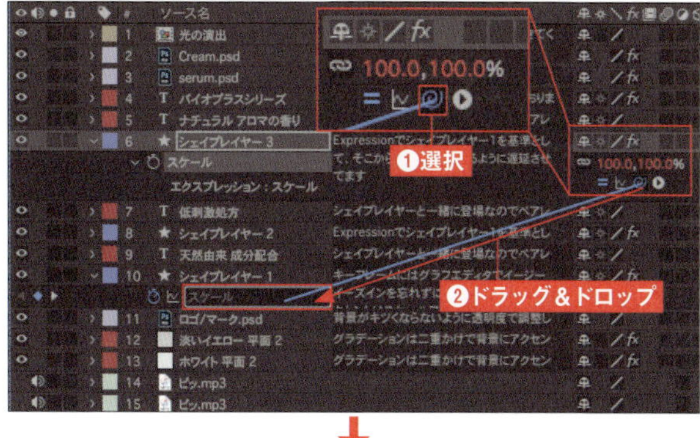

2 円型プレートの動きを同期するエクスプレッションを設定する

今度はナチュラルアロマの香りパネル<シェイプレイヤー 3 >に同じような同期させるエクスプレッションを適用していこう。<シェイプレイヤー 3 >のスケールを選択し、<アニメーション>メニュー→<エクスプレッションを追加>をクリックする。<ピックウィップ>アイコンを選択し❶、<天然由来成分配合>のパネル（シェイプレイヤー 1）の<スケール>プロパティにドラッグ＆ドロップしてみよう❷。無事適用されると、「thisComp.layer（" シェイプレイヤー 1"）.transform.scale」と記載され、スケールプロパティが同期されたのが確認できるはずだ❸。

3 時間遅延のスクリプトを追加する

続いて、低刺激処方のパネル<シェイプレイヤー 2 >のスクリプトの最後に「.valueAtTime（time - 2.3）」と追加入力してみよう。これは、同期されたレイヤープロパティから遅延して同じアクションを起こすという意味だ。ここでは、天然由来成分配合のパネル<シェイプレイヤー 1 >のキーフレームを軸に遅延が行われている。「- 2.3」とわかりづらい表記をしているが、「2 秒と 10 フレーム遅らせて表示してください」という意味だ。同じように**ナチュラルアロマの香りパネル<シェイプレイヤー 3 >**には「.valueAtTime（time - 4）」と入力してみよう。これは、「4 秒遅れて（4 秒後）に同じアクションで出現してください」という意味になる。

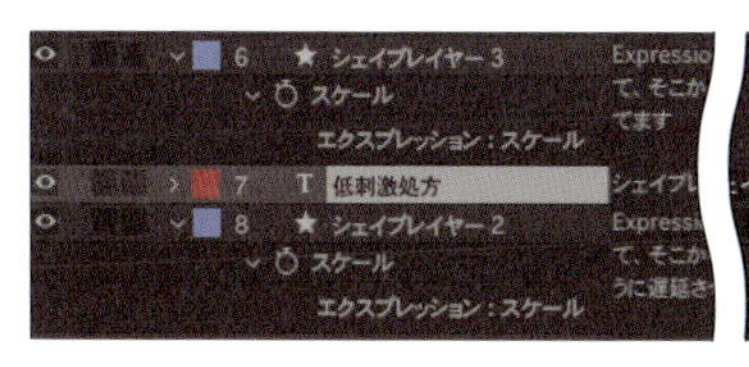

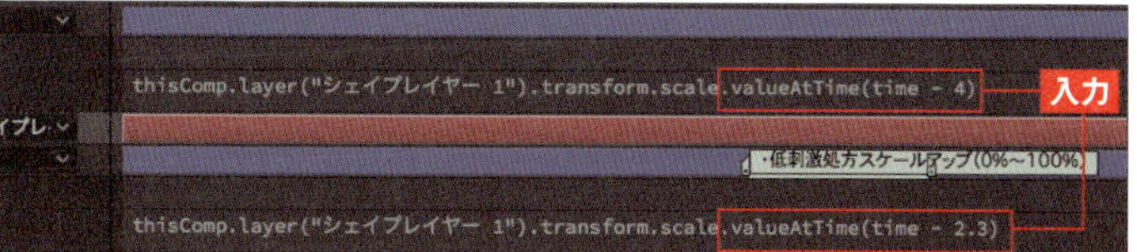

SECTION

19 背景の色を調整する ～感想の作成①

「感想」では、まず背景から作成していく。<コンポジション（スタート）>の<1_3_1_感想（スタート）>を選択していただきたい。

感想（スタート）のコンポジションを確認する

<1_3_1_感想（スタート）>をダブルクリックすると、「感想」のコンポジションが表示され、さまざまな素材が配置されていることがわかる。操作を行う前に完成動画を確認しておこう。

感想完成動画

描画モードとAdobe Colorテーマによる背景色の変更

ソーシャル動画などを作成するときは、オブジェクトと背景の関係はとても親密になる。なぜならば、配置された各オブジェクトやパーツなどが、背景との合成で見えやすくなったり、逆にわかりづらいものになってしまったりすることがあるからだ。たとえば、グリーンの文字やプレートにグリーンメインの背景を施すと、文字が読みにくくなってしまう。「色」について応用がきく知識をここで解説していこう。

Adobe Colorテーマの詳細解説動画

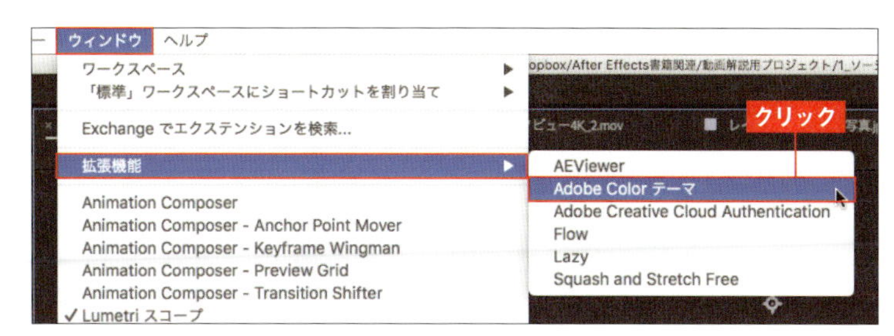

❶ Adobe Colorテーマを表示する

＜ウィンドウ＞メニュー→＜機能拡張＞→＜Adobe Color テーマ＞をクリックする。

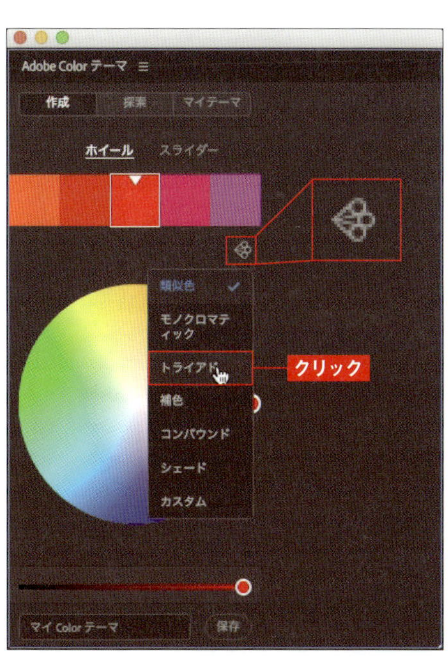

❷ カラールールを変更する

Adobe Color テーマ内のカラーホイールボタンを使って、色を選択することができる。ここでは＜カラールール＞→＜トライアド＞をクリックして、色の色相環を三分割支持表示させてみよう。

❸ 背景色に似たグリーンの位置に軸を移動する

Adobe Color テーマ内の三分割支持された部分をホイールのように回転させ、3 つの軸の 1 つを背景色に似たグリーンの位置に合わせる。

MEMO **Adobe Color テーマについて**

Adobe Color テーマは機能拡張の項目であり、ほかのパネル同様ドッキングさせることができる。

❹ 文字色を変更する

レイヤーの＜肌の内側からハリやツヤを実感＞を選択し❶、文字パネルの＜塗りのカラー＞をクリックして❷、テキストの色を赤紫（マゼンタ）系に変更したら❸、＜ OK ＞をクリックする❹。これで、背景がグリーン系なのでハッキリした文字色に変更することができた。

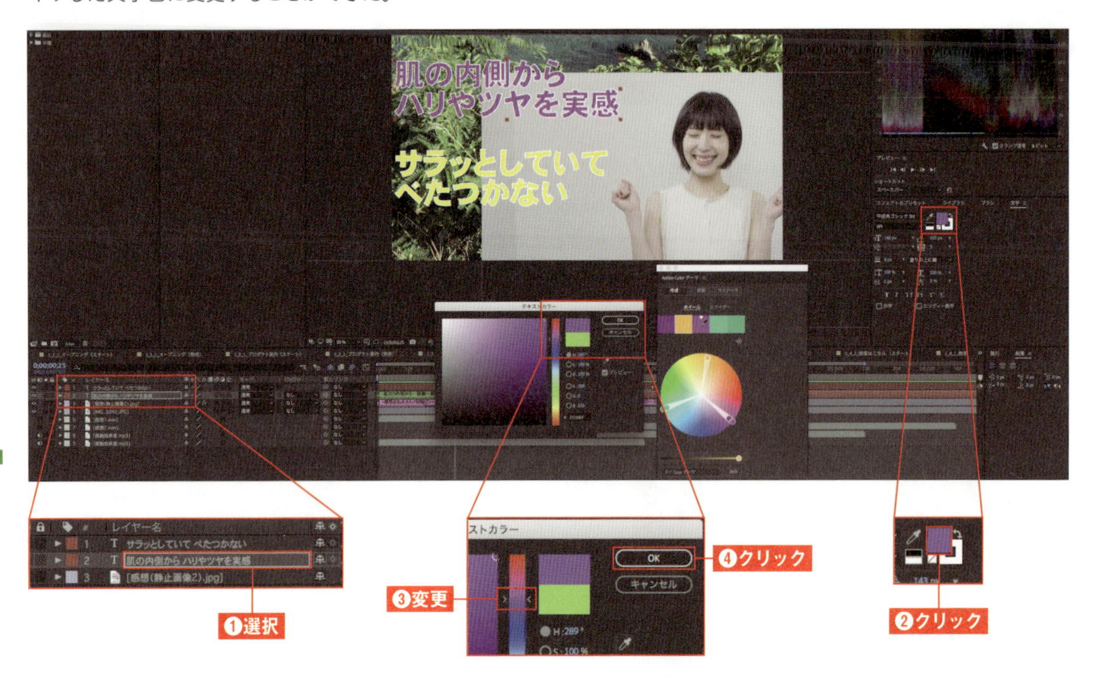

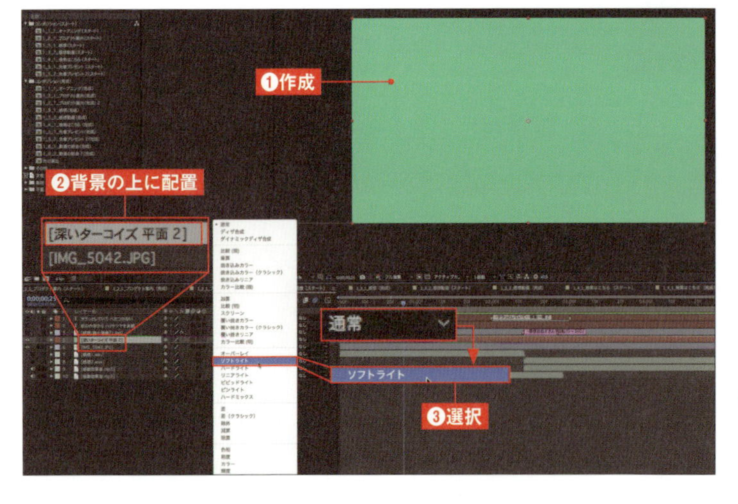

❺ 新規平面でグリーン系の平面を作成する

＜レイヤー＞メニュー→＜新規＞→＜平面＞を選択、もしくは Command ＋ Y キー（Windows では Ctrl ＋ Y キー）を押し、表示される「平面設定」画面で、グリーン系の平面を作成する（名前は「深いターコイズ平面 2」とした）❶。この＜深いターコイズ平面 2 ＞を＜ IMG_5024_JPG ＞の上に配置し❷、＜描画モード＞の＜通常＞をクリックして表示されるメニューから＜ソフトライト＞を選択する❸。

❻ 効果を確認する

そのほかのレイヤーを非表示にしてみるとわかりやすいが、描画モードでグリーンが色乗りした感じが演出でき、南国感がさらに強調されたイメージに仕上がった。どのような描画モードがあるのか確認したい方は、本書で解説されている「2_4_ 背景」フォルダの「描画モード（各モード解説）」フォルダにある＜全描画モード .aep ＞のプロジェクトを活用してもらいたい。

SECTION

20 写真素材の配置と切り抜きを行う　～感想の作成②

ここでは、写真を切り抜いて適切な場所に配置する方法を解説する。写真の色味や輪郭線なども調整していこう。

写真素材を楕円に切り抜く

1 写真を中央に移動する

写真素材<感想（静止画像 2）>を選択し❶、ドラッグして画面中央まで移動させる❷。

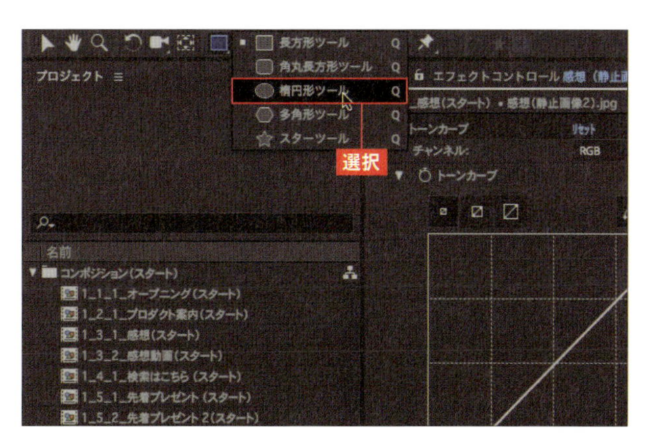

2 <楕円形ツール>を選択する

ツールパレットから長押しで、<楕円形ツール>を選択する。

❸ 写真を丸く囲む

<感想(静止画像2>が**選択されている**のを確認し❶、Shift キーを押しながらドラッグして写真を丸く囲っていく❷。マスクが適用されるとタイムラインのレイヤーにマスクの項目が現れる❸。

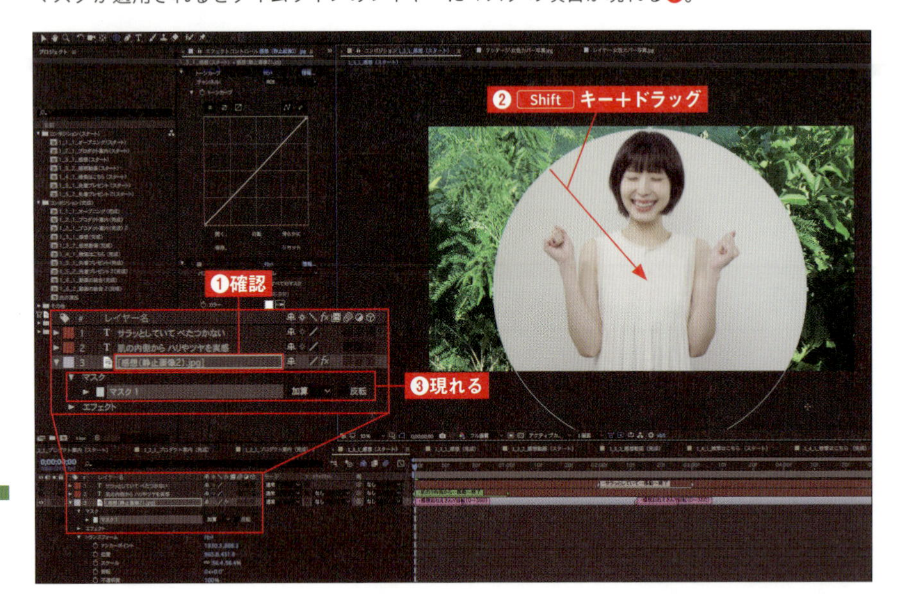

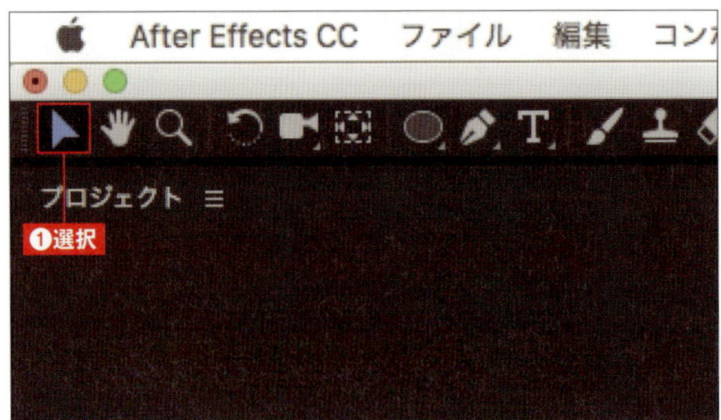

❹ 円を調整する

円のサイズを変更したい場合は、画面左上の<選択ツール>をクリックし❶、タイムライン上のレイヤーのマスクのプロパティを選択すると❷、マスクの輪郭が頂点と共に表示されるので、4つの頂点のいずれかをダブルクリックすることで❸、マスク調整用の枠が現れ、各四方を掴んで調整することができる❹。

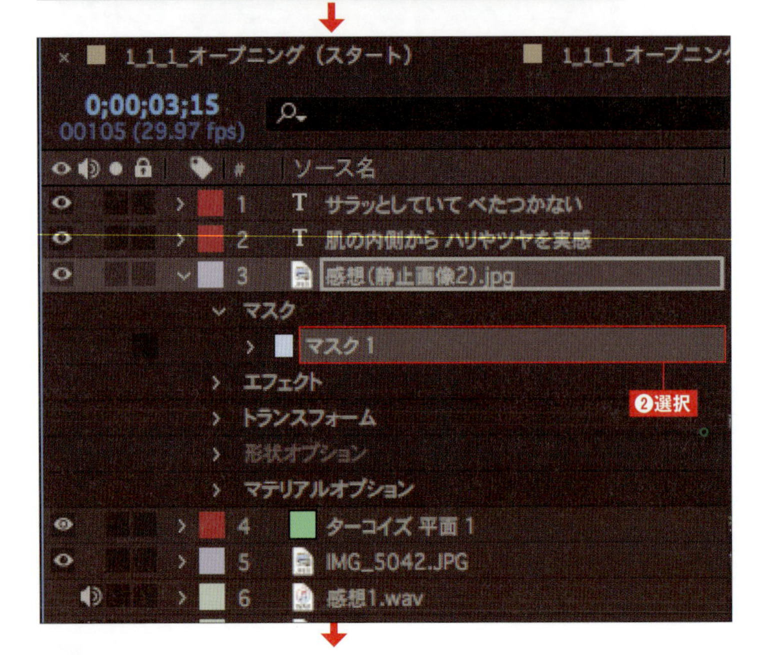

各ポイントをマウスのドラッグで移動させることで、位置、回転、スケールなどの調整を自由に行うことができる。また、Shift キーを押しながら移動すると、縦横均等に合わせながら調整してくれる。

5 調整を完成させる

無事調整が済んだら図のような形に、写真が囲われるのが確認できるはずだ。

マスクを活用した表示範囲の指定の詳細解説動画

写真の色味と輪郭線、位置を調整する

1 写真の色味を調整する

無事マスクで囲い終わったら、＜感想（静止画像2）＞が選択されているのを確認し❶、エフェクトコントロールパネルを確認する。エフェクトをクリックして適用し❷、トーンカーブで図のようにコントラストを上げて明るさを調整してみよう❸。

MEMO

トーンカーブの操作

トーンカーブの操作は、画面右のLumetri スコープを見ながら、中央白い部分を90％以下に抑えて曲線を上げるのがポイントだ。明るすぎると白飛びして、違和感ある画像になってしまうので注意してもらいたい。

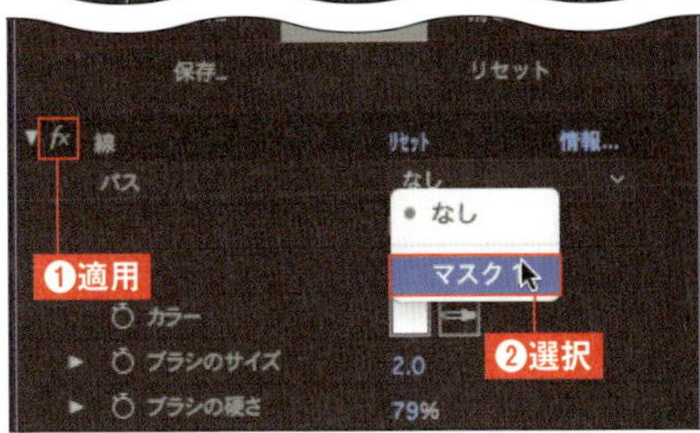

❷ 線を付け加える

続いて下にある<線>のエフェクトを適用してみよう❶。線エフェクトはマスクで囲った部分に、線を付け加える便利なフェクトだ。ここでは<パス>から<マスク 1 >を選択する❷。

MEMO

マスクを確認する

マスク作成が失敗した場合は、楕円マスクが別の名前（マスク 2、マスク 3 など）になっているかもしれないので、<感想（静止画像 2）>の<マスク>を展開してマスク名を確認してみよう。

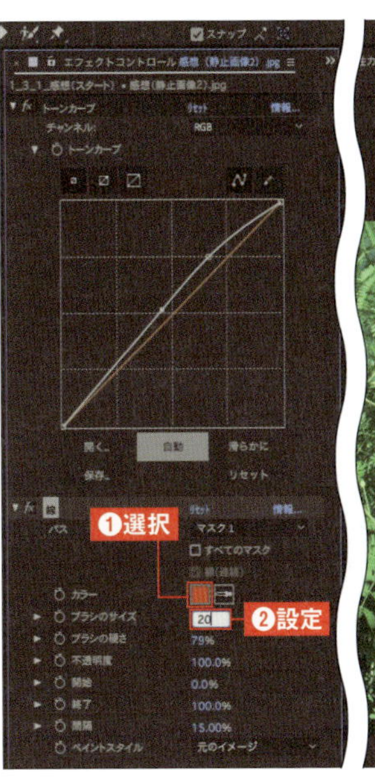

❸ ブラシサイズを変更する

<カラー>から<色>を選択し❶、ブラシのサイズを< 20 >に設定すると❷、マスクに線が描かれているのが確認できるはずだ❸。

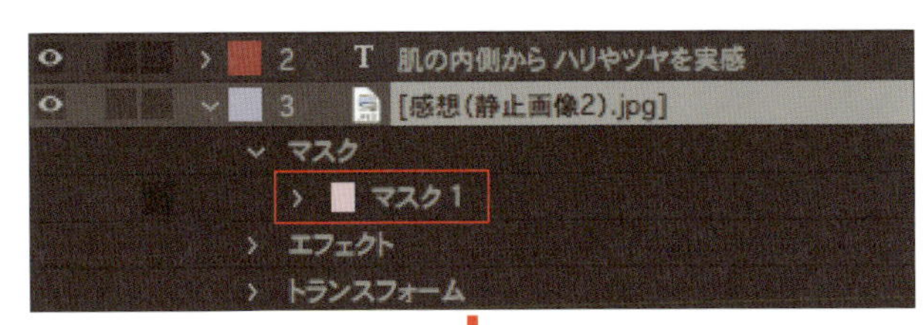

❹ 写真素材を移動させる

最後に中央にある女性の写真素材を右側に移動させてみよう。マスクが選択されている状態では、マスクのみが動いてしまうので、ここでは<［感想（静止画 2.jpg］>レイヤーのマスクの選択を解除して、選択ツールで移動させてみよう。このとき左側の文字とあまり被らないように、<感想（静止画像 2）>の女性の大きさのスケール値なども調整してみてもらいたい。

SECTION

21 写真素材を回転する ～感想の作成③

続いては女性の写真を回転させていこう。今回は立体的な回転を行うので「3Dレイヤー」という機能を使っていく。

写真素材を立体的に回転させる

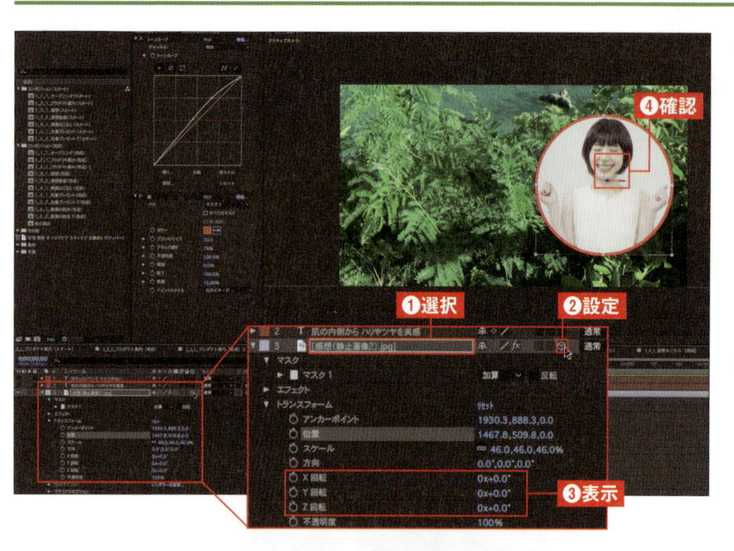

① 3Dレイヤーを有効にする

＜［感想（静止画像2）.jpg］＞を選択し❶、＜3Dレイヤー＞をオンに設定して❷、トランスフォーム内に＜X回転＞＜Y回転＞＜Z回転＞のプロパティを表示してもらいたい❸。同時に、コンポジションパネル内でも「感想（静止画像2）.jpg」には3色の矢印が付加されたことを確認できるはずだ❹。

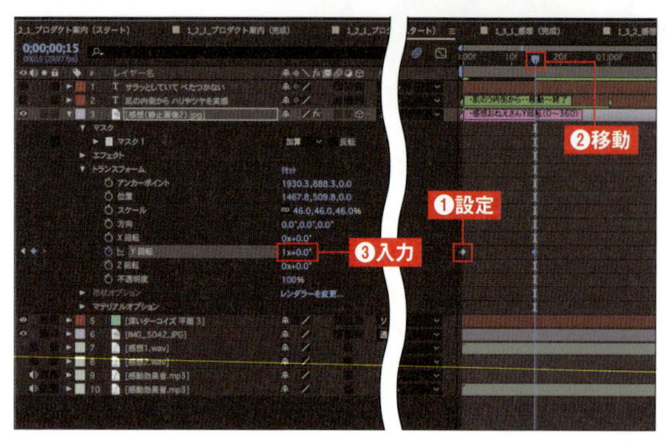

② Y回転の回転設定を行う

今回は横方向の回転を行うので、上方向を向いた緑色の＜Y回転＞を使用する。タイムラインパネルの＜感想（静止画像2）.jpg＞のマーカーの設定位置である0秒0フレーム地点＜00:00f＞で＜0x+0.0°＞を確認したら、をクリックしてキーフレームを設定する❶。続いて0秒15フレーム地点＜00:15f＞に時間軸を移動して❷、「1x+0.0」もしくは「0x+360」と入力してみよう❸。これで3Dの縦軸基準の1回転を行うことができる。

MEMO　回転について

＜3Dレイヤー＞を有効にすると、今まで2次元だった＜回転＞（X回転、Y回転）が3次元に変わり、＜Z回転＞が加わって3つの＜回転＞がプロパティに表示される。ショートカットのⓇキーを押すと、＜回転＞のみが表示される。

 3Dレイヤーの詳細解説動画 

❸ 次の回転ポイントの設定を行う

引き続きマーカーで表示されている次の回転ポイントの設定を行う。ここでは2秒12フレーム地点< 00:12f >のときは「1x+0.0°」を維持し❶、2秒25フレーム地点< 00:25f >では❷、「2x+0.0」と入力してみよう❸。この「●x+0.0」の●は、回転数を指している。無事回転が確認できたら、全部のキーフレームを選択して、Shift + F9 キーで<イージーイーズイン>を適用してみよう❹。ちなみに反対の回転を適用した場合には「-1x+0.0」のように「-」マイナスを入力することで反時計回りにも設定可能だ。

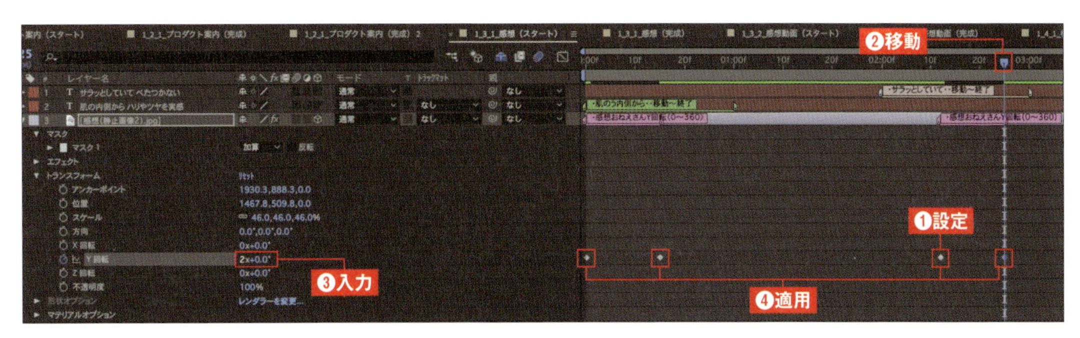

❹ 文字を指定する

マーカーの位置にあわせて、そのほかの文字も画面左から出てくるような設定をしてみよう。最初に解説したプレートと同じ要領で移動させてみよう。また、好みにあわせてモーションブラーを適用してみるのもよいかもしれない。

MEMO 中心軸を修正する

回転の中心軸がずれている場合には、Ctrl + Shift + Home キー(Windowsでは Ctrl + Alt + Home キー)を押す。アンカーポイントがオブジェクトの中心に移動し、その中心で回転するようになるので確認してもらいたい。

SECTION

22 スケール変更・反転と色補正を行う　～感想の作成④

静止画像と同じように、動画もトランスフォーム内の項目でスケール変更や回転・位置など、調整を行うことができる。ここでは、その方法を解説する。

「感想動画(スタート)」を確認する

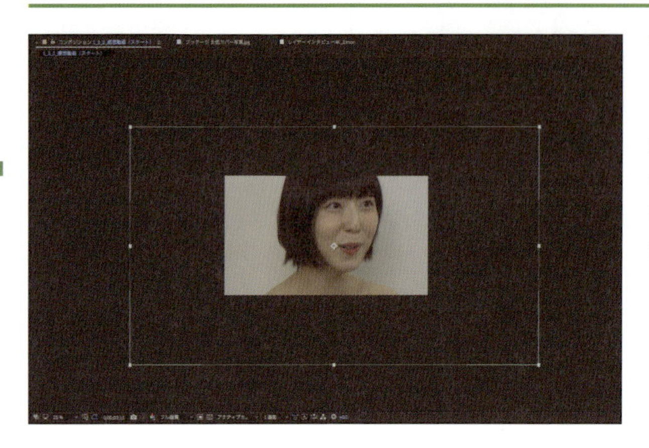

「コンポジション(スタート)」フォルダ内から**<1_3_2_感想動画(スタート)>**をダブルクリックすると、4K動画で撮影された動画素材が確認できる。コンポジションの大きさは1920×1080のフルハイビジョンの大きさなので4Kの動画(3840×2160)は大きさがはみ出して配置されている。

感想動画解説動画

スケールと反転を調整してみよう

❶ スケールを変更する

まずは<インタビュー4K_2.mov>の<トランスフォーム>→<スケール>から図のように頭まで入りきるようにスケールを設定する。スケールを<65.0,65.0%>に変更し❶、好みに応じて<位置>も微調整してみよう❷。4K動画だと大きさが余っているので、このように自在に配置できるのもポイントだ!

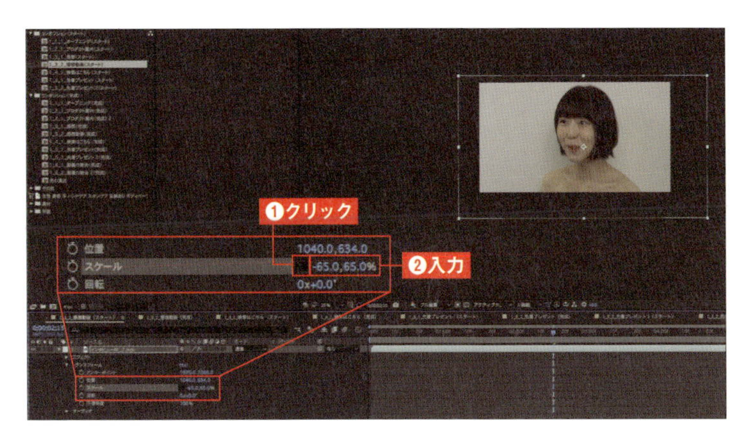

❷ 顔の向きを変更する

続いて女性の顔を左向きになるよう調整する。＜スケール＞から鎖のマーク＜現在の縦横比を固定＞をクリックして無効にし❶、＜X値＞の片方に「-65」と入力する❷。こうすることでXのスケール部分が負の値になり画像が反転する。

CHECK　反転時の注意点

このテクニックで注意することは、文字などが入っている場合にはすべて反転してしまう点だ。便利なテクニックだが、使う画像を間違えると謎のメッセージを残すことになってしまう。

動画の色を補正する

続いて動画の色補正を行ってみよう。こちらも今までの写真と同じようにエフェクト類で調整することができる。

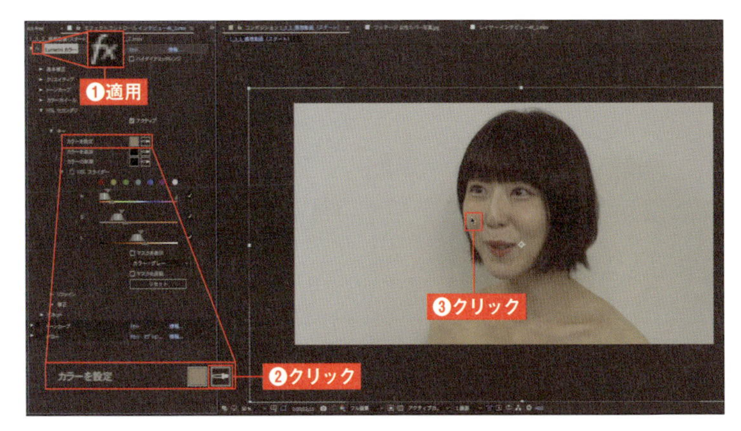

❶ カラーを設定する

＜インタビュー4K_2.mov＞を選択後に、エフェクトコントロールパネルを開いて＜Lumtriカラー＞のエフェクトを適用する❶。Lumtriカラーでは、＜HLSセカンダリ＞のをクリックして展開し、続いて＜キー＞と＜HSLスライダー＞を展開する。＜キー＞内の＜カラーを設定＞の＜スポイトツール＞をクリックし❷、女性の頬の肌色部分をクリックする❸。

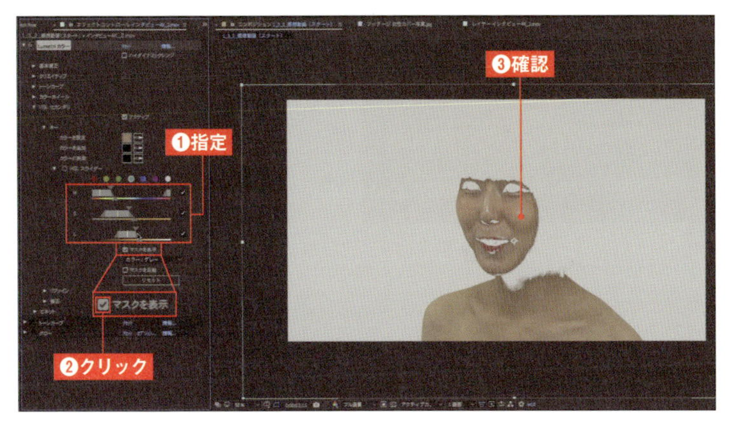

❷ 肌色を確認・調整する

キーのカラー設定で肌色部分のサンプリングが完了すると、HSLスライダーで肌色の範囲が指定される❶。これは色相（Hue）、彩度（Saturation）、輝度（Luminacce）から構成されたもので、これら各パラメーターのスライダーを操作することで肌の範囲を細かく調整することができる。調整には＜マスクを表示＞にチェックを入れて❷、マスクのみを確認することをおすすめする❸。図のように肌色部分だけを表示・確認することができればOKだ。

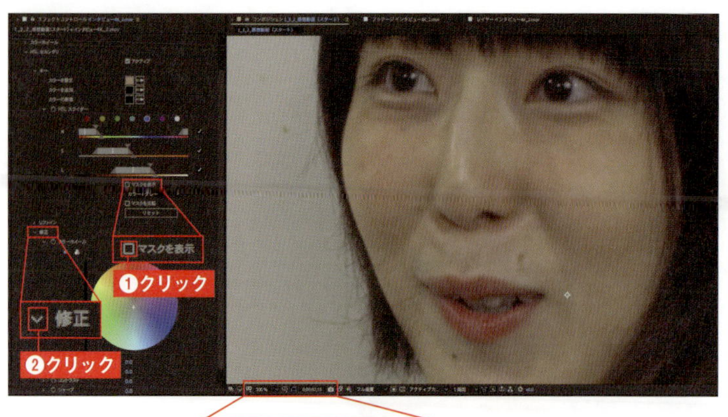

❸ スナップショット機能を利用する

<マスクを表示>のチェックを外し❶、次は<修正>を展開して❷、マスクでサンプリングされた箇所の肌補正を行う。そのため、画面は< 200% >に拡大している❸。補正の前に<スナップショット>をクリックする❹。

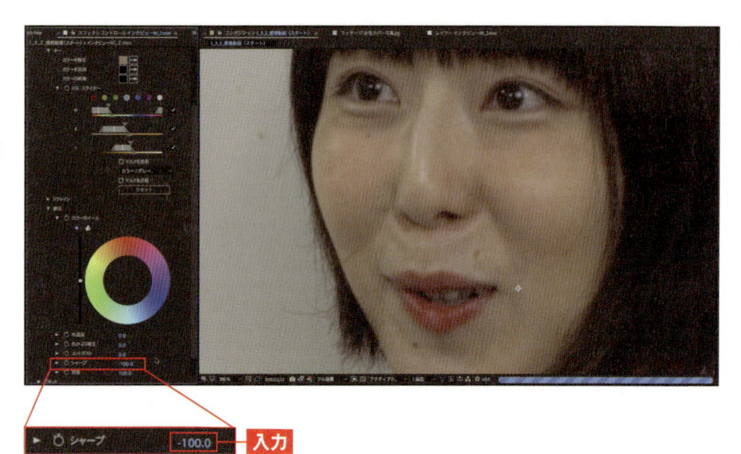

❹ シャープを弱める

続いて<修正>を展開して、<シャープ>の値を「-100」と入力する。こうすることで、手順❸で選択した肌部分のシャープを弱めて、肌のシワを和らげることができる。

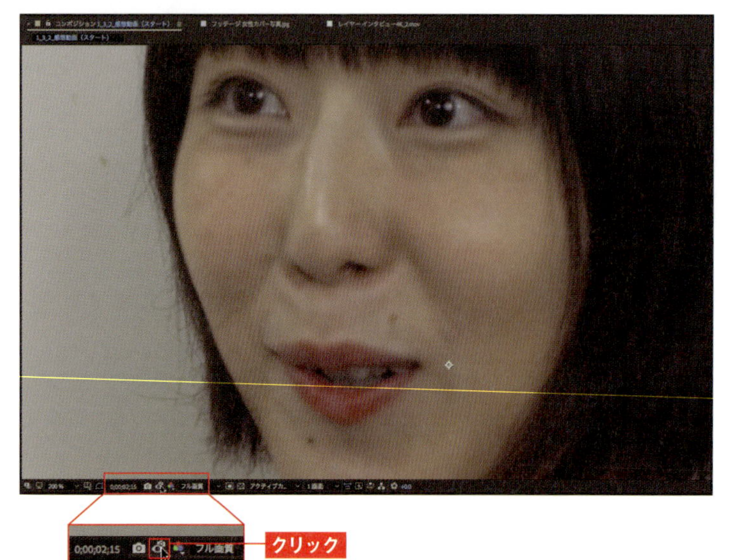

❺ 補正前と補正後を確認する

<スナップショットを表示>をクリックして、補正前と補正後を確認してみよう。を押し続けていると、その間はスナップショット画面（ここでは補正前の画面）が表示され、押すのを止めると補正後の画面が表示される。

MEMO　スナップショット機能

<スナップショット>をクリックすると、カシャという音がする。これはメモリ内に画面を記録するスナップショット機能で、画面を比較できる便利な機能の1つだ。補正効果を確認したいため、ここでは補正前にスナップショット機能を利用した。

❻ そのほかの補正を行う

最後にトーンカーブで輝度を明るく❶、<グロー>などで肌の質感などを演出することもできるので❷、チャレンジしてもらいたい。

TIPS

プラグインの活用

実際にこうした色補正で顔のシワなどを消す技術は飛躍的に向上しており、リアルタイムで撮影、修正が行える便利なスマホアプリなど登場しているが、ここではAfter Effectsに特化したサードパーティー製のプラグインを1つ紹介しておこう。

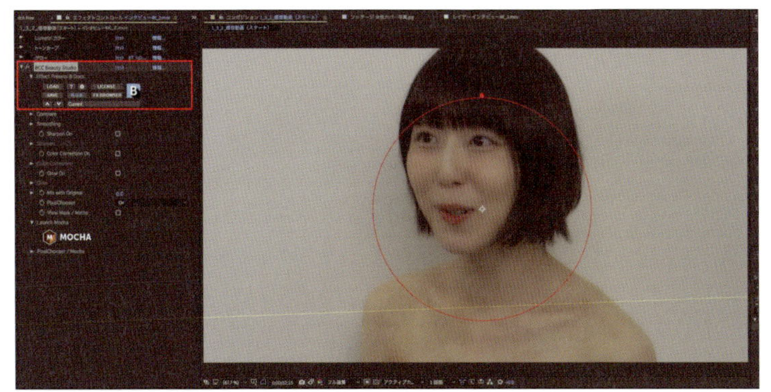

▲「Boris Continuum Complete 11」の中のプラグインの1つ「BCC Beauty Studio」は、エフェクトを適用するだけでほぼ自動的に肌のシワ補正が行える。こうしたプラグインの長所は、その分野に特化した表現（肌補正、光、グリーンバック）などにとくに威力を発揮する。また、適用後の結果も良好だが、処理速度なども抜群でストレスなく作業を行えるのもおすすめしたいポイントだ。
参考URL https://www.flashbackj.com/boris_fx/boris_continuum_complete/

BCC Beauty Studioとの比較動画

SECTION

23 背景を発光させる ～「検索はこちら」の作成①

ここでは、P.073の「プロダクト案内」の背景を活用し、さらに背景イメージを発光させる方法を解説する。

「検索はこちら(スタート)」を確認する

「コンポジション（スタート）」フォルダ内から**＜1_4_1_検索はこちら（スタート）＞**をダブルクリックすると、ロゴ、背景、プロダクト画面が配置されているのが確認できる。

検索はこちら完成動画

ほかのコンポジションからパーツを流用する

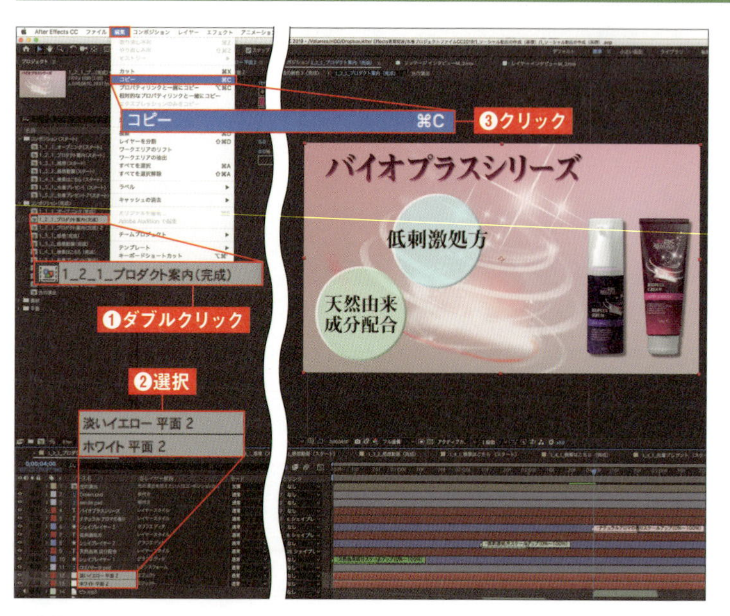

❶ レイヤーをコピーする

コンポジションの＜1_2_1_プロダクト案内（完成）＞をダブルクリックして表示し❶、背景となっている＜淡いイエロー平面2＞、＜ホワイト平面2＞の2つのレイヤーを同時に選択して（command キー（Windows では Ctrl キー）を押しながらクリック）❷、＜編集＞メニュー→＜コピー＞をクリックする❸。今回は別のコンポジションからレイヤーをコピーして活用していこう。

② レイヤーをペーストする

＜1_4_1_検索はこちら(スタート)＞のコンポジションに戻り❶、＜編集＞メニュー→＜ペースト＞をクリックする❷。

③ レイヤーの順番を入れ換える

別のコンポジションからコピーされた＜淡いイエロー平面 2 ＞、＜ホワイト平面 2 ＞の 2 つのレイヤーがタイムラインパネルの一番上の階層にペーストされるので、2 つのレイヤーの上下の順番も間違えないように、図のような位置 **(＜ロゴ / マーク.psd ＞の下)** にそのままドラッグ & ドロップして移動させてみよう。

MEMO コピー & ペーストの活用

After Effects のプロジェクト内で構成された各コンポジションは、コピー & ペーストすることでパーツや背景、エフェクト、キーフレームなど、さまざまな項目を別のコンポジションで活用することができる。

グローエフェクトで背景を光らせる

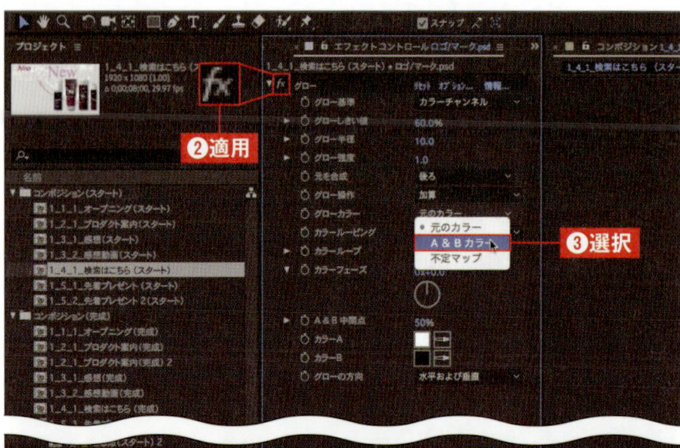

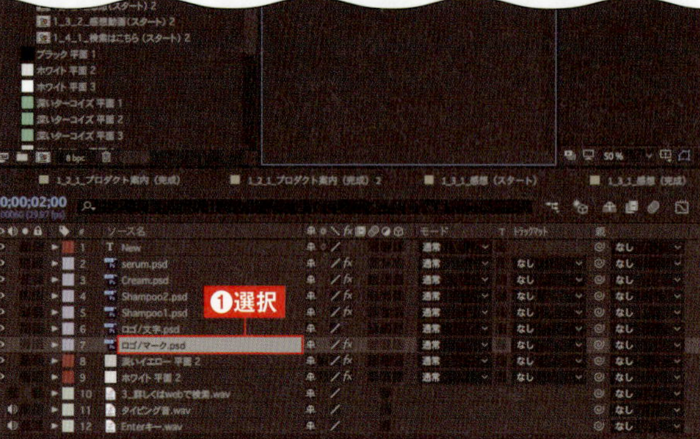

❶ ＜A&Bカラー＞を選択する

続いて下に配置されている、ソース名＜ロゴ／マーク .psd＞（レイヤー名＜brillio＞）を選択すると❶、コントロールパネル内にはグローの設定が施されているのが確認できる。エフェクトを適用して❷、＜グローカラー＞の項目から＜A&B カラー＞を選択する❸。

❷ ロゴにイエローを着色して発光させる

＜カラー A＞からイエローの色を選択し❶、＜グローしきい値＞を＜48.0＞に、＜グロー半径＞を＜94.0＞に設定すると❷、背景のロゴにイエローが着色されて光るようになる。

MEMO **A&B カラーとは**

＜A&B カラー＞の設定を行うことで、通常のグロー設定のようにソースカラーをベースに光らせるのではなく、指定した色に着色して光らせることができるようになる。

SECTION

24 検索ウィンドウとボタンを作成する　～「検索はこちら」の作成②

ここでは、よく見かける「検索はこちら」ボタンを作成する。画面左下に検索ウィンドウである文字入力フィールドも作っていこう。

エフェクトのコピー＆ペーストで効率的に作成する

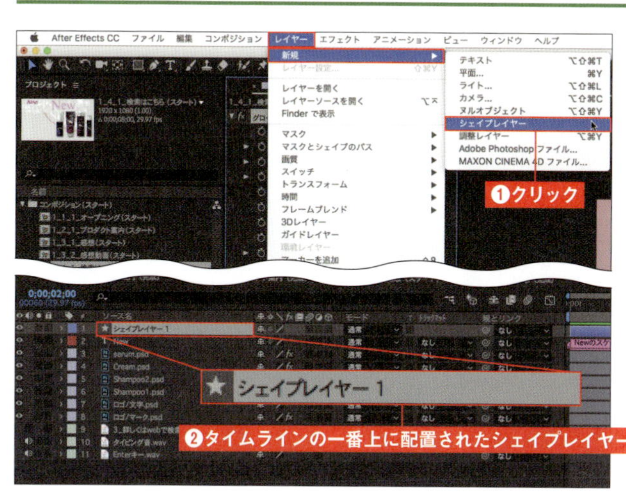

① シェイプレイヤーを追加する

<レイヤー>メニュー→<新規>→<シェイプレイヤー>をクリックする❶。タイムラインパネル内に<シェイプレイヤー 1>という項目がタイムラインの一番上に追加されたのが確認できるはずだ❷。

② 長方形の入力フィールドを作成する

<ツールパレット>から長方形ツールをクリックし❶、その後現れるツールパレット右の<塗り>を<白>に❷、<線>を<黒>の< 5px >に設定し❸、コンポジションパネル内で図のように長方形の入力フィールドを作成する❹。

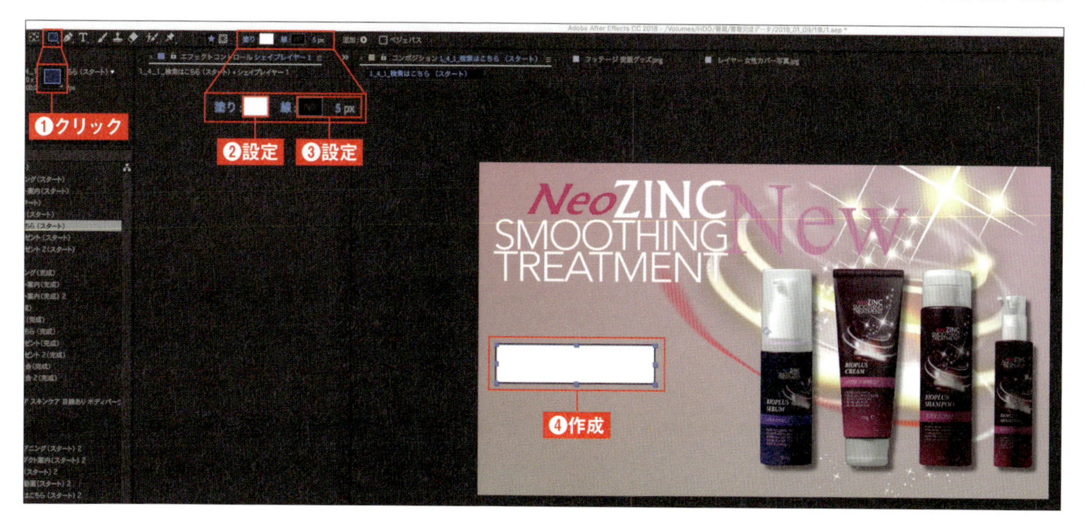

検索ウィンドウの作り方の解説動画

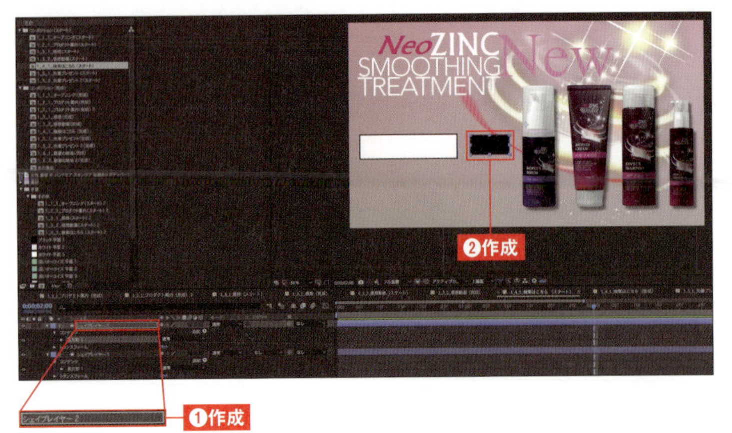

❸ 検索ボタンを作成する

手順❶と同じように＜レイヤー＞メニュー→＜新規＞→＜シェイプレイヤー＞をクリックし、新規シェイプレイヤーを作成する❶。次は＜塗り＞を＜黒＞にして検索ボタンを作成する❷。

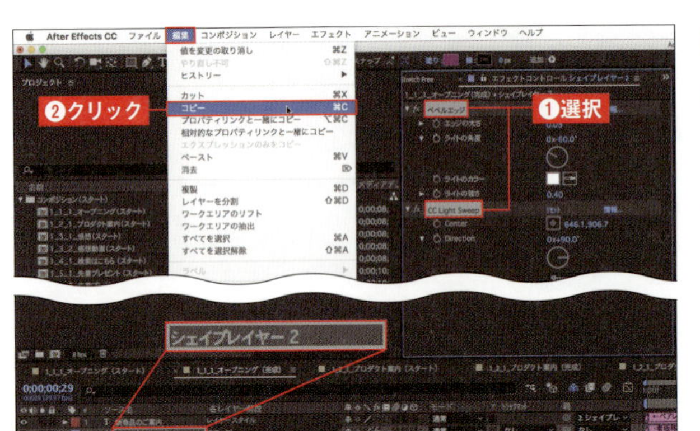

❹ エフェクトをコピーする

検索ボタンプレートに、＜1_1_1_オープニング（スタート）＞時のプレートと同じように、＜ベベルエッジ＞、＜CC Light Sweep＞を適用してみよう。＜1_1_1_オープニング（完成）＞のシェイプレイヤー（プレート部分：＜シェイプレイヤー2＞）に適用されているエフェクトを、エフェクトコントロールパネルから2つ選択し（command キー（Windowsでは Ctrl キー）を押しながらクリック）❶、＜編集＞メニュー→＜コピー＞をクリックする❷。

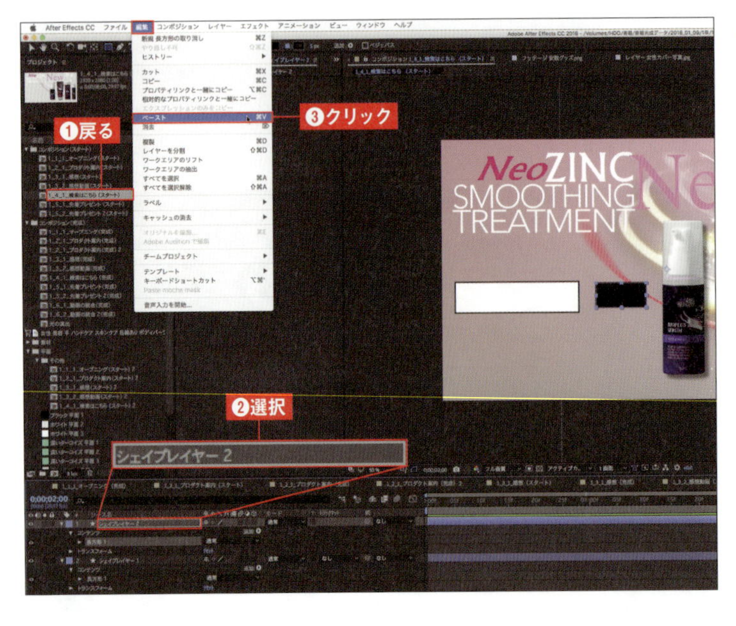

❺ エフェクトをペーストする

＜1_4_1_検索はこちら（スタート）＞に戻り❶、＜シェイプレイヤー（黒いボタン）＞を選択して❷、＜編集＞メニュー→＜ペースト＞をクリックする❸。

MEMO　シェイプレイヤーの作成について

シェイプレイヤーの作成が失敗してしまうようであれば、タイムラインパネル内でシェイプレイヤーを選択後に Delete キーを押すことで削除、やり直すこともできる

❻ ペーストしたエフェクトを調整する

ペーストが確認できたら、< CC Light Sweep >での< Center >が、先ほどの< 1_1_1_オープニング（完成）>時のボタン位置と違うため、Center を黒いボタン中央に調整してみよう。< Center >のをクリックし❶、黒いボタン中央をクリックする❷。

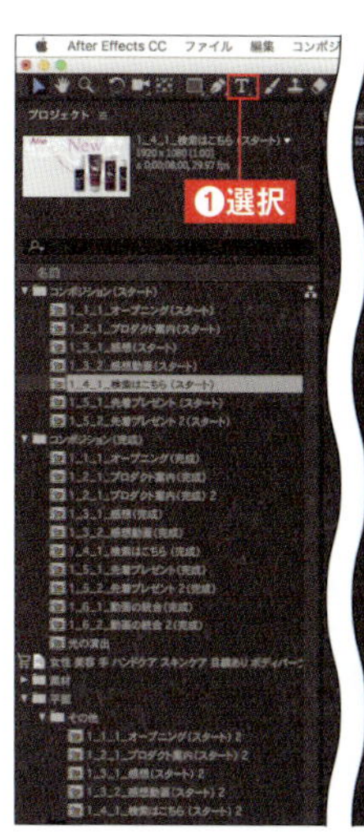

❼ 文字を入力する

ツールパネルから<横書き文字ツール>のツールを選択する❶。コンポジション内の検索ボタン上でクリックすると、赤い縦線の入力フィールドが現れる。この状態が、文字入力ツールがアクティブな状態だ。その状態で「検索」と入力する❷。<文字パネル>で文字のフォントやサイズ、太さなどを調整後に配置してみよう。調整するときは、<横書き文字ツール>で、再度文字部分を選択するか、文字レイヤーをダブルクリックすることで調整を行うことができる。

MEMO **エフェクトのコピー & ペースト**

パーツと同様にエフェクトについても、異なったコンポジションから自由にコピー & ペーストを行うことができる。

文字入力の解説動画

TIPS

フォントについて

フォントが与える動画全体へのイメージはとても大きい。フォントは大きく分けてゴシックと明朝、欧文であればサンセリフとセリフに分かれる。ゴシックは均一な太さのフォントで、主に親近感・安定・カジュアル・力強いという印象を持つ。明朝体は、はねや払いがあるフォントで、和・高級感・上品という印象を与える。ネット上で無償公開されているものもあれば、有償のものもある。本書ではAdobe Fontsのフォントをメインに使用しているが、皆さんが作成する動画に合ったフォントをあてることも可能だ。

フォント追加の解説動画

SECTION

25 文字をアニメーション表示する　～「検索はこちら」の作成③

ここでは、フィールド内に文字をタイピングしているような文字アニメーションを作成する。タイプライターを打つように文字が順番に出現する演出だ。

文字のアニメーションを設定する

1 文字を入力する

<横書き文字ツール>を選択し❶、検索フィールドに文字を入力する（ここでは「DENPO-ZI」と入力）❷。この文字に、タイプライターのように次第に表示されるような演出を加えていく。文字の設定は、画面の<文字パネル>で確認していただきたい。

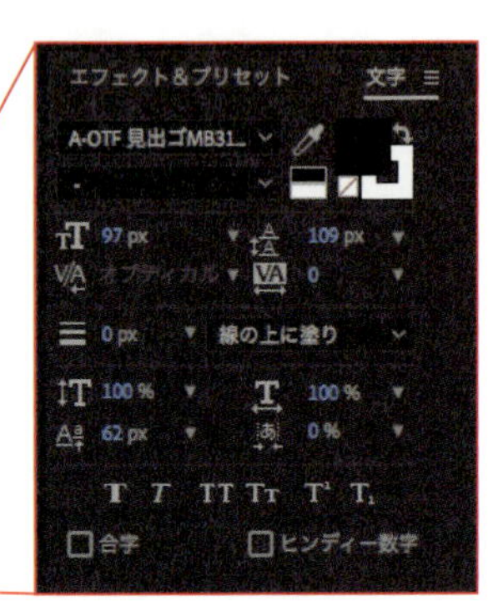

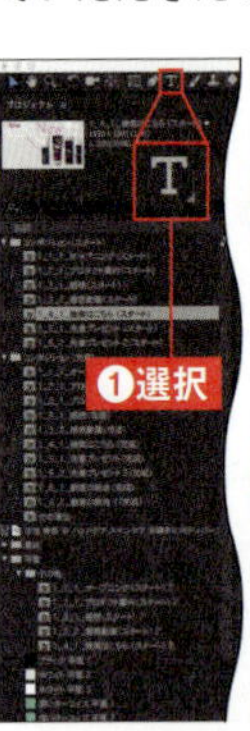

2 アニメーションプリセットを確認する

<エフェクト＆プリセット>パネル内の<アニメーションプリセット>→< Text >内に各種アニメーションプリセットが用意されているので確認しておこう。

MEMO　アニメーションプリセットについて

文字をアニメーション表示させるのに便利な機能の１つが「アニメーションプリセット」だ。これらアニメーションプリセットは、画面右の<エフェクト＆プリセット>パネルに収録されている。もし表示されないようだったら、メニュー画面の<ウィンドウ>メニューから<エフェクト＆プリセット>にチェックが入っているかを確認してもらいたい。

CHECK　Adobe Bridge をインストールする

Adobe Bridge は Creative Cloud のアプリケーションなので、事前にインストールをしておこう。アニメーションプリセットを視覚的に確認するには（次ページ参照）、Adobe Bridge が必要となる。

CHAPTER 1 ソーシャル動画の作成（基礎編）

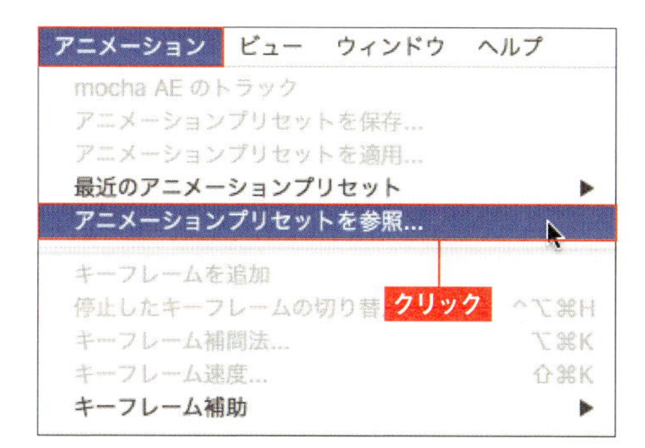

❸ <アニメーションプリセットを参照>をクリックする

アニメーションプリセットにはたくさんの文字アニメーションのプリセットが用意されている。通常は、使用したいプリセットのアイコンをドラッグ＆ドロップして適用する。しかし、どのようなアニメーションなのかは、文字情報（例：スムーズムーブインなど）だけだとなかなか想像がつかない。そのため、<アニメーション>メニュー→<アニメーションプリセットを参照>をクリックし、「Adobe Bridge（別名：アドビ橋）」を立ち上げてみよう。ここで、アニメーションプリセットを視覚的に確認できる。

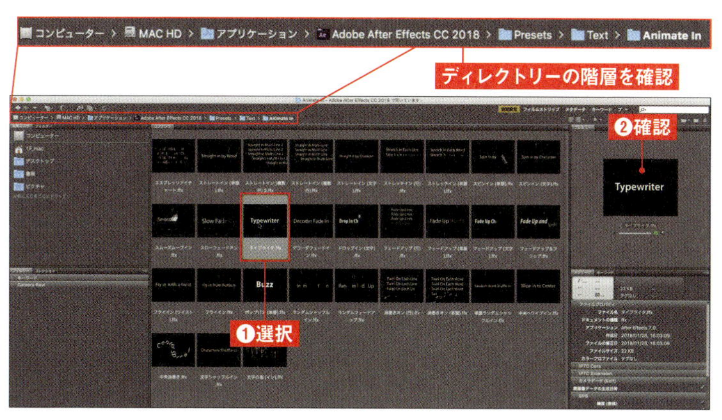

❹ アニメーションプリセットを確認する

「エフェクト＆プリセット」と同じ階層表示なので、< Preset >→< Text >→< Animate In >をクリックして開いていくと、図のようにサムネールが表示され、これを選択することで❶、画面右側に表示・再生して確認することができる❷。

❺ アニメーションプリセットを適用する

適用したいアニメーションプリセットは、タイムライン内で適用したいレイヤーを選択し❶、<タイプライタ>と記載された項目をダブルクリックする❷。このときアニメーションの始まりは、時間軸を基準としているので0秒地点に時間軸を移動させてから適用するのを忘れないようにしよう。

MEMO

アニメーションプリセットの適用

アニメーションプリセットの適用は、項目をダブルクリックする以外にも、<エフェクト＆プリセット>内の適用したいプリセットの項目を、タイムラインパネル内の文字レイヤーに直接ドラッグ＆ドロップすることでも可能だ。

CHECK

アニメーションのスタート地点と適用範囲について

アニメーションプリセットを適用すると、タイムライン上での時間軸を基準にキーフレームが設定され、スタート地点が開始される。

音の時間を調整する

❶ キーフレームの位置を調整する

タイムライン内の文字レイヤーの<テキスト>を展開すると<アニメーター1>の<範囲セレクター1>の<開始>のキーフレーム間の長さで、アニメーションの適用範囲（長さ）を確認することができる。ここではタイムラインパネル内にある、<タイピング音.wav>がちょうどタイピングの長さとなっているのでその範囲に合わせて❶、<開始>に打たれた2つのキーフレームの終わりの位置を調整してもらいたい❷。音がないとしっくりこない方は、Command キー（Windowsでは Ctrl キー）を押しながら、時間軸を移動させることで音を再生しながら確認することもできる。

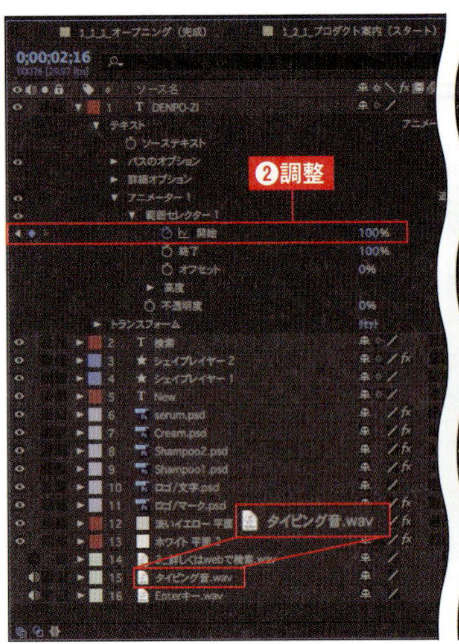

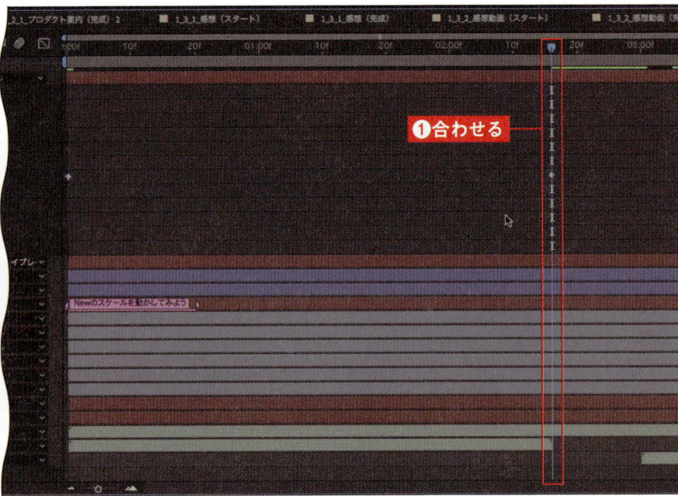

❷ 「押し」の演出を施す

最後に検索ボタンの「押し」の動作をスケール調整で演出していこう。押しボタンの<シェイプレイヤー2>を選択し❶、option ＋ command（Windowsでは Ctrl ＋ Alt）＋ Home キーで、アンカーポイントを画像、オブジェクトの中心へ移動させて中心点を合わせてもらいたい。これは前述したスケールなどを変更すると、その中心点を基準にスケールアップされるためだ。

続いて<検索>の文字を<シェイプレイヤー2>にペアレントで親子関係にしておこう❷。こうすることで文字もボタンと同じようにスケールされるようになる。最後にこの「ボタン<シェイプレイヤー2>」を<Enterキー.wav>に合わせて、<スケール>を<100.0,100.0%>→<80.0,80.0%>→<100.0,100.0%>にシフトして、合計3つのキーフレームを作成すれば❸、押されているような演出が施される。

❸ イージーイーズインを適用する

無事キーフレームの設定が完了したら Shift ＋ F9 キーでイージーイーズインを適用し、音のタイミングも含めてプレビューで確認してみよう

 アニメーションプリセットの詳細解説動画 

SECTION

26 素材に演出を施す ～「先着プレゼント」の作成①

ここでは背景を設定して、女性や安眠グッズ、文字などを登場させる方法を解説する。

「先着プレゼント（スタート）」を確認する

この「先着プレゼント」では、これまで解説してきた総復習的な要素が多く盛り込まれているため、それぞれのテクニックを思い出しながら、チャレンジしてもらいたい。

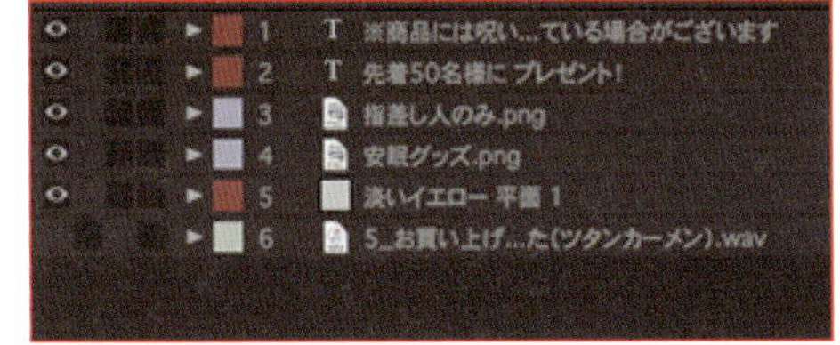

▲**「コンポジション（スタート）」**フォルダ内の**＜1_5_1_先着プレゼント（スタート）＞**をダブルクリックすると、安眠グッズ、背景、女性、文字が画面に配置されているのが確認できる

先着プレゼント1 完成動画

背景を作成する

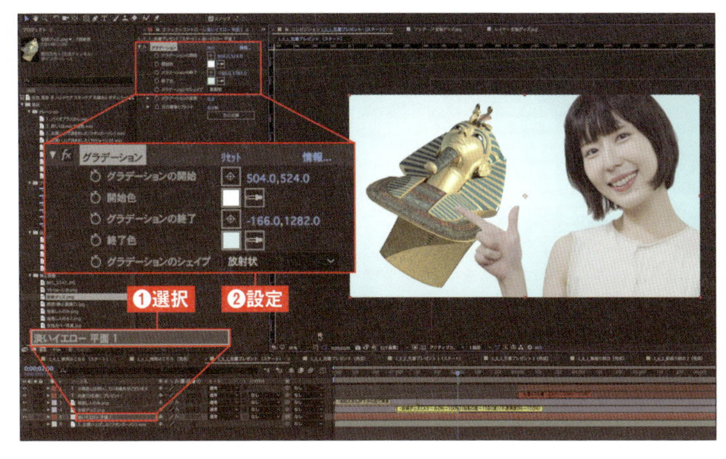

❶ グラデーションやカラーを設定する

背景の設定は、背景レイヤー＜淡いイエロー平面 1＞を選択し❶、＜グラデーション＞を適用、設定して（P.048 参照）、図のように安眠グッズを中心に放射状に設定する。カラーも図のように設定してもらいたい❷。

安眠グッズのアニメーションを設定する

続いて、キーフレームの動きで安眠グッズを宣伝してみよう。タイムラインパネルのマーカー部分を確認していただきたい。ここでの安眠グッズは、＜スケール＞、＜回転＞、＜不透明度＞の3点を同時に、キーフレーム制御しているのが大きな特徴だ。

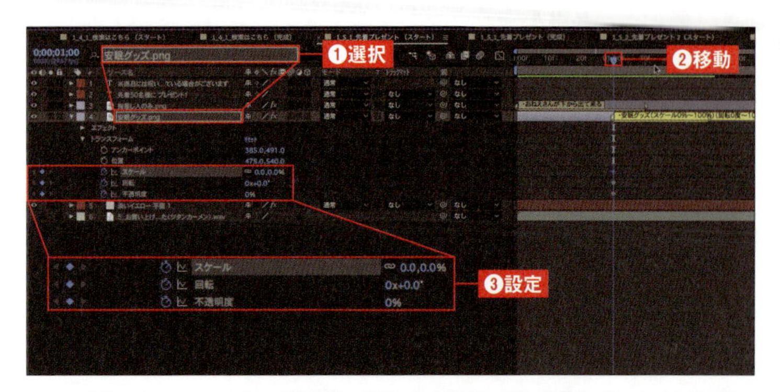

❶ 1秒地点でキーフレームを設定する

＜安眠グッズ.png＞を選択し❶、タイムラインマーカーを1秒地点＜01:00f＞に移動したら❷、＜トランスフォーム＞の＜スケール＞を＜0.0,0.0%＞に、＜回転＞を＜0x+0.0°＞に、＜不透明度＞を＜0%＞にして、キーフレームを設定する❸。

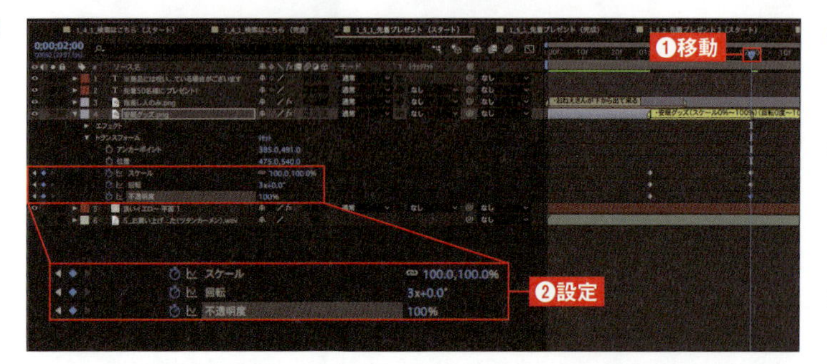

❷ 2秒地点でキーフレームを設定する

引き続きタイムラインマーカーを2秒地点＜02:00f＞に移動し❶、＜トランスフォーム＞の＜スケール＞を＜100.0,100.0%＞に、＜回転＞を＜3x+0.0°＞（1080度）に、＜不透明度＞を＜100%＞にして、キーフレームを設定❷。

❸ イージーイーズインを適用する

＜スケール＞、＜回転＞、＜不透明度＞のキーフレームをそれぞれ個別に選択して、Shift ＋ F9 キーでイージーイーズインを適用する。

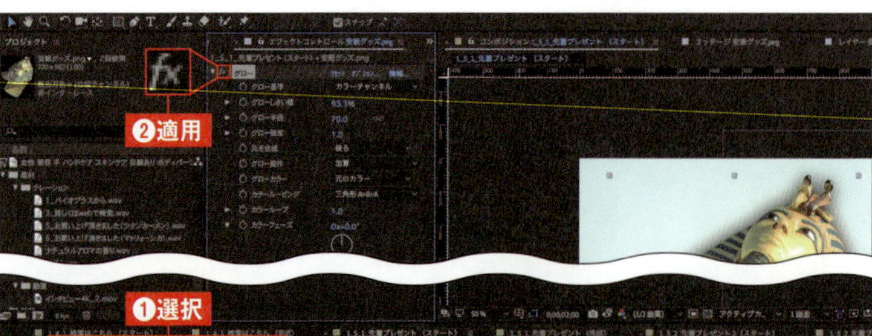

❹ ＜グロー＞のエフェクトを適用する

＜安眠グッズ.png＞を選択し❶、エフェクトコントロールパネル内の＜グロー＞を適用して❷、光沢感を演出しする。

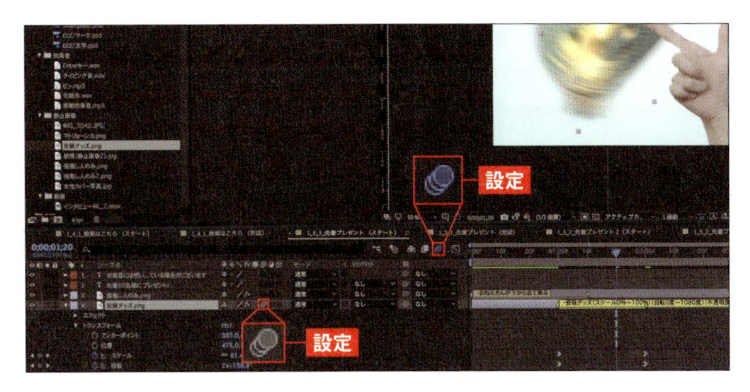

❺ モーションブラーを適用する

<安眠グッズ.png>にモーションブラーを適用することで、安眠グッズの回転感が増すので好みに合わせて入れてもらいたい。

画面下から女性を登場させる

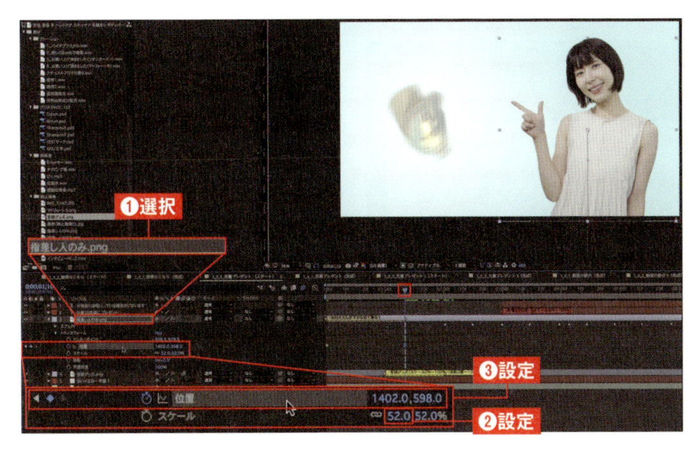

❶ 女性を動かす

ソース名の<人差し指のみ.png>を選択し❶、女性のスケールを<52.0,52.0%>くらいに設定してみよう❷。次に図のタイムラインパネルのマーカー部分を参考に、0秒<00:00f>〜1秒10フレーム地点<01:10f>で、女性を画面外の下から腰辺りの位置まで移動する❸。以上の設定を終えたら、忘れずに Shift ＋ F9 キーでイージーイーズインを適用する。

TIPS

パペットピンツール

プレビューするとわかるが、お姉さんの首と腕が動いているのが確認できる。これはパペットピンツールと呼ばれるエフェクトで、静止画像にピンを打つことによって操り人形のように静止画像の一部を動かせるエフェクトの1つだ。主にレイヤー分けされた静止画像に有効なので、活用次第ではかなりユニークな演出ができる。

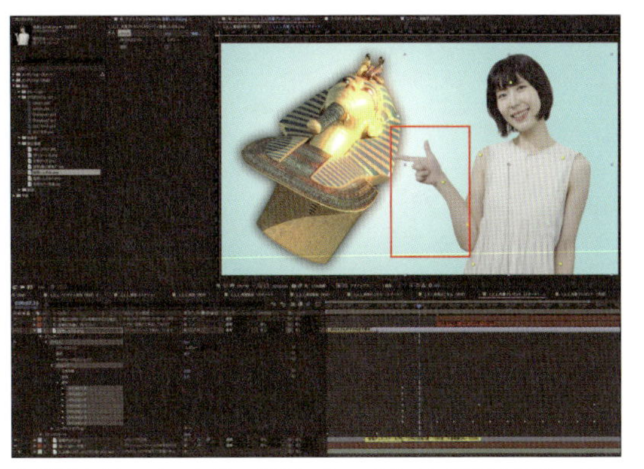

▲関節など、ピンの打つ箇所によって自由に平面を固定、アニメーションすることが可能となる便利なツールだ

 パペットピンツールの詳細解説動画 

SECTION

27 文字にアニメーションや演出を施す　～「先着プレゼント」の作成②

最後は中央から文字が出てくるように演出を行っていこう。ここでは、P.074で行ったプロダクト案内と同じように文字をアニメーションさせていく。

インパクトのある文字を作成する

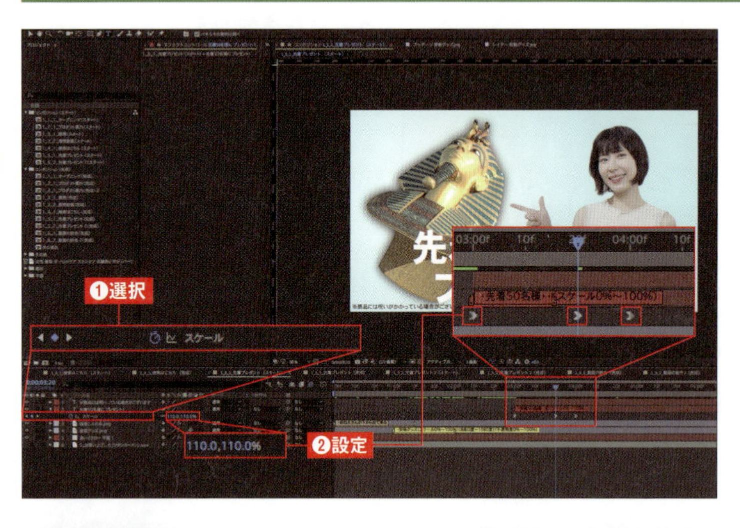

❶ 文字のスケールを設定する

図のマーカーを参考に、＜先着50名様にプレゼント！＞の＜スケール＞で❶、3秒地点＜03:00f＞で＜0%＞に、3秒20フレーム地点＜03:20f＞で＜110.0%＞にスケールアップさせていく。その後4秒地点＜04:00f＞で戻り、＜100.0%＞に設定する❷。こうすることで躍動感のある文字になる。キーフレームの設定が終了したら、忘れずに shift ＋ F9 キーでイージーイーズインも適用する。

❷ 赤色のアウトラインを文字に付け加える

続いて＜先着50名様にプレゼント！＞を選択したら❶、アウトラインの色を追加する。図のように＜文字パネル＞の線幅を＜9px＞に設定して❷、赤色のアウトラインを文字に付け加える。

❸ 一部の文字を大きくする

文字が単調にならないように「50」を大きくする。横書き文字ツールを選択し❶、＜50＞の数字をドラッグして範囲を選択したら❷、＜文字パネル＞のフォントサイズを＜300＞に変更する❸。こうすることで＜50＞の部分のみスケールアップする。

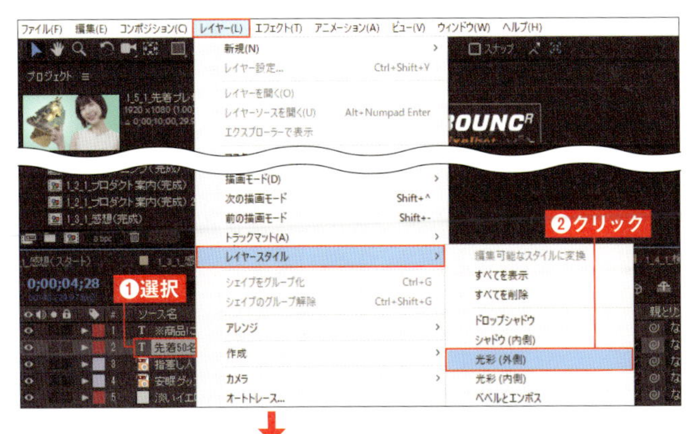

❹ 文字の外側に光彩を適用する

＜先着 50 名様にプレゼント！＞を選択し❶、＜レイヤー＞メニュー→＜レイヤースタイル＞→＜光彩（外側）＞をクリックする❷。文字の周りに「もやもやの光彩」が適用されたのが確認できる。こうした効果で文字をさらに引き立たせることができるのだ。

TIPS

プレビュー範囲の選択

テンキーの 0 キーを使用するプレビューは、基本的にはタイムラインでのワークエリアの範囲がプレビューされる。全体を作り込んでいくとそれらワークエリア全体をプレビューするのに時間がかかったり、メモリ不足になって途中でプレビュー範囲が止まったりすることがある。そうした場合にはワークエリアの範囲を手動で指定して、効率よくその部分のみをプレビューする方法が有効的だ。

◀指定したいワークエリアはマウスのドラッグで範囲を調整することも可能だが、最初の部分は B キーを、最後の部分は N キーを押すことで、ワークエリアをショートカットで簡単に設定することもできる。ぜひ活用してもらいたい TIPS だ

SECTION

28 調整レイヤーを設定する ～「先着プレゼント」の作成③

最後に調整レイヤーについて解説する。調整レイヤーは、タイムライン内レイヤーの上下の並び順によって複数のレイヤーに一括してエフェクトを適用できる便利なレイヤーだ。

エフェクトをすべてのレイヤーに簡単に適用する

調整レイヤーとは、わかりやすく言うと「透明なレイヤー」のことだ。タイムラインパネル上で「エフェクトが適用された調整レイヤー」の下に配置されたレイヤーは、すべてにそのエフェクトの影響を受けるという特性を持つ。

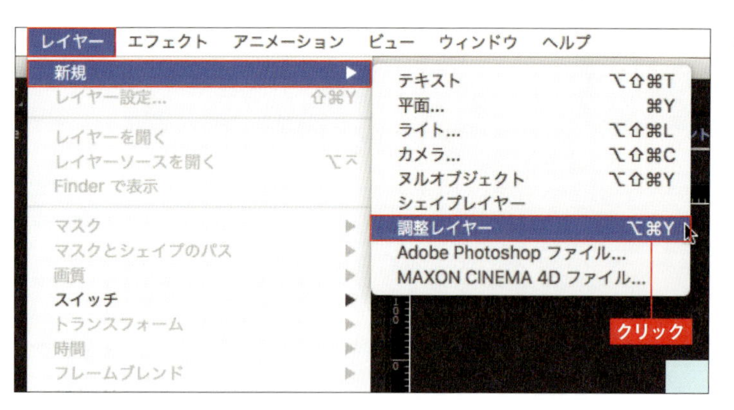

❶ ＜調整レイヤー＞をクリックする

＜レイヤー＞メニュー→＜新規＞→＜調整レイヤー＞をクリックする。

❷ 新規レイヤーを確認する

タイムラインパネル内の一番上に＜調整レイヤー＞という名前で新規のレイヤーが配置される。

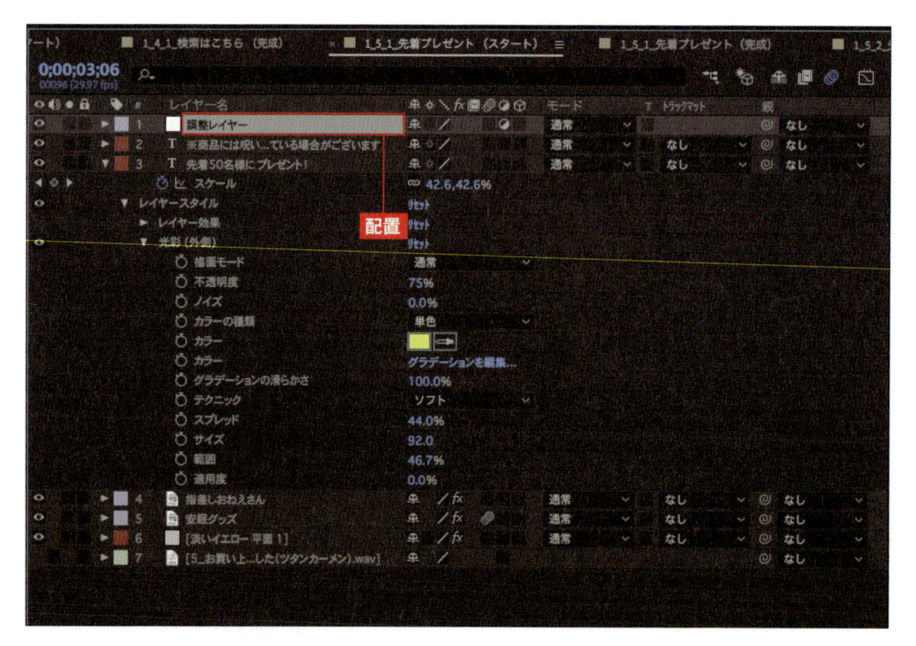

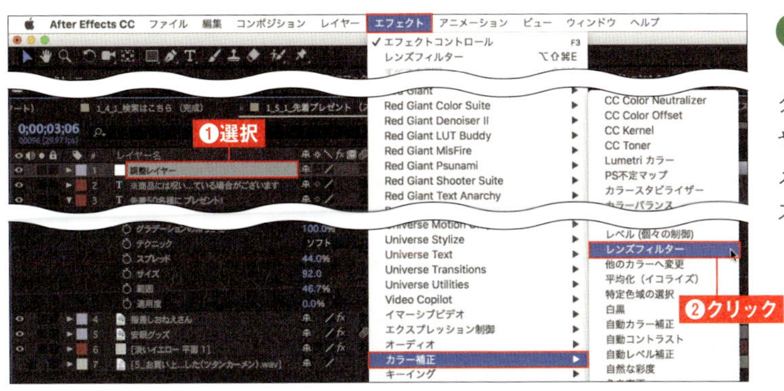

❸ ＜レンズフィルター＞を適用する

タイムラインパネルの＜調整レイヤー＞を選択し❶、＜エフェクト＞メニュー→＜カラー補正＞→＜レンズフィルター＞をクリックする❷。

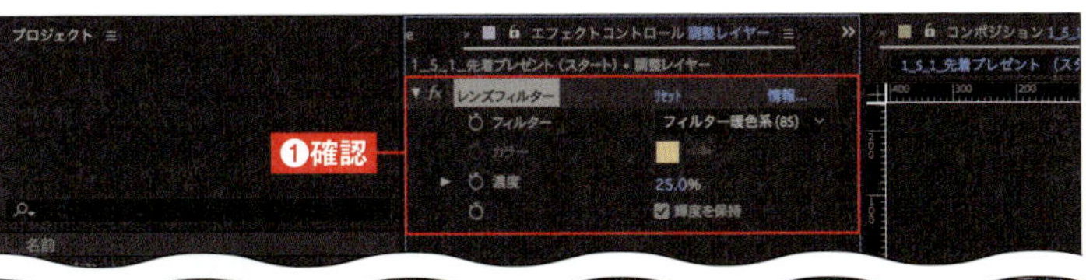

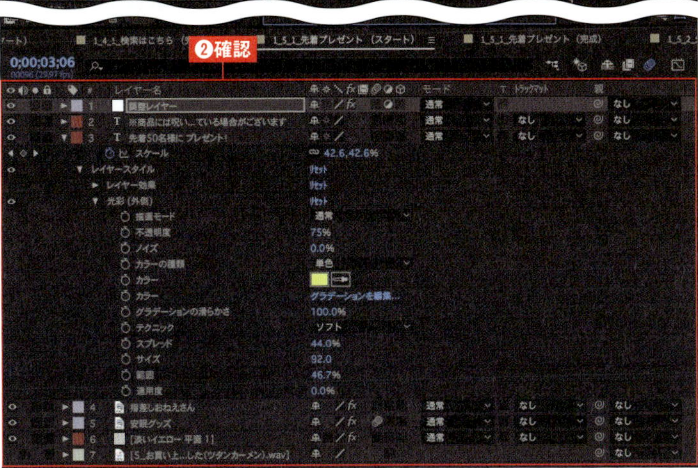

すべてのレイヤーに「レンズフィルターエフェクト」が適用されたのが確認できる

❹ すべてのレイヤーにエフェクトが適用される

エフェクトコントロールパネルには、レンズフィルターが適用されているのが確認できる❶。レンズフィルターは色温度（ケルビン値）を調整できるエフェクトで、暖色や寒色などを着色することができる便利なエフェクトの１つだ。

＜調整レイヤー＞に＜レンズフィルター＞を適用することで、下に配置された、文字から背景までの、すべてに対して＜レンズフィルター＞が適用されたのが確認できる❷。レンズフィルターエフェクトの表記は、調整レイヤーのみに表示されており、その下のレイヤーにはレンズフィルターエフェクトは表示されていないが、１つひとつのレイヤーに適用するよりも、手順や処理も速く、便利な機能なのでぜひ活用してもらいたい。

CHECK

調整レイヤーのメリット

通常では１つひとつのレイヤーにエフェクトを適用していかなければならないが、こうした調整レイヤーを使用することで作業を簡略化でき、かつ見た目にもわかりやすくなるため、重宝する機能の１つと言える。調整レイヤーは必ず一番上になければならないという鉄則はないため、タイムライン上での調整レイヤーの並び方のアレンジ次第ではさらに応用的な使い方もできる。

調整レイヤーの
詳細解説動画

SECTION

29 素材を配置して動画を完成させる　～ムービーのネスト化

ここでは、今までの総復習もかねて素材の配置をゼロから行い、作品を作り上げていただきたい。

「コンポジション(スタート)フォルダ」内から、＜1_5_2_先着プレゼント2(スタート)＞をダブルクリックすると、このコンポジションにはなにも配置されていないことがわかる。これは今までの総復習も兼ねて、素材の配置から作品をゼロから作り上げてほしくて用意した「課題用コンポジション」である。＜1_5_2_先着プレゼント（完成）＞を参照しながら、また、完成動画を参考にしながら、ぜひ皆さんの手で作り上げてほしい。

先着プレゼント2完成動画

5つのムービーを統合してネスト化する

ここまで商品PR動画に必要な各パート（コンポジション）を作ってきたが、まだ全体は統合させていない。そのため、これら各パートを統合して1つの作品としてまとめる「ネスト化」という作業を行っていく。ネスト化は、商品PR動画の作成の流れで解説したように（P.043参照）、各コンポジションで作成したパート（オープニング、プロダクト案内、感想、検索はこちら、先着プレゼント）をつなぎ合わせる作業だ。

新規にコンポジションを作成して各コンポジションを配置する

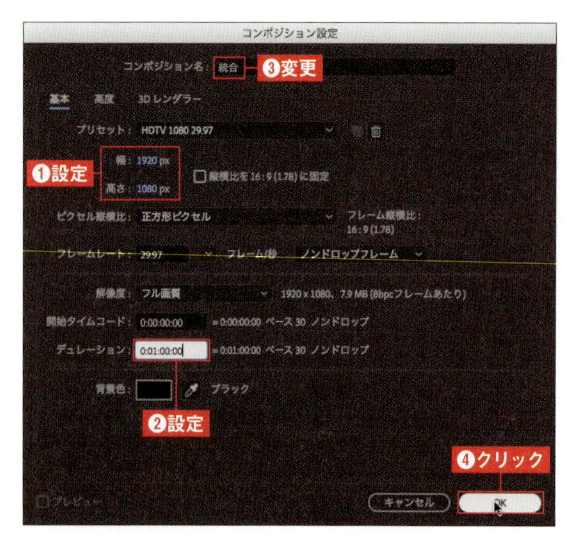

① 新規コンポジションを作成する

＜コンポジション＞メニュー→＜新規コンポジション＞をクリックする。コンポジション設定画面では、今まで作成したパーツでのコンポジションサイズ（1920×1080）を維持する❶。＜デュレーション＞ではすべてのパーツ（コンポジション）の長さを足した合計のデュレーション（尺）が必要になるが、多めに設定しても構わない。ここでは合計が40秒程度と予測できるが、1分＜0:01:00:00＞と長く設定して❷、あとでワークエリアでの範囲調整を行うようにしてみたい。名前はわかりやすいよう、ここでは「統合」という名称にしてみた❸。ネスト化を行うにあたりパソコンの負担がかなり増えるので、もしパフォーマンスが気になるようであれば、INTRODUCTIONの「パソコンがパワー不足の場合の対処法」を参照し（P.032参照）、画質を1/4に落としてみるのもよいかもしれない。以上の設定を行ったら、＜OK＞をクリックする❹。

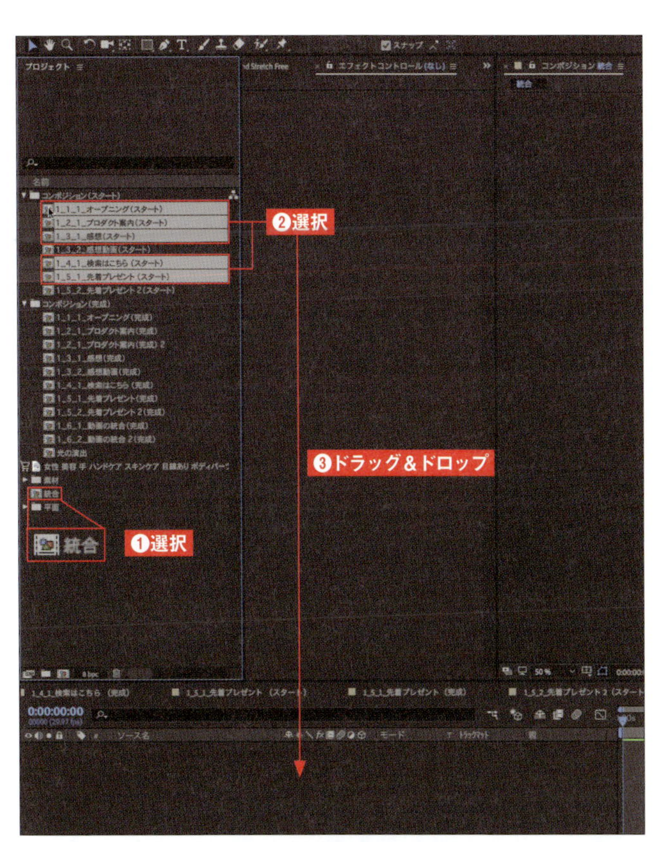

❷ タイムラインに各コンポジションを配置する

作成した＜統合＞コンポジションが新たにプロジェクトパネル内に配置されたのが確認できたら、＜統合＞コンポジションを選択し❶、Command キー（Windows では Ctrl キー）を押しながら、プロジェクトパネル内にある下記複数のコンポジションを選択し❷、ドラッグ & ドロップして❸、タイムラインに配置してみよう。

- 1_1_1_オープニング（スタート）
- 1_2_1_プロダクト案内（スタート）
- 1_3_1_感想（スタート）
- 1_4_1_検索はこちら（スタート）
- 1_5_1_先着プレゼント（スタート）

※2パターンある場合にはいづれか1つを選択。

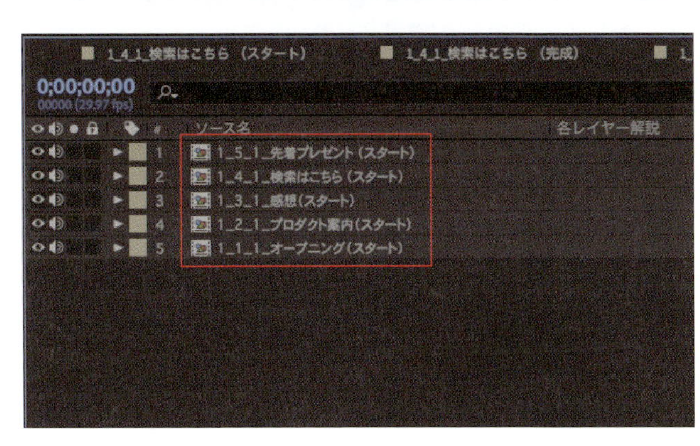

❸ レイヤーの順番を入れ換える

タイムライン内に無事配置できたら、レイヤー順番を下記のような順番でドラッグ & ドロップして配置してもらいたい。

- 1_5_1_先着プレゼント（スタート）
- 1_4_1_検索はこちら（スタート）
- 1_3_1_感想（スタート）
- 1_2_1_プロダクト案内（スタート）
- 1_1_1_オープニング（スタート）

配置したレイヤーを整えて連結する

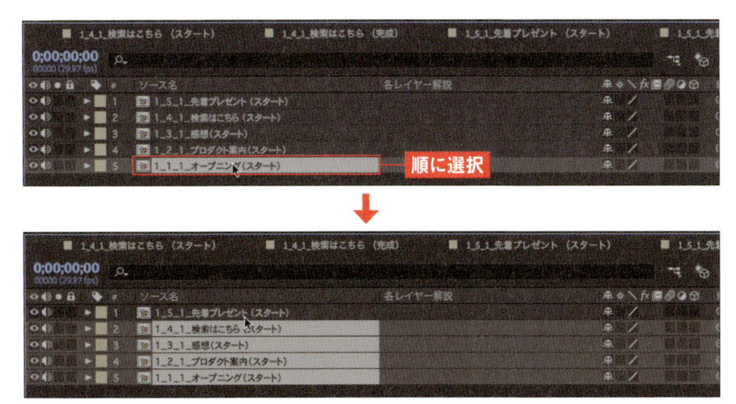

❶ レイヤーを選択していく

配置が完了したら、タイムライン内のレイヤーを Command キー（Windows では Ctrl キー）を押しながら、＜1_1_1_オープニング（スタート）＞から＜1_5_1_先着プレゼント（スタート）＞までを**下から順番に選択していく**。

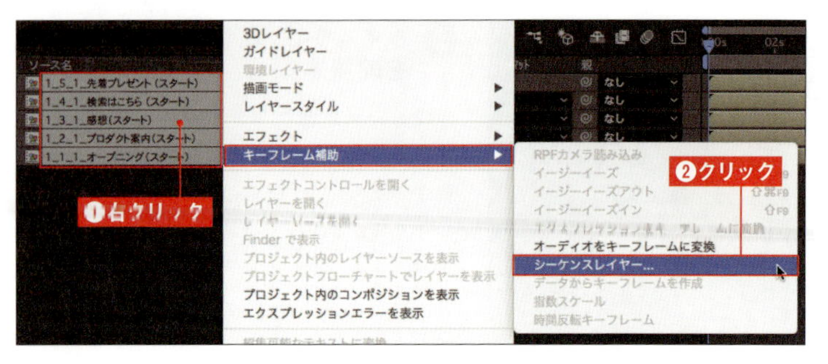

❷ <シーケンスレイヤー>をクリックする

続いて全レイヤーを選択した状態で、レイヤー上で右クリックし❶、<キーフレーム補助>→<シーケンスレイヤー>をクリックする❷。

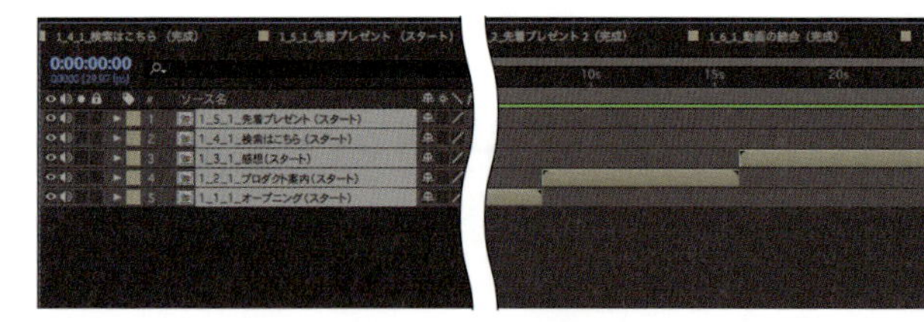

❸ シーケンスレイヤーを設定する

シーケンスレイヤー画面が表示される。この画面では、タイムラインパネル内で選択された複数のレイヤーを、自動的に順番に並べることが可能だ。ここでは、選択したレイヤーを重なることなく連結したいので、図のようにオーバーラップにチェックを入れ❶、デュレーションは< 0:00:00:00 >のままの状態で、< OK >をクリックする❷。

CHECK　レイヤーの順番が違う場合

ここでレイヤーの順番が上下逆転で配列されてしまった場合は、タイムラインでの選択順を上から行ってしまった場合が考えられるので、再度確認してもらいたい。

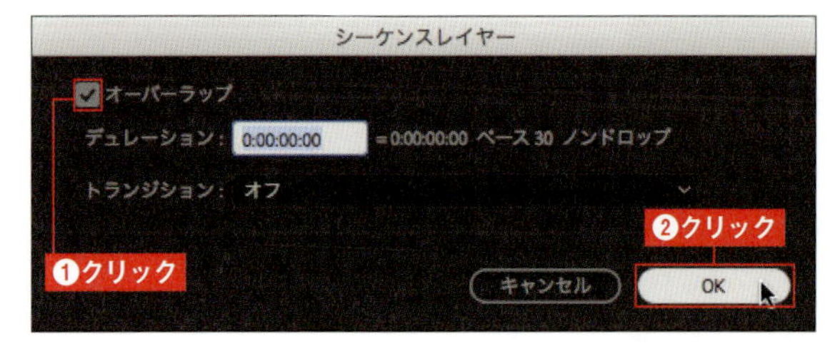

各コンポジションを整えてBGMを配置する

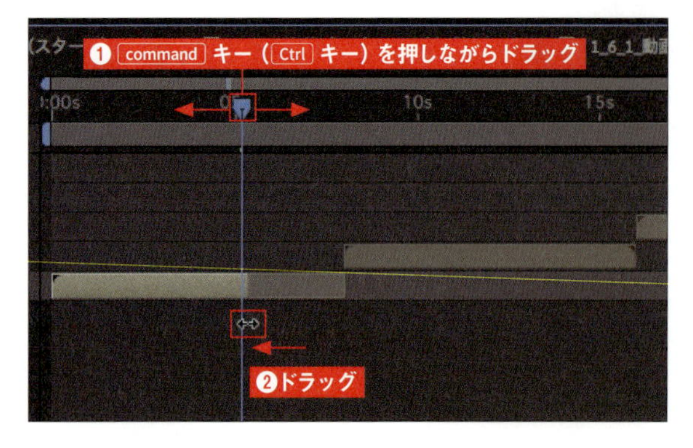

❶ コンポジションの長さを調整する

配列が完了したら各コンポジションの長さの調整を行ってみよう。タイムラインに配列されたコンポジションの<端部分>をドラッグして、任意の部分まで削るように移動する。長さの調整を行うには、事前に Command キー（Windows では Ctrl キー）を押しながら、時間軸<現在の時間のインジケーター>をドラッグすることで、サウンドやナレーションの音などを確認できるので❶、この操作を行ってから削るポイントを決めるとよい❷。

MEMO　別の方法でコンポジションの長さを調整する

調整は手順❶のように「削ってトリミングを行う方法」もあるが、タイムラインの上にコンポジションをドラッグして、“そのまま乗せて”隠す方法もある。このように凸型にタイムラインの配置をすることで、簡単にトリミングを行うことも可能だ。

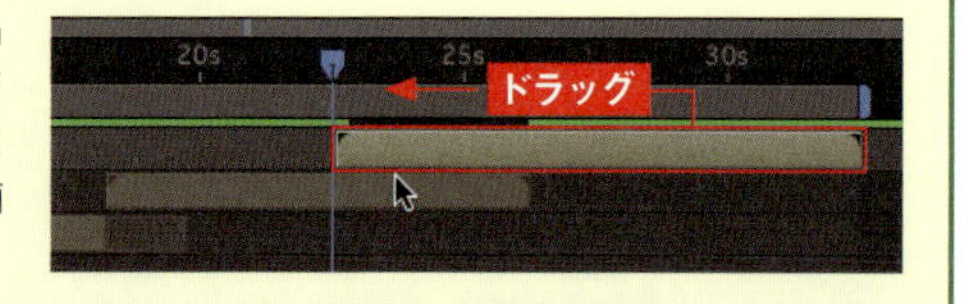

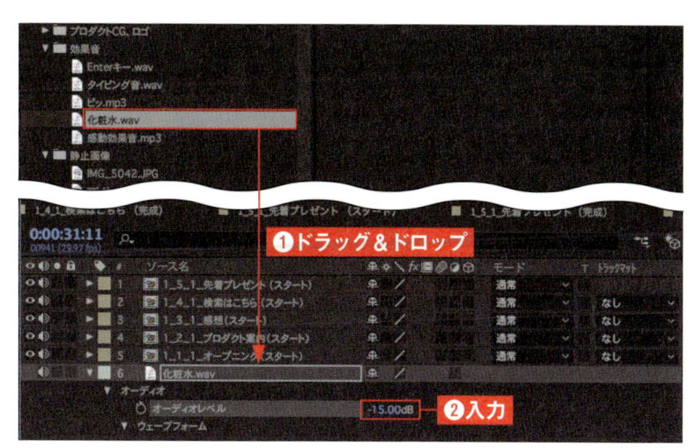

❷ BGMを配置する

最後にプロジェクトパネル内の＜素材＞→＜効果音＞内の＜化粧水 .wav ＞を BGM としてタイムラインパネル内の一番下にドラッグ & ドロップして配置する❶。バックグラウンドの音量が目立ってしまう場合には、＜オーディオレベル＞を展開して、「-15.00dB」と入力し❷、音のレベルを下げてみよう。

MEMO

キーフレームで音量を調整する

演出として＜化粧水 .wav ＞の最後の音量を下げたい場合は、不透明度と同じように＜オーディオレベル＞の部分でキーフレームを 2 つ作成し、それぞれのオーディオレベルに合わせてキーフレームを適用することで、音量を調整することも可能だ。

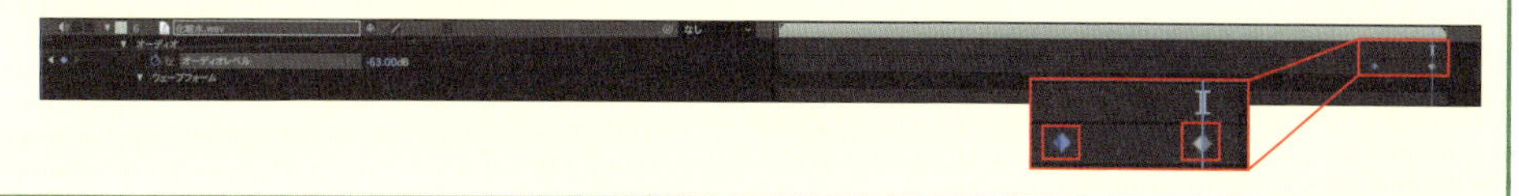

TIPS

After Effects での音の扱いについて

ネスト化も含め、今回は After Effects 内でさまざまなサウンドデータ（BGM、ナレーション、効果音など）が使用されているが、基本的には After Effects はサウンドに弱いアプリだ。なぜなら、その特性上リアルタイムでタイミングに合わせてサウンドを鳴らす機能や、サウンド効果（リバーブ、エコライズなど）のプレビューなどの機能があまり充実していないからだ。

こうした場合は、After Effects で音声なしの動画のみをレンダリングして、その動画を Premiere Pro に持ってきて、サウンドを付け加えていく対処のほうがサウンド処理としてはやりやすいだろう。今回は After Effects メインの書籍なので、こうした工程を省いてサウンドを追加しているが、できれば Premiere Pro と併用して、お互いの長所・短所を見極めながら作業に取り組んでもらえるとさらにパフォーマンスがよい作品づくりができるだろう。

◀ Premiere Pro では RAM プレビューなどの処理を行わない工程も、また、音声処理やカラーグレーディングも含め、総合的な動画制作のパフォーマンスが発揮できる。一方、After Effects ではグラフエディターやエフェクト類も充実していることから、細かいモーショングラフィック作成などに向いていると言えるだろう

SECTION

30 Adobe Media Encoderで書き出しを行う ～動画の書き出し

統合コンポジションを1つのムービーファイル形式として書き出すと、YouTubeなどへの掲載や、単独の動画ファイルとして配布することができる。

Adobe Media Encoderを起動する

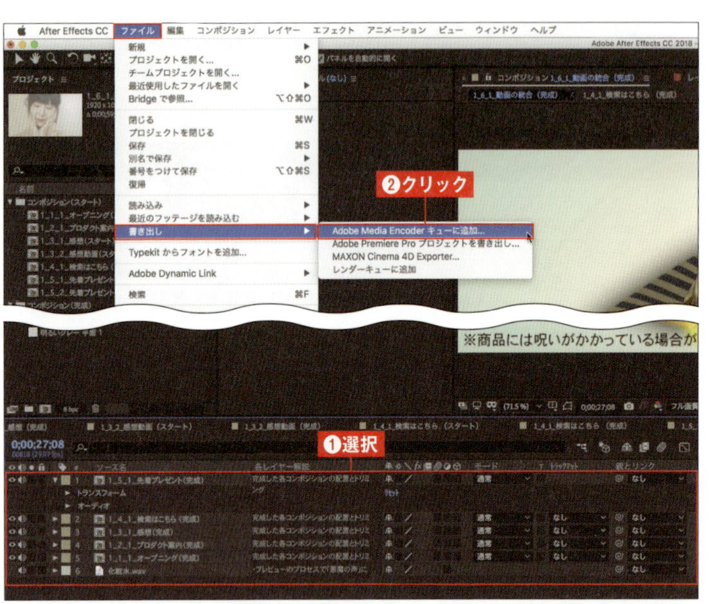

❶ Adobe Media Encoderを起動する

＜統合＞のコンポジションを選択したあとにレンダリングしたいワークエリアを設定し❶、＜ファイル＞メニュー→＜書き出し＞→＜Adobe Media Encorder キューに追加＞をクリックする❷。Adobe Media Encoder という別のアプリが起動する。

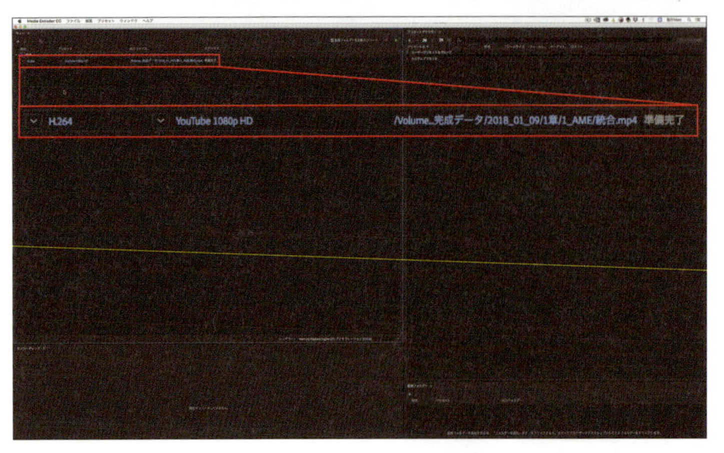

❷ Adobe Media Encoderが起動した

Adobe Media Encoder が起動すると、すでに先程キュー（レンダリング準備）した＜統合＞が準備完了として表示される。

MEMO

Adobe Media Encoder について

Adobe Media Encoder は、単体では動画の変換などを行うことができるが、Premiere Pro、After Effects でのレンダリング作業も行うことができるアプリだ。通常、After Effects だけでもレンダリングを行うことは可能だが、総合的な使いやすさなどを考えるとこちらのアプリを利用したい。

CHECK Windows の場合

Windows では Adobe Media Encoder の表示が若干異なり、図のような画面になる。

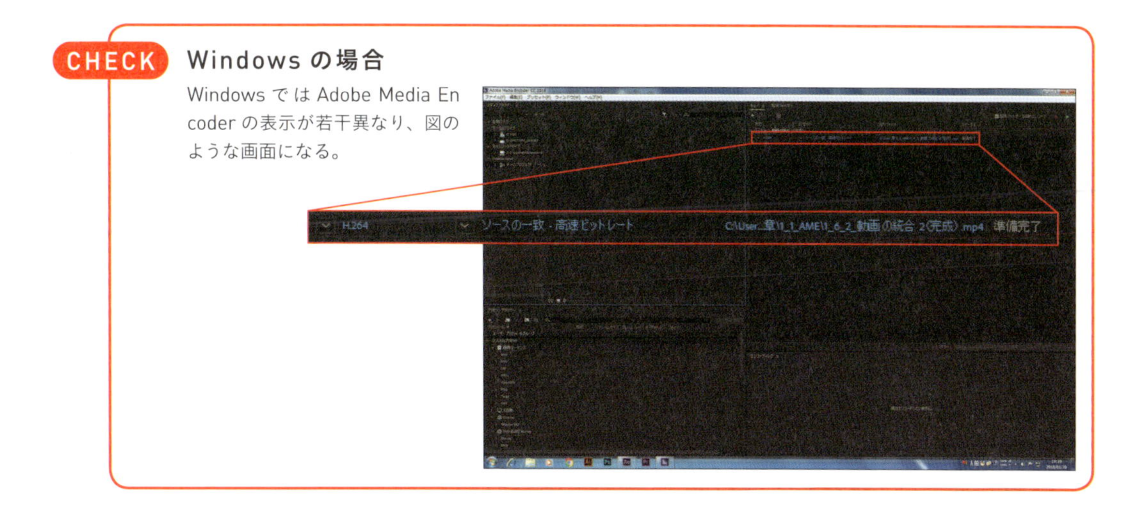

Adobe Media Encoderで設定を行う

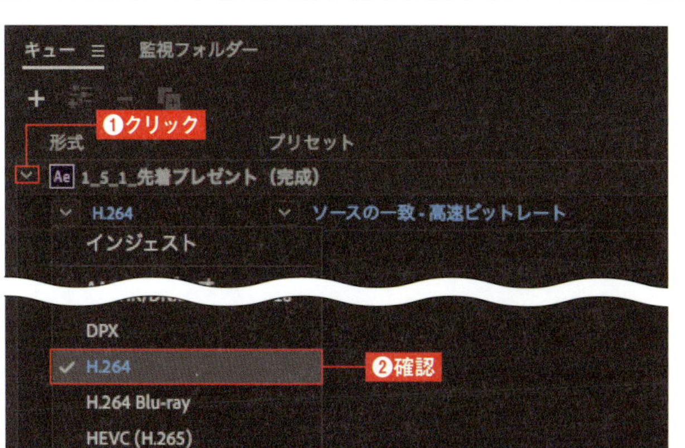

❶ H.264が選択されているかを確認する

＜形式＞の項目の＜H264＞のをクリックし❶、表示されるメニューから、＜H264＞が選択されているかを確認してみよう❷。用途に合わせてさまざまな圧縮形式が用意されている。

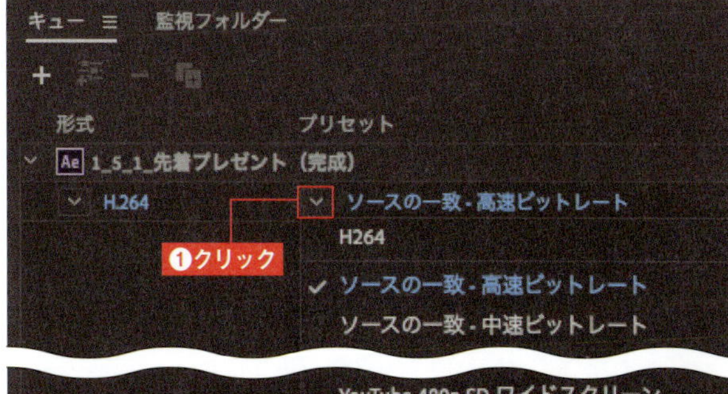

❷ YouTubeへの投稿に適したプリセットを選ぶ

＜プリセット＞の項目のをクリックし❶、表示されるメニューから、＜YouTube 1080p フル HD＞をクリックしよう❷。

今回は YouTube への投稿に適したプリセットを選んでみた。

❸ 出力先をクリックする

＜出力ファイル＞のディレクトリーが記載されている文字をクリックする。

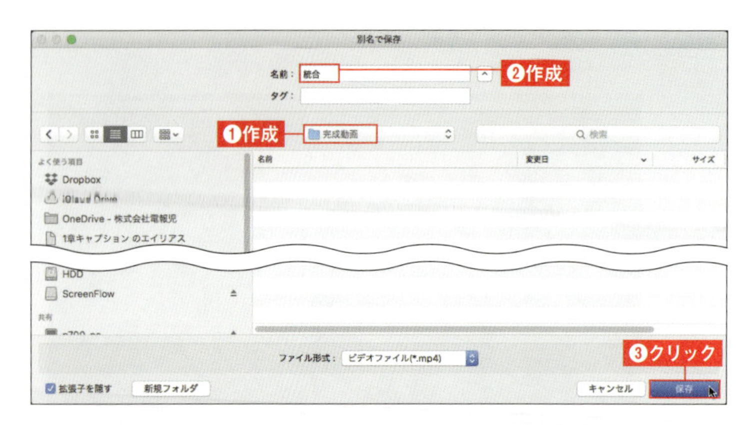

❹ 出力先を設定する

別名で保存画面が表示されるので、ムービーを保存したい場所を選択する。ここでは「完成動画」フォルダを作成し❶、そこに名称を「統合」としたファイルを保存することにした❷。設定を終えたら、＜保存＞をクリックする❸。

❺ ビデオカードを確認する

サポートされているビデオカードが搭載されている場合には、図のようにキューパネル右下の＜レンダラー＞の＜ Merculy Playback Engine GPU ＞が有効になり、選択できるようになる。ビデオカードの詳細については、INTRODUCTION P.020を参照していただきたい。

レンダリングを開始する

❶ キューを実行する

設定が完了したら画面の上にある＜キューを開始＞▶をクリックすることでレンダリングが開始される。

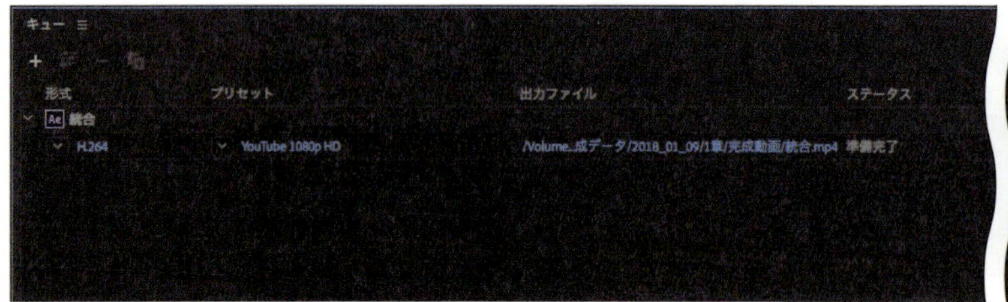

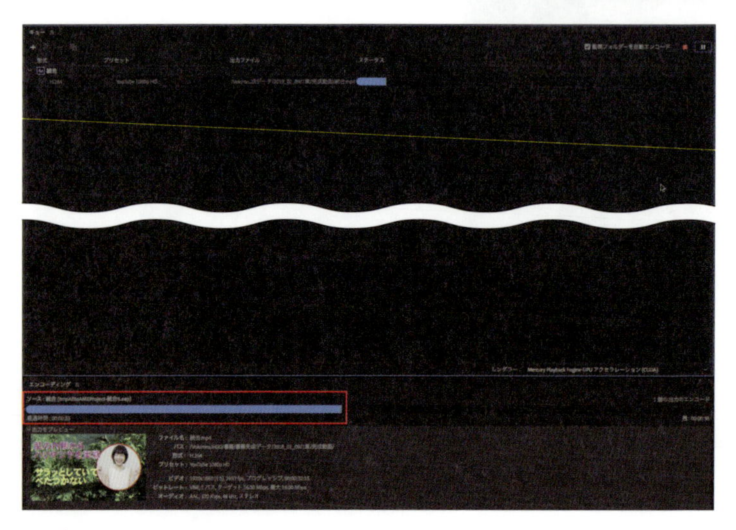

❷ 進行プロセスが表示される

レンダリング中は画面下に進行プロセスが表示される。出力プレビューの表示をオフにすることで、若干ではあるがレンダリング速度が上がる。著者は過去に7秒間の動画のレンダリングに1週間という気の長いプロセスを経験したことがある。

❸ ステータスが完了する

レンダリングが無事完了すると、ステータスが完了に変わる

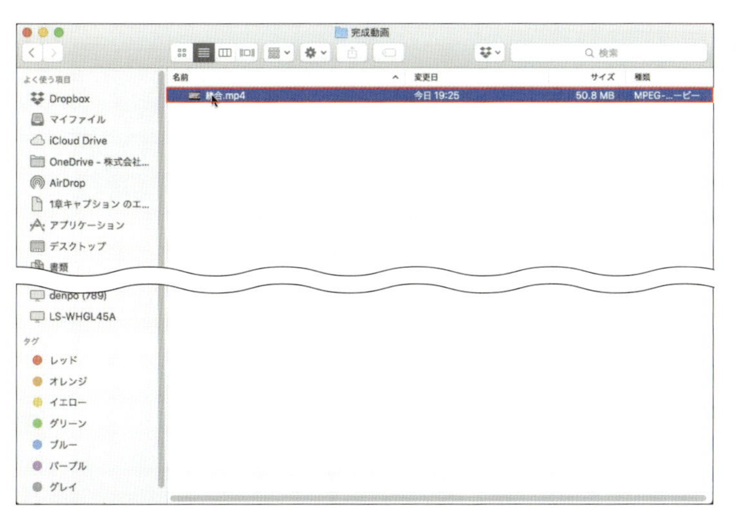

❹ 作成ムービーを確認する

設定した保存先にムービーが作成されているのが確認できる。

❺ 完成動画を確認する

アプリケーションで再生するとムービーが表示され、無事完成したのが確認できる。

TIPS

After Effects で書き出す

動画の書き出しでは Adobe Media Encoder 以外にも After Effects で直接書き出す方法もある。After Effects での直接の書き出しのやり方では、より細かい設定での動画の書き出しが可能となる。

 After Effects での直接の書き出し解説動画 

COLUMN

After Effectsの作業中におすすめするアイテム！

ここではズバリ、After Effectsの作業中に役立つアイテムを紹介していこう。日頃皆さんが抱えている問題や効率化に役立つ、どれも著者のおすすめするアイテムだ。

●いつまでも解けないパズル

After Effectsのプレビューやレンダリングでは、1〜10分くらい待たされることがある。この待ち時間は、息抜きやちょっとしたリフレッシュに欠かせない貴重なものだ。そうしたときに役立つのが、この「解けないパズル類（例：ルービックキューブなど）」だ。机の傍らに置いておくことで、何げに気分転換が行える。重要なポイントとしては「解けないこと」。なお、プレビューやレンダリングが終了してもパズルに熱中しないように注意してもらいたい。

●謎のオブジェ

クリエイターであれば、集中力が削がれたときに眺めているだけでも心温まるオブジェ（画像は磁石的なオブジェの例）があるとよいかもしれない。筆者は、あちこちの現場で「こだわりの一品」にお目にかかる。クリエイターによっては崇拝に値するような年代物、レアアイテムなどで卓上がモニュメント化しているケースもある。

●フィギュア（プラモデルも含む）

オブジェと違い、上級者によく見かけられるものがフィギュアである。オブジェとの違いは、自由にポーズが変えられるところだ。フィギュアマスターになると、心情や感情などをフィギュアポーズで表現し、クライアントや仲間に伝える日本人独特の忖度の心を有している者もいる。さらに達人の域に入ると、これらフィギュアどうしでクリエイター間のコミュニケーションをはかることもできるのだ。

●乾き昆布

最後に食べ物も紹介しておこう。After Effectsの操作は、キーボード／マウスをフル活用しているために、スナック菓子などのお菓子を食べると指や手が汚れてしまう。そこでこの乾き昆布の出番となる。乾き昆布を食することで、低カロリー＆ヘルシー志向にもなり、噛むことで顎が鍛えられ、滑舌もよくなるだろう。

CHAPTER

2

ソーシャル動画の演出

2-1

文字の演出

ソーシャル動画で文字が使われないことはない。導入部でインパクトのあるかたちで文字を登場させたり、動画の中盤や終盤できちんと視聴者に伝えたいことを文字で説明したりなど、文字は非常に重要な役割を担っている。作り手に人気が高いのは、文字を光らせることだ。光る文字はそれだけで視聴者の注目を集めることができ、強い印象を与えることができる。本 CHAPTER では、そうした人気のある光る文字や光沢感のある文字の演出方法を解説していく。そのほか、質感のある文字や立体的な文字など、現場で役立つ文字の演出方法を網羅した。

SECTION

01 文字の演出 ～レイヤースタイルの活用

文字にはさまざまな演出を施すことができる。ここでは、レイヤースタイルの活用方法から解説を行っていく。

本書で扱う文字の演出

レイヤースタイルの活用方法をマスターする前に、CHAPTER 2-1 で扱う文字の演出についてイメージしておこう。ここでは、次のような演出をマスターすることができる。

▲ P.126 参照

▲ P.130 参照

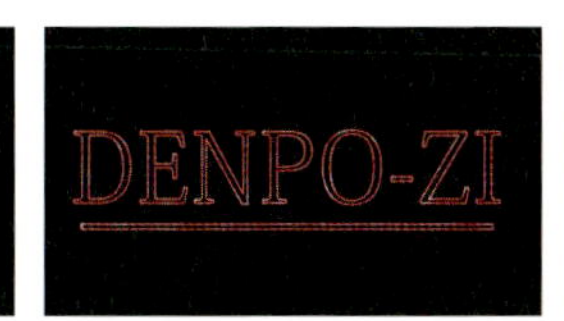

▲ P.133 参照

▲ P.135 参照

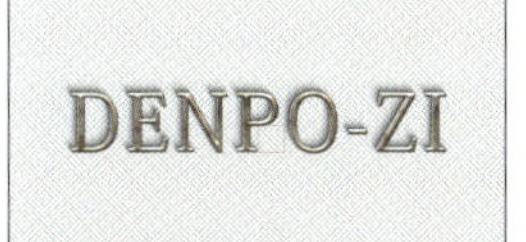

▲ P.138 参照

▲ P.146 参照

▲ P.149 参照

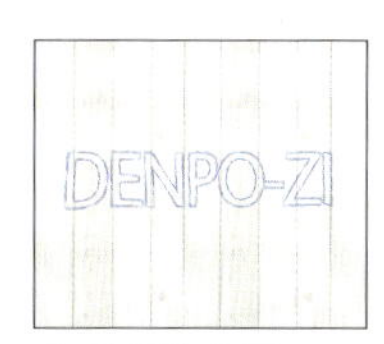

▲ P.158 参照

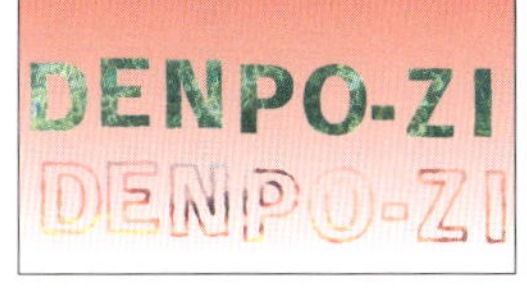

▲ P.161 参照

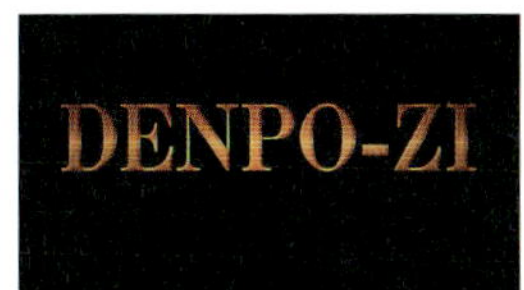

▲ P.163 参照

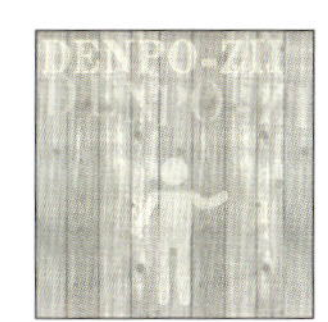
▲ P.167 参照

▲ P.170 参照

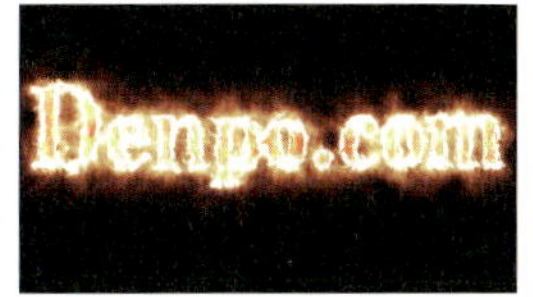

▲ P.174 参照

▲ P.176 参照

▲ P.187 参照

▲ P.191 参照

ADDITION

▲ P.192 参照

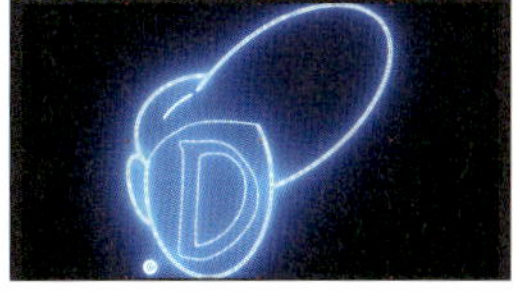

▲ P.178 参照

▲ P.179 参照

▲ P.179 参照

レイヤースタイルの活用について

文字は、レイヤーを利用することでさまざまな演出を施すことができる。文字にレイヤースタイルを施すには、Photoshop を利用すると簡単である。ここでは例として Photoshop で作成したレイヤー効果を、After Effects に適用するまでを解説する。この方法をマスターしておくと、レイヤーを利用して演出した文字が、After Effects に簡単に適用できるので便利だ。なお、After Effects では、こうしたエフェクトによる演出をレイヤースタイルと呼び、Photoshop ではレイヤー効果と呼ぶ。どちらも同じ内容を指している。

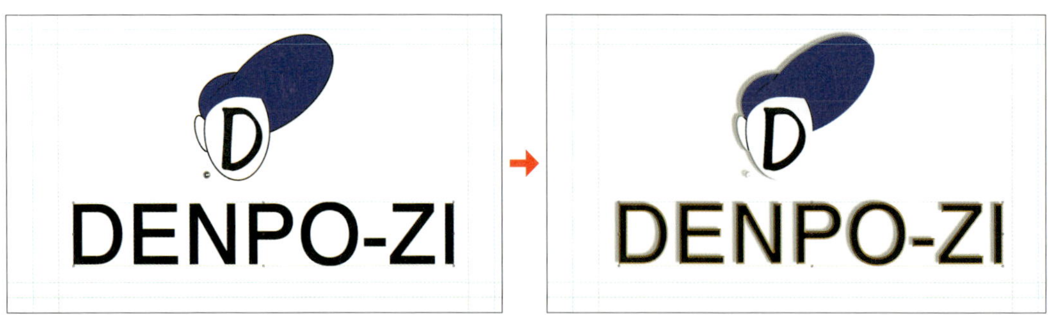

▲文字とイメージ、2 つの異なるレイヤーに、さまざまなレイヤー効果を適用した例

●Photoshopの利用について

まずは、Photoshop でレイヤー効果を施した文字を実際に作成してほしい。作成が終了したら Photoshop を閉じて OK だ。Photoshop の使い方がわからない方は、「2_1_文字の演出」フォルダ内にすでにレイヤー効果が適用された「レイヤー効果 .psd」ファイルがあるので、そちらを活用するか、別途 Photoshop の書籍などで勉強していただきたい。

Photoshopのレイヤー効果をAfter Effectsに読み込む

1 After Effectsを起動する

まずは、After Effects を起動して、サンプルファイルの**「2_1_文字の演出」**フォルダを開き、プロジェクトファイルの**「レイヤースタイル .aep」**を開いていただきたい。ここではレイヤースタイルを解説するための各コンポジションがすでに配置されているが、まずはファイルの読み込み方法から解説していこう（プロジェクトファイルの開き方は P.038 を参照）。

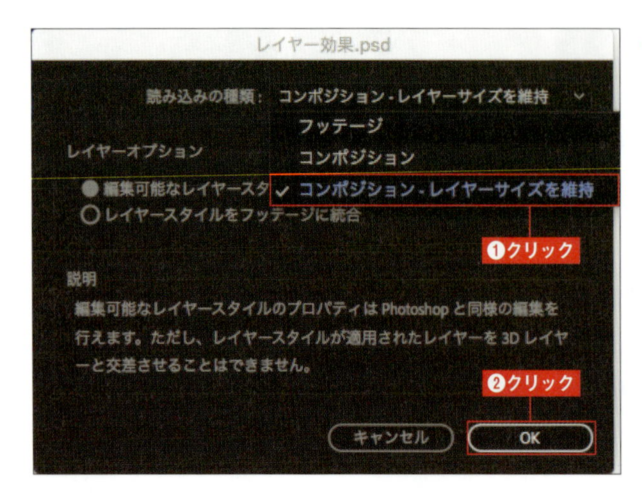

2 サイズを維持してファイルを読み込む

After Effects でファイルを読み込んでみよう。<ファイル>メニュー→<読み込み>→<ファイル>をクリックし、ファイルの読み込み画面から、レイヤー効果の適用された psd ファイルを選択して、<読み込み>をクリックする。

左の画面が表示されるので、<読み込みの種類>では<コンポジション・レイヤーサイズを維持>を選択し❶、< OK >をクリックする❷。これで Photoshop で作成したドキュメントサイズのままファイルを読み込むことができる。

読み込み後に操作を行う

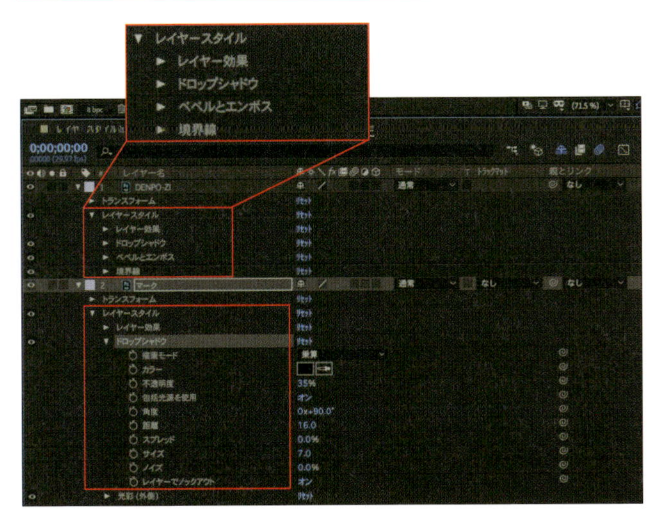

❶ 読み込み後の状態を確認する

読み込み後にプロジェクトから＜レイヤー効果＞のコンポジションをダブルクリックして表示し、タイムラインパネルを見てみよう。Photoshop のレイヤー配置と同じなのが確認できるはずだ。

また、タイムラインパネル内に配置されたレイヤーの＜トランスフォーム＞の下の項目に＜レイヤースタイル＞という項目が加わっているのも確認できる。これはちょうど Photoshop で適用したレイヤー効果を After Effects 上で再現している状態を指す。各レイヤースタイルの項目もほぼ忠実に再現されているのが確認できる。

MEMO

レイヤーサイズの維持について

＜コンポジション・レイヤーサイズを維持＞では、レイヤー分けされた文字などのパーツがレイヤー範囲を最小限におさえたかたちで配置される。After Effects では各パーツを部品のように動かしていくので、選択範囲は最小限におさえられていたほうが把握しやすい。一方、Photoshop で位置情報などが精密に作られた素材を再現する場合には、＜コンポジション・レイヤーサイズを維持＞を選択すると、中心点が各パーツの中心に置き換えられてしまうので、＜コンポジション＞を選択しておく必要がある。

＜コンポジション・レイヤーサイズを維持＞を選択した場合

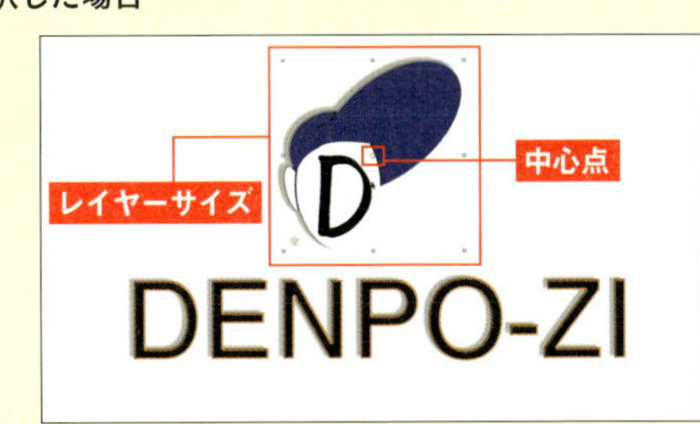

▲レイヤーサイズの範囲がイメージとして読み込まれる。中心点は各レイヤーの形が基準となるので、大きさや形が違うレイヤーの中心点はそれぞれ異なる。左は DENPO-ZI の文字レイヤーを選択した場合の中心点とレイヤーサイズ（次ページの「文字をベクトルデータに変換する」を実行後の画面）。右はイメージレイヤーを選択した場合の中心点とレイヤーサイズだ

＜コンポジション＞を選択した場合

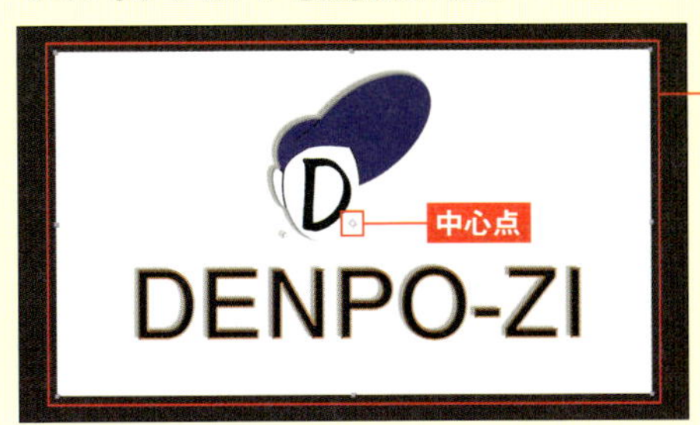

◀画面作成時のキャンバスの大きさを基準範囲としてイメージが読み込まれる。中心点はキャンバスの中心が基準とされるので、すべてのレイヤーの中心は同じになる。図は DENPO-ZI の文字レイヤーを選択したものだが、中心点はキャンバスの中央に配置される

レイヤースタイルの適用から After Effects への読み込み解説動画

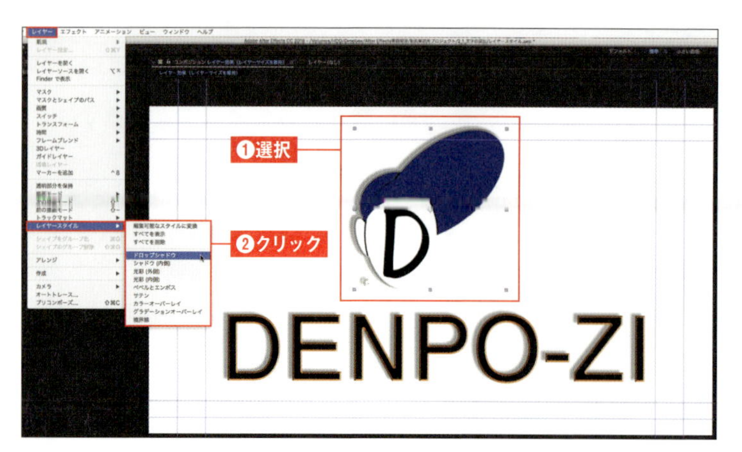

❷ 新規にレイヤースタイルを適用する

別途After Effects上で新規に直接レイヤースタイルを適用するには、適用したいレイヤーを選択し❶、＜レイヤー＞メニュー→＜レイヤースタイル＞の任意の項目をクリックすることで適用できる❷。

❸ 文字を編集可能にする

Photoshopの文字形式のファイルは、文字レイヤーを選択し❶、＜レイヤー＞メニュー→＜作成＞→＜編集可能なテキストに変換＞をクリックすることで❷、After Effectsで使用する文字ツールで入力した状態と同じように、文字編集が可能になる。文字データとして扱えることで、スケールアップしたときに画質の劣化がない文字となる。

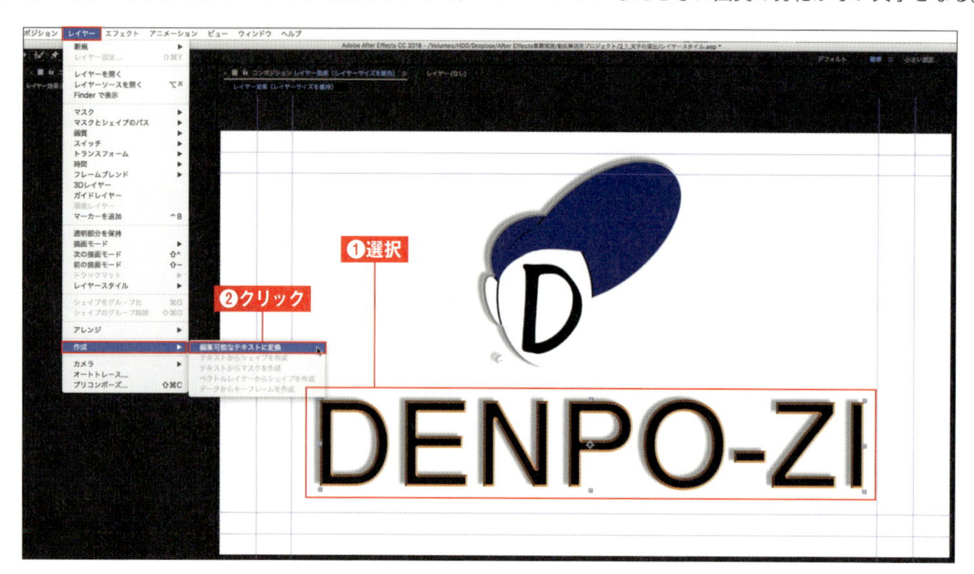

❹ 維持されているレイヤースタイルを確認する

変換してもレイヤースタイルは維持されている。

MEMO

レイヤースタイル利用時の注意点

なにかと便利なレイヤースタイルではあるが、必ずしも万能というわけではない。コンポジションタブの<レイヤースタイルと描画モード>をクリックしてもらいたい。

◀上の文字はレイヤースタイルのグラデーションオーバーレイを使用したグラデーション文字で、下の文字は<エフェクト>メニュー→<描画>→<グラデーション>を使用して作られたグラデーション文字である。それぞれに<描画モード>の<加算>を適用してみた。簡単に言えば、明るい部分のみが表示され、暗い部分（ここでは文字最上部の黒）は透過される結果になるのだが、レイヤースタイルの文字では残念ながらこの加算が適用されない

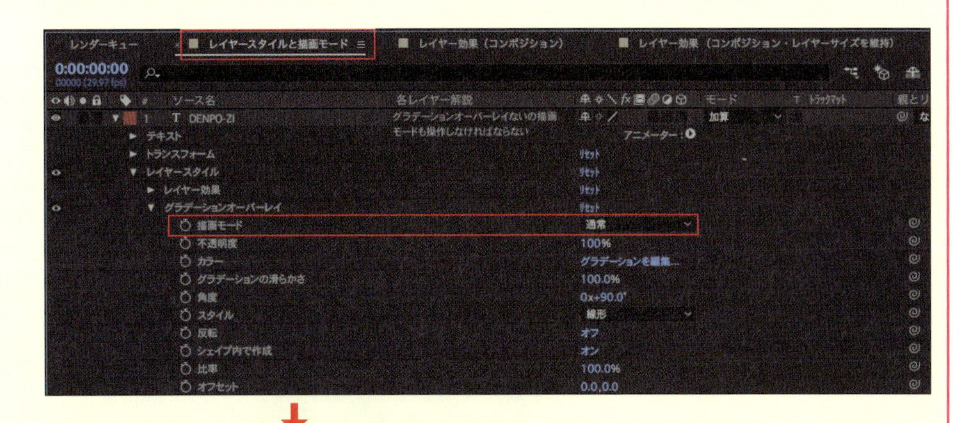

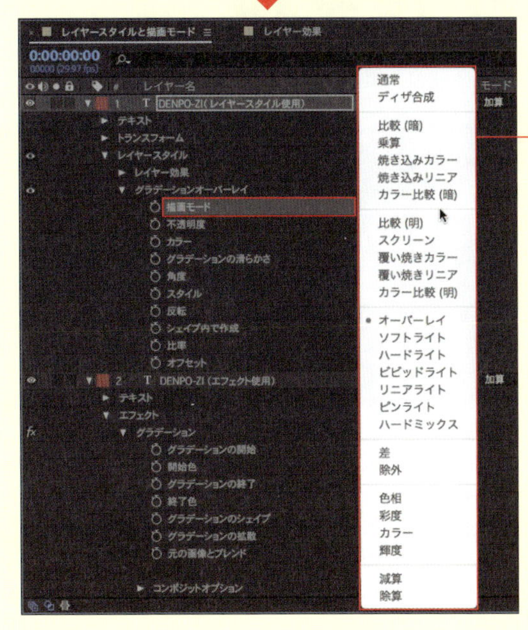

グラデーションオーバーレイ内の描画モードのプルダウンメニュー

◀これはグラデーションオーバーレイのプルダウンメニューの描画モードと関係しており、お互いの組み合わせによって微妙に変わってきてしまうからだ。組み合わせによっては、グラデーションオーバーレイ内の描画モードを合わせることで再現できるものもある

以降も頻繁に登場する便利なレイヤースタイルだが、活用の仕方によっては弊害が生じるので、エフェクトとの使い分けや複合して適用していくことも覚えておこう。

SECTION

02 光沢感を出して文字を光らせる①

より実践的な文字の演出を解説していこう。ここでは、前SECTIONで解説したレイヤースタイルとグローを活用して文字を光らせてみる。

レイヤースタイルとグローを活用して文字を光らせる

利用するプロジェクトファイル:「2_1_文字の演出」フォルダ→「2_1_文字.aep」ファイル
利用するコンポジション:<コンポジション(スタート)>→<2_1_1_文字に光沢感を出して光らせる(スタート)>

コンポジションを開くと、文字が上下に並んでいるのが確認できる。ここでは、最終的に左図のような演出を文字に施していく。

レイヤースタイルを適用する

❶ レイヤースタイルの全項目を適用する

まずは、下の文字を選択して❶、前SECTIONで解説したレイヤースタイルを確認するため、いろいろと効果を適用してみよう。ここでは、<レイヤー>メニュー→<レイヤースタイル>→<すべてを表示>をクリックする❷。

MEMO 全項目を追加する

個別に選択していくほかに、すべてのレイヤースタイルを適用したい場合には、❷で<すべてを表示>をクリックすることで、全項目が追加される。適用は、👁をクリックして表示／非表示を切り替えて確認することもできる。

レイヤースタイルの適用の解説動画

❷ レイヤースタイルを適用していく

一番上の＜ドロップシャドウ＞から＜境界線＞までを表示させていくと（クリックしてにする）、それぞれのレイヤースタイルを適用できる。なんとなく光沢感のある立体文字に出来上がっているのが確認できるはずだ。それぞれの効果は名称どおりの演出を加えてくれるので、好みに合わせて項目や色などを調整してみよう。

MEMO　レイヤー効果の確認

レイヤー効果がわかりづらい場合には、隣のコンポジションタブの＜2_1_1_文字に光沢感を出して光らせる（完成）＞をクリックして見ながら、真似していくだけでも理解の糸口がつかめるはずだ。

❸ フォントを変更する

レイヤースタイルを使用して立体感を出すにはフォントを太い書体に変えるのが望ましい。文字の厚みが加わるぶん、より立体的になるからだ。フォントファミリーやフォントスタイルなど、いろいろと設定を切り替えて効果を確認してみよう。図ではAdobe Typekitの＜平成角ゴシック Std＞を選択して❶、＜W9＞の厚みを加えている❷。

文字を光らせる

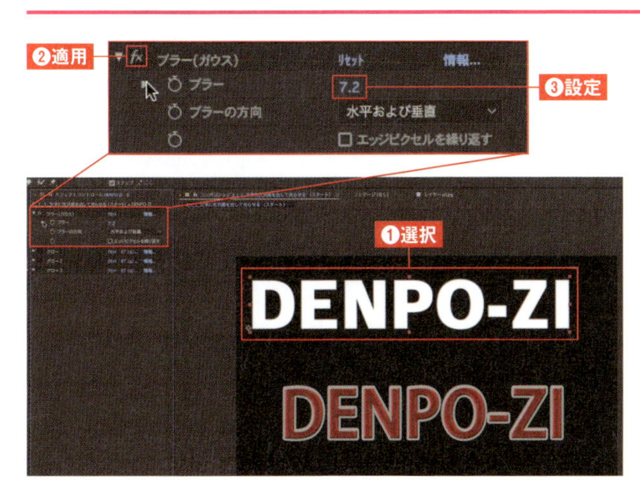

❶ ＜ブラー（ガウス）＞のエフェクトを有効にする

コンポジションの上の文字を選択して❶、エフェクトコントロールパネルを確認してもらいたい。文字にはすでに複数のエフェクトが配置されている。まず文字の輪郭をぼかす必要があるので、＜ブラー（ガウス）＞のエフェクトをクリックして適用してみよう❷。数値を直接変更するか❸、＜ブラー＞を展開して表示されるバーで調整すればよい。

CHECK

なぜ文字をぼかす必要があるのか？

文字をぼかすのは、このあとで適用するグローに影響するからだ。文字の端境界をぼかすことで、グローで適用した光のグラデーションを滑らかにみせる効果が演出できる。グローの値は料理番組の「お塩少々」と同じような割合にして、大きくかけないようにしてもらいたい。かけすぎると文字自体のシルエットを失ってしまうからだ。ここでは＜ブラー（ガウス）＞の値を＜7？＞という数値に設定しているが、ブラー（ガウス）の適用量は前述したとおり「お塩少々」と同じような割合なので、好みに合わせて適用してもらいたい。なお、ここで言う「お塩少々」は計量スプーンがないので、舌ではなく「目」で確認してもらいたい。

▲ブラー（ガウス）を適用していないテキスト

▲ブラー（ガウス）を適用したテキスト

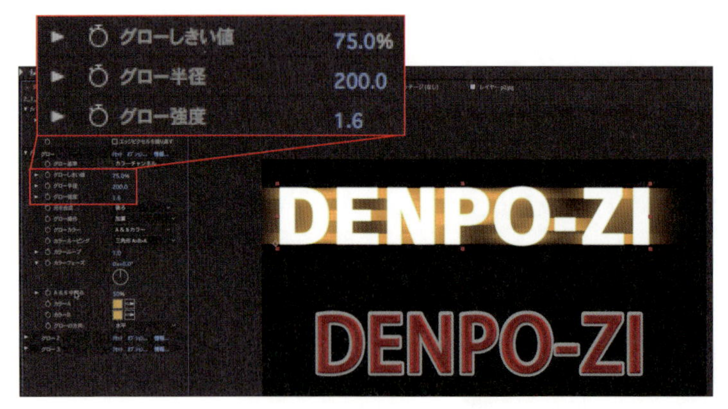

グローしきい値	明るさの基準となる範囲の設定
グロー半径	発光の拡散具合
グロー強度	発光の強度

② グローのエフェクトを適用する

＜ブラー（ガウス）＞の下にある＜グロー＞のエフェクトを適用してみよう。グローは、こうした発光感などを演出できる重要なエフェクトの1つだ。主な設定項目は以下の3つとなる。各項目の数値を調整して確認してみよう。

MEMO

カラーの変更

今回は、＜グローカラー＞では＜A＆Bカラー＞が選択されており、オレンジ1色に統一されている。通常では元の色のカラー（ここでは文字色の白）をベースに発光するが、こうしたカラーを変更することでバラエティー豊かな色を演出できる。なお、＜グローの方向＞では＜水平＞が選ばれている。

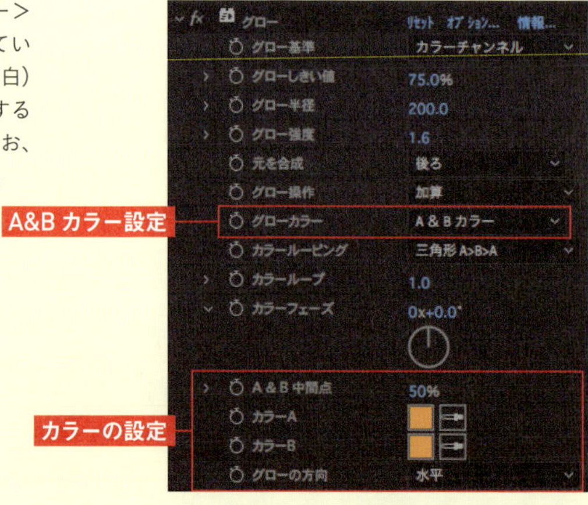

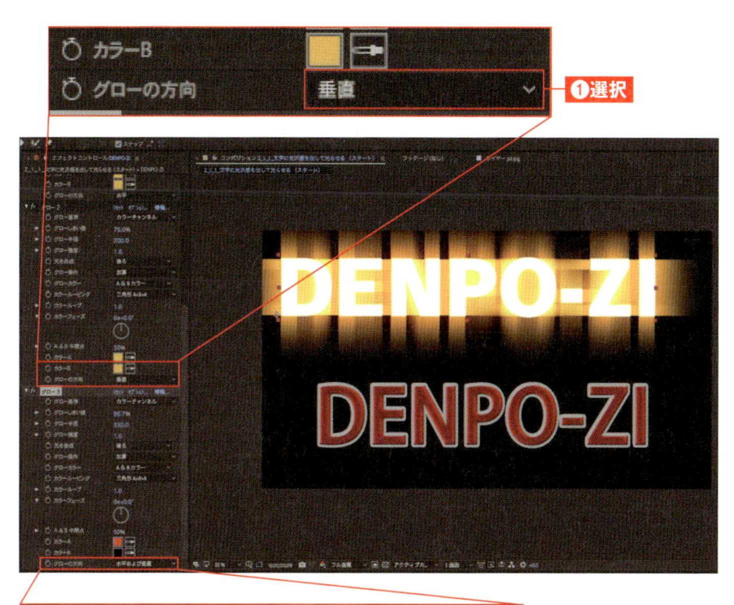

❸ 複数のグローを適用する

引き続き残りの<グロー2><グロー3>も適用していこう。グローは複数適用させせることでさらに加算された明るさを作ることができる。<グロー2>では、<垂直>を適用することで❶、光が十字にクロスするような演出を施している。<グロー3>では<水平及び垂直>を適用して❷、全体をさらに拡散させている。なお､最初に適用した<ブラー(ガウス)>と、各種グローの半径の調整を行えば、文字の光具合を微調整できる。

TIPS

文字の線幅に色を加えて発光感を演出する

もっとも見栄えがする簡単な文字の発光方法としては、文字の線幅を付け足すというテクニックもある。これは文字の線幅に色を加えることで、発光感を演出する方法だ。ポイントとしては中央は白、線幅の色は中央より輝度が低い派手な色がよい。また、書体の文字の厚み（フォントスタイル）も< W3 >に設定しているのは、文字の白部分をできるだけ細く見せることで目の錯覚を利用して発光感を高めるためだ。著者はこれを「ライトセーバーの法則」と呼んでいる。詳しくは CHAPTER 2 の「2-6 光」で解説しているのでぜひ参考にしてもらいたい。

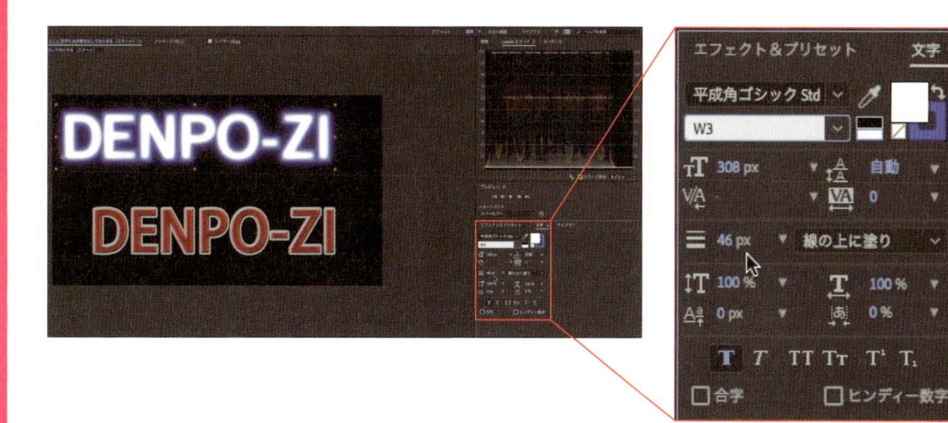

文字の線幅の解説動画

■ SECTION

03 ▶ 光沢感を出して文字を光らせる②

文字を光らせる方法はほかにもある。ここでは CHAPTER 1 で登場した素材バイオプラスシリーズを使用し、調整レイヤーで文字を光らせる方法を解説する。

調整レイヤーを活用する

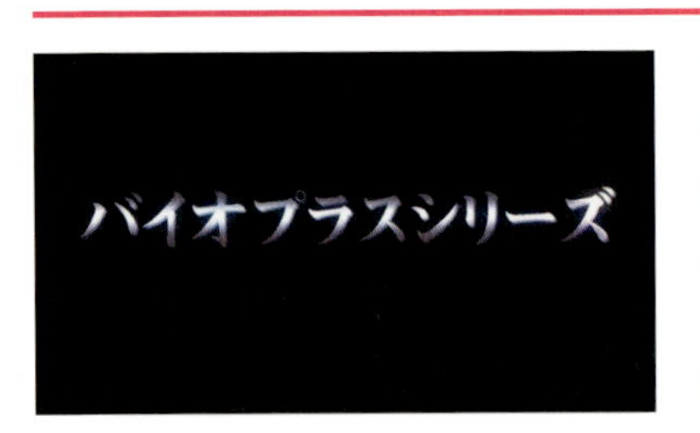

利用するプロジェクトファイル：「2_1_ 文字の演出」フォルダ→「2_1_ 文字 .aep」ファイル
利用するコンポジション：＜コンポジション（スタート）＞→＜ 2_1_2_ 文字に光沢感を出して光らせる 2（スタート）＞
コンポジションを開くと、すでにグラデーションを施した文字が確認できる。ここでは、最終的に左図のような演出を文字に施していく。

調整レイヤーに各種エフェクトを適用する

1 グラデーションのカラーを変更する

すでに文字には、レイヤースタイルのグラデーションオーバーレイが適用されている。色を変えたい場合は、＜バイオプラスシリーズ＞を選択し❶、＜レイヤースタイル＞→＜グラデーションオーバーレイ＞と展開して❷、＜グラデーションを編集＞をクリックする❸。グラデーションエディター画面が表示されるので❹、ここでグラデーションのカラーを変更することができる。グラデーションの中心部分の輝度を上げると（白に近い色）、立体感が増す形となる。

MEMO

背景を変更する

After Effects のコンポジションの背景は文字や、光などを見やすくするために▦<透明グリッド>をクリックすることで、背景を Photoshop でおなじみの透明グリッドに変更することができる。

今回は光沢感を確認するために背景を「黒」に設定してみたが、<コンポジション>メニュー→<コンポジション設定>で表示される、コンポジション設定画面から自由な色を選ぶこともできる。なお、ここでの<背景色>は、コンポジションの確認用のビューだけに適用され、レンダリング結果には表示されないので、あくまで確認用の背景として活用してもらいたい。

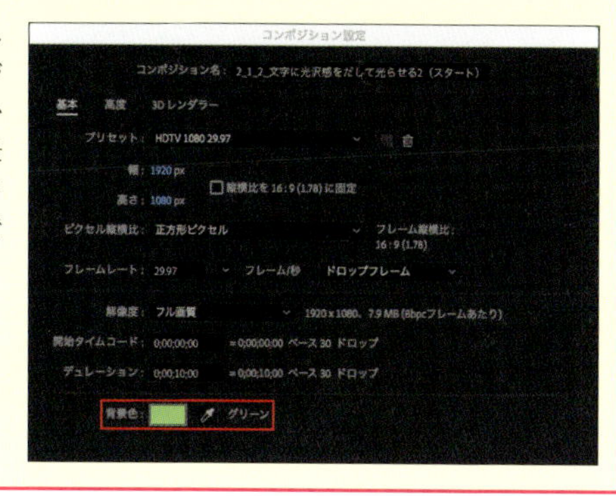

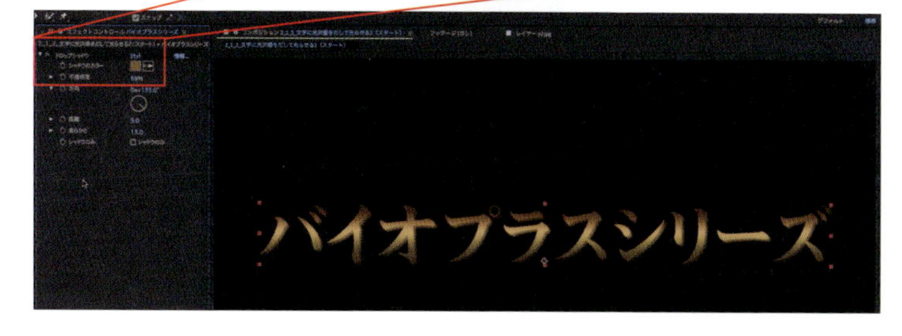

❷ エフェクトを有効にして立体感を出す

エフェクトコントロールパネルの<ドロップシャドウ>を適用する❶。ここでできる影の色は黒ではなく文字の色にしている。<シャドウカラー>を<スポイトツール>で選択し❷、文字の色を選択する❸。こうすることで色が重なり合い、さらに立体感を増した印象に仕上げることができる。

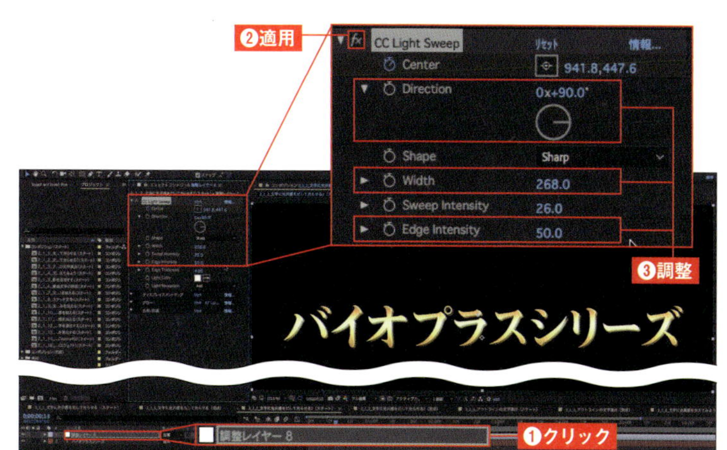

❸ 調整レイヤーにエフェクトを適用する

<調整レイヤー 8>をクリックし❶、エフェクトコントロールパネルを開く。<CC Light Sweep>のエフェクトを適用すると❷、文字に光線が施され、文字全体に光沢感が広がる。

画面の数値を参考に、光線の幅<Width>と、方向<Direction>、<Sweep Intensity>を調整しよう❸。これである程度、光の演出感を加えることができる。

MEMO

調整レイヤーを利用する理由

なぜ CC Light Sweep を文字に直接適用しないのか。それは、レイヤーに描画モードを適用してグラデーションオーバーレイを使用した場合、その後に CC Light Sweep が機能しないことがあるためだ。つまり、レイヤースタイルなどの影響でエフェクトが正常に機能しない場合があるので、こうした文字に対しては、調整レイヤーを付け足して演出を図っているというわけだ。

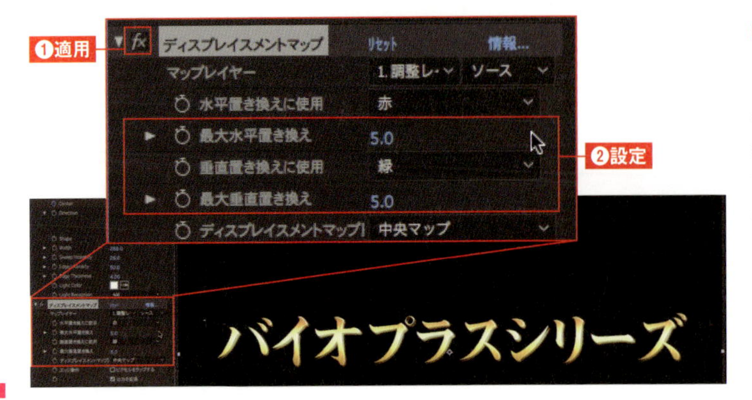

❹ 文字を歪ませる

<ディスプレイスメントマップ>のエフェクトを適用する❶。最大水平垂直の値が大きすぎると文字が崩れてしまうので、こちらも「お塩を少々」かけてほしい❷。

MEMO

ディスプレイスメントマップとは

ディスプレイスメントマップは本来空間を置き換えるエフェクトだが、特殊な使い方としては文字を少し歪ませる効果があり、俗にいう「カオスを加える」といった効果を施すことができる。たとえば部屋の中にある机と椅子を想像してみてほしい。きっちり配置されていれば整頓感はあるが、生活感はあまり感じられない。こうした感覚を文字にも適用しているのだ。

ディスプレイスメントマップの解説動画

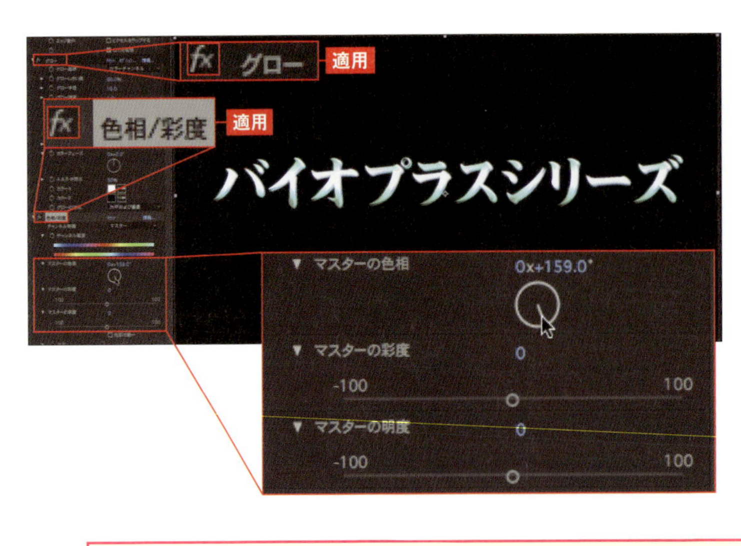

❺ 文字を光らせて色も変える

続いて<グロー>と<色相 / 彩度>のエフェクトを適用する。グローは、P.128 で解説した文字を光らせるエフェクトだ。<色相 / 彩度>は、文字の色を変えるエフェクトである。<色相 / 彩度>では、マスターの色相部分にあるホイールを回転させることで色を変更していくことができる。また彩度、明度なども調整可能だ。

MEMO

<色相 / 彩度>の役割

CC Light Sweep やグラデーションオーバーレイなどで文字に立体感を付けた場合は、全体の色を調整する必要がある。その際にこの<色相 / 彩度>は、パフォーマンスよく文字全体の色味を変えてくれるのだ。よく使うエフェクトの 1 つなので覚えておいてほしい。

バイオプラスシリーズもこれでだいぶ見栄えのよいタイトルになった。興味ある方は CHAPTER 1 に戻り、これらテクニックを活かして、復習もかねて作り直してみるのもよいだろう。

SECTION

04 線文字に光沢感を加える

ここでは、線文字に光沢感を加える方法を解説する。単純な光沢は避けたいので、ノイズ感をいかに出すかがポイントとなる。

線文字に洗練された輝く光を与える

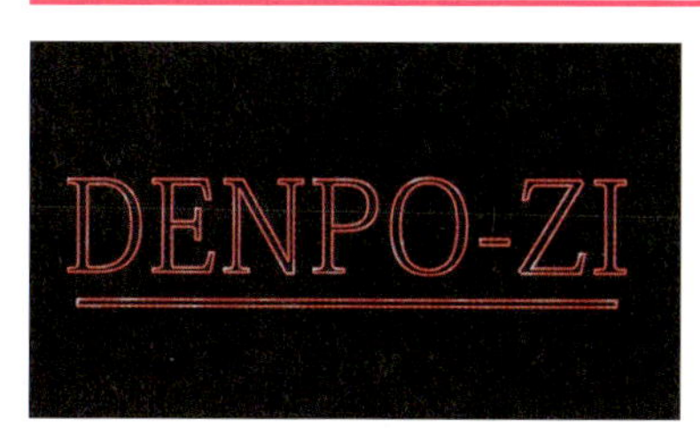

利用するプロジェクトファイル：「2_1_文字の演出」フォルダ→「2_1_文字.aep」ファイル
利用するコンポジション：<コンポジション（スタート）>→<2_1_3_アウトラインの文字演出（スタート）>
コンポジションを開くと、すでに文字が配置されているのが確認できる。ここでは、最終的に左図のような演出を文字に施していく。

ノイズとCC Glassとグローで線に光沢感を加える

1 文字の塗り部分を透明にする

文字の線のみを表示させるため、文字を選択して❶、画面右側にある文字パネルから、<塗りと線の入れ替え>をクリックし❷、文字の塗り部分を透明にしてみよう。

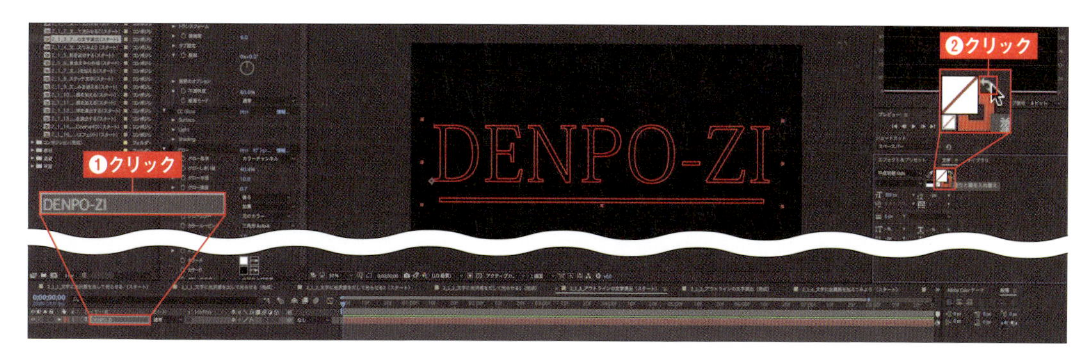

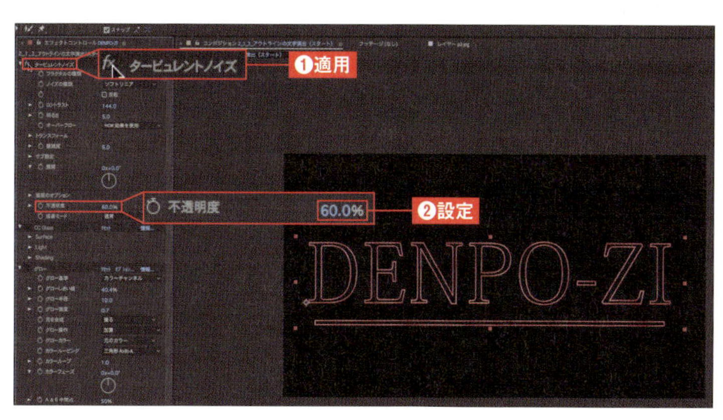

2 ノイズ感を出す

エフェクトコントロールパネル内の<タービュレントノイズ>のエフェクトを適用する❶。続けて<不透明度>を<60%>に下げて❷、原色を出す。

MEMO

タービュレントノイズとは

タービュレントノイズは通常の平面に適用すると、図のようにノイズ感を演出してくれるエフェクトだ。タービュレントノイズを適用すると、線文字のところどころに明るめのノイズが生まれ、文字の線部分が単調でなくなり質感がかもし出せる。またプレートの光沢感などにも活用することができるので、重要なエフェクトの1つだ。

③ グラス効果を作り出す

続いて< CC Glass >のエフェクトを適用してみよう。これは名前のとおりグラス効果を作り出すエフェクトだ。文字に適用することで❶、線の輪郭部分の凹凸感と光沢感を作り出すことができる。ここでは、< Surface >の< Displacement >の値を< 11 >に設定してみよう❷。こうすることでグラスの歪みをおさえることができる。

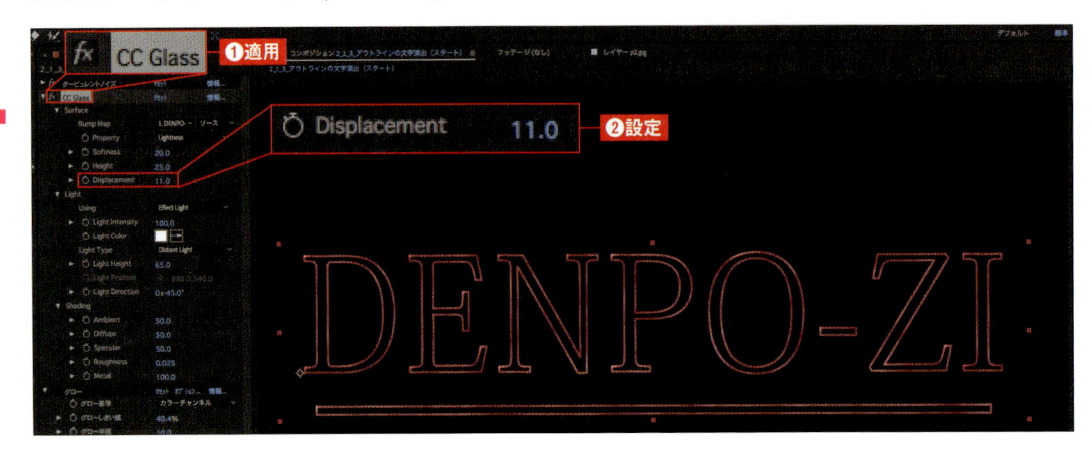

④ 明るい部分を光らせる

最後はおなじみの<グロー>のエフェクトを適用する。各項目の設定は図を参考に行ってほしい。グローは輝度の明るい部分を光らせることができるので、ここでは手順❷で適用した<タービュレントノイズ>での明るい部分と、< CC Glass >での輪郭部分の光沢に影響される形となる。

MEMO

光沢感の調整

光沢感の調整は、グローの数値調整ではなく、タービュレントノイズ内のコントラストおよび明るさのパラメーターで調整するほうが洗練された光沢感を演出できる。

SECTION

05 文字に金属感を加える

ここでは、レイヤースタイルとエフェクトを活用して、金属感のある文字を作ってみる。エッジ部分をどう見せるかがポイントになる。

レイヤースタイルとエフェクトを活用する

利用するプロジェクトファイル：「2_1_ 文字の演出」フォルダ→「2_1_ 文字 .aep」ファイル

利用するコンポジション：＜コンポジション（スタート）＞→＜2_1_4_ 文字に金属感を加えてみよう（スタート）＞

コンポジションを開くと、すでに文字が配置されているのが確認できる。ここでは、最終的に左図のような演出を文字に施していく。

エッジ部分を際立たせて立体感を強調する

1 サテンの効果を適用する

文字に影やツヤ出し効果を加えていこう。＜DENPO-ZI＞を選択し❶、＜レイヤー＞メニュー→＜レイヤースタイル＞→＜サテン＞をクリックする❷。サテンの効果が文字に反映される❸。

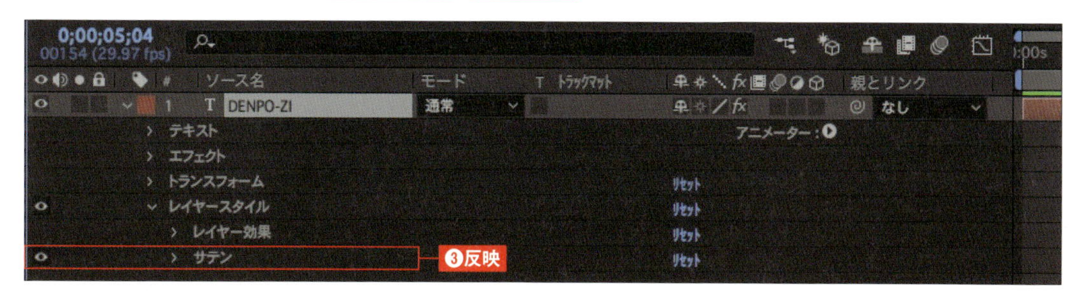

❷ グラデーションをかける

続いてエフェクトコントロールパネル内の<グラデーション>のエフェクトを適用する。白文字にサテンだと文字の輝度が強いので、白黒のグラデーションを適用して深みのある明るさに仕上げてみよう。

❸ テカリ感を文字に出す

< CC Light Sweep >のエフェクトを適用し❶、< Center >を文字中央部分に❷、Direction を< 0x+90.0° >（90 度）に設定する❸。これで、Center を文字の中央部分に配置し、文字にテカリ感を付けることができる。

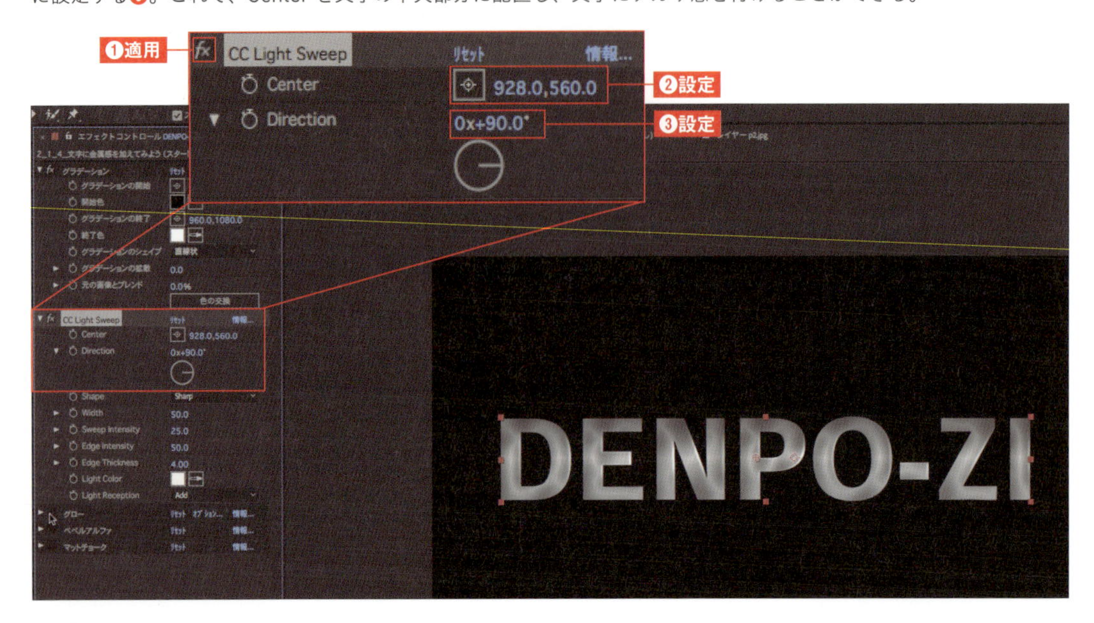

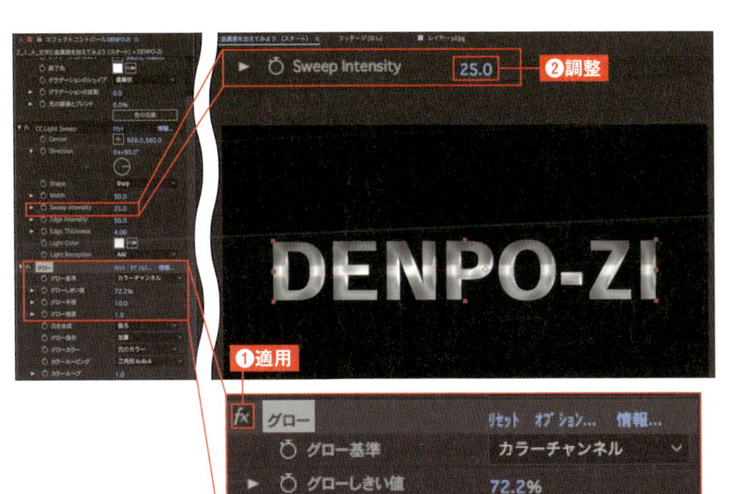

❹ 全体を光らせる

おなじみの<グロー>のエフェクトを適用して❶、文字全体をうっすらと光らせる。光線が強いと中央だけが浮いたような明るさになるので、この部分は< CC Light Sweep >の< Sweep Intensity >の値を調整していこう❷。

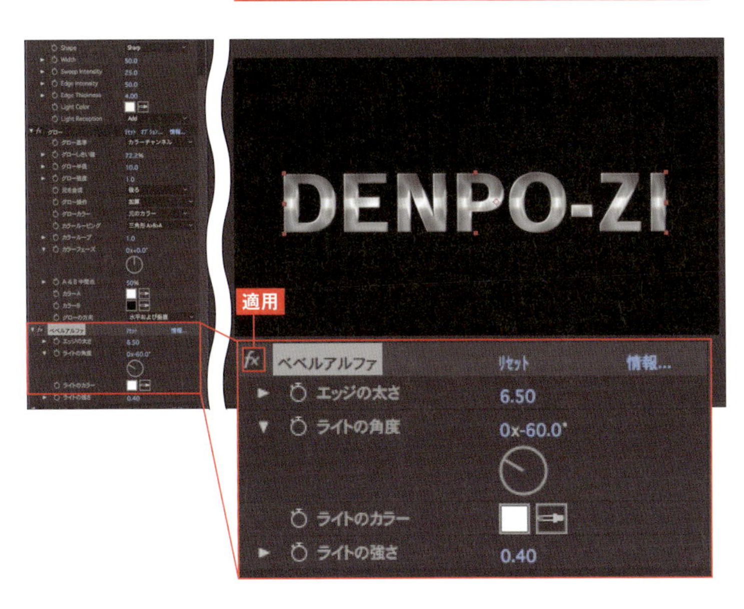

❺ 文字のエッジを際立たせる

続いて、<ベベルアルファ>のエフェクトを適用し、文字全体のエッジ部分を際立たせて、立体的に見せていく。

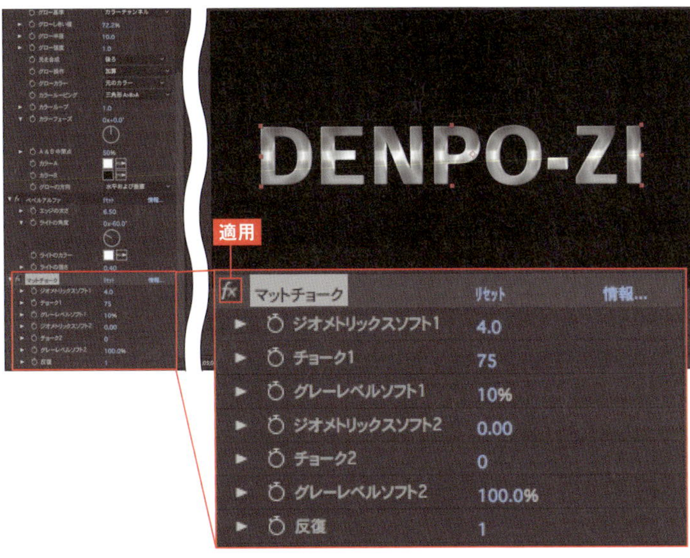

❻ エッジ部分を微調整する

最後に<マットチョーク>のエフェクトを適用する。これは、<ベベルアルファ>でできたエッジ部分の微妙な削りを行う作業だ。エッジ部分の角度や形が一般的すぎてしまうのでおもしろくないといった場合、若干調整を入れることで（「カオスを加える」ことで）、ワンパターン化を防ぐことができるのだ。

06 文字に立体感と影を施す

ここでは、文字に質感を出して色を付け、さらに影の不透明度を細かく施していく方法を解説する。便利なエクスプレッション制御もマスターしてほしい。

エフェクトの連続適用で影をリアルに作り出す

利用するプロジェクトファイル：「2_1_文字の演出」フォルダ→「2_1_文字.aep」ファイル
利用するコンポジション：＜コンポジション（スタート）＞→＜2_1_5_影を追加する（スタート）＞
コンポジションを開くと、すでに文字が配置されているのが確認できる。ここでは、最終的に左図のような演出を文字に施していく。

文字を立体的にして質感を出す

1 文字を立体的にする

最初は文字を立体的にする。＜DENPO-ZI＞を選択し❶、＜レイヤー＞メニュー→＜レイヤースタイル＞→＜ベベルとエンボス＞をクリックする。立体効果が文字に反映される❷。

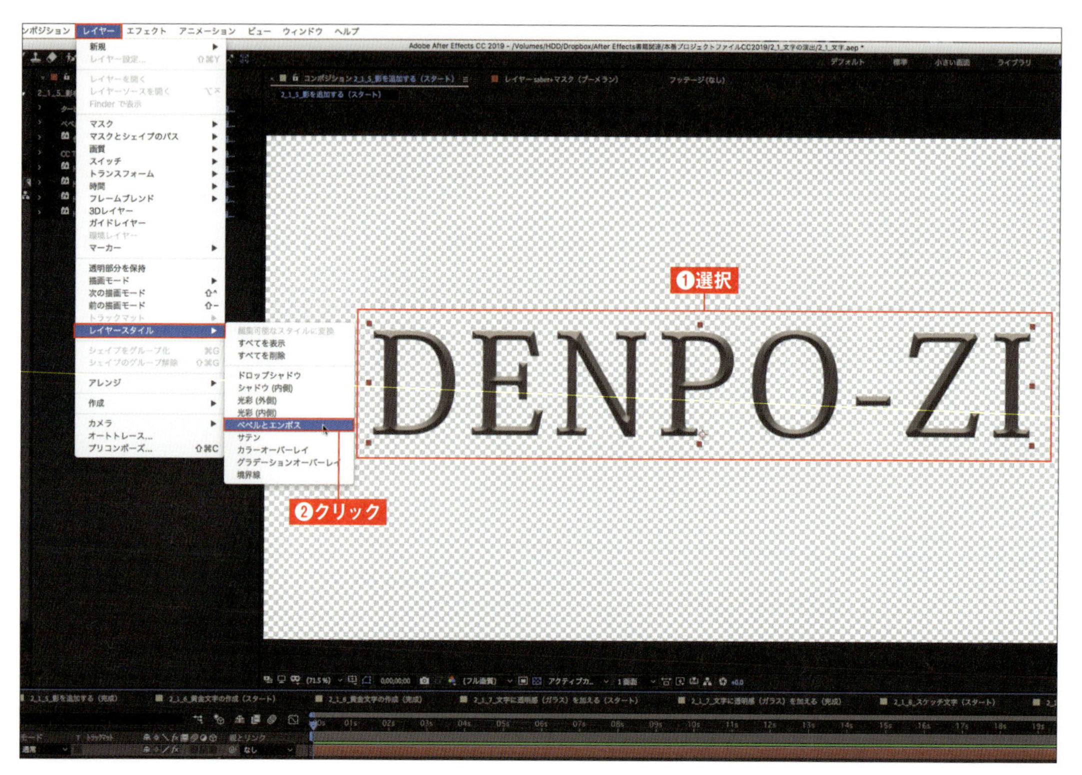

❷ 文字に質感を出す

エフェクトコントロールパネル内の<タービュレントノイズ>のエフェクトを適用する。

MEMO 文字の質感

文字にタービュレントノイズを適用すると、P.133の「線文字に光沢感を加える」で解説したとおり、文字の所々にノイズの明るい部分が適用されるので質感が出る。

❸ ベベルアルファを追加して単調さを回避する

エフェクトコントロールパネル内の<ベベルアルファ>を有効にする。手順❶で適用した<ベベルとエンボス>に加えて、<ベベルアルファ>も適用することで、立体感がさらに増すはずだ。

MEMO ベベル類を使用した際のポイント

手順❶でレイヤー効果として<ベベルとエンボス>を適用したが、それだけだと単調になってしまうので、あえてここではエフェクトでも加えてみた。ベベル類を使用した場合には、好みに合わせて<マットチョーク>（<エフェクト>メニュー→<マット>→<マットチョーク>）を適用してもOKだ。

文字の色を変更する

1 <CC Toner>を有効にする

エフェクトコントロールパネル内の< CC Toner >を適用して、< Midtones >からカラーを指定して文字の色を変えることができる。

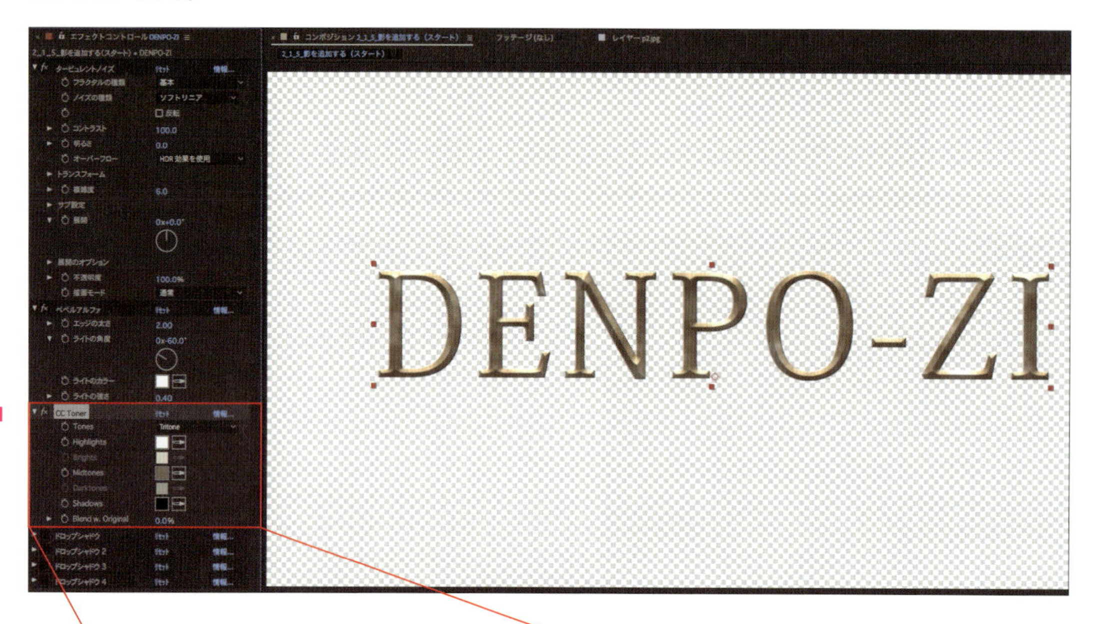

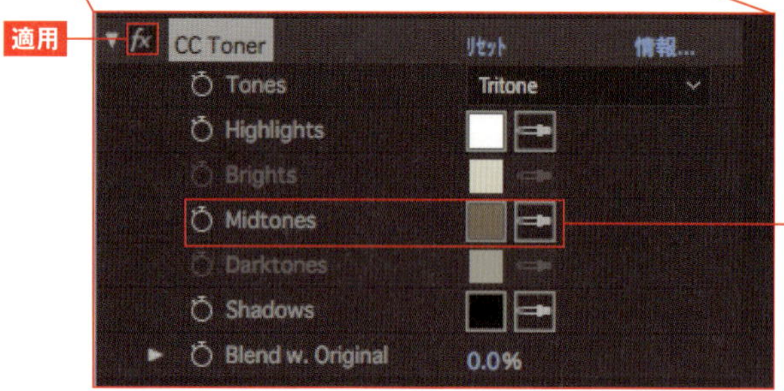

CHECK

そのほかの色の変更

CC Toner 以外にもトライトーンやコロラマなどのエフェクトを使用して色を変更できるが、<色相 / 彩度>を使用する場合には、<色彩の統一>をクリックしてオンにしてから操作する必要がある。<色彩の統一>をオンにした場合には、<色相 / 彩度>で彩度をない状態でのグレースケールに色を着色しているので、よりピュアなクオリティーの高いイメージを維持できるのだ。

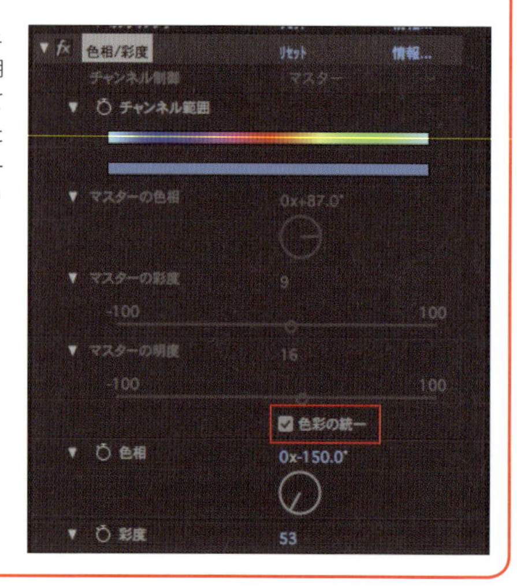

MEMO

色を変えるときの注意点

通常色を変える場合には、＜色相 / 彩度＞を使用することが多いが、色が「白」と「黒」の場合には、残念ながら＜色相 / 彩度＞では色を変えることができない。これは色相をずらしても白黒などの最大値、最小値の明るさでは色が切り替わらないからだ。

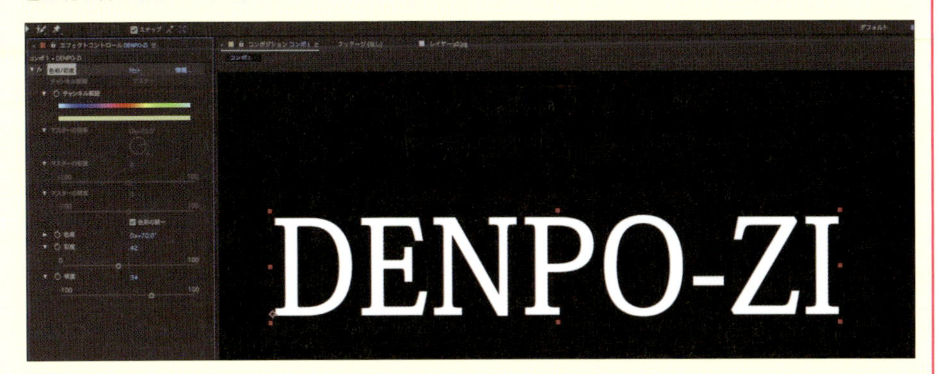

＜色相 / 彩度＞で文字などの色を変えていく重要なポイントは、＜塗りのカラー＞をクリックし❶、下図のようにR、G、Bの各色の最大値に予め色を設定してから❷、調整することだ。

こうした＜色相 / 彩度＞を使用するのが面倒な場合には、「着色」ができるエフェクトの＜CC Toner＞、＜トライトーン＞、＜コロラマ＞がおすすめだ（＜エフェクト＞メニュー→＜カラー補正＞から選択可能）。この3つのエフェクトは**「防御力無視の魔法」**と同じく、色補正では最強クラスに入る。ぜひ覚えていただきたい。下図は白文字に＜CC toner＞のエフェクトを適用した例である。白文字の場合には、＜Highlights＞のカラー❶、黒文字の場合は＜Shadows＞のカラー❷を変えることで自由に着色できる。

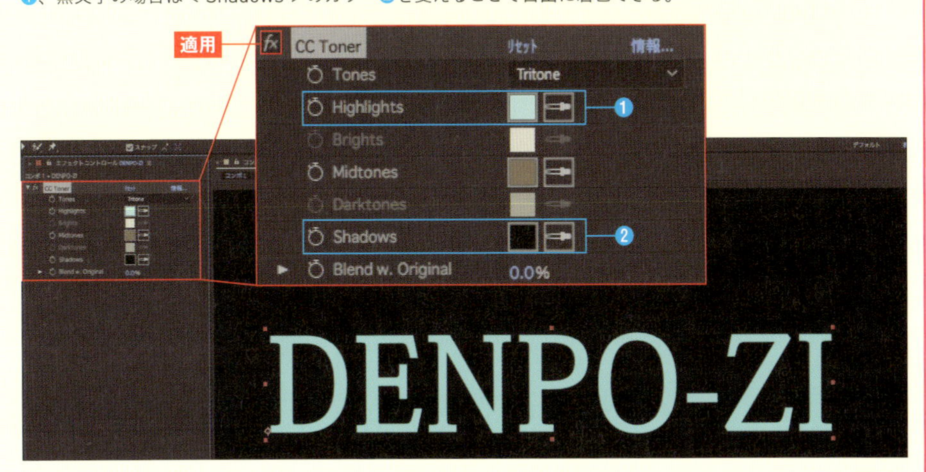

 文字の色を変える場合の解説動画 

文字の影を立体的に仕上げる

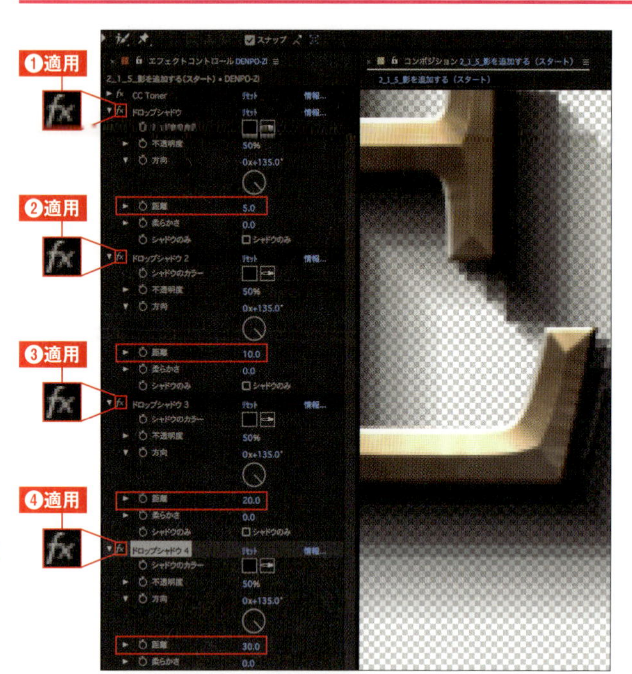

1 立体的な影を付ける

続いて文字の影を付けていく。4つある＜ドロップシャドウ＞を上から順にすべて適用していく❶～❹。

ポイントは＜距離＞である。ドロップシャドウの効果が及ぶ各距離を、近場から＜5.0＞＜10.0＞＜20.0＞＜30.0＞といった具合に、グラデーションのように重ねて配置しているのがわかるだろう（エフェクトの上に適用されている＜ドロップシャドウ＞が一番近い影で、＜ドロップシャドウ4＞が一番遠い影となる）。これで影を立体的に見せることができるのだ。

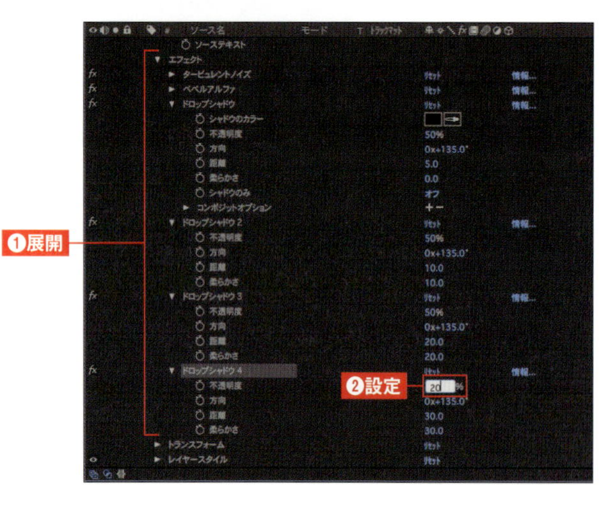

2 陰影を調節する

今度は4つ並べた影の陰影を調節してみよう。ここでは遠くの影ほど薄くなるような効果を施していく。まずはタイムラインパネルの＜エフェクト＞を展開し、すべての＜ドロップシャドウ＞も展開する❶。遠い影を基準として設定したいので、ここでは＜ドロップシャドウ4＞が基準となる。わかりやすいように＜ドロップシャドウ4＞の＜不透明度＞を＜20%＞に設定する❷。

MEMO 変化する不透明度について

ここでは、基準となるドロップシャドウの不透明度を設定し、そこからエクスプレッションによってほかのドロップシャドウの不透明度をリンクして、不透明度を変化させていく。

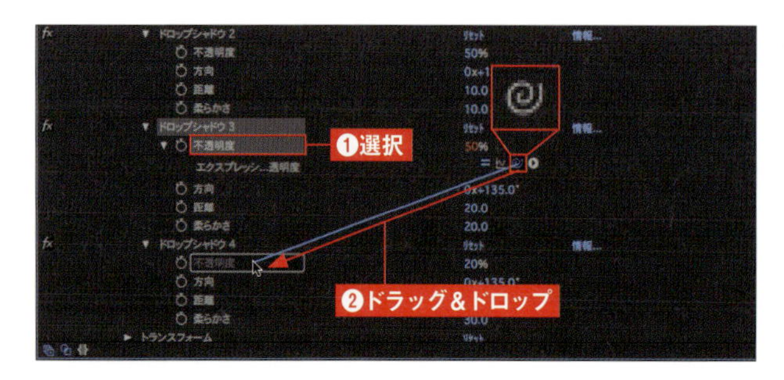

3 不透明度をリンクする

続いて＜ドロップシャドウ3＞の＜不透明度＞を選択し❶、＜アニメーション＞メニュー→＜エクスプレッションを追加＞をクリックし、表示される＜エクスプレッションピックウイップ＞◎を＜ドロップシャドウ4＞の＜不透明度＞にドラッグ＆ドロップする❷。

エクスプレッション言語で不透明度を設定する

1 不透明度を2倍に設定する

ドラッグ & ドロップすると、タイムラインパネルに「effect(" ドロップシャドウ 4")(" 不透明度 ")」と表示されるので、末尾に「*2」を入力して「effect(" ドロップシャドウ 4")(" 不透明度 ") *2」に変える。

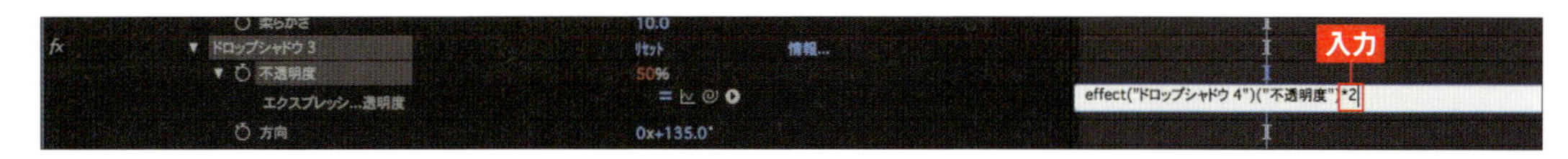

MEMO

「*2」の意味

追加入力した「*2」は、「2 倍の数字に変化しますよ」といったエクスプレッション言語である。これにより<ドロップシャドウ 3>の不透明度は、<ドロップシャドウ 4>の数値の 2 倍の数値に自動的に設定される。ちなみに 2 分の 1 にする場合には「/2」と記載する。

2 不透明度を3倍に設定する

前ページの手順❸の「不透明度をリンクする」を参考に、今度は<ドロップシャドウ 2>の<不透明度>にエクスプレッションを適用する。<ドロップシャドウ 2>の <エクスプレッションピックウイップ>を<ドロップシャドウ 4>の<不透明度>にドラッグ & ドロップする❶。エクスプレッション言語は「effect(" ドロップシャドウ 4")(" 不透明度 ") *3」に設定❷。これで<ドロップシャドウ 4>の 3 倍の不透明度に設定された。

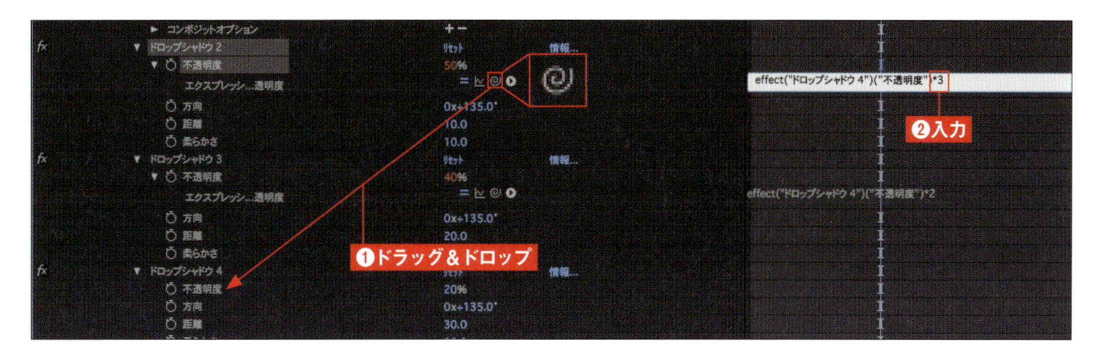

3 不透明度を4倍に設定する

同じように<ドロップシャドウ 2>の上の<ドロップシャドウ>の<不透明度>にエクスプレッションを適用し、<エクスプレッションピックウイップ>で<ドロップシャドウ 4>の不透明度に当てはめる❶。エクスプレッション言語は「effect(" ドロップシャドウ 4")(" 不透明度 ") *4」に設定❷。これで<ドロップシャドウ 4>の 4 倍の不透明度に設定された。<ドロップシャドウ 4>の不透明度が< 20 >の場合、文字に近い影ほど数値が上がっていく。ここでは不透明度が 20% → 40% → 60% → 80% と変化していくのが確認できるはずだ。

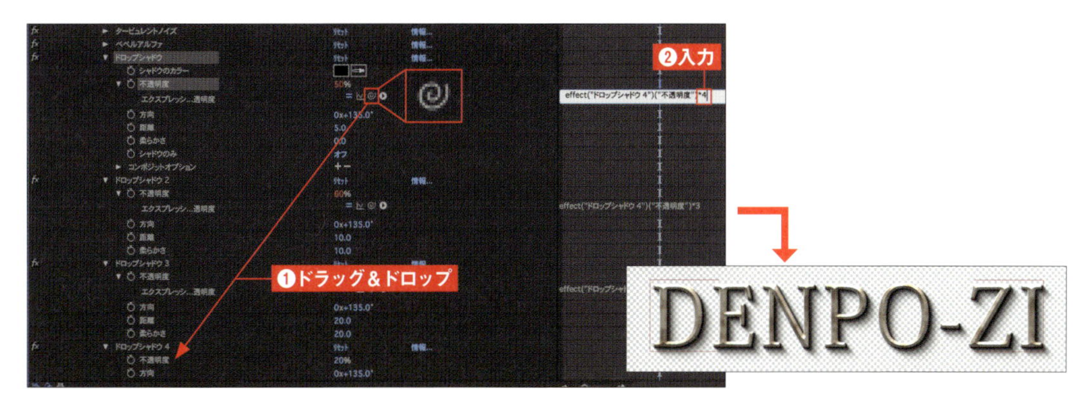

スライダー制御で不透明度の値を制御する

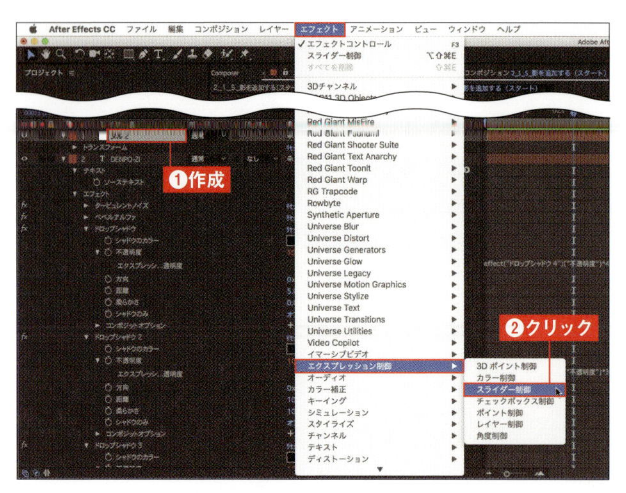

❶ ヌルオブジェクトを作成して、スライダー制御を適用する

最後に＜レイヤー＞パネル→＜新規＞→＜ヌルオブジェクト＞をクリックし、ヌルオブジェクトを作成し、タイムラインパネルに配置する❶。続いて、＜エフェクト＞メニュー→＜エクスプレッション制御＞→＜スライダー制御＞をクリックする❷。

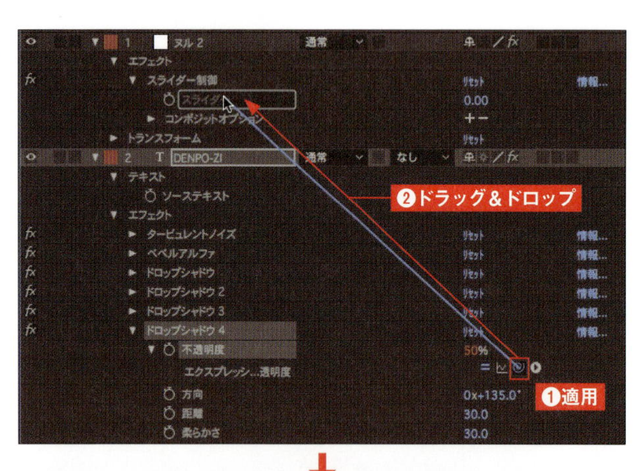

❷ ヌル内のスライダー制御をドロップシャドウ4と連動させる

不透明度の元となっている＜ドロップシャドウ4＞の＜不透明度＞にエクスプレッションを適用し❶、ヌルオブジェクトのスライダー制御に＜エクスプレッションピックウイップ＞を使って連動させる❷。こうすることでヌル内のスライダー制御で❸、不透明度の％の値を制御することができるようになる❹。

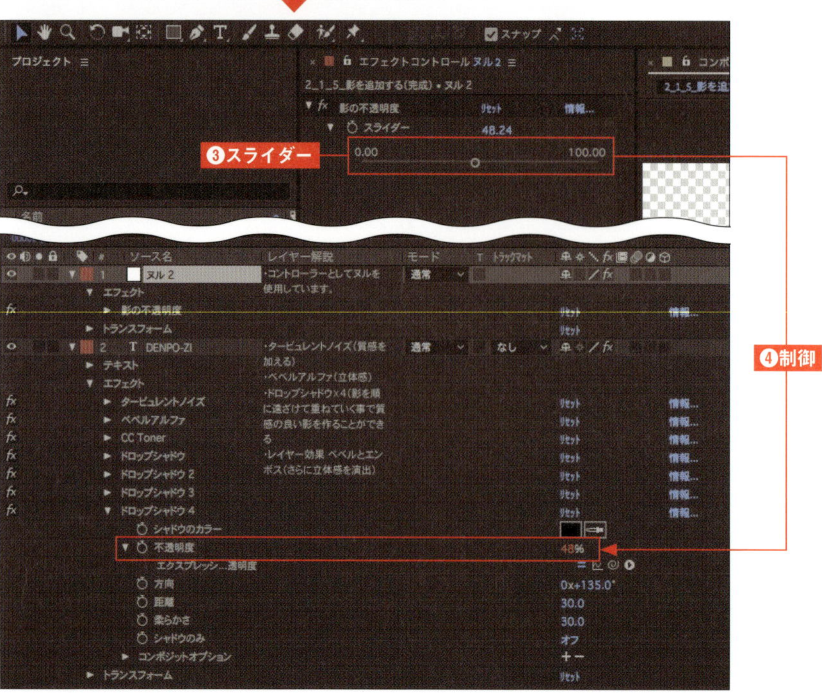

CHECK

エクスプレッション制御について

そのほかのエクスプレッション制御には、スライダー以外にも各エフェクトに対応したさまざまな制御が行えるように、バラエティー豊かな制御コントローラーが用意されている。

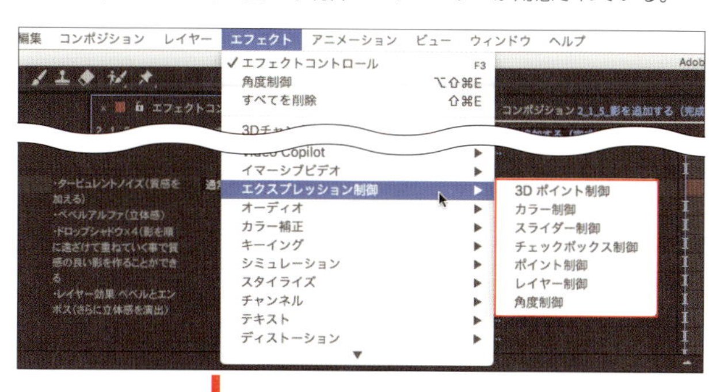

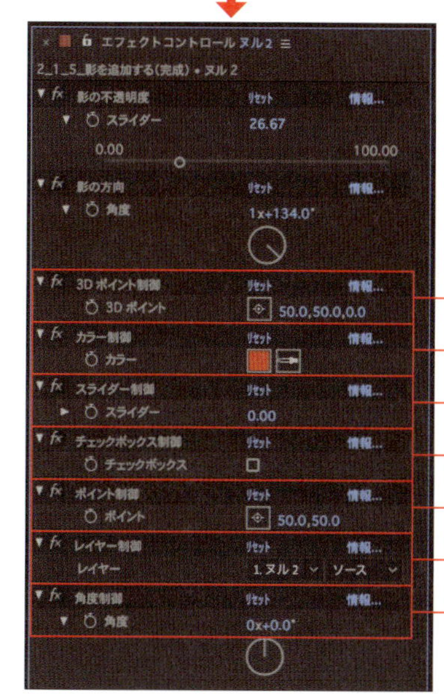

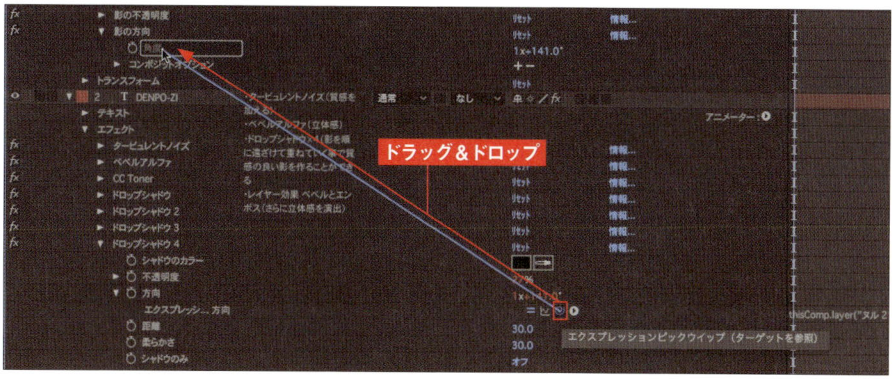

▲<影の方向>には、角度制御を使用することで回転をコントロールすることもできる

MEMO

ヌルオブジェクトの利用シーン

ヌルオブジェクトは通常の使い方だと、ペアレントなどの親になって動かしたり、モーションコントロール部分での二次的な動きなどに使われたりするが、エフェクトのコントロールセンターとしての役目も担うことができるので、こうした使い方もぜひマスターしておこう。

SECTION

07 黄金文字を作成する

ここでもレイヤースタイルとエフェクトを活用して、黄金の質感を持つ文字を作成する方法を解説する。

レイヤースタイルとエフェクトを活用する

利用するプロジェクトファイル：「2_1_文字の演出」フォルダ→「2_1_文字.aep」ファイル
利用するコンポジション：＜コンポジション（スタート）＞→＜2_1_6_黄金文字の作成（スタート）＞
コンポジションを開くと、すでに文字が配置されているのが確認できる。ここでは、最終的に左図のような演出を文字に施していく。

文字にエフェクトを加えてベースを作る

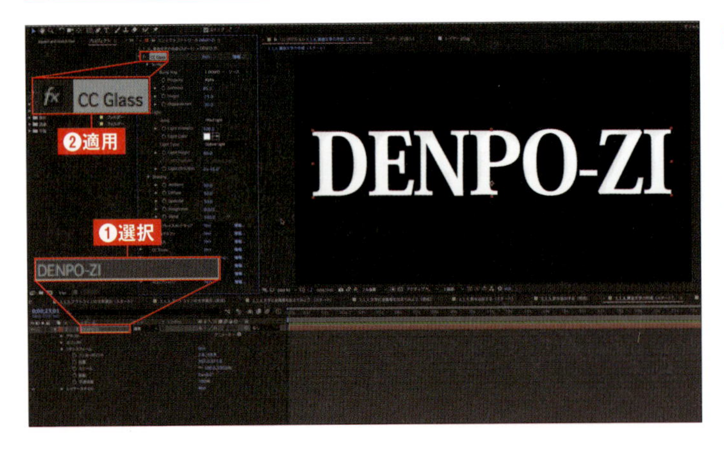

❶ 輪郭部分の凹凸感と光沢感を作り出す

＜DENPO-ZI＞を選択し❶、エフェクトコントロールパネル内の＜CC Glass＞のエフェクトを適用する❷。CC Glassは、P.133の「線文字に光沢感を加える」でも解説したが、文字にこのエフェクトを適用することで、線の輪郭部分の凹凸感と光沢感を作り出すことができる。ここでは文字色が白なのであまり目立たないが、縁部分にグラス効果が適用されたのが確認できる。

MEMO 背景の黒について

P.131のMEMOで解説しているのと同様に、ここでは光などを見やすくするために背景を黒にして解説している。背景を透明にしたい場合は、＜透明グリッド＞をクリックしていただきたい。

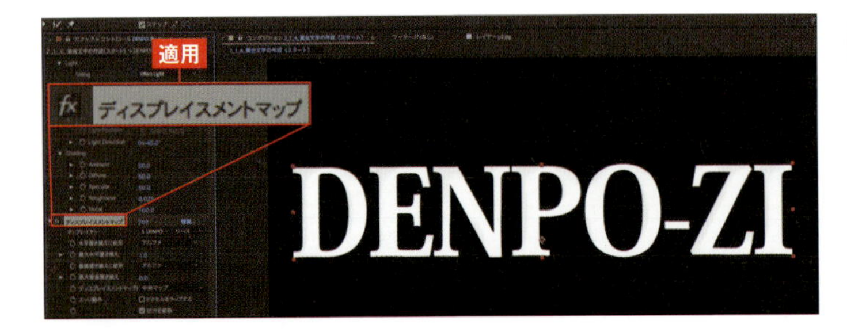

❷ 文字にカオスを加える

＜ディスプレイスメントマップ＞のエフェクトを適用する。P.130の「光沢感を出して文字を光らせる②」と同じように少し文字を歪ませてカオスを加えた。

③ 縁を立体的にする

<ベベルアルファ>のエフェクトを適用する。これで縁が立体的になる。

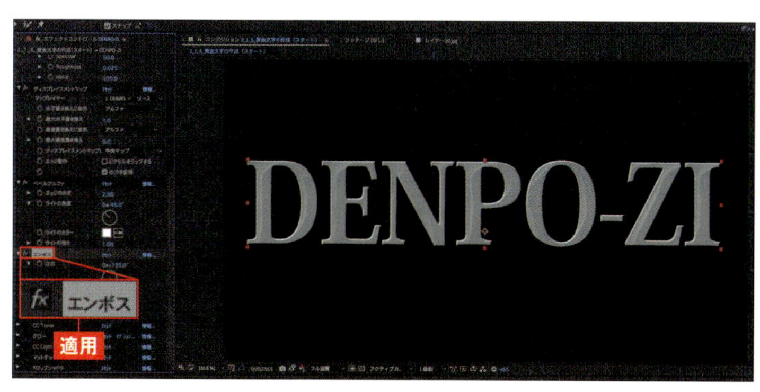

④ レリーフをかける

<エンボス>のエフェクトを適用する。CC Glassと共に使用することで、全体が金属感のあるレリーフ「浮き彫り」のような文字に変化するのが確認できる。

文字に色を付けて全体を整える

① グラデーションでさらに金属感を演出する

<レイヤー>メニュー→<レイヤースタイル>→<グラデーションオーバーレイ>をクリックして、下図のような白黒を多数配置したグラデーションを作成する。こうしたグラデーションを作成することで、目の細かい金属感を作り出すことができる。グラデーションを編集したい場合は、タイムラインパネルの<レイヤースタイル>→<グラデーションオーバーレイ>と展開して、<グラデーションを編集>をクリックし❶、グラデーションエディターを表示して❷、ここで編集を行う。

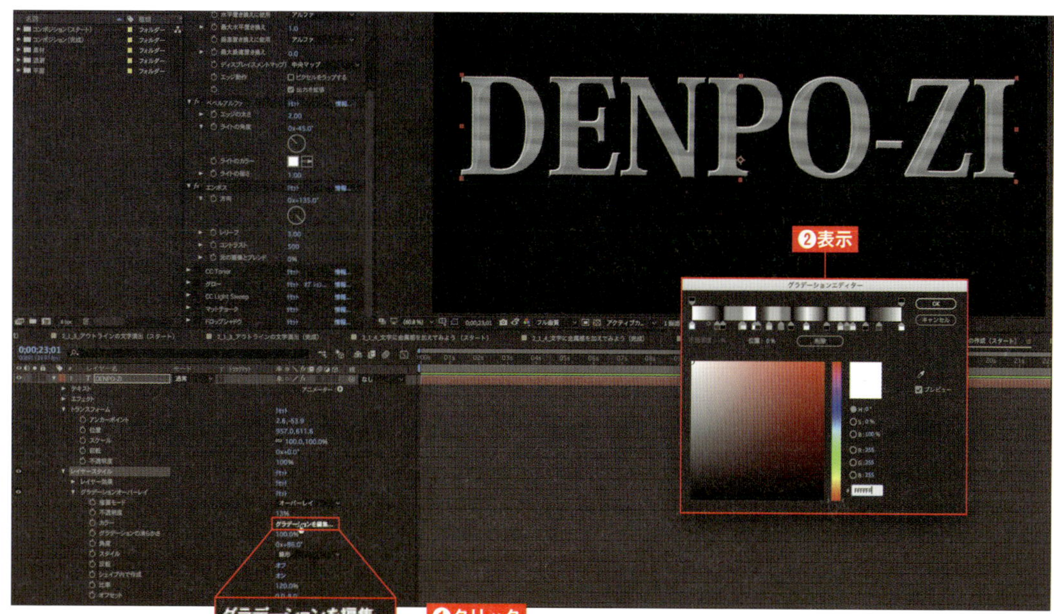

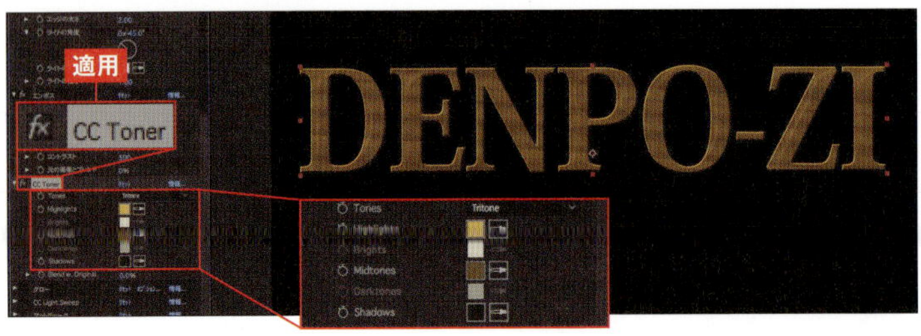

❷ 色を変更する

< CC Toner >のエフェクトを適用すると、図のように茶色系に変えることができる。< Highlights >など、変更を加えているので、本書と合わせたい場合は画面を参考に設定を行っていただきたい。

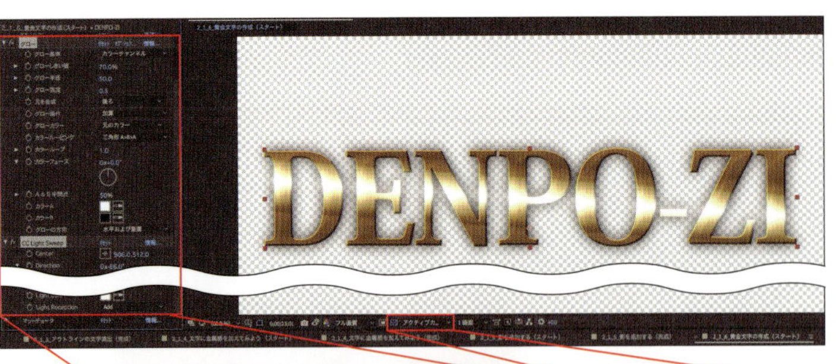

❸ 文字を発光させる

<グロー>と< CC Light Sweep >のエフェクトを適用する❶。ここでは文字の変化がわかりやすいように<透明グリッド>をクリックして❷、背景を黒から透明にしている。画面と下記の MEMO を参考に、設定を行っていただきたい。

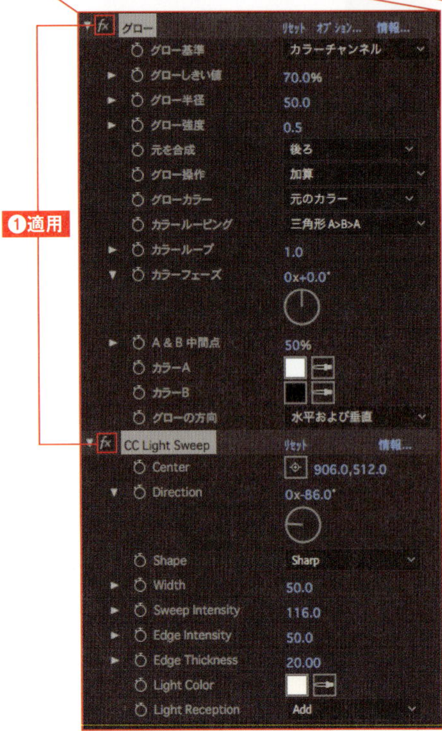

> **MEMO 各エフェクトの設定**
>
> <グロー>では、文字周りの発光を意識するようグロー半径を調整する。< CC Light Sweep >では< Direction >を文字横に配置、< Sweep Intensity >は、強めに適用することで（高めの数値を設定）、文字全体の金属感が簡単に演出できる。文字自体の黄金光は、CC Light Sweep のほうが「見た目」に影響を及ぼす。また、グロー強度が高すぎると、発光しすぎてしまい、不自然に感じてしまう場合もある。

❹ 金属の削りと影を落とす

最後に<マットチョーク>と<ドロップシャドウ>のエフェクトを適用する。<マットチョーク>では、グローで文字外に拡散してしまった光沢部分を削り、金属らしく研磨することができる。<ドロップシャドウ>では、文字に影を付けることで立体感と重厚さを演出できる。

SECTION

08 文字に透明感（ガラス）を加える

ここでは、レイヤースタイルを駆使して、文字にガラスのような透明感を施す。影やグラデーションの設定方法からシャイレイヤーの使い方などを解説する。

ガラスのような透明感ある文字にする

利用するプロジェクトファイル：「2_1_ 文字の演出」フォルダ→「2_1_ 文字 .aep」ファイル
利用するコンポジション：<コンポジション（スタート）>→<2_1_7_ 文字に透明感（ガラス）を加える（スタート）>

コンポジションを開くと、すでにおなじみのバイオプラスシリーズの文字が配置されているのが確認できるはずだ。ここでは、最終的に左図のような演出を文字に施していく。

隠れていたレイヤーを確認する

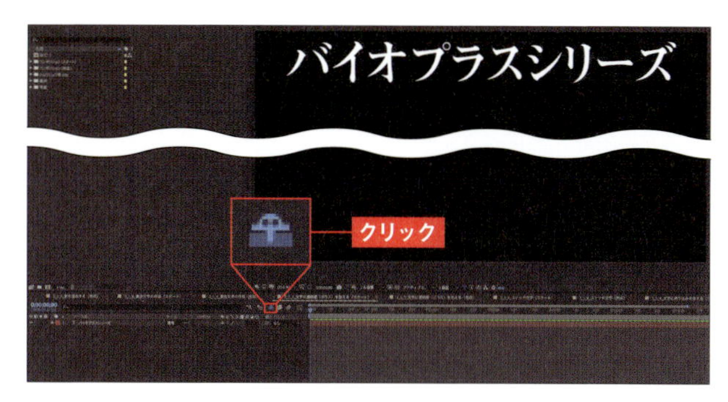

1 シャイレイヤーをオフにする

<タイムラインウィンドウですべてのシャイレイヤーを隠す>をクリックしてオフにする。

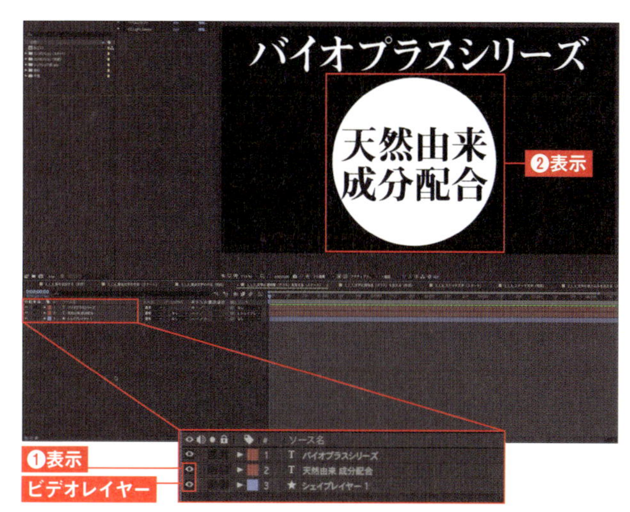

2 ビデオ表示をオン／オフする

隠れていた楕円レイヤーの<シェイプレイヤー 1>と、文字レイヤーの<天然由来成分配合>がタイムライン上に現れ、■<ビデオの表示>をクリックして◉にすることで❶、これらが画面に表示される❷。今回はこの 2 つをパートごとに解説するので、再び<ビデオの表示>をクリックして■にし、<タイムラインウィンドウですべてのシャイレイヤーを隠す>をクリックしてオンにして、バイオプラスシリーズの文字だけを画面に表示させてほしい。

影を付けて立体化する[バイオプラスシリーズ]

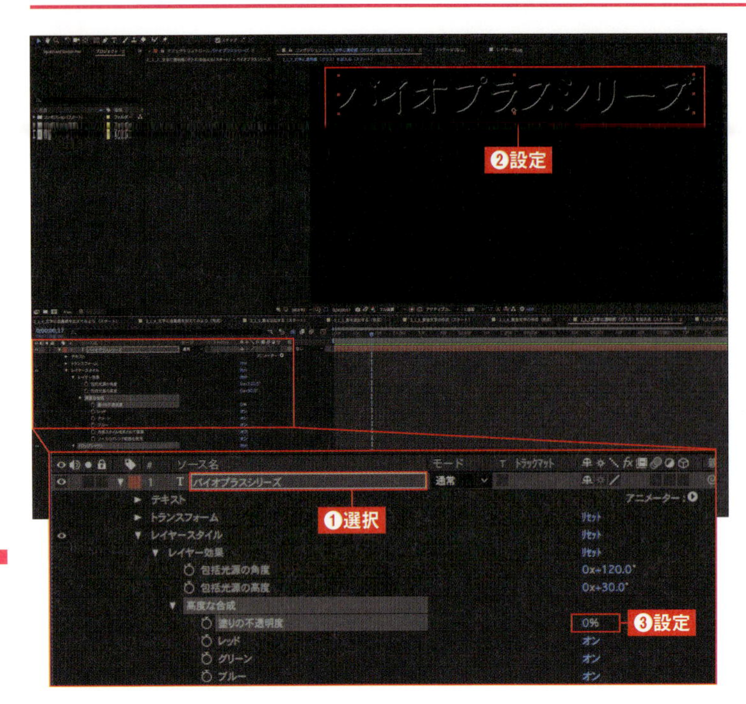

❶ 文字に影を付ける

まずはバイオプラスシリーズの文字から解説を行う。<バイオプラスシリーズ>を選択し❶、<レイヤー>メニュー→<レイヤースタイル>→<ドロップシャドウ>をクリックして、図のような設定にする❷。ここではカラーはあとで調整するのでとりあえず白で構わない。続いて<レイヤースタイル>をすべて展開してみよう。<レイヤー効果>→<高度な合成>→<塗りの不透明度>は、デフォルトでは< 100% >になっているが、ここでは< 0% >に設定する❸。こうすることで文字自体には着色される色はなく、ドロップシャドウの部分のみが着色される形となる。ここは見落としがちなので、注意していただきたい。

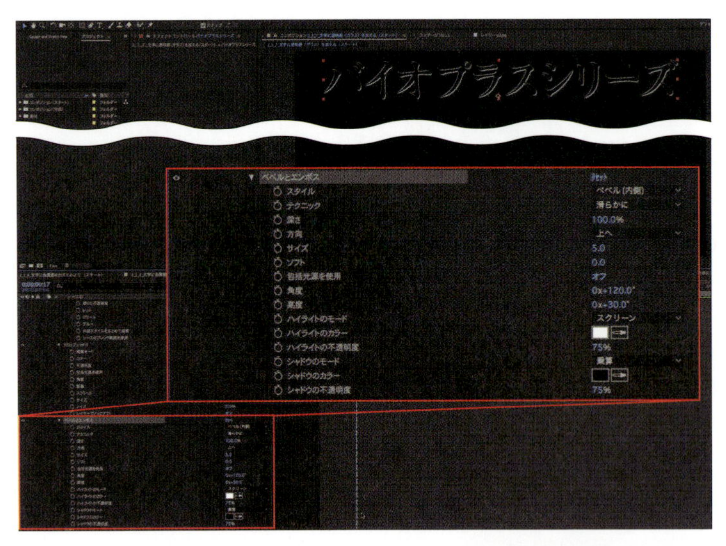

❷ 文字の枠線を浮き彫りにする

<レイヤー>メニュー→<レイヤースタイル>→<ベベルとエンボス>をクリックする。文字に色はないので文字の枠線だけが浮き彫りになり、立体的になる。

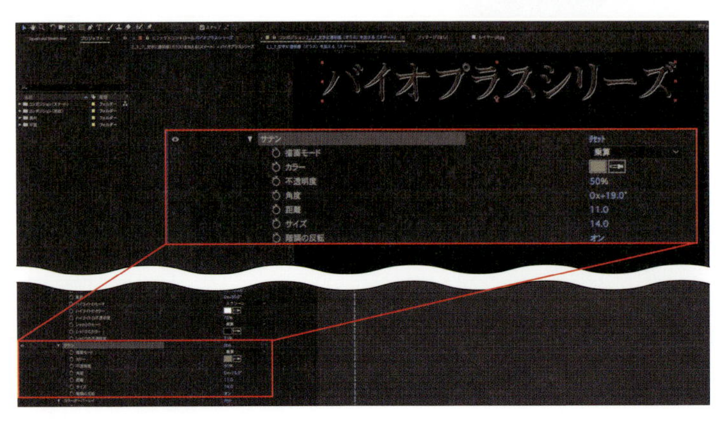

❸ ツヤ出し効果を文字に加える

<レイヤー>メニュー→<レイヤースタイル>→<サテン>をクリックする。おなじみの文字のツヤ出し効果が加わる。

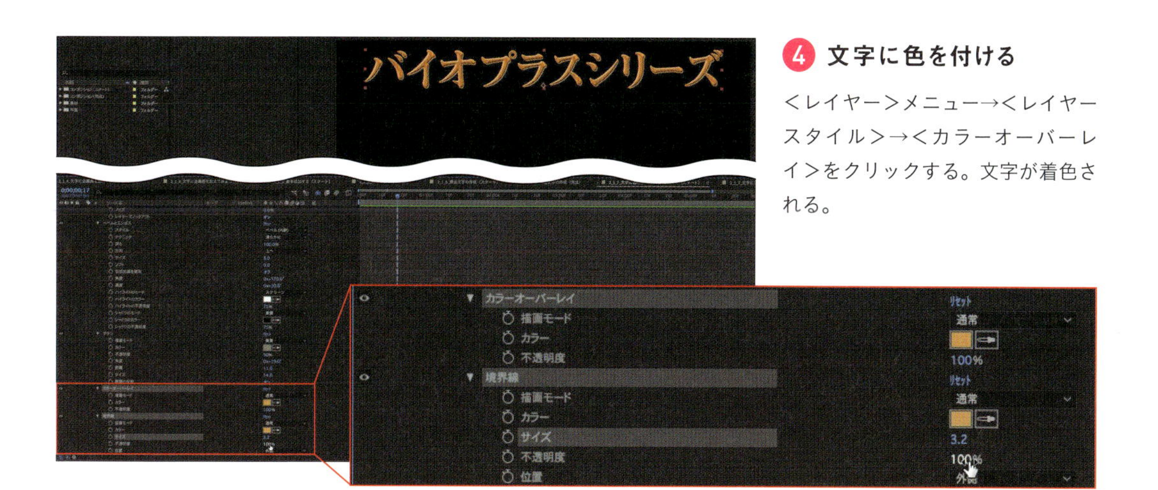

❹ 文字に色を付ける

<レイヤー>メニュー→<レイヤースタイル>→<カラーオーバーレイ>をクリックする。文字が着色される。

MEMO

色の選択

色は<カラー>の■をクリックして表示されるカラー設定画面で自由に選択してもらって構わない。境界線（文字のフチ）は入れても入れなくてもよいが、入れたい場合は、<レイヤー>メニュー→<レイヤースタイル>→<境界線>をクリックして、タイムラインパネルから調整してほしい。ただし、境界線を入れる場合には、全体の色調のバランスから、カラーオーバーレイと同じカラーを選択する必要がある。

❺ ドロップシャドウで陰影を付ける

最後にドロップシャドウのカラーを調整してみよう。<ドロップシャドウ>の<カラー>の■をクリックし❶、カラー画面を表示して設定を行う❷。明るすぎると浮いてしまうので、中間色のグレーあたりを選ぶとよいだろう。設定が終了したら▦<透明グリッド>をクリックして、無事ドロップシャドウが反映されているか確認してもらいたい❸。

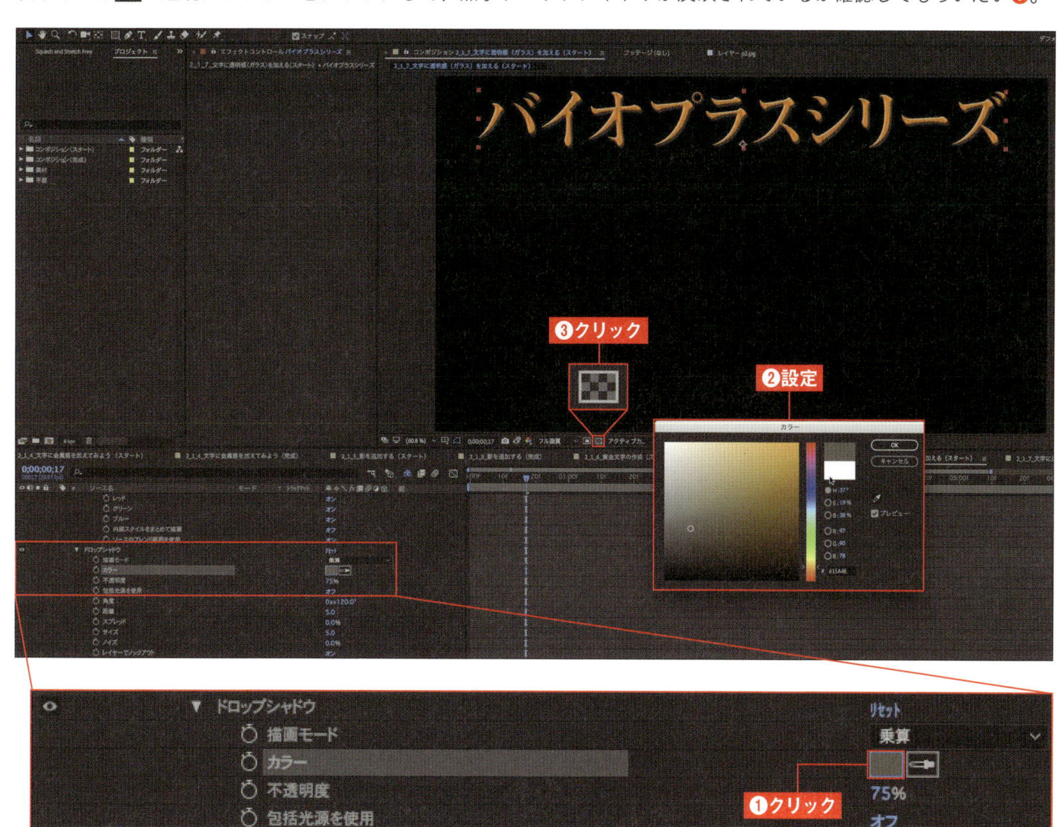

光沢感・立体感・質感を加える［天然由来成分配合］

❶ 操作しやすい表示にしてドロップシャドウを適用する

＜バイオプラスシリーズ＞のレイヤー表示をオフにして、P.149の手順❶を参考に、シャイレイヤーのスイッチをオフにして残りのレイヤー＜天然由来成分配合＞、＜シェイプレイヤー＞を表示させてみよう。＜天然由来成分配合＞の文字レイヤーと＜シェイプレイヤー１＞が表示されたのが確認できる。まずは「天然由来成分」の文字部分から作業を行っていくために＜シェイプレイヤー１＞のレイヤー表示をオフにし❶、＜透明グリッド＞を有効にする❷。＜天然由来成分配合＞を選択し❸、＜レイヤー＞メニュー→＜レイヤースタイル＞→＜ドロップシャドウ＞をクリックして、図のようにレイヤースタイルからドロップシャドウを適用する❹。ここではカラーを黒に設定してみた❺。先に作業したバイオプラスの文字同様に＜高度な合成＞内の＜塗りの不透明度＞にも＜0%＞を設定してもらいたい❻。

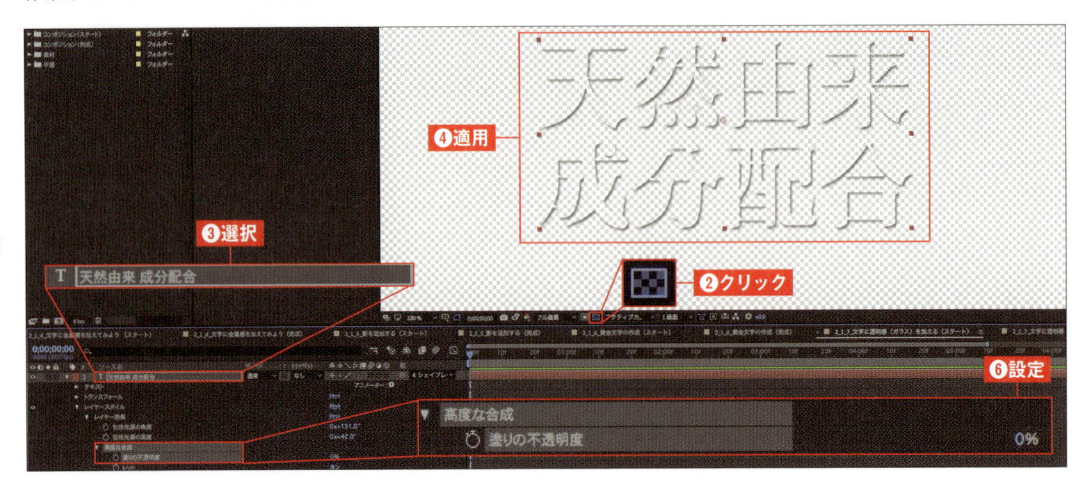

❷ 光沢感を加える

＜レイヤー＞メニュー→＜レイヤースタイル＞→＜光彩（外側）＞をクリックして、図のように光彩を適用する。今回は文字単体ではなく、プレートの上に乗っている状態を表現するので、光沢感を加えたいために適用してみた。

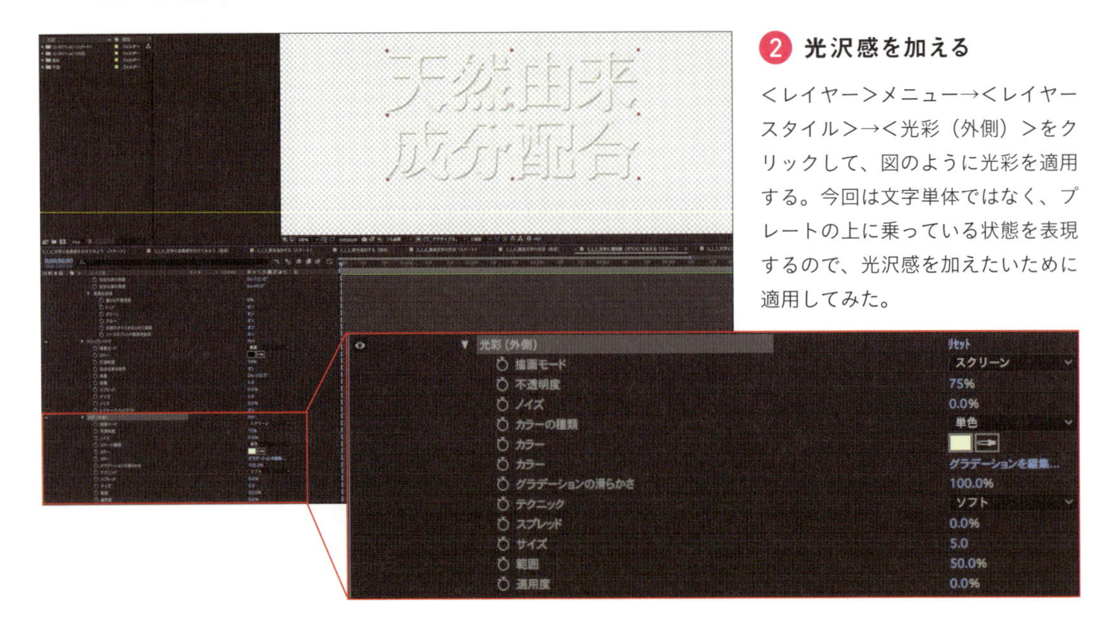

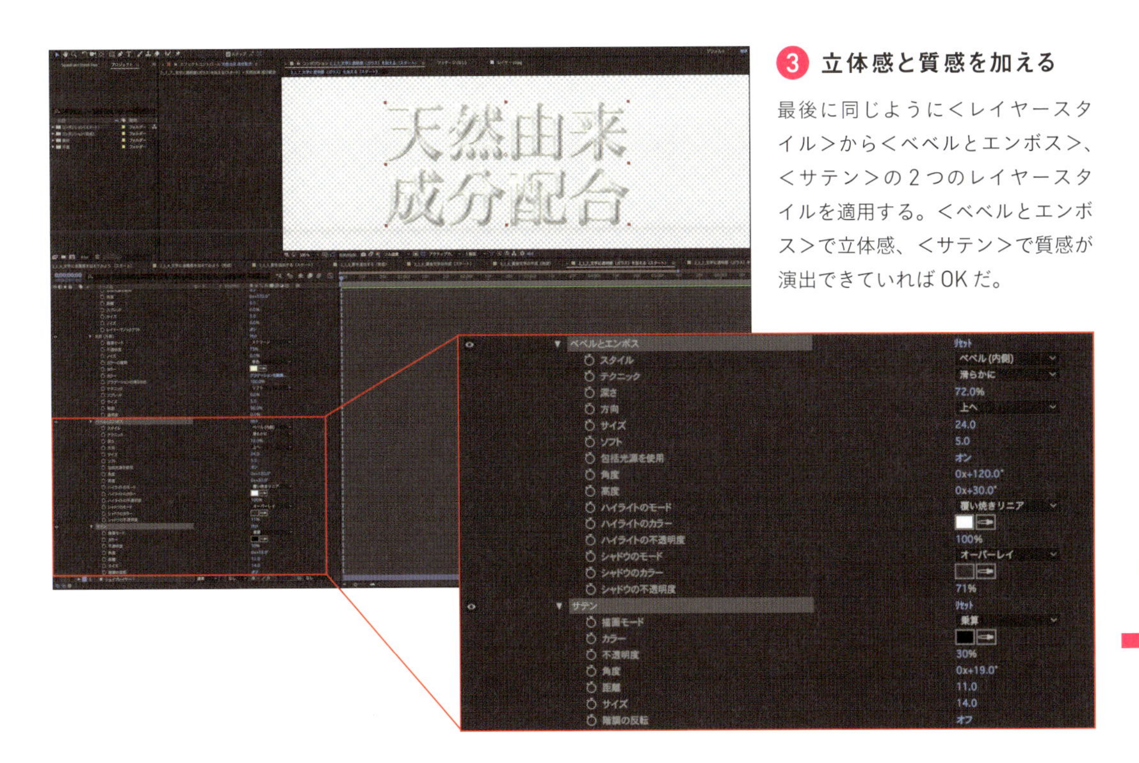

❸ 立体感と質感を加える

最後に同じように<レイヤースタイル>から<ベベルとエンボス>、<サテン>の2つのレイヤースタイルを適用する。<ベベルとエンボス>で立体感、<サテン>で質感が演出できていればOKだ。

❹ 文字色をベースに着色する

もし文字が透明すぎて気になってしまう場合には、同じ文字を上に複製し（<天然由来成分配合>をクリックして<編集>メニュー→<複製>、もしくはショートカットの command ＋ D キーを押す。Windowsでは Ctrl ＋ D キーを押す）、レイヤースタイルから<光沢（外側）>と<ベベルとエンボス>を図のような設定で配置することで、文字色をベースに着色することもできる。文字の濃さはトランスフォームの不透明度で調整するのがベストだ。

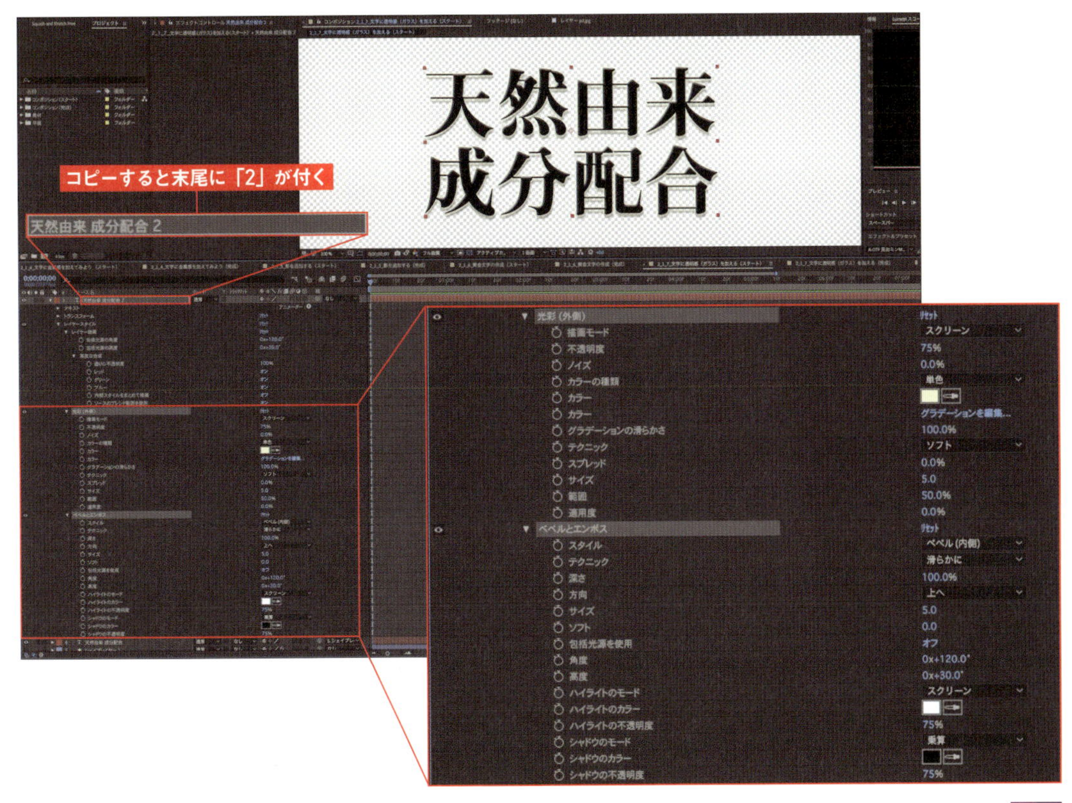

TIPS

シャイレイヤーを使いこなす

円プレートを仕上げる前に非表示に設定していたシェイプレイヤーを表示させ、天然由来成分配合の文字レイヤーを非表示に設定する。シャイレイヤーサブスイッチとメインスイッチを適用することで、タイムラインパネルから一時的に隠すことができる。

シャイレイヤーの表示非表示と機能の解説動画

円型プレートの作成と文字との合成

円型プレートにグラデーションを施して、さらにその円型プレートにさまざまな効果を施していこう。なお、シェイプレイヤーのグラデーションの適用方法は、動画でも解説しているので、そちらも参照してほしい。

シェイプレイヤーのグラデーションの適用方法の解説動画

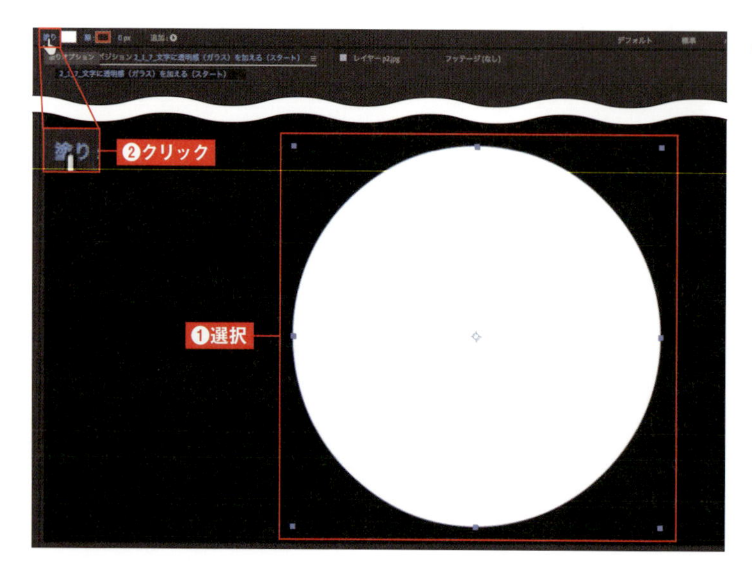

❶ 円型グラデーションのプレートを作成する

<シェイプレイヤー 1>のみを表示し、シェイプレイヤー楕円形ツールで作られたプレートに、円型グラデーションを適用していこう。<シェイプレイヤー 1>を選択したら❶、画面上部の<塗り>をクリックする❷。

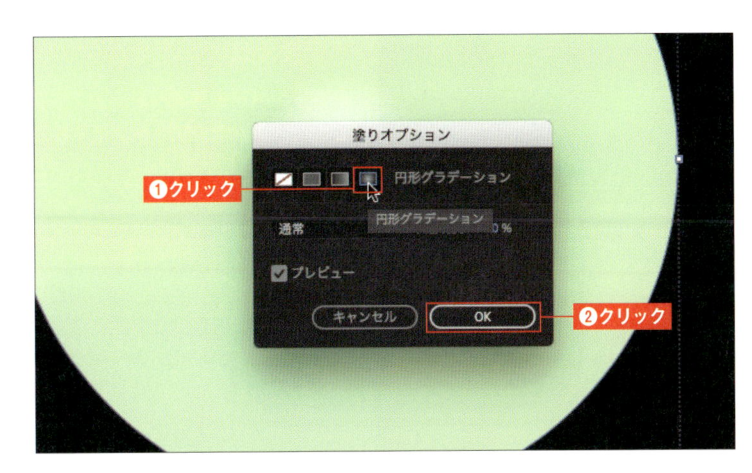

❷ 塗りオプション画面で設定を行う

塗りオプション画面が表示されるので、＜円型グラデーション＞をクリックし❶、＜ OK ＞をクリックする❷。

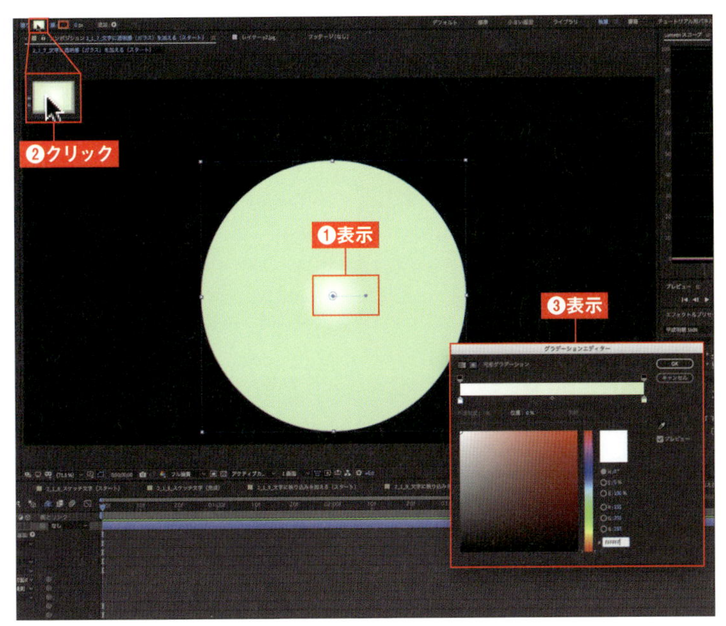

❸ グラデーションエディター画面を表示する

円型グラデーションが適用されると、画面中央にグラデーション調整用のハンドルバーが表示される❶。＜塗り＞の横にある＜塗りのカラー＞をクリックすると❷、グラデーションエディター画面が表示される❸。

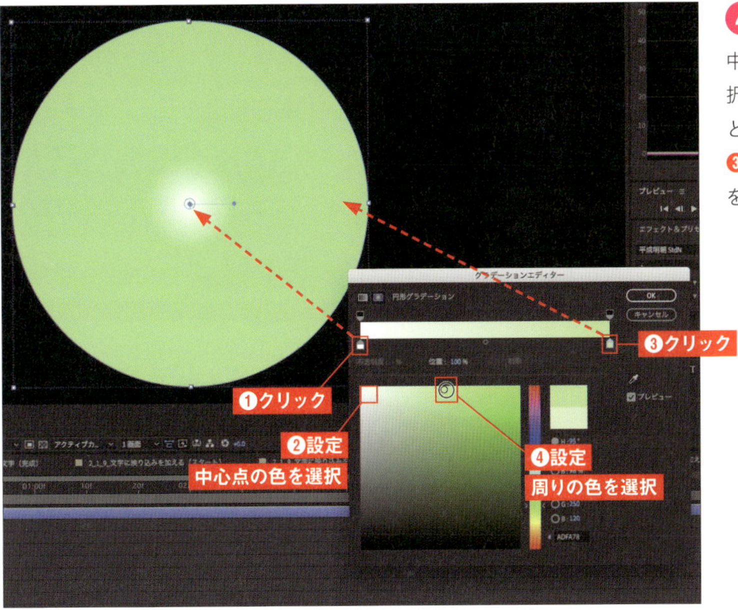

❹ グラデーションを設定する

中心点となる＜カラー分岐点＞を選択し❶、白に設定する❷。周りの色となる＜カラー分岐点＞を選択し❸、グリーン系に設定する❹。画面を参照して設定してほしい。

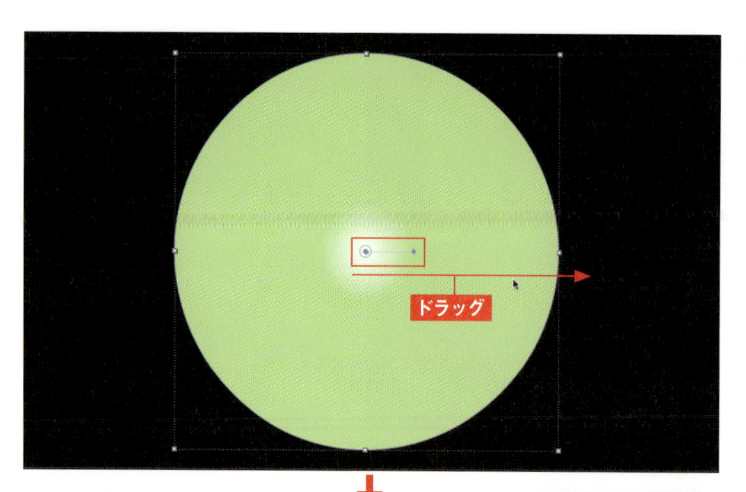

❺ 放射状の配色を調整する

ハンドルバーを外側へドラッグすることで、放射状の配色を調整することができる。

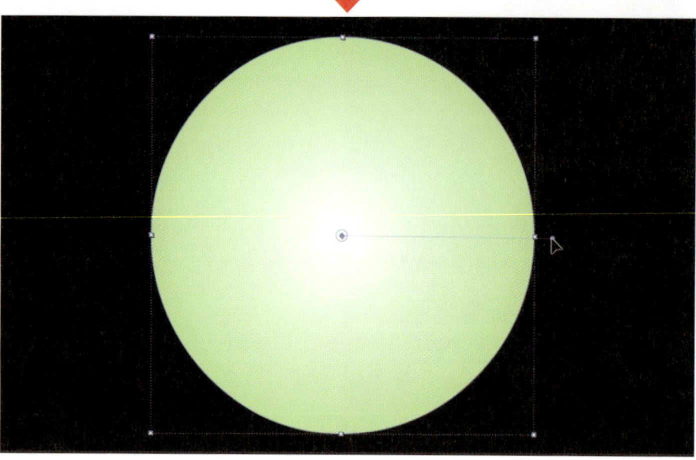

❻ ガラス感を作り出す

エフェクトコントロールパネル内の< CC Glass >のエフェクトを適用する。このお馴染みの設定で、ガラス感が作り出される。

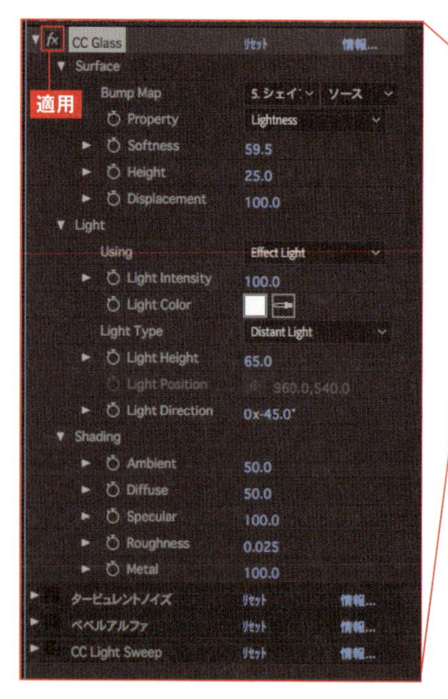

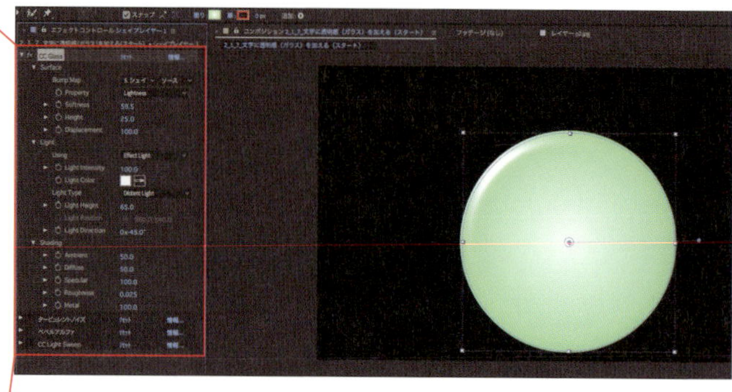

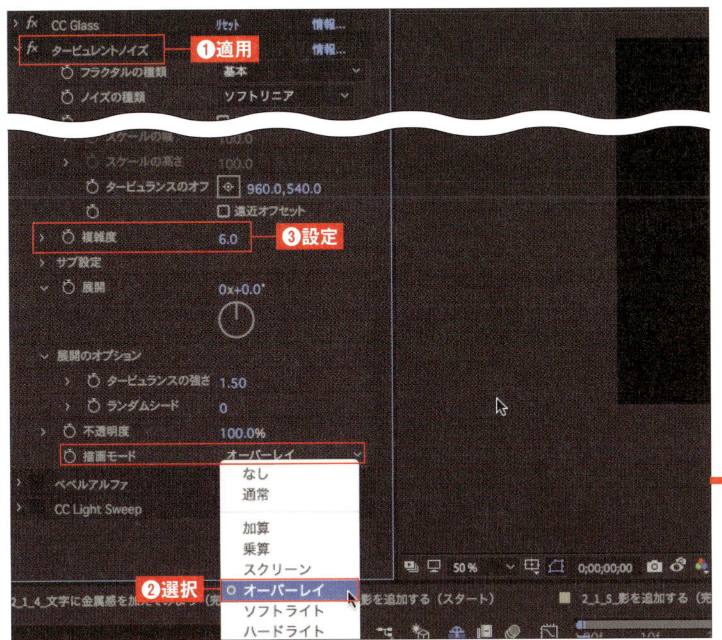

❼ 質感模様を出す

プレートの質感を出すために、<タービュレントノイズ>のエフェクトを適用する❶。<描画モード>から<オーバーレイ>を選択する❷。模様の複雑度を調整したい場合には、<複雑度>の数値を変更する❸。

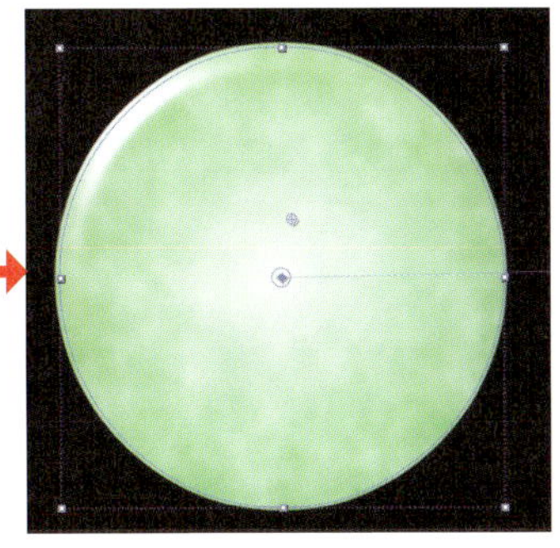

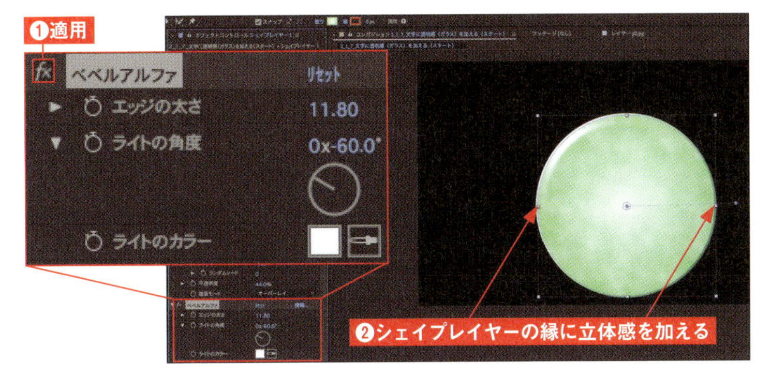

❽ さらに立体感を加える

最後は<ベベルアルファ>のエフェクトを適用して❶、シャイプレイヤーの縁に立体感をさらに加えていこう❷。

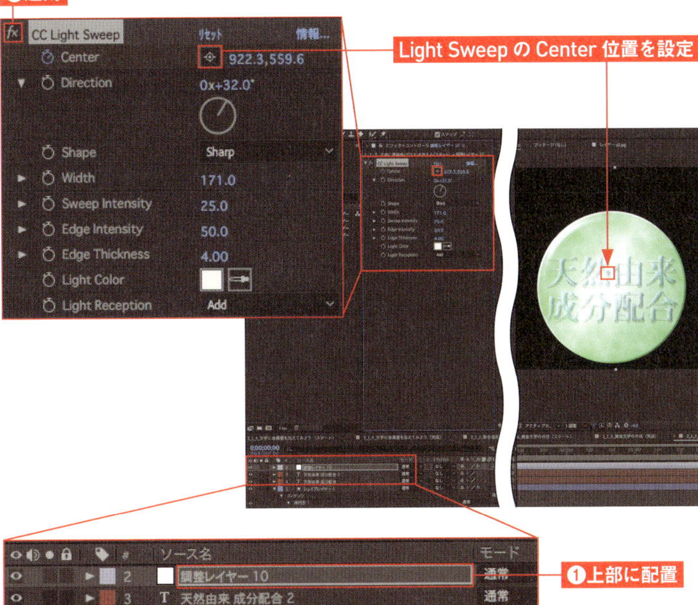

❾ 光沢感を加える

シャイレイヤーで隠した<天然由来成分配合>の文字レイヤーを表示させてみよう。ここでプレートに仕上げとして< CC Light Sweep >のエフェクトを適用してもよいのだが、そうするとシェイプレイヤーのプレート部分のみに CC Light Sweep が適用されてしまい、「天然由来成分配合」の文字部分に CC Light Sweep の光が当たらないという結果となってしまう。そのため、<レイヤー>メニュー→<新規>→<調整レイヤー>でタイムラインの一番上に新規の調整レイヤーを配置して❶、その調整レイヤーに< CC Light Sweep >を適用すると❷、シェイプレイヤーと文字共に光が適用され、質のよい光沢感に仕上がる。

SECTION

09 スケッチ風の文字を動かす

さまざまなエフェクト効果を活用して、ユニークなスケッチ風の動きのある文字を作成していこう。

エクスプレッションを適用して動きを付ける

利用するプロジェクトファイル：「2_1_文字の演出」フォルダ→「2_1_文字.aep」ファイル

利用するコンポジション：＜コンポジション（スタート）＞→＜2_1_8_スケッチ文字（スタート）＞

ここでは、左図のようにスケッチ風の文字が微妙に揺れ動く演出を施していく。

文字の線にさまざまなエフェクトを施す

1 文字に線を描く

コンポジション内にはすでに文字と木目の背景が配置されているのが確認できる。まずは文字に線を描いていこう。＜DENPO-ZI＞を選択し❶、エフェクトコントロールパネル内の＜ベガス＞のエフェクトを適用する❷。ベガスはその名のとおり派手なネオンサインのような線の効果を付け足すエフェクトだ。続いて、ベガスエフェクト内の＜レンダリング＞の＜描画モード＞を＜透明＞に設定して❸、文字の輪郭だけを表示する。＜カラー＞をクリックし❹、カラー設定画面で文字色を設定する（ここでは青に設定）❺。

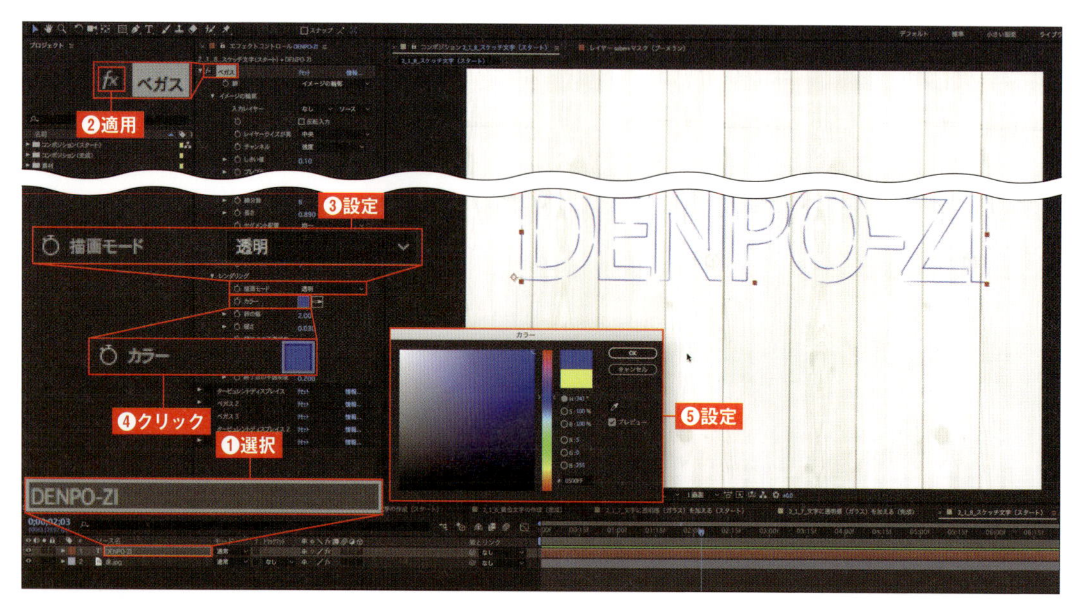

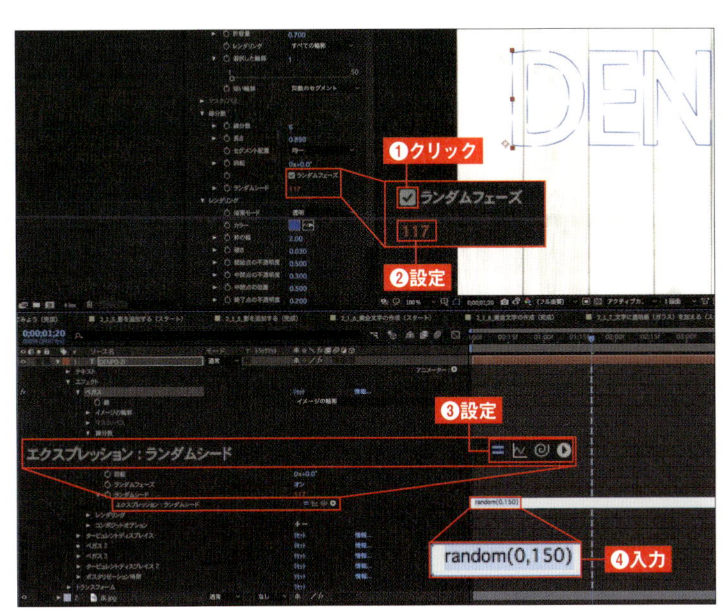

❷ ランダムシードにエクスプレッションを適用する

線は一定の間隔で動かしていきたいので、＜ベガス＞→＜線分数＞を展開した中にある＜ランダムフェーズ＞をクリックしてオンにし❶、＜ランダムシード＞を＜ 117 ＞に設定する❷。ランダムシードにエクスプレッションを適用して（＜アニメーション＞メニュー→＜エクスプレッションを追加＞）❸、「random(0,150)」と入力する❹。これで線分数を 0 ～ 150 の値でランダムで行き来する演出ができる。

❸ 文字をうねうねと動かす

文字をスケッチ風にうねうねと変形する状態にするため、エフェクトコントロールパネル内の＜タービュレントディスプレイス＞のエフェクトを適用する❶。うねり具合を演出するため、＜タービュレントディスプレイス＞の＜展開＞を選択し❷、エクスプレッションを適用して（＜アニメーション＞メニュー→＜エクスプレッションを追加＞）❸、「wiggle（30,200)」と入力する❹。これで 1 秒間に 30 刻みで 200 の展開をランダムで行うことができる。＜量＞は＜ -2.0 ＞に、＜サイズ＞は＜ 162 ＞に設定した❺。

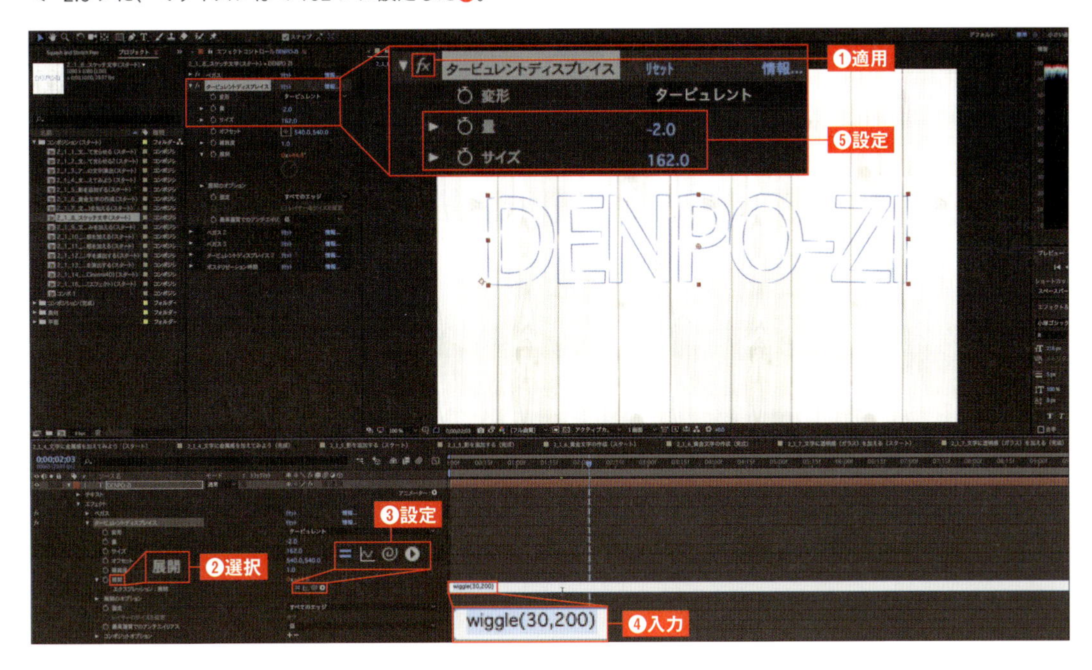

MEMO　量とサイズの調整

量とサイズの調整は、うまく設定しないとひねりが大きい文字になってしまうので注意が必要だ。ここでは＜量＞は＜ -2.0 ＞に、＜サイズ＞は＜ 162 ＞に設定しているが、値を変えてその動き具合を確認してみよう。Random と Wiggle の説明は、モーション＆エクスプレッションの「Random と Wiggle」の項目で解説しているので P.225 を参考にしてもらいたい。

スケッチ感をさらに演出する

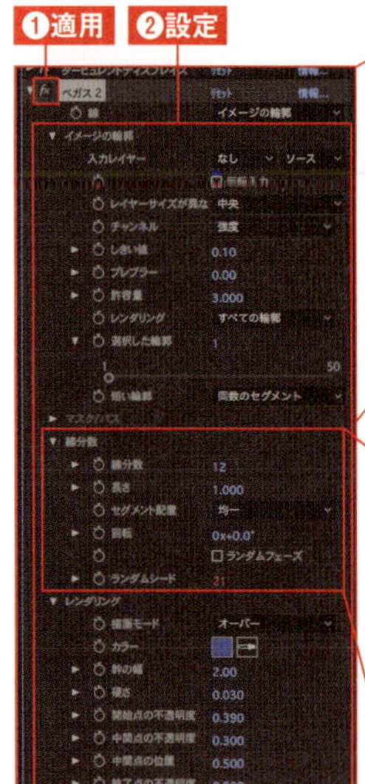

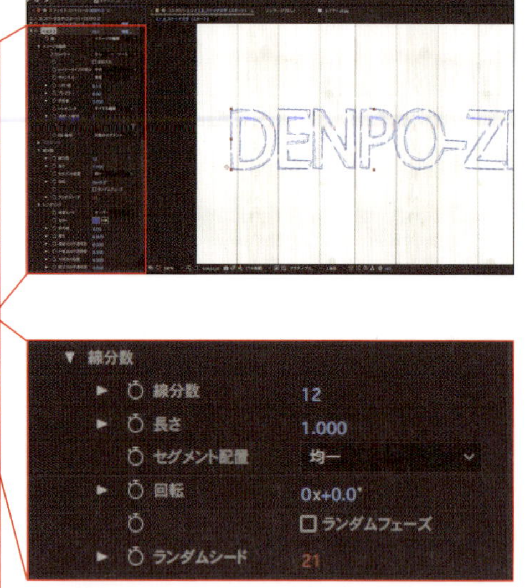

❶ ベガスをさらに適用する

ベガスをさらに適用していく（ここでは<ベガス 2>を適用する）❶。こうすることで一筆書きではなく、線の重複の演出を行うことができる。図のように最初に適用したベガスとは線分数や長さなども異なるので、同じにならないように前の手順と図や完成版を参考に調整してもらいたい❷。

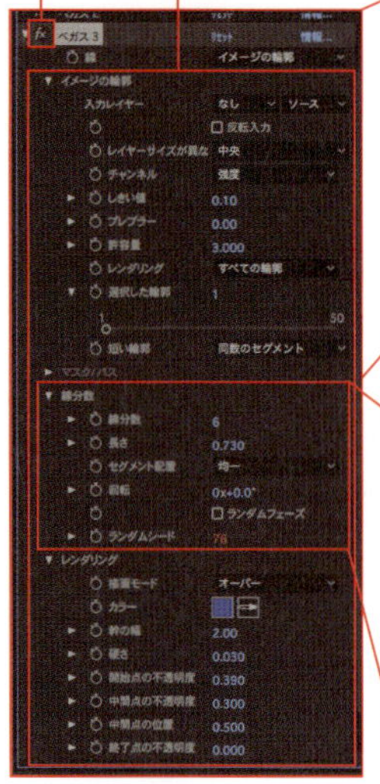

❷ スケッチ感をさらに高める

同様にベガスを適用し（ここでは<ベガス 3>を適用する）❶、図のように線分数の値を調整してスケッチ感を増していこう❷。さらにスケッチ感を加えたいのであれば、引き続きベガスを適用すればよい。

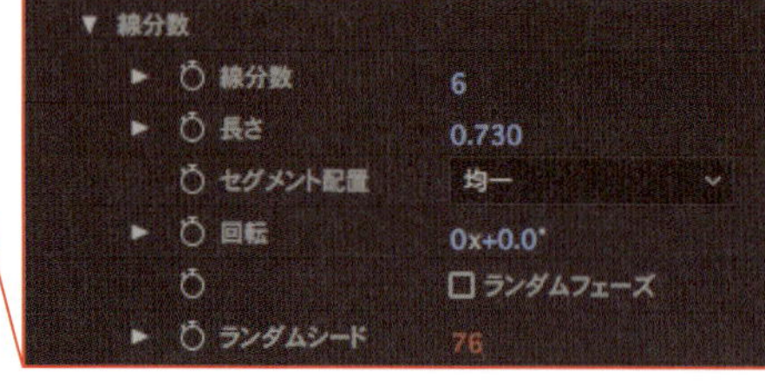

❸ うねり感を出す

前ページの手順❸と同じように<タービュレントディスプレイス 2>をさらに適用し、エクスプレッションも同様に設定することでさらにうねり感が演出できたはずだ。

❹ なめらかな動きをカクつかせる

最後に<ポスタリゼーション時間>のエフェクトを有効にする。これはフレームレートを強制的に落とす（コマ落ち）エフェクト効果だ。なめらかな動きをカクつかせるような演出ができる。

SECTION

10 文字に映り込みを加える

ここではトラックマットという機能を使って、文字に映り込みを加える方法を解説する。複雑な表現をするための基本となるので、しっかりと理解してほしい。

トラックマットを使用して文字の型抜きを行い映り込みを作成する

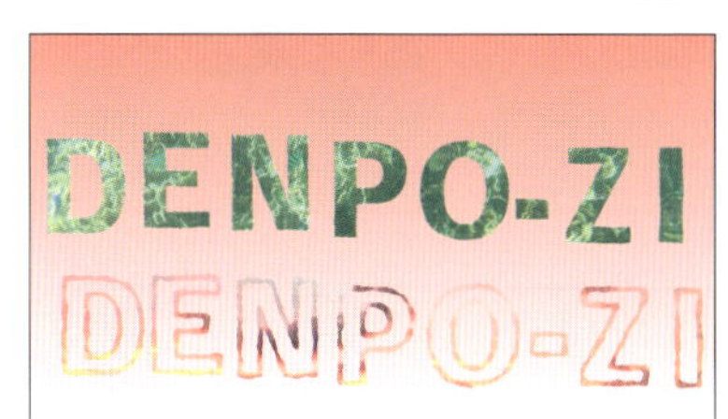

利用するプロジェクトファイル：「2_1_文字の演出」フォルダ→「2_1_文字.aep」ファイル
利用するコンポジション：＜コンポジション（スタート）＞→＜2_1_9_文字に映り込みを加える（スタート）＞
コンポジションを開くと、すでに白文字が配置されているのが確認できるはずだ。ここでは、最終的に左図のような演出で、文字に写り込みを与えていく。

トラックマットを利用する

今回利用するトラックマットは、いわば「くり抜く」機能と考えればよい。ここでは文字部分、文字以外の部分をくり抜く方法を解説していこう。

❶ アルファマットを利用する

タイムラインで下から背景写真＜ p2.jpg ＞、文字の順に並んでいるのが確認できる。背景にしている＜ p2.jpg ＞の右にある、＜トラックマット＞のプルダウンメニューから＜アルファマット "DENPO-ZI" ＞を選択する❶。これは「アルファマット " 抜く元の名前 "」と解釈してもらいたい。くり抜くレイヤーは必ず背景の1つ上の階層に配置されているのも条件となる。選択すると、文字の「DENPO-ZI」のアルファチャンネル部分のみがくり抜かれた状態となる❷。ここでタイムラインに注目してもらうと、＜ DENPO-ZI ＞の文字レイヤーの👁が非表示になっているのが確認できる❸。トラックマットを使用すると、自動的に上面のレイヤーは非表示となる。背景を動かすことによって文字に写り込んでいる背景も移動させることができる。

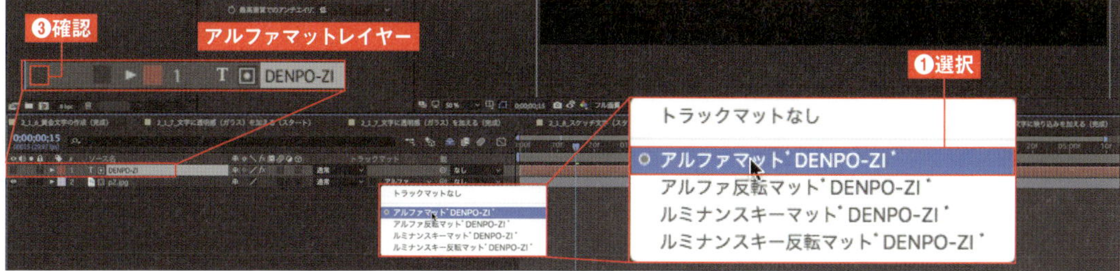

❷ アルファ反転マットを利用する

続いてトラックマットのプルダウンメニューから<アルファ反転マット "DENPO-ZI" >を選択してみよう❶。すると今度は、DENPO-ZI 文字のアルファ部分の反対部分のみが表示されたのが確認できる。<透明グリッド>をクリックしてみると❷、透過されたのがビジュアル的に確認できるはずだ。

MEMO

くり抜きのイメージ

トラックマットを利用したくり抜きは、画面を斜め下から見たとすると、イメージしやすい。図では、赤色の文字部分が透過して、背景がくり抜かれたように見えるはずだ。

CHECK

「線のみの文字」の場合

くり抜きは、もちろんアルファ部分に対応しているので、「線のみの文字」だと線部分のみに反映される。

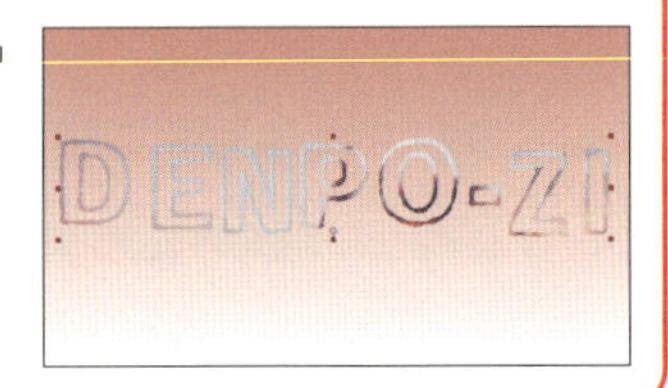

TIPS

ルミナンスキーマットを利用する

プロジェクトフォルダ内の<コンポジション(完成)>から< 2_1_9_ 文字に映り込みを加える(完成) 2 >を選択してみよう❶。ここでは背景の型抜きとして金属を配置し、< DENPO-ZI >の文字レイヤーを参照して<ルミナンスキーマット "DENPO-ZI" >が選択されている❷。アルファマットと違い、ルミナンスキーマットは輝度をベースに切り抜きが行われるので、輝度(明るさ)が高い「白」などで作成されたものに対して効果を発揮する。つまり、白ベースで陰影が適用される文字やシェイプレイヤーなどには、ルミナンスキーマットを使用することで、陰影が生かされた型抜きも行えるのだ。図では DENPO-ZI の文字レイヤーにベベルアルファで文字のエッジ部分に陰影が加えられたことで、立体的になっているのが確認できる。

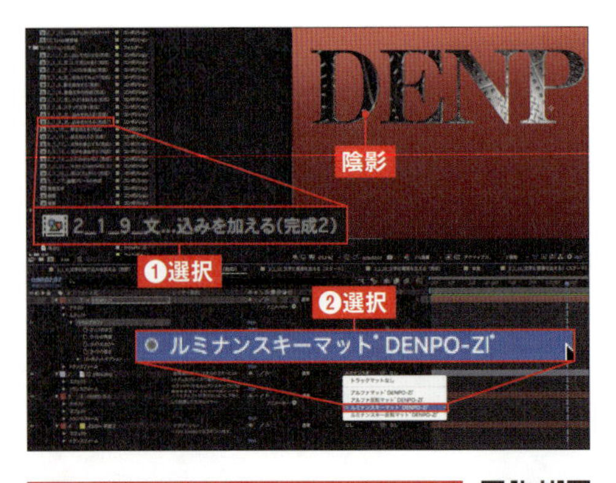

ルミナンスキーマットの設定の解説動画

SECTION

11 質感を加えて雰囲気のある文字にする①

ここでは、トラックマットとエフェクト、描画モードを利用して、文字部分に細かい質感を追加していく。映り込みなどを応用した技も解説する。

文字に質感を加える

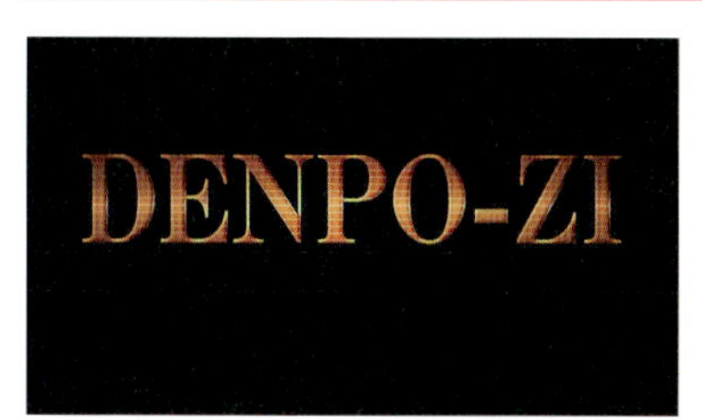

利用するプロジェクトファイル：「2_1_文字の演出」フォルダ→「2_1_文字.aep」ファイル
利用するコンポジション：<コンポジション（スタート）>→<2_1_10_文字に質感を加える（スタート）>

コンポジションを開くと、すでに文字と背景が配置されているのが確認できるはずだ。ここでは、最終的に左図のような細かな横線が入ったメタリック感ある質感を文字に施していく。

光沢感・立体感を加えて輪郭を抑える

1 アルファ部分のみにグローの光沢感を適用する

< DENPO-ZI >を選択し❶、エフェクトコントロールパネル内の<グロー>のエフェクトを適用する❷。ここでのポイントは、<グロー基準>を<カラーチャンネル>ではなく<アルファチャンネル>に設定している点だ❸。アルファチャンネルを選択していると、アルファ部分のみにグローの光沢感が適用され、図のような光の拡散を文字のアルファチャンネル内に収めることができる。なお、<カラー A >は、図のように背景色に設定してもらいたい❹。

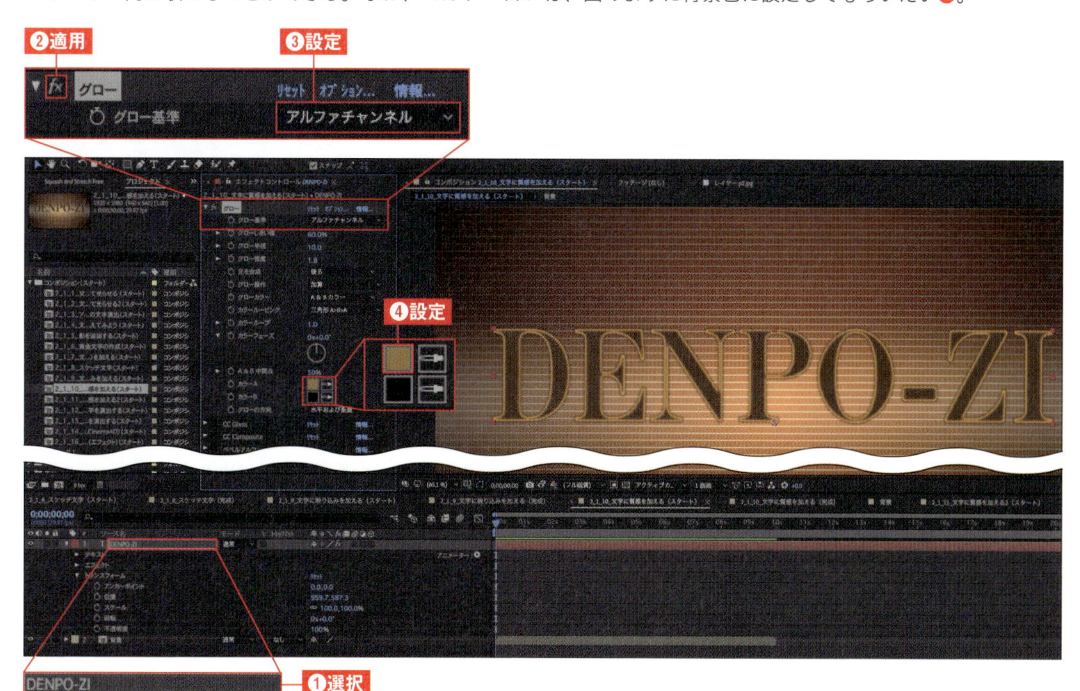

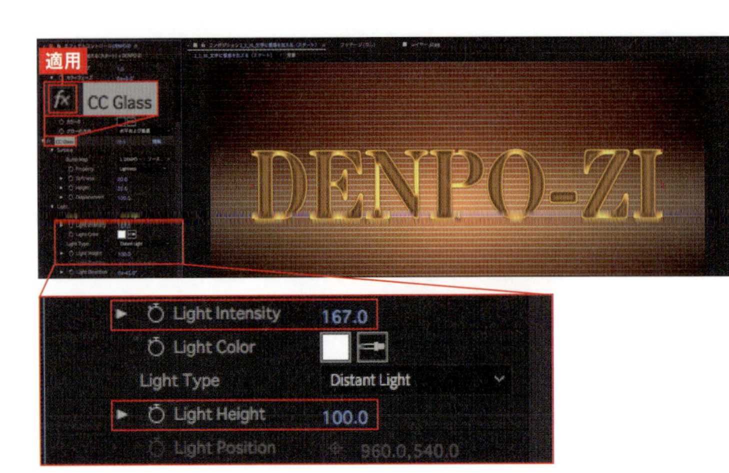

❷ 凹凸イメージを適用する

＜ CC Glass ＞のエフェクトを適用して、グラス調の凹凸イメージを適用してみよう。CC Glass エフェクトの＜ Light ＞の設定は、今回は明るく拡散するように＜ Light Intensity ＞を＜ 167.0 ＞、＜ Light Height ＞が＜ 100.0 ＞に設定されている。

❸ 文字の輪郭を抑える

＜ CC Composite ＞のエフェクトを適用する❶。＜ Composite Original ＞では＜ Stencil Alpha ＞を設定する❷。土台となる文字のアルファチャンネルを重ねることで、オリジナル文字の大きさやスタイル維持して型抜きを行うことができる。

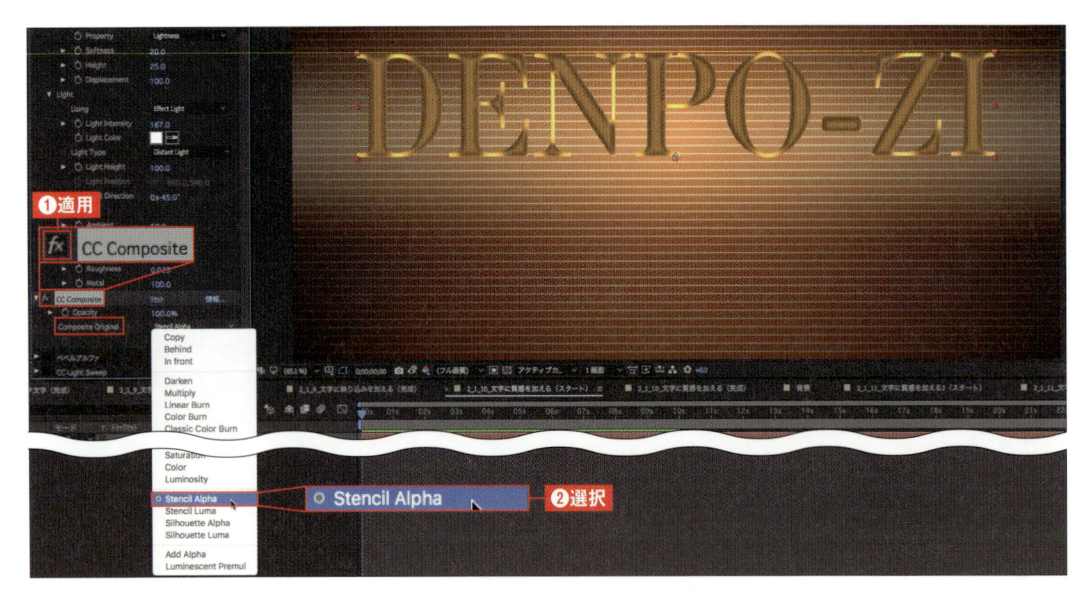

MEMO CC Composite について

CC Composite は、同じレイヤー（ここでは DENPO-ZI の文字)を描画モードなどで重ねて適用できる便利なエフェクトだ。図では CC Composite を使用しないパターンで描画モードを使用して同じような効果を作ってみた。CC Composite はエフェクトベースで行えるので、レイヤー数を増やさないで描画モードの合成が行える便利なエフェクトだ。

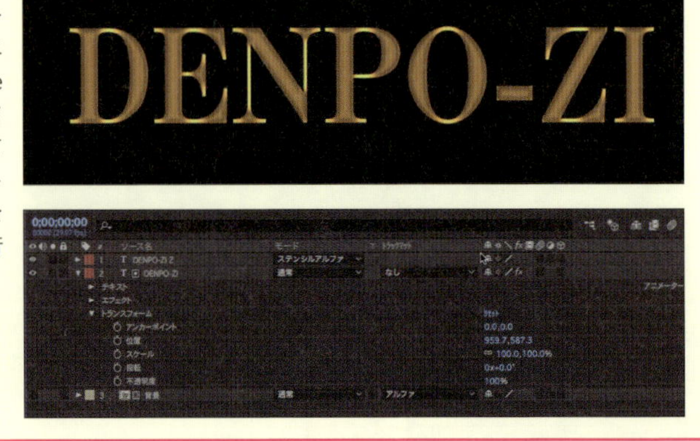

描画モードで文字を仕上げる

❶ 立体感と金属感を出す

<ベベルアルファ>、< CC Light Sweep >のエフェクトを適用する❶❷。ベベルアルファでは立体感、CC Light Sweep では中央に光を配置して金属感を表現している。

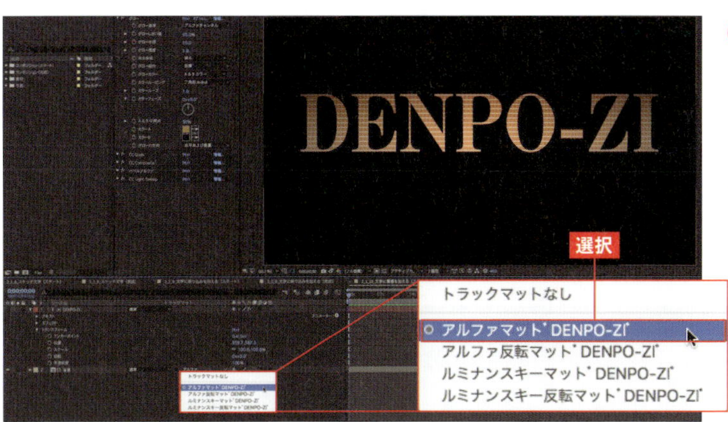

❷ アルファマットを適用する

続いて P.161 で行った<トラックマット>で<アルファマット "DENPO-ZI" >を選択する。ここでは背景となっている横線背景部分が文字に合成されたのが確認できる。

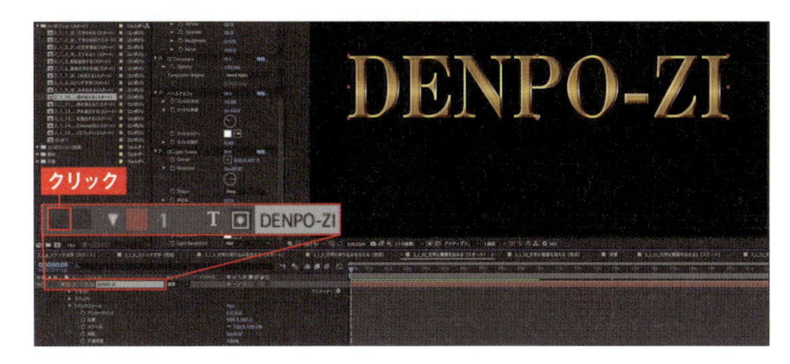

❸ 文字を表示する

< DENPO-ZI >の文字部分が非表示になっているので、クリックして👁にする。レイヤーの上の文字が表示されるので、トラックマットの機能は下に隠れて表示されなくなる。

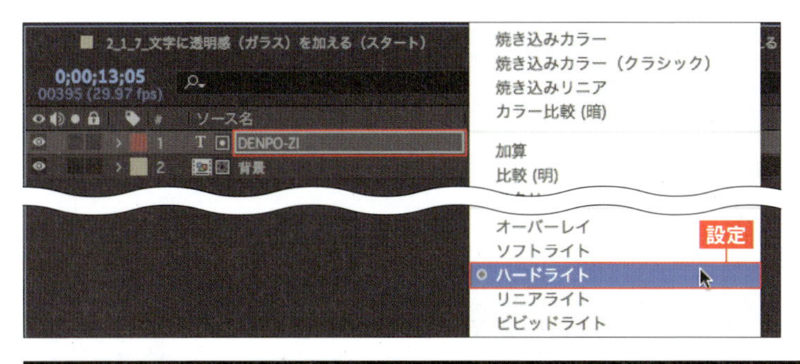

❹ 背景を表示する

最後に< DENPO-ZI >の文字の<描画モード>からプルダウンで<ハードライト>を選択してみよう。すると背景部分が描画モードを使用して合成されるのが確認できるはずだ。

背景を変えて雰囲気のある文字に仕上げる

解説では単純な線の模様を背景としたが、写真のようなリアルな素材だと、より映画のようなインパクトのある表現ができる。以下の3つの図は、＜2_1_10_文字に質感を加える（完成）＞をベースに加工を加えたものだ。参考にしていただきたい。

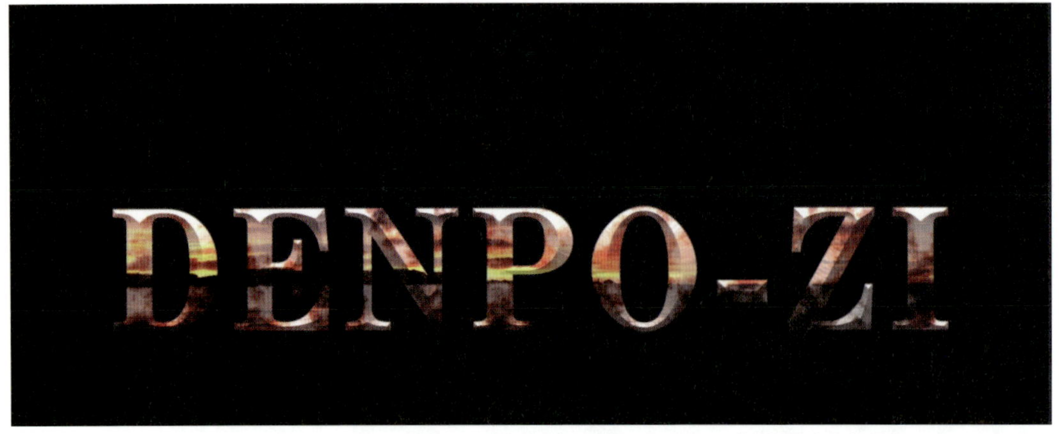

▲トラックマットでの背景にはモーションタイル、ディスプレイスメントマップを適用し、背景にカオスをかけて歪ませている

▲文字はP.138の「文字に立体感と影を施す」などの凹凸のある文字を適用。フラクタルノイズやCC Glassを付け足すことで質感や立体感を演出している

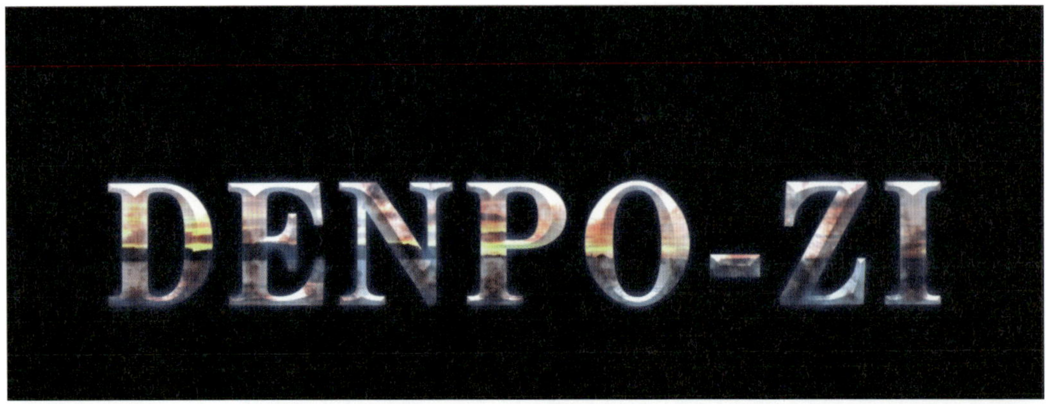

▲後述するSaberなどのプラグインを組み合わせることで雰囲気のある文字に仕上がった（Saberプラグインについての解説はP.170を参照）

SECTION

12 質感を加えて雰囲気のある文字にする②

前 SECTION に引き続き、文字に質感を加えてみよう。ここでは、さらに凝った質感の施し方を解説していく。

背景の木目の質感を文字にあてて合成する

利用するプロジェクトファイル：「2_1_ 文字の演出」フォルダ→「2_1_ 文字 .aep」ファイル
利用するコンポジション：<コンポジション（スタート）>→<2_1_11_ 文字に質感を加える 2（スタート）>

コンポジションを開くと、すでに文字と木目の背景が配置されているのが確認できる。ここでは、最終的に左図のような文字以外のビジュアルも加味した演出を施していく。

背景に馴染んだ文字を作成する

1 文字色を決定してシャドウと光彩を適用する

最初に文字色は背景とできるだけ似たような色を選んで配色してほしい。文字色を決めたら、<レイヤー>メニュー→<レイヤースタイル>から<シャドウ（内側）>と<光彩（内側）>の 2 つのレイヤースタイルをクリックして適用する❶。これらは文字の調整を行うものだが、<光彩（内側）>の<カラー>はグレーに設定する❷。これだけでもなんとなく背景の木に文字が溶け込んでいるのが確認できる。

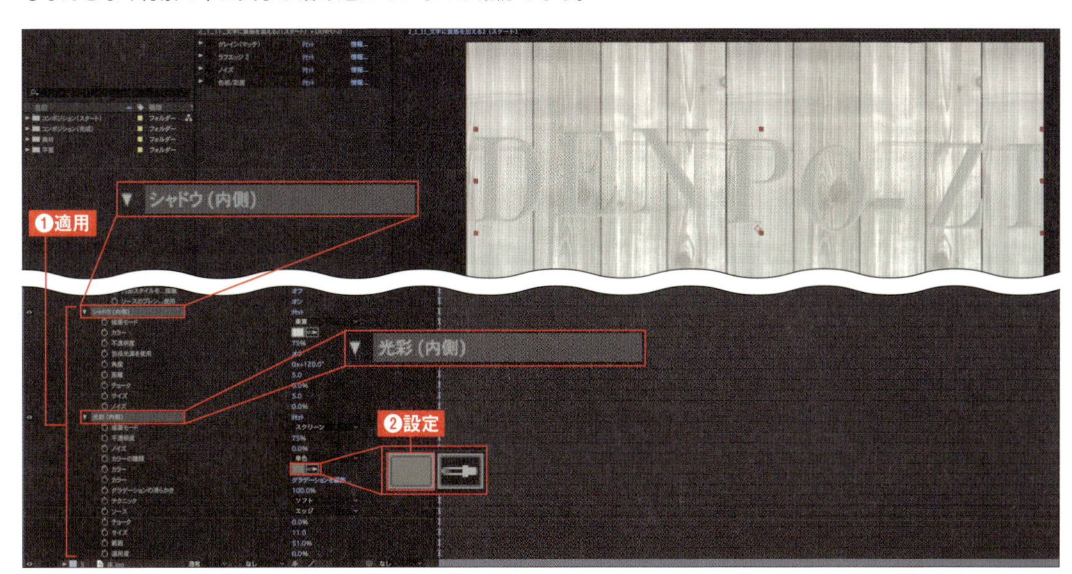

❷ 床部分の木目のノイズを文字に乗せる

レイヤースタイルの適用が終了したら、続いてエフェクトコントロールパネル内の<グレイン（マッチ）>を適用する❶。<表示モード>は<最終出力>に設定し❷、マッチさせるノイズソースレイヤーは<床 .jpg >を選択する❸。こうすることで床部分の木目のノイズをサンプリングして文字に乗せてくれる。調整の項目ではノイズの量など、各要素を調整することができる。

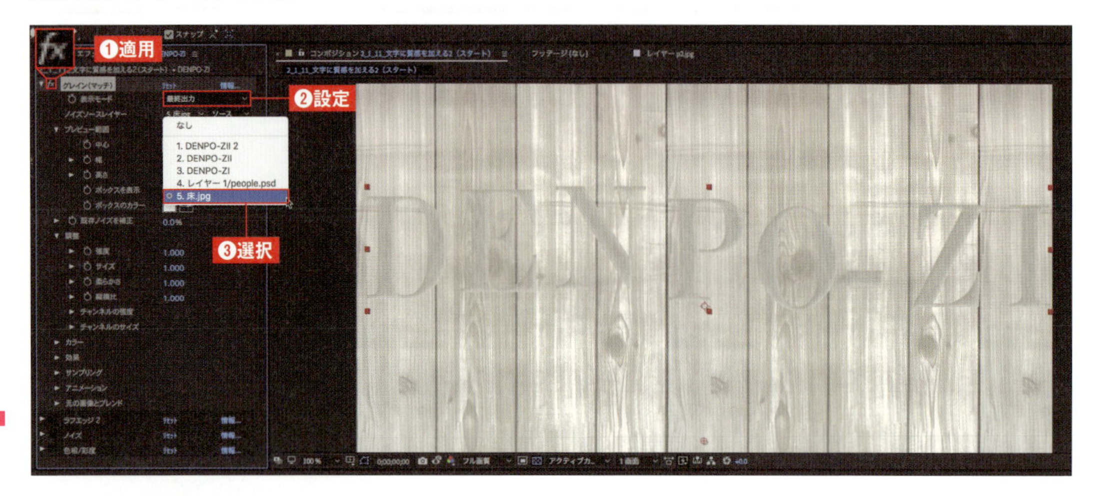

❸ 背景と文字を馴染ませる

続いて<ラフエッジ>と<ノイズ>を適用する❶❷。これで文字の「縁」部分がラフに削減され、木目への文字の張り付き感が自然な表現になる。ノイズはのっぺりとした質感を改善するために< 8% >ほど加えた状態となっているが、自由に調整してもらっても構わない❸。

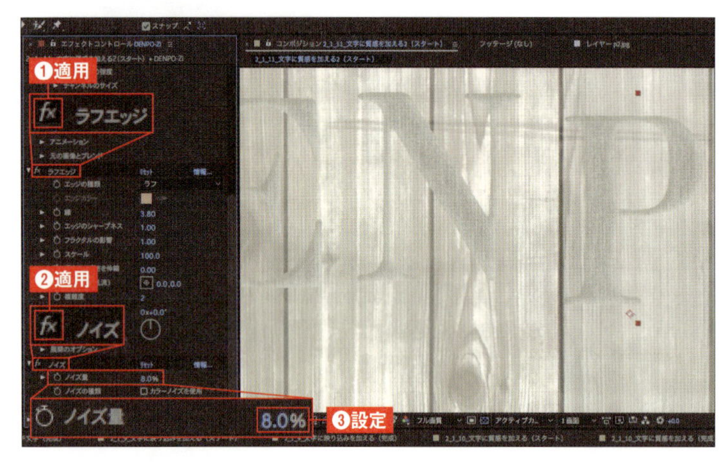

❹ 色合いの調整を行う

<色相 / 彩度>を適用して❶、色や彩度、明度の調整を行って背景に溶け込んでいるような木目に仕上げていこう❷。<色相 / 彩度>の仕上げができたら、描画モードから<オーバーレイ>を適用すれば完成だ❸。

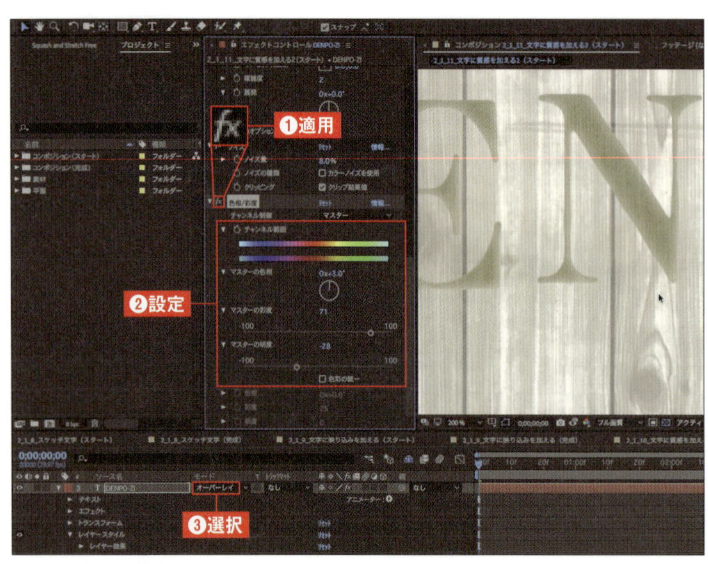

TIPS

オーバーレイ利用の応用

さらに凝りたい場合には、< DENPO-ZI >の文字レイヤーを選択して、<編集>メニュー→<複製>か、ショートカットキーでは command ＋ D キーを押して（Windows では Ctrl ＋ D キー）レイヤーの一番上に複製し❶、文字パレットから<塗りと線を入れ替え>をクリックして文字の線だけを表示させる❷。

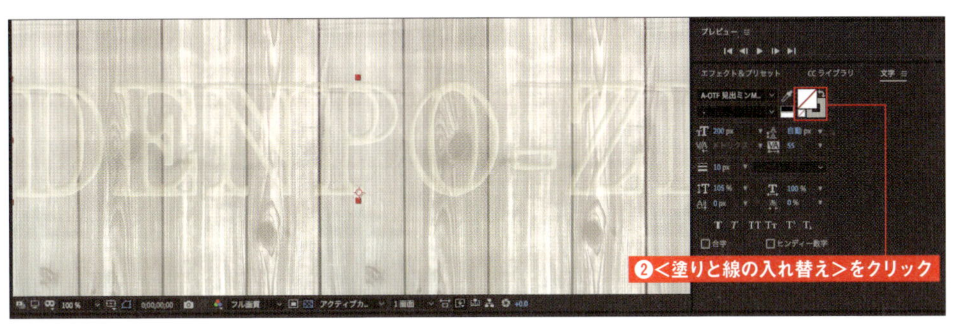

▲文字の線のみ表示させた例

◀文字の縁がさらに形どられた演出になる

<シャイレイヤー>をクリックして<レイヤー（people.psd）>を表示させてみよう❶。画像の場合には、色が文字のように類似色を作成できないので、エフェクトの<塗り>を適用して、スポイトツールで木の背景の木目の色をサンプリングして使用する色を近づける必要がある❷。

SECTION

13 ネオン風の文字を作成する

ここでは、無料で配布されているプラグイン「Saber」を使用して光の文字の作り方を解説していこう。

無料プラグインで光る文字を演出する

利用するプロジェクトファイル：「2_1_文字の演出」フォルダ→「2_1_文字 .aep」ファイル
利用するコンポジション：<コンポジション（スタート）>→<2_1_12_無料プラグインで文字を演出する（スタート）>
コンポジションを開くと、すでに文字と新規平面（黒）が配置されているのが確認できる。ここでは、最終的に左図のような光輝く演出を文字に施していく。なお、SaberのプラグインのダウンロードについてはP. 024を参照してほしい。

Saberプラグインを使用する

1 ブラック平面にSaberを適用する

Saberを文字に適用する場合にはお決まりのルールなのだが、必ずブラック平面に適用する❶。ここではタイムライン上の一番下に配置されている<ブラック平面 27>にSaberを適用している❷。

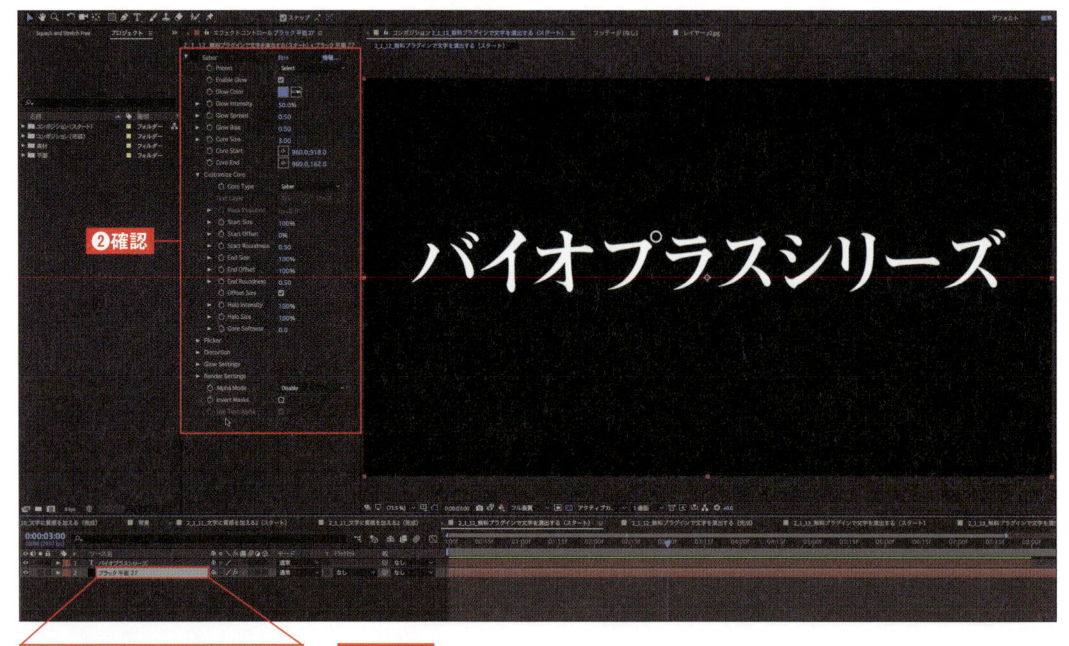

❷ Saberのエフェクトを有効にする

エフェクトコントロールパネル内の< Saber >のエフェクトを適用する❶。名前のとおり、ライトセーバーの線が現れる❷。線を描いたりする場合には、この初期設定でも十分活用できるが今回は文字に適用する方法を解説する。

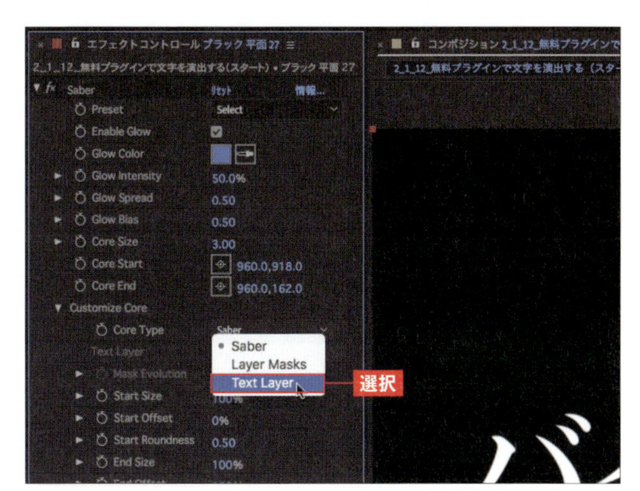

❸ Core Typeを変更する

< Customize core >の< Core Type >のプルダウンメニューから< Text Layer >を選択する。

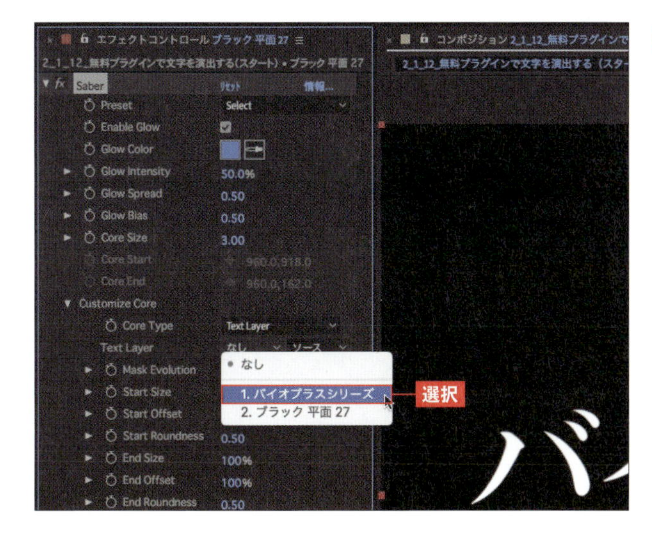

❹ テキストレイヤーを選択する

続いて< Text Layer >のプルダウンから適用したいテキストレイヤー（複数のテキスト候補がある場合）を選ぶ（ここでは<バイオプラスシリーズ>を選択）。

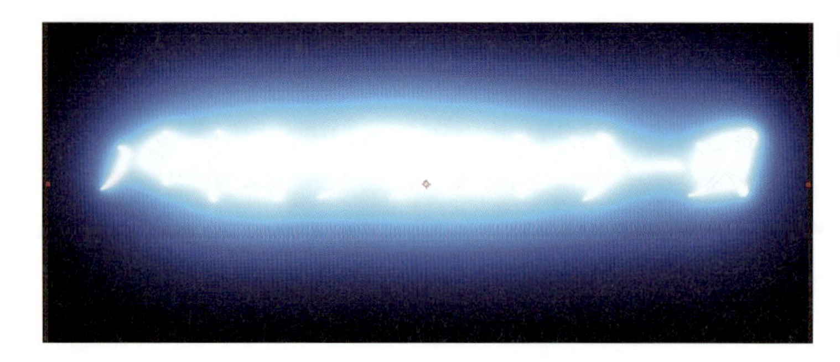

5 光を確認する

選択するといきなり光る。一瞬驚くかもしれないが、ここは慌てず操作していこう。

光をコントロールして文字を仕上げる

1 光の強弱を調整する

< Glow Intensity >の値を調整すると（ここでは< 23.0% >に設定）、光の強弱がコントロールできるので、好みに応じた光具合に仕上げる。

CHECK ライトセーバーの法則を理解する

Saber は文字やマスクのアウトライン（線）を発光させるエフェクトなので、バイオプラスシリーズの文字（白）を非表示にすると、線のみを発光させることができる。文字（白）を上に配置した場合には、中央の輝度が高い（白い）のでライトセーバーの法則によって、さらに発光した感じに見える。

❷ 光のエフェクト部分のみをアルファチャンネルとして変換する

今の状態だとブラック平面にダイレクトに適用したことになるので、通常、<描画モード>から<加算>を選択するが、< Render Setting >内の< Composite Setting >のプルダウンから< Transparent >を選ぶことで、Saber の光のエフェクト部分のみをアルファチャンネルとして変換できるようになる。

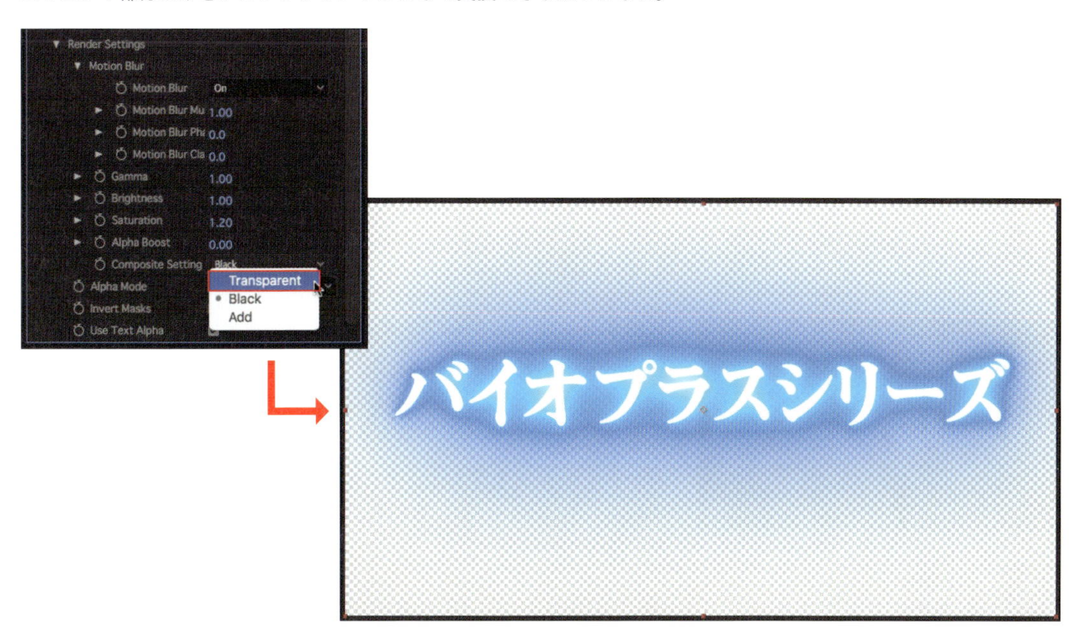

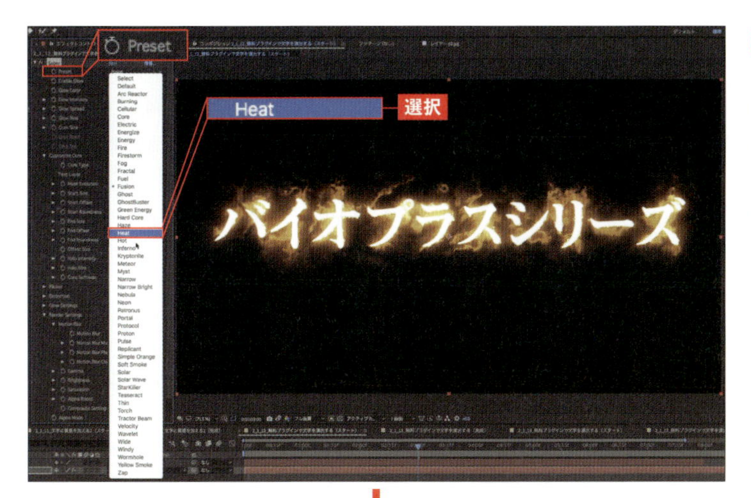

❸ さまざまなエフェクトを確認する

Preset にはさまざまな光や炎、電撃などのプリセットが用意されているので、作品に合わせて使い分けていくと表現の幅も広がる。

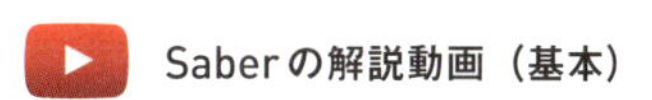

SECTION

14 炎の文字を作成する

前SECTIONで解説した無料プラグイン「Saber」を利用して、今度は炎の文字を演出してみよう。

無料プラグインで炎の文字を演出する

利用するプロジェクトファイル：「2_1_文字の演出」フォルダ→「2_1_文字.aep」ファイル
利用するコンポジション：<コンポジション（スタート）>→<2_1_13_無料プラグインで文字を演出する_炎（スタート）>

コンポジションを開くと、すでに炎で燃えさかる文字が配置されている。ここでは、炎の着色やコントラストの付け方を解説する。

Saberプラグインを使用する

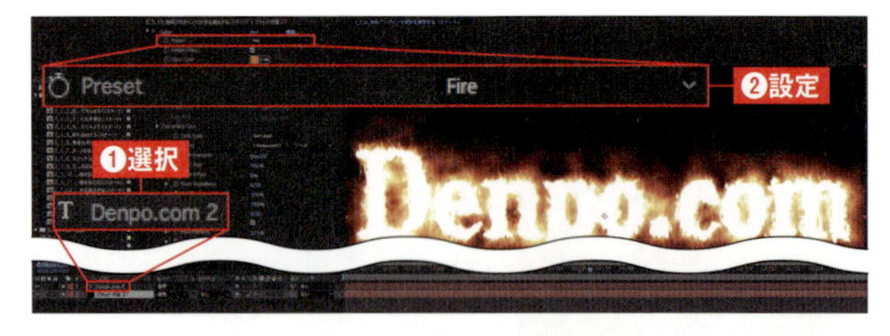

❶ <Preset>の<Fire>を適用する

<Denpo.com2>を選択すると❶、前のSECTIONで解説した<Saber>の適用と同じく、<Preset>では<Fire>が選択されている❷。図のような形になるのが確認できる。

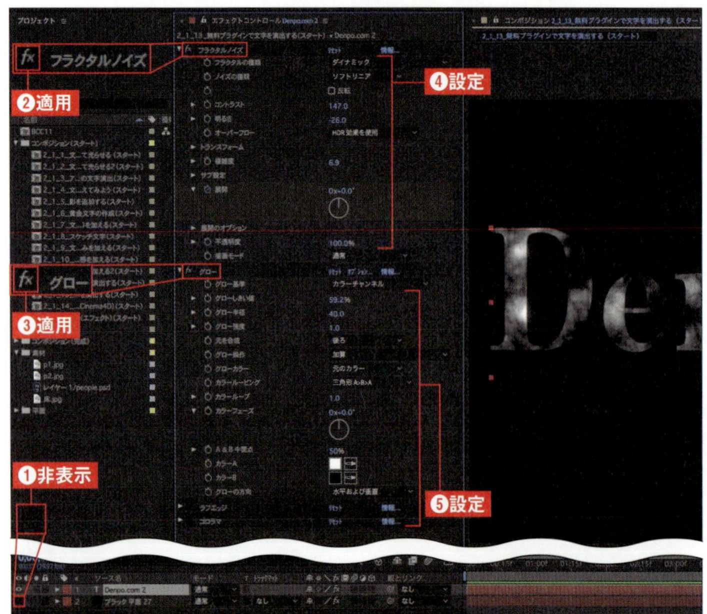

❷ 文字だけを表示して効果を加える

Saberが適用されているブラック平面を非表示にして❶、文字だけを表示させてみよう。エフェクトコントロールパネル内の<フラクタルノイズ>と<グロー>を有効にし❷❸、図や完成版の設定を参考に、<フラクタルノイズ>で文字の質感を与え❹、<グロー>で質感の調整を整える❺。

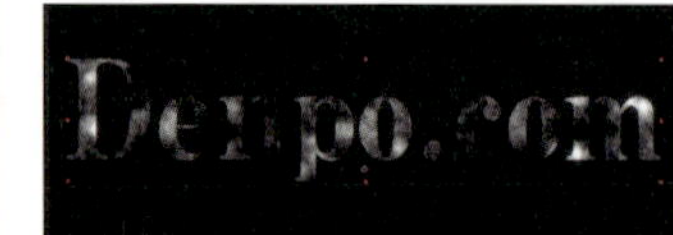

❸ 炎を着色する

同じく<エフェクトコントロールパネル内の<ラフエッジ>、<コロラマ>を適用し❶❷、それぞれ図のように設定する。具体的には、<ラフエッジ>の<エッジの種類>で<スパイキー>を選択して文字の輪郭を崩し❸、<コロラマ>では<出力サイクル>の<プリセットパレットを使用>で<火>を選択し❹、炎色の着色を行ってみた。

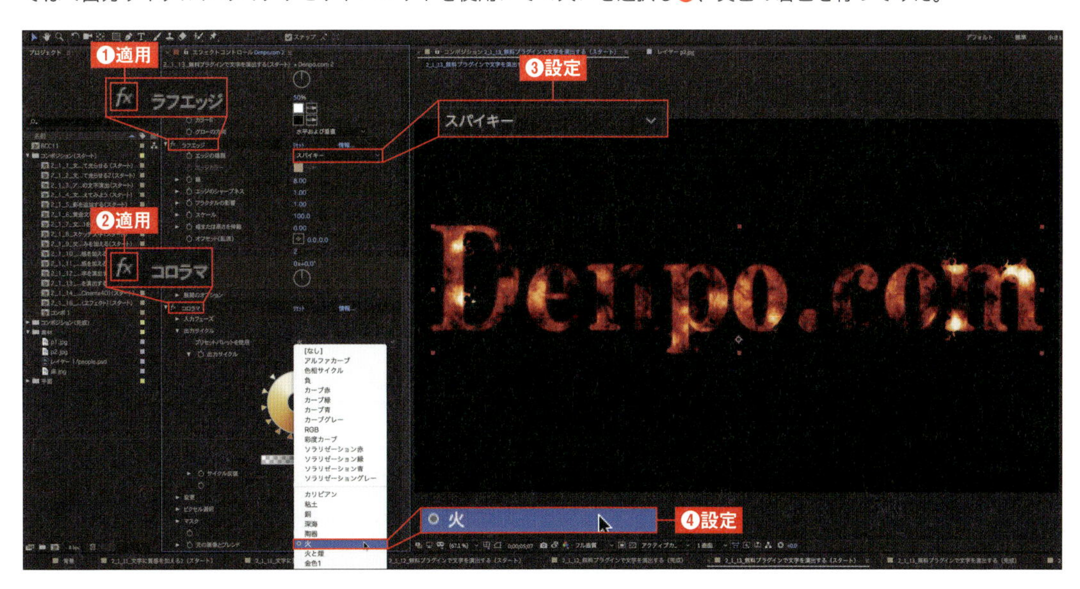

❹ ブラック平面の非表示を解除する

<ブラック平面 27 >の非表示を解除すると、図のような形になる。

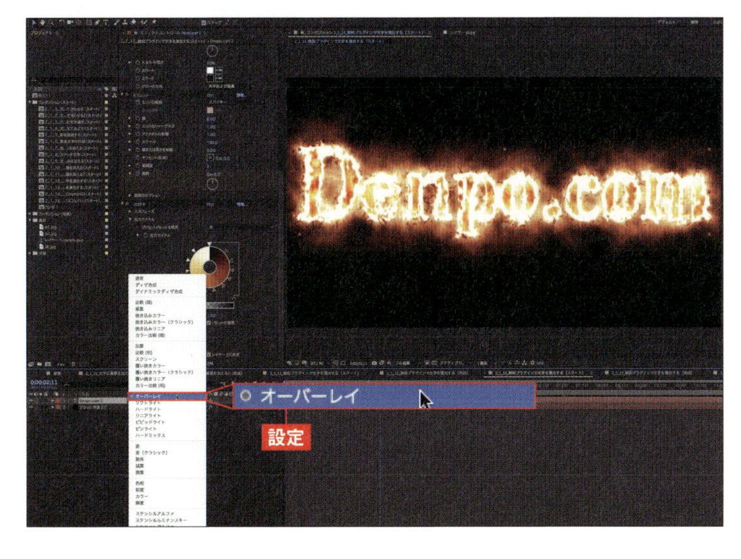

❺ 描画モードを切り替える

最後に文字レイヤーの描画モードを<オーバーレイ>に設定して、コントラストの強い部分を強調させれば完成だ。そのほかの描画モードに切り替えることでも表現が変わっていくのでぜひ試してもらいたい。

SECTION

15 素材に炎や光を加える

ここでは、素材（イメージ）やマスクに対して、炎や光を加えていく。利用するプラグインは、前 SECTION でも使った無料の Saber プラグインだ。

マスクやIllustratorデータに演出を加える

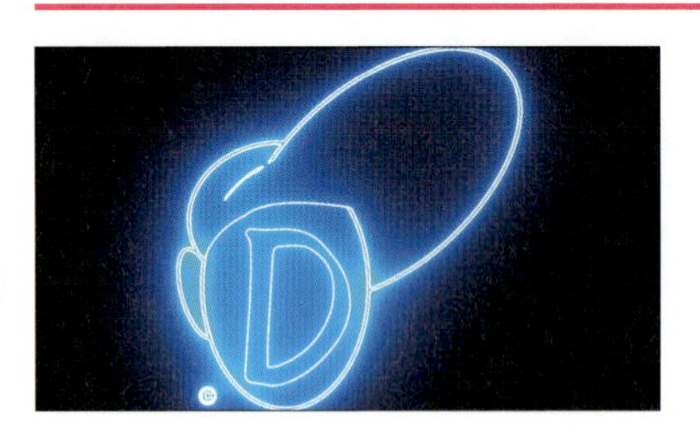

利用するプロジェクトファイル：「2_1_ 文字の演出」フォルダ→「2_1_ 文字 .aep」ファイル
利用するコンポジション：＜コンポジション（スタート）＞→＜2_1_13_ 無料プラグインでマスクの演出（スタート）＞
コンポジションを開くと、縦の光るラインが確認できる。最終的なイメージとしては、左図のような前 SECTION と同じ炎の演出だが、マスクなどを使うことでベクトルデータにも炎の演出が可能なことを知ってほしい。

シェイプを取り込んでマスクにLayer Masksを当てはめる

1 Illustratorで素材をコピーする

まずは Illustrator を起動して、作成されたベクトルデータの素材を表示する。素材は「2_1_ 文字の演出」フォルダ内の「(フッテージ)」→「素材」フォルダにある「DEN_Logo.ai」を利用する。別途 Illustrator で「DEN_Logo.ai」を開いたら、このシェイプを選択して❶、＜編集＞メニュー→＜コピー＞をクリックする❷。

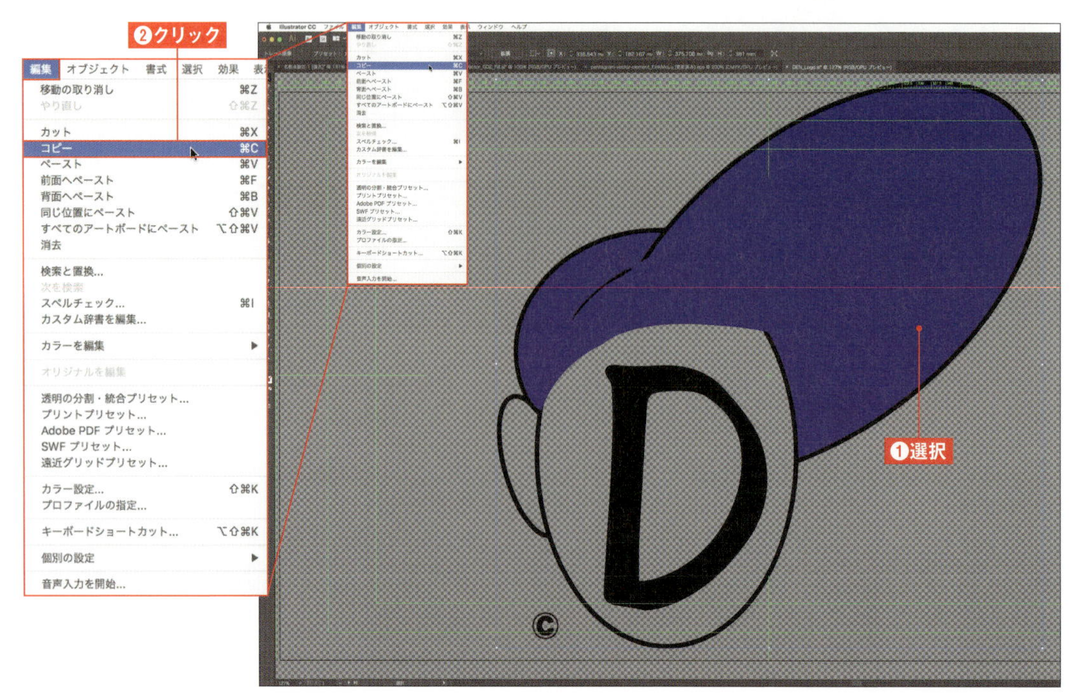

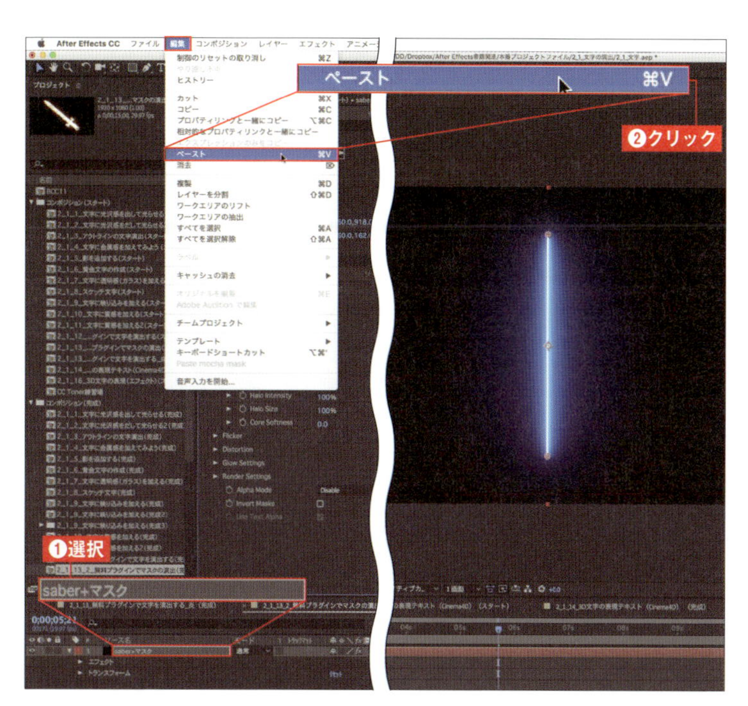

❷ 素材をペーストする

After Effectsの画面に戻り、Saberが適用されたブラック平面<saber+マスク>を選択してから❶、<編集>メニュー→<ペースト>をクリックする❷。

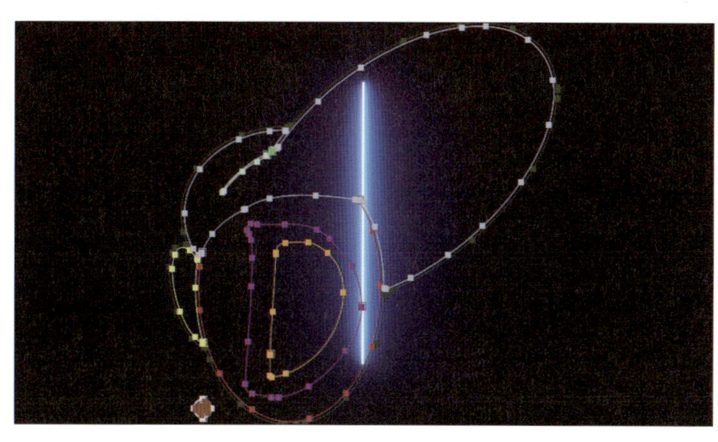

❸ マスクがペーストされる

剣のシェイプ部分がブラック平面にマスクとしてペーストされたのが確認できる。

MEMO

マスクの大きさ

マスクの大きさは、画面内に配置された<マスク>の頂点部分をクリックすることで全体が選択された状態になるので、四隅のハンドル■をドラッグして調整することができる。

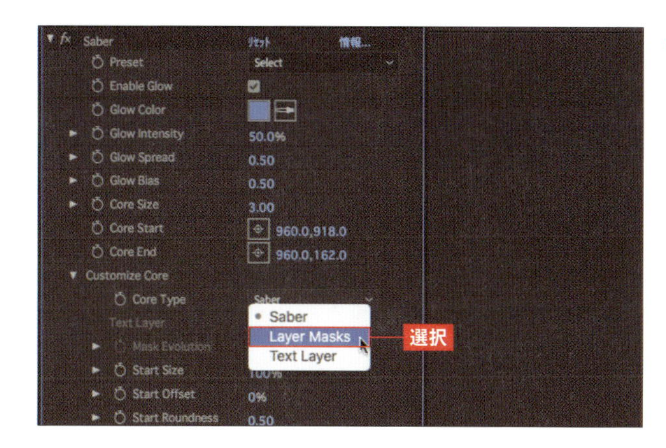

❹ マスクにSaberを適用してみる

続いて<Saber>の<Customize Core>→<Core Type>で<Layer Masks>を選択する。今までは<Text Layer>を選択してテキストを割り当てていたが、ここではマスクに割り当てる。

5 各パラメーターを調整する

Saber の各パラメーターを調整すると、図のようにマスク部分に Saber が適用されたのが確認できる。

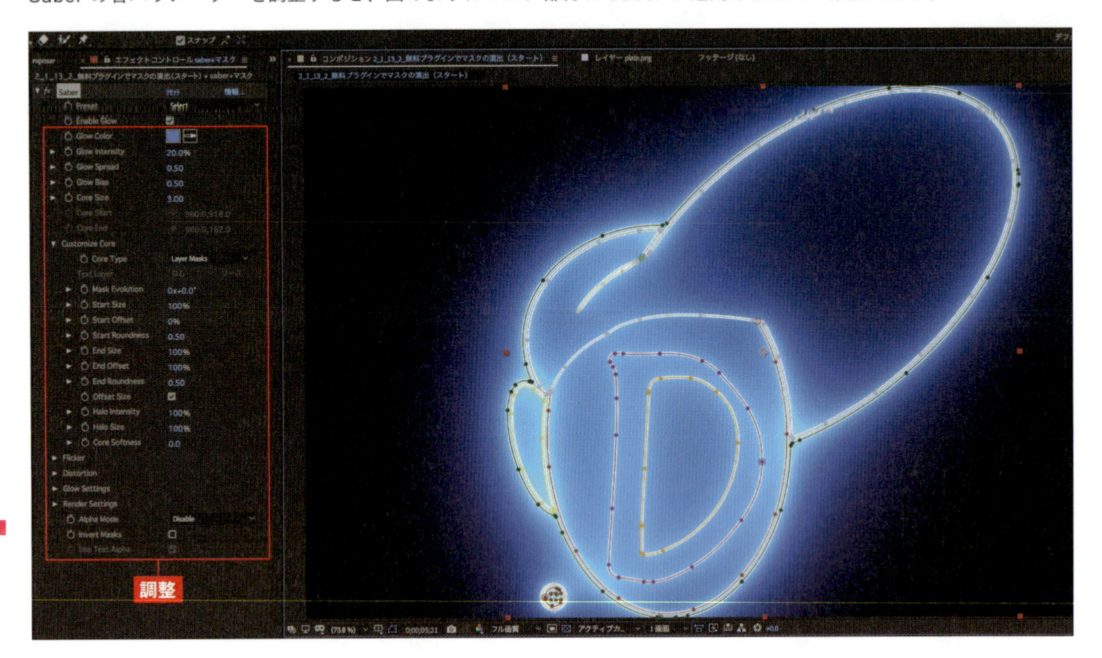

MEMO

マスクの境界を確認する

マスクの境界が見えにくいときは、<マスクとシェイプのパスを表示>をクリックしてオフにすることで、鮮明にすることができる。

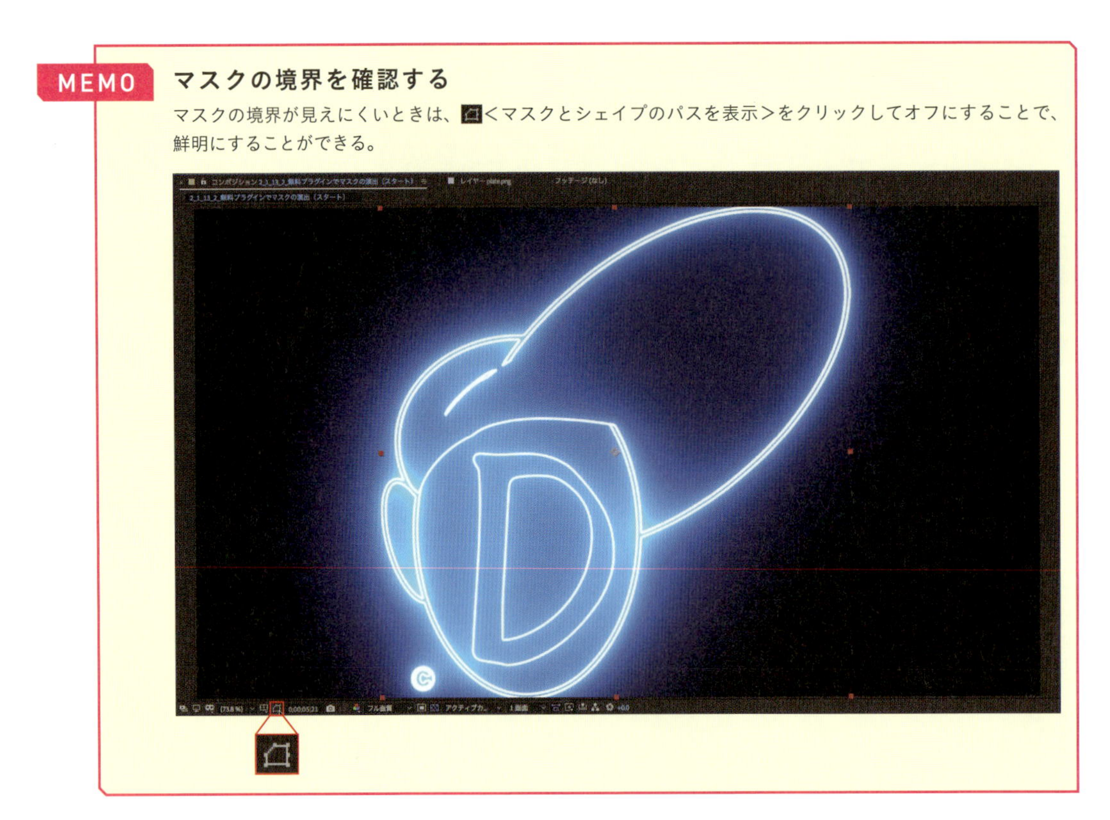

❻ さまざまな演出を楽しむ

そのほか、剣やエンブレムなどベクトルデータ形式のものであれば、なんでもSaberで演出することができる。Saberを使った応用技は下記動画を参考にしてもらいたい。

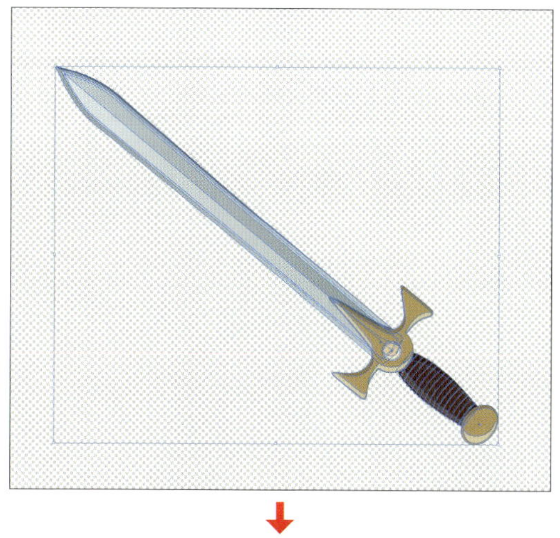

↓

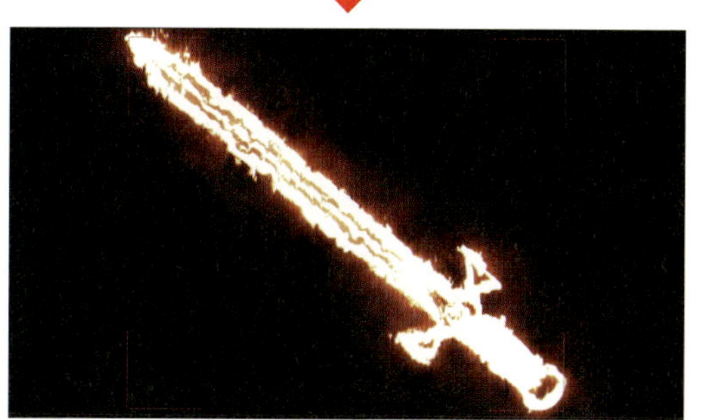

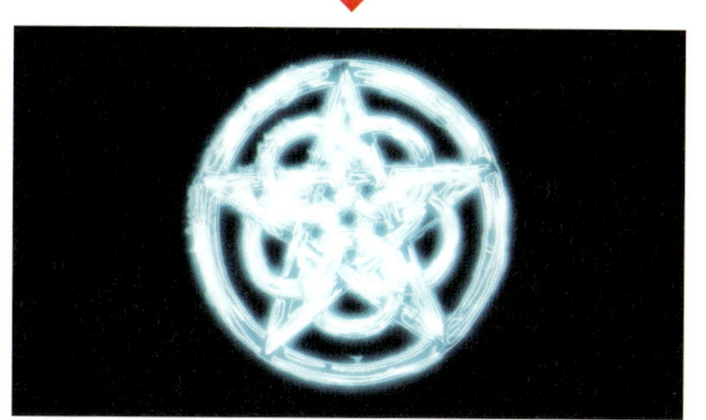

 魔法陣シールドの作り方の解説動画 

MEMO

コピーするベクトルデータを分けて配置する

剣は全体が燃えているので、これでは剣を持つことができない。そんな場合にはコピーするベクトルデータを分けて、各Saberのレイヤーに配置することで解決できる。ここでは「刃」の部分と「柄」の部分を分けて配置している。

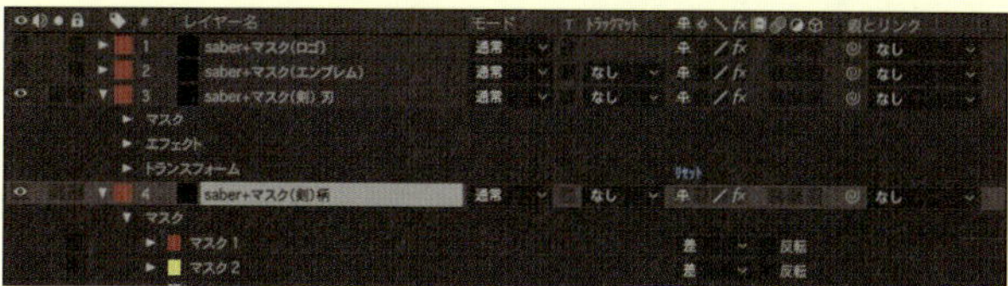

シェイプレイヤーのシェイプをSaberに適用する

❶ ベジェパスに変換する

通常のマスク以外にもシェイプレイヤーで作成された素材も光らせる方法がある。まずは、図のように<シェイプレイヤー>のパスを右クリックして❶、<ベジェパスに変換>を選択する❷。

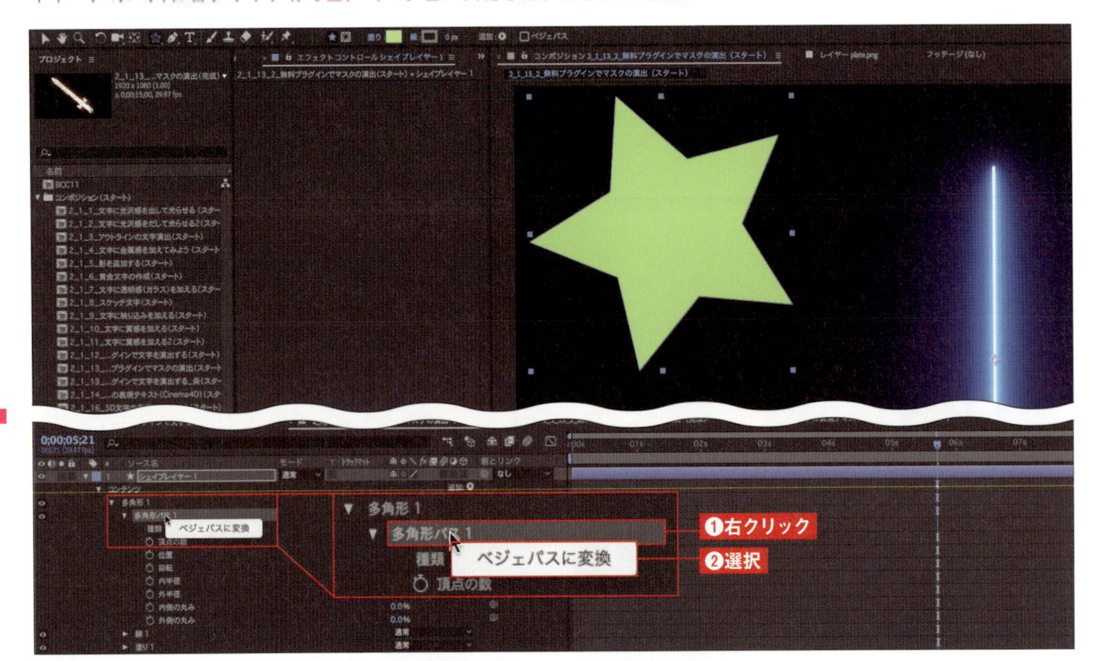

❷ パスをコピーする

パスを選択して❶、<編集>メニュー→<コピー>をクリックする❷。

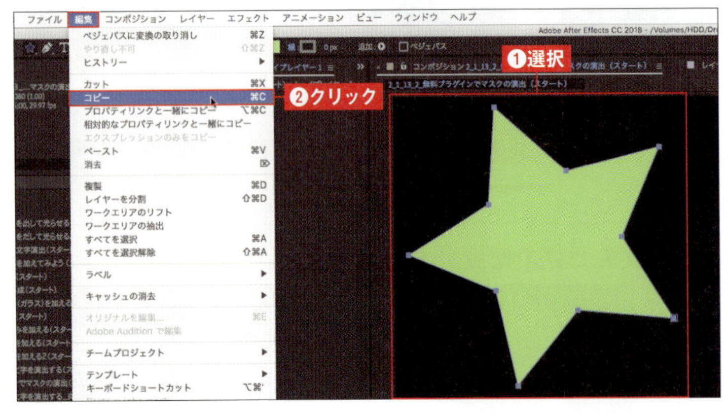

❸ 新規マスクを作成する

Saberが適用されているブラック平面< Saber+ マスク>を選択して❶、<レイヤー>メニュー→<マスク>→<新規マスク>をクリックする❷。

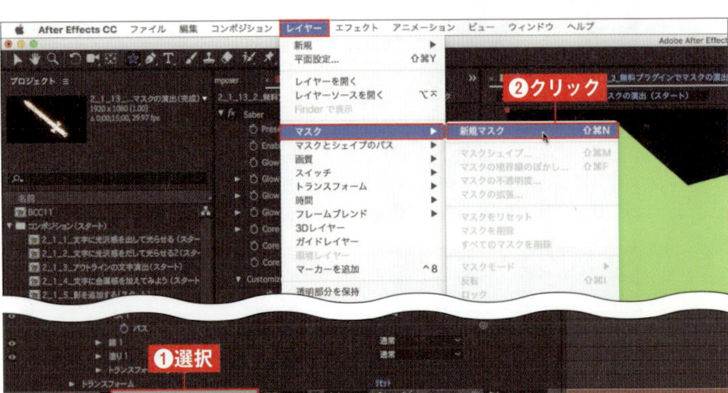

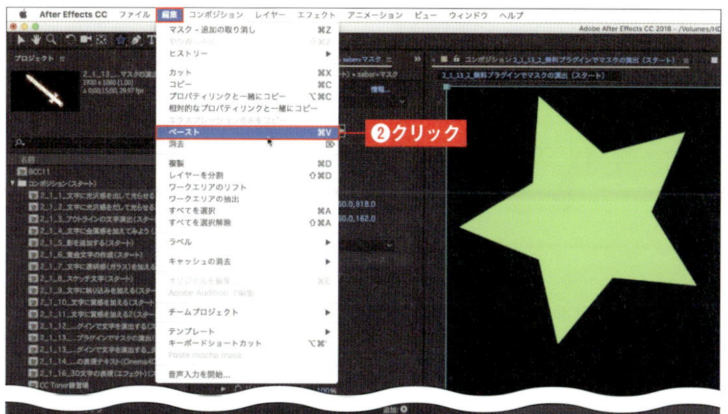

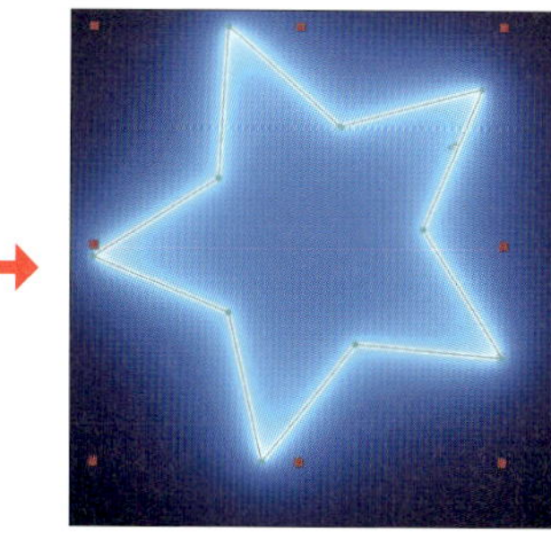

❹ マスクに変換して適用する

＜マスク1＞の＜マスクパス＞を選択して❶、＜編集＞メニュー→＜ペースト＞をクリックする❷。これでマスクに変換して適用することもできる。細かく手の込んだ作業をしたシェイプレイヤー類などは、この方法で変換可能だ。

TIPS

Adobe Capture CC でベクトルデータを作成する

ベクトルデータだが、Illsutrator で作成しなくても Adobe Capture CC（iOS 版は iTunes App Store から、Android 版は Google Play から、無料でダウンロードできる）を使用することで、写真をもとに簡単にベクトルデータを作成することができる。ここでは炎のブーメランを作成する。しかし、炎のブーメランはどうやって持つのだろうか……。装備しても燃えちゃうし……。しかも木のブーメランだし……。

◀数年前に市川さんにプレゼントで貰ったブーメラン！

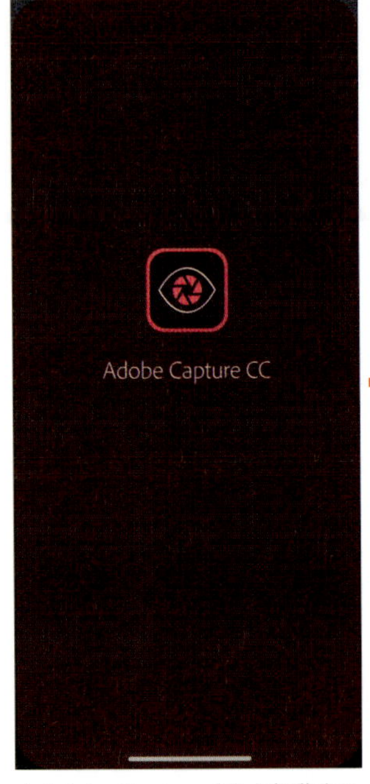

▲Adobe Capture CCを起動する

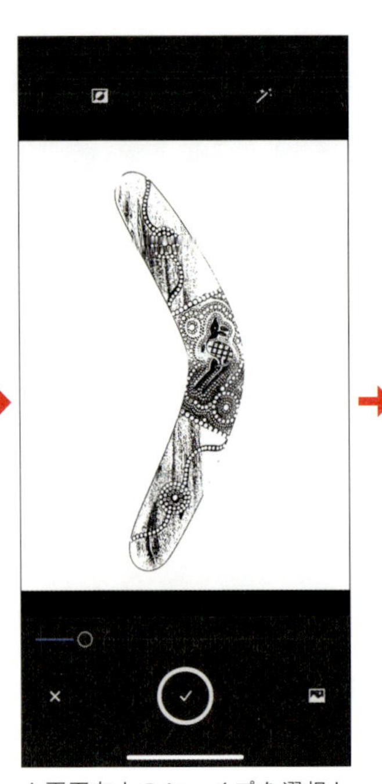

▲画面左上のシェイプを選択して、カメラロールからブーメランを選択。範囲を調整することでベクトルの境界を作り出す

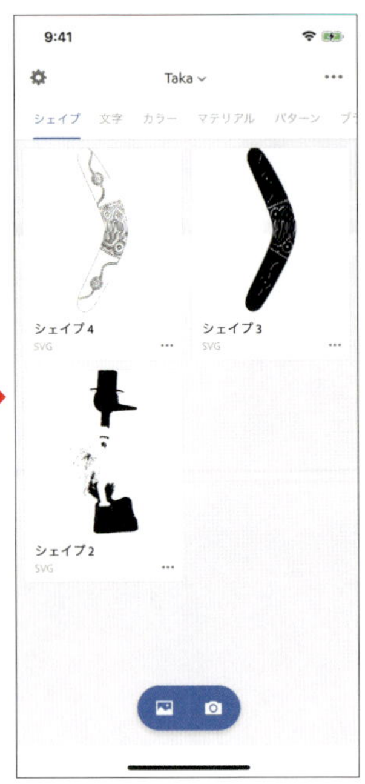

▲SVG形式のデータとしてAdobe IDとリンクしてCreative Cloudに保存される

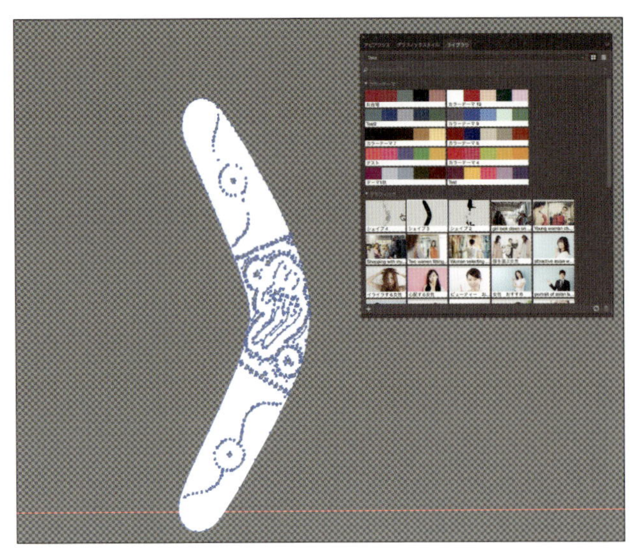

◀Illustratorのライブラリから保存されたSVG形式のデータを開き、ベクトルデータをコピーする

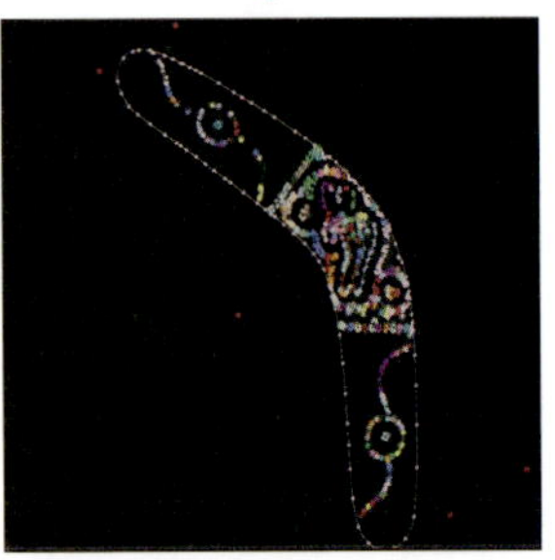

◀After Effectsのsaberが適用されたブラック平面にペーストする

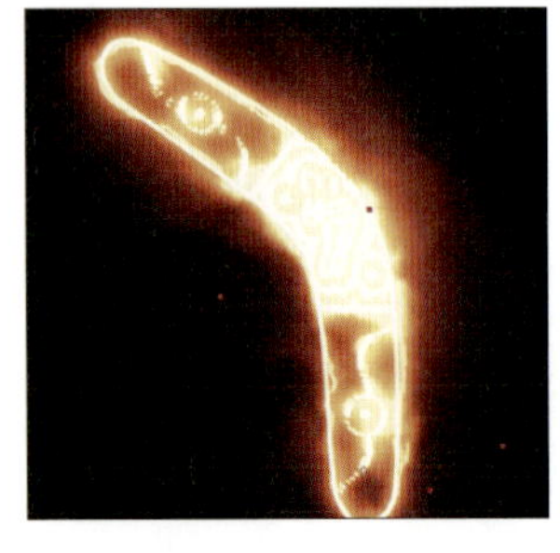

◀SaberをBurningで設定すると、究極の武器「炎のブーメラン」も簡単に作成できる

画像をマスクに変換してSaberを適用する

Saber 解説の最後は、ベクトルデータとなっていない画像をマスクに変換して Saber を適用する方法を解説していく。ここでは PSD 形式の画像を活用してみた。

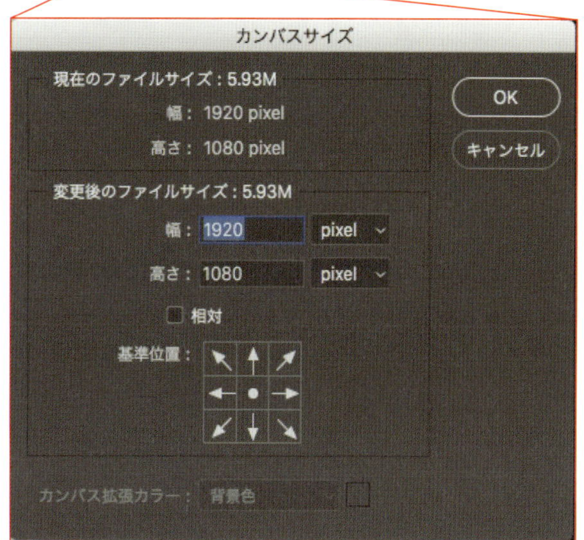

① PSD形式で画像を保存する

Photoshop で PSD 形式で作成された画像を 1920 × 1080 のカンバスに置き、PSD 形式で保存する（ここでは「logo1.psd」として保存した）。

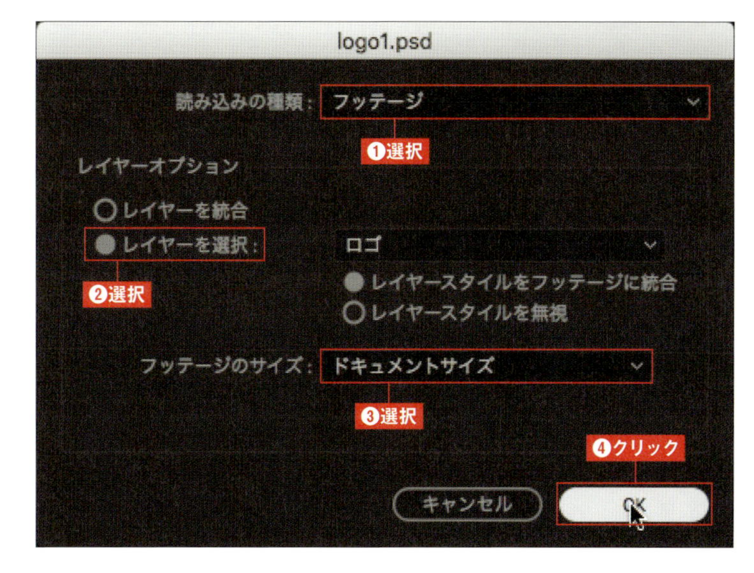

② PSD形式の画像を読み込む

After Effects の＜ファイル＞メニュー→＜読み込み＞→＜ファイル＞で PSD 形式の画像を選択する。読み込み画面では、＜読み込みの種類＞を＜フッテージ＞に選択し❶、＜レイヤーオプション＞では＜レイヤーを選択＞を選択する❷。＜フッテージのサイズ＞は、＜ドキュメントサイズ＞に設定して❸、＜ OK ＞をクリックして読み込む❹。

❸ 新規コンポジションを作成する

新規コンポジションを作成し、タイムラインから画像を選択する❶。<レイヤー>メニュー→<オートトレース>をクリックする❷。

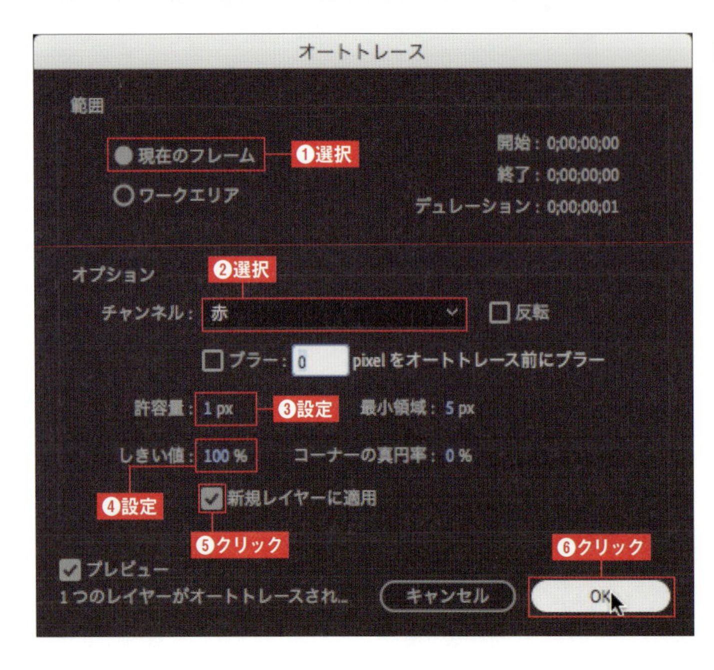

❹ オートトレースの設定を行う

ここでは静止画で動きがないため、<現在のフレーム>を選択し❶、<チャンネル>では<赤>を選択する❷。この<赤>は、適用する画像イメージの配色に合わせてチャンネルを設定する。マスクの作り出す参照ポイントが異なる点に注意してほしい。<許容量>はマスクの複雑度だ。0.1 などの設定も可能だが、複雑すぎるとかえってジャギーが発生するので< 1 >に設定する❸。続いてオートトレースを適用するピクセルチャンネルの値を設定する。このしきい値は、% にそって白と黒に分類されベジェマスクとして適用される。ここでは< 100% >に設定する❹。最後に<新規レイヤーに適用>をクリックして❺、< OK >をクリックする❻。

❺ 設定を確認する

オートトレースを適用すると、画像の上に新規レイヤーとしてオートトレースのレイヤーが作成される。レイヤーにはオートトレースで生成された 90 個以上のマスクが適用されているのが確認できるはずだ。

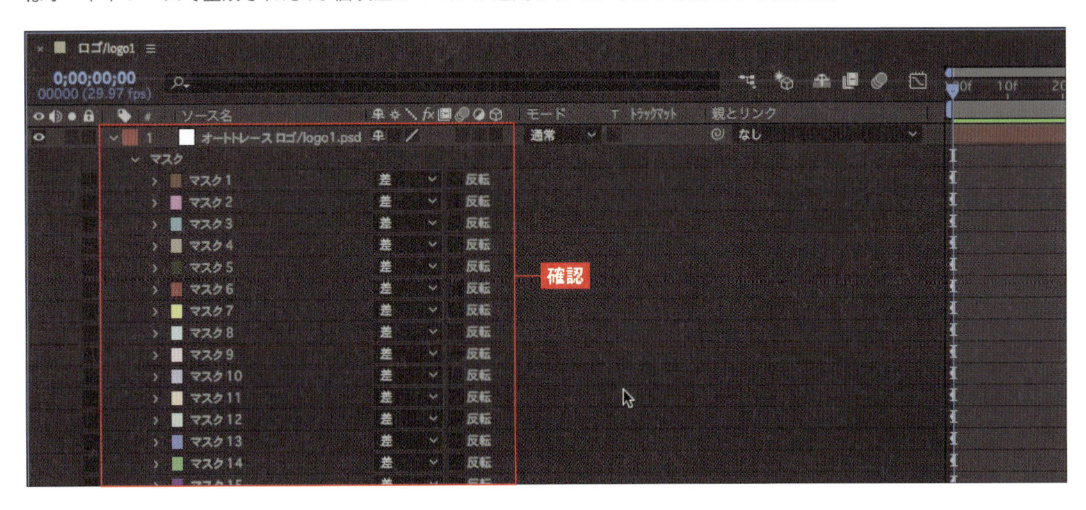

❻ ドラッグ&ドロップでSaberを適用する

マスク化した新規レイヤーにドラック & ドロップで Saber を適用してみよう。

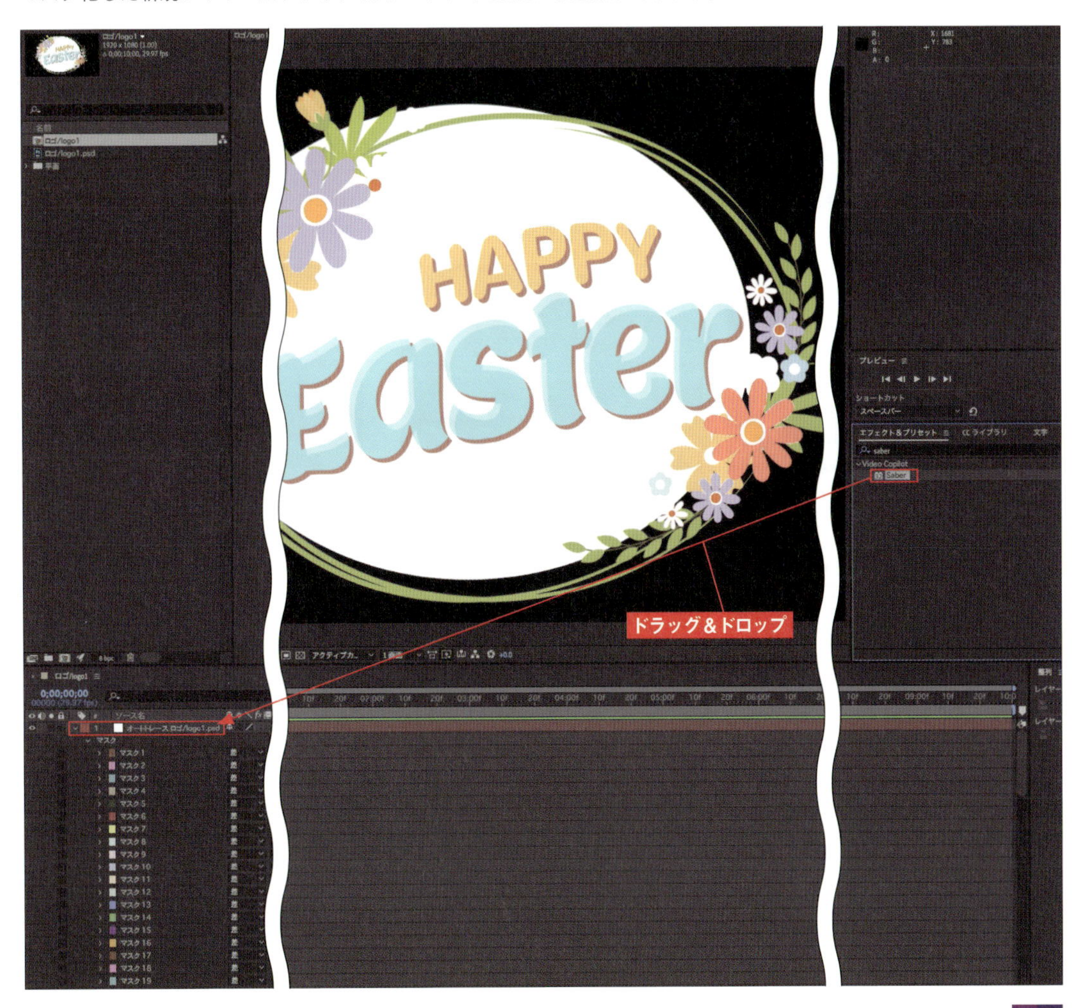

❼ マスクの設定を行う

< Customize Core >の< Core Type >から< Layer Mask >を選択し❶、< Glow Intensity >を調整することで❷、マスクとして使用することが可能だ。

MEMO

オートトレースの範囲をワークエリアに設定する

CG やイラストなどに対して、オートトレース画面の<チャンネル>から<アルファ>を選択すると、シルエットだけが浮き彫りにされる。動画の CG やイラストであれば、オートトレースの範囲をワークエリアに設定することで、シルエットのアニメーションなども簡単に作成することができる。

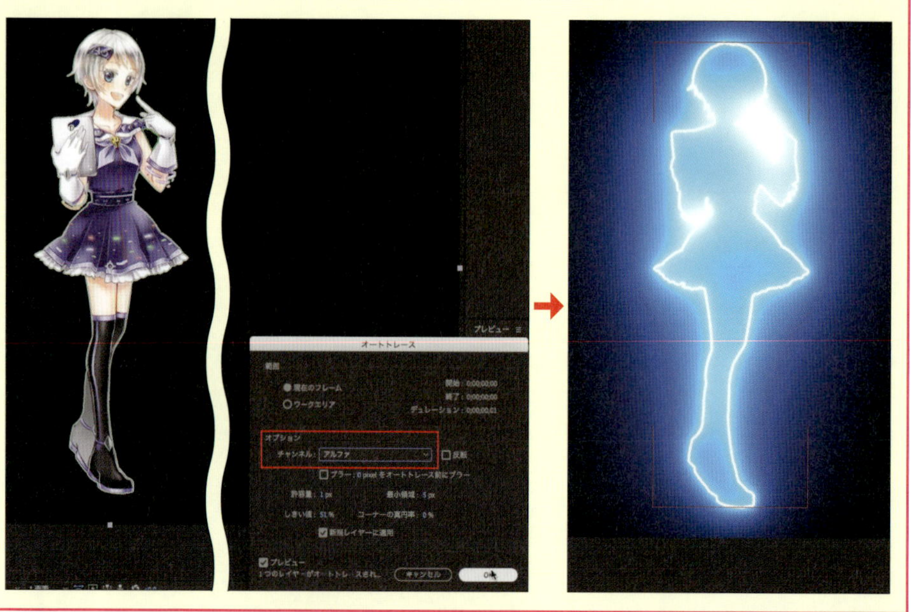

オートトレースの詳細解説動画

SECTION

16 3D文字を作成する

ここでは、エフェクトを使用して、奥行き感のある3D文字を作成する。ポイントは、カメラの設定だ。

エフェクトを使用した3D文字の演出

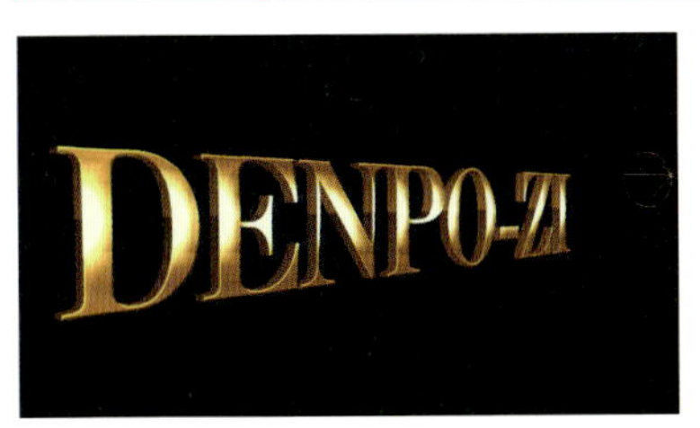

利用するプロジェクトファイル：「2_1_文字の演出」フォルダ→「2_1_文字.aep」ファイル

利用するコンポジション：＜コンポジション（スタート）＞→＜2_1_16_3D文字の表現（エフェクト）（スタート）＞

コンポジションを開くと、コンポジションの画面が2つに分かれ、それぞれ黄金文字が配置されているのが確認できる。ここでは、最終的に左図のような奥行き感のある3D文字を作成していく。

今回のエフェクトを使用した3D文字の演出は、3Dレイヤーの知識が必要となる。まだ学習されていない方は、下記リンクで3Dレイヤーの基礎を学習してから、読み進めていただきたい。

3Dレイヤーの基礎の解説と3Dカメラの解説動画

画面と素材を確認する

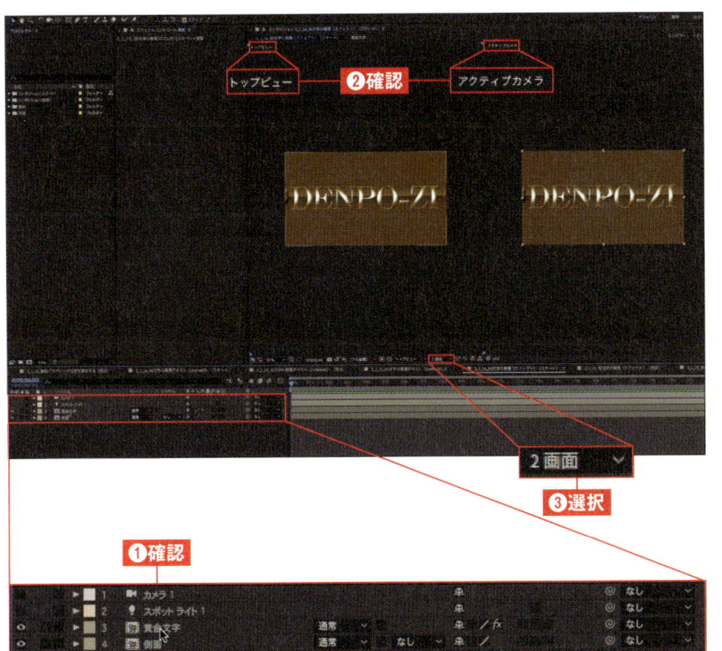

❶ 画面を確認する

＜黄金文字＞と＜側面＞の2つのネスト化された素材を中心に、＜カメラ1＞と＜スポットライト1＞が配置されているのが確認できる❶。画面は＜トップビュー＞および＜カメラビュー＞の2つの画面で設定されている❷。After Effectsでは3Dレイヤーを使用した場合には複数の画面のビューを表示することができ、＜ビューのレイアウトを選択＞のプルダウンから変更することができる❸。

MEMO **カメラの切り替え**

画面右は＜アクティブカメラ＞になっているが、これは、＜カメラビュー＞の画面をクリックして選択し（選択すると、画面の四隅に青い三角が表示される）❶、＜3D ビュー＞から＜アクティブカメラ＞を選択している❷。

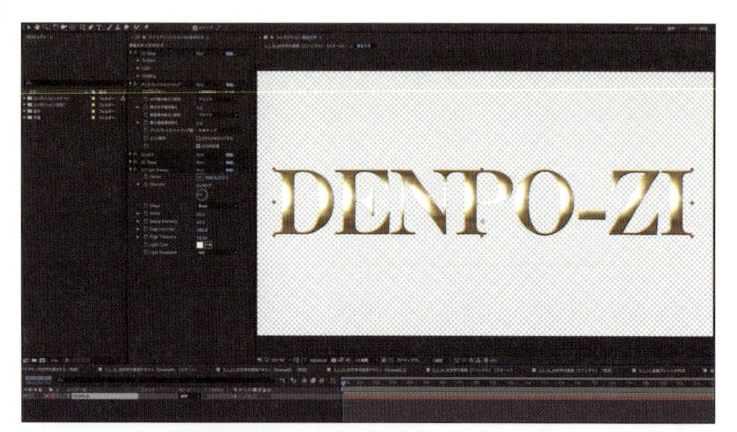

❷ 文字を確認する

ネスト化された＜黄金文字＞は、ダブルクリックして確認すると「黄金文字の作成」で作られた文字であることが確認できる。

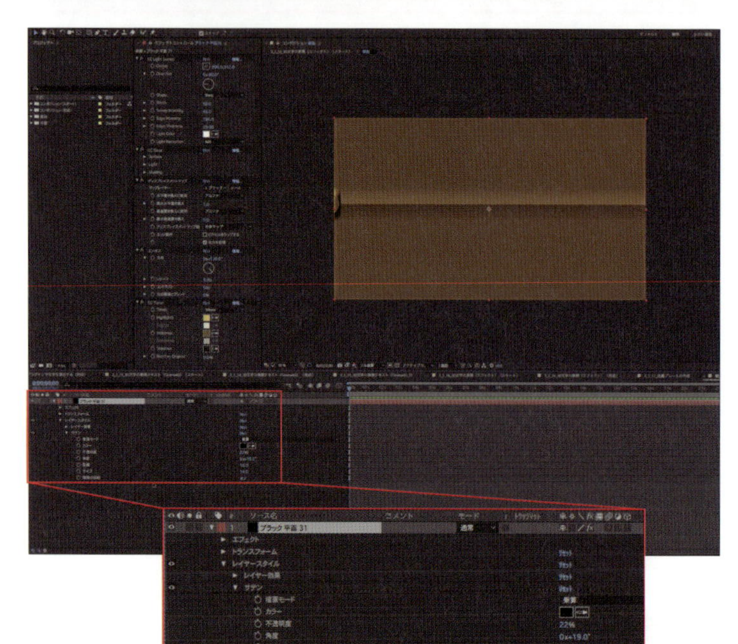

❸ 側面を確認する

ネスト化された＜側面＞を、ダブルクリックした図がこちらである。これは＜ブラック平面 32 ＞の新規平面を作り、黄金文字で使用されたエフェクトをそのままコピー＆ペーストして作成した。

カメラの設定を行って文字に演出を施す

① カメラ位置を確認する

<側面>の素材を非表示にして❶、<カメラ 1>を表示し❷、<カメラ 1>を選択して❸、位置を確認してみよう❹。通常のデフォルトでは正面になるが、解説がわかりやすいように、ここではあらかじめ図のように斜め前のカメラ位置に設定している。

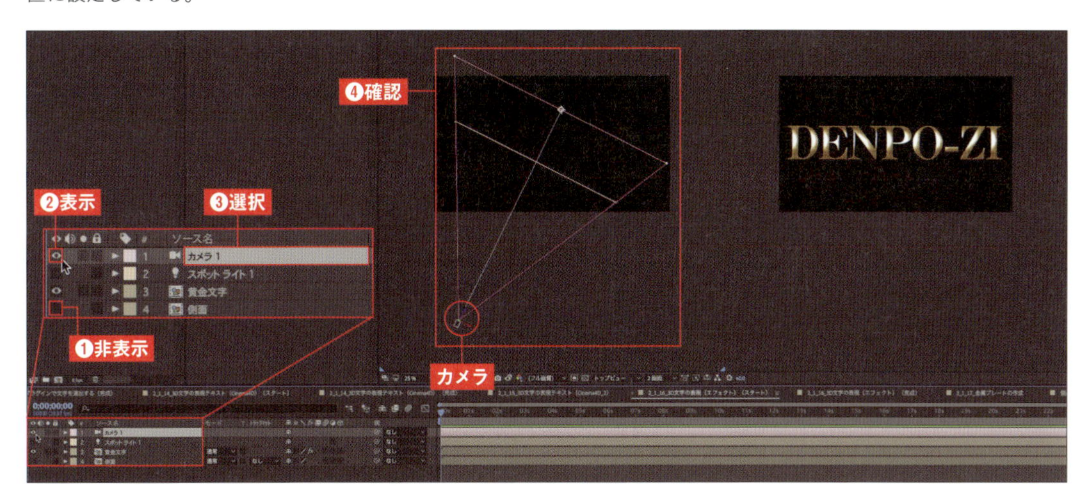

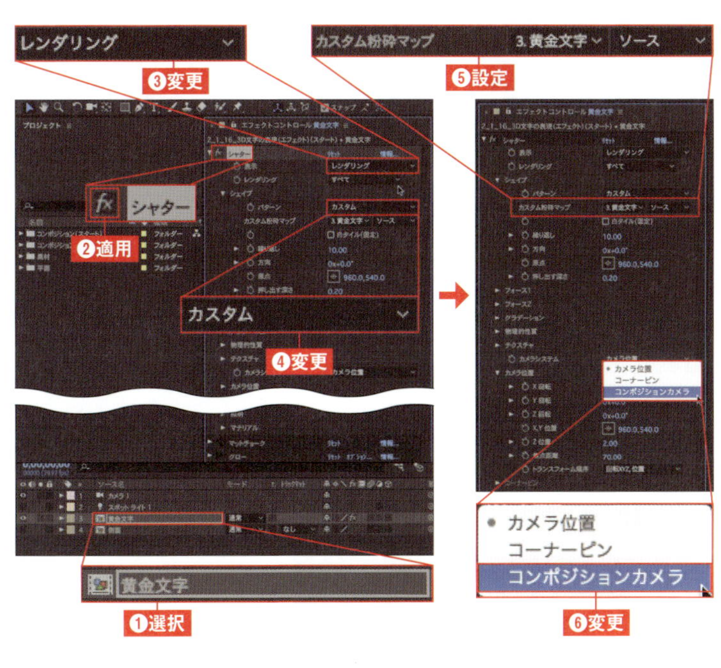

② カメラを利用できるようにする

<黄金文字>を選択し❶、エフェクトコントロールパネルの<シャター>を適用する❷。続けて、<表示>の<ワイヤーフレーム + フォース>を<レンダリング>に変更して❸、<シェイプ>の<パターン>を<カスタム>に変更し❹、<カスタム粉砕マップ>で<3. 黄金文字>を選択する❺。最後に<テクスチャ>の下にある<カメラシステム>を<コンポジションカメラ>に設定する❻。これでタイムラインに配置されたカメラを活かすことができる。

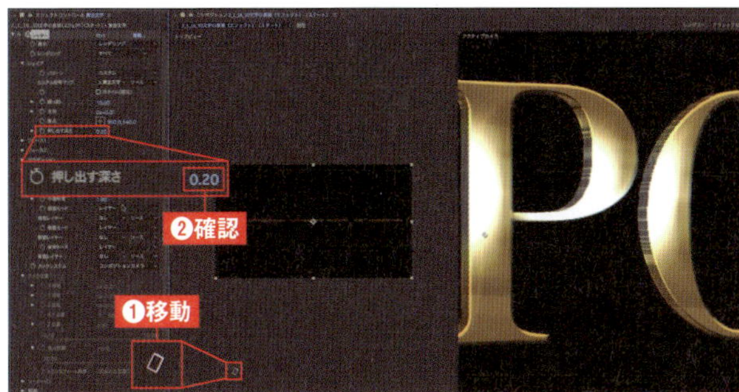

③ 文字の厚みを確認する

カメラを近づけて（ドラッグ）みると確認できるが❶、文字に厚みが出たのがおわかりいただけただろうか。これは<シェイプ>の<押し出す深さ>が影響しており、デフォルトでは<0.20>となっているためだ❷。この値が厚みとなって適用されたことを指す。ただこの状態だと側面の模様がおかしくなっているので、修正していこう。

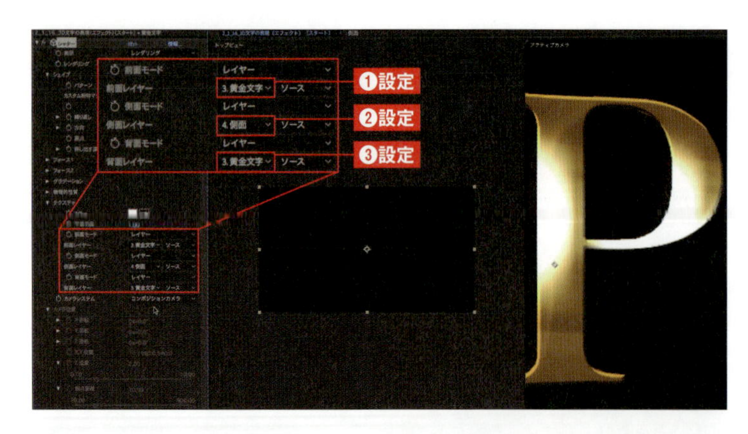

❹ 側面の模様を整える

＜テクスチャ＞の＜前面レイヤー＞を＜黄金文字＞に❶、＜側面レイヤー＞を＜側面＞に❷、＜背面レイヤー＞を＜黄金文字＞に❸設定する。設定が完了すると、テクスチャーとして割り当てられた奥行きのある側面が薄らと見えてくるはずだ。この側面は、最初に確認した黄金文字の側面が割り当てられているのだ。

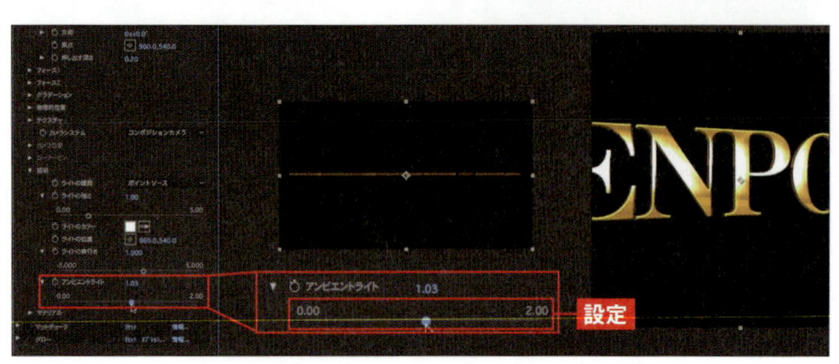

❺ 奥行に鮮明さを出す

続いて＜照明＞の＜アンビエントライト＞の値を上げていく。鮮明でなかった奥行きが見えてくるのが確認できる。

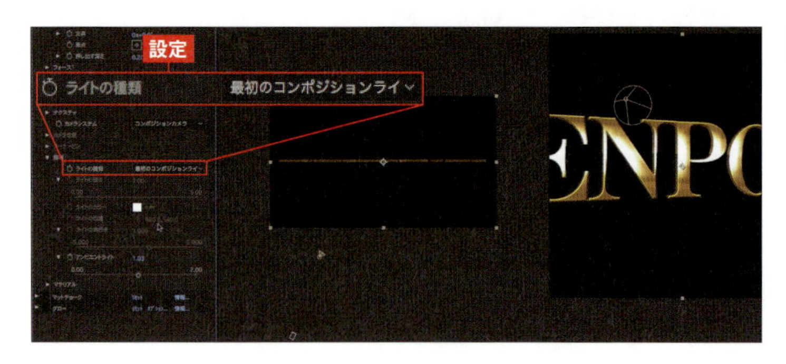

❻ タイムラインパネルに配置されたライトを表示させる

＜ライトの種類＞を＜最初のコンポジションライト＞に設定する。これで、事前に配置されたスポットライトの光源を使用することができる。タイムライン内のこのライトを使用することで、自由な光源の陰影が演出できる。

❼ 文字の厚みを変更する

画面は＜1画面＞に切り替えたところだが❶、＜シェイプ＞の＜押し出す深さ＞を調整することで、文字の厚みを自由に設定することが可能だ❷。＜マットチョーク＞と＜グロー＞は、好みに合わせて適用しよう。統合カメラツールで自由にカメラ位置を動かすことができるので❸、モーションを加えて3D空間を演出することができる。

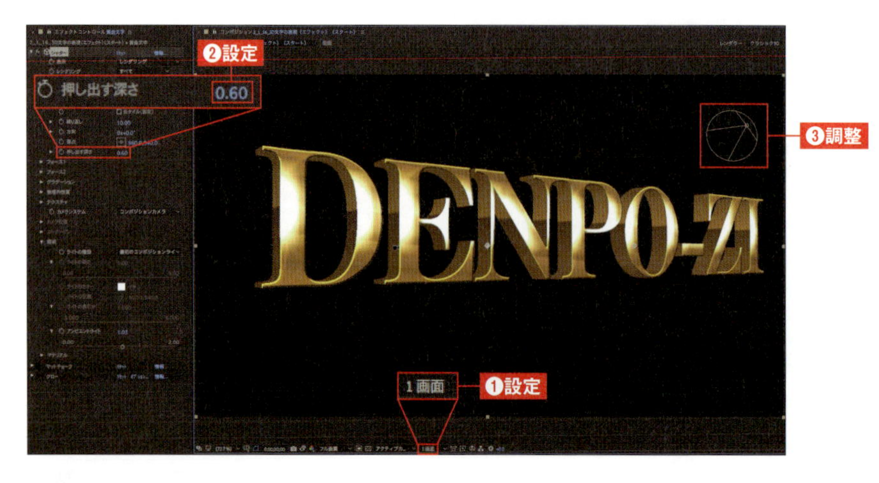

SECTION

17 金属プレートを作成する

文字以外に各種エフェクトを適用してプレートを作成してみよう。文字の演出の最後は、「コピー & ペースト」で作成するプレートについて補足していく。

金属プレートを簡単に作る方法

利用するプロジェクトファイル：「2_1_ 文字の演出」フォルダ→「2_1_ 文字 .aep」ファイル

利用するコンポジション：<コンポジション（完成）>→< 2_1_17_ 金属プレートの作成>

ここでは、左図のような金属プレートを仕上げられるようになるポイントを解説していく。

エフェクトなどを流用して効果を施す

CHAPTER 1 で作成したプレート／ボタンをベースに、<ガラス><木目プレート>の文字レイヤーと、イラストイメージ< DENPO-ZI_logo/DENPO-ZI logo_2.psd >が配置されているが、これらはこの CHAPTER 2-1 で解説した文字レイヤーのレイヤースタイルやエフェクトなどを、同じようにシェイプレイヤーやイラストイメージにも当てはめて作成したものだ。たとえば< 2_1_7_ 文字に透明感（ガラス）を加える（完成）>内のテキストにあてたエフェクトをコピーして、シェイプレイヤーでのプレートに割り当ててみよう。すると、CHAPTER 1 で解説したボタンがガラスのボタンに変化する。

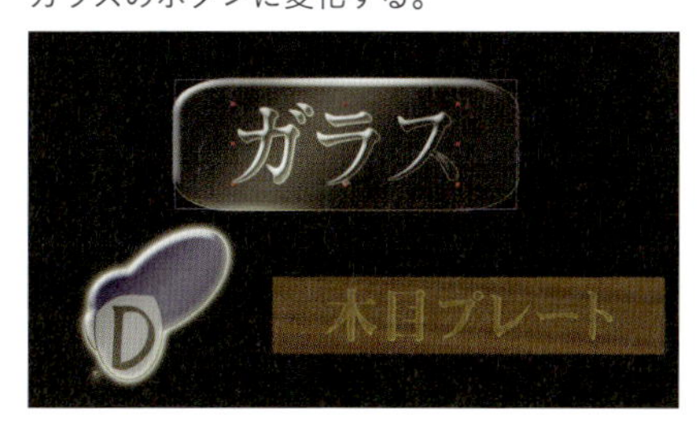

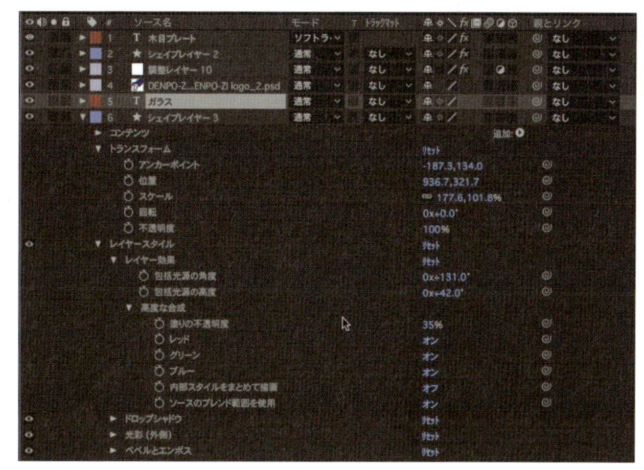

> **MEMO 質感のブレンド方法**
>
> 文字以外にも、シェイプレイヤー、イラストイメージなどにもエフェクトを適用することで、さまざまなテイストにスイッチすることができる。ぜひ「コピー & ペースト」して、お気に入りの質感をブレンドしてみてはいかがだろうか。

SECTION

18 奥行き感のある3D文字を作成する

ここでは、Cinema4D レンダラーを使用して奥行き感のある 3D 文字を作成する。また、興味のある方は、有料プラグインの ELEMENT3D を購入してほしい。

Cinema4Dレンダリングと3D描写

利用するプロジェクトファイル：「2_1_ 文字の演出」フォルダ→「2_1_ 文字 .aep」ファイル
利用するコンポジション：<コンポジション（スタート）>→< 2_1_14_3D 文字の表現テキスト（Cinema4D）（スタート）>
ここでは、最終的に左図のような奥行き感のある 3D 文字を作成していく。

Cinema4Dレンダラーを利用する

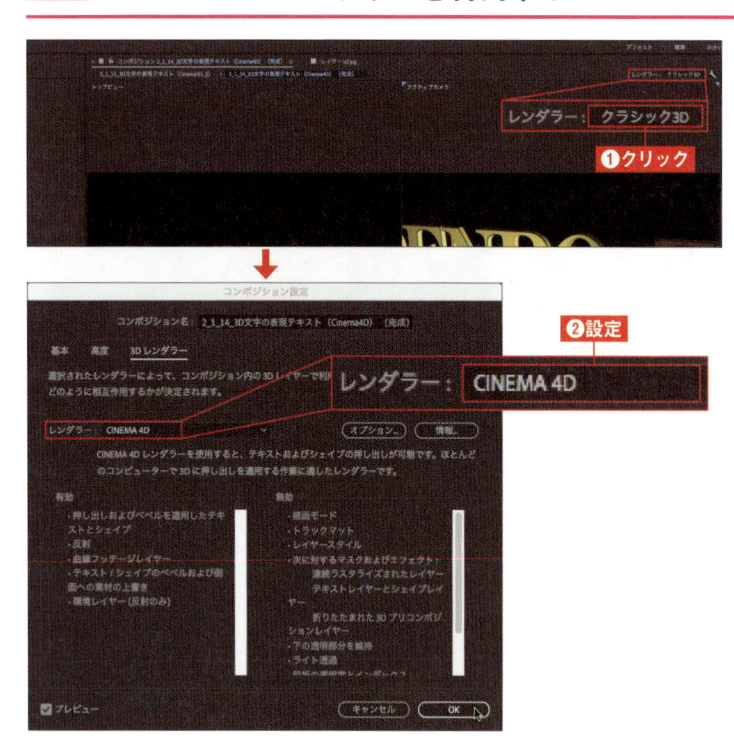

P.189 では、エフェクトのシャターを使用して疑似 3D 空間作りを演出してみたが、利用するビデオカードの影響でレンダリング時間などがかさんでしまい、パフォーマンスよく 3D が表現できないケースも少なくない。そのため、通常こうした 3D 表現では「Cinema4D」レンダラーを使用して作成するケースが多い。「Cinema4D」レンダラーを使用するには、<レンダラー>の<クラシック 3D >をクリックし❶、コンポジション設定画面の<レンダラー>を< CINEMA 4D >に設定する❷。

この Cinema4D レンダラー利用の解説については、動画のチュートリアルを用意したので、マシンパフォーマンスを確認する上でぜひ下記動画をチェックしてもらいたい。

 Cinema4D レンダラーの解説動画 

CHAPTER 2 ソーシャル動画の演出

ELEMENT3Dプラグインを利用する

3D 空間での演出におすすめするのは、Cinema4D 以外では、AE 上級者の中では定番となっている「ELEMENT3D」というプラグインだ。ELEMENT3D は、以下の URL から入手することができる。

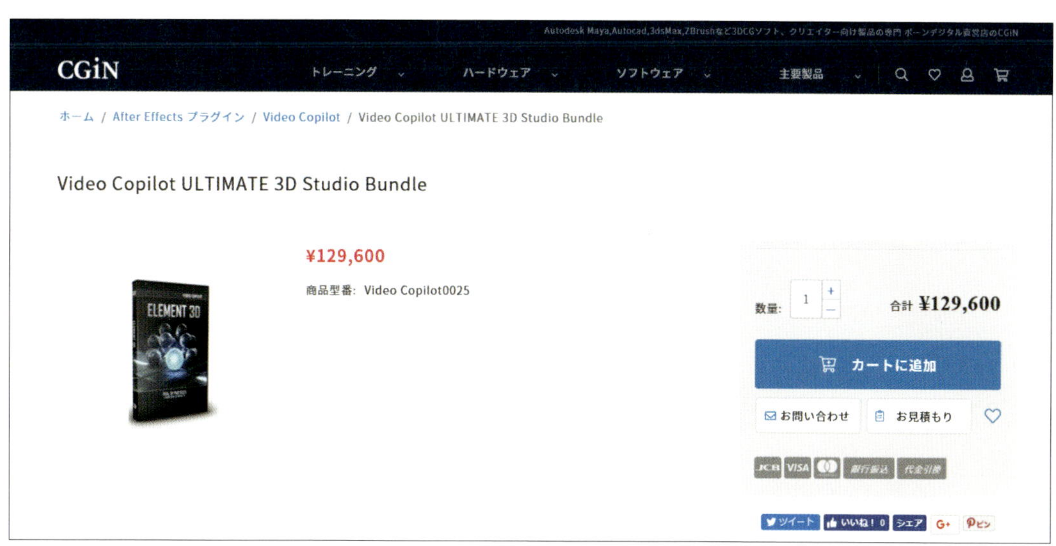

▲ Element3D の購入情報 URL：https://cgin.jp/index.php?dispatch=products.view&product_id=12554（ボーンデジタル直営の CGiN サイト）

2-2

モーション&エクスプレッション

最近のソーシャル動画では、軽快に動いていくアニメーションが多く取り入れられている。これらは総じてモーションと呼ばれるが、このモーションはさまざまな機能を利用することで実現されている。文字やビジュアルにモーションを施すと言っても、突然出現したり、フワフワと浮遊したり、さらにはタイミングよく切り替わったりなど、その演出は多岐にわたる。そのため、複数の機能を駆使する必要があるが、これらのテクニックを身に付ければ、劇的な動画表現も可能になる。

SECTION

01 モーションにおける さまざまな演出表現

モーションは文字やグラフをキーフレーム、エフェクト、エクスプレッションなどを使用して動かしていく表現だ。ここでは、モーションについて解説する。

CHAPTER 2-2で扱うモーションの演出

モーションの活用方法をマスターする前に、CHAPTER 2-2 で扱うモーションの演出についてイメージしておこう。ここでは、次のような演出をマスターすることができる。

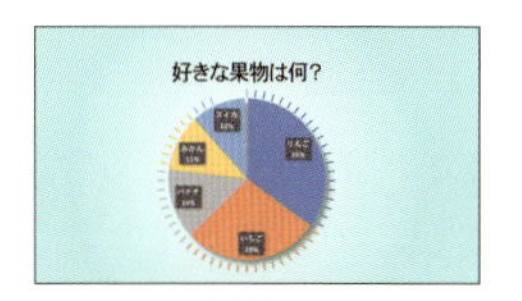

▲ P.196 参照

▲ P.200 参照

▲ P.205 参照

▲ P.209 参照

▲ P.211 参照

▲ P.215 参照

▲ P.218 参照

▲ P.222 参照

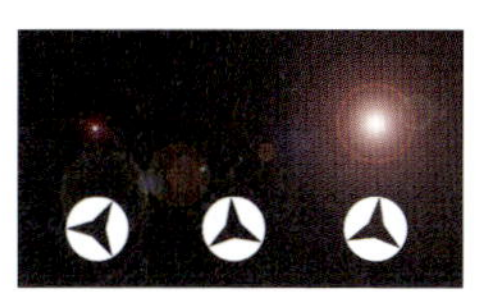
▲ P.225 参照

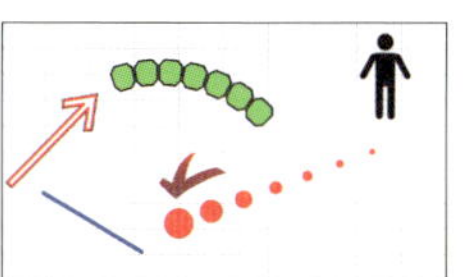
▲ P.230 参照

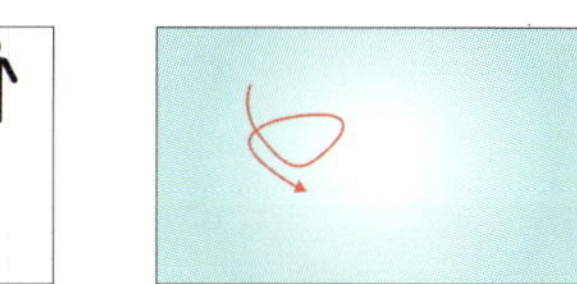
▲ P.234 参照

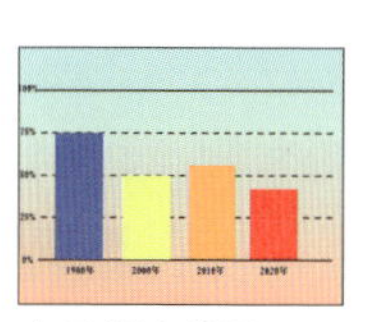
▲ P.236 参照

▲ P.242 参照

▲ P.245 参照

▲ P.250 参照

▲ P.256 参照

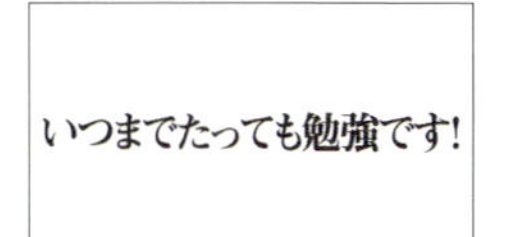

▲ P.259 参照

▲ P.261 参照

▲ P.267 参照

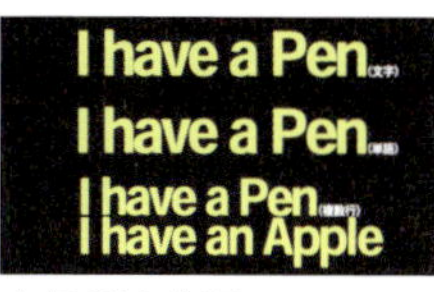

▲ P.271 参照

▲ P.275 参照

▲ P.279 / 282 参照

▲ P.287 参照

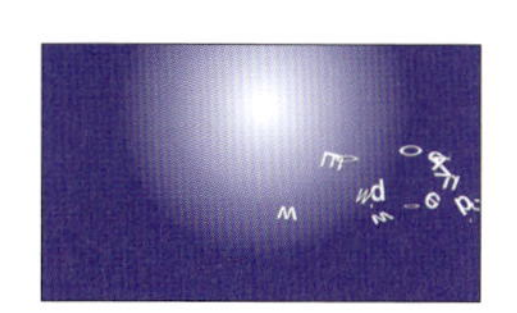
▲ P.288 参照

SECTION

02 文字とグラフをワイプする

ここでは、「ワイプ」というジャンルの場面転換（トランジション）のエフェクトを使って、文字やグラフに動きを付けてみよう。

動きのある文字とグラフを作成する

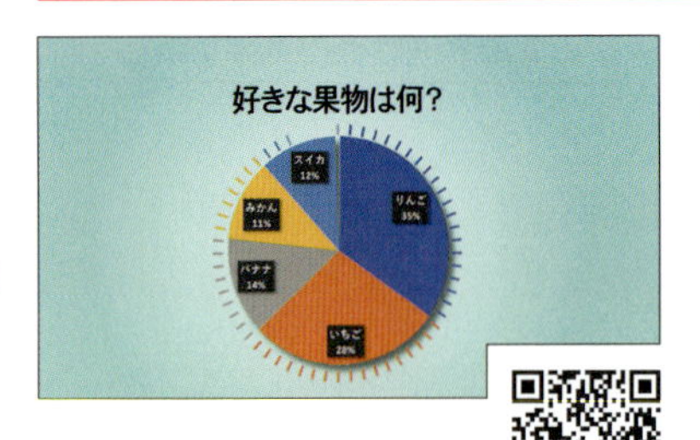

完成動画

利用するプロジェクトファイル：「2_2_ モーション」フォルダ→「2_2_ モーション .aep」ファイル

利用するコンポジション：＜コンポジション（スタート）＞→＜2_2_1_ 文字やグラフの出し方（スタート）＞

コンポジションを開くと、エクセルで出力されたグラフと文字、点線のシェイプレイヤー、背景が配置されているのが確認できる。ここでは、最終的に図のような演出を文字とグラフに施していく。

文字を左から流れるように表示させていく

1 リニアワイプを設定する

タイムラインパネルから＜好きな果物は何？＞のテキストレイヤーを選択して❶、エフェクトコントロールパネルの＜リニアワイプ＞を適用したら❷、＜ワイプ角度＞を＜ 0x-90° ＞に設定する❸。このワイプ角度の -90 は画面左から開始されるワイプの角度を指す。

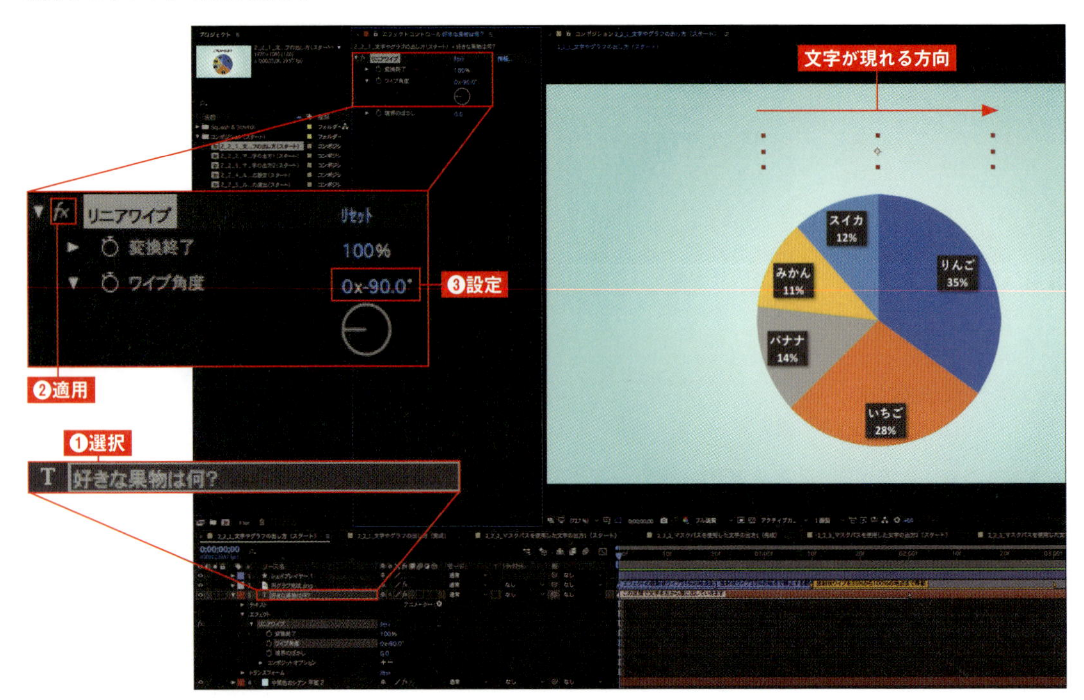

MEMO

リニアワイプとは

リニアワイプは「ワイプ」というジャンルの場面転換（トランジション）のエフェクトで、ちょうど「車のワイパー」や「高層ビルの窓ガラス拭き」のようなイメージで、決めた方向でレイヤーをワイプ（消す）していく機能だ。ここでは、ワイプ角度を「-90」に設定した。これは「画面の水平位置 90 度でワイプを行ってください」という意味だ。縦長の文字であれば 0 度、180 度などが選択される。「-」マイナスは、ワイプされる進行方向を指している。

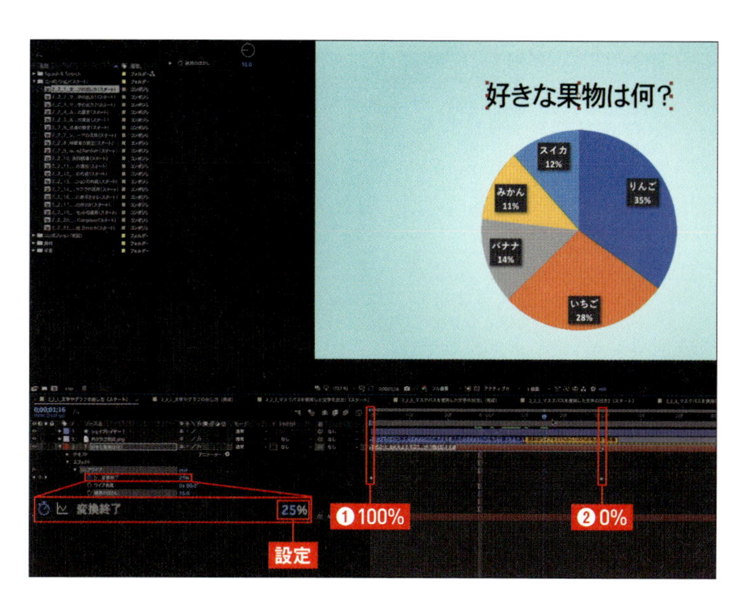

❷ ワイプをキーフレームで操作する

タイムラインパネルのリニアワイプを適用した文字レイヤーの項目から＜変換終了＞の数値を調整してみてもらいたい。調整すると文字が次第に現れるような効果が確認できるはずだ。この部分にキーフレームを適用して時間に沿って消えていく調整をしていこう。タイムラインの 0 秒地点＜ 00:00f ＞で＜変換終了＞を＜ 100% ＞❶。2 秒地点＜ 02:00f ＞で＜ 0% ＞に設定すると❷、文字が次第に現れる。逆に＜ 0% ＞と＜ 100% ＞の数値を入れ替えると文字が消えていく効果となる。キーフレームが設定できたらタイムラインを移動させて確認をしてもらいたい。

円グラフをワイプする

❶ 放射状ワイプを使用する

円グラフではリニアワイプと違い放射状ワイプを使用する。このワイプはちょうど時計の針のように回転するワイプ効果となる。タイムラインから＜円グラフ完成 .png ＞を選択して❶、エフェクトコントロールパネルの放射状ワイプを適用する❷。＜ワイプの中心＞のをクリックして❸、グラフの中心部分に合わせてクリックし❹、＜ワイプ＞を＜反時計回り＞に設定する❺。

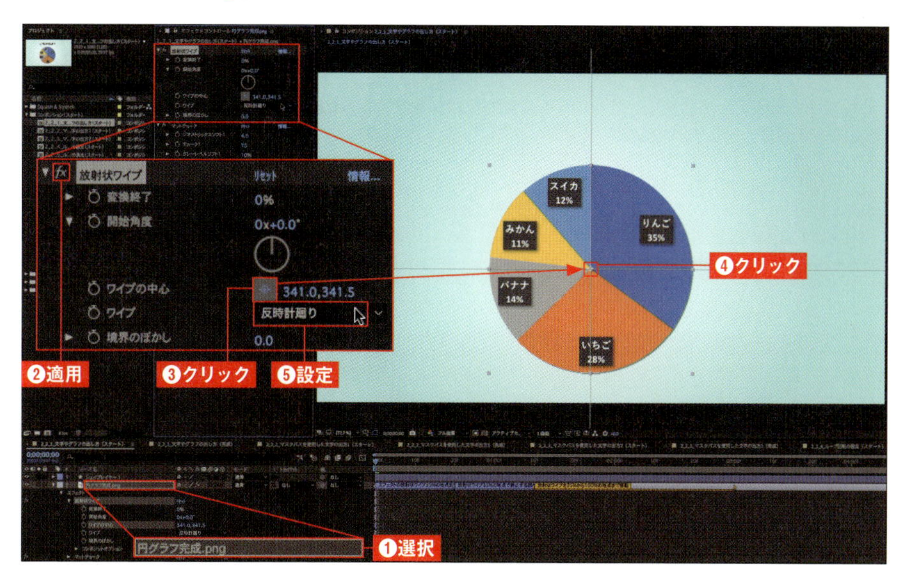

❷ 変換終了のキーフレームを設定する

ここでは、「りんご 35%」の部分で一時静止してから、次にグラフ全体が見えていくようなイメージを作っていく。<放射状ワイプ>の<変換終了>キーフレームを、0秒地点<00:00f>で<100%>❶、20フレーム地点<20f>で<65%>に設定してみよう❷。円1周を100%としたとき、ワイプの中心部分が円の中心に設定されていれば、逆算して100-(マイナス)りんご35%=65%で設定できれば、35%地点でピッタリとワイプが止まる。続いて1秒10フレーム地点<01:10f>にも同じようにキーフレームを作成する❸。こうすることで35%部分で円グラフを停滞させることができる。

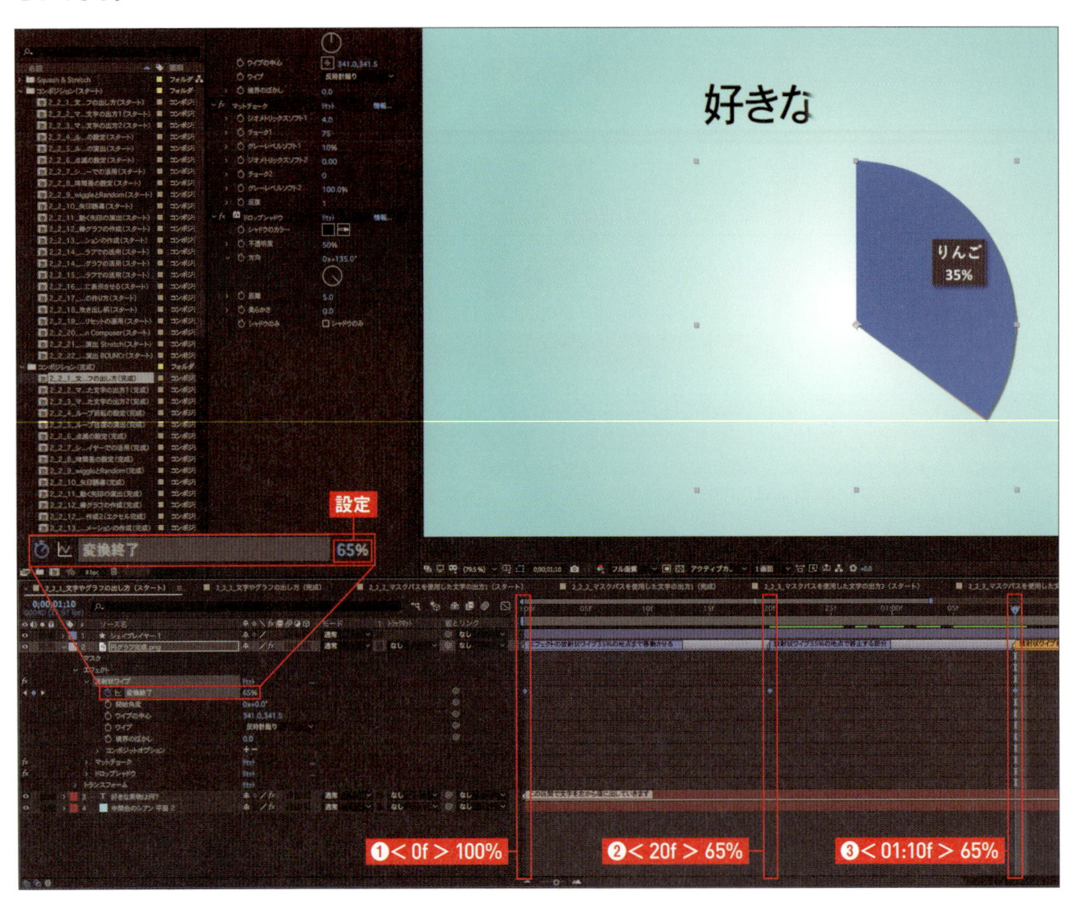

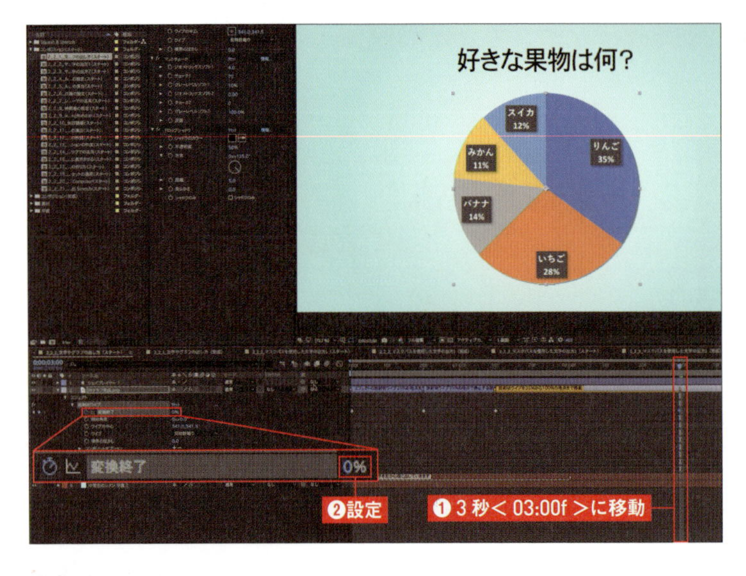

❸ ワイプの終了を設定する

1秒10フレーム地点<01:10f>から3秒<03:00f>に時間軸を移動する❶。変換完了を<0%>に設定してワイプを終了させる❷。完成したらプレビューを実行して、文字とグラフのワイプができているかを確認してみよう。

TIPS

周期モーションを行う

シェイプレイヤーを使用して点線などの周期モーションを行うには、リピーターを使用してそのコピー数でワイプ演出を行うこともできる。シェイプレイヤー内の＜長方形１＞→＜リピーター１＞の表示をオンにして確認してみよう。リピーターやそのほかシェイプレイヤーに機能を追加していくには、下記動画を参考にしてほしい。

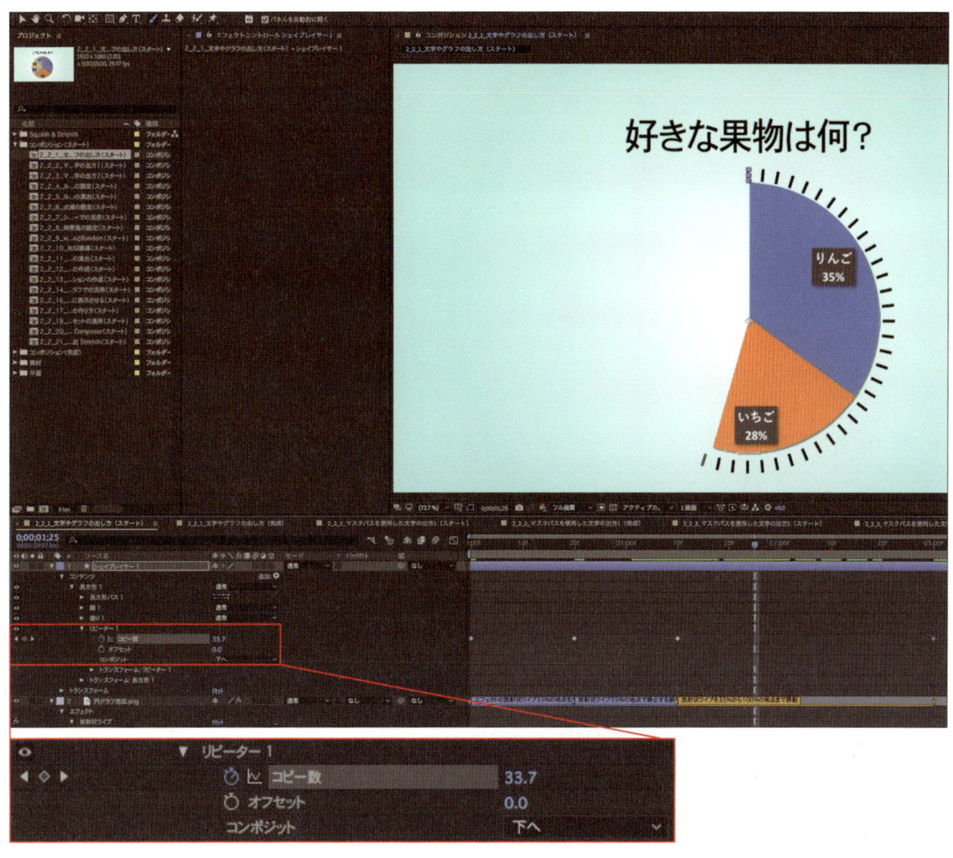

シェイプレイヤーの基礎と応用解説動画①

シェイプレイヤーの基礎と応用解説動画②

シェイプレイヤーの基礎と応用解説動画③

リピーターによる円の設定解説動画

SECTION

03 文字をパスに沿って移動する

ここでは、マスクパスを作って文字を移動させてみる。具体的には、文字をマスクのパスに沿って動かすという方法だ。

マスクパスに沿って文字を出す

利用するプロジェクトファイル：「2_2_モーション」フォルダ→「2_2_モーション.aep」ファイル
利用するコンポジション：＜コンポジション（スタート）＞→＜2_2_2_マスクパスを使用した文字の出力1（スタート）＞
コンポジションを開くと、海中と地球の背景が2つと文字がすでに配置されているのが確認できる。ここでは、最終的には左図のように、地球が回転する前を「空中散歩！」の文字が右から左に浮遊していく演出を施していく。

背景を作成する

今回はこの文字をマスクのパスに沿って動かしていくが、マスクのパスはキーフレームと違い、イラストやパスを個別に配置することで、その形状の軌道間を移動させることができる。まずは背景を作成していこう。

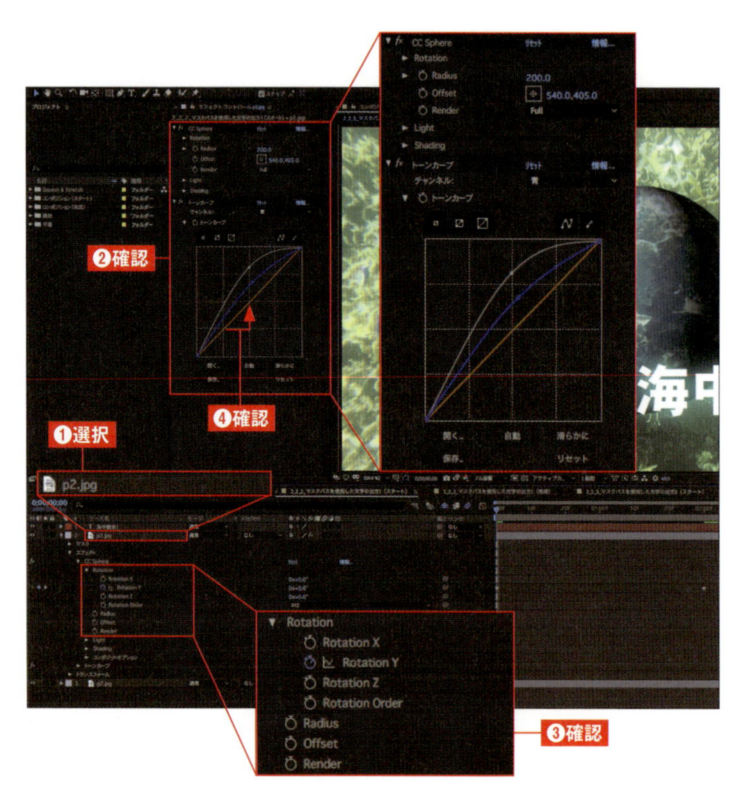

❶ 背景と設定を確認する

水中の背景は2つ程用意されているが、上に配置されている背景（＜p2.jpg＞）は球体用だ。この＜p2.jpg＞を選択すると❶、＜CC Sphere＞と＜トーンカーブ＞が図のように設定されていることがわかる❷。タイムラインパネルの＜p2.jpg＞の＜エフェクト＞を展開してほしい。球体はキーフレームで各方向に自転させることも可能になっている❸。また、トーンカーブは背景と同化しないように輝度と色を少し調整してある❹。

CC Sphereの解説動画

❷ 文字を動かすモーションパスを作成する

<レイヤー>メニュー→<新規>→<平面>をクリックして新規平面を作成し（カラーをブラックに設定して、名称を「ブラック平面 29」で作成)、ブラック平面をタイムラインの一番下に配置してみよう❶。この新規平面はモーションパス上のキャンパスのようなものと考えてもらいたい。すでにブラック平面は隠れて見えないが、背景がない場合などは非表示にしてもらいたい。ツールパレットからペンツールを選択し❷、タイムライン上の平面<ブラック平面 29 >が選択されていることを確認してから❸、モーションパスの軌道をペンツールで囲わないで図のように描いていこう❹。無事描き終わると、ブラック平面の下にマスクという項目が表示される❺。マスクをまだ理解できていない方は下記動画をご覧いただいた上でチャレンジしてほしい。

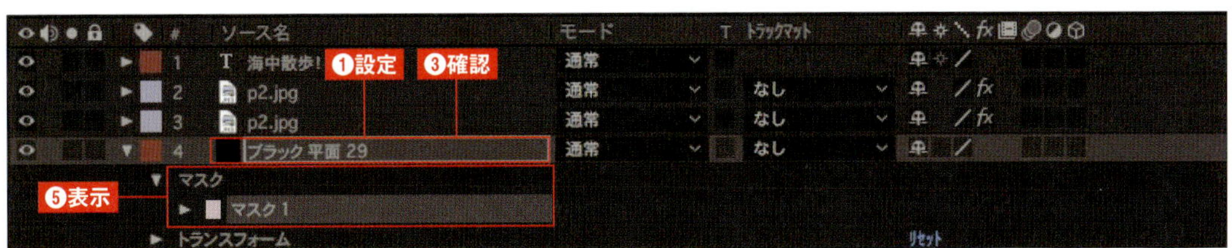

 マスク基礎の解説動画①

 マスク基礎の解説動画②

MEMO

モーションパスのマスクについて

モーションパスのマスクは、楕円形／長方形などの囲み系以外のペンツール（ペンツールで頂点を閉じないパス）であれば、新規平面でなく既存の背景にパスを描いても同様に行える（Illustrator や Photoshop のパスの活用については P.204 を参照）。

文字を動かす

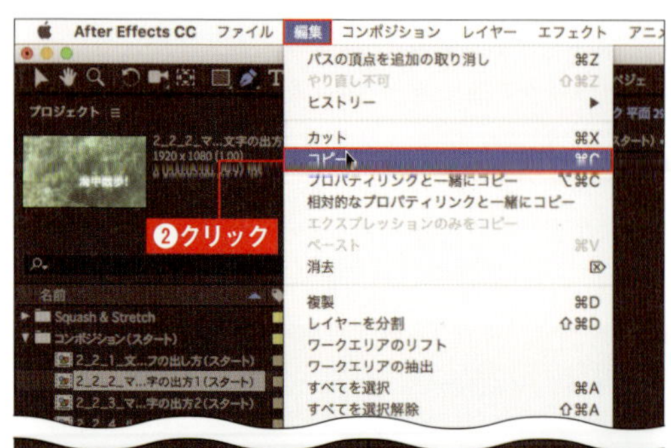

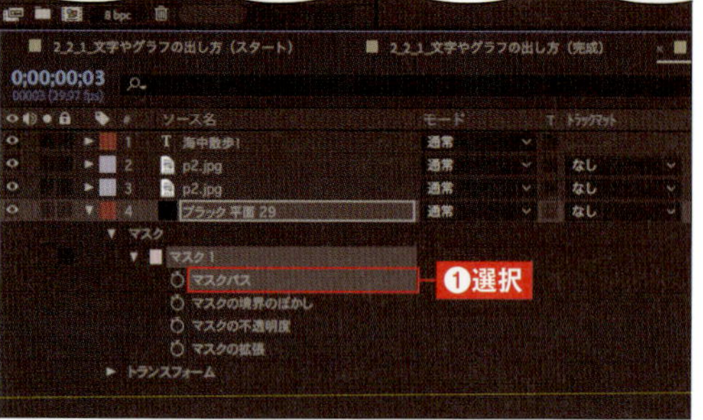

❶ マスクパスをコピーする

<ブラック平面 29 >の<マスクパス>を選択して❶、<編集>メニュー→<コピー>をクリックする❷。

MEMO

ショートカットキーを利用する

Mac では、<マスクパス>を選択して command + C キー、Windows では Ctrl + C キーでコピーができる。

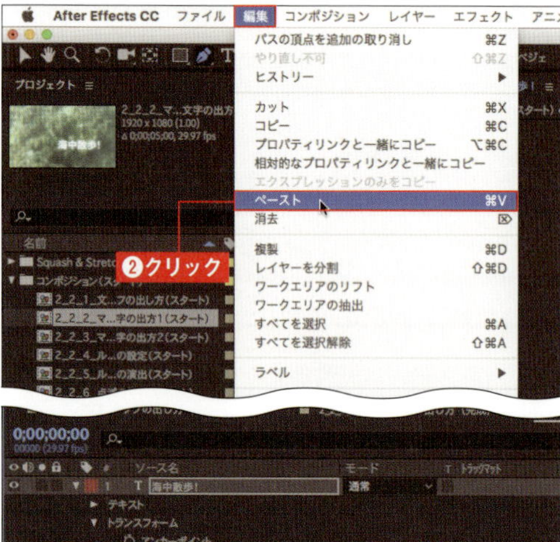

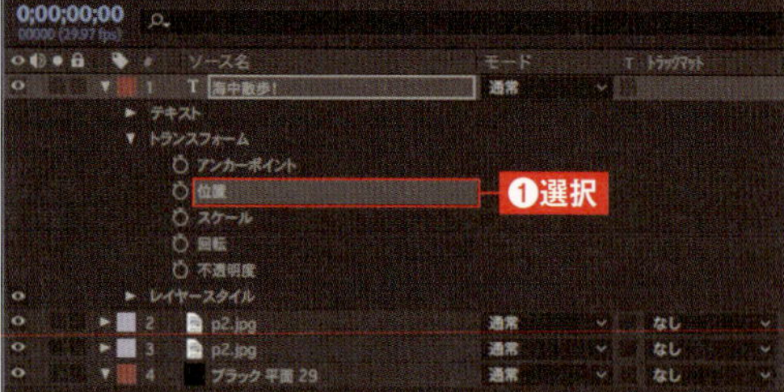

❷ マスクパスをペーストする

文字レイヤーの<海中散歩！>の<位置>を選択して❶、モーションを行いたい部分に時間軸を移動させてから、<編集>メニュー→<ペースト>をクリックする❷。

MEMO

ショートカットキーを利用する

Mac では、<位置>を選択して command + V キー、Windows では Ctrl + V キーでペーストができる。

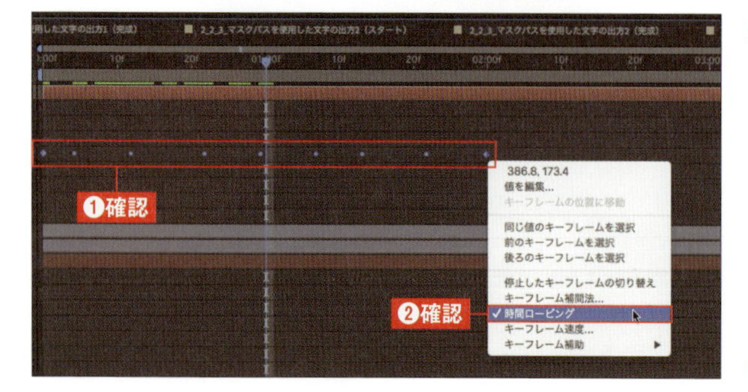

❸ 設定を確認する

無事ペーストされると、モーションパスを沿うように文字が移動するのを確認できる。また、文字の<位置>キーフレームが図のように端が広く、中が狭くなっているのも確認できるはずだ❶。これは「時間ロービング」が適用されているからだ。この時間ロービングは、キーフレームを選択して右クリックすることで確認できる❷。

CHECK

時間ロービングとは

時間ロービングとは、各キーフレーム間を一定の間隔を保ちながら伸縮することができる機能だ。伸ばしたい方向の一番端のキーフレームをドラッグして移動させることで、キーフレーム間をスプリングのように調整することができる。必要ない場合には右クリックの<時間ロービング>を選択して解除することで無効にできる。

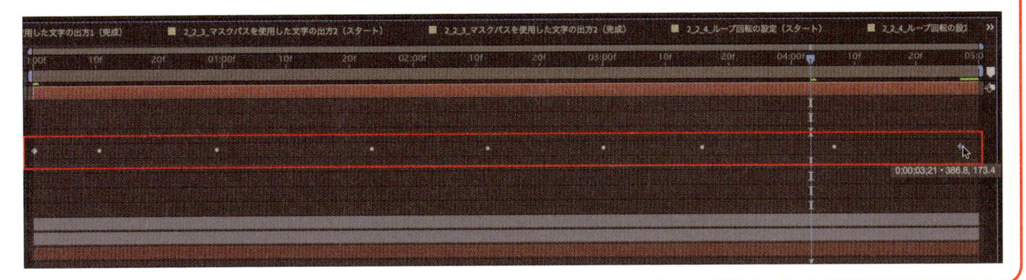

MEMO

文字の向きを変える

<回転>を選択し❶、<レイヤー>メニュー→<トランスフォーム>→<自動方向>をクリック❷、表示される自動方向画面で<パスに沿って方向を設定>を使用することで、進行方向に沿った文字の向きも自由に変えることができる。

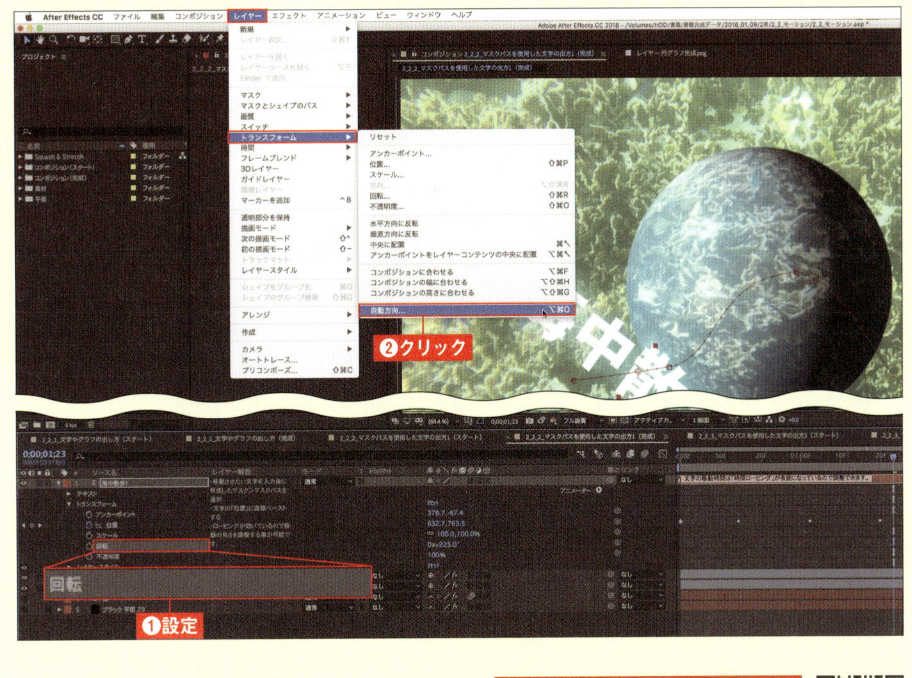

モーションコントロール
自動方向解説動画

CHECK

モーションスケッチを学ぶ

マウスやペンタブレットなどを使用した自由なモーションパスを描きたい方は、下記動画を参考にチャレンジしてみてほしい。

モーションスケッチの
使い方の解説動画

TIPS

Illustrator パスの活用

応用技としては、Illustrator や Photoshop のパスを活用してモーション用パスとして適用することもできる。

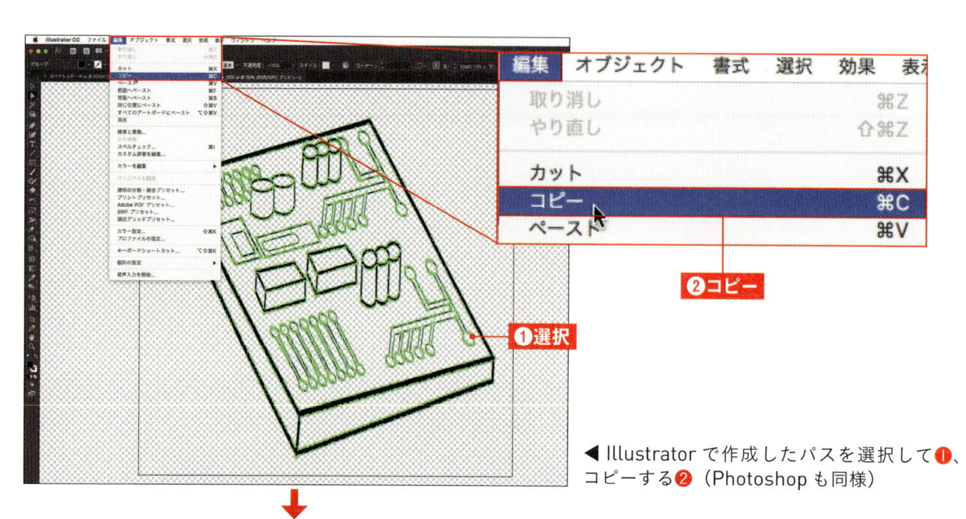

◀ Illustrator で作成したパスを選択して❶、コピーする❷（Photoshop も同様）

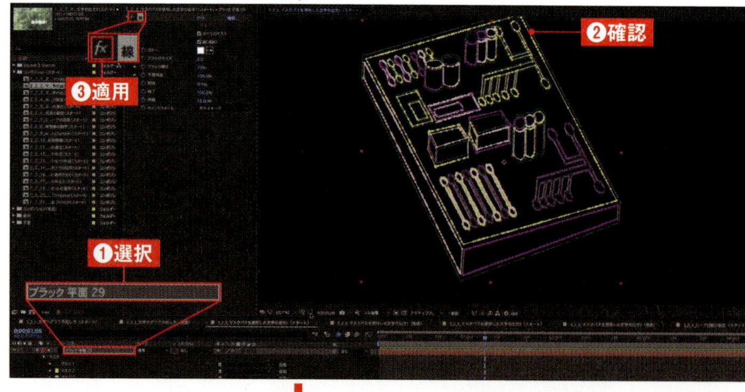

◀＜新規平面（ブラック平面）＞を選択して❶、ペーストするとパスがマスクとして読み込まれる❷。図では＜エフェクト描画＞の＜線＞のエフェクトを適用して❸、すべてのマスクパスに線が描かれているように演出している

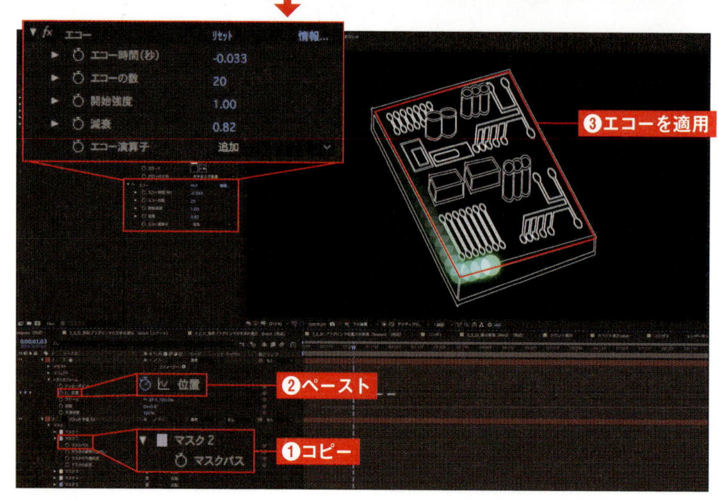

◀モーションを適用したい＜マスクパス＞をコピーして❶、レイヤーの＜位置＞でペーストする❷。ここでは、回路の囲い部分のマスクをペーストしてエコーを適用している❸

04 文字をループ再生する

文字はエクスプレッションでループ再生させることも可能だ。キーフレームでの繰り返しポイントを設定すれば、単純な繰り返しも避けることができる。

マスクパスに沿った文字の出し方とループ文字の設定

完成動画

利用するプロジェクトファイル：「2_2_ モーション」フォルダ→「2_2_ モーション .aep」ファイル

利用するコンポジション：＜コンポジション（スタート）＞→＜2_2_3_ マスクパスを使用した文字の出方 2（スタート）＞

コンポジションを開くと、背景のバナナと下に配置された文字、その文字下の座布団役のシェイプレイヤー、そして、非表示になっているマスクパスに沿った文字レイヤーが配置されているのが確認できる。最終的には左図のように文字がループしていく演出を施していく。

文字のループを設定する①

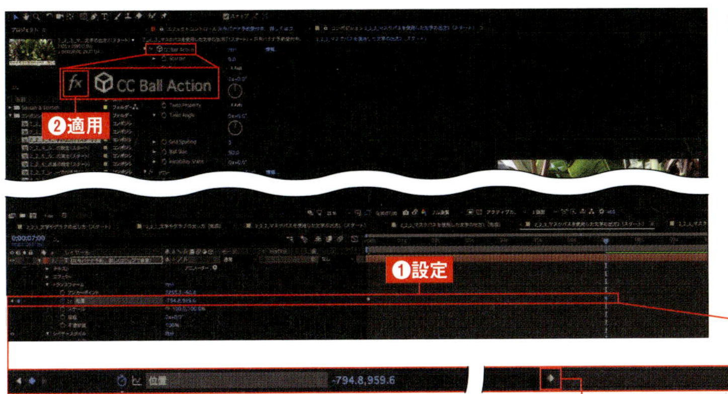

❶ 文字のモーション設定を行う

「バナナ予約受付中、詳しくはウェブで検索！」というバナー（掲示板）が画面右（0:00f）から左（07s）へ抜けて行くようなモーションを図のように設定する❶。文字と背景には電光掲示板のような表現として＜ CC Ball Action ＞を適用する❷。

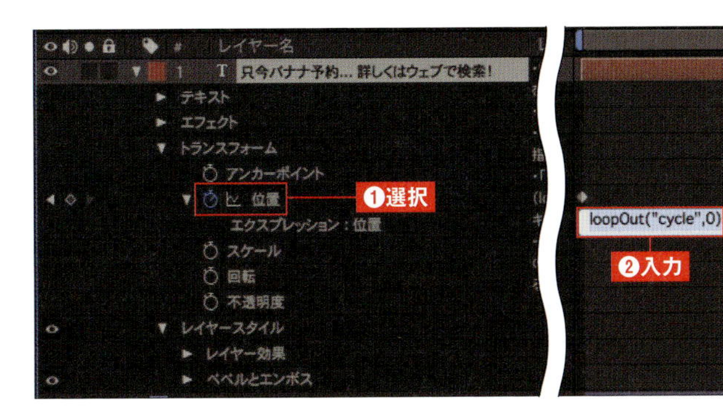

❷ ループを設定する

今度は＜位置＞を選択し❶、＜アニメーション＞メニュー→＜エクスプレッションを追加＞をクリックして、エクスプレッションを適用する。続けて図のように「loopOut ("cycle",0)」を入力する❷（エクスプレッションの入力が面倒だと感じたら、＜ 2_2_3 マスクを使用した文字の出力 2（完成）＞からエクスプレッションの部分コピーしても構わない）。

❸ 設定を確認する

エクスプレッションを適用したら、プレビューで再生してみよう。キーフレームの長さにとらわれず流れている文字がループされているのが確認できるはずだ。これはコンポジションの長さとそれに付随するレイヤーの長さを調整することで実現しており、いくらでもループを続けることができる。

MEMO

エクスプレッションの動きをキーフレームに変換する

エクスプレッションで設定された動きをキーフレームに変換するには、＜位置＞を選択し❶、＜アニメーション＞メニュー→＜キーフレーム補助＞→＜エクスプレッションをキーフレームに変換＞をクリックすることで❷、エクスプレッションの動きをキーフレームに変換、確認することもできる❸。エクスプレッションはキーフレーム化することで、動きを再確認でき、理解が早まるかもしれない。

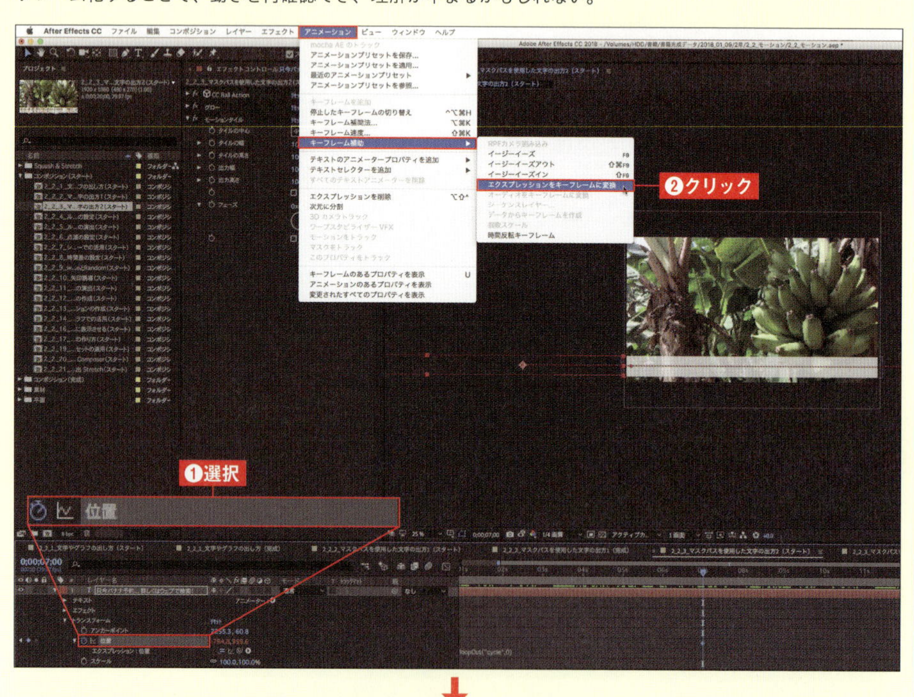

<グラフエディター>をクリックすると❶、連続した位置の繰り返し移動が確認することができるはずだ❷。

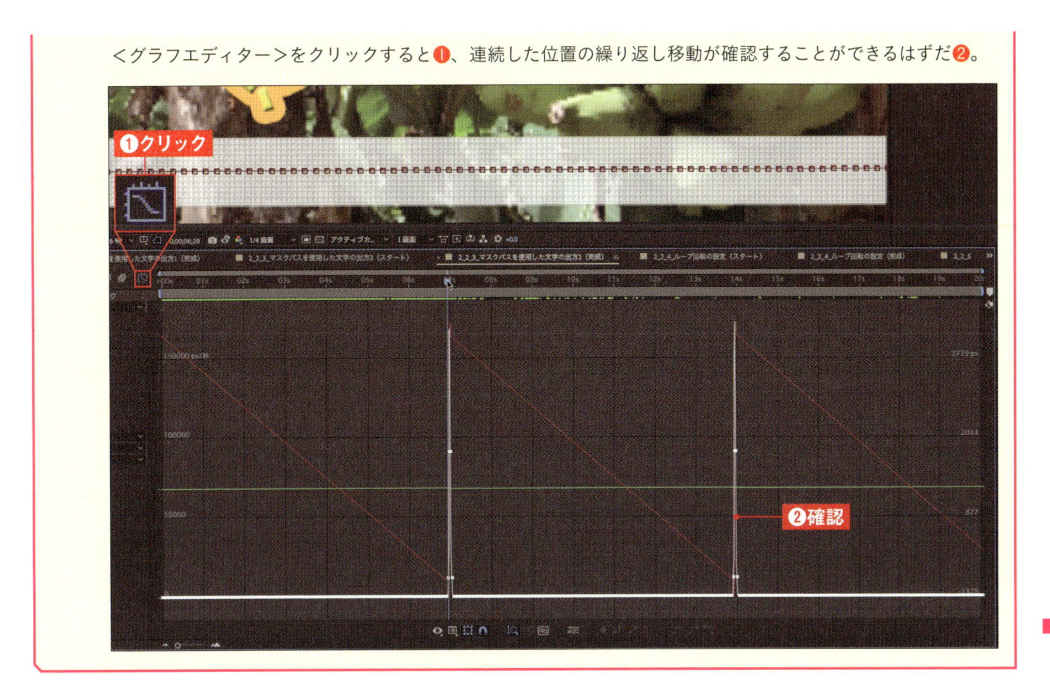

文字のループを設定する②

1 キーフレームを確認する

続いて非表示になっている文字レイヤー<美味しいバナナ　販売中！ 販売中！>を表示してもらいたい❶。ここではマスクのパスに沿って「美味しいバナナ販売中！販売中！」が出て来るように、パスのオプションを調整して、最初のマージンからキーフレームを4つ設定している。以下がその設定内容だ。

・0秒地点< 00:00f >から1秒地点< 01:00f >までは「美味しいバナナ」が現れる❷。
・1秒地点< 01:00f >から2秒地点< 02:00f >までは「販売中」その1が現れる❸。
・2秒地点< 02:00f >から3秒地点< 03:00f >までは「販売中」その2が現れる❹。

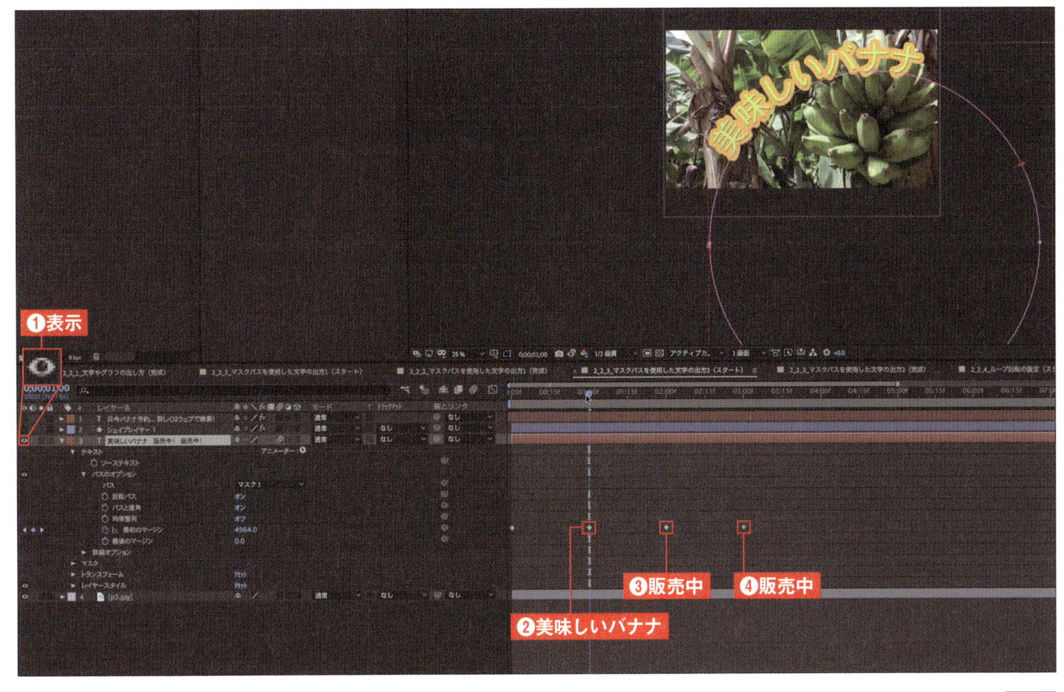

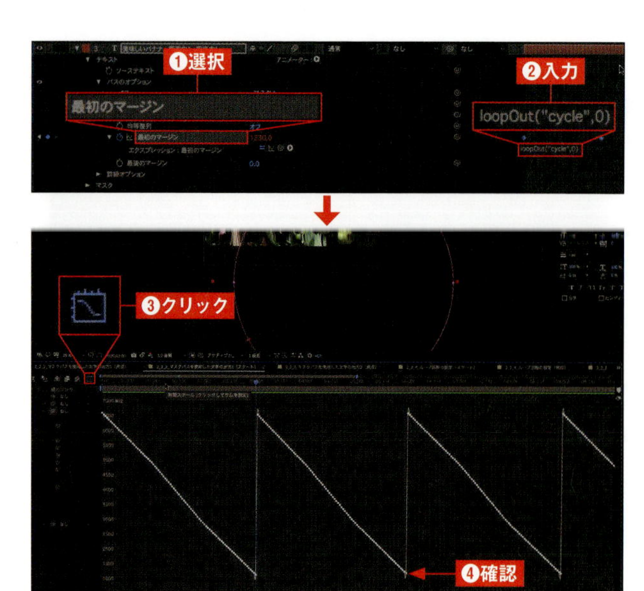

❷ ループ再生を設定する

ここでもバナー（掲示板）同様にキーフレームが設定されている<最初のマージン>を選択して❶、<アニメーション>メニュー→<エクスプレッションを追加>をクリックしてエクスプレッションを適用する。入力画面では図のように「loopOut（"cycle",0)」と入力する❷。プレビューで確認してみるとループはしているが、「販売中」その2の"帰り"がないので、無理に最初の「美味しいバナナ」が現れる結果となる。そこで、<アニメーション>メニュー→<キーフレーム補助>→<エクスプレッションをキーフレームに変換>をクリックして、グラフエディターで確認してみると❸、ループが確認できるはずだ❹。

❸ ループ再生ポイントを変更する

今度は「「loopOut ("cycle",1)」と入力してみよう。("cycle",1) とは最後のキーフレームから数えて「1つ手前」のキーフレームから繰り返してループ再生を行ってほしいという意味だ。ここでは、2秒地点< 02:00f >から3秒地点< 03:00f >までは「販売中」その2が現れるが、その後は（"cycle",1）が繰り返し表示されるために「販売中」がエンドレスで繰り返される仕組みとなっている。

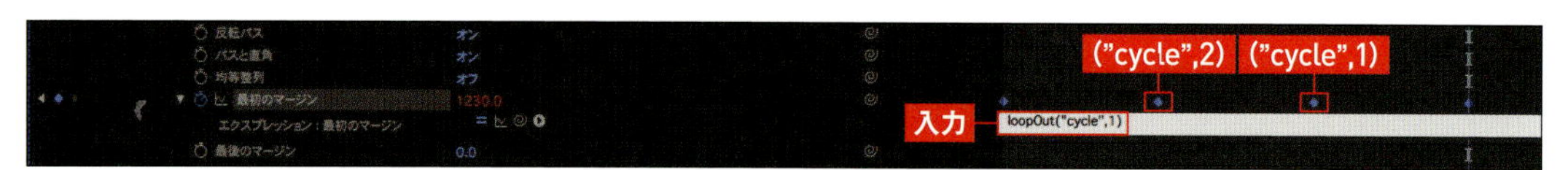

❹ 繰り返しポイントの設定

<アニメーション>メニュー→<キーフレーム補助>→<エクスプレッションをキーフレームに変換>をクリックして、グラフエディターで確認してみると❶、2秒地点< 02:00f >から3秒地点< 03:00f >までは「販売中」その2が現れる期間の（"cycle",1) が繰り返されているのがグラフで確認できるはずだ❷。この「「loopOut ("cycle",1)」のサイクル調整によって、単純な繰り返しではなく、キーフレームでの繰り返しポイントを自由に設定することができる。

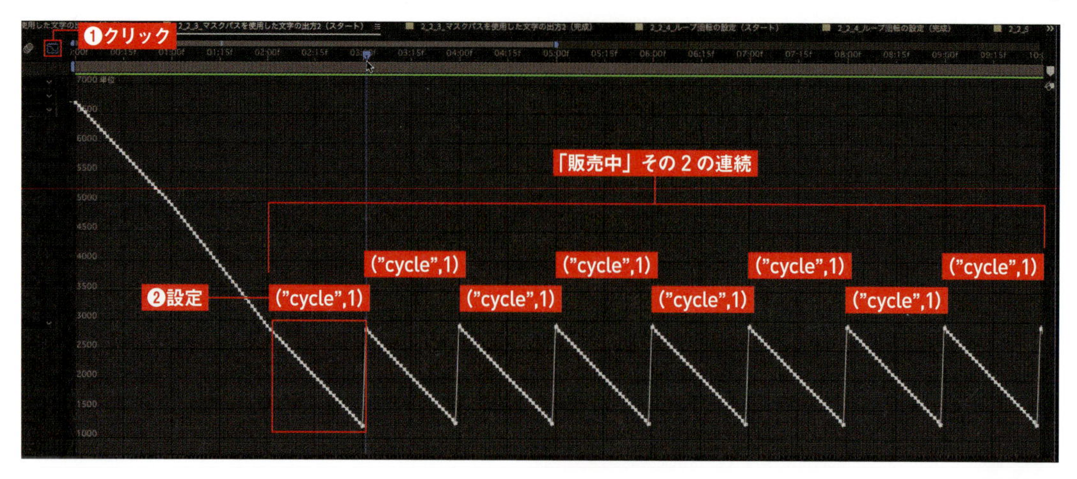

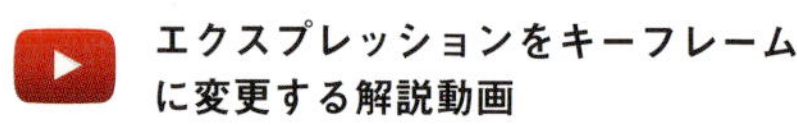

05 時計の針を動かす

ループ回転の設定によって、エクスプレッションで時計の針を動かすこともできる。入力数値のルールをマスターしてチャレンジしてみよう。

ループ回転の設定──回転の数値を設定して2つの針を動かす

完成動画

利用するプロジェクトファイル：「2_2_モーション」フォルダ→「2_2_モーション.aep」ファイル

利用するコンポジション：＜コンポジション（スタート）＞→＜2_2_4_ループ回転の設定（スタート）＞

コンポジションを開くと、時計の上に秒針と分針が表示されているのが確認できる最終的には左図のようにエクスプレッションを使用して2つの針を動かしていく。

エクスプレッションを適用して針を動かす

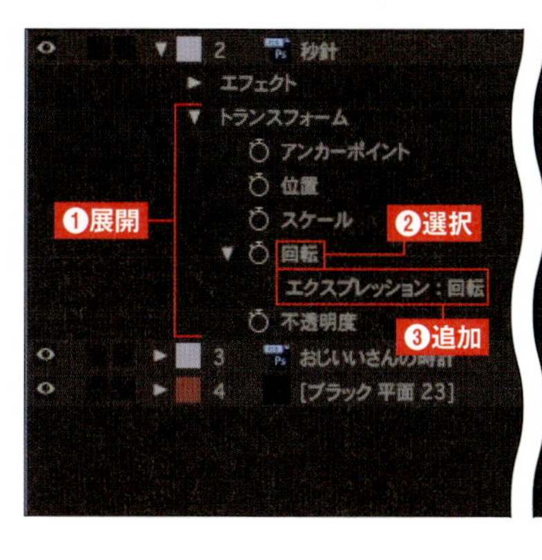

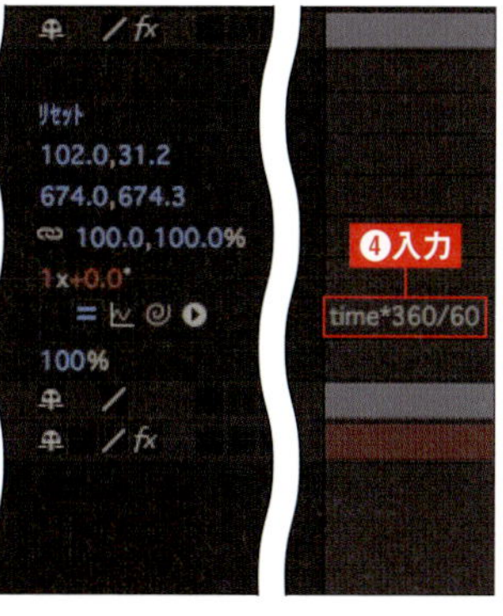

❶ 秒針を動かす

ここでは針の回転をエクスプレッションで制御する。まずは、時間軸を0秒地点＜00:0f＞まで移動させ、＜秒針＞→＜トランスフォーム＞→＜回転＞と展開し❶、＜回転＞を選択したら❷、＜アニメーション＞メニュー→＜エクスプレッションを追加＞をクリックして、エクスプレッションを適用する❸。ここでは「time*360/60」と入力する❹。

MEMO

入力数値について

ここで入力した「time*360」は「1秒間に360度の回転をしてください」という意味である。次に「/60」を追加することで、360÷60＝6となり「1秒間に6度の回転をしてください」という意味の設定になるので、切り替えて行うという設定になる。これで1分間に360度の回転設定が完了する。基本的な計算式を下記に示すので、参考にしていただきたい。

time*360から「/」の場合
1秒＝360度（1回転）
1分＝21600度（60回転）
1分＝21600度（60回転）に/60を適用すると（21600÷60=360：1回転）となる。
1分＝21600度（60回転）に/600を適用すると（21600÷600=36：36度）となる。

time*6の場合
1秒＝6度
1分＝360度（6×60=360：1回転）となる。
共に同じ結果になるが皆さんがしっくりくるほうを採用してもらいたい。

❷ 分針を動かす

続いて分針を動かしてみよう。分針は1時間に1回転という動きになるので、さらに /60 で割ることで簡単に設定ができる。手順❶を参考に<分針>にエクスプレッションを適用し❶、「time*360/60/60」と入力する❷。さらに /60 で割ることで1時間に1回転といった動きを作り出すことができた。

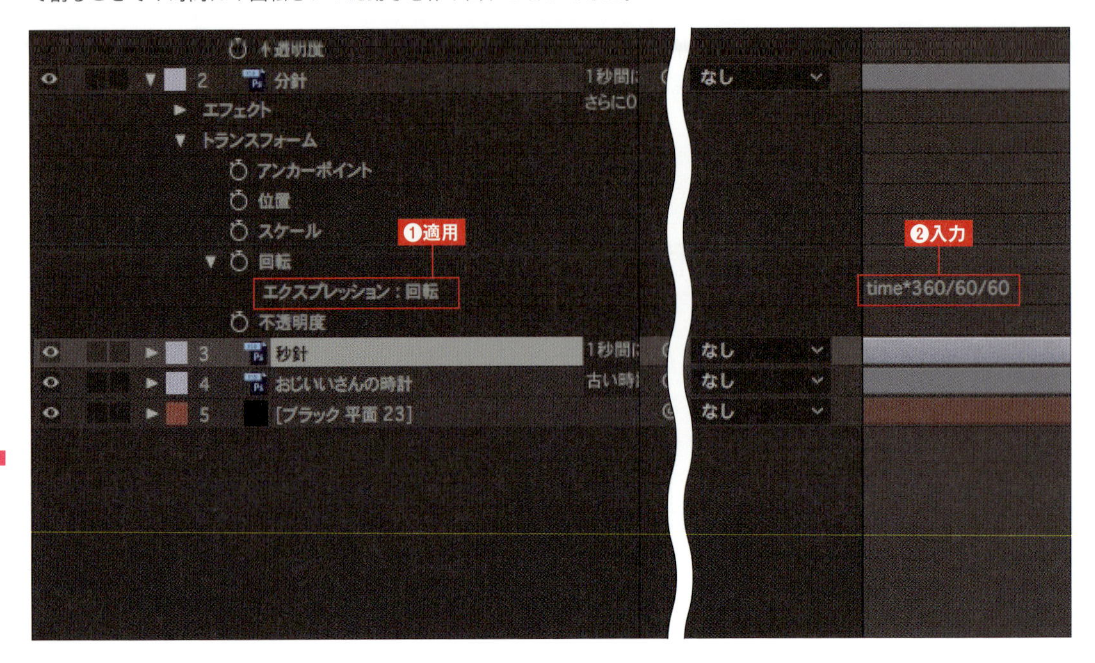

TIPS

秒針と関連付けて設定する

別の設定方法も紹介しておこう。分針は秒針の 1/12 の速さで動くので、秒針と関連付けてエクスプレッションを記載する場合には
thisComp.layer ("秒針") .transform.rotation/12
と入力しても同じ結果になる。

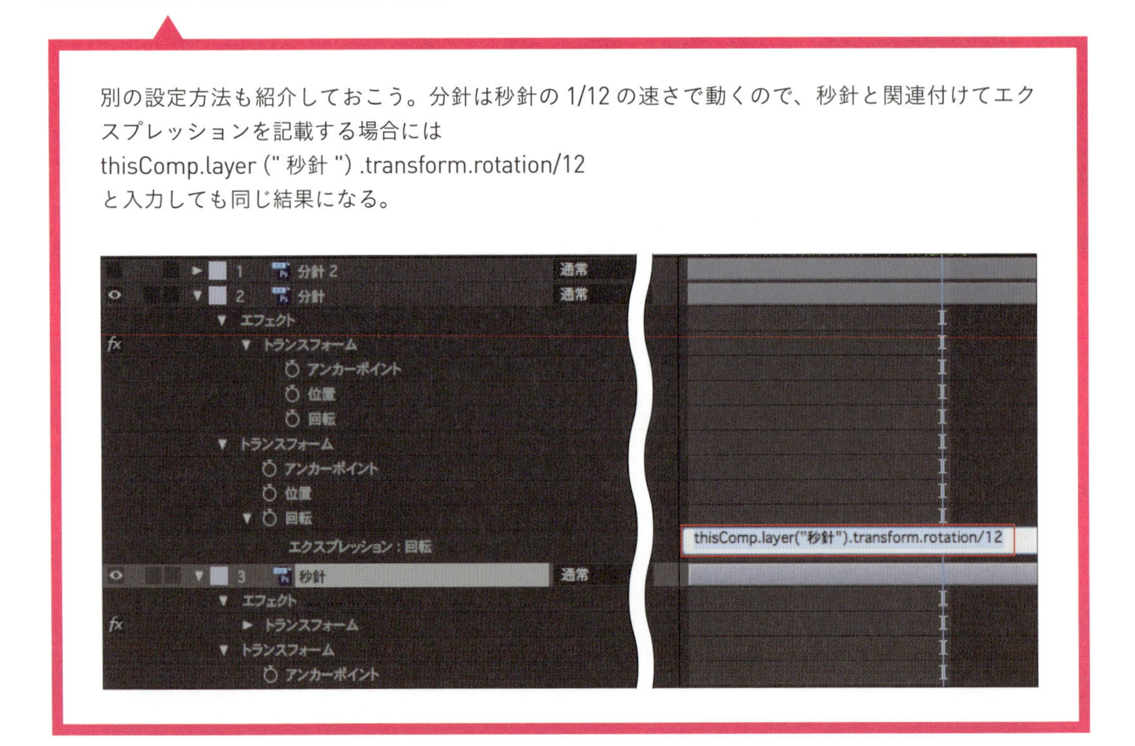

SECTION

06 鐘の揺れを永久ループする

ここでは、鐘を揺らし往復ループさせるようなエクスプレッションを解説していく。往復ループの設定は、グラフエディターの活用もポイントになる。

複数の鐘を左右に揺らしてループさせる

完成動画

利用するプロジェクトファイル：「2_2_ モーション」フォルダ→「2_2_ モーション .aep」ファイル
利用するコンポジション：＜コンポジション（スタート）＞→＜2_2_5_ ループ往復の演出（スタート）＞
コンポジションを開くと、透明グリッドに配置された鐘が確認できる。ここでは最終的に左図のように複数の鐘が往復ループするエクスプレッションを施していく。

なお、ここではグラフエディターを使用するが、まだ理解できていない方は下記動画をご覧いただいた上でチャレンジしてほしい。

グラフエディター（次元の分割と速度調整）解説動画

グラフエディター（イージーイーズアウト）解説動画

グラフエディター（回転の速度調整）解説動画

グラフエディター（速度グラフを使用した調整方法）解説動画

グラフエディター（イージーイーズ）解説動画

グラフエディター（速度グラフと値グラフの比較）解説動画

グラフエディター（イージーイーズイン）解説動画

エクスプレッションで鐘を永久ループさせる

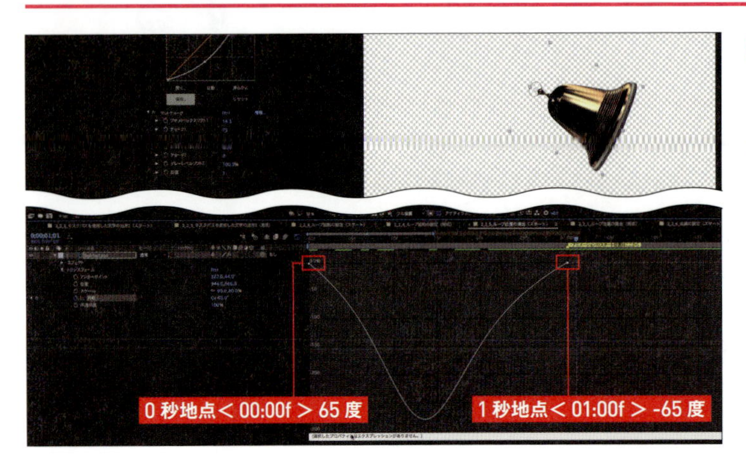

❶ 往復のキーフレームの設定を確認する

＜Bell/bell.psd＞のレイヤーを選択すると、回転のモーションが適用された図のような鐘のキーフレームが配置されているのが確認できる。キーフレームにはグラフエディターからイージーイーズを適用（ショートカット F9 キー）されているのも確認できるはずだ。

❷ キーフレーム間を繰り返す設定を行う

次に＜回転＞を選択して❶、＜アニメーション＞メニュー→＜エクスプレッションを追加＞をクリックして、エクスプレッションを追加する❷。入力画面では図のように「loopOut ("pingpong",0)」と入力する❸。

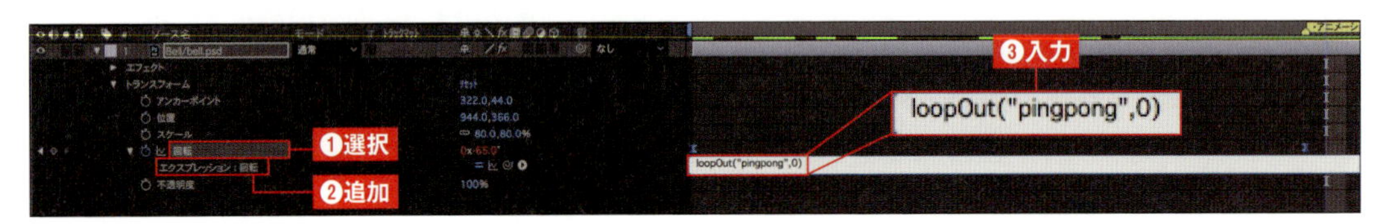

MEMO

入力数値について

ここで入力した数値は、P.205 で学んだマスクパスに沿った文字の出し方である「loopOut ("cycle",0)」の発展系だ。「pingpong」は反復するという意味で、折り返しキーフレーム間を繰り返す。ここでは右回転－ 65 度と左回転＋ 65 度をそれぞれ往復してループが形成される。

レイヤーを複製してエクスプレッションを適用する

❶ レイヤーを複製する

続いてそれら鐘のレイヤーを複製（＜編集＞メニュー→＜複製＞）して、図のように段差で配置することでコンポジションとレイヤーの長さが続くまで各鐘のモーションが続く形となる。

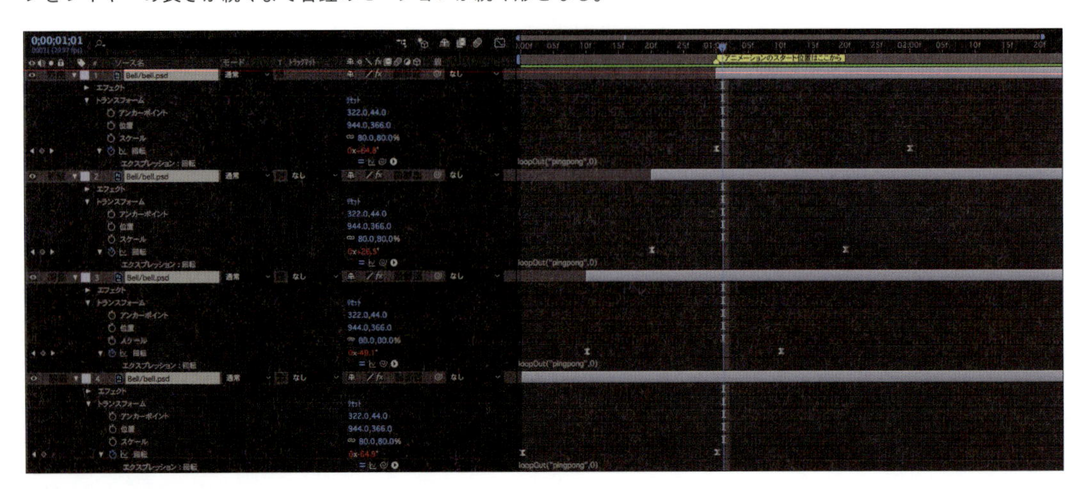

❷ 鐘の大きさを変更する

レイヤーの上下を並べ替え、＜スケール＞の調整を上から＜ 100.0,100.0% ＞＜ 80.0,80.0% ＞＜ 60.0,60.0% ＞＜ 40.0,40.0% ＞に設定する。これで奥行き感のある鐘を形成できる。モーションブラーなども適用してみると躍動感がアップする。

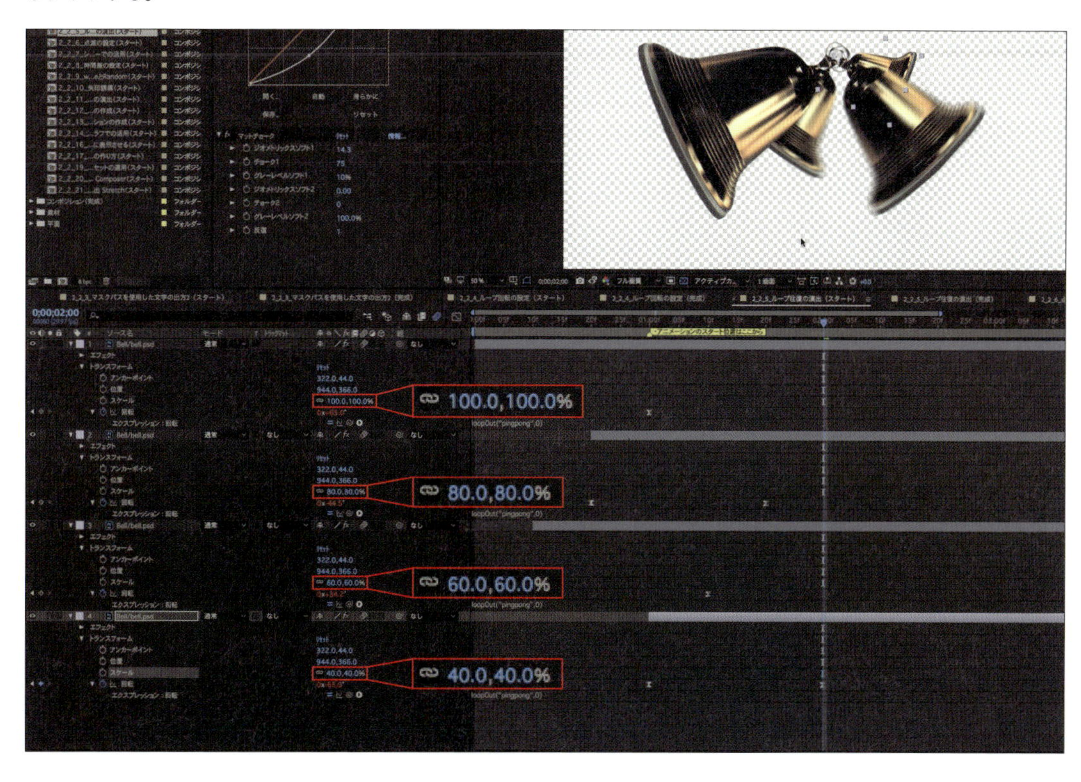

❸ エクスプレッションを追加する

今度は一番上に配置されている鐘のみを表示させ、再度＜回転＞を選択し❶、＜アニメーション＞→＜エクスプレッションを追加＞をクリックして、＜エクスプレッション＞を追加する❷。入力画面では図のように「65*Math.sin（time*1)」と入力してみよう❸。

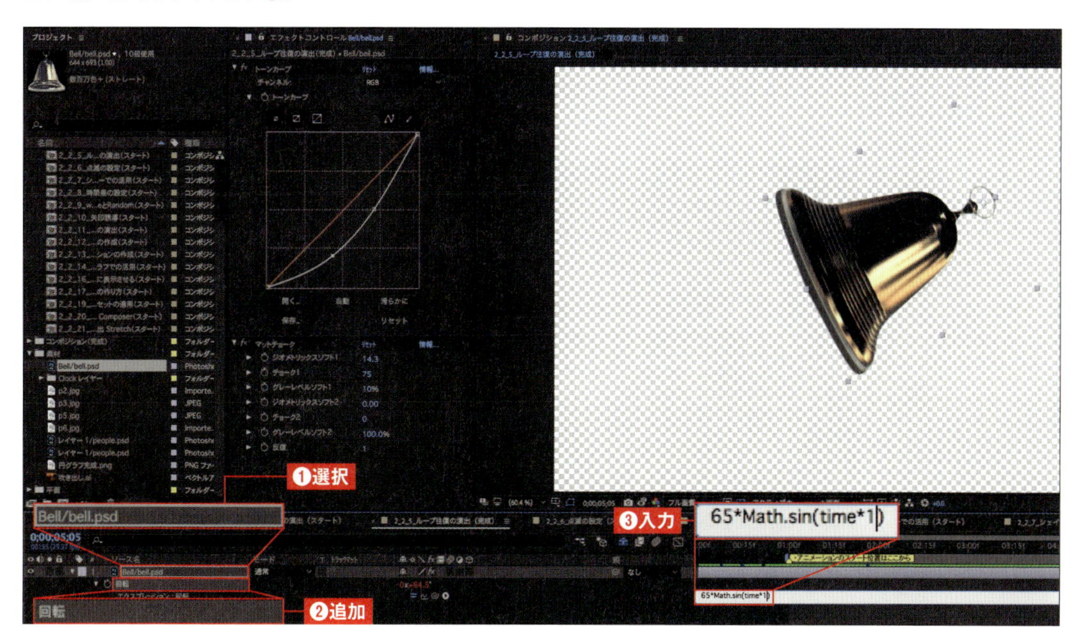

CHECK エクスプレッションの言語

P.213 の手順❸で入力したエクスプレッションの言語については、図を参考に解説していこう。図にあるウェーブの高さが、最初の数値○○ *Math の値を指し、波線幅が time* ○の値を指している。ちょうどここでは、回転のプロパティのウェーブの高さが 65 に設定されているので、振り幅は 65 度とー 65 度の間に設定されている。確認のため、時間軸を動かして回転プロパティの数字を確認してみると、それ以上の数字（120 度等）を超えていないのがわかるはずだ。

次の time*1 はモーション幅の周波数の値を指している、数値が小さいほど波がやわらかくなるので time*1 だとゆっくりめに動く。＜ time*10 ＞に設定してみると、ここではモーション幅が狭まることで、動きが速くなる。こうした設定は、＜アニメーション＞メニュー→＜キーフレーム補助＞→＜エクスプレッションをキーフレームに変換＞を実行して、グラフエディターの速度グラフで確認するとわかりやすい。

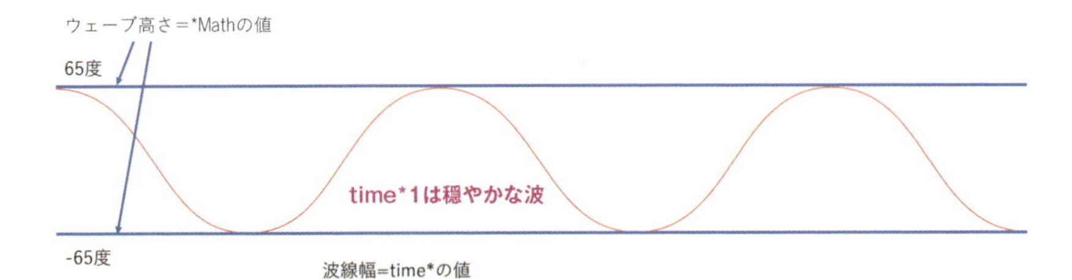

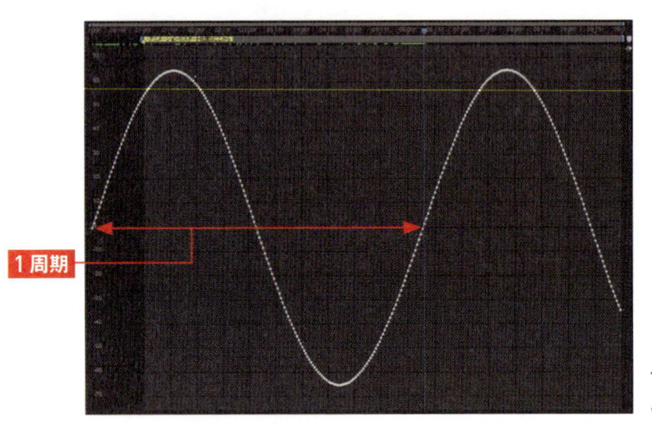

◀ time*1 の場合には緩やかな波のような感じになる

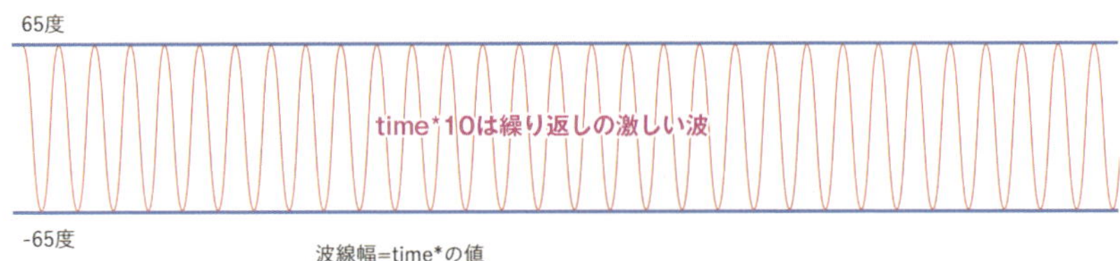

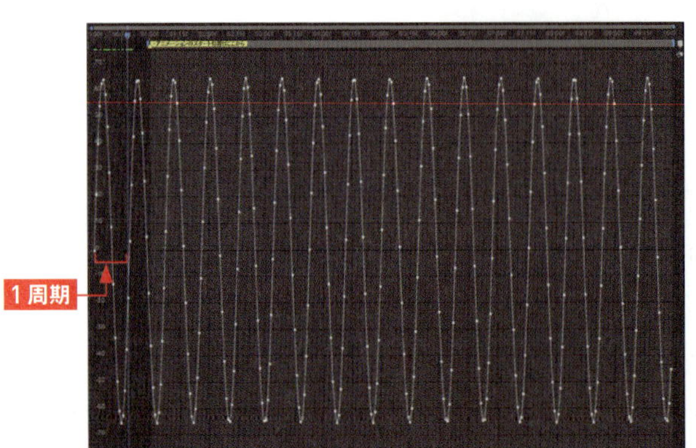

◀ time*10 の場合にはオラオラ連打のような感じになる

なお、ここでの Time は特に秒数をさしているものではなく大まかな波の周期を指しているので、○秒数＝○周期といった具体的な記載ができない言語となっている

SECTION

07 光の点滅を調整する

エクスプレッションで光の点滅を調整してみよう。ここでは、前 SECTION で解説した「〇〇 *Math.sin (time* 〇)」を引き続き解説していこう。

エクスプレッションを利用して光の点滅を設定する

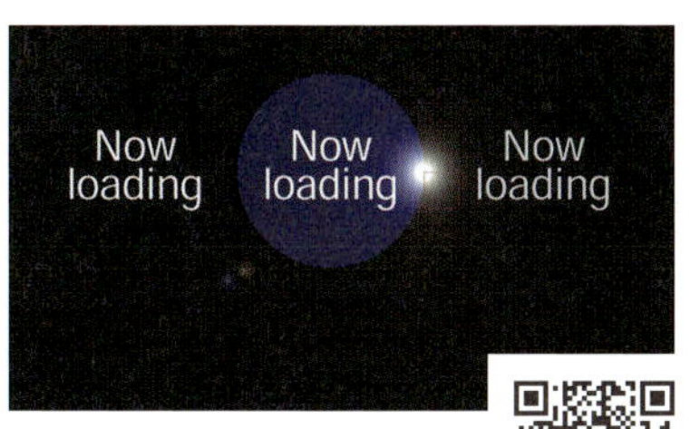

完成動画

利用するプロジェクトファイル：「2_2_ モーション」フォルダ→「2_2_ モーション .aep」ファイル
利用するコンポジション：<コンポジション（スタート）>→< 2_2_6_ 点滅の設定（スタート>

コンポジションを開くと、3 つ並んでいる文字「Now loading」のそれぞれの文字の点滅がエクスプレッションで作成されていることがわかる。ここでは、最終的に左図のように光が点滅しながら動き、同時に文字も点滅する演出を施していく。

エクスプレッションの言語を確認する

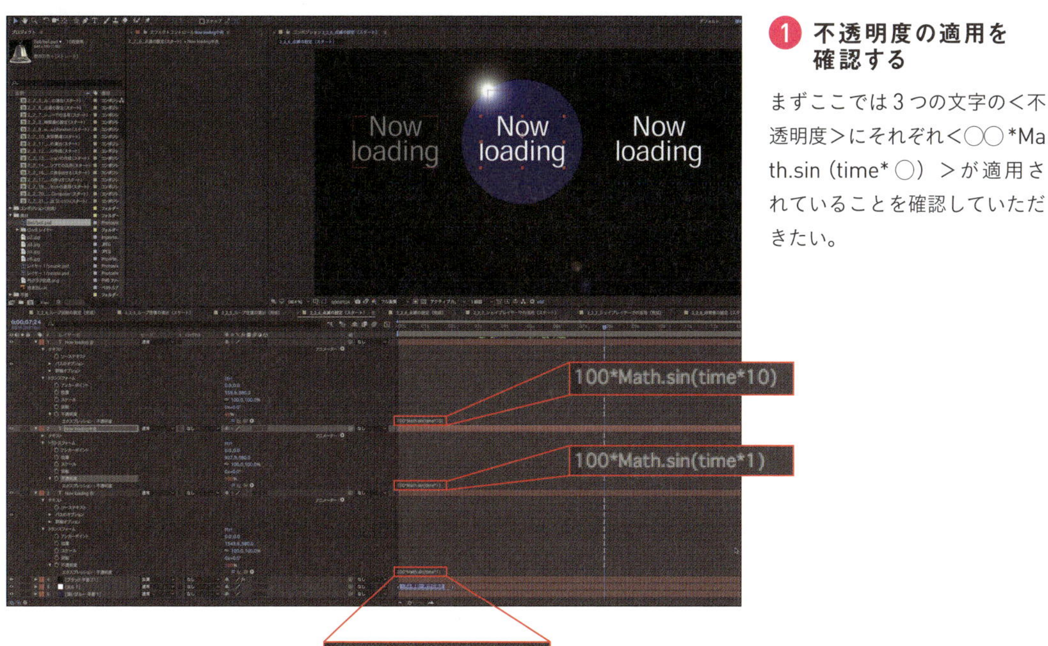

1 不透明度の適用を確認する

まずここでは 3 つの文字の<不透明度>にそれぞれ<〇〇 *Math.sin (time* 〇) >が適用されていることを確認していただきたい。

MEMO エクスプレッションのみを表示するショートカットキー

E キーを 2 回押すと、エクスプレッションの適用された項目がタイムラインに表示されるので便利だ。元に戻したいときは、もう一度 E キーを押す。

❷ グラフエディターでインターバルを確認する①

画面中央の文字＜ Now loading 中央＞の＜不透明度＞に適用されたエクスプレッション＜ 100*Math.sin (time*1) ＞に＜エクスプレッションをキーフレームに変換＞を実行して、グラフエディター上の値グラフで確認してもらいたい。「100*Math.sin (time*1)」では不透明度の値が 0 ～ 100 の間で time* ◯が「1」なので緩やかなカーブで点滅を繰り返している。0% で停止している直線部分は、不透明度では負の値（-100）などが存在しないため、インターバル期間として同じ間隔で静止している。

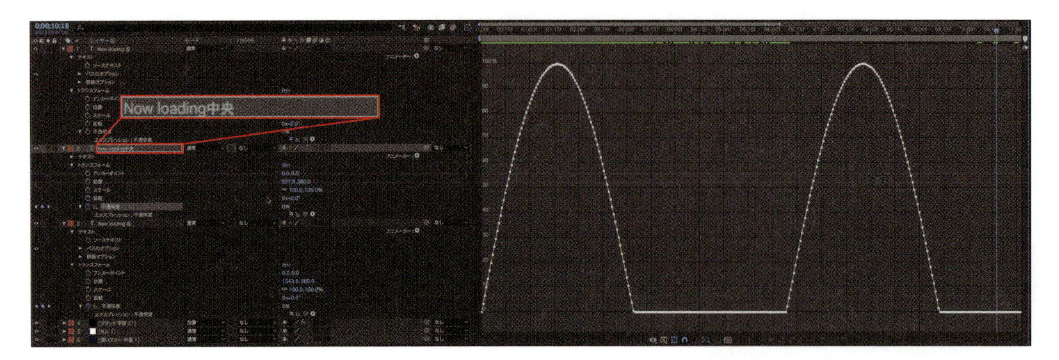

❸ グラフエディターでインターバルを確認する②

続いて＜ Now loading 左＞の不透明度に適用されたエクスプレッション「100*Math.sin (time*10)」を確認してもらいたい。ここでは time* ◯の項目が 10 と設定されているので、そのぶん周期が速くなる。結果点滅が速くなっているのが確認できる。

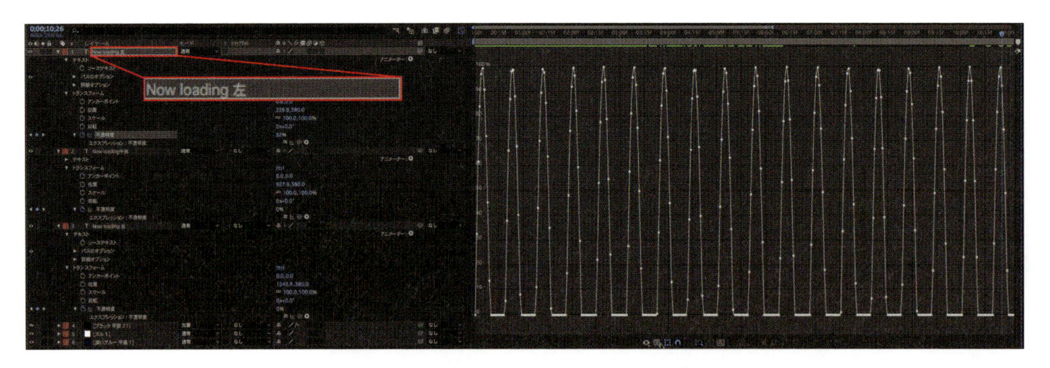

❹ グラフエディターでインターバルを確認する③

最後に＜ Now loading 右＞の不透明度に適用されたエクスプレッション「200*Math.sin (time*1)」を確認してもらいたい。ここでは 200 という数値がポイントなのだが、不透明度は 100% を超えて設定することはできない。しかし、エクスプレッションで倍の 200% と設定されているため、その分てっぺんを上昇し続けているように見える。100% 以上は計測が無理なので、平線としてリミットされ、点灯の幅が長いのが特徴となる。もし仮にグラフの続きがあったとしたらコンポジション画面の円まで達しているようなイメージだ。

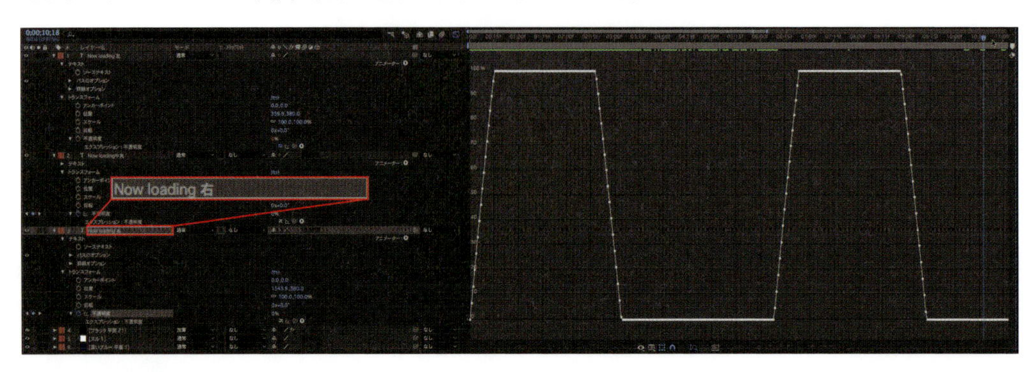

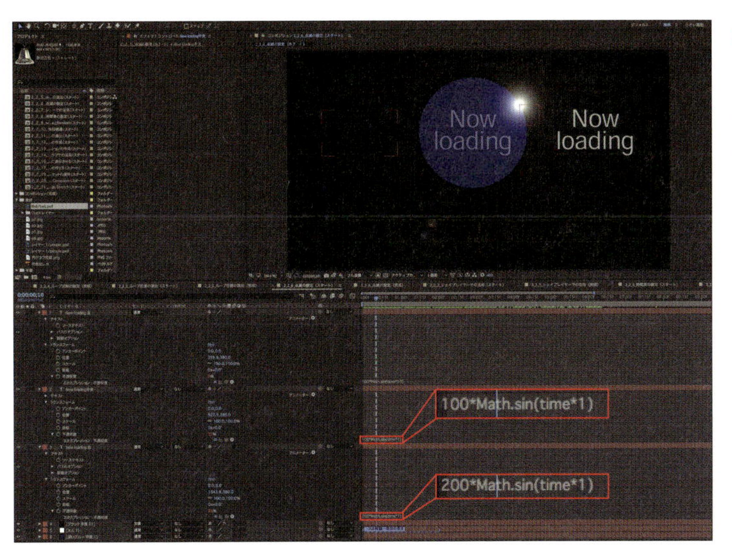

5 不透明度の数値を比較する

< Now loading 中央>の「100*Math.sin (time*1)」と< Now loading 右>の「200*Math.sin (time*1)」の不透明度の数値を比較してみると、てっぺんが場外へ突き出しているぶん、2倍の速さで不透明度の数値が上がっているのも確認できるはずだ。

COLUMN

After Effects と料理の共通点

After Effects で作品を作っていく過程でどうしても思い出すのが「料理づくりとの共通点」だ。私は料理づくりが大好きなので、作る工程上、毎回 After Effects との共通点を見出してしまう。たとえば、これは CHAPTER 1 のネスト化の解説でも重箱にたとえたが、1つのお皿でもそこにたくさんの料理が盛り付けられていれば、それら1つ1つは別のコンポジションで作成され、最後にネスト化されているという具合だ。

図を例に取ると合計6つのコンポジション（チキン、炒め物、ポテトサラダ、フルーツ、芋、フライ）からネスト化され、特に炒めものは複数の食材から成り立っているため、さらに階層が深く感じる。芋はソースが上から全体にかけられていることから、調整レイヤーを使用したに違いない。こうした点を考えると、料理づくりと After Effects はさまざまな共通点があることがわかる。After Effects をうまく使いこなせる人は、料理もうまく調理できるはずだ。逆に料理がうまく調理できる人は、After Effects を始めれば、コツを掴み上達するのも早いだろう。

SECTION

08 点線模様の円形を動かす

ここでは、点線模様の円を動かすモーショングラフィックスを解説する。回転の速度や外点の透明度、円の拡大／縮小などのテクニックを使い作成していく。

エクスプレッションでシェイプレイヤーを自由に動かす

完成動画

利用するプロジェクトファイル：「2_2_ モーション」フォルダ→「2_2_ モーション .aep」ファイル
利用するコンポジション：＜コンポジション（スタート）＞→＜2_2_7_ シェイプレイヤーでの活用（スタート）＞
コンポジションを開くと、線の途切れた円が確認できる。ここでは、最終的に左図のように中央の円が拡大／縮小を続けていくなかで、外円がクルクルと回転して、さらにその外側の点線模様が動いていく演出を施していく。

外円の設定を確認する

1 シェイプレイヤーに適用されたエクスプレッションを確認する

まずは、シェイプレイヤーで作成された 3 つの図形に「◯◯ *Math.sin（time* ◯)」がそれぞれ適用されていることを確認してほしい。シェイプレイヤーの破線の作り方をまだ理解できていない方は、下記動画をご覧いただいた上でチャレンジしていただきたい。

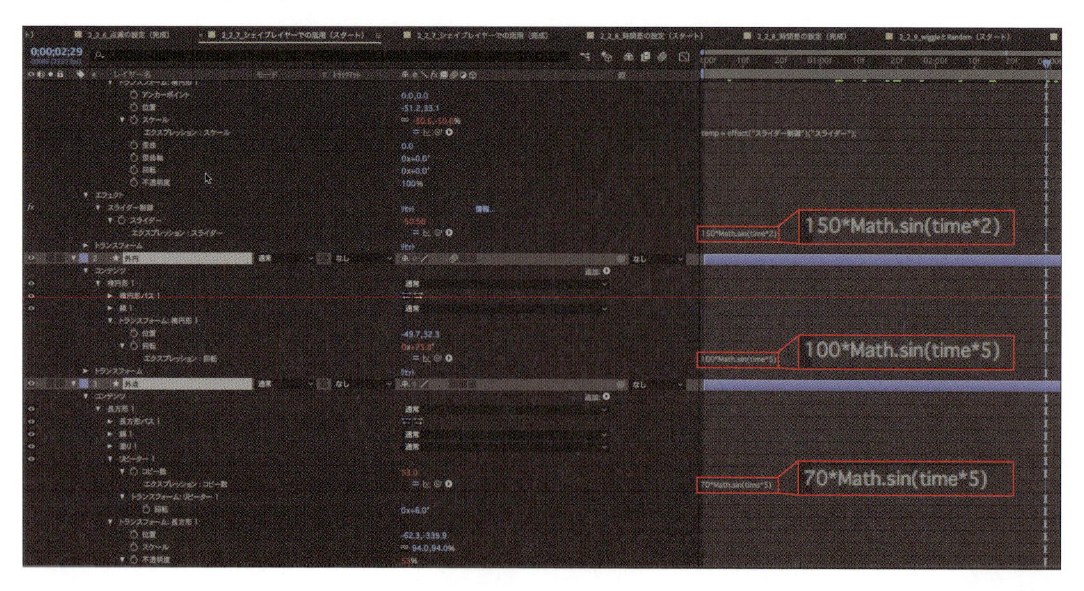

 シェイプレイヤー破線の解説動画 

 シェイプレイヤーとマスクの切り替えの解説動画 

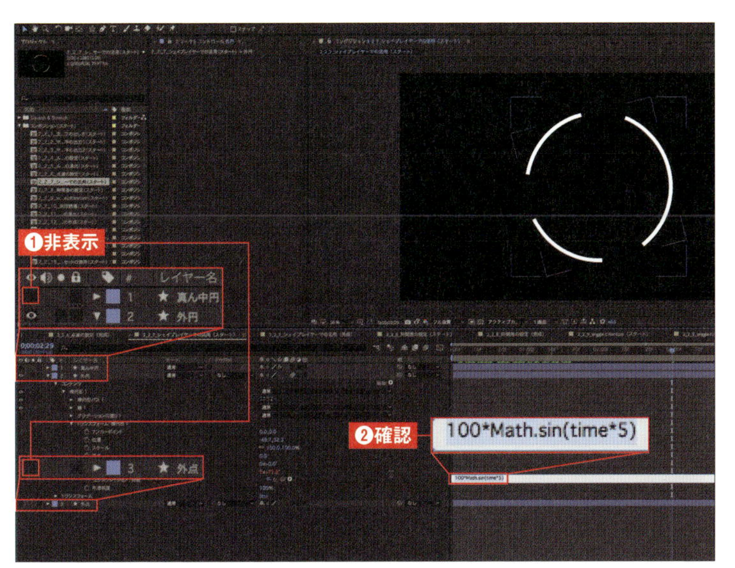

❷ 回転の速度を確認する

<外円>のみを表示させて確認してみよう❶。図のように破線を使用したシェイプレイヤーの<トランスフォーム：楕円形 1 >の<回転>のエクスプレッションでは< 100*Math.sin（time*5）>と設定している❷。こうすることで、100 度と－100 度の間を若干速めに自動回転するような演出が行える。なお、回転モノのシェイプレイヤーを作成する場合には、必ず中心点の設定（Option + Command + Home キー、Windows では Alt + Ctrl + Home キー）をしておくことを忘れないようにしよう。

MEMO

アンカーポイントの設定

シェイプレイヤーの中心にアンカーポイントを毎回移動させるのが面倒な方は、<編集>メニュー→<環境設定>→<一般設定>で表示される環境設定の画面で<アンカーポイントを新しいシェイプレイヤーの中心に配置>のチェックを入れておけばデフォルトで適用される。

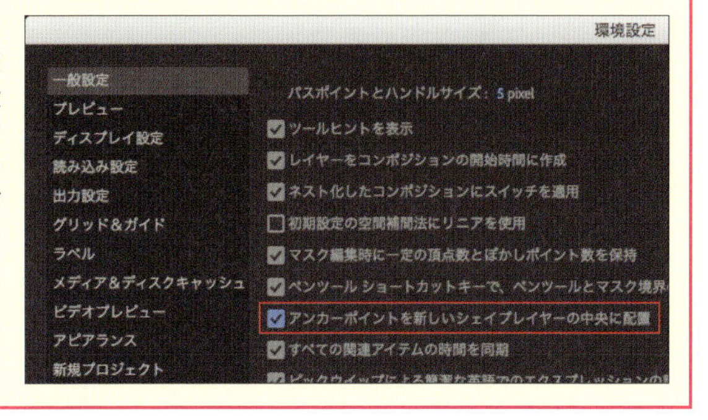

外点の設定を確認する

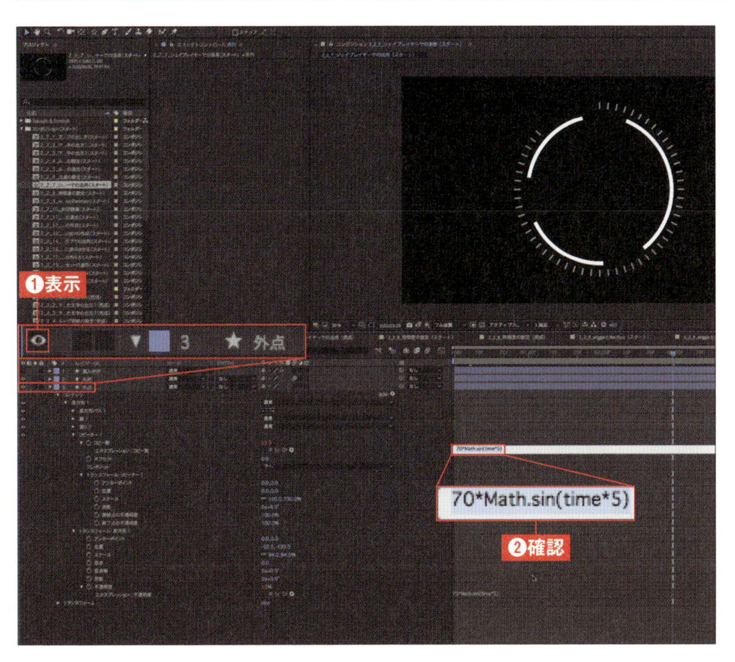

❶ 点線模様の設定を確認する

<外点>を表示させてみよう❶。この部分は円の外側に点線模様をシェイプレイヤーで配置し、リピーターを使用して点線模様のコピー数が60 で一周するような設定を行っている。つまり、エクスプレッションは「70*Math.sin（time*5）」と入力している❷。60 で一周するので60 でも構わないのだが、70 とあえて多めの数値を入力してインターバル時間を持たすことで円の表示の円滑さを演出している。time*5 は外円と同じ速さの設定だ。

❷ 不透明度の設定を確認する

続いて、シェイプレイヤーの＜トランスフォーム：長方形 1 ＞の＜不透明度＞を「70*Math.sin（time*5)」と入力した。レイヤープロパティ内で複数のエクスプレッションを適用することで、外円の回転に合わせて外点が徐々に現れてくるようになる。

MEMO　不透明度の設定

ここでの透明度は、最大 70％を上限としてリピーターの速さにあわせて time*5 と設定している。

真ん中円の設定を確認する

❶ 拡大／縮小を自動化する

最後に＜真ん中円＞を表示して選択する❶。拡大／縮小を自動化したいため、＜トランスフォーム：楕円形 1 ＞の＜スケール＞にエクスプレッションを適用（＜アニメーション＞メニュー→＜エクスプレッションを追加＞を選択）する❷。続けて「150*Math.sin（time*2)」と入力してみよう❸。入力すると画面のようにエクスプレッションのエラーのアラートが表示される❹。これはエクスプレッションの言語に間違いなどがあったときや、リンク切れがあったときなどに出るアラートだ。アラートが出た場合には記載を削除するか、正しい言語の適用でもとに戻る。

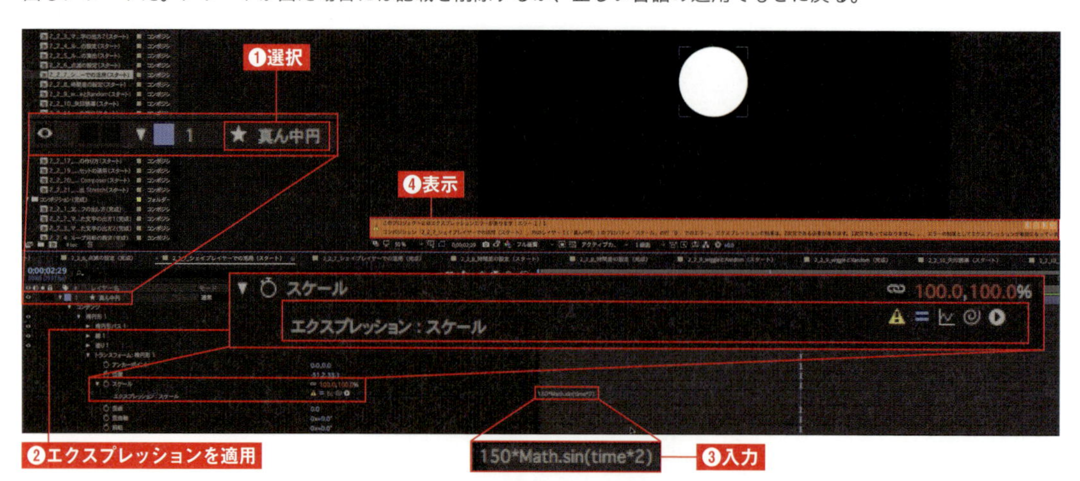

MEMO　エラーのアラートが表示された理由

適用した「150*Math.sin（time*2)」は基本的には 1 つのプロパティの値にしか適用ができず、ここでのスケールの値は X,Y と 2 つに分かれているためにエラーが表示されてしまったのだ。

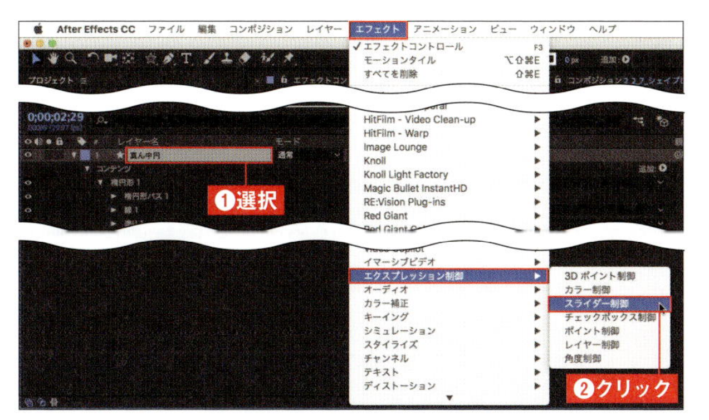

❷ エラーを解消する

ここでのエラーを解消するには、2つに別れた数値を統合して制御すればよい。＜真ん中円＞のレイヤーを選択し❶、＜エフェクト＞メニュー→＜エクスプレッション＞→＜スライダー制御＞をクリックする❷。このスライダー制御は、ほかのプロパティとつなげることでエクスプレッションなどのコントロールをスライダー調整できるエフェクトだ。

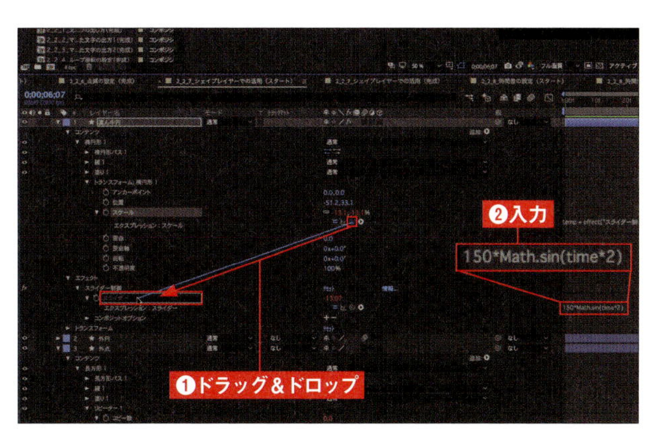

❸ スライダー制御を可能にする

無事適用できたら、＜スケール＞の＜エクスプレッション＞の＜エクスプレッションピックウィップ＞を、＜エフェクト＞の＜スライダー制御＞の＜スライダー＞にドラッグ＆ドロップで連結する❶。こうして連結されたスケール値は、スライダー制御の1つのプロパティに統合され、調整することができるので、この部分にエクスプレッションで「150*Math.sin（time*2)」を入力すると❷、自動でX,Yの両方に当てはめられ大きさが変わるのが確認できる。

「○○ *Math.sin（time* ○)」に関しては「2_2_7_ シェイプレイヤーでの活用（完成)」にバラエティー豊かなシェイプレイヤーを使用した例を示しているので、ぜひこれらも参考にして理解を深めていってもらいたい。

MEMO

海外版のプロジェクトファイルについて

海外のチュートリアルでプロジェクトファイルをダウンロードして使ってみると、いきなりアラートが出る場合がある。これはそれらプロジェクトでのエクスプレッション言語が複数に英語と絡み合っているため、After Effects 日本語版で再現ができないためだ。こうしたときは、After Effects の英語版を使用すれば解決できる。

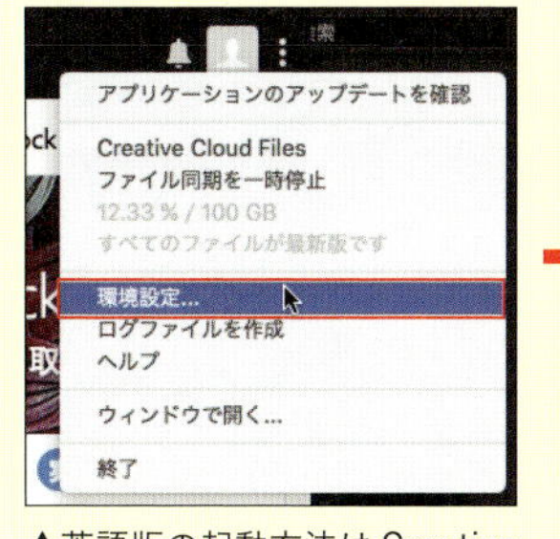

▲英語版の起動方法は Creative Cloud から環境設定を選択する

◀＜Creative Cloud＞を選択し、＜製品の言語＞プルダウンから各言語を選択することができる

SECTION

09 時間差で光玉を追尾させる

ここでは、エクスプレッションで時間の遅延を設定する方法を解説する。地味な画面が続くが、モーションの基本となるものなのでマスターしてほしい。

エクスプレッションで時間差の設定を行う

完成動画

利用するプロジェクトファイル：「2_2_ モーション」フォルダ→「2_2_ モーション .aep」ファイル
利用するコンポジション：＜コンポジション（スタート）＞→＜2_2_8_ 時間差の設定（スタート）＞

完成動画で確認してほしいが、ここでは楕円を中心に＜ヌル 1 ＞が回転するような動きを設定している。マスクに沿ったモーションの設定方法がわからない方は、P. 200 の「文字をパスに沿って移動する」、P.205 の「文字をループ再生する」を再度確認してもらいたい。

光玉を時間差で追尾させる

1 画面を確認する

まずは画面を確認してほしい。今回は＜ヌル 1 ＞の動きに合わせて、シェイプレイヤーの光玉を時間差で追尾させる設定を行っていこう。

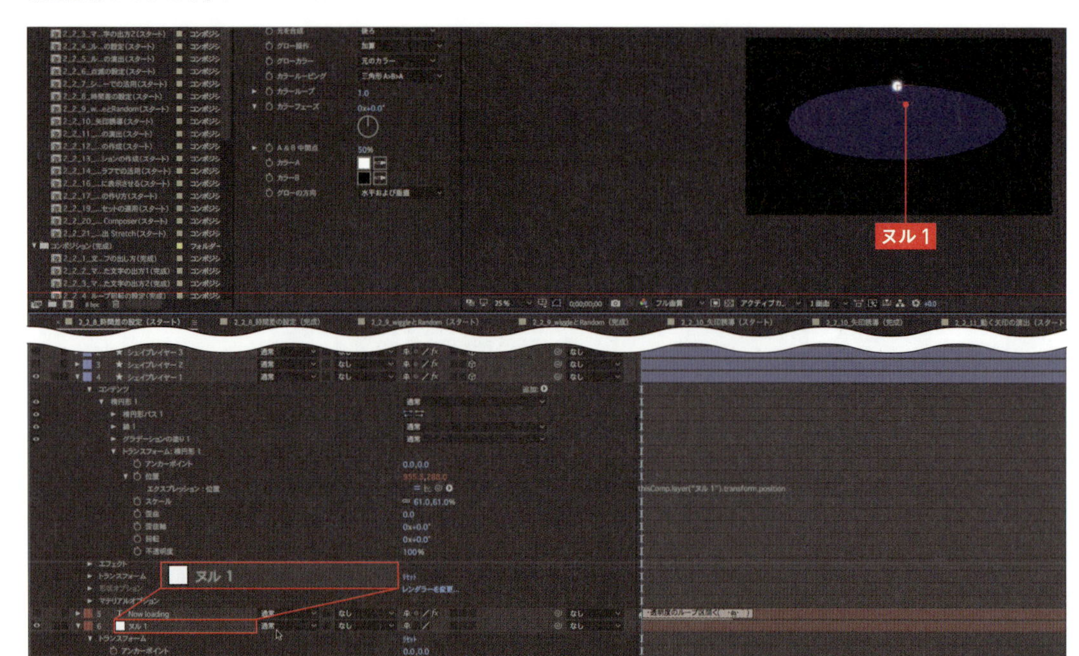

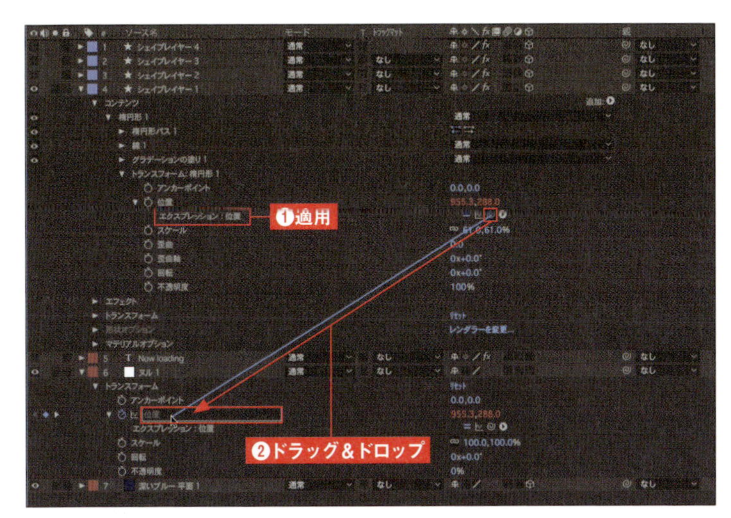

❷ ヌルと同じ軌道で光玉を移動させる

＜シェイプレイヤー 1 ＞の＜位置＞は、ヌルと同じ動きにするために、＜シェイプレイヤー 1 ＞の＜トランスフォーム：楕円形 1 ＞の＜位置＞にエクスプレッションを適用する❶。ここでは、＜エクスプレッションピックウイップ＞で＜ヌル 1 ＞の＜位置＞と同期させている❷。これでヌルと同じ軌道を描いて光玉が移動する設定になっている。

❸ 光弾を設定する

光玉は、続いて近づいてくる光弾なので＜トランスフォーム：楕円形 1 ＞の＜スケール＞の値をヌルの移動範囲に合わせて近づいてくるように拡大設定を行う。全体が 2 秒で一周している計算になるので、ここでは 3 つのキーフレーム＜ 00:00f ＞で＜ 60.0% ＞に❶、＜ 01:00f ＞地点で＜ 170.0% ＞に❷、＜ 02:00f ＞地点で＜ 60.0% ＞に設定する❸。こうすることで一番接近している 1 秒地点＜ 01:00f ＞が最も拡大された形となる。

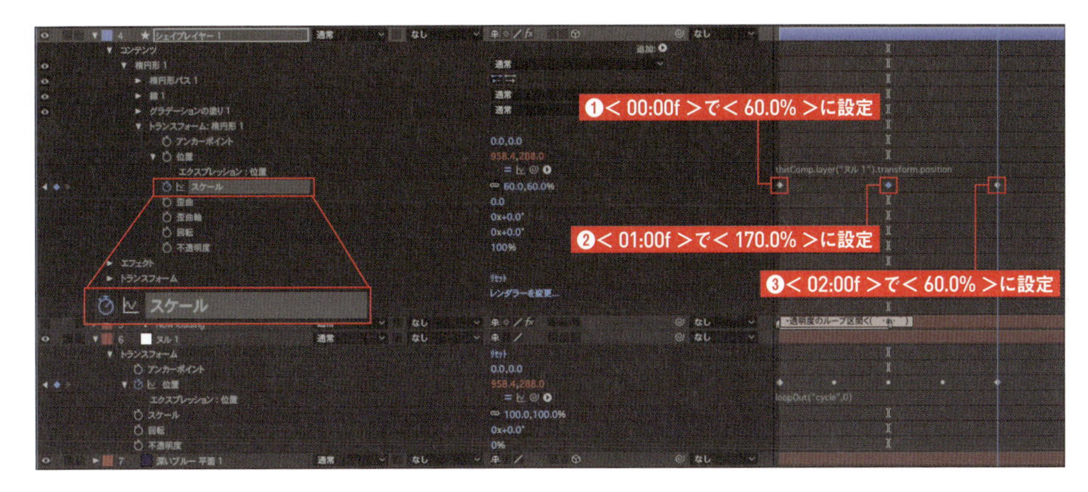

❹ 光玉の大きさの変化をループさせる

光玉の大きさの変化もループさせたいので、楕円形の＜スケール＞の値に続けてエクスプレッションを適用し❶、「loopOut（"cycle",0)」と入力する❷。こうすることで自動的に 2 秒間隔でスケールのループが作成される。スケールのキーフレームには滑らかに拡大や縮小するようにイージーイーズ（ショートカットキー：F9 キー）を適用しておこう。

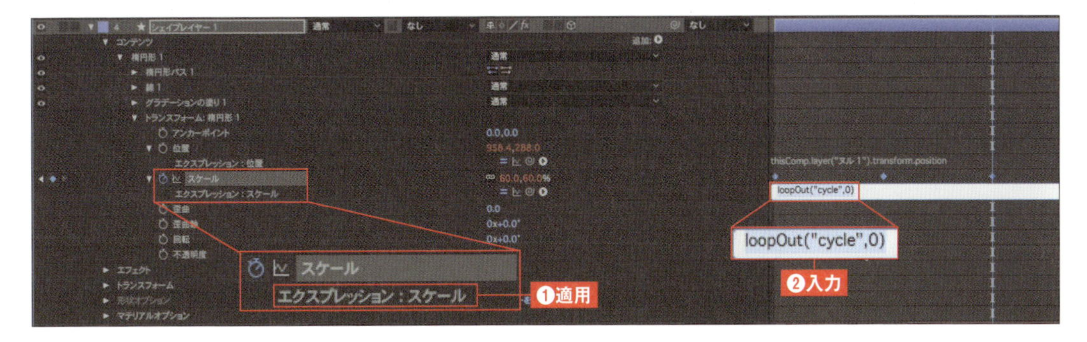

複製したシェイプレイヤーに設定を施していく

1 キーフレームをシフトする

<シェイプレイヤー 2 >を表示して❶、展開してみよう。このプロパティの設定は<シェイプレイヤー 1 >とすべて同じ設定で複製されたものだ。ここでは、<スケール>を選択し❷、すべてのキーフレームを選択して❸、<スケール>の始まりのキーフレームを 0 秒< 00:00f >から< 00:15f >地点にシフトさせてみよう❹。今回は玉を 4 つ表示させるため、15 フレームずつシフト表示させていく。

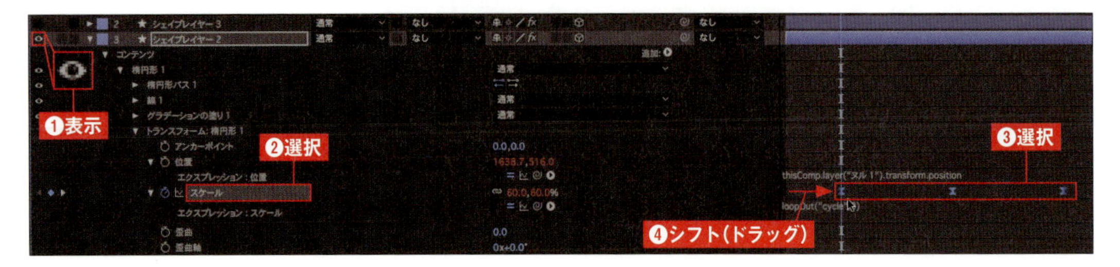

2 エクスプレッションに記述を追加する

最後に位置のプロパティでヌルと同期したエクスプレッションの記述に「.valueAtTime（time - 0.5)」を追加する。全体の記述では「thisComp.layer（" ヌル 1")．transform.position.valueAtTime（time - 0.5)」になる。「.valueAtTime (time - 0.5)」という記載を追加することでタイミングをずらして各プロパティをコントロールすることができる。ここではヌルの位置に沿って移動するシェイプレイヤーだが、「-0.5」の記載により、0.5 秒 =15 フレーム分遅れて移動してくださいという意味になる。

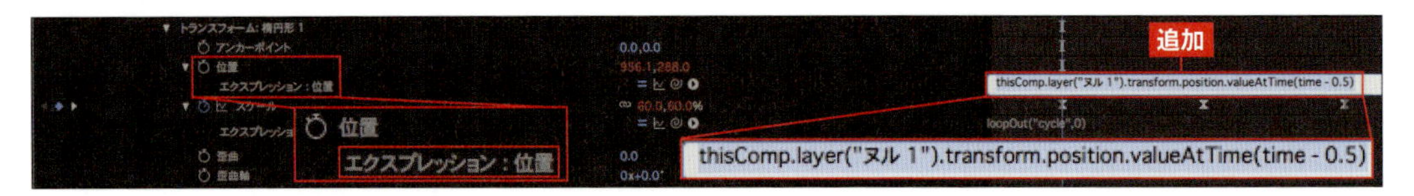

3 そのほかのシェイプレイヤーを設定する

同じように、複製された<シェイプレイヤー 3 ><シェイプレイヤー 4 >を開いてスケールを 15 フレームずつシフトさせて❶、エクスプレッションに図のような設定をしてみよう。<シェイプレイヤー 3 >には「thisComp.layer（" ヌル 1")．transform.position.valueAtTime（time - 1)」という記述を❷、<シェイプレイヤー 4 >には「thisComp.layer（" ヌル 1")．transform.position.valueAtTime（time - 1.5)」という記述を施せばよい❸。無事完成できると、それぞれの光玉が 15 フレームずつ遅延しながら移動していくのが確認できる。

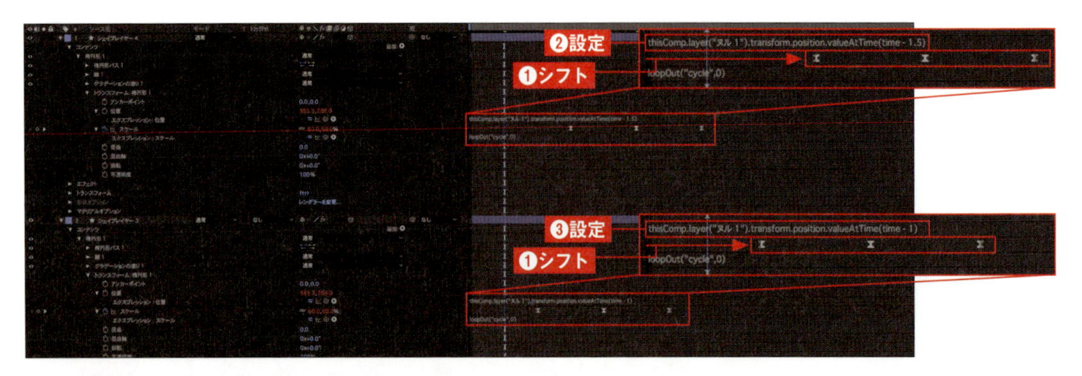

MEMO .valueAtTime (time- ●) について

ここで説明したエクスプレッションは、CHAPTER 1 の「エクスプレッションによる吹き出しを演出する」で最初に解説したエクスプレッションだ（P.079 参照)。復習もかねて、再度見直してみてもよいだろう。

SECTION

10 ランダムに点滅する光玉と回転する円を作る

ここでは、エクスプレッションでも重要なWiggleとRandomについて解説する。Wiggleで周期的な変動値、Randomで範囲指定した変動値を作り出す。

エクスプレッション言語で設定する

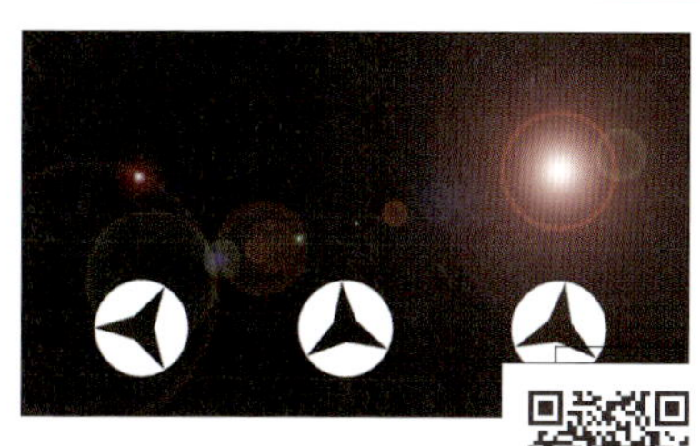

完成動画

利用するプロジェクトファイル:「2_2_モーション」フォルダ」フォルダ）→「2_2_モーション.aep」ファイル
利用するコンポジション：＜コンポジション（スタート）＞→＜2_2_9_wiggleとRandom（スタート）＞
コンポジションを開くと、フレアのかかった光玉と、下部に3つの円が配置されているのがわかる。それぞれが動きのある動作で変化するように、最終的に左図のような演出を施していく。

RandomとWiggleを理解する

1 フレアの明るさと回転の同期を確認する

シェイプレイヤーとブラック平面で全体を構成しているが、シェイプレイヤーは回転するハンドルのような形を作り、ブラック平面では描画モードで「加算」を適用してレンズフレアをかけている。図では＜★左ハンドル部分連動光＞と＜★左ハンドル部分＞を展開して、ハンドルの＜回転＞の具合を＜レンズフレア＞の輝度である＜エクスプレッション:フレアの明るさ＞で確認できるように、エクスプレッションを適用して❶、フレアの明るさと同期を図っている❷。これでハンドル回転とフレアの明るさの両方でWiggle、Randomを視覚的に確認できる。

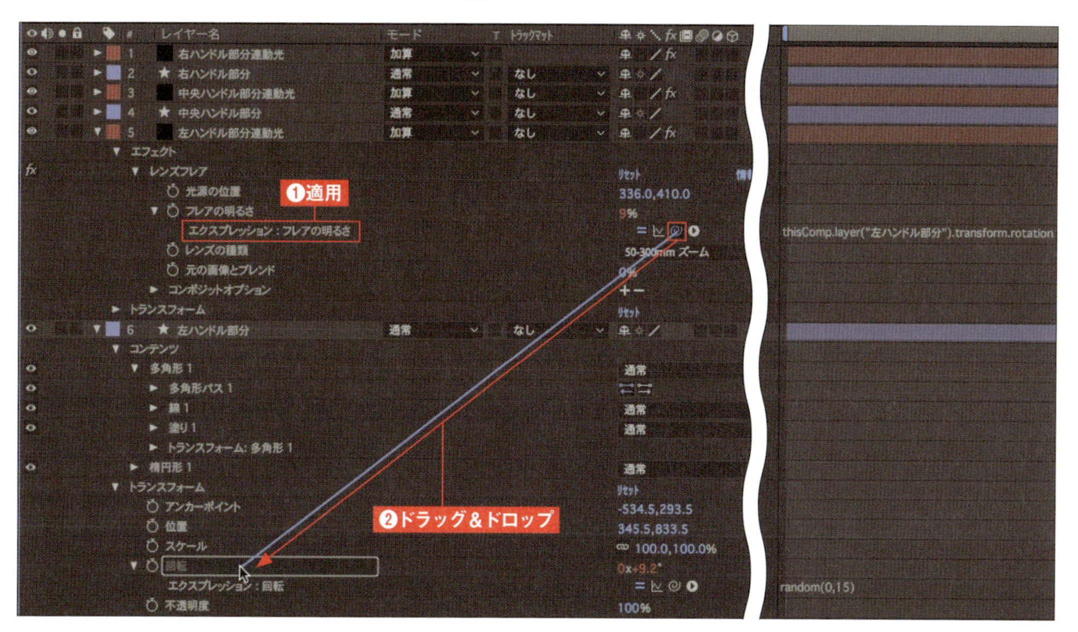

❷ Randomの設定を確認する

Random について解説していこう。トランスフォームの＜回転＞項目にエクスプレッションが適用されており、「random (0,15)」と記載されている。プレビューして確認してみると、ハンドルの回転はあまりなく、フレアの明るさも 0 ～ 15 の範囲で光っているのが確認できるはずだ。

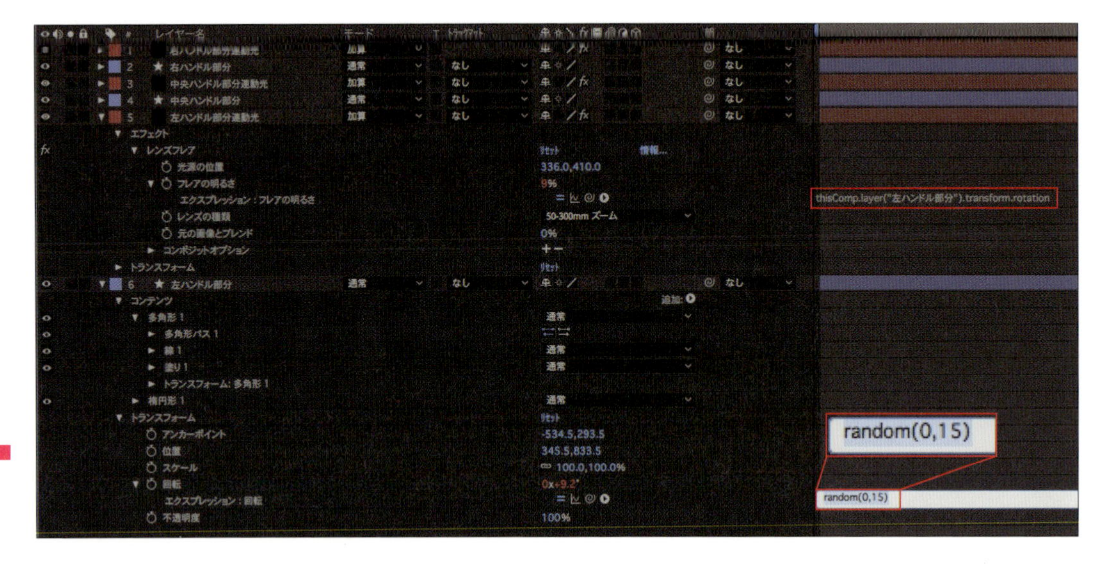

MEMO

Random とは

この「random」とは記載された数字の範囲でランダムに数値を変化させるというエクスプレッション言語だ。ここでは、＜回転＞プロパティに適用されていることから、**0 ～ 15 度までの数値を 1 フレームごとにランダムに適用する設定となる。たとえば 30 度～ 2 回転までの数値を 1 フレームごとにランダムに適用したい場合には、random（30,720）と設定、**各数字の値を変化させることで適用範囲を広げたり、狭めたりすることができる。

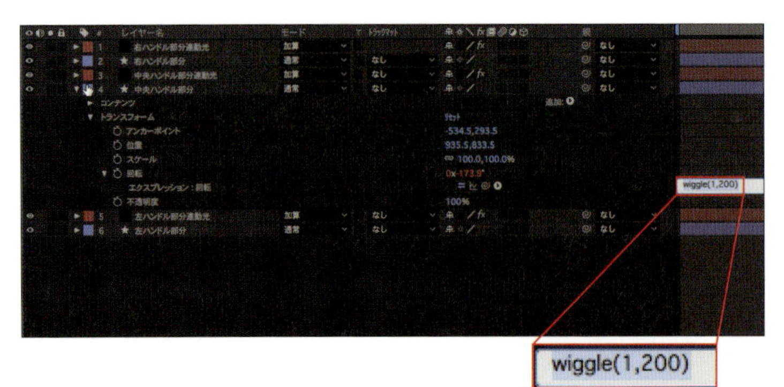

❸ Wiggleの設定を確認する

＜中央ハンドル部分＞を展開すると、＜エクスプレッション：回転＞には「wiggle (1,200)」と記載されている。

MEMO

Wiggle とは

この Wiggle は、After Effects の機能の 1 つであるウィグラーと同じ機能を持っており、キーフレームベースだけではなくエクスプレッション上で実行できる便利な機能だ。この「wiggle」とは直訳すると「ピクピク動く」という意味だが、前述した「random」と違い、記載する**数値はそれぞれ「頻度」と「強さ」の値となる。「頻度」とは 1 秒間にどの位の度合いで数値が変わるかといったキーフレームの間隔部分を指す。「強さ」は数値の強弱を指す。**

ここでは（1,200）と記載しており、これは「1 秒間に 1 回の頻度」、「200 の強さ」で回転させてくださいという意味になる。200 は強さを指すが、200 度という厳密な数値ではないのが「random」と違うところだ。これが「wiggle（30,20）」だと「1 秒間に 30 回の頻度」、「20 の強さ」で回転してくださいという設定に変わる。なお、頻度はコンポジションで設定した 1 秒間の値以上は設定できない（例：1 秒間 29.97 フレームでの HD 設定では、30 以上の数値を入力しても頻度は増えない）。

Wiggleの操作をより理解する

1 ウィグラーパネルでの設定を確認する

試しにAfter Effectsのウィグラーパネルでの機能と同じように設定してみたので参考にしてもらいたい。

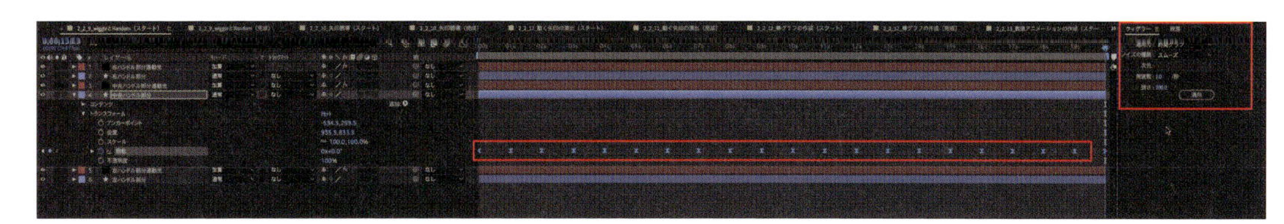

After Effectsでウィグラーパネルでの解説動画

2 動きを変える

次に「wiggle (0.5,200)」と入力してみよう。0.5では頻度が2秒間に1回に変わるので、さらにゆっくりに動く。

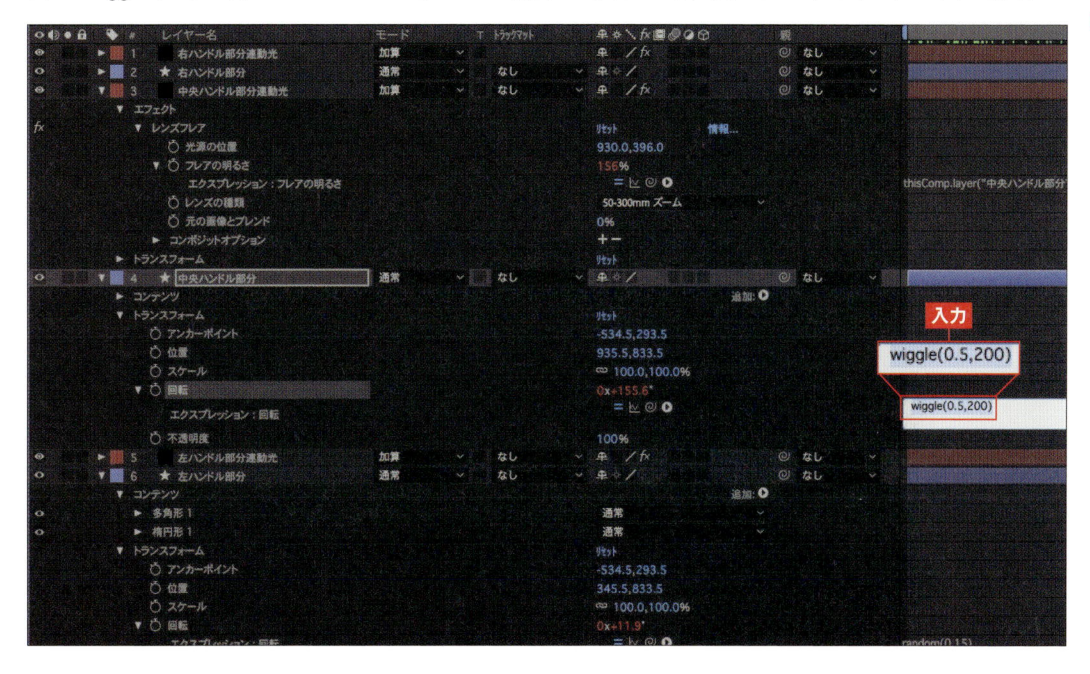

3 回転の数値を変更する

元に入力された数値をベースに強さが加算されていくのが、randomと違うwiggleの特徴だ（ちなみに、大文字／小文字が違うだけでエラーが発生する）。図のように回転の数値を< 180 >に変更してみると、180を起点として**プラスマイナス方向**ともに加算される。時間軸が0秒地点（00:00f）の例としては、75.8°であるが、180に変更されたものは255.8°と180°プラスされているのが確認でき、同期したフレアの明るさもデフォルトで明るくなっているのが確認できる。

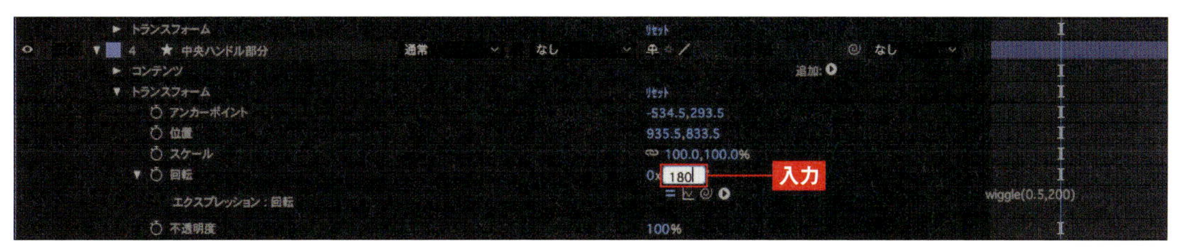

MEMO Wiggleの特徴

Wiggleの設定値（引数）には「頻度」(freq) と「強さ」(amp) 以外にも「オクターブ」(octaves) という第3番目の値が存在する。オクターブは、Wiggleを適用したときに変動の細かさを調整できるものだ。わかりやすくたとえると、会話におけるメリハリのようなものに近い（オクターブを入力しないケースでは初期値1に設定されている）。

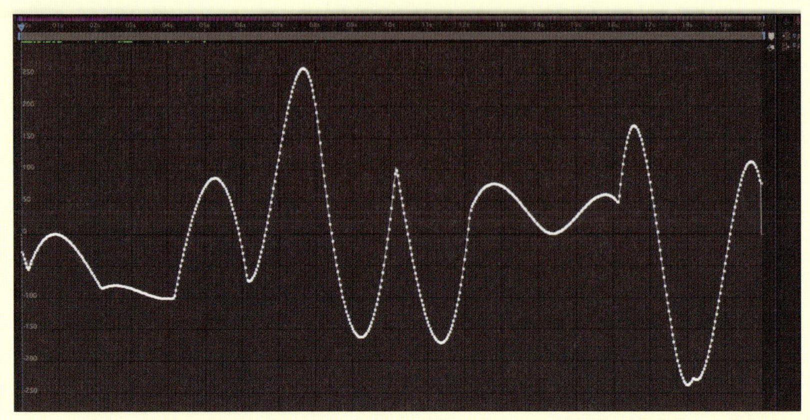

▲「wiggle (0.5,200)」「wiggle (0.5,200,1)」をキーフレームに変換した図。「オクターブ」の値は「1」がデフォルトとなる（省略可能）。なだらな曲線でゆっくりと変化していくイメージとなる。会話でたとえると「まったり」した会話となる

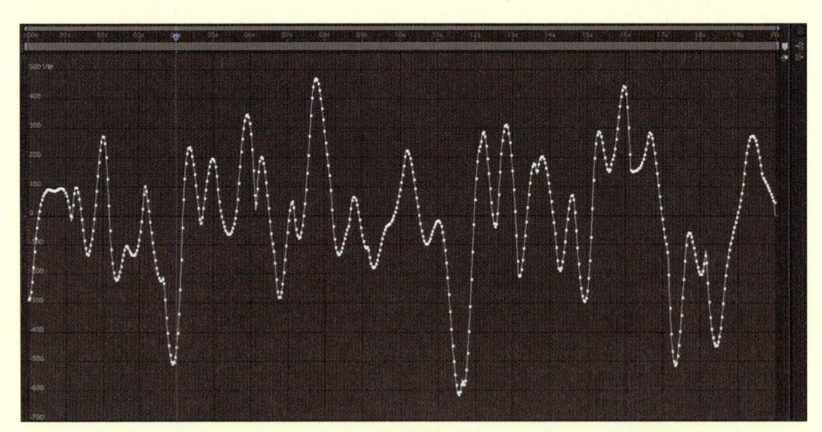

▲「wiggle (0.5,200,3)」をキーフレームに変換した図。「オクターブ」の値を大きくすると、変動が頻繁になり、グラフ上でも細かな変化が見てとれる。会話でたとえると「せかせか」した会話となる

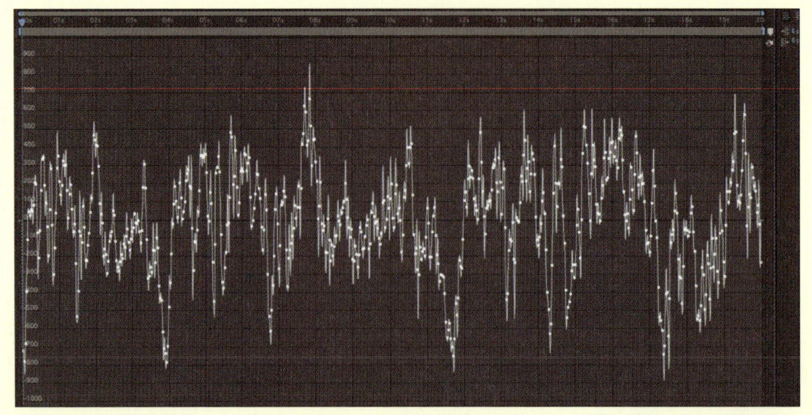

▲「wiggle (0.5,200,50)」をキーフレームに変換した図。「オクターブ」の値がさらに増加して、会話でたとえると「論争」状態だ！

フレアの光を調整する

1 Math.absを利用する

操作を続けていく。最後に一番上の<★右ハンドル部分>の<回転>のエクスプレッションを見てみよう❶。ここでは「Math.abs (wiggle (1, 200))」という言語が記述されているが❷、後半はすでに解説したwiggleの機能となる。前半のMath.absは「-」マイナスの数値を表示させないための言語となる。連動しているフレアの明るさ部分を中央と比較して見ていただくとわかるが、フレアの光が途切れなく消えないのだ。

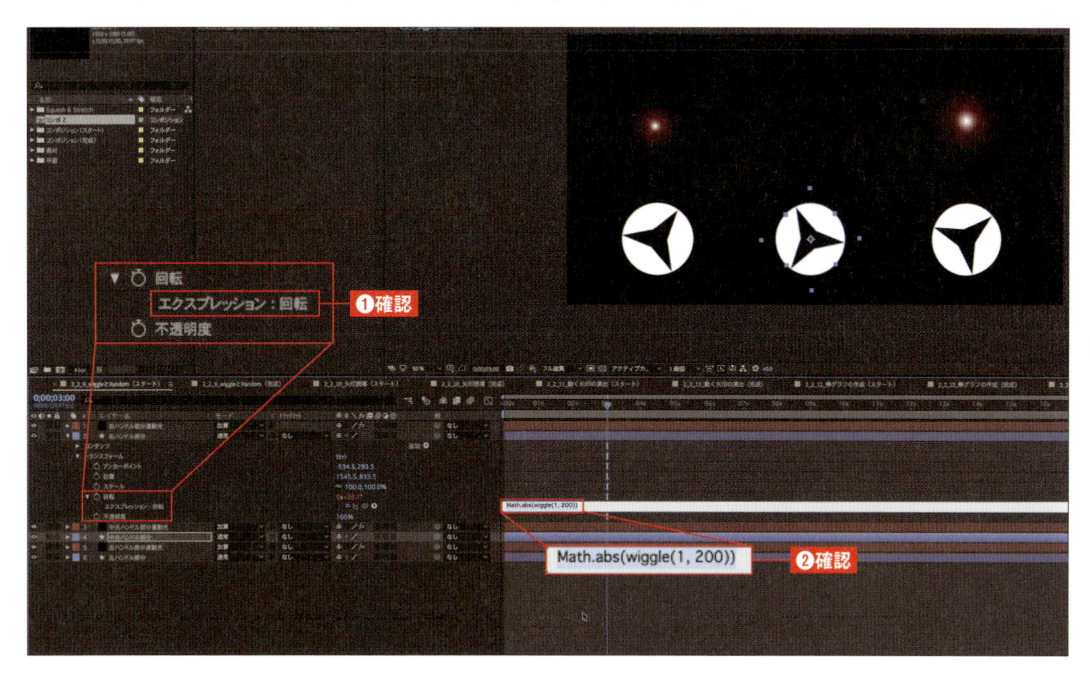

2 グラフエディターで確認する

エクスプレッションをキーフレームに変換してグラフエディターで確認すると、中央の「wiggle (1,200)」(左図) は0よりも下である「-」マイナス側もグラフの値が上下しているのに対し、「Math.abs (wiggle (1, 200))」(右図) では、0よりも下にはグラフの値が下がらない形となる。これにより「-」マイナスぶんのロスが発生しないためにフレアの光が途切れなく消えないのだ。Math.absはいろいろと応用が効く技なので、ぜひ覚えておいてもらいたい。

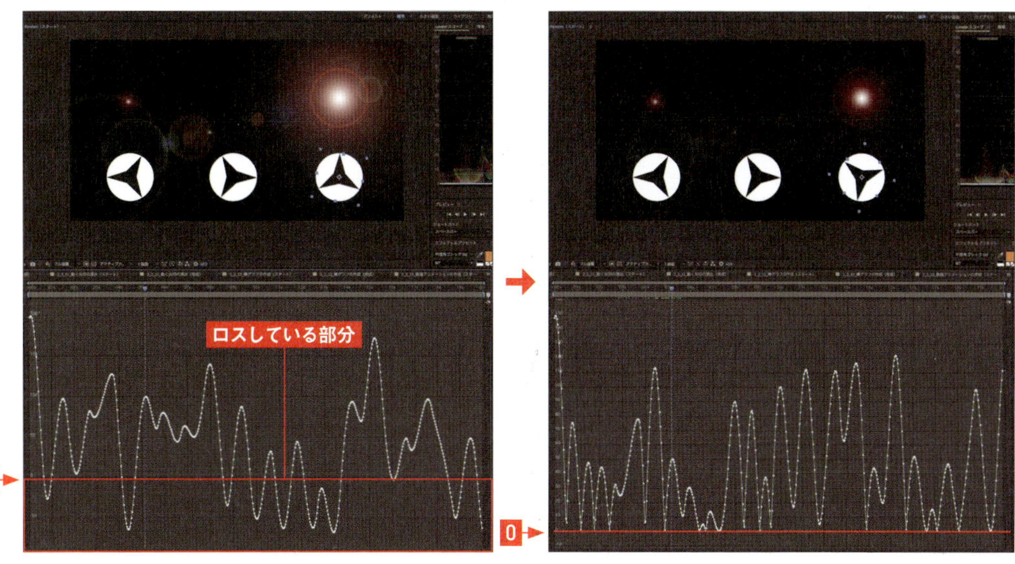

SECTION

11 誘導アニメーションを作成する

矢印やシルエット、記号などを使用して誘導を促すアニメーションを作成する。ここでは、誘導モーションについて解説していこう。

基本的なエフェクトを使用して演出する

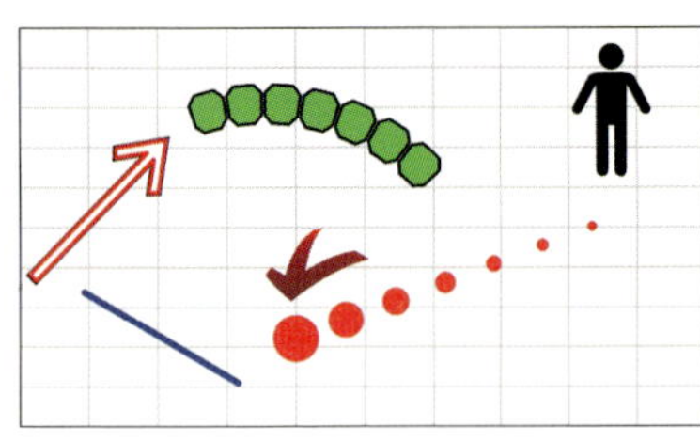

完成動画

利用するプロジェクトファイル：「2_2_モーション」フォルダ→「2_2_モーション.aep」ファイル
利用するコンポジション：<コンポジション（スタート）>→<2_2_10_矢印誘導（スタート）>
コンポジションを開くと、矢印やシルエット、記号などが確認できる。最終的には、ソーシャル動画の指示や解説の表現でよく使われる左図のような演出を施していく。どの操作も今まで解説した基本的なエフェクトを使用しているので、各レイヤーを個別に表示させて、それぞれのエフェクトコントロールパネル内のエフェクトを適用し、キーフレームを付け足して確認していこう。

テキストをマスクに変換してエフェクトを適用する

1 リニアワイプを設定する

下のレイヤーから順を追って解説していく。<→>と<ホワイト平面 13>以外を非表示にして❶、<→>を展開して❷、P.196の「文字とグラフをワイプする」と同じく<リニアワイプ>を使用して、現れ方を設定する❸。矢印の方向によってワイプの角度を調整するのがポイントとなる。

MEMO 「→」について

一番下の「→」は、テキスト文字で「やじるし」と入力して文字変換していくと表示される「→」だ。別途シェイプレイヤーで作成しても構わない。なお、これらの「→」は、<レイヤー>メニュー→<作成>→<テキストからマスクを作成>を適用することで、テキストをマスクの形式に変換できる。マスクの形式に変換することで、マスクに適用できるバラエティー豊かなエフェクトのレパートリーを増やすことができる。

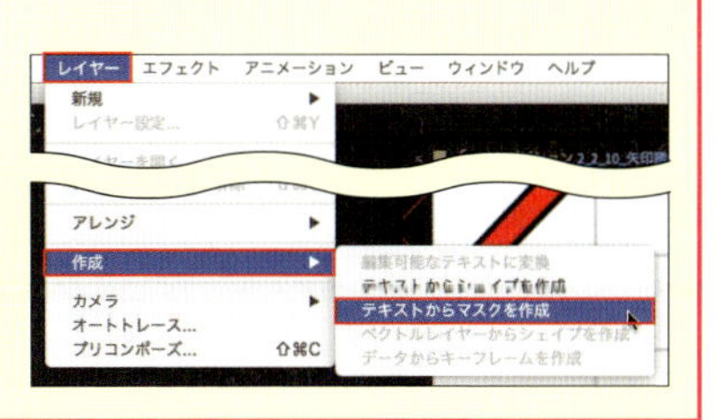

❷ エフェクトの<線>を適用する

ここでは<→アウトライン>に❶、<エフェクト>メニュー→<描画>→<線>で、エフェクトの<線>を適用してみた❷。プレビューで確認すると、↑のマスク部分に沿って線が描かれているのが確認できるはずだ❸。

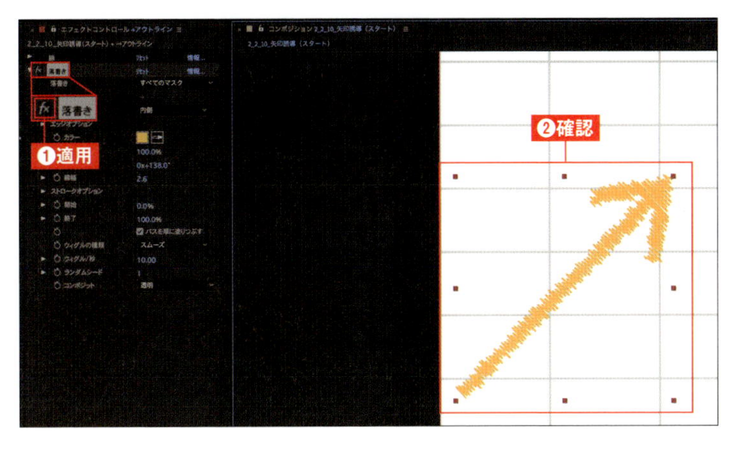

❸ 落書き調の矢印に変更する

線エフェクト以外にもマスクに適用できるエフェクトは多数存在する。同じように<→アウトライン>に、<エフェクト>メニュー→<描画>→<落書き>エフェクトを適用し❶、落書き調の矢印に変更にしてみた❷。

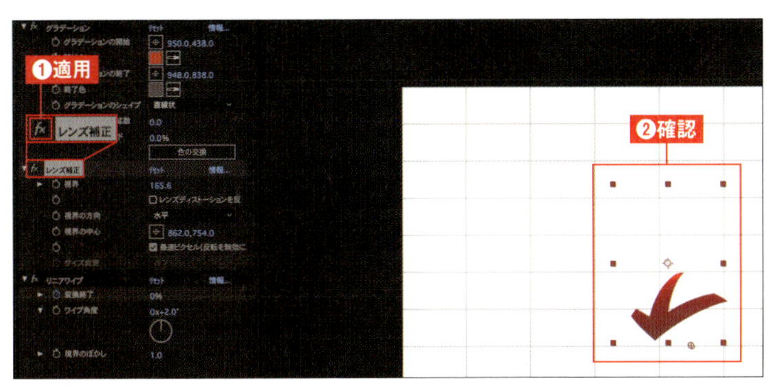

❹ 奥行を感じさせる矢印に変更する

奥行き感のある矢印を演出する場合には、<エフェクト>メニュー→<ディストーション>→<レンズ補正>を適用してみよう❶。このように、エフェクトを適用することでレンズの歪みを作り出し、奥から手前に現れるような矢印の演出も可能だ❷。

文字図形を作成する

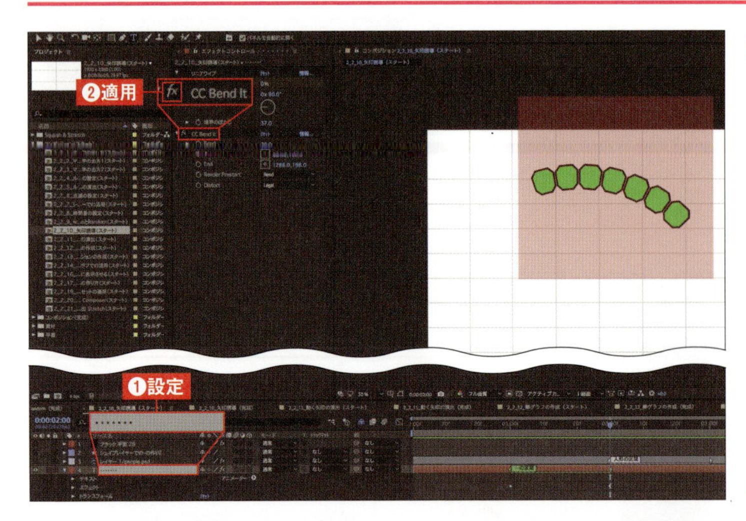

❶ カーブする文字図形を作成する

矢印と同様に文字変換で「…」と入力し、文字パレットから文字の外線を付け足したり、大きさや文字のトラッキングなどを調整したりすることで、見栄えのする図形文字も作成できる❶。同様にリニアワイプで現れ方を調整し、直線的でなくカーブを描くようにしたい場合には、<エフェクト>メニュー<ディストーション>→< CC Bend It >などを使用して曲げてしまう設定も可能だ❷。

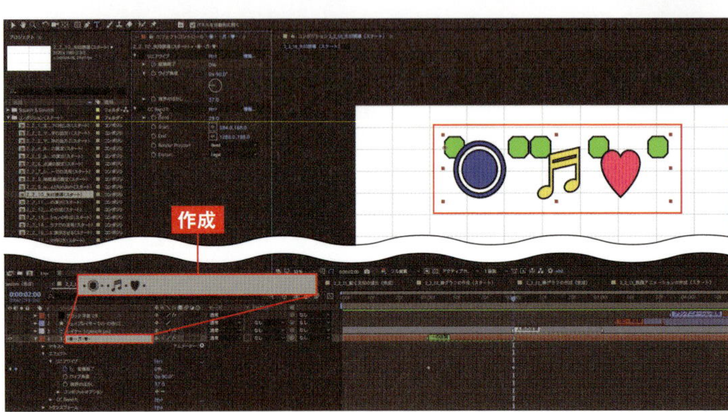

❷ 文字記号を活用する

こうした文字ツールでは「…」以外にもハートマークや♪、◎などのさまざまな記号を使うことができ、フォントの種類を選ぶことでさまざまなバリエーションを演出することが可能だ。「ハート」「おんぷ」「まる」などの文字変換を使って、いろいろとチャレンジしてもらいたい。

TIPS

さまざまな記号を作り出すことができるフォント

記号文字は<フォントファミリーを設定>から「Wingdings」「Webdings」などを選択することで、さらにバラエティー豊かな記号などを表示させることもできる。図では DENPO-ZI と記載したら「ドクロ」などの記号文字が出現した！

文字変換以外で演出を施す

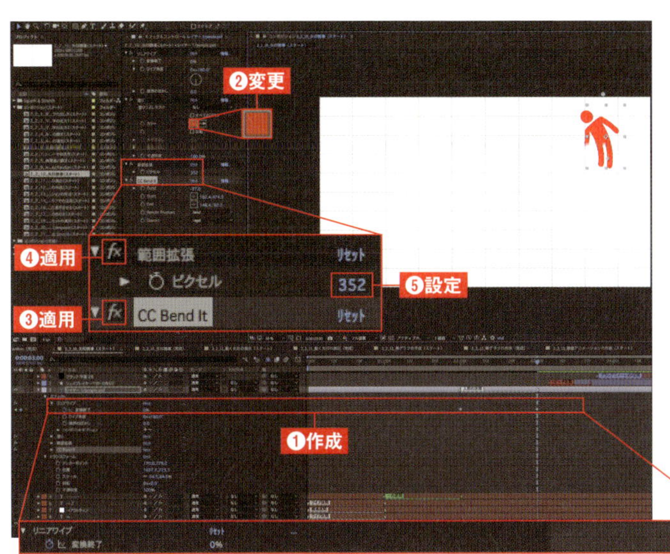

① シルエットを演出する

文字以外では Photoshop レイヤーなどから写真やイラストを持ってきた場合にもリニアワイプが有効だ。ここではリニアワイプで人が下から現れるモーションを作成し①、黒いイラストを<塗り>で無理やり赤にかえている②。また、< CC Bend it >で人のシルエットを曲げており③、この影響でクロップされた分を補うために、<範囲拡張エフェクト>を適用した④。ピクセルを CC Bend it の手前に置き、数値を「352」と入力することで⑤、横に曲がったときの削りを回避している。

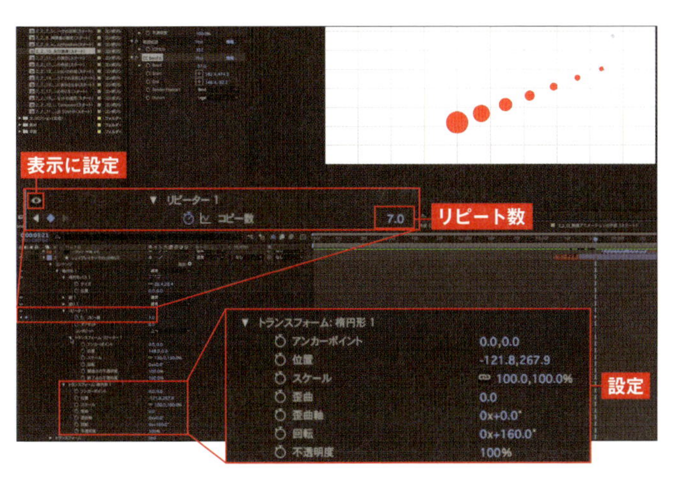

② リピーター機能を利用する

次第に現れてくるという表現では、シェイプレイヤーを活用したリピーター機能も十分活用できる。リピーターの表示をオンにして確認してみるとわかるが、リピートが< 7.0 > 7 個として設定されている。これらは<トランスフォーム：楕円形>の項目を設定することで、表示される方向や幅などが設定でき、各シェイプの大きさが次第に拡大／縮小するというようなアニメーションなども作成することができる。

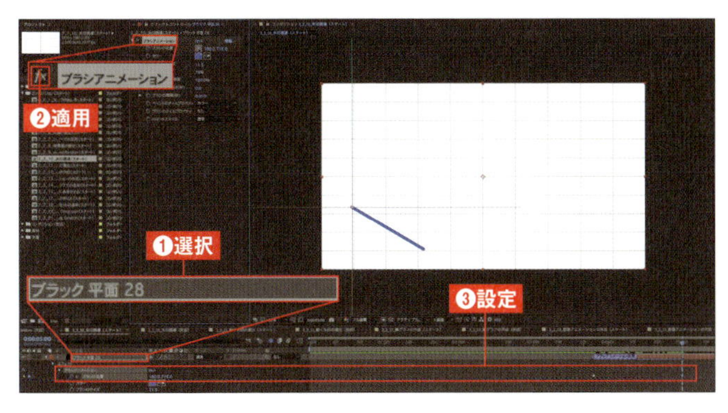

③ ブラシアニメーションを利用する

最後はブラック平面を解説する。<ブラック平面 28 >を選択し①、<エフェクト>メニュー→<描画>→<ブラシアニメーション>で<ブラシアニメーション>を適用する②。ペイントスタイルを図のように透明にすることで、キーフレームを使い③、自由に線を描ける<ブラシアニメーション>を適用してみた。

MEMO

ブラシアニメーションについて

ブラシアニメーションは、オーソドックスなスタイルで単純に線を描いていくエフェクトだが、<ブラシの位置>などをエクスプレッションでほかとリンクさせることで、地図の案内や軌跡の解説などにも使うことが可能だ。ぜひ活用していただきたい。

リピーターの詳細解説動画

ブラシアニメーションの解説動画

SECTION

12 描かれていく矢印線を作成する

ここでは、矢印の軌道に沿って線が描かれていくアニメーションを作成する。ソーシャル動画などでよく見かける徐々に描かれていく矢印線だ。

線と三角矢印それぞれを設定する

利用するプロジェクトファイル：「2_2_ モーション」フォルダ→「2_2_ モーション .aep」ファイル

利用するコンポジション：＜コンポジション（スタート）＞→＜2_2_11_ 動く矢印の演出（スタート）＞

コンポジションを開くと、三角矢印だけがポツンと配置されているのが確認できる。ここでは、最終的に矢印線が左図の完成動画のように動いていく演出を施していく。

線のアニメーションを作成する

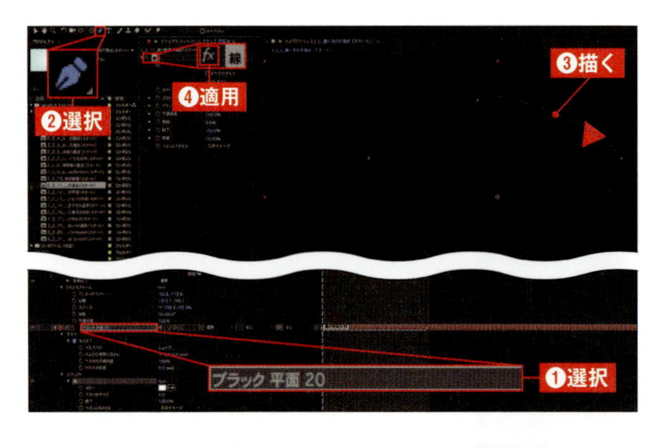

❶ 線をパスで描く

＜ブラック平面 20 ＞を選択して❶、＜ペンツール＞を選択し❷、矢印の軌道となる線をパスで描いていこう。軌道のパスはどんな形でも構わないが、ここでは一筆書きのような感じでぐるりと描いてみた❸。続いて、エフェクトコントロールパネル内のエフェクト＜線＞を適用する❹。

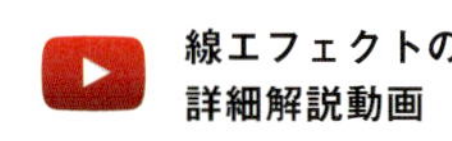

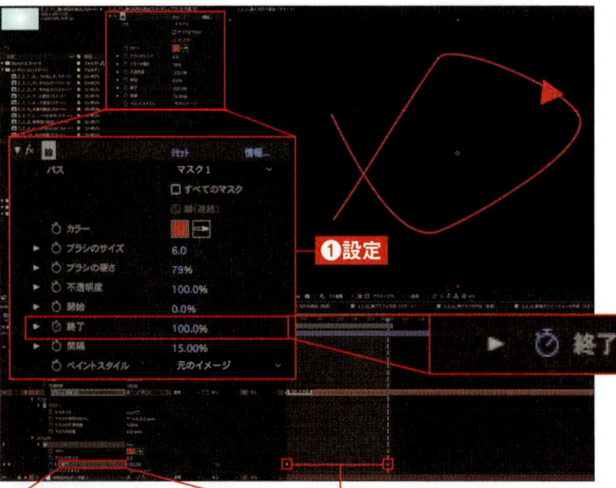

❷ 線の数値とキーフレームを設定する

線を図のような設定で適用（＜カラー＞は矢印と同じカラーを設定）する❶。次に線エフェクトを次第に描写していく必要があるので、＜終了＞のプロパティのキーフレームを 0 秒地点＜ 00:00f ＞を＜ 0.0% ＞に、2 秒地点＜ 02:00f ＞を＜ 100.0% ＞に設定して❷、線のアニメーションを作成する。

三角の矢印を設定する

❶ マスクの軌道をシェイプレイヤーに適用する

線のアニメーションが完了したら、三角の矢印の設定を行っていこう。ブラック平面に作成した<マスク>→<マスクパス>を選択してコピーする❶。時間軸を 0 秒地点< 00:00f >に戻し❷、シェイプレイヤーの<位置>のプロパティを選択後にペースト❸。こうすることでマスクの軌道がシェイプレイヤーに適用されたのが確認できる。

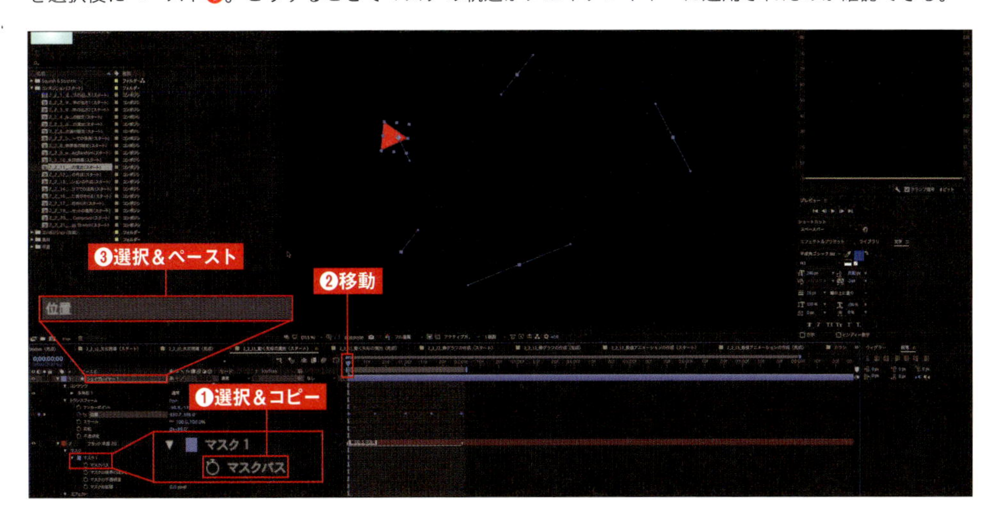

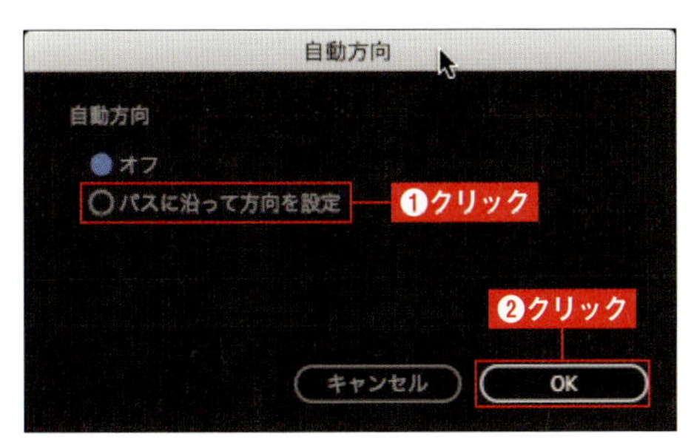

❷ 進行方向を設定する

次に矢印を進行方向に向かせるため　<レイヤー>メニュー→<トランスフォーム>→<自動方向>をクリックする。表示される自動方向画面で<パスに沿って方向を設定>を選択したら❶、< OK >をクリックする❷。

MEMO

矢印の角度を調整する

矢印の角度が進行方向に向かわない場合は、トランスフォーム内の<回転>プロパティで微調整する。

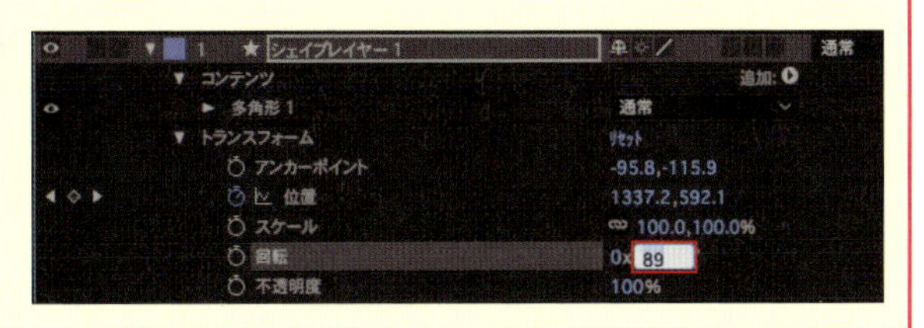

❸ 背景と合成する

最後に新規平面<ブラック平面 20 >の<線>エフェクト内、<ペイントスタイル>のプルダウンから<透明>を選択すれば、背景と合成される。マスクはペンで描く以外にも Illustrator や Photoshop からも読み込むことができるので、ぜひいろいろと試してみてもらいたい。

SECTION

13 棒グラフを作る

ここでは、ソーシャル動画などの比較場面でよく見かける、棒グラフの作り方について解説する。棒グラフはアニメーションで表示させていく。

動きのある棒グラフを作成する

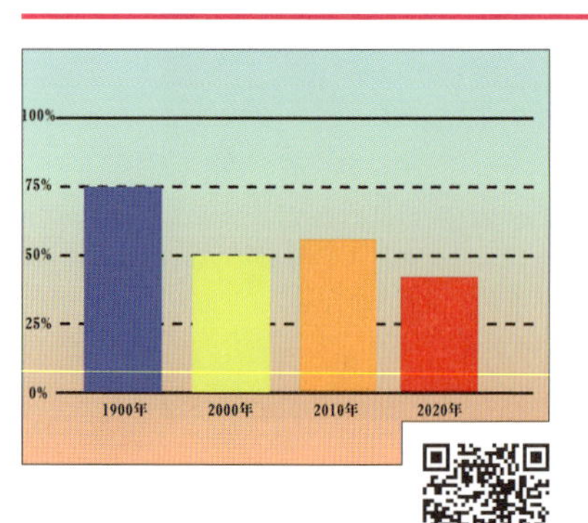

完成動画

利用するプロジェクトファイル：「2_2_モーション」フォルダ→「2_2_モーション.aep」ファイル

利用するコンポジション：＜コンポジション（スタート）＞→＜2_2_12_棒グラフの作成（スタート）＞

今回はコンポジションのサイズを4Kと大きく設定しているが、これはネスト化することでグラフを拡大表示することを前提としているためだ。ここでは、最終的に左図のように棒グラフが伸びたり縮んだりする演出を施していく。応用技として後述するCHAPTER 2-7の「誘導の演出」も参照してもらいたい（P. 478参照）。

新しく伸び縮みする長方形を作る

1 長方形を作成する

まずは棒グラフの元となるグラフを、シェイプレイヤーから作成していこう。＜レイヤー＞メニュー→＜新規＞→＜シェイプレイヤー＞をクリックして、＜シェイプレイヤー 1＞を作成、選択する❶。＜長方形ツール＞を選択して❷、図のような0%～100%まで完成した長方形を描いてみよう❸。

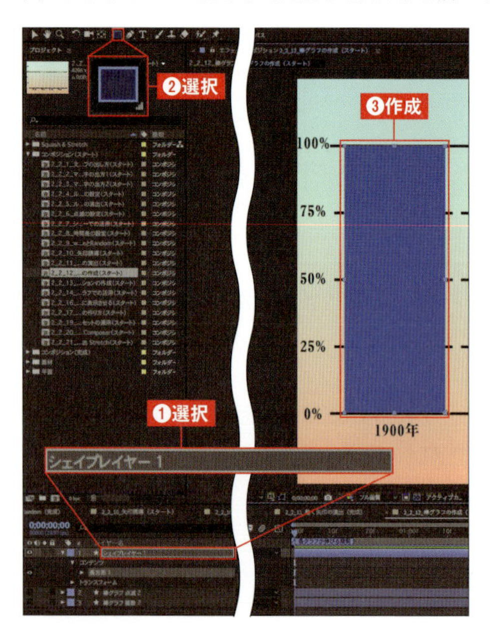

MEMO

長方形の高さの調整

長方形の微調整は＜シェイプレイヤー 1＞→＜コンテンツ＞→＜長方形＞→＜長方形パス 1＞と展開して、＜サイズ＞を選択し、縦横比の鎖を クリックして外したら❶、＜Y＞の高さを100%に合うように調整してもらいたい❷。全体の長さを確認する場合には、矢印キーで長方形を動かすと便利だ。

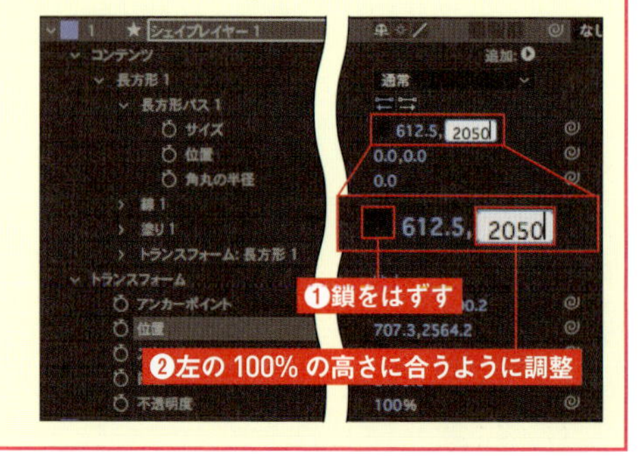

❷ 中心点を設定する

続いてシェイプレイヤーの中心点を選択する。<アンカーポイントツール>をクリックし❶、<シェイプレイヤー 1>を選択すると❷、中心点が中央に配置されているのが確認できる❸。これは<トランスフォーム>のアンカーポイントの位置となる。そのアンカー（中心点）を長方形の底辺の中央に移動させてみよう❹。このアンカーの部分がずれてしまうと、グラフの起点がずれてしまうので注意が必要だ。
ある程度底辺に位置合わせを行ったら、<トランスフォーム>の<アンカーポイント>の< X,Y >位置のプロパティを数字で入力し❺、アンカーポイントの微調整をしてみた。このほうが位置のズレが数字で確認できるので便利だろう。

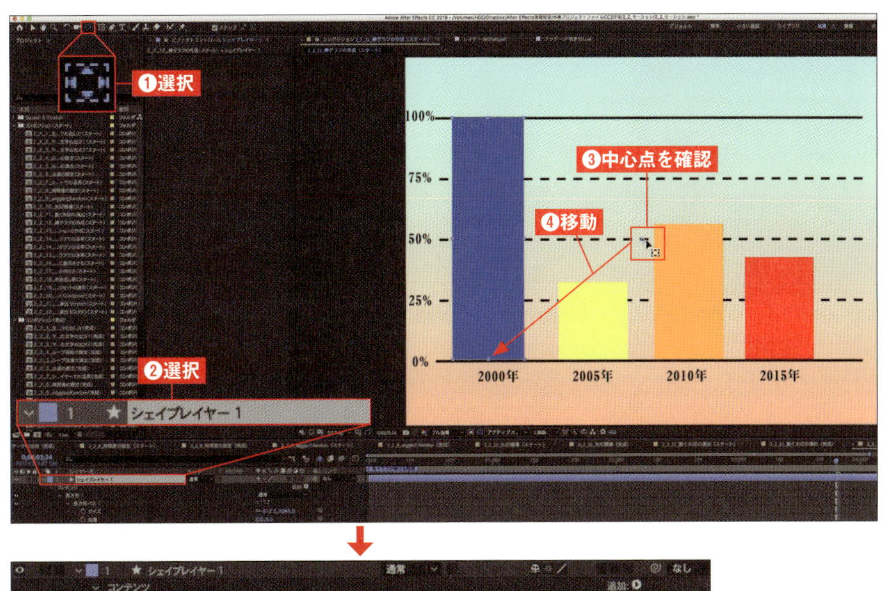

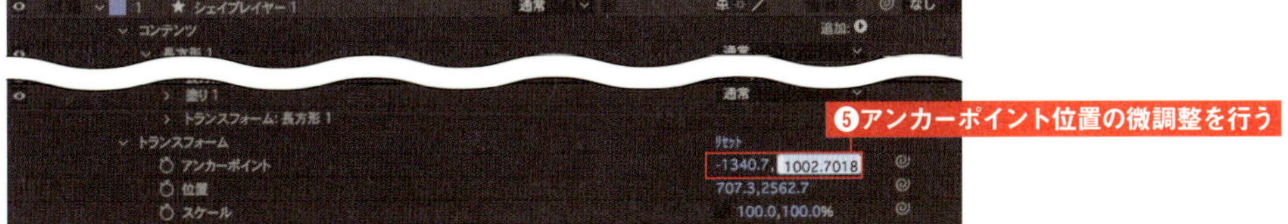

MEMO

スナップの活用

中心軸などの移動には、<スナップ>をクリックしてオンに設定しておくと、ぴったり当てはまるように移動してくれる。

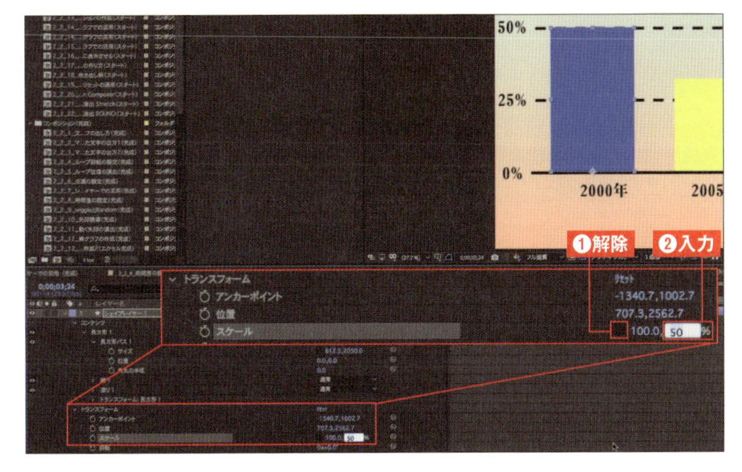

❸ グラフの長さを調整する

アンカーポイントの調整が完了したら<トランスフォーム>の<スケール>の< X,Y >リンクの鎖をクリックして解除し❶、< Y >の数値を「50」と入力する❷。こうすることでぴったりと、50% の長さにグラフを調整することができる。グラフのスケール値を徐々に変えていくアニメーションを作成するには、キーフレームを加えていけばよい。

点滅する棒グラフを作る

❶ 点滅設定を確認する

続いて非表示になっている、<棒グラフ点滅 2 >を表示させてみよう❶。黄色のグラフでは、6 秒間で< 50.0% >にグラフ表示されていくキーフレームが設定されている❷。さらに、<トランスフォーム>のプロパティを開いて<不透明度>にエクスプレッションを追加して❸、「(time&1) *100;」と入力している❹。この記述は 1 秒ごとに点滅を繰り返すといったエクスプレッション言語だ。

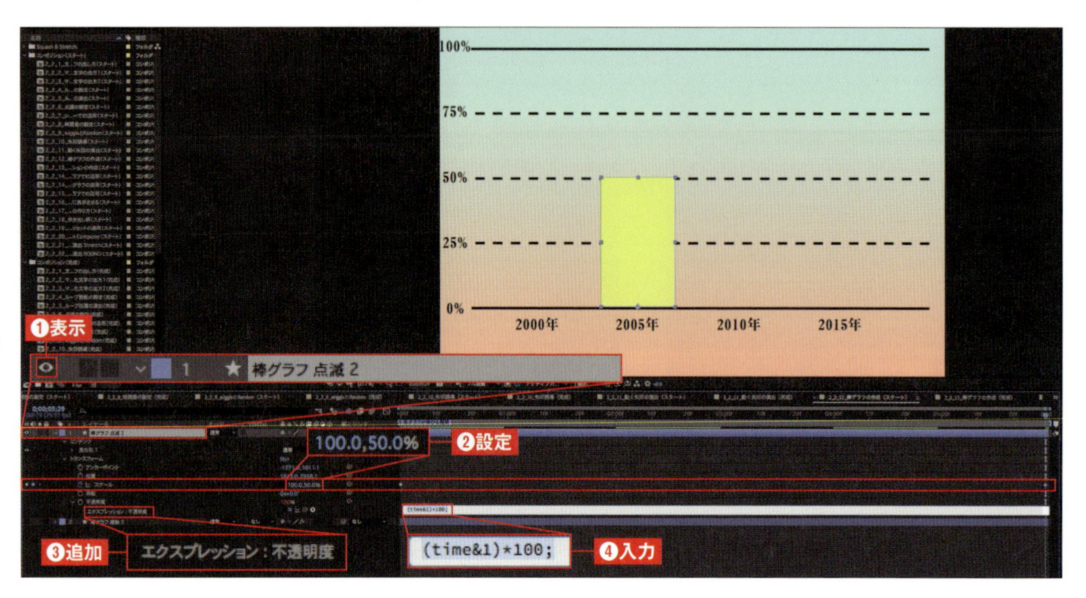

MEMO

(time& ◯) ＊◯◯ ; について

「(time& ◯)」の数字は、繰り返す秒数（ここでは 1 秒ごとの点滅なので 1 としている）を表し、たとえば 2 秒ごとの点滅では 2 と入力する。「* ◯◯ ;」の数字は、変動する値を指している。ここでは、不透明度なので 100 と入力している。これは、0 と 100 を交互に繰り返す設定だ。回転などに適用すると、度数となって 100 度の回転を 1 秒ごとにハンドルのように繰り返していく。P.225 で解説した点滅エクスプレッションとは違い、秒数ごとの切り替えが単純に調整できるのでぜひ習得してもらいたい。

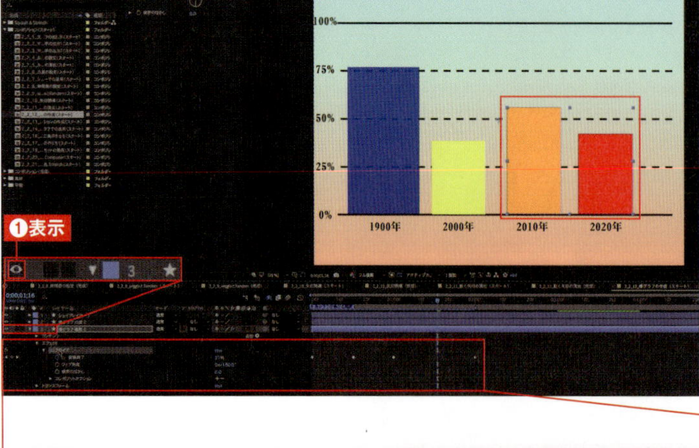

❷ リニアワイプを設定する

最後に非表示になっている、<棒グラフ複数 2 >を表示させてみよう❶。これはあらかじめ Excel などで、複数の完成グラフなどを作っている場合に効果的な方法だ。棒グラフを配置したら、単純に<リニアワイプ>をかけていく❷。全体のグラフを一気に表示させるときなどに便利なエフェクトだ。

MEMO

そのほかの設定方法

リニアワイプ以外にマスクのシェイプでも同じようなアニメーションが行える。タイムラインパネル内で適用したいグラフを選択し❶、<レイヤー>メニュー→<マスク>→<新規マスク>をクリックすればよい❷。レイヤーメニューから上記の手順で行わないとシェイプレイヤーが追加されてしまうので注意が必要だ。続けて、<マスクパス>の<シェイプ>部分に囲いの範囲をキーフレームで変更すれば❸、次第に表示されるアニメーションが完成する。リニアワイプと違い、マスクでは自由な形へと変形が可能となる。

TIPS

Excel の統計データを After Effects に自動で反映させる

グラフは手動で数字を入力しなくても、エクセルのデータをそのまま反映させることも可能だ。操作は以下の手順で行う。

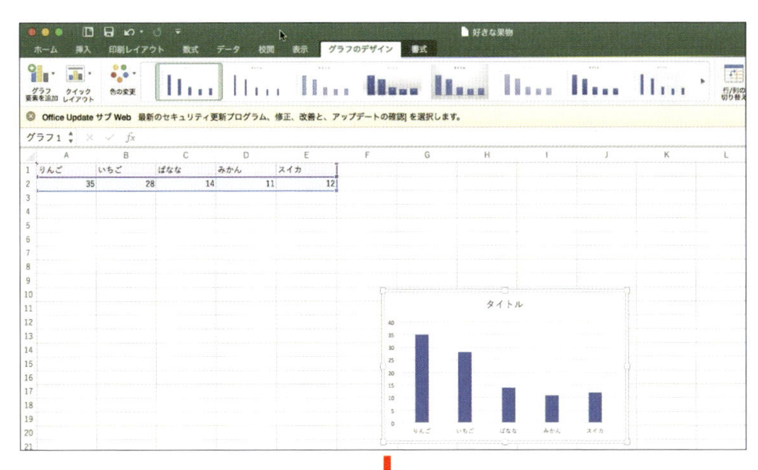

◀グラフデータとして入力したエクセルのファイル

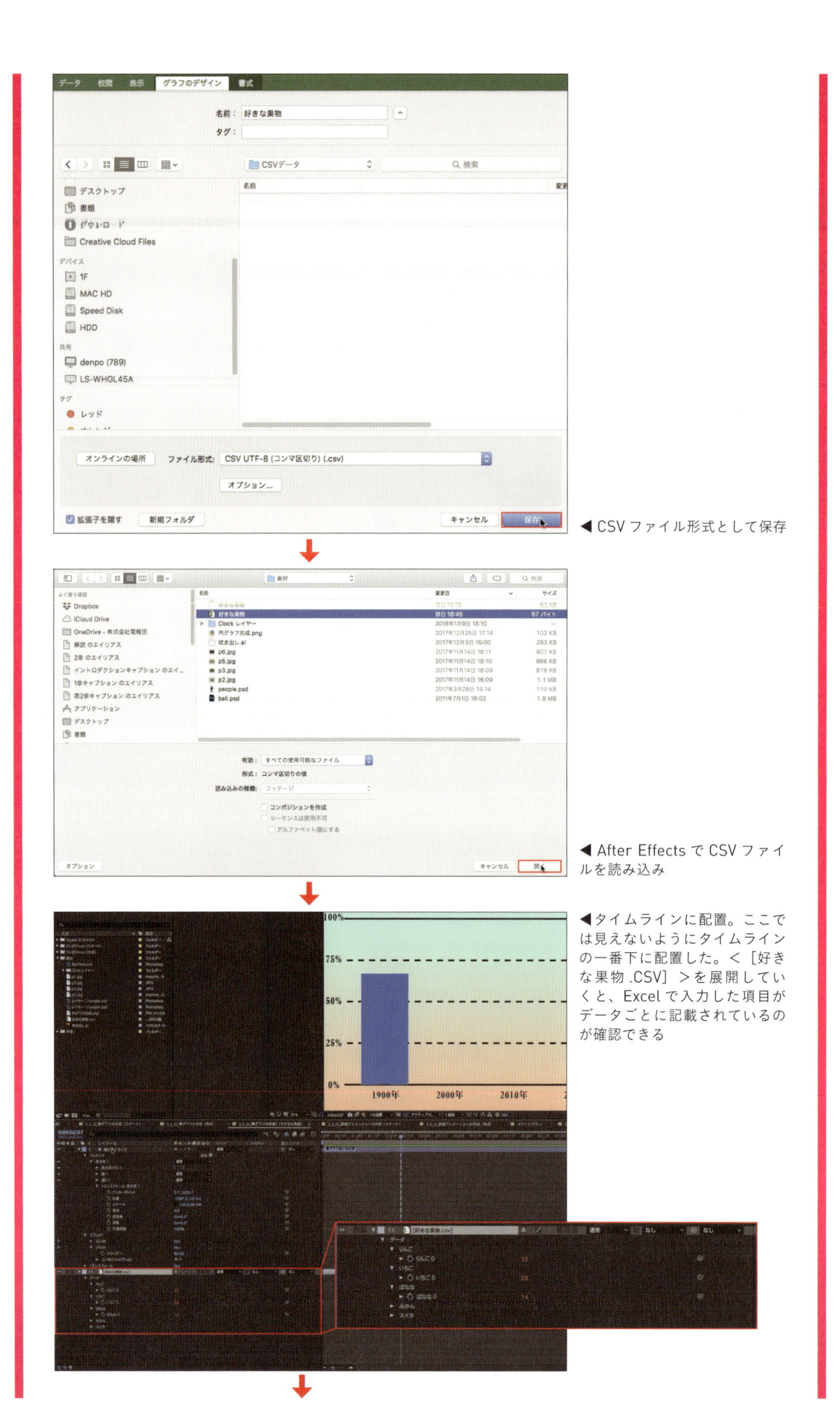

◀ CSV ファイル形式として保存

◀ After Effects で CSV ファイルを読み込み

◀タイムラインに配置。ここでは見えないようにタイムラインの一番下に配置した。＜［好きな果物.CSV］＞を展開していくと、Excel で入力した項目がデータごとに記載されているのが確認できる

CHAPTER 2 ソーシャル動画の演出

トランスフォーム：長方形 1
アンカーポイント 3.7,1029.7
位置 -1267.3,1014.4
スケール 100.0,66.9%
歪曲 0.0
歪曲軸 0x+0.0°
回転 0x+0.0°
不透明度 100%
エフェクト
xScale リセット
yScale リセット
スライダー 60.00
コンポジットオプション
トランスフォーム リセット

▲<エフェクト>メニュー→<エクスプレッション制御>→<スライダー制御>で、<スライダー制御>を X、Y 用に 2 つ追加して適用する。名称は「xScale」「yScale」と変更する

▲ P.237 の手順❸では、手動でスケール値を設定したが、ここでは下記のエクスプレッションを記述する

```
x = effect("xScale")("スライダー");
y = effect("yScale")("スライダー");
[x, y]
```

このエクスプレッションではスケール値を各 X,Y のスライダーに分けて適用するような記載になっている。なぜエクスプレッションの記載が必要なのかは、スケール値は「次元に分割」ができないからだ。エフェクトコントロールパネル内のスライダーの値を変えることで、グラフの大きさが変わるのが確認できる。

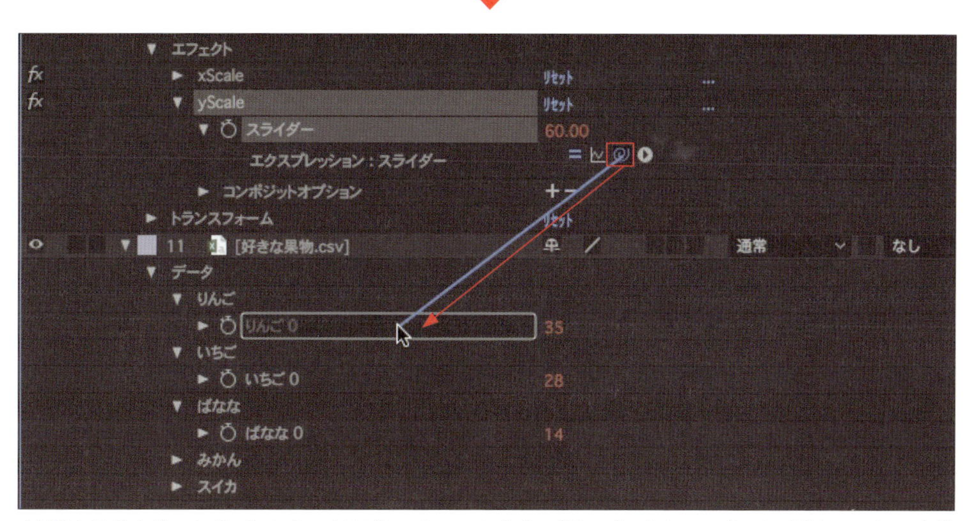

▲最後にスライダー< yScale >をエクスプレッションの<プロパティピックウィップ>で、CSV ファイルの各数値にリンクさせれば数字が反映される。CSV ファイルは、同名で上書きすれば新しい数値グラフが自動的に反映されていく

これらの機能はあらかじめフォーマットなどを作成しておき、その都度状況が変わるようなグラフ作成に向いているといえる。

SECTION

14 数値アニメーションを作る

ここでは、時間の経過に合わせてカウント表示していく数値アニメーションを作成する。

数値をカウント表示させる

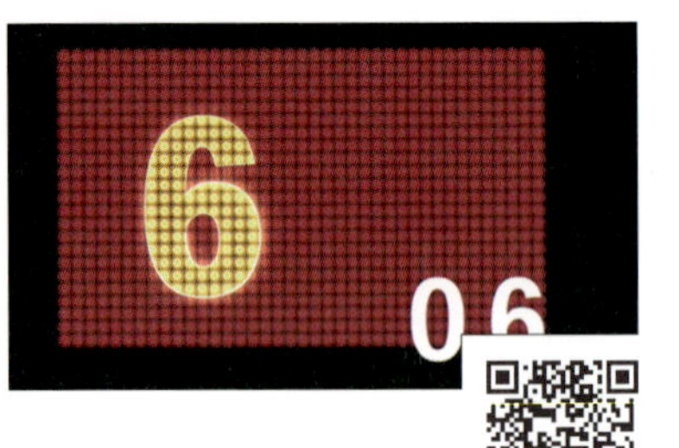

完成動画

利用するプロジェクトファイル：「2_2_モーション」フォルダ→「2_2_モーション.aep」ファイル
利用するコンポジション：<コンポジション（スタート）>→<2_2_13_数値アニメーションの作成（スタート）>
コンポジションを開くと、数字の70が確認できるが、ここでは、最終的に1桁の数字が時間経過ごとにカウント表示されるアニメーションを作っていく。

数字を変更する

1 画面を確認する

画面には文字レイヤーで70と入力されたレイヤーがある。この部分の数字は適当なランダムの数値を入力してもらって構わない。

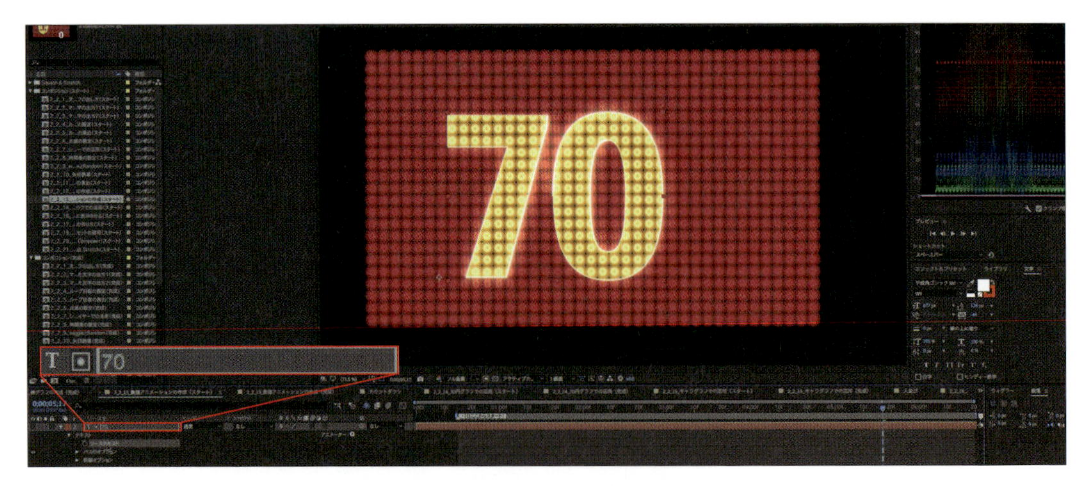

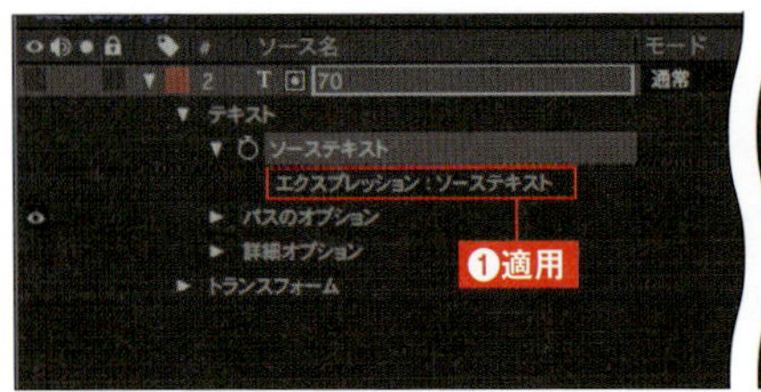

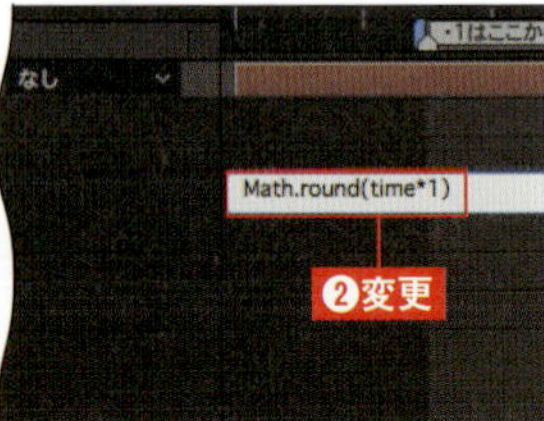

2 繰り返しを適用する

テキスト内の<ソーステキスト>プロパティにエクスプレッションを適用しているので❶、「text.sourceText」の部分を「Math.round(time*1)」に変更する❷。

3 数字の変化を確認する

無事に適用されると数字が 0 からのスタートで始まり、1 秒経過するごとに 1 ずつ上がっていくのが確認できるはずだ。この場合 15 フレーム地点 < 00:15f >から 1 秒がスタートする。

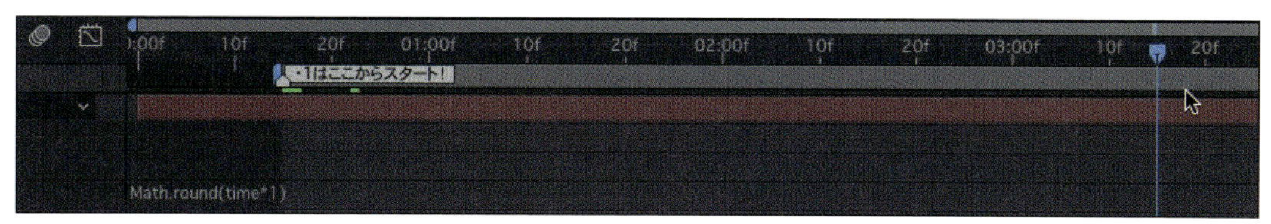

さまざまな数字の変化を理解する

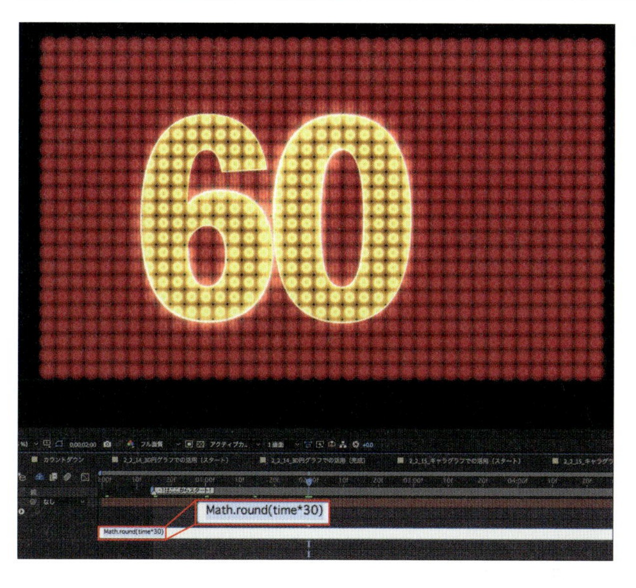

1 フレームごとに数字を変化させる

この数字を「Math.round（time*30)」と入力すると、今度はフレームごと（1 秒＝ 30 フレーム計算）に数字の変化が確認できる。「Math.round(time*0.5)」だと 2 秒に 1 度の割合で上がっていく形となる。

MEMO

Math.round（time* ○）を理解する

繰り返しを適用するエクスプレッションは「time* ○」だけでも問題はないが、「Math.round」で四捨五入する機能を追加している。図では上の数字は「Math.round（time*30)」を適用している「13」に対し、下の「time*30」のみ適用している場合には「13.013013013013」と小数点以下の数字が表示されてしまうのだ。

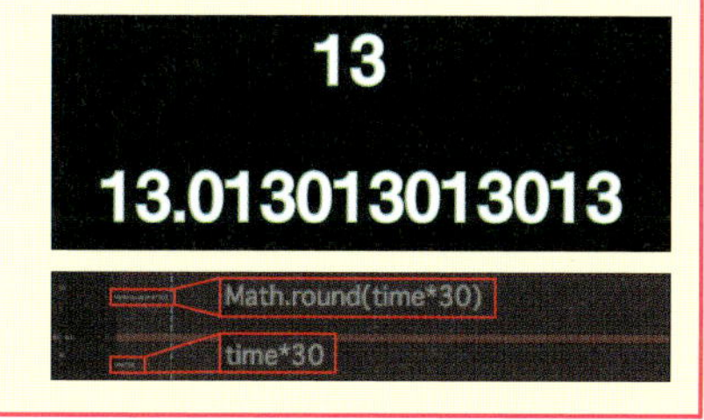

MEMO

西暦表示のテクニック

西暦表示も同じように数字の羅列で表示が可能だが、さすがにかなりの数字の量になるので、タイムコードを Command キー＋クリック（Windows では Ctrl キー＋クリック）で**フレーム表示**に変換してから行うとやりやすい。西暦とフレームをぴったり合わせるには、**コンポジション設定からフレームレートを 30 に設定することを忘れないでほしい。**

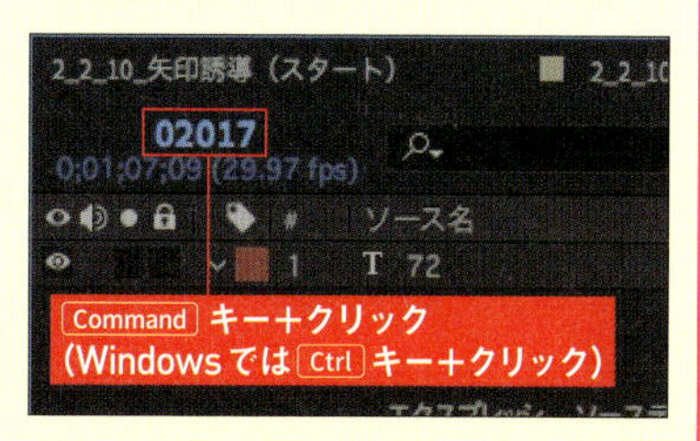

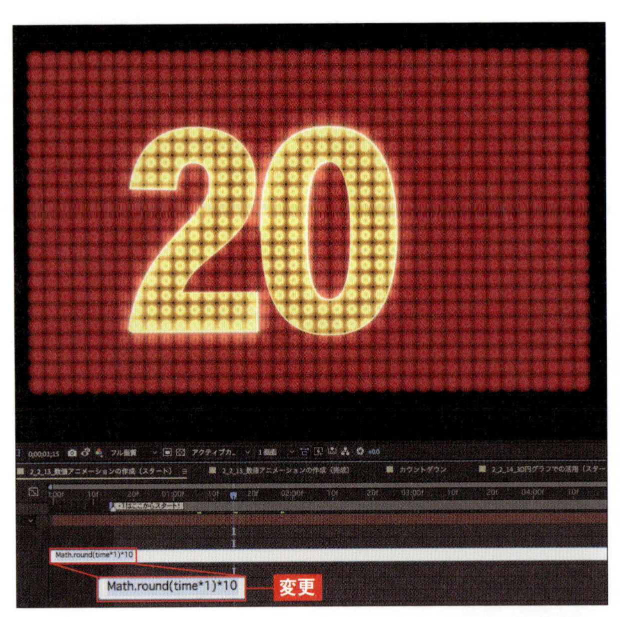

② 桁を変化させる

数字の桁を変化させたい場合は「Math.round (time*1) *10」と入力してみよう。こうすることで数字の桁数を1桁増やすことができる。図では2の表記部分の桁数が増えて20となったのが確認できるはずだ。同様に「Math.round (time*1) *100」だと2桁増やすことができる。

③ 小数点を使用する

小数点を使用したい場合は「Math.round (time*1) /10」のように「/」に変えることで小数点での数字に変えることができる。

MEMO カウントダウンさせるには？

カウントダウンを作りたい場合には、作成したカウント表示をネスト化して「時間反転レイヤー」で再生を逆にすることで、可能になる。また、エクスプレッションでカウントダウンを行う場合には、エクスプレッション先頭にカウントダウン始めの数値と、－（マイナス）および数値を下記のように挿入することで、簡単に設定することもできる。

10秒カウントダウン
10-Math.round（time*1）
100秒カウントダウン
100-Math.round（time*1）

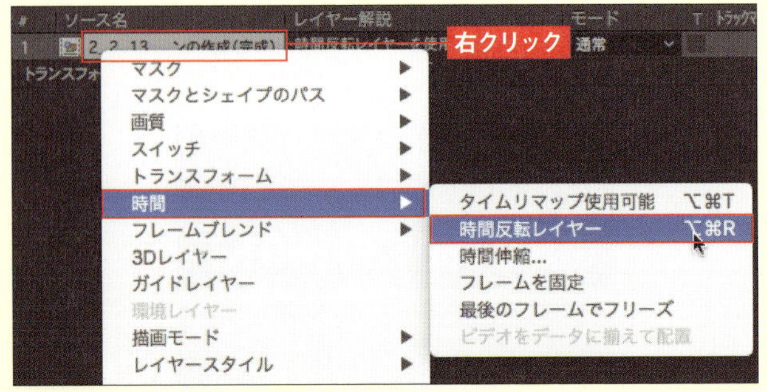

SECTION

15 3Dグラフと数値アニメーションを作成する

ここでは、3D円グラフと数値アニメーションを連動（同期）させるテクニックを解説して、自動アニメーションを作成する。

時間にそって円グラフと数字を変化させる

完成動画

利用するプロジェクトファイル：「2_2_モーション」フォルダ→「2_2_モーション.aep」ファイル
利用するコンポジション：<コンポジション（スタート）>→<2_2_14_3D円グラフでの活用（スタート）>

コンポジションを開くと、円グラフと数字が確認できる。ここでは、左図のように、円グラフが形成される工程で、この数字が連動して完成していくアニメーションを作成していく。なお、プラグイン「Knoll Light Factory Unmult」は事前にインストール（P. 024参照）しておこう（https://www.redgiant.com/downloads/legacy-versions/）。これは、黒背景を透過してくれる便利なエフェクトだ。

円グラフと数字を連動させる

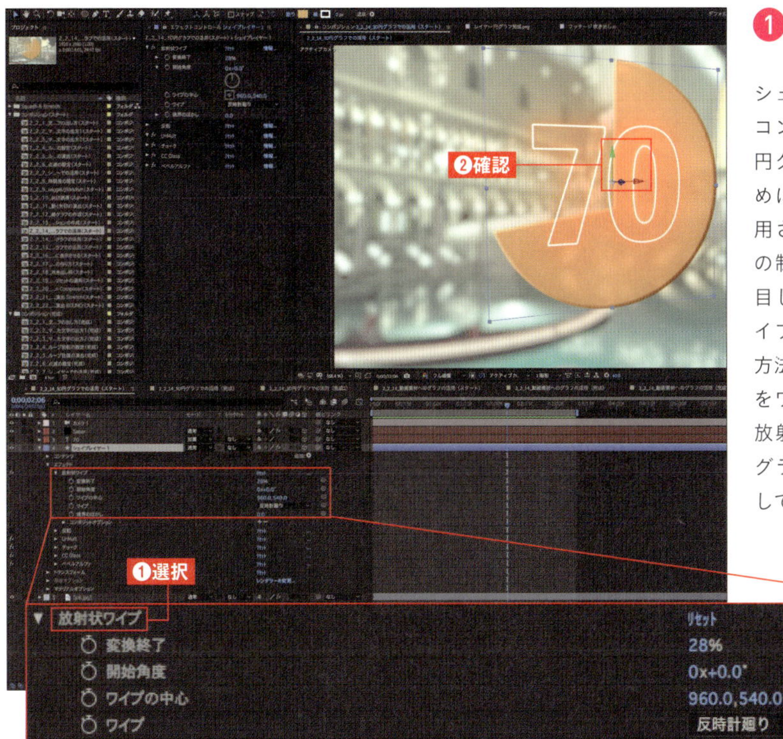

❶ 円グラフの表示を確認する

シェイプレイヤーのエフェクトコントロールパネルにはすでに円グラフをドレスアップするためにさまざまなエフェクトが適用されている。ここではグラフの制御を行う放射状ワイプに注目してもらいたい❶（放射状ワイプを使って円グラフ表示する方法は、P.196の「文字とグラフをワイプする」を参照）。まずは放射状ワイプを動かして❷、円グラフの表示が変わるかを確認してみよう。

❷ 円グラフと数字を連動させる

まずは、テキストレイヤーの＜テキスト＞→＜ソーステキスト＞に＜エクスプレッション＞を適用し❶、シェイプレイヤーの＜放射状ワイプ＞の＜変換終了＞のパラメーターに＜エクスプレッションピックウイップ＞を使って連動させる❷。

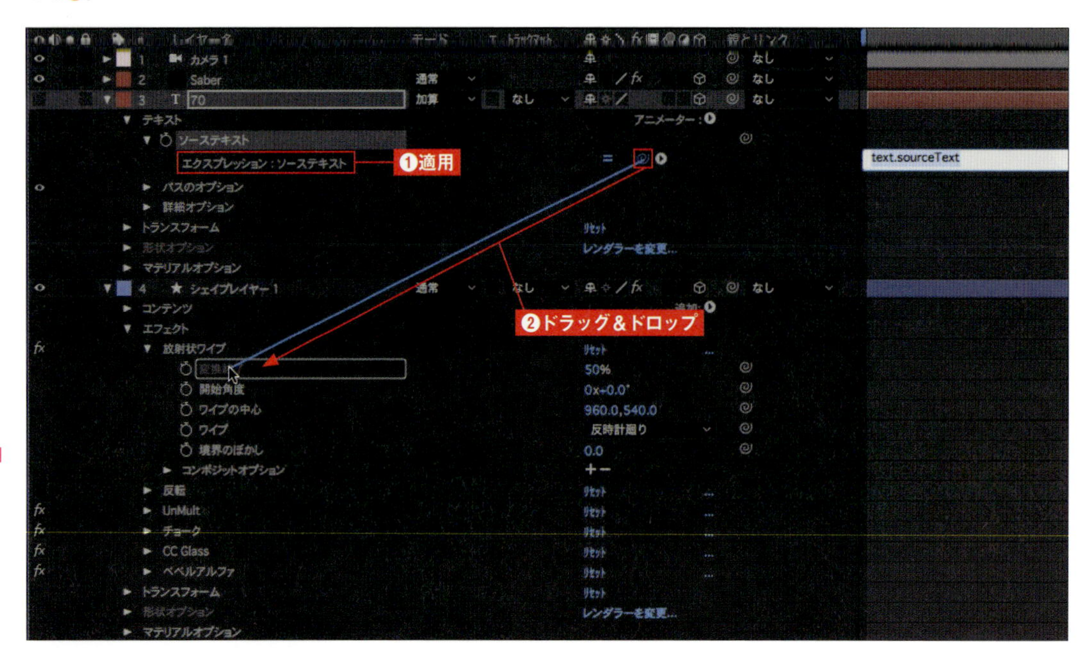

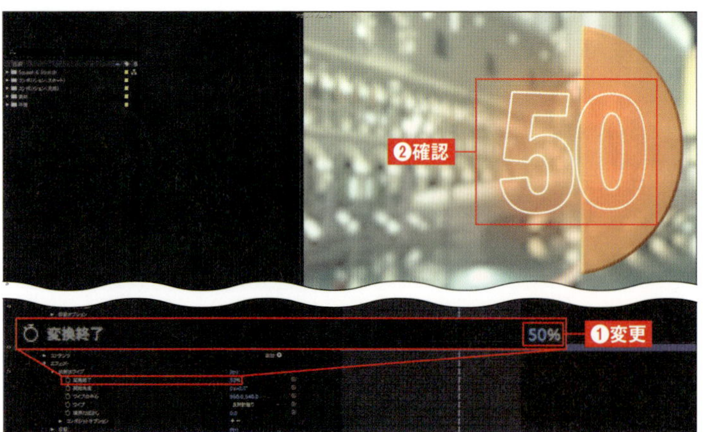

❸ 円グラフと数字の連動を確認する

＜変換終了＞の数値を＜ 50% ＞に変更すると❶、円グラフも 50 を示す❷。これで＜放射状ワイプ＞の＜変換終了＞の数値と、テキストの数字の値が連動できたのが確認できる。

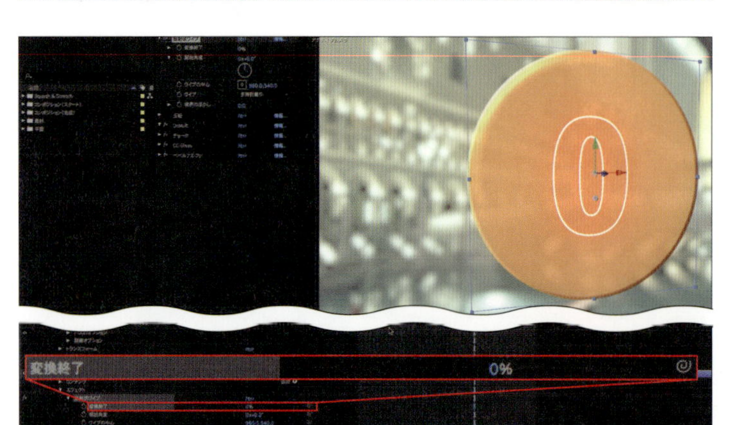

❹ 数値の変化を確認する

一方で、＜変換終了＞の値を 0%にすると、数字も 0 に変化してしまう。ここでは円が完成した状態で 100%にしたいので、数字を逆に設定する必要がある。

グラフを完成させる

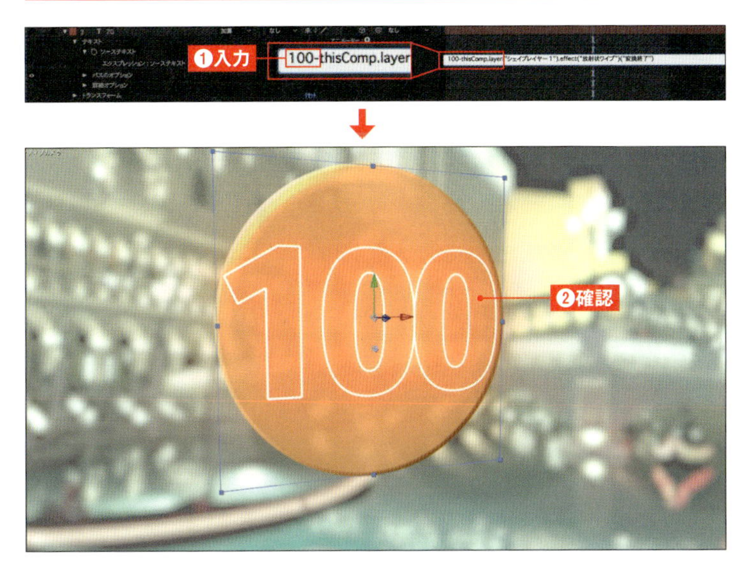

❶ 数字の順番を逆に設定する

先程文字レイヤーの「ソーステキスト」で設定したエクスプレッションを開いて、「100-thisComp.layer（" シェイプレイヤー 1"）.effect（" 放射状ワイプ "）（" 変換終了 "）」と、文字の先頭に**「100-」**の記載を追加してみよう❶。こうすることで数字の順番が逆転するのが確認できるはずだ❷。

❷ キーフレームを追加する

シェイプレイヤーの放射状ワイプの＜変換終了＞にキーフレームを手動で追加すればグラフとしては完成する。

エクスプレッション言語で設定する

キーフレームを使わないで、数字にそって自動的にグラフが変わっていく設定方法も紹介しておこう。

❶ ＜変換終了＞にエクスプレッションを適用する

シェイプレイヤーの＜放射状ワイプ＞の＜変換終了＞にエクスプレッションを追加して❶、「Math.round（time*30）*（-1）+100」を入力する❷。

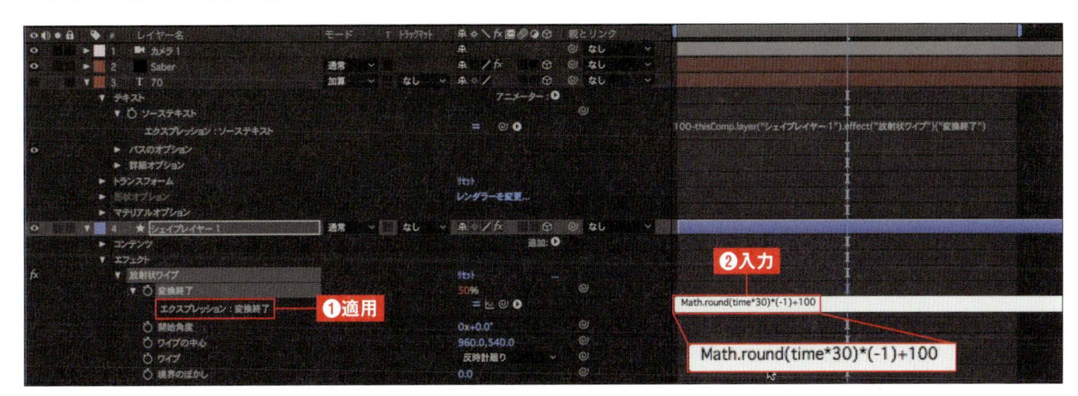

```
Math.round(time*30)*(-1)+100
```

Math.round(time*30)*(-1)+100

Math.round(time*30)

1フレームごとに放射状ワイプの変換終了の％が四捨五入されて増えていく。100％で完全な円になるので、下記の計算となる。

30フレーム＝1秒
100フレーム＝3秒10フレーム

***(-1)**

放射状ワイプの変換終了を真逆に設定（この設定で終わると、0からマイナス方向に進行するだけなので何も変化は起きない）。

+100

放射状ワイプの変換終了の始まりの値に「+100」の値を計上することで、100～0へ変化していくアニメーションが始まる。

❷ 3つのパートから成り立つエクスプレッション言語を理解する

このエクスプレッションは、3つのパートから成り立っている。これらエクスプレッションを組み合わせることでここまで解説してきた表現が可能になるのだ。

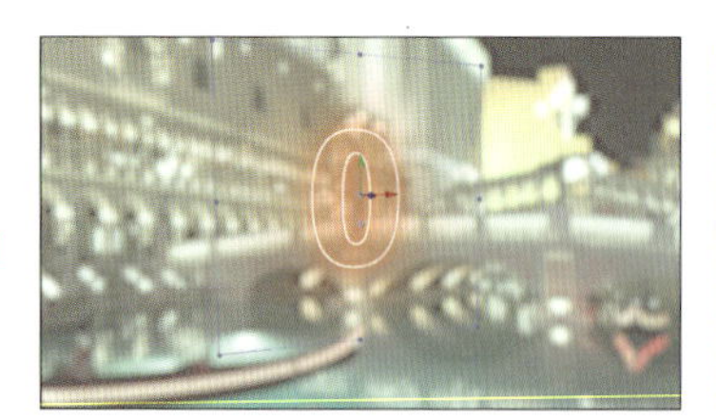

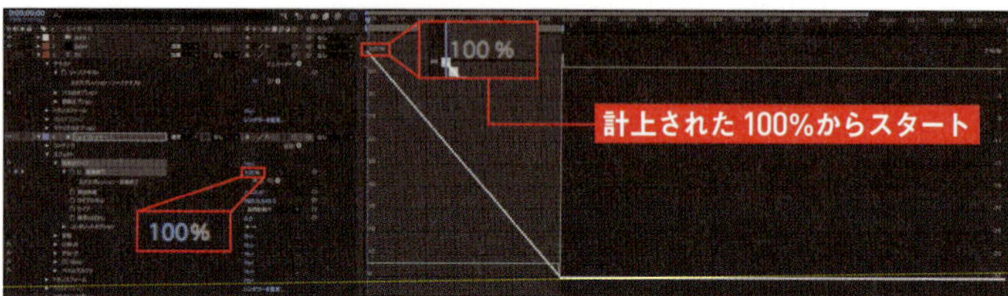

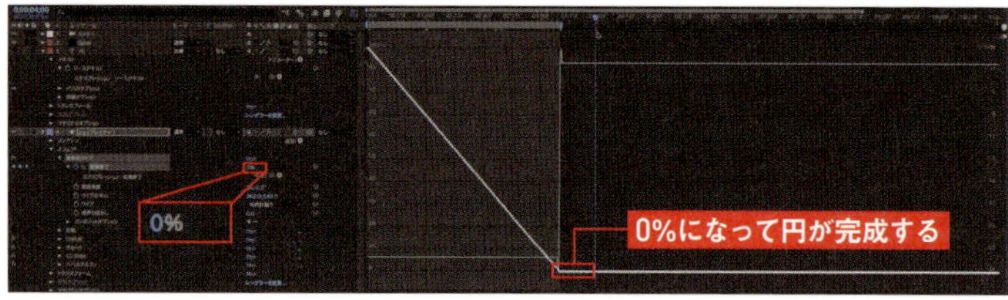

MEMO

<エクスプレッション制御>でコントロールする

放射状ワイプで直接制御する以外にも<エフェクト>メニュー→<エクスプレッション制御>を適用し、<角度制御>や<スライダー制御>などと同期させて別途コントロールする方法も、操作的に項目分けができるためわかりやすいかもしれない。

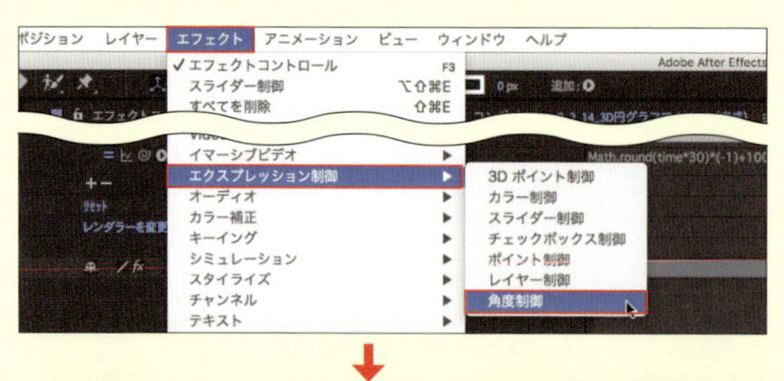

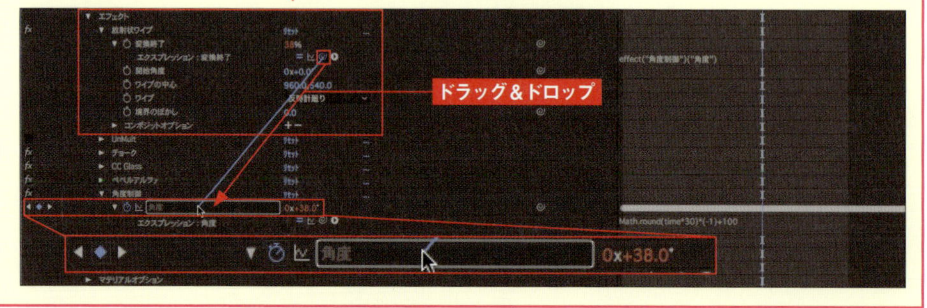

より簡単に数字とグラフを同期させる方法

今回はエクスプレッションを多用してこうしたグラフと数字の同期を行ったが、ビジュアル的なエフェクトを活用すれば、もっと単純に同じ結果を生み出すことも可能だ。「2_2_14_3D 円グラフでの活用（完成 2）」を参照しながら、解説していこう。

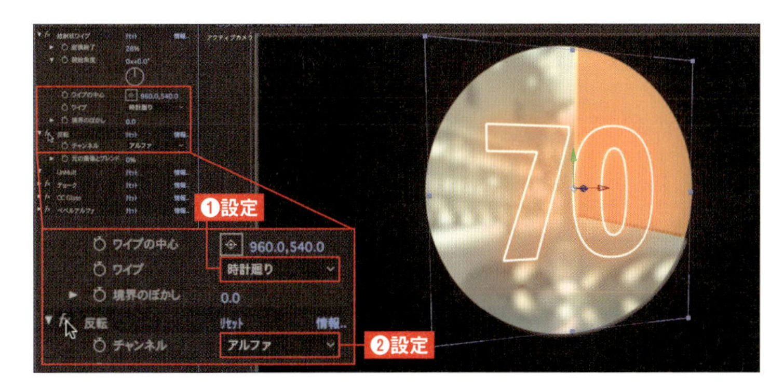

❶ 円の表示を変更する

エフェクトコントロールパネル内の＜放射状ワイプ＞を図のように＜時計廻り＞に変更する❶。＜反転＞のエフェクトから＜チャンネル＞を＜アルファ＞に設定すると❷、図のように円の表示が反転するのを確認できるはずだ。

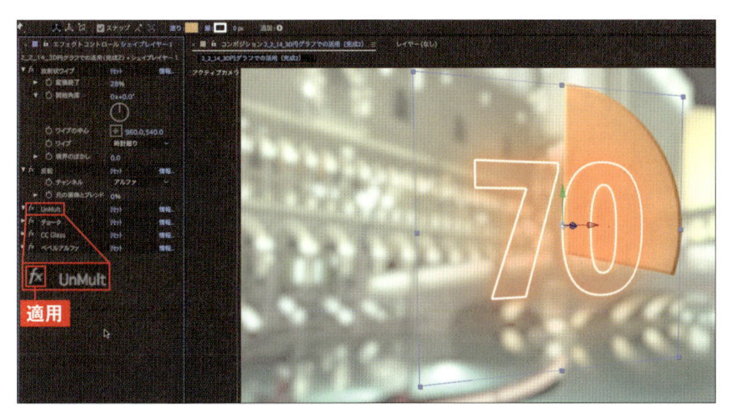

❷ UnMultを使用する

エフェクトの＜UnMult＞を適用して「黒」部分を削除することで、シェイプのかけらのみが表示される。UnMult は前述したとおり、黒背景を透過してくれるエフェクトだ。

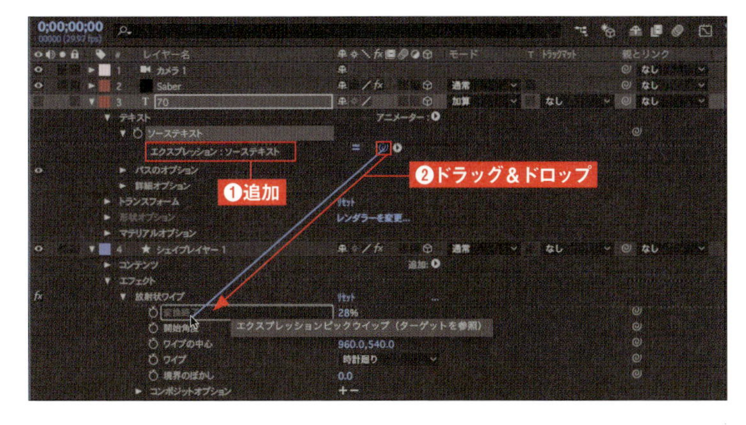

❸ 数字とグラフを同期させる

＜ソーステキスト＞にエクスプレッションを追加し❶、＜放射状ワイプ＞の＜変換完了＞と同期させる❷。この場合には、数値は正常に % を表示しているので、ダイレクトに同期してもらって構わない。

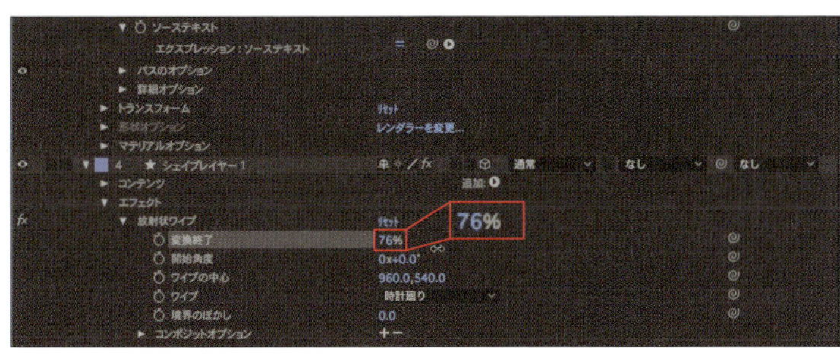

❹ 数値を変更する

完成したら、＜放射状ワイプ＞の＜変換完了＞の数値を変えることでグラフと数字が連動する。弱点としては UnMult では黒の要素を消してしまうため、円グラフの輝度が低いと（色が暗い）透過してしまうことだ。注意していただきたい。

SECTION

16 動画素材とグラフを組み合わせる

カウントやグラフの背景は静止画像を主に使用してきたが、ここでは動画素材との連携などを解説する。グラフを合成して CM のような動画を作っていこう。

人物の動きとグラフの動きを連携させる

利用するプロジェクトファイル：「2_2_モーション」フォルダ→「2_2_モーション.aep」ファイル
利用するコンポジション：<コンポジション（スタート）>→<2_2_14_動画素材へのグラフの活用（スタート）>

コンポジションを開くと、動画にグラフが組み込まれているのが確認できる。ここでは、左図のように人物の動きに合わせてグラフが 100%に展開していくような演出を施していく。

設定を確認する

1 素材を確認する

コンポジションを開くと、下記 4 点の素材が配置されているのが確認できる。<数字ジェスチャー.mov>：ナビゲーターの女性の動画、<シェイプレイヤー 1>：空中に浮いている楕円、<シェイプレイヤー 2>：空中に浮いている楕円の枠、<カウント表示>：ネスト化された数字カウント部分。

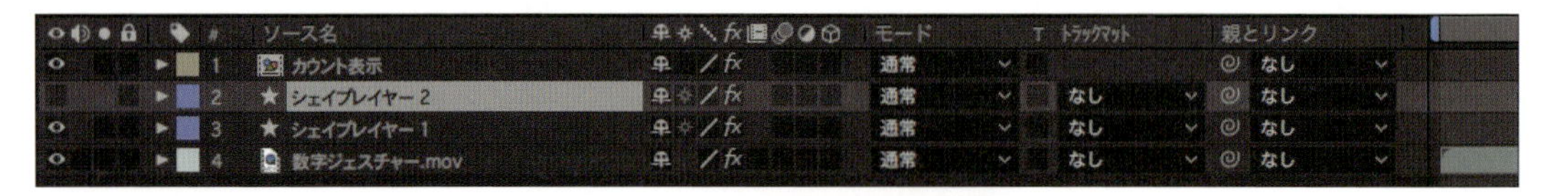

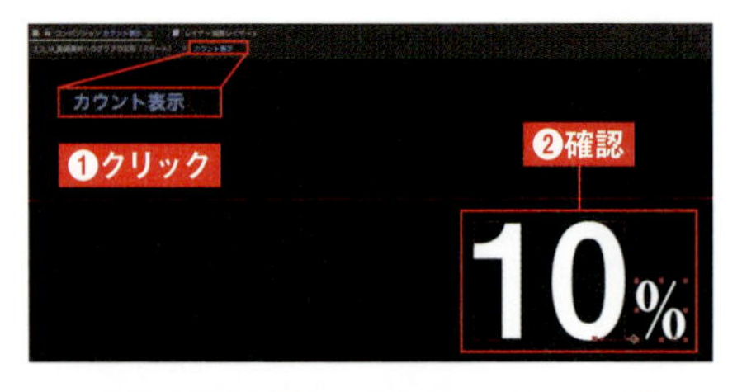

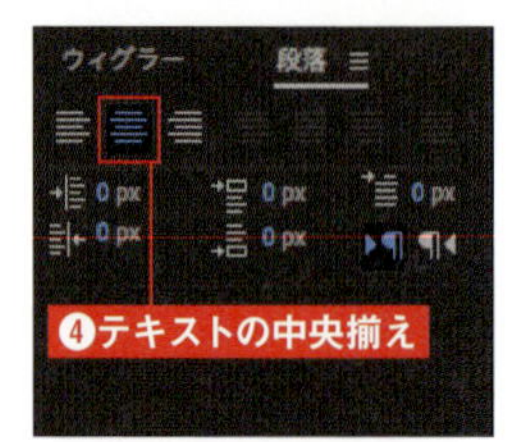

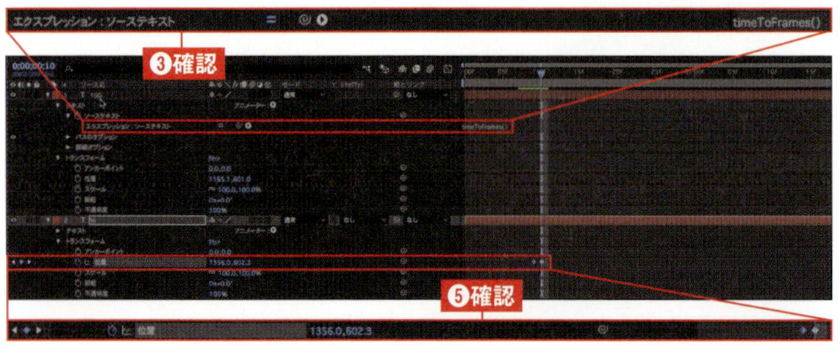

2 カウント表示のコンポジションを確認する

<カウント表示>をクリックすると❶、画面には数字と % の文字レイヤーが配置されていることがわかる❷。数字にはエクスプレッションの「timeToFrames ()」を使用して、フレームごとに 0 ～ 100% まで表示させている❸。なお、数字は（選択する）、段落パネルで<テキストの中央揃え>に設定してあることを確認してほしい❹。% のほうは数字が中央に揃えてあるので「桁」が変わるたびに % を数字の右に移動させているキーフレームが確認できるはずだ❺。

❸ ネスト化されたカウント表示を確認する

再び＜2_2_14_動画素材へのグラフの活用（スタート）＞のコンポジションに戻り、プレビューで確認してみると、ここまで説明した「カウント表示」が実行されているのが確認できるはずだ。

カウント幅を調整する

❶ 最後のフレームをフリーズさせる

ちょうどレイヤーの長さで 100% の表示になっているのだが、これをマーカーに記載されている「カウント幅」に合わせて、ちょうど 100% で止まる設定を施したい。100% の表示位置に時間軸を合わせて❶、＜カウント表示＞を選択したら❷、＜レイヤー＞メニュー→＜時間＞→＜最後のフレームでフリーズ＞、もしくは＜カウント表示＞を右クリック→＜時間＞→＜最後のフレームでフリーズ＞を選択する❸。

❷ キーフレームを確認する

レイヤーのスタート位置と 100% の時間軸の部分に新たにキーフレームが作成されたのが確認できる。

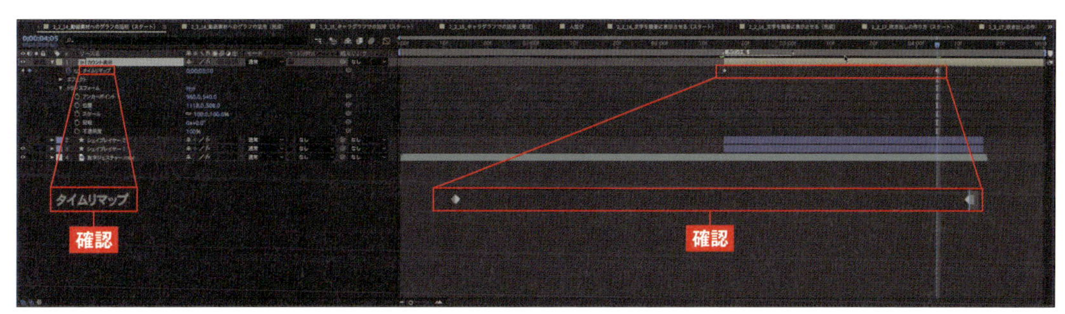

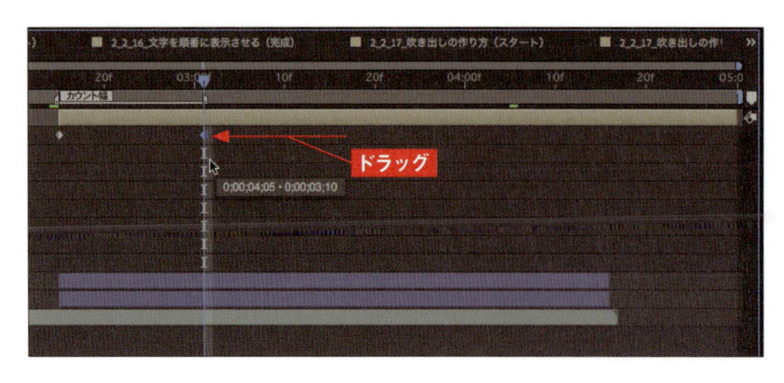

❸ キーフレームを移動する

100% 地点のキーフレームを、<カウント幅>のマーカーの最後の位置（ちょうどナビゲーターの女性が指を出している部分）までドラックして移動させてみよう。プレビューしてみると、ちょうどマーカーの位置で 100% の表示がフリーズしてそのまま残る形になる。また、イージーイーズインなども適用してみよう。

MEMO

女性の動きを止める場合

動画のナビゲーターの女性の動きを止める場合は、次の方法で行う。

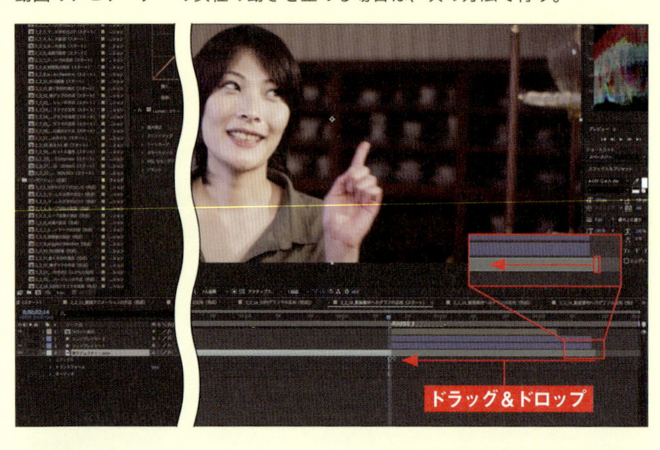

❶ トリミングを行う

動画のフリーズさせたい部分までレイヤーの端をドラッグ＆ドロップでトリミングを行う。

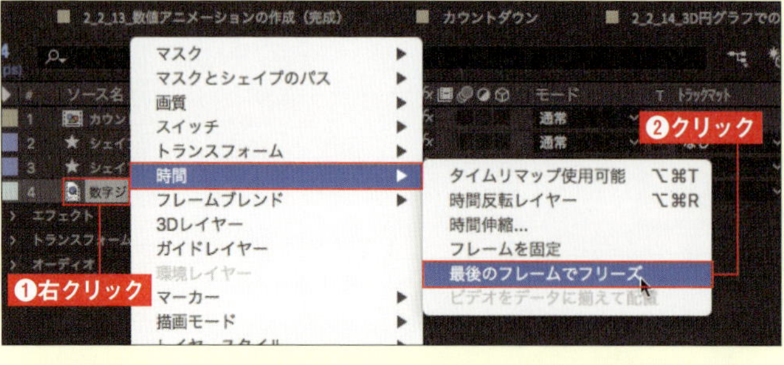

❷ 最後のフレームでフリーズさせる

<数字ジェスチャー.mov>を右クリックし❶、<時間>→<最後のフレームでフリーズ>をクリックする❷。

❸ 設定を確認する

フリーズしている地点のキーフレームが自動的に追加され、それ以降の動画部分がフリーズされているのが確認できる。

全体を調整していく

❶ 質感を調整する

続いて、シェイプレイヤーの楕円＜シェイプレイヤー 1＞を選択し❶、エフェクトコントロールパネルから＜フラクタルノイズ＞を適用する❷。＜コントラスト＞は＜ 34.0 ＞、＜明るさ＞は＜ 37.0 ＞、＜描画モード＞は＜スクリーン＞と、図のように調整して質感を加えている❸。なお、この楕円は＜不透明度＞を＜ 100% ＞に設定しているので、背景と透過している。

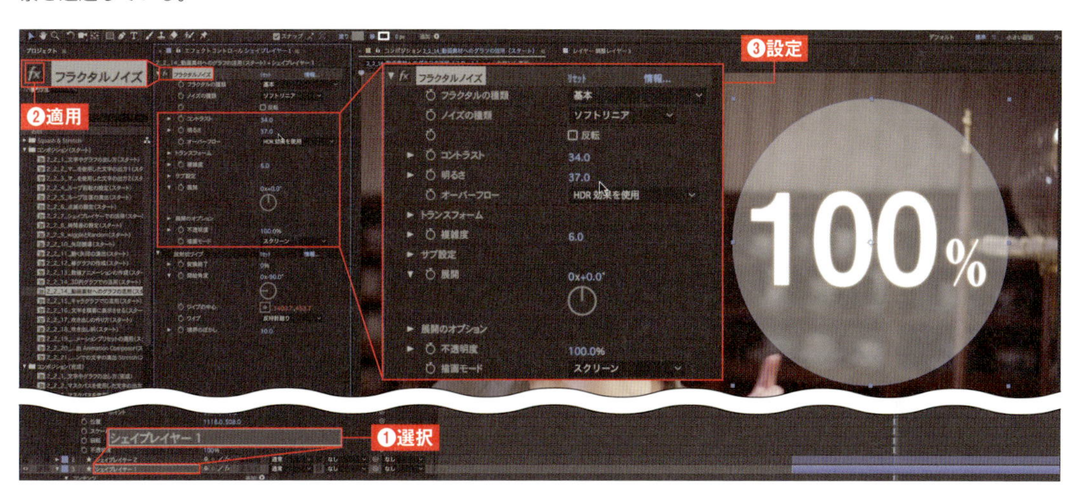

❷ ワイプの中心とトランスフォームの位置を同期させる

今度は楕円シェイプレイヤーを数字に合わせて円を描くように設定する。方法は、「文字とグラフをワイプする」と同じだが（P.196 参照）、ワイプの中心位置がずれる場合は、エクスプレッションでワイプの中心と楕円のトランスフォームの位置を同期させると便利だ。この場合、シェイプレイヤーの中心点を予め中心に設定する必要があるので、Option ＋ Command ＋ Home キー（Windows では Ctrl ＋ Alt ＋ Home キー）で中心点を設定することを忘れずに行ってもらいたい。

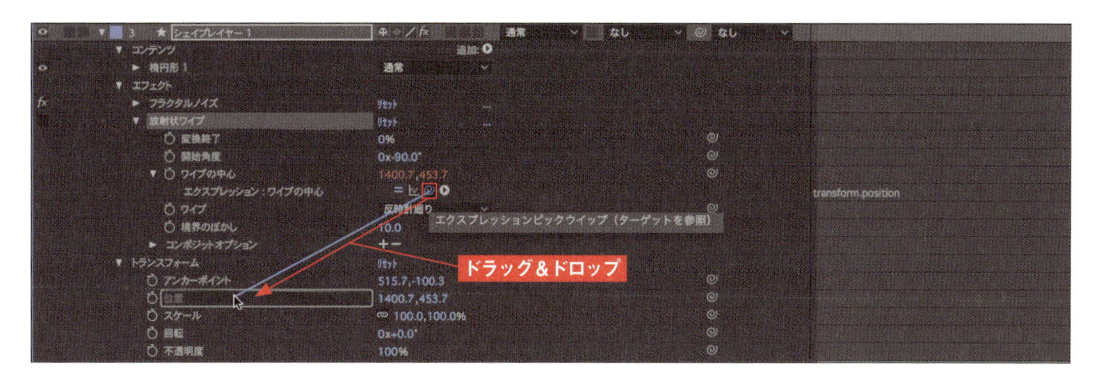

❸ グラフの表示や指の角度を調整する

＜放射状ワイプ＞の＜変換終了＞のキーフレームを＜カウント幅＞に合わせて、ちょうど出てくるように設定する❶。＜開始角度＞も女性の指に合わせると見栄えがアップする❷。

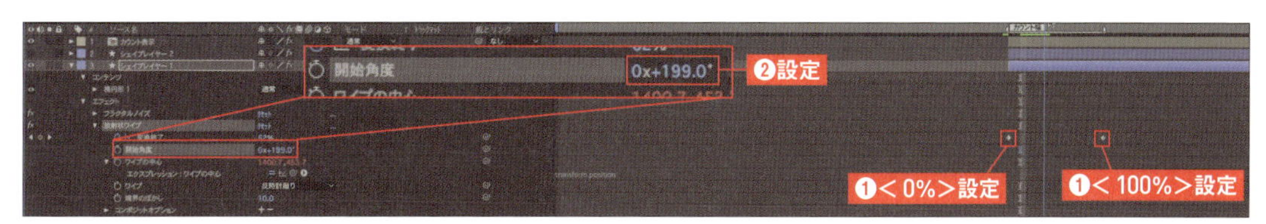

❹ グラフの線を設定する

<シェイプレイヤー 2 >を表示する❶。このシェイプレイヤーは塗りがなく線だけで構成されている。そこで、<シェイプレイヤー 2 >を選択し❷、エフェクトコントロールパネル内で<グロー>と<放射状ワイプ>を適用する❸。<シェイプレイヤー 1 >と同じ要領で変換完了のキーフレームを設定（もしくはコピー & ペースト）すると❹、図のようになる。

❺ 設定を確認する

2つのシェイプレイヤーを表示させると、円と外線が合成されたのが確認できる。

MEMO

立体的な演出を行う

2つのシェイプレイヤーとカウント表示のレイヤーを3Dレイヤー化して角度を調整することで立体的な演出も行える。CHAPTER 1の女性のようにY軸で回転などをかけてみると、ユニークな演出へとつながる。

TIPS

「炎」のバージョン

Saberを使用した「炎」バージョンも＜2_2_14_動画素材へのグラフの活用（完成2）＞に収録されているのでぜひ参考にしてもらいたい。しかし、この女性、熱くないのだろうか……。

17 キャラグラフのアニメーションを作成する

ここでは、キャラグラフ（キャラクターを使用したグラフ）のアニメーションを作成し、数値アニメーションと連動させるテクニックを解説していこう。

数値が変動する背景でキャラグラフを動かす

完成動画

利用するプロジェクトファイル：「2_2_モーション」フォルダ→「2_2_モーション.aep」ファイル

利用するコンポジション：＜コンポジション（スタート）＞→＜2_2_15_キャラグラフでの活用（スタート）＞

コンポジションを開くと、キャラが1列に並んでいるのが確認できる。最終的には、左図のように3列のキャラの色が列ごとに色を変えていき、その流れの中で数値も変化していく演出を施していく。

人並びを複製・設定して数値も設定する

❶ 元となるキャラを表示確認する

＜人並び＞をクリックし、横長のコンポジションにグラフの元となるキャラを確認してみよう。今回はちょうど10体の人形を配置してみた。配置は整列パネルで行うと簡単に行うことができるので、下記動画で確認してもらいたい。

整列パネルの解説動画

❷ 設定を確認する

＜2_2_15_キャラグラフでの活用（スタート）＞のコンポジションをクリックすると❶、手順❶の人並びが画面上部に配置されているのが確認できる❷。ここでは人並びを複製して二重の状態にしている。＜人並び色付き（青）＞を選択してみよう❸。上に配置されている人並びには着色が施されているが、これは＜エフェクト＞メニュー→＜カラー補正＞→＜ CC Toner ＞で色付けを行ってる❹。また、＜エフェクト＞メニュー→＜トランジション＞→＜リニアワイプ＞で横からワイプするように設定している❺。

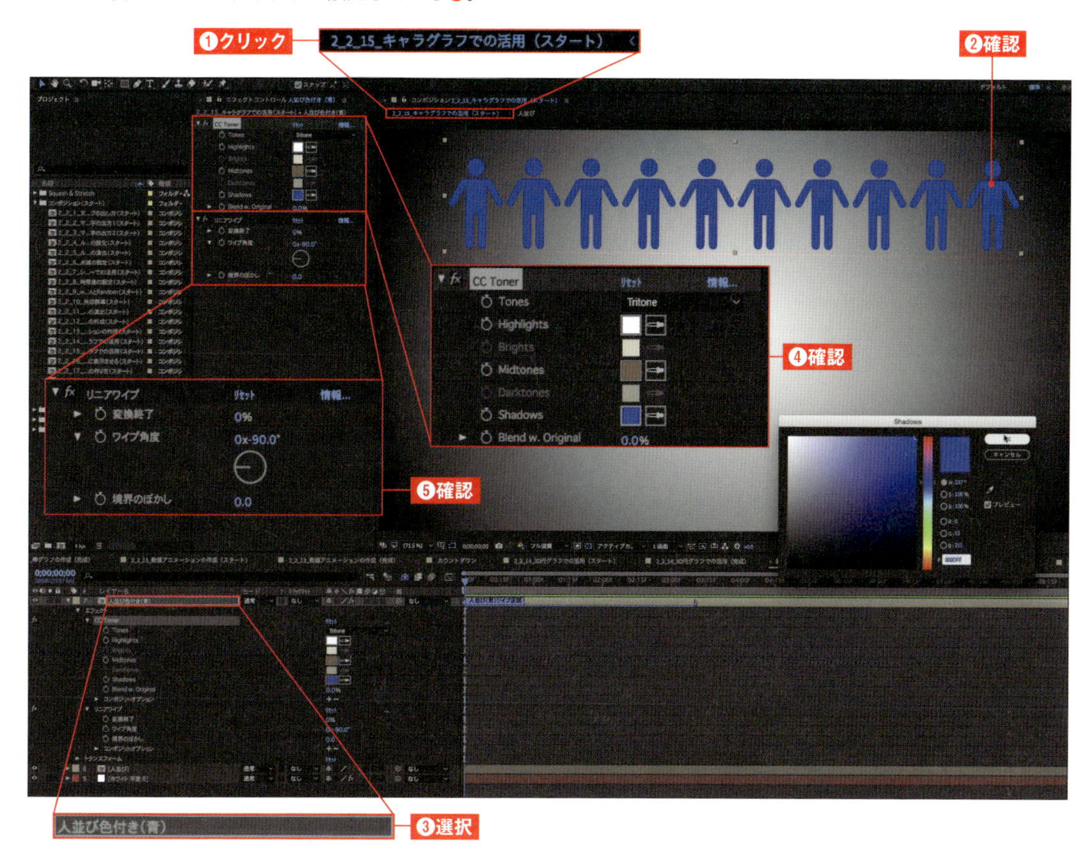

❸ 10秒で青い色が100%になるように設定する

リニアワイプで次第に「着色済みの人並び」が上にかぶさるように＜リニアワイプ＞の＜変換終了＞のキーフレームで設定を行ってみよう。今回は 10 秒で 100% になるような尺に設定したいので、1 列を 3 秒 10 フレームずつにし、それを 3 列に設定して合わせてみよう。

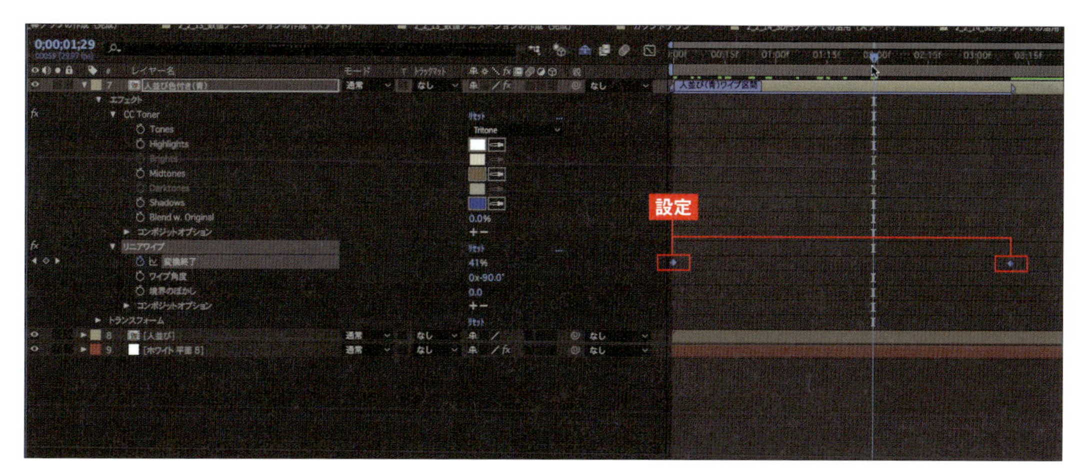

❹ 中央・下にも人並びを配置して設定を行う

上３分の１のレイヤー同様に、中央、下にも同じようにく人並び色付き（青）＞＜人並び＞を配置していこう。こうした同じ形の配置方法としては、＜編集＞→＜複製＞を適用して❶、位置をずらし❷、＜ CC Toner ＞で青色から赤や緑の色に変えていく❸。また、＜リニアワイプ＞のキーフレームも同じように3秒10フレームずつ配置していこう❹。

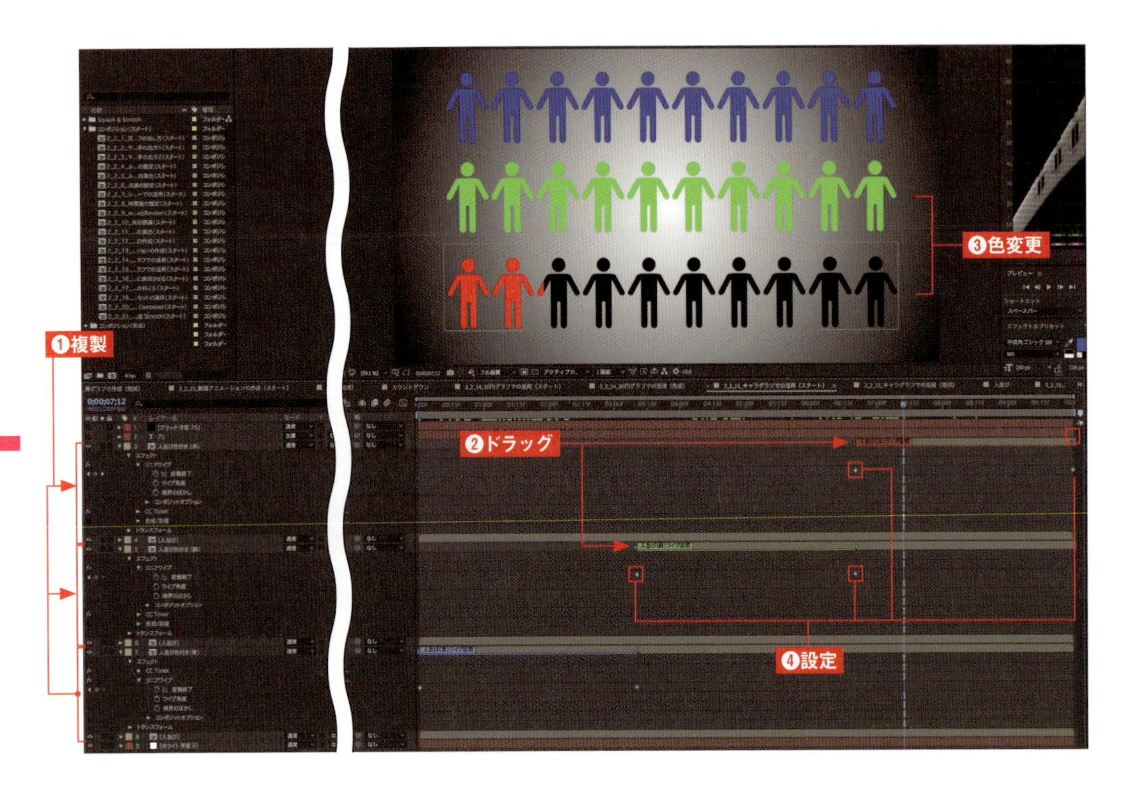

❺ 変化する数値を設定する

最後にシャイレイヤーのメインスイッチをオフにして＜ブラック平面 26 ＞、＜ 70 ＞のテキストレイヤーを表示させ＜ Saber ＞を適用した文字レイヤー（ここでは＜ 70 ＞）に❶、エクスプレッションを追加して❷、エクスプレッション言語の「Math.round(time*10)」を入力する❸。この設定だと 10 秒で 100% の設定になる。設定方法に関してはP.242 の「数値アニメーションを作る」を参照していただきたい。プレビューしてみるとキャラグラフと数字の演出が確認できるはずだ。今回はキャラになっているが、たとえば「グラスに入った水の量などの表現」にも応用技として使うことができる。

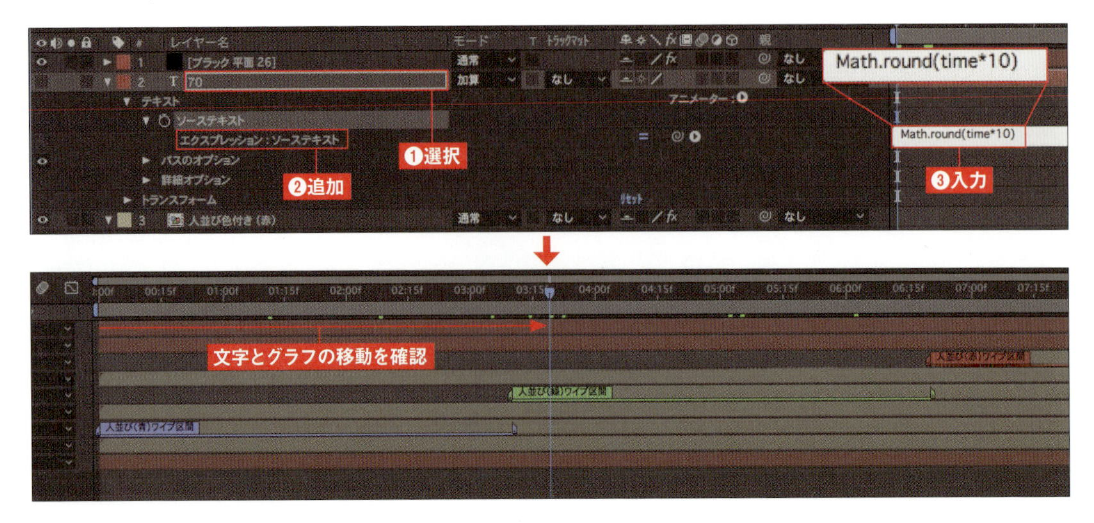

18 文字を順番に自動表示させる

ここでは、エクスプレッションの記載に文字を直接入力して、順番に表示させていくテクニックを解説していこう。

文字を次々に自動的に表示させる

いつまでたっても勉強です!

完成動画

利用するプロジェクトファイル：「2_2_モーション」フォルダ→「2_2_モーション.aep」ファイル
利用するコンポジション：＜コンポジション（スタート）＞→＜2_2_16_文字を順番に表示させる（スタート）＞

コンポジションを開くと、文字が確認できる。ここでは、最終的に左図のように、文字が順番に自動表示されるような演出を施していく。

エクスプレッション言語を使用する

1 適当な文字を入力する

まずはコンポジションに文字レイヤーとして適当な文字を入力する。ここでは「www.denpo.com」になっているが、特にここの文字は結果には影響されない。

2 エクスプレッションを追加して記述する

続いて＜ソーステキスト＞にエクスプレッションを追加し❶、下記のように記述する❷。面倒な方は「2_2_16_文字を順番に表示させる（完成）」からエクスプレッション部分をコピー＆ペーストしていただきたい。

```
var denpo = ["aa","bb","cc","dd","ee","ff","gg","hh","ii"];
var rate = 1;
var i = Math.floor（time / rate）% denpo.length;
denpo[i]
```

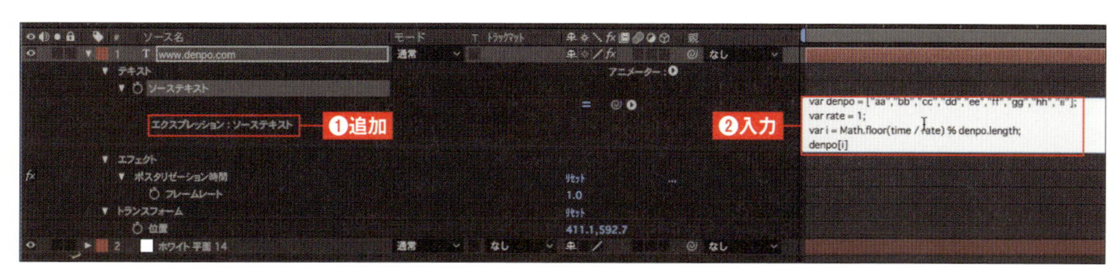

MEMO

エクスプレッション言語の記載について

denpo と記載されている部分は、タイトルのようなもので英語であれば何の記載でも構わない。ただし、この denpo と記載されている部分はすべて同じ単語で統一されていなければならない。続いて "aa" などのローマ字部分は「"」で囲われた範囲であれば、日本語の表記も可能だ。文字部分の制限はなく "　" が続く限り表示が繰り返されていく。var rate = 1; は表示時間となる。これをたとえば、var rate = 3; に変えれば、3 秒間隔で文字が切り替わる。

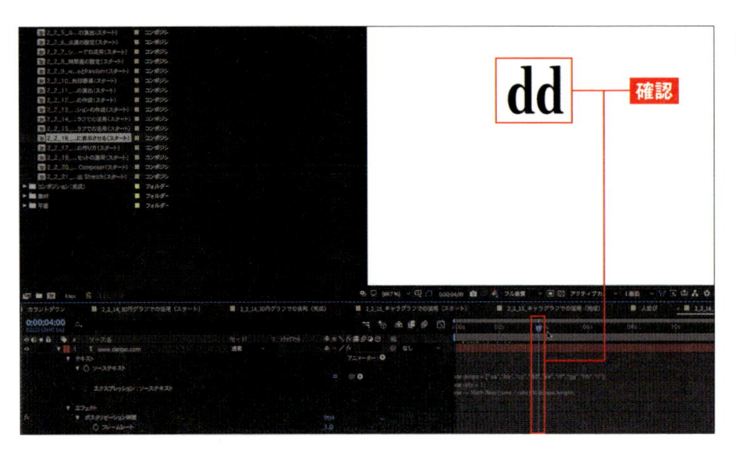

③ 結果を確認する

タイムラインをプレビューしてみると 1 秒ごとに aa ～ ii までの文字が切り替わるような結果になっているのが確認できる。

MEMO

大画面で記述を確認する

エクスプレッションを細かく確認するには、<グラフエディター>をクリックして、<グラフの種類とオプションを選択>し、<エクスプレッションエディターを表示>をクリックする。続いて、エクスプレッションを適用した項目を選択すれば、テキストスペースの表示を大きくして大画面で記述を確認できる。

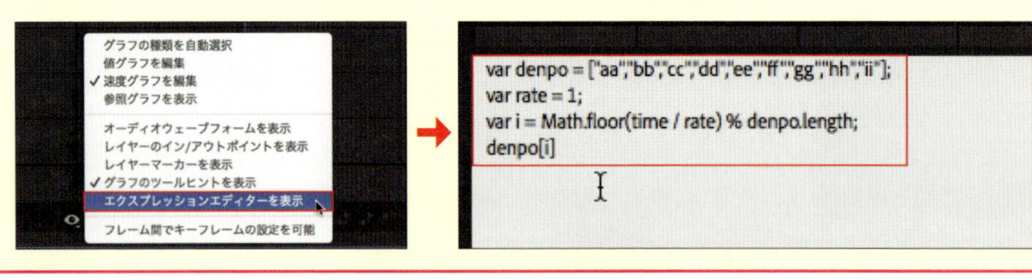

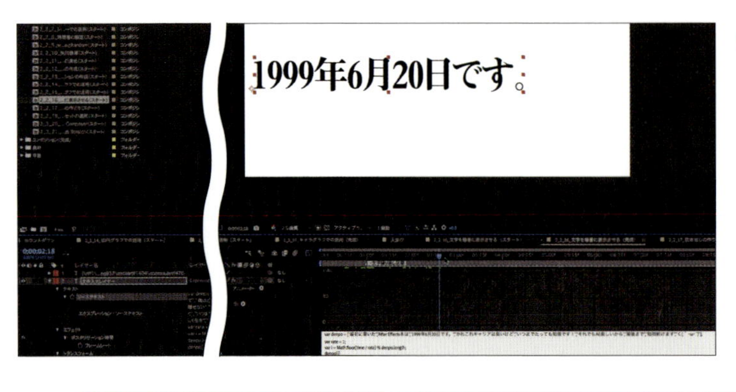

④ 完成コンポジションで確認する

「2_2_16_文字を順番に表示させる(完成)」には日本語で記載した例があるので、ぜひサンプルとして確認してもらいたい。

CHECK

文字表示のフォントと大きさの切り替えと表示速度の変更について

今回の文字を順番に表示させるエクスプレッションは、記述ベースによるものなので、文字が自動的に範囲調整されたり、改行されたりといった便利機能は搭載されていない。一方、フォント／文字の大きさなどは、文字パネルで設定することで調整は可能だ。また、文字の表示を 1 フレーム単位で設定したい場合には、1 秒（30 フレーム）を 30 で割るエクスプレッション「var rate = 1/30;」に変更することで、1 フレームずつ表示される設定が可能だ。

SECTION

19 吹き出しをアニメーション表示する

吹き出しは、ソーシャル動画のタイトルや人の感想などでよく目にするものだ。ここでは、その吹き出しが表示されていくまでを基本的な作り方から解説する。

吹き出しと写真を同時にアニメーション表示する

利用するプロジェクトファイル：「2_2_モーション」フォルダ→「2_2_モーション.aep」ファイル
利用するコンポジション：<コンポジション（スタート）>→<2_2_17_吹き出しの作り方（スタート）>
コンポジションを開くと、オレンジの背景に文字だけが配置されているのが確認できる。ここでは最終的に左図のように吹き出しがアニメーションで現れて、同時に写真が表示される演出を施していく。

ベースとなる吹き出しを作成する

❶ 楕円形を描く

シェイプレイヤーで<楕円形ツール>を利用して❶、図のように文字を囲うように楕円を描いてもらいたい❷（ここでは、<お手軽簡単レシピ>の下のレイヤーに作成した<シェイプレイヤー 1>を配置して、文字が見えるようにしている）。

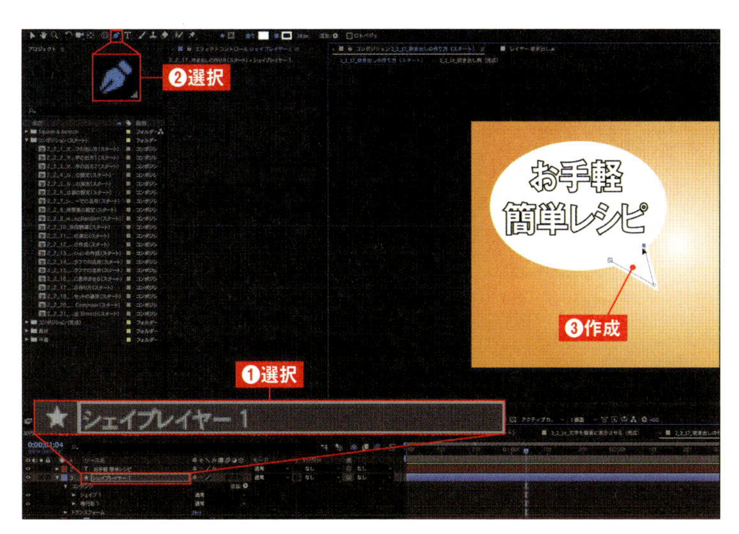

❷ 吹き出しの端を作成する

続いてタイムラインパネル内で同じ楕円で作成したシェイプレイヤーを選択し（ここでは<シェイプレイヤー 1>）❶、同じグループとして吹き出しの端を作っていこう。ツールパレットから、今度は<ペンツール>を選択し❷、くちばしのような三角を、閉じない形で作成してもらいたい❸。

❸ 完成度を高める

シェイプレイヤーの線を追加したり、文字に色を付けたりすれば、出来上がりとなる。もちろん楕円以外にもペンツールなどで自由に描いてもらっても構わない。また、複数のシェイプレイヤーを使用してバラエティー豊かな吹き出しも作成できる。興味ある方は下記の解説動画を参考に作ってみてもらいたい。

さらに凝った吹き出しを作りたい！解説動画

MEMO すでにあるデータを活用する

Illustrator などで作成されたデータを活用したい場合は、< 2_2_ モーションないのフッテージ >素材の中にある<吹き出し .ai >の素材を活用して、下記手順を行ってもらいたい。

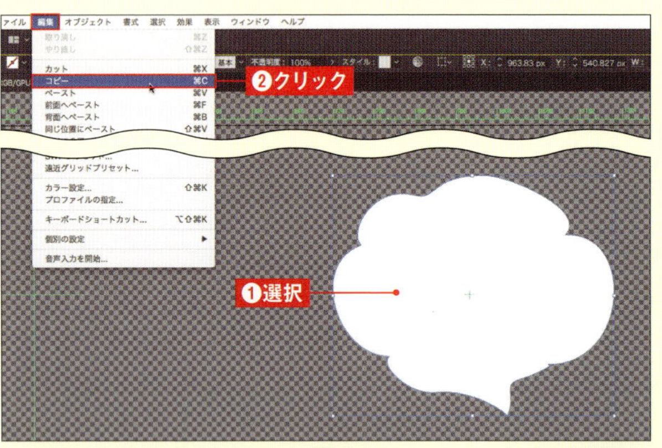

◀利用したいベクトルデータ選択して❶、<編集>メニュー→<コピー>をクリックする❷

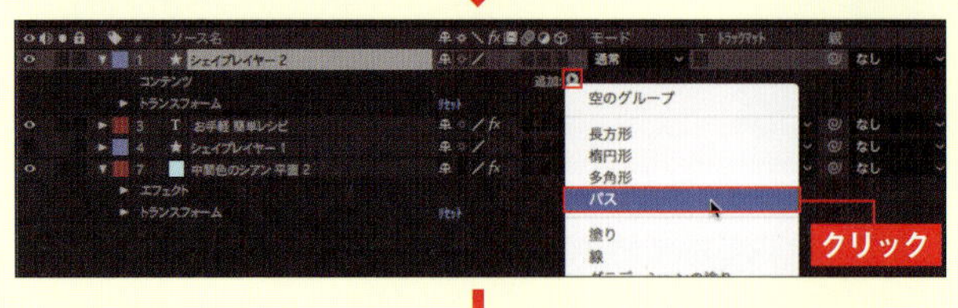

◀<レイヤー>メニュー→<新規>→<シェイプレイヤー>を選択し、タイムラインに表示されたシェイプレイヤー右側にある◎<追加>→<パス>をクリックする

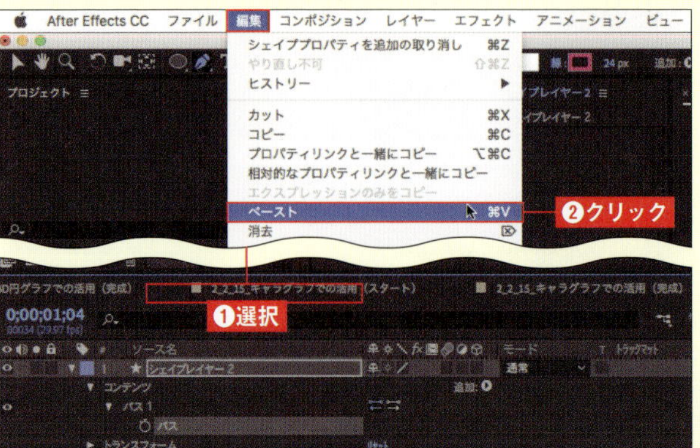

◀パスのプロパティの<パス>を選択し❶、<編集>メニュー→<ペースト>をクリックする❷

◀無事パスがシェイプレイヤーにコピーされたら、<パス>をダブルクリックし❶、移動と拡大を行って図のように文字を囲うように配置調整する❷

◀続いて右側にある◘<追加>から今度は<線>をクリックする❶。線のプロパティが追加表示されるので❷、線幅と色を付け足して図のように設定してみよう❸

線のアニメーションを作成する

引き続き、線を描いていくモーションを設定していく。ここでは、MEMOで解説したIllustratorのデータをそのまま利用する。

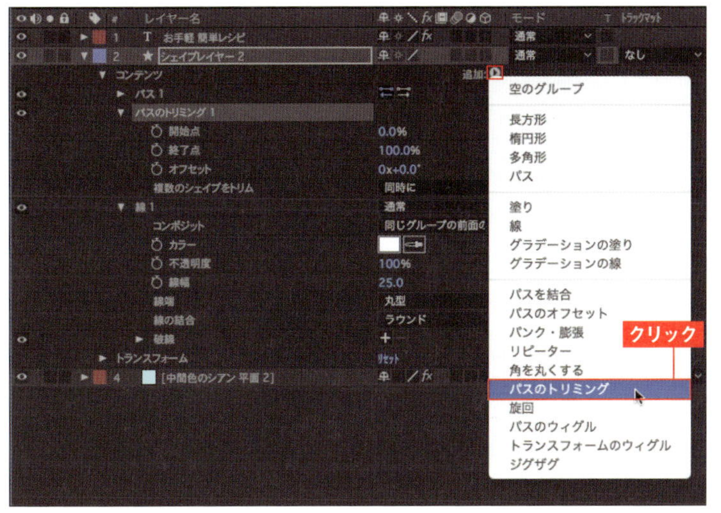

❶ パスのトリミングを選ぶ

◘<追加>→<パスのトリミング>をクリックする。

❷ パスをトリミングする

図のように＜パスのトリミング 1 ＞の＜開始点＞で % を設定して❶、キーフレームを設定することで❷、線がアニメーションされていくのが確認できるはずだ。線の起点はオフセットの調整で行えるので、吹き出しの開始地点に合わせて調整してみよう。

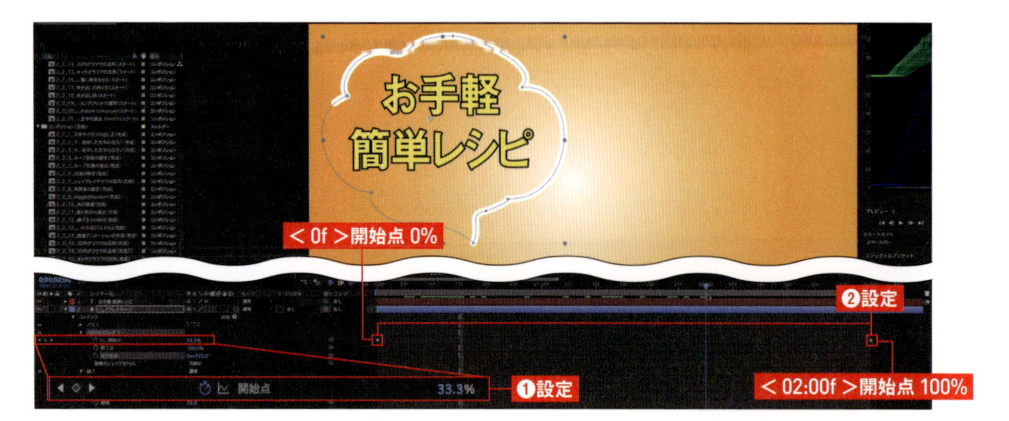

MEMO

枠線以外に色を施す

枠線以外に塗りなどを付け足したい場合には⊙＜追加＞から＜塗り＞や＜グラデーションの塗り＞などを追加していこう。

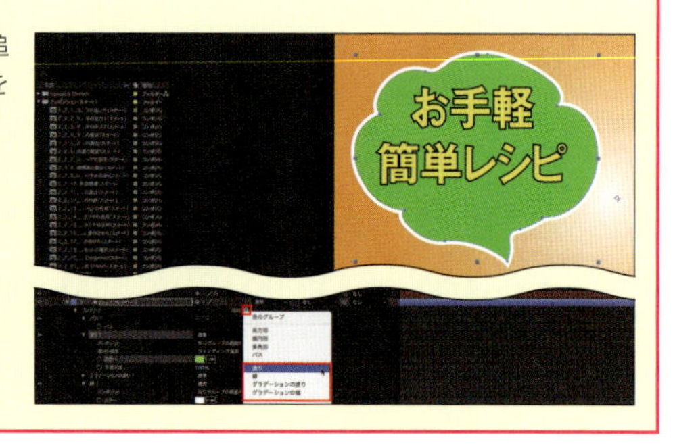

TIPS

シェイプレイヤーへのパスの適用

シェイプレイヤーへのパスの適用だが、Illustrator のパスを新規平面（黒）にペーストして、図のように Unmult で黒い部分（輝度が 0% 部分）を透明化し、＜エフェクト＞メニュー→＜描画＞→＜線＞をクリックすることでも同じように行うことができる。この場合、Unmult は輝度を基準に透明にするので、輝度が低いもの（黒線など）を表示させる場合には、＜エフェクト＞メニュー→＜チャンネル＞→＜反転＞を適用して色を反転表示させることで解決できる。

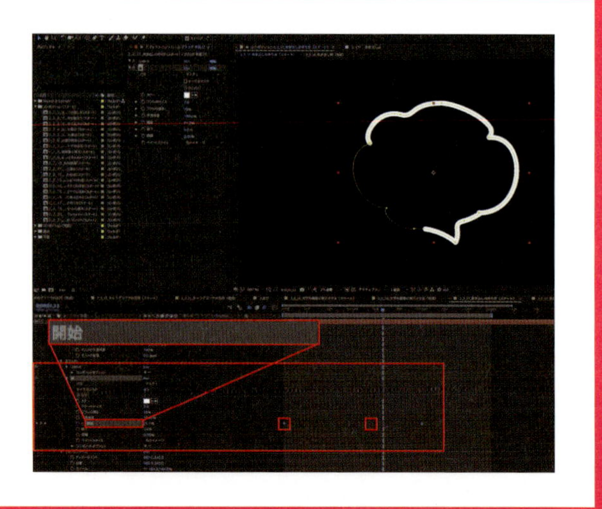

写真の演出を行う

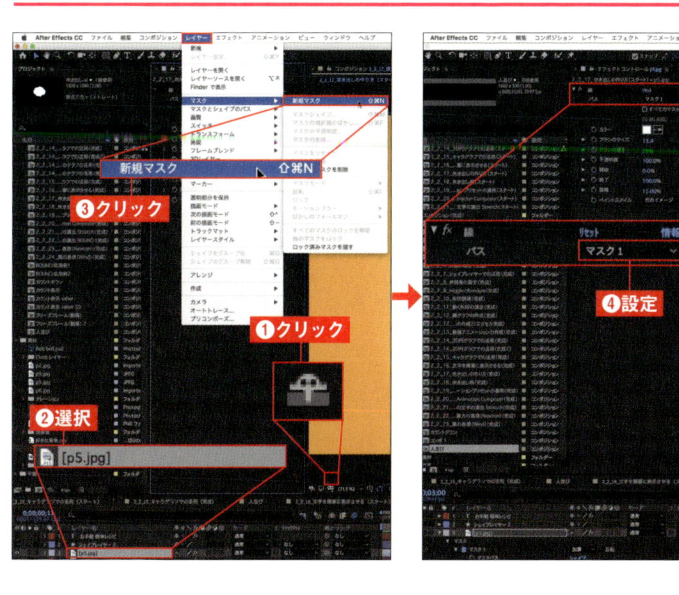

❶ マスクを作成する

続いて、写真の作業に移ろう。<タイムライン上ですべてのシャイレイヤーを隠す>をクリックし❶、<写真 p5.jpg >を表示して選択する❷。<レイヤー>メニュー→<マスク>→<新規マスク>とクリックすると❸、写真の外壁周りが長方形マスクで囲われるので、エフェクトコントロールパネル内の<線>エフェクトで<パス>を<マスク 1 >に設定する❹。すると、マスクで囲った部分に白い線が表示される。

❷ キーフレームを設定する

マスクのパスを囲った状態を確認したら、<マスクパス>の 3 秒地点< 03:00f >でこのマスクの形を覚えさせるため、キーフレームを設定する。

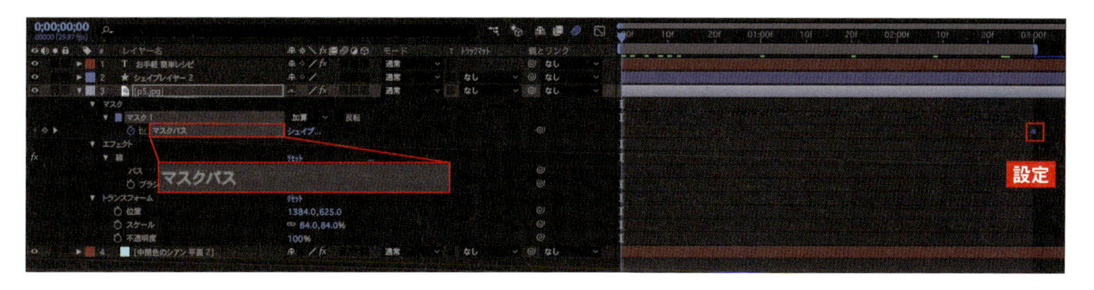

❸ 写真を下から上に現れるように設定する

タイムラインを 1 秒地点< 01:00f >に移動し❶、マスク部分をダブルクリックして❷、上辺を掴んで底辺に移動させ、図のように線状態にする❸。こうすることで下から幕が上がってくるように写真が演出できる。

❹ 線になったマスクを点に変える

タイムラインを0秒地点＜00:00f＞に移動し❶、線になったマスクを点に変える❷。コツとしてはマスクの右端をカーソルで囲って頂点を移動させる要領だ。どうしてもマスクが掴めない方は下記動画を参照していただきたい。

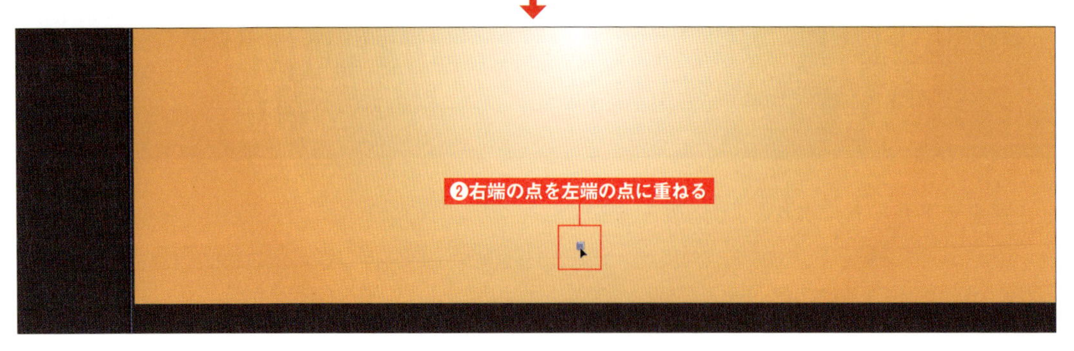

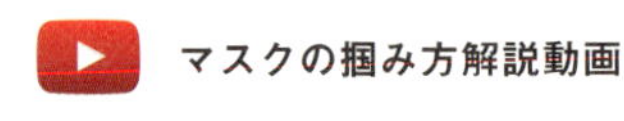

MEMO

最初の点を隠す方法

マスクのアニメーションを実行するとわかるが、最初の点がどうしても最初から見えてしまう場合には、＜トランスフォーム＞の＜不透明度＞をスタートから1フレーム単位で0%～100%にキーフレームを切り替えることでスタートでは見えなくなる設定にできる。なお、キーフレームは好みに合わせてイージーイーズインなどを適用しておくと単調にならなくてよい。

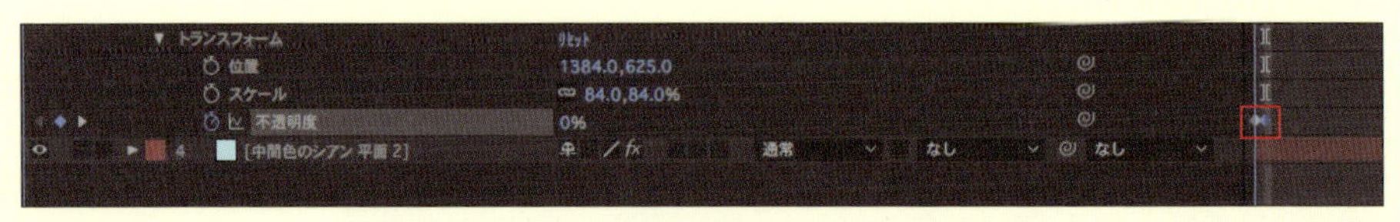

SECTION

20 絵柄のある吹き出しを作る

ここでは、前 SECTION で作成した吹き出しに、絵柄を追加する方法を解説する。絵柄を追加することで、さらに凝った吹き出しになる。

吹き出しの中にきれいに☆を配置する

利用するプロジェクトファイル：「2_2_ モーション」フォルダ→「2_2_ モーション .aep」ファイル
利用するコンポジション：<コンポジション（スタート）>→< 2_2_18_ 吹き出し柄（スタート）>

コンポジションを開くと、単色背景の吹き出しが確認できる。ここでは、最終的に吹き出しの中に絵柄を入れ、文字も段階的に表示されるような演出を施していく。

☆を複数作って間隔を調整して配置する

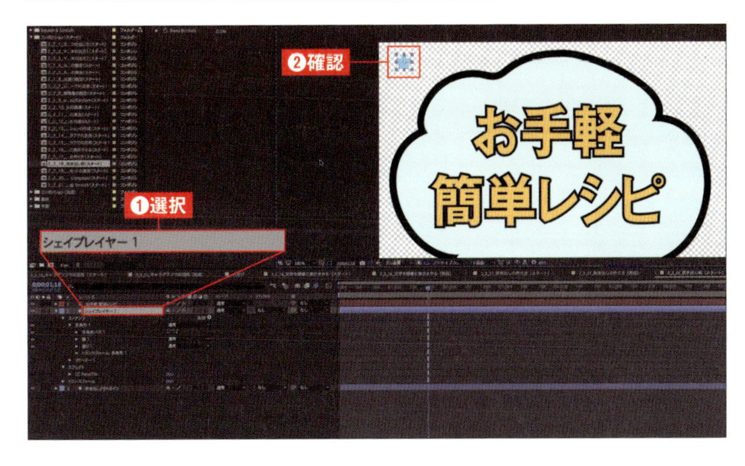

1 ☆を確認する

まずは、<シェイプレイヤー 1 >を選択すると❶、☆が確認できる❷。これは吹き出しの中に入るシルエットなので☆以外のマークや文字でも構わないが、大きさは図くらいのものがちょうどよいだろう。なお、作成した<シェイプレイヤー 1 >は、タイムライン上では、<お手軽 簡単レシピ>と<吹き出しアウトライン>の間に挟み込むように配置されている。

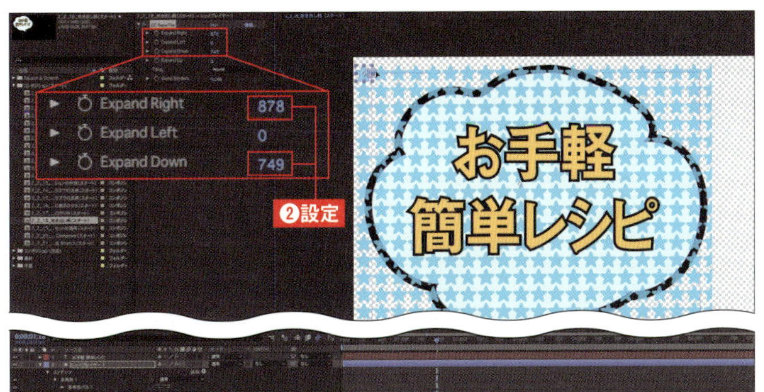

2 ☆を複製する

続いて☆のシェイプレイヤーに<エフェクト>メニュー→<スタイライズ>→< CC repeTile >を新規に適用する❶。図のように設定すると❷、星が複製される。ちょうど下にある吹き出し部分の範囲をすべて覆うように数と位置を調整しよう。

❸ ☆の間隔を調整する

次に☆の間隔を調整するため、◎<追加>→<リピーター>をクリックして、シェイプレイヤーにリピーターを適用する❶。図のように<コピー数>を<2>に❷、<位置>を調整することで❸、☆の間隔を移動させることができる。

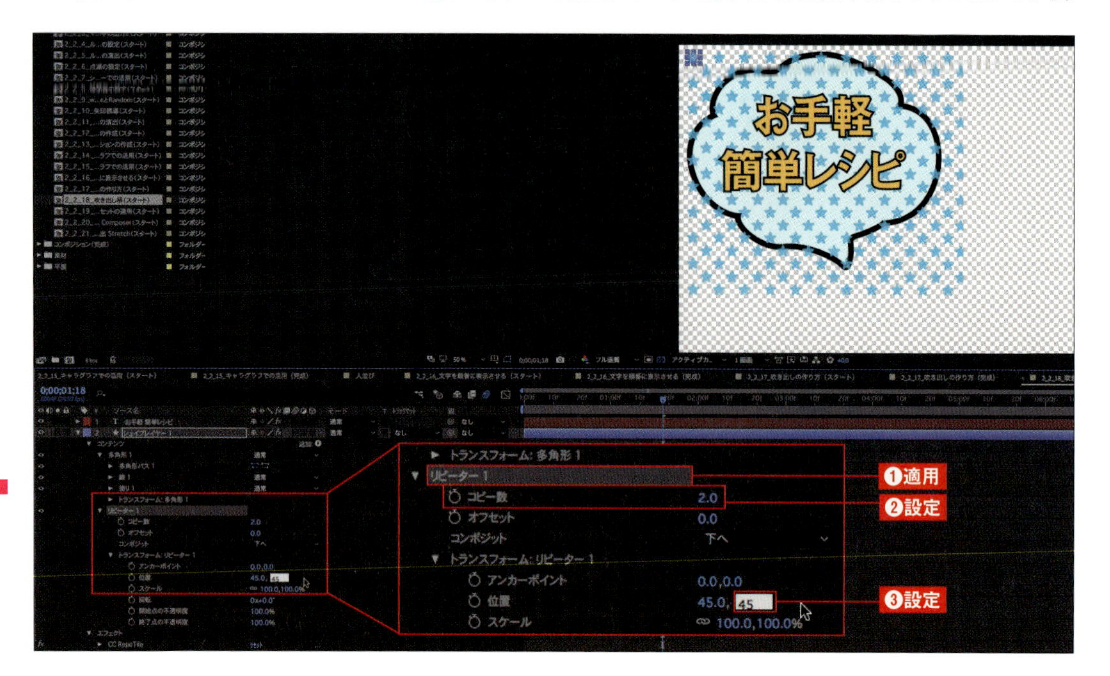

MEMO CC repeTile 以外での☆模様の作り方

調整用に適用したリピーターだが、リピーターを二重に適用することでも☆の数を増やすことができる。

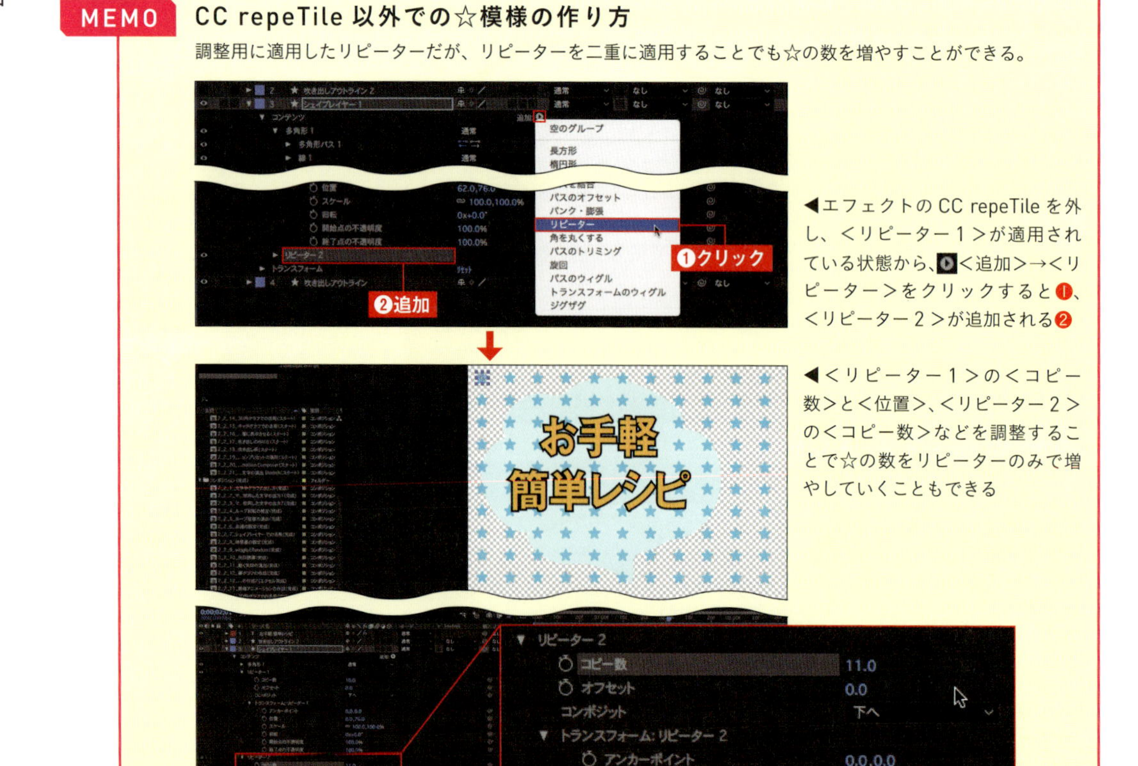

◀エフェクトの CC repeTile を外し、<リピーター1>が適用されている状態から、◎<追加>→<リピーター>をクリックすると❶、<リピーター2>が追加される❷

◀<リピーター1>の<コピー数>と<位置>、<リピーター2>の<コピー数>などを調整することで☆の数をリピーターのみで増やしていくこともできる

☆の表示部分を調整する

❶ 透明部分を保持する

続いて☆の<シェイプレイヤー１>の「T」のマークが付いた<下の透明部分を保持>をクリックする。これで下のアルファ部分に絵柄が合成されたのが確認できる。

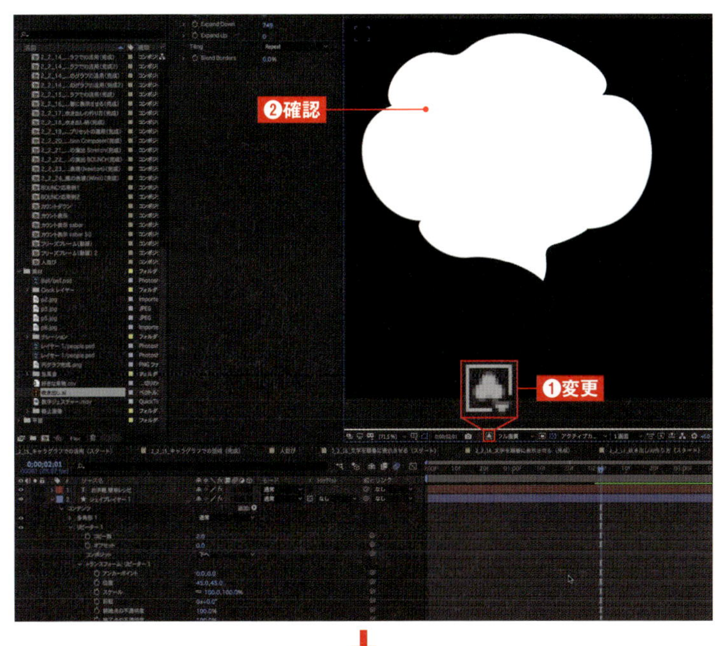

❷ ☆の削除を確認する

アルファチャンネルだけを表示した図を見ると（<チャンネルおよびカラーマネジメントの設定を表示>→<アルファ>）❶、ちょうど下のレイヤーの<吹き出しアウトライン>のアルファチャンネル部分の重なり以外の☆が削除されているのが確認できる❷。

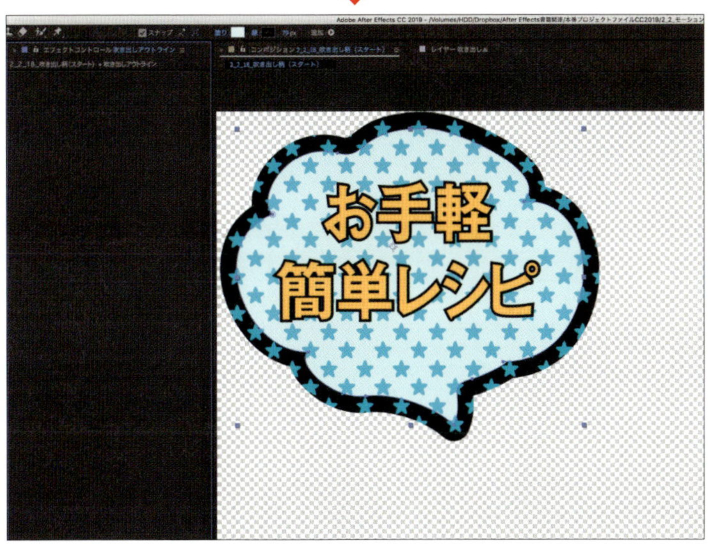

続いてシェイプレイヤーの線幅の数値をあげて線を描いていきたいところだが、線を使用すると同じ属性なのでシェイプレイヤーの枠線にも絵柄が乗ってしまう。

❸ 枠線内にきれいに☆をおさめる

ここでは、一番下にある<吹き出しアウトライン>を選択し❶、<編集>メニュー→<複製>をクリックして❷、タイムラインの一番上に配置❸、ハンバーガーのように挟んでしまおう。複製した<吹き出しアウトライン 2 >では<塗り>を非表示に設定し、線を加えてみよう❹。これで☆を挟んでの線と塗りが別々に適用された合成が行える。

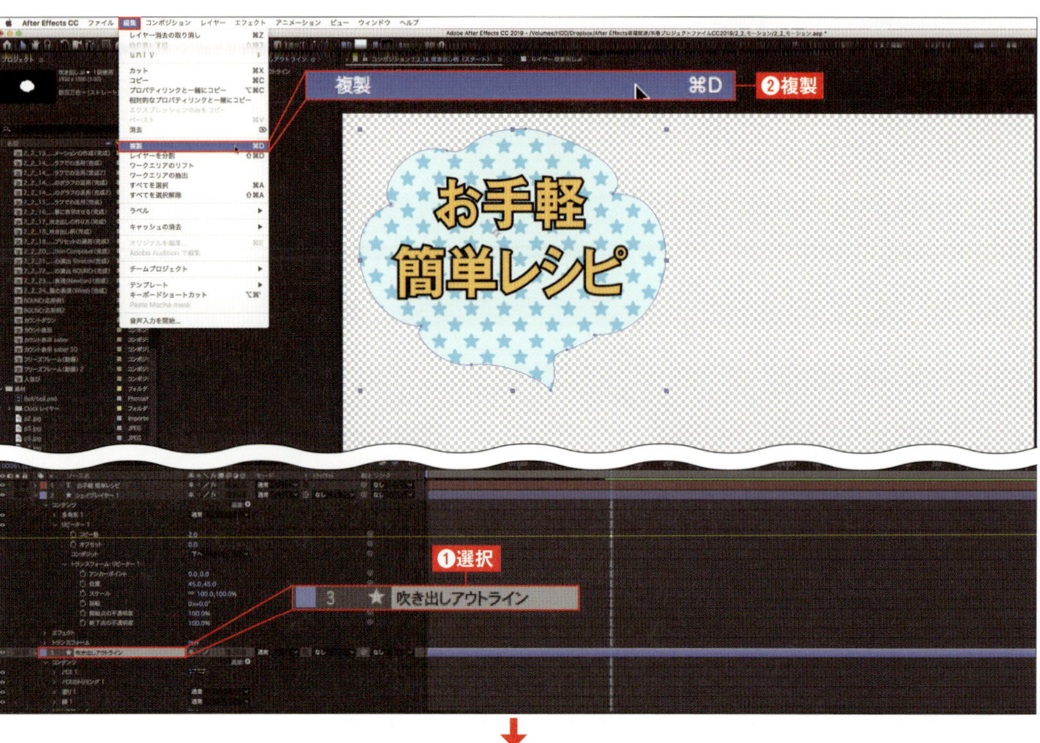

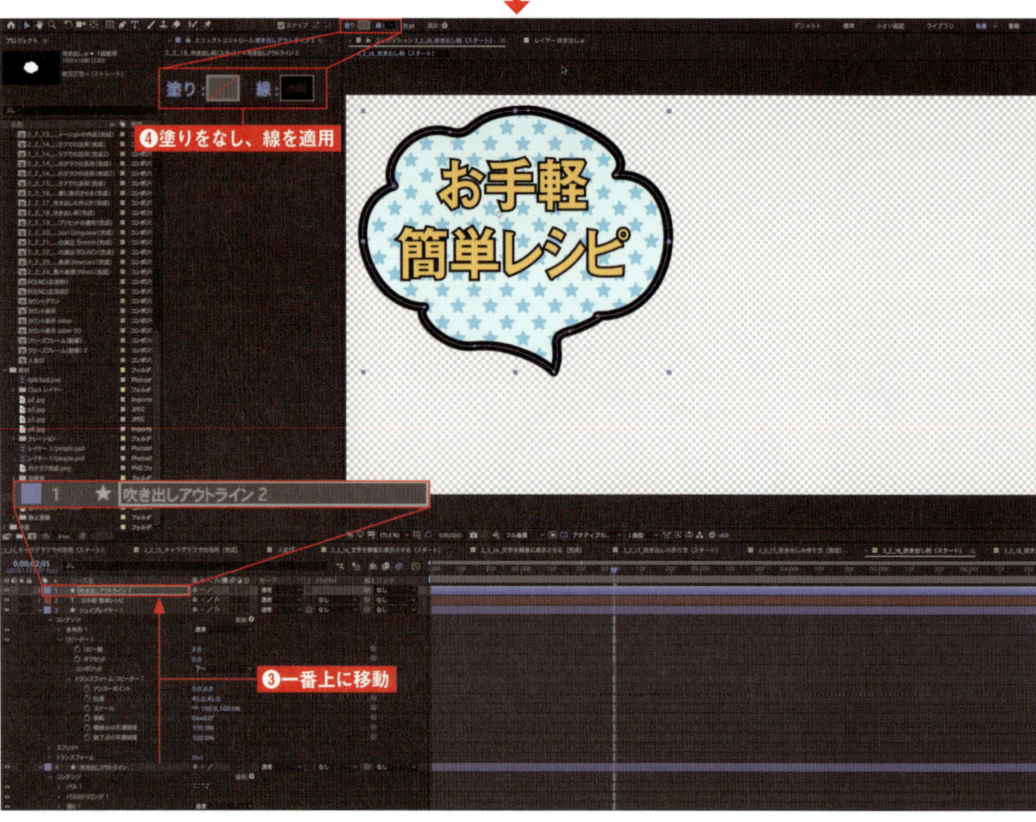

SECTION

21 アニメーションプリセットを活用して文字アニメーションを作成する

ここでは、アニメーションプリセットの使い方を解説する。アニメーションプリセットを活用して、動きのある文字アニメーションを設定していこう。

プリセットを利用して文字に動きを付ける

完成動画

利用するプロジェクトファイル：「2_2_モーション」フォルダ→「2_2_モーション.aep」ファイル
利用するコンポジション：<コンポジション（スタート）>→<2_2_19_標準アニメーションプリセットの適用（スタート）>

コンポジションを開くと、3つの文字列が縦に配置されていることがわかる。ここでは左図のように、これら文字を画面右から左へ向け文字毎に移動させていく。なお、After Effectsでは、文字レイヤーに対して、その文字をバラエティー豊かに表示させていくアニメーションプリセットが豊富に用意されている。

1行目の文字を設定する

1 アニメーションプリセットを確認する

アニメーションプリセットは、画面右のエフェクト&プリセットパネル内の<アニメーションプリセット>→<Text>内にある。今回は<Animate In>内の<ストレートイン>を使用してみる。

❷ <ストレートイン(文字)>を適用する

時間軸を0秒<00:00f>に合わせて❶、<ストレートイン(文字)>をドラッグし、タイムライン一番下の<I have a Pen(文字)>のレイヤーにドロップする❷。**ドロップするときの時間軸が文字アニメーションのスタート地点**となるので、ここでは0秒地点から開始したいために、事前に時間軸を0秒に合わせた。

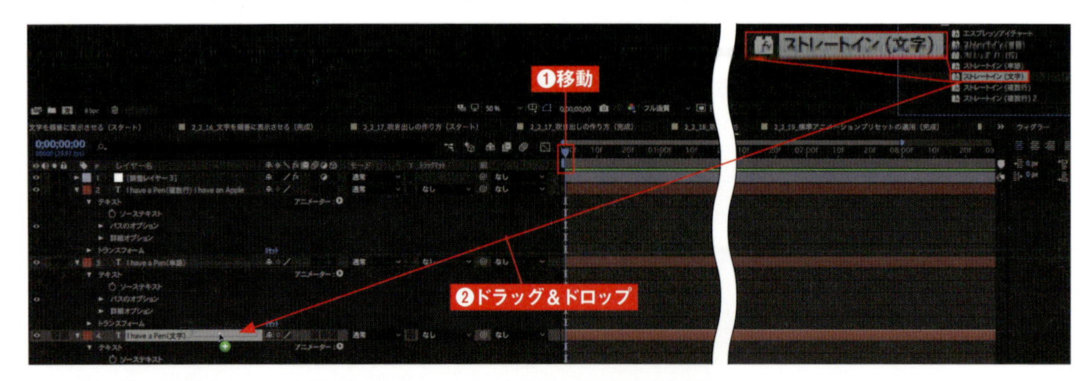

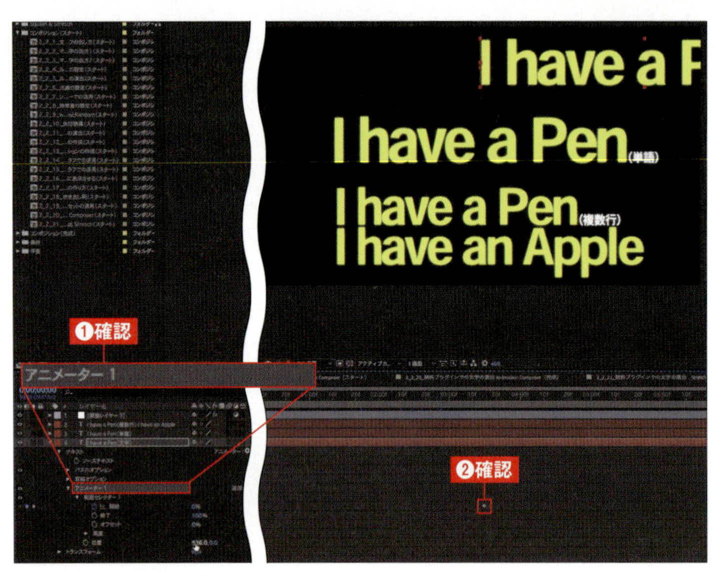

❸ 適用を確認する

無事適用されると図のように文字レイヤーのテキスト項目に<アニメーター1>という新たな項目が加わったのが確認できる❶。開始部分には画面右から左へ移動するキーフレームが自動で適用される❷。

❹ 文字位置を調整する

最初のプリセットの位置だと文字が画面中央から移動してしまうので(手順❸の画面参照)、<アニメーター1>→<範囲セレクター1>→<位置>のXの値を<1580.0>に設定して、右端へ文字を移動させる。これで、文字が1文字単位でアニメーション移動する。

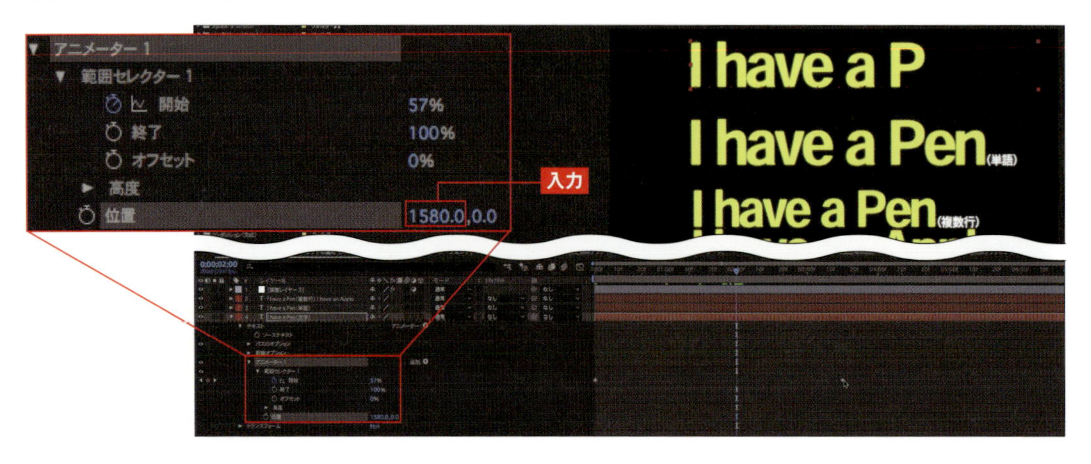

2行目の単語、3行目の複数行を設定する

1 単語を設定する

P.272の手順2を参考に、<ストレートイン（単語）>をタイムラインの< I have a Pen（単語）>に適用してみよう1。同じように<位置>も下のレイヤーに合わせて画面右に移動させておく。ここでは< 1577.0 >に設定した2。動きは同じように見えるが、今度は1文字単位ではなく、単語単位でアニメーションされているのが確認できるはずだ。

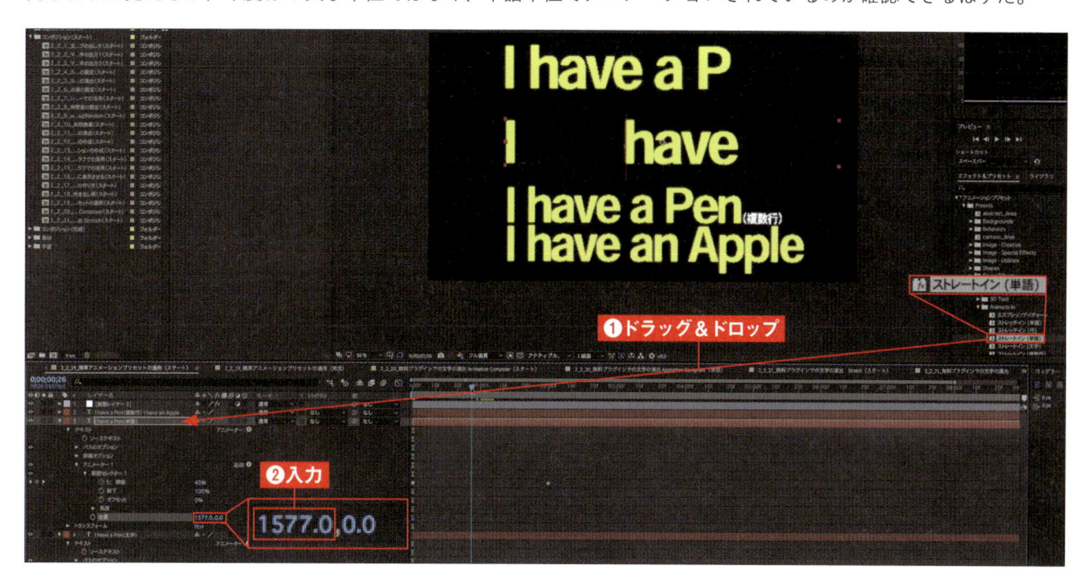

2 複数行を設定する

同様に<ストレートイン（複数行）>を一番上の< I have a Pen（複数行）>に適用すると1、行単位でアニメーションされているのが確認できる。<位置>は< 1573.0 >に設定した2。こうして文字の構成ごとに、アニメーションの出方をいろいろと変えることができるのだ。

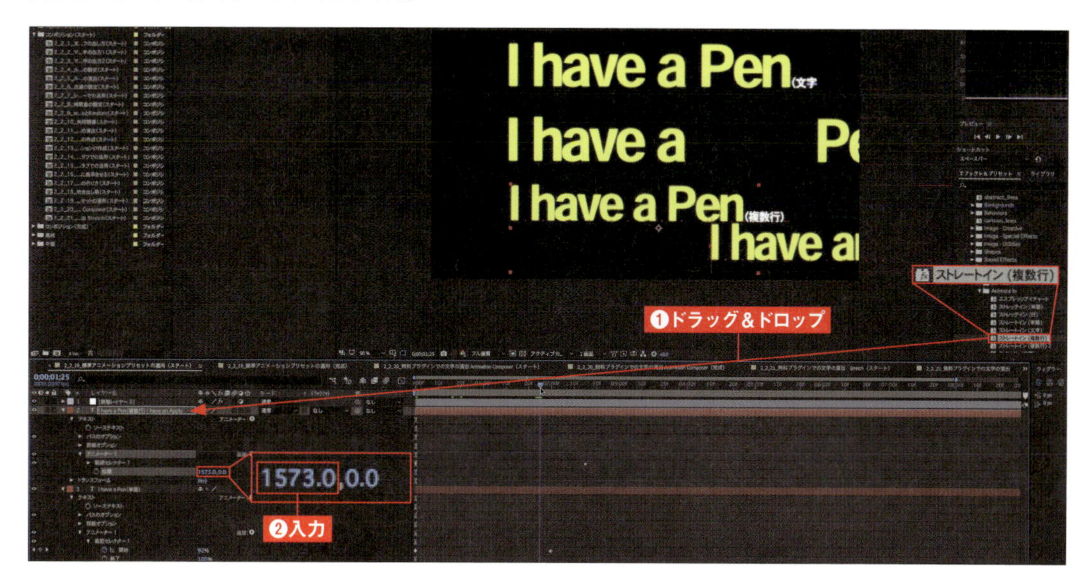

MEMO

文字の出て来る間隔を調整する

文字の出て来る間隔を調整したい場合は、<アニメーター>→<範囲セレクター>→<開始>の範囲のキーフレームを移動させることで調整できる。もちろんイージーイーズインなども適用することも可能だ。

MEMO アニメーション効果を確認する

アニメーション効果については、ストレートインなどの名前だけではどんなアニメーションなのかイメージしづらいだろう。そんなときは、<アニメーション>メニュー→<アニメーションプリセットを参照>をクリックすることで、Adobe Bridge（アドビ橋）が自動的に起動し、エフェクト & プリセットパネル同様の構成で、さまざまなエフェクトをビジュアル的に確認することができる。なお、Adobe Bridge が自動的に起動しない場合には、キャッシュの不具合、ほかのソフトとの競合などでパソコンに何らかの不具合が起きていることが考えられる。起動しない場合には下記 URL にて確認してもらいたい。
https://helpx.adobe.com/jp/bridge/kb/troubleshoot-errors-freezes-bridge.html

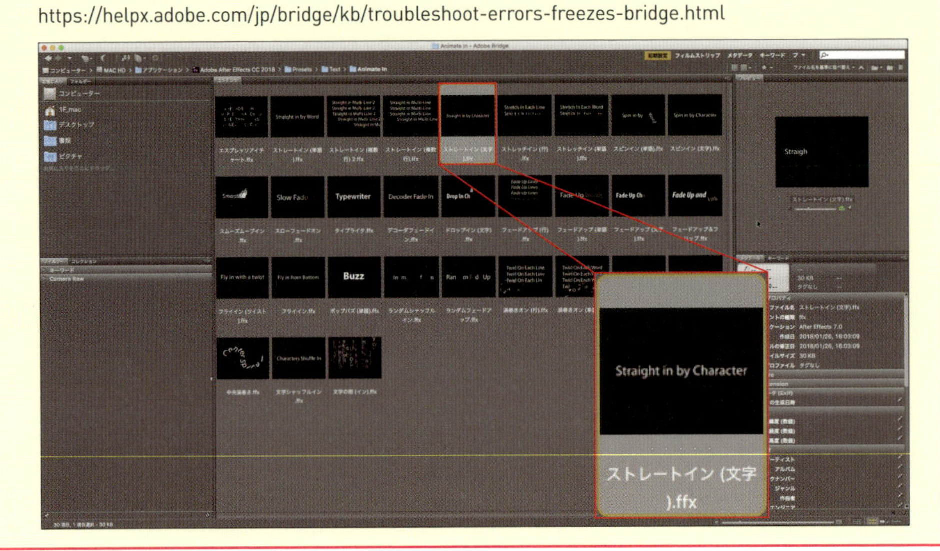

CHECK ほかのアニメーションも利用する

ストレートインだけではなくほかの要素も加えたい場合には、同じようにアニメーションプリセットをドラッグ & ドロップで追加することでさらにダイナミックな演出表現も可能になる。図では< Curves and Spins >を加えてみた。こうすることでアニメーターの項目に「回転」「スケール」などの項目が追加され、さらに複雑な文字のアニメーションを演出することができる。アニメーションプリセットは After Effects では基本的なテクニックだが、さまざまなアニメーションプリセットが用意されているのでいろいろと試してもらいたい。

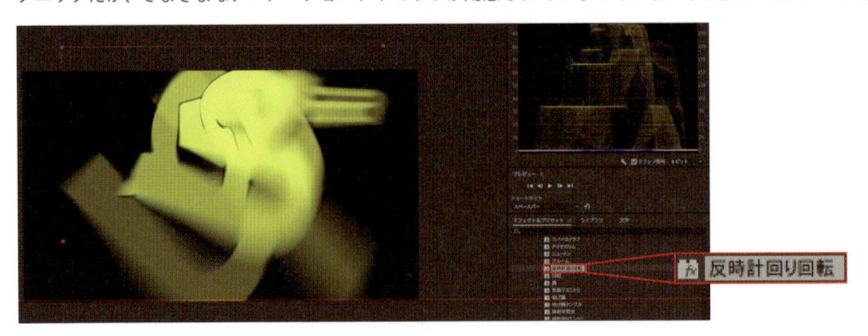

テキストプロパティとアニメーションプリセットの解説動画①

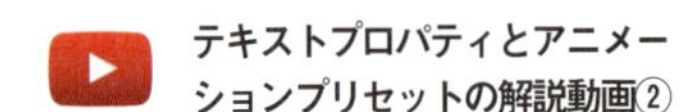

テキストプロパティとアニメーションプリセットの解説動画③

テキストプロパティとアニメーションプリセットの解説動画④

テキストプロパティとアニメーションプリセットの解説動画⑤

22 Animation Composer ～無料プラグインで文字の動きを演出する①

ここでは、Animation Composer（各種アニメーションプリセットが収録されている無料のプラグイン）を使ってお手軽にアニメーションを作成してみよう。

演出効果を高めるサードパーティのプラグインを使用する

利用するプロジェクトファイル：「2_2_ モーション」フォルダ→「2_2_ モーション .aep」ファイル
利用するコンポジション：＜コンポジション（スタート）＞→＜ 2_2_20_ 無料プラグインでの文字の演出 Animation Composer（スタート）＞

コンポジションを開くと、写真と文字が配置されている。ここでは、Animation Composer（https://aescripts.com/animation-composer/）を利用して、最終的に右側の文字が楽しい動きを見せる演出を施していく。なお、プラグインのインストールはP. 024を参照して、自己責任で行っていただきたい。ちなみに、Animation Composer は、ダウンロードした「AnimationComposerInstaller 2.7.3.exe」を実行すると、After Effects で利用できるようになる。

Animation Composer収録のプリセットを試す

① ウィンドウを組み込む

＜ウインドウ＞メニュー→＜ Animation Composer ＞を選択すると、Animation Composer のウインドウが画面に表示される。ウィンドウは、そのほかのパネルとドッキングさせることも可能だ。今回は、エフェクトコントロールパネルの部分にウィンドウをドラッグ＆ドロップして移動してみた。なお、Animation Composer はバージョンによって、若干ディレクトリの構造が変わるので、解説画面と異なる場合があるのでご容赦いただきたい。

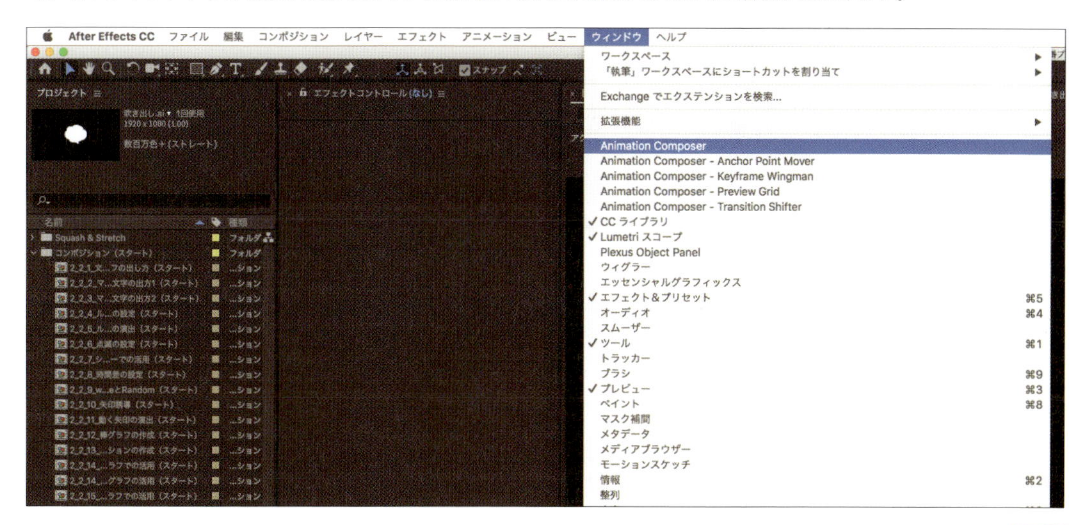

パネルとドッキングできる
DENPO-ZI
WWW.denpo.com
DENPO-ZI

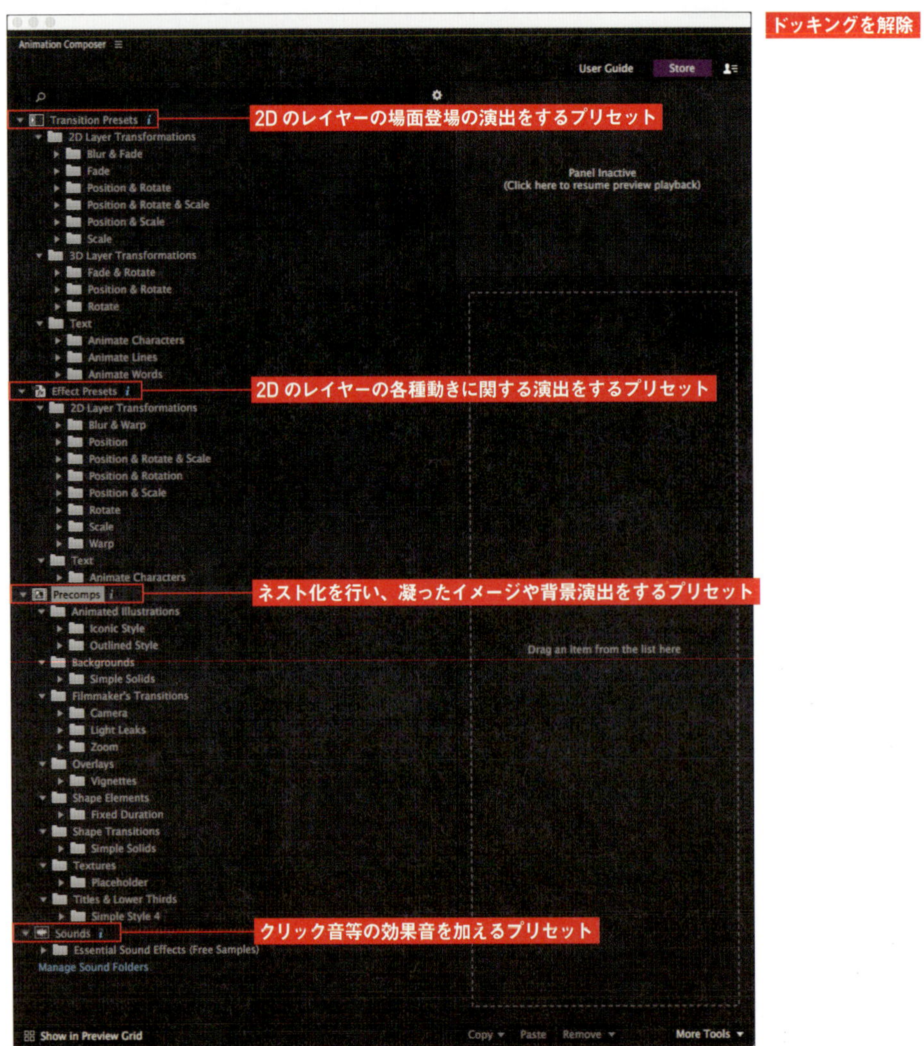

ドッキングを解除
Animation Composer
User Guide
Store
Transition Presets
2D のレイヤーの場面登場の演出をするプリセット
2D Layer Transformations
Blur & Fade
Fade
Position & Rotate
Position & Rotate & Scale
Position & Scale
Scale
3D Layer Transformations
Fade & Rotate
Position & Rotate
Rotate
Text
Animate Characters
Animate Lines
Animate Words
Effect Presets
2D のレイヤーの各種動きに関する演出をするプリセット
2D Layer Transformations
Blur & Warp
Position
Position & Rotate & Scale
Position & Rotation
Position & Scale
Rotate
Scale
Warp
Text
Animate Characters
Precomps
ネスト化を行い、凝ったイメージや背景演出をするプリセット
Animated Illustrations
Iconic Style
Outlined Style
Backgrounds
Simple Solids
Filmmaker's Transitions
Camera
Light Leaks
Zoom
Overlays
Vignettes
Shape Elements
Fixed Duration
Shape Transitions
Simple Solids
Textures
Placeholder
Titles & Lower Thirds
Simple Style 4
Sounds
クリック音等の効果音を加えるプリセット
Essential Sound Effects (Free Samples)
Manage Sound Folders
Panel Inactive
(Click here to resume preview playback)
Drag an item from the list here
Show in Preview Grid
Copy
Paste
Remove
More Tools

❷ Animation Composerを適用する

使い方はいたって簡単で、左側のプルダウンメニューから適用したいプリセットファイルを選択する❶。すると、画面右上にプリセットのビジュアルが確認できる❷。タイムラインパネルで適用したいレイヤーを選択し❸、メニュー内の右下部分へファイルをドラッグ & ドロップするだけで OK だ❹。ここではタイムライン一番上の文字を選択して適用してみよう。

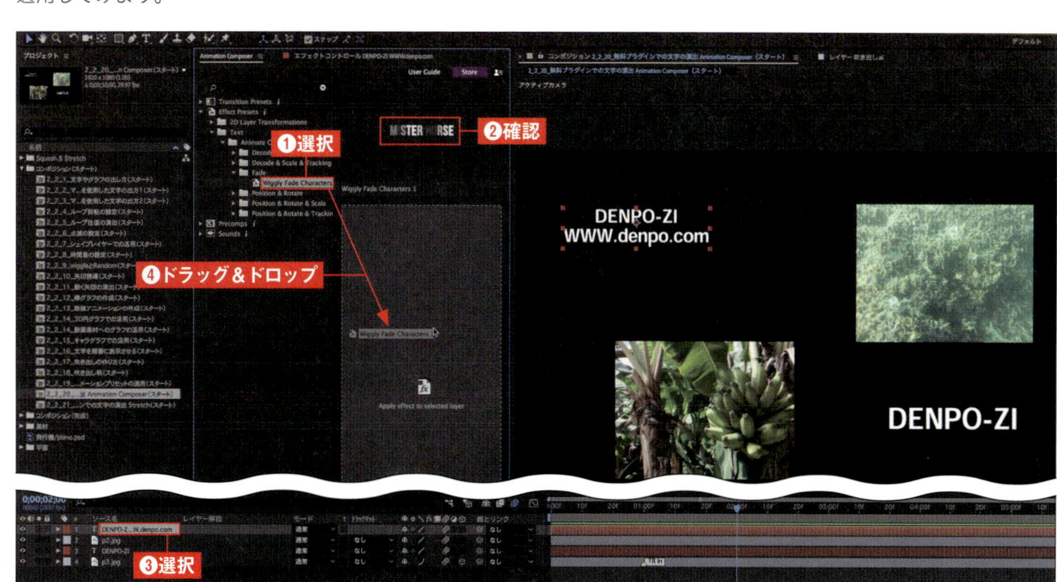

❸ プリセットの追加を確認する

適用すると自動的にプリセットが追加され、文字の変化が確認できる。

MEMO

適用のしくみ

画面を見ると、適用した文字レイヤーの項目にエクスプレッションが適用されているのが確認できる。これはエクスプレッションをベースとしたエフェクトで、それらを組み合わせることでこのような効果を作り出しているのだ。ここでは、エフェクトのスライダー調整などで自由にキーフレーム制御できる設定になっている。

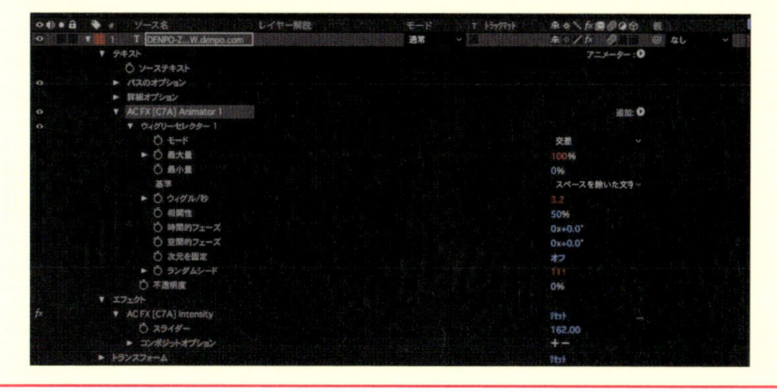

❹ 別のプリセットを適用する

今度は別のレイヤーに< Position&Rotate&Scale >のプリセットを適用してみよう❶❷。自動的に画面左から写真が出てくる設定だが、<位置>を展開して❸、エクスプレッションをクリックすると❹、エクスプレッション記述を確認することができる。これら記述でさまざまな同期や動きを表現しているのだが、複雑すぎて解読できない。移動などの調整はレイヤー上の< TR In >と記載されたマーカーをドラッグすることで変えることができる❺。

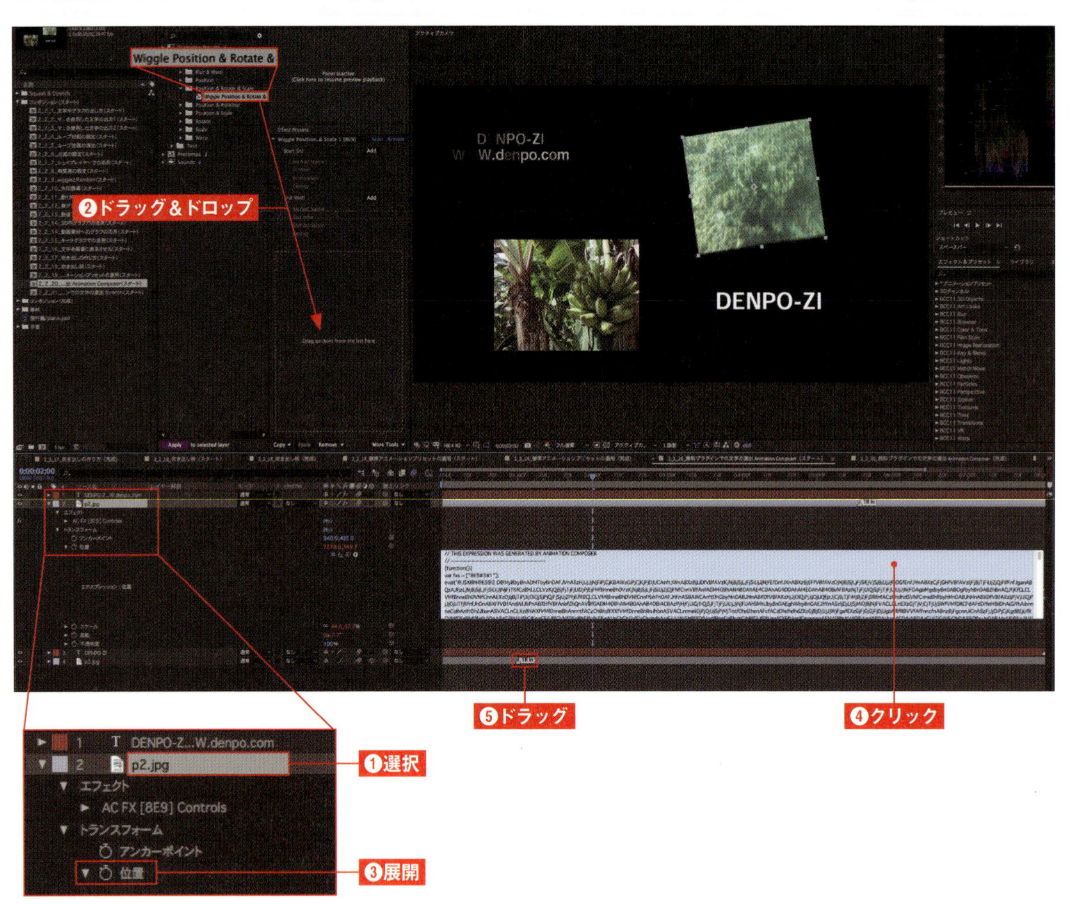

MEMO

Animation Composer の特徴

Animation Composer は、3D レイヤーにも適用できるので、立体的な表現も演出できる。今回紹介した Animation Composer は無料版だが、有料版では、背景、モーショングラフィックといった、さらにドラマティックなエフェクトが多数収録されている。

SECTION

23 Squash and Stretch Free ～無料プラグインで文字の動きを演出する②

ここでは、Squash and Stretch Free を使ったユニークなアニメーション作りを解説する。

プラグインを使ってユニークな動きで文字を演出する

完成動画

利用するプロジェクトファイル：「2_2_ モーション」フォルダ→「2_2_ モーション .aep」ファイル

利用するコンポジション：<コンポジション（スタート）>→<2_2_21_ 無料プラグインでの文字の演出　Stretch(スタート)>

コンポジションを開くと、1 行の文字列が確認できる。ここでは、この文字列を図のようにユニークな動きで表現してみる。ここで紹介する Stretch も無料版が用意されている。AnimationComposer と比べ、画像を伸縮させるような動きで、とてもユニークな演出ができるプラグインとなっている。

MEMO Squash and Stretch Free のインストールについて

基本的なプラグインのインストール方法は、P.024 を参照して、自己責任で行っていただきたいが、Squash and Stretch Free については、https://www.adobeexchange.com/creativecloud.html の中の After Effects を選択し、< Squash and Stretch Free >を選択して< Free >と記載されたボタンをクリックすることで、自動的に Creative Cloud の After Effects にインストールを行ってくれる。インストールには Adobe ID が必要だ。

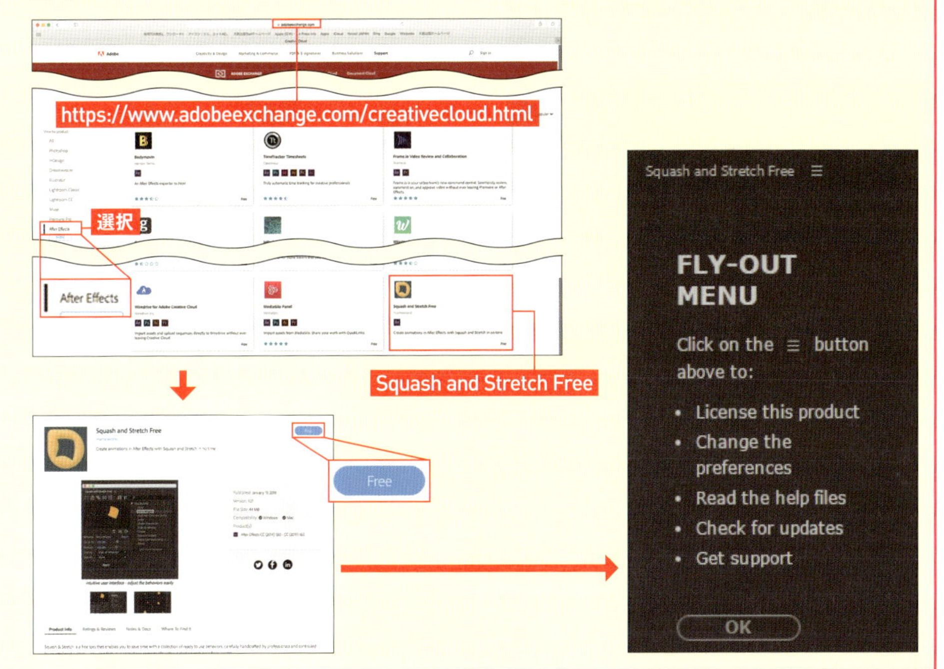

文字を分解して動きを付ける

❶ 文字にSelect a behaviorを選択する

画面ではエフェクトコントロールパネルの隣に、P.279 の MEMO で説明した画面をパネル配置してみた。< DENPO-ZI >を選択し❶、画面中央の< Select a behavior >をクリックしてみよう❷。

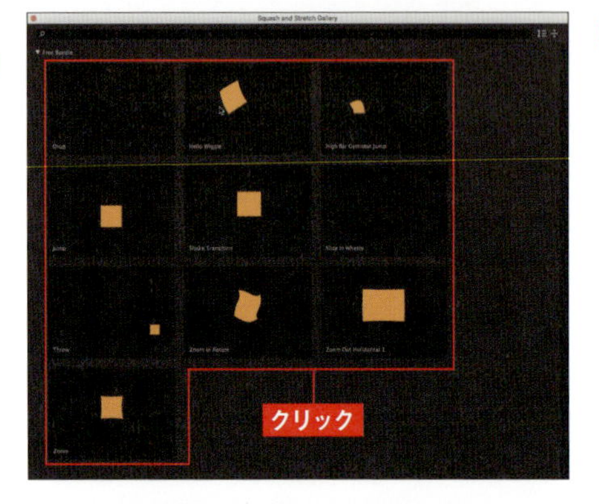

❷ プリセットを選択する

Squash and Stretch Gallery という別のウィンドウが画面に表示され、これがプリセットとなる（無料版ではプリセットの数が少ない）。適用したいプリセットをクリックして選択してみよう。

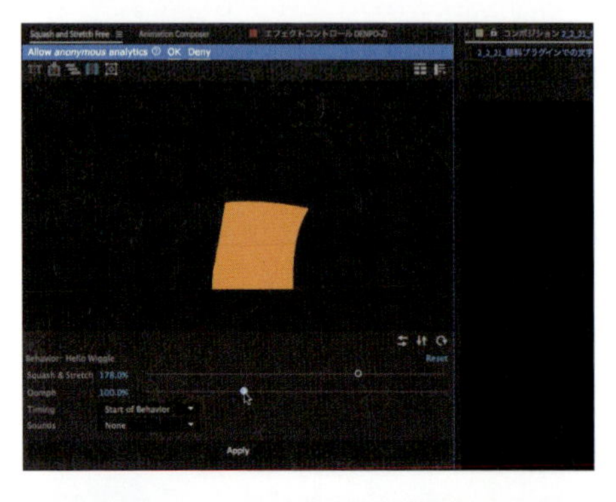

❸ 選択したプリセットを確認する

選択すると、画面中央の Select a behavior のスペースに、選択したプリセットのアニメーションが表示される。その下が各プリセットの調整が行えるバーとなる。自分の好みに合わせて揺れや伸縮の値をここで調整することができる。

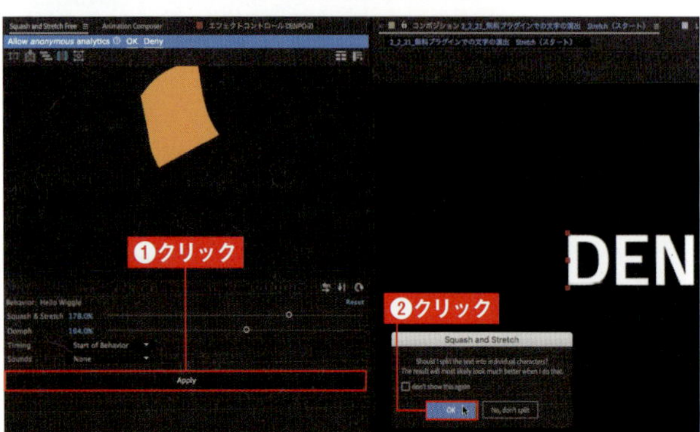

❹ 文字分解を許可する

調整が終わったら一番下の< Apply >をクリックして適用する❶。文字レイヤーの場合には、それぞれの文字を分解して効果を付けることもできるので、確認画面では< OK >をクリックする❷。

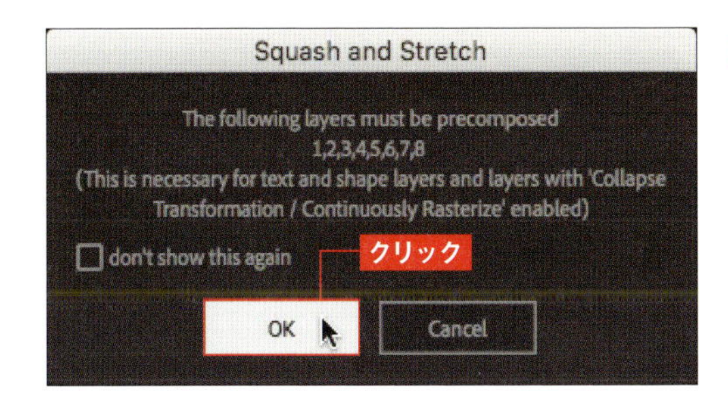

❺ 8文字の分解を許可する

分解するレイヤーは、DENPO-ZI なので 8 文字に分解するため、この確認画面でも＜ OK ＞をクリックする。

❻ 作業が実行される

実行作業が開始される。ここでは 1 つひとつの文字をプリコンポーズしていく工程が確認できる。

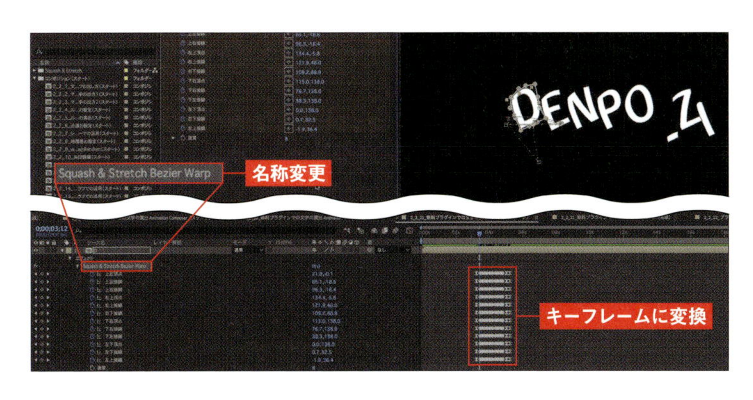

❼ 適用を確認する

無事適用が完了すると、図のような形に変換されたのが確認できる。プレビューで確認してみると、伸縮や揺れが適用されているのがわかる。

MEMO

適用のしくみ

Select a behavior では、自動的にスクリプトが実行され、＜文字分解＞→＜プリコンポーズ＞→＜各文字コンポジションを配置＞→＜エフェクト＞→＜ディストーション＞→＜ベジェワープ＞→＜エフェクト名を Squash and Stretch bezire Warp に名称変更＞→＜各パラメーターにキーフレームを適用＞→＜バーで調整したキーフレームに変換＞といった一連の作業が行われている。

❽ スムーザーなどを適用する

キーフレームの動きをスムーズにしたい場合には、＜上左頂点＞などを選択して❶、スムーザーなどを適用すると❷、キーフレームの数を減少させることができるのでなめらかな動きに変えることができる。

モーションスケッチとスムーザーの使い方の解説動画

SECTION

24 BOUNCr ～無料プラグインで文字の動きを演出する③

ここでは、無料のプラグインであるBOUNCrを使った、文字をバウンスアニメーションで演出する方法を解説する。

BOUNCrを使ってバウンスアニメーションを作る

利用するプロジェクトファイル：「2_2_ モーション」フォルダ→「2_2_ モーション .aep」ファイル
利用するコンポジション：<コンポジション（スタート）>→< 2_2_21_ 無料プラグインでの文字の演出　BOUNCr（スタート）>

コンポジションを開くと、画面の中央に小さな文字が配置されているのがわかる。ここでは、最終的に左図のように文字がスピーディに動く演出を施していく。なお、バウンスアニメーションとは文字通り、弾むようなアニメーションを意味する。BOUNCrは、バウンスをトランスフォームに沿った<位置><スケール><回転>などに適用することで、リアルな反動の動きを演出できる強力なプラグインだ。現在はVer1.1とアップデートしているが、機能的な解説はほとんど変わらないので参考にしてもらいたい。

MEMO

BOUNCrのインストールについて

基本的なプラグインのインストール方法は、P.024を参照して、自己責任で行っていただきたいが、BOUNCrのファイルの置き場所について、ここで説明しておく。https://ukramedia.com/shop/ にアクセスし、ZIPファイルをダウンロードして解凍したら、「BOUNCr-1.0.jsxbin」というファイルがあるので、これを、以下のフォルダに格納して再起動していただきたい。

Mac：アプリケーション→Adobe After Effects CC2019→Scripts→ScriptUI Panels

Windows：Program Files → Adobe → Adobe After Effects CC2019→Support Files→Scripts→ScriptUI Panels

BOUNCrのインストールと基礎解説動画

設定を確認してBOUNCrのパネルを組み込む

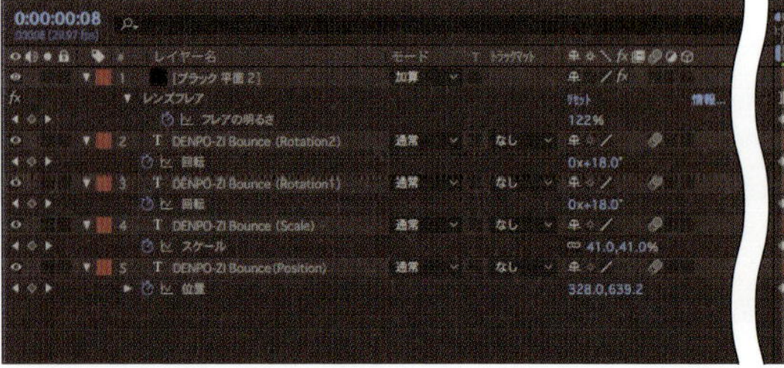
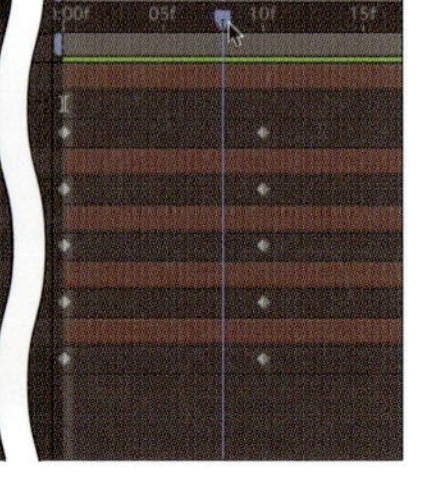

1 アニメーションを確認する

コンポジションをプレビューで確認してみると、0秒地点< 00:00f >から10フレーム地点< 00:10f >までに、各モーションが設定されたアニメーションが作成されているのが確認できる。

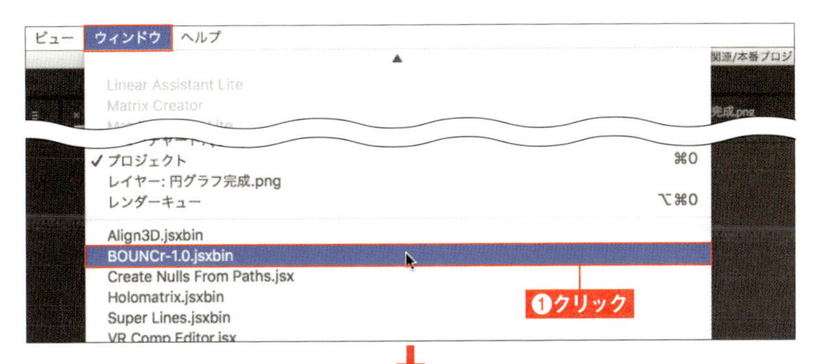

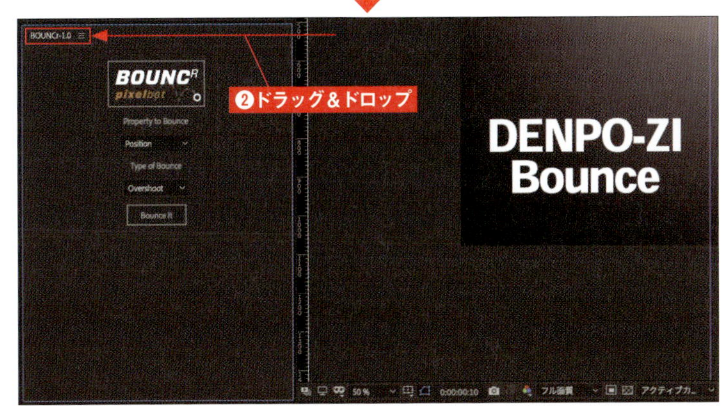

❷ BOUNCrのパネルを組み込む

<ウィンドウ>メニュー→<BOUNCr-1.0.jsxbin>をクリックすると❶、BOUNCrのパネルが現れるので、好きな場所に配置してみよう❷。

◎ 文字のバウンスを設定する

❶ 文字を下から落としてバウンスさせる

まずは一番下に配置されている<位置>の値を使用したキーフレームに、以下の手順でBOUNCrを適用してみよう。<DENPO-ZI Bounce（Position）>の<位置>を選択して❶、2つのキーフレームが選択されているのを確認する。BOUNCrパネル内の<Property to Bounce>のプルダウンから<Position>を選択し❷、<Type of Bounce>のプルダウンから<Bounce Back>を選択したら❸、<Bounce It>をクリックする❹。

❷ 設定を確認する

プレビューで確認してみよう。無事に手順❶の設定が適用されると、下から落ちてくる文字がバウンスしているのが確認できるはずだ。<位置>のプロパティを確認すると、エクスプレッションが適用されているのが確認できる❶。またエフェクトには「BOUNCr bounceBACK」と記載された BOUNCr を制御するエフェクトが表示されているのが確認できるはずだ❷。

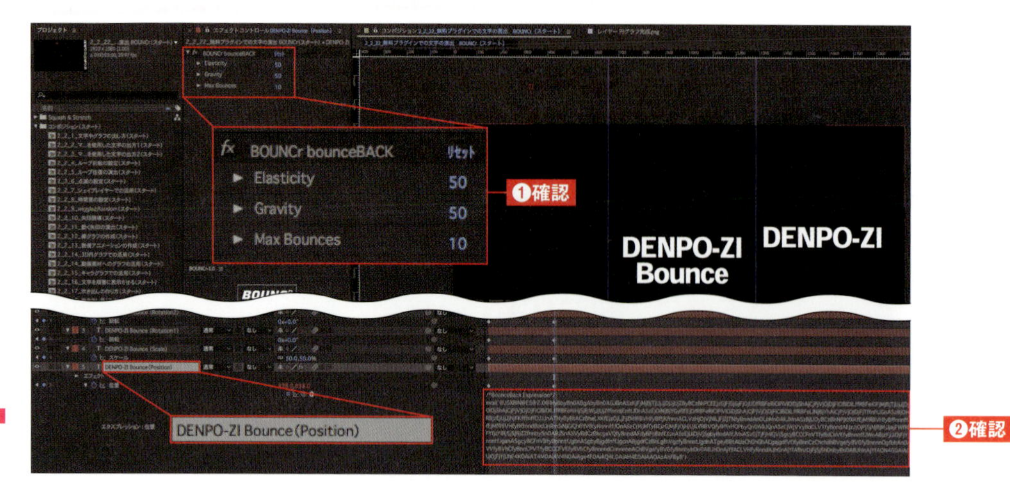

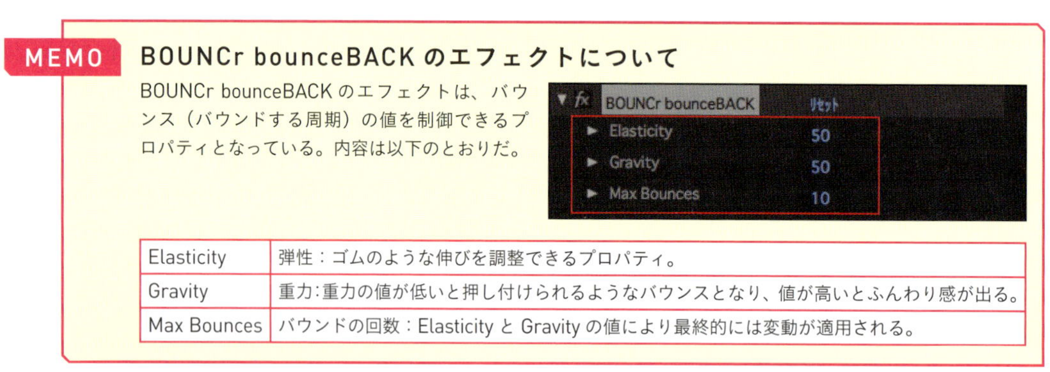

MEMO BOUNCr bounceBACK のエフェクトについて

BOUNCr bounceBACK のエフェクトは、バウンス（バウンドする周期）の値を制御できるプロパティとなっている。内容は以下のとおりだ。

Elasticity	弾性：ゴムのような伸びを調整できるプロパティ。
Gravity	重力:重力の値が低いと押し付けられるようなバウンスとなり、値が高いとふんわり感が出る。
Max Bounces	バウンドの回数：Elasticity と Gravity の値により最終的には変動が適用される。

❸ 文字を飛び出るようにバウンスさせる

続いては、< DENPO-ZI Bounce（Scale）>の<スケール>を選択し❶、2 つのキーフレームが選択されているのを確認したら、P.283 の手順❶の DENPO-ZI Bounce（Position）と同じ要領で適用していこう。
BOUNCr パネル内の< Property to Bounce >のプルダウンから< Scale >を選択し❷、< Type of Bounce >のプルダウンから< Overshoot >を選択したら❸、< Bounce It >をクリックする❹。

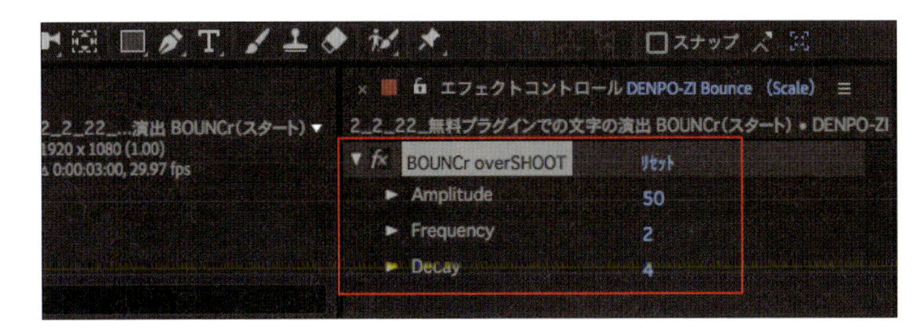

4 設定を確認する

プレビューで確認してみよう。BOUNCr overSHOOTのエフェクトはバウンスと異なり、通過する周期（行き過ぎ感、通り過ぎ感）の値を制御できるプロパティとなっている。内容は以下のとおりだ。

Amplitude	揺れ幅：この値が大きいとスケールの揺れ幅が増幅する。
Frequency	揺れの発生頻度：通過後の余韻の大きさを設定できる。
Decay	減衰度：通過後に余韻としての減衰度を調整できる。

MEMO

BOUNCr bounceBACK と BOUNCr overSHOOT について

BOUNCr bounceBACK と BOUNCr overSHOOT は、似たようなエフェクトではあるがバウンド周期と通過周期とでは大きく異なる。

< DENPO-ZI Bounce(Rotation1) >と< DENPO-ZI Bounce(Rotation2) >のそれぞれの Type of Bounce に、< Bounce Back >と< Overshoot >を適用して違いを確かめてみよう。各エフェクトのプロパティを変えることで、一目瞭然で違いがわかるはずだ。

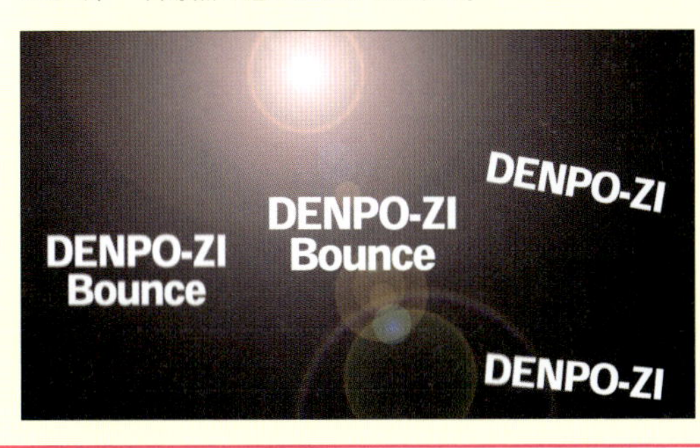

5 フレアの光をバウンドさせる

最後はレンズフレアが適用された<ブラック平面 2 >から<フレアの明るさ>のキーフレームを選択し❶、BOUNCrパネル内の< Property to Bounce >のプルダウンから< Selected Props >を選択したら❷、< Bounce It >をクリックする❸。

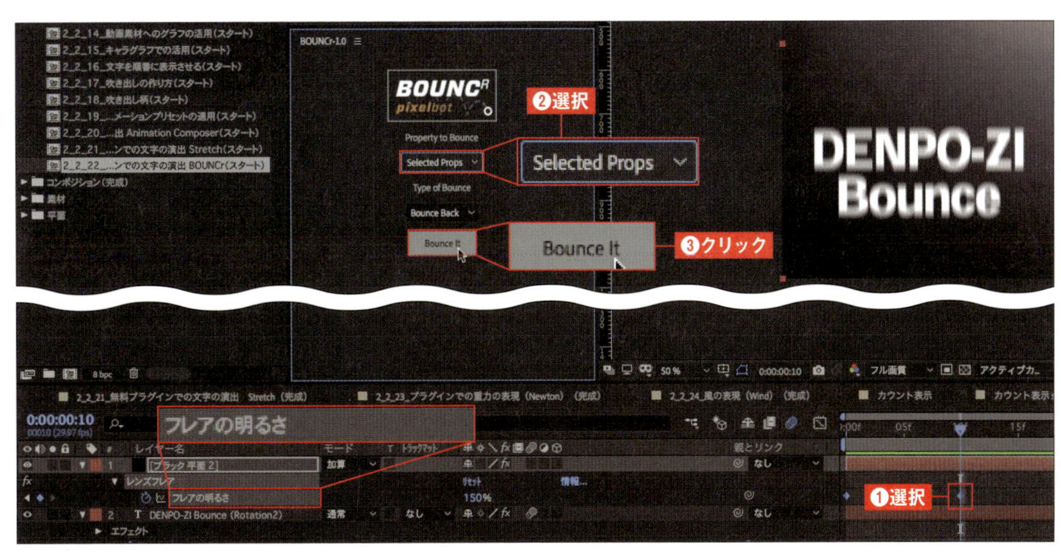

MEMO

Selected Props について

P.285 の手順❺で選択した＜Selected Props＞は、ほかの項目である＜Position＞＜Scale＞＜Rotation＞以外でキーフレームが作成されているエフェクトや 3D レイヤーなどにも、BOUNCr のエフェクトを適用できる便利な機能だ。レンズフレアの明るさに適用した場合には、フレアの光がバウンドするような効果を演出することができる。

CHECK

BOUNCr を使用したほかの演出例

プロジェクトフォルダ内の「コンポジション（完成）」には「BOUNCr 応用例 1」、「BOUNCr 応用例 2」と、P.282 でも BOUNCr のインストールと基礎解説動画が解説されているので、ぜひ参考にしてもらいたい。

BOUNCr を使用した応用解説動画
（BOUNCr 応用）

SECTION

25 モーションを演出するプラグインを利用する

無料プラグイン以外にも多数の有料プラグインが販売されている。ここでは、そうしたさまざまなモーションを演出できるプラグインを紹介していこう。

重力の表現を加えるプラグイン[NEWTON]

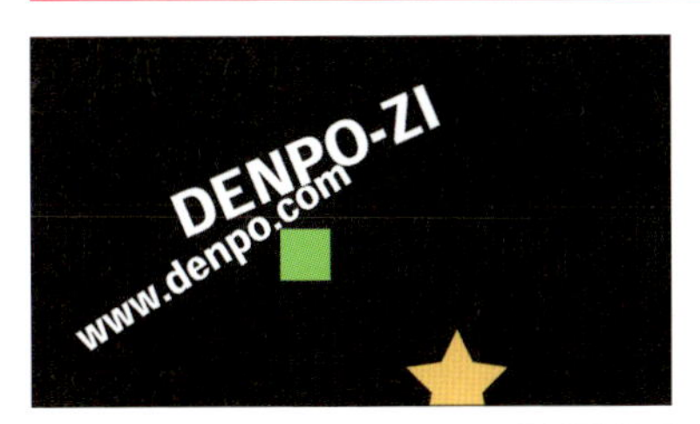

NEWTON は名前のとおり、タイムラインに配置されている各レイヤーに個別に重力を付け加えることができるプラグインだ。

利用するプロジェクトファイル：「2_2_ モーション」フォルダ（Windows を利用している方は「2_2_ モーション（Windows 用）」フォルダ）→「2_2_ モーション .aep」ファイル

完成動画

利用するコンポジション：<コンポジション（完成）>→< 2_2_23_ プラグインでの重力の表現（Newton）（完成）>

コンポジションを開くと、NEWTON を適用した完成アニメーションを見ることができる。

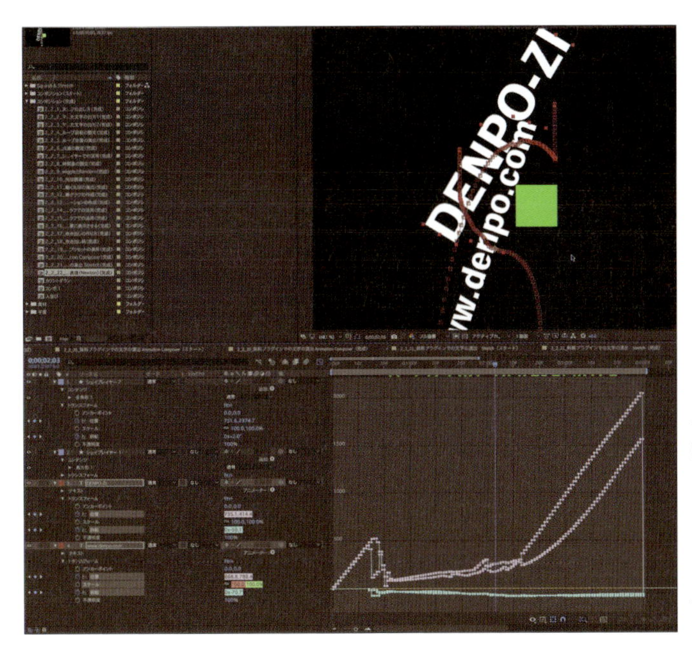

◀ NEWTON の設定は簡単で、NEWTON 専用のコンポジションを配置したら、プレビューで確認しながら設定を行う。図では落下の表現を行ってみた。落下に伴う障害物やレイヤーどうしの反発などもシミュレートすることができ、結果を適用することでキーフレームに独特の動きを加えることができる

NEWTON で軽く遊んでみた動画

NEWTON 販売元：ボーンデジタル https://www.borndigital.co.jp/

風の表現を加えるプラグイン[WIND]

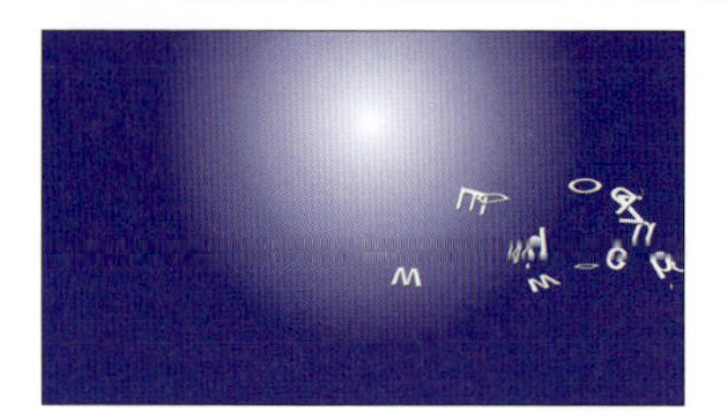

WIND はエクスプレッションベースのプラグインでレイヤーごとに風のような動きを加えることができるプラグインだ。

利用するプロジェクトファイル：「2_2_ モーション」フォルダ（Windows を利用している方は「2_2_ モーション（Windows 用）」フォルダ）→「2_2_ モーション .aep」ファイル

利用するコンポジション：<コンポジション（完成）>→< 2_2_24_ 風の表現（Wind）（完成）>

コンポジションを開くと、WIND を適用した完成アニメーションを見ることができる。

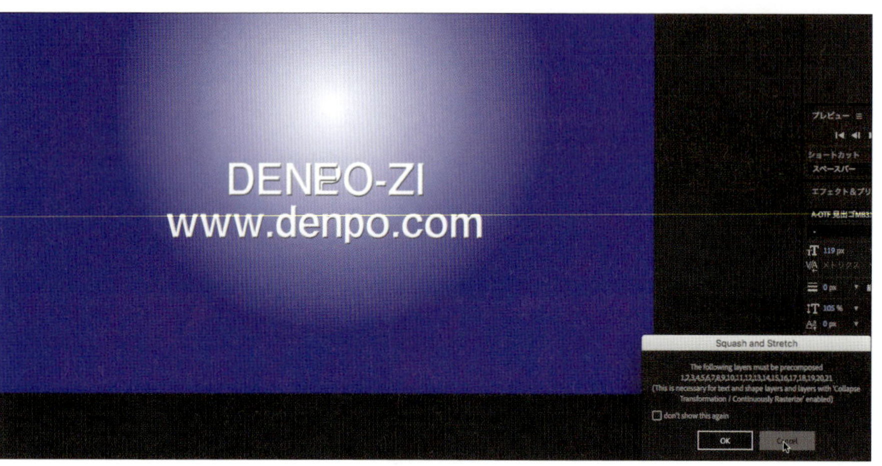

▲ WIND を利用するには、レイヤーごとの動きとなるので文字レイヤーはあらかじめ 1 つ 1 つ分解しておかなければならないが、P.279 で解説した Stretch を適用し、2 回目のアラートでキャンセルすると、各文字を自動的に分解してくれる。裏技的な使い方だがぜひ活用してもらいたい

▲ WIND の設定は、適用したいレイヤーを選択後にプルダウンのプリセットを選択する。調整したい場合には、下のバーで方向、角度風の強さなどを自由に変えることができる。図では画面右に流れているように適用してみた

WIND 販売元：フラッシュバックジャパン https://flashbackj.com/product/wind/

多機能プラグイン[BORIS FX CONTINUUM]

ここまで紹介したプラグインは、1つの特化した機能を持つものだったが、BORIS FX CONTINUUMは、After Effectsにおけるさまざまなシーンでのエフェクトを網羅している。ここでは、文字とアニメーションの機能について紹介する。

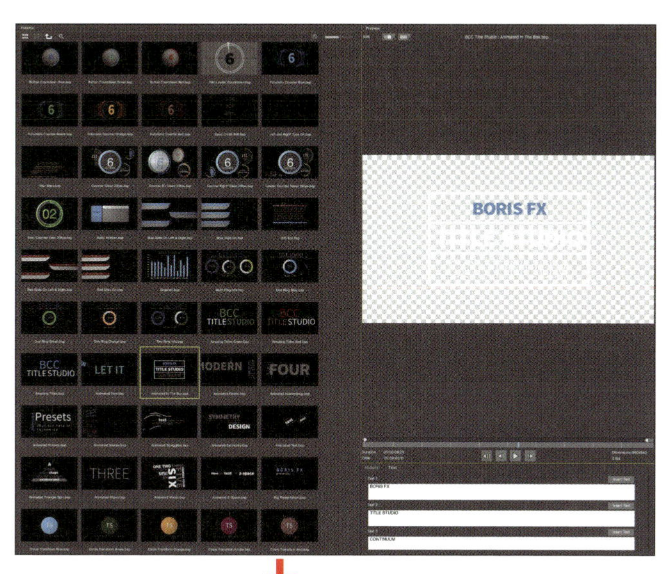

◀ BORIS FX CONTINUUMでの文字入力及びアニメーション設定画面。オリジナルのユーザーインターフェイスと豊富な機能で、プリセットに沿った形式で簡単に複雑なエフェクトを再現することができる。図ではプリセットから適用したモーションを選択したあとで、ユーザーインターフェイス上で文字やモーションの設定を調整している

BORIS FX CONTINUUM 販売元：ボーンデジタル https://www.borndigital.co.jp/（メーカーサイト：Boris FX https://borisfx.com/）

ここで解説した以外にも、標準にはないさまざまなエフェクトが用意されているので、興味ある方はトライアウト版もあるので試してもらいたい。

MEMO

これからのモーションのトレンドとプラグイン

今回はAfter Effectsでのモーション部分について触れてきたが、多くのプロの現場で活躍されている方ははたして0からモーションの作成を行っているのだろうか？

おそらく多くのクリエイターの方は何かしらのプリセットやプラグインを使用しているに違いない。

紹介してきた無料プラグイン、プリセットや有料プラグインは、私が解説してきた多くの解説部分を網羅し制作時間を短縮してくれる。

今後はこうしたプラグイン、プリセットをベースとしていかに改良を施していけるかがAfter Effectsを使用した制作の大きなカギとなるだろう。

むしろその改良をするために本書を活用し学んでいただいても構わない。

2-3

反射と影

本CHAPTERでは、反射と影、被写界深度について解説していく。反射や影、被写界深度は、文字やCG、写真などに立体的な映り込み効果を加えていくものだ。ソーシャル動画にかかわらず、反射と影、被写界深度の演出は、文字や写真、プロダクトの見栄えにも大きく影響する。ひと手間かけてビジュアルに影を施す、反射を施すといった作業が作品のクオリティに大きく影響するので、しっかりと身に付けていただきたい。

SECTION

01 映り込みを生かして文字を演出する

ここでは、映り込みを生かして立体感のある文字を作る方法を解説する。大きく分けて3つの方法があるので、これを解説していこう。

3つの方法で反射により地面に映り込んだ文字を作成する

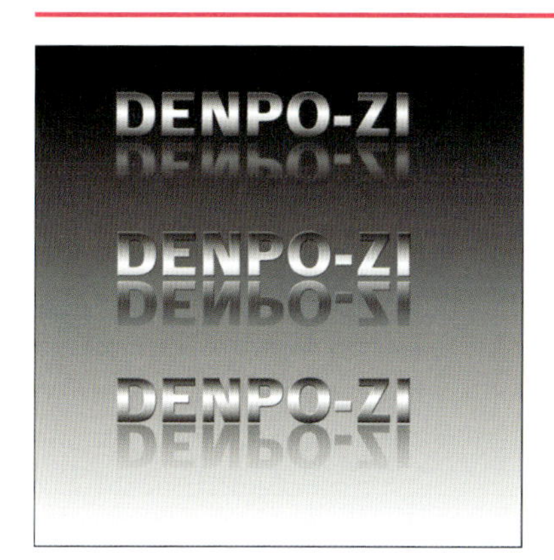

利用するプロジェクトファイル:「2_3_反射と影」フォルダ→「2_3_反射と影.aep」ファイル
利用するコンポジション：<コンポジション（スタート）>→<2_3_1_地面への映り込み（スタート）>

コンポジションを開くと、ここでは3つの文字列が縦に並んでいるのが確認できる。これらの文字に地面への映り込みを適用していくわけだが、映り込みといってもさまざまな方法が存在する。ここでは3つのパターンを紹介していこう。

映り込んだ文字を作る一方法その① 複製を作る

1 アンカーポイントを配置する

もっともスタンダードな方法から解説していこう。< DENPO-ZI（上段）>の文字レイヤーを選択して❶、アンカーポイントツールで、アンカーポイントを文字の左下部分に配置する❷。これは反射用の折り返し部分のアンカー位置となる。

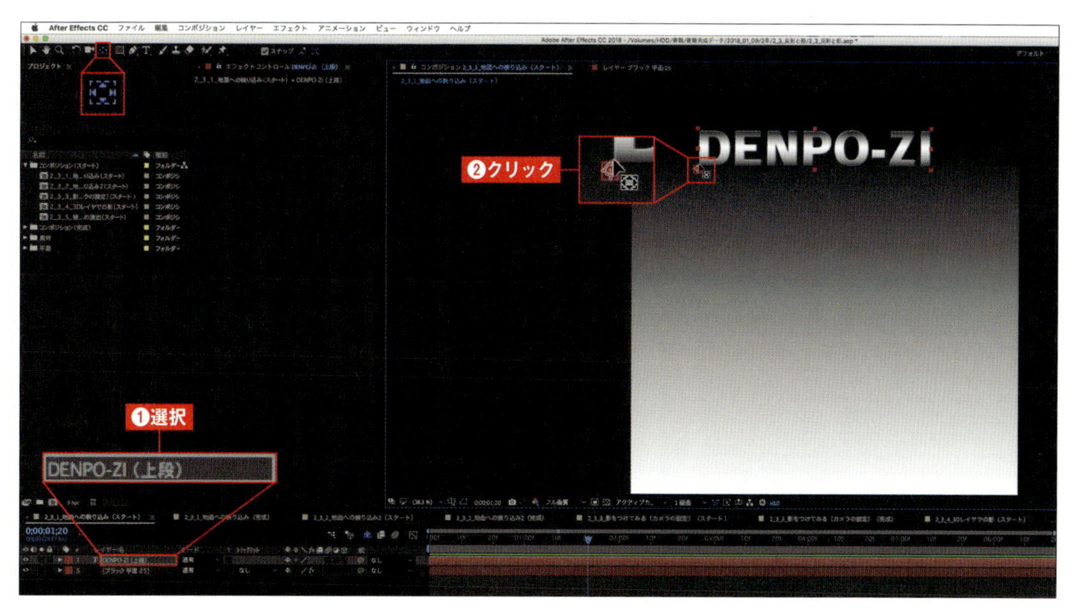

② 複製したレイヤーを反転させる

続いて文字レイヤーを複製（<編集>メニュー→<複製>）し❶、複製したレイヤーの3Dスイッチをオンにする❷。3D化したので<トランスフォーム>の<X回転>を「0x+180.0」と入力する❸。ちょうどX回転がP.291の手順❶で設定したアンカーを軸に回転して、文字が反転した形になるのが確認できる。

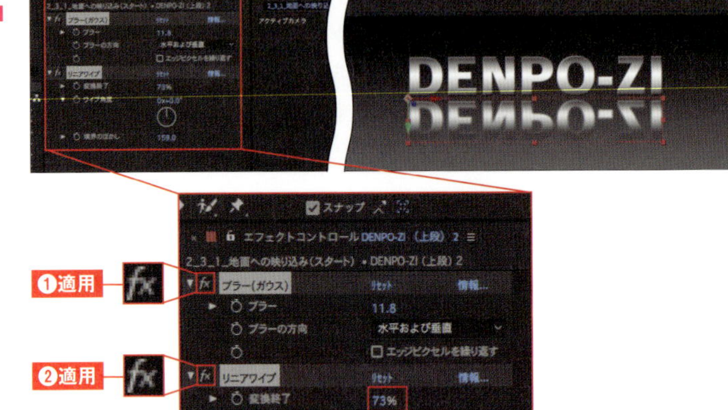

③ 文字を調整する

最後に<ブラー（ガウス）>（<エフェクト>メニュー→<ブラー＆シャープ>→<ブラー（ガウス）>）で文字にぼかしをかけ❶、<リニアワイプ>（<エフェクト>メニュー→<トランジション>→<リニアワイプ>）で文字下部分に境界のぼかしを図のように適用すれば完成だ❷。<リニアワイプ>の<変換完了>と<境界のぼかし>の割合が絶妙なハーモニーを生む。なお、下に反射している文字レイヤーの<不透明度>なども少し下げて調整することもお勧めする。

映り込んだ文字を作る－方法その② ミラーを使う

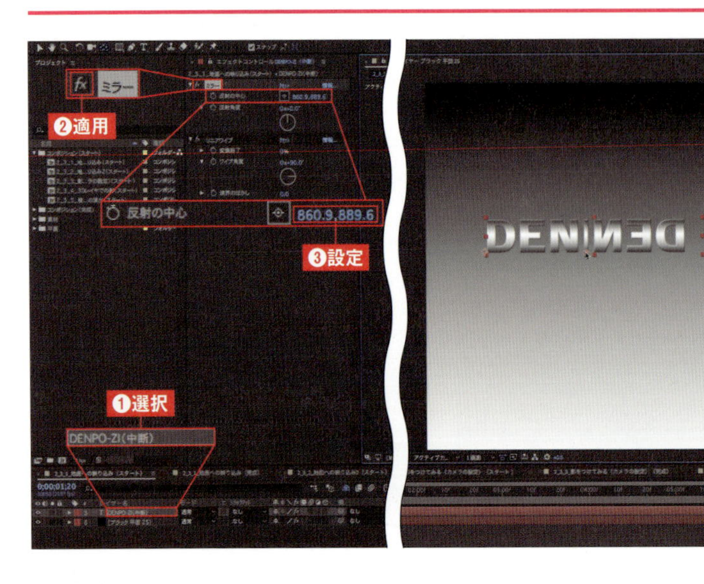

① ミラーを適用する

<DENPO-ZI（中段）>を選択し❶、エフェクトパネル内の<ミラー>を適用する❷。ミラーの<反射の中心>を文字の底辺中央部分に合わせよう❸。

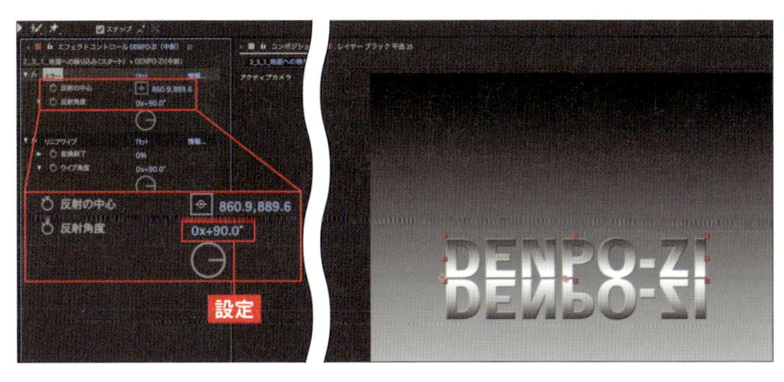

② 反射角度を設定する

続いて＜反射角度＞を＜ 0x+90.0° ＞に設定する。こうすることで上下でのミラー効果が適用されたのが確認できる。

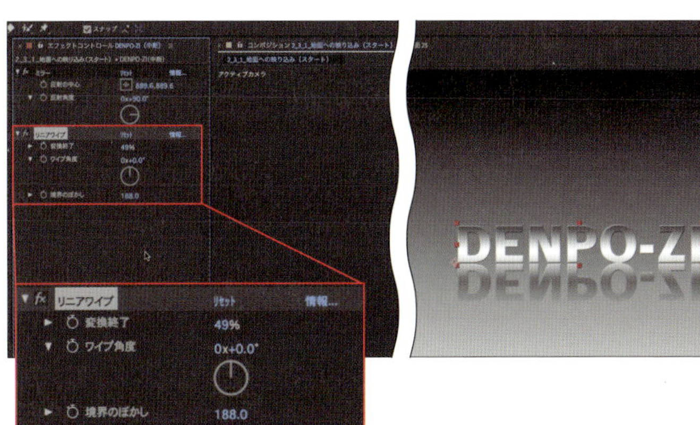

③ リニアワイプを適用する

最後は、＜リニアワイプ＞を図のように設定すれば完成だ。

映り込んだ文字を作る一方法その③ CC Compositeを使う

① CC Composite適用する

DENPO-ZI（下段）を選択して❶、＜ミラー＞、＜ブラー（ガウス）＞を適用したら❷、＜ CC Composite ＞を追加して適用する❸。各数値の設定は図を参照していただきたい。

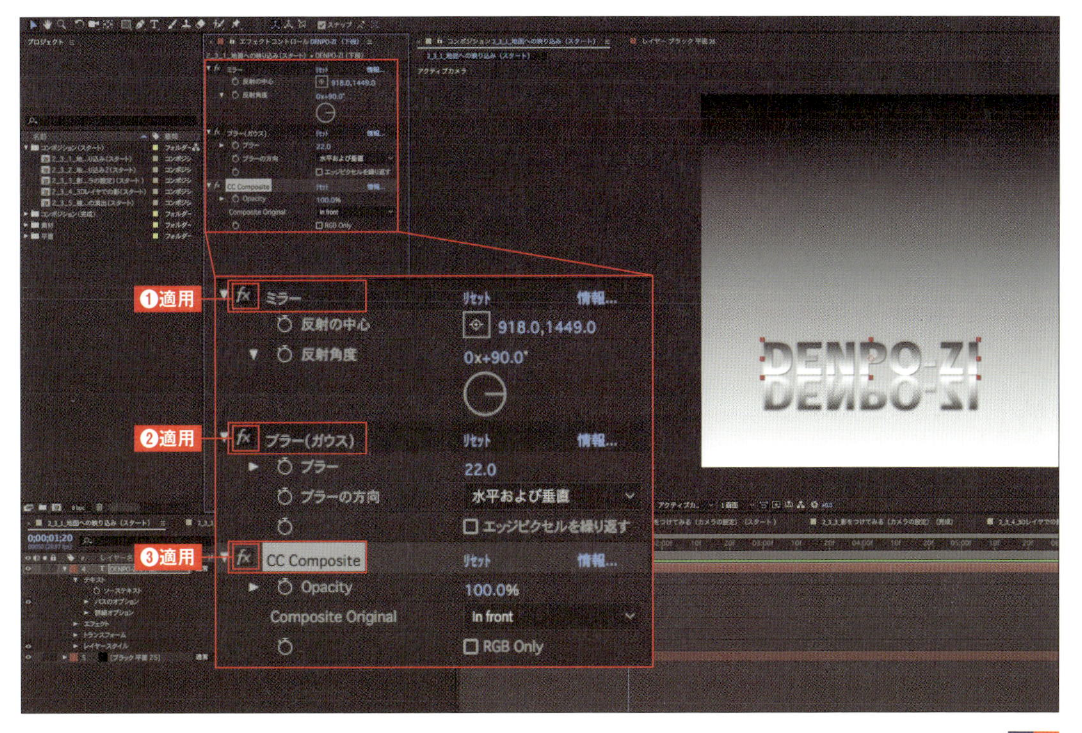

❷ マスクを作成して境界線をぼかす

仕上げとして図のように文字の下部分から画面下にかけてマスクを作成し❶、＜マスクの境界線のぼかし＞を調整することで❷、下の文字の境界がうっすらとぼけるのが確認できる。これはCC Compositeのエフェクトによって優先的に上の文字が表示され、下の文字部分のみがマスクの影響を受けるためだ。マスクの作り方はCHAPTER 1のP.083を参考にしてもらいたい。

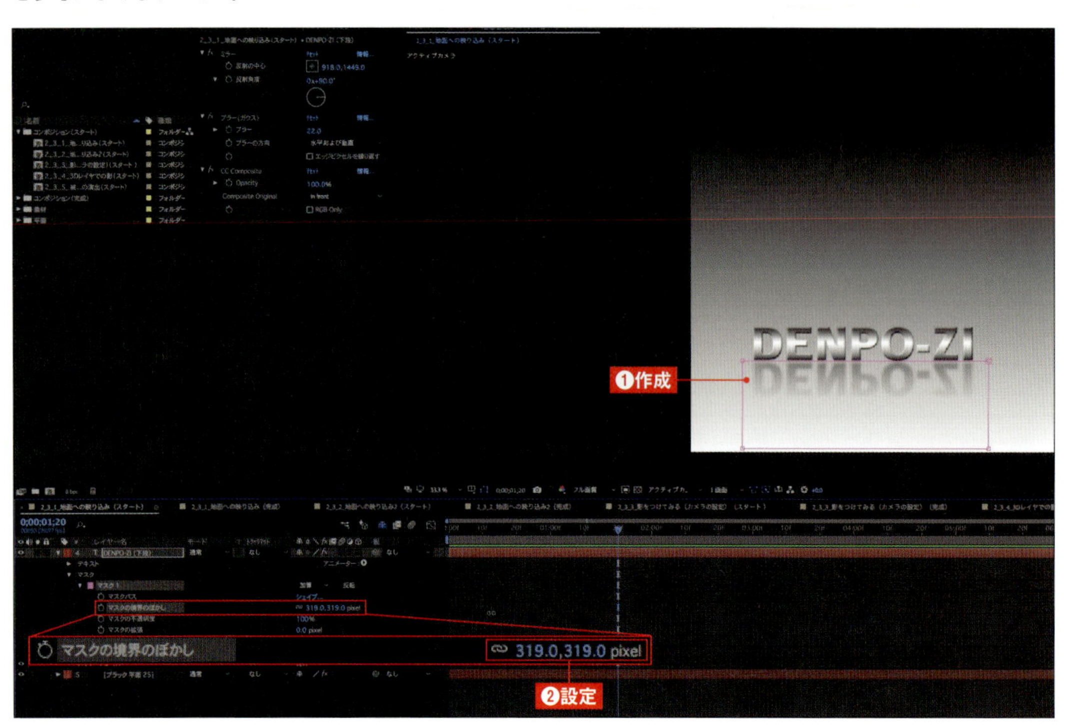

MEMO

CC Composite について

CC Composite（P.164参照）は、描画モードをエフェクトベースでレイヤー内に適用するエフェクトだ。＜Composite Original＞では、純粋に文字の上に同じように文字を表示してくださいという、＜In front＞の設定になっている。

CHECK

3つの方法を確認する

3つの方法はいかがだっただろうか？　比べてみるとなんとなくその違いに気がつくと思う。演出的な用途に合わせて、適宜、活用してもらいたい。

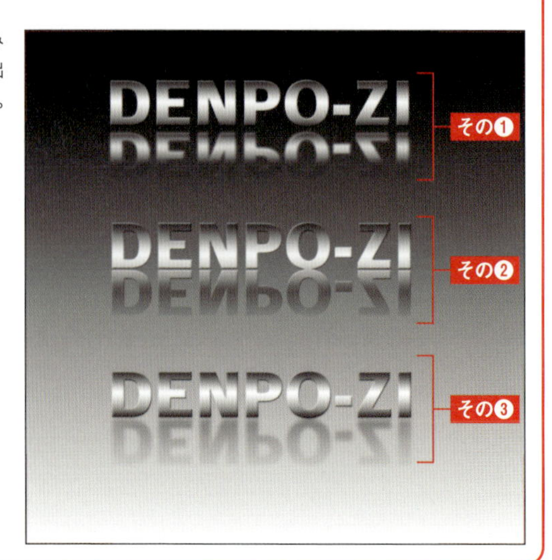

SECTION

02 映り込みや影を生かして写真（素材）を演出する

ここでは、3D レイヤーを使い、写真に映り込み効果を適用してみよう。前SECTION 同様、方法は 1 つだけではない。

写真に影や映り込みを付けて立体感を出す

利用するプロジェクトファイル：「2_3_ 反射と影」フォルダ→「2_3_ 反射と影 .aep」ファイル
利用するコンポジション：<コンポジション（スタート）>→< 2_3_2_ 地面への映り込み 2（スタート）>

コンポジションを開くと、風景／製品写真が 4 点横に並んでいるのが確認できる。ここでは、左図のようにそれぞれの写真に影や映り込みを演出していく。なお、シャイレイヤーをオフにすれば全写真を表示することができるので、解説している写真の表示のオン／オフを切り替えて確認していくとわかりやすい。

リニアワイプと3Dレイヤーを利用する

1 リニアワイプを適用する

ここでは、P.292 の文字（上段）とほぼおなじ方法で（<リニアワイプ>を適用）、写真に映り込みを適用してみた❶。ただし、< X 回転>の角度は< 0x+180.0° >ではなく、反射によって地面に写り込む設定にしているので、角度を< 0x+117.0° >に変えている❷。

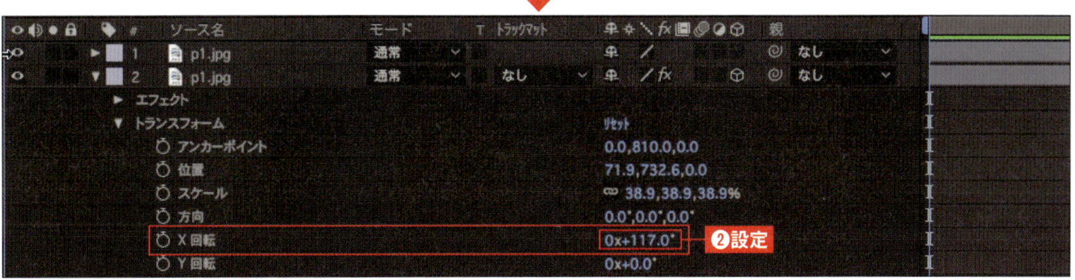

❷ 写真の位置を調整する

写真の位置は、2次元のままだと前方方向のみで単調になってしまうため、見栄えに工夫を凝らしたい場合は、元の写真にも3Dレイヤーを適用して❶、＜レイヤー＞メニュー→＜新規＞→＜カメラ＞を作成する❷。両方の写真が3Dレイヤーになっていれば、カメラの位置を移動させるだけで❸、好きなアングルを設定できるのもポイントだ。カメラアングルに合わせて反射している＜X回転＞の値の調整も忘れずに行ってほしい。

3Dレイヤーへのカメラの適用の解説動画

◎ シェイプレイヤーやガウスを利用する

❶ シェイプレイヤーを利用する

単純な方法でもあるが、シェイプレイヤーで立体的な影を作るのもお勧めだ。ここでは黒色の楕円をシェイプレイヤーで作成して❶、＜回転＞を＜0x-15.0°＞に設定し、不透明度も＜50%＞に設定してある❷。

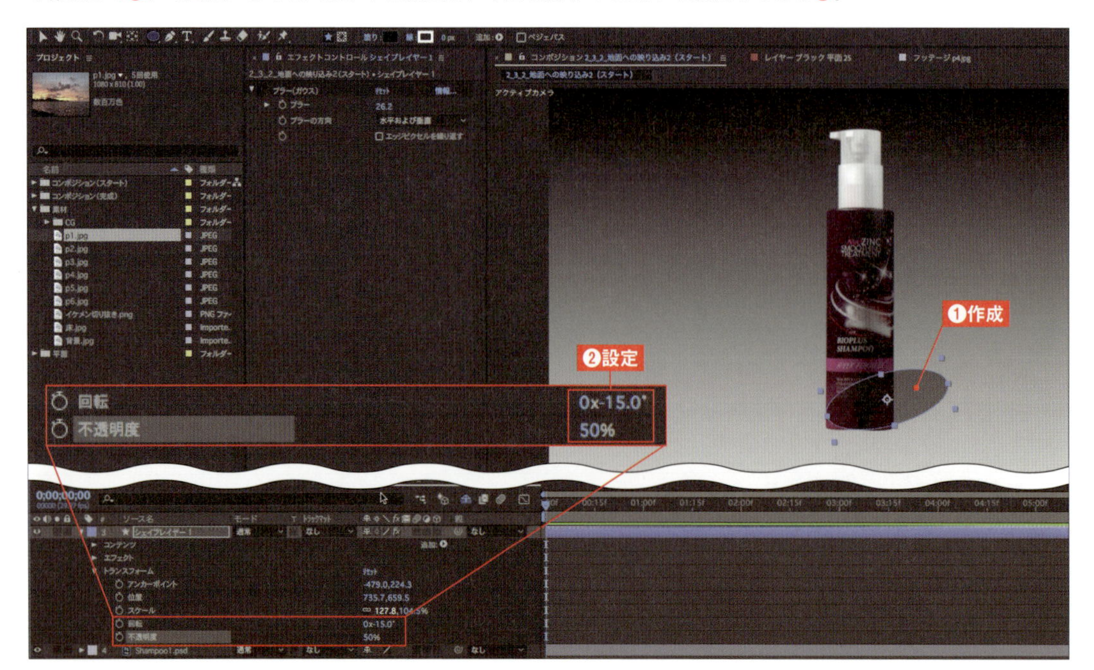

❷ ブラー（ガウス）を適用する

ブラー（ガウス）を適用し❶、全体にぼかしを加えたら、タイムライン上では元の< Shampoo1.psd >の下に配置していることで❷、柔らかい影を演出することもできる。

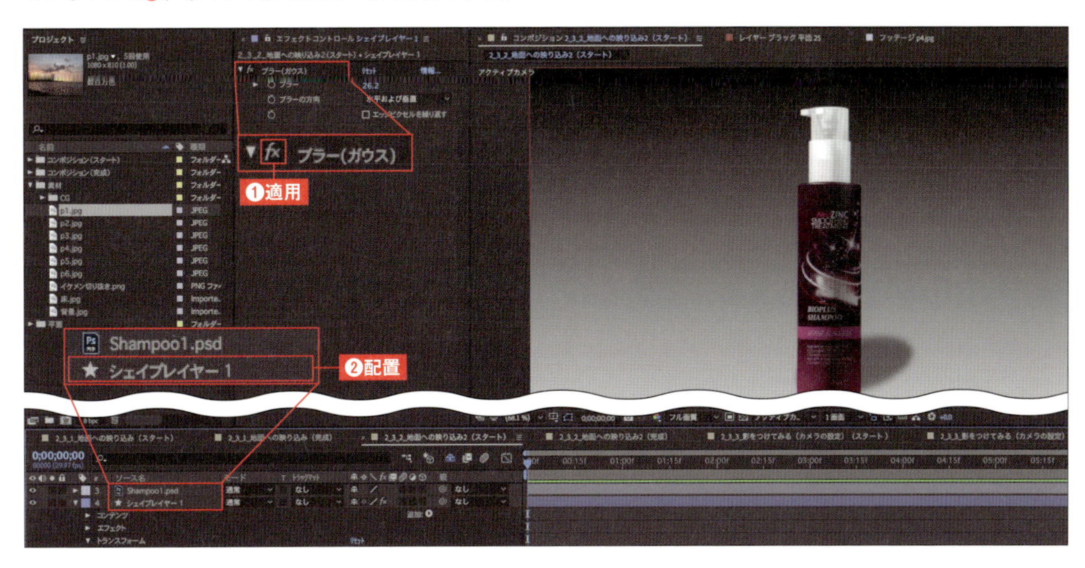

❸ 色味を調整する

残りの2つのプロダクトも文字と同じ方法で反射が演出されているが、反射部分を単純な影に設定するには、<エフェクト>メニュー→<カラー>→<補正>→<輝度＆コントラスト>をクリックして、<輝度＆コントラスト>を適用する❶。図のように<輝度>を< -150 >に、<コントラスト>を< -100 >に❷、そして、<従来方式を使用>にチェックを入れれば白黒になり❸、<不透明度>で濃さを調整することができる❹。

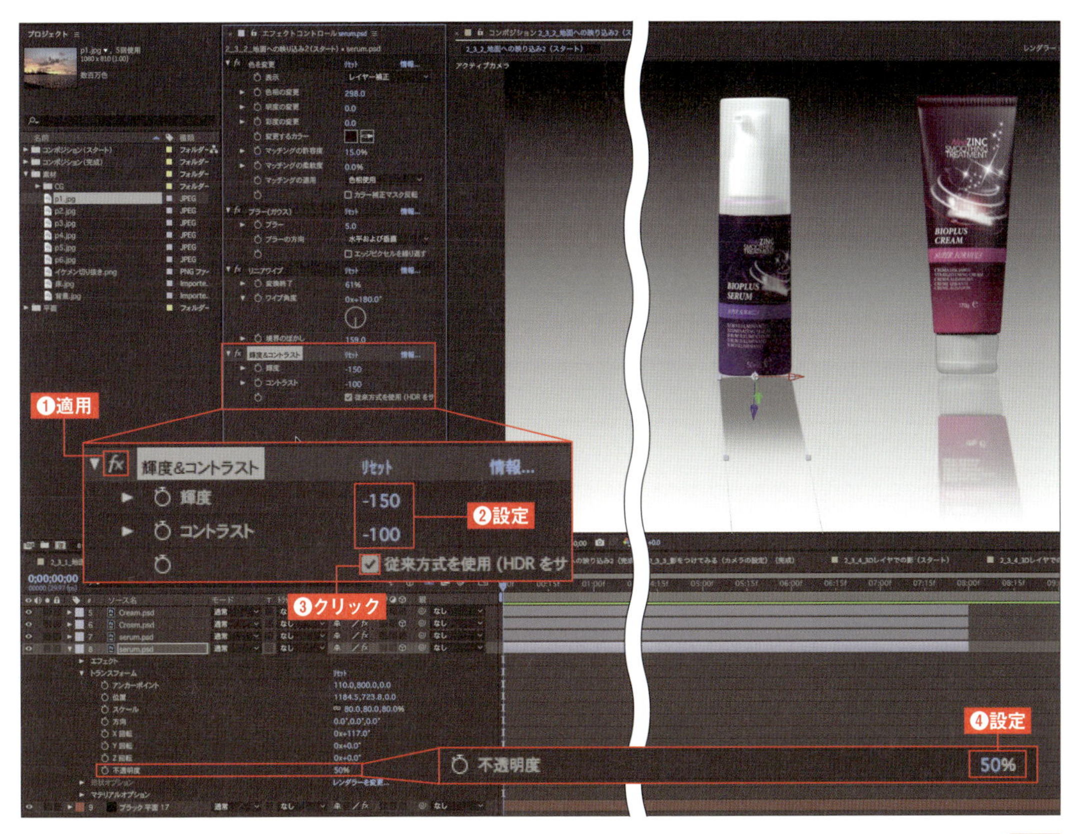

SECTION

03 3Dレイヤーで文字に立体感を出す

ここでは、3D空間に配置した文字に対して、影を付ける方法を解説する。カメラを配置して、文字に立体感を施してみよう。

3Dレイヤーでカメラの設定を行う

利用するプロジェクトファイル:「2_3_反射と影」フォルダ→「2_3_反射と影.aep」ファイル
利用するコンポジション:<コンポジション(スタート)>→<2_3_3_影をつけてみる(カメラの設定)(スタート)>
コンポジションを開くと、フロントビューとアクティブカメラの2つの画面が確認できる。ここでは、左図のように右側の文字に3Dの演出を施していく。

複製した文字に影を付けてカメラで調整する

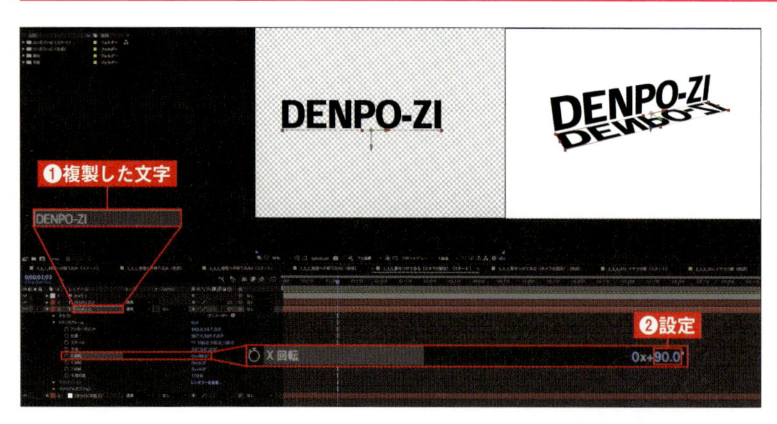

❶ 設定を確認する

方法は、P.295で解説した写真への映り込みの場合とほぼ同じと考えてほしい。
すでにカメラが配置された3D空間に、3Dレイヤー化した文字を配置し、複製で並べた文字❶の、<X回転>を<0x+90.0°>に設定している❷。図のようになっていればOKだ。

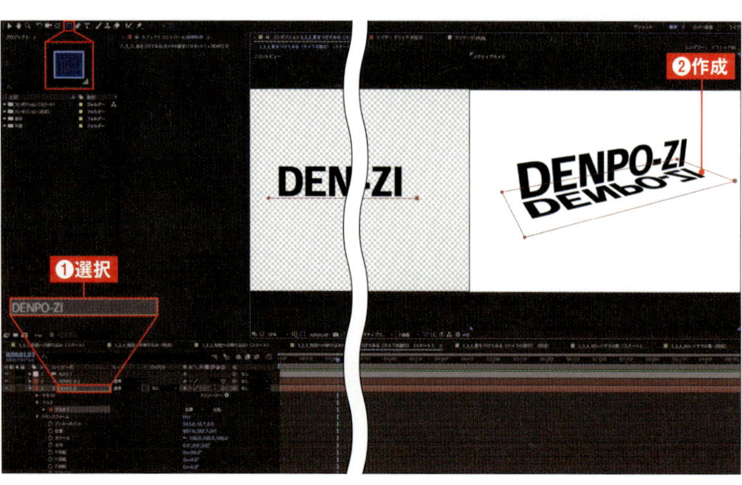

❷ マスクを作成する

影部分となっている文字レイヤーの<DENPO-ZI>を選択し❶、マスクを適用する。画面右側のアクティブカメラ側のスクリーン上で、図のように影の文字を囲ってもらいたい❷。

❸ 影を調整する

マスクで囲んだ範囲に＜マスクの境界のぼかし＞の値を上げていくと❶、文字がぼけていくのが確認できる。また影の濃さは＜マスクの不透明度＞を調整することで可能だ❷。

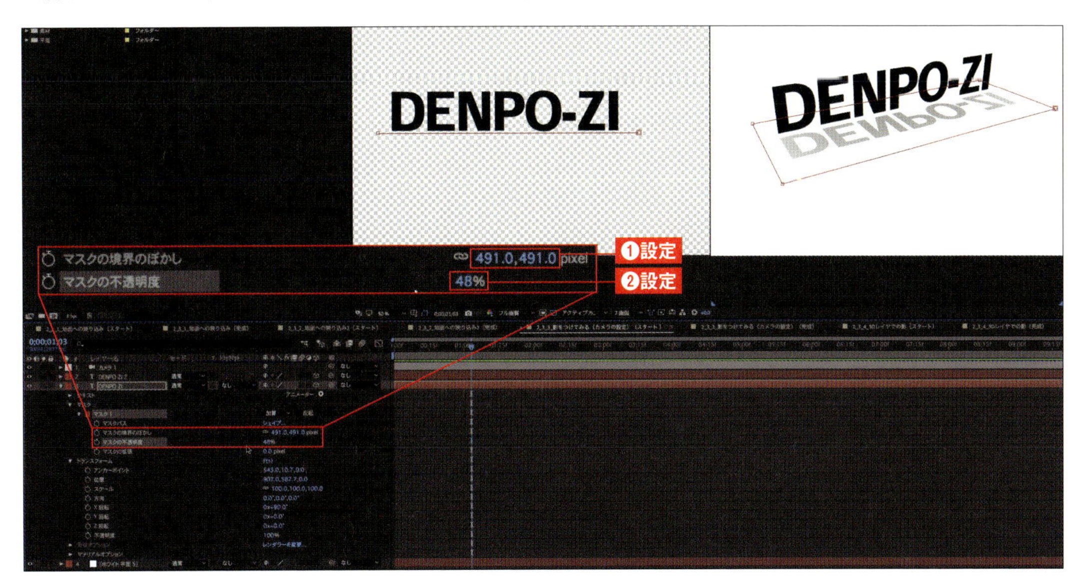

MEMO

影の調整について

文字の影の微妙な演出は、マスクを囲った範囲の移動や境界のぼかし具合で調整が可能だ。

❹ アングルを調整する

全体は 3D 空間になっているので、カメラビュー内で統合カメラツールを使用して❶、自由なアングルを設定してもらいたい❷。

ちなみにタイムラインの一番下にある＜ホワイト平面 5 ＞は、3D 化すると立体化に伴い、可視範囲が見切れてしまうので、単色であればこのままの 2D で構わない。

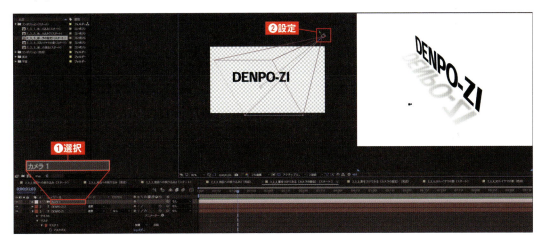

SECTION

04 光を投影して文字に影を付ける

ここでは、3D 空間に配置した文字に対して、ライトを使用することによって影を付けていく方法を解説する。

3Dレイヤーで影を適用する

利用するプロジェクトファイル:「2_3_ 反射と影」フォルダ→「2_3_ 反射と影 .aep」ファイル

利用するコンポジション：＜コンポジション（スタート）＞→＜2_3_4_3D レイヤでの影（スタート）＞

コンポジションを開くと、トップビューとアクティブカメラの2つの画面が確認できる。ここでは、左図のように右側から光を投影して3D の演出を施していく。

ライトオプションを活用する

❶ 素材の配置を確認する

タイムラインに配置されている素材の配置を、トップビューとカメラビューで確認してもらいたい。
ここでは背景の壁（床を壁に見立てたもので❹<床 .jpg >）の前に、文字レイヤー❸< DENPO-ZI >を配置、ライトをやや正面から当て❷<スポットライト 1 >、カメラは斜めから文字レイヤーを映している❶<カメラ 1 >。

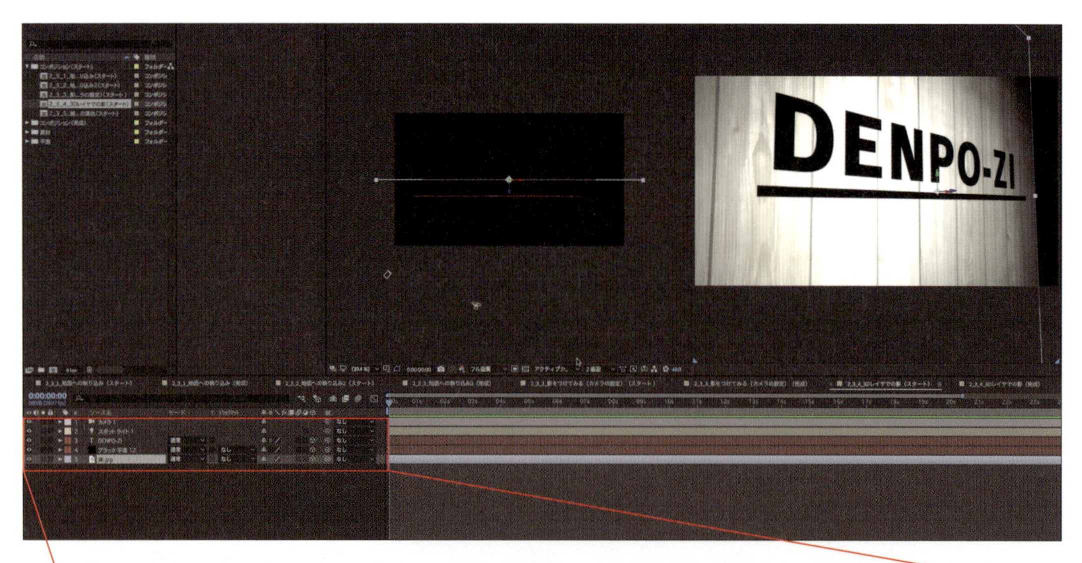

❷ ライトの角度や強度に合わせて影を作り出す

まず3Dレイヤー上で影を落とすための設定を解説したい。ここでは主に＜ライト＞＜文字レイヤー＞＜壁＞の3つの設定をオンにすることで、影を落とすことができる。

＜スポットライト＞→＜ライトオプション＞→＜シャドウを落とす＞を＜オン＞に設定する❶。続いて影を付ける文字レイヤー＜DENPO-ZI＞の＜マテリアルオプション＞→＜シャドウを落とす＞を＜オン＞に設定する❷。ここでは文字の下に配置されている下線の＜ブラック平面12＞でも同じ設定をしておこう。

最後に影を落とされる壁部分、＜床.jpg＞の＜マテリアルオプション＞→＜シャドウを受ける＞を＜オン＞に設定する❸。以上の設定が無事に行われると、ライトの角度、強度に合わせて影が生成される。

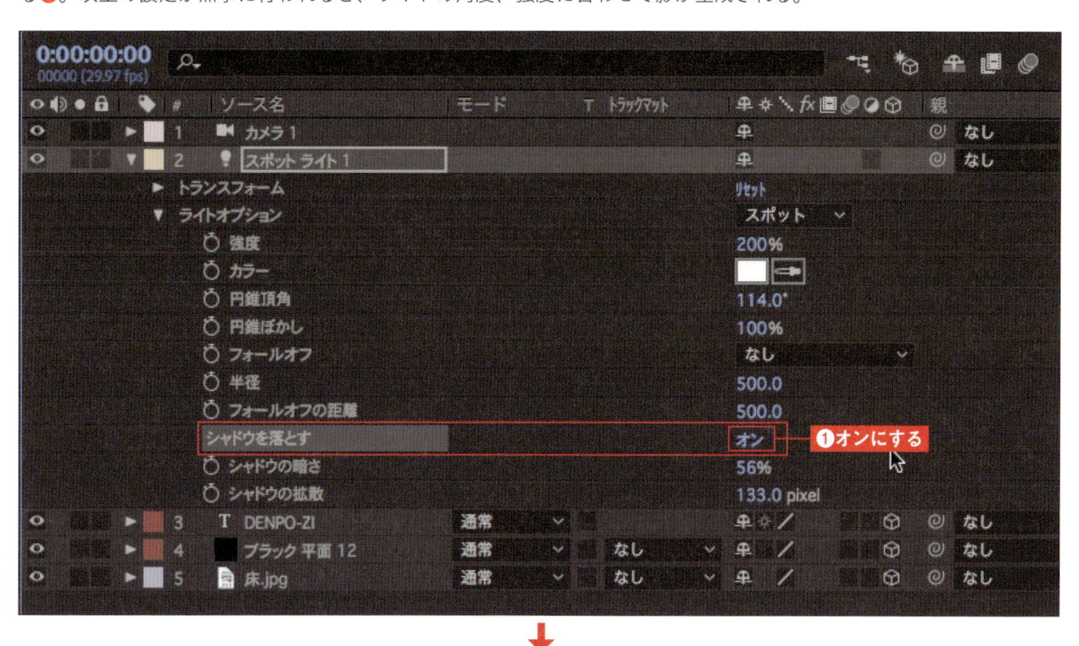

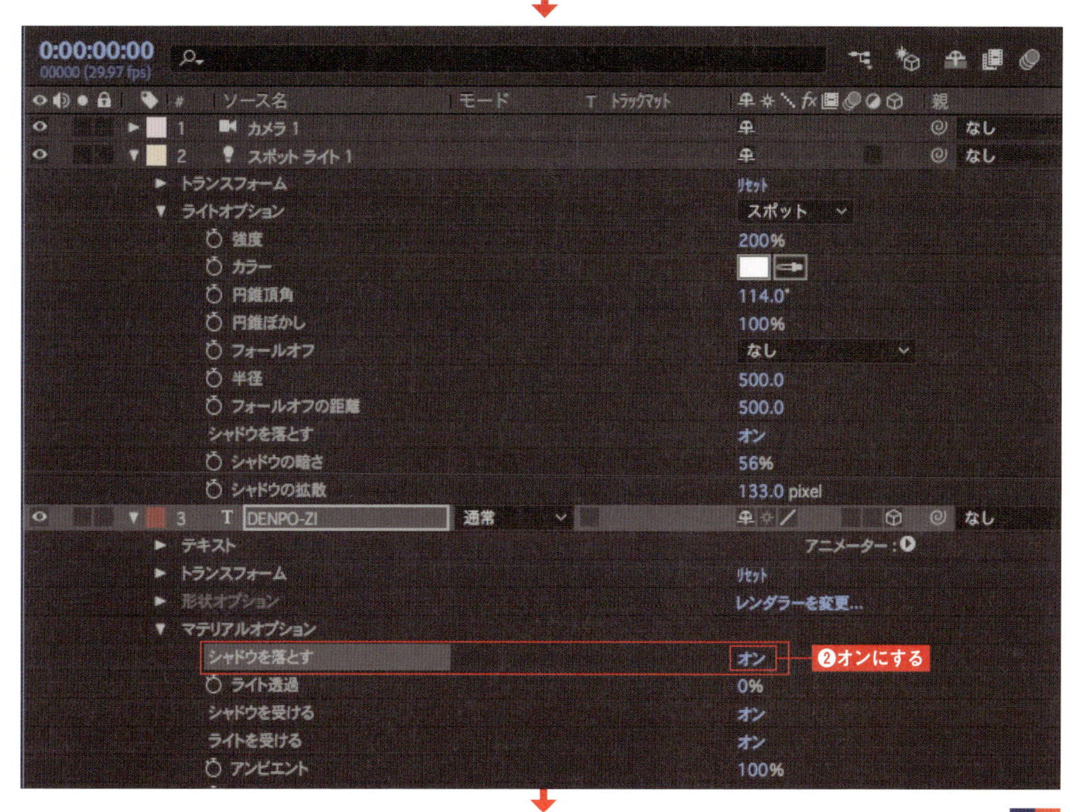

❸ 影の暗さを調整する

影の暗さは＜ライトオプション＞→＜シャドウの暗さ＞で調整する。値が上がると影が濃くなり、値が下がると影が薄くなる。

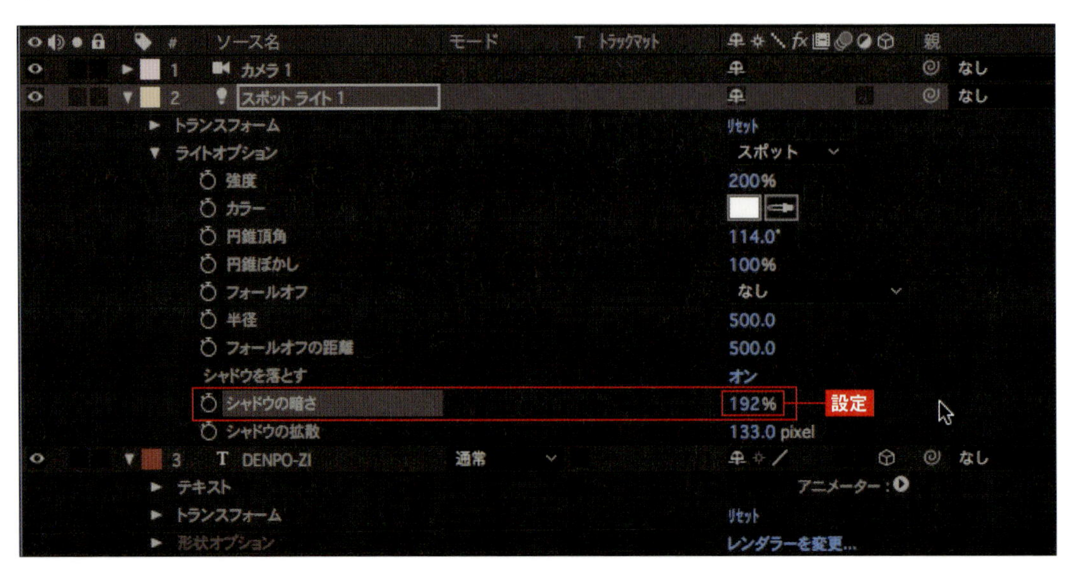

4 影の柔らかさを調整する

影の柔らかさは<ライトオプション>→<シャドウの拡散>の値を上げると柔らかい影を作り出すことができる。

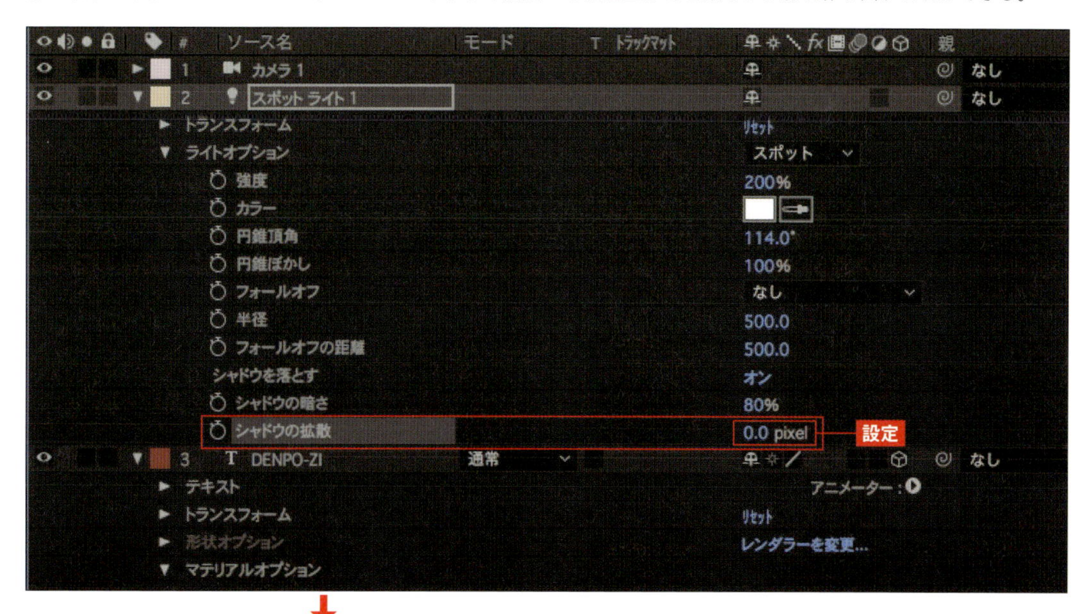

◀シャドウの暗さを 80%、シャドウの拡散を 0.0pixel に設定した例

MEMO 影調整のポイント

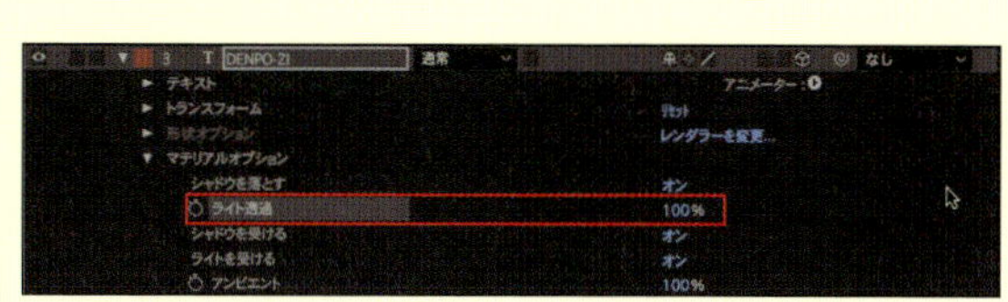

▲たとえば文字の色を図のように変えた場合には、通常では影は「黒」になるように設定されるが、文字レイヤーの<マテリアルオプション>→<ライト透過>の値を調整することで色や絵柄などを通過して影として活用できる。ステンドグラスなどを用意して地面に当てることも可能だ

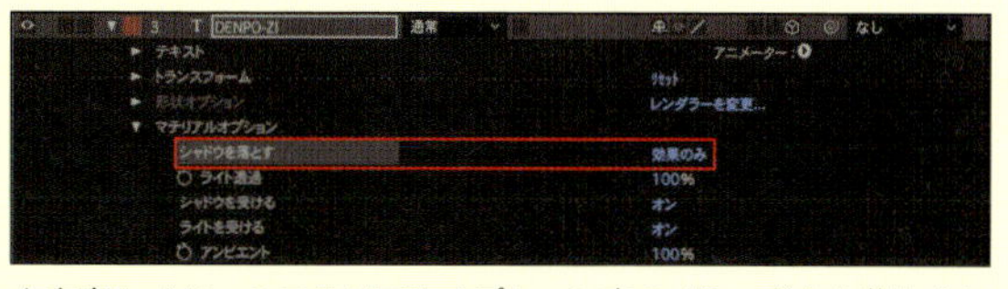

▲文字レイヤーのマテリアルオプション内の<シャドウを落とす>を<効果のみ>に設定することで、影のみを表示することも可能だ

SECTION

05 カメラの設定を調整しボケ味のある写真を作る

ここでは、カメラを使用してピントのボケ味を調整してみる。後述する被写界深度の設定がポイントになる。

1つの写真だけにピントを合わせる

利用するプロジェクトファイル：「2_3_反射と影」フォルダ→「2_3_反射と影.aep」ファイル
利用するコンポジション：＜コンポジション（スタート）＞→＜2_3_5_被写界深度の演出（スタート）＞

コンポジションを開くと、トップビューとアクティブカメラの2つの画面が確認できる。ここでは、左図のように4つ並ぶプロダクト写真を、時間経過によって1つずつ順にピントを合わせて際立たせる演出を施していく。

カメラの設定を行う

設定方法を解説する前に、3D空間での被写界深度について説明しておこう。被写界深度は、あまり聞き慣れない言葉かもしれないが、簡単にいうとボケ味の演出のことだ。After Effectsでは、このボケ味を調整することができ、カメラ機能を使ってピントを合わせることができる。カメラ機能を使った被写界深度の設定は、P.187の「エフェクトを使用した3D文字の演出」のQRコードから解説動画を参考にしてもらいたい。

1 設定を確認する

3Dレイヤー上に4つの写真が前後間隔をおいて並んでいる。タイムラインの一番下に配置している平面の床は、＜ホワイト平面10＞を新規平面で作成し、＜グリッド＞のエフェクトを適用して立体感を演出している。

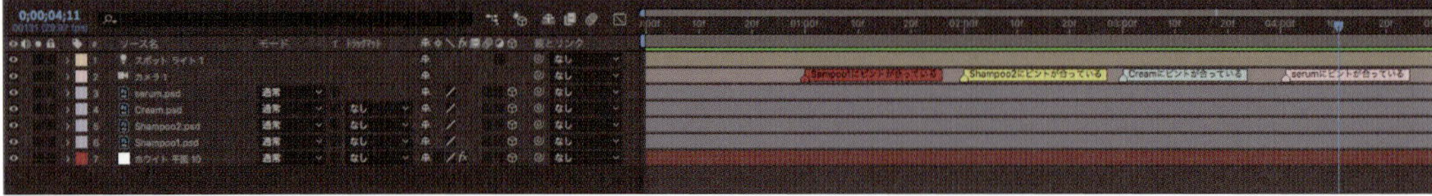

❷ 被写界深度を使用する

タイムラインパネル内の＜カメラ１＞をダブルクリックして❶、カメラ設定画面を表示する。＜被写界深度を使用＞にチェックを入れ❷、右下にある＜F-Stop：＞の値を＜0.2＞と設定してみよう❸。

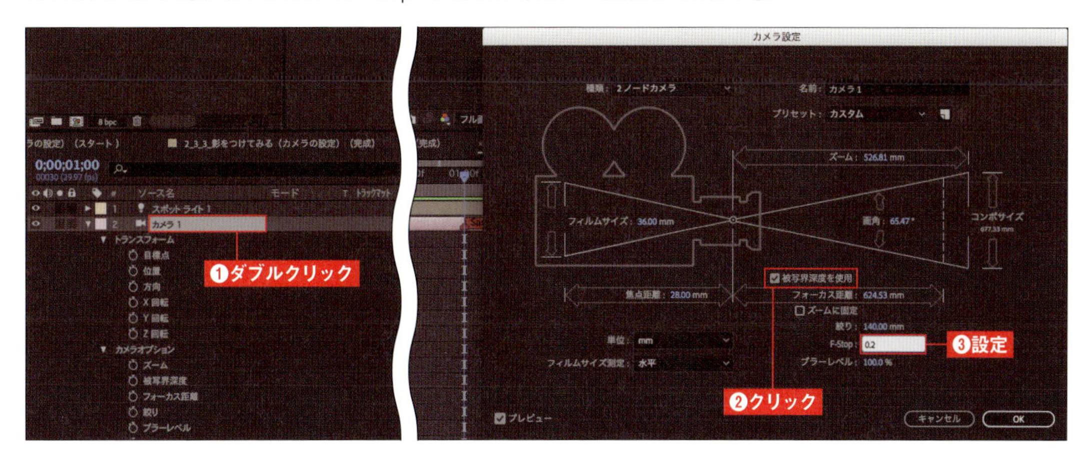

MEMO

F値について

F-Stopはレンズの F 値を指している。この F 値とは簡単に言えばカメラレンズの明るさのことだ。現実世界で F 値が 0.2 というレンズは存在しないが、After Effects の世界では存在する。実に不思議な魔法のカメラなのだ。

ボケ味の強弱を調整する

❶ フォーカス位置を設定する

続いて＜カメラ１＞の＜カメラオプション＞の中の＜フォーカス距離＞の値を「1770.3」と入力して、一番後ろの＜Shampoo1.psd＞にピントが合うように設定してみよう。プロダクト写真が見えにくい場合には、地面の＜ホワイト平面 10＞を非表示にすると見えやすい。

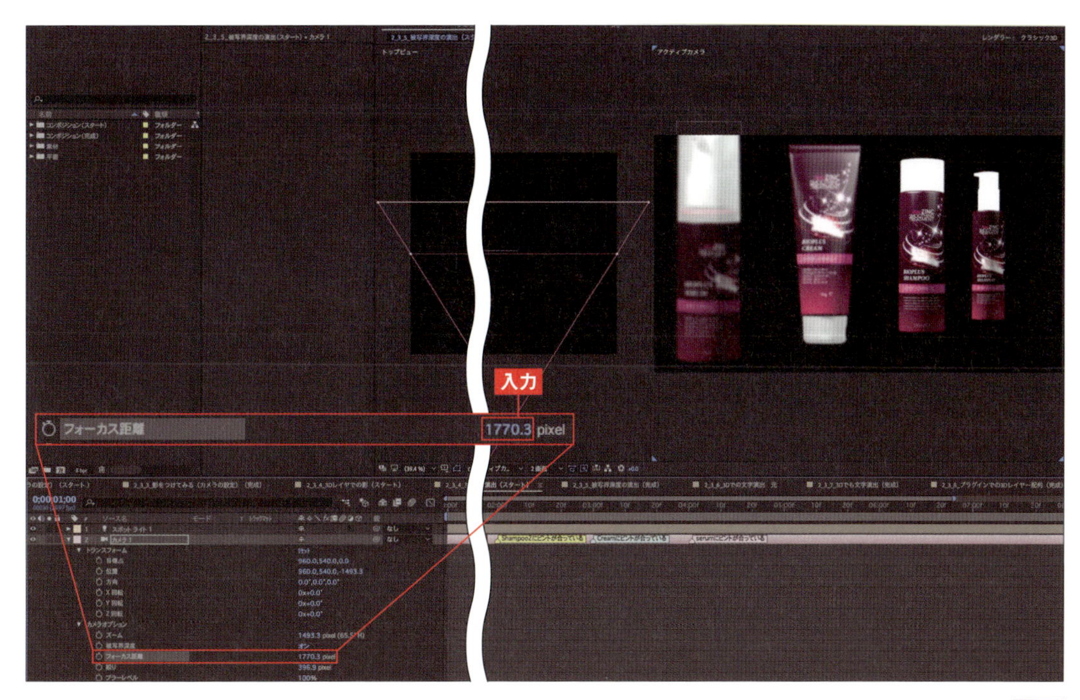

❷ 一番後ろのプロダクト写真にピントを合わせる

無事フォーカス位置の設定が終わったら、今度は＜ブラーレベル＞を＜ 300％＞と入力する❶。こうすることでボケ味の強弱を調整することができる。調整が完了すると、手順❶でフォーカス距離を合わせた一番後ろの＜ Shampoo1.psd ＞にピントが合っているのが確認できるはずだ❷。

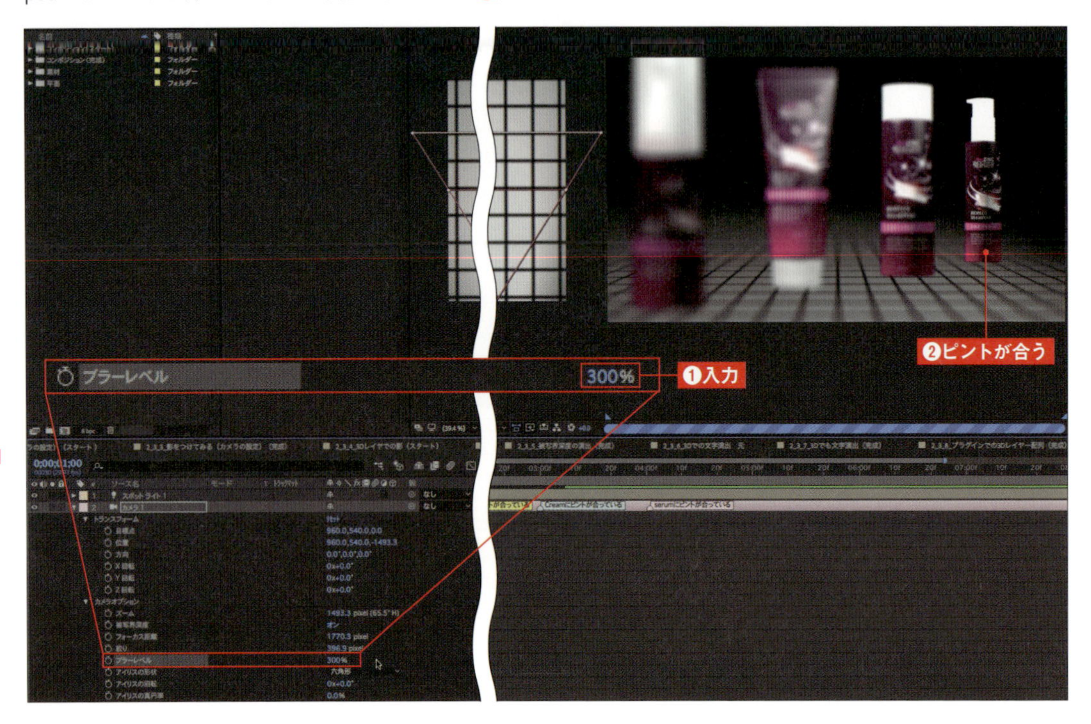

❸ 一番手前のプロダクト写真にピンとを合わせる

同じように一番手前の＜ serum.psd ＞のプロダクト写真にフォーカス距離を合わせていこう。今度は手前にピントが合っているのが確認できる。

❹ ピント位置を移動させる

フォーカス距離はキーフレームで制御することができるので、奥から手前に徐々にピントが合っていくような設定も行うことができる。このように3D空間に配置された素材は、前後に奥行きのある配置をすることで、カメラでのフォーカス距離を使用したピントの調整をあとから行うことができるのだ。今回はプロダクト写真を使用したが、さまざまな写真を配置して試してほしい。

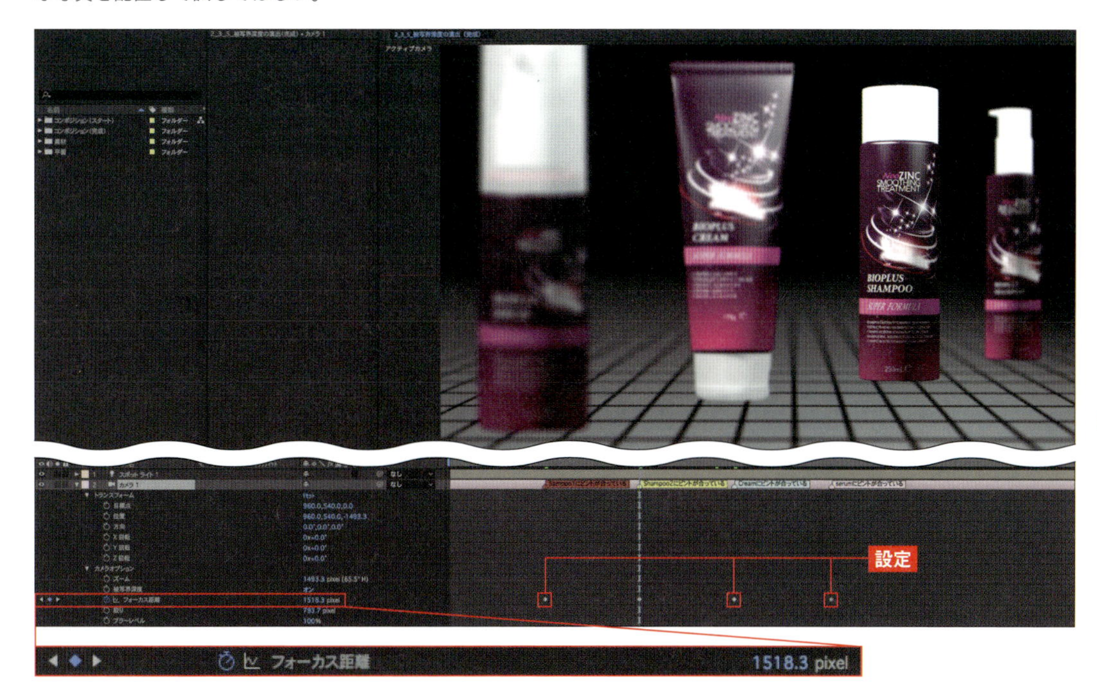

❺ フォーカス距離を確認する

いずれかの画面を選択して❶、<カスタムビュー>に切り替えて❷、カメラを選択し❸、時間軸を移動させていくと❹、フォーカス距離を確認することができる。

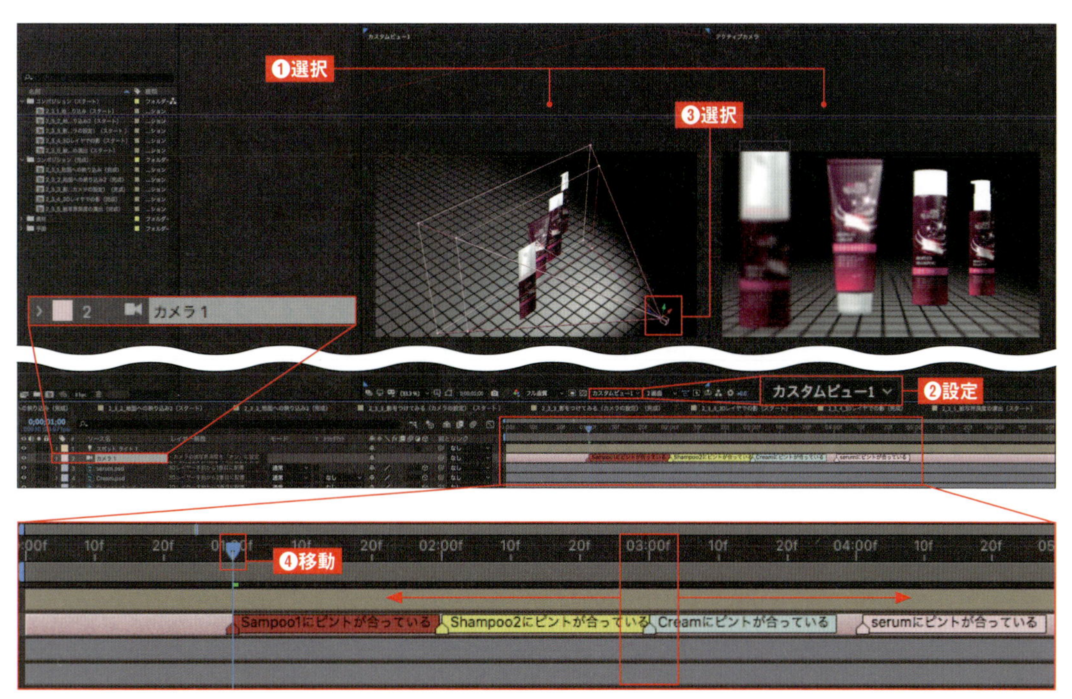

2-4

背景

本CHAPTERでは背景について解説していく。背景は通常、単色もの、写真や模様など、さまざまなものがあるが、まずここでは、背景作りの基本となるテクニックを紹介していきたい。その背景作成に欠かせない機能の1つが描画モードだ。この描画モードは、Photoshopなどでもおなじみの上下に配置されたレイヤーを、どのような組み合わせで合成するか設定する機能だが、それら描画モードに合わせて調整するエフェクトなどにもフォーカスを当てて解説していく。

SECTION

01 背景をきれいに処理する①

ここでは、描画モードの設定方法を中心に背景について解説する。背景は色の濃淡で背景の上に配置するボタン類の視認性が左右されるので、重要な要素だ。

描画モードをうまく使って背景を仕上げる

利用するプロジェクトファイル：「2_4_ 背景」フォルダ→「2_4_ 背景 .aep」ファイル
利用するコンポジション：<コンポジション（スタート）>→<2_4_1_ 描画モードを使用しての背景の作成（スタート）>
コンポジションを開くと、一面がグレーの背景が表示される。ここでは、最終的に海の背景を配置して、ボタン類や人物もはっきりとわかる作品を作っていく。

CHAPTER 2-4 では色や輝度を扱う解説が多いので、Lumetri スコープを使用して確認することをおすすめする。Lumetri スコープとは色の明るさを視覚的に見ることができるものだ。Lumetri スコープについては、下記の動画で解説しているので、以降の解説の予習をかねて先にご覧頂くことをおすすめする。

Lumetri スコープでの輝度確認と補正解説動画

レイヤーと描画モードの特徴を理解する

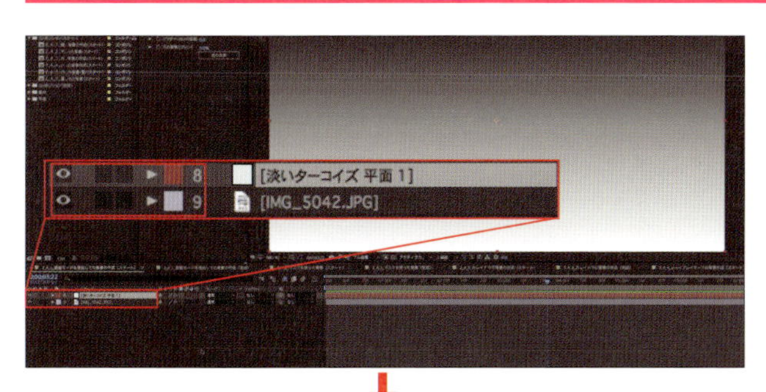

① 2つのレイヤーを確認する

タイムランに並べられた 2 つのレイヤーを確認してもらいたい。
デフォルトで選択されている<描画モード>の<通常>では、下に置かれている海の画像レイヤー<［IMG_5042.JPG］>（以下、L1）と、上に置かれる白黒グラデーションが適用された平面レイヤー<[淡いターコイズ平面]>（以下、L2）では、L2 が優先的に表示される。そのため、全体が重なっている場合には、L1 はまったく見えなくなる。

L1 海の画像

L2 グラデーション画像

また L2 の描画モードが「通常」になっている限り、L1 の描画モードを変更しても画像に変化は出ない。ごく一部を除いて、描画モードによる合成は、上に重なるレイヤーの描画モードを変更して初めて変化が出るため、下に配置された＜通常＞の描画モードにしておく。現状のレイヤーは左の一番下の図のようになっている。

◀重ねた状態（L1 は下に配置されているため見えない）

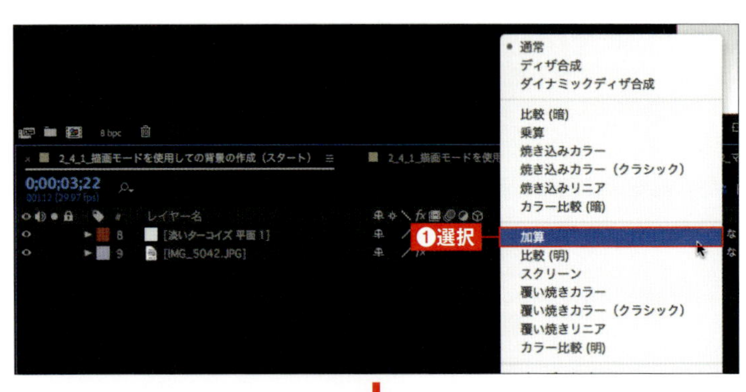

❷ 加算を適用する

L2 の＜描画モード＞のプルダウンから＜加算＞を選択してみよう❶。この設定によって、下にある海の画像と平面（グラデーションが適用されている）が合成される❷。

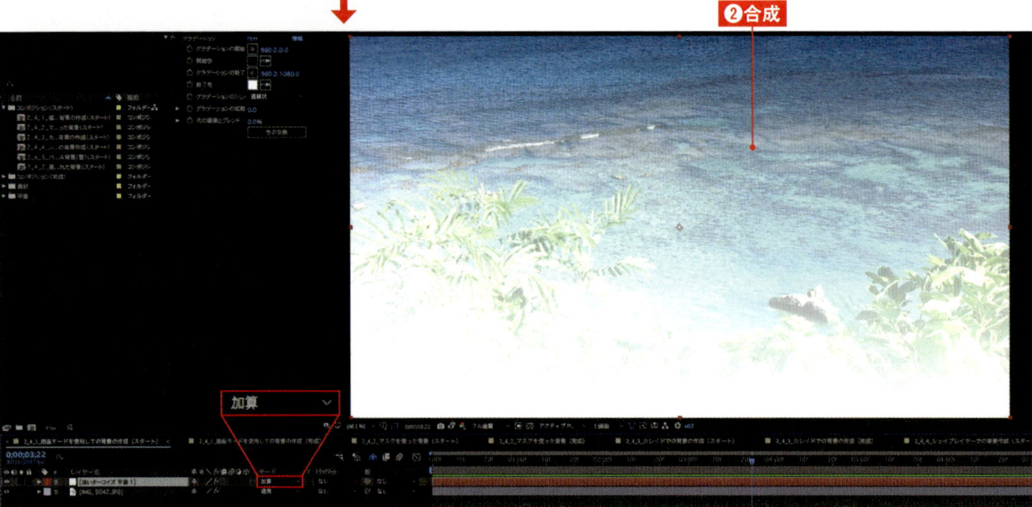

MEMO

加算とは

加算は、簡単にいうと輝度が高い部分（明るい部分）を残して、表示させる（合成させる）機能を持つものだ。ここでは平面のグラデーションの下部分が明るい白になっているので、その輝度が高い部分（明るい部分）が合成されているのが確認できる。

③ 乗算を適用する

続いて、同じL2の<描画モード>を<乗算>に設定してみよう。今度は逆に画面上部分が暗くなったのが確認できる。同じように平面のグラデーションの上部分が暗い黒なので、その輝度が低い部分（暗い部分）が合成される。加算と乗算は効果がまったく逆になるのだ。

> **MEMO　描画モードの切り替えショートカットキー**
>
> 描画モードの切り替えは、ショートカットキーを利用すると便利だ。描画モード上への切り替えは、Shift＋^キー（キーボードの「へ」部分）、下への切り替えは、Shift＋−キー（キーボードの「ほ」部分）と覚えておこう。

描画モードのカテゴリを理解する

描画モードではさまざまなカテゴリが用意されているので、ここでは簡単に表を作成したので説明しておきたい。

カテゴリ名	モード一覧	RGB個別演算	精度演算	アルファ演算	明るさ増加	暗さ増加	明るさ50%の基準になるレイヤー	2つのレイヤーの順序に影響されない演算	L1透明部分の特殊処理（L2の色以外の描画がされるもの）
通常カテゴリ	通常		●				-		
	ディザ合成			●			-		
	ダイナミックディザ合成			●			-		
減算カテゴリ	比較（暗）	●				●	-	●	
	乗算	●				●	-	●	
	焼き込みカラー	●				●	-		
	焼き込みカラー（クラシック）	●				●	-		白
	焼き込みリニア	●				●	-		
	カラー比較（暗）		●			●	-		
加算カテゴリ	加算	●			●		-	●	
	比較（明）	●			●		-	●	
	スクリーン	●			●		-	●	
	覆い焼きカラー	●			●		-		
	覆い焼きカラー（クラシック）	●			●		-		黒
	覆い焼きカラーリニア	●			●		-		
	カラー比較（明）		●		●		-		
複雑カテゴリ	オーバーレイ	●			50%以上	50%以下	L1		
	ソフトライト	●			50%以上	50%以下	L2		
	ハードライト	●			50%以上	50%以下	L2		
	リニアライト	●			50%以上	50%以下	-		
	ビビッドライト	●			50%以上	50%以下	L2		
	ピンライト	●			50%以上	50%以下	L2		
	ハードミックス	●			50%以上	50%以下	-		

上から順に「通常カテゴリ」「減算カテゴリ」「加算カテゴリ」「複雑カテゴリ」と配置されている。それぞれのカテゴリは以下のような特徴を持つ。

通常カテゴリ：「通常」を含む一番オーソドックスな重ね方。不透明度の影響を直接受ける。

減算カテゴリ：どれを選択しても画像が暗く合成されるカテゴリ。

加算カテゴリ：減算カテゴリとは逆で、すべての演算で画像が明るく合成されるカテゴリ。

複雑カテゴリ：50%を境界にして明るい部分は明るく、暗い部分は暗く合成する。減算カテゴリと加算カテゴリを合わせたような描画モードである。RGBがそれぞれ個別に演算される描画モードは、それぞれの強度が変化するため、色にも変化が生じるが、輝度をベースに演算するタイプは、純粋に明るさのみが変化する。ほとんどの演算はRGB値（浮動小数点0.0～1.0）を使って計算するので、色にも変化が生じるモードが多い。輝度ベースの演算かRGB個別の演算かは、図を参照してほしい。

◀▼実際に描画モードの各カテゴリを確認したい場合には、サンプルファイルの中にある、「2_4_背景」フォルダ→「描画モード（各モード解説）」内の<全描画モード.aep>を開いて、コンポジションを切り替えて確認してもらいたい

描画モードを実践で使用した動画は、下記を参考にしてほしい。

描画モードの調整ポイント

描画モードはダイレクトにかけると、かなりわざとらしい効果となる。ここでは、そうならないためにも、描画モードの調整ポイントを紹介し、完成までを解説しよう。

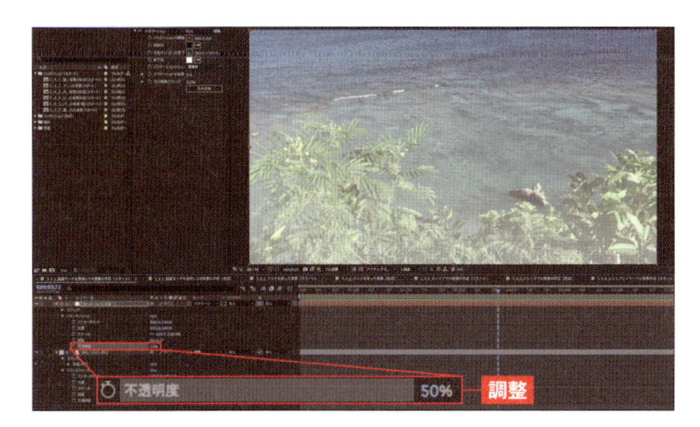

❶ 不透明度の調整を行う

ここでは、平面に＜描画モード＞の＜スクリーン＞を適用してみたが、白飛びして背景としては使えない部分が多いかもしれない。そんなときは、描画モードを適用したレイヤーの＜不透明度＞を調整してみよう。この調整によって不透明度を制御できるので、適用する濃さの割合をコントロールすることができる。また、適用されているエフェクトのグラデーションの明るさを変えてみることでも調整が可能だ。

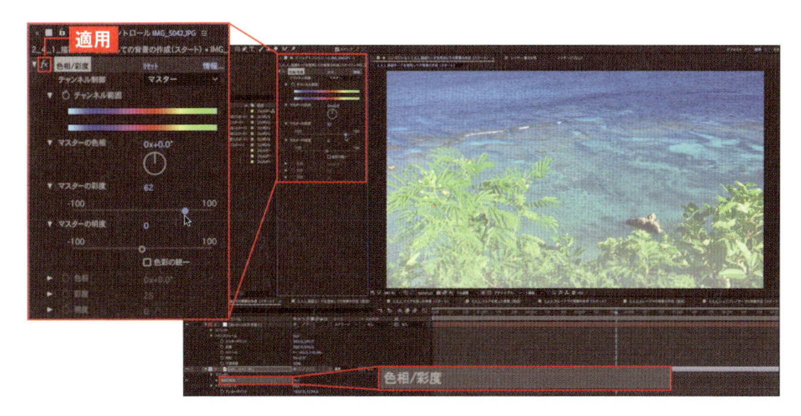

❷ ＜色相/彩度＞などのエフェクトを適用する

描画モードで合成された下の海のレイヤー側に＜色相/彩度＞などのエフェクトを適用して、彩度（色の濃さ）などを調整することで、合成された素材自体を演出することも可能だ。ここでは下の海のマスター彩度を上げて緑の色を引き立たせている。

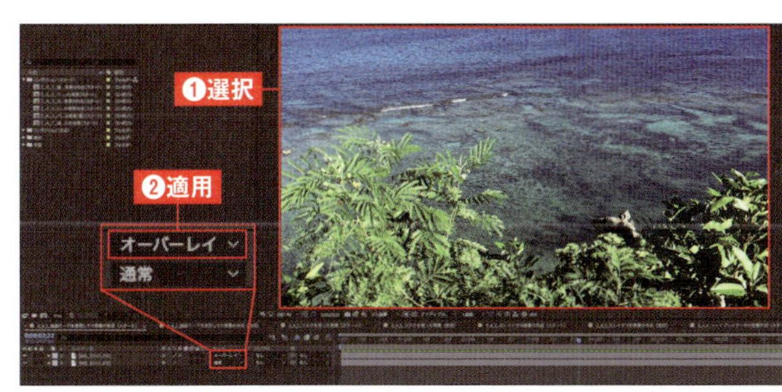

❸ オーバーレイを適用する

海の画像を選択して❶、＜編集＞メニュー→＜複製＞を選択し、同じ海の画像を上下に配置し、＜オーバーレイ＞を適用することで❷、コントラストの強いイメージが出来上がる。人物などの被写体にも有効な手段だ。

❹ すべての素材を表示する

最後に＜タイムラインウィンドウですべてのシャイレイヤーを隠す＞をクリックして、ボタン、文字、イメージを表示させてみよう。こうして背景イメージを作り出してから、ボタンなどのパーツと重ねていくことで作品が完成する。

SECTION

02 背景をきれいに処理する②

引き続き、背景について解説する。また、平面や写真などについてもどれだけ目立たせられるかといった、色選択の方法や明るさ調整についても解説しよう。

背景の単色使用のポイントと色選び

利用するプロジェクトファイル：「2_4_ 背景」フォルダ→「2_4_ 背景 .aep」ファイル
利用するコンポジション：<コンポジション（スタート）>→< 2_4_1_ 描画モードを使用しての背景の作成（スタート 2）>

コンポジションを開くと、背景と前面のパネル系が雑然と並び、「くどさ」が際立った画面が確認できる。もう少し見やすくなるように背景の明るさや色を調整していこう。

ホワイト平面と調整レイヤーを利用する

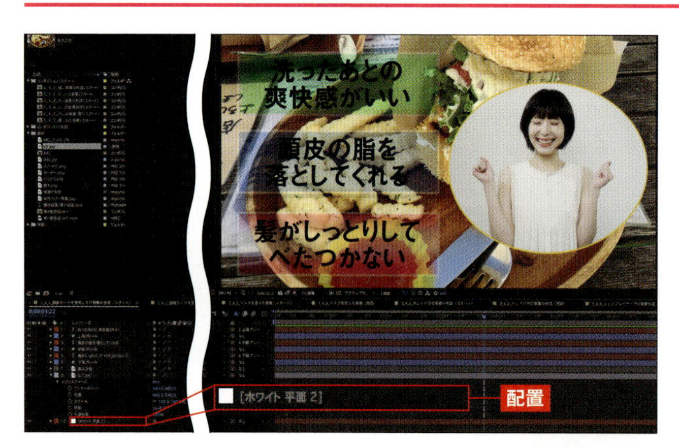

❶ ホワイト平面を配置する

ここでは背景の写真をそのままタイムラインに配置しているが、そのせいか「くどさ」が生まれてしまっている。こうした背景のくどさをなくすには、まず、タイムラインの最下層にホワイト平面を配置する。<レイヤー>メニュー→<新規>→<新規平面>から白の平面を作成（ここでは<［ホワイト平面 2］>）。

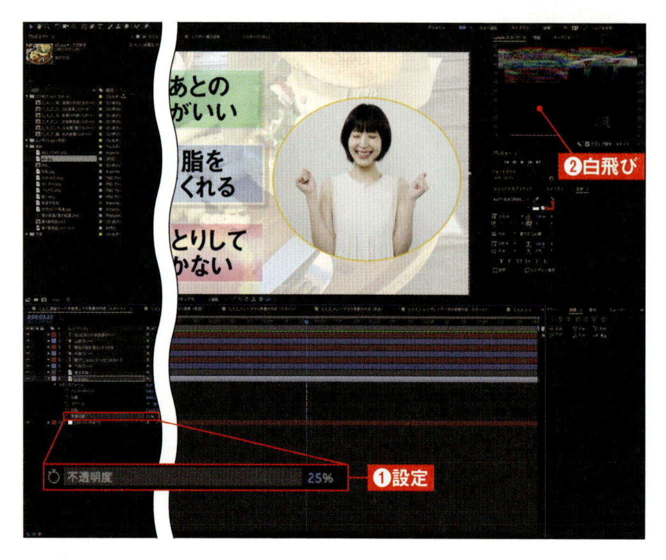

❷ 写真の不透明度を調整する

写真（ここでは<[p5.jpg]>）の<不透明度>を< 25% >にする❶。この設定でホワイト平面に透過するので、雑然とした背景が目立たなくなる。パネル部分も同様に<不透明度>を調整すれば背景に透過するのでぜひ試していただきたい。また右側の Lumeti スコープを見てもらうとわかるが、全体的に Lumeti スコープ上方部分の 100% の輝度の値に寄り過ぎて、白飛びしてしまっている❷。カラーグレーディングでは「白」「黒」ともに「過ぎたるは及ばざるが如し」である。意図的、もしくは思い切った演出でない限りは、のりしろ部分の明るさとして 5% ～ 10% の余白を残しておいたほうがよい。

❸ 調整レイヤーで明度を調整する

ここではタイムラインの一番上に調整レイヤーを新規に配置し❶、<色相 / 彩度>を追加（<エフェクト>メニュー→<カラー補正>→<色相 / 彩度>)、適用し、<マスターの明度>を若干下げている❷。Lumetri スコープで確認しながら、白飛びを修正し、自然な明るさを演出してみよう。

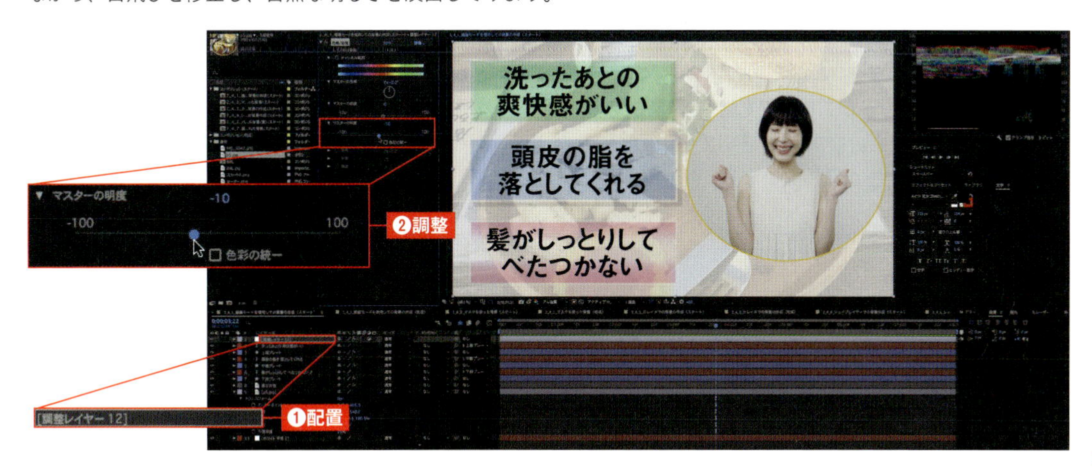

CHECK 背景と文字の色について

ソーシャル動画の文字色だが、「白」や「黒」以外にもさまざまな配色で演出を強化することができる。配色を迷った場合は、補色を参考にして色を決めるとよい。

◀補色を確認するには、<ウィンドウ>メニュー→<機能拡張>→<Adobe Color テーマ>をクリックして、設定パネルを表示する。<作成>をクリックし❶、カラースペースが表示されたのを確認し、<カラールール>をクリックして<補色>を選択することで❷、正反対に位置する関係の色を確認することができる。ここでは補色を使用して通常の白文字に比べて目をひくような設定で色を変更してみた。あまり大胆に補色を使うと安っぽい看板になってしまうので、文字線、パネルの透明度、背景のテーマと合わせて、配色を試してもらいたい

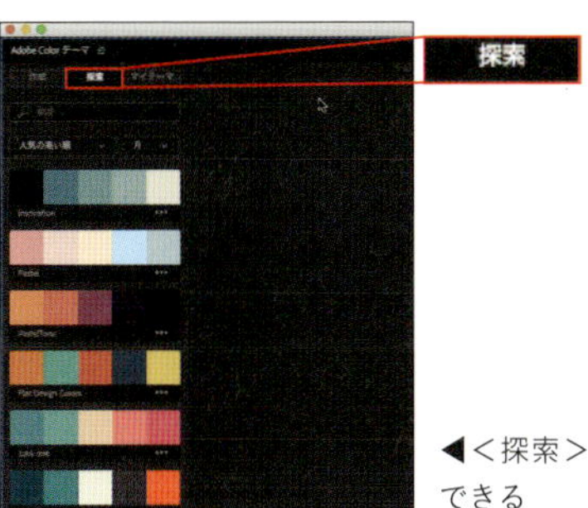

◀<探索>をクリックすることで、人気の高い配色なども参考にすることができる

TIPS

色をサンプリングしておく

Adobe Color テーマではそのほか、<マイテーマ>というボタンが用意されている。これはAdobe Capture CC と連携して、写真からサンプリングされた色を抽出して使用することができる便利な機能だ。詳細に解説していこう。なお、素材は「2_4_ 背景」フォルダ内の「カラーマニア（あの日の色は忘れない！）」フォルダ内に収録されているので、ぜひ試してほしい。

▲Adobe Capture CC から<カラー>をタップし❶、をタップする❷

▲写真を表示し、好きな場所をタップすることで、好きな色をサンプリングできる

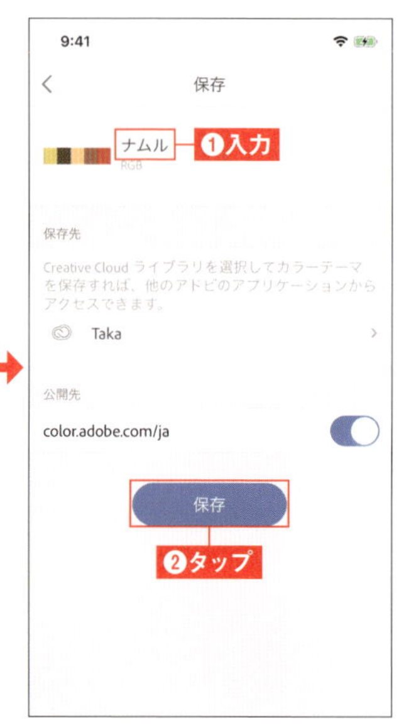

▲サンプリングが完成したら、名前を「ナムル」として❶、保存する❷。Adobe ID とリンクしているので、Creative Cloud 上にカラーテーマとして保存される

▲After Effects 上の Adobe Color テーマから<マイテーマ>をクリックすることで❶、「ナムル」のキャプチャーされた色が表示される❷。これを文字に当てはめてみよう

▲文字レイヤー部分の色を割り当てることで、文字にも「ナムル」感が浸透したはずだ

あの日の色は忘れない
の解説動画

SECTION

03 マスクを使った背景を作成する

ここでは、マスクを使用したより複雑な背景やタイトル作りを解説していく。マスクを使うことによって背景にインパクトを与えることができる。

2枚の同じ写真を重ねて演出する

完成動画

利用するプロジェクトファイル：「2_4_背景」フォルダ→「2_4_背景.aep」ファイル

利用するコンポジション：＜コンポジション（スタート）＞→＜2_4_2_マスクを使った背景（スタート）＞

コンポジションを開くと、文字レイヤーと同じ写真が2枚背景として配置されているのがわかる。ここでは、最終的に左図のような斜めに切り出された写真が移動していく演出を施していく。

前面の写真のサイズと色を調整する

❶ 設定を確認する

一番下にある背景の写真❶には、前面の写真と類似させないため、＜色相/彩度＞を適用して❷、＜マスターの明度＞を＜-10＞に設定している❸。

❷ 写真を拡大してマスクをかける

まずは手前の写真を選択して端を掴み、写真のスケールを拡大してもらいたい。トランスフォーム内のスケールがおよそ200%になるように調整してみよう❶。続いて、＜長方形ツール＞を選択して、拡大した写真を図のようにマスクで囲ってみよう❷。

❸ 前面写真の色と輝度を調整して背面写真と相違させる

<選択ツール>を選択し❶、マスクの角をダブルクリックして回転させる❷。エフェクトから<レベル>、<色相 / 彩度>を適用し❸、図のように各項目の数値を変更する❹。こうすることで、背景写真とマスクで囲った写真の色と輝度を相違させることができた。

マスクの回転についての解説動画

❹ 前面写真をぼかす

引き続き、エフェクトから<ブラー（ガウス）><ドロップシャドウ>を適用する❶。<ブラー>で画面を少しぼかし❷、なおかつ<ドロップシャドウ>でマスクで囲った範囲で影を追加する。

動画全体に動きを付ける

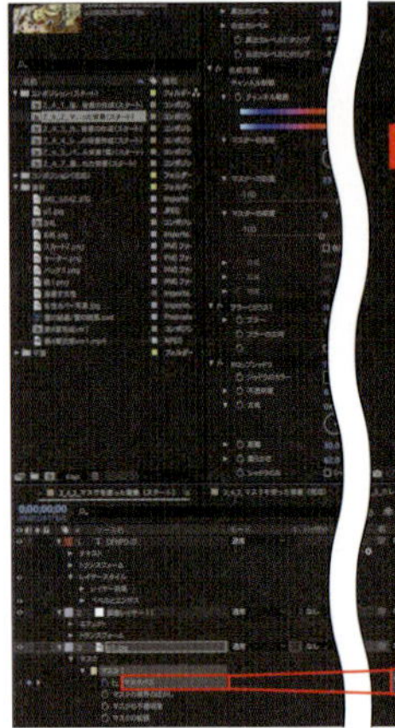

❶ マスクを移動させる

前面に配置したマスクの付いた写真の<マスク>→<マスクパス>を選択し❶、0 秒地点< 0.00f >から 2 秒地点< 02.00f >まで❷、マスクを掴んで移動させる❸。こうすることでマスクで囲った範囲が移動する❹。

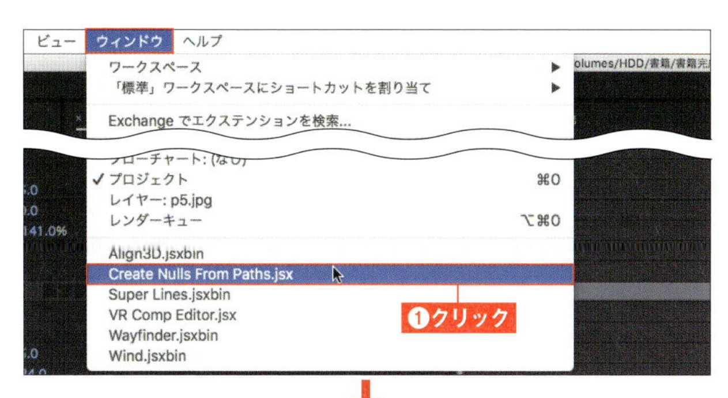

② タイムラインパネルにヌルを配置する

＜ウィンドウ＞メニュー→＜Create Null From path.jsx＞をクリックする❶。

Create Nulls From Path 画面が表示されるので、＜マスクパス＞を選択してから❷、＜ヌルポイントに従う＞をクリックする❸。

タイムラインパネルにヌルが配置されたのが確認できるはずだ❹。

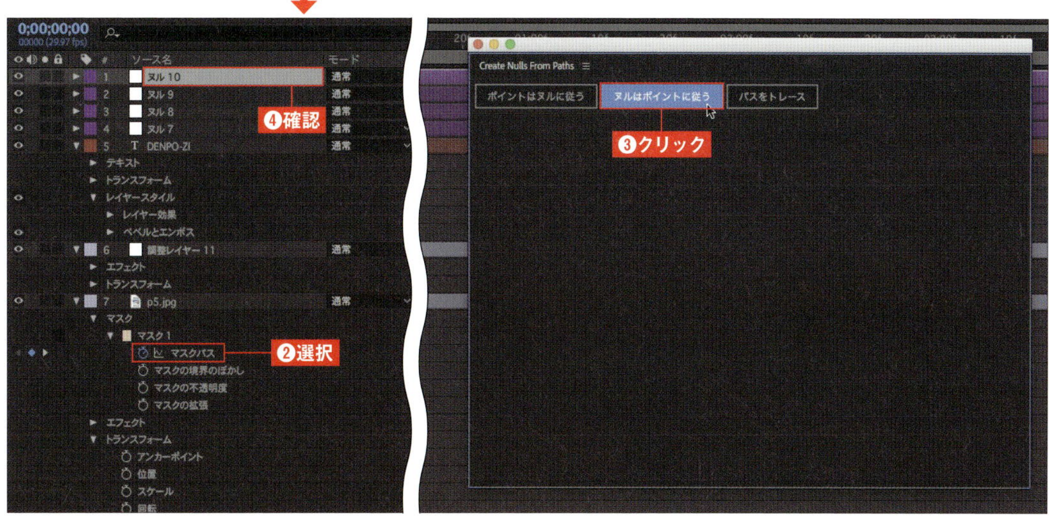

③ ペアレントとして関連付ける

この機能は、マスクの頂点のパスの数に合わせてヌルを配置するというものだが、移動しているマスクにも適用されるので、マスクのシェイプを活用した位置付けなどにはもってこいの機能だ。

使い方としては図のように文字レイヤーとヌルをペアレントとして関連付けることで、文字をマスクで作成されたヌルの動きに合わせて移動させることができる。

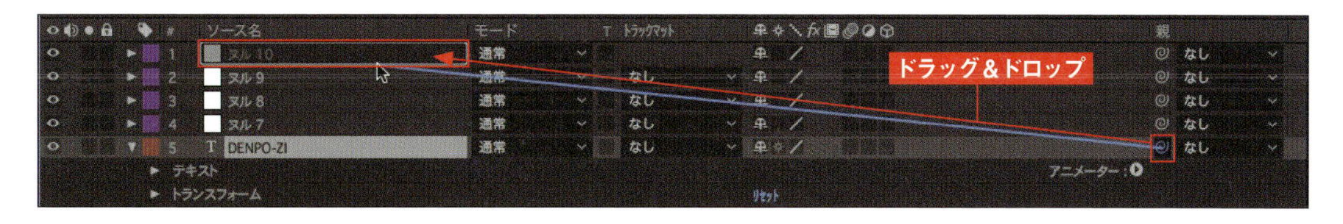

④ 全体を整える

無事文字レイヤーの動きが確認できたら、最後はマスクの位置や大きさなどを再調整してもらいたい。また必要であれば、＜調整レイヤー 11＞を選択し、＜Lumetri カラー＞を適用して、＜ビネット＞を調整すれば、効果を付け加えることができる。

今回は 1 種類の写真を使用したが、複数の写真を使用して複数のマスクを画面に配置することでバラエティー豊かな画像を作成することも可能だ。

SECTION

04 カレイド（万華鏡）を使った背景を作成する

ここでは、手軽に万華鏡の背景を作成できる方法を解説する。一度覚えたら、何度でも使ってみたくなるテクニックだ。

写真素材から万華鏡の背景を作る

利用するプロジェクトファイル：「2_4_ 背景」フォルダ→「2_4_背景 .aep」ファイル
利用するコンポジション：＜コンポジション（スタート）＞→＜2_4_3_ カレイドでの背景の作成（スタート）＞
コンポジションを開くと、画面の中央にスカートの写真が配置されているのがわかる。ここでは、このスカートを素材にして、最終的に左図のような万華鏡の背景を作成していく。エフェクトは、背景作りに役立つ CC Kaleida を利用する。

CC Kaleidaを利用する

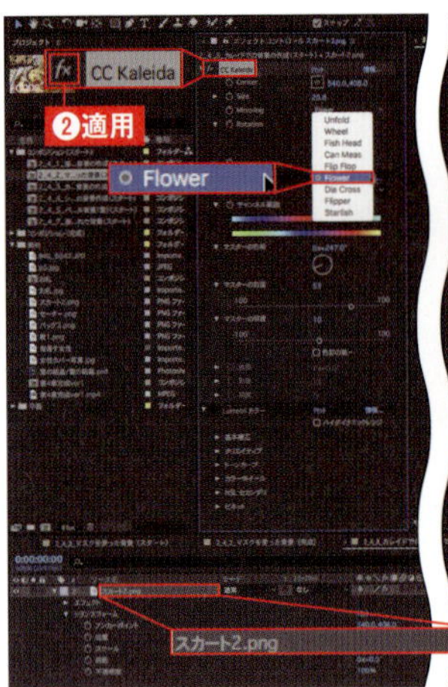

❶ CC Kaleidaを適用する

＜［スカート 2.png］＞を選択し❶、エフェクトコントロールパネル内の＜ CC Kaleida ＞を適用する❷。
CC Kaleida を適用すると、スカートの写真が模様に変わる。Kaleida は、万華鏡という意味を持つが、まさにこれは、昔懐かしい万華鏡を再現するエフェクトなのだ。なお、＜ Mirroring ＞はデフォルトでは＜ Flower ＞になっているが、変更することで、さまざまなパターンにすることができる。

MEMO

そもそも万華鏡とは

万華鏡は望遠鏡のような形状で、中を覗き込むと写真のようにCC Kaleida が作り出す模様をみることができる。

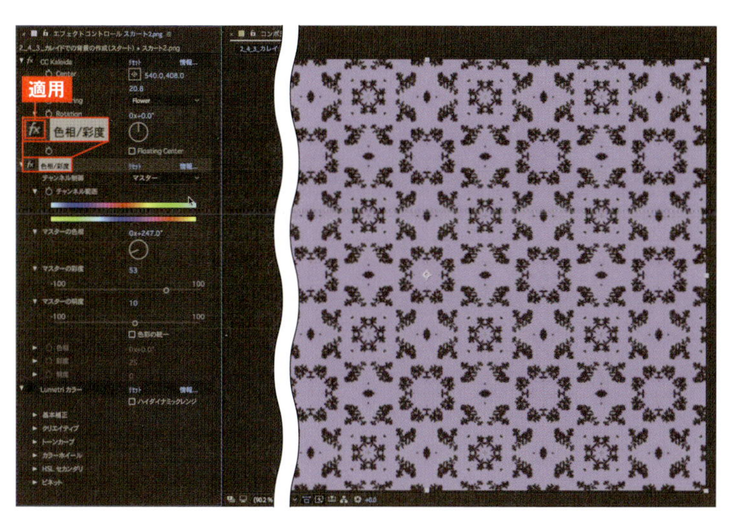

② 全体の色を調整する

<色相 / 彩度>を適用する。ここでは、全体の色、明度、彩度などを調整することが可能だ。

③ 画像の四方を暗くする

最後は< Lumetri カラー>を適用し❶、<ビネット>を調整して❷、画像の四方を若干暗くしてみた。CC Kaleida を活用することで、こうした複雑な背景模様を簡単に作成することができる。

MEMO　もう１つのレイヤー模様

シェイレイヤーで隠されているもう１つのレイヤー模様だが❶❷、これが一体何の素材で作られているか当てた方はかなりのカレイド（Kaleida）マニアだ！

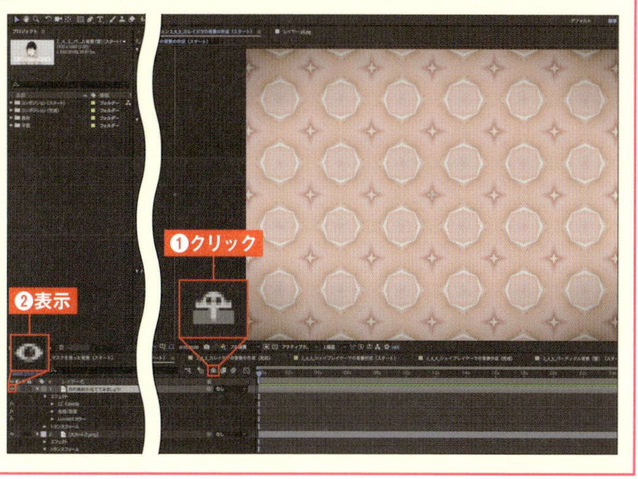

TIPS

カレイドマニア（カレイドの道を極めよう）

こうして解説してきたカレイドだが、Adobe Capture CC ではカレイドを簡単に作る機能が搭載されている。なお、素材は「2_4_背景」フォルダ内の「カレイドマニア（カレイドの道を極めよう）」フォルダ内に収録されているので、ぜひ試してほしい。Adobe Capture CC の使い方は下記サイトにも詳しく記載されているので参考にしてもらいたい。
https://helpx.adobe.com/jp/mobile-apps/help/capture-faq.html

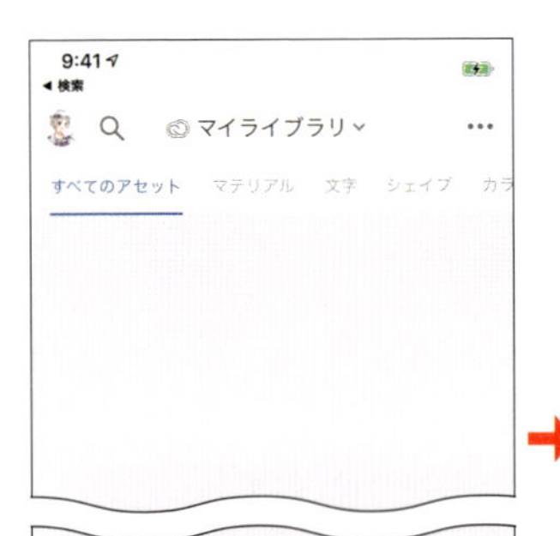

▲ Capture CC から<パターン>をタップする

▲素材は「花」にしてみた

▲素材に応じていろいろなカレイドパターンが作れる

▲こちらの場合には、キーボードを素材として使用してみた

▲角度や位置などによる微調整も可能だ

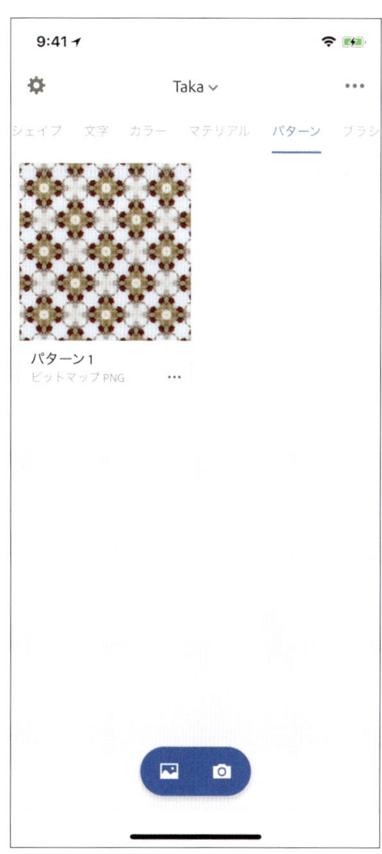

▲ Adobe ID とリンクしているので、保存すると Creative Cloud 上に BMP ／ PNG 形式で保存される

▶ Photoshop のライブラリで確認することができたら、ドラッグ＆ドロップで簡単に背景なども作成することができる。また比率を調整することも可能だ

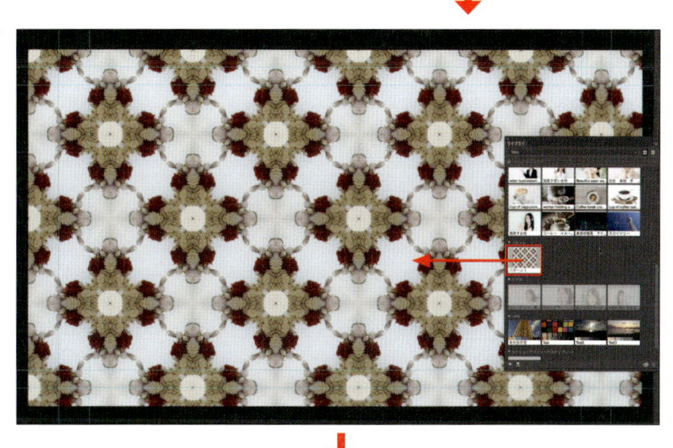

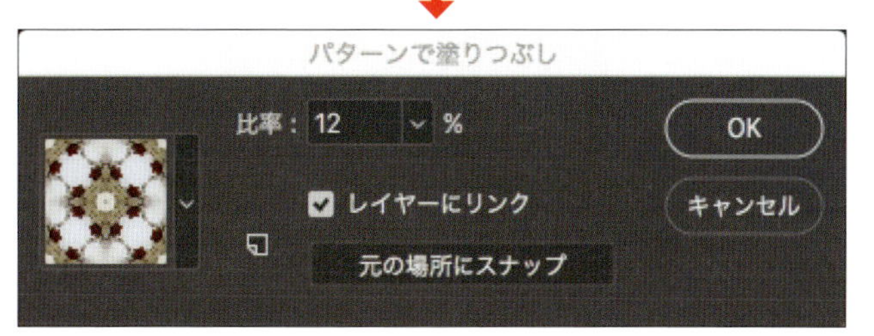

2-4 背景

SECTION

05 ノイズによる背景を作成する

ここでは、ノイズを使って模様感のある背景を作成する。背景作りでは定番となっているノイズとシェイプレイヤーを使用したエフェクトの解説となる。

フラクタルノイズで背景を作りだす

完成動画

利用するプロジェクトファイル：「2_4_背景」フォルダ→「2_4_背景.aep」ファイル

利用するコンポジション：<コンポジション（スタート）>→<2_4_4_シェイプレイヤーでの背景作成（スタート）>

コンポジションを開くと、ノイズの乗った画面が確認できる。ここでは、最終的に左図のような明るい背景にファッションアイテムを配置するような演出を施していく。

背景を合成したり、フラクタルの種類を変えたりする

1 設定を確認する

タイムラインには、<レイヤー>メニュー→<新規>→<平面>で作成したマゼンタの平面が配置されている❶。エフェクトコントロールパネルには<フラクタルノイズ>が適用され❷、ノイズが乗った画面が表示されているのが確認できる❸。

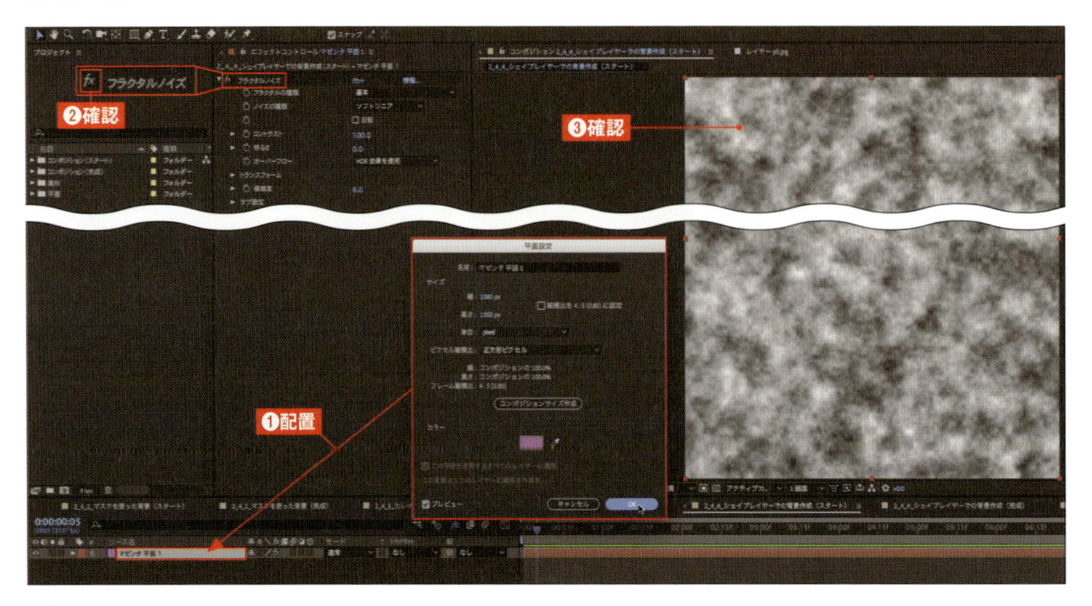

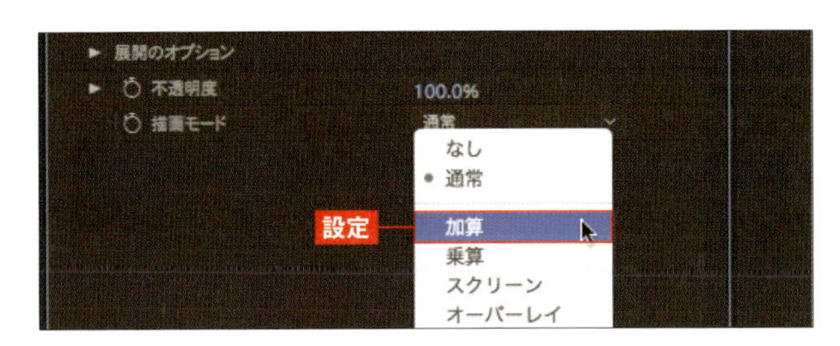

❷ 描画モードを加算に設定する

白と黒のノイズだとネガティブなイメージしかわかないので、ここでは**フラクタルノイズ内の＜描画モード＞を＜加算＞に設定**してみよう。

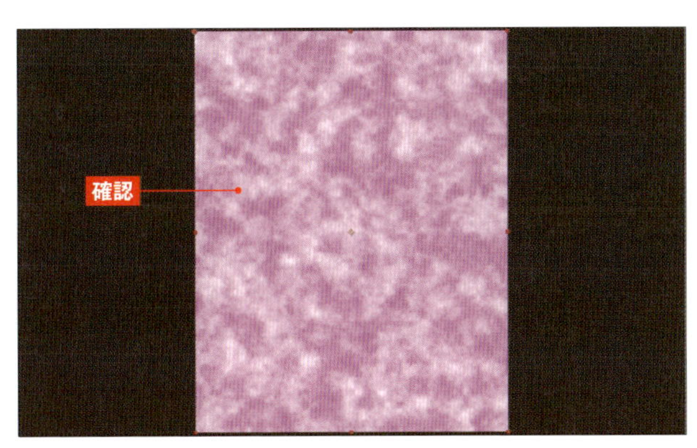

❸ 結果を確認する

＜加算＞に設定すると、After Effects の描画モードと同じく「明るい部分」が最初に設定した平面の色のマゼンタ色と合成される。平面の色を変えるのと同じように変化するので、テーマに合わせて色を決めていこう。

MEMO

フラクタルの種類／ノイズの種類を変更する

フラクタルの種類を変更することでも、背景に変化を与えることができる。ここでは＜基本＞を選択しているが、さまざまな種類のフラクタルが用意されている。変更方法は、＜フラクタルの種類＞をクリックすると表示される、さまざまな種類から選択すればよい。

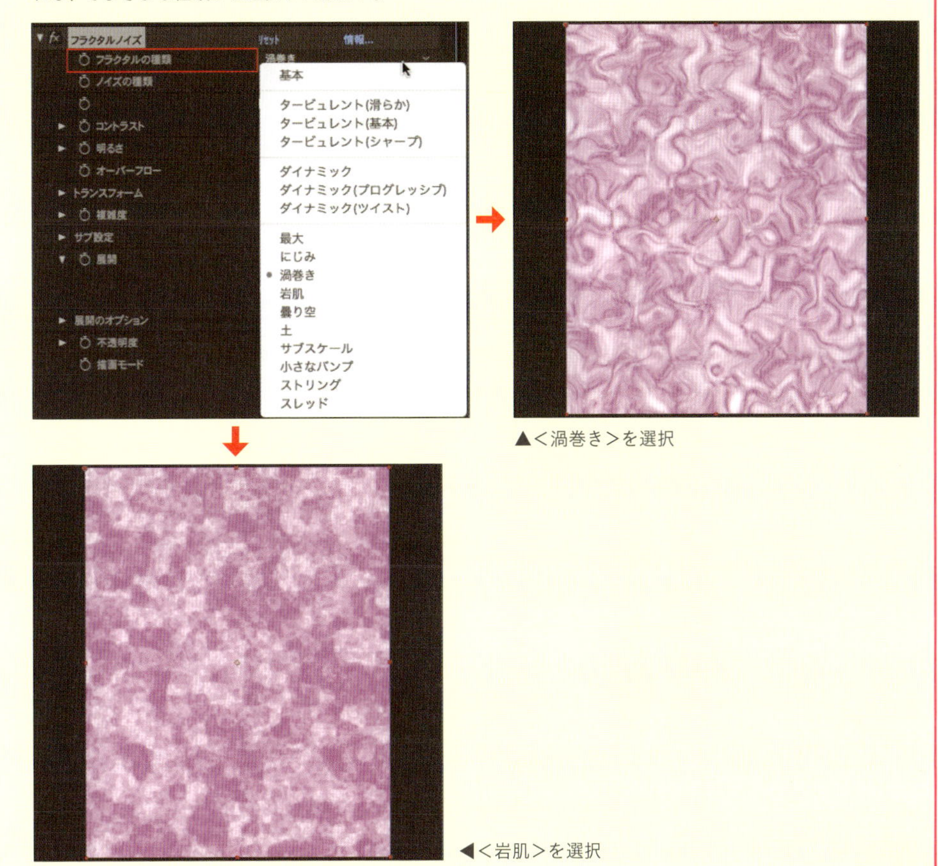

▲＜渦巻き＞を選択

◀＜岩肌＞を選択

ノイズの種類も<ブロック>などに変えることで、ブロック状のノイズを作成することも可能だ。変更方法は、<ノイズの種類>をクリックすると表示される、さまざまな種類から選択すればよい。

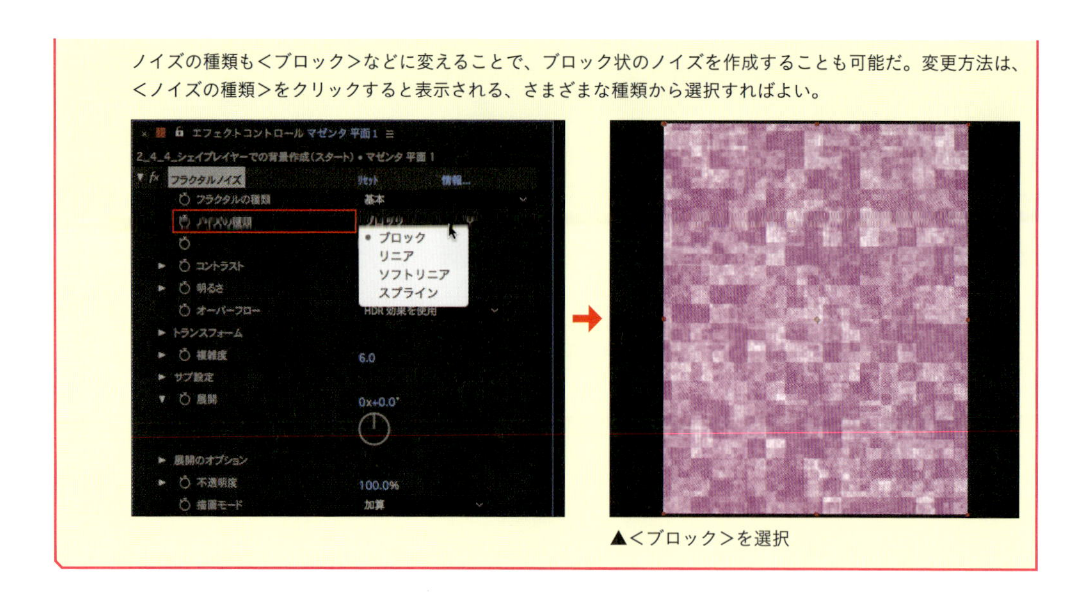

▲<ブロック>を選択

フラクタルノイズの各項目を設定する

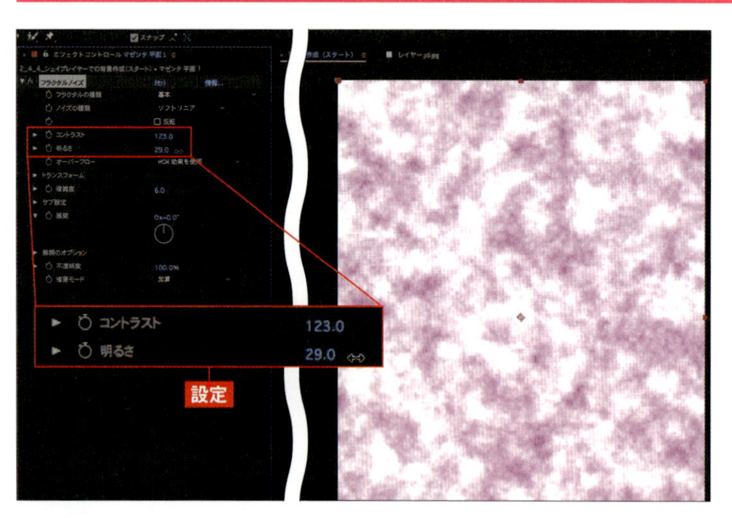

❶ コントラストと明るさを調整する

コントラストと明るさは、フラクタルノイズの<コントラスト>と<明るさ>で調整できる。白黒のノイズだと顕著に明暗が別れるのだが、ここでは<描画モード>で<加算>に設定されているので、マゼンタとの調合具合を調整すればよい。

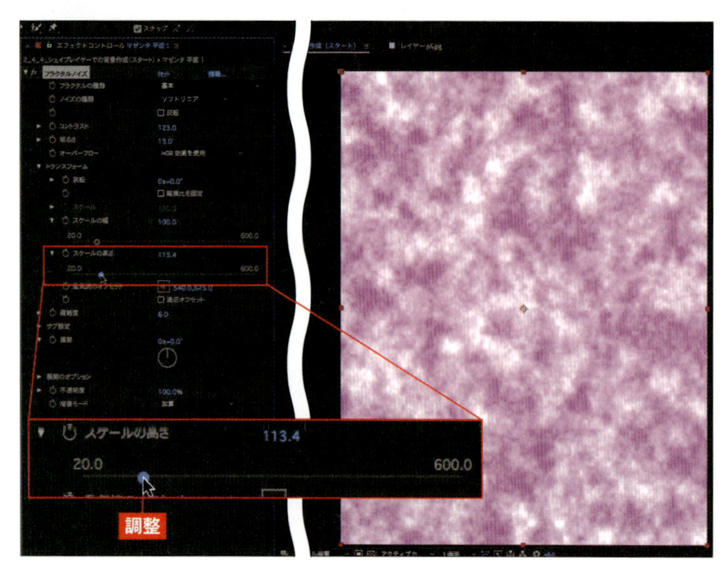

❷ スケールを調整する

<トランスフォーム>では、ノイズのスケールを調整することができるが、縦横比を解除することで自由な縦横比に設定できる。この部分は無視されがちだが、フラクタルノイズではノイズの見え方を大きく変えられるので重要性は高い。<スケールの高さ>で調整しよう。

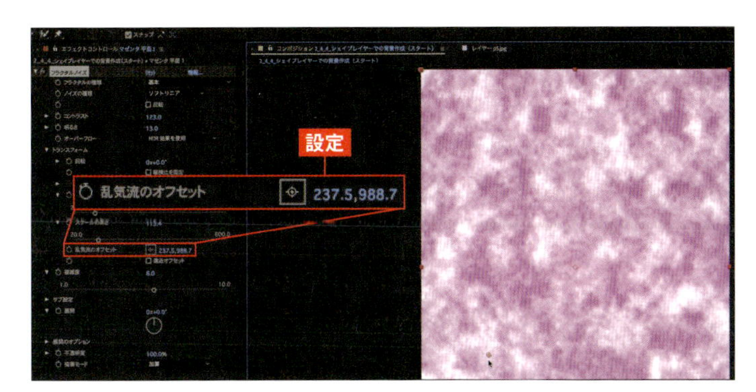

❸ 乱気流のオフセットを設定する

＜スケールの高さ＞下にある＜乱気流のオフセット＞では、このノイズを動かすことが可能だ。静止画像ベースのの背景にはあまり使われないが、演出的には白黒ノイズを使用して描画モードで合成し、「煙」などの演出に使われる場合もある。興味ある方は以下の動画を参照していただきたい。

フラクタルノイズでの煙の演出解説動画

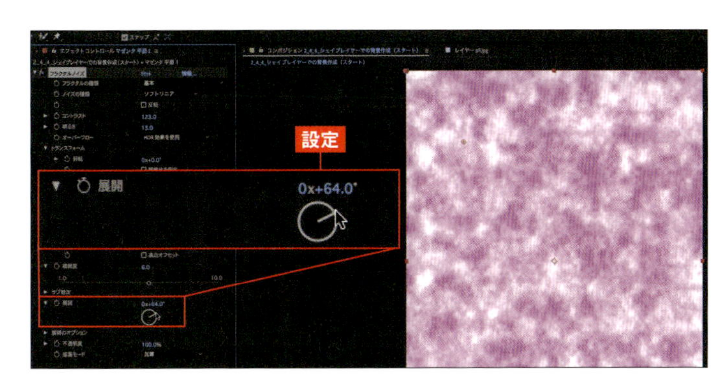

❹ モワモワ感を演出する

＜展開＞では、ノイズのモワモワ感をアニメーションさせることができる。使い方としては、エクスプレッションなどで「time*360」などを指定して秒数に合わせたモワモワ加減の調整などに便利だ。

「time*〇〇」のエクスプレッションの解説は、P.209 の「ループ回転の設定」を参照していただきたい。

◉ 白線を作って光らせる

❶ 合成させる下地を作成する

無事マゼンタ色のノイズを作成することができたら、今度は単調なノイズにならないようにさらに合成させる下地を作成していこう。わかりやすいように、ここでは上のフラクタルノイズの＜マゼンタ平面 1 ＞は非表示にして解説していく❶。

マゼンダ平面 1 を選択して＜編集＞メニュー→＜複製＞をし、エフェクトコントロールパネル内のフラクタルノイズを削除して、もう 1 つマゼンダ平面を作成し、タイムラインの一番下に配置して❷、図のようにグラデーションを適用してみよう。＜開始色＞を＜白＞、＜終了色＞を同じ＜マゼンタ＞に設定する❸。

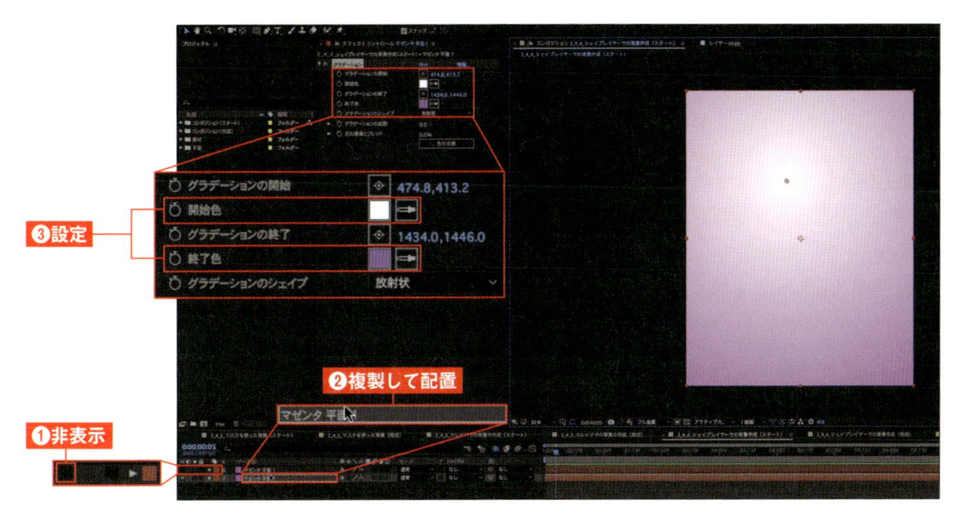

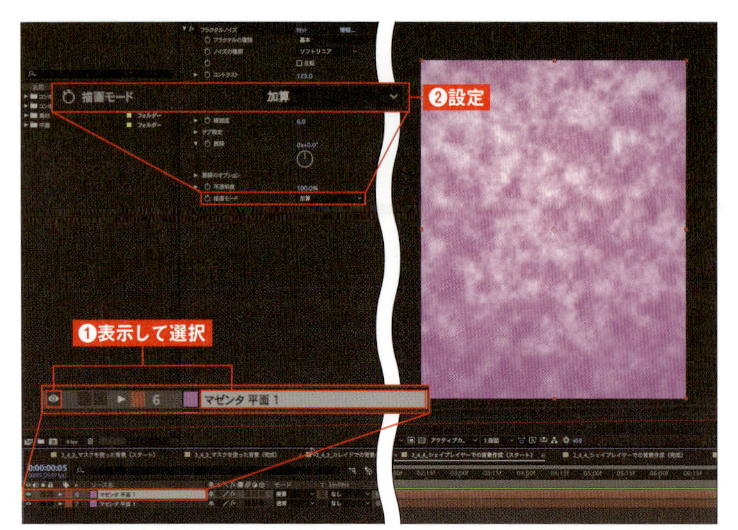

❷ レイヤー上の平面の描画モードを変更する

続いて先程非表示にした＜マゼンタ平面１＞を表示に戻して選択❶。**＜フラクタルノイズ＞の＜描画モード＞を＜加算＞に設定する**❷。下地のグラデーションエフェクトに合わせた描画モードでの合成が行える。こうすることでグラデーションの明るい白部分の陰影をノイズに合成でき、深みのある背景を演出することができるのだ。

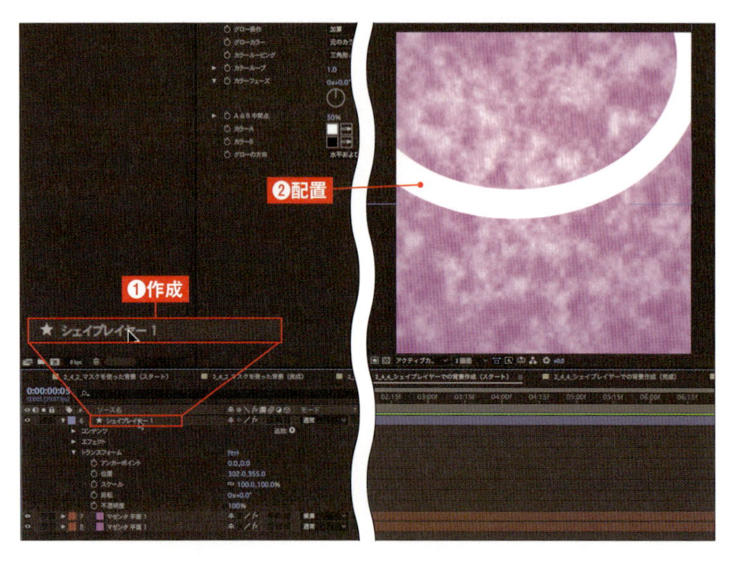

❸ 楕円形のシェイプレイヤーを作成する

続いて楕円形のシェイプレイヤーを画面からはみ出すように大きめに作成し、❶、＜塗り＞をなくし（＜塗り＞をクリックして､表示される「塗りオプション」画面で＜なし＞を選択）、＜線（白）＞だけを使い、楕円形の半分が画面にかぶさるように配置する❷。

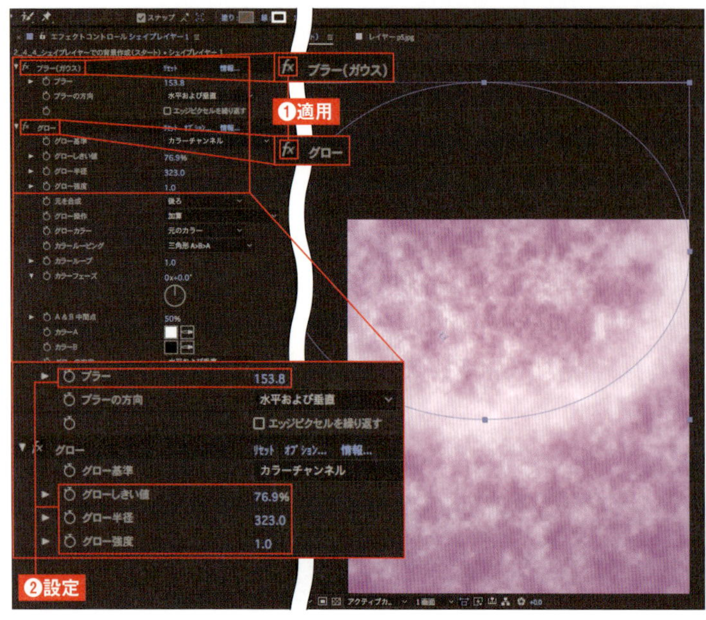

❹ 白線部分をぼかして発光させる

エフェクトから＜ブラー（ガウス）＞（＜エフェクト＞メニュー→＜ブラー＆シャープ＞）と＜グロー＞（＜エフェクト＞メニュー→＜スタイライズ＞）を適用して❶、図のように設定すると❷、白線部分がぼやけて発光したようになる。
白線の明るさを調整したい場合には、＜トランスフォーム＞の＜不透明度＞で調整する。

5 白線シェイプレイヤーを複製する

白線シェイプレイヤー<シェイプレイヤー１>を複製して❶、合計２本配置してみよう❷。

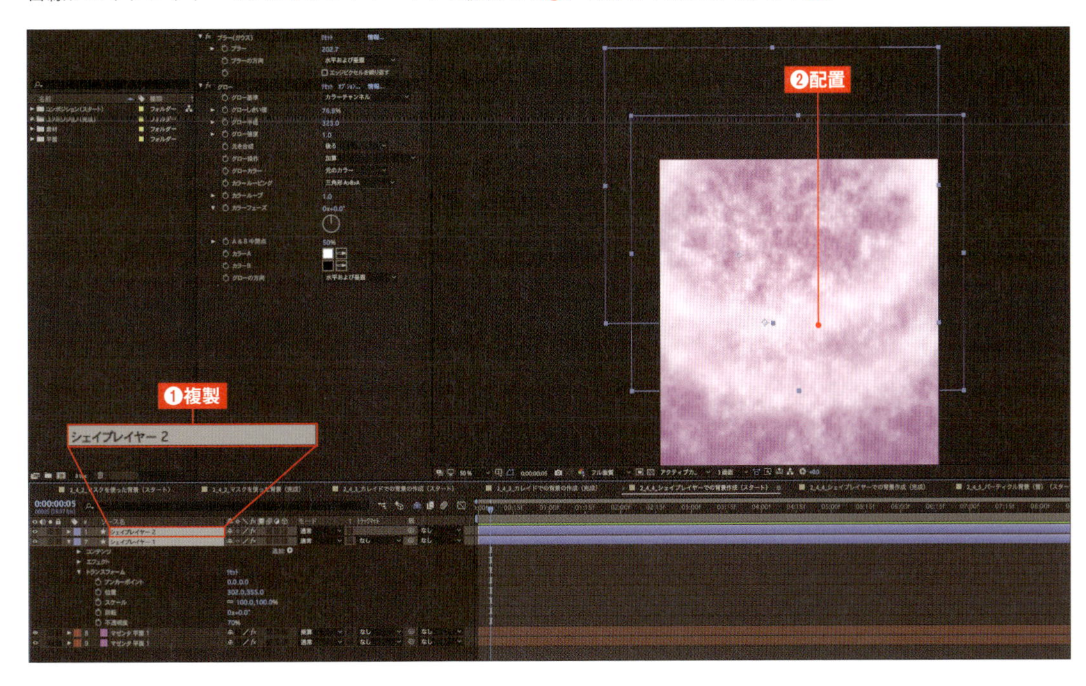

6 各パーツを表示する

シャイレイヤーをオフにして、各パーツをのせると図のようになる。
主な調整は平面の色を変えたり、フラクタルノイズの各調整とグラデーションの開始、終了点の位置などを調整することで、バラエティーに富んだ演出をすることができる。

SECTION

06 パーティクル背景（雪）を作成する

ここでは、特殊な背景の作例として「降らし」を解説する。降らしとは、花や雪など、さまざまなものを画面に降らしていく効果だ。

パーティクルを使って画面に雪を降らす

利用するプロジェクトファイル：「2_4_背景」フォルダ→「2_4_背景.aep」ファイル
利用するコンポジション：<コンポジション（スタート）>→<2_4_5_パーティクル背景（雪）（スタート）>
コンポジションを開くと、女性の顔の中央に乗る雪の結晶が確認できる。ここでは、左図のように雪の結晶を画面に降らす演出を施していく。

素材と設定などを確認する

1 設定を確認する①

構成としては、背景の女性、文字レイヤー、雪の結晶の3つの素材を使い、一番上の新規平面には、CC Particle Worldで雪の結晶を降らすためのブラック平面（< particle >）が配置されている。ブラック平面は、わかりやすいように「Particle」という名前に変えている。

#	レイヤー名	モード	T トラックマット	親とリンク
1	particle	通常		なし
2	[雪の結晶/雪の結晶]	通常	なし	なし
3	T 雪のようなしっとり感	乗算	なし	なし
4	[女性カバー写真.jpg]	通常	なし	なし

2 設定を確認する②

雪の結晶は別のコンポジションで作成されており、雪の結晶イラストを回転させているものを使用している。

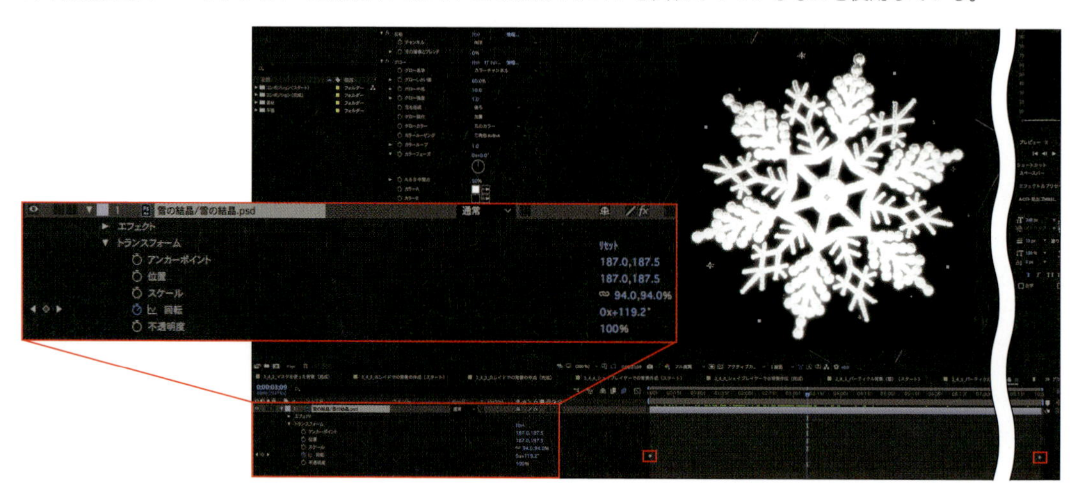

雪の結晶を降らせる

1 火の粉を降らせる

雪の素材を使用して降らしを解説していこう。

タイムラインに配置されている**雪の結晶レイヤーを非表示に設定する**❶。タイムラインパネルの一番上に配置されたブラック平面＜ particle ＞を表示させて❷、＜ CC Particle World ＞を適用してみた❸。プレビューを行うと、画面中央から火の粉のようなものが降ってくるのが確認できる。

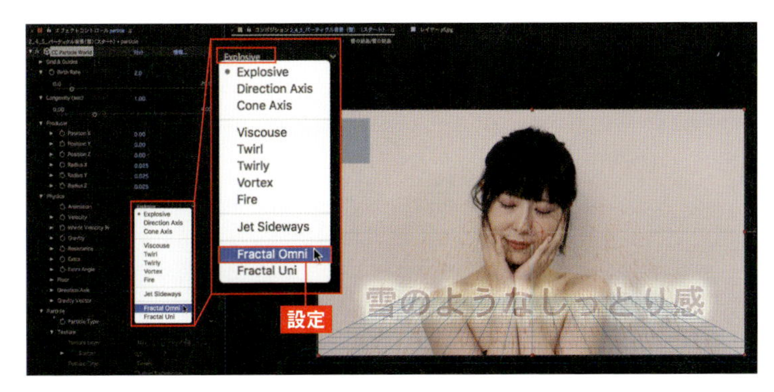

2 火の粉の動きを設定する

＜ Physics ＞→＜ Animation ＞から＜ Fractal Omni ＞に設定を変更する。Fractal Omni を設定するとちょうどランダムに火の粉が吹き飛んでいるような感じになる。

TIPS

素材の調達について

よく降らしで聞かれる質問だが、降らす素材はどこから調達してくるのか？

実はこれは Photoshop のブラシを使用して作られているのだ。Photoshop には数多くのブラシデザインがあり、ほぼ降らし系などの素材は、このブラシを活用することでこと足りてしまう。ブラシの使い方や追加の仕方などは、Photoshop の書籍や Web などを参考にしていただきたい。

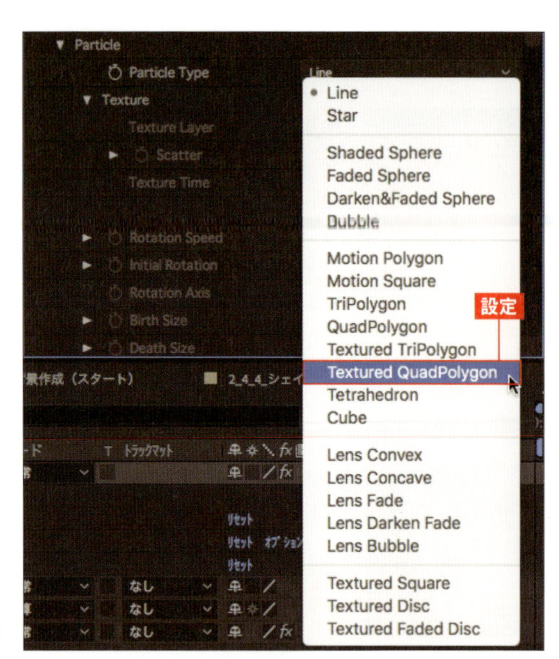

❸ 雪の結晶を合致させる

続いて＜ Particle ＞→＜ Particle Type ＞から＜ Textured QuadPolygon ＞に設定を変更する。このテクスチャー設定で、雪の結晶を合致させる。

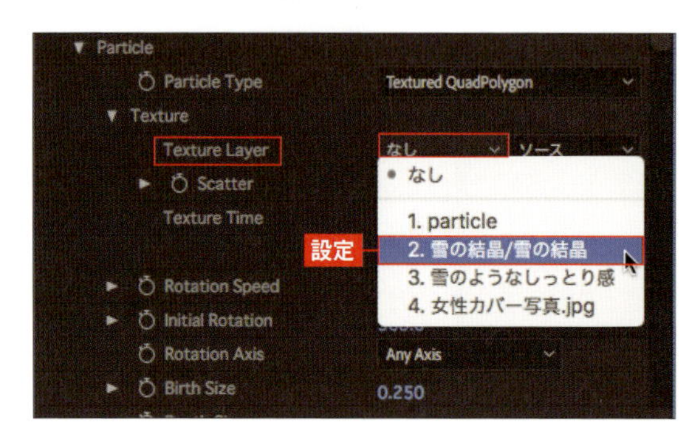

❹ 火の粉と雪の結晶を関連付ける

＜ Texture ＞→＜ Texture Layer ＞から＜ 2. 雪の結晶 / 雪の結晶＞を選択してみよう。

これはタイムラインに配置されているレイヤーを指しており、雪の結晶レイヤーはタイムラインでは非表示になっているが、実際に素材として使用することが可能だ。こうすることで、火の粉から雪の結晶に表示が変わったのが確認できる。

MEMO

Particle World の平面を編集する

Particle World の色と背景とが同化して見えにくい場合には、CC Particle World が適用されている平面をタイムライン上でダブルクリックすることで、レイヤーパネル内で Particle World のビューのみ編集・確認することもできる。

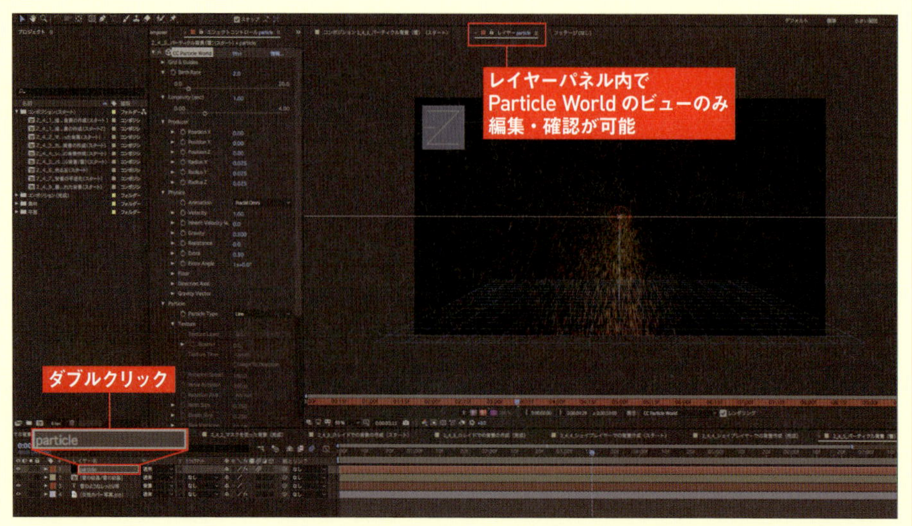

雪の結晶の大きさや高さなどを設定する

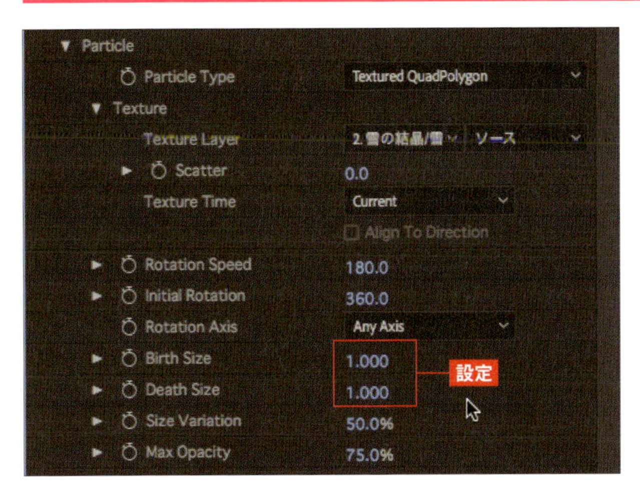

❶ 雪の結晶の大きさを設定する

< Particle >→< Birth Size >と< Death Size >で< 1 >と設定する。これは降ってくる雪の結晶の出始めと終わりのサイズを決めるものだが、ここでは雪の結晶の大きさは均等で構わないので同じ数値にした。

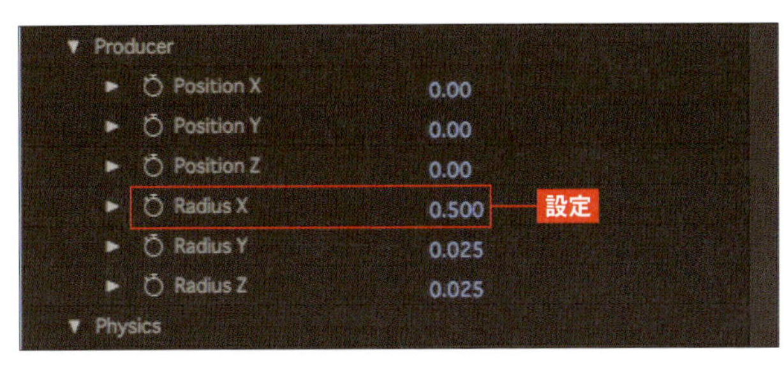

❷ 雪の結晶の広がりを設定する

ここまでの設定では、1点から射出されているように見えるので、この雪の結晶の広がりを設定していこう。< Producer >→< Radius X >の値を< 0.5 >と設定する。これでX（横）の範囲が広がり、雪が降ってくる幅が広がる。

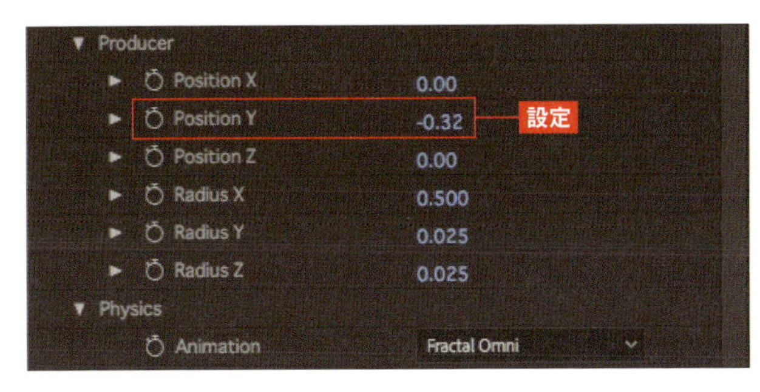

❸ 雪の結晶が降る高さを設定する

上から降ってくる雪なので高さを調整してみよう、< Producer >→< Position Y >の値を< -0.32 >に設定する。画面の上の場外に設定することで、雪の結晶が降って来るような印象に仕上がる。

雪の結晶の量や寿命（落下時間）／速度などを設定する

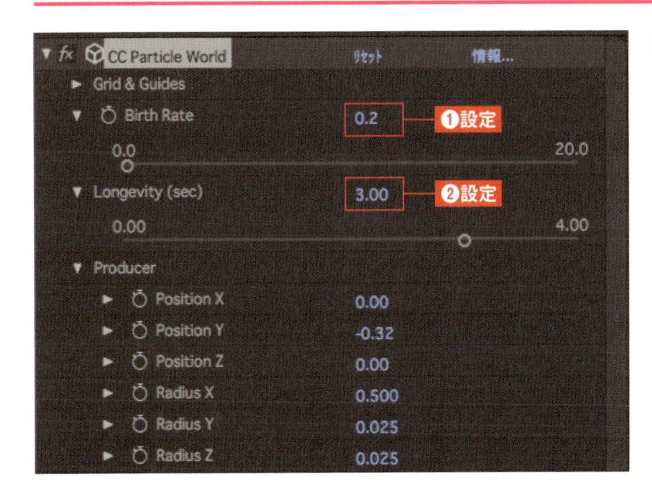

❶ 量と寿命を設定する

量の値となる< Birth Rate >を< 0.2 >に設定し❶、寿命の値（落下時間）となる< Longevity >を< 3 >（3秒）に設定する❷。

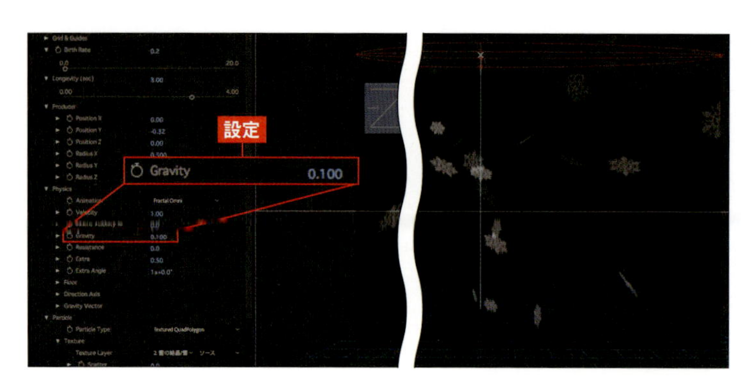

❷ 落下速度を設定する

続いて＜ Physics ＞→＜ Gravity ＞で＜ 0.100 ＞に設定する。Gravityは重力なのでこの値が大きいと落下が激しくなる。今回は雪の結晶なのでふんわり落下するように数値を変えてみた。

MEMO　Gravityの設定について

このGravityの値は、-「マイナス」に設定すると、上昇するような効果を演出できる。炎や煙などを作る場合に適用する。

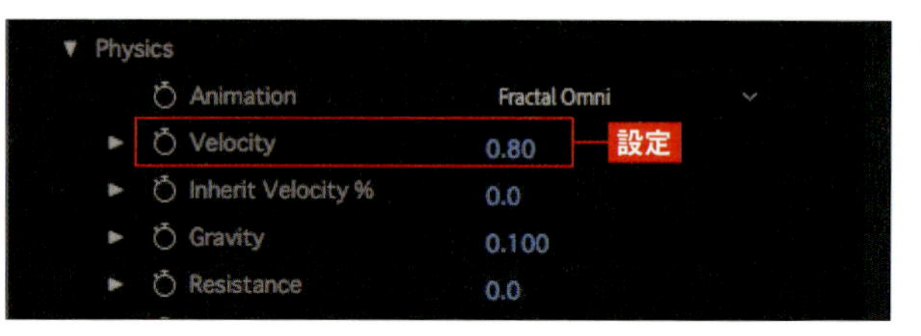

❸ 雪の結晶の飛び散り方を設定する

続いて、＜ Physics ＞→＜ Velocity ＞で＜ 0.80 ＞に設定する。

MEMO　Velocityについて

Velocityは速度という意味だが、ここでは「暴れ具合」といったイメージでとらえてほしい。数値が大きいほど飛び散り方が派手になる。

▲ Velocityが＜ 0 ＞の状態

▲ Velocityが＜ 5 ＞の状態

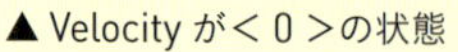

結晶をより魅力的に仕上げる

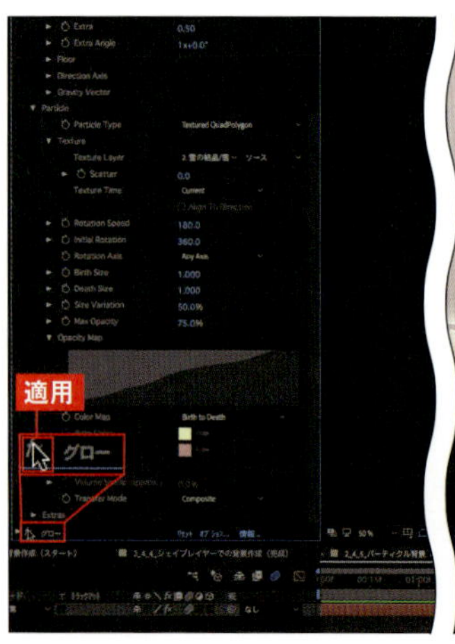

❶ 雪の結晶を光らせる

全般の設定が終わったら、＜ CC Particle World ＞の下にある、＜グロー＞の設定を適用してもらいたい。雪が薄っすらと発光した感じに仕上がるはずだ。

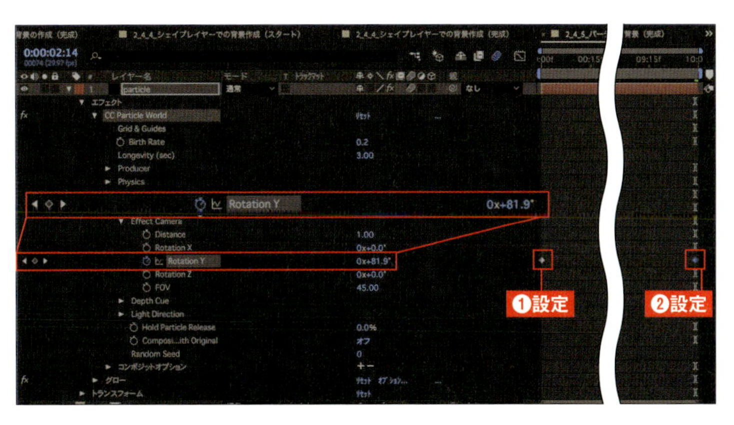

❷ 雪の結晶に躍動感を施す

最後の演出効果として< Extras >→< Effect Camera >→< Rotation Y >の項目を、0 秒< 00:00f >では< 0x+0.0° >に❶、10 秒間かけて< 1x+0.0° >という具合に❷、アンカーポイントを設定して、一周させてみてもらいたい。
こうすることで雪の結晶の場面がトルネードのように回転し、躍動感が増してくるのだ。

CHECK 結晶の代わりにお札を降らせる

アイデア次第では、このような演出を行うこともできる。また Saber などで作成された、発光する素材などを活用することも可能だ。

MEMO 部分的に降らしを設定する

ここで紹介した降らしは、画面全体に降らしている設定だが、部分的に降らす設定を行うことも可能だ。

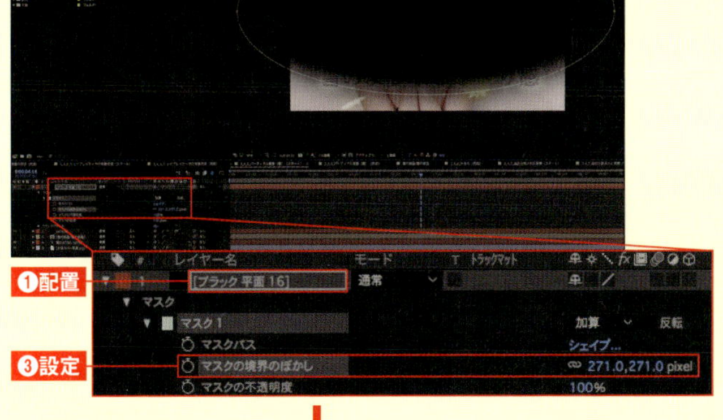

◀新規平面をタイムラインの一番上に配置し❶、楕円マスクを図のように設定したら❷、<マスクの境界のぼかし>を設定してみよう❸。この黒い部分が雪の結晶の見える部分と考えてもらいたい

◀ CC Particle World が適用されている平面< particle >の<トラックマット>から<アルファマット "[ブラック平面 16]" >を選択する。すると、設定したマスク部分のみがアルファマットの役目をするので、楕円マスクの外は表示がフェードアウトしていく。フェードアウトの細かい設定はマスクの境界のぼかしで調整してもらいたい

07 パーティクル背景（光粒）を作成する

ここでは、パーティクルを使って光の粒を降らしてみる。前 SECTION では雪の結晶を降らしてみたが、ベーシックな光粒も作り出すことができる。

降り注ぐ光の粒で背景を演出する

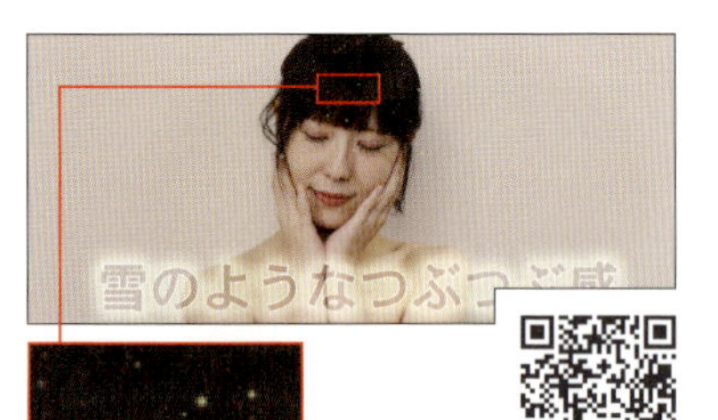

利用するプロジェクトファイル：「2_4_背景」フォルダ→「2_4_背景.aep」ファイル
利用するコンポジション：＜コンポジション（スタート）＞→＜2_4_6_光る玉（スタート）＞

コンポジションを開くと、ブラック平面に花火のような光が確認できる。ここでは、最終的に左図のように光粒が降り注ぐ背景を作っていく。

光を粒に変えて動きや色を調整する

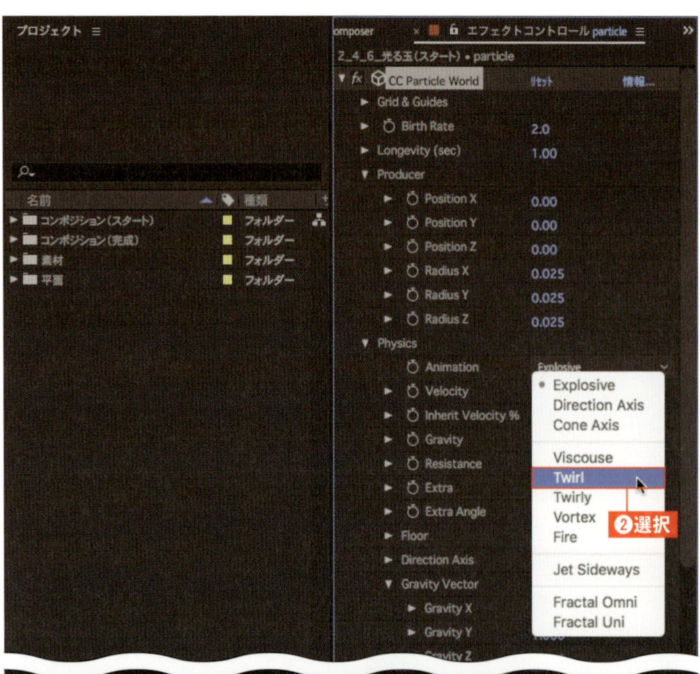

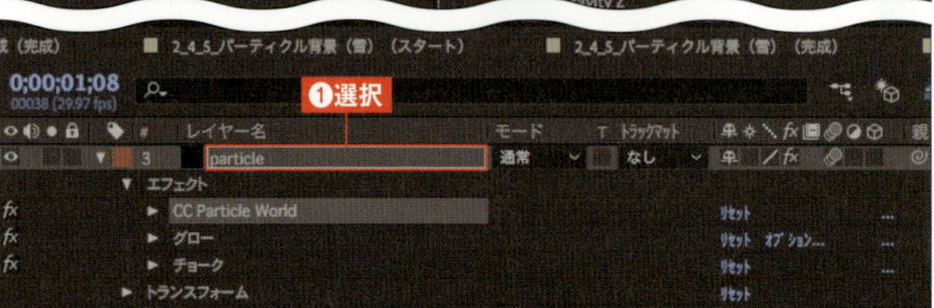

1 光を回転させる

＜ particle ＞を選択し❶、エフェクトコントロールパネル内の＜ CC Particle World ＞→＜ Physics ＞→＜ Animation ＞で＜ Twirl ＞を選択する❷。これは中心を軸にパーティクルをクルクルと回転するような台風のような効果を与える。

❷ 光を粒に変える

続いて< Particle >→< Particle Type >で< Darken&Faded Sphere >を選択する。これで光の粒のような形状に変わる。

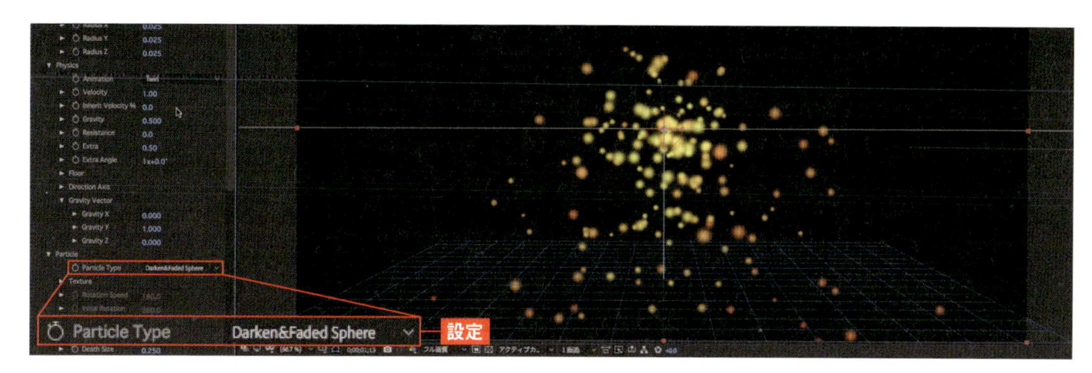

❸ 光の粒を拡散させる

現在の設定だと、画面真ん中を中心に回転しているので、範囲を広げてみよう。範囲は雪の結晶でも行ったが（P.333参照）、Producer の項目になる。

< Radius X,Y >の値を図のように設定することで、ワイドに拡散することができる。

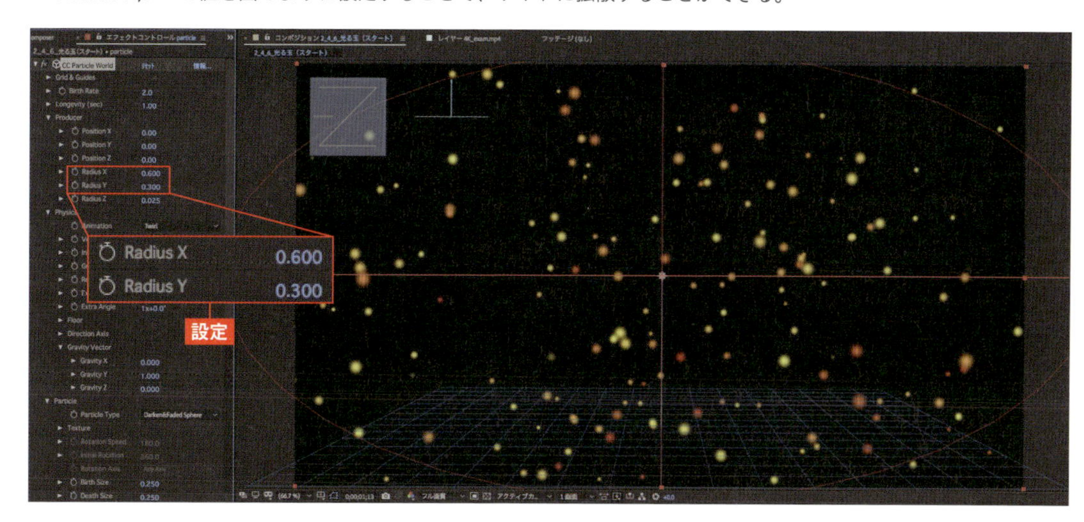

❹ 光の粒の色を整える

続いて光の粒の色を図のように変えてみよう。きらびやかな輝く粒になるはずだ。

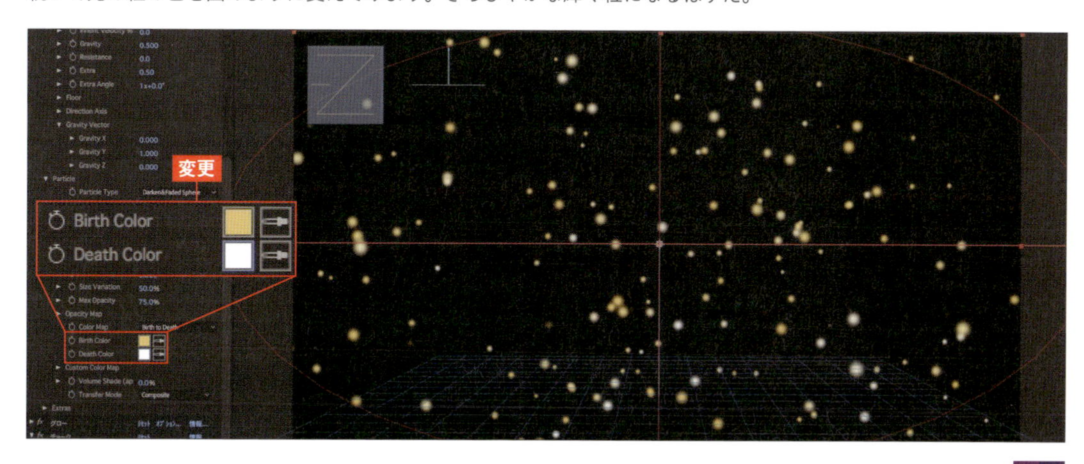

光の粒の動きを詳細に設定する

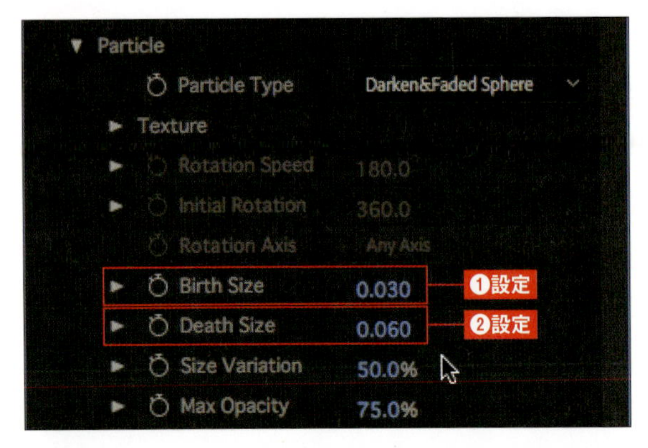

❶ 光の粒の大きさの大小を設定する

< Particle >の< Birth Size >を< 0.030 >に❶、同じく< Death Size >を< 0.060 >に設定する❷。これは光の粒が現れたときの最大、最小の大きさを設定する項目となる。雪の結晶と違い、大小の値を大幅に変えることで粒の大きさのバリエーションを増やすことができる。

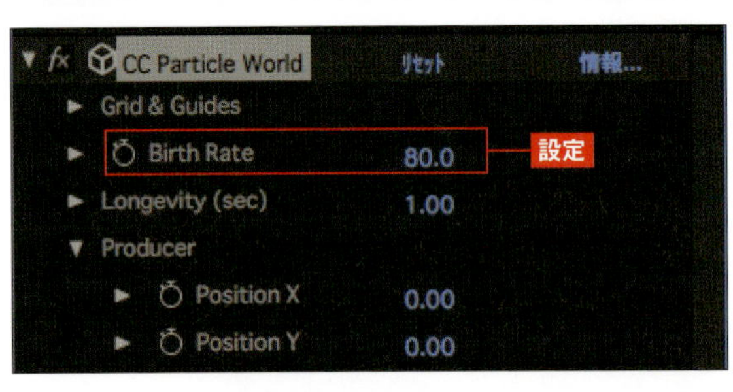

❷ 粒の数を増やす

粒の数が足りないので< Birth Rate >を< 80.0 >と設定する。この設定で光の粒の量がかなり増えたはずだ。

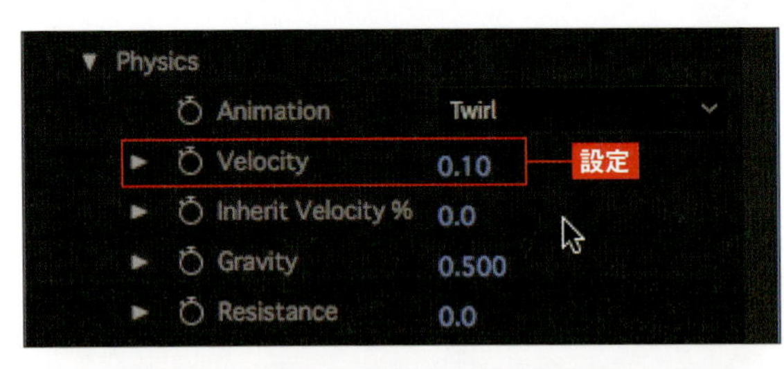

❸ 光の粒の「暴れ具合」を抑える

< Physics >の< Velocity >を< 0.10 >に設定する。こうすることで光の粒の「暴れ具合」を抑えることができた。

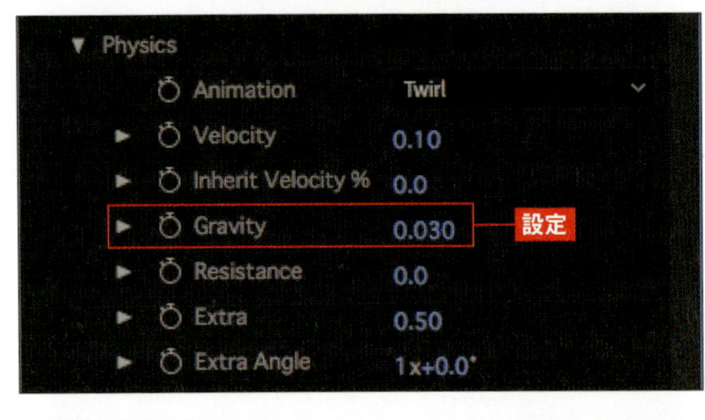

❹ 落下速度を調整する

< Physics >の< Gravity >を< 0.030 >に設定することで、かなりゆったりと下に落ちる感じになる。

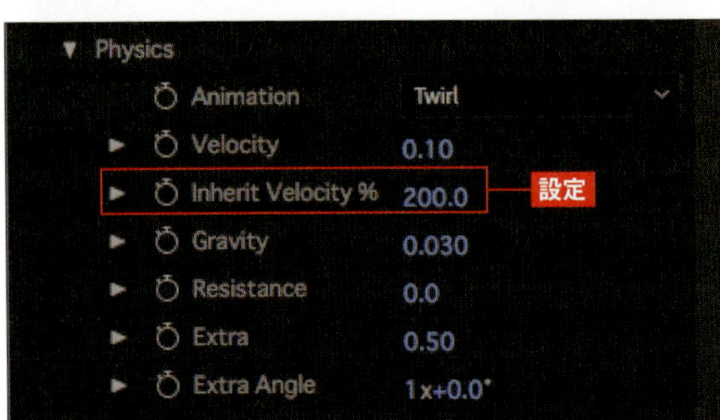

❺「暴れ具合」の出始めに強弱を付ける

< Physics >の< Inherit Velocity >を< 200.0 >に設定する。こうすることで「暴れ具合」の出始めの強弱を付けることができる。

立体感とキラキラ感を演出する

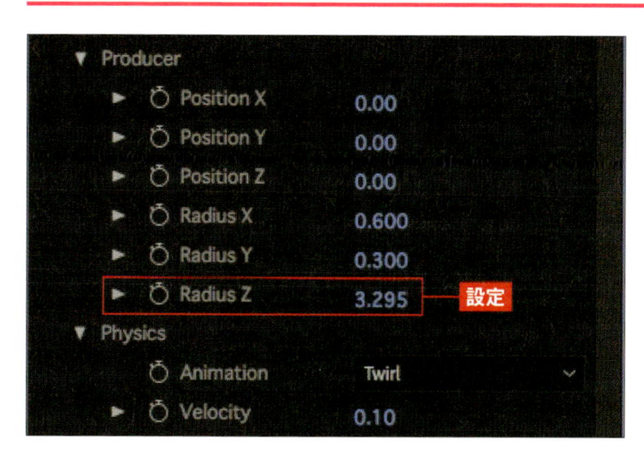

❶ 光の粒を前後に広げる

粒の遠近感を演出するため、＜ Producer ＞の＜ Radius Z ＞を＜ 3.295 ＞と設定する。こうすることで光の粒が前後に立体的に広がり、ボリューム感のある演出が施せる。

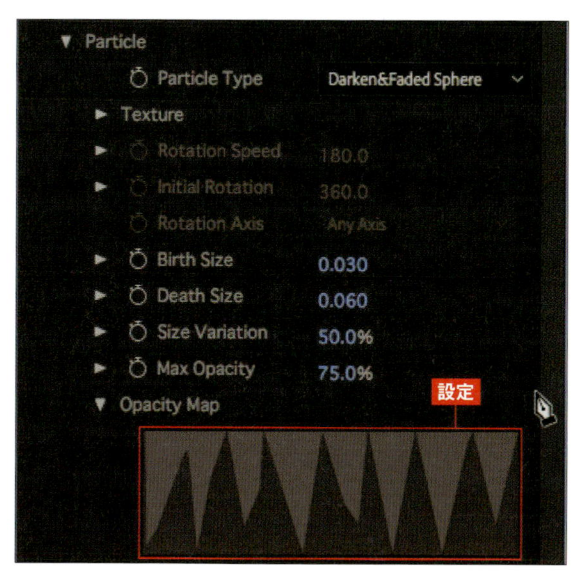

❷ 光の度合に変化を付ける

最後に粒のキラキラ感を演出するために＜ Particle ＞の＜ Opacity Map ＞を展開してみよう。＜ Opacity Map ＞上にマウスポインターを置くと、ペンツールに変わるので、図のようにギザギザにしている。

MEMO

Opacity Map について

Opacity Map は、粒の光度合を指しているグラフで、上が透明度 100%、下が透明度 0% になっている。そのため、上下ギザギザに設定することで、不透明度の上下の影響でキラキラ感を演出することができるのだ。完成したらプレビューで確認してみよう。

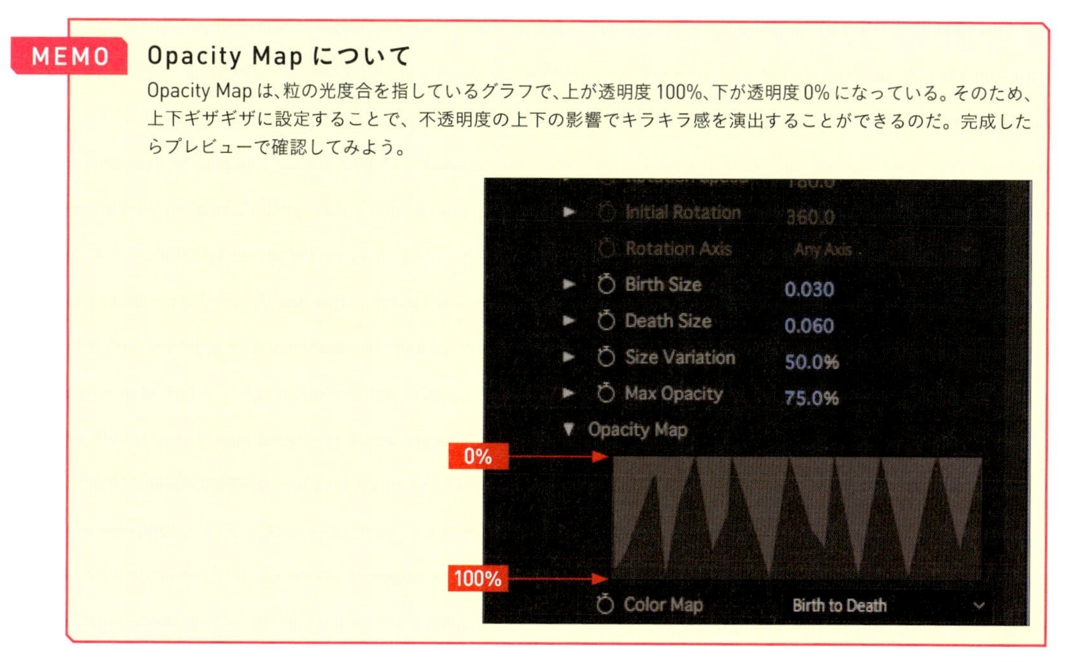

残りのレイヤーを表示させて、部分的にParticleを適用する

1 レイヤーを表示させる

シャイレイヤーをオフにして❶、残りのレイヤーを表示させ、文字レイヤーの<雪のようなつぶつぶ感>と文字レイヤー下の<女性カバー写真.jpg>のみを表示させる❷。

TIPS

光の粒を線のようにする

光の粒を線のようにしたい場合には、モーションブラーを適用することで火の粉のようなダスト感の演出も行える。<コンポジション>→<コンポジション設定>でコンポジション設定画面を表示し、<高度>タブから<シャッター角度>の数値を上げることで、点を線に変えて伸びを調整することが可能だ。また多少処理時間はかかるが、<エフェクト>メニュー→<時間>→<エコー>を適用しても点を線に変えることが可能だ。

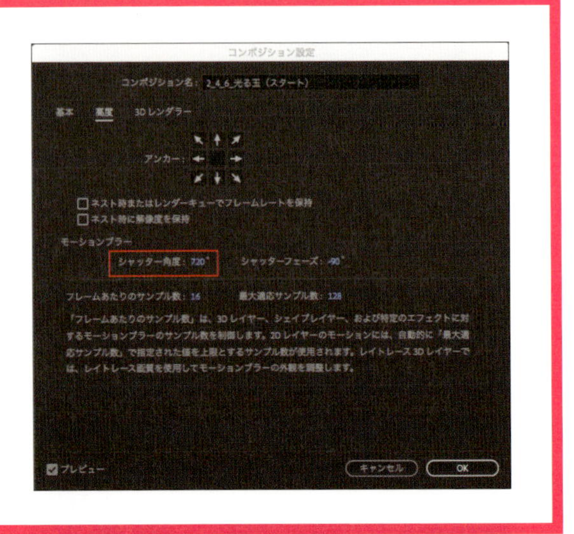

❷ 女性の顔にマスクを適用する

タイムライン内上のほうの<女性カバー写真 .jpg >の女性の顔にマスクを適用し❶。反転させて❷、ぼかしも少々加えておこう❸。

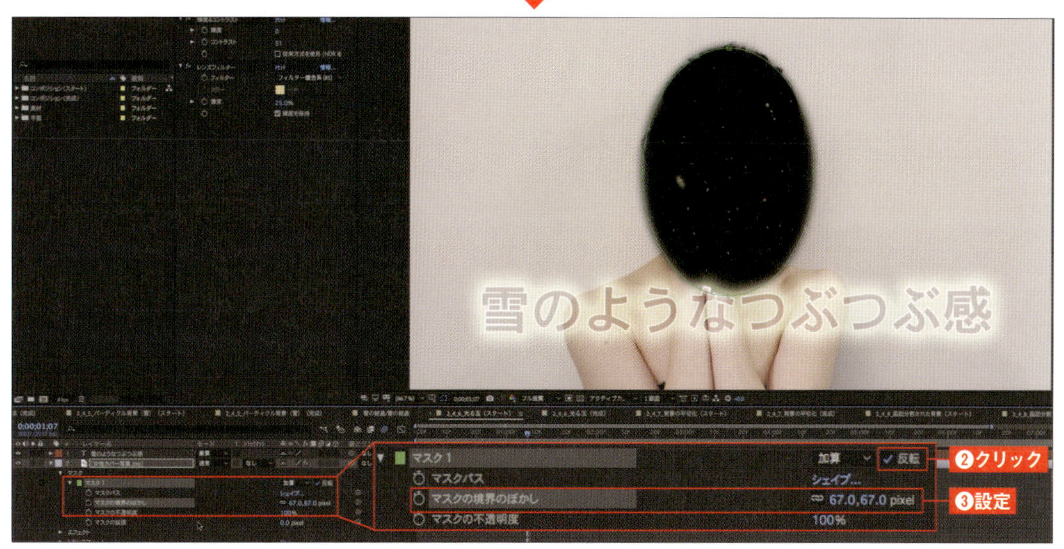

❸ 一番下の女性の写真を表示する

タイムライン内の一番下にある<女性カバー写真 .jpg >を表示させると、ちょうど顔部分と合成されて、部分的に Particle を適用することも可能だ。

SECTION

08 余分な背景を消す

動画などを撮影していて、つい余分なものが写ってしまった経験はないだろうか？　ここでは、そうした余分な背景を消す方法を解説する。

狭いスペースでの素材作りでもAfter Effectsで修正できる

ソーシャル動画を作成するにあたり、白いホリゾントがある豪華なスタジオで撮影する予算がない場合、会議室などの一室で撮影すればコストパフォーマンスよく制作ができる。ここでは、そうした撮影で発生した余分な背景を消す方法を解説していこう。

利用するプロジェクトファイル：「2_4_背景」フォルダ→「2_4_背景.aep」ファイル

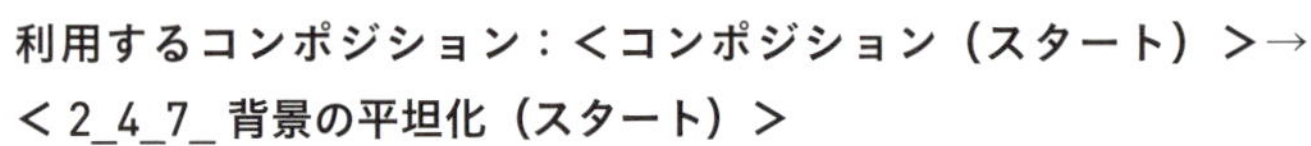

利用するコンポジション：＜コンポジション（スタート）＞→＜2_4_7_背景の平坦化（スタート）＞

コンポジションを開くと、背景の左右に壁と通路が見えてしまっているのがわかる。狭い会議室などでは場所は広くなく、背景の白壁もライトなどを当てないと影やむらなどが出てしまうことも多い。ここでは、左図のように両端に写ってしまった部分を消していこう。

マスクとLumetriカラーを利用する

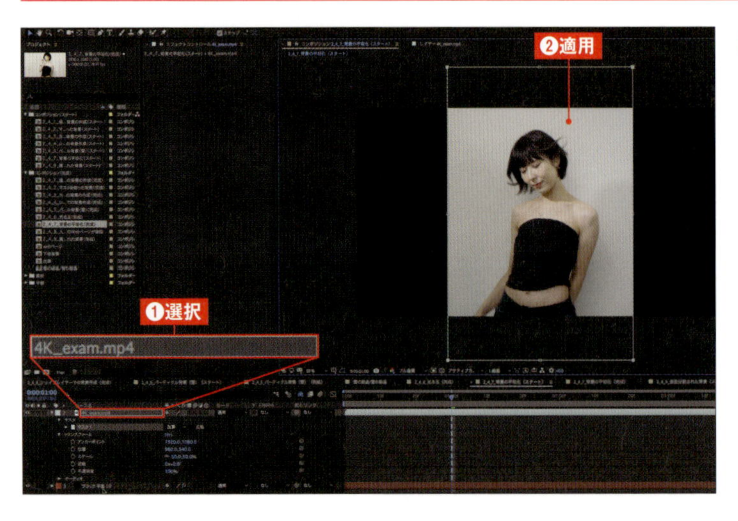

❶ 長方形のマスクを適用する

4Kで撮影された動画素材の＜4K_exam.mp4＞を選択し❶、女性に対して図のように長方形のマスクを適用してみよう❷。

MEMO

設定のポイント

ここでは、女性がアクションする幅ギリギリでマスクを適用するのがポイントとなる。時間軸を動かして最大のアクションの幅を把握しておこう。また上下はのりしろ部分として大きめにマスクを適用しておく。

❷ 壁の色をサンプリングする

続いて<ブラック平面 10 >を選択し❶、エフェクトコントロールパネルの< 4 色グラデーション>を適用する❷。四方で囲まれている各色を把握して（<カラー 1 >〜<カラー 4 >まで）、マスクで囲まれている女性の周りの四方の壁の色を、■をクリックしてサンプリングしてみよう❸❹。<カラー 1 >〜<カラー 4 >までサンプリングを行う。

❸ マスクの境界線をぼかす

無事四方のサンプリングが完了したら、P.342 の手順❶で適用したマスクの<マスクの境界線のぼかし>を図のように上下見切れる範囲で適用する。背景とマスク部分がなだらかに合成されたのが確認できるはずだ。

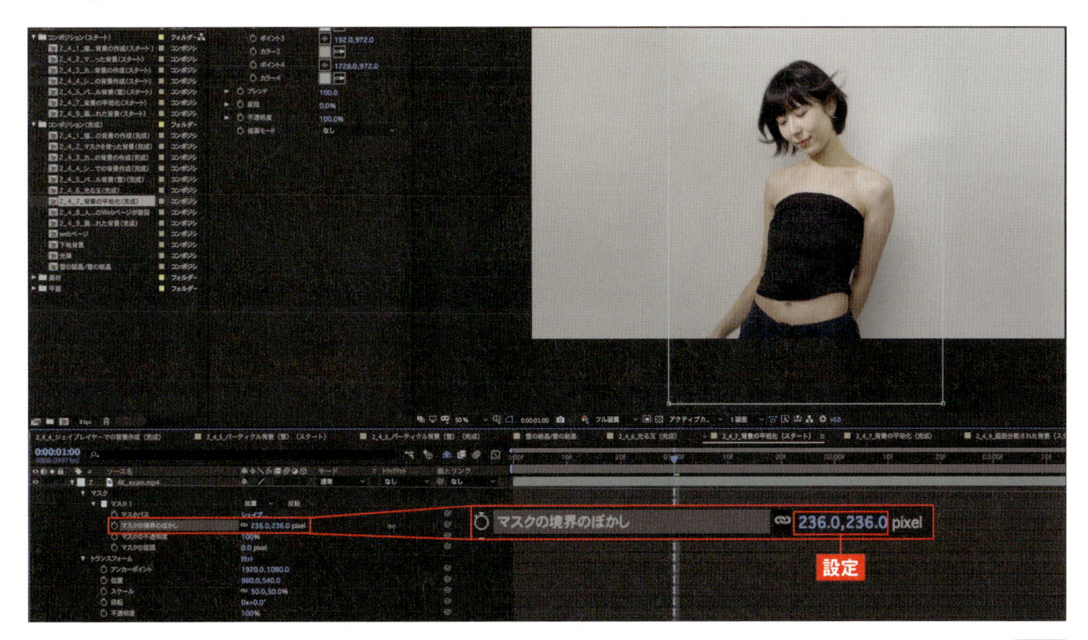

2-4 背景

4 Lumetriカラーでカラーを調整する

最後にシャイレイヤーをオフにして❶、調整レイヤーである＜調整レイヤー 7＞を選択する❷。エフェクトコントロールパネル内の＜Lumetri カラー＞を適用し❸、あとは色などを調整すれば、あたかもスタジオで撮影されたような空間を作り出すことができる。

TIPS

グリーンバックを使用する

今回はホワイトバックをメインに背景の抜きを行ってみたが、よくハリウッド映画のメイキングなどで使用されているグリーンバックを使った「抜き」はご存知だろうか？　グリーンバックを使えば、After Effects に標準で搭載されている機能だけを使って、映画に匹敵する合成を行うことができるのだ。興味ある方は下記動画を参考にしてもらいたい。

グリーンバックを使用した背景の抜き方の解説動画

SECTION

09 背景を演出するさまざまなプラグインとスクリプト

After Effects には、背景などを簡単に作り出せるプラグインやスクリプトも用意されている。ここでは、それらを紹介していこう。

Slicer

Slicer は、簡単に画面分割できる無料のスクリプトである。http://www.redefinery.com/ae/rd_scripts/ からダウンロードし、ダウンロードした「rd_scripts」フォルダは、所定の「Scripts」フォルダに置いて、After Effects を再起動すれば利用できるようになる。導入方法も含めた詳細は、解説動画を用意しているので、下記 QR コードからアクセスして確認していただきたい。
この Slicer では、図のように画面を分割することが可能となる。下記の情報をもとにまずはコンポジションを開いてみよう。

利用するプロジェクトファイル：「2_4_背景」フォルダ→「2_4_背景 .aep」ファイル
利用するコンポジション：<コンポジション（スタート）>→<2_4_8_分割された背景（スタート）>

Slicer を使用した解説動画

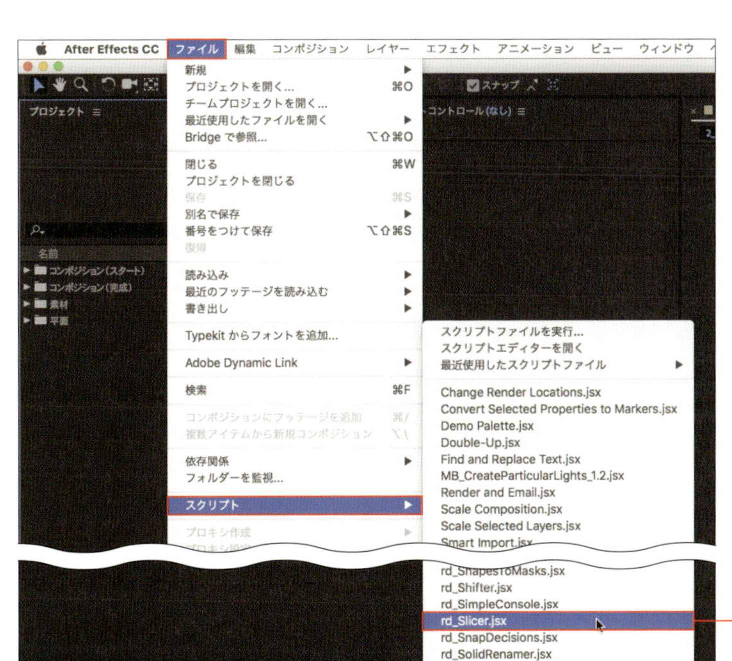

1 Slicerを呼び出す

ここでは、ネスト化されたコンポジションの素材を用意している。<ファイル>→<スクリプト>→<rd_Slicer.jsx>をクリックする。

❷ 分割画面を設定する

rd_Slicer 画面が表示される。分割したいレイヤー選択し❶、時間軸を移動してスライスしたい部分に時間軸を合わせ（ここではケーキ）❷、図のように rd_Slicer の画面で分割の設定を行う❸。

❸ スライスを実行する

< Slice >をクリックすると自動的に分割されていく。爽快感がたまらない！

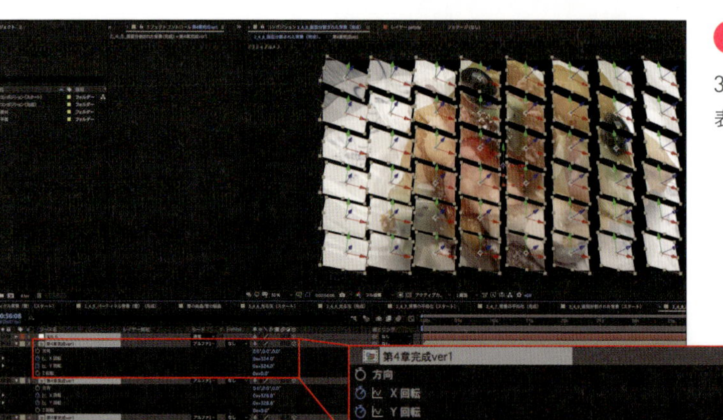

❹ 立体的に表現する

3D レイヤー化することで立体的な表現も可能だ。

BORIS FX CONTINUUM

今までのプラグインは1つの特化した機能をメインに機能してきたが、ここに紹介するBORIS FX CONTINUUMは、After Effectsにおけるさまざまなシーンでのエフェクトを網羅しており、多機能なプラグインである。ここではBORIS FX CONTINUUMの背景作成について解説しよう。

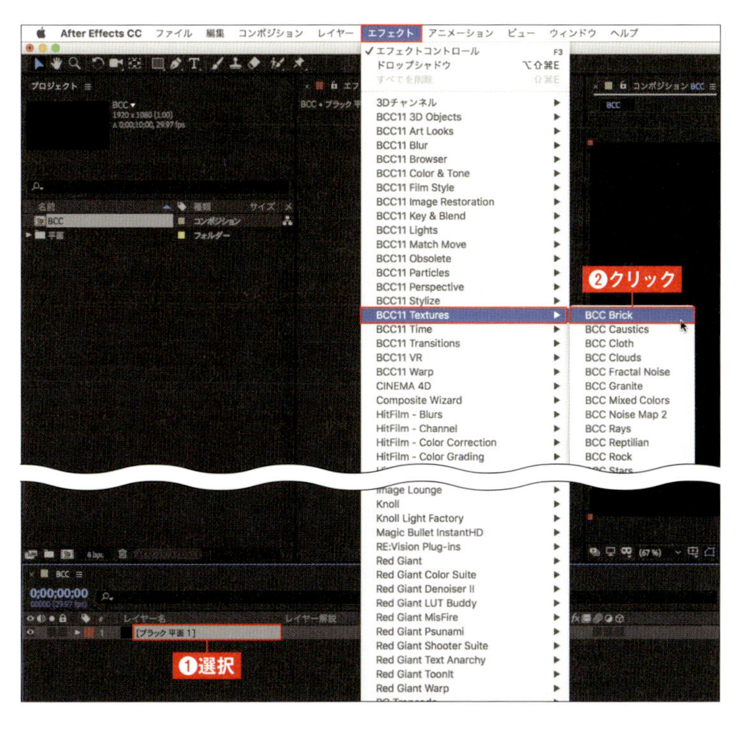

❶ ブラック平面にユニークな背景を適用する

ブラック平面を作成し、その<[ブラック平面1]>を選択したら❶、<エフェクト>メニュー→<BCC11 Textures>→<BBC Brick>をクリックする❷。

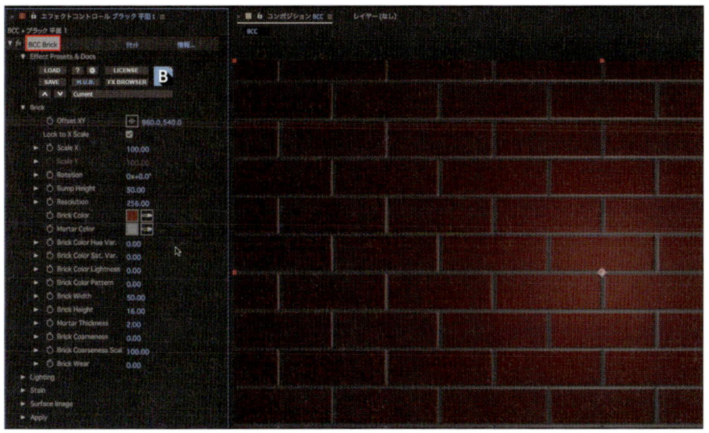

❷ レンガ模様の背景を作成する

レンガ模様が表示される。細かい設定で色や大きさなども調整できる。

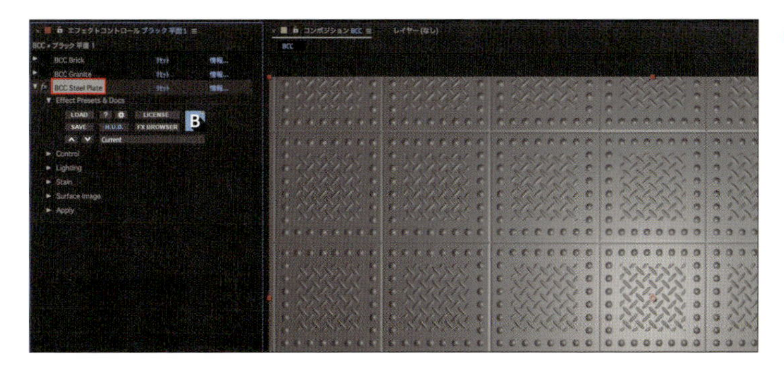

❸ 鋼鉄の板の背景を作成する

<BCC Steel Plate>を適用すると、鋼鉄の板の背景を作ることができる。こうした素材はCGなどで作る必要もあるが、文字の質感や反射のテクスチャとして使用しても便利だ。

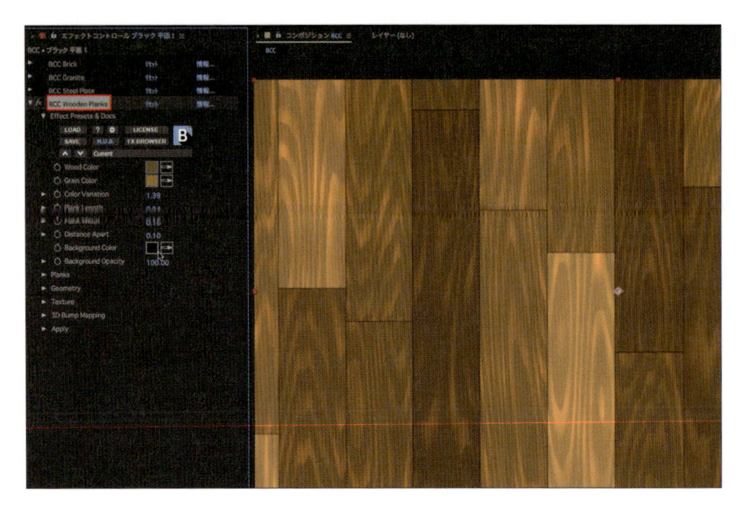

❹ 木目の板の背景を作成する

< BCC Wooden Planks > を適用すると、おなじみの木目の板の背景を作ることができる。ちなみに今回の書籍で使用している木目の壁の背景は、実はウォールペーパーを写真で撮影したものを使用するというアナログ的な方法で作成している。

上記で解説した以外にもさまざまな標準にはないさまざまなエフェクトが用意されているので、興味ある方はトライアウト版もあるのでぜひ試してもらいたい。

BORIS FX CONTINUUM 販売元：ボーンデジタル https://www.borndigital.co.jp/

Particular

Particular は、パーティクル作成では定番のプラグインである。Particular では CC Particle World では実現が難しい、星屑から煙までをさまざまなスタイルに合わせて簡単に作り出すことができる。
重力や風、暴れ具合（Velocity）などのパラメーターも細かく設定できるので、一味違った演出を動画に加えることができるのだ。こちらもトライアウト版もあるのでぜひ試してもらいたい。
https://www.redgiant.com/products/trapcode-particular/

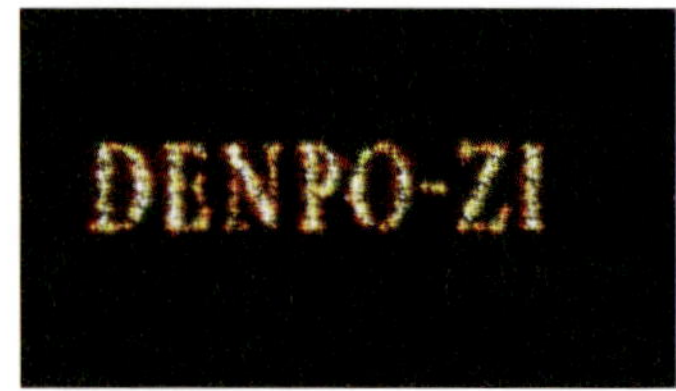

◀▲ Particular で演出できるさまざまな効果の一例

Particular の解説動画

Particular 販売元：ボーンデジタル https://www.borndigital.co.jp/

COLUMN

After Effects のテンプレートの活用

皆さんは After Effects で作業を行う際、最初からすべての素材をゼロから作っているだろうか？ 確かに After Effects では、創造性をかき立てるさまざまなことができるので、いろいろと迷ってしまうことも多いだろう。そのようなときには、以下の 3 つのテンプレートサイトなどを参照してみてはいかがだろうか？　仕事のイメージに合ったテンプレートを活用することで、時間の短縮や作業量が軽減されるはずだ。
また、素材に使う静止画像や動画などのイメージも、実際に撮影するよりもパフォーマンスに優れているものも多い。簡単に購入できるので、ぜひ、ルーチンワークの一環として加えてみてはいかがだろうか。

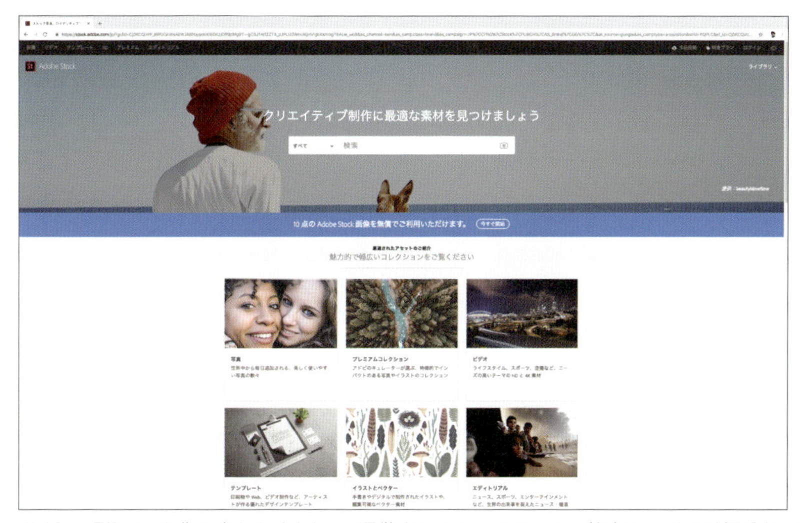

▲ After Effects を作り出した Adobe の運営するストックサイト。検索エンジンが優秀なので、さまざまな単語から検索し、静止画像や動画素材を見つけることができる。また、モーショングラフィックステンプレートを購入することで、Premiere Pro などに、After Effects で作成されたような演出的なタイトル効果などを簡単に加えることができるのも便利だ。購入した作品は CC ライブラリで管理できる点も見逃せない。Adobe Stock：URL https://stock.adobe.com

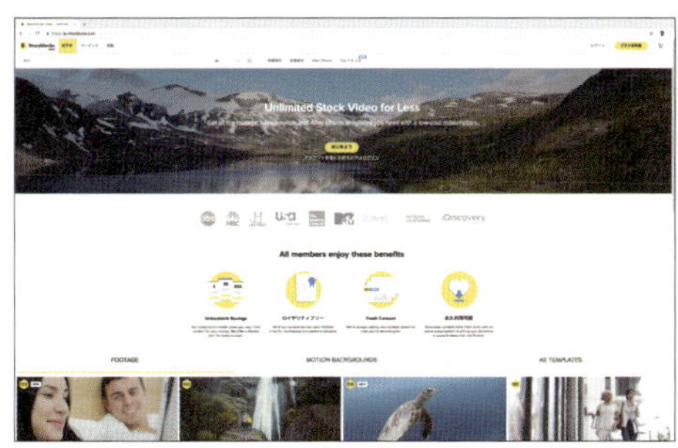

▲日本以外の海外のサイトではあるが、Adobe Stock と違い、After Effects のプロジェクトファイルなども扱っているのが大きな特徴だ。画像の入れ替えや文字の入れ替えだけで、ゼロから制作せずにダイナミックな効果を作り出すことができる。こうしたプロジェクトファイルのテンプレートは各カテゴリー（ビジネス、スライドショー、タイポグラフィ、シネマなど）やスタイル（カワイイ、ポップ、レトロなど）で選択できるので、必要なシーンに応じてお気に入りのモーションやタイトルを簡単に探すことも可能なのだ。Storyblocks（左）：URL https://ja.videoblocks.com/
MotionElements（右）：URL https://www.motionelements.com

2-5

場面転換とスライドショー

本 CHAPTER では、場面転換とスライドショーについて解説していく。場面転換は画面の切り替え時やシーンの入れ替え時などによく使用する技法だ。ソーシャル動画では、時間によるシーンの切り替えは重要な役目を持ち、絶妙なタイミングで切り替わるシーンでは躍動感が生まれる。本 CHAPTER の後半ではスクリプトを利用したスライドの作成方法も紹介する。作業パフォーマンスがグンとアップするだけでなく、立体的な場面転換もできるようになるので、ぜひ参考にしていただきたい。

SECTION

01 ブラインドエフェクトを使って場面転換を行う

ここでは、ブラインドのエフェクトを使用した場面転換を解説する。ブラインドの縦格子を開閉するように背景を変えてみよう。

バナナの写真から料理の写真へ

利用するプロジェクトファイル:「2_5_場面転換とスライドショー」フォルダ→「2_5_場面転換とスライドショー.aep」ファイル
利用するコンポジション:<コンポジション(スタート)>→<2_5_1_ブラインドでの場面転換(スタート)>

コンポジションを開くと、バナナの写真が表示さているのがわかる。ここでは左図のようにブラインドのエフェクトを使用して、料理の写真に場面を転換していく。

ブラインドのエフェクトで場面転換を行う

1 レイヤー上の写真を確認する

まずはタイムラインに並べられた2つの写真を確認してもらいたい。上の< p3.jpg >はバナナの写真、下の< p5.jpg >は料理の写真を配置している。
通常、タイムライン上では上のレイヤーが優先表示されるため、下のレイヤーは上のレイヤーとの重なりが途切れるまで隠れて見えない状態となる。
なお、タイムライン上での長さのトリミングは、レイヤーの帯の端をドラッグしてカットポイントを決めることができ、またレイヤー帯中央をドラッグすることで位置を移動することができる。

MEMO トリミングのショートカットキー

トリミングはショートカットキーでも行える。
レイヤーのインポイントを時間軸の位置でトリミングする場合は、option + [(Windows では、Alt + [)。レイヤーのアウトポイントを時間軸の位置でトリミングする場合は、option +] (Windows では、Alt +])。

レイヤーのトリミングと移動の解説動画

2-5 場面転換とスライドショー

CHECK 場面転換を理解する

ここでは< 20f >～1 秒< 20f >までの 1 秒間をかけてブラインドを使用しての場面転換を行っていきたい。場面転換は、主に下記 3 つの形式が定番となっている。

①のりしろ型

ムービー（エフェクトあり）

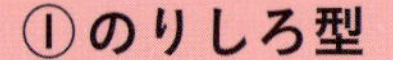

のりしろ部分

場面転換の長さ

ムービー（エフェクトなし）

上と下のレイヤーが重なっている部分は「のりしろ」と呼ばれる部分で、場面転換中にフレームどうしが重なり合う部分を指す。

②単体型

エフェクトでの場面転換の長さ

新規平面（エフェクトあり）

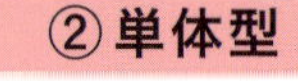

③参照型（カードワイプエフェクトの場合）

ムービー（カードワイプエフェクトあり）

エフェクトで場面転換の長さを設定

上から下へカードが移動する輝度のグラデーションを作成

参照

ムービー（エフェクトなし）

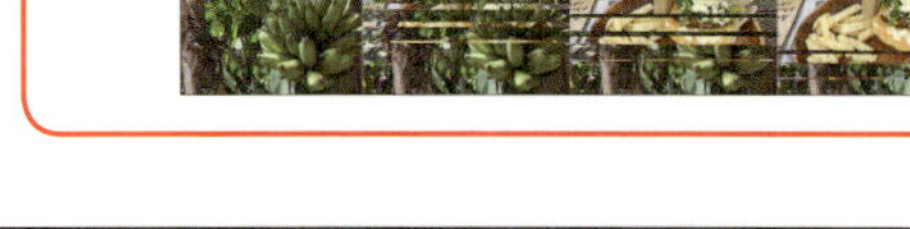

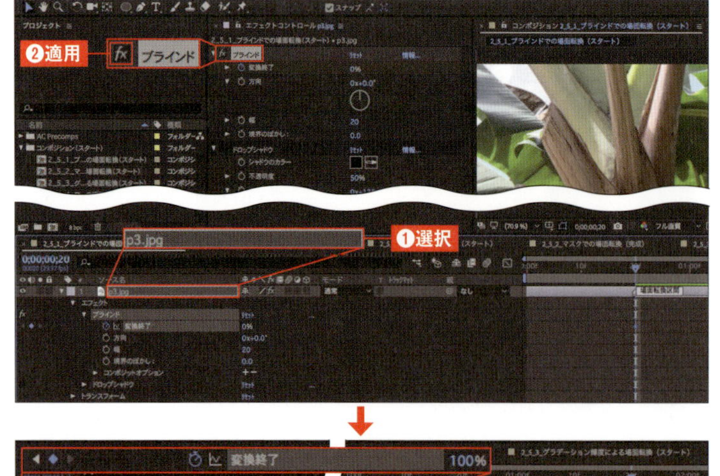

❷ 「のりしろ型」で設定を行う

ここではのりしろ型で場面転換を行っていこう。のりしろ型の大きな特徴は、重なり合う部分が場面転換の長さを指す。ここでは上と下のレイヤーの重なりが 1 秒間となっているので、この部分が場面転換の幅となる。この重なり合う幅のキーフレーム間を狭めたり、広げたりすることで場面転換の調整を行うことができるのだ。

< p3.jpg >を選択し❶、エフェクトコントロール内の<ブラインド>のエフェクトを適用する❷。図のように上下レイヤーが重なり合っているスタート部分にブラインドの変換完了を< 0% >に、エンド部分に< 100% >を入力する❸。

❸ 適用を確認する

無事適用すると、図のようにブラインドでの場面転換が行われていくのが確認できるはずだ。

❹ ブラインドの幅を調整する

ブラインドでは、ブラインドの幅の調整を行うことができる。またブラインド適用後に<ドロップシャドウ>を適用することで、ブラインド幅に影を追加して立体的に見せることもできる。

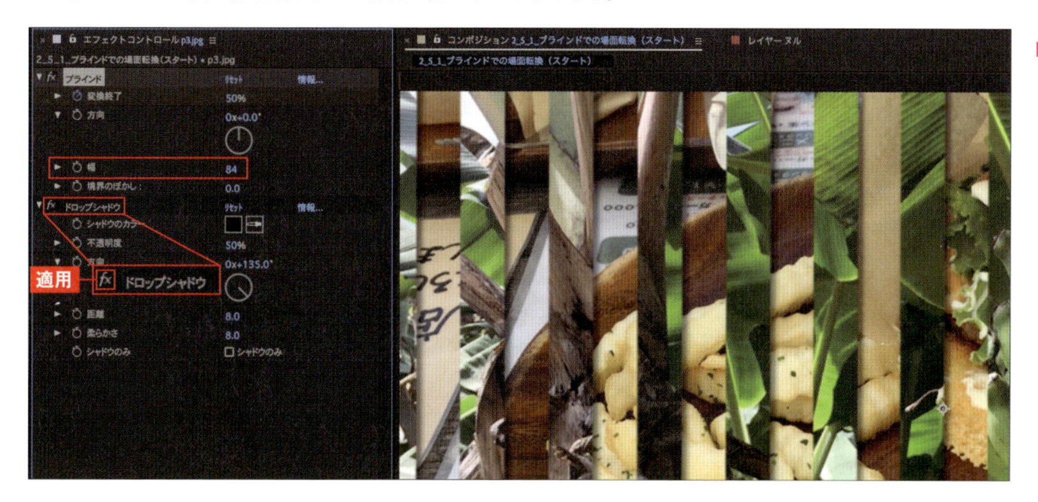

MEMO

ブラインド以外の場面転換のエフェクト

こうした場面転換のエフェクトは<エフェクト>メニュー→<トランジション>内の項目にさまざまな種類が用意されている。ブラインド以外にも色々と試してもらいたい。

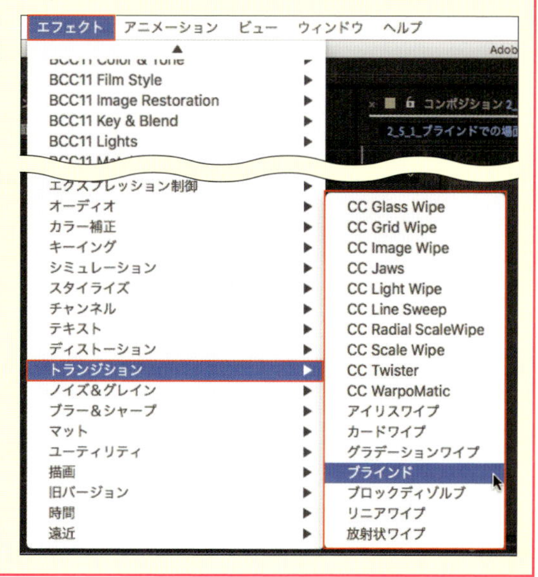

SECTION

02 マスクを使って場面転換を行う

ここでは、マスクを使った場面転換を解説する。マスクの拡大と縮小を行うが、SECTION 01 で解説したのりしろ型と違い、今回は「逆のりしろ型」となる。

星型のマスクで場面転換を行う

利用するプロジェクトファイル:「2_5_ 場面転換とスライドショー」フォルダ→「2_5_ 場面転換とスライドショー .aep」ファイル
利用するコンポジション:<コンポジション(スタート)>→< 2_5_2_ マスクでの場面転換(スタート)>
コンポジションを開くと、料理の写真が表示されているのがわかる。ここでは左図のように星型のマスクを使用して、バナナの写真に場面を転換していく。

星型マスクの拡大と縮小をキーフレームに設定する

① レイヤー上の写真を確認する

ここではタイムラインの下に料理写真< p5.jpg >のレイヤー、上にバナナ写真< p3.jpg >のレイヤーが並んでいる。料理の写真が表示されているなかで、バナナの写真が割り込んで表示されていくといったイメージで作り上げていく。

❷ スターツールで大きな星型のパスを設定する

時間軸を 1 秒地点< 01:00f >に移動させ❶、バナナの写真を選択❷。マスクツールから★<スターツール>を選択して❸、マスクの準備を行う。大きなマスクを作成するため表示を<12.5%>に設定し❹、図のように画面を覆うようにいっぱいに描いていく❺。ここでは星型の中身が画面を超える大きさで設定するのがポイントだ。無事マスクを描いたら、星型マスクの頂点をダブルクリックして星型を選択し❻、画面中央に星型を移動する❼。レイヤーマーカーの終了地点（下のレイヤーが終了する位置< 02:00f >）まで時間軸を移動させ❽、<マスク 1 >の<マスクパス>の<シェイプ>にキーフレームを適用する❾。

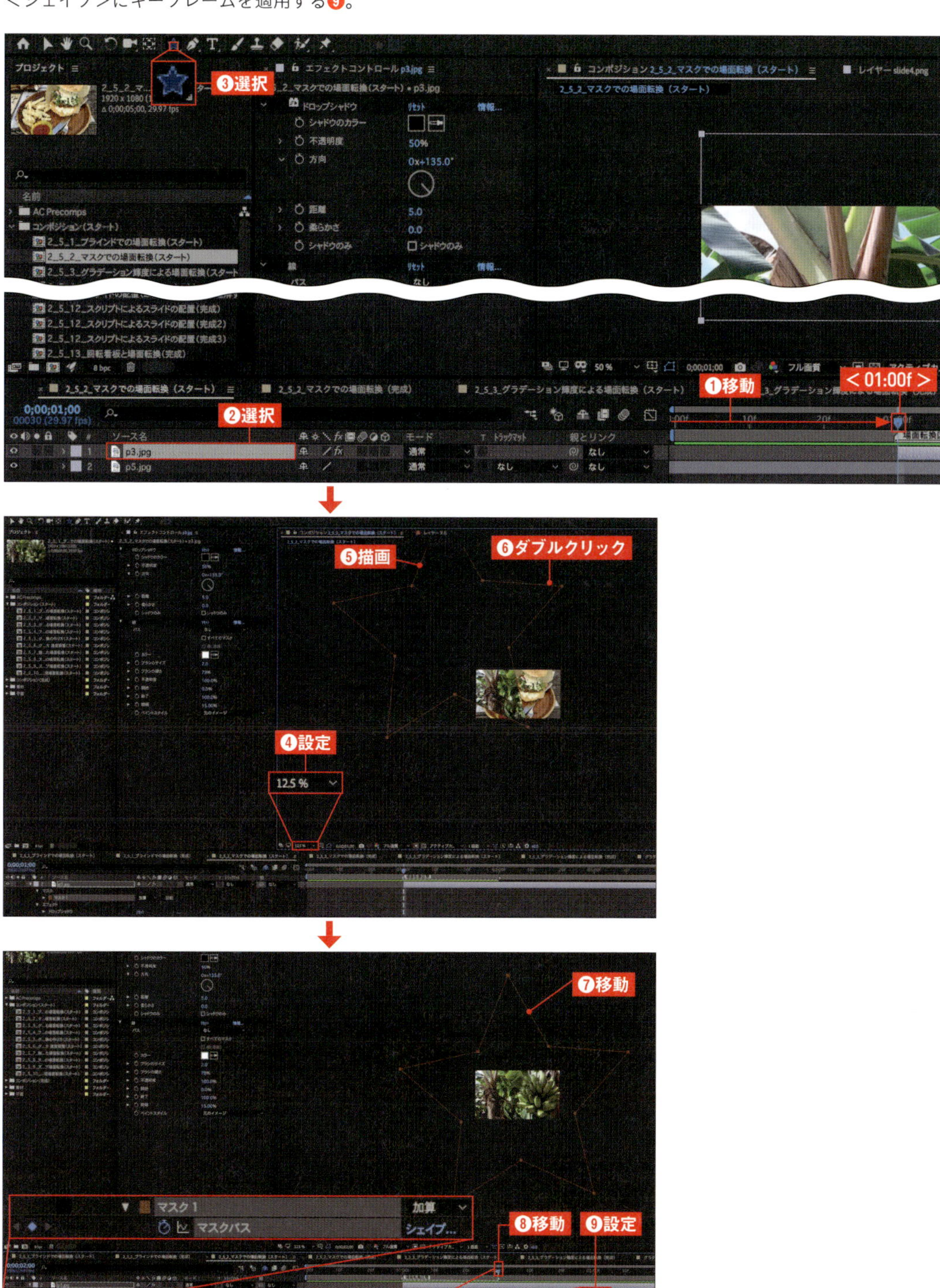

❸ 小さな星型のパスを設定する

時間軸を上のレイヤー＜ p3.jpg ＞が開始する位置＜ 01:00f ＞まで移動したら❶、マスクの星型のパスをダブルクリックして図のように小さくする❷（表示サイズは適宜、見やすいように変更してほしい）。小さい点まで縮小するのがポイントとなる❸。

❹ プレビューして確認する

プレビューすると、星型マスクパスの大きさが次第に大きくなって、場面転換しているのが確認できるはずだ。

MEMO

点の表示を制御する

星型マスクの小さい点部分が気になる方は、マスク適用の 1 フレーム前で＜トランスフォーム＞の＜不透明度＞を＜ 0% ＞に設定して、マスクの展開が開始すると同時に＜ 100% ＞に設定することで、点の現れを制御することができる。

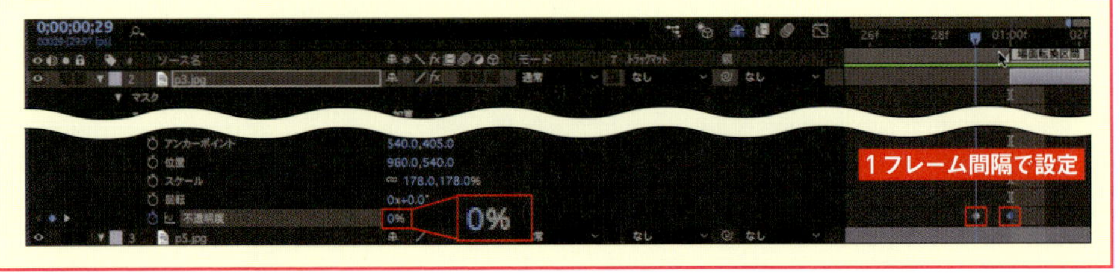

CHAPTER 2 ソーシャル動画の演出

❺ マスクに線やぼかしを適用する

最後にエフェクトの<ドロップシャドウ>や<線>などは、マスクに適用することで外線を付け加えることも可能だ。

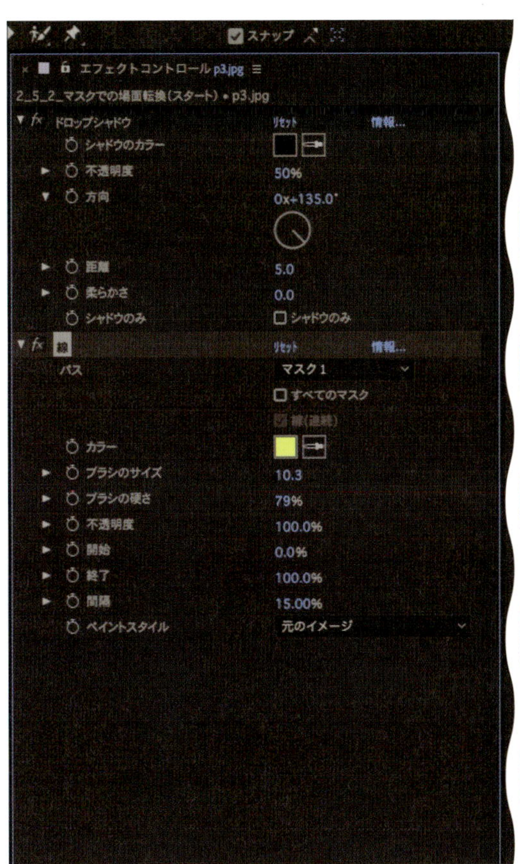

MEMO 星型以外のマスクパスについて

マスクパスは、星型以外にも Illustrator や Photoshop のパスなどを持ってくることも可能だ。

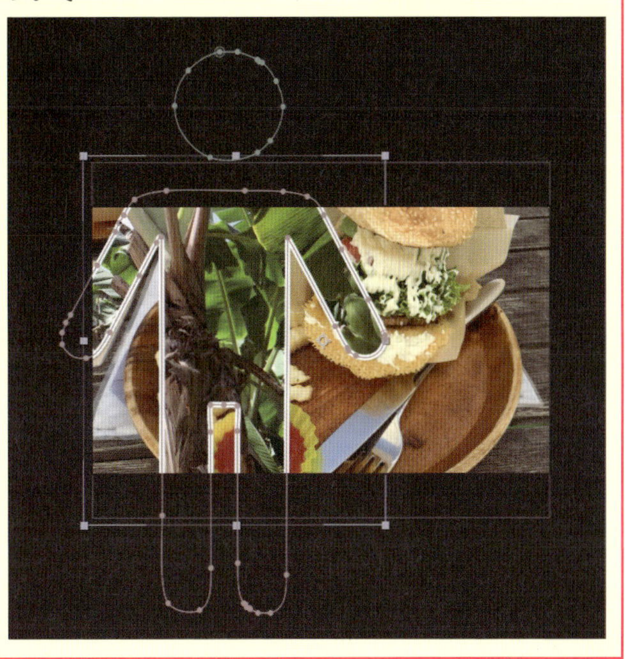

SECTION

03 グラデーション輝度による場面転換を行う

ここでは、「参照型」で輝度を参照した場面転換を解説しよう。輝度のグラデーションパターンを作成して、それに沿ったカードワイプの場面転換を作成する。

マスクを使用した場面転換──輝度に合わせてワイプを行う

利用するプロジェクトファイル:「2_5_場面転換とスライドショー」フォルダ→「2_5_場面転換とスライドショー.aep」ファイル

利用するコンポジション:<コンポジション(スタート)>→<2_5_3_グラデーション輝度による場面転換(スタート)>

コンポジションを開くと、これまでのSECTIONで解説したお馴染みの料理の写真が表示される。ここでは左図のように、平行四辺形のカードを使って輝度に合わせた場面転換の演出を施していく。

グラデーションの輝度に合わせてカード型のワイプを行う

① カードワイプを適用する

バナナの写真である<p3.jpg>を選択し❶、エフェクトコントロールパネル内の<カードワイプ>を適用する❷。このカードワイプは、通常の適用だと図のようにカード状の形態を作り出し、<変換終了>の値によって、それらをワイプさせることができるエフェクトだ。

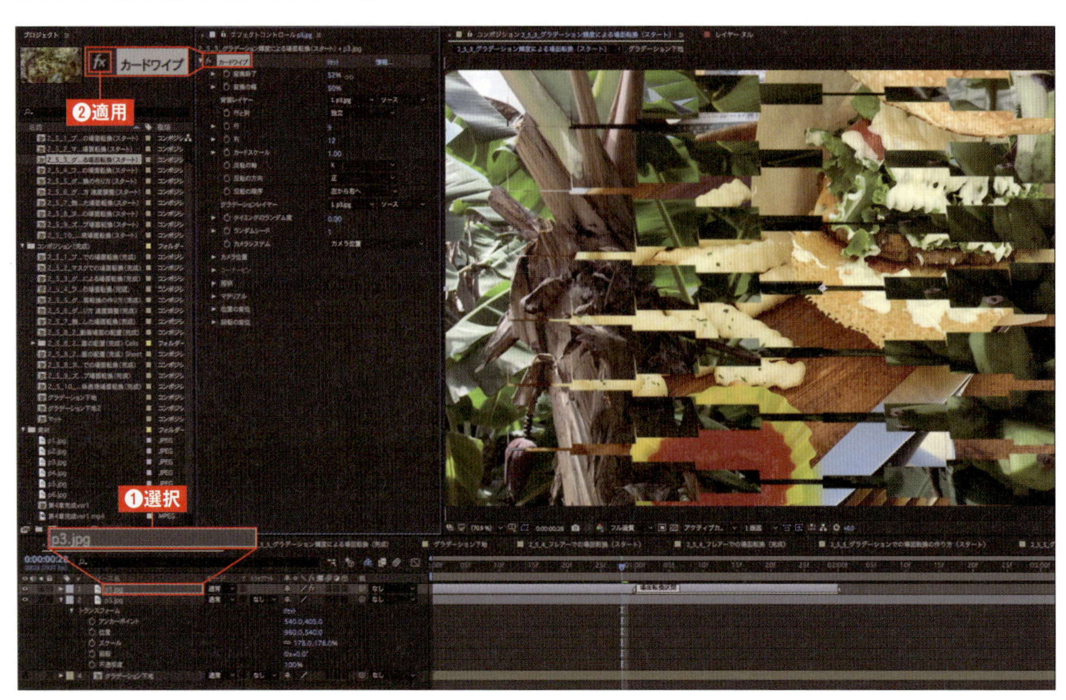

❷ 背景レイヤーを設定する

バナナの写真に適用されたカードワイプのワイプは、通常一巡して元のバナナに戻ってしまうため、ここでは背景レイヤーを＜なし＞に設定する。この設定によって、背景はタイムラインの下にある料理写真レイヤー＜ p5.jpg ＞への場面転換に変わる。

❸ グラデーションが適用されている平面を表示する

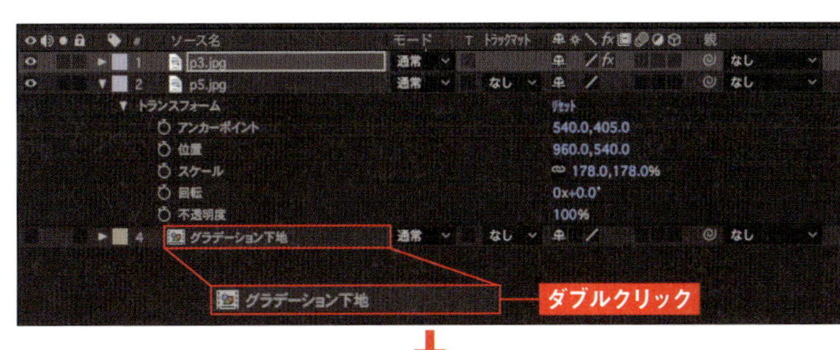

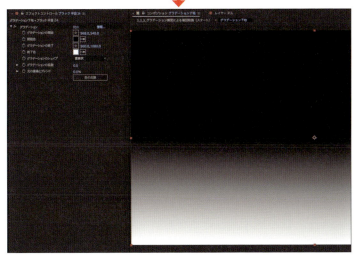

続いてタイムラインに配置されている＜グラデーション下地＞をダブルクリックすると（コンポジションの＜グラデーション下地＞をダブルクリックしても OK）、グラデーションが適用されている平面に画面が変わる。今回は、このグラデーションの輝度（明るさ）の境に従って、場面転換をするように設定してみよう。

❹ グラデーションの輝度に沿った場面転換を設定する

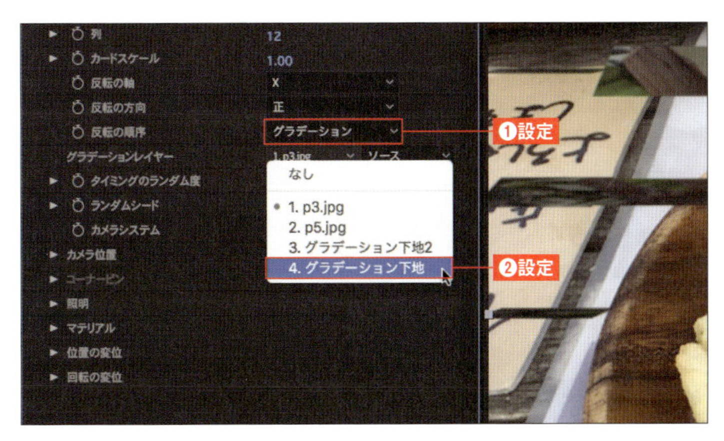

再び＜ 2_5_3_ グラデーション輝度による場面転換（スタート）＞のコンポジションを表示する。＜カードワイプ＞の＜反転の順序＞で＜グラデーション＞を選択し❶、その下にある＜グラデーションレイヤー＞では＜グラデーション下地＞を選択する❷。これでグラデーションの輝度に沿った場面転換を行うことができる。

❺ グラデーションの輝度に合わせてワイプを適用する

＜カードワイプ＞の＜変換終了＞を図のように 1 秒間かけて 0% ～ 100% にキーフレームを設定すると、場面の切り替わりが上から下にかけて切り替わる。

これは P.359 の手順❸の＜グラデーション下地＞で適用した、グラデーションエフェクトの輝度に沿ったもので、暗い部分から明るい部分にかけてカードワイプが適用される設定となる。

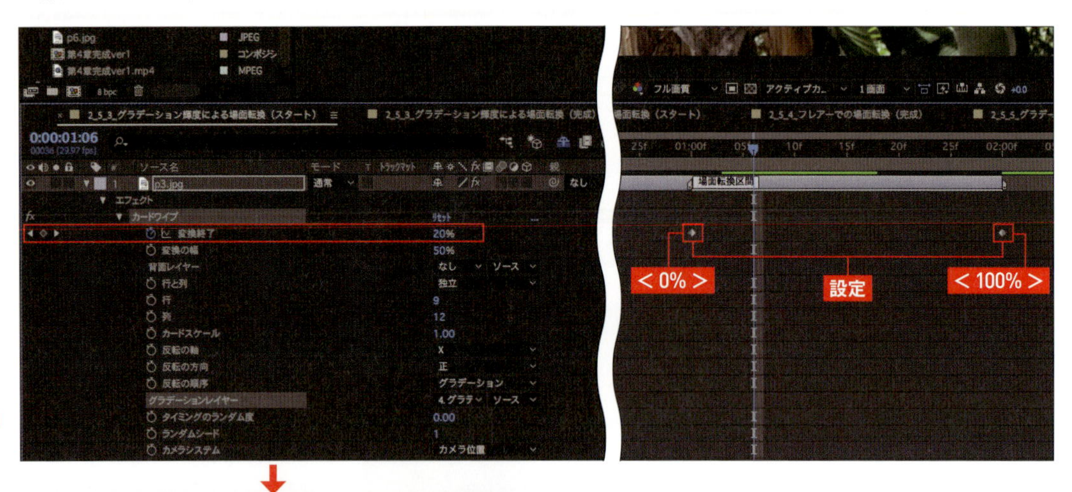

CHECK グラデーションを変更する

グラデーションを放射状に変えた場合には、中央が暗いため図のような形で中心からカードワイプが適用された設定になる。参照型の場面転換は、カードワイプ以外にも用意されているので、いろいろと試してもらいたい。

SECTION

04 レンズフレアによる場面転換を行う

ここでは、「単体型」でレンズフレアを使った場面転換を解説する。レンズフレアを使用した光のマジックで場面転換を作ってみよう。

目が覚めるような光で場面転換を行う

利用するプロジェクトファイル：「2_5_場面転換とスライドショー」フォルダ→「2_5_場面転換とスライドショー.aep」ファイル
利用するコンポジション：＜コンポジション（スタート）＞→＜2_5_4_フレアーでの場面転換（スタート）＞

コンポジションを開くと、黒い画面が表示される。ここでは、最終的に左図のような、強い光と光の玉によって場面を転換する演出を施していく。

エフェクトのレンズフレアを利用する

1 ペンツールで軌道を描く

タイムラインの一番上に配置されているブラック平面＜ブラック平面 18＞を選択し❶、マスクのペンツール❷で、図のような左下から右上に抜けていくような軌道を描いてみよう❸。画面内で一回転している形であれば雑でも問題ない。

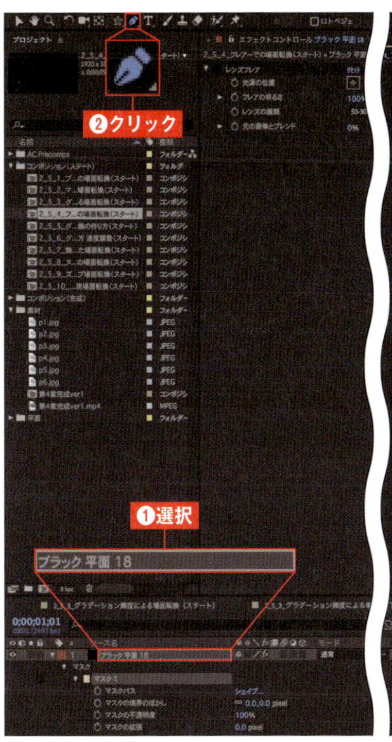

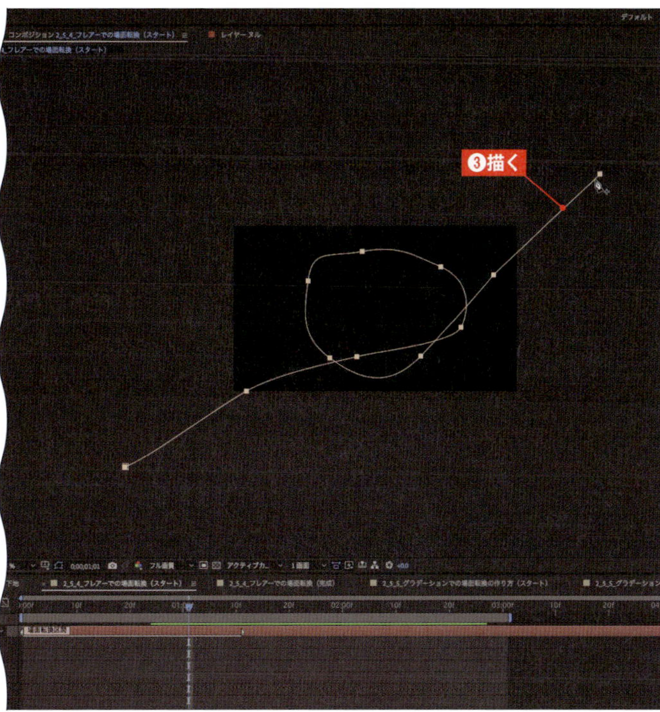

② マスクパスの軌道を光源の位置に適用する

続いてエフェクトコントロールパネル内の<レンズフレア>を適用する❶。<マスク１>の**<マスクパス>**を選択してコピーしたら❷、レンズフレアの<光源の位置>を選択してペーストする❸。
こうすることでマスクパスの軌道をレンズフレアの光源の位置に適用することができる。プレビューしてみると、レンズフレアがマスクの軌道上を動いているのが確認できる。
なお、マスクのパスに沿った文字の出し方は、P.200の「文字をパスに沿って移動する」を参照していただきたい。

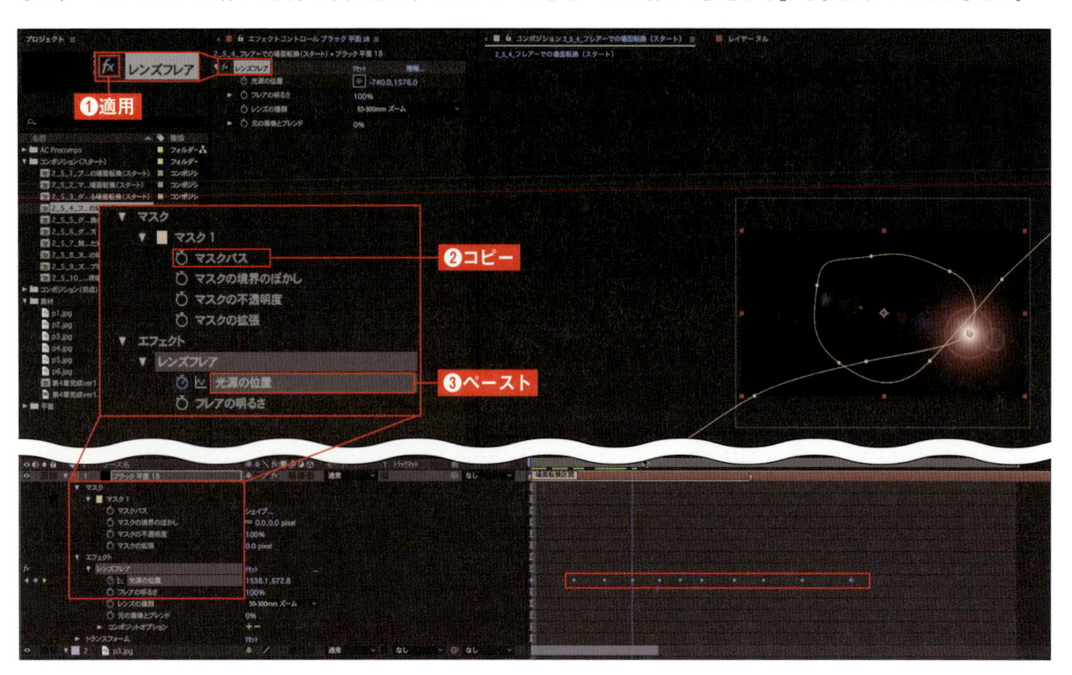

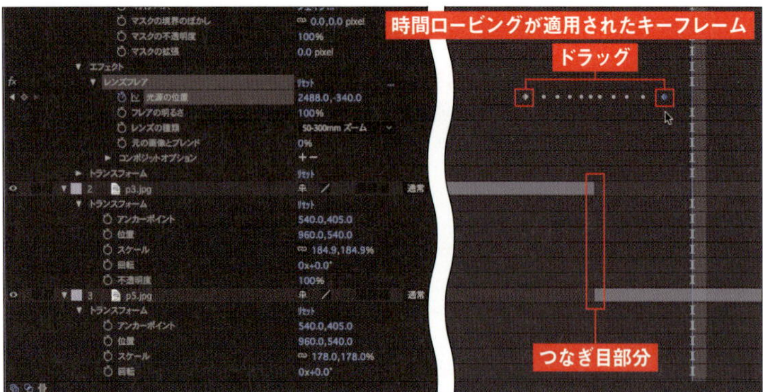

③ キーフレーム間を縮めて移動する

光源の位置のキーフレームは、時間ロービングが適用されているため、キーフレーム間は均等の間隔で移動する設定になっている。ここではキーフレームの右端、左端をそれぞれドラッグして、図のように下のレイヤーのつなぎ位置に移動させてみよう。

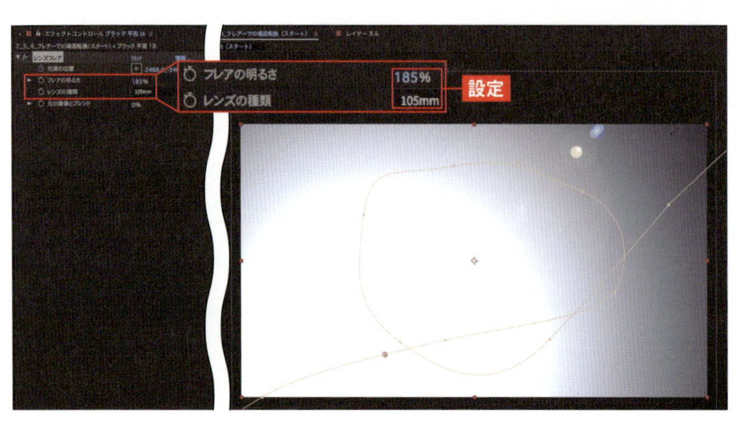

④ レンズの種類とフレアの明るさを設定する

レンズフレアの<レンズの種類>と<フレアの明るさ>を、図のように画面を覆うような形で設定する。

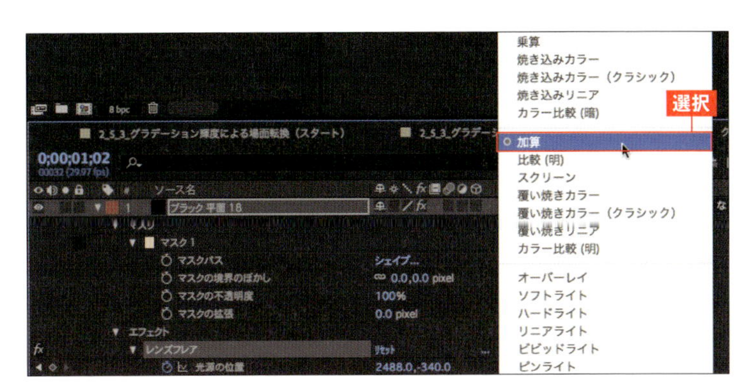

5 描画モードを変更する

レンズフレア部分を光らせるには、<ブラック平面 18 >の<描画モード>から<加算>を選択する。明るい部分のみが画面に追加されたのが確認できるはずだ。

6 キーフレームで不透明度を設定する

最後に P.358 の「グラデーション輝度による場面転換を行う」でマスターした<不透明度>を図のように設定する。フレアが画面に入る手前までの< 0% >設定から、入ったら< 100% >に変えるキーフレームを設定すればよい。

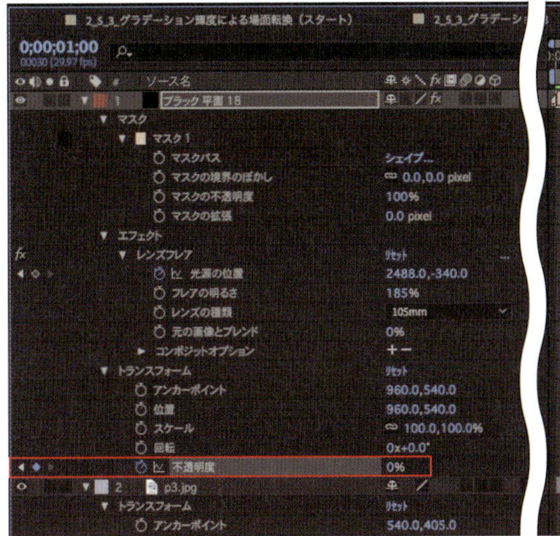

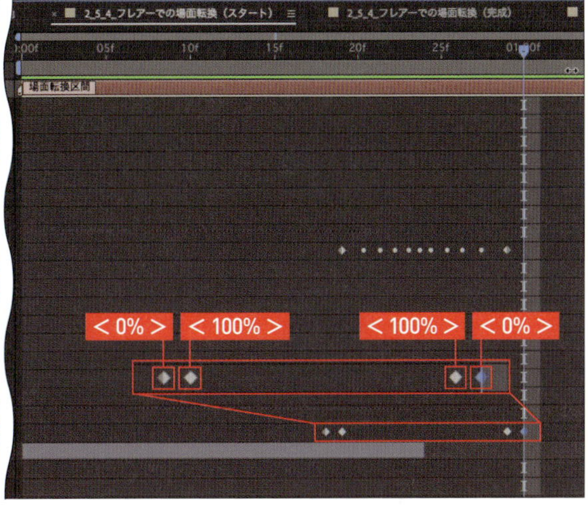

7 キーフレームの間隔を調整する

無事、目眩ましのような場面転換が確認できたはずだ。<レンズフレア>のキーフレームの間隔を伸縮させれば、フレアの移動速度を調整することができるので試していただきたい。

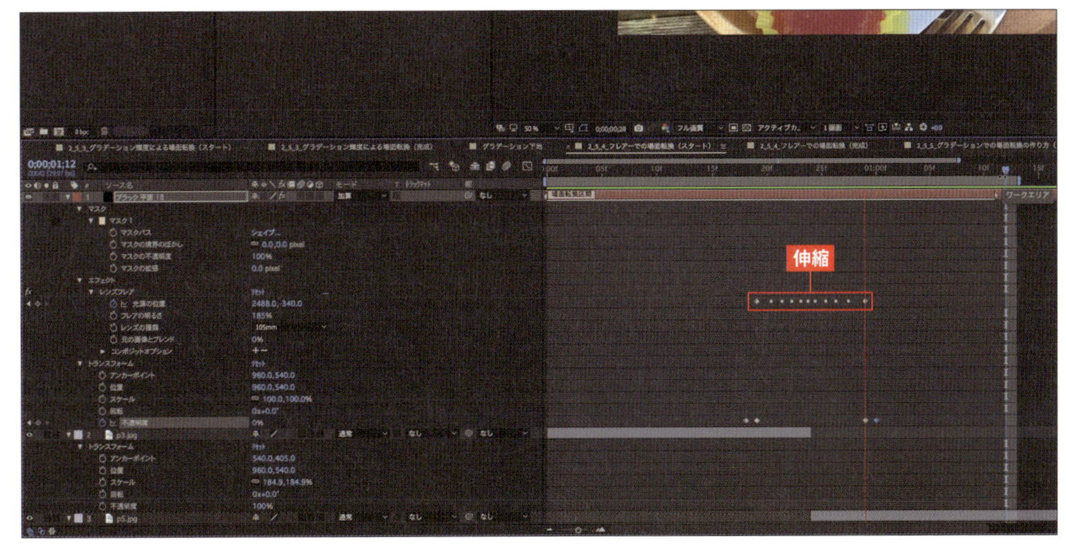

SECTION

05 基本のグラデーションパターンを作成する

ここでは、色の違う平面の重ね合わせを活用した場面転換を作成する。よく使われる手法なので、ぜひマスターしていただきたい。

5色のグラデーションで場面転換する

利用するプロジェクトファイル:「2_5_場面転換とスライドショー」フォルダ→「2_5_場面転換とスライドショー.aep」ファイル
利用するコンポジション:<コンポジション(スタート)>→<2_5_5_グラデーションでの場面転換の作り方(スタート)>
コンポジションを開くと、コンポジションサイズはUHDの3840×2160と大きめに設定されていることがわかる。
画像には新規平面イエローと平面ブラックが配置されており、ブラック平面のほうは非表示になっている。
ここでは、これら平面を使用して、最終的には、左図のようなグラデーションのパターンを作成してみよう。

5色の平面を作成する

❶ イエロー平面を画面左から右に移動させる

<イエロー平面3>を選択し、0秒<00:00f>では<位置>のXを「-1920」からスタートして❶、2秒地点<02:00f>で「5760」と入力すれば、ぴったりと移動が当てはまる。

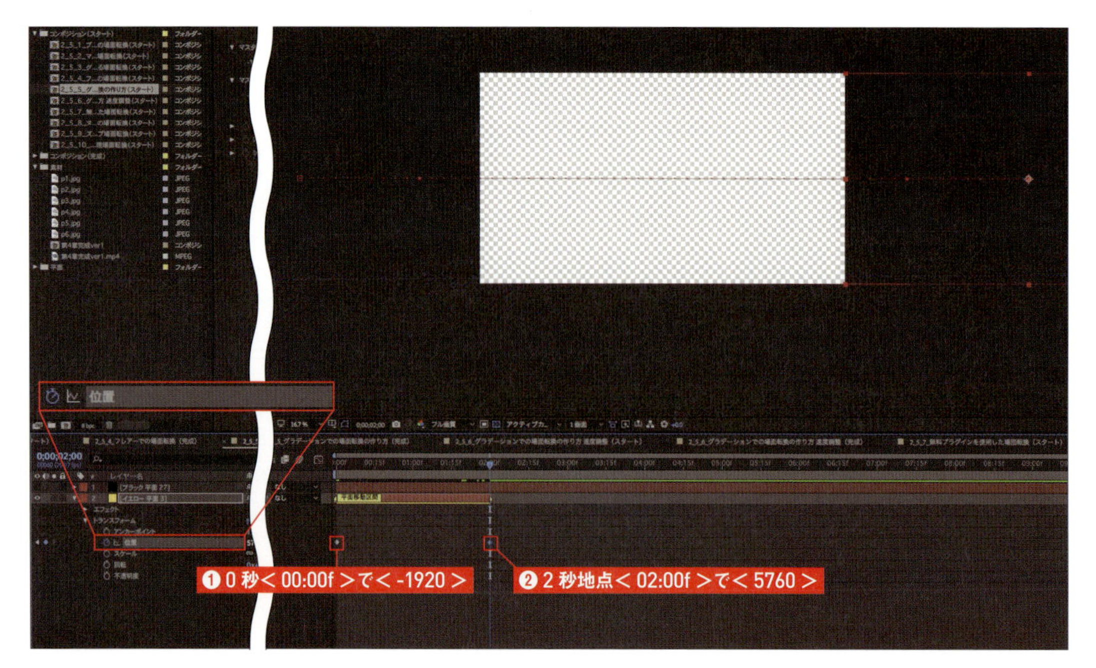

❷ イエロー平面を複写して色を設定する

続いて<イエロー平面 3 >を複製（command ＋ D キー：Windows では Ctrl ＋ D キー）して❶、複製した<イエロー平面 3 >のグラデーションパターンの色を設定（<レイヤー>メニュー→<平面設定>）していこう❷。

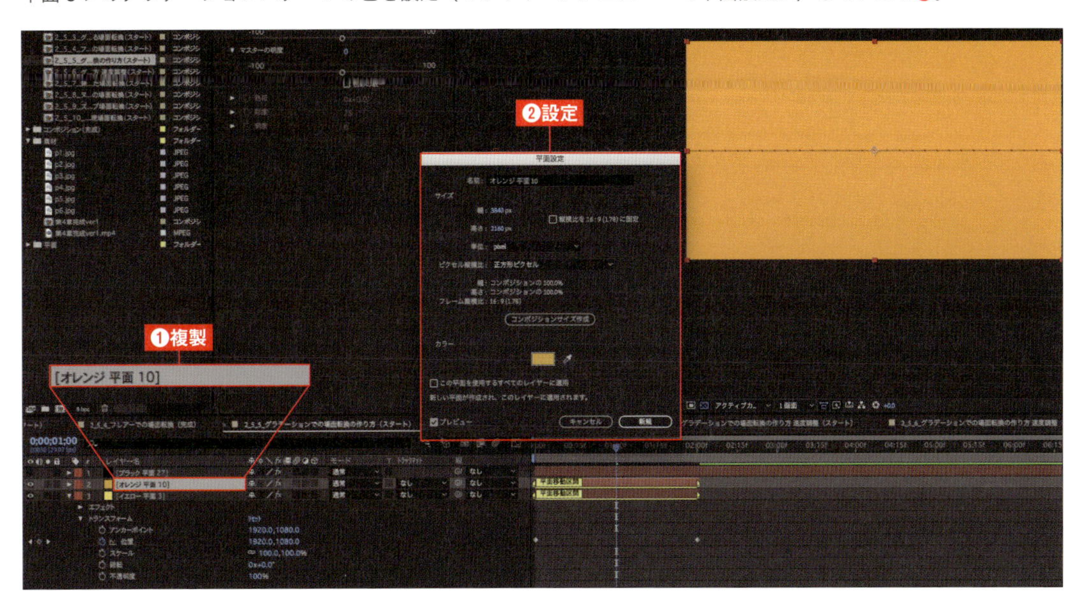

MEMO グラデーションパターンの色の設定について

ここでは、<ウィンドウ>メニュー→<機能拡張>→< Adobe Color テーマ>をクリックして、カラールールボタンから「類似色」を表示させてみた。ここから色のサンプリングを行い、グラデーションパターンを作っている。
Adobe Color テーマを使用した色の配置は、2-4 背景の P.315 の「背景と文字の色について」や P.316 の TIPS を参照していただきたい。

CHECK <色相 / 彩度>で設定する

Adobe Color テーマ以外にもエフェクトの<色相 / 彩度>を適用し❶、<マスターの色相>を使用する色数で分割して❷、グラデーション色を作り出すことも可能だ(8 色構成であれば 360÷8=45 なので 45 度ずつ変えていく)。

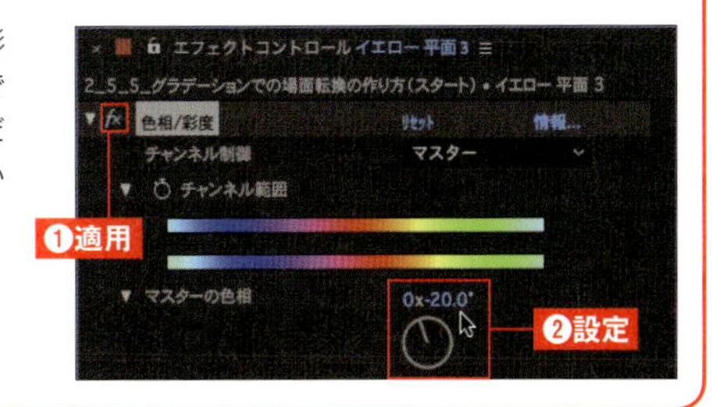

❸ 5つのパターン色を作成する

同じように5つのパターン色を作っていこう。

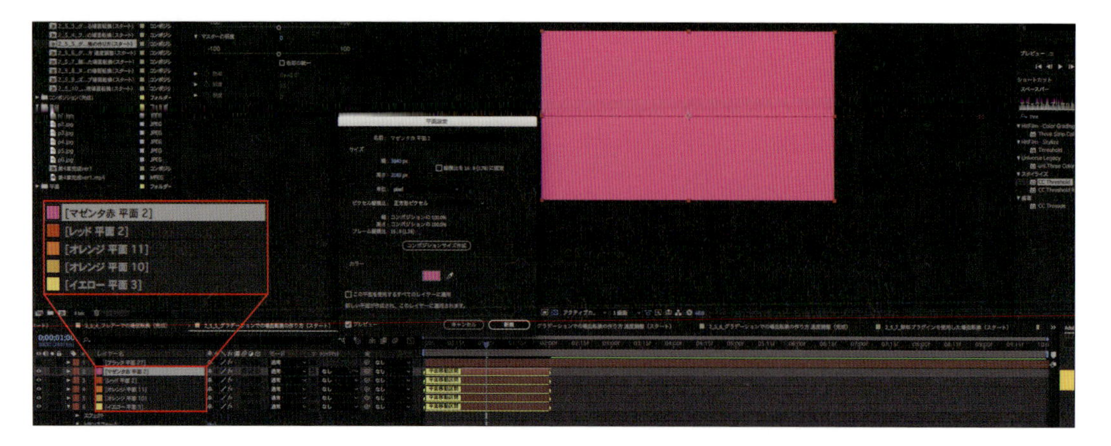

5つのレイヤーの配置を変える

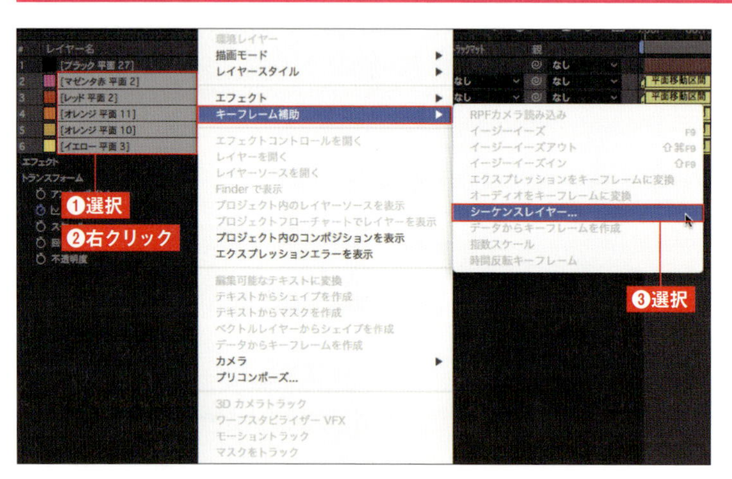

❶ シーケンスレイヤーを表示する

5つの異なる色のレイヤーが完成したら、**下から順番に（上からではなく下のレイヤーから選択することが重要）**レイヤーを選択（command＋クリック：Windowsでは、Ctrl＋クリック）し❶、＜アニメーション＞メニューから、もしくは右クリックして❷、＜キーフレーム補助＞→＜シーケンスレイヤー＞を選択する❸。

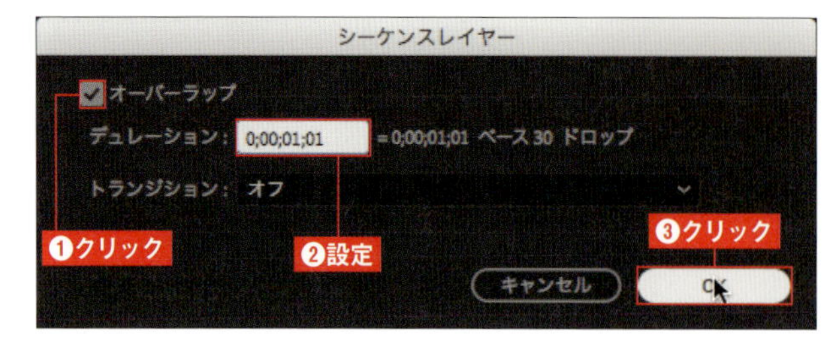

❷ 余分に1フレーム分を追加する

シーケンスレイヤー画面が表示されるので、＜オーバーラップ＞にチェックを入れ❶、＜デュレーション＞の値を＜0;00;01;01＞と設定したら❷、＜OK＞をクリックする❸。これはレイヤーの重なりを基準にずらして配置してくれる機能だが、重なり合うのりしろ部分のデュレーションをぴったりと合わせるため、余分に1フレーム分を追加しているのだ。

❸ レイヤーの配置を実行する

自動的に1秒を基準に重なり合ったレイヤーの配置に変わったのが確認できる。

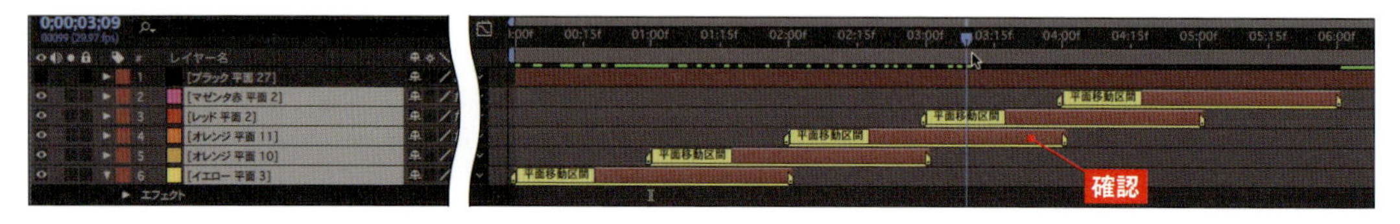

グラデーションに模様を付けていく

1 ブラック平面にエフェクトを施していく

ブラック平面<ブラック平面 27 >を表示して❶、選択したら❷、エフェクトコントロールパネルから各エフェクトを適用していこう。手順は以下のとおりだ。

❸<グリッド>を適用：画像に線を追加する。

❹<コロラマ>を適用：線に色を付け足す。防御力無視の魔法である。

❺<色相 / 彩度>を適用：<コロラマ>で色付けた部分の色や明るさを変更する。

❻<トランスフォーム>を適用：線の角度を変えることができる。

❼<ドロップシャドウ>を適用：線に影を付ける。

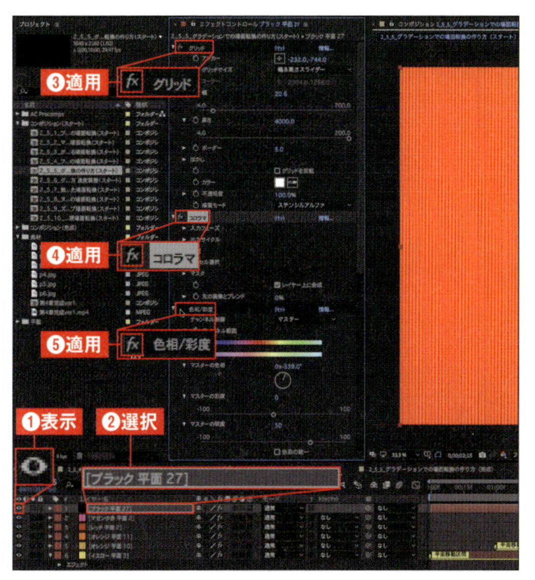

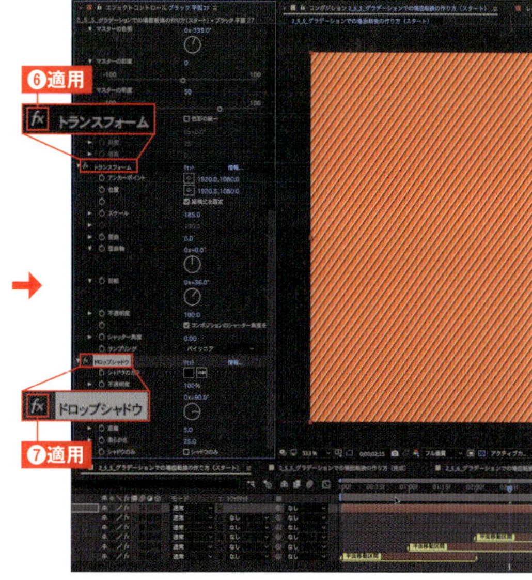

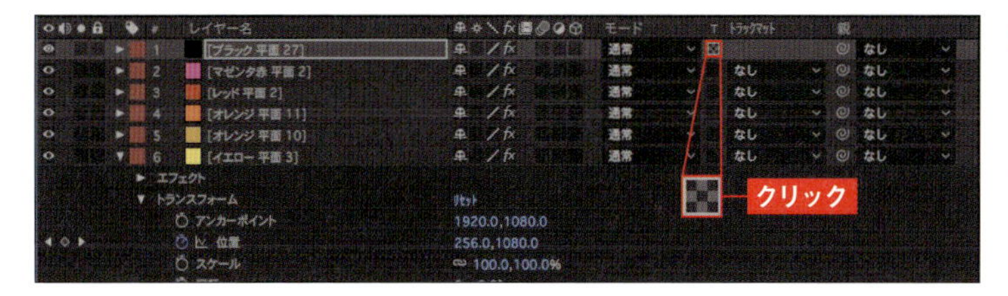

2 グラデーション部分にのみエフェクトを適用する

最後に<ブラック平面>に<下の透明部分を保持>を設定する。こうすることでグラデーション部分にのみ各種エフェクトが適用される。

3 イージーイーズインを加える

グラデーションの平面の動きが単調になる場合には、図のように平面の移動にイージーイーズインなどを加えていくと単調な出方にならなくなる。

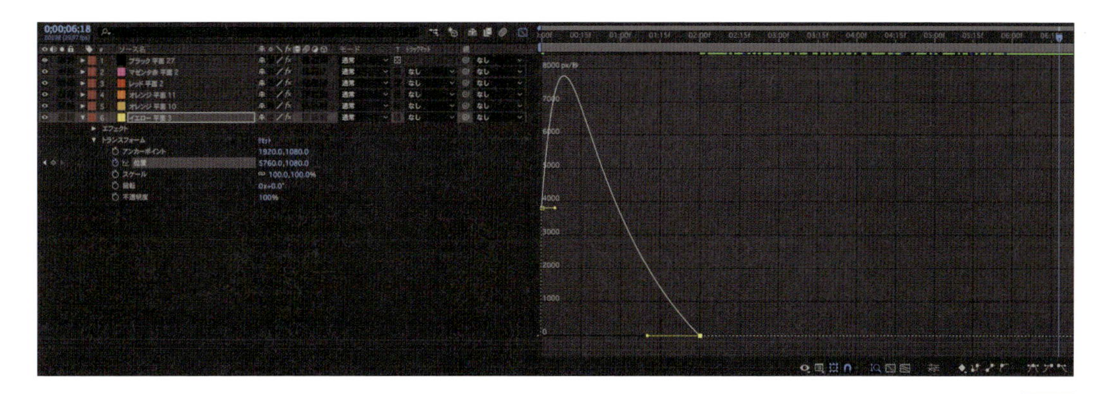

グラデーションに角度を付けて速さを変える

❶ グラデーションの突入角度を設定する

完成したグラデーションのコンポジションを確認するために、< 2_5_6_グラデーションでの場面転換の作り方 速度調整（スタート）>のコンポジションを選択してみよう。すでに作ったグラデーションレイヤーが配置されているのが確認できるはずだ。

ここではグラデーションの突入角度である<回転>を図のように< 0x+45.0° >に設定してみよう。グラデーションのコンポジションを意図的に大きめに作成したのは、こうした斜めの空白部分をおぎなうことができるためだ。

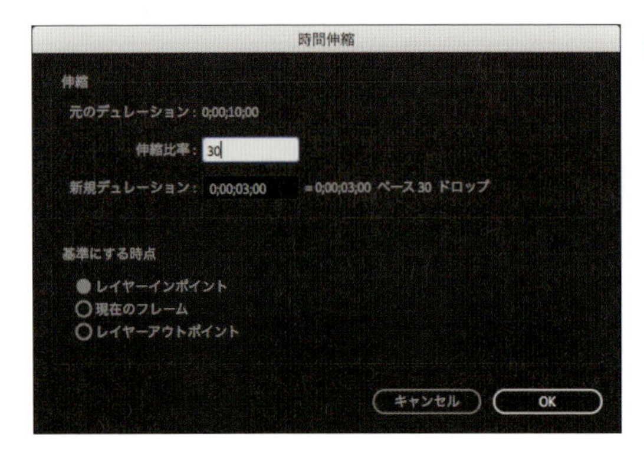

❷ グラデーションの速さを変える

グラデーションの速さを変えるには　<レイヤー>メニュー→<時間>→<時間伸縮>をクリックして、時間伸縮画面で速さを調整することができる。うまく下のレイヤーの切り替わりポイントに合うようにグラデーションの切り替わりを移動させてほしい。

MEMO

タイムリマップを利用する

実際の速度を変えるのに時間伸縮は便利だが、確認しながら変えるには<レイヤー>メニュー→<時間>→<タイムリマップ使用可能>を選択したほうが速さのキーフレーム間が見えているぶん、やりやすい。ぜひ試してもらいたい。

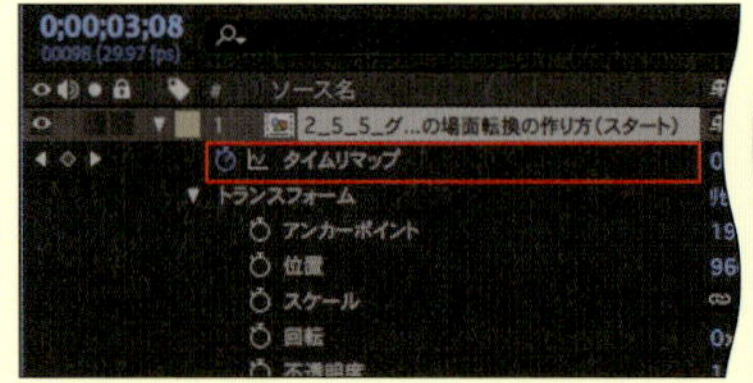

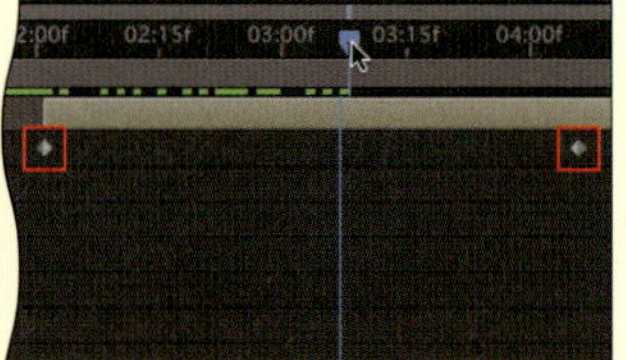

タイムリマップの解説動画

SECTION

06 無料プラグインを使用して場面転換を行う

ここでは、無料プラグインを使用した場面転換を解説する。簡単お手軽に、カラフルに展開する場面転換を演出してみよう。

Animation Composerを利用する

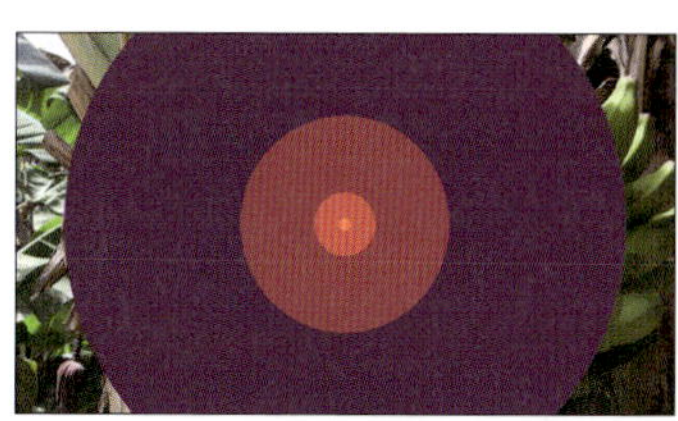

利用するプロジェクトファイル:「2_5_場面転換とスライドショー」フォルダ→「2_5_場面転換とスライドショー.aep」ファイル

利用するコンポジション:<コンポジション(スタート)>→<2_5_7_無料プラグインを使用した場面転換(スタート)>

コンポジションを開くと、料理の写真とバナナの写真が確認できる。ここでは、左図のように円や矩形のグラデーションを使って場面転換の演出を施していく。P.275で紹介したAnimation Composerを使用するが、このAnimation Composerは、場面転換においてもドラマティックな演出を簡単に行うことができる。

完成動画

Animation Composerでグラデーション効果を演出する

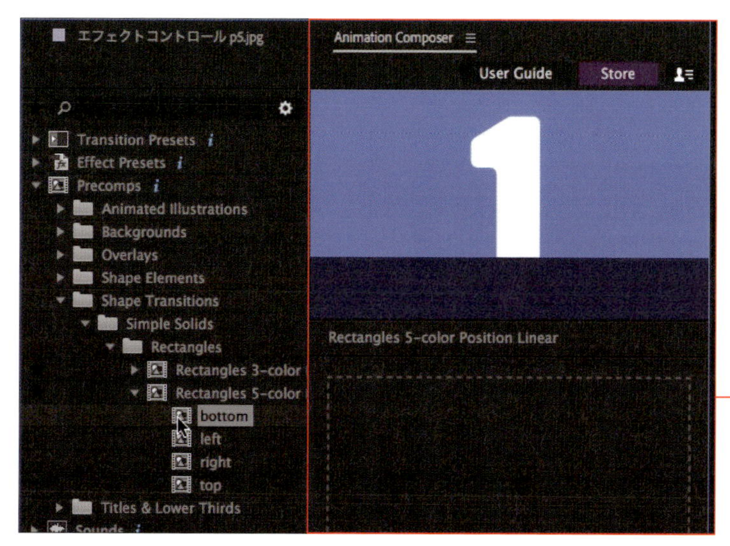

1 Animation Composerパネルを表示する

<ウィンドウ>メニュー→<Animation Composer>をクリックして、エフェクトコントロールパネル隣にAnimation Composerパネルを配置する。なお、Animation Composerは無料のプラグインである。詳しくは、P.275を参照していただきたい。

❷ 5つの平面グラデーションを作成する

Animation Composerパネル内の< Precomps >→< Shape Transitions >→< Simple Solids >→< Rectangles >→< Rectangles 5-color >と展開し、< Bottom >を選択したら、Drag an item from the list here の右スペース部分にドラッグ & ドロップする❶。

自動的に< Rectangles 5-color Position Linear >のレイヤーが追加される❷。タイムラインパネルの一番上に移動し❸、「CUT」とマーカーで記載されたポイントをドラッグして場面転換させたい場所に合わせて配置してみよう❹。
プレビューすると、下から上に向けて5つの平面グラデーションが作成されているのが確認できるはずだ。

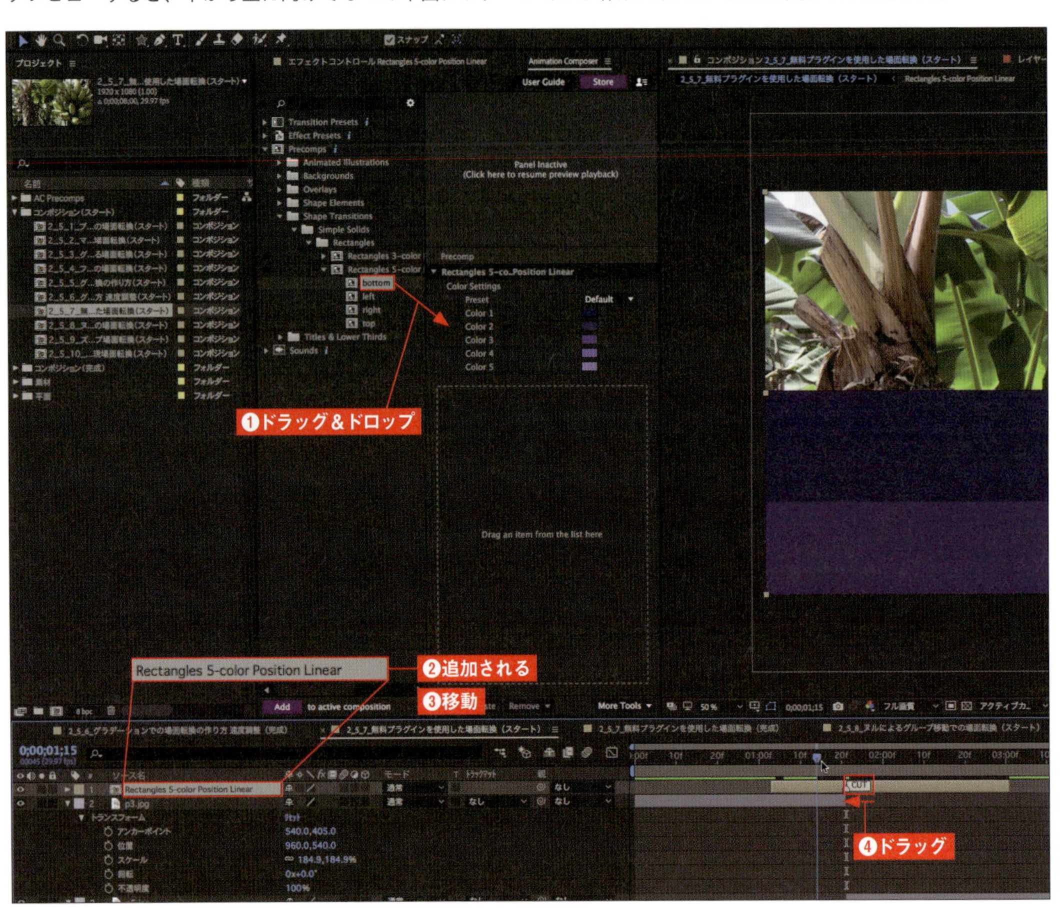

❸ 各グラデーションの色を設定する

各グラデーションの色はAdobe Colorテーマ内のカラールールの色で設定しても構わないが、Presetも用意されているのでそこから色パターンを選択することもできる。ここでは、< Default >をクリックして❶、< Palette 7 >を選択してみた❷。

Adobe Colorテーマを使用した色の配置は、P.315の「背景と文字の色について」やP.316のTIPSを参照していただきたい。

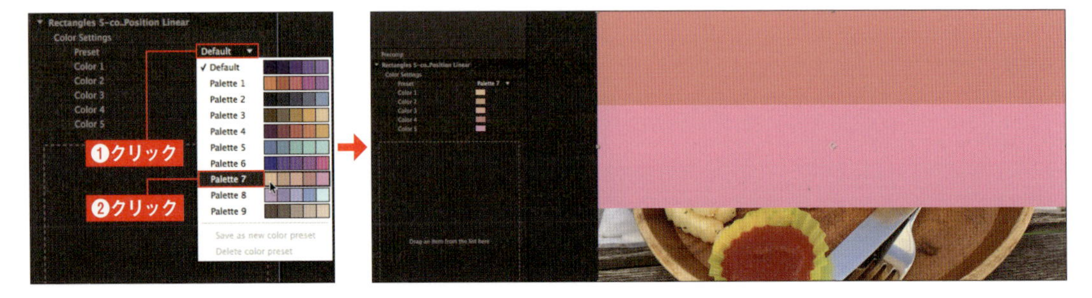

MEMO

構成とグラデーションパターンを確認する

グラデーションパターンを確認したい場合には、タイムライン上の< Rectangles 5-color Position Linear >のコンポジションをダブルクリックすることで構成を確認することができる。
ここではシェイプレイヤーで平面が作成されており、前述した基本グラデーションパターンの作りと同様の構成になっているのが確認できる。

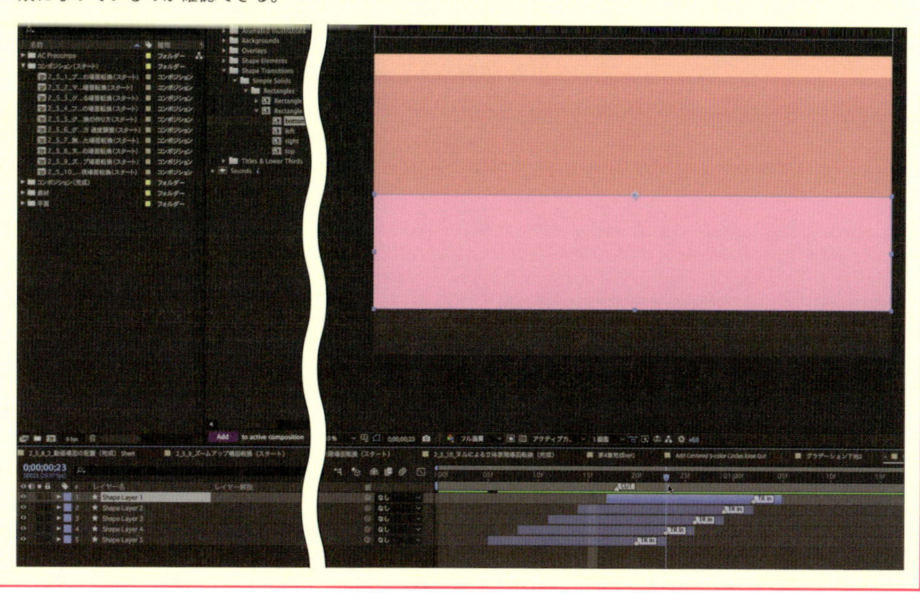

MEMO

場面切り替えのタイミングを調整する

Rectangles 5-color Position Linear のコンポジションの「CUT」のマーカーをドラッグすることで、場面切り替えのタイミングの調整も可能だ。

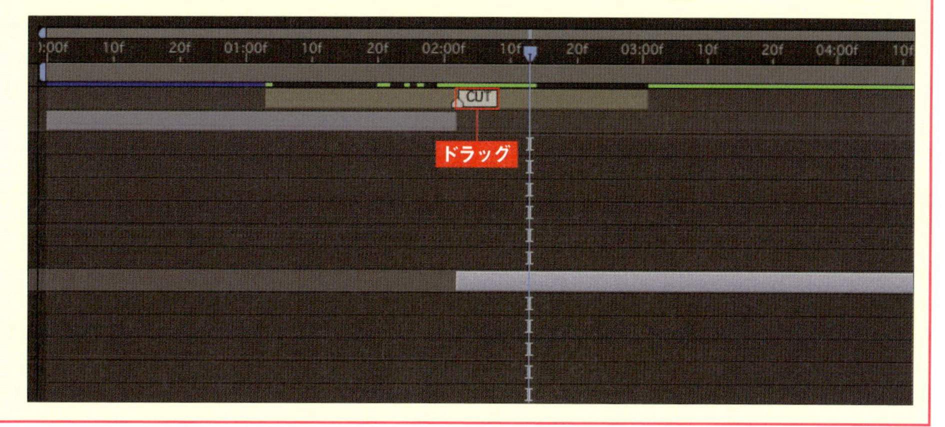

SECTION

07 ヌルオブジェクトを使用したグループ移動での場面転換を理解する

ここでは、ヌルオブジェクトによる場面転換の制御方法を解説する。まずは、ヌルオブジェクトを理解して、動画解説でさらに理解を深めていこう。

ヌルオブジェクトとは

▲もしかして子供には見えていて、レンダリング結果に表示されるかもしれない……

ヌルオブジェクトをタイムラインに配置・移動させることで、すばやいスライド移動による刺激的な場面転換を作り出すことができる。ヌルオブジェクトとは、簡単に説明すると「見えない小さい新規平面」と考えてもらうとわかりやすい（「みえない妖精さん説」もある）。著者が想像するヌルオブジェクトが左の絵である。なお、完成動画は下図のようになる。誌面ではわからないので、ぜひ完成動画をチェックしていただきたい。

完成動画

ヌルオブジェクトの特徴と用途

詳しくヌルオブジェクトについて解説していこう。そもそも新規平面とヌルオブジェクトの違いは何だろうか。前者はレンダリング時には影響を受けて反映されるが、後者はオペレーティング時は見えてもレンダリング時には影響されないという特徴を持つ。簡単にまとめると以下の表のようになる。

	操作画面	レンダリング出力時	エフェクトの適用
ヌルオブジェクト	見える	見えない（出力されない）	適用可能
新規平面	見える	見える（出力される）	適用可能

そうしたヌルオブジェクトの主な用途としては、以下の2つが挙げられる。

- **エフェクトコントローラーとしての役目（P.138の「文字に立体感と影を施す」を参照）**

  ヌルオブジェクトにエクスプレッション制御のエフェクトを適用し、スライダー制御などの項目を加えてコントロールする。これはヌルオブジェクトが見えないという特性を活かしたコントローラーとしての使用例である。

- **ペアレントやエクスプレッションを使用して誘導を促す先導の役目**

  メインとしてはこちらの使い方の方が一般的だ。ペアレントで親に設定して全体のグループの動きを先導することや、動的なエフェクトにエクスプレッションを適用してリンク付けさせて制御するといった使い方である。

ヌルオブジェクトについて理解を深めるためには、事前に動画で学習しておくことをお勧めする。

ヌルオブジェクト解説動画①

ヌルオブジェクト解説動画②

ヌルオブジェクト解説動画③

ヌルオブジェクト解説動画④

ペアレントでヌルオブジェクトを利用する

ヌルオブジェクトを使って 6 枚の写真が次々と縦横に切り替わっていく動きのある演出を施していこう。

利用するプロジェクトファイル：「2_5_ 場面転換とスライドショー」フォルダ→「2_5_ 場面転換とスライドショー .aep」ファイル

利用するコンポジション：<コンポジション（スタート）>→< 2_5_8_ ヌルによるグループ移動での場面転換（スタート）>

コンポジションを開くと、合計 6 枚の写真がコンポジションを中心にブロック状に配置されているのがわかる。

ヌルオブジェクトとすべてのレイヤーを関連付ける

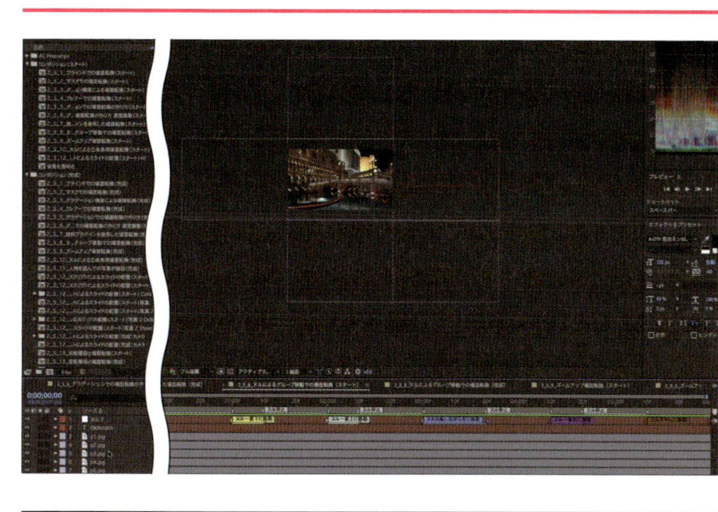

❶ 設定を確認する

画面では、コンポジション内の写真のみが見えている。連結されている場外の写真と文字レイヤーは、配置されていることは確認できるが、コンポジションの画面外なので隠れて見えていない。

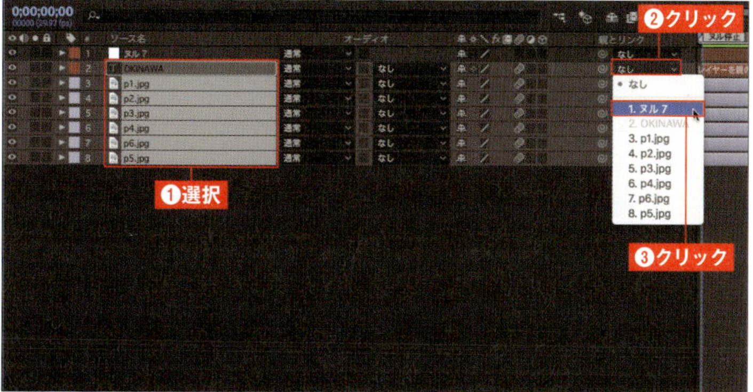

❷ ヌルオブジェクトを親に設定する

これら配置された写真と文字レイヤーをすべて選択し❶、<トランスフォームの継承元となるレイヤーを選択>をクリックして❷、<ヌル 7 >を選択してみよう❸。こうすることで、配置や形状を保ったまま、親であるヌルオブジェクトですべてのレイヤーを制御することができる。

ヌルオブジェクトにキーフレームを配置する

1 ヌルオブジェクトの制御を確認する

タイムライン上の<ヌル７>のレイヤーには、ぞれぞれ移動を指示する「ヌル一番下に移動」などの**マーカーが設置されている。**今回のヌルを使用したコンポジションではこれらマーカーの範囲を参照して、マーカーどおりにヌルオブジェクトの位置を移動させていくわけだが、あらかじめ「ヌル一番下に移動」のキーフレームは設定しているので、時間軸をドラッグして確認してみよう。ヌルオブジェクトが下に移動すると、上に配置されていた洞窟（ダンジョン）の画面がコンポジション内に現れるといった動きがわかるだろう。

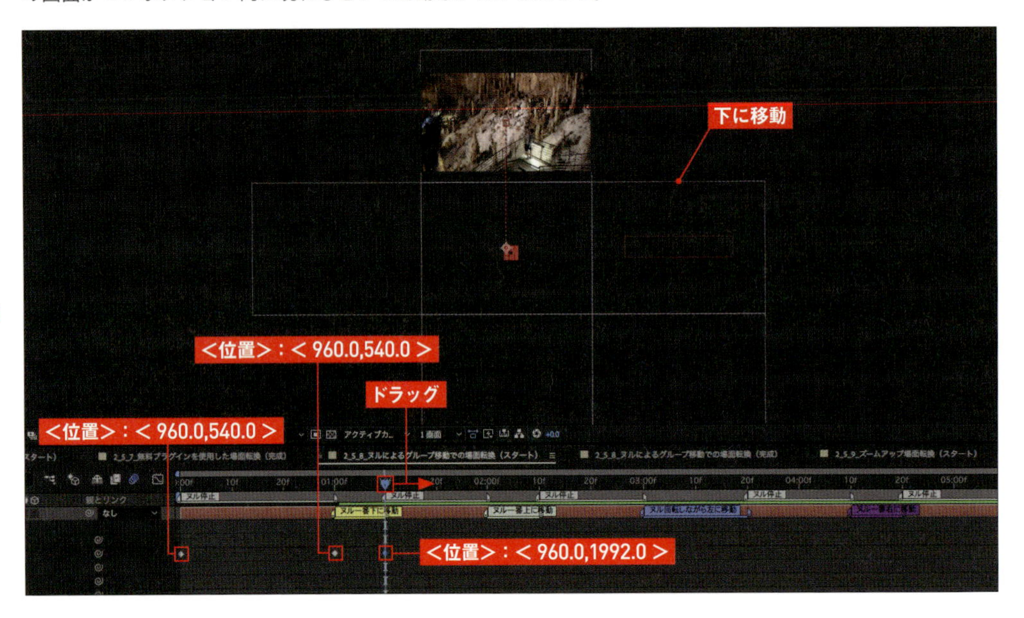

2 ヌルオブジェクトを上に移動する

次の「ヌル一番上に移動」では、図のようにヌルオブジェクトを上に移動させてみよう。ダンジョンの画面から中央をスルーして水中の画面が表示されればOKだ。

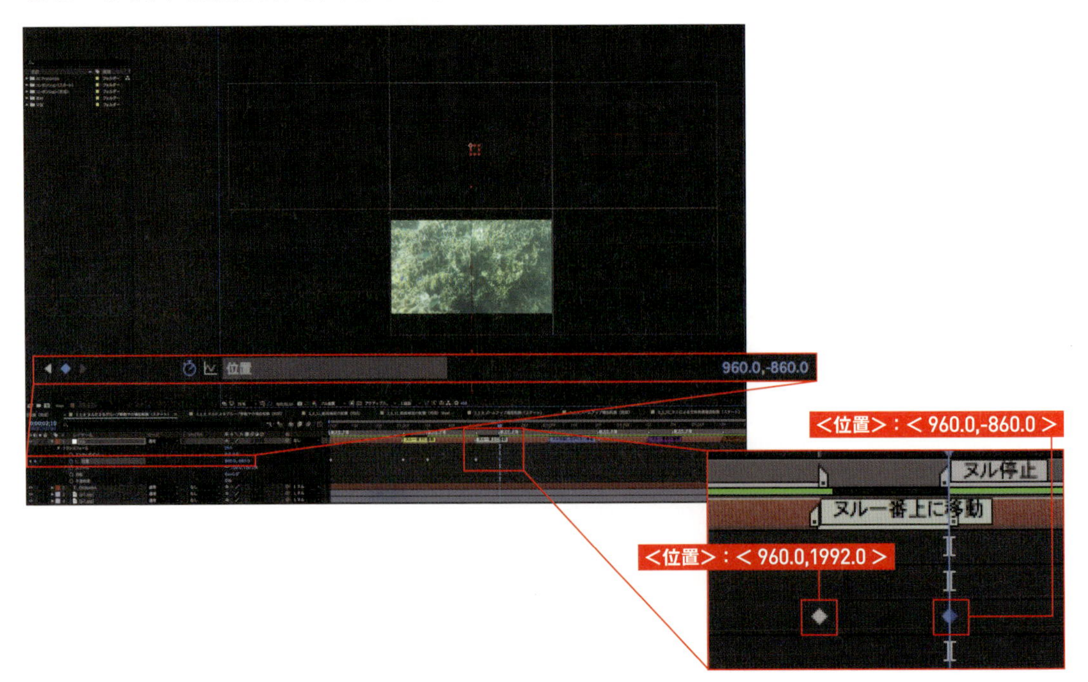

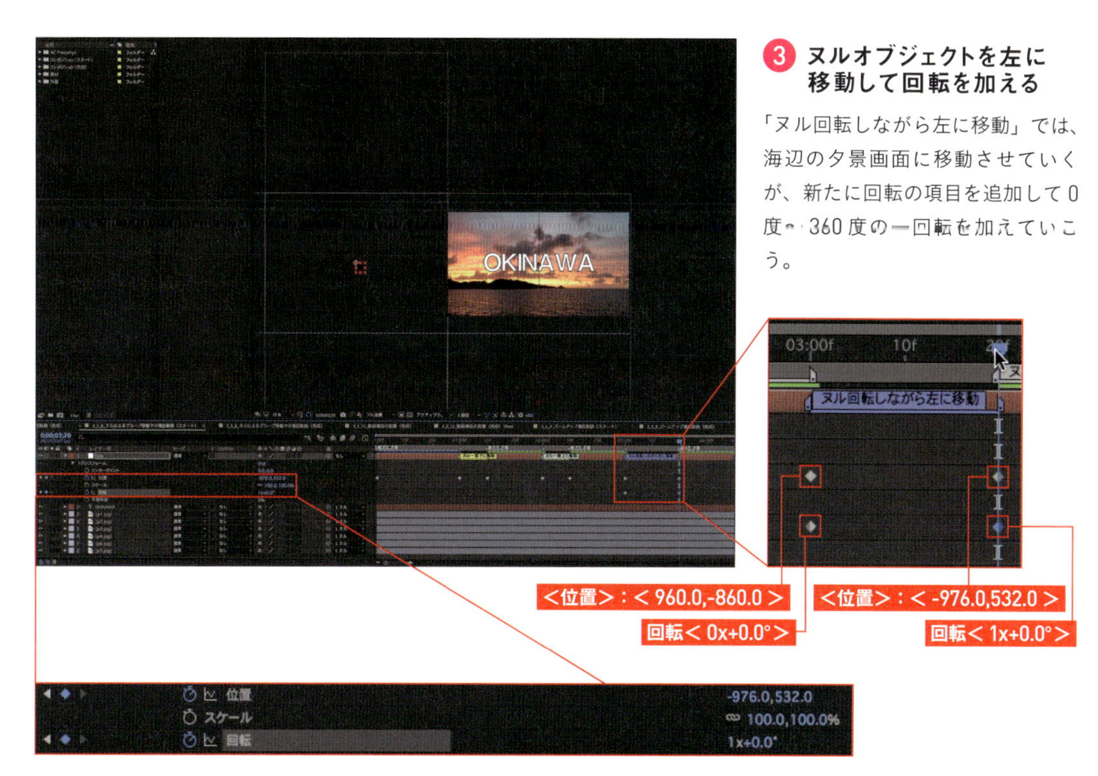

3 ヌルオブジェクトを左に移動して回転を加える

「ヌル回転しながら左に移動」では、海辺の夕景画面に移動させていくが、新たに回転の項目を追加して0度～360度の一回転を加えていこう。

ヌル停止
ヌル一番右に移動
ヌルが中心に移動
❶設定
❷設定
<位置>：< 960.0,540.0 >
<位置>：< -976.0,532.0 >
<位置>：< 2920.0,597.0 >
<位置>：< 2920.0,597.0 >

4 ヌルオブジェクトを右に移動して、最後に中心に移動する

「ヌル一番右に移動」を同じように設定し❶、最後のスライドの「ヌルが中心に移動」では、0秒地点に適用したキーフレームをコピー＆ペーストすることで❷、最初のスタート位置と寸分違わず戻るはずだ。

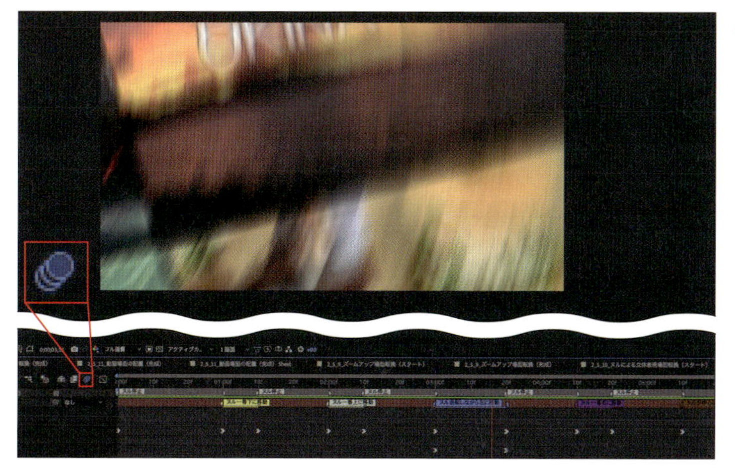

5 動きを仕上げる

無事キーフレームの設定が終わったら、モーションブラーやイージーイーズインなどを追加していくと、単調な動きにならないのでぜひ適用してもらいたい。完成したらプレビューして確認してみよう。

SECTION

08 ヌルオブジェクトを使用したズームアップ場面転換を作る

ヌルオブジェクトを使用した場面転換の制御方法はいろいろある。ここでは、ズームなどを使用した特殊な方法を解説していく。

ダイナミックに場面を転換する

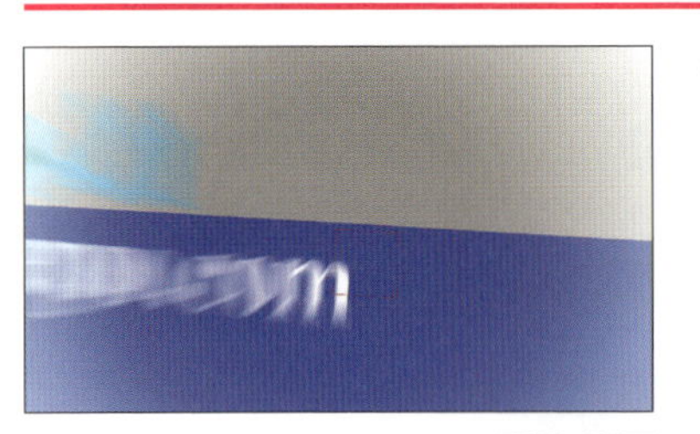

完成動画

利用するプロジェクトファイル:「2_5_場面転換とスライドショー」フォルダ→「2_5_場面転換とスライドショー.aep」ファイル
利用するコンポジション:<コンポジション(スタート)>→<2_5_9_ズームアップ場面転換(スタート)>

コンポジションを選択して、プレビューを行うとわかるが、左右からの文字のモーションの後に上下の平面の開閉の動きを演出している。ここでは、最終的に上下平面が閉じたあとに、ダイナミックに平面が回転・開扉して、料理の写真がズームしながら現れるモーションを施していく。

レイヤーをヌルオブジェクトと連動させて回転の設定を行う

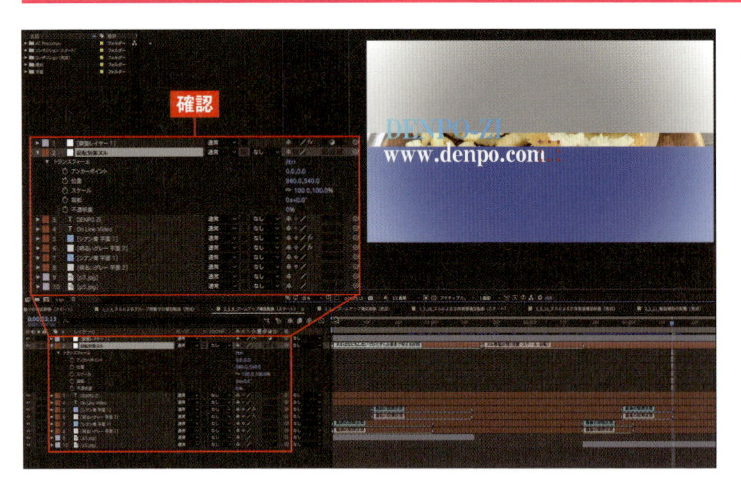

1 設定を確認する

今回のタイムラインには図のように平面と文字、背景に写真が2枚配置されている。コンポジション画面中央には、今回の先導として配置されているヌルオブジェクトも確認できる。今回はこの上下平面の閉扉のあとに、上下平面をヌルオブジェクトと連動させて、ズーム回転して開扉させる。

MEMO

中心部分の取り方

画面の中央部分ぴったりにヌルオブジェクトなどを配置するのに便利なのが<グリッドとガイドのオプションを選択>から選択できる<タイトル/アクションセーフ>だ。スナップを使用してもよいが、なかなかうまくスナップしないときは、この項目をクリックして有効にし、中央点を確認すると便利だ。また、グリッド表示に慣れているユーザーは、<グリッド>を使用してもOKだ。

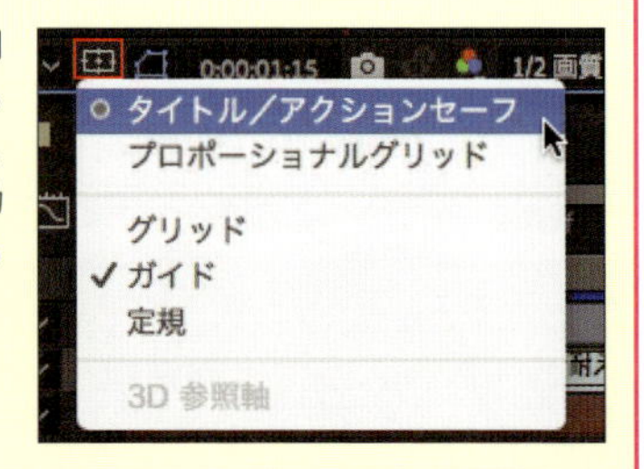

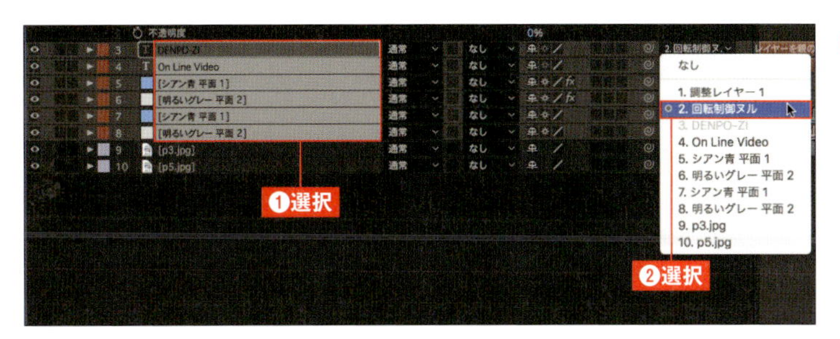

❷ レイヤーをヌルオブジェクトと連動させる

最初に時間軸を 0 秒地点に移動させ、ヌルオブジェクトと連動させるレイヤーを選択し❶、ペアレントから親レイヤーをヌルに選択する❷（ここでは、<回転制御ヌル>を選択。項目先頭の数字は実際の画面と異なる）。

❸ 回転制御ヌルにキーフレームを設定する

続いてヌルオブジェクトのマーカー内の<ヌル移動区間>のはじめに時間軸を移動させ❶、初期位置のまま<位置><スケール><回転>のストップウオッチをクリックして❷、キーフレームを設定する❸。

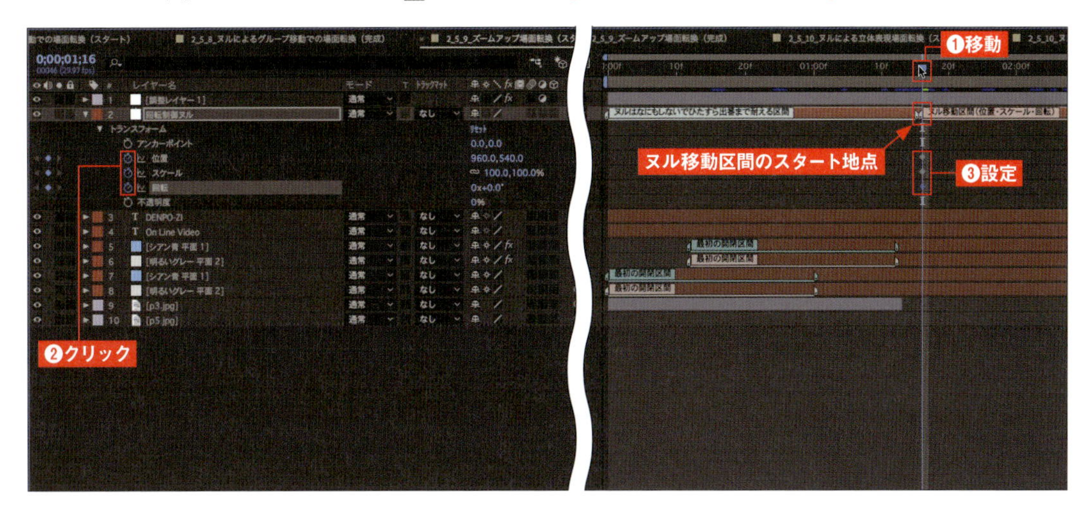

❹ ヌルオブジェクトと連動したレイヤーを90度回転させる

今度はマーカー内の終わり地点に移動し❶、<回転>の角度を< 0x+90.0° >に変更する❷。こうすることでペアレントでヌルオブジェクトと連動したレイヤーすべてが 90 度回転することになる。

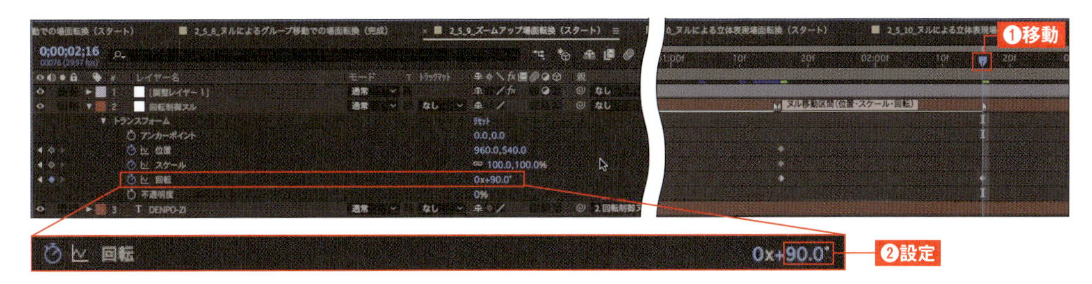

❺ スケールを大きくする

続けて、<スケール>の値を< 2600.0,2600.0% >に設定する。これで大きさが通常の 26 倍に変わる。

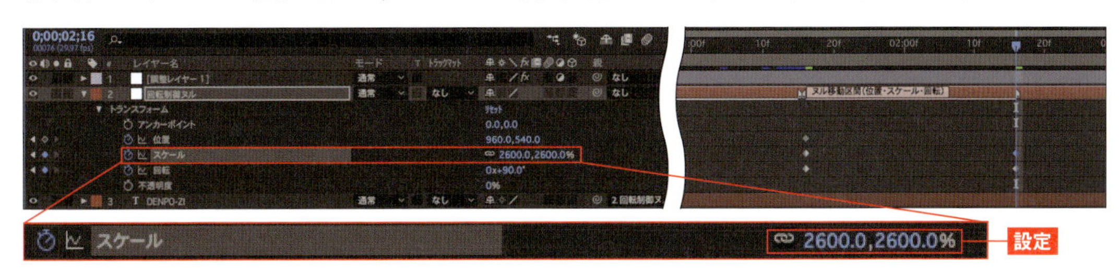

微調整を施して完成度を上げる

1 位置を調整する

縦横比の関係でヌルオブジェクトの中心部分がずれてしまったので、再び<位置>のX軸を< 700.0 >に設定して中心になるようにする。

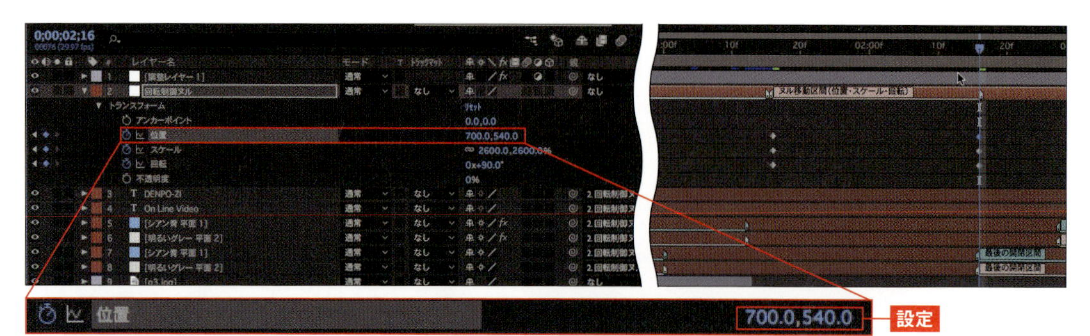

2 プレビューで確認する

無事設定が完了したら、プレビューを行ってみよう。平面が横に開扉しているのが確認できる。これはヌルオブジェクトと一緒にペアレントで設定した文字や扉開きの全モーション部分が連動されているために起こる状況だ。

また、最後の開扉は、一番最初にプレビューで確認した状態では約40ピクセル分の開扉分しか設定されていなかったが、ズームを26倍にしたため1000以上の開扉率を確保することができた。

3 モーションブラーとイージーイーズインを適用する

最後にモーションブラーとイージーイーズインを適用することで単調な動きにならないように設定できる。また、画質の劣化が気になる場合は<連続ラスタライズ>をクリックして有効にしていれば劣化はしない。

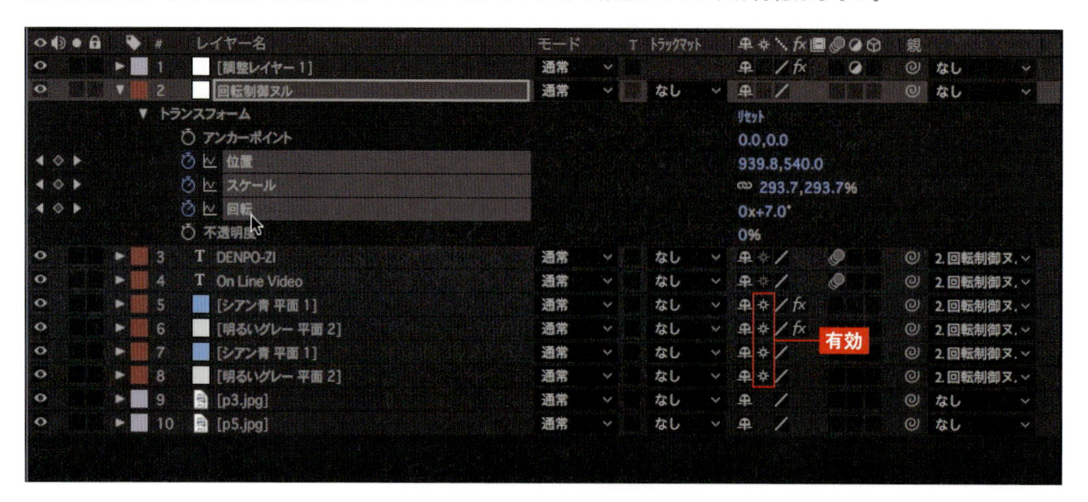

連続ラスタライズの解説動画

SECTION

09 ヌルオブジェクトで 3D の回転場面転換を行う

引き続き、ヌルを使用したオブジェクトの回転制御の方法を解説する。具体的には、ヌルオブジェクトを配置して、スライドに立体的な回転を加えてみる。

6つの写真を立体的に回転させる

完成動画

利用するプロジェクトファイル:「2_5_場面転換とスライドショー」フォルダ→「2_5_場面転換とスライドショー.aep」ファイル
利用するコンポジション：<コンポジション（スタート）>→<2_5_10_ヌルによる立体表現場面転換（スタート）>

コンポジションを開くと、3つの楕円の写真が確認できる。ここでは、左図のように6つの写真が立体的に回転する演出を施していく。これまでヌルオブジェクトについては、位置、回転、スケールと2次元の動きに限定して解説してきたが、ここでは、3Dレイヤーを活用した3次元演出の方法を学んでいただきたい。

写真の回転を調整する

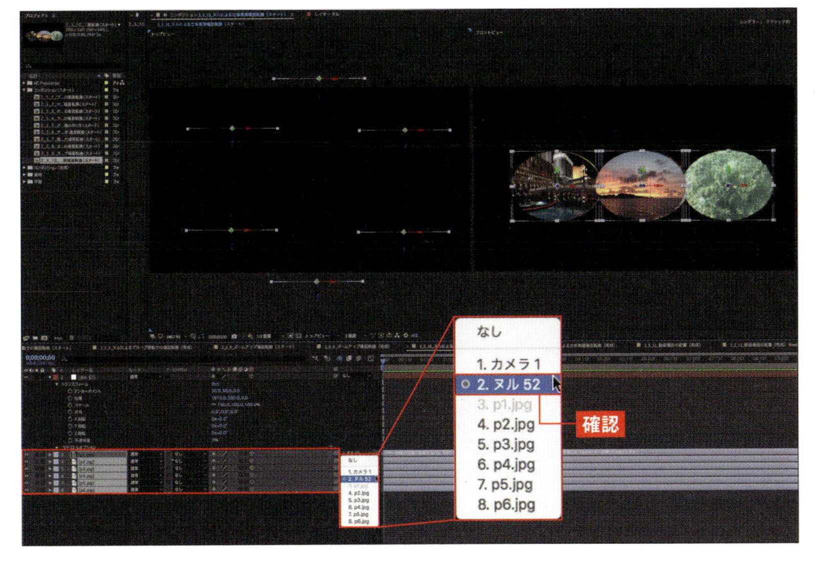

1 設定を確認する

画面ではマスクでくり抜かれた写真を3Dレイヤー化して配置、画面の左は上面、右はフロントからのビューに設定してある。同様にヌルオブジェクトにも3Dレイヤー化を適用している。3Dレイヤー化した写真はすべて、ペアレントで親がヌルオブジェクトとなるよう設定している。画面で確認してみよう。

MEMO

メリーゴーランドをイメージする

ここでは、ヌルに3Dレイヤーを適用している。わかりやすく説明すると、メリーゴーランドのように写真が円回転するような設定を施していく。

❷ Y回転を設定する

今回は6秒間かけてヌルオブジェクトを上からみて時計回りに1回転させるため、<Y回転>のY軸の値を図のように設定している❶❷。

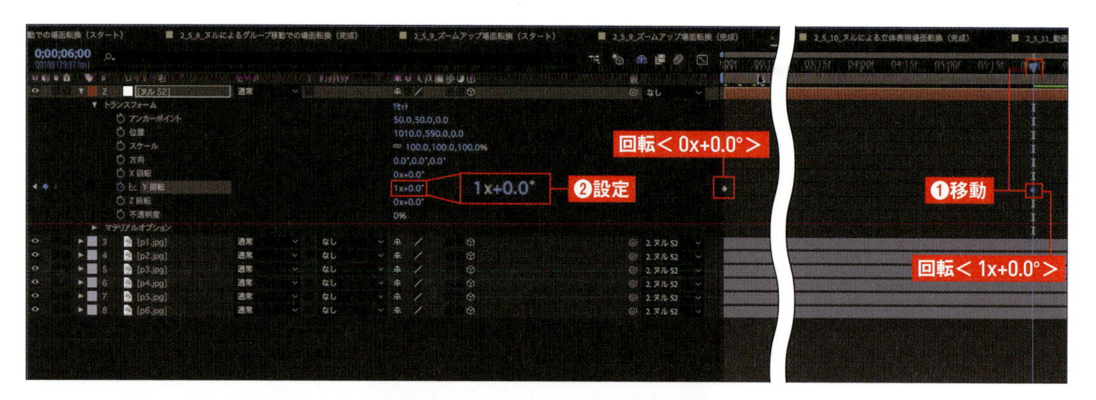

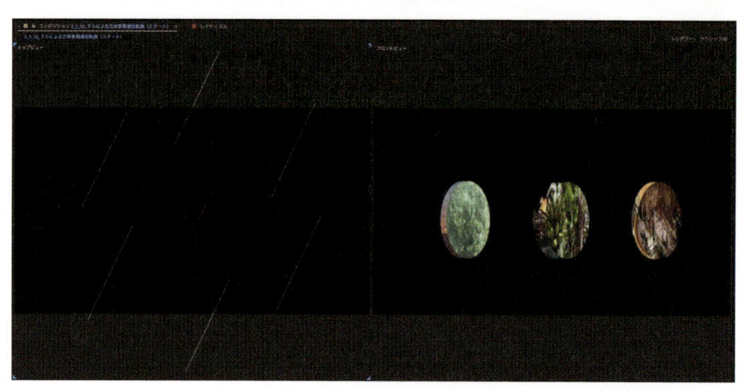

❸ 設定を確認する

ヌルオブジェクトにダイレクトに反応すると、予想どおり同時に並列に回転してしまい、写真自体が回転してしまう。

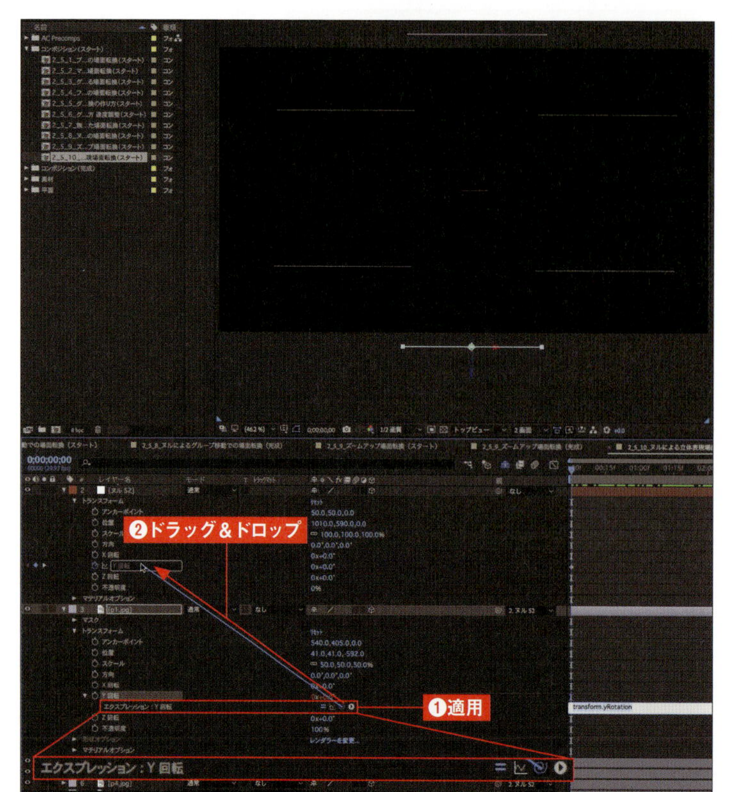

❹ 写真をヌルオブジェクトの角度とは別回転に設定する

そこで、それぞれの写真をヌルオブジェクトの角度とは別回転（反時計回り）になるように、Y軸の回転を設定することで、打ち消し合ってバランスをとる。キーフレームで設定してもよいが、ありきたりなので、ここではエクスプレッションを使用して行っていこう。<p1.jpg>の<Y回転>にエクスプレッションを適用し❶、ピックウィップでヌルオブジェクトのY回転と同期する❷。

❺ エクスプレッションに記述を加える

そのままだと時計回りの回転になってしまうので、反時計回りにするため「*-1」を追加して逆転させる。記載は「thisComp.layer（" ヌル 52"）.transform.yRotation*-1」となる。
この記載でヌルオブジェクトのY回転（時計回り）と写真のY回転（反時計回り）が相殺され正面に写真が向く。

❻ 回転を確認する

以上の手順❹〜❺の設定をすべての写真に適用することで、全体がメリーゴーランドのように回転しているのが確認できるはずだ。

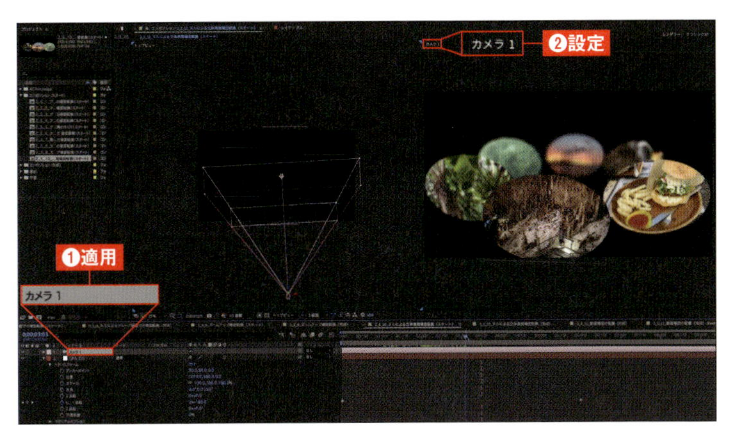

❼ カメラを適用する

最後にカメラを適用し（<レイヤー>メニュー→<新規>→<カメラ>）❶、右ビューをカメラビューに切り替えた❷。ここでは適用時にカメラの<被写界深度>の<F-Stop>を<0.2>に設定することで奥行き感を演出している。

MEMO

そのほかの方法

ここで紹介したエクスプレッションを使用する以外にも、カメラの向きに合わせて画像を自動調整してくれる機能も紹介しておこう。
カメラは事前に適用して、手順❸以降から次の操作を実行していこう。

▲タイムラインに並んでいるカメラ、ヌルオブジェクト以外の画像を選択する

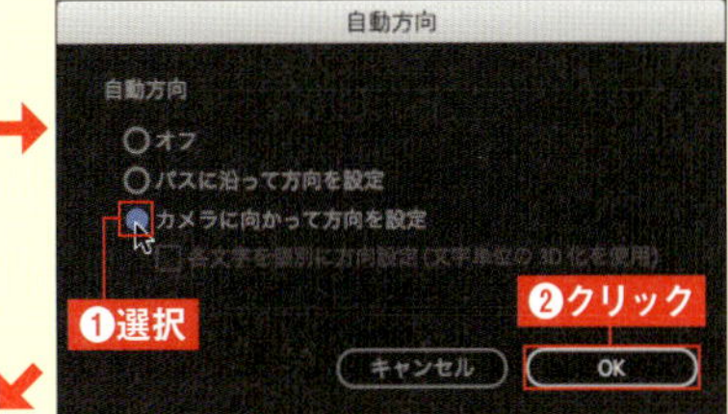

▲<レイヤー>メニュー→<トランスフォーム>→<自動方向>を選択する。自動方向画面が現れるので、<カメラに向かって方向を設定>を選択して❶、<OK>をクリックする❷

▲設定が完了すると、自動的にカメラの方向に向かって画像の面が向き合ってくれるようになる。カメラの向きに合わせて向いてくれるので上下間での移動にも対応できる

SECTION

10 人物の周りを旋回する写真のスライドを作成する

ここでは、人物の周りを写真が回転しながら飛んでいくスライドを作成する。ここでもヌルオブジェクトを利用するので、その活用方法を解説しよう。

ブロックの周りを旋回する写真を作成する

完成動画

利用するプロジェクトファイル：「2_5_場面転換とスライドショー」フォルダ→「2_5_場面転換とスライドショー.aep」ファイル
利用するコンポジション：＜コンポジション（スタート）＞→＜背景を透明化＞

コンポジションを開くと、ボックスの周りを写真が旋回するのが確認できる。最終的にはボックスを人物（iPhoneで撮影した人物）に変えて仕上げるが、こうしたヌルオブジェクトの回転は、人物などを絡めた演出にも幅広く応用技として活用できる。

ヌルオブジェクトの設定や各写真の回転設定を確認する

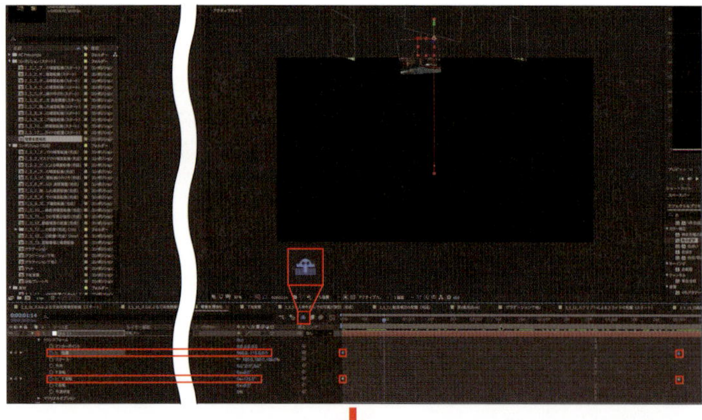

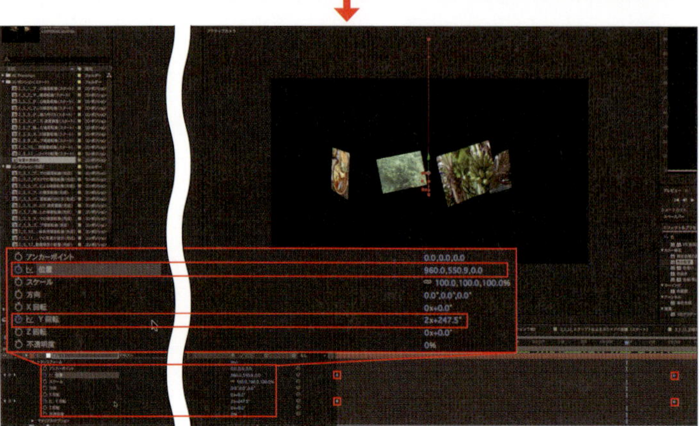

❶ 上から下への下降設定を確認する

ここでは、シャイレイヤーを有効にして＜Block_P.mp4＞と＜Block_W.mp4＞を非表示にしたところから解説している。

まずはメリーゴーランドのように回転している＜ヌル11＞の＜位置＞の＜Y位置＞に、また＜Y回転＞にキーフレームを設定して、上から下に向けて降下させているので確認してほしい。

❷ Y回転とZ回転の設定を確認する

各写真の<トランスフォーム>の<Y回転>と<Z回転>には、エクスプレッションが適用され、プロパティにはそれぞれ、<wiggle（1,50）>、<wiggle（1,30）>が設定されて、ゆらゆらとうごめくような演出が施されている。

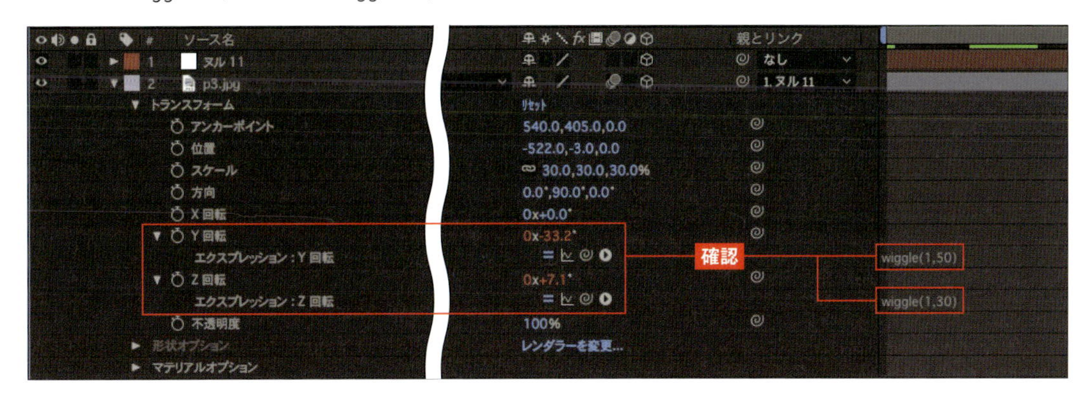

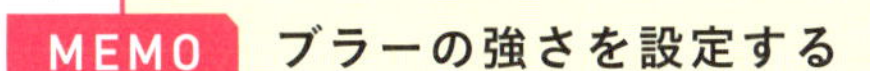

MEMO ブラーの強さを設定する

3Dレイヤーでのモーションブラーの設定（<コンポジション>メニュー→<コンポジション設定>）では、コンポジション設定画面の<高度>タブの<フレームあたりのサンプル数>でブラーの強さを調整できる。

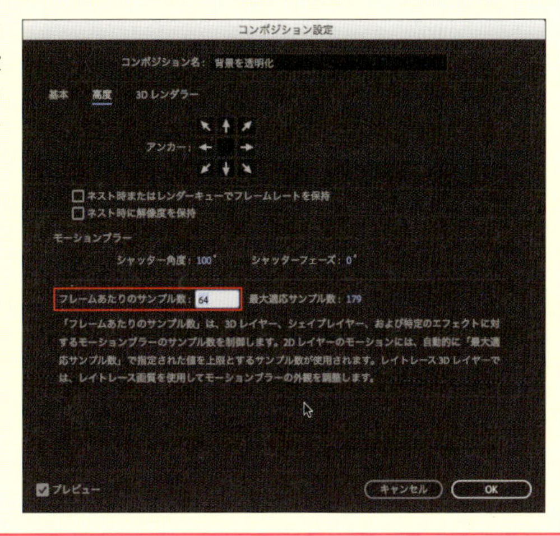

❸ シャイレイヤーをオフにする

続いてシャイレイヤーをオフにして❶、<Block_P.mp4>と<Block_W.mp4>の両レイヤーを表示し、<Block_P.mp4>の表示をオンに設定する❷。

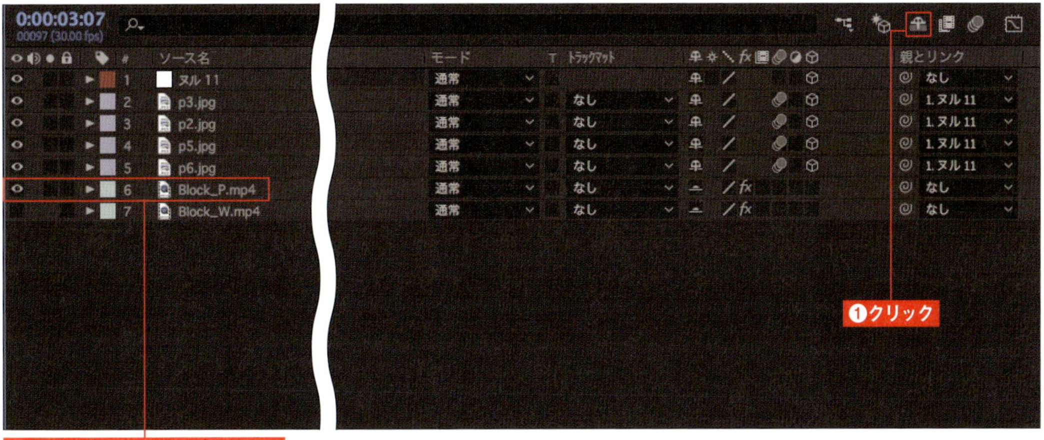

背景を設定する

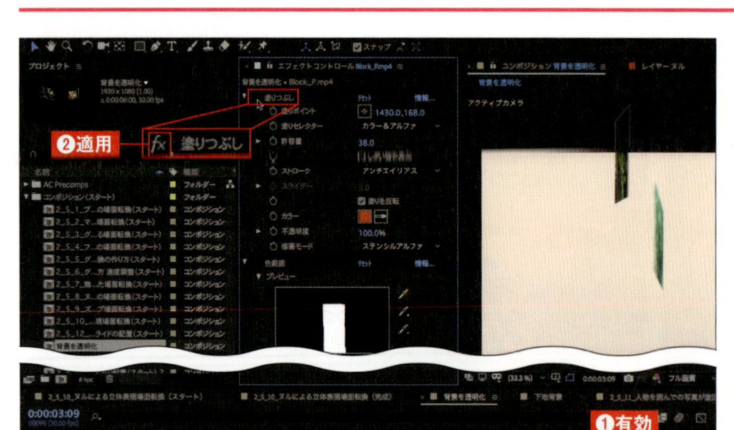

❶ 3Dレイヤーを有効にして塗りつぶしを適用する

設定の確認が終わったら、＜Block_P.mp4＞の＜3Dレイヤー＞を有効にし❶、エフェクトコントロールパネル内の＜塗りつぶし＞を適用して❷、設定を行っていこう。

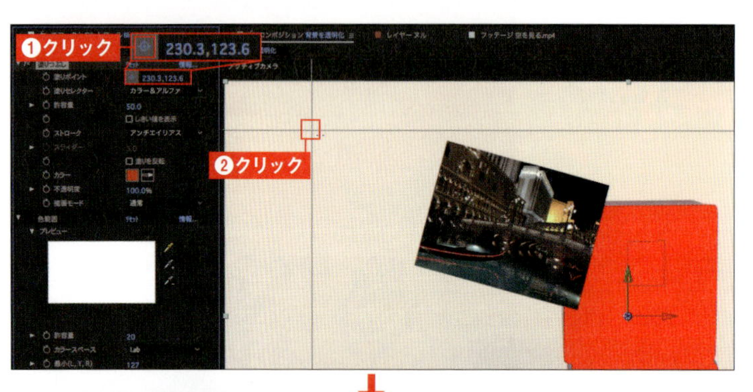

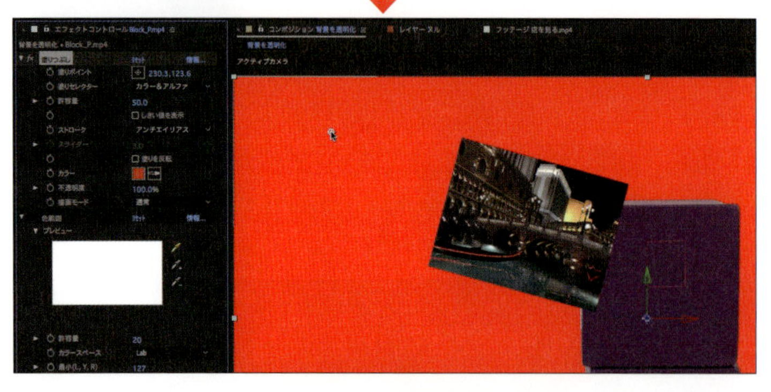

❷ 背景を塗りつぶす

まずは背景となる部分を＜塗りポイント＞から選択する❶。これで背景色の範囲を塗りつぶすことができた❷。

❸ 塗りを反転して描画モードを変更する

続いて＜塗りを反転＞をクリックする❶。こうして塗りを反転することで、ブロック部分が塗りつぶされる。さらに＜描画モード＞から＜ステンシルアルファ＞を選択する❷。こうすることで塗りつぶされたブロック部分のみがアルファチャンネルとして指定される。

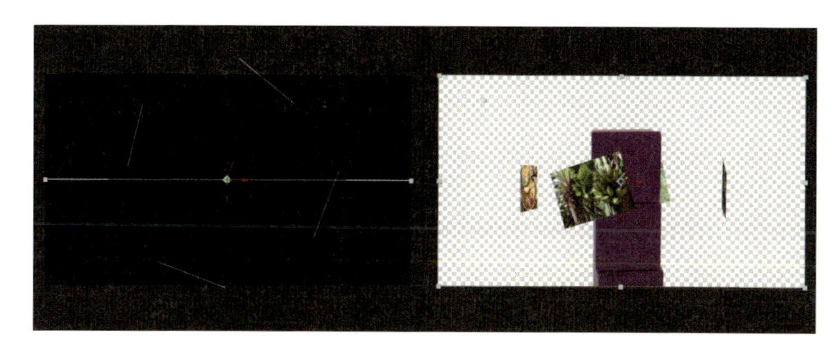

❹ プレビューで確認する

プレビューしてみると、ちょうどヌルオブジェクトと同じように回転軸の中心にブロックのみが配置され、後ろの方にも写真が旋回しているのが確認できる。

MEMO

白ブロックの注意点

< Block_W.mp4 >のほうを表示させて同じように確認してみよう。こちらにも<塗りつぶし>を適用しているが、残念ながらすべての白ブロックが背景とともに消えてしまっている。これは塗りつぶしが輝度信号（明るさ）をメインに違いを検出していることに起因する。背景色と同じような輝度を持つ白ブロックでは、白背景と同じ扱いで消えてしまうのだ。

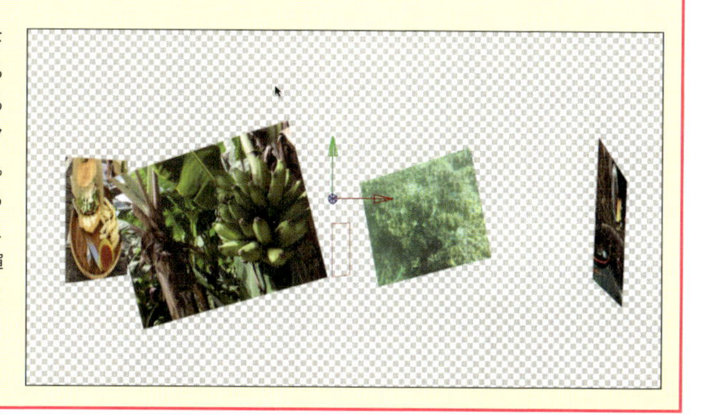

人物をヌルオブジェクトと合成して旋回する写真を演出する

❶ 設定を確認する

それでは背景が「人」の場合にはどうだろうか？　ここで、< 2_5_11_ 人物を囲んでの写真が旋回（スタート）>のコンポジションを選択してみよう。ここでは、黒いスーツを着た人物とメリーゴーランドであるヌルオブジェクトとの合成を解説をしていこう。

まずは人物だけをフォーカスしたタイムラインを確認してみよう。<空を見る .mp4 >が 2 つ、背景である<ブラック平面>が 1 つ配置されている。下にある<空を見る .mp4 >をクリックして展開すると❶、すでに<マスク>でアクション範囲を囲まれた人物が表示されているのが確認できるはずだ❷。

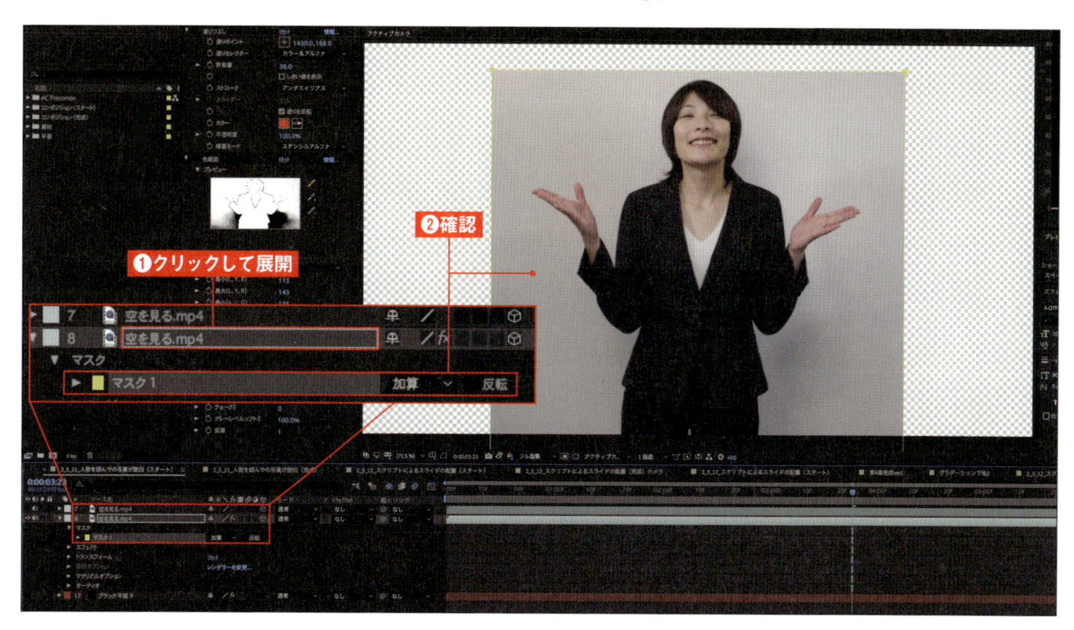

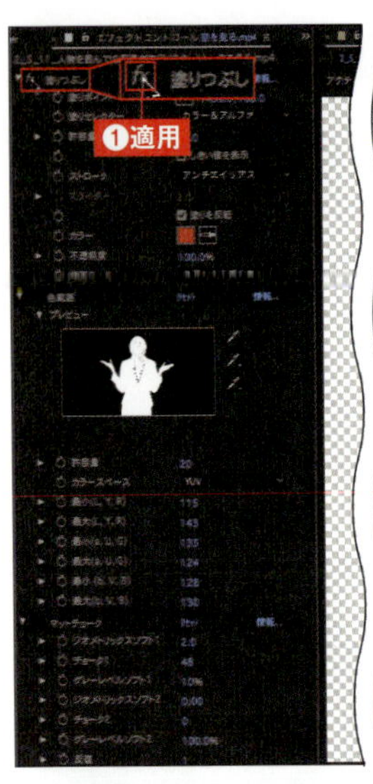

❷ 塗りつぶしを適用する

エフェクトコントロールパネル内の＜塗りつぶし＞を適用してみよう❶。ただこれだけではブロックと違い、人物の影のムラが生じてしまうため下の部分に消し残した壁が残ってしまう❷。

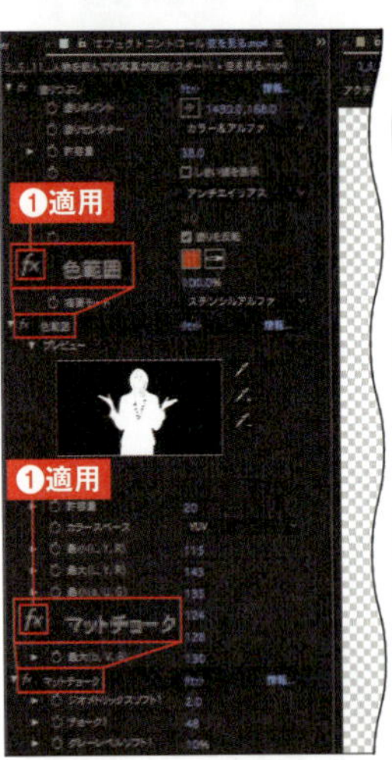

❸ 色範囲とマットチョークを適用する

＜色範囲＞と＜マットチョーク＞を適用すると❶、消し残した壁が削除される。ただし、＜色範囲＞では白を抽出しているために、テカリの部分と白い服の部分も残念ながら同時に削れてしまう❷。

❹ もう1つの画像にマスクをかけて削れた部分を補う

削れた部分を補うために、タイムライン一番上の＜空を見る.mp4＞を表示、選択する❶❷。ここでは図のように顔と服の部分を囲うようにマスクを適用してみた❸。このマスクによって、削れた部分を補うことができた。

5 ブラック平面を表示して合成を確認する

＜ブラック平面 9＞（壁）を表示させ、無事に背景と合成されたか確認してみよう。

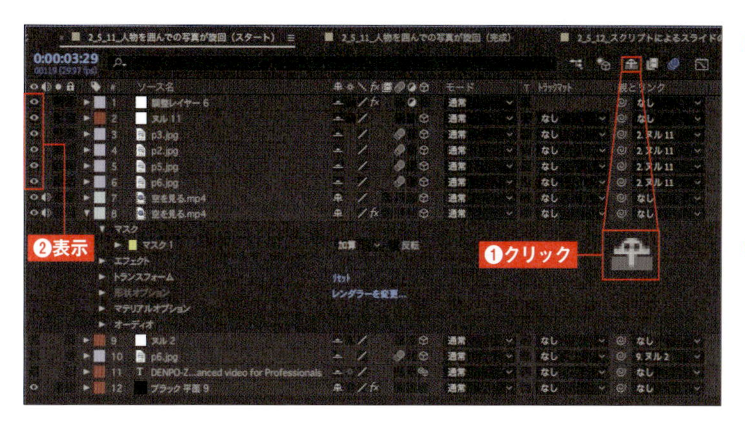

6 隠れていたレイヤーを表示する

シャイレイヤーをオフにし❶、残りのレイヤーを表示したら、メリーゴーランドのヌルオブジェクトとそのほかのパーツを表示に設定する❷。

7 色調整を行って仕上げる

最後に＜調整レイヤー＞を選択し❶、色を調整するためにエフェクトコントロールパネル内の＜ Lumetri カラー＞を適用すれば完成だ❷。

MEMO

人物撮影のポイント

今回の撮影した素材は、明かりの条件も満たして撮影されたきれいな動画だが、うまくくり抜きができない方は、グリーンバックやロトブラシなどを使用してみるのもよいかもしれない。また今回の人物素材は、風を当ててしまい髪の毛が少し揺らいでしまっているが、人物の場合には髪の毛などはできるだけ固定して無風状態で撮影したほうがうまくいく。

 ロトブラシによる抜きの解説動画（基礎） 

 ロトブラシによる抜きの解説解説（応用） 

TIPS

ヌルオブジェクトをもっと活用する

＜2_5_11_人物を囲んでの写真が旋回（完成）＞のコンポジションには、別途さまざまなヌルオブジェクトの活用、文字の旋回などのヒントが満載されているので興味ある方はぜひ観てもらいたい。

 マスクパスに沿ったアニメーション作成の解説動画 

SECTION

11 エクスプレッションを使用してスライドを整列配置する

ここでは、エクスプレッションを使ってスライドを簡単に配置整列させる方法を解説する。写真に動きを付けて、最後は画面一杯に配置してみよう。

自動化で簡単に写真を配列する

利用するプロジェクトファイル:「2_5_場面転換とスライドショー」フォルダ→「2_5_場面転換とスライドショー.aep」ファイル
利用するコンポジション：＜コンポジション（スタート）＞→＜2_5_12_スクリプトによるスライドの配置（スタート）＞

コンポジションを選択すると、すぐに目につくのは1枚の写真だ。ここでは、動きのあるスライドから、左図のように画面一杯に写真を配置整列させてみる。通常、写真などの素材をコンポジションに配置する場合は、手動で行うケースが多く、枚数が多くなってしまった場合にはかなりの労力を要求される。今回はそうした労力を伴わずに、エクスプレッションを使用して自動配置させる。

写真を設定してエクスプレッションを追加する

① 写真レイヤーを3Dレイヤーに変える

コンポジションには1920×1280ピクセルの写真が中央に9枚配置されているのが確認できる。縦3枚、横3枚の配置になるので、コンポジションサイズは縦5760、横3840の大きさに設定している。まずは、写真レイヤーをすべて選択し❶、3Dレイヤーに設定してみよう❷。

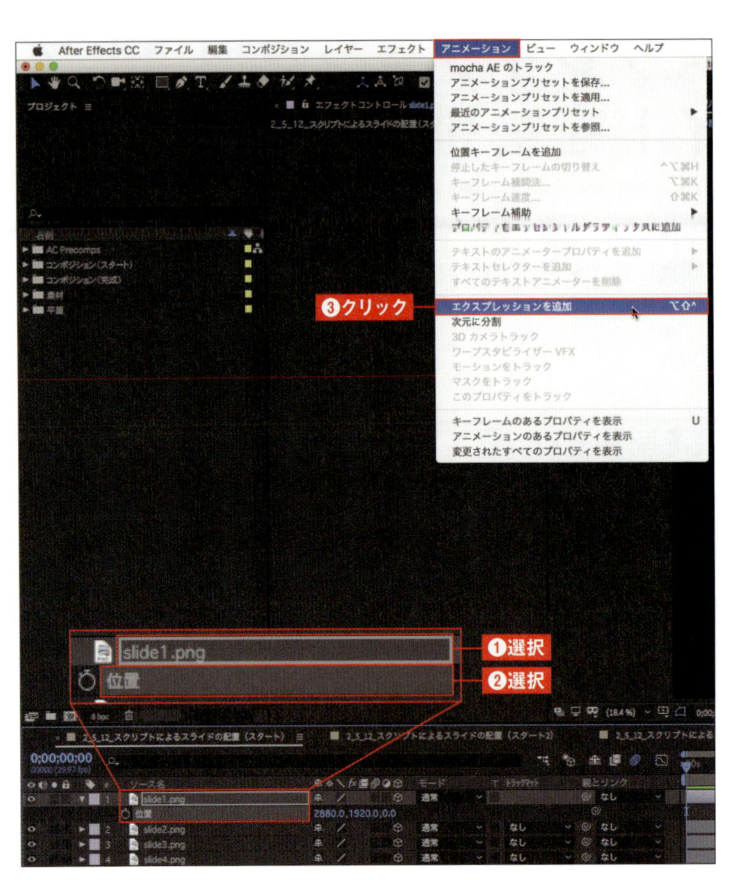

❷ トランスフォームの位置にエクスプレッションを追加する

次に＜ slide1.png ＞を選択し❶、＜トランスフォーム＞の＜位置＞を選択して（ショートカットキー P を押したほうがはやくて便利だ）❷、エクスプレッションを追加する（＜アニメーション＞メニュー→＜エクスプレッションを追加＞）❸（エクスプレッション追加のショートカットキーは option ＋ shift ＋ ^、Windows では Alt ＋ Shift ＋ ^）。

MEMO エクスプレッションの記載範囲を広げる

エクスプレッションの記載範囲は通常では 1 行だが、エクスプレッションが記載されたスペースの下部の境界線を下方向へドラッグ & ドロップすることで、記載範囲を広げることができる。

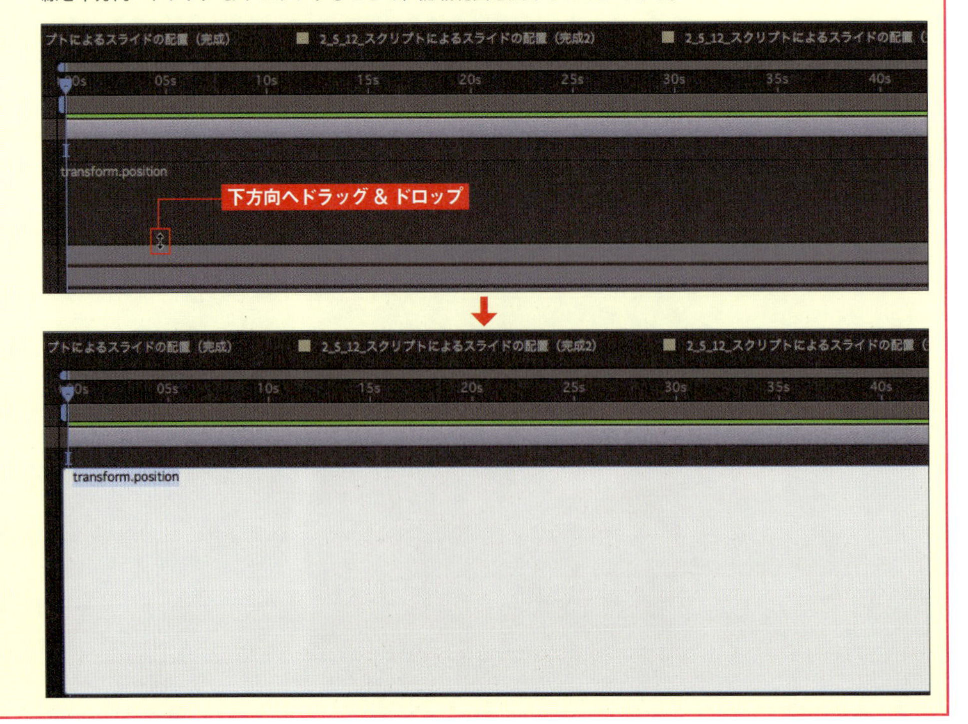

エクスプレッションをすべてのレイヤーに適用する

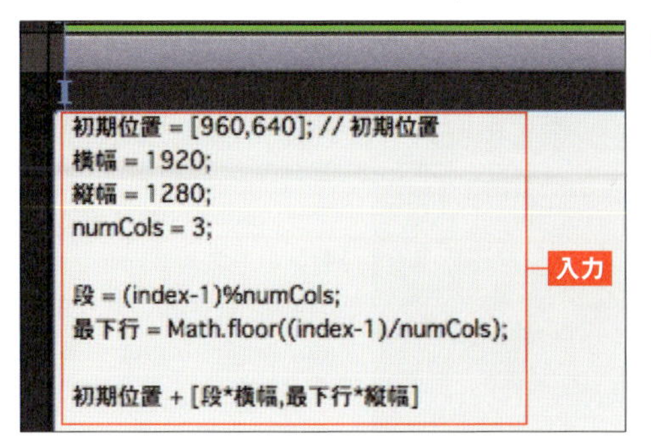

1 エクスプレッションを入力する

下記エクスプレッションの入力を行ってみよう（記載が面倒な場合には< 2_5_11_スクリプトによるスライドの配置（完成）>からコピー＆ペースト、もしくはシャイレイヤーをクリックして文字レイヤーに記載されているエクスプレッションをコピーしてもらいたい）。エクスプレッションになぜ漢字が使われているのかと、多くの読者は驚いたに違いない。実はエクスプレッションは数式に関わるメイン部分以外のところは「参照」として、ひらがなや漢字などを使用できるのだ。

```
初期位置 = [960,640] ; // 初期位置
横幅 = 1920;
縦幅 = 1280;
numCols = 3;

段 = (index-1) %numCols;
最下行 = Math.floor ((index-1) /numCols) ;

初期位置 + [段 * 横幅 , 最下行 * 縦幅]
```

- 初期位置 = [960,640] ; // 初期位置：コンポジション画面左上から配置される基準の位置（写真の大きさに合わせて位置を調整する必要がある）。ここでは 1920 ÷ 2=960 1280 ÷ 2=640 の割合で設定されている
- 横幅 = 1920; 縦幅 = 1280;：配置される縦横の間隔（基本は写真のサイズで横に繋がるように配置されるが、写真を重ねたい場合には値を小さくする）
- numCols = 3;：写真の配置の段数
- 段 = (index-1) %numCols;：Index が numCols の段数を判断してレイヤー番号を取得（位置を設定）
- 最下行 = Math.floor ((index-1) /numCols) ;：最下行の定義（位置を設定）
- 初期位置 + [段 * 横幅 , 最下行 * 縦幅]：すべての定義のまとめ

英語で記載した場合には、以下のようになる。

```
origin = [960,640] ; // center of upper-left
h = 1920;
v = 1280;
numCols = 3;

Col = (index-1) %numCols;
Row = Math.floor ((index-1) /numCols) ;

origin + [Col*h,Row*v]
```

2 エクスプレッションの設定を確認する

エクスプレッションの記載が終了したら、エクスプレッションの表示範囲外をクリックする❶。< slide1.png >がコンポジションの左上に自動的に配置されたのが確認できるはずだ❷。

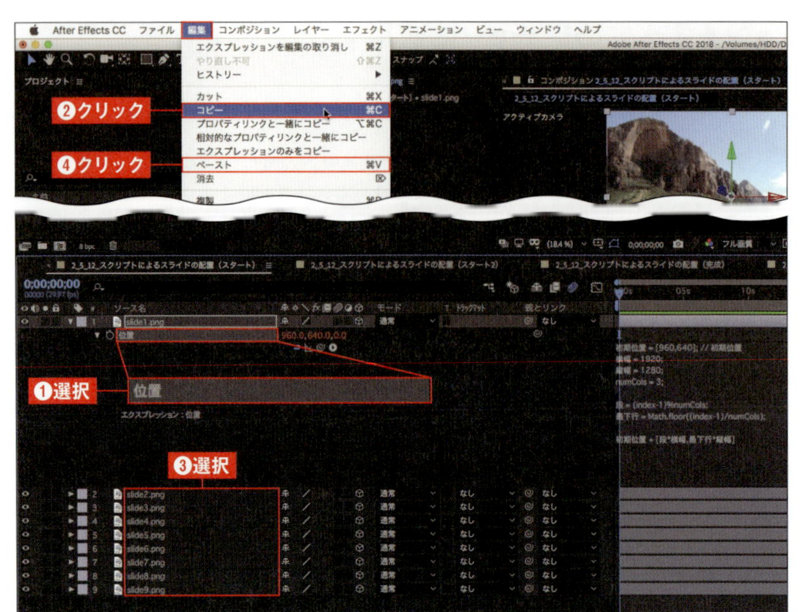

❸ 設定をほかの写真にも適用する

続いて＜slide1.png＞の＜位置＞を選択し❶、＜編集＞メニュー→＜コピー＞をクリックする❷。これで＜slide1.png＞の＜位置＞のエクスプレッションがコピーされる。残りのslide2.png～9.pngをすべて選択し❸、＜編集＞メニュー→＜ペースト＞をクリックする❹。＜slide1.png＞のエクスプレッションが残りのslideにすべて適用される。

❹ 設定を確認する

無事コンポジション内にすべてのslide.pngが自動的に配置されたのが確認できるはずだ。

エクスプレッション制御を解除する

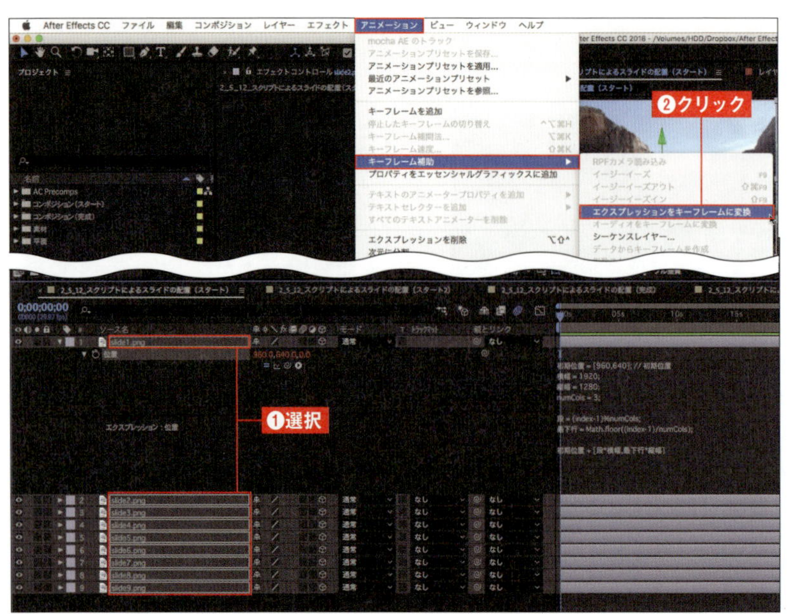

❶ エクスプレッションをキーフレームに変換する

続いてすべてのレイヤーを選択し❶、＜アニメーション＞メニュー→＜キーフレーム補助＞→＜エクスプレッションをキーフレームに変換＞をクリックする❷。

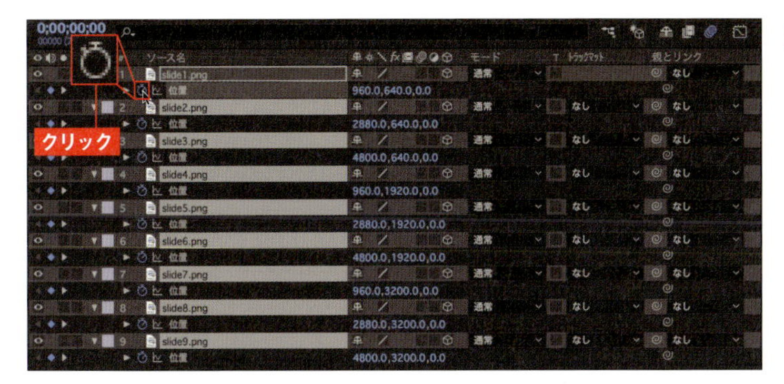

❷ すべてのキーフレームを削除する

キーフレームに変換したエクスプレッションは不要なので、<位置>の<ストップウオッチ>をクリックして、すべてのキーフレームを削除してしまおう。こうすることで、エクスプレッション制御が解除され、X軸、Y軸、Z軸など自由に位置を調整することができる。

MEMO エクスプレッションでのグリッド配置

手順❷のエクスプレッション制御解除だが、なぜこのようなことができるかについては、エクスプレッションでのグリッド配置を理解するとよい。エクスプレッションでは複数のレイヤーをグリット状に配置する機能が備わっており、それらを活用することで各レイヤー（写真、文字、シェイプレイヤー）を順番どおりに並べることができる。要となるのはその並び方で、タイムライン上に配置されているレイヤーの順番によって左上から配置されていく。一番上に配置されている< slide1.png >レイヤーは､画面左上に配置され､続いて< Slide2.png >レイヤーがエクスプレッションで記載されている間隔に沿って配置されていき、３個並んだ時点で次の段に移行して配置されていくのだ。

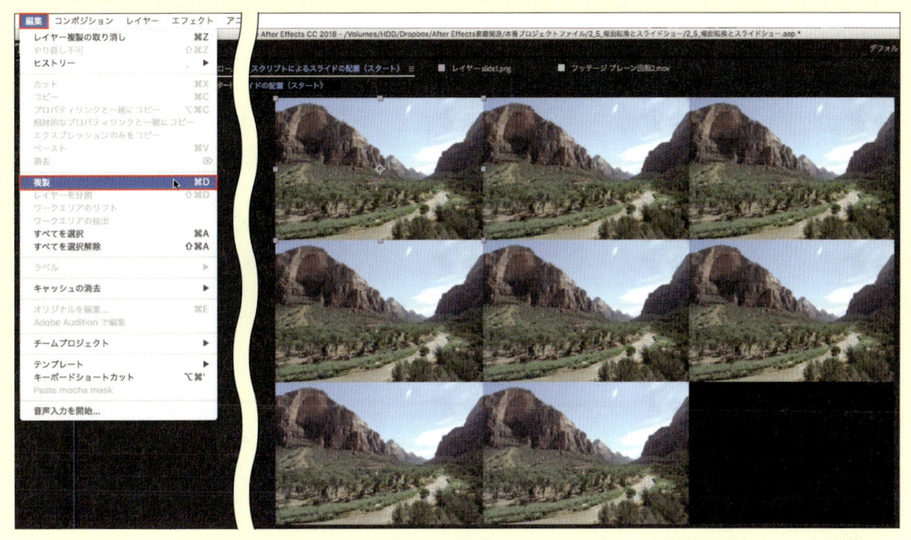

▲同じ画像をただ単純に並べていくのであれば、エクスプレッションを適用した画像を選択して、<編集>メニュー→<複製>を行えば自動的に配列してくれる

エクスプレッションを理解する

長文のエクスプレッションは、なかなかピンとこないという読者の方もいるかもしれない。補足として下記エクスプレッションを例に解説してみよう。

このエクスプレッションは、複数枚の画像を並べて配置するときにレイヤーの番号を基準として、X（横）／Y(縦)の位置を決めてくれるエクスプレッションだ。P.391のスライドの配置で使用したエクスプレッションの「(index -1)」の部分と照らし合わせてみてもらいたい。

```
x = (index -1) * 1200;
y = 540;
[x ,y ] ;
```

X（横）の位置を1200px分ずらして写真を配置する

利用するプロジェクトファイル：「2_5_ 場面転換とスライドショー」フォルダ→「2_5_ 場面転換とスライドショー .aep」ファイル
利用するコンポジション：<コンポジション（完成）>→< 2_5_12_ スクリプトによるスライドの配置（エクスプレッションを理解する）>

コンポジションを選択すると、すでにエクスプレッションが適用されたスライドが配置されているのが確認できる。

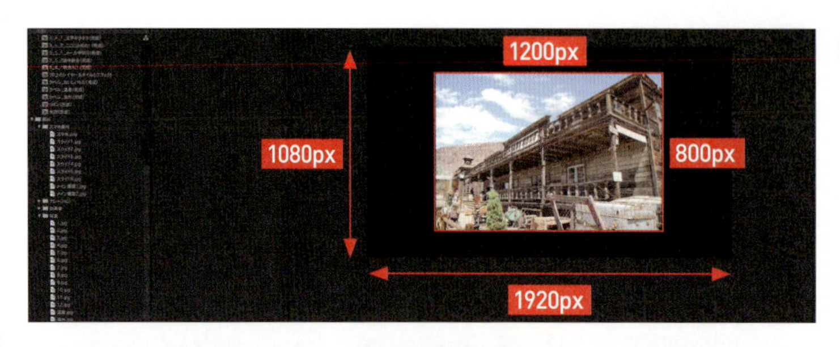

❶ 1200×800の写真を配置する

ここでは、1920×1080 のコンポジション内に、1200×800 の写真を配置してみた。

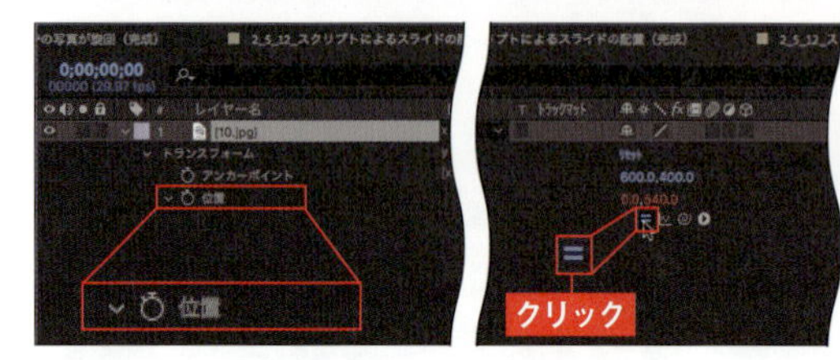

❷ エクスプレッションを適用する

すでにエクスプレッションが<位置>の項目に適用されているので、■<エクスプレッション使用可能>をクリックして適用してみよう。

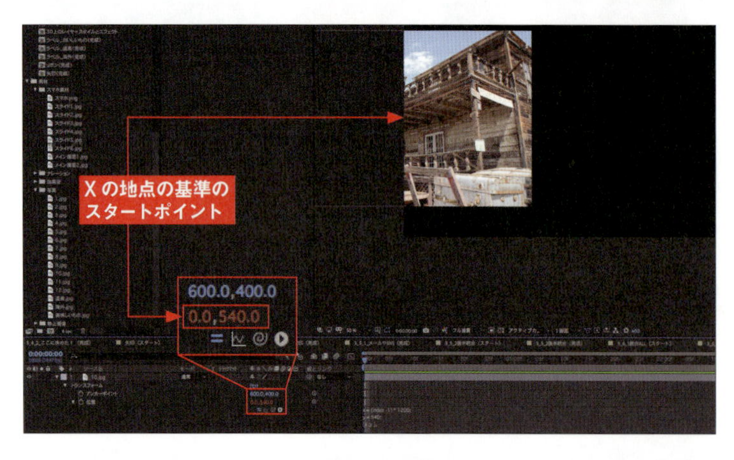

❸ スタートポイントを確認する

写真が自動的に割り当てられて配置される。ちょうどアンカーポイント部分を基準に分割されていることがわかる。<位置>を見ると、< 0.0,540.0 >のポイントに配置されている。なお、< 0.0 >は X 地点の基準のスタートポイントとなり、「540」の数字は純粋に y = 540; で設定された地点となる。

❹ 複製した写真のずれを確認する

次に<編集>メニュー→<複製>をクリックして、同じ写真を複製してみよう。すると、2 枚目の写真の位置は図のように配置される。ここで注目してほしいのは、X（横）の位置が 1200px 分ずれて右に配置されている点だ。エクスプレッションで「x = (index -1) * 1200;」と指定されていることで、このずれが生じているのだ。

X（横）の位置を400px分ずらして写真を配置する

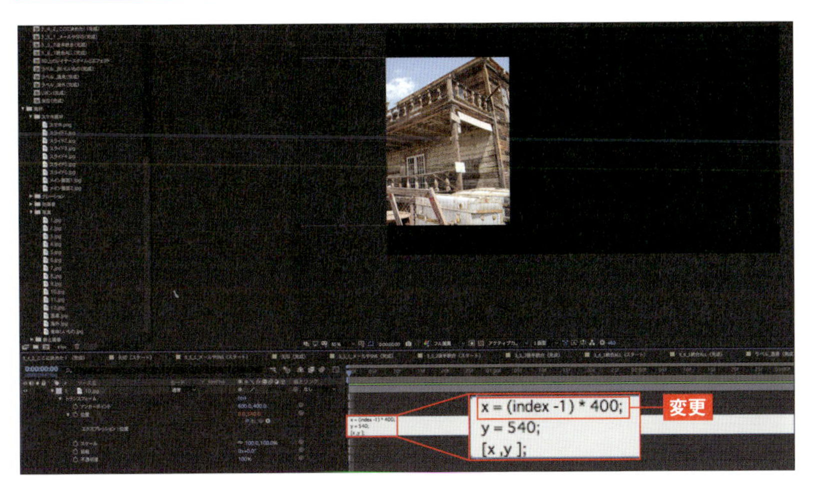

❶ エクスプレッションを変更する

P.394の手順❷までを行い、エクスプレッションの記載部分を「x = (index -1) * 400;」に変えてみよう。

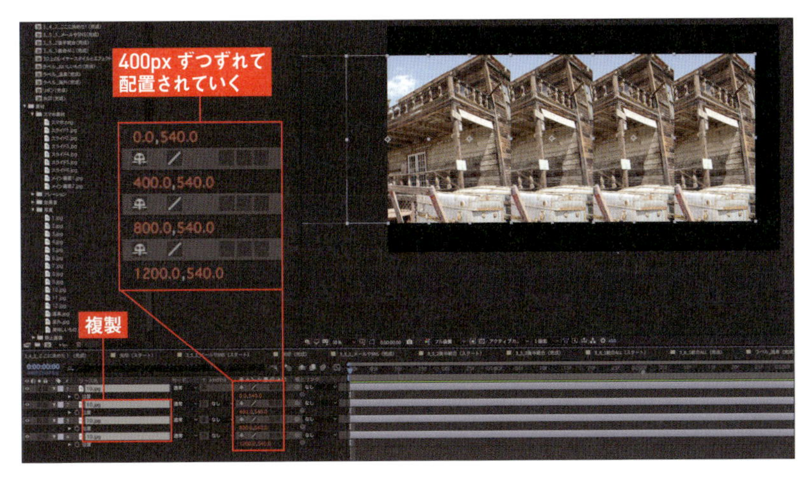

❷ 複製した写真のずれを確認する

P.394の手順❹を参考に写真を複製すると、今度は図のように400px分ずれて右に配置されていく。

X（横）／Y（縦）の位置を400px分ずらして写真を配置する

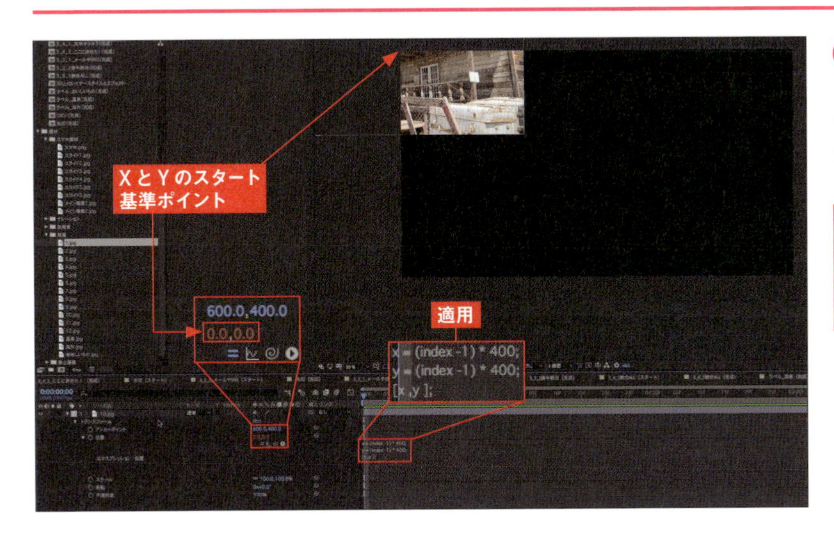

❶ エクスプレッションを変更する

今度は下記エクスプレッションを適用してみよう。

```
x = (index -1) * 400;
y = (index -1) * 400;
[x ,y ] ;
```

無事適用されると、X地点の基準スタートポイントとYの基準スタートポイントが追加され、コンポジションの左上の地点に写真が配置される。

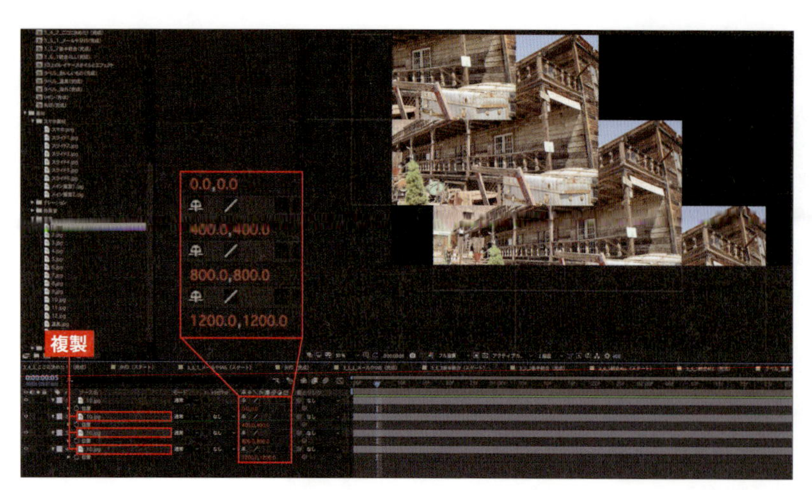

❷ 複製した写真のずれを確認する

P.394の手順❹を参考に写真を複製すると、今度は図のようにX、Yともに400ピクセル分ずれて右下に向かって配置されていく。このように「index -1」を使用することで、自動的に各レイヤーを複製配置することができる。

TIPS

自由な視点のスライドを作成する

カメラを使用すれば、自由な視点での活用もできる。また各写真にレイヤースタイルの<境界線>を適用することで、写真のようなフレーム線を入れることも可能だ。

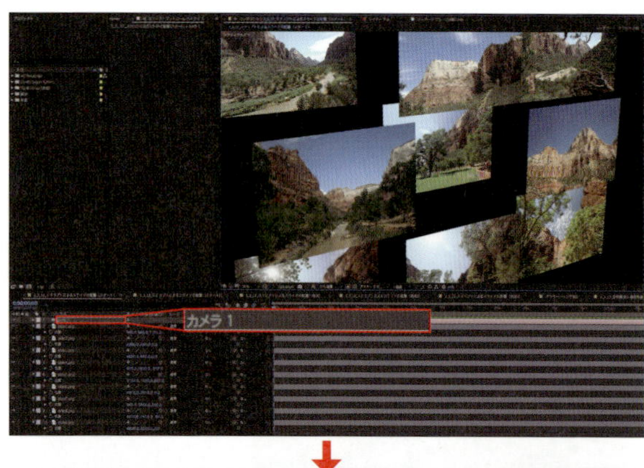

利用するプロジェクトファイル：「2_5_場面転換とスライドショー」フォルダ→「2_5_場面転換とスライドショー.aep」ファイル

利用するコンポジション：<コンポジション（完成）>→<2_5_12_スクリプトによるスライドの配置（完成2）>

CHECK 境界線を使用する際の注意点

レイヤースタイルの＜境界線＞を使用して、3D レイヤー上で写真などの枠を作成するときは注意が必要だ。写真が交差する場合は、次の解決方法をマスターしておくとよい。
詳しくは、
利用するプロジェクトファイル：「2_5_ 場面転換とスライドショー」フォルダ→「2_5_ 場面転換とスライドショー .aep」ファイル
利用するコンポジション：＜コンポジション（完成）＞→＜境界線を使用する際の注意点＞
を見て確認してもらいたい。

▲レイヤースタイルの境界線を適用した場合。写真が交差した場合には 2 次元になってしまうので、並び順によって境界線と共にオブジェクトが手前に表示される

▲マスクを写真全体に適用したあとで、＜エフェクト＞メニュー→＜描画＞→＜線＞を適用する。写真が交差した場合は、この設定を施しておくことで、3D として適用されるため、境界線はうしろに隠れて適切な配置となる

MEMO ヌルオブジェクトで写真を制御する場合の注意点

HD の大きさに変更するには、コンポジションをそのまま 1920×1080 にサイズ変更すれば写真画面一枚分の大きさにおさまるはずだ。ただし、ヌルオブジェクトで制御する場合には、タイムライン上では**ヌルオブジェクトはレイヤーの最下層に配置してもらいたい。**その理由は、エクスプレッションでのグリッド配置は、タイムラインの上から下へと制御されてしまうため、ヌルオブジェクトでも順番に加えられてしまい、配置が変わってしまうからだ。

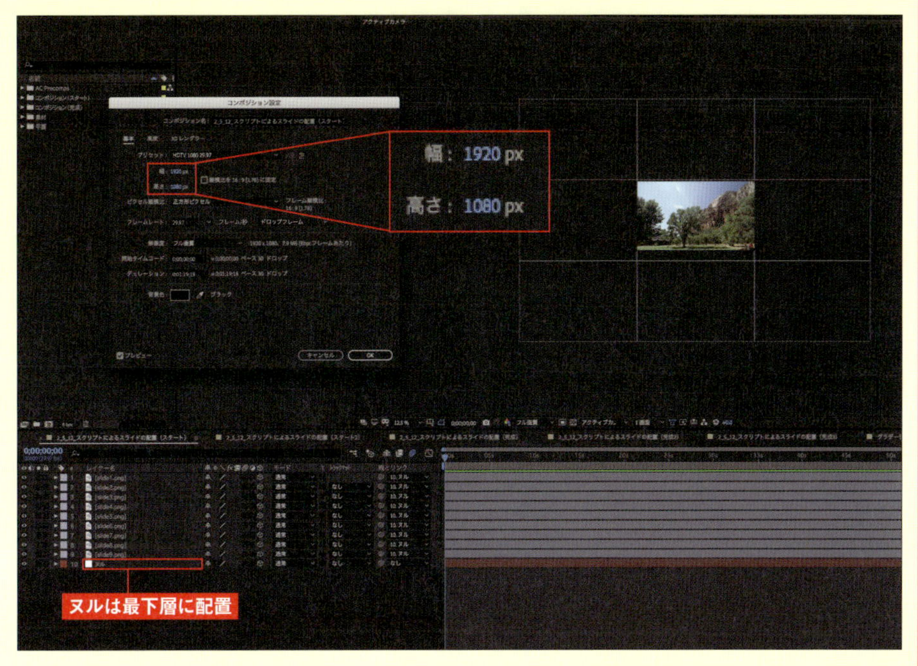

ランダムにスライドを配置する

スライドの配置について大まかに理解はできたと思うが、最後に 3D レイヤーを活用したランダムにスライドを配置するエクスプレッションを解説していこう。

利用するプロジェクトファイル：＜ 2_5_12_ スクリプトによるスライドの配置（スタート 3）＞

TIPS

写真の間に間隔をもたせる

写真の間に間隔（写真の隙間）をもたせるには、コンポジションの大きさを縦横の間隔を考慮してそれぞれ 200 ピクセルぶん大きく、5960×4040 に設定する❶。「コンポジションサイズは、線幅＋ 200 ピクセル上乗せ。横幅、縦幅の各写真は、それぞれに＋ 50 上乗せ。初期位置は＋ 50 上乗せ」を行い❷、下記のように記載する。

```
初期位置 = [1010,690]；// 初期位置
横幅 = 1970;
縦幅 = 1330;
numCols = 3;
段 = (index-1）%numCols;

最下行 = Math.floor（(index-1）/numCols）；
初期位置 + [段 * 横幅 , 最下行 * 縦幅]
```

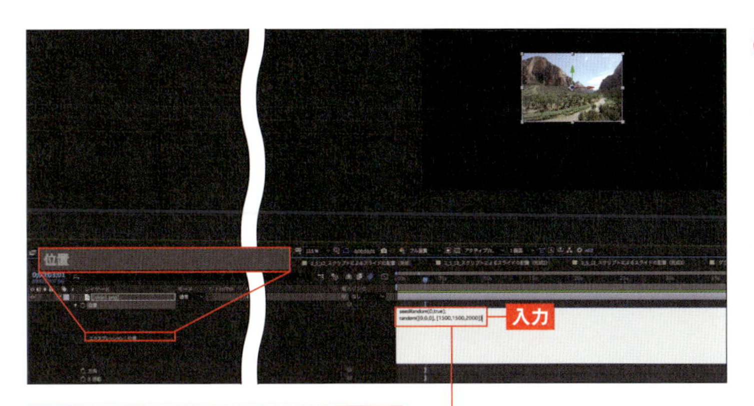


```
seedRandom (0,true) ;
random([0,0,0], [1500,1500,2000])
```

❶ エクスプレッションを適用する

整列配置と同じようにエクスプレッションを適用するが、ここでは、＜ slide1.png ＞の＜位置＞に、左図のようにエクスプレッションを記載する。

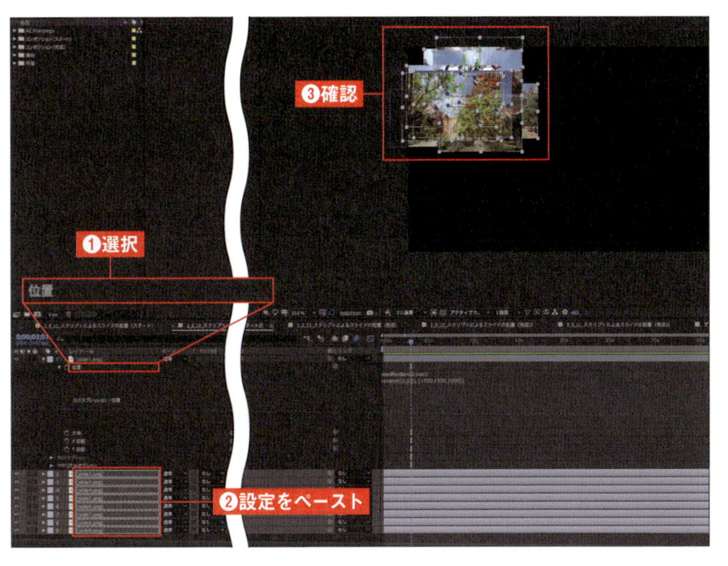

❷ 位置の設定をほかの写真にコピーする

＜位置＞を選択し❶、コピーしてから＜ slide2.png ＞～＜ slide9.png ＞にペーストする❷。すると、slide.png が拡散し配置されているのが確認できる❸。このエクスプレッションはランダム配置を促すもので、エクスプレッションの最後に記載のある、[0,0,0] ～ [1500,1500,2000] の範囲で X,Y,Z のそれぞれの数値を設定し、拡散具合を調整してくれる。

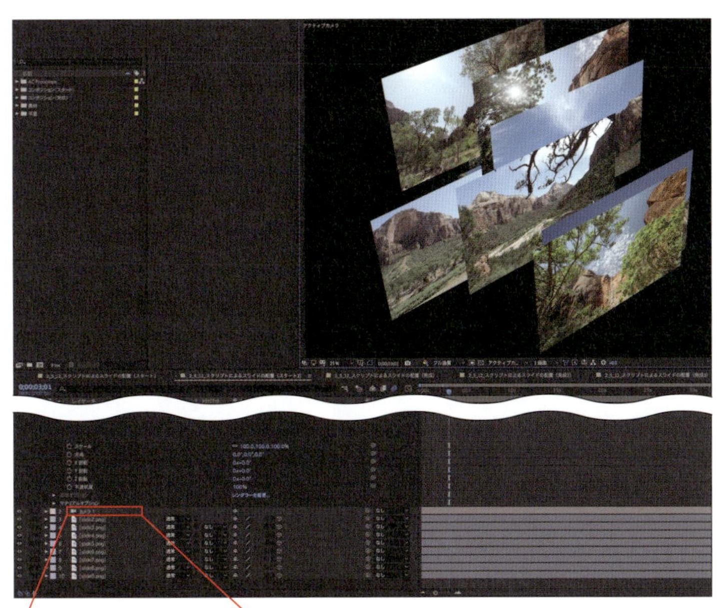

❸ カメラツールを使用する

カメラツールを使用することでバラエティー豊かな配置を演出できる。ランダムのエクスプレッションの弱点は、記載した＜位置＞を＜エクスプレッションをキーフレームに変換＞を実行してもレイヤーが動かないという点だ。微調整ができないぶん、まさに運の要素も組み込まれるエクスプレッションだが、さまざまなパターンを作りたい場合には、コンポジションを複製することで、複製分のランダムパターンを作り出すことができるので、ぜひ根気よく自分に合う配置を作り出してほしい。

SECTION

12 回転するパネル看板を作る

実写動画を使用してパネル看板を作成してみよう。ここで解説する回転看板は、人物によるジェスチャーを取り入れたユニークな表現だ。

ジェスチャーとパネル看板を連動させる

完成動画

利用するプロジェクトファイル:「2_5_場面転換とスライドショー」フォルダ→「2_5_場面転換とスライドショー.aep」ファイル
利用するコンポジション:<コンポジション(スタート)>→<2_5_13_回転看板と場面転換(スタート)>

コンポジションを開いてプレビューしてみると、シェイプレイヤーで作成されたパネル看板が女性の指のジェスチャーによって大きく変形していくのが確認できる。ここでは、女性の指先の動きに合わせて、透明パネルが手品のように伸びたり、パネル内の文字が表示されたりする演出を施していく。

パネル看板と文字を回転させる

1 パネル看板を回転させる

最初にパネル看板が手の動きに合わせて反転していくような動きを加えていく。タイムラインに記載されている「パネル回転」の範囲を参照して、<シェイプレイヤー1>の<トランスフォーム>の<X回転>を0～180度の回転に設定してもらいたい。こうすることでパネル看板が表裏逆転するモーションが行える。

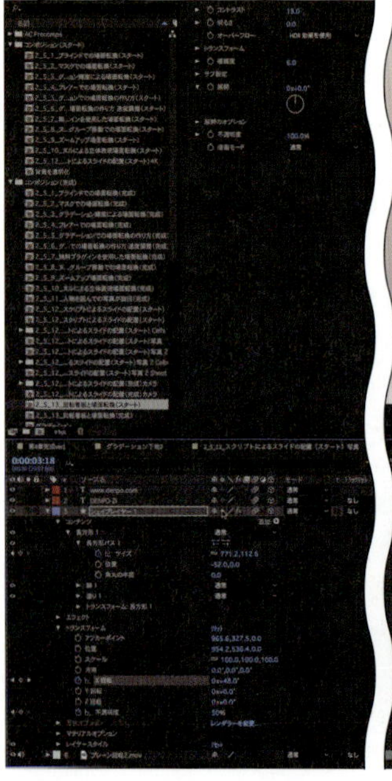

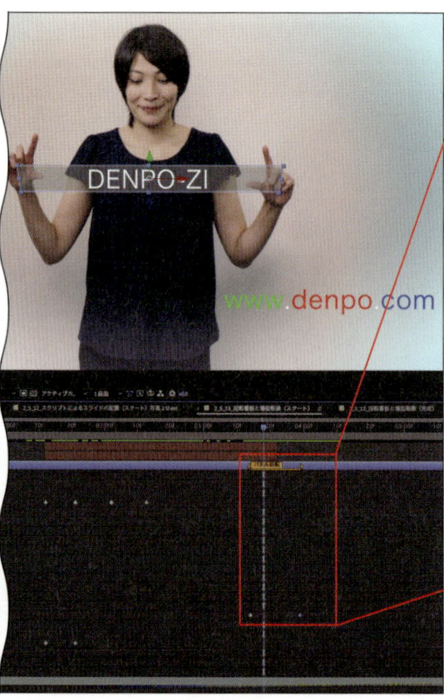

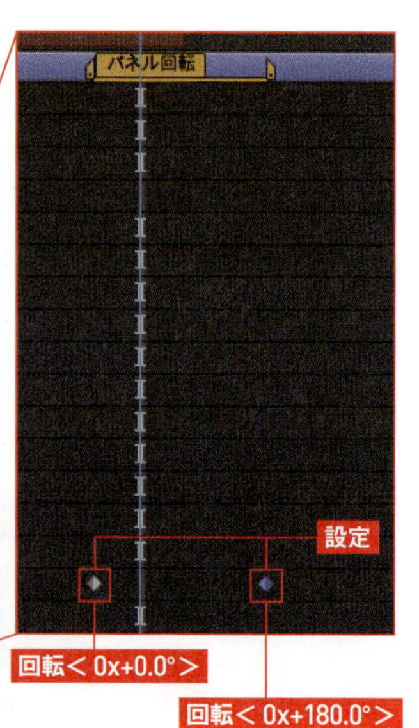

> **MEMO** **アンカーポイントを文字の中心に配置するショートカットキー**
>
> 文字のアンカーポイントが中心に来るようにショートカットキーで設定しておこう。
>
> Mac：option ＋ command ＋ home
>
> Windows：Ctrl ＋ Alt ＋ Home

❷ DENPO-ZIの文字を回転させる

次に看板の回転に合わせて文字も一緒に回転させていこう。

ここでは、文字＜ DENPO-ZI ＞をパネル看板と同じタイミングで回転させるのだが、わざわざキーフレームを設定しなくても、時間軸を図の位置に合わせ❶、ペアレントの親をシェイプレイヤーに当てはめると❷、自動的にパネル看板の動きに合わせて回転してくれる。

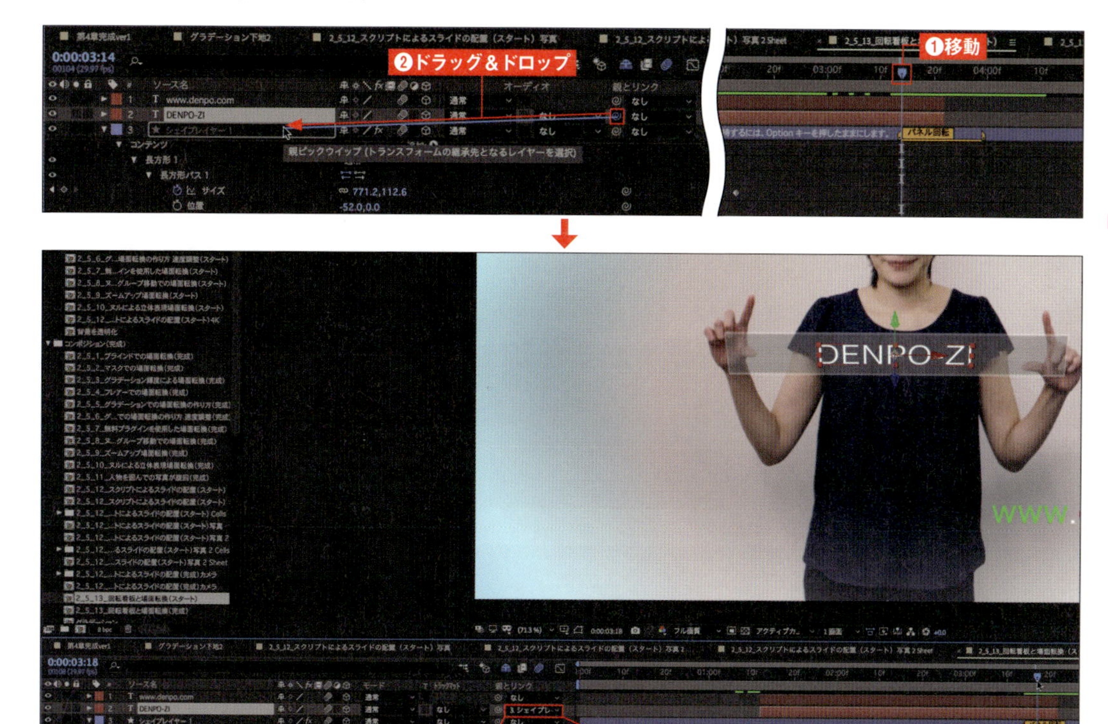

あとから表示される文字とグラデーションを設定する

❶ www.denpo.comの文字を移動して関連付ける

続いて＜ www.denpo.com ＞の文字を、図の位置に移動して❶、時間軸もパネル回転終了位置に移動❷。同じようにペアレントの親をシェイプレイヤーに当てはめると❸、今度は裏返しになるところから文字が変わっていくのが確認できるはずだ。ちょうど看板回転の半分の切り替わり地点で文字を配置することがポイントとなる。

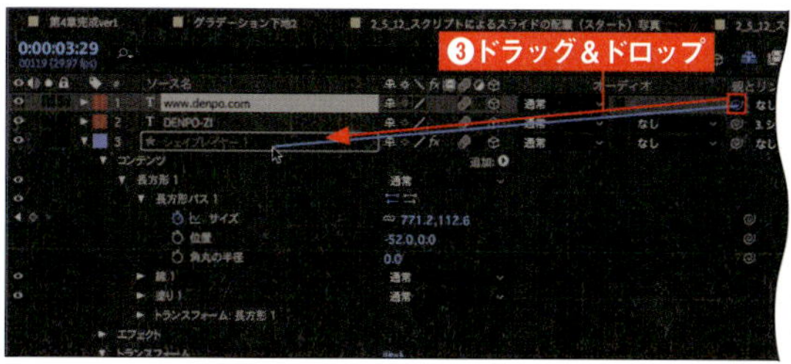

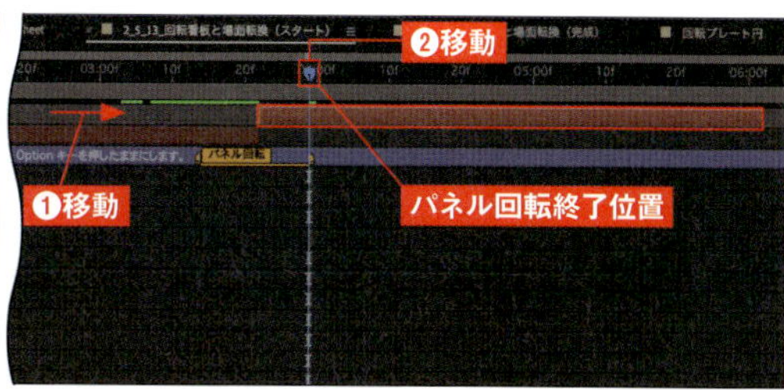

❷ グラデーションを文字の間に入れ込む

最後にプロジェクトパネル内、コンポジション（完成）内の＜2_5_13_回転看板と場面転換（完成）＞で、あらかじめ作成しておいた＜グラデーション＞のコンポジションをドラッグ＆ドロップして＜www.denpo.com＞と＜DENPO-ZI＞の文字の間に入れ込む。こうすることで一番上に配置された「www.denpo.com」は、グラデーションの上に表示させることができる。
グラデーションの角度、速さなども自由に設定してもらって構わない。

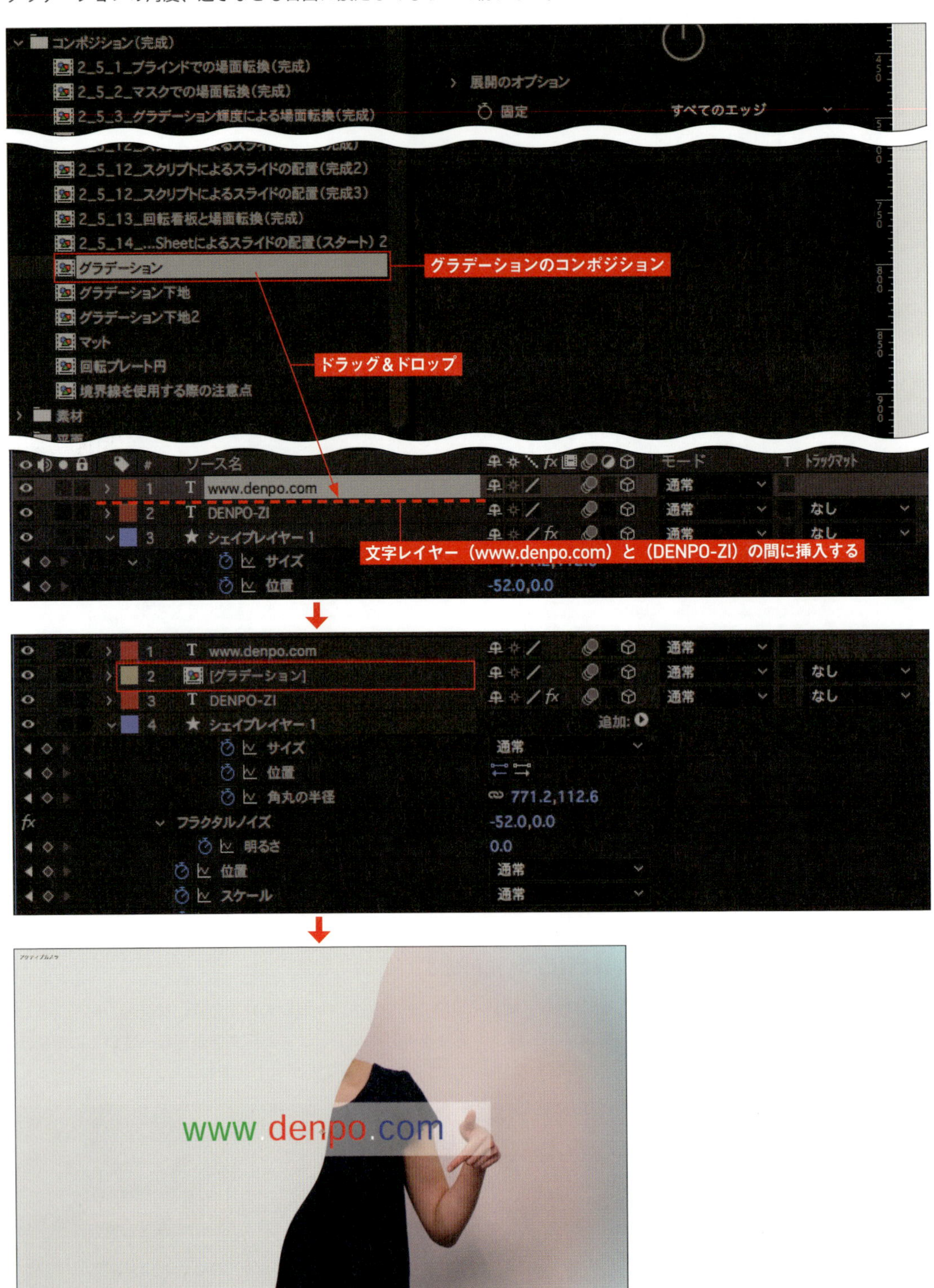

SECTION

13 スライドを簡単に作成できる便利なスクリプトを利用する

ここでは、自動的にスライドを作成してくれるスクリプトを紹介する。スクリプトを活用することで、パフォーマンスが大幅にアップする。

スクリプトでスライドを自動的に作成する

Comp Sheet を使用した解説動画

rd:scriptのダウンロード方法とSlicerの解説動画

利用するプロジェクトファイル:「2_5_場面転換とスライドショー」フォルダ→「2_5_場面転換とスライドショー.aep」ファイル
利用するコンポジション:<コンポジション(スタート)>→<2_5_14_Comp Sheetによるスライドの配置(スタート)>

P.389の「エクスプレッションを使用してスライドを整列配置する」では、エクスプレッションをメインにスライドを作成する方法を紹介したが、スクリプトでも実現することが可能だ。ここでは、左図のような4×4の16枚のスライドを縦横に配置するアクションを解説していく。

rd_script(Comp Sheet)を利用する

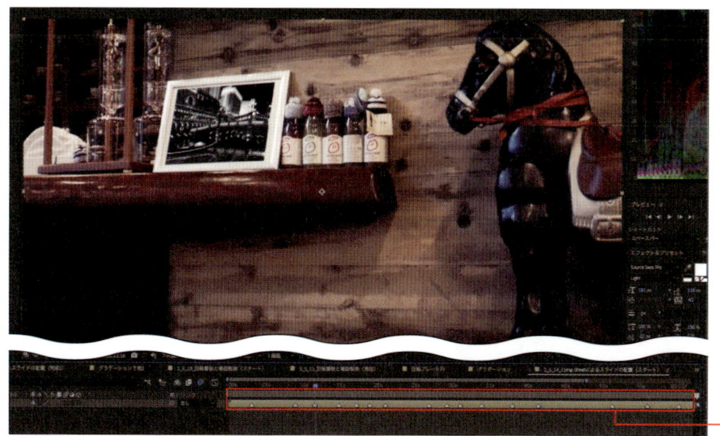

❶ マーカーを確認する

すでにネスト化された<style frames>と記載されたレイヤーに、マーカーが16個打たれているのが確認できる。

MEMO

マーカーの追加/削除/移動

マーカーの追加は、**<style frames>を選択して**、マーカーを追加したい場所に時間軸を移動したら、<レイヤー>メニュー→<マーカーを追加>をクリックする。もしくはショートカットキーであれば*(アスタリスクキー)でも設定可能だ。マーカーの削除は、レイヤーに配置されたマーカーを選択して、右クリックメニューで表示される<マーカーを削除>から行える。マーカーの移動は、レイヤーに配置されたマーカーをドラッグ&ドロップすることで行える。

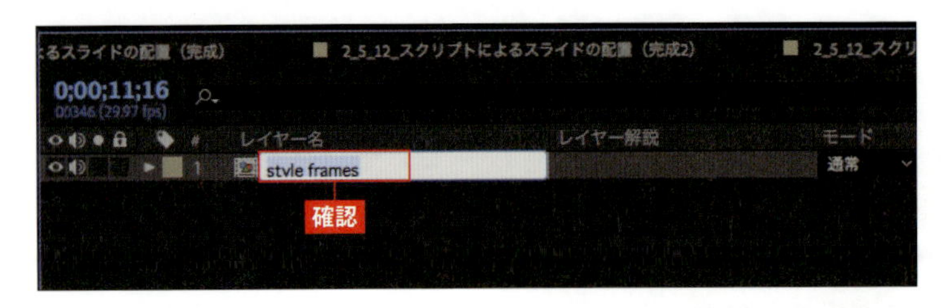

❷ コンポジション名を確認する

コンポジション名は「style frames」と入力されていることを確認する。レイヤー名が「style frames」以外では失敗してしまうので注意が必要だ。

❸ スクリプトを起動する

＜ファイル＞メニュー→＜スクリプト＞→＜rd_CompSheet.jsx＞をクリックして、スクリプトを起動する。

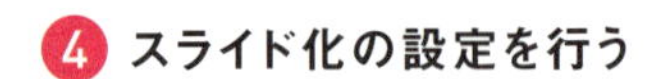

❹ スライド化の設定を行う

rd: Comp Sheet 画面が表示される。この画面は、各数値を入力してスライドの設定を行う❶。16 個のスライドを作成する場合の設定は下記の表のとおりだ。各設定が完了したら＜Create Comp Sheet＞をクリックする❷。

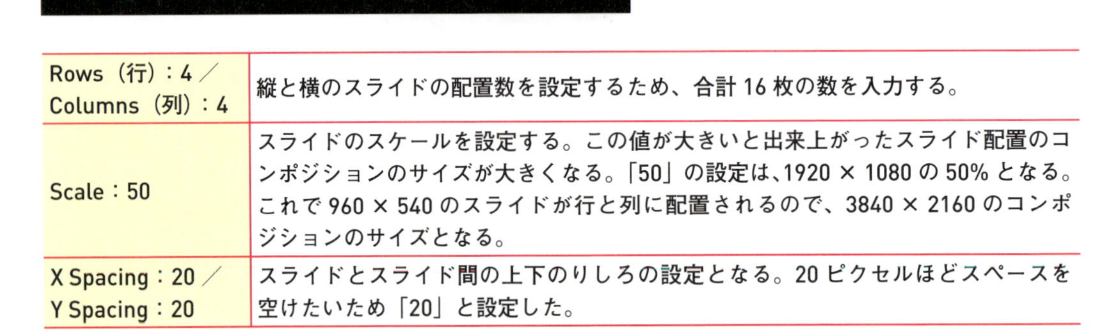

Rows（行）：4 ／ Columns（列）：4	縦と横のスライドの配置数を設定するため、合計 16 枚の数を入力する。
Scale：50	スライドのスケールを設定する。この値が大きいと出来上がったスライド配置のコンポジションのサイズが大きくなる。「50」の設定は、1920 × 1080 の 50% となる。これで 960 × 540 のスライドが行と列に配置されるので、3840 × 2160 のコンポジションのサイズとなる。
X Spacing：20 ／ Y Spacing：20	スライドとスライド間の上下のりしろの設定となる。20 ピクセルほどスペースを空けたいため「20」と設定した。

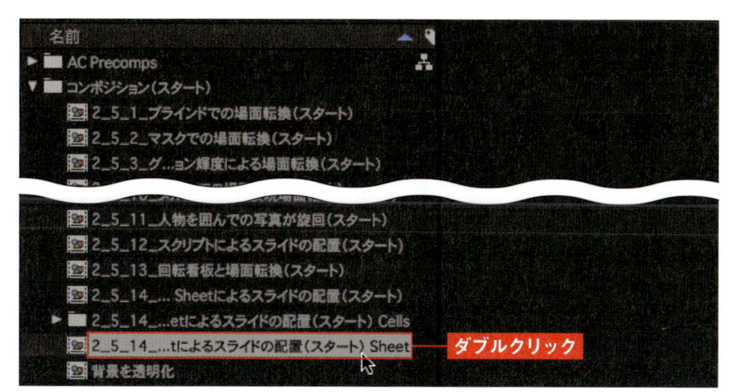

5 作成されたコンポジションを表示する

数秒ほどでスライド化が実行される。

プロジェクトフォルダ内の＜コンポジション（スタート）＞で＜2_5_14_Comp Sheetによるスライドの配置（スタート）Sheet＞というコンポジションが新たに作成される。このコンポジションを表示してみよう。

6 設定を確認して微調整を行う

無事にマーカーが設定されたポイントに、スライドが配置されているのが確認できる。

Comp Sheetを使用すると、コンポジションが1フレームに変わってしまうので、＜コンポジション設定＞を図のように10秒位に設定し直そう。適度な尺に変えて、3Dレイヤーやヌルオブジェクトなどを配置して活用してみよう。

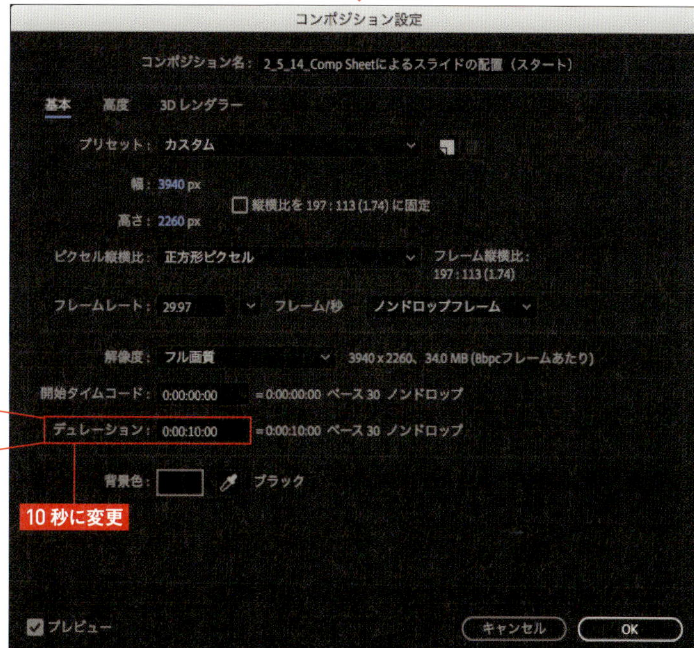

❼ ラインナビゲーターを調整する

コンポジションの設定が終わったら、<タイムナビゲーター終了>をドラッグしてタイムライン全体へ広げていく。

❽ 各レイヤーの長さを調整する

展開されたタイムラインから全レイヤーを選択して❶、後ろへトリミング、各レイヤーの尺を伸ばしてみよう❷。

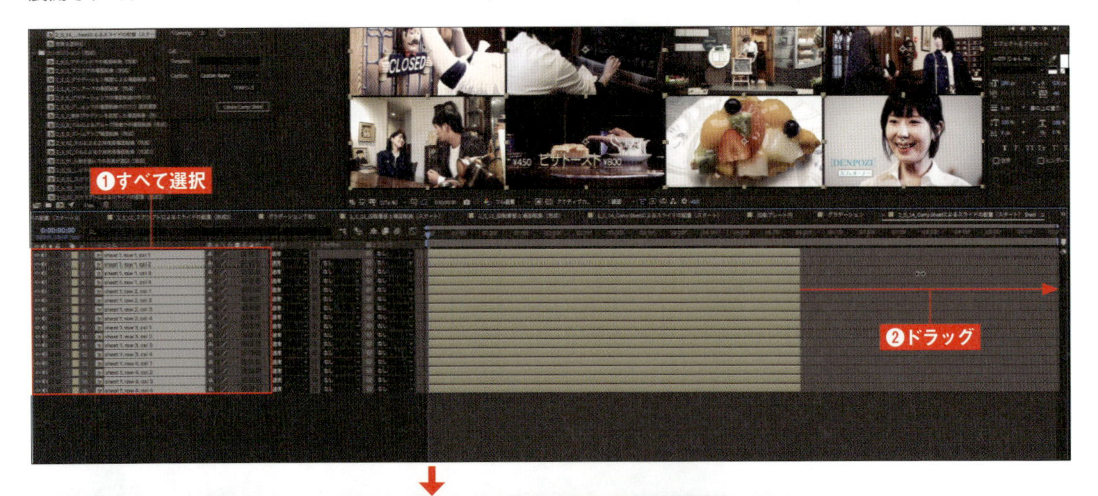

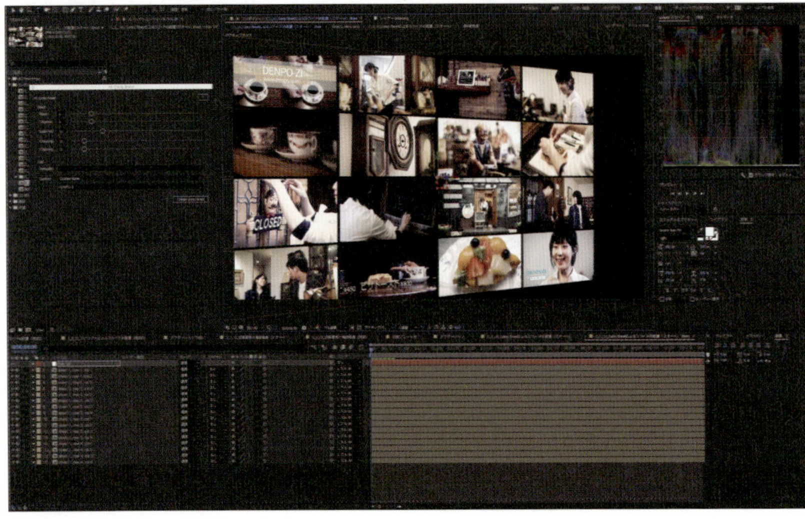

3Dレイヤー化したりヌルオブジェクトなどを使うことで、全体を立体的に統合移動することも可能だ。

TIPS

よりユニークな演出を行う

P.372の「ヌルオブジェクトを使用したグループ移動での場面転換を理解する」のように活用した場合には、rd: Comp Sheet画面で、＜スケール＞を＜100%＞に設定して❶、＜Create Comp Sheet＞をクリックしてみよう❷。
7920×4320と大画面のコンポジションが作成されるが、コンポジション設定画面の＜プリセット＞を、1980×1080の＜HDTV＞に設定して❸、コンポジションの大きさを縮小することで、1画面に収まる整列されたスライドが配置される。ヌルオブジェクトなどを使用して制御すればユニークな演出も可能だ。

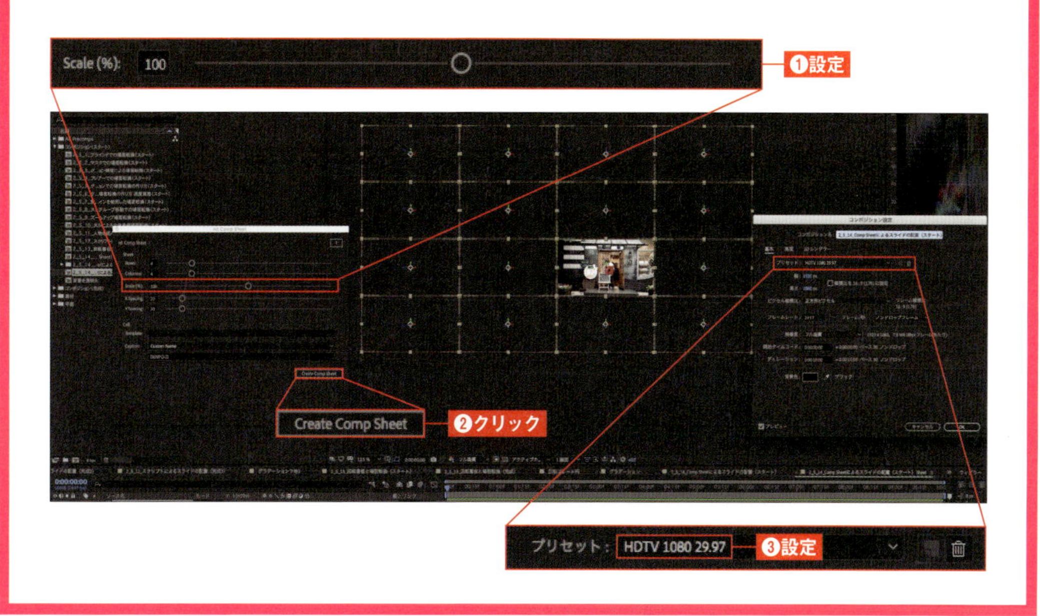

MEMO

静止画の場合

ここでは、動画部分のカットからマーカーを指定してスライドに変換したが、静止画像の部分カットからマーカーを指定する場合には、コンポジションにあらかじめ静止画をシーケンスレイヤーなどで図のように配置し、ネスト化すれば活用できる。

2-6

光

ソーシャル動画では、光をうまく演出することで、視聴者を魅了することができる。そのためには、光の性質というものを理解しておく必要がある。そもそも背景によって私たちが感じる光の度合いは違ってくるし、光を拡散させる、点滅させるといったテクニックも光の基本を理解してこそ、その効果を発揮できるというものだ。本CHAPTERでは、まずはそうした光の特性から解説を始めていく。最終的には単にオブジェを光らせるといったことだけではなく、人物のアクションなどに応じて光も追随していくなどの複数のテクニックを交えた演出も紹介していく。

SECTION

01 色深度を深く理解する

ここからは、AfterEffects における光の扱い方、演出について解説していくが、光をうまく使いこなすには「色深度」の理解が欠かせない。

色深度とは

読者の皆さんは、デジタルの映像はどのように色を計算しているのかを考えたことはあるだろうか。家庭用テレビでもパソコンディスプレイでも同じだが、画面の中に細分化されたドット（点）1つ1つが、それぞれの色で光ることで映像が見えている。

●白黒映像における色深度

最初にわかりやすく比較した白黒映像で考えてみよう。白黒映像では、各ドットは「黒から白までの間の明るさを表示するための情報」を持っている必要がある。つまりこのドットは「どれだけ白いか」、また「どれだけ黒いか」という情報である。
デジタルの場合、この情報は明確な値として記録しなければならないため、この中間のグレーの数を数値化する必要があり、この数値化したものが「色深度」となる。ビデオでよく使用される 8bit または 16bit とは、2 の 8 乗または 2 の 16 乗という意味を持ち、以下のようになる。ちなみに、オーディオの「48kHz 16bit ステレオ」の 16bit とは別の話なので、勘違いしないでいただきたい。

8bit ＝ 2 の 8 乗＝ 256 色
16bit ＝ 2 の 16 乗＝ 65,536 色

以下の図を見ていただきたい。ここでは極端な例として 4bit と 8bit を比較した画像を配置してみた。色深度による明らかな違いが確認できたはずだ。

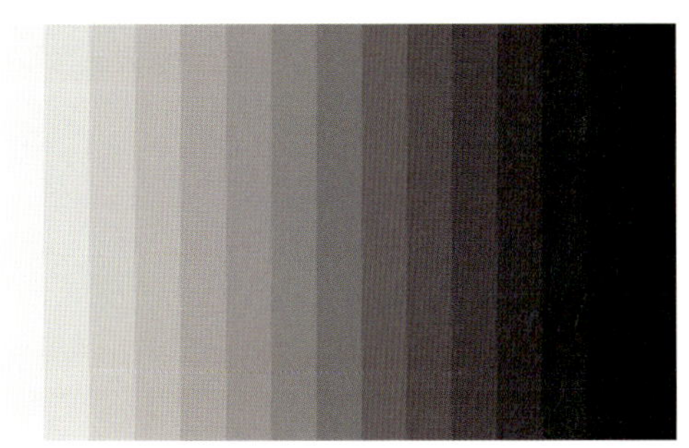
▲ 4bit ＝ 2 の 4 乗＝ 16 色

▲ 8bit ＝ 2 の 8 乗＝ 256 色

カラー映像における色深度

白黒映像のしくみを踏まえて、これをカラー映像に広げて考えてみよう。

白から黒の1本の道筋だけでは、どうしても色を表現することができない。そのためカラー映像（動画）では3つの階調を使って色を再現している。**RGB**という言葉を聞いたことがあるかもしれないが、これは、**Red＝赤、Green＝緑、Blue＝青の3色**の強さを記録していくものだ。

8bitであれば各色256階調で記録して、これを混ぜ合わせて色を再現する。絵の具を想像していただきたい。絵の具の場合、各色をチューブから出し、混ぜる量を決めるが、イメージとしてはこれと同じである。

単純に計算すると256階調×256階調×256階調＝16,777,216種類の色を再現することが可能となる。

カラー映像での4bitと8bitを比較した画像を配置してみた。

▲4bit（カラー）＝（R）16×（G）16×（B）16＝4,096色。空の色のグラデーションが滑らかに再現されていないのが確認できるはずだ

▲8bit（カラー）＝（R）256×（G）256×（B）256＝16777,216色。階調が滑らかに再現されている

ご覧のとおり、4bitよりも8bitのほうが綺麗な映像になるのだ。これがbitで表される色深度の特徴だ。bit数は高ければ高いほど、たくさんの色を表現できるようになる。

プロジェクトにおける色深度の変更

実質的なbit数の違いを光をベースに解説していこう。光はソーシャル動画ではよく使われている技法であり、主に「レンズフレア」などを使用して画面に光を追加する演出となる。では、実際の画面で確認していこう。

サンプルファイルの中にある、**「2_6_光」フォルダ**内から**「2_6_光.aep」ファイル**を開き、**<コンポジション（完成）>→<2_6_1_光と背景（完成）>**を選択してほしい。このSECTIONでは色深度を変えるだけの操作を解説するが、それだけで滑らかな光のグラデーションが実現できる。

8bitがよいか32bitがよいか

1 色深度を変更する

画面を見ると、<ブラック平面 1 >にレンズフレア含め各種エフェクトが適用されている。ここでは、<ファイル>メニュー→<プロジェクト設定>でプロジェクト設定画面を開き、<カラー>タブをクリックし❶、<色深度>を< 32bit/ チャンネル（浮動小数点）>を選択する❷。

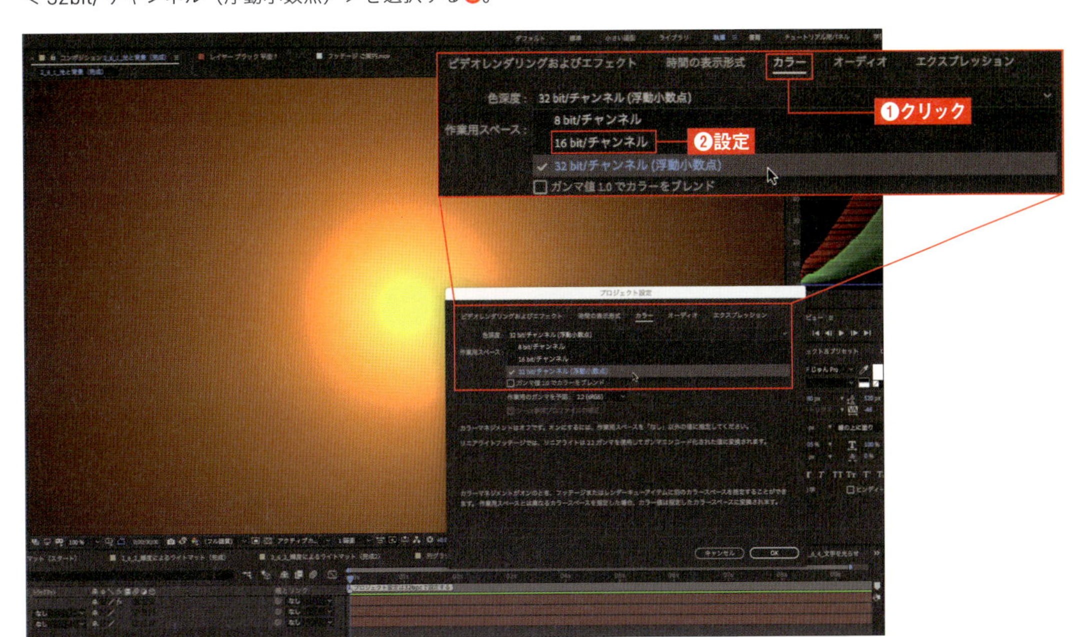

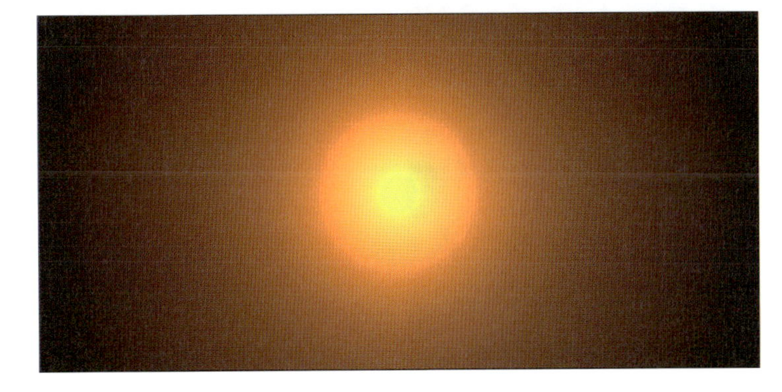

2 設定を確認する

32bit に設定すると光の輝きが変わったのが確認できるだろうか？ 32bit ＝ 2 の 32 乗＝約 43 億階調という途方もない数字だ。確認の方法はスナップショットを使うと簡単に確認できる。スナップショットについては CHAPTER 1 の「スケール変更・反転と色補正を行う」の P.092 を参照。

32bit処理の威力を知る

32bit 処理を行うと、その色再現性から光のグラデーションがより洗練されているのが確認できるだろう。8bit のほうが光の拡散部分のグラデーションに段差が多く発生している。

●色表現を扱うときには注意が必要

このように After Effects 上で新たに作り出した部分（ここでは光の部分）は、そのまま 32bit 処理されるため違いがわかりやすい。光は微妙なグラデーションや粒子によって構成されているため、色深度（8bit ／ 32bit）の違いによってその光の拡散具合に違いが出てしまうのだ。これはダイレクトな「光」のみではなく、描画モード、パーティクルなど細かい色表現を扱うときにも違いが生じることを覚えておこう。

●作品のイメージによっては8bitの使用も有効

出力する動画で「最終的に8bitでレンダリングしてしまう画像なのに32bit処理することに意味があるのか？」という問題だが、結果を見比べてもらうとわかるとおり、最終的に8bitでレンダリングしても、32bitの内部処理だけでこれだけの違いが生じてくるのだ。

このことからも、エフェクトの演算に32bitを使用するのは有益である。ただし、どちらの画像が優れているとは一概には言えないので、皆さんが動画制作する環境下ではプレビューを見てイメージに合うほうを選択してもらいたい。今回使用する光の項目のチュートリアルはすべて32bitで最適化されて作成されているので、引き続き32bitでの設定を継承して解説を行っていく。

MEMO

16bitや32bit処理に対応しているエフェクトもある

エフェクトを適用したときに、エフェクトコントロール内のエフェクト項目の横に⚠の注意マークが表示されることがある。これは各bit数に対応していないエフェクトを適用すると表示されるマークだ。

通常のムービーは8bitで処理していくことがほとんどなので、16bitや32bitはあまり関係のないことと考えている読者も多いかもしれない。しかし、普段から使用するエフェクトでも16bitや32bit処理に対応しているものが意外に多いので、一度は試してみよう。

エフェクト＆プリセットパネルでアイコンに「8」「16」または「32」と記述されているものがそれぞれの数字に対応したエフェクトであり、レンズフレアは「8」と記載されているので32bitの環境下では⚠が表示されてしまうのだ。

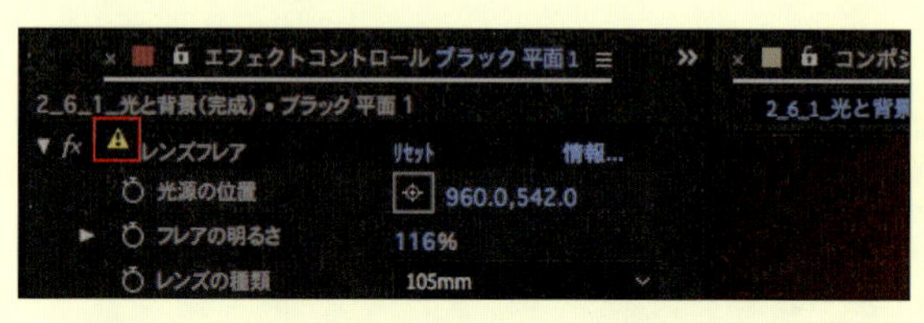

◀該当するbit数に対応していない場合は、この⚠が表示される。これは16bit、32bitで作成されたプロジェクトで使用するとカラーの詳細情報が失われることを指している

◀エフェクト＆プリセットパネル内でエフェクトを確認してみると、エフェクトには名称の先頭に対応bit数が記述されている。隣にある加速マークは、Mercury GPU高速処理に設定されていると GPUを使用して高速処理されるエフェクトの目印だ

SECTION

02 加算による光の合成を知る

ここでは、光を扱うときの要点を解説する。結論から述べると、光を当てたい背景に直接光を当てるのは、基本的には避けていただきたいということだ。

“光り物”を適用する際の注意点

「2_6_光」フォルダ内から**「2_6_光.aep」ファイル**を開き、**＜コンポジション（完成）＞からく2_6_0_イントロ1＞と＜2_6_0_イントロ2＞**のコンポジションを見比べてもらいたい。

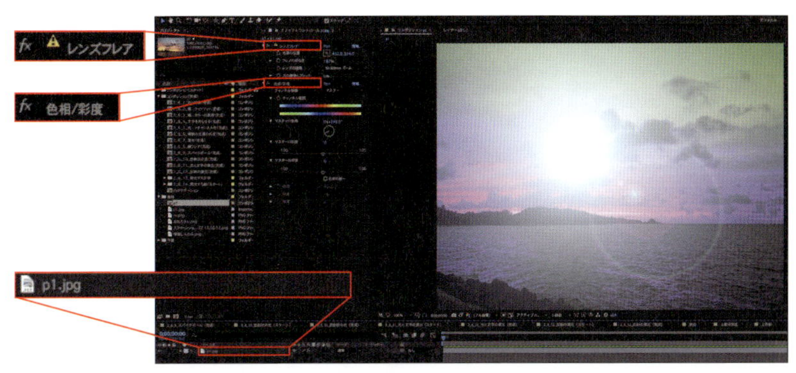

▲イントロ1

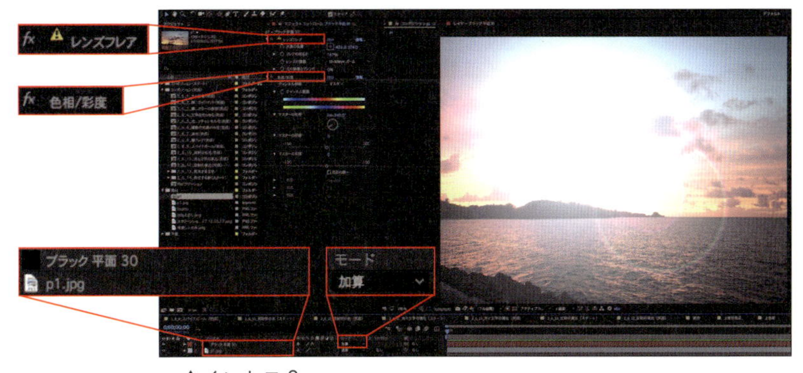

▲イントロ2

図のイントロ1は、背景の写真に直接＜レンズフレア＞と＜色相/彩度＞のエフェクトを適用したものだ。イントロ2は、＜ブラック平面＞に＜レンズフレア＞と＜色相/彩度＞を適用し、＜描画モード＞に＜加算＞を設定している。それぞれの特徴を下記にまとめてみた。

イントロ1	レンズフレアの色を変えようと、＜色相/彩度＞を適用したが、残念ながら背景まで色相と彩度の影響を受け、色が不自然になってしまっている。
イントロ2	レイヤーが別の＜ブラック平面＞で作成されているので、＜色相/彩度＞を適用しても背景にはその影響は適用されず、そのままの色が残っている。また＜描画モード＞の＜加算＞を適用したため、背景の明るさと融合してより光が増しているのも確認できる。

基本的にはレンズフレアなどの光り物を適用する場合には、写真や動画などの背景にダイレクトにエフェクトを適用するのではなく、タイムライン上で最初にブラック平面を作成して上に配置する。そこから描画モードで＜加算＞を使用して合成していく、足し算の法則に従い光を被せていく形で作業してほしい。

背景の違いによる“光り物”の効果を確認する

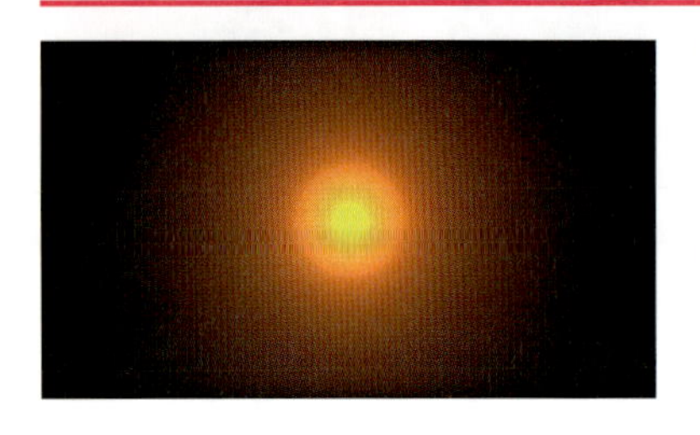

「2_6_光」フォルダ内から「2_6_光.aep」ファイルを開き、＜コンポジション（完成）＞から＜2_6_1_光と背景（完成）＞のコンポジションを開いてほしい。図のような演出が施せるように、光の効果の利用方法をマスターしていこう。

❶ グレー平面を表示する

タイムライン内の＜グレー平面2＞を表示してみよう❶。また、ここでは一番上に配置されているブラック平面には、すべての光系エフェクトが適用されているが、＜レンズフレア＞以外のエフェクトは非適用にしていただきたい❷。図のようになんとなく光の部分が見えて、発光しているのが確認できる。

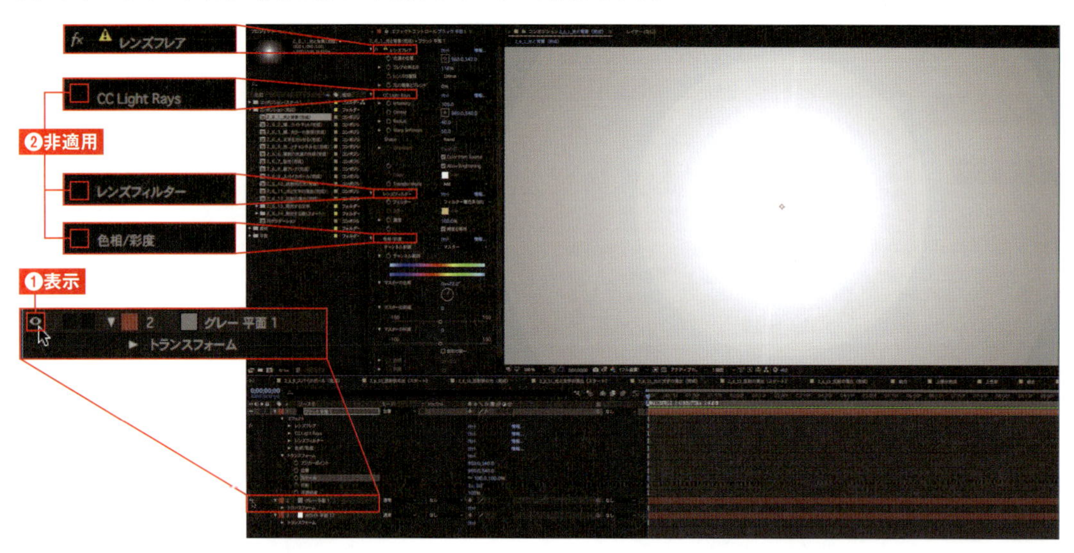

❷ ホワイト平面を表示する

今度は＜グレー平面1＞を非表示にし❶、その下にある＜ホワイト平面17＞を表示してみよう❷。背景が白になることで画面全体が白潰れしてしまい、発光が見えない状態になる。

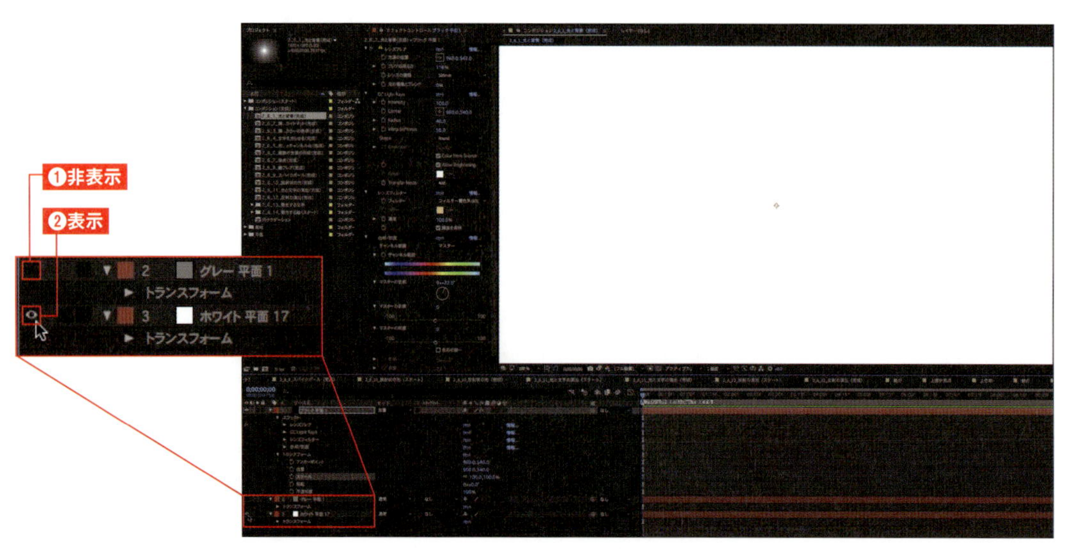

❸ 輝度を調整する

続いて再度＜ホワイト平面17＞を非表示、＜暗いグレー平面1＞を選択し、表示させる❶。＜レイヤー＞メニュー→＜平面設定＞をクリックして、平面設定画面から平面の輝度（明るさ:＜カラー＞）を調整してみよう❷❸。背景の輝度（明るさ）が下がるほど光は強調され、上がるほど光の存在が薄くなる。

つまり、光り物を使用する場合には、明るい部分（背景）ではあまり効果が期待できないということだ。人の目は、色よりも輝度（明るさ）に対してより敏感に反応する。

ソーシャル動画では、白に近い背景で無理やり光を作ろうとしているケースもよくあるが、その場合の効果は弱いため、輝度よりも色を変えて特色を出す必要がある。

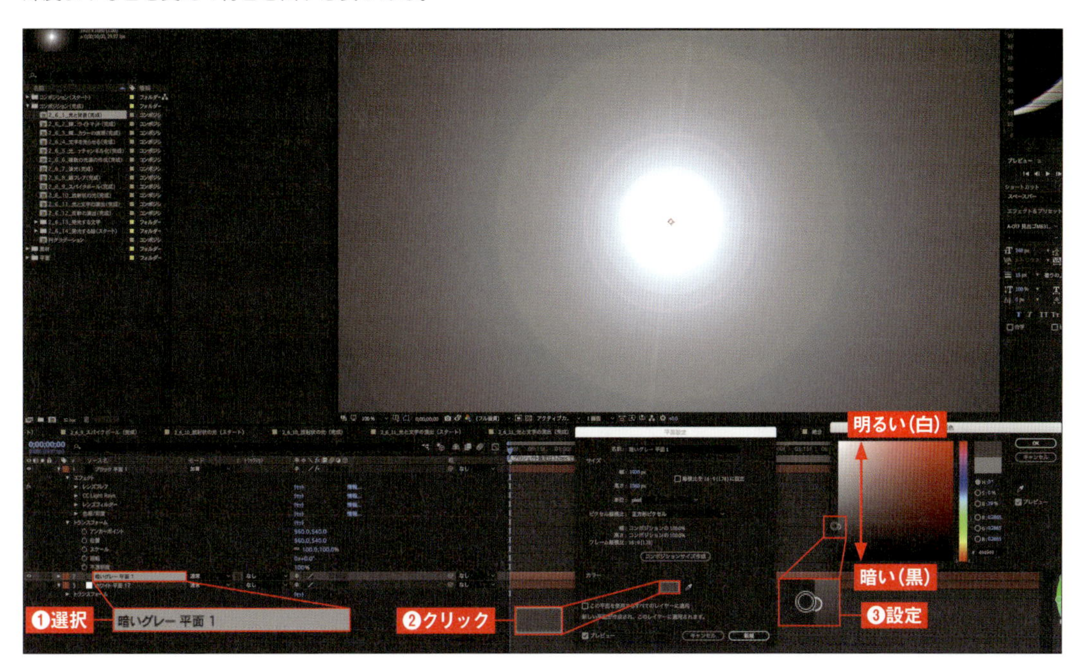

❹ CC Light Raysを適用する

次に＜ブラック平面1＞を選択し❶、エフェクトコントロールパネル内の＜ CC Light Rays ＞のエフェクトを適用する❷。すると、レンズフレアの光の中心が CC Light Rays エフェクトの明るい部分をさらに発光させる影響で、いちだんと明るく発光するのが確認できる。光系エフェクトは、付け足していけばいくほど発光が CC Light Rays エフェクトの明るい部分をさらに発光させる影響で、いちだんと明るく増すのだ。この＜レンズフレア＞と＜ CC Light Rays ＞は光系ではよく「ペア」で使われるので覚えていただきたい。光の中心部の明るさや大きさの調整は、CC Light Rays の Intencity や Radius の値を調整することで変えられる。

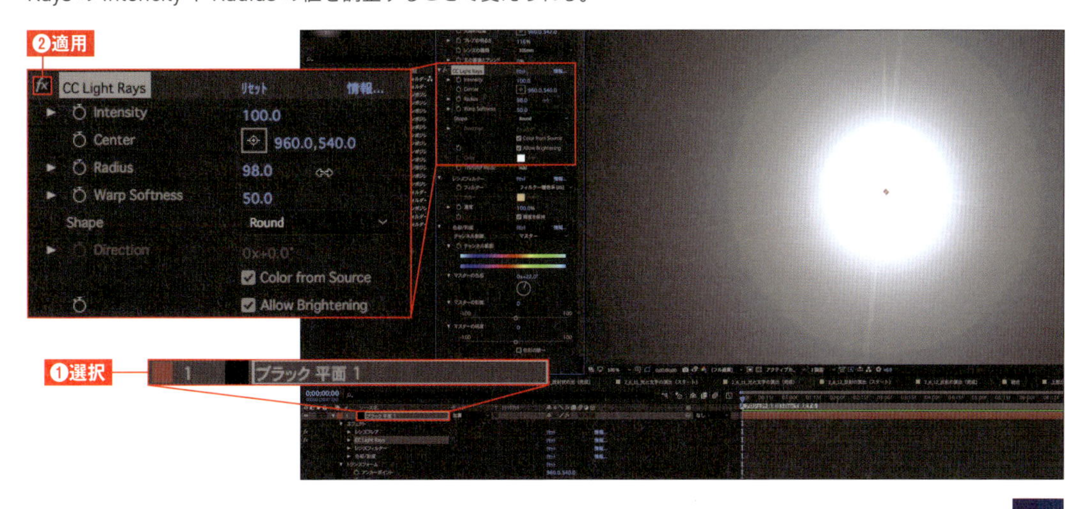

TIPS

操作しやすいように位置を同期する

レンズフレアの光源の位置と CC Light Rays の Center はいつも同じ位置が望ましいので、ここでは CC Light Rays の Center にエクスプレッションを適用してピッグウィップでレンズフレアの光源の位置と連結させている。

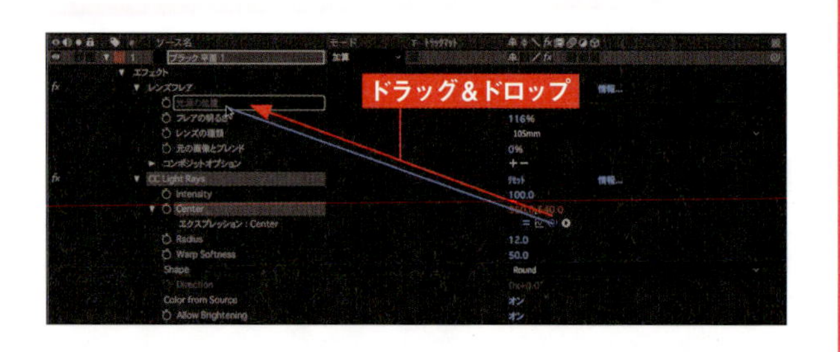

エフェクトを適用して色の細部を調整する

❶ レンズフィルターのエフェクトを適用する

<レンズフィルター>のエフェクトを適用する❶。これはイメージに色付きのフィルターを追加して暖色系、寒色系の色を擬似的に作り出すことができるエフェクトだ。<フィルター>を<フィルター寒色系>に変更すると❷、寒色系の色合いになる。なお、濃度はデフォルトだと 25% になっているが、濃いめにかけたい場合には 100% などに設定することもできる。

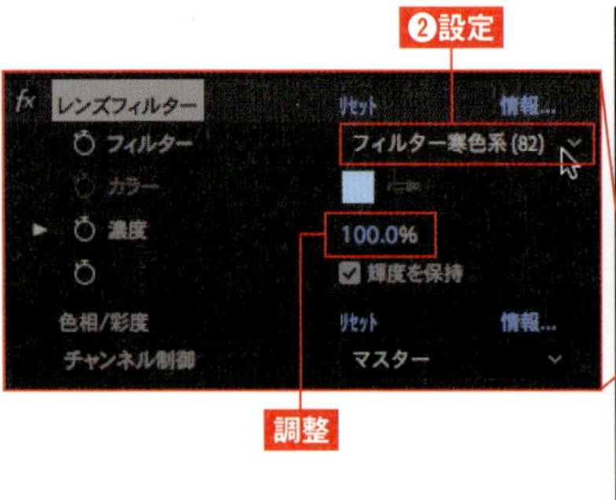

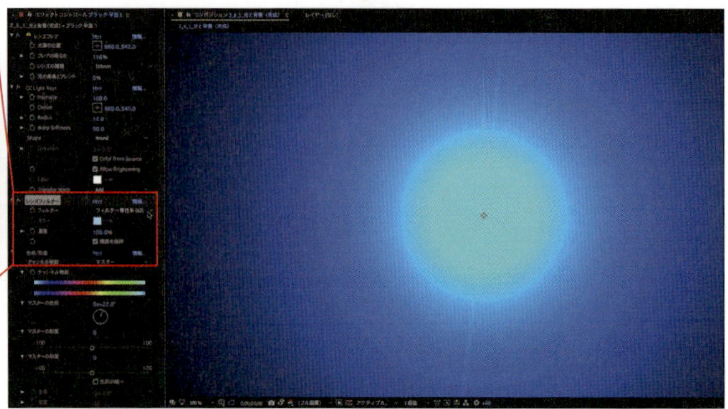

ケルビン値とホワイトバランスの動画解説

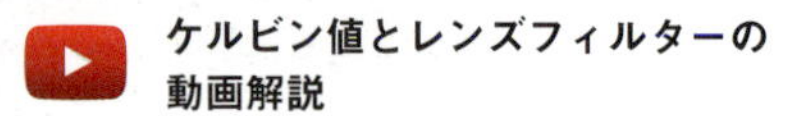
ケルビン値とレンズフィルターの動画解説

❷ 色相/彩度を適用する

手順❶で変更した＜フィルター寒色系＞を、もとの＜フィルター暖色系＞に戻したら、＜色相 / 彩度＞を適用して❶、＜マスターの色相＞でホイールを回転させて色相を調整し、＜マスターの彩度＞で彩度を調整する。＜マスターの明度＞で明るさや融合度などを調整してもらいたい❷。

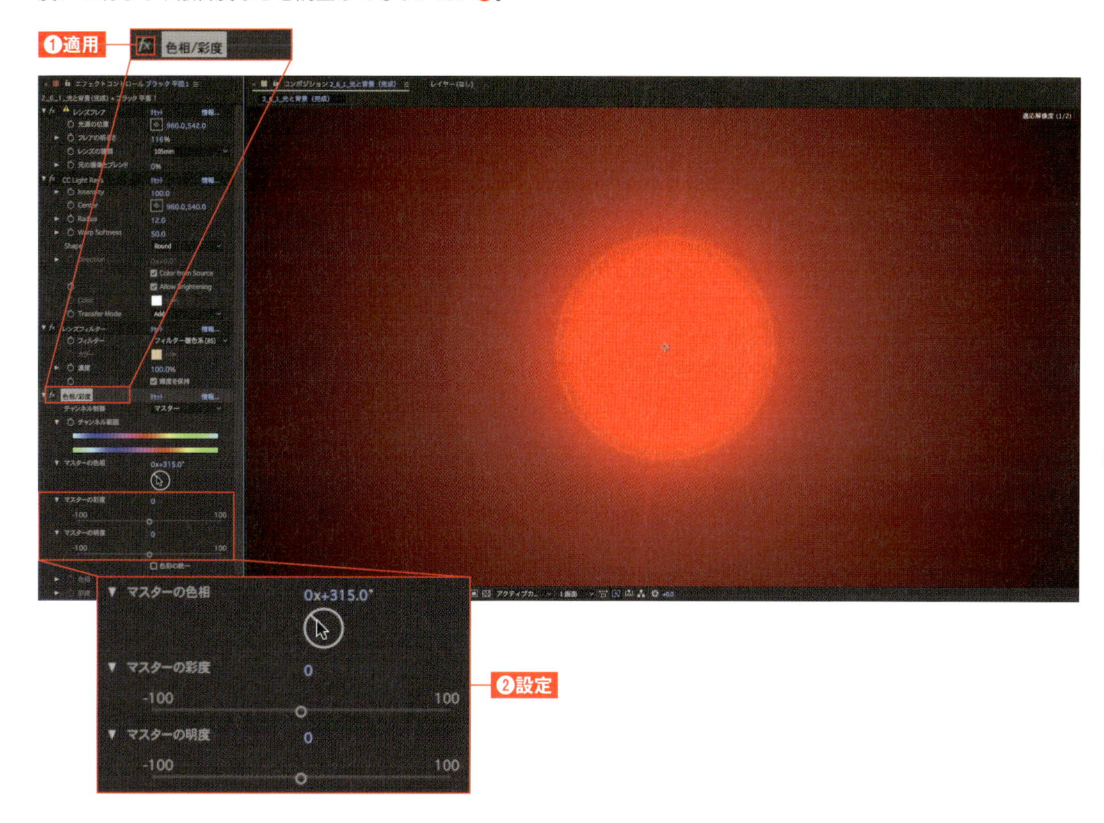

MEMO マイルドな光に変える

レンズフィルターのフレア部分や光源の中心部分がきつく感じるようだったら、＜ CC Light Rays ＞と＜レンズフィルター＞の間に＜ブラー（ガウス）＞を追加適用して、ブラーの値を調整することでマイルドな光に変えることもできる。

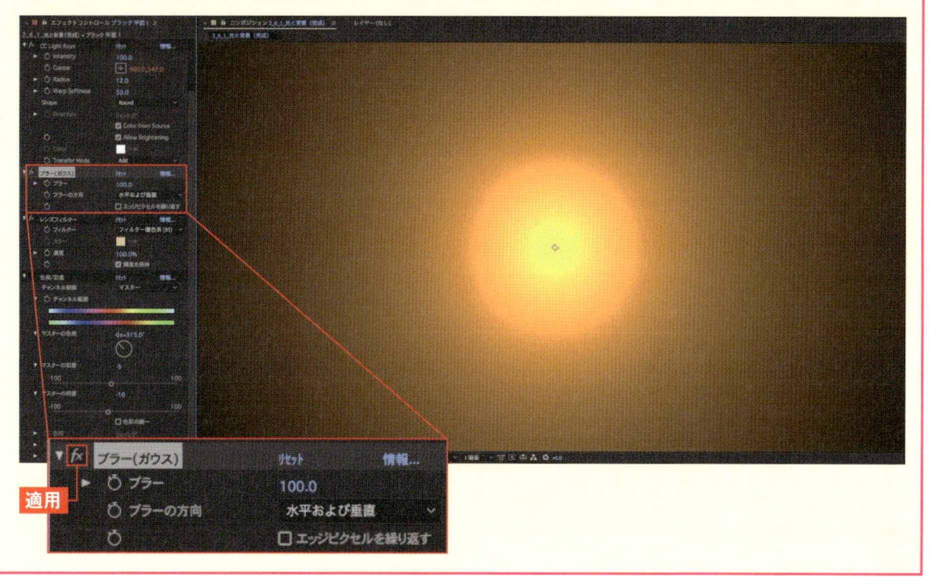

SECTION

03 光の拡散制御を行う①

ここでは、光の拡散について解説していく。光の特性を理解して、設定した範囲に光を散りばめてみよう。

光の拡散を制御して光を散りばめる

利用するプロジェクトファイル：「2_6_光」フォルダ→「2_6_光.aep」ファイル
利用するコンポジション：＜コンポジション（スタート）＞→＜2_6_2_輝度によるライトマット（スタート）＞

コンポジションを選択すると、光のグラデーションが施された円が画面中央に配置されているのが確認できる。ここでは、ルミナンスキーマットを適用することで、円グラデーションの明るい部分のみに光を拡散する方法を解説する。左図のように「沖縄の海」の文字の内側に光のグラデーションを施すこともできるようになる。

円型グラデーションにルミナンスキーマットを適用する

1 配置を確認する

タイムラインには＜円グラデーション＞とレンズフレアを適用した＜ブラック平面 1＞、背景の画像＜ p1.jpg ＞が非表示の状態で配置されている。まずは、一番上に配置されている＜円グラデーション＞をダブルクリックしてほしい。

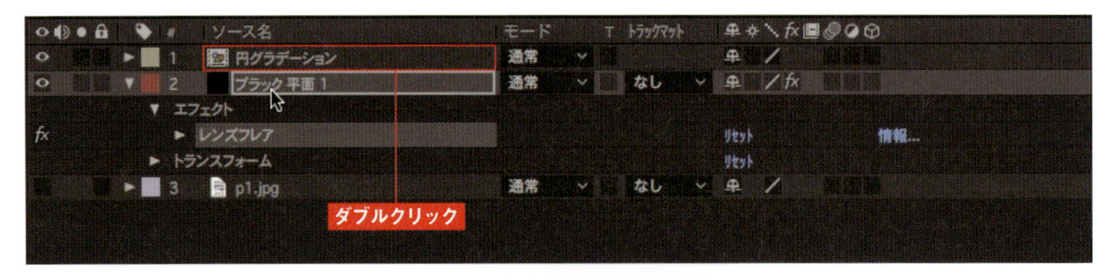

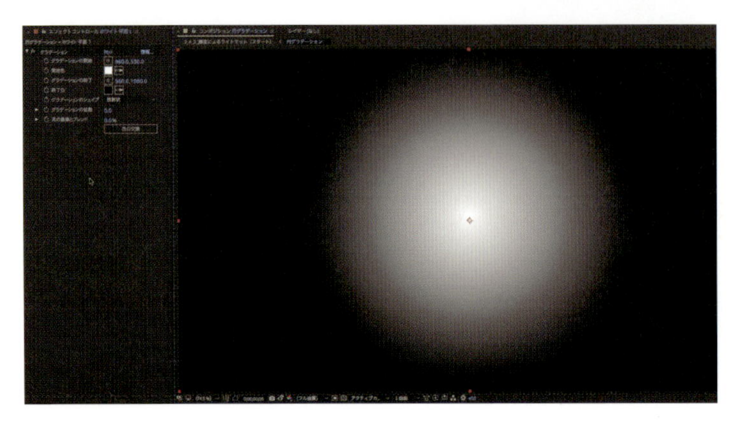

2 円グラデーションを確認する

この＜円グラデーション＞は、くり抜き用として円型の玉のようなものがグラデーションで作成されている。この白い玉の明るい範囲を、レンズフレアで発光するように適用していこう。

❸ ブラック平面にルミナンスキーマットを適用する

再びコンポジションに戻り❶、<ブラック平面１>を選択したら❷、<トラックマット>から<ルミナンスキーマット"円グラデーション">を選択する❸。ルミナンスキーマットは、円グラデーションの明るい部分のみに適用されるので、レンズフレアの範囲を円の中に集約して格納することができる。

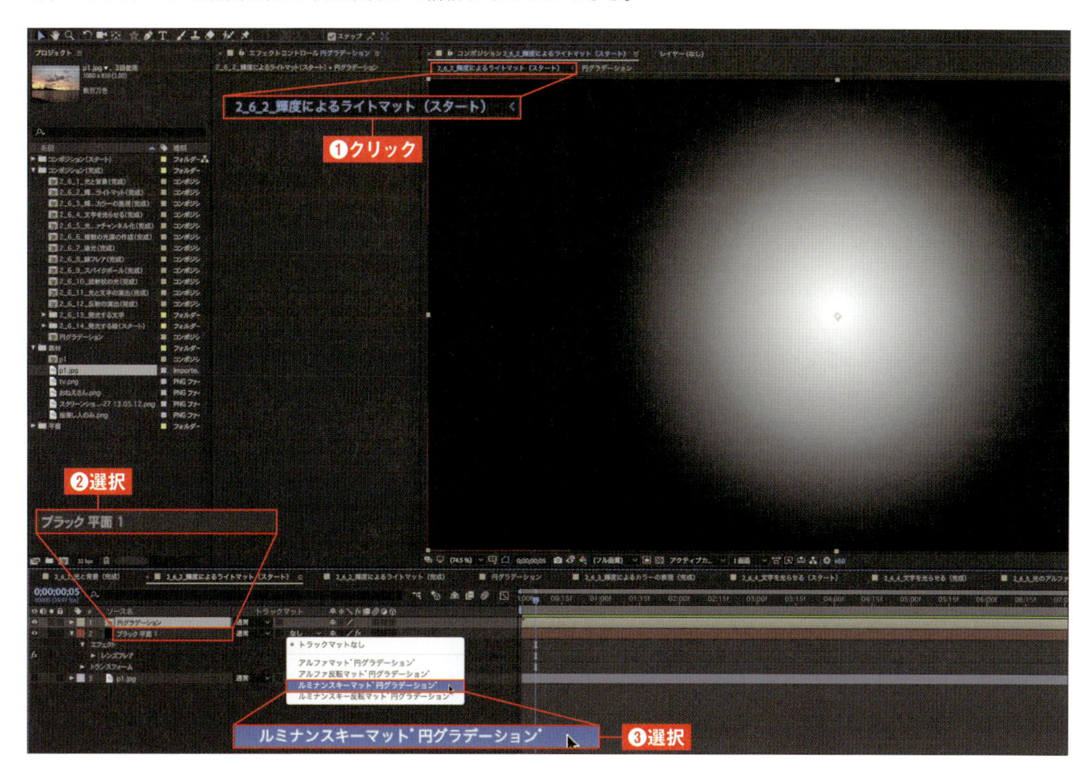

❹ フレアの明るさを大きくして確認する

試しに<ブラック平面１>の<レンズフレア>の<フレアの明るさ>を大きくしてみよう。先程設定したルミナンスキーマット"円グラデーション"の設定から、上に配置されている円グラデーションレイヤーの範囲を超えてレンズフレアの光が漏れるようなことはないのがわかる。

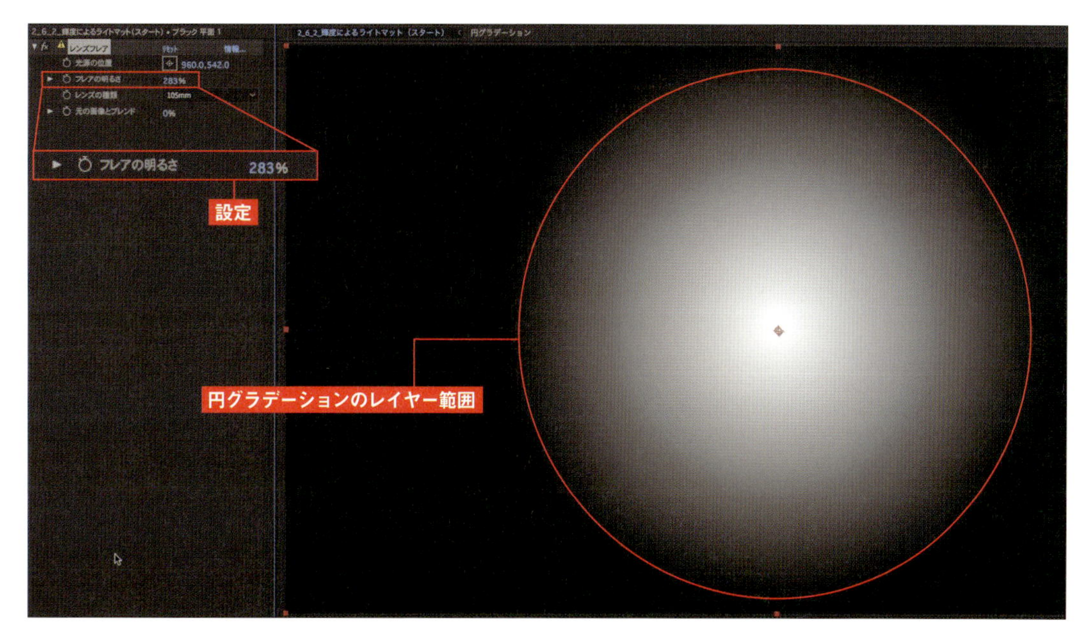

MEMO

円型グラデーション以外で光を制御する

ここでは、簡単に円型グラデーションを使って解説したが、テキストやシェイプレイヤーを型抜きとして活用することも可能だ。＜コンポジション（完成）＞→＜2_6_2_輝度によるライトマット（完成2）＞を参考に確認してもらいたい。

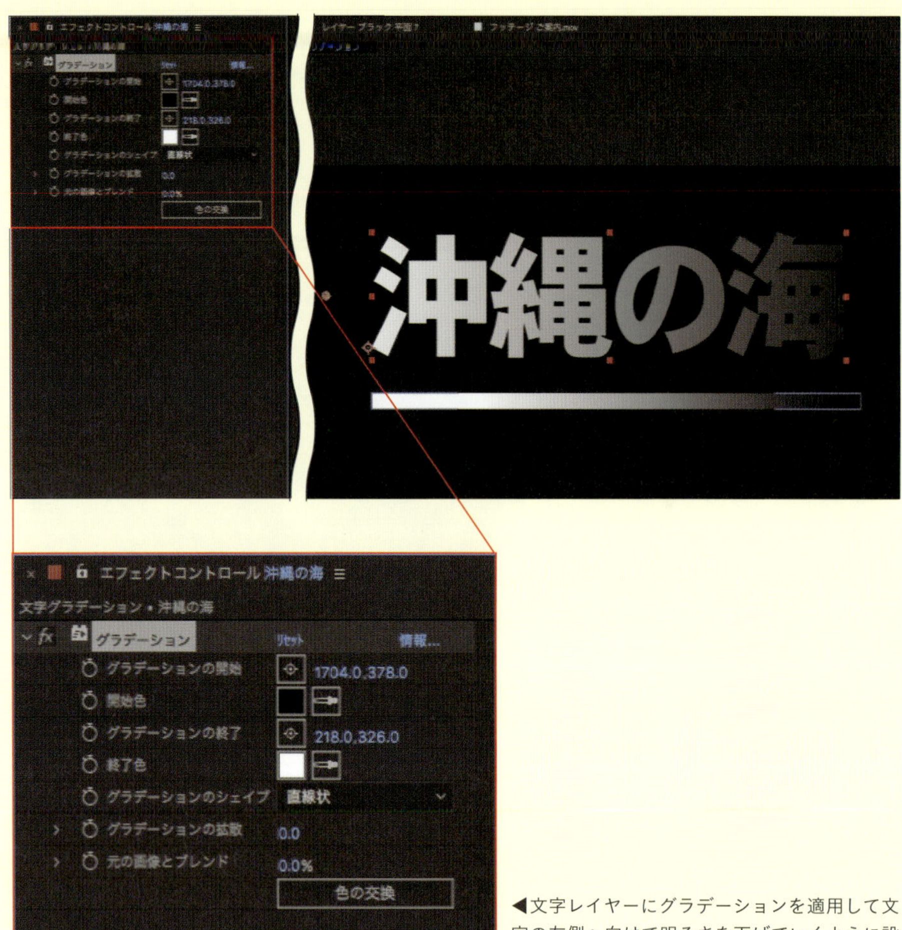

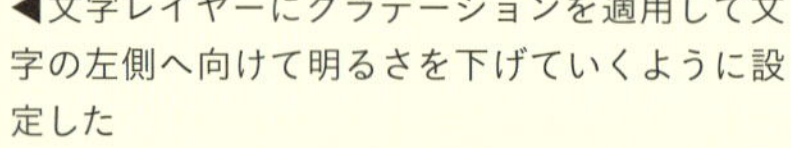
◀文字レイヤーにグラデーションを適用して文字の左側へ向けて明るさを下げていくように設定した

▲同じようにトラックマットで合成してみると、沖縄の「縄」部分を起点に光の拡散具合で文字が演出されているのが確認できるはずだ。通常のルミナンスマットとは違い、光でワンポイント付けるテクニックだ

SECTION

04 光の拡散制御を行う②

引き続き、光の拡散ついて解説していこう。ここでは、描画モードを使用して光の拡散加減を制御する。

完成コンポジションから学ぶ

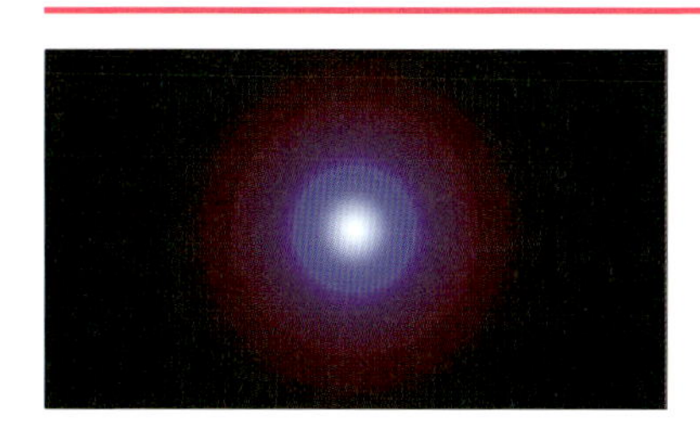

利用するプロジェクトファイル：「2_6_光」フォルダ→「2_6_光 .aep」ファイル
利用するコンポジション：<コンポジション（完成）>→< 2_6_3_輝度によるカラーの表現（完成）>
ここでは、完成のコンポジションを開いて、各設定を確認することで、光の拡散を理解していこう。

描画モードで光の拡散加減の制御を行う

1 ブラック平面を確認する

一番上にある<ブラック平面 28 >を非表示にすると、画面にはレインボーの円の広がりのようなアニメーションが設定されていることがわかる。

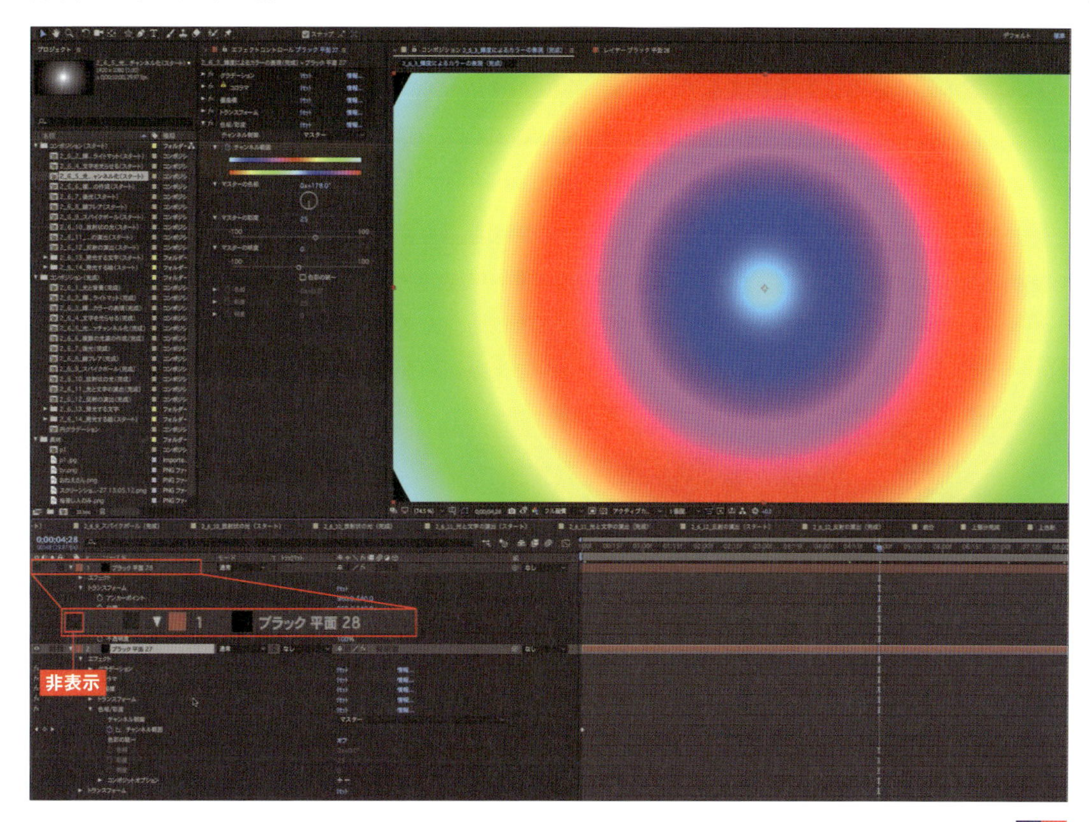

❷ 描画モードの輝度を確認する

再び＜ブラック平面 28 ＞を表示すると❶、レンズフレアの光が中央付近に発光しているのが確認できる。ここでは、＜描画モード＞から＜輝度＞が選択されている❷。これは P.418 のグラデーションの円と同じように、「このレンズフレアで光っている範囲内でレインボーの円を表示してください」という設定だ。

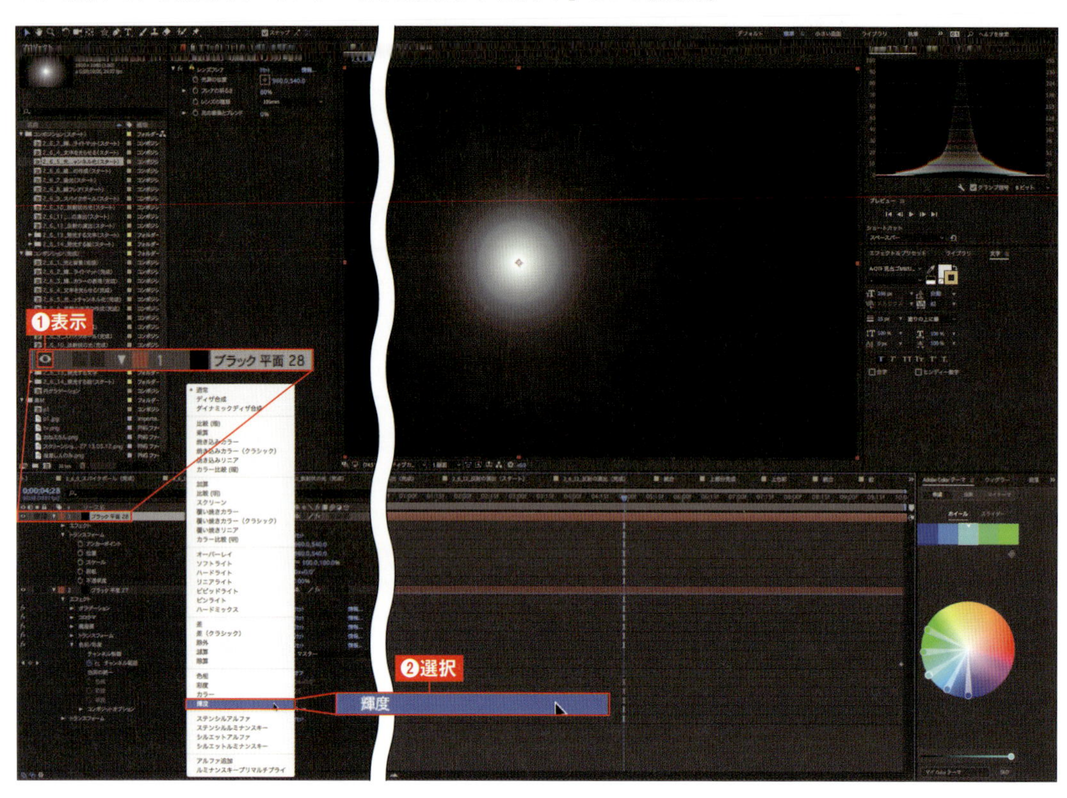

❸ フレアの明るさの値を確認する

＜輝度＞を選択することで、レンズフレアの光の範囲内にレインボーの円が集約されたのが確認できる。もちろん＜ブラック平面 28 ＞のレンズフレアの輝度を基準にしているので、＜フレアの明るさ＞の値を大きくすると範囲が拡大されていく。

このようにトラックマット以外の描画モードでも、光の拡散加減の制御を行うことができる。

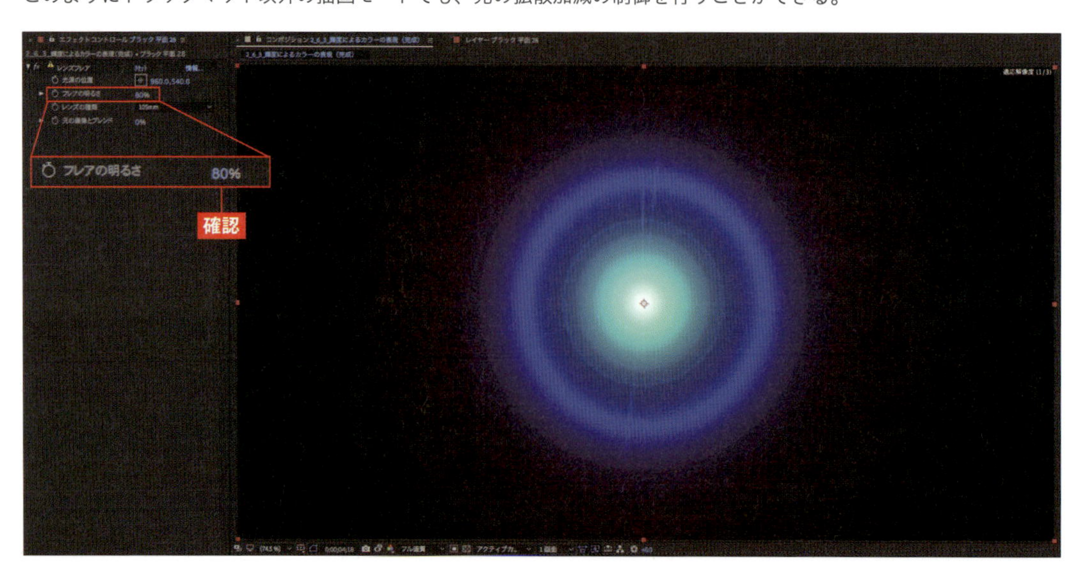

05 文字を光らせる

CHAPTER 2-1 で解説した「文字」だが、ここでは、その文字の光らせ方を解説する。文字の光らせ方は 2 パターンある。

2つの方法で文字を光らせる

文字を光らせるには、レイヤースタイルを活用する方法と、2 つの文字レイヤーを重ねる方法がある。

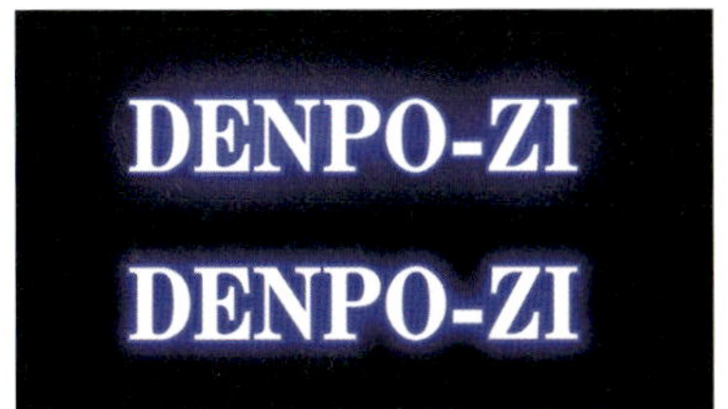

利用するプロジェクトファイル：「2_6_ 光」フォルダ→「2_6_ 光 .aep」ファイル
利用するコンポジション：<コンポジション（スタート）>→<2_6_4_ 文字を光らせる（スタート）>
コンポジションを開くと、画面には「DENPO-ZI」と記載された文字が下段に配置されているのが確認できる。ここでは文字の光らせ方について解説していこう。

レイヤースタイルを活用する

1 設定を確認する

まずは、下の文字に注目してもらいたい。文字の線幅は< 25px >に設定されている❶。文字には<ブラー（ガウス）>を適用している❷。発光させるためには文字に「にじみ」を加えるため、ここでは<ブラー>を< 5.0 >に設定している❸。

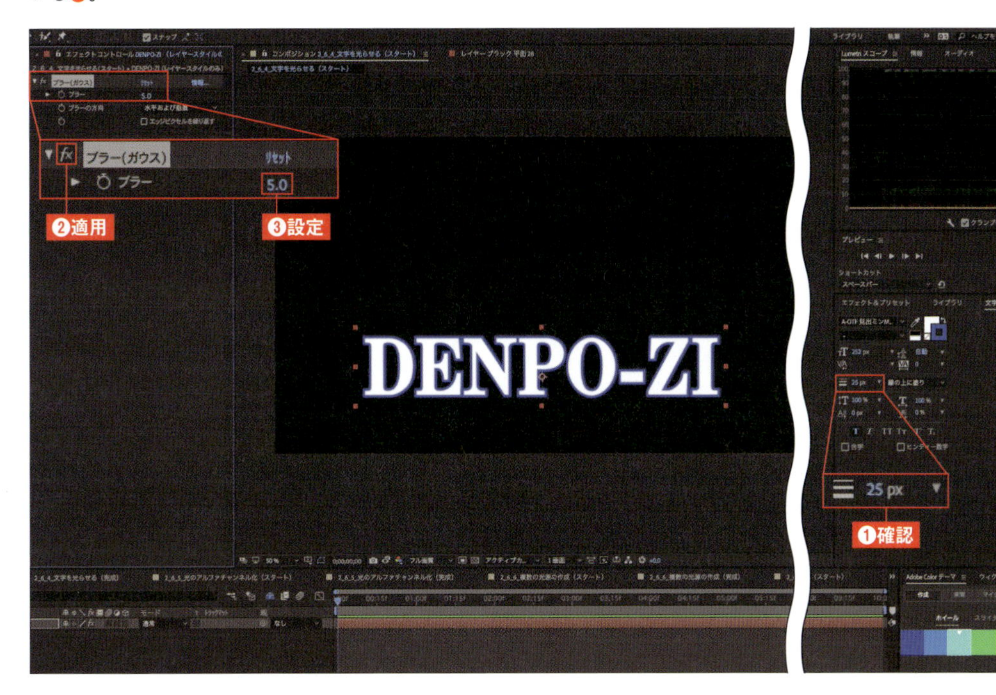

② グローを適用して発光具合を増やす

続いて文字を発光させるために<グロー>を適用（<エフェクト>メニュー→<スタイライズ>→<グロー>）してみると、発光具合が増していく。

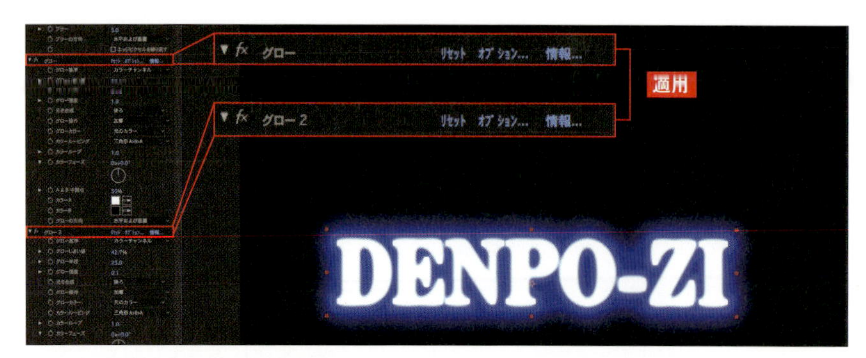

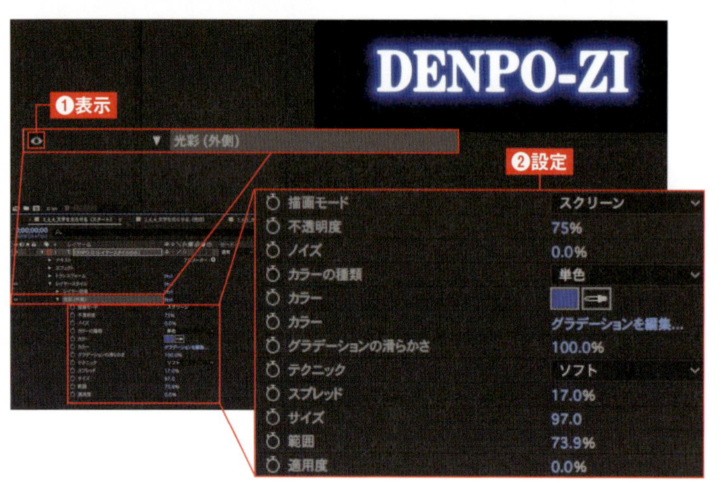

③ 光彩（外側）を適用して細かな設定を施す

<レイヤー>メニュー→<レイヤースタイル>→<光彩（外側）>を適用し、図のような設定にしている❶❷。

<光彩（外側）>を適用することで、文字周りに色が付着して発光したようにみえる。これがレイヤースタイルを使用した文字の発光の方法となる。

◉ 文字レイヤーを重ねる

① アウトラインのない文字の線幅を確認する

<シャイレイヤー>をオフにする❶。非表示になっている、< DENPO-ZI（アウトラインなし）>と<アウトラインのみ>の文字レイヤーがタイムラインに現れたはずだ。表示／非表示の設定から<アウトラインなし>を表示してみよう❷。画面上部の「DENPO-ZI」のアウトラインが外される❸。文字の線幅を確認すると、適用されていないことがわかる❹。

❷ アウトラインが施されている文字の線幅を確認する

今度は逆に＜ DENPO-ZI（アウトラインなし）＞を非表示にして❶、＜アウトラインのみ＞を表示させてみよう❷。この DENPO-ZI の文字には線幅が＜ 13px ＞❸、色はブルーが適用されていることがわかる❹。

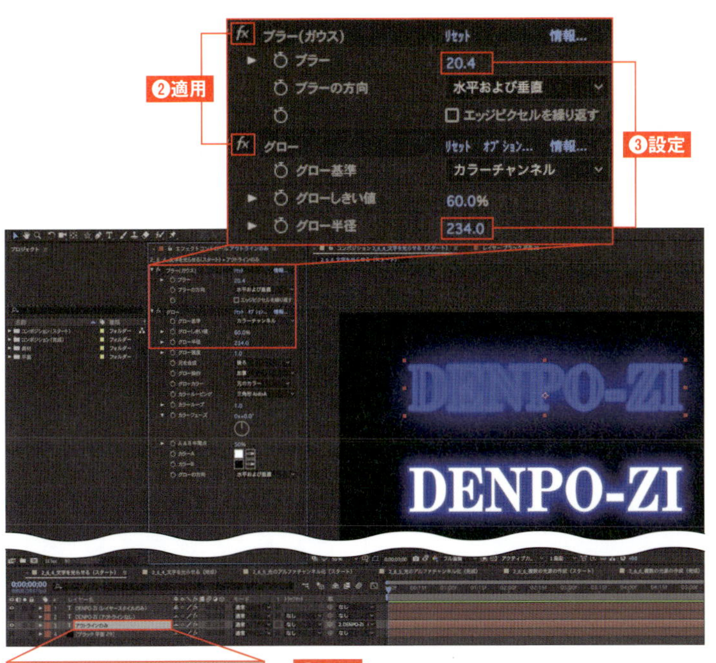

❸ アウトラインが施されている文字を発光させる

＜アウトラインのみ＞を選択し❶、エフェクトコントロールパネルから＜ブラー（ガウス）＞と＜グロー＞を適用して❷、図のように設定してみよう❸。適用すると文字に「にじみ」が加えられ、グローで発光するのが確認できる。

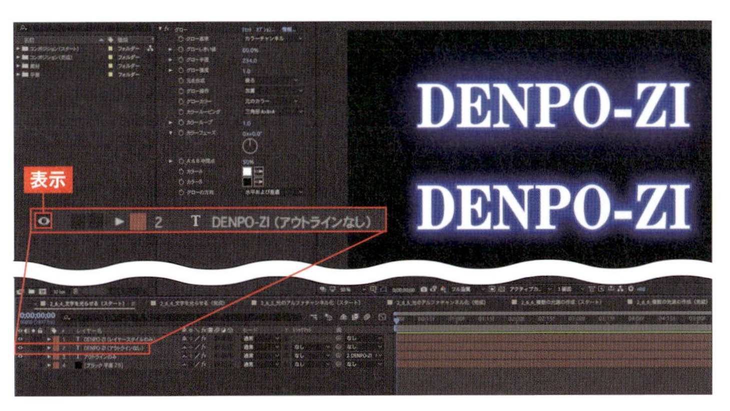

❹ 文字を重ね合わせる

＜DENPO-ZI（アウトラインなし）＞を表示する。文字を重ね合わせると、発光する文字の完成だ。

発光の調整をする

各文字の発光具合は、レイヤースタイルの文字では、スプレッド、サイズ、範囲などの項目、重ねた文字の場合には、文字の線幅を調整することで変えることができる。ここでは＜［ブラック平面 29］＞を表示している。

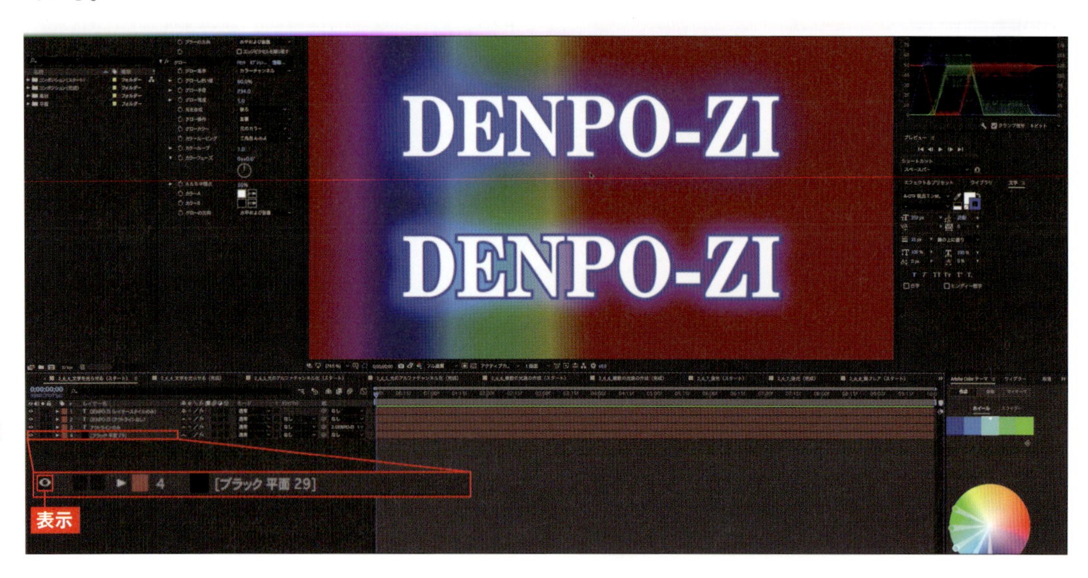

MEMO **文字に光を当てる際の注意点**

ここでは＜アウトラインのみ＞の文字レイヤーに、＜グロー＞を追加して適用してみた。下の＜ DENPO-ZI（レイヤースタイルのみ）＞での＜グロー＞の適用と異なり、色深度が 32bit の場合、グロー基準の設定を＜アルファチャンネル＞に変更しないと、範囲が文字全体に広がってしまう。アウトラインの光が拡散してしまうので注意が必要だ。

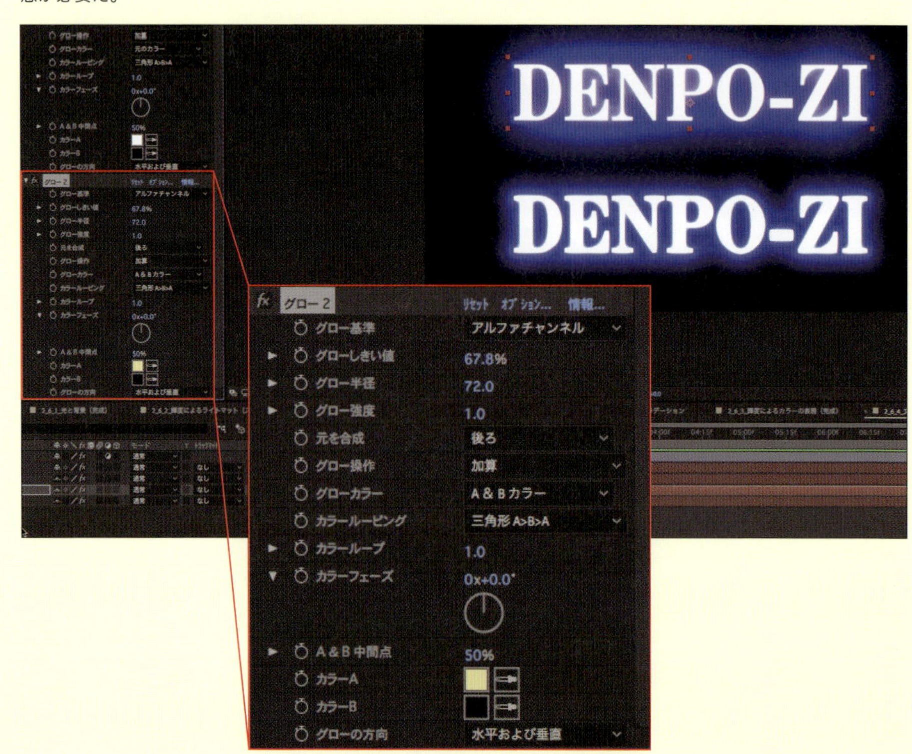

SECTION

06 光部分をアルファチャンネル化して合成する

光の文字やフレアなどは、通常は描画モードの<加算>などで合成していくが、こうした光部分はアルファチャンネル化して合成することもできる。

光っている部分だけをアルファチャンネル化する

利用するプロジェクトファイル：「2_6_光」フォルダ→「2_6_光 .aep」ファイル
利用するコンポジション：<コンポジション（スタート）>→<2_6_5_光のアルファチャンネル化（スタート）>
コンポジションを選択すると、円の中心が明るく、外側に向かって暗くなっている平面が確認できる。ここでは、左図のようにこの光をアルファチャンネル化するテクニックを解説する。

描画モードとトラックマットを変更する

1 ブラック平面を表示する

文字レイヤー< DENPO-ZI >が配置されているが、その上の<ブラック平面 1 >を表示する。

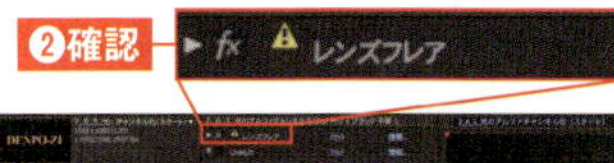

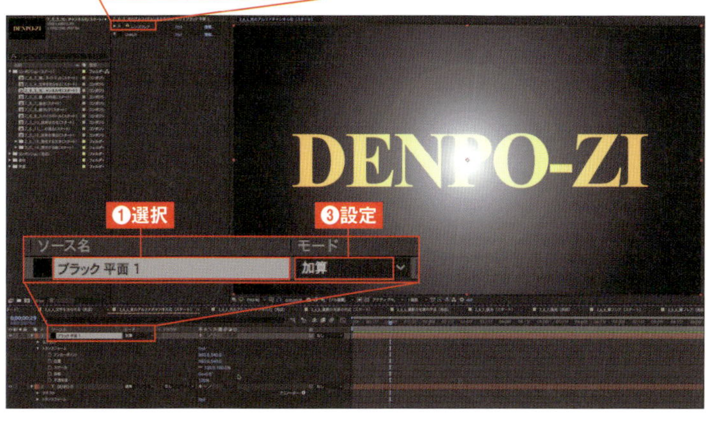

2 描画モードに加算を適用する

<ブラック平面 1 >を選択すると❶、<レンズフレア>が適用されていることがわかる❷。<ブラック平面 1 >の<描画モード>を<加算>にすると❸、明るい部分のみが透過するのでレイヤーどうしが重なり合う。

❸ トラックマットを設定する

続いて文字レイヤー＜DENPO-ZI＞のトラックマットから、＜ルミナンスキーマット "ブラック平面1"＞を選択する。明るい部分のみを文字レイヤーに取り入れて反映させてみよう。

❹ 効果を確認する

無事、図のような画面が確認できたはずだ。

❺ アルファチャンネルを確認する

もちろん、アルファチャンネルになっているのも確認できるはずだ。

便利なプラグインを使用する

❶ UnMultプラグインの特徴

光をアルファチャンネル化する方法は「UnMult」というプラグインを使用する方法もある。画面では＜ブラック平面1＞を表示して❶、＜UnMult＞を適用している❷。＜描画モード＞が＜通常＞になっているにもかかわらず❸、このエフェクトを適用すると、明るい部分はアルファチャンネルに切り替えてくれる。

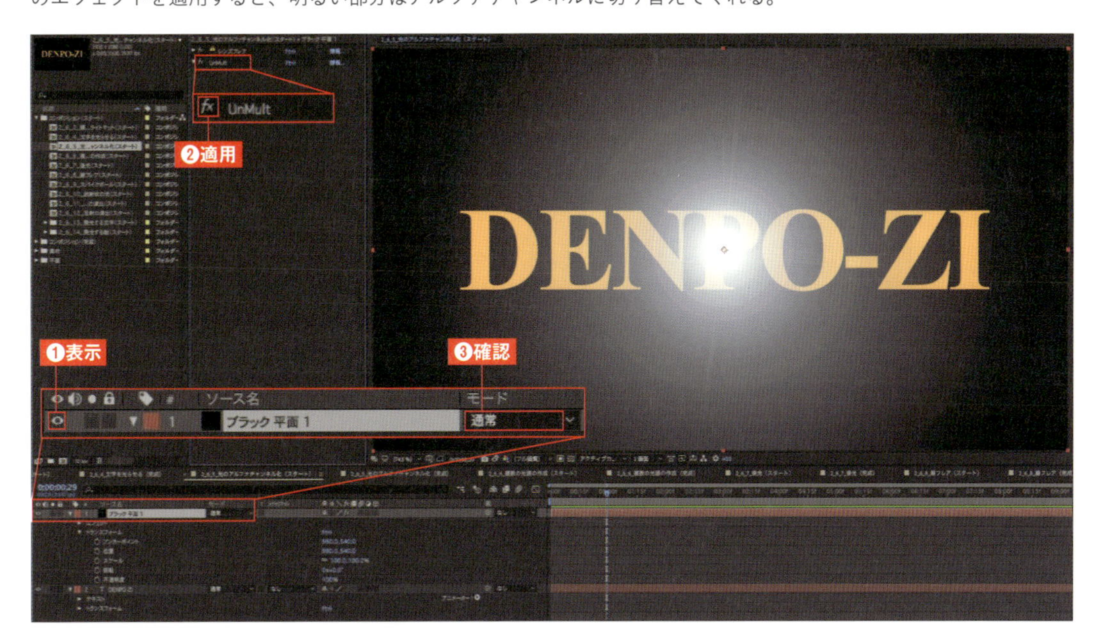

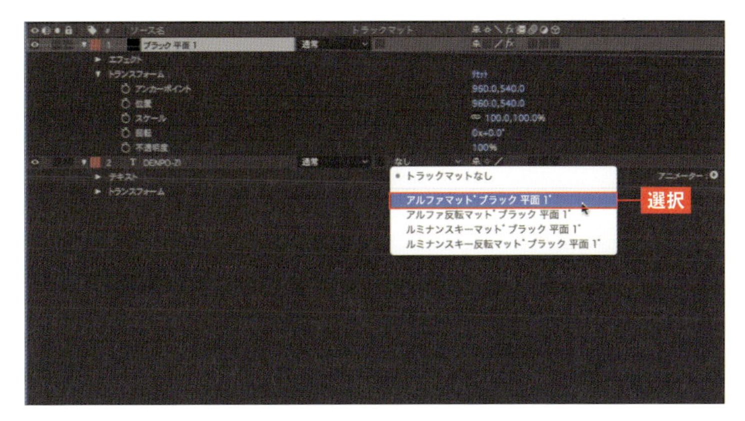

❷ トラックマットを変更する

前ページの手順❸と同じように、文字レイヤー＜DENPO-ZI＞のトラックマットから＜アルファマット"ブラック平面 1"＞を選択する。

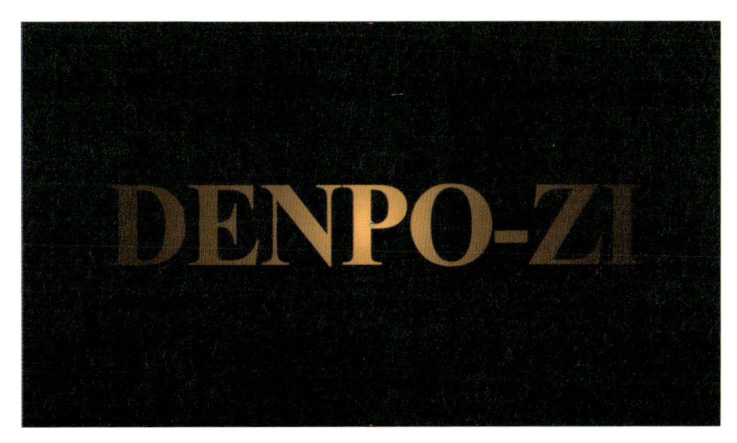

❸ 結果を確認する

前ページの手順❹と同じような結果になった。もちろんアルファチャンネルも文字に適用されている。こうしたプラグインを活用することで簡単にアルファチャンネル化することもできる。

SECTION

07 電飾光源を作成する

ここでは、背景に無数の光源を設置する方法を解説する。光の玉を電飾のように散りばめた背景パターンを作成していこう。

女性をシルエットにして背景に光源を散りばめる

利用するプロジェクトファイル：「2_6_光」フォルダ→「2_6_光.aep」ファイル

利用するコンポジション：<コンポジション（スタート）>→<2_6_6_複数の光源の作成（スタート）>

コンポジションを選択すると、中央に女性が配置されているのが確認できる。ここでは、最終的に女性を左図のようなシルエットにして、背景に光の玉を散りばめてみる。

トラックマットで女性を切り抜いて各種エフェクトを施す

❶ 設定を確認する

画面には<イエロー平面 1 >を背景に、女性が配置されている。まずは、<イエロー平面 1 >を選択する。

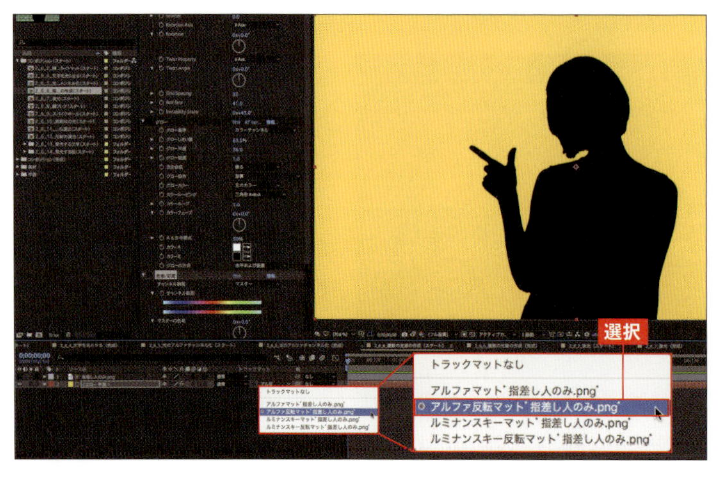

❷ トラックマットで女性を切り抜く

<イエロー平面 1 >の<トラックマット>から<アルファ反転マット"指差し人のみ.png">を選択する。このようにトラックマットでアルファチャンネル部分を逆に切り抜くと、女性部分がくり抜かれて透明になる（ここでは背景が黒になっている）。また、グリーンバック合成動画素材などを活用すれば、動画もシルエットにすることも可能だ。

❸ CC Ball Actionを適用して各種設定を施す

続いて＜イエロー平面１＞に配置されているエフェクトの＜CC Ball Action＞を適用し❶、図のように設定してもらいたい❷。CC Ball Actionはオブジェクトがボール形状に拡散されるエフェクトだが、止まっていれば玉の並びになる。

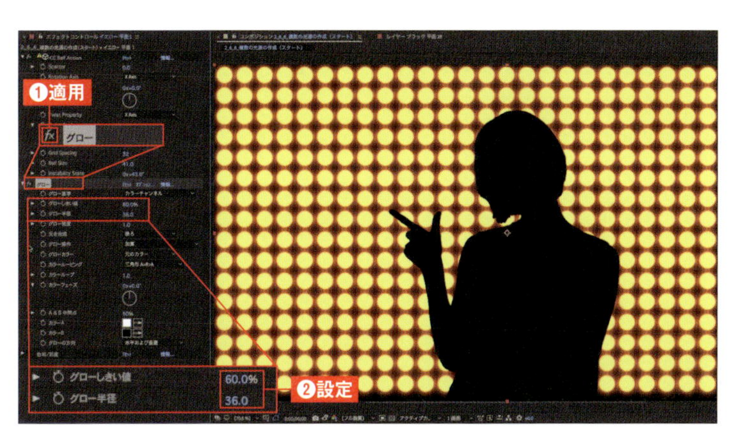

❹ グローを適用して各種設定を施す

続いて＜グロー＞を適用して❶、図のように数値を設定する❷。これで玉が発光するが、ここでは、グローの半径の調整で玉と玉の結びつきをいかにうまく作れるかがポイントとなる。

❺ 色相/彩度を適用して各種設定を施す

＜色相／彩度＞を適用すると❶、全体の色を変更することができる。平面の色ベースで変えていくと労力的に大変なのでイエロー（もしくはRGBの原色など）の彩度のはっきりした色を使用することで、より色相／彩度のパフォーマンスを活かすことができる。とりあえず、設定は元に戻しておこう❷。

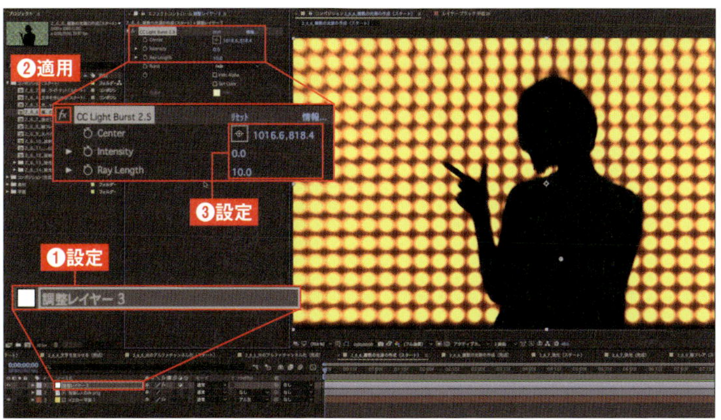

❻ 調整レイヤーにエフェクトを適用して臨場感を出す

最後に調整レイヤーを一番上に配置して（＜レイヤー＞メニュー→＜新規＞→＜調整レイヤー＞）❶、＜CC Light Burst 2.5＞を適用（＜エフェクト＞メニュー→＜描画＞→＜CC Light Burst 2.5＞）し❷、設定を行うことで❸、臨場感を演出することもできる。

SECTION

08 後光（光に包まれる）を作成する

ここでは、一風変わった光の使い方、後光の演出について解説する。人物が光に包まれるような効果を施してみよう。

人物の背景を光で満たす

利用するプロジェクトファイル：「2_6_光」フォルダ→「2_6_光.aep」ファイル

利用するコンポジション：<コンポジション（スタート）>→<2_6_7_後光（スタート）>

コンポジションを選択すると、黒を背景に女性の上半身が配置されているのが確認できる。ここでは、最終的に女性が光に包まれるような効果を施していく。

マスクを利用して背景を光らせる

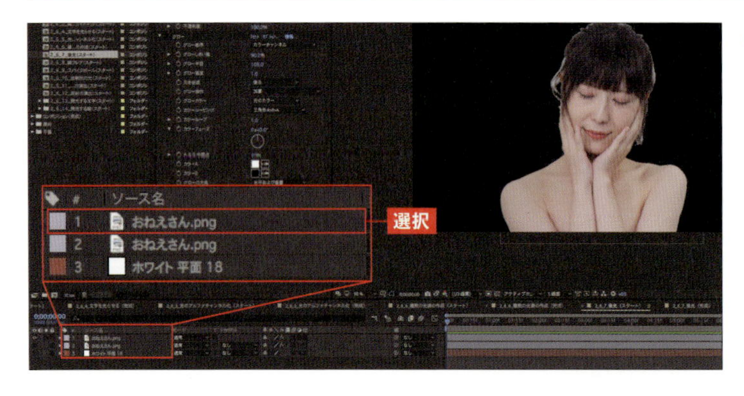

❶ 設定を確認する

画面にはおねえさんレイヤー<おねえさん.png>が2つと、背景には<ホワイト平面18>が配置されている。まずは、一番上の<おねえさん.png>を選択してみよう。

❷ 光彩ある輪郭を施す

<レイヤー>メニュー→<レイヤースタイル>→<光彩（内側）>をクリックして、図のように輪郭を設定してみよう。

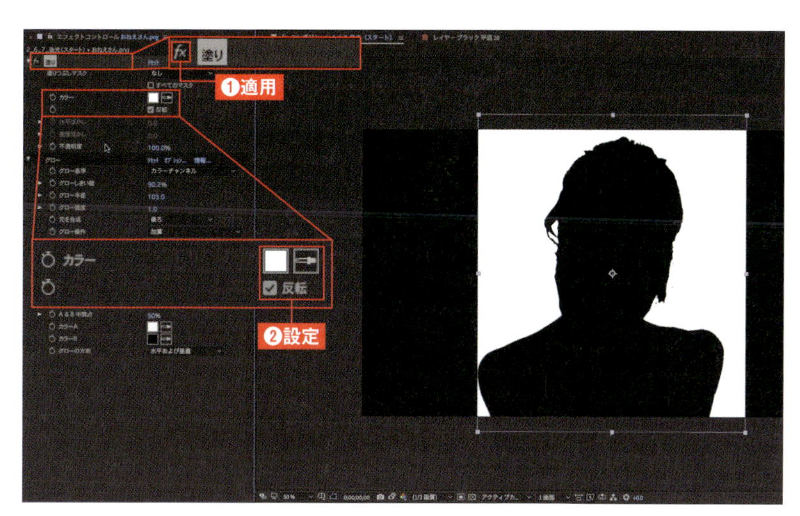

③ 塗りのエフェクトを適用する

続いてエフェクトコントロールパネル内の<塗り>エフェクトを適用して❶、図のような反転に設定してみよう❷。<塗り>はマスクで指定された部分を塗りつぶすが、ここではアルファチャンネルになっているので、マスクなしで塗りつぶすことができる。ここでは、人物とは逆に<反転>にチェックをいれるのを忘れずにしてもらいたい。

MEMO 塗りつぶしエフェクトを適用する

また塗りのエフェクト以外でも塗りつぶしエフェクトでも図のように設定すれば同じ効果が得られる。

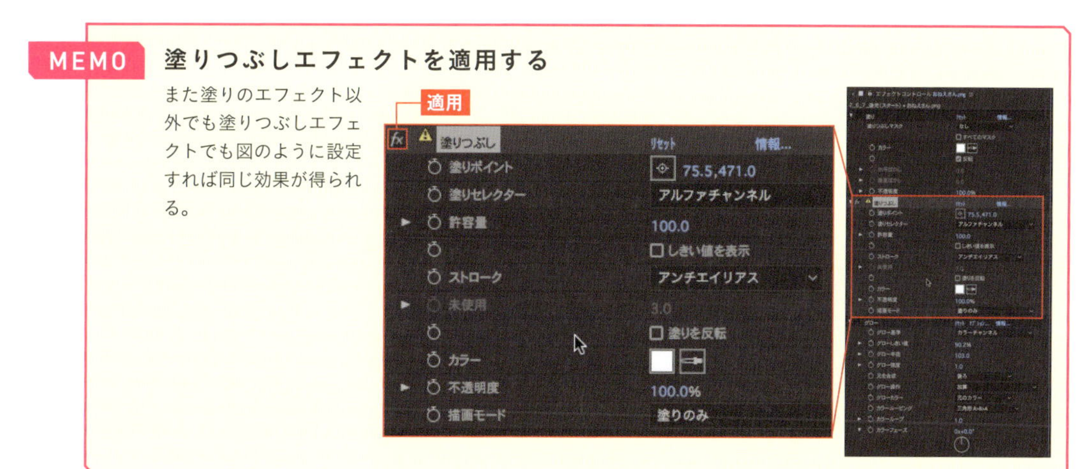

④ グローを適用する

塗りで単色化された女性に、さらに<グロー>を適用し❶、図のように値を設定する❷。反転しているので、レイヤースタイルの光彩（内側）も含め内側に対してグローが強力に適用される。

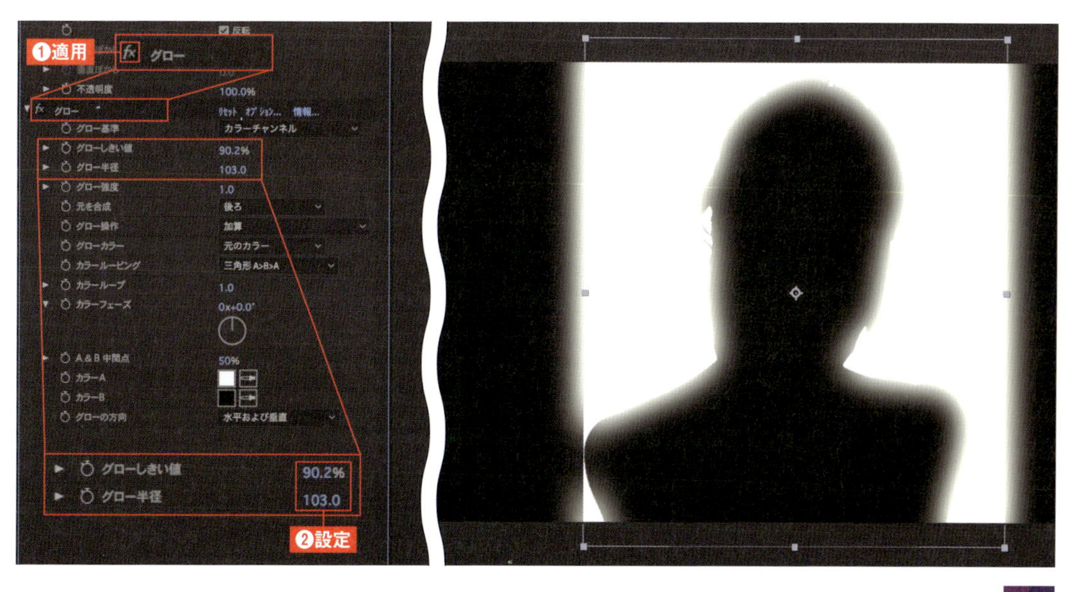

❺ 非表示女性を表示する

タイムラインで2番目に配置された女性の非表示を解除する。ちょうど光の部分の内側に重なったのが確認できるはずだ。

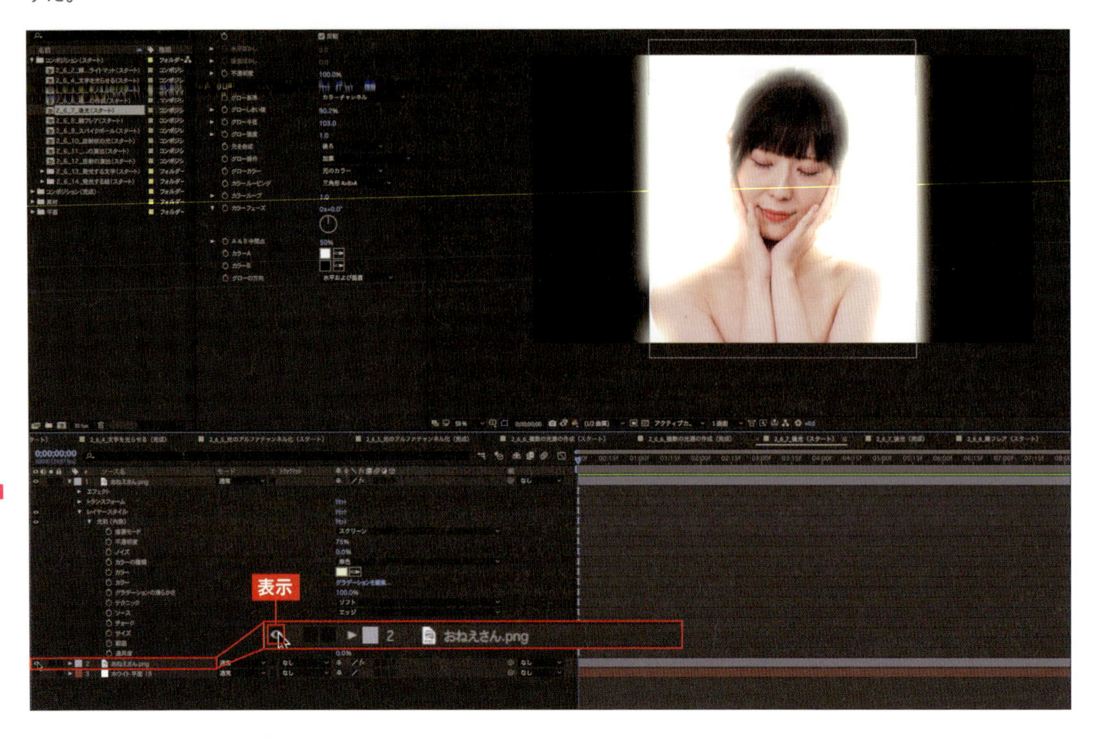

❻ 背景を表示して描画モードを変更する

最後に背景<ホワイト平面 18>を表示すると❶、後光に包まれたように仕上がる。後光の強度は、<描画モード>を<加算>に設定することで調整することができる❷。今回はアルファチャンネル化された写真に適用してみたが、グリーンバックなどで撮影された動画にも同じような演出を加えることも可能だ。

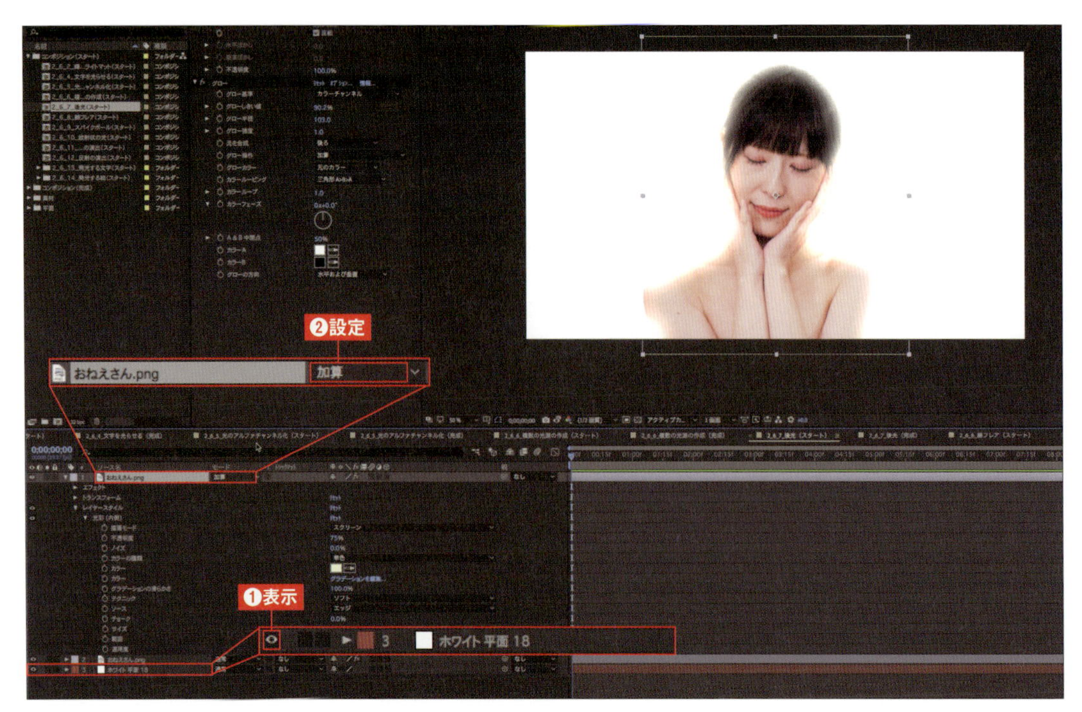

SECTION

09 横に広がる線の光を作成する

ここここからは、実践的な光の演出方法を解説していく。Saber などを使った、線のフレアの作成と文字の発光をマスターしていこう。

Saberなどを使って線によるフレアを演出する

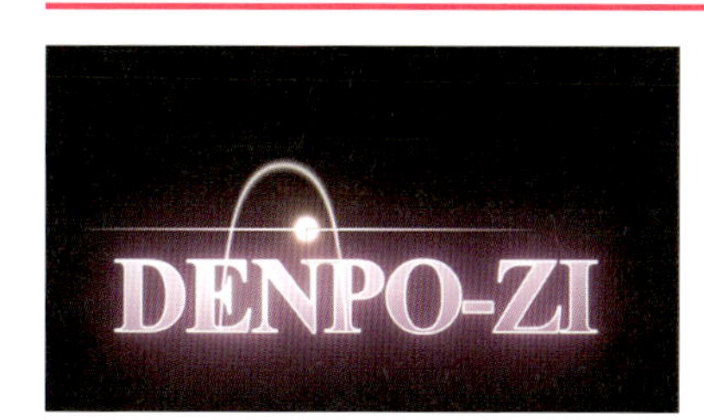

利用するプロジェクトファイル：「2_6_光」フォルダ→「2_6_光.aep」ファイル

利用するコンポジション：<コンポジション（スタート）>→<2_6_8_線フレア（スタート）>

コンポジションを開くと、真っ黒な画面にポツンと赤枠だけが表示されているのが確認できる。ここでは、最終的に光る文字とともに、文字上部にフレアで輝く線を施していく。

ヌルオブジェクトを活用する

1 設定を確認する

画面をみると光玉の作成用にブラック平面とヌルオブジェクトが配置されている。<コントロールヌル>に注目してもらいたい。今回のヌルオブジェクトには以下の 2 つの役目を与えてみた。

役割その①：エフェクトコントローラーとしての役目（P.138 の「文字に立体感と影を施す」を参照）

役割その②：ペアレントやエクスプレッションを使用して誘導を促す役割（P.372 の「ヌルオブジェクトを使用したグループ移動での場面転換を理解する」を参照）

<コントロールヌル>を選択し❶、エフェクトコントロールパネルを確認すると、スライダー制御のエフェクトである（次ページの MEMO 参照)、<玉のコントラストコントロール>と<玉の明るさコントロール>が適用されている❷。

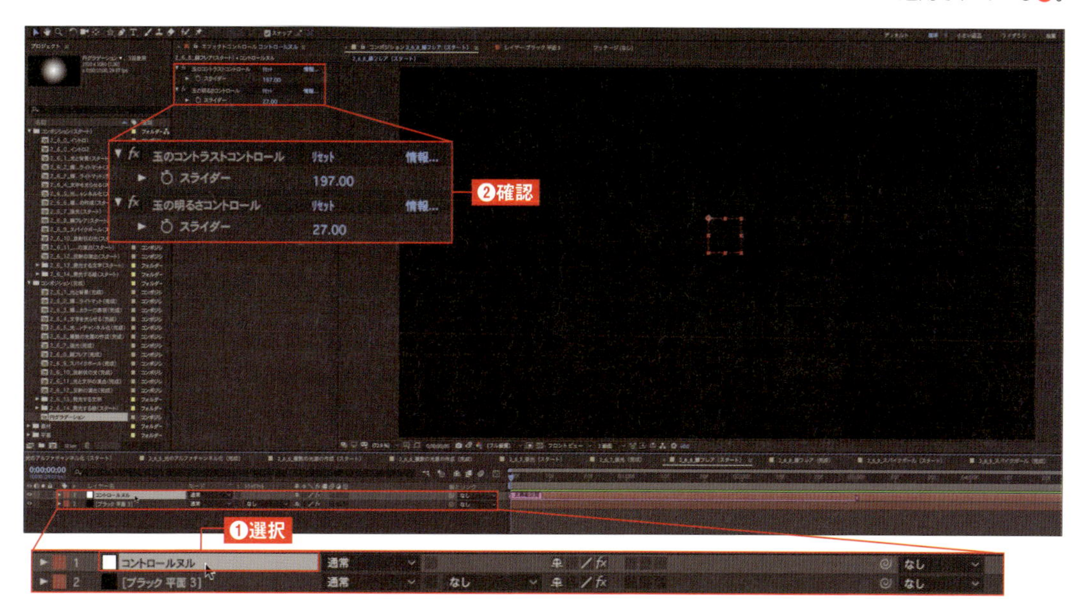

MEMO

エフェクトの名称

スライダー制御のエフェクトは、右図のように、<エフェクト>メニュー→<エクスプレッション制御>→<スライダー制御>とクリックして、配置している。このときの名称は「スライダー制御」だが、エフェクトコントロールパネル内のエフェクトの名称は、自由に変えることができる。ここでは記載された**文字部分をクリックして Enter キーを押すことで、名称を「玉のコントラストコントロール」「玉の明るさコントロール」と変更している。**

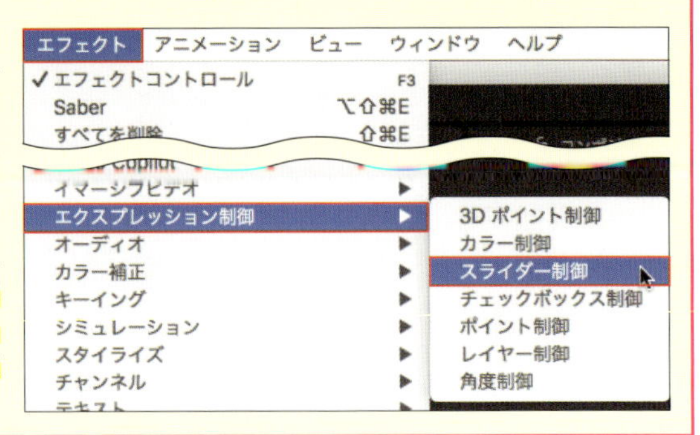

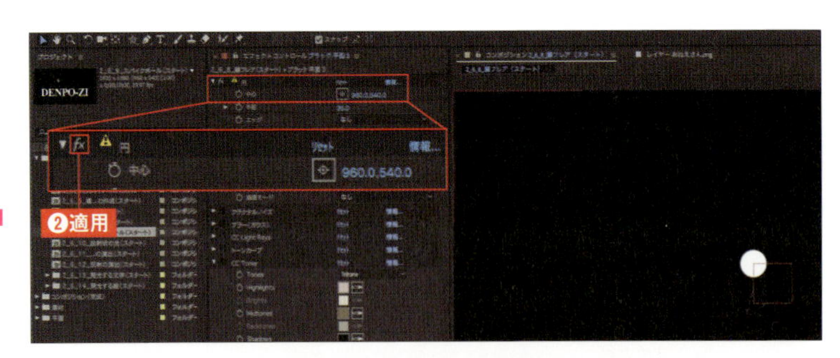

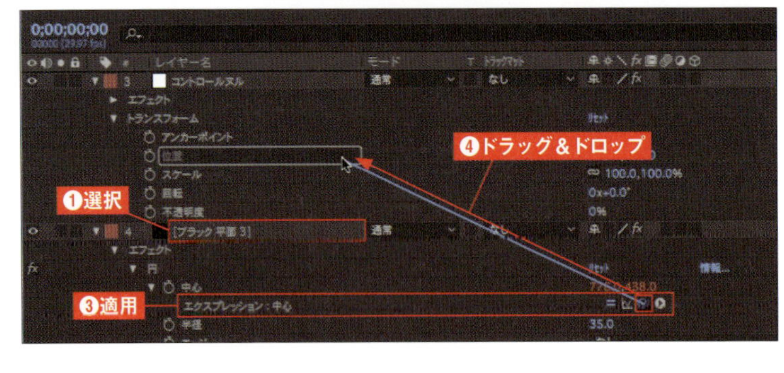

② 円のエフェクトを適用してヌルオブジェクトと同期する

<［ブラック平面 3］>を選択すると❶、エフェクトコントロールパネル内にはすでに幾つかのエフェクトが配置されているので、これを順番に解説していこう。

<円>のエフェクトを適用すると❷、画面の真ん中に小さい円が配置されているのが確認できる。

ここでは、この円が移動していくのだが、円の移動はすべてヌルオブジェクトに委託して移動させたほうが単純になるので、円の中心にエクスプレッションを適用して❸、ヌルオブジェクトの位置と同期させる❹。これでヌルオブジェクトの位置を動かすことで円も一緒に動かすことができる。

③ フラクタルノイズを適用して、コントラストと明るさを同期する

続いて<フラクタルノイズ>を適用したら❶、フラクタルノイズのパラメーター内の<コントラスト>と<明るさ>の各項目にエクスプレッションを適用して❷、前ページの手順❶で設定したヌルオブジェクトのエフェクトのスライダー制御（<玉のコントラストコントロール><玉の明るさコントロール>）の各スライダーと同期の設定を行う❸。こうすることでヌルオブジェクトによる光玉の移動と、赤玉のコントラストや明るさ調整が行える。

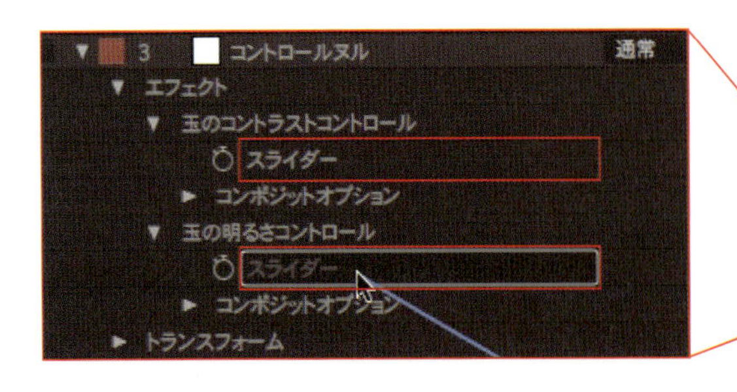

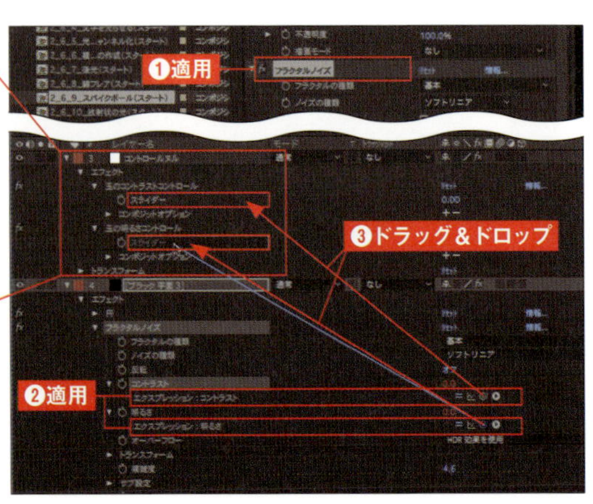

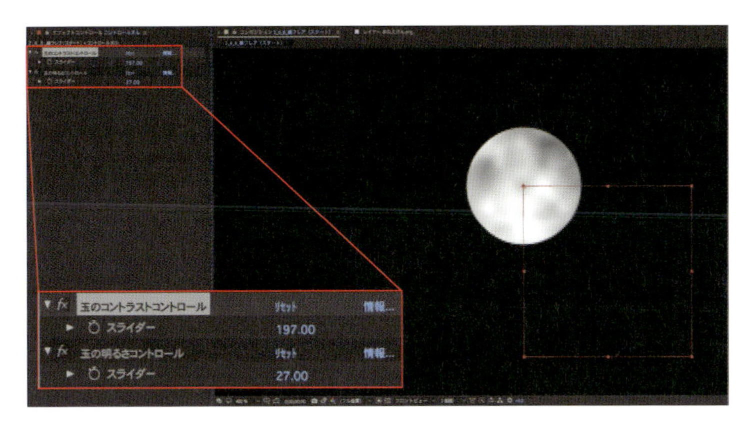

❹ 設定を確認する

エクスプレッションでの割当が成功すると、図のように円に適用されているノイズのコントラスト、明るさがヌルオブジェクトのエフェクトコントロールパネル内の項目で制御できるようになる。

この段階ではただのノイズの濃さの調整にすぎないが、後述するエフェクトの設定で劇的に変化するので、引き続き作業を行っていこう。

円に光の効果を施していく

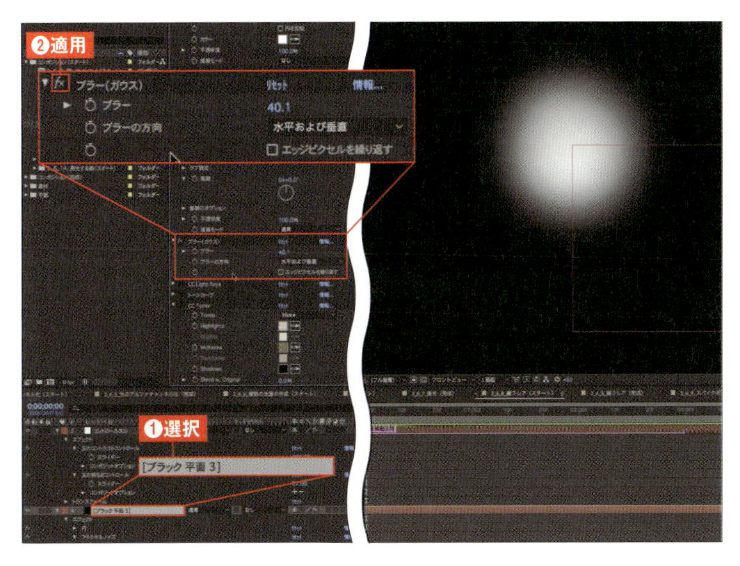

❶ 光玉のぼかし具合を調整する

＜［ブラック平面 3］＞を選択し❶、＜ブラー（ガウス）＞を適用して❷、光玉のぼかし具合を調整する。

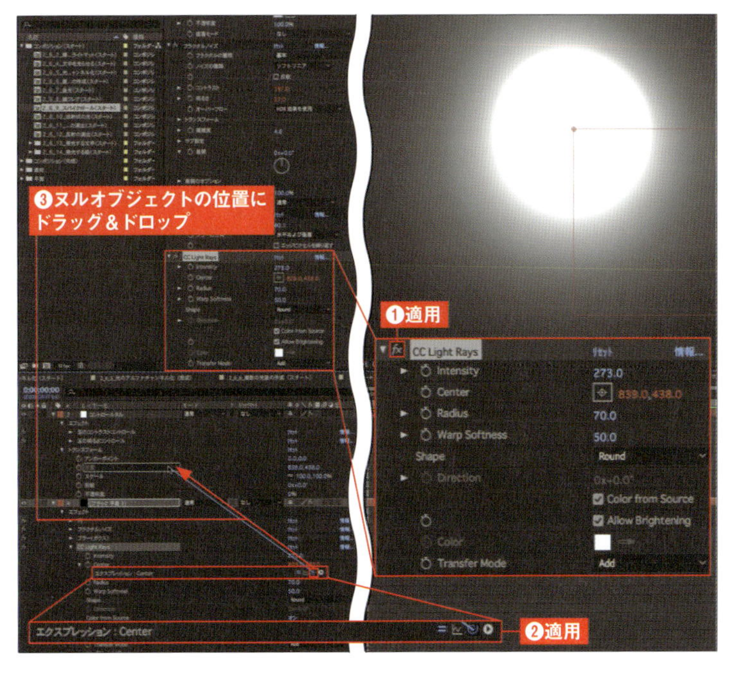

❷ 円にCC Light Raysを適用してヌルオブジェクトの位置と同期させる

続いて＜CC Light Rays＞を適用する❶。P.415ではレンズフレアに適用したが、ここでは円に適用してみた。＜CC Light Rays＞の＜Center＞位置にエクスプレッションを適用して❷、ヌルオブジェクトの＜位置＞とこのエクスプレッションを同期させてみよう❸。円と同じようにヌルオブジェクトにまとめることで簡潔になる。

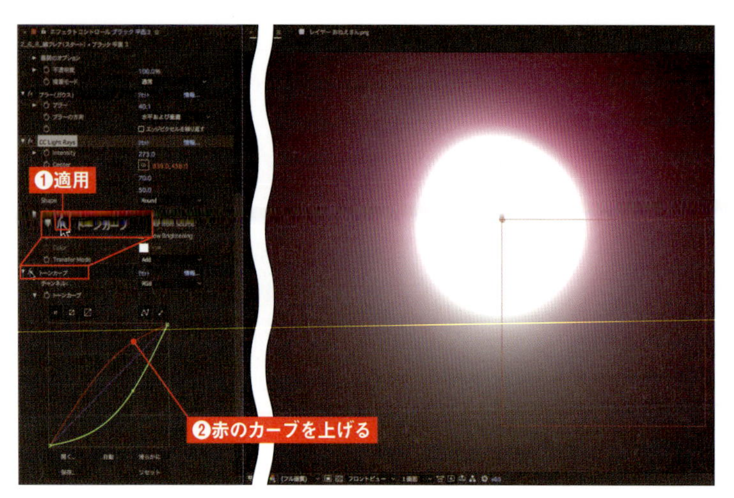

❸ 光玉の色を変更する

最後の仕上げは<トーンカーブ>を適用して❶、色を図のように赤く変えてみよう❷。光玉の明るさ制御及び移動はヌルオブジェクトですべてコントロールできるので試してもらいたい。

MEMO **色変更の2つの方法**

CC Tonerなどのハイライトで色を変える場合、色を指定することで変えるため、単調になりやすい。一方、トーンカーブで色を変えると、フラクタルノイズを使用しているので、ノイズの色も変えることができるため、より複雑な色合いや形状を演出することができる。

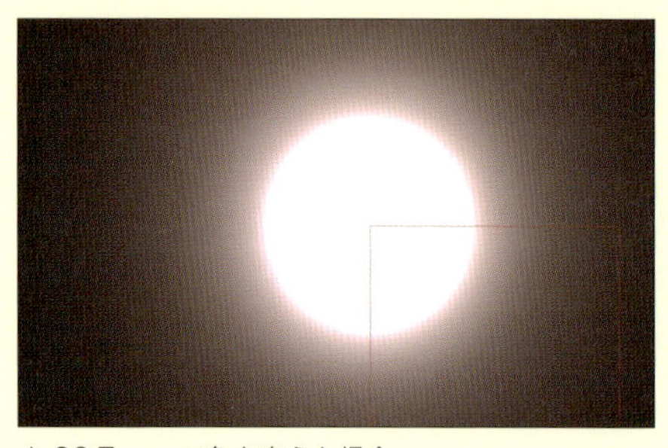

▲CC Tonerで色を変えた場合

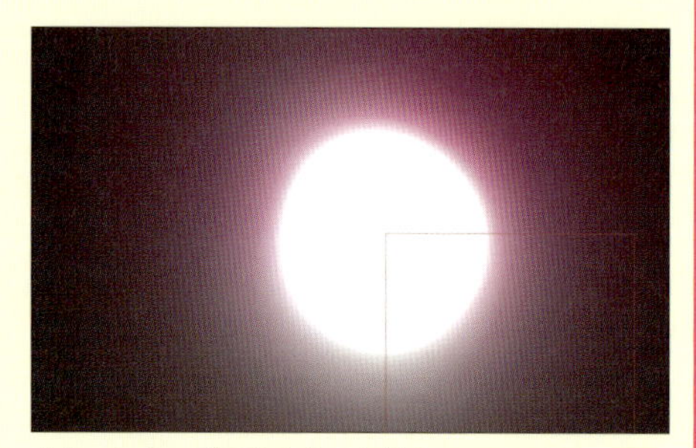

▲トーンカーブで色を変えた場合

TIPS

CC Light Rays 活用のポイント

CC Light Raysは、輝度の高いもの（明るいもの）に適用することで部分的に光らせることができる。右図ではネスト化した文字に対して<CC Light Rays>を7つ適用している。光どうしがぶつかり合うので、明るさがさらに重複して明るくなっているのが確認できる。

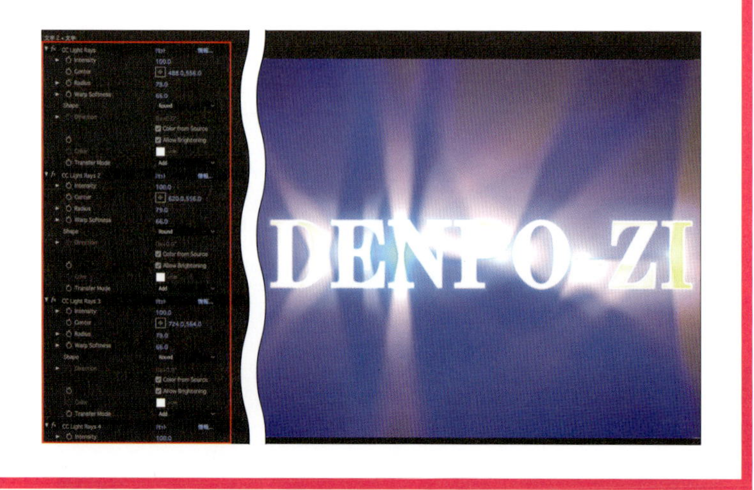

線のフレアを作成する

通常はCC Light Sweepなどを使用して簡単に作れる線のフレアだが、ここでは、シェイプレイヤーを使用した方法を解説する。

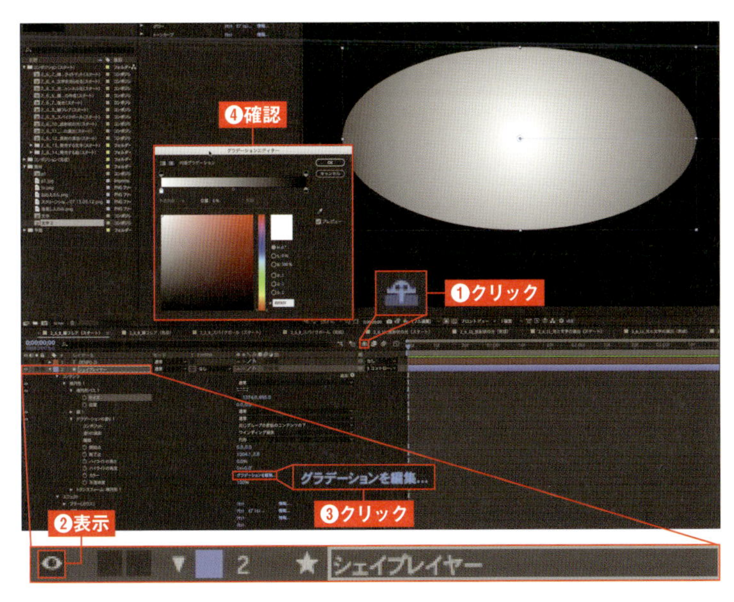

1 設定を確認する

シェイレイヤーをオフに切り替え❶、残りの<シェイプレイヤー>を表示してもらいたい❷。<シェイプレイヤー>→<コンテンツ>→<グラデーションの塗り 1>と展開すると、楕円形のシェイプレイヤーを作成して、円型グラデーションで白黒のグラデーションを作成しているのがわかる❸❹。この白黒の陰影が光のグラデーションとなるのでしっかりと確認してもらいたい。

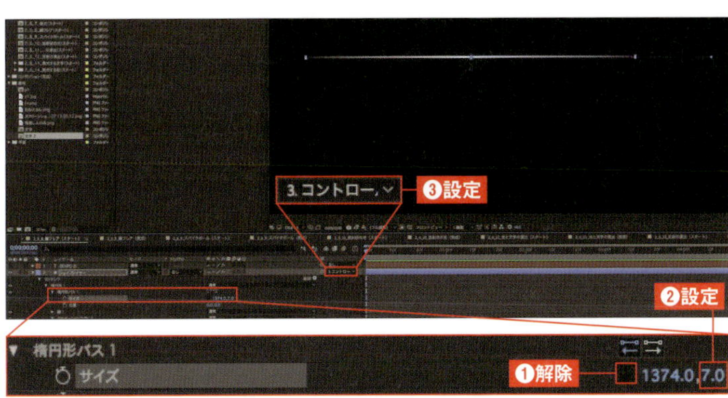

2 横に広がる光の線を作る

<シェイプレイヤー>の<サイズ>で、縦横比のロックを解除して❶、<Y>の大きさを<7>ピクセル程度にしてみた❷。こうすることで横に広がる光の線を作ることができる。またシェイプレイヤーは光玉と一緒に動かすため、ここではペアレント設定でヌルオブジェクトを親にして同期させておこう❸。

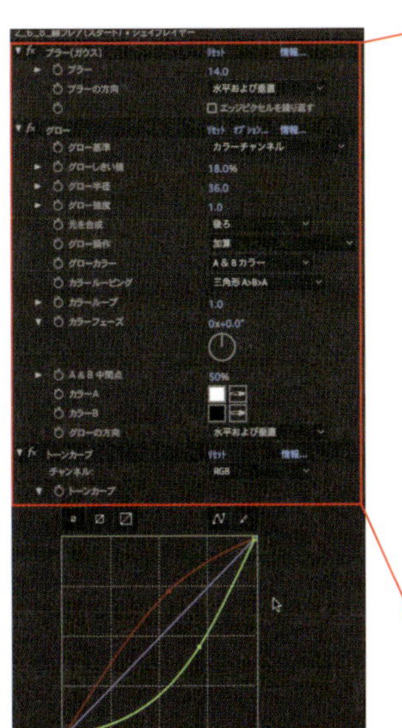

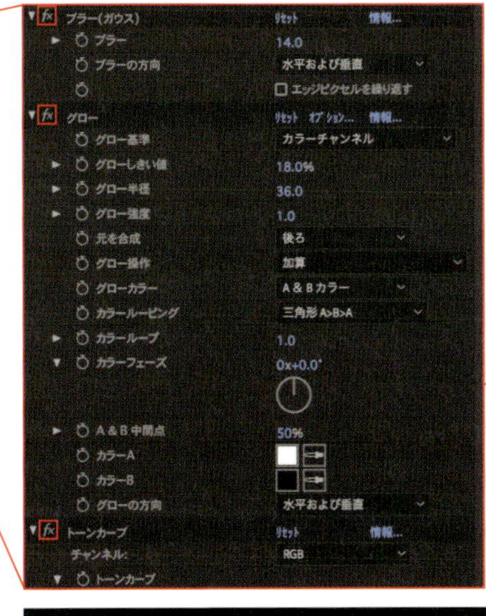

適用

3 光の線に発光感を加える

エフェクトコントロールパネル内の3つのエフェクト、<ブラー(ガウス)><グロー><トーンカーブ>を適用して、光の線に発光感を加えてもらいたい。

MEMO
CC Light Sweep とシェイプレイヤーの違い

上が CC Light Sweep での線、下が今回作った線である。グラデーションや横線の途切れ具合などの違いが確認できるはずだ。

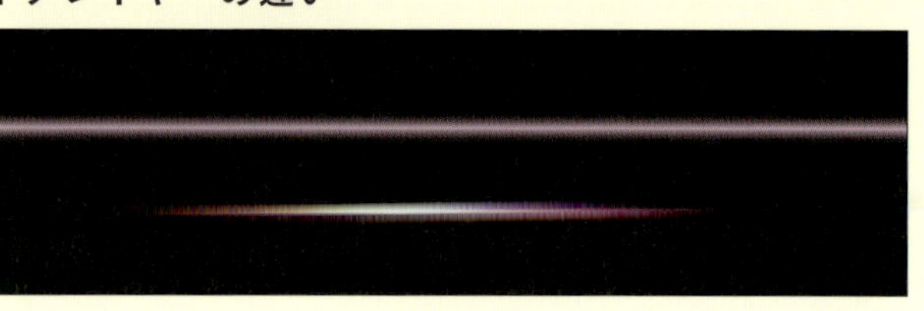

テキストをSaberで発光させる

1 設定を確認する

最後は文字レイヤーでのテキストを Saber で発光させてみよう。

文字レイヤー< DENPO-ZI >を表示し❶、< DENPO-ZI >を選択してみよう❷。コントロールパネルには、グラデーションが適用されているのがわかる❸。

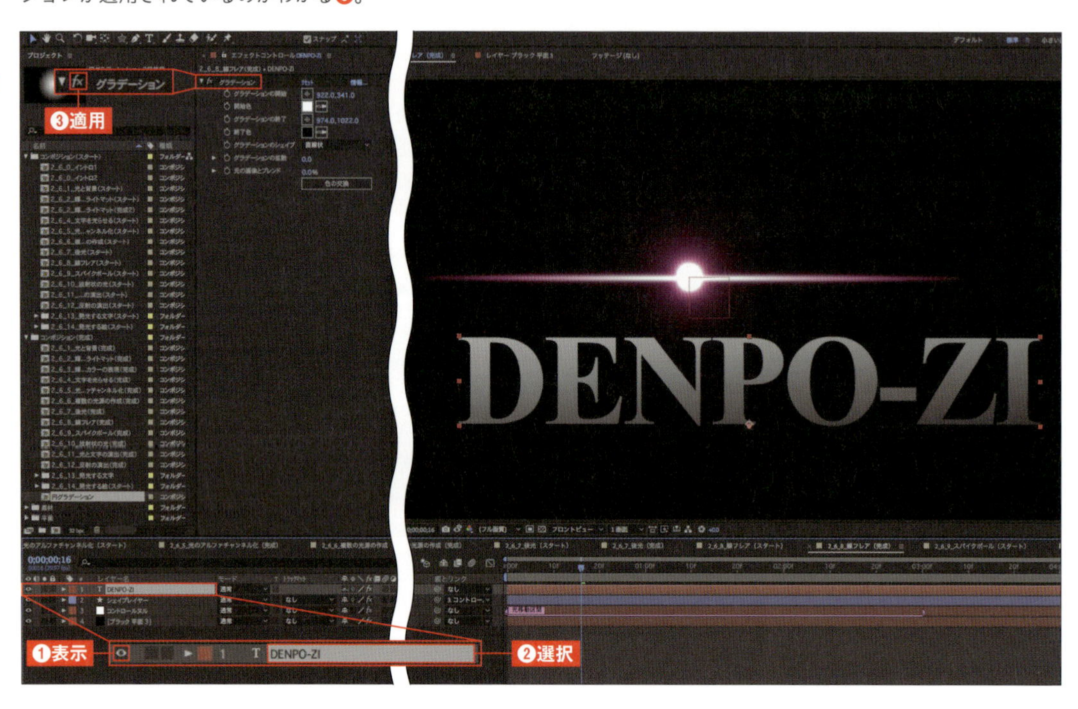

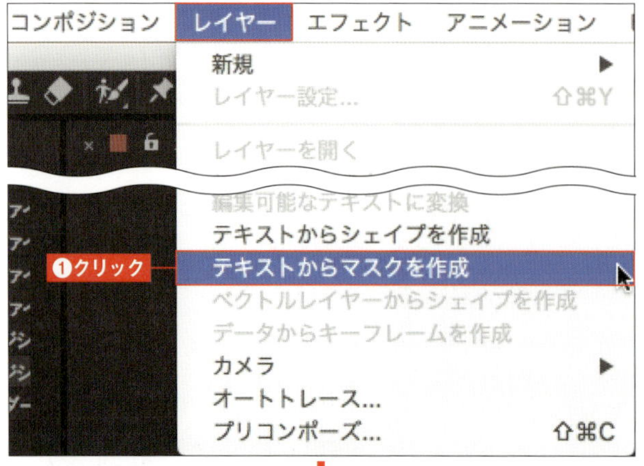

2 Saberを適用するレイヤーを作成する

<レイヤー>メニュー→<テキストからマスクを作成>をクリックする❶。タイムラインに文字をマスク化したアウトラインのレイヤーが作成される❷。**そのアウトラインレイヤーに< Saber >を適用する**❸（Saber の使い方は、P.170 の「ネオン風の文字を作成する」を参照）。

Saber は今まではテキスト範囲を基準にブラック平面に適用してきたが、今回のようにマスクを使用する部分のマスクレイヤーに適用することもできる。

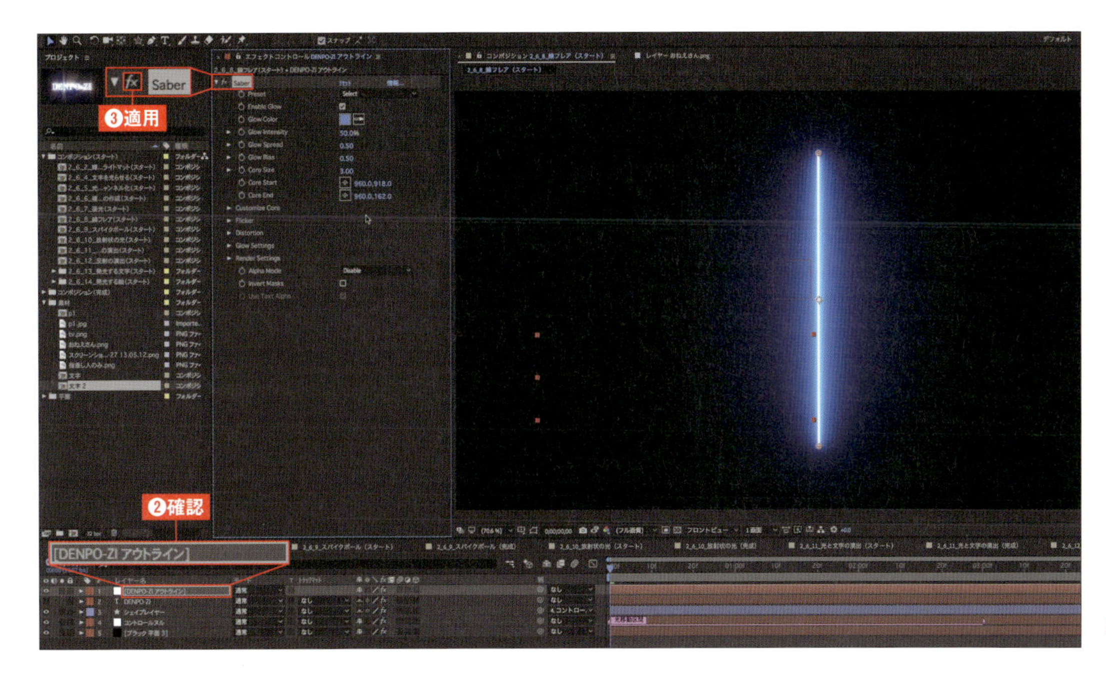

❸ Saberを適用する

＜ Customize Core ＞の＜ CoreType ＞を＜ Layer Masks ＞に設定する❶。こうすることでテキストのアウトラインのマスクされた範囲にSaber が適用される。続いて Glow Color からパープル系の色を設定してもらいたい❷。

❹ 描画モードを加算に設定して文字レイヤーを表示する

Saber を適用した＜ DENPOZI アウトライン＞の＜描画モード＞を＜加算＞に設定する❶。非表示になっている文字レイヤー＜ DENPO-ZI ＞も表示させてみよう❷。
実際に一番上に配置された Saber の光が下の文字レイヤーにも薄っすらと重なるためにブレンドされて、文字レイヤーの白黒グラデーションが深みのある雰囲気を出している。完成したらヌルオブジェクトなどの設定を行って光玉などを動かしてみよう。

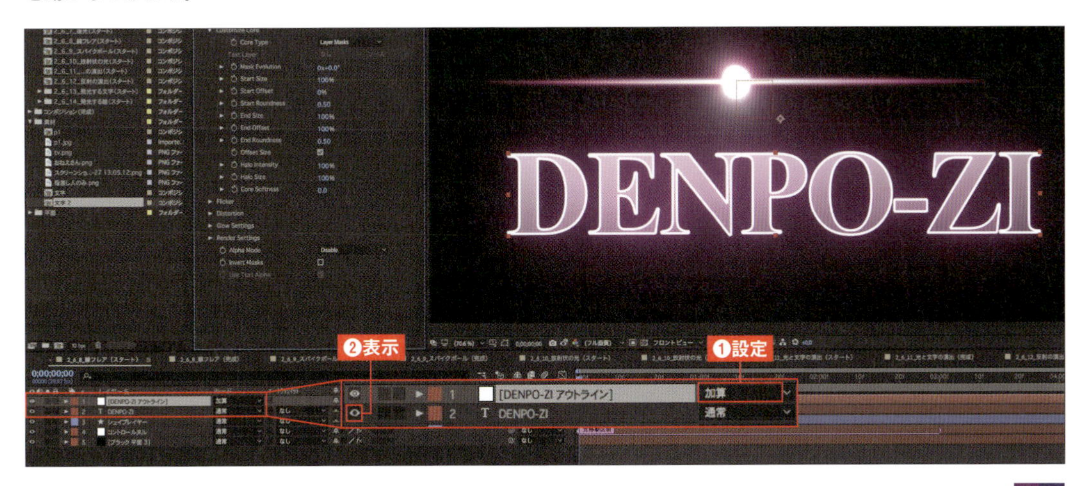

SECTION

10 スパイクボール状の光を作成する

ここでは、光玉の応用となるスパイクボールを作成してみよう。SECTION 09で解説した線フレアと作り方は似ている。

Saberなどを使って線や文字を光らせる

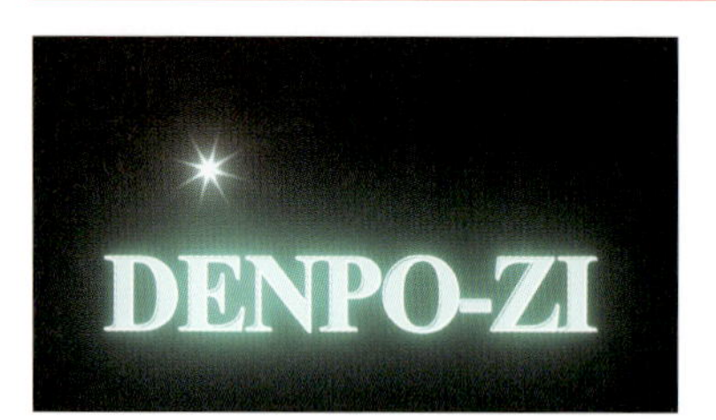

利用するプロジェクトファイル：「2_6_光」フォルダ→「2_6_光.aep」ファイル
利用するコンポジション：＜コンポジション（スタート）＞→＜2_6_9_スパイクボール（スタート）＞
コンポジションを開くと、光る文字が確認できる。ここでは、最終的に左図のように文字上部に動く光玉のスパイクボールを施していく。線でのフレアの作成と文字の発光をSaberなどを使って解説していこう。

シェイプレイヤーの多角形パスを設定して各種エフェクトを適用する

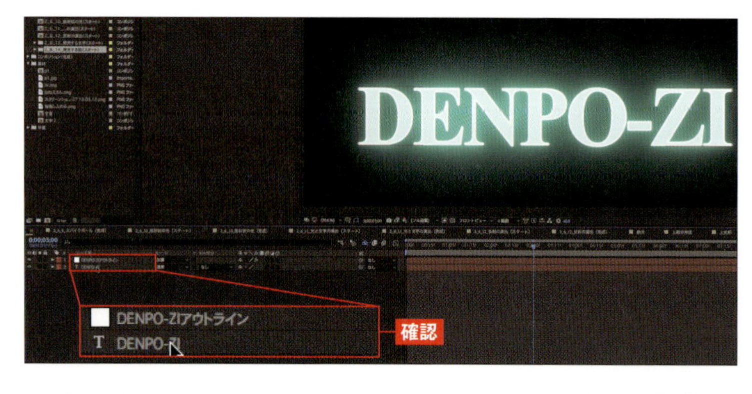

1 設定を確認する

前SECTIONのSaberと同じように、作成された文字が配置されているのがわかる。

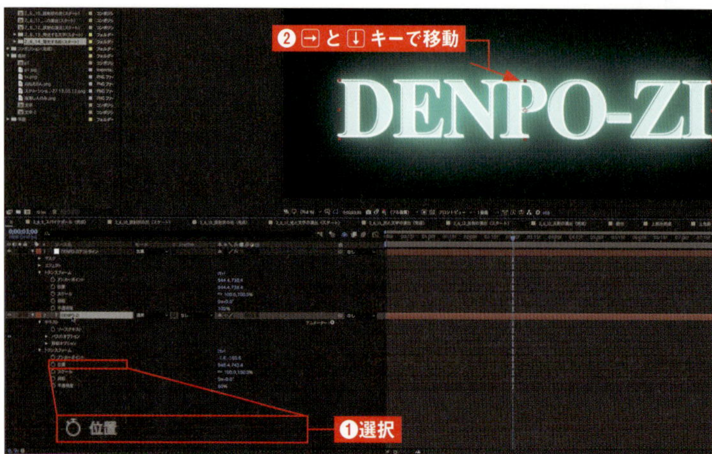

2 文字を立体的にする

下の文字レイヤー＜DENPO-ZI＞を展開して＜位置＞を選択したら❶、方向キーを押して（ここでは → と ↓ キー）アウトラインの右下に移動させてもらいたい❷。単純なテクニックだが、図のように数ピクセル斜めに移動するだけで、文字を立体的にみせることができる。

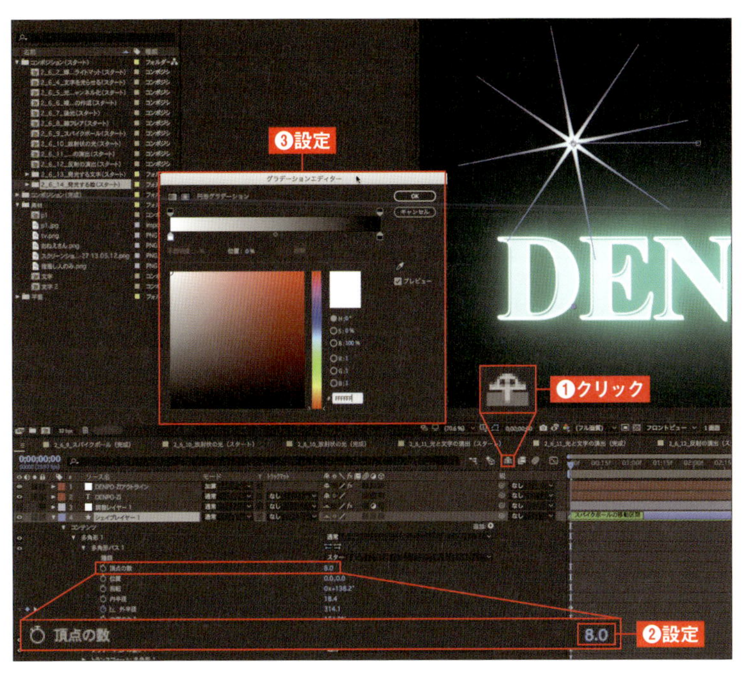

❸ シャイレイヤーをオフにしてシェイプレイヤーのパスを設定する

＜シャイレイヤー＞をオフにして❶、残りのレイヤーを表示する。画面一番下に＜シェイプレイヤー1＞とその上に＜調整レイヤー1＞が配置されているのが確認できる。

ここではまず＜シェイプレイヤー1＞で＜多角形パス1＞のパスの＜頂点の数＞を＜8.0＞に設定してもらいたい❷。ここでも円型グラデーションはしっかり適用しておこう❸（P.418 参照）。

❹ 調整レイヤーで各種エフェクトを適用する

続いて＜調整レイヤー1＞を表示して❶、これを選択し❷、エフェクトコントロールパネルを見ていただきたい。ここでは各種エフェクトが配置されている。まずは＜グロー＞を適用し❸、＜グローカラー＞を＜A&Bカラー＞に設定する❹。その後、グローの＜カラーA＞は特に指定はないが明るい色に設定しておく❺。次に＜マットチョーク＞を適用して❻、輪郭部を滑らかにする。マットチョークは、こうしたギザギザ部分や角ばった部分を「けずる」という効果的なエフェクトだ。

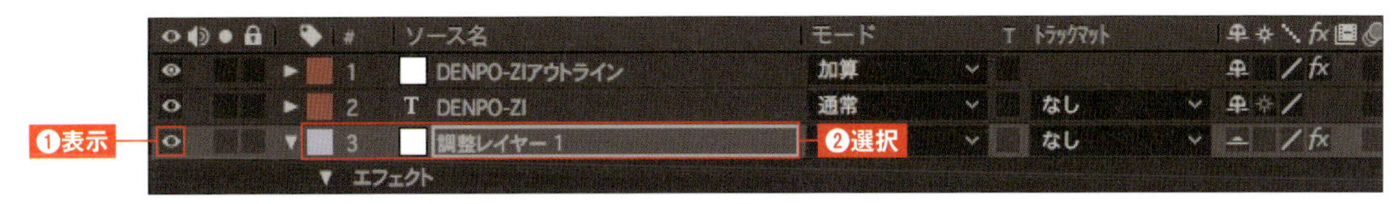

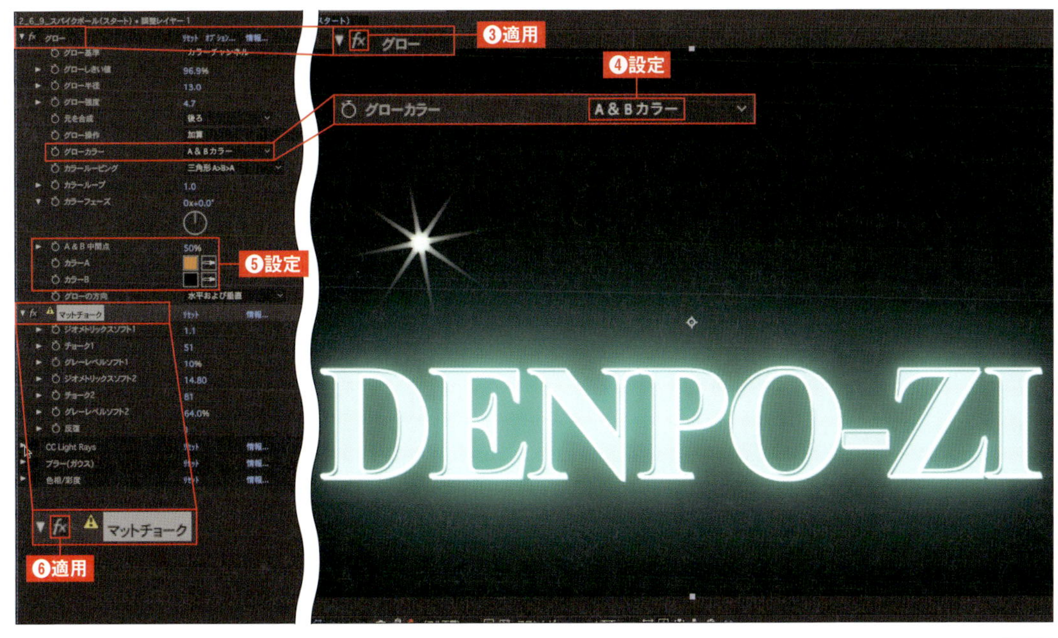

5 CC Light Raysの位置とシェイプレイヤーの位置を同期させる

< CC Light Rays >を図のように適用し❶、この CC Light Rays の< Center >と、<シェイプレイヤー 1 >の<位置>とを、エクスプレッションを使用して同期させる❷。

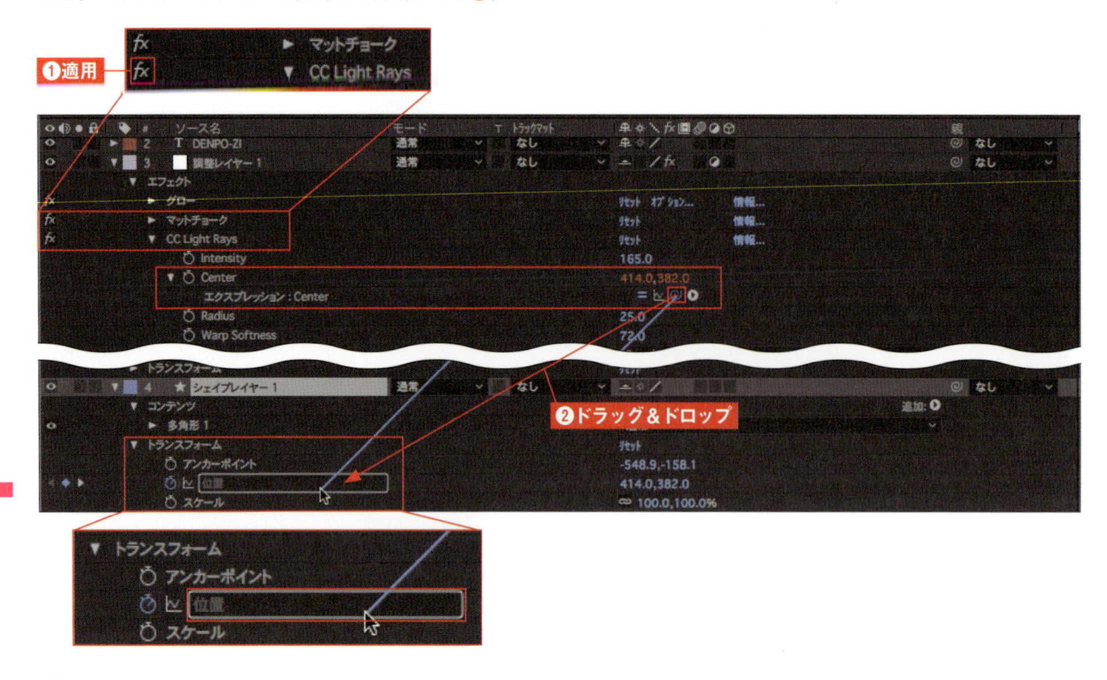

6 ブラー(ガウス)と色相/彩度を適用する

最後に<ブラーの(ガウス)>を適用し❶、<ブラー>を< 5.9 >に設定する❷。<色相 / 彩度>を適用し❸、<マスターの彩度>を上げた後に❹、<マスターの色相>で文字色を同じような色に変更してみよう❺。

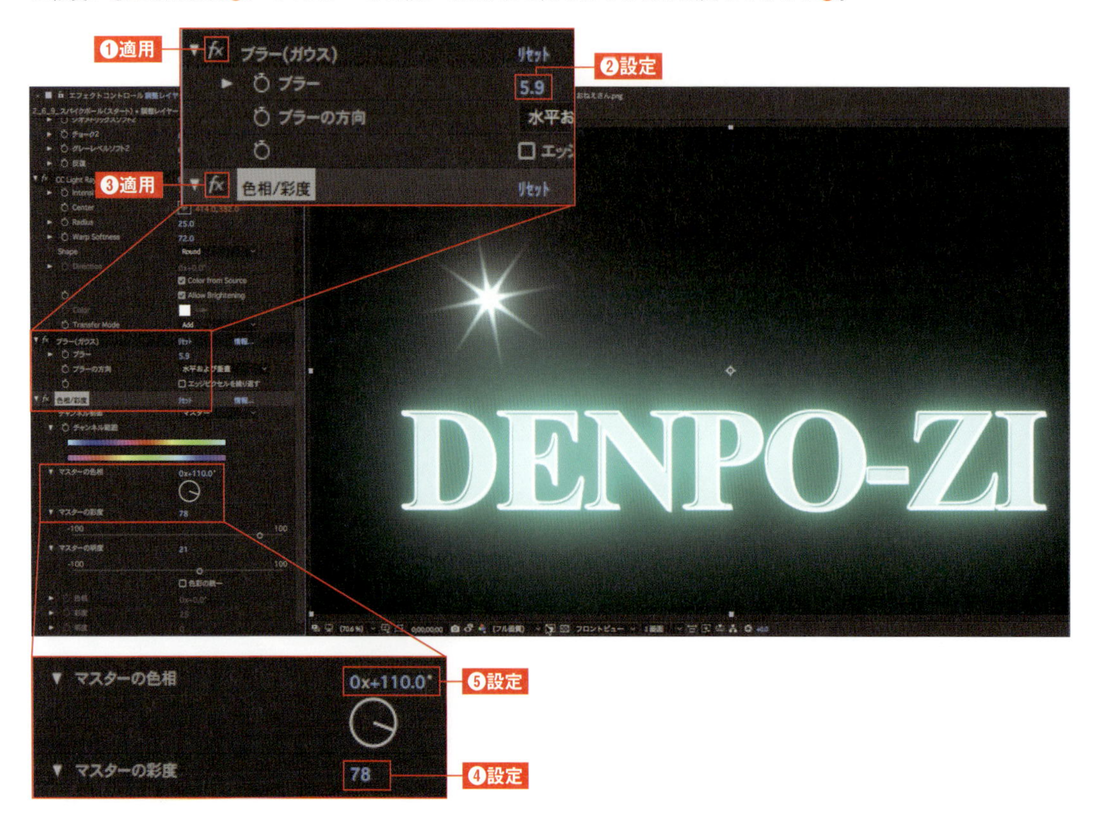

❼ モーションを設定する

モーションの設定としては、<シェイプレイヤー１>の<トランスフォーム>で<位置>と<回転>を加えて、右移動させていく❶。また<多角形パス１>の<外半径>の値を小さくすることで❷、スパイクボールが縮小しているような演出も可能だ。

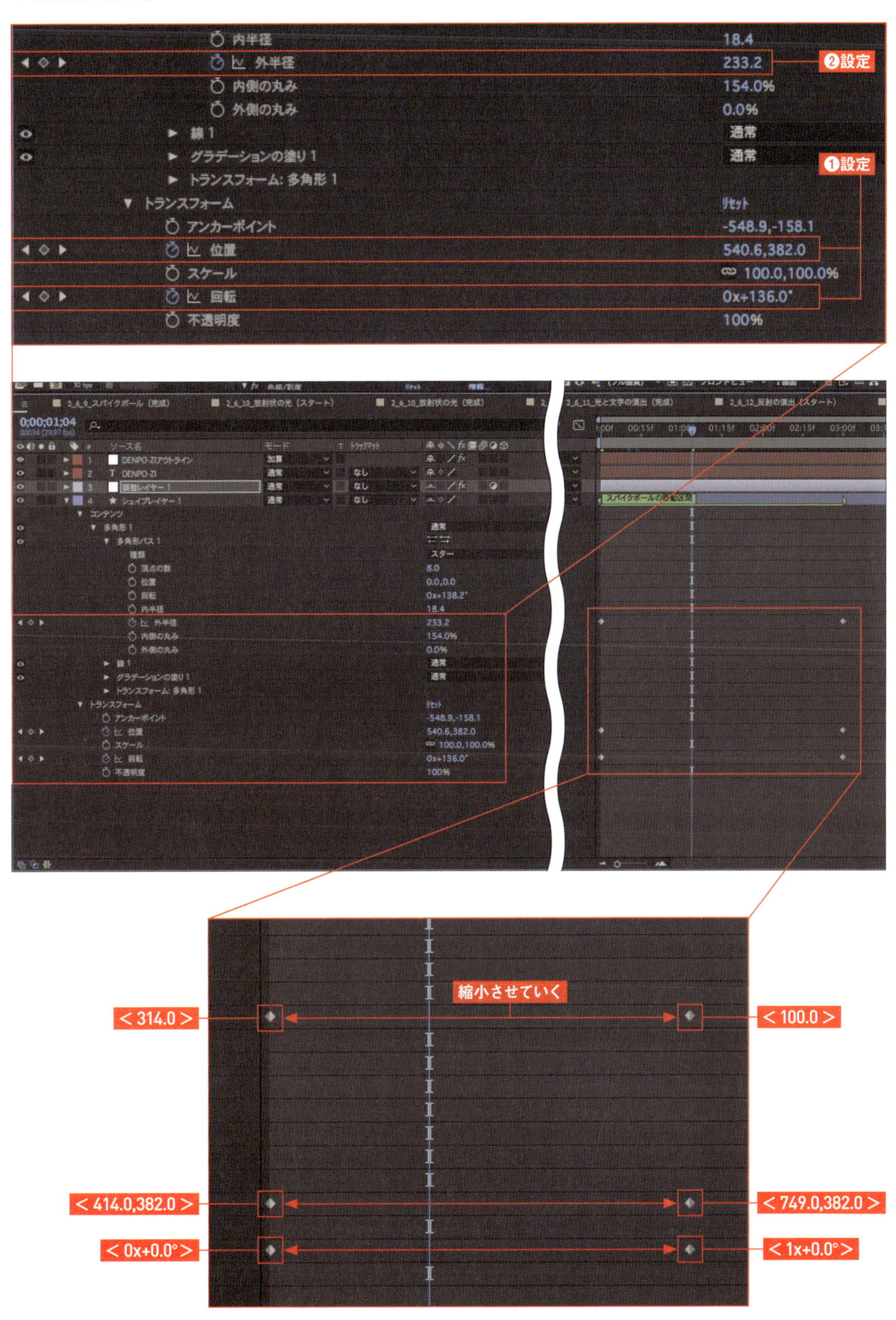

2-6 光

SECTION

11 放射状の光を作成する

放射状に広がる光を演出してみよう。ここでは、フラクタルノイズなどを使用した方法を解説していく。

放射状に光りながら横移動する光の演出

利用するプロジェクトファイル：「2_6_光」フォルダ→「2_6_光.aep」ファイル
利用するコンポジション：＜コンポジション（スタート）＞→＜2_6_10_放射状の光（スタート）＞
コンポジションを選択すると、光る文字が確認できる。ここでは、最終的に文字の上に光の玉を配置して、左図のように放射状に広がる光を作っていく。

メインとなる放射状の光源を設定する

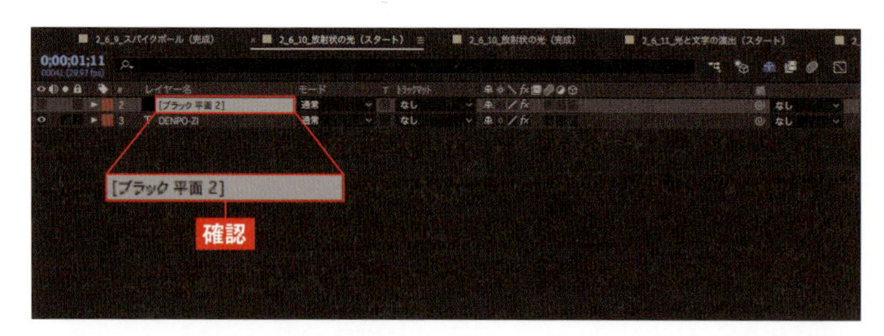

❶ 設定を確認する

画面には黄金文字とその上に放射状の光を演出するための＜ブラック平面2＞が用意されている（黄金文字の作成についてはP.146 を参照）。

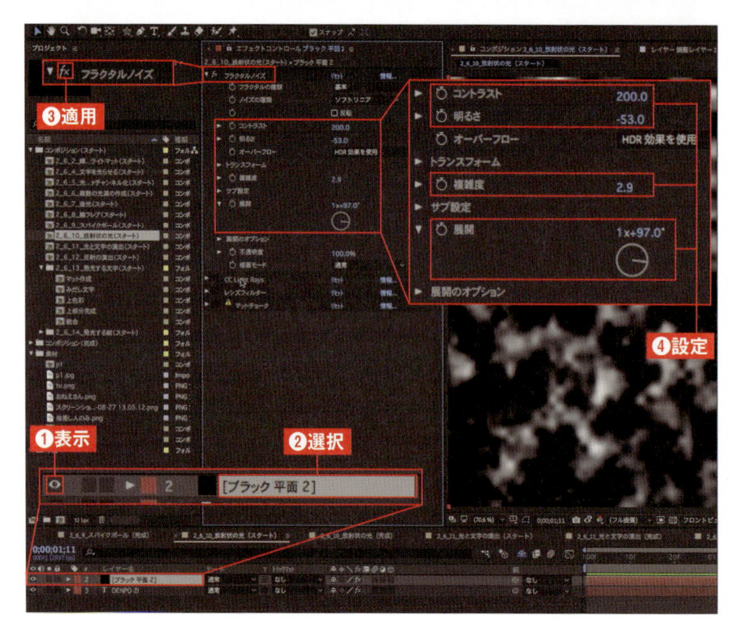

❷ フラクタルノイズを適用する

＜ブラック平面2＞を表示して❶、これを選択する❷。エフェクトコントロールパネルから＜フラクタルノイズ＞を適用して❸、図のように設定してみよう❹。このフラクタルノイズは、放射状光源のメインとなる放射状の形状となる。

❸ CC Light Raysを適用する

光をさらに拡散、発光させる< CC Light Rays >を適用する❶。各パラメーターを図のように設定してほしい❷❸。こうすることでCC Light Raysの光の広がりがフラクタルノイズを基準に拡散され、放射状の光の広がりが演出できる。

❹ 放射状の光に色を付けて広がり具合を調整する

続いて放射状の光に色を付けるため、<レンズフィルター>を適用して❶、暖色系に設定する❷。さらに<マットチョーク>を適用して❸、図のように設定してみよう❹。マットチョークは、放射状の光の広がり具合をコントロールすることができる。

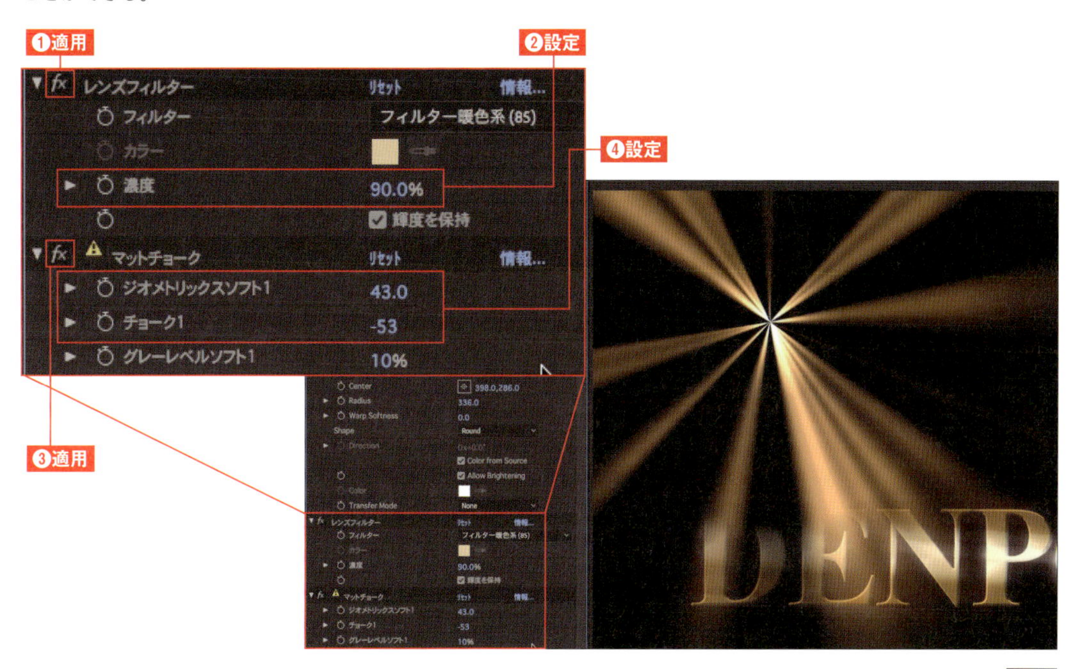

楕円形のシェイプレイヤーから光の拡散を演出する

❶ シェイプレイヤーを表示して楕円の光を拡散させる

<シャイレイヤー>をオフにすると❶、<シェイプレイヤー 1 >が現れるのでこれを表示する❷。これは楕円形のシェイプレイヤーだ（画面は400%に拡大している）。<シェイプレイヤー 1 >を選択し❸、シェイプレイヤーの中心点が放射状の中央に位置していることを確認したら、< CC Light Burst 2.5 >のエフェクトを適用してみよう❹。シャイレイヤーの楕円の光の拡散が確認できる。

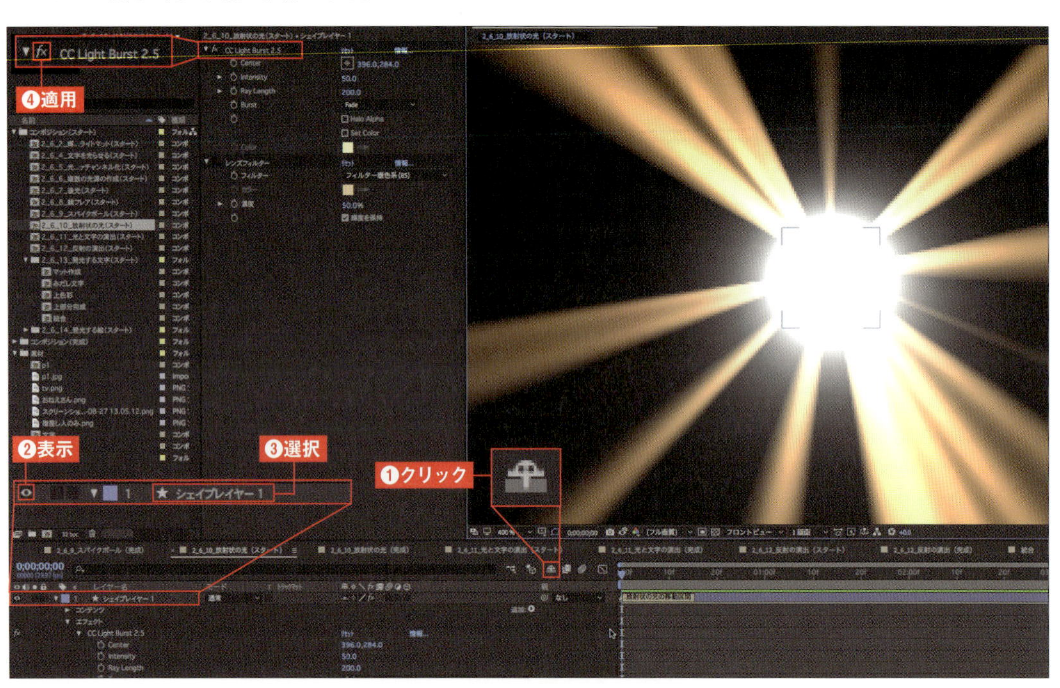

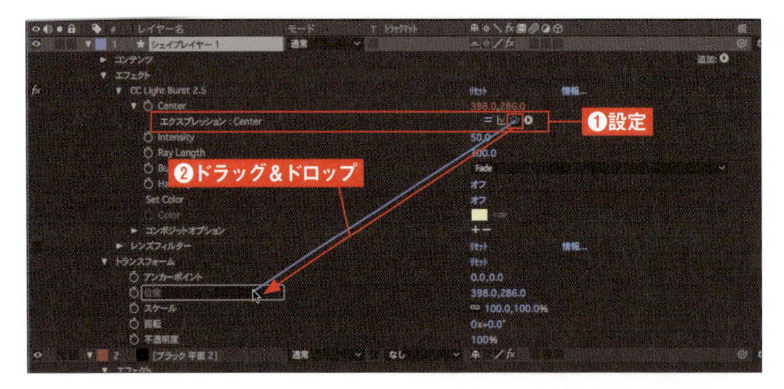

❷ エクスプレッションで光の玉の位置を同期させる

< CC Light Burst2.5 >の< Center >は、エクスプレッションを使用して❶、<シェイプレイヤー 1 >の<トランスフォーム>の<位置>と同期させておこう❷。こうすることで CC Light Burst の光の拡散がシェイプレイヤーの移動と同じように移動する。

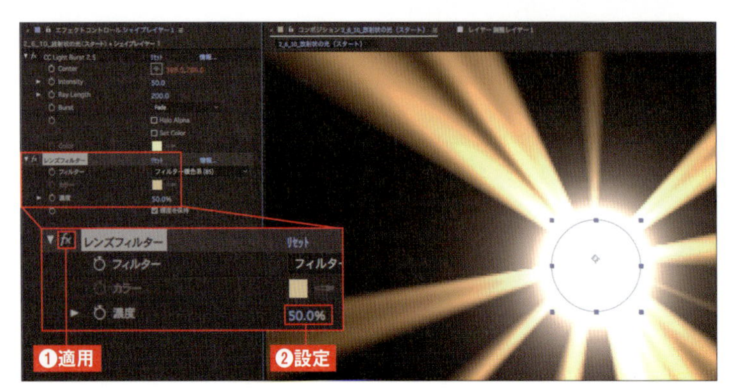

❸ 光に色を付けて広がり具合を調整する

続いて放射状の色と同じく<レンズフィルター>を適用し❶、暖色を設定する❷。

❹ エクスプレッションで放射状の光の位置を同期させる

最後に放射状の光を設定した＜ CC Light Rays ＞の＜ Center ＞の＜位置＞にエクスプレッションを使用して❶、＜シェイプレイヤー 1 ＞の＜位置＞と同期しておこう。こうすることでシェイプレイヤーの動きに合わせて放射状の中心の動きが同期することになる。

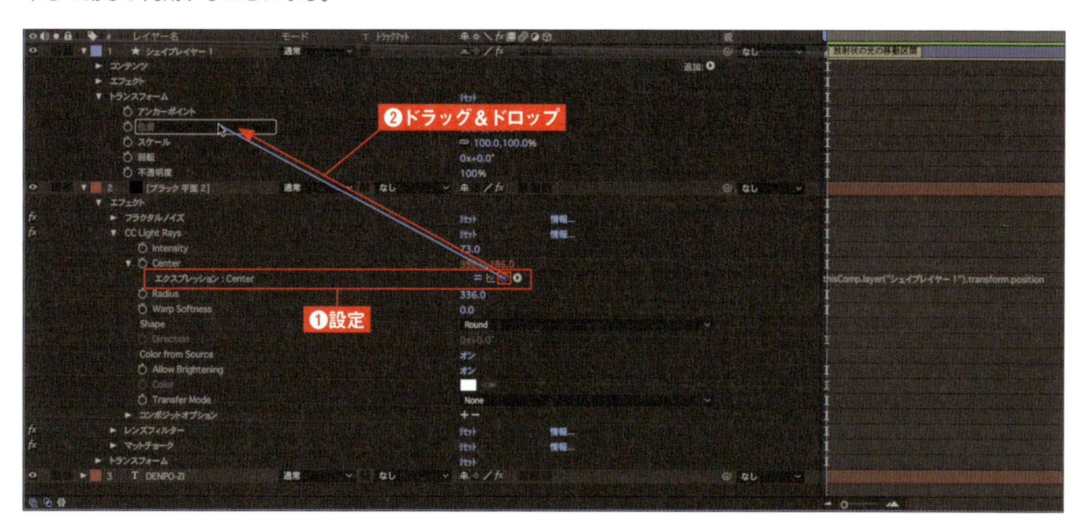

❺ モーションを設定する

エクスプレッションでシェイプレイヤーの＜位置＞にモーションの設定を加えることで❶、放射状の光が揺らぎながら移動していくのが確認できる❷。

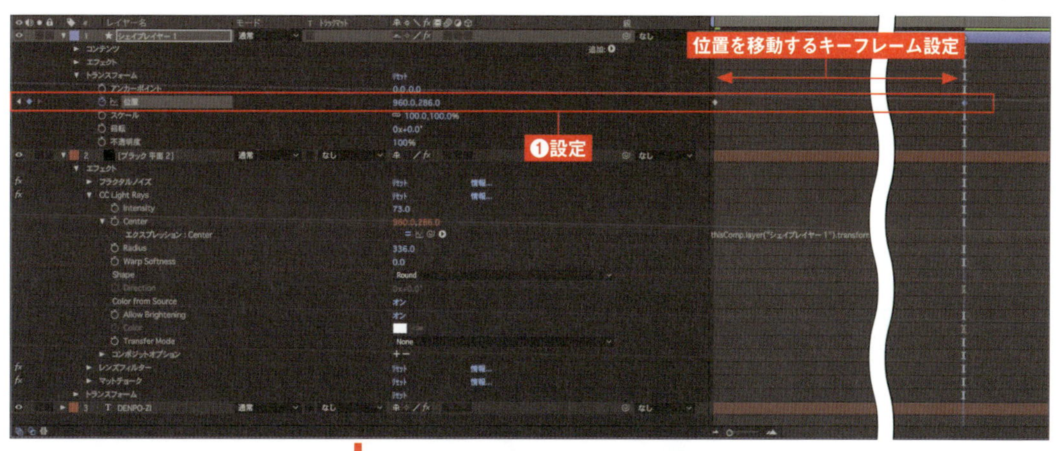

SECTION

12 光と文字を使って場面転換を行う

光を使って文字の場面転換を作成してみよう。ここでは、光と文字を活用したより応用的な演出を解説していく。

文字の上に光玉を流す

完成動画

利用するプロジェクトファイル：「2_6_光」フォルダ→「2_6_光.aep」ファイル

利用するコンポジション：<コンポジション（スタート）>→<2_6_11_光と文字の演出（スタート）>

コンポジションを開くと、中央に配置された光玉が確認できる。ここでは、最終的にこの光玉が拡大したあとに文字が出現し、左の動画のように光玉が文字の上を流れていく演出を施していく。

中心部分の光玉を作成する

1 光玉のスケール値を設定する

画面には光背景用の<ブラック平面1>の上に<シェイプレイヤー1>と文字レイヤー<DENPO-ZI>が配置されている。文字レイヤーを非表示にして❶、まずはシェイプレイヤーから作業に取りかかろう。

シェイプレイヤーは楕円の形で外線を青に設定してみた。これはライトセーバーの法則（ライトセーバーの法則については P.129 参照）を発動させるためだ。まずはシェイプレイヤー内のマーカーの手順に従って、スケール値を 0 秒地点< 00:00f >で< 0.0% >、1 秒地点< 01:00f >で< 130.0% >、1 秒 22 フレーム地点< 01:22f >で< 0.0% >に設定し❷、大きさの変化で点滅のような効果を演出させてみよう。

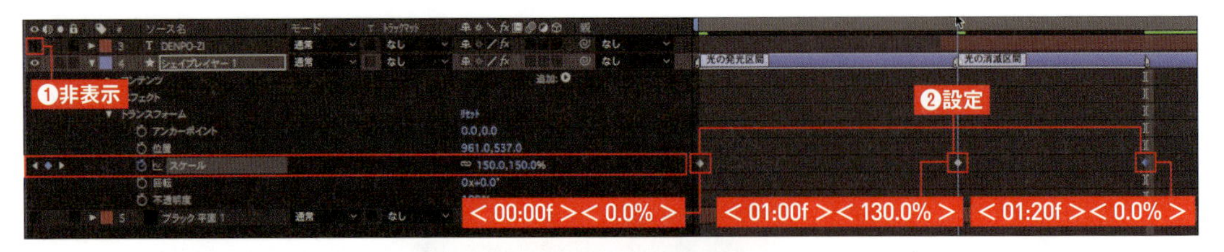

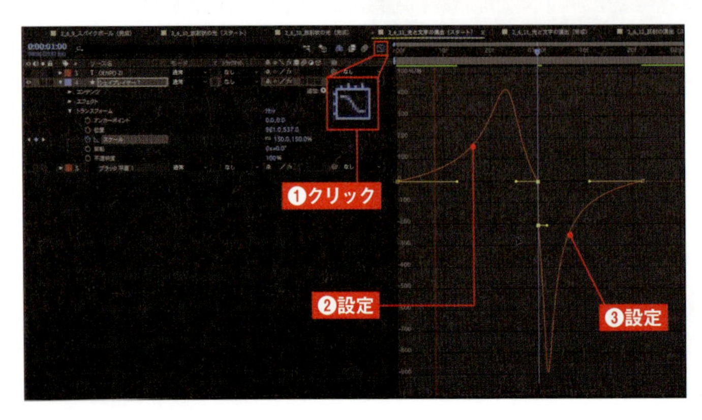

2 イージーイーズアウト／インを設定する

続いてグラフエディターを開いて❶、図を参考に、最初の点灯までを command + shift + F9 キー（Windows では Ctrl + Shift + F9 キー）でイージーイーズアウトに設定し❷、ラストの消灯までを shift + F9 キーでイージーイーズインに設定する❸。こうすることでシェイプレイヤーの点滅にアクセントを加えることができる。

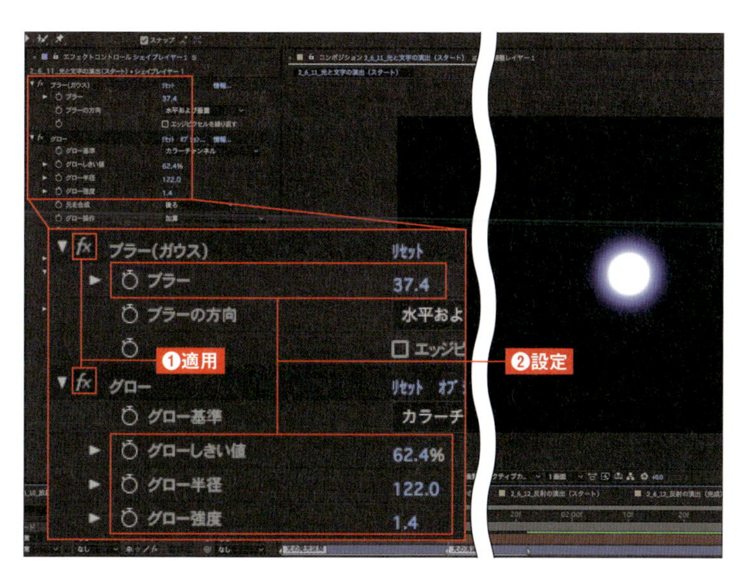

❸ 光玉にエフェクトを適用する

エフェクトコントロールパネル内の＜ブラー（ガウス）＞、＜グロー＞のエフェクトを適用して❶、図のような設定にしてみよう❷。光の玉のようになればOKだ。

光玉を覆う閃光を作成する

❶ レンズフレアを適用して同期の設定を行う

＜ブラック平面1＞を選択し❶、エフェクトコントロールパネルから＜レンズフレア＞のエフェクトを適用する❷。図のように＜フレアの明るさ＞をエクスプレッションでシェイプレイヤーの＜スケール＞と同期させる❸。こうすることでシェイプレイヤーのスケールに合わせてフレアの発光をコントロールすることができるのだ。

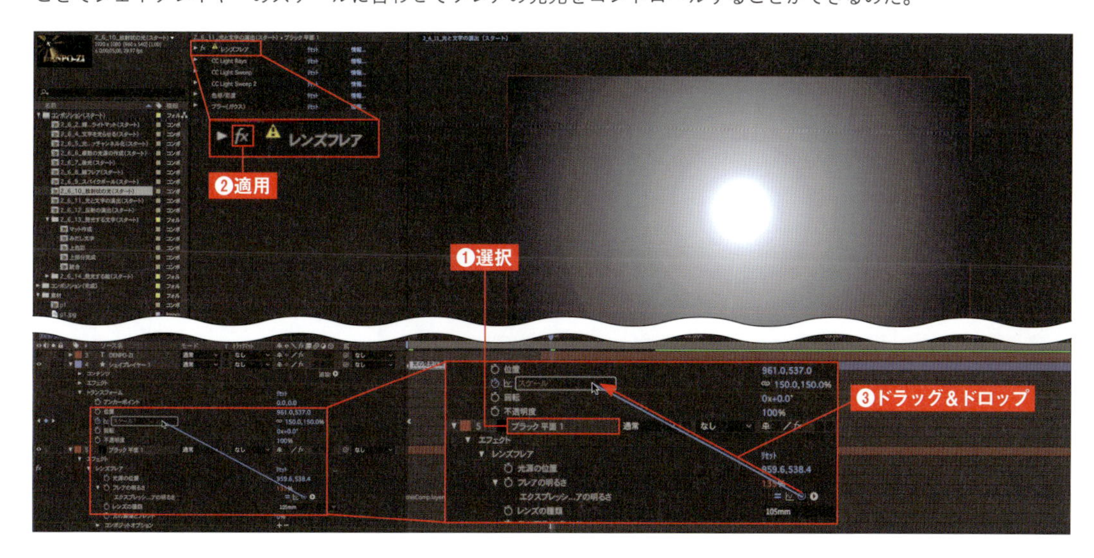

❷ レンズフレアの光を微調整する

同期のエクスプレッションが完了したら、エクスプレッションの言語の最後に「-15」と付け足し、「thisComp.layer(" シェイプレイヤー 1").transform.scale［0］-15」のような設定にしてみよう。

これはレンズフレアの光を微調整するもので、ここでは光玉のシェイプレイヤーのスケールの値から「-15」して、フレアの明るさを調整してくださいという意味になる。明るくする場合には、逆に「+15」などの数字にすればよい。

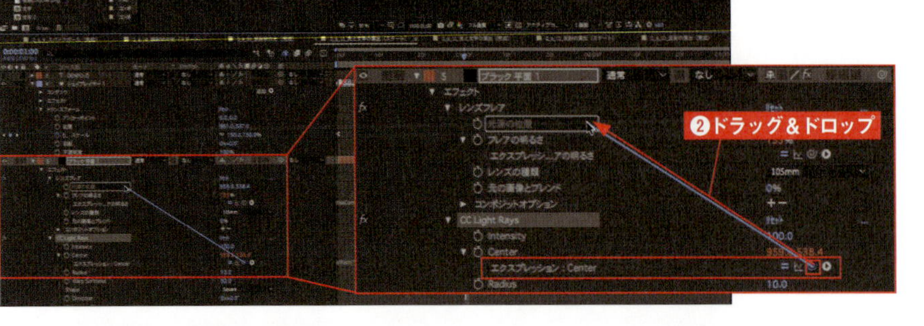

❸ CC Light Raysを適用して同期の設定を行う

続いて＜CC Light Rays＞を適用する❶。これまでのレンズフレア同様に＜Center＞を＜レンズフレア＞の＜光源の位置＞に合わせてエクスプレッションで同期させる❷。

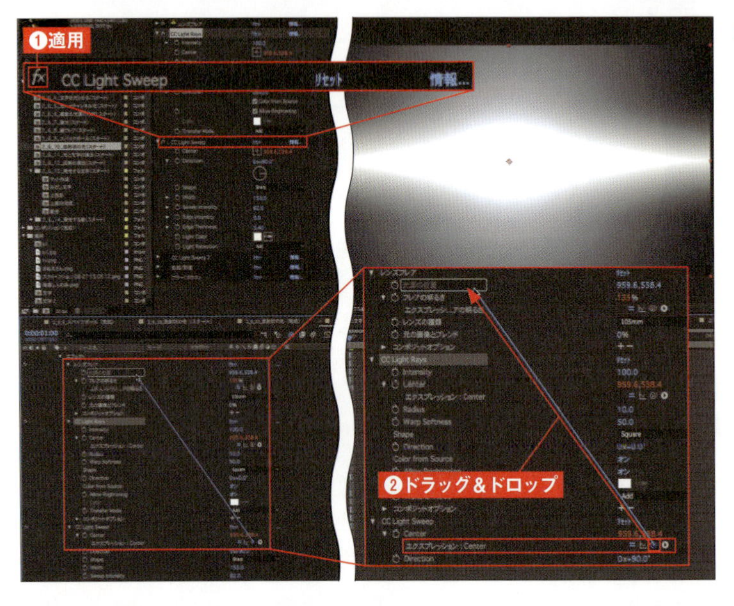

❹ CC Light Sweepを適用して同期の設定を行う

同じように今度は横への光を演出するために＜CC Light Sweep＞を適用する❶。同様に＜Center＞を＜レンズフレア＞の＜光源の位置＞にあわせてエクスプレッションで同期させる❷。

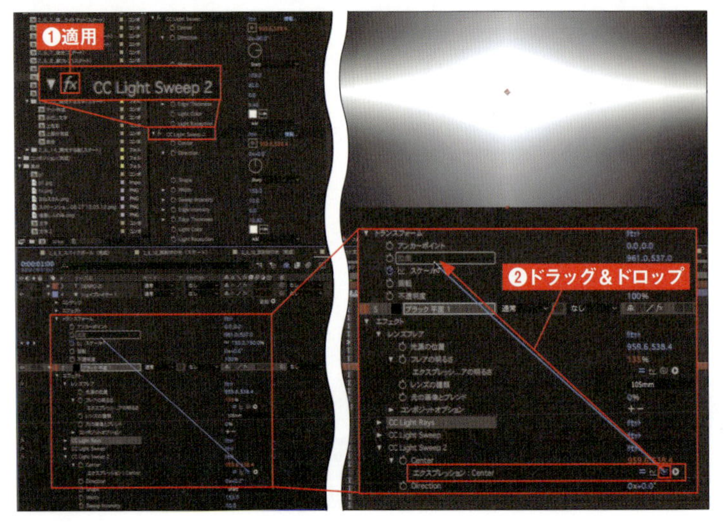

❺ CC Light Sweep2を適用して同期の設定を行う

同じように今度は縦線の光を演出するために＜CC Light Sweep2＞を適用する❶。同様に＜Center＞を＜レンズフレア＞の＜光源の位置＞にあわせてエクスプレッションで同期させる❷。

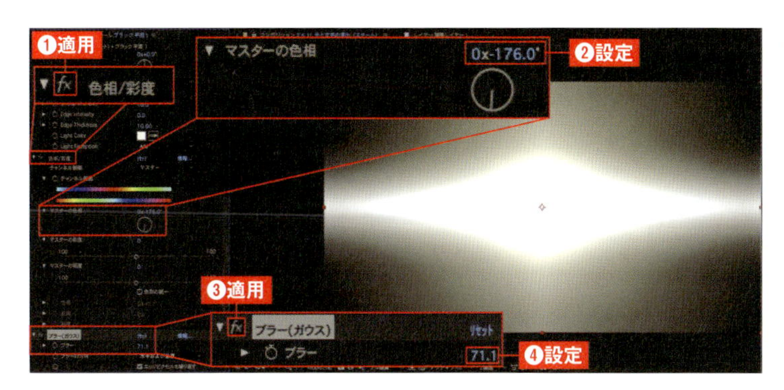

❻ 光の色やボケ具合を調整する

最後に＜色相 / 彩度＞を適用して❶、光の色は自由な色で構わないが、ここでは 0x-176 度と調整してみた❷。＜ブラー（ガウス）＞を適用して❸、適度にボケを加えてみよう。ここでは＜ 71.1 ＞に設定してみた❹。

MEMO　強烈な色を加えたい場合

＜色相 / 彩度＞以外でも強烈な色を加えたい場合には、＜ CC Toner ＞を使用してもよい。

マスクを適用・拡張して文字レイヤーを表示する

❶ 作成した調整レイヤーに楕円マスクを適用する

＜レイヤー＞メニュー→＜新規＞→＜調整レイヤー＞をクリックし、作成した＜調整レイヤー 7 ＞（ここでは＜調整レイヤー 5 ＞）を❶、タイムラインの＜シェイプレイヤー 1 ＞と＜ブラック平面 1 ＞の間に挿入する❷❸。調整レイヤーに楕円マスクを適用してみよう❹❺。これは調整レイヤーを使用してアルファチャンネルで表示部分を作るためのもので、トラックマットを使用して楕円の範囲を光の範囲とさせるための設定となる。

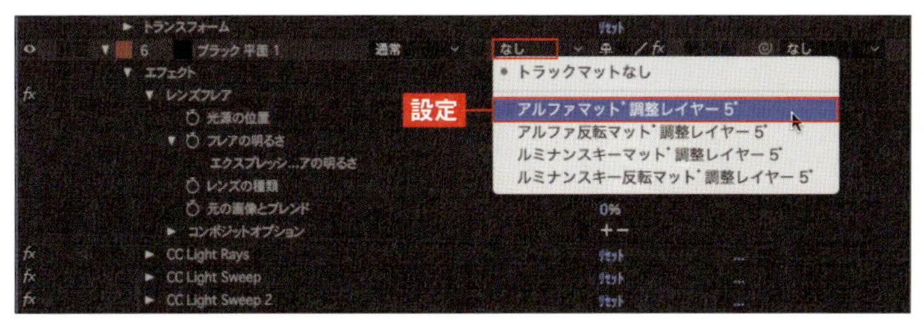

❷ マスクで囲った部分をマットにする

＜ブラック平面 1 ＞の＜トラックマット＞から＜アルファマット " 調整レイヤー 5" ＞を選択し、マスクで囲った部分をマット（型抜き部分）として活用する。

③ マスクの境界線をぼかす

無事トラックマットが適用されると、マスクで設定した範囲内に光の広がりが確認できるはずだ。＜マスクの境界のぼかし＞を＜ 372 ＞に設定する。よい感じでぼかしが適用され、光が集約されているのが確認できる。

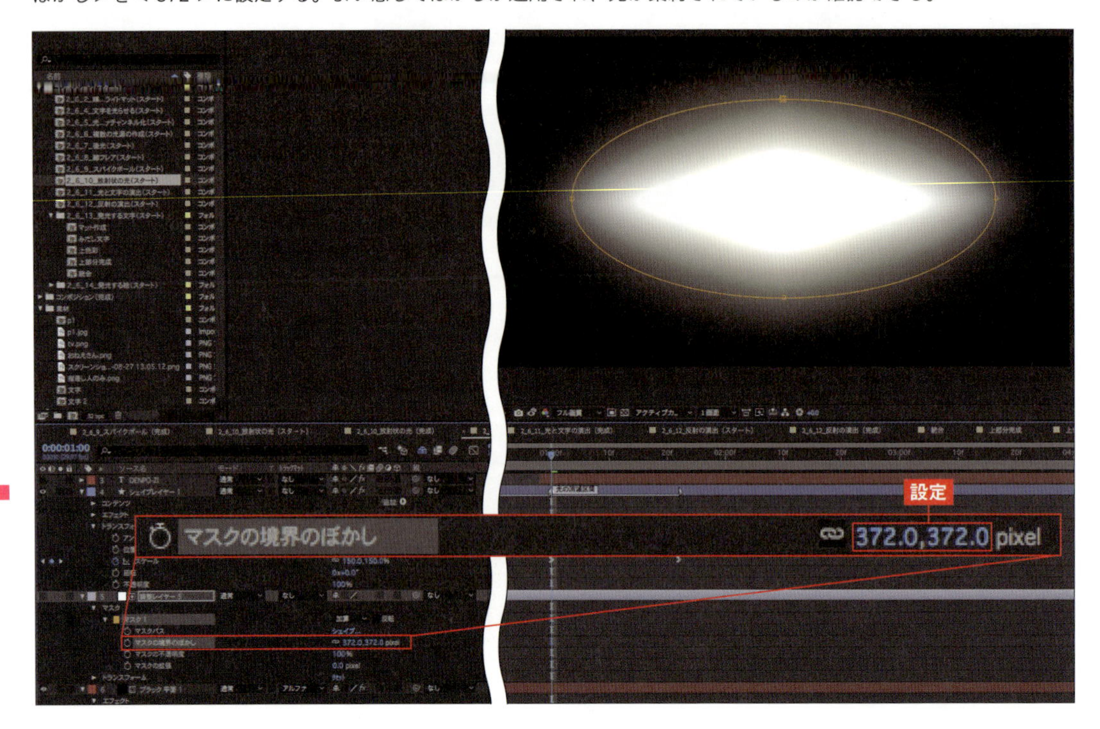

MEMO　シェイプレイヤーで光の拡散を制御する

ここではマスクで範囲制限を行っているが、シェイプレイヤーを使用する方法もある（「光の拡散制御を行う①」の P.420 の MEMO 参照）。

④ シェイプレイヤーのスケールに合わせてマスクを拡張していく

続いて＜マスクの拡張＞のストップウオッチをクリックして、キーフレームを設定していこう。ここでは上に配置されている光玉のシェイプレイヤーの＜スケール＞に合わせて、0 秒地点＜ 00:00f ＞で＜ -317pixel ＞、1 秒地点＜ 01:00f ＞で＜ 0pixel ＞、1 秒 22 フレーム地点＜ 01:22f ＞で＜ -317pixel ＞に設定する。
こうすることで、閃光の範囲制限を光玉のシェイプレイヤーの大きさに合わせて同期する。

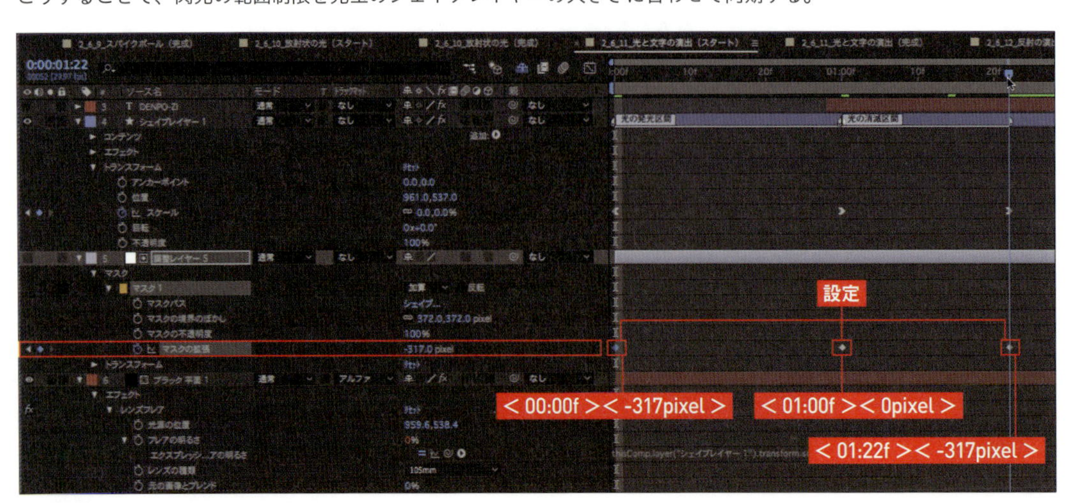

5 文字レイヤーを表示する

一番上の< DENPO-ZI >の文字レイヤーを表示し、光が画面いっぱいに広がった所で、図のように文字が配置されているのを確認してみよう。

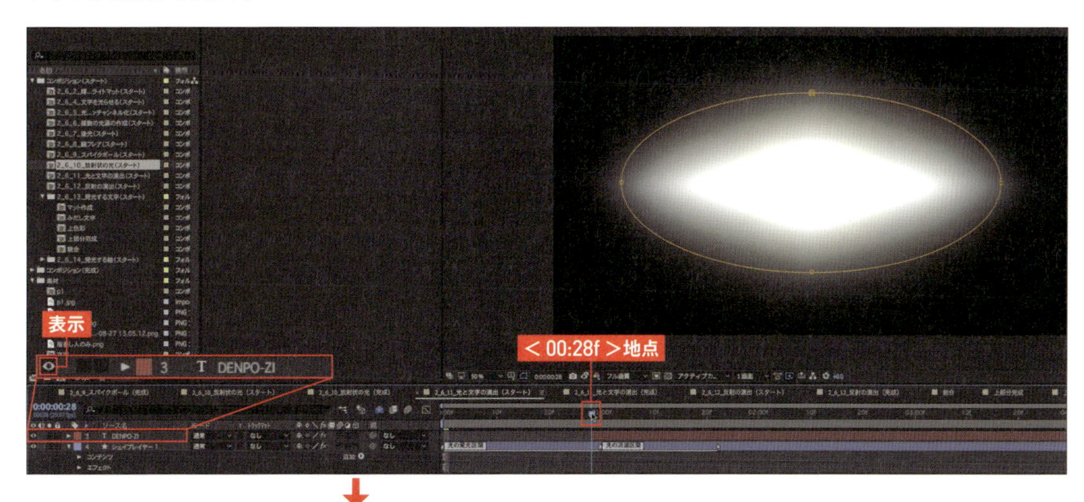

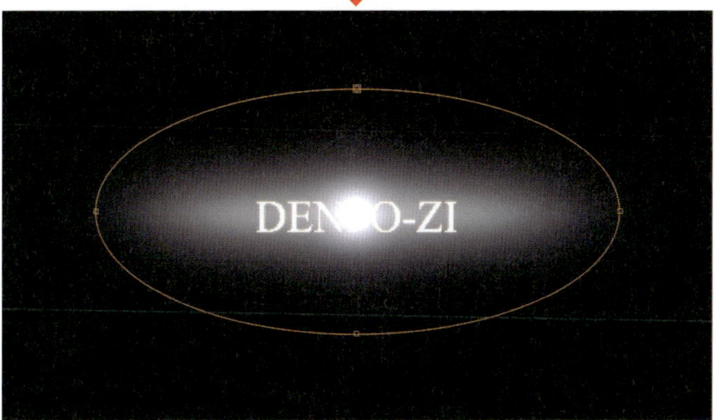

文字の演出を施していく

1 シャイレイヤーをオフにして設定を確認する

シャイレイヤーをオフにして、残りのレイヤーを表示してもらいたい❶。画面では最初の背景として使用されたブラック平面を元に<描画モード>で<加算>を適用して、フレアの位置を動かしているレイヤーが用意されている。
またフレアの明るさはちょうど横切る中心点に向かって明るくなり、中心点を通りすぎると暗くなるように設定されている❷。

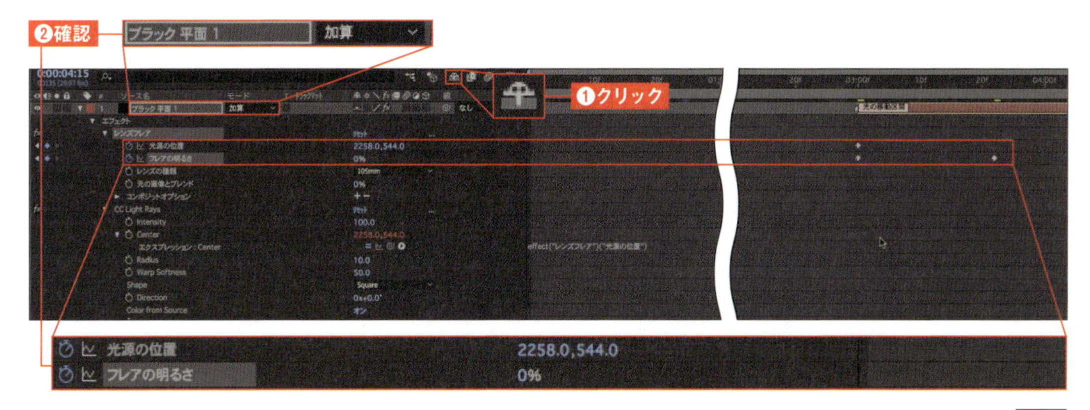

② 不透明度を確認する

CC Light Sweep が随時表示されないように、ブラック平面の不透明度は光が入るまでは< 0% >になっており、3 フレームで< 100% >に変化、終了のフェードアウトも同様に設定されているのが確認できる。

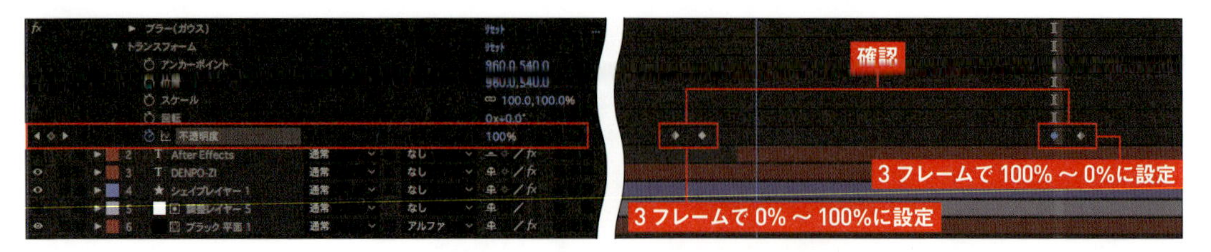

③ 文字の表示を光の通過と同期させる

次にタイムラインに配置された DENPO-ZI の文字を、光の通過と同期して文字を削減していきたい。この場合には、アニメーションプリセットのタイプライタを使用し、図のように<範囲セレクター 1 >内の<開始>プロパティが 0% になっているのを確認し、<終了>を 0%～ 100%へとキーフレームを設定する。

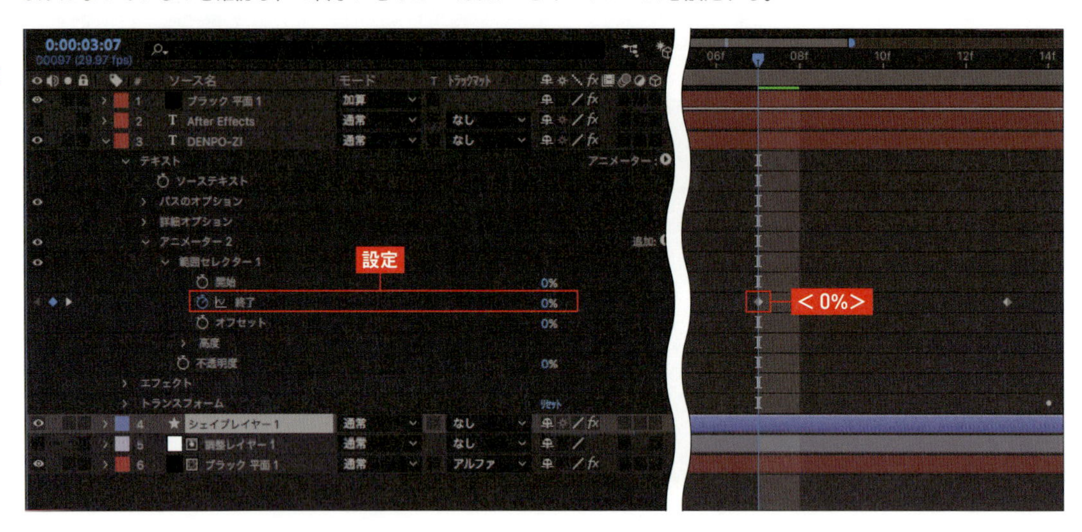

④ 範囲セレクター内の終了を100%に設定する

タイプライタで文字が 1 文字ずつ消えていく設定になる。うまくタイミングを合わせてキーフレームを調整していこう。

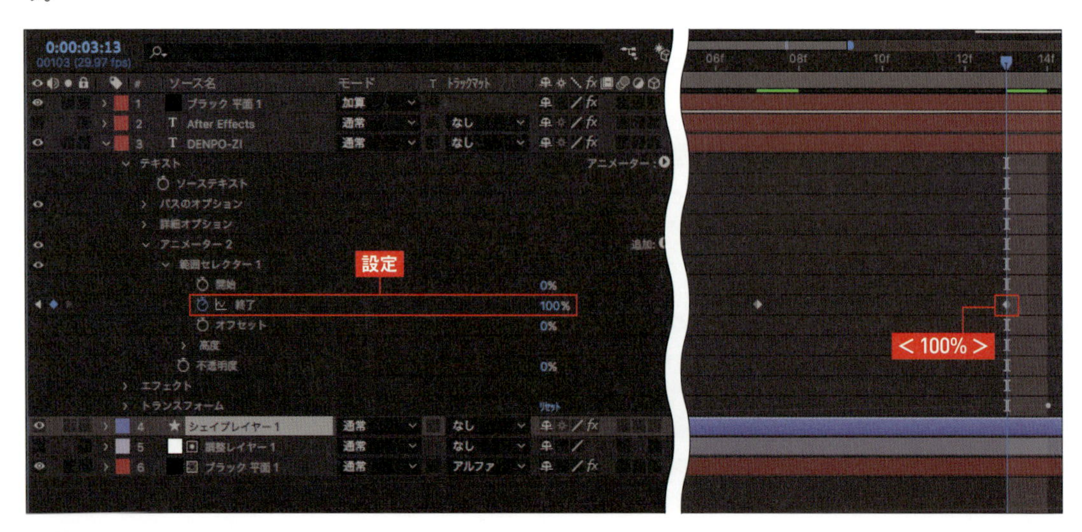

❺ 光の通過と同時に文字を切り替える

今度はDENPO-ZIの上に配置されている文字レイヤー＜After Effects＞を表示する❶。同じようにタイプライタを適用して、今度は1文字ずつ表示されるパターンを作成して、DENPO-ZIの文字が消える所に表示させるように設定してみよう❷。方法はP.456の手順❸のDENPO-ZIと逆にすればよい。「表示させていく」ので＜終了＞プロパティが100%になっているのを確認し、＜開始＞を0%〜100%へとキーフレームを設定する。うまく同期がとれると、光の通過と同時に文字の切り替わりが確認できるはずだ。

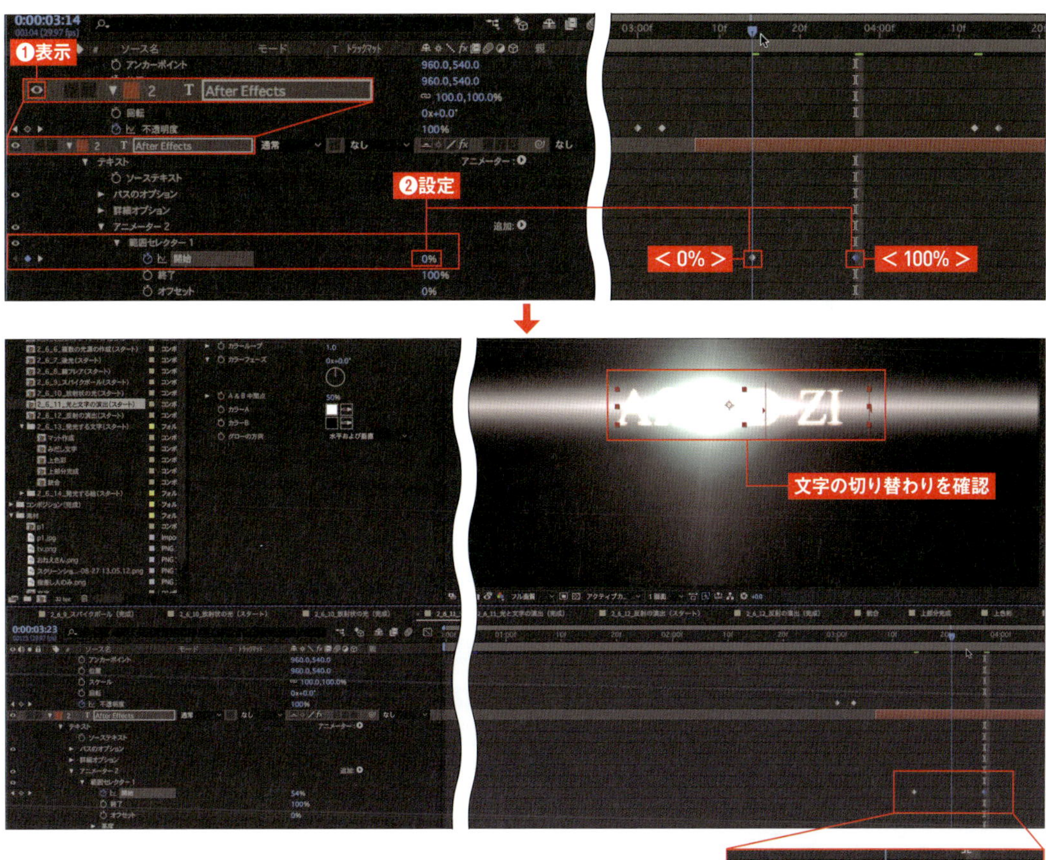

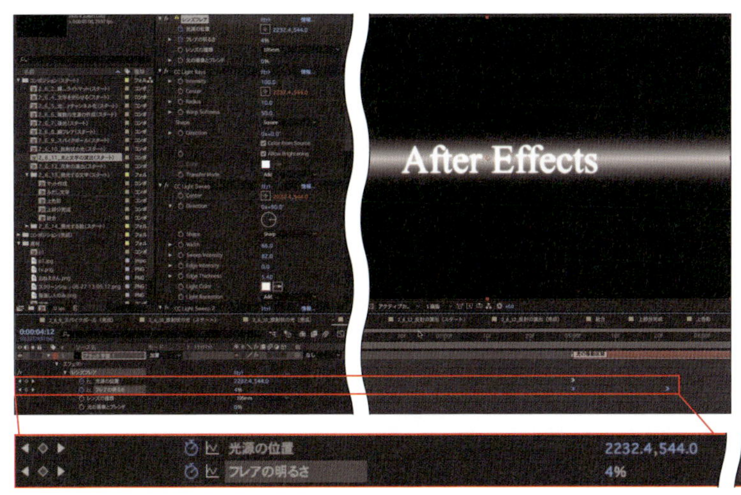

❻ イージーイーズインを適用する

最後はレンズフレアの動きが単調にならないように、＜ブラック平面＞の＜フレアの明るさ＞、＜光源の位置＞にイージーイーズインなどを適用する。イージーイーズインを適用すると光の移動速度が変わるので、文字レイヤーのキーフレームを再度調整してみよう。

SECTION

13 光の反射を演出する

ここでは、光の反射について解説していく。調整レイヤーの特性を利用して、パソコン画面への映り込みを作成してみよう。

画面を表示しているパソコンを演出する

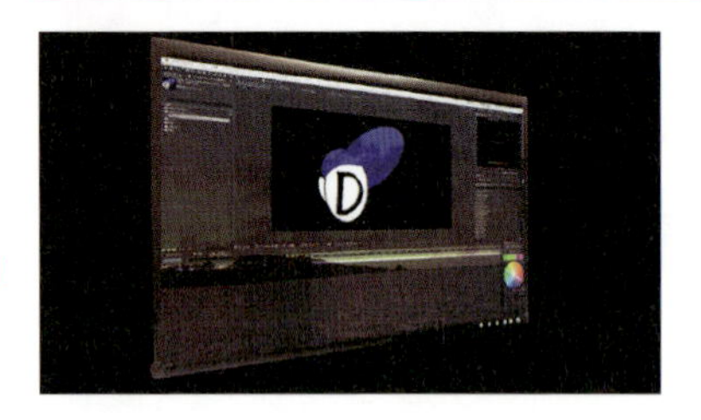

利用するプロジェクトファイル：「2_6_光」フォルダ→「2_6_光.aep」ファイル
利用するコンポジション：<コンポジション（スタート）>→<2_6_12_反射の演出（スタート）>

コンポジションを開くと、トップビューとアクティブカメラで、3D カメラ設定が施されているのがわかる。ここでは、この右側の画面を表示しているパソコンが左図のようにゆっくりと動いていく演出を施していく。

3Dレイヤーで調整レイヤーの機能を駆使する

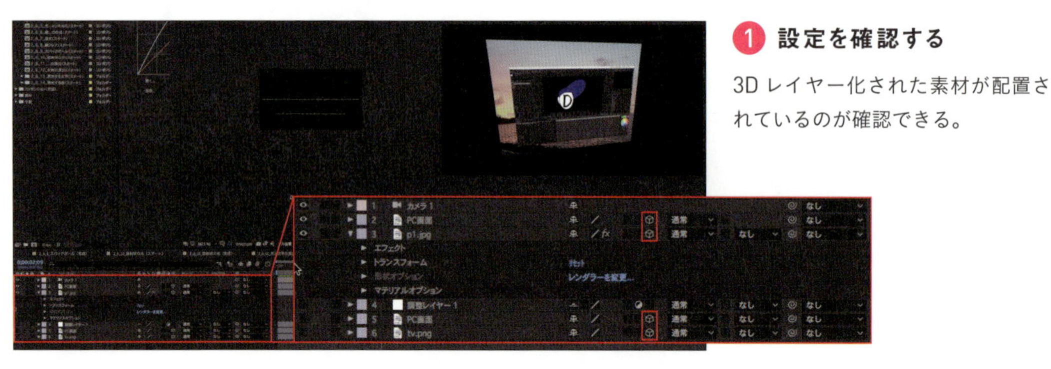

❶ 設定を確認する

3D レイヤー化された素材が配置されているのが確認できる。

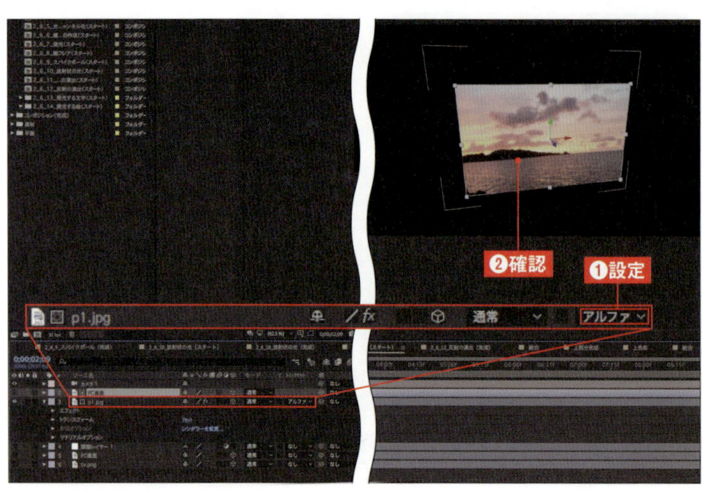

❷ 写真をパソコン画面に合わせる

最初に< p1.jpg >写真の<トラックマット>から<アルファマット “PC 画面” >を設定する❶。写真がパソコン画面の大きさに合わせて見えるようになる❷。

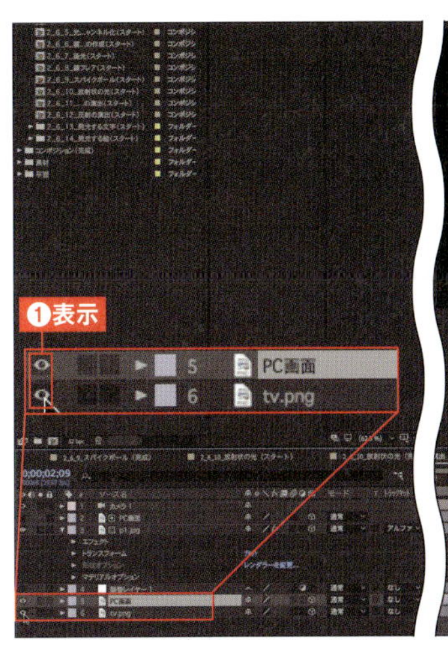

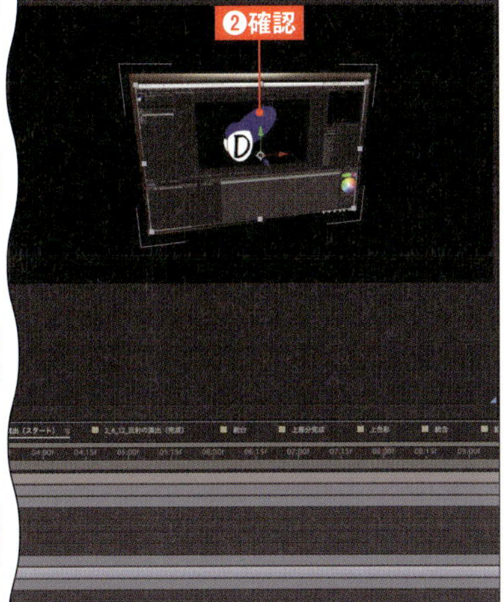

❸ 設定を確認する

続いてタイムラインの下に配置されている、＜PC画面＞と＜tv.png＞を表示して❶、確認してみよう❷。これは3Dレイヤー上で手前の位置に配置されている。

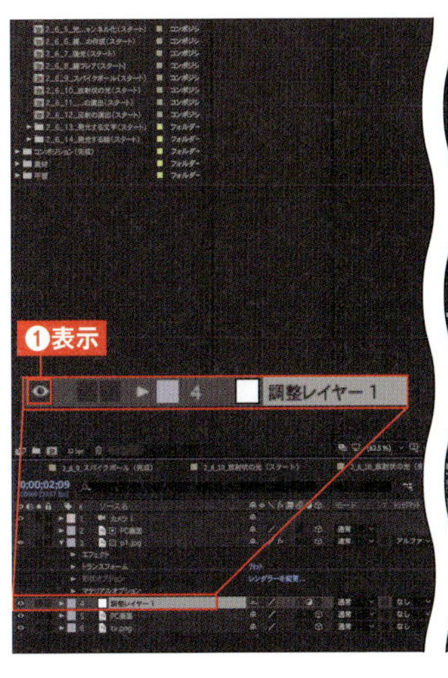

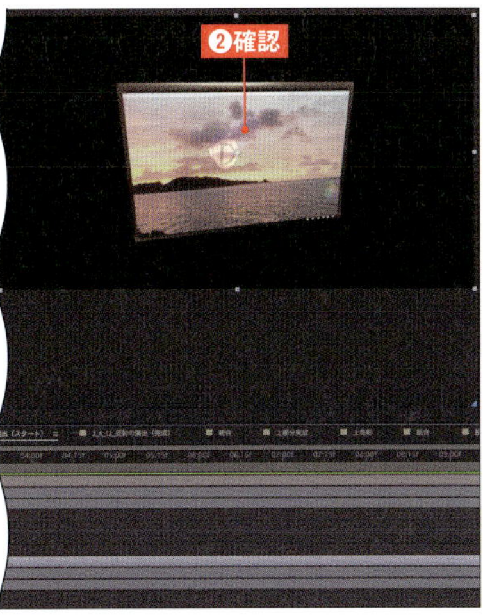

❹ 調整レイヤーを表示する

ここで非表示になっている＜調整レイヤー1＞を表示してもらいたい❶。すると、3Dレイヤー上で後方のレイヤーが表示されるようになる❷。これはこの＜調整レイヤー1＞が、タイムラインの上にあるレイヤーを手前に表示させるという機能を持っているからだ。

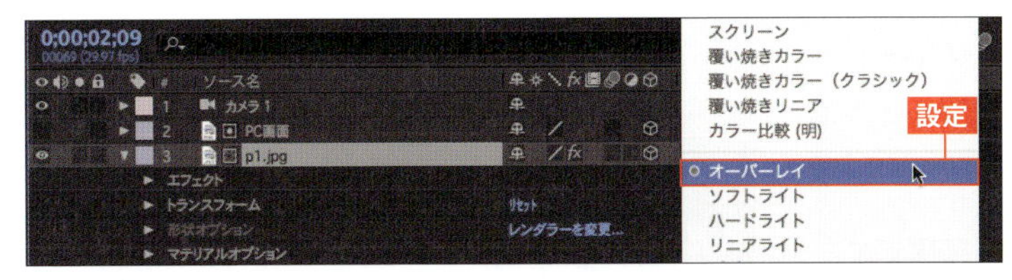

❺ 背景を透過する

最後に＜p1.jpg＞の＜描画モード＞を＜オーバーレイ＞に設定することで、透過したような効果を演出することができる。

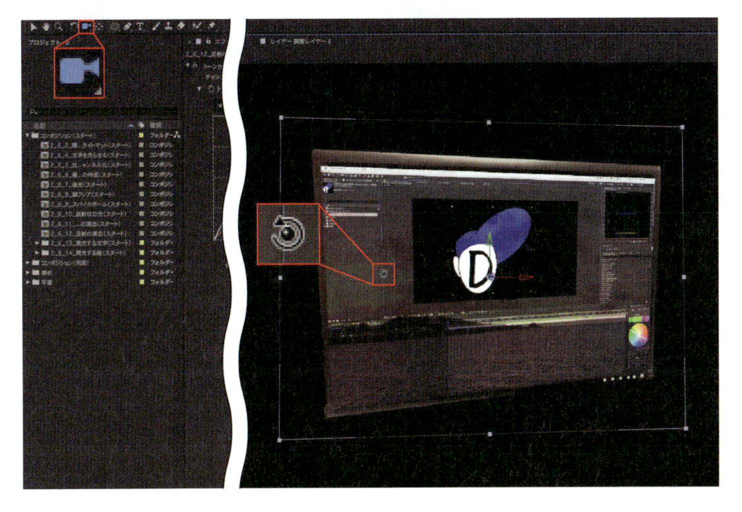

❻ 自由に微調整を行う

統合カメラツールなどを使用して、自由な位置から透過具合を確認することができる。カメラにキーフレームを設定することで、アニメーションを設定することも可能だ。

SECTION

14 発光する文字を作る

光の拡散方法は、これまで解説してきたレンズフレアなどを使用する以外にもある。ここでは、放射状の光を活用した応用的な演出を解説していく。

光の拡散を利用して幻想的な文字を演出する

利用するプロジェクトファイル：「2_6_光」フォルダ→「2_6_光.aep」ファイル
利用するコンポジション：<コンポジション（スタート）>→<2_6_13_発光する文字（スタート）>→<みだし文字>

コンポジションを開くと、透明グリッドが施された文字が確認できる。ここでは最初に<みだし文字>を開くが、<上色彩>など、同じ階層に並ぶコンポジションを利用して、最終的には左の動画のような、鮮やかな文字の発光が放射状に流れていく演出を施していく。

各コンポジションを確認する

1 <みだし文字>の設定を確認する

この<みだし文字>では、光らせる文字を作成している。斜めから映し出すので、コンポジションのサイズは斜めから見ても見きれないように大きめの4Kで作成されている。もちろん文字なのでアルファチャンネルが含まれている。このアルファチャンネル部分が透過する「形」となる。

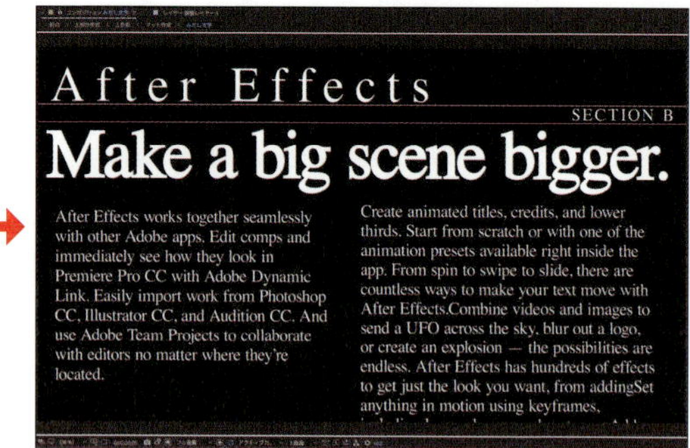

MEMO ミニフローチャートで確認する

今回の発光する文字は、すでに完成されたものを手順に沿って解説を行っている。どのような構成になっているかは画面上に表示されているミニフローチャートを参考にすると流れがわかりやすい。

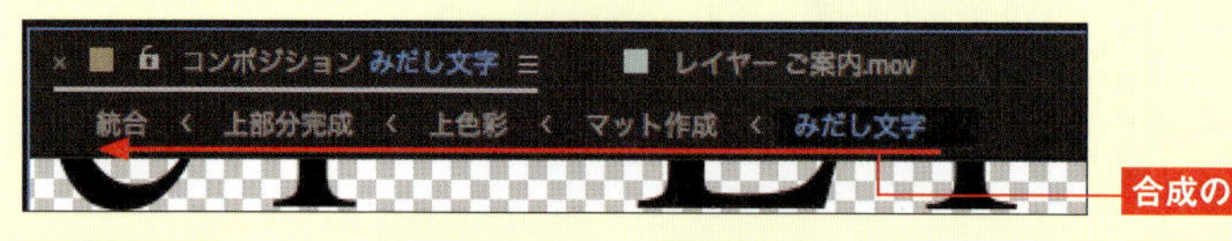

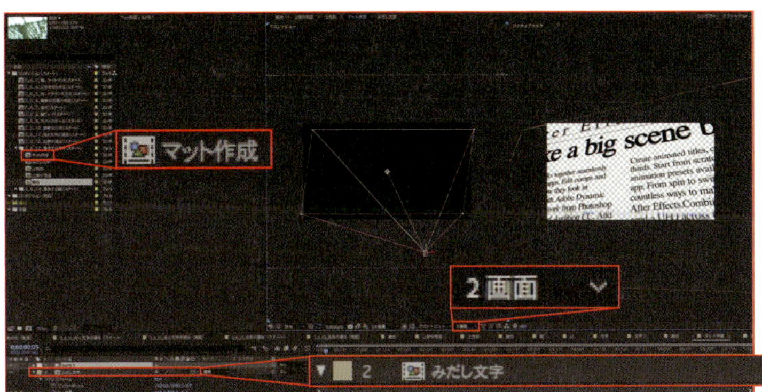

❷ <マット作成>の設定を確認する

<マット作成>のコンポジションを開いてみよう。これは前ページ手順❶で作成した<みだし文字>をネスト化して3Dレイヤーを適用したものだ。カメラ位置を調整してシーンの位置を決めている。

❸ <上色彩>の設定を確認する

<上色彩>のコンポジションを開いてみよう。ここではタイムライン下に<ホワイト平面4>を作成し、トラックマットで<アルファマット"マット作成">を選択して❶、文字部分を白くしてみた❷。なお、トラックマットを使用しない場合には、<エフェクト>メニュー→<チャンネル>→<反転>とクリックしても同じ効果が得られる。

また、文字がハッキリしてしまうので、マット作成のコンポジションには<ラフエッジ>を適用して❸、文字を荒くしてみよう。

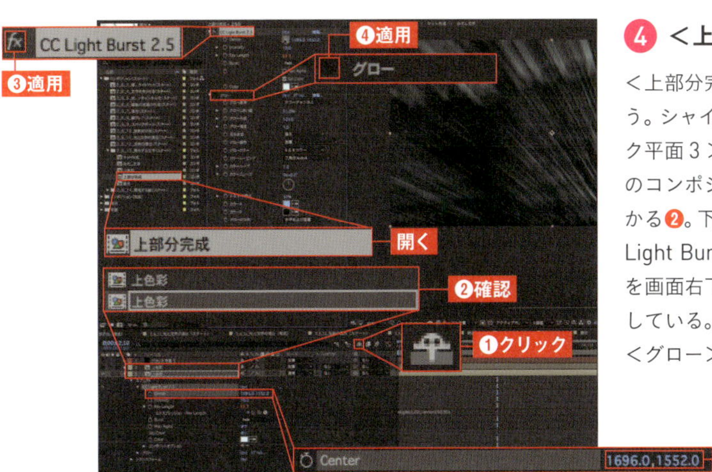

❹ <上部分完成>の設定を行う

<上部分完成>のコンポジションを開いてみよう。シャイレイヤーをオフにすると❶、<ブラック平面3>と、手順❸で作成された<上色彩>のコンポジションが2つ配置されているのがわかる❷。下に配置されている<上色彩>に<CC Light Burst 2.5>を適用し❸、<Center>を画面右下に移動させ放射状の光の効果を演出している。放射状の光をさらに加速させるため<グロー>も忘れずに適用しよう❹。

下に配置されている<上色彩>の<Center>位置が画面右下の<1696,1552>の地点になっていることを確認

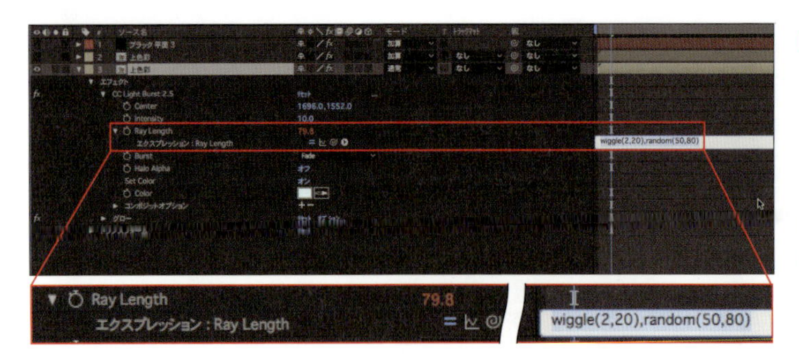

5 ＜上部分完成＞の設定を確認する　その①

放射状の光の揺るぎを演出するために＜Ray Length＞にはエクスプレッションを適用している。今回は一緒に記載しているが、「wiggle (2,20)」「random (50,80)」のどちらかを選んで記載してもらいたい。

6 ＜上部分完成＞の設定を確認する　その②

上に配置されている＜上色彩＞を表示する❶。この＜上色彩＞には、光の効果を増すために＜描画モード＞の＜加算＞を設定して❷、合成している。さらに、＜CC Light Burst 2.5＞を適用し❸、＜Ray Length＞のエクスプレッションのランダム値をはずし、安定したRay Lengthを出すために＜20.0＞で固定している❹。こうすることで2本の長いランダムのRayと、短い固定されたRayが交わり複雑さが演出できる。

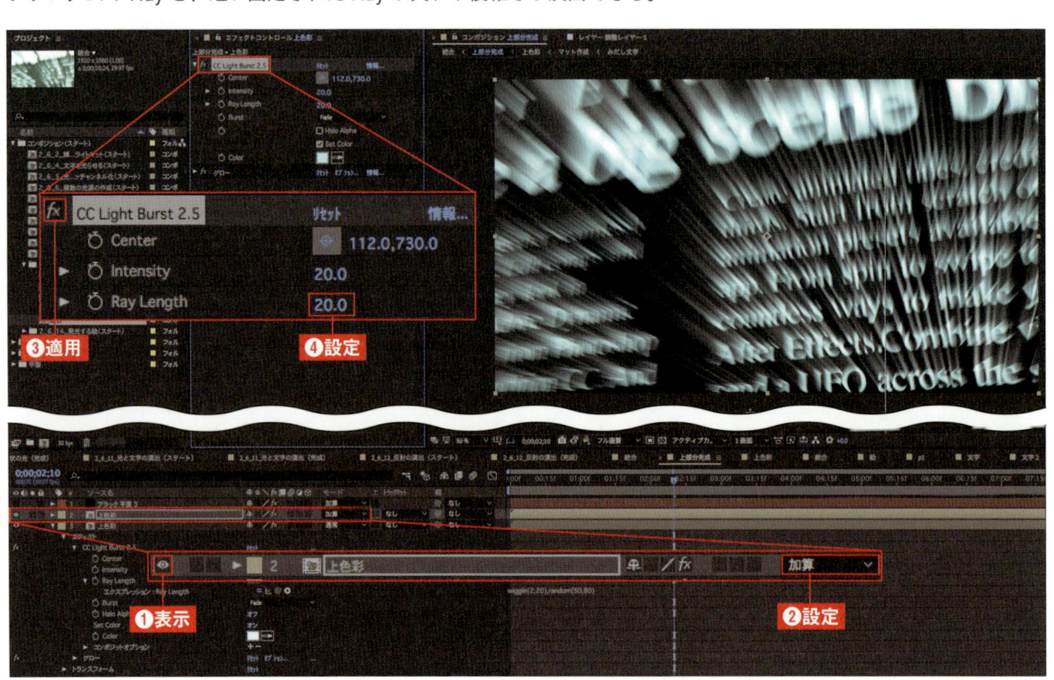

MEMO

放射状の光に色を付ける

さらに放射状の光に色を付けたい場合には、ブラック平面を配置して＜4色グラデーション＞を適用する。＜描画モード＞の＜加算＞で色付けを行うこともできる。

コンポジションを統合して仕上げる

＜統合＞のコンポジションを開いてほしい。ここでは P.461 の手順❷で作成した＜マット作成＞のコンポジションをベースに、＜上部分完成＞を重ねていく工程を説明する。

❶ 設定を確認する　その①

まず＜透明グリッド＞をクリックし❶、＜マット作成＞を選択して❷、エフェクトコントロールを図のようにすべて適用すると❸、画面のような効果が確認できる❹。なお、ここでの＜ラフエッジ＞は、＜上色彩＞と同じほうが望ましいので、コピー＆ペーストして持ってきた。

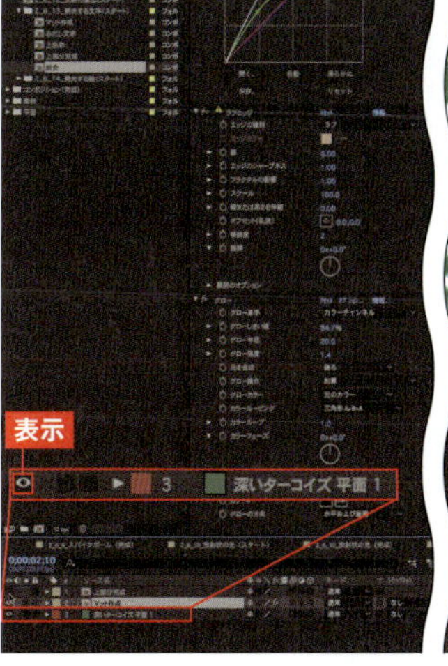

❷ 設定を確認する　その②

下地の色として＜深いターコイズ平面 1 ＞をタイムラインの一番下に配置しているが、これを表示する。

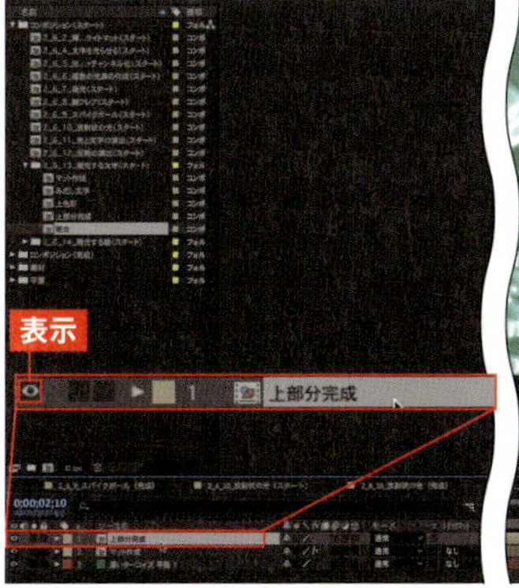

❸ コンポジションを合成する

最後に Ray が適用されている＜上部分完成＞のコンポジションを表示して、合成してみよう。

MEMO

背景を合成して楽しむ

＜統合＞のコンポジションはアルファチャンネルにもなっているので、さまざまな背景と合成して使うこともできる。

TIPS

さまざまな色を使ってさらに洗練されたRayを作る

色彩をダイレクトに放射状に引っ張ってくれるようにすることで、さらに立体的なRayを作ることができる。

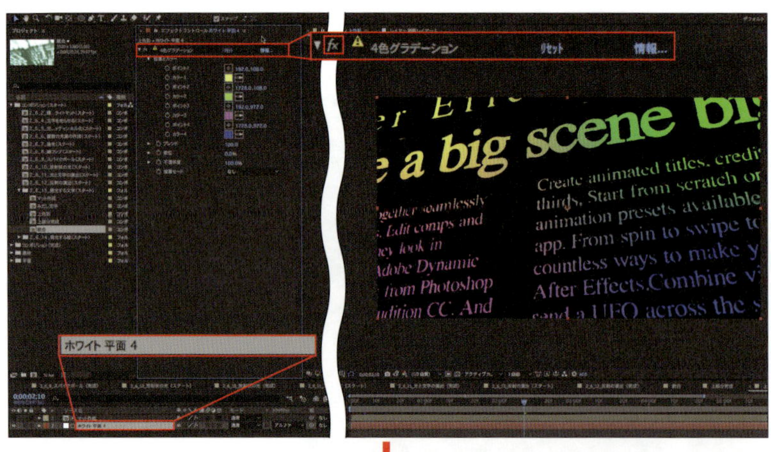

◀＜上色彩＞のコンポジションで、ホワイト平面を作成して、白に設定していた部分に＜4色グラデーション＞を適用する

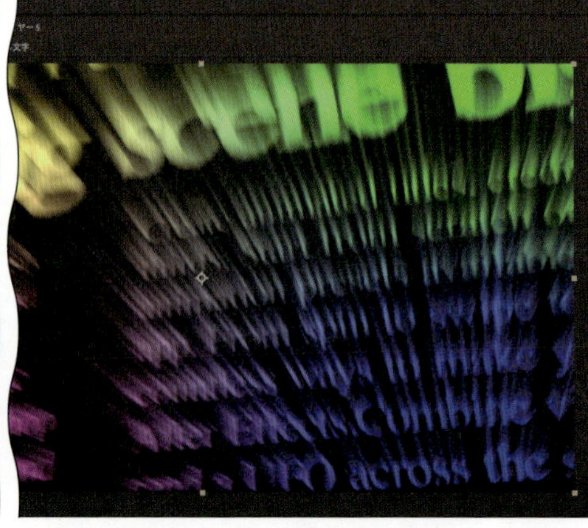

◀＜上部分完成＞コンポジションで、2つ配置された＜上色彩＞レイヤーのそれぞれの＜CC Light Burst 2.5＞での＜Set Color＞のチェックを外す

TIPS

アルファチャンネルの存在しないイラストや写真について

発光する文字について解説してきたが、アルファチャンネルの存在しないイラストや写真の場合、どう対応すればよいのだろうか。<コンポジション（完成）>→< 2_6_14_ 発光する絵（完成）>の中に収録されているコンポジションを参考に解説していこう。

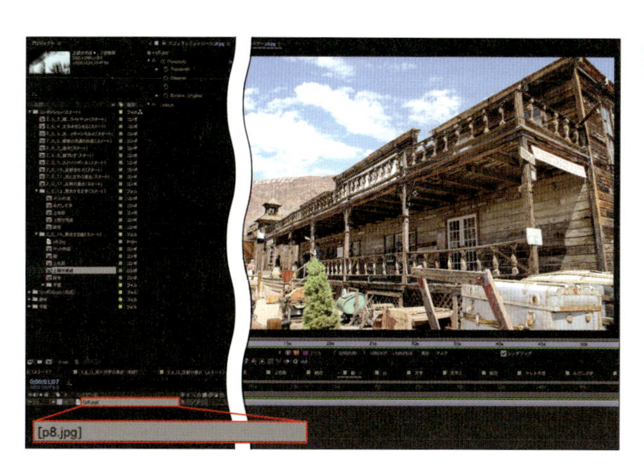

❶ 写真素材を用意する

アルファチャンネルがない写真素材を用意する（ここでは、<素材>→< p8.jpg >の素材を使っている）。

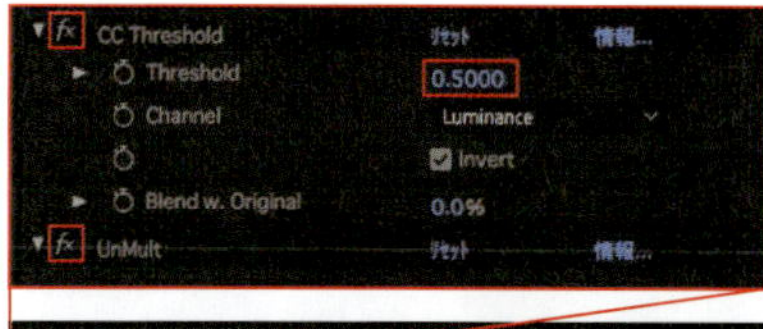

❷ 写真素材を白黒化する

< 2_6_14_ 発光する絵（完成）>の中の<絵>のコンポジションを確認してみよう。写真素材にはエフェクトから< CC Threshold >が適用されて白黒化にされている。< Threshold >の値を調整することで、白黒部分の適用範囲を調整することができる。難しいようであればトーンカーブなどで、無理やり明暗を付加しても OK だ。白黒化されたら< UnMelt >で黒い部分をアルファチャンネルに変える。

❸ 設定を確認する

< 2_6_14_ 発光する絵（完成）>の中の<統合>を確認してみよう。文字と同じ方法でアルファチャンネルがない写真に、放射状の< Ray >を追加することができたのが確認できる。

SECTION

15 検索ガラスを演出する

ここでは、ジェスチャーを交えた光の演出を解説していく。具体的には、撮影された動画に検索のガラスプレートを乗せて発光させていく演出だ。

指の動きと光の玉を連動させる

利用するプロジェクトファイル：「2_6_光」フォルダ→「2_6_光.aep」ファイル
利用するコンポジション：＜コンポジション（スタート）＞→＜2_6_15_検索ガラス（スタート）＞
コンポジションを開くと、女性の前に透明な検索ガラスが配置されているのがわかる。ここでは左の動画のように女性のジェスチャーに合わせて文字を表示して、光の玉もそれにあわせて動いていく演出を施していく。

このSECTION15では、モーショントラックの機能が使われているので、初めてモーショントラックを始める方は、事前にこちらの動画を参考に予習を行っておいてほしい。

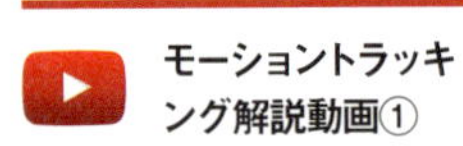

モーショントラッキング解説動画②

モーショントラッキング解説動画③

長方形シェイプレイヤーで透明なプレートを作る

1 設定を確認する

画面を確認すると、＜ご案内.mov＞が2つ、その上に長方形の＜シェイプレイヤー1＞が配置されているのがわかる❶。シェイプレイヤーの＜不透明度＞は60%程度になっているのだが❷、長方形シェイプレイヤーをそのまま検索ガラスとして使用するには単調過ぎるので、ここでは長方形シェイプレイヤーでガラスのようなプレートを作り出す方法を解説しよう。

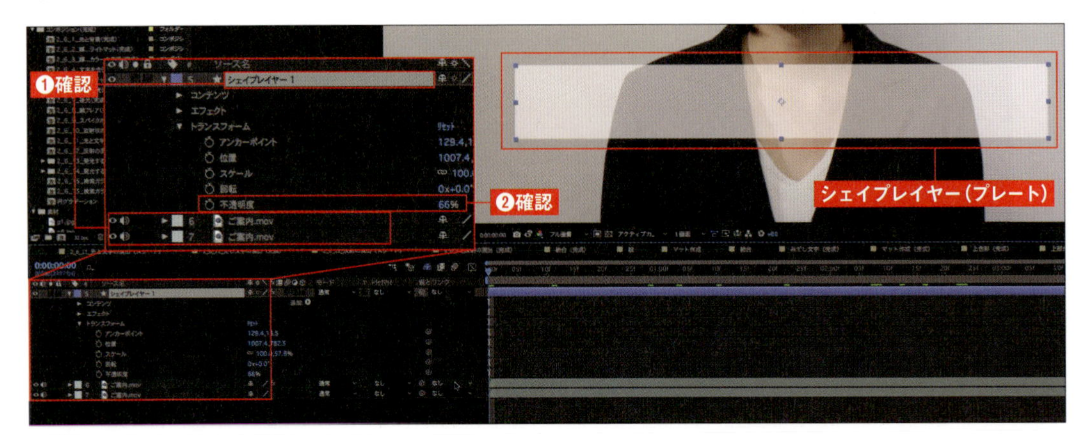

❷ プレートに質感を施す

上に配置されている<ご案内.mov>を選択する❶。このエフェクトコントロールパネルでは、各種エフェクトが配置されているので、すべてのエフェクトを適用してもらいたい❷。エフェクト効果によって、まるでガラス越しに見ているような全体像に仕上がった。**これをプレートの質感として活用**していこう。

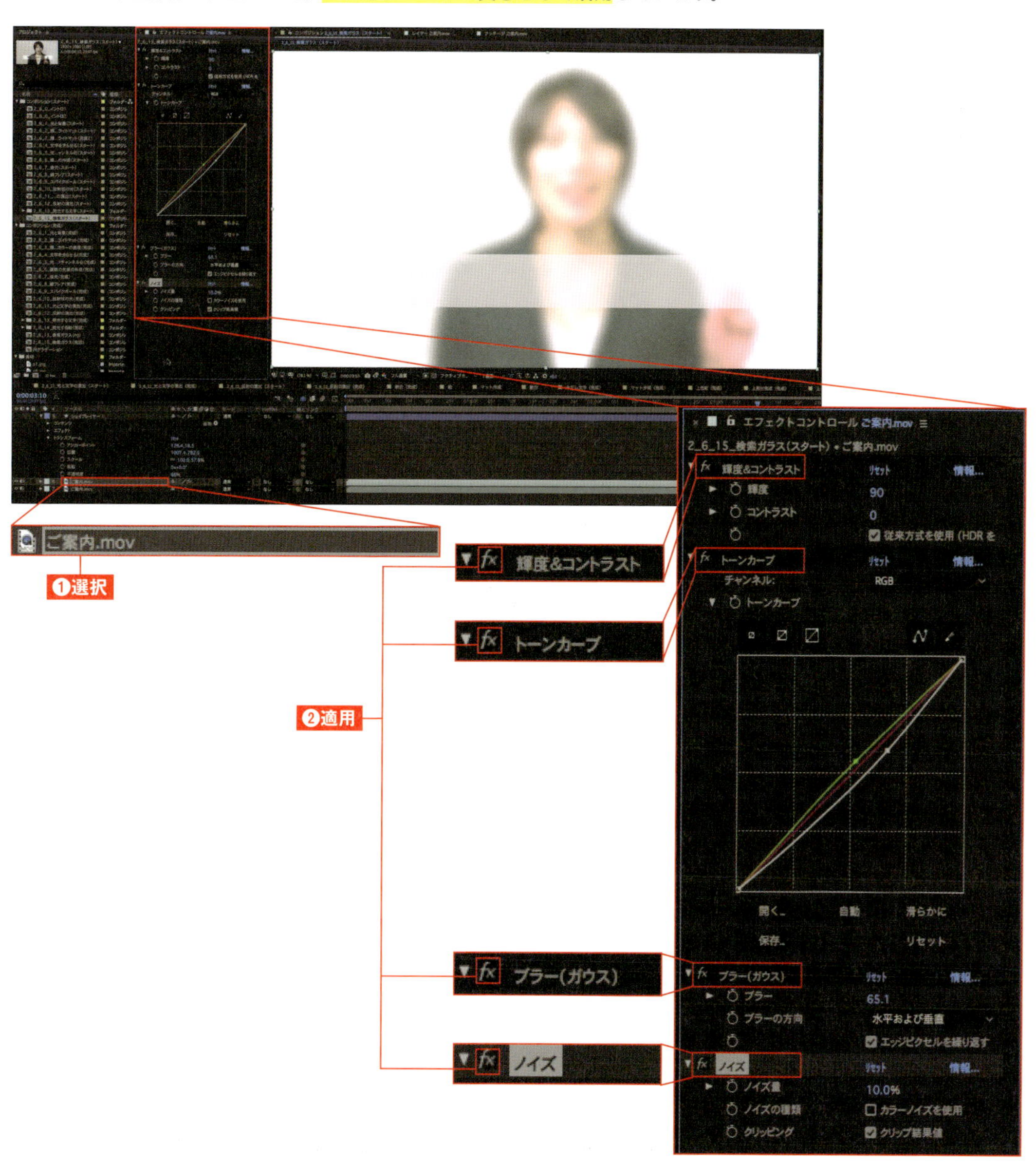

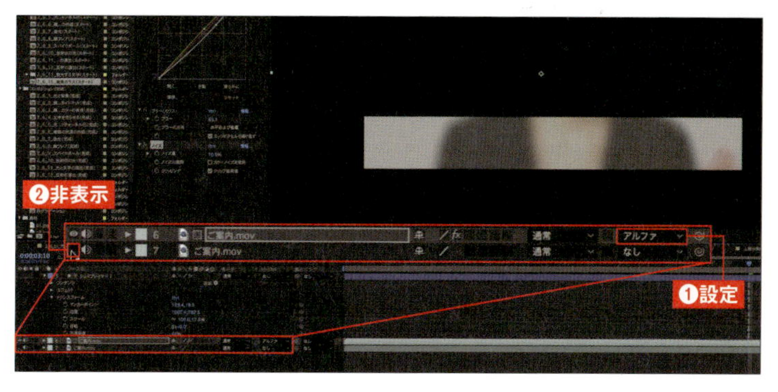

❸ シェイプレイヤーの部分だけを型抜きする

エフェクトが適用された<ご案内.mov>の<トラックマット>を<アルファマット"シェイプレイヤー1">に設定する❶。すると、シェイプレイヤーの部分だけが型抜きされる。下に配置されている<ご案内.mov>を非表示にしてみるとわかりやすいかもしれない❷。

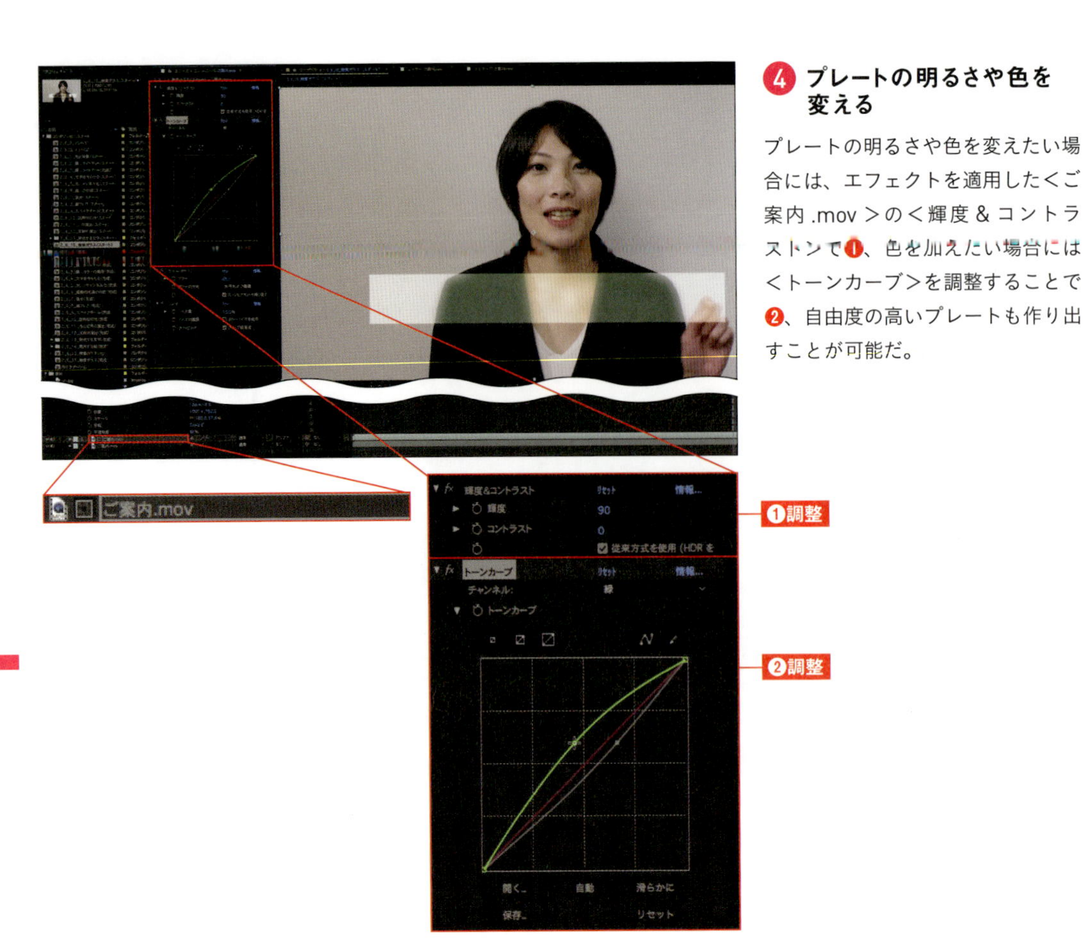

❹ プレートの明るさや色を変える

プレートの明るさや色を変えたい場合には、エフェクトを適用した＜ご案内.mov＞の＜輝度＆コントラスト＞で❶、色を加えたい場合には＜トーンカーブ＞を調整することで❷、自由度の高いプレートも作り出すことが可能だ。

TIPS

プレートの雰囲気を変える

プレートの雰囲気などを変えたい場合には、＜シェイプレイヤー 1 ＞を選択して❶、エフェクトコントロールパネルに配置されている＜ CC Glass ＞を適用し❷、レイヤー内で非表示から表示に切り替える❸。最前面に表示させてみるとシェイプレイヤーの色が乗るので曇りガラスっぽさが演出できる。また、さらに追加して＜描画モード＞で＜乗算＞などを適用すると、さらに洗練されたプレートも作成できる。

トラッキングで光を追跡する

① トラッカーを設定する

続いて指に合わせた光の追跡を「トラッキング」という機能を使って自動追尾させてみよう。シャイレイヤーをクリックして非表示になっていたレイヤーを表示する❶。タイムラインには<ブラック平面 7 >と<両国 DENPO-ZI >の文字レイヤーが新たに表示されたのが確認できるはずだ。まず最初にトラッキング作業を行うためにタイムラインパネルの一番下に配置された<ご案内 .mov >をダブルクリックして❷、レイヤーパネルを表示させる。<ウインドウ>メニュー→<トラッカー>をクリックすると、画面右にトラッカーパネルが表示される。

トラッカーパネルの<トラック>をクリックすると❸、画面中央に<トラックポイント 1 >と記載された 2 重に囲われた四角の枠が表示される。

レイヤーパネル内の時間軸を指の動きが始まる地点< 0:00:01:18 >まで移動させ❹、内枠と外枠の間にマウスポインターを置いて❺、そのまま図のように指の中心が来るようにドラッグ & ドロップしてみよう❻。内枠、外枠はそれぞれ線をドラッグすることで自由な形に変形できる。

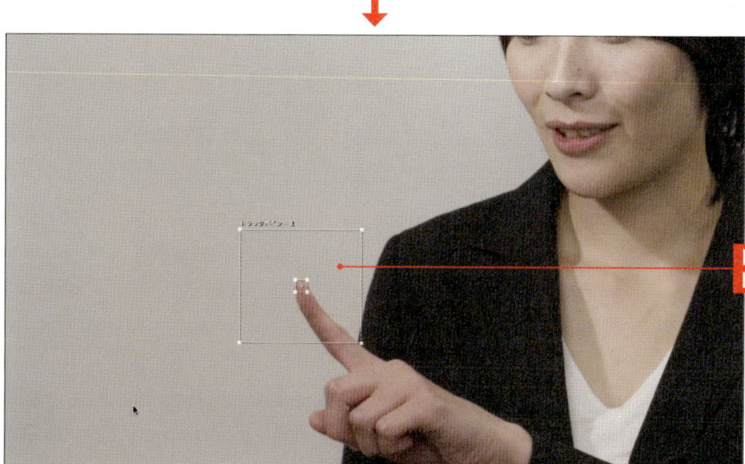

トラックポイントは内枠と外枠の間を
ドラッグすると移動させやすい

② トラックポイントの移動を確認する

無事配置が完了したらトラッカーパネル内の「分析」と記載された文字の横にある再生ボタンをクリックしてトラックを開始してみよう❶。指の動きに合わせてトラックポイントが移動していく❷のが確認できる。

③ トラッカーの設定を確認する

無事トラッキングが終了すると、タイムラインパネルに<ご案内.mov>の→<モーショントラッカー>→<トラッカー1>と表示される。

もしうまくいかない場合には<モーショントラッカー>→<トラッカー1>を選択して Delete キーを押せばトラッカーは削除されるので、やり直してみよう。

TIPS

トラックポイントがずれてしまう場合の対処法

トラッキングがいまくいかない方は、日頃の行い……とは関連性はないので安心してもらいたい。

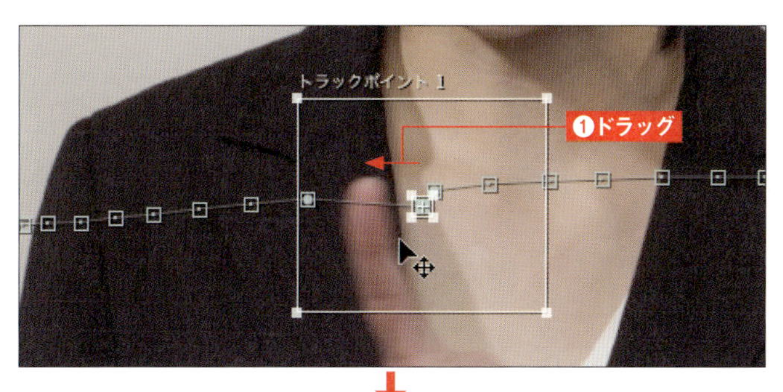

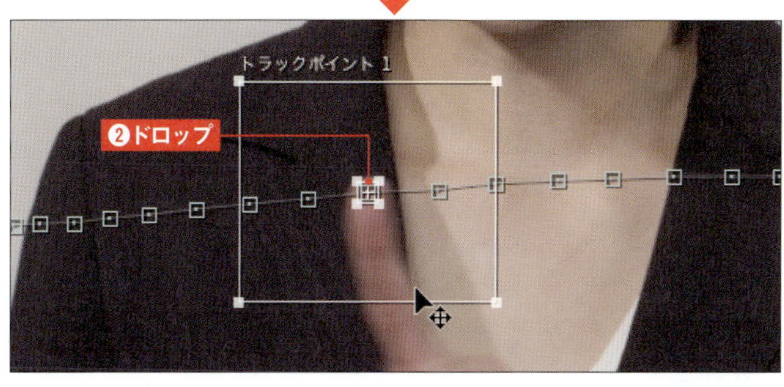

❶ 解決方法　その①

ずれてしまった部分のトラックポイントのキーフレームを選択し、ドラッグして指の適切な部分に移動していけば解決する。

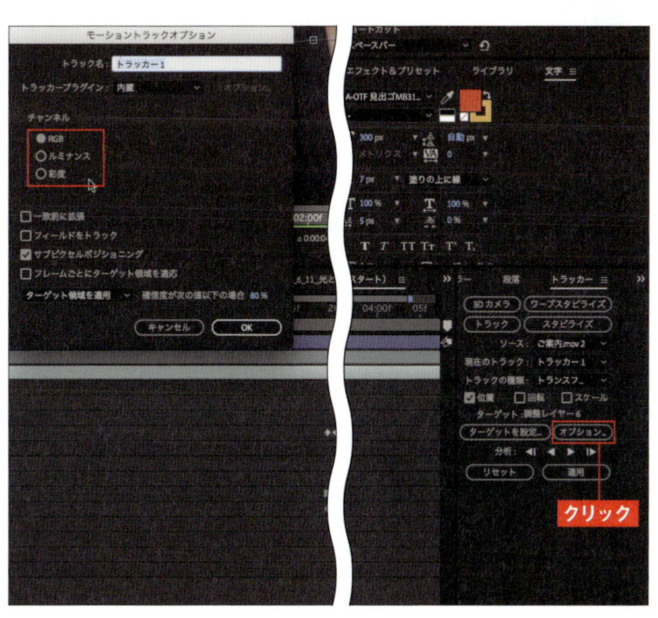

❷ 解決方法　その②

こうしたトラッキングは、「内枠の色や輝度」と「外枠の色や輝度」との相違を、After Effects 内で計算して行っているので、内枠／外枠の大きさを調整するか、トラッカーパネル内の<オプション>をクリックして、相違方法を変えることでトラッキングが成功する可能性も増す。図では< RGB >での色の相違で指定されているが、<ルミナンス>を指定すると輝度の相違（明るさ）でトラッキングを計算してくれる。この指の動画ではどちらでも対応可能だ。

どうしてもトラッキングがうまくいかなくて先へ進めない方には Mocha を使用したトラッキングも動画で解説しているので参考にしてもらいたい。

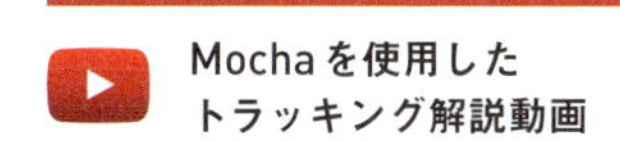

光玉を指に合わせて動かす

❶ 指にそって光るように設定する

<ブラック平面 7 >に注目してほしい❶。ここではブラック平面に指に当てる光のエフェクトが配置されているので< CC Toner >以外を適用する❷。ちなみに、< CC Toner >を適用した場合には、光の色を変えることが可能だ。

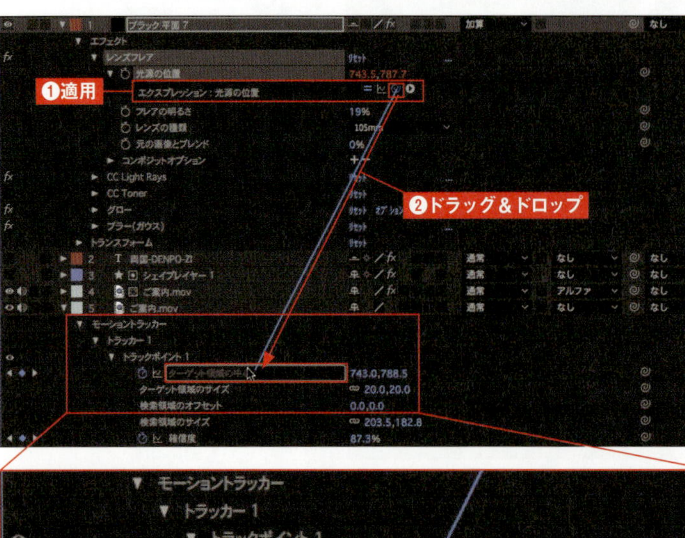

❷ 光源をトラックポイントと同期する

<レンズフレア>の<光源の位置>にエクスプレッションを適用する❶。P.469 でトラッキングで設定した<ご案内 .mov >の→<モーショントラッカー>→<トラッカー 1 >→<トラックポイント>の内の<ターゲット領域の中心>と同期する❷。

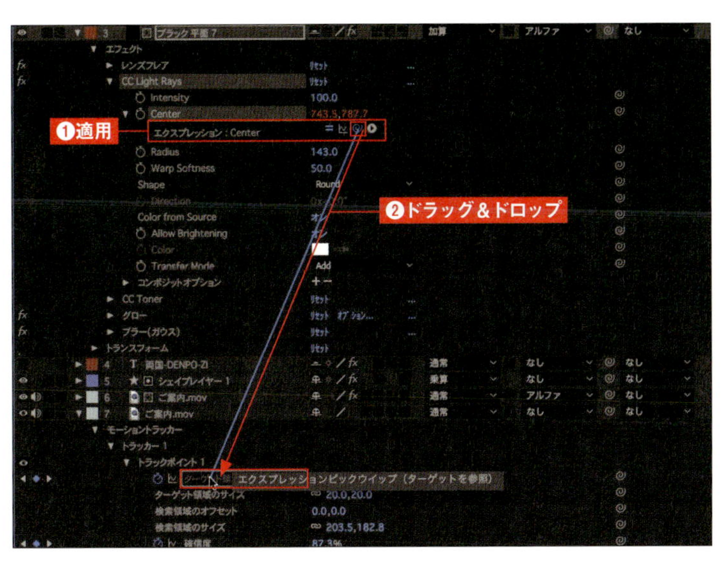

❸ Centerをトラックポイントと同期する

同じように＜ CC Light Rays ＞の＜ Center ＞にもエクスプレッションを適用して❶、同じようにターゲット領域の中心と同期させる❷。

❹ 設定を確認する

無事同期が行えると、指の動きに合わせて光の玉が移動するのが確認できるはずだ。

光の玉の動きを調整する

❶ 光の玉の動きを制限する

光の玉の移動が行えたのはよいが、プレートの外に出ても光が指についたままになってしまっている❶。ここでは、光の範囲をプレート内に制限するため、プレートのシェイプレイヤーを複製（＜編集＞メニュー→＜複製＞）し、ブラック平面の上に配置する❷。＜ブラック平面 7 ＞の＜トラックマット＞を＜アルファマット " シェイプレイヤー 2" ＞に設定することで❸、プレートの範囲しかブラック平面に適用した光のエフェクトが及ばないように設定する。

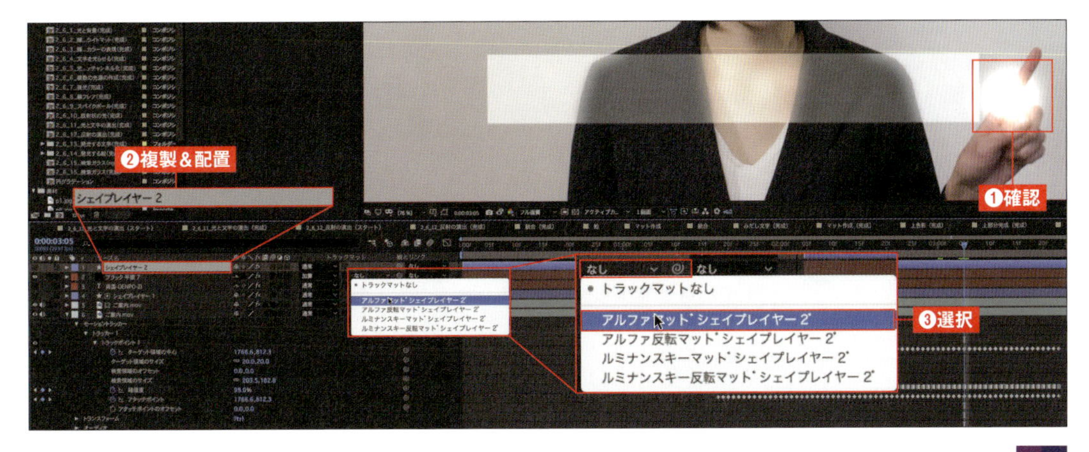

❷ タイプライター効果を確認する

続いて<両国 -DENPO-ZI >の文字レイヤーを表示する❶。指の動きに合わせてアニメーションプリセットのタイプライターの効果が効いているかを確認しよう❷。

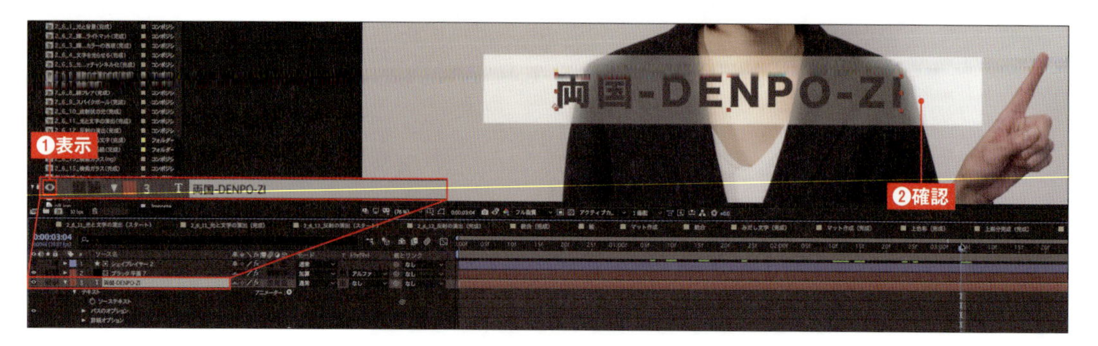

❸ キーフレームの余分な部分を削除する

指が再びプレート内に入っても光らないように、エクスプレッションでリンク付けされた<ご案内 .mov >→<モーショントラッカー>→<トラッカー 1 >→<トラックポイント>の内のターゲット領域の中心のキーフレームの余分な部分を囲って選択して❶、Delete キーでキーフレームを削除してしまおう❷。

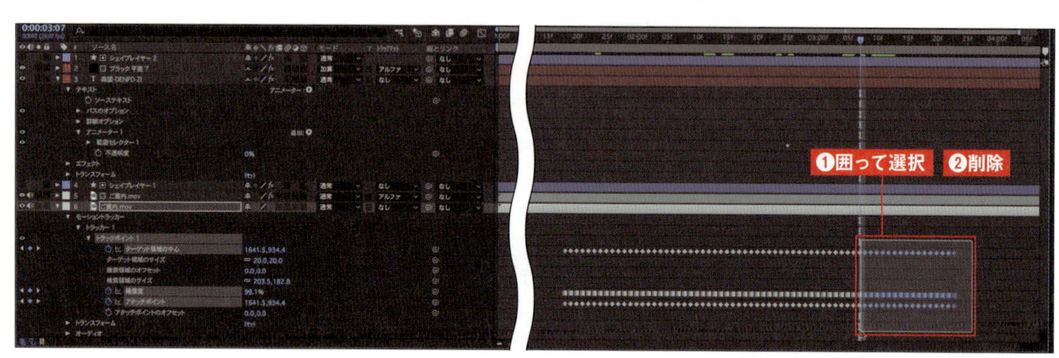

❹ 画面全体のカラーグレーディング

最後に調整レイヤー（ここでは<調整レイヤー 6 >）に❶、< Lumetri カラー>を適用して❷、色を付ければ完成だ。

SECTION

16 光を演出するさまざまなプラグイン

After Effects では、光などを簡単に作り出せるプラグインも用意されている。ここでは、光作りに役立つプラグインをいくつか紹介していこう。

BORIS FX SAPPHIRE

BORIS FX SAPPHIRE は、光に関係したエフェクトが詰まった多機能なプラグインだ。ミュージックビデオや CM などでも使われている定番の光系プラグインが多数収録されている。

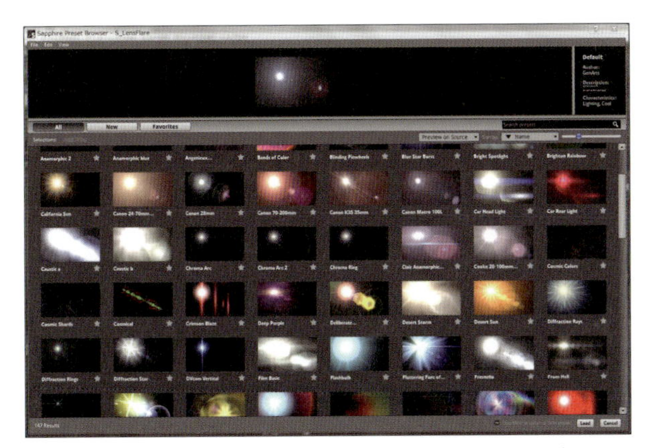

▲ Preset Browser を活用することでさまざまなレンズフレアを閲覧、比較しながら適用することができる

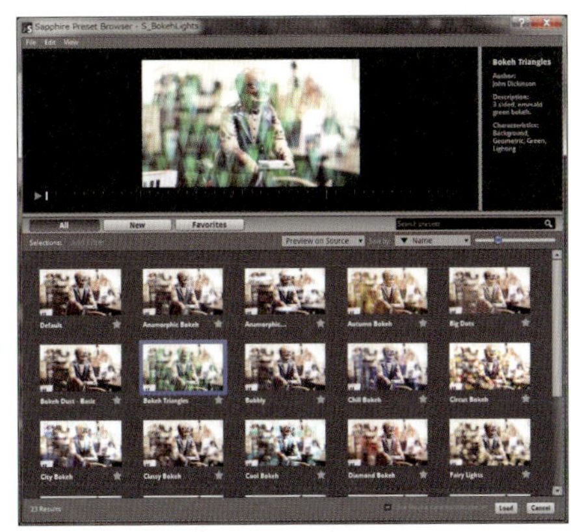

▲レンズフレアだけでなく、動画などに対しても光の効果で見栄えをよくすることが可能だ

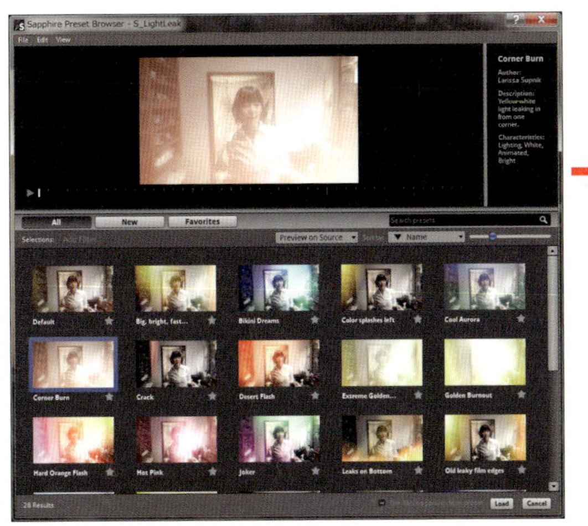

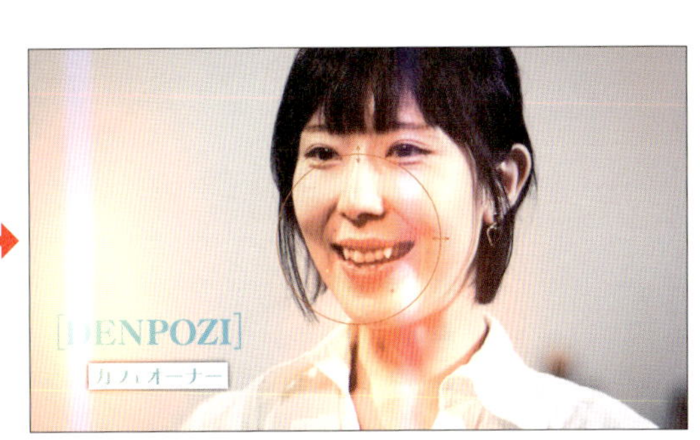

▲シーンでの場面転換やカラーグレーディングにも力を発揮する

BORIS FX SAPPHIRE 販売元：ボーンデジタル https://www.borndigital.co.jp/

Optical Flare

Optical Flare は、さまざまなフレアが詰まった光のプラグインだ。SAPPHIRE と違い、レンズフレアメインのエフェクトだが、そのバリエーションの豊富さからさまざまなシーンで活躍している。

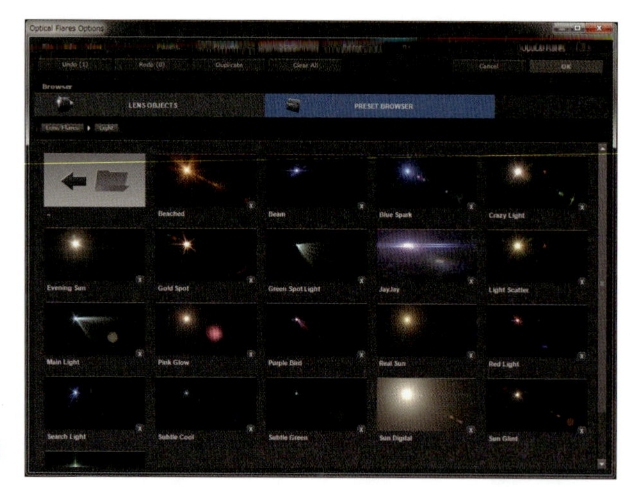

◀ Optical Flare は、3D レイヤーのライトなどにも同期させることができるので、より立体感のあるバラエティー豊かなフレア効果を演出することができる

Optical Flare 販売元：ボーンデジタル https://www.borndigital.co.jp/

HitFilm INGITE EXPRESS

レンズフレアも多数収録した無料のプラグイン。

▲レンズフレアの種類をプリセットから選択

Hitfilm INGITE EXPRESS 販売元：
FXhome Limited　https://fxhome.com/ignite-express

COLUMN

After Effects の未来予想！

長年著者も使用している After Effects だが、ここではこれから起こる After Effects の未来を予想してみよう。

●After Effectsのスマートフォンアプリが誕生

デスクトップのハイパワーパソコンで作業を行う After Effects だが、やはりスマートフォンとの連携はこれからは切っても切り離せない仲となる。Premiere Rush CC をはじめ、そのほかにもさまざまなスマートフォンとの連携がなされているのが現状だ。
ただ After Effects はその柔軟な構成から力を発揮している部分もあるので、コンポジション画面などをそのままスマートフォンアプリ化しても使いづらいことこの上ないだろう。筆者が After Effects でアプリ化を予想するのはモーション面を主に取り入れた「シェイクモーションキャプチャー機能だ」。
シェイクモーションキャプチャー機能とは、スマートフォンの加速度センサやジャイロスコープを使用し、揺れや振動を感知してモーションのキーフレームに変換してくれる機能だ。自然な動きをベースに、GPS 機能とも連動してタイムラインに反映されるため、この機能を人や犬、シャチなどに付けることで、動きのモーションをサンプリングできるのだ。

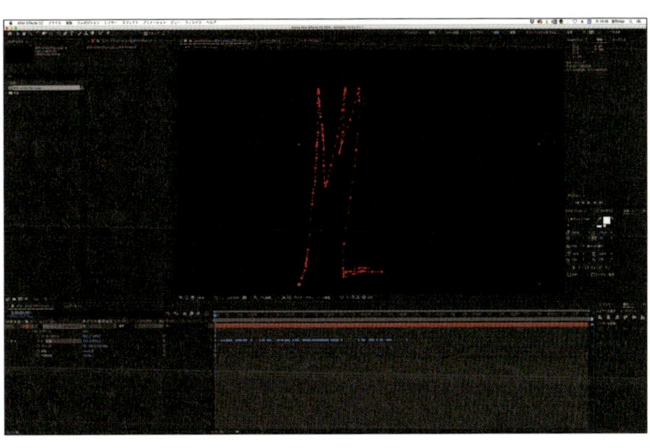

▲これは、ギターリストのジャンプをシェイクモーションキャプチャー機能を使ってキャプチャした例である。ギタリストの動きに合わせてキーフレームが作成される。もちろん 3D レイヤーでも可能だ

●リアルタイムレンダリング

2020 年頃には一部のエフェクトからリアルタイムでのプレビューが可能になる。エフェクトのリアルタイム化は、過去に Blue Ice の例も含め、After Effects を使用しているユーザー皆の願いである。ただ、もしかして、すでに現在のテクノロジーですべてのエフェクトをリアルタイム化してしまったら、「プレビュー待ち」「レンダリング待ち」というクリエイターの休息時間、業務時間が奪われてしまうため、あえてリアルタイム化しないのか？　は謎である。

2-7

誘導の演出

ソーシャル動画には、情報を伝えるという目的がある。なかでも重要な情報を見てもらうには、「誘導の演出」が欠かせない。たとえば、少なくともこの言葉だけは必ず印象に残るようにしたいといった場合、単にその文字（言葉）を動画の中に置いただけでは、効果は薄いだろう。視聴者にとって目が離せない、視点をくぎ付けにするような演出が必要になる。本 CHAPTER では、効果的な誘導の演出について解説していく。

SECTION

01 タイプ文字で誘導する

最近のソーシャル動画では、動画のあらすじに沿って場面を誘導していく見せ方が使われている。その１つが検索エンジン画面を使った方法だ。

大画面の検索エンジン画面を利用して誘導する

利用するプロジェクトファイル：「2_7_誘導の演出」フォルダ→「2_7_誘導の演出」ファイル
利用するコンポジション：＜コンポジション（スタート）＞→＜2_7_1_土台の作成（スタート）＞

コンポジションを開くと、検索画面のキーワード入力欄に文字が配置されているのが確認できる。ここでは、完成動画のようにキーボードで文字を打つように１文字、１文字が順に入力されていく、検索エンジン画面を使った誘導の演出を施していく。構造なども確認しながら細かく解説していこう。

土台となる、検索エンジンに文字を入力する

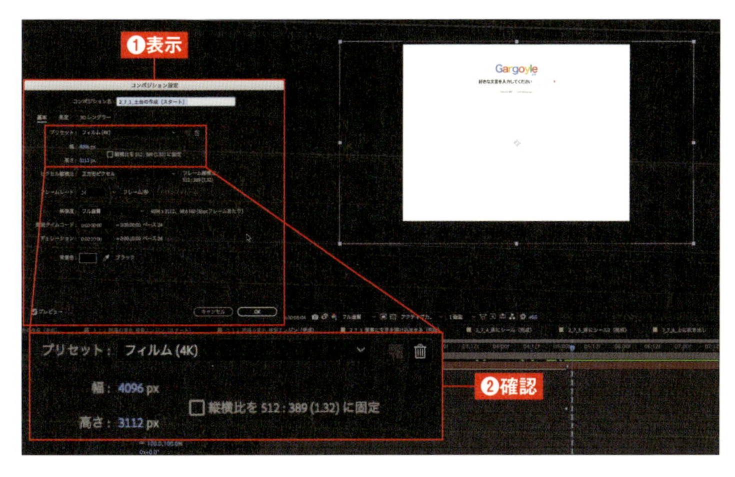

❶ コンポジションの大きさを確認する

最初に＜コンポジション＞メニュー→＜コンポジション設定＞をクリックして、コンポジション設定画面を表示する❶。Command＋Kキー（Windowsでは Ctrl＋Kキー）でコンポジション設定画面を開くこともできる。画面サイズを確認してみると、＜フィルム（4K）＞の 4096 × 3112 の大きさに設定されているのが確認できる❷。これは土台となるコンポジションの大きさとなる。

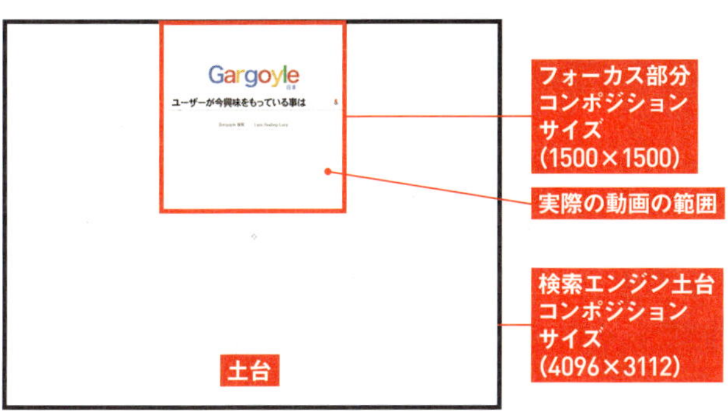

❷ 土台となる背景と実際のビューの関係を知る

なぜこのような大きさが必要なのかというと、図のように土台となる背景をネスト化して別のコンポジションでフォーカスするように見ていくためだ。
ここでは、検索エンジン画面の土台を使用して、文字入力部分にフォーカスを当てた別コンポジションを順を追って解説していこう。

設定を確認して文字を変える

❶ 設定を確認する

画面ではタイトルと文字入力画面の背景、タイムラインの一番上には「好きな文言を入力してください」と記載された文字レイヤーが配置、アニメーションプリセットではタイプライタが適用されており、プレビューしてみるとタイプライタのように文字が入力されていくアニメーション設定になっている。

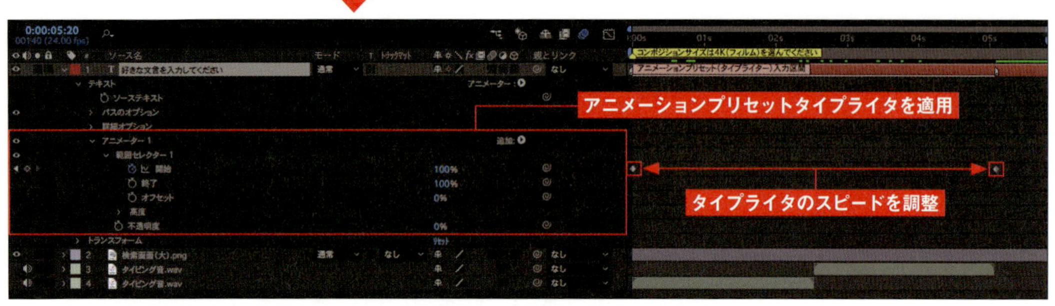

❷ 表示文字を変える

「好きな文言を入力してください」の文言を文字ツールを使用して自由な文言に変えてみよう❶。例としてここでは「ユーザーが今興味をもっていることは何か？」と入力してみた❷。タイムライン上にはタイピング音も配置されているので、入力する文字の長さが異なる場合は、上図のアニメーションプリセットのタイプライタの範囲セレクターのキーフレーム間の調整、またタイピング音の長さの調整も行ってもらいたい。

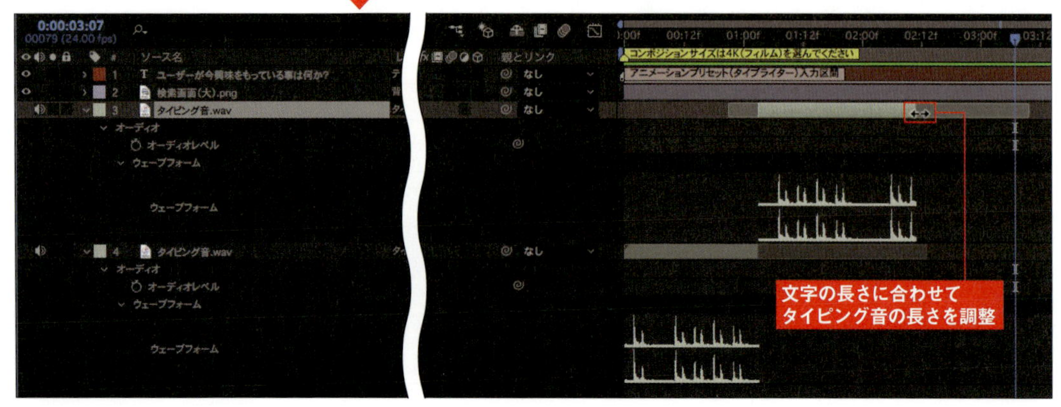

2_7_2_誘導の演出_検索エンジン(スタート)のコンポジションで設定を行う

1 コンポジションのサイズなどを確認する

続いて、コンポジション**＜2_7_2_誘導の演出_検索エンジン(スタート)＞**を開いてみよう。＜2_7_1_土台の作成(スタート)＞で作成されたコンポジションを引き継いでネスト化し表示されているのが確認できる。
コンポジションの大きさは1500×1500pxと前回作成した土台よりもかなり小さくなっているので、土台の左右が欠けて、中央の一部分がフォーカス表示されている状態となる（詳しくはP.479の図を確認してもらいたい）。

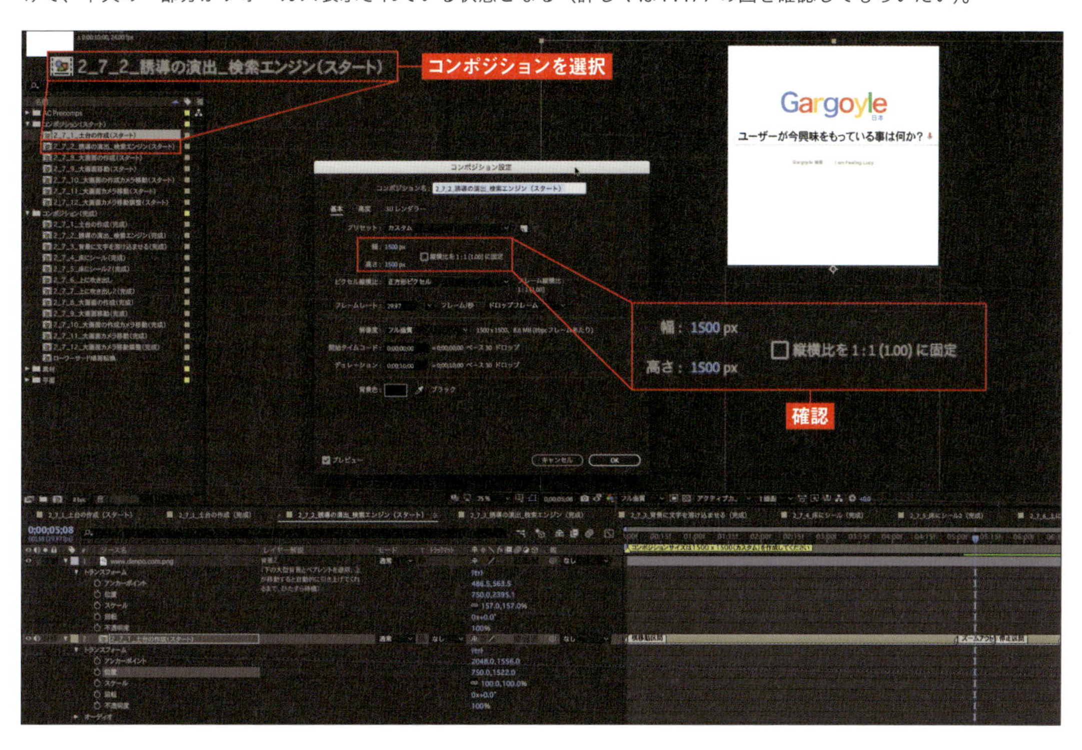

2 素材の配置を確認する

またコンポジション下にはDENPO-ZIのwebサイトの画面が配置されているのも確認できる。

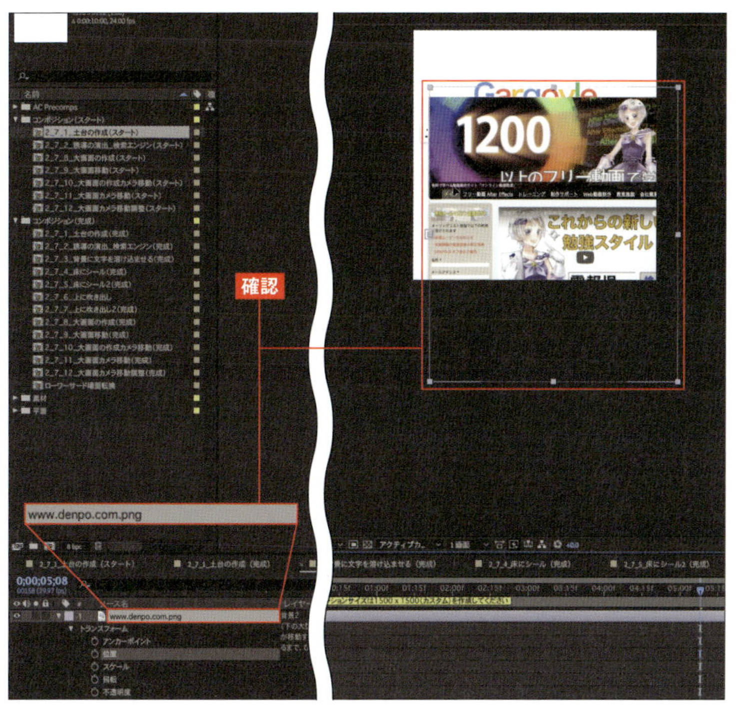

関連付けと動きの設定を行う

❶ サイト画面を親とリンクさせる

まずはコンポジション上でwebサイト< www.denpo.com.png >を検索エンジンの画面下に連結するように配置しよう。ペアレントで< 2_7_1_土台の作成（スタート）>を親に設定する。こうすることで< 2_7_1_土台の作成（スタート）>と同じ動きに設定することができた。

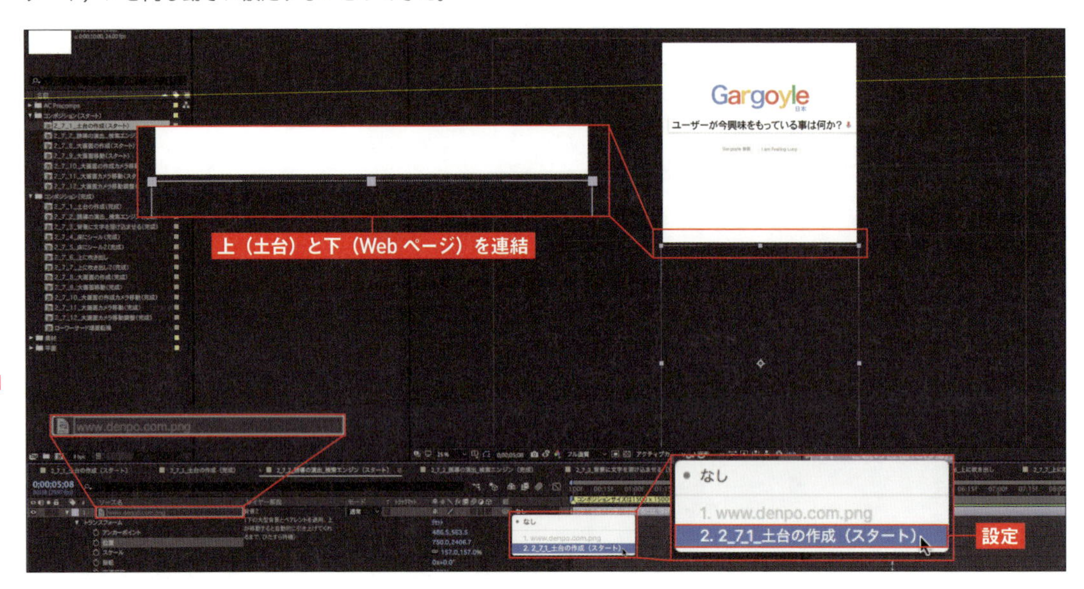

> **MEMO 連結のコツ**
>
> 連結のコツとして中央に配置させたい場合は、整列パネルから<水平方向に整列>をクリックし、Shift キーを押しながら画像を下にドラッグすると、連結がやりやすい。

❷ モーションの設定を行う

次にタイムラインの< 2_7_1_土台の作成(スタート) >のモーションの設定を行っていこう。< 2_7_1_土台の作成(スタート) >のマーカーの指定に従い、スケールを< 128.0% >まで拡大し❶、位置を入力画面中央部分から入力画面終わり部分まで左（下手）から右（上手）に移動させてみよう❷。
こうすることで文字入力を追うかのようなフォーカスアニメーションの設定を行うことができるのだ。

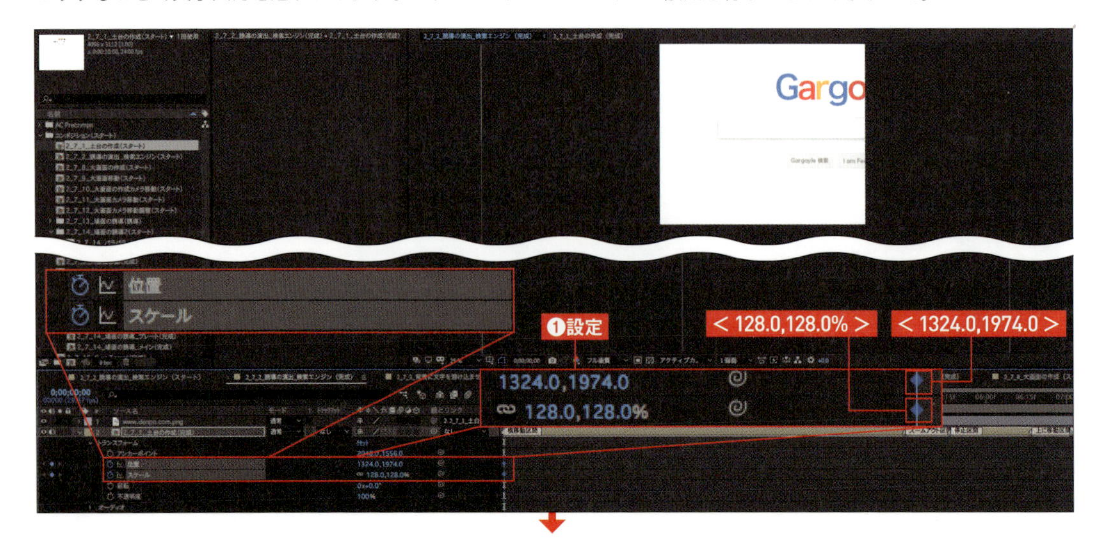

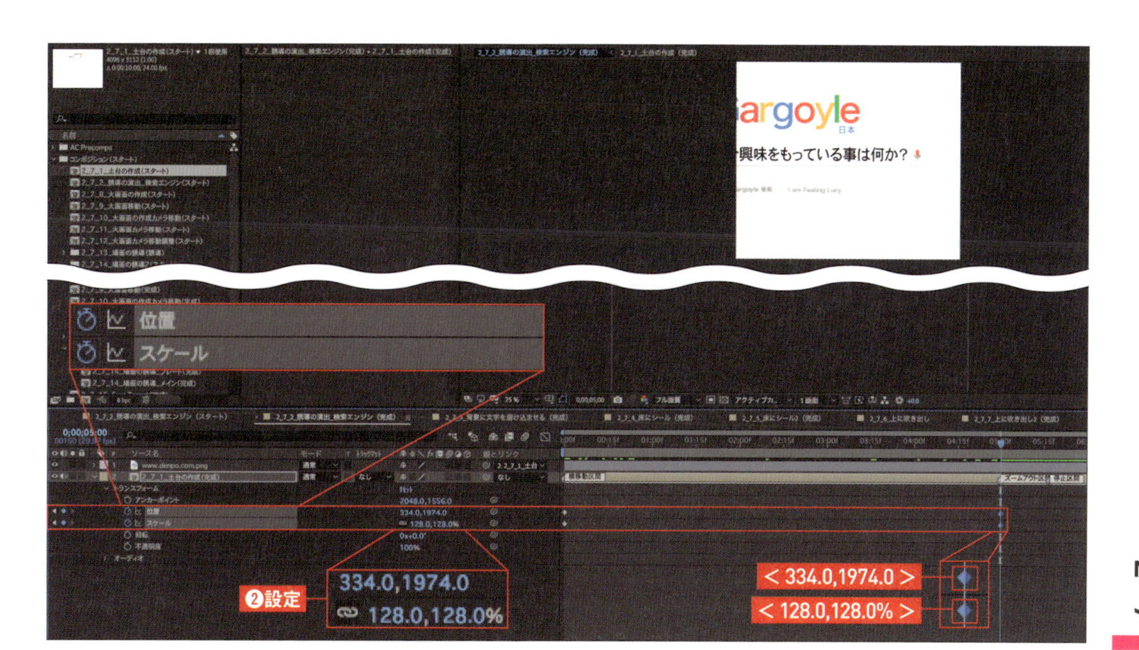

❸ フォーカスの動きを調整する

続いて、マーカーに記載されたズームアウト地点< 05:17 >まで時間軸を動かし❶、スケールを< 82% >に設定して❷、文字全体が見える位置に移動させてみよう。文字入力のフォーカスが終わったあとに全体を見せるという進行が確認できる。

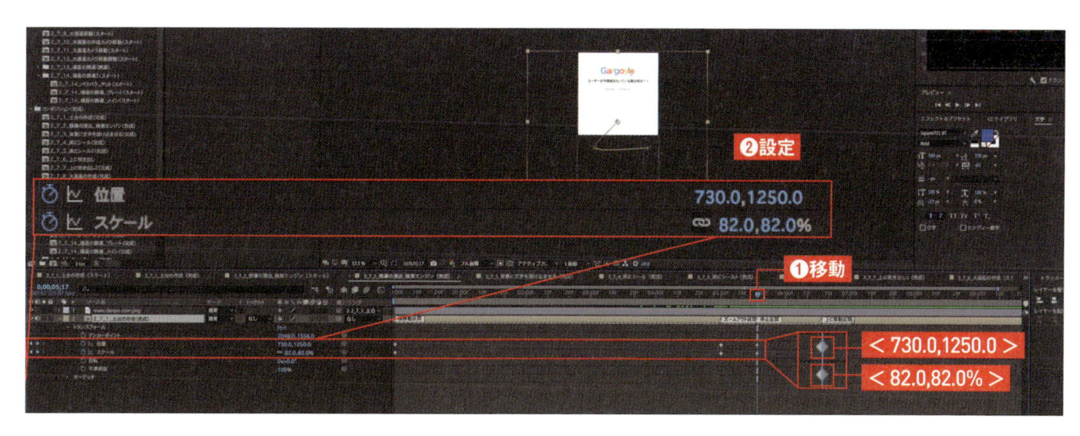

MEMO

モーションがうまくいかない場合

移動させたときにベジェでの弧を描くモーションが適用されてしまう場合には、<アニメーション>メニュー→<キーフレーム補間法>をクリックする。表示されるキーフレーム補間法設定画面で、<空間補間法>を<リニア>に変えると、角ばった移動に変えることができる。また、初期設定の段階で<初期設定の空間補間法にリニアを使用>にチェックを入れておくことで（環境設定の一般設定画面）、デフォルトで適用することも可能だ。

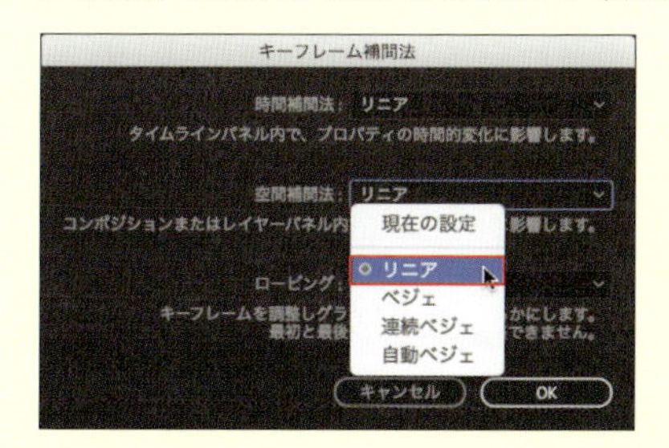

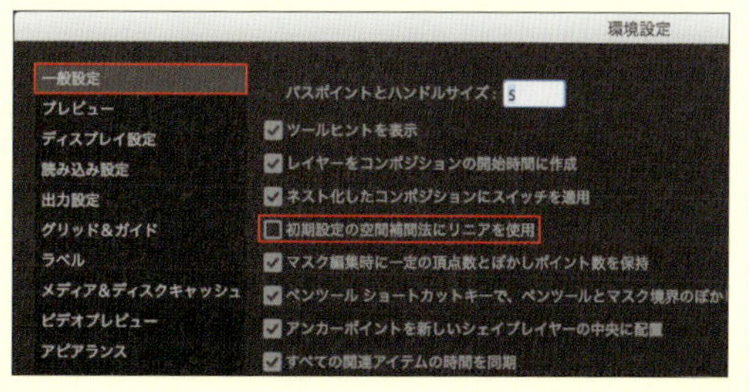

❹ 検索エンジン画面を静止させる

今度はマーカーの「停止区間」の指示に従い< 06:17 >地点まで時間軸を移動させ❶、文字入力後の余韻を残すために検索エンジン画面を静止させてみよう。<現時間でキーフレームを加える、または削除する>をクリックして❷、静止したキーフレームを加えれば検索エンジン場面はその間静止するはずだ。

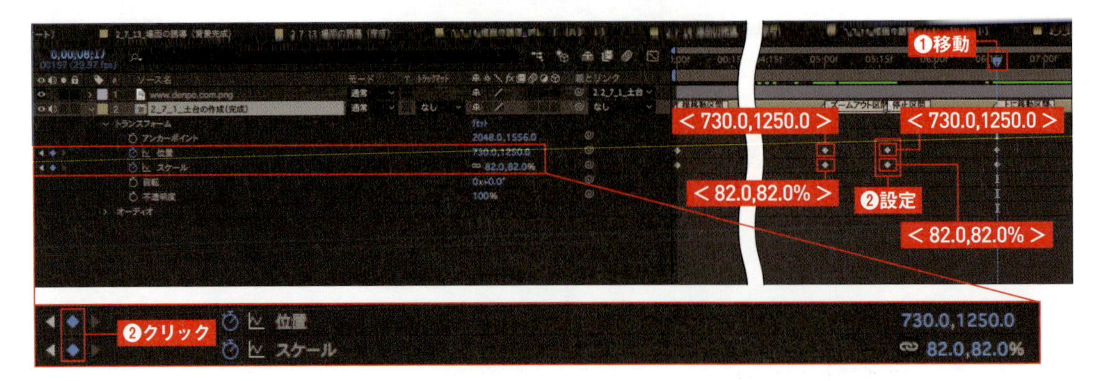

❺ 最後の表示画面を調整する

最後にマーカーの上に移動区間の範囲でペアレントされているWebページ全体が表示されるまで、画面上に移動させてみよう❶❷。また、HPの大きさや連結の具合によって位置が微妙にずれてしまったら、再度、連結の微調整を行ってもらいたい。

必要に応じてイージーイーズインなどを適用すると❸、躍動感が演出できる。プレビューしてみると、下記順番どおりの流れで場面の誘導が行われているのが確認できるはずだ。

1・検索エンジン場面の文字入力部分がフォーカス
2・全体の検索エンジン場面が静止
3・Webページの表示切り替え

これら検索エンジンによる見せ方同様に、アイデアを広げていくとさまざまな誘導の表現が洗練されていくはずだ。

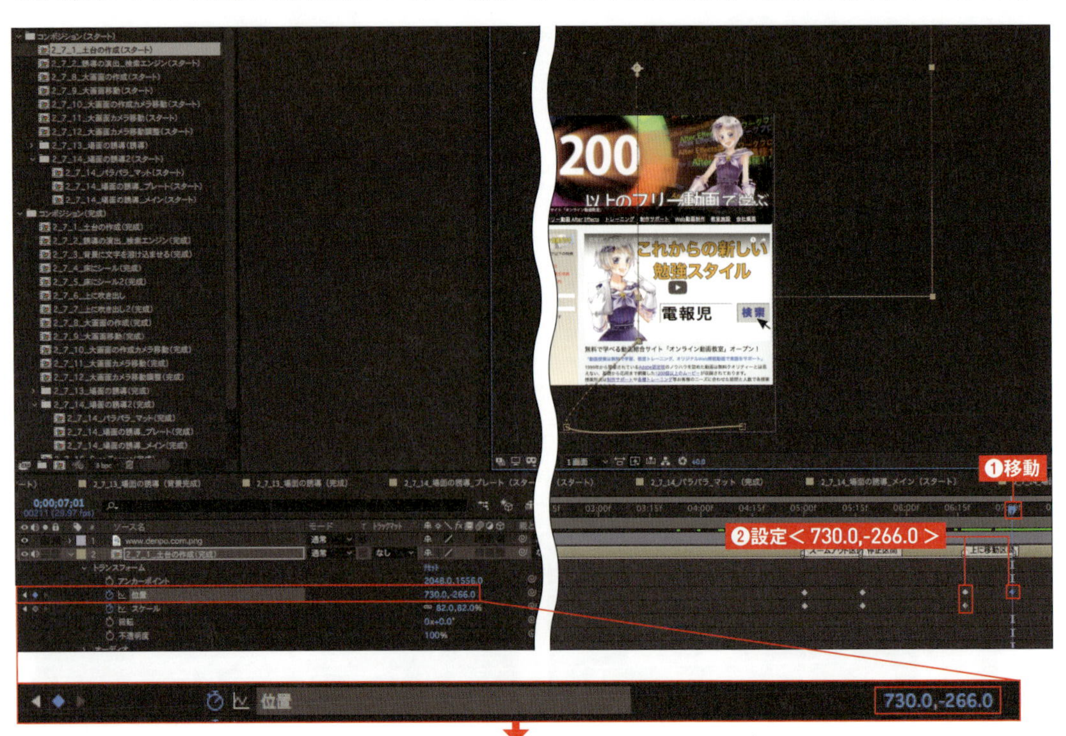

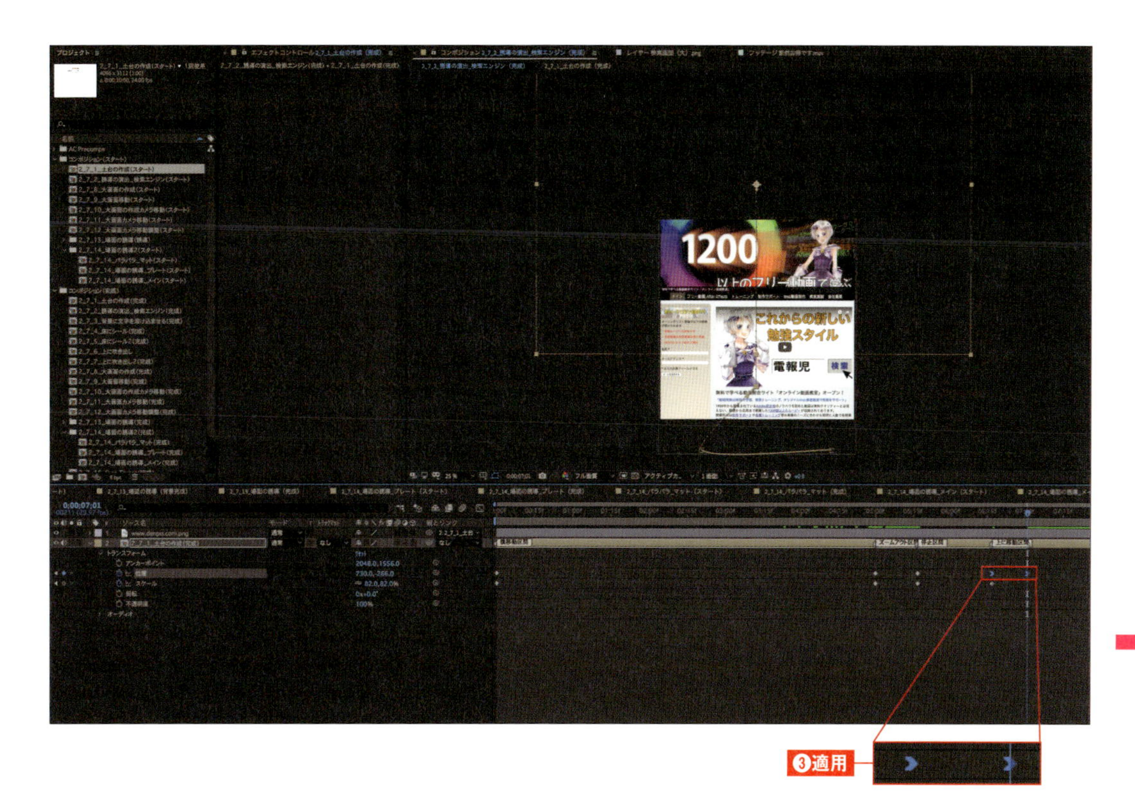

MEMO

コンポジションの大きさと画質の劣化

ここでは、4K の土台に 1500×1500 のコンポジションを重ねて演出してみたが、ネスト先のスケール値が 100% を超えると画質の劣化を招くので、土台はマシンパワーが許す限り「大きく」コンポジションサイズを作成していくことが基本になることを覚えておこう。

SECTION

02 シールの動きや吹き出しで誘導する

ここでは、シールを貼って誘導していく2つの方法を解説する。基本的な方法と、その基本にカメラの動きを加えて視点を変えていく方法の2つだ。

シールの動きで誘導を演出する

利用するプロジェクトファイル：「2_7_誘導の演出」フォルダ→「2_7_誘導の演出」ファイル
利用するコンポジション：<コンポジション（完成）>→<2_7_3_背景に文字を溶け込ませる（完成）>／<2_7_4_床にシール（完成）>／<2_7_5_床にシール2（完成）>
ここでは、3つのコンポジションを順に解説していくので、それぞれの演出ポイントをマスターしてほしい。

2つのコンポジションから設定方法を確認する

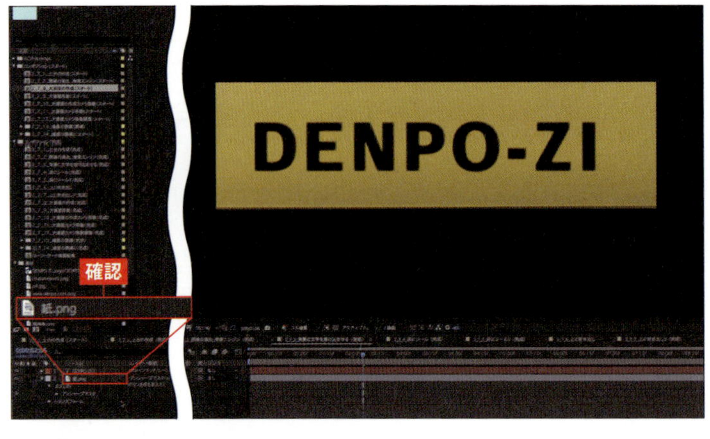

❶ 部品のシールを確認する

<2_7_3_背景に文字を溶け込ませる（完成）>コンポジションを開いてみよう。ここでは部品となるシール<紙.png>を作成している。

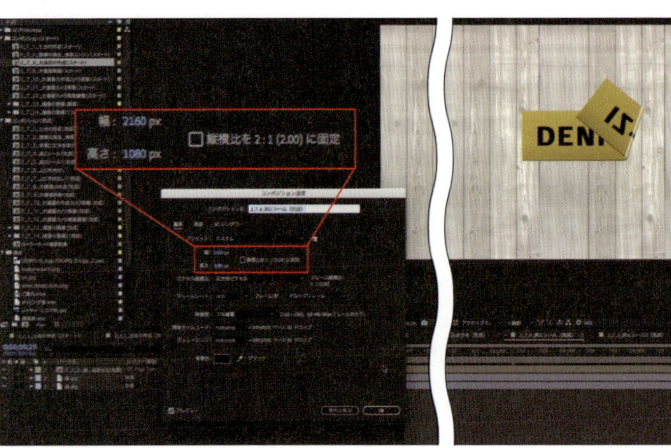

❷ 背景とシールを確認する

<2_7_4_床にシール（完成）>コンポジションを開いてみよう。ここでは、土台となる2160×1080の大きめのコンポジションを作成し、背景とシールを配置してみた。

❸ CC Page Turnでシールを貼る効果を付ける

< 2_7_3_ 背景に文字を溶け込ませる（完成）>を選択し❶、エフェクトコントロールパネルを見ると、< CC Page Turn >が適用されていることがわかる❷。シールの貼られているような効果は、この< CC Page Turn >で実現している。< CC Page Turn >の< Fold Position >の<位置>をキーフレームでずらすことで、ページをめくるような効果を演出できる。まずは、0 秒< 00:00f >地点に時間軸を移動させ❸、< Fold Position >の位置をシールの左上に設定し❹、ストップウオッチをクリックして❺、キーフレームを設定する。

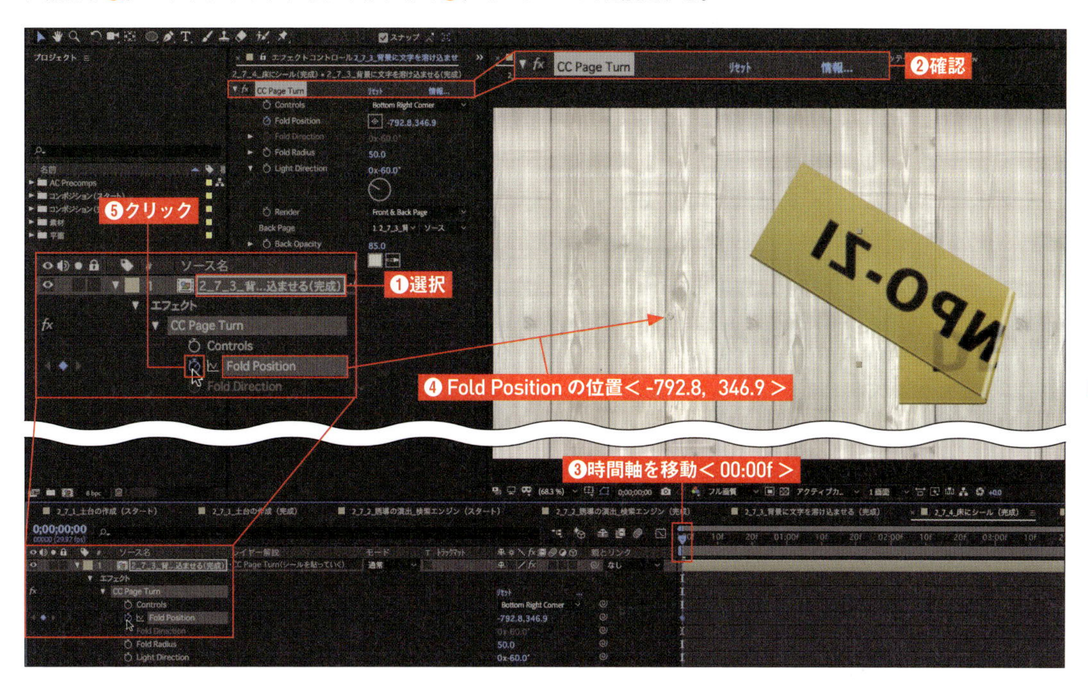

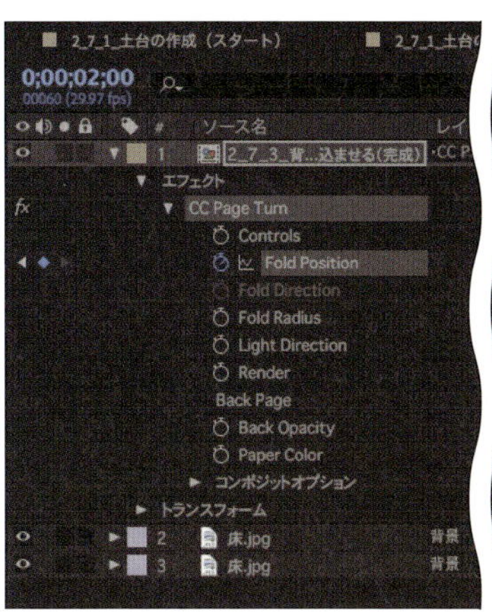

❹ シールに動きを付ける

続いて、2 秒地点< 02:00f >に時間軸を移動し❶、< Fold Position >の位置をシールの右下に移動させてシールを貼りきろう❷。Fold Position に 2 つのキーフレームが設定できたら❸、プレビューして確認してみると次第にシールが貼られていくような演出の完成だ。

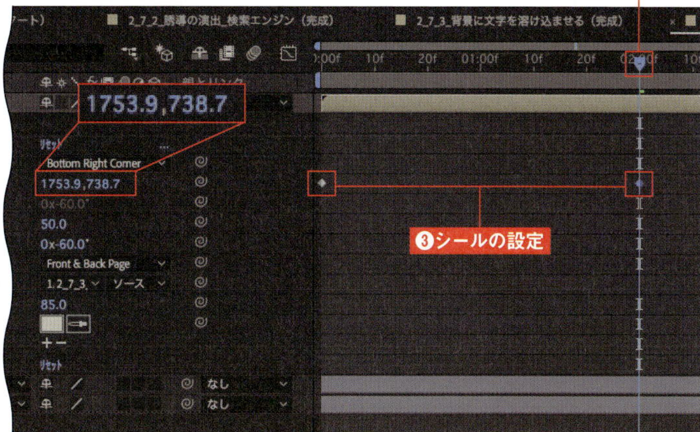

MEMO 逆の動作も可能

CC Page Turn はにはさまざまなプリセットが用意されているが、通常では適用したレイヤーが Back page として認識される。また、一番上の< Controls >のプリセットを変えることで、逆に剥がしていく角を指定することができる。

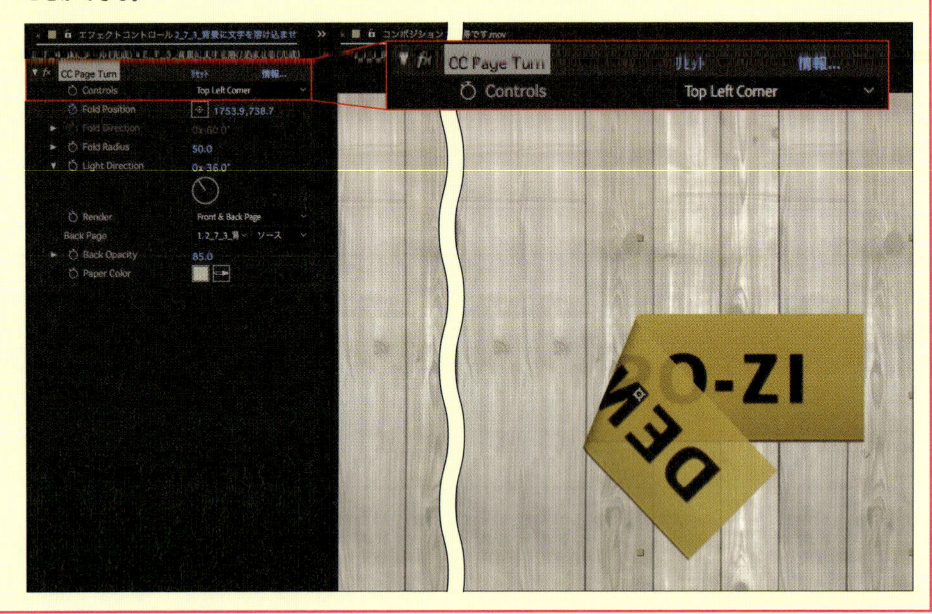

カメラの動きに合わせて視点を変えていく

1 コンポジションのサイズを設定して3Dレイヤーを適用する

今度は< 2_7_5_ 床にシール 2（完成）>のコンポジションを開いてみよう。

ここでは、シール部分にフォーカスを当てたいので、1920×1080 のコンポジションに上台を配置している❶。3D レイヤーを適用し❷、カメラを配置してフォーカスさせたい視点でカメラの目標点に 2 つのキーフレームを適用してみた❸。ここではカメラの動きに合わせて視点が変わっていくのがポイントとなる。

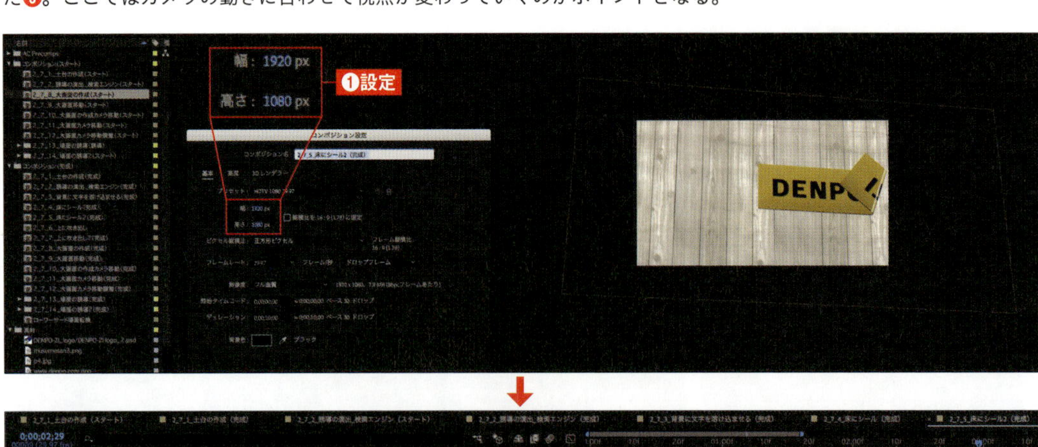

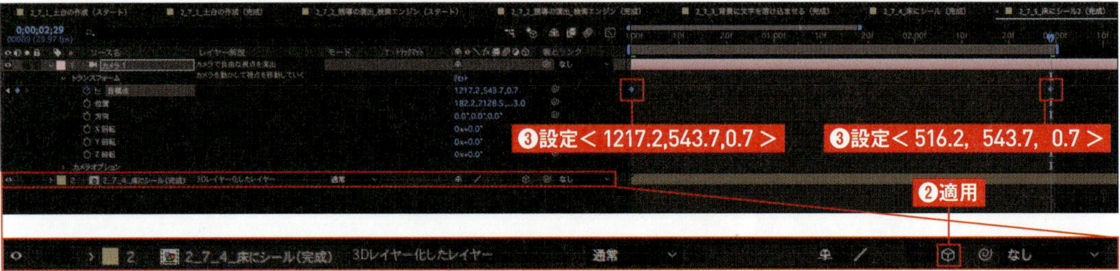

TIPS

吹き出しを利用した誘導

吹き出しを利用した誘導方法を、2つのコンポジションを使って解説しよう。ここでは、フォーカスさせたい視点部分の設定がポイントとなる。

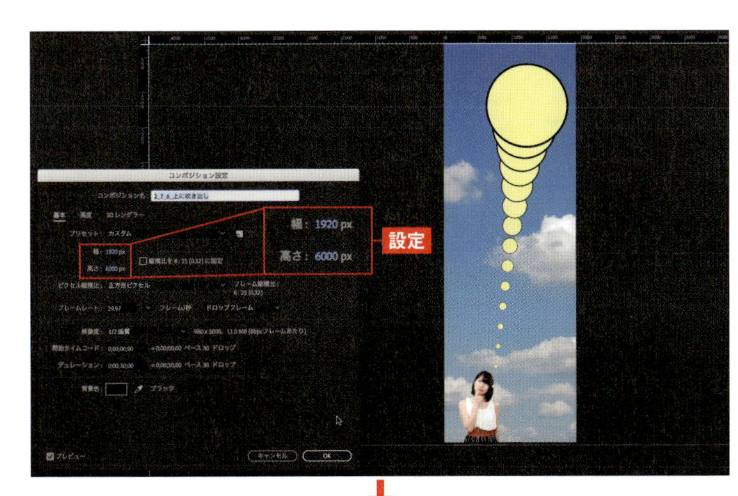

◀＜コンポジション（完成）＞から＜2_7_6_上に吹き出し＞を開こう。今度は縦に長いコンポジション1920×6000の土台を作成している

◀今度は、＜コンポジション（完成）＞から＜2_7_7_上に吹き出し2（完成）＞を開こう。新たに1920×1080のコンポジションに土台を配置する

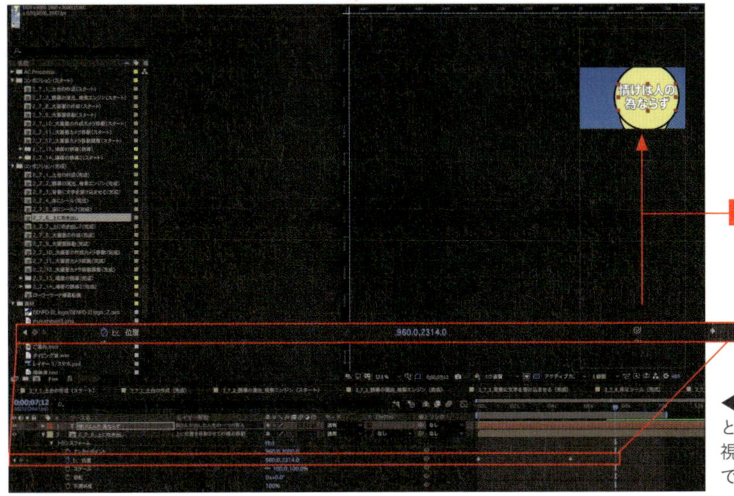

◀上にスクロールさせることで、フォーカスさせたい視点部分を設定することができる

SECTION

03 大画面での視点の移動で大胆に演出する

今までの誘導は単調なものが多かったが、ここでは、複数のフォーカスを用いた誘導の応用について解説していく。

自由な視点へ移動させるアニメーションを作成する

完成動画

利用するプロジェクトファイル：「2_7_ 誘導の演出」フォルダ→「2_7_ 誘導の演出」ファイル
利用するコンポジション：＜コンポジション（スタート）＞→＜2_7_8_ 大画面の作成（スタート）＞

コンポジションを開くと、4つのビジュアルが確認できる。ここでは左の動画のように、ビジュアルが順番に現れ、スピーディーに入れ替わっていく演出を施していく。こうした演出は、最初に大画面コンポジションを作成していくことがポイントになる。

MEMO　大画面のファイルを After Effects で扱うときの注意点

解像度の大きい大画面の写真やイラスト、また大きいサイズのコンポジションを使用して作業を行う場合には、After Effects のメモリの搭載量が少ないとエラーや動作遅延が生じる。そうした場合には、下記の対応を行ってもらいたい。

・画質を 1／4 に設定する
・パソコンにメモリをさらに搭載する

パスを作成して画像を移動させる

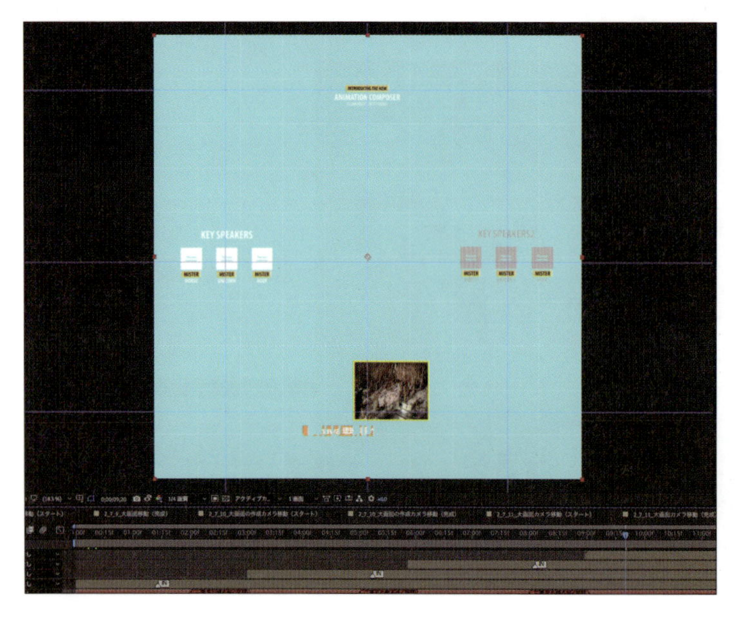

1 設定を確認する

画面は大きく4つの拠点に分かれて、Animation Composer を使用したアニメーションの設定が行われている（グリッドを参考にして拠点が設けられている）。コンポジション設定を確認すると、6000×6000という大きさのコンポジションで作成されている。プレビューを行うと、各拠点は個別に順番にアニメーションしているのが確認できる。

ここでは、これら拠点を順番にフォーカスさせていくが、最初にこのフォーカスに伴う視点の誘導効果も追加して説明していこう。

❷ Z型のマスクパスを描く

まずは<中間色のシアン平面 1 >を選択し❶、マスクのパスを図のように描いてみよう❷❸。これは各拠点を中継誘導するようなZ型のマスクパスとなる。

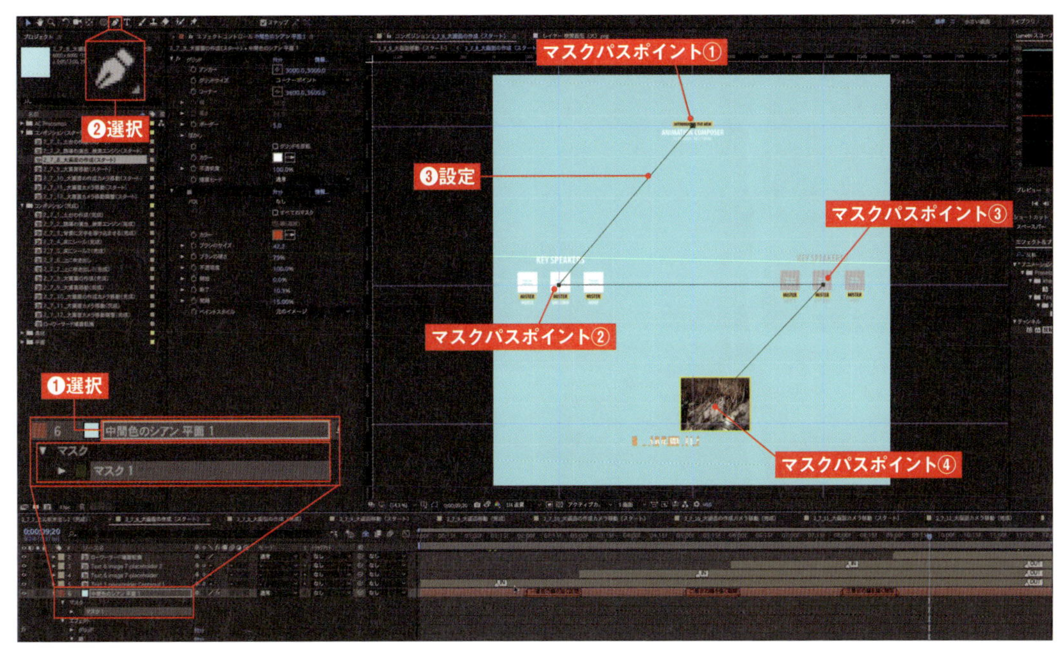

③ パスをマスクに設定する

続いて<中間色のシアン平面 1 >に配置されているエフェクトコントロールパネル内の<線>のエフェクトが適用されていることを確認する❶。<線>の<パス>を、P.491 の手順❷で作成した Z 型のマスク<マスク 1 >に設定する❷。図のように線が表示されるのが確認できるはずだ。

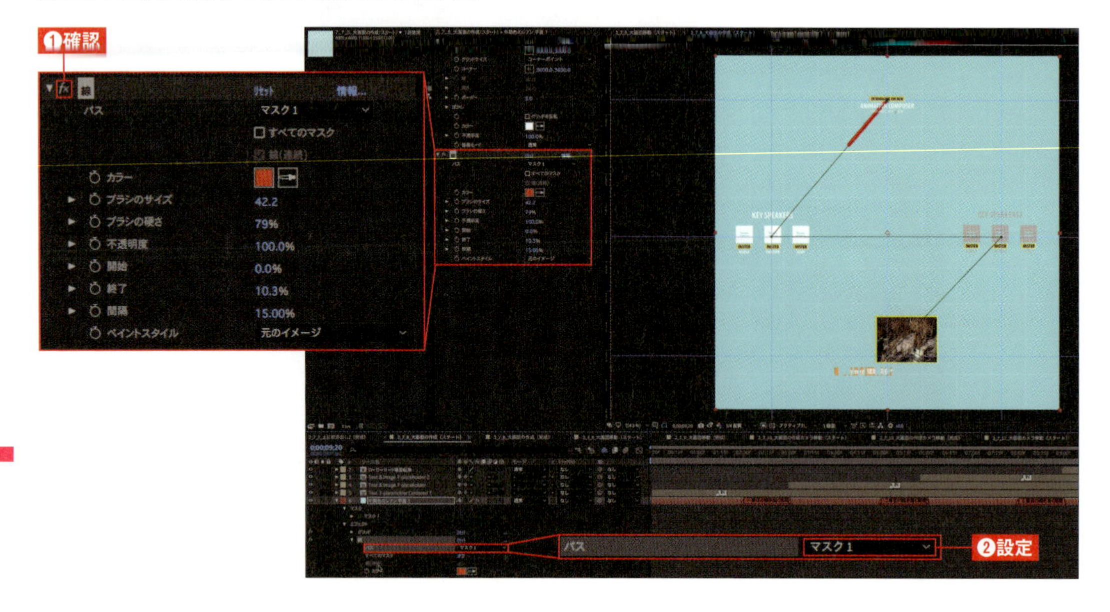

MEMO 線のブラシサイズ

線の長さはフォーカス部分のみ見えれば問題ないので、線の<ブラシのサイズ>は 80% くらいで構わない。

④ 線の開始位置を調整する

続いてこの線の開始位置を<中間色のシアン平面 1 >のマーカー範囲を参照して図のように調整してみよう。マーカーでは 1 番目、2 番目、3 番目と線を描く時間が定義づけられているので、1 秒間で線が描かれ、2 秒のインターバル時間をとり、最終的には 9 秒地点で全マスクの線が描かれるようになれば OK だ。

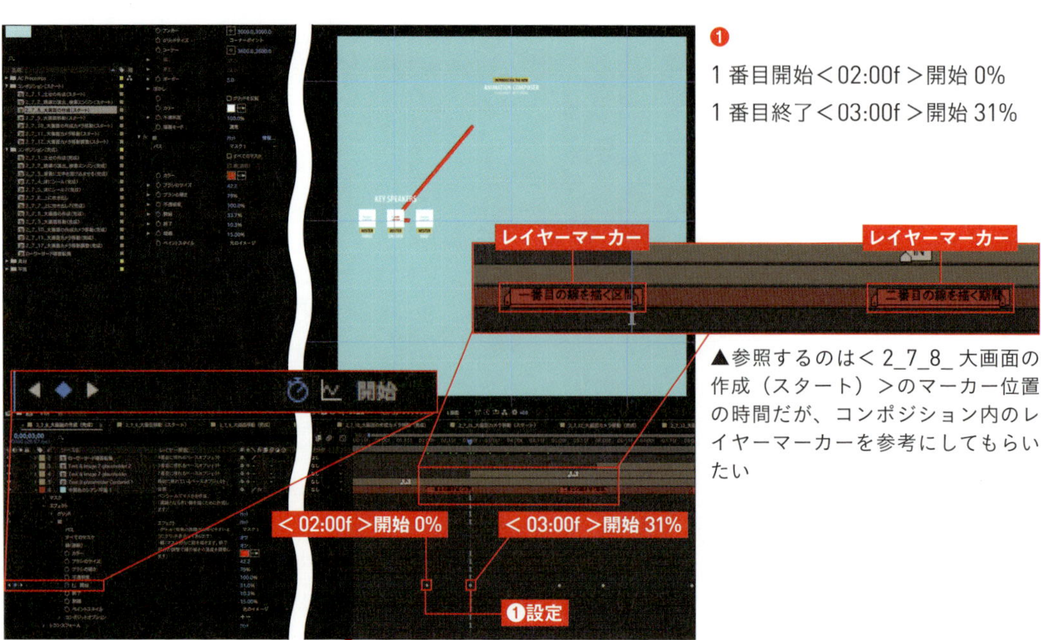

❶

1 番目開始< 02:00f >開始 0%

1 番目終了< 03:00f >開始 31%

▲参照するのは< 2_7_8_ 大画面の作成（スタート）>のマーカー位置の時間だが、コンポジション内のレイヤーマーカーを参考にしてもらいたい

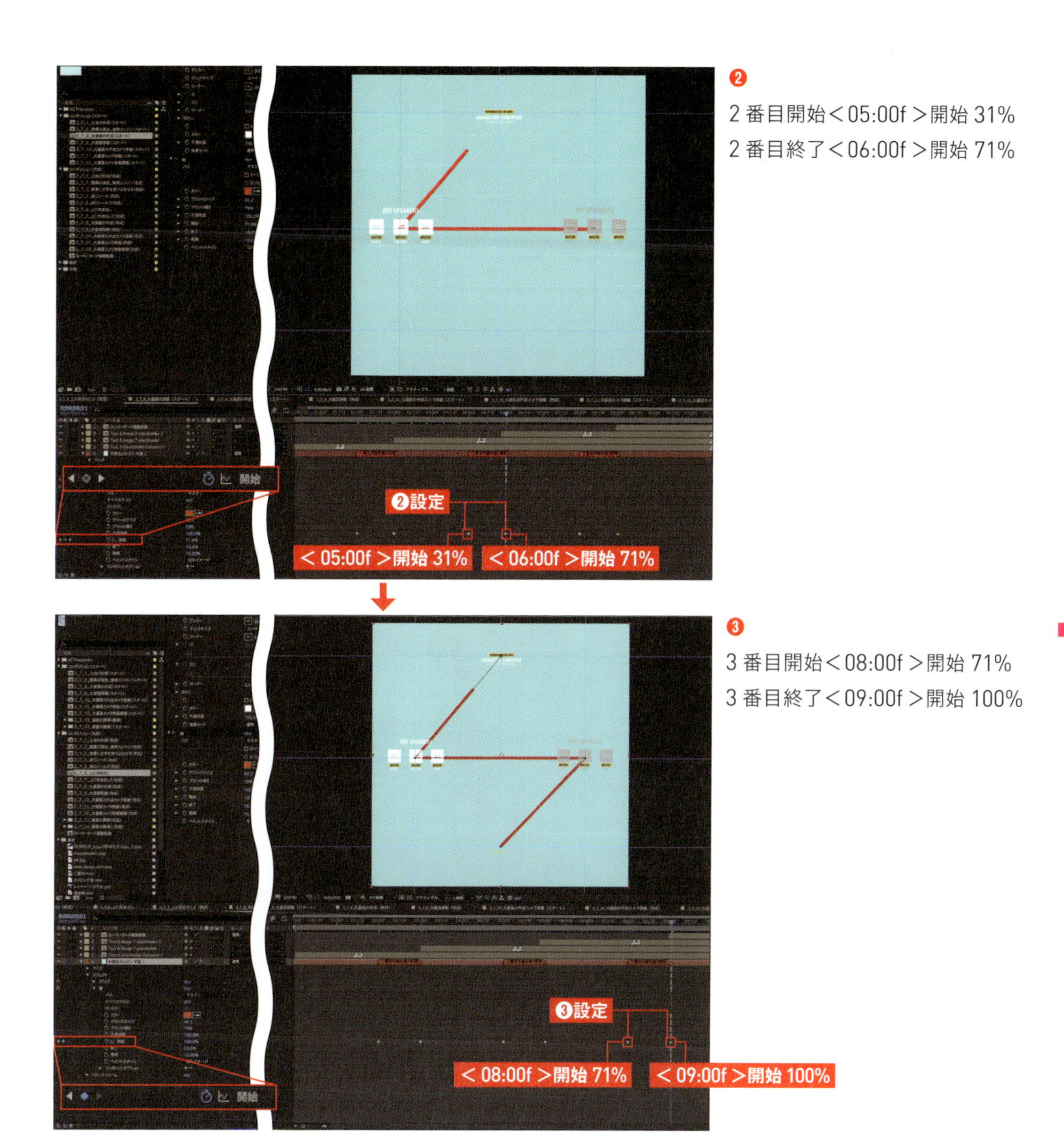

❷
2 番目開始< 05:00f >開始 31%
2 番目終了< 06:00f >開始 71%

❸
3 番目開始< 08:00f >開始 71%
3 番目終了< 09:00f >開始 100%

5 画像移動の設定を行う

続いて **< 2_7_9_ 大画面移動（スタート）>** を開く。< 2_7_8_ 大画面の作成（スタート）>をネスト化した画面が表示されているが、こちらは小さいコンポジションになっており、1920×1080 で設定されている。ここではレイヤー上に配置されているレイヤーマーカーを参照しながら、各拠点を順に追跡する画像移動をしてもらいたい❶〜❼。

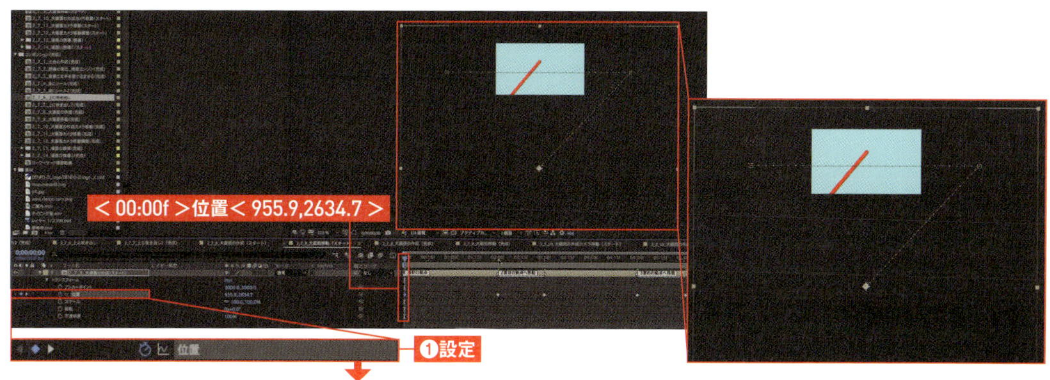

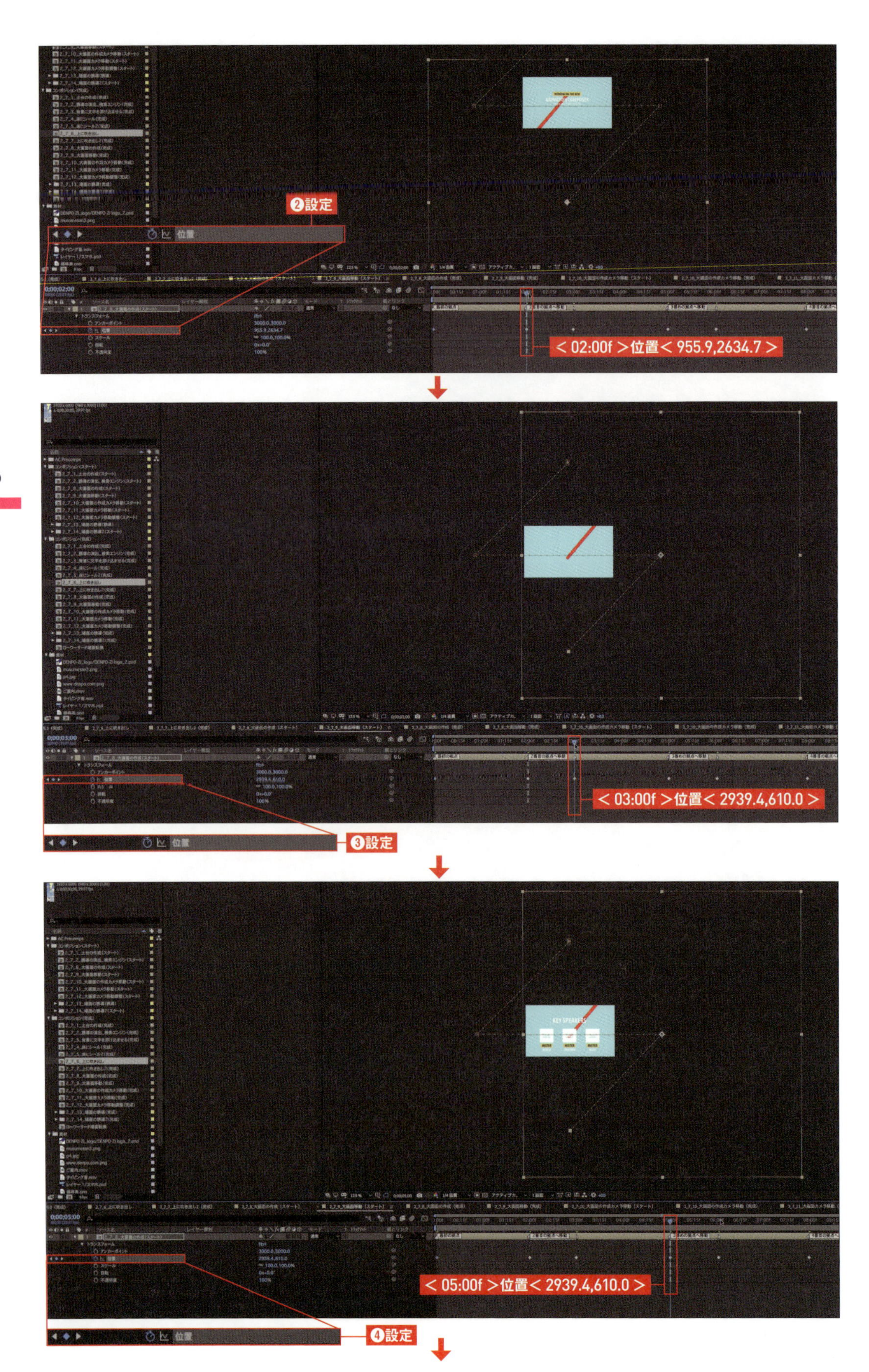
❷設定
位置
< 02:00f >位置< 955.9,2634.7 >
< 03:00f >位置< 2939.4,610.0 >
❸設定
位置
< 05:00f >位置< 2939.4,610.0 >
❹設定
位置

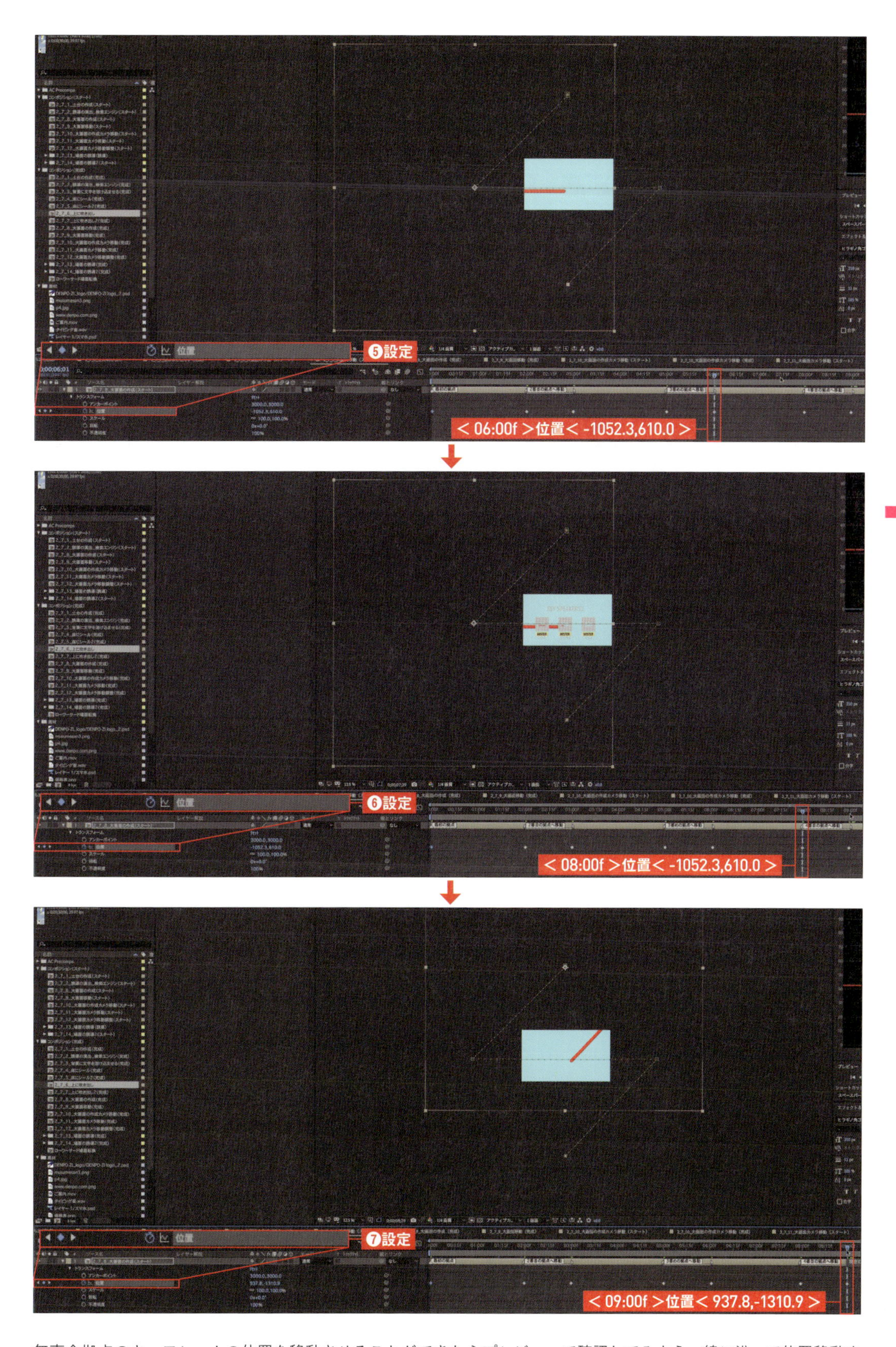

無事全拠点のキーフレームの位置を移動させることができたらプレビューで確認してみよう。線に沿って位置移動するアニメーションの完成だ。

3Dカメラの機能を使って画面を移動する

線を追った画面移動だが、3D カメラの機能を使うと簡易的にできるのでその方法もマスターしておこう。まずは、**< 2_7_10_ 大画面の作成カメラ移動（スタート）>**を開いてみよう。

❶ マスクパスをブラシの位置にコピーする

同じように各拠点の軌道のマスクを作成している❶、時間軸を 0 秒地点< 00:00f >に移動させ❷、**<マスクパス>**を選択してコピーし❸、<中間色のシアン平面 1 >に適用されている<ブラシアニメーション>の**<ブラシの位置>**にペーストする❹。マスクパスがキーフレームに変わるので❺、キーフレームを右クリックして、表示されるメニューの<時間ロービング>をオフに設定する❻。

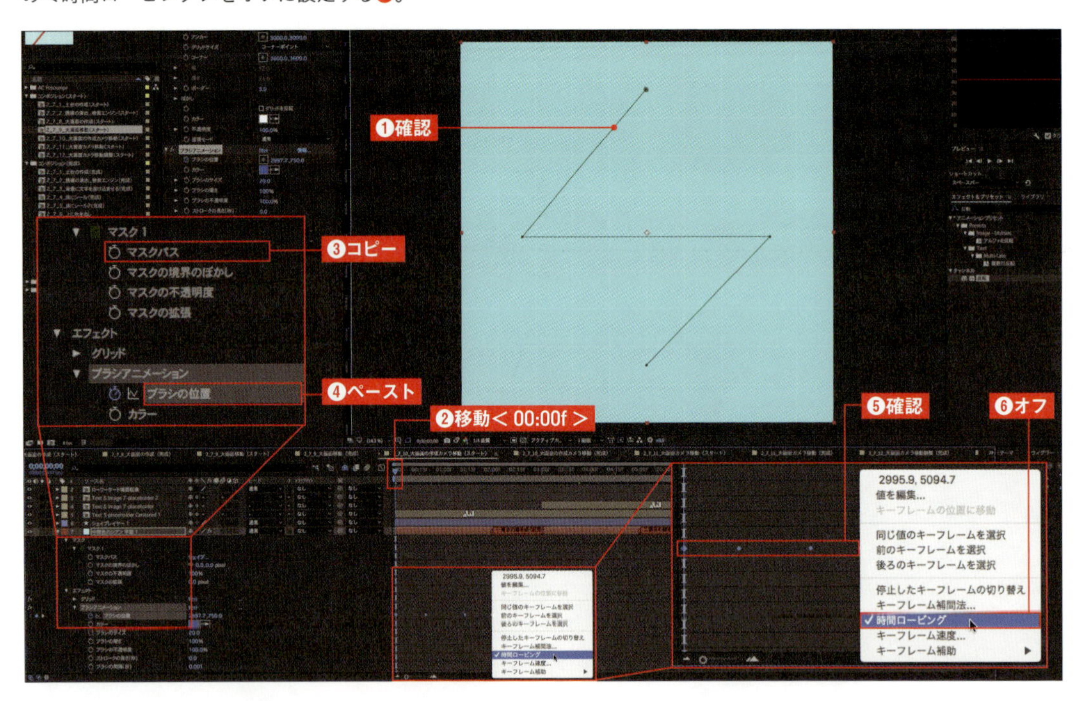

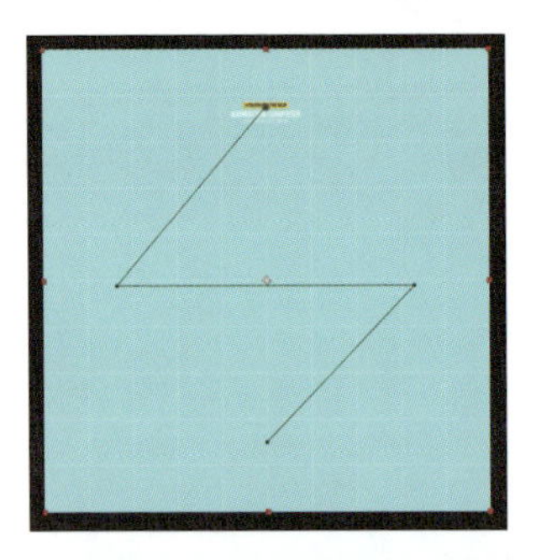

❷ 静止する期間のキーフレームを設定する

マスクパスでは動きを止めない 4 つのキーフレームで構成されているが、各ブラシが拠点で静止している時間も考えてタイムライン上にブラシの位置を配置しなければならない。まずは「ブラシの位置」にペーストされた 4 つのキーフレームを図のようにマーカー位置を基準に配置してみよう。

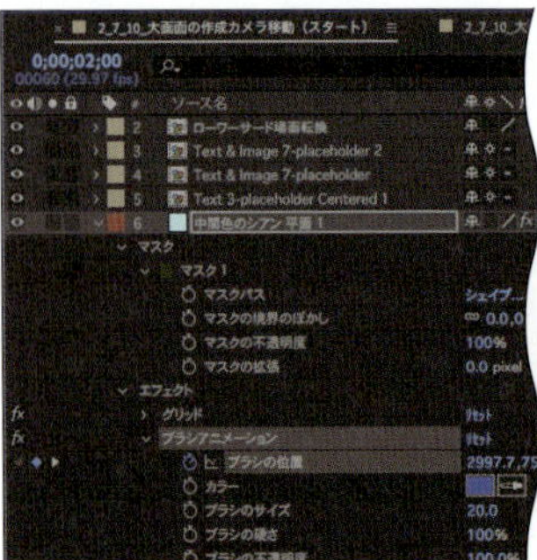

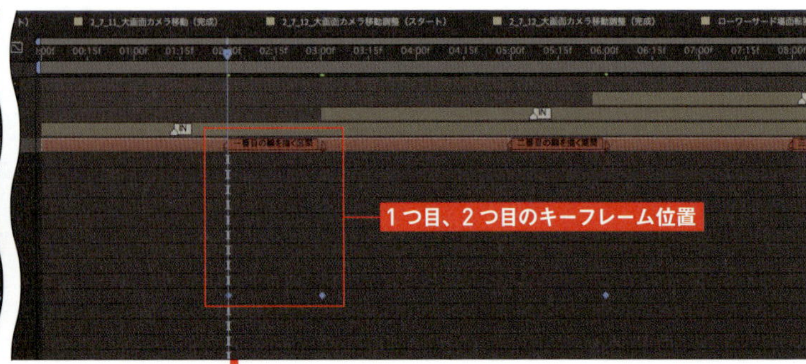

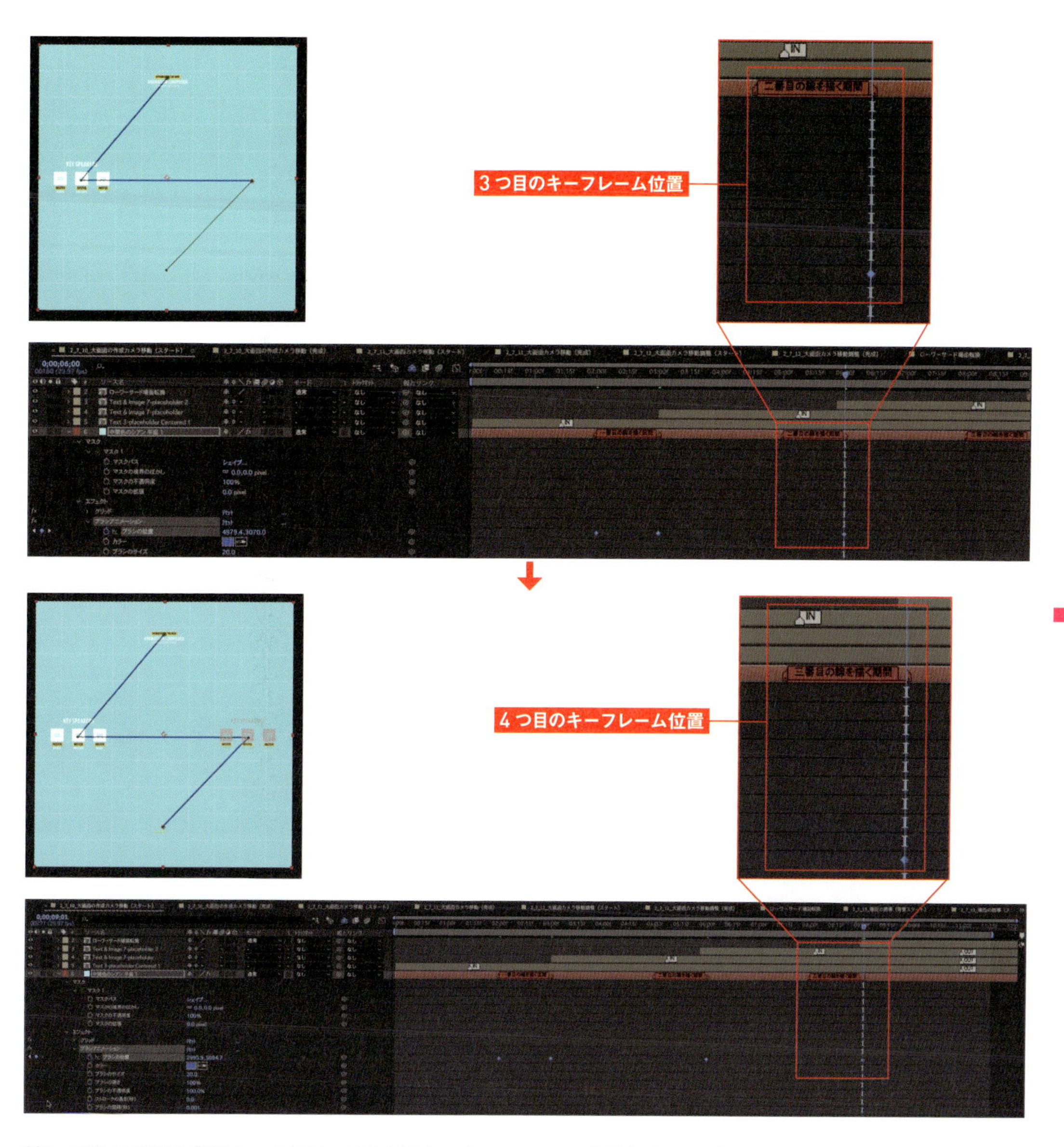

続いて次の手順を参考に、ブラシの静止地点のキーフレームを追加していく。

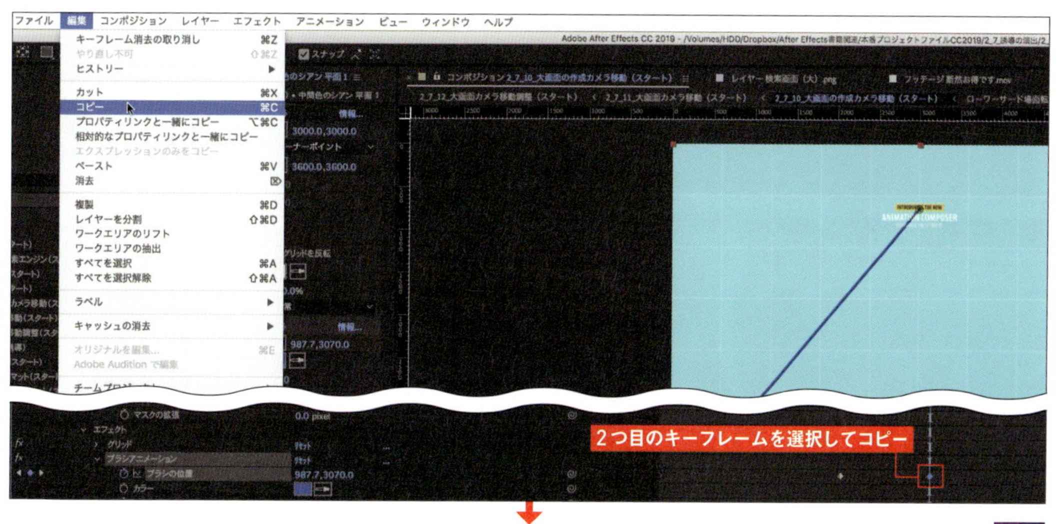

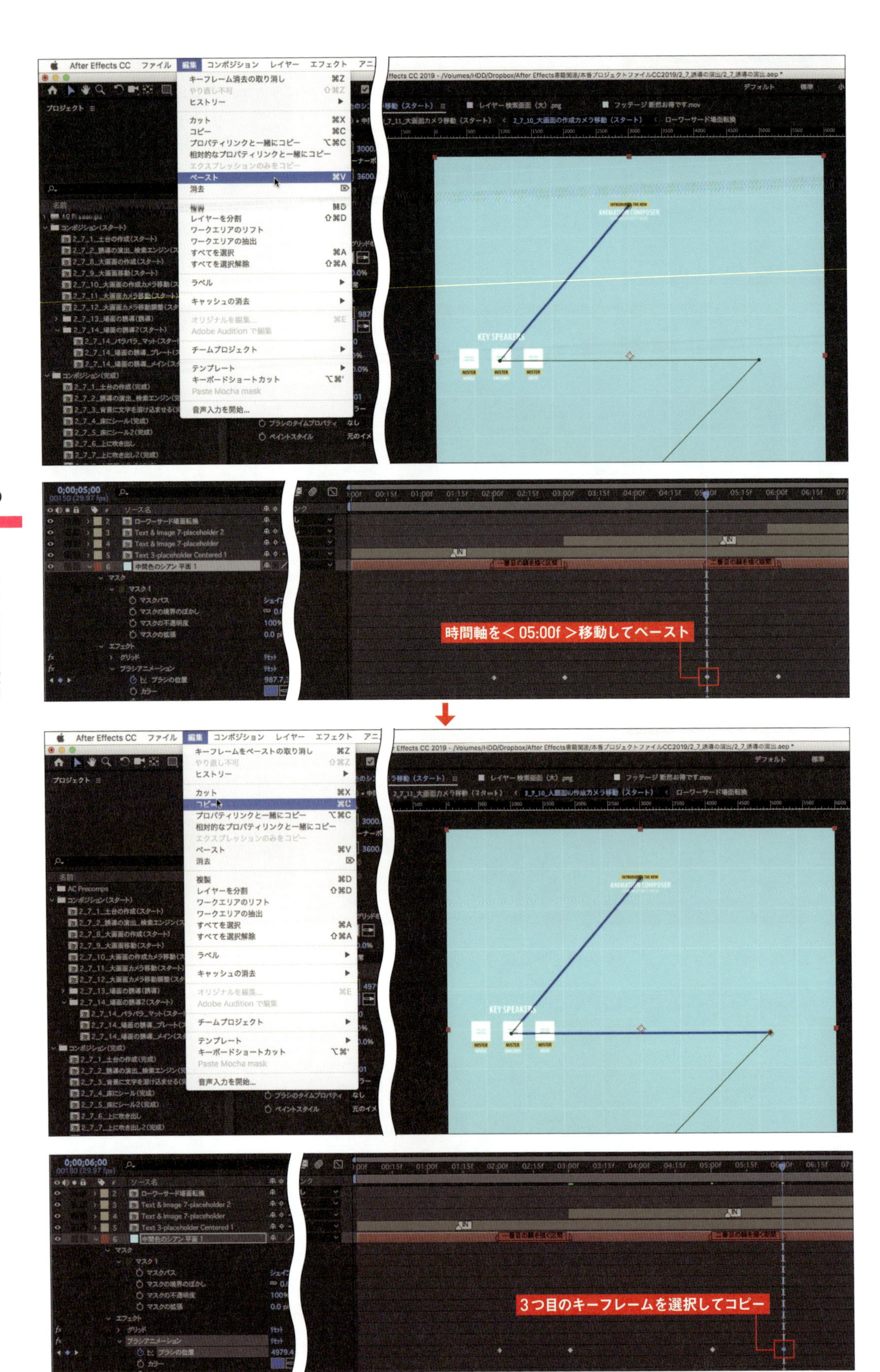
時間軸を＜05:00f＞移動してペースト
3つ目のキーフレームを選択してコピー

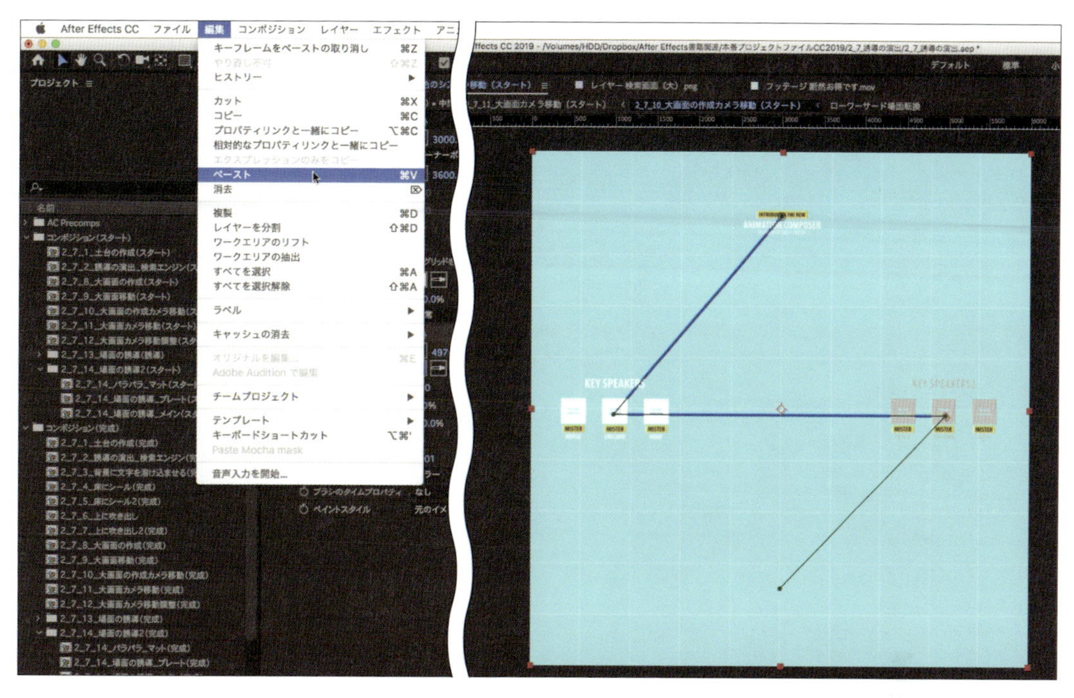

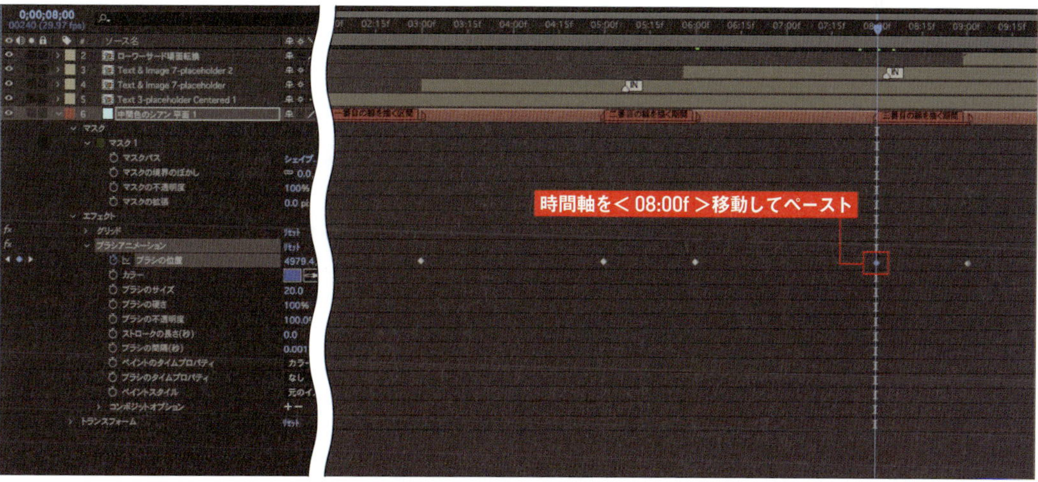

❸ カメラのX位置とY位置をブラシアニメーションの位置とリンクさせる

＜2_7_11_大画面カメラ移動（スタート）＞のコンポジションを開くと、カメラと＜2_7_10_大画面の作成カメラ移動（スタート）＞のレイヤー、そして、ブラシアニメーションのキーフレームが適用されている＜中間色のシアン平面1＞が非表示で配置されているのが確認できる。

＜カメラ1＞の＜位置＞で右クリックし、＜次元に分割＞を選択して、X位置、Y位置、Z位置に分ける。分けた＜X位置＞と＜Y位置＞にエクスプレッションを設定して❶、＜ブラシアニメーション＞の＜ブラシの位置＞の＜X＞と＜Y＞に個別に適用する❷。

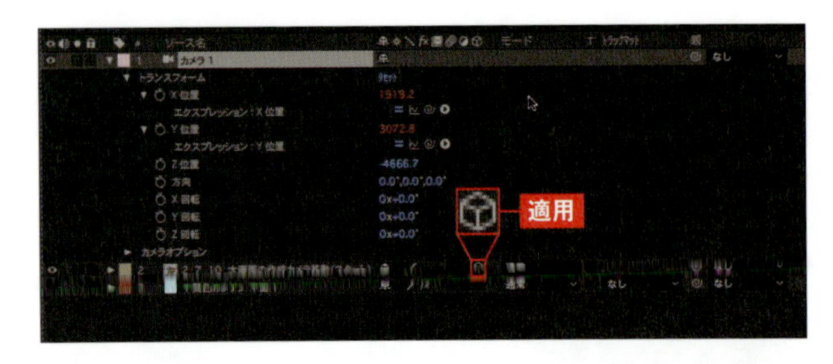

④ 2_7_10_大画面の作成カメラ移動（スタート）に3Dレイヤーを適用する

<2_7_10_大画面の作成カメラ移動（スタート）>の<3Dレイヤー>をオンにするとカメラが動作し、ブラシアニメーションのブラシの位置を追って自動追尾してくれる。

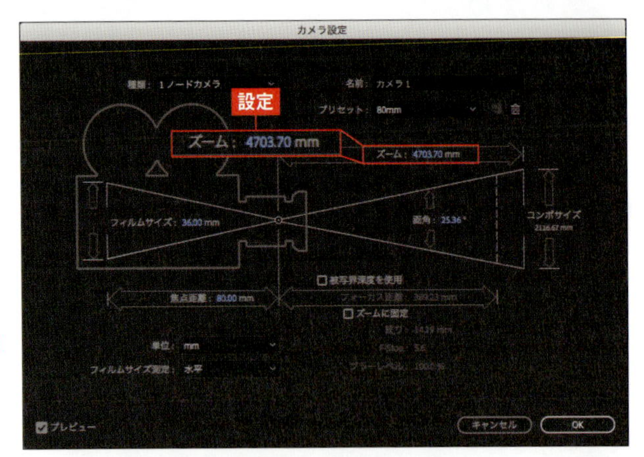

⑤ カメラのズーム値を設定する

カメラの設定では、図のようにカメラのズーム値を最大限にズームさせることでブラシアニメーションの動きにフォーカスさせることができる。

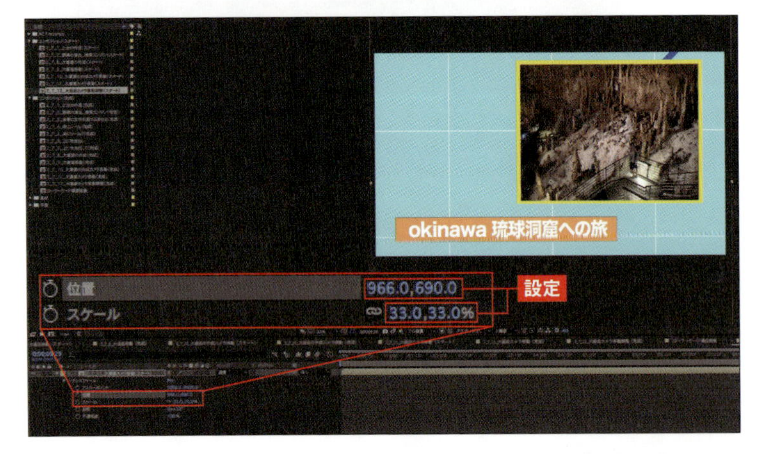

⑥ スケールと位置を微調整する

<2_7_12_大画面カメラ移動調整（スタート）>を開くと、1920×1080のコンポジション内で<2_7_11_大画面カメラ移動（スタート）>のネスト化されたレイヤーが確認できるので、<スケール>を<33%>程度に縮小し、位置の微調整を行えば完成だ。

SECTION

04 人物のジェスチャーで誘導する①

ここでは、ジェスチャーによる誘導を解説していく。撮影された動画のジェスチャーに合わせて、写真や文字にアニメーションをつけていこう。

ジェスチャー動画で場面を誘導する

完成動画

利用するプロジェクトファイル：「2_7_ 誘導の演出」フォルダ→「2_7_ 誘導の演出」ファイル
利用するコンポジション：<コンポジション（スタート）>→「2_7_13_ 場面の誘導」フォルダ→< 2_7_13_ 場面の誘導（背景スタート）>

コンポジションを開くと、中央に女性が配置されているのがわかる。ここでは、女性のジェスチャーに合わせて、文字がユニークに動いてその文字に視線が誘導されていく演出を施していく。

2つのコンポジションの設定を確認する

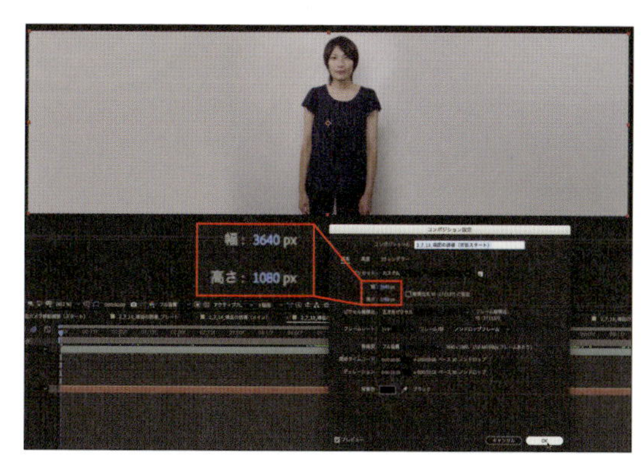

❶ <2_7_13_場面の誘導（背景スタート）>を確認する

まず画面を見ると、白い背景前に女性が立っているのが確認できる。コンポジションのサイズを確認すると、3640×1080 という横長の画面になっている。
ここでは「余分な背景を消す（P.342 参照）」と同じテクニックで背景と人物とが合成されている。

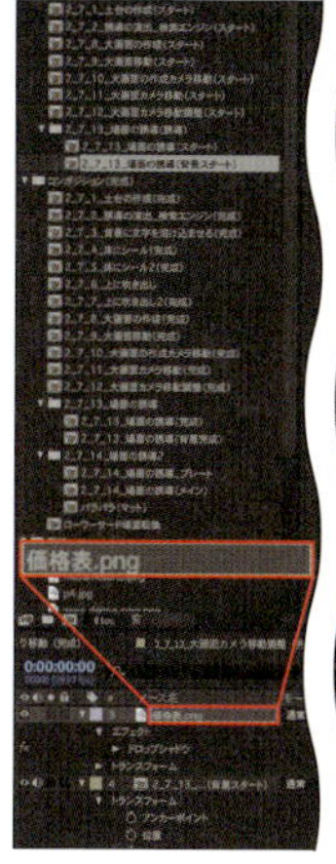

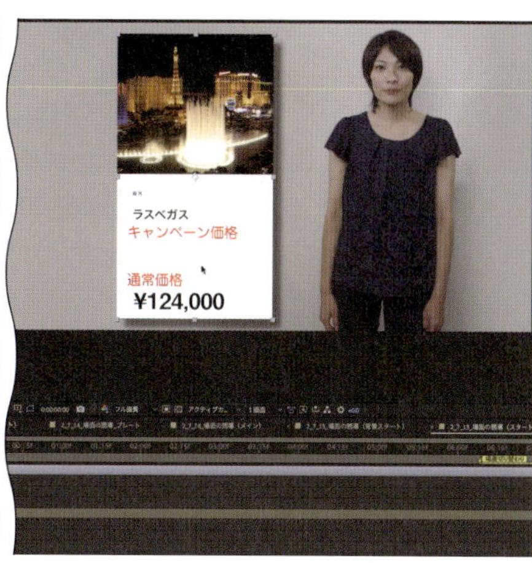

❷ <2_7_13_場面の誘導（スタート）>を確認する

続いて「2_7_13_ 場面の誘導」フォルダ内の< 2_7_13_ 場面の誘導（スタート）>のコンポジションを開いてみよう。
タイムラインを確認すると、手順❶で設定されている背景の上に<価格表 .png >と記載された画面が配置されているのがわかる。
全体をプレビューして、女性のジェスチャーを確認してみよう。ここでは 4 秒から 7 秒区間で右手を上げたあとに、ちょうど手を画面右（上手側）に振るシーンがあるが、そのジェスチャーをメインに確認してもらいたい。

誘導場面の設定を行う

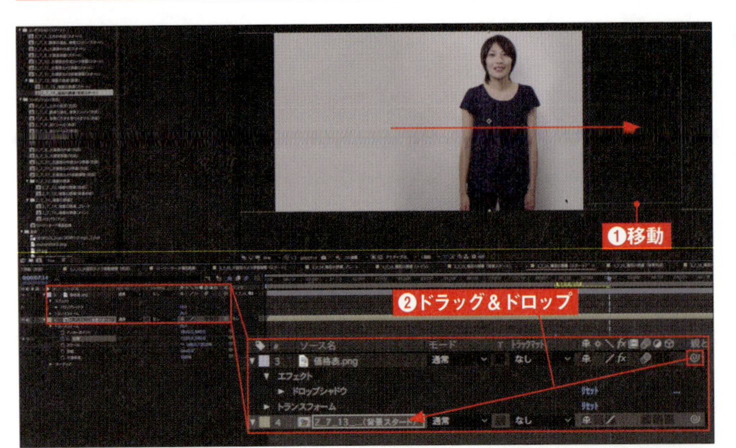

❶ ペアレントの設定を行う

<価格表 .png >を女性の画面右（上手側）のちょうど隠れるような位置に移動する❶。**移動が完了したら**< 2_7_13_ 場面の誘導（背景スタート）>のレイヤーを親としてペアレントを設定している❷。

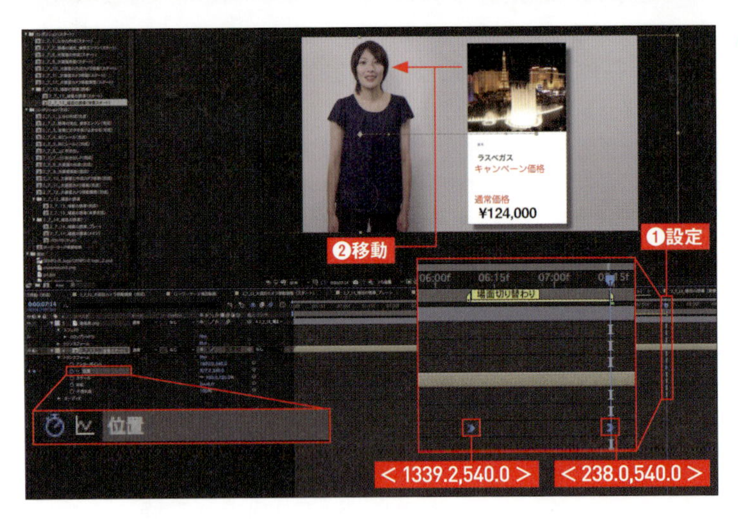

❷ 親レイヤーの動きに合わせて価格表を動かす

< 2_7_13_ 場面の誘導（背景スタート）>のレイヤーをタイムラインのマーカーに記載されている「場面切り替わり」のタイミング< 06:09f >で❶、女性を画面左（下手側）、価格表を上手側へ移動させる❷。ペアレントを設定された親レイヤーの動きに合わせて、価格表も動くのが確認できるはずだ。キーフレームには、忘れずにイージーイーズイン（Shift ＋ F9 キー）を適用しておこう。

文字をジェスチャーに合わせて動かす

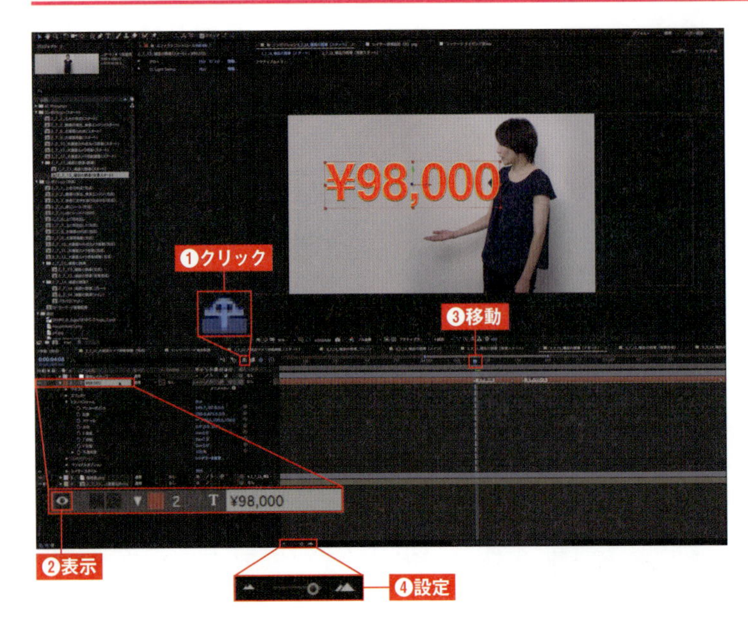

❶ 文字のモーション設定の準備を行う

次に<シャイレイヤー>をオフにして❶、隠れていたレイヤーを表示させよう。新たに値段が記載された文字レイヤー< ¥98,000 >と調整レイヤー<調整レイヤー 3 >が確認できるので、文字レイヤーを表示してもらいたい❷。今度はこれら文字をジェスチャーの演出にあわせてモーション設定させていこう。

時間軸を文字レイヤーのマーカー< 04:08f >「文字降りる」に合わせて移動する❸。細かいキーフレーム配置を行うので、タイムライン下の<ズームイン>を実行してもらうとわかりやすい❹。

❷ 文字を下に降ろす

「文字降りる」の範囲、< 04:08f >〜< 04:14f >で文字を画面上から手のひらへ移動させてみよう❶〜❻。

❸ 静止キーフレームを追加する

いったん降りた文字は、手の動きに合わせるために2フレーム、インターバルをおいて、4秒16フレーム地点< 04:16f >で❶、キーフレームを加える。◆<現時間でキーフレームを加える、または削除する>をクリックして❷、静止キーフレームを追加しよう。

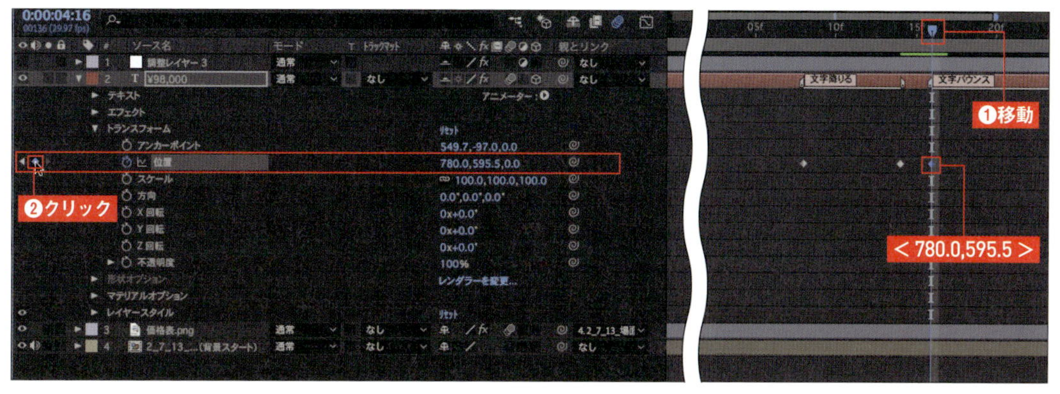

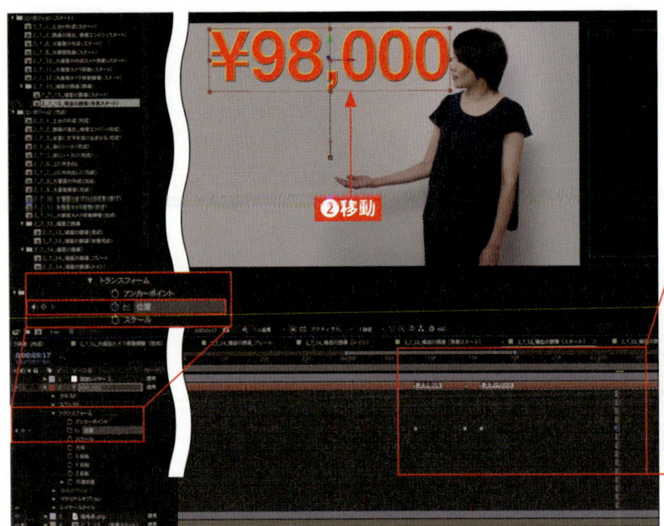

❹ 文字をバウンスさせる

続いて「文字バウンス」の区間では文字をいったん浮き上がらせるため、5秒02フレーム地点＜05:02f＞で❶、文字を上に移動させ❷、跳ねているような設定にしてもらいたい❸。

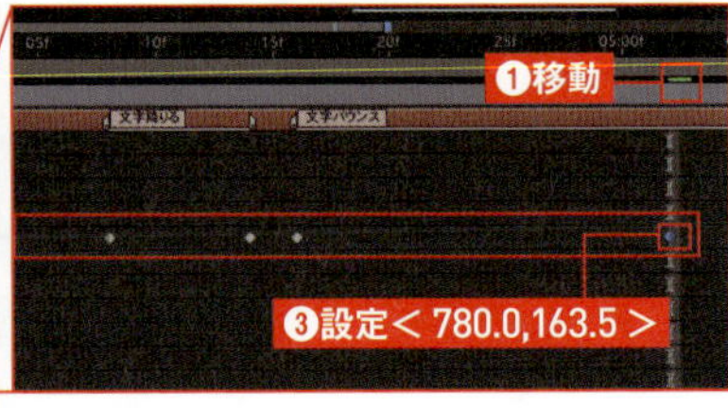

❺ 文字を手のひらにのせる

続いて下へ文字を落とすために、5秒18フレーム地点＜05:18f＞では❶、図のように手のひらにのるように配置してもらいたい❷❸。

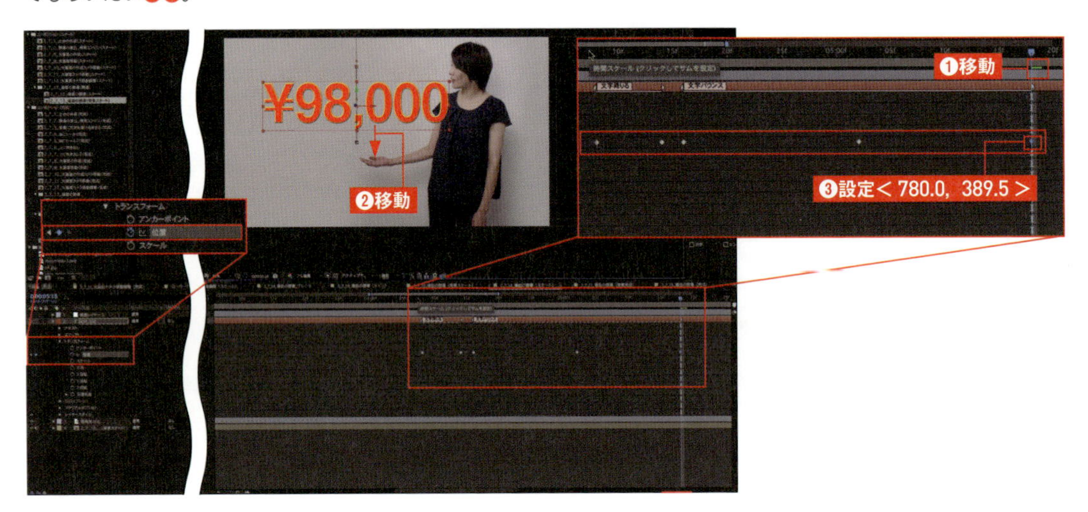

❻ グラフエディターを表示する

プレビューするとわかるが、全体のバウンスがリニア的すぎてバウンス感があまり演出できていないのでイージーイーズなどの効果を適用していこう。＜グラフエディター＞をクリックしてグラフを表示する。

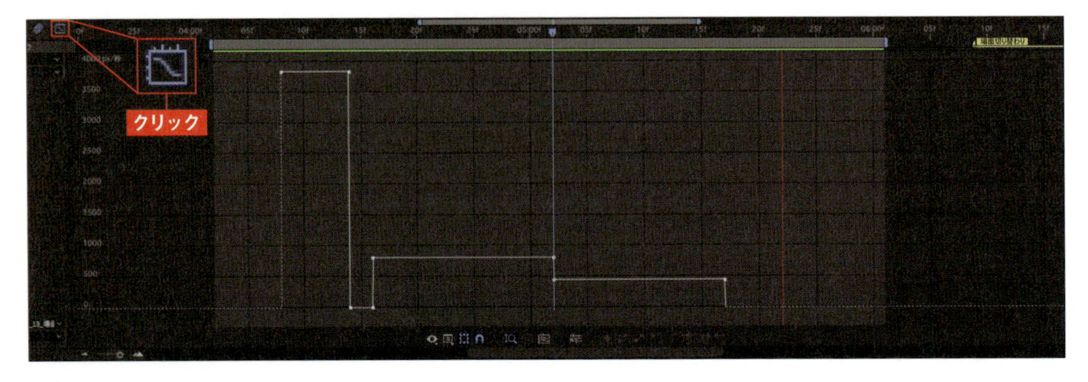

❼ 文字の動きに躍動感を付ける

最初の落下区間にはイージーイーズイン（Shift＋F9キー）を適用する。バウンス区間にはイージーイーズ（F9キー）を適用、着地点の間隔なども調整して図のように山なりのグラフを作成してみよう。
こうすることで躍動感のある落下とバウンスが演出できる。イージーイーズを適用したバウンスの違いは、動画で比較解説している。

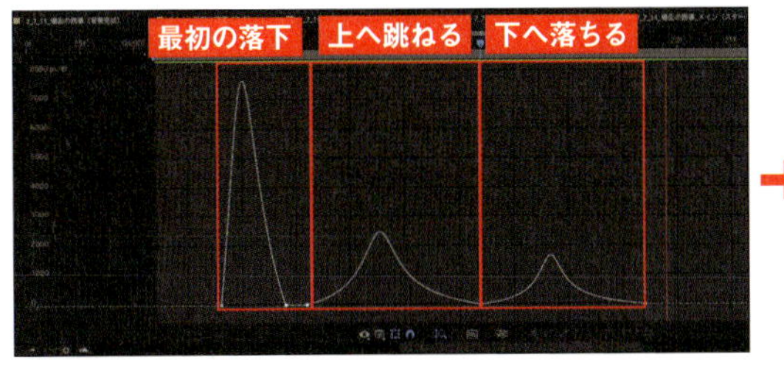

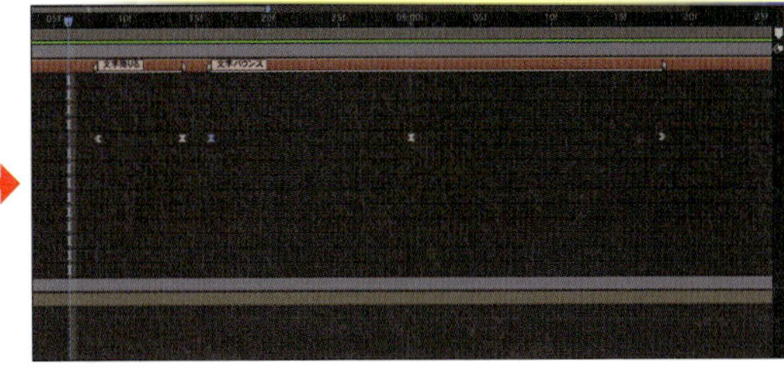

バウンスの比較解説動画

MEMO より躍動感のあるバウンスを作成する

キーフレームの位置や数を変えたり、曲線を膨らませたりすることで、より躍動感のあるバウンスを作成することも可能だ。なお、手っ取り早く作成したい場合には、BOUNCr プラグインを使用するのもおすすめだ（BOUNCr については2-2 の P.282 を参照）。

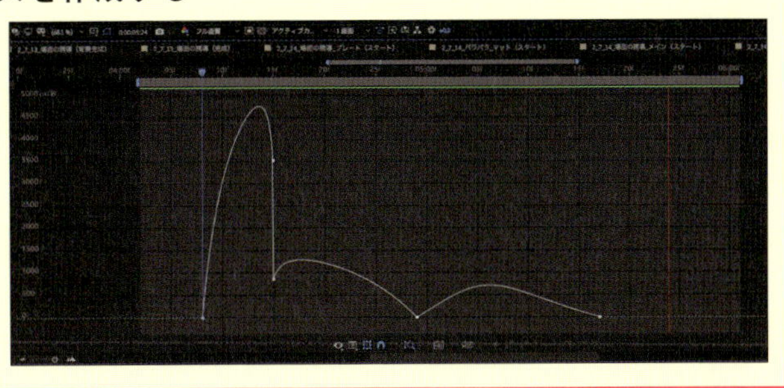

価格表の文字を演出する

❶ キーフレームを設定する

続いて価格表に文字を移動させていこう。マーカーに記載されている「文字回転移動」の開始位置< 06:10f >に時間軸を移動し❶、<位置><スケール><Y回転>に現時点でのキーフレームを加えるかたちで、新たなキーフレームを設定していこう❷。

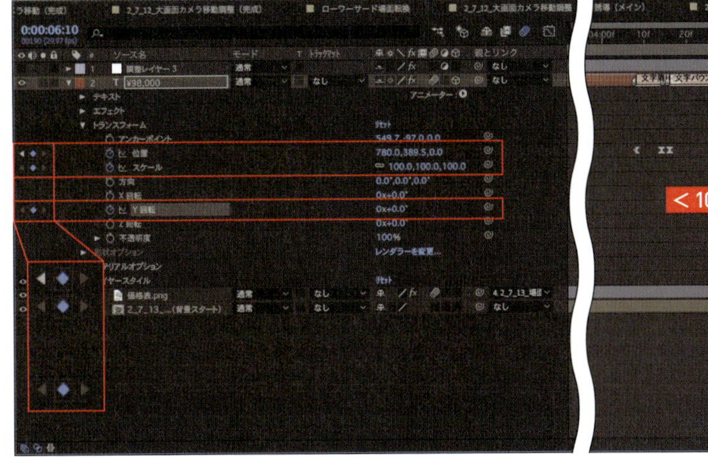

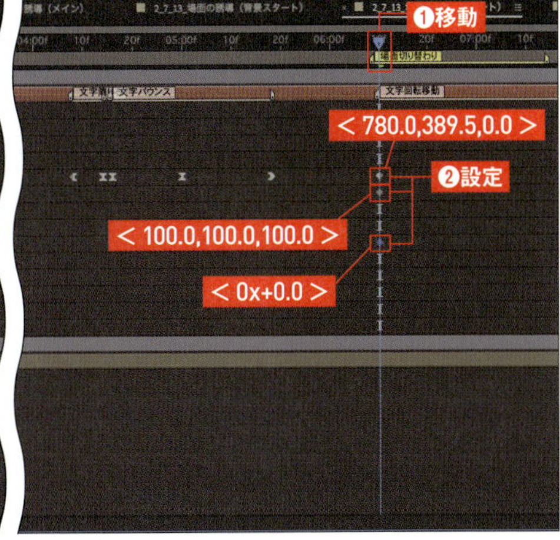

❷ 文字を価格表に収める

マーカーに記載されている文字回転移動の終了位置< 07:17f >に時間軸を移動し❶、文字の<位置>と<スケール>を図のように調整して❷、価格表空白部分に収まるように配置する。配置が完了したら、< Y 回転>を< -1 度>に設定して回転させる❸。キーフレームの配置が完了したら、イージーイーズ（F9 キー）の設定も忘れずに行う。設定が終わったら、プレビューで一連の流れを確認してみよう。不自然に感じてしまう場合にはグラフエディタを開いてイージーイーズなどの設定を再度確認してもらいたい。

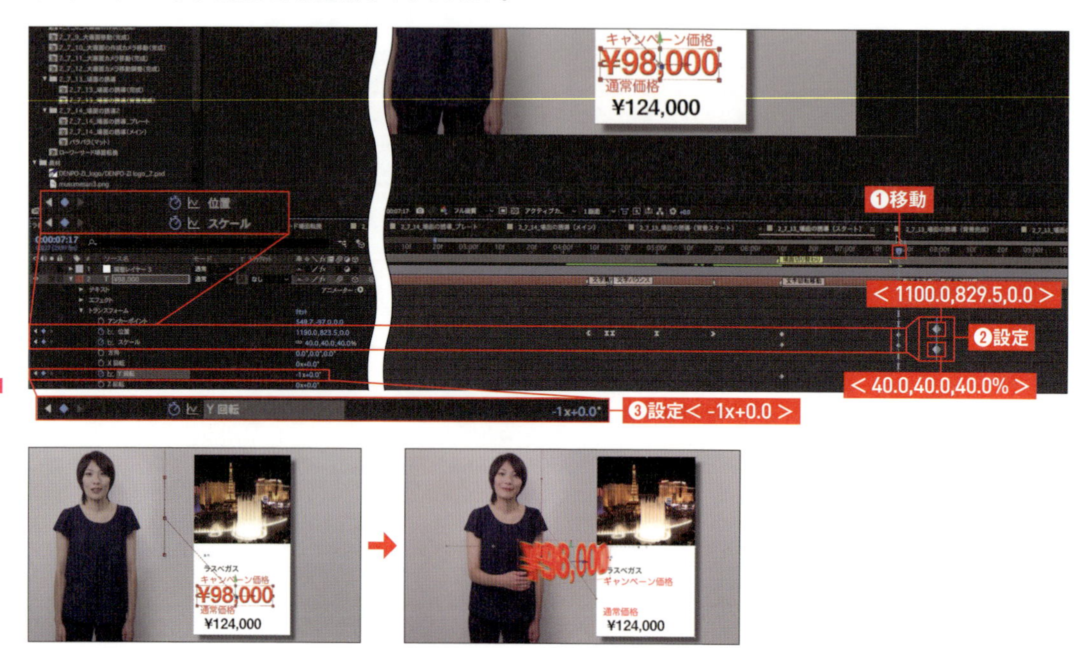

TIPS

エフェクトを使用する

こうした文字は、Animation Composer などを使用することで、演出の幅を広げることができる。

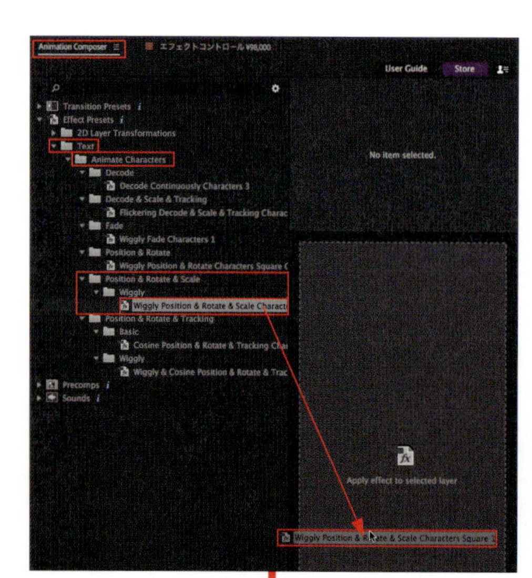

◀ここでは、Animation Composer 内の< Effects Preset >→< Text >→< Animation Characters >→< Position & Rotate & Scale >→< Wiggly >→< Wiggly Position & Rotate & Scale >のエフェクトを適用してみた（Animation Composer のエフェクトの適用方法は、P.275 参照）

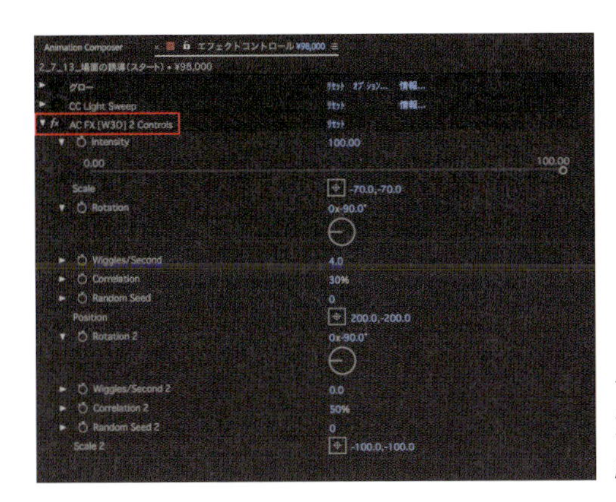

◀無事、適用されると、エフェクトコントロールパネル内に「AC FX」と記載されたエフェクトが確認できる。プレビューすると文字が分解されてアニメーションが展開される

▼文字の降りる範囲から文字のバウンス終了の範囲までに分解アニメーションを適用したいため、< AC FX >の< Intensity >のパラメーターを「文字降りる」< 04:08f >で< 100.00 >に設定し❶❷、バウンス終了< 05:18f >で< 0.00 >に設定してみよう❸❹。
こうすることで、分解された文字がバウンスされている間にもとに戻るようなアニメーションが行える。

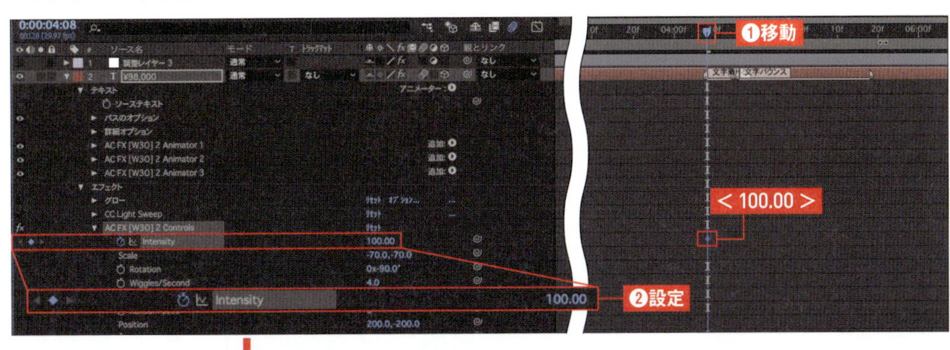

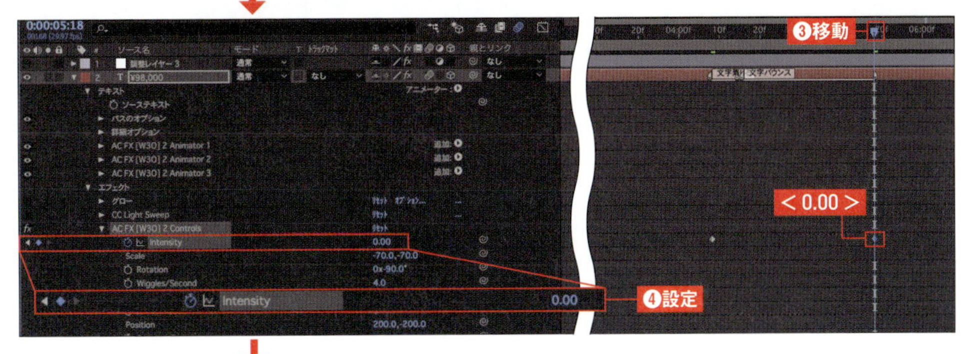

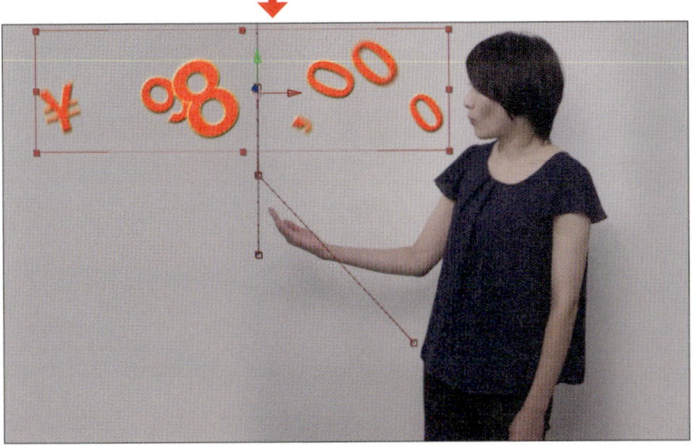

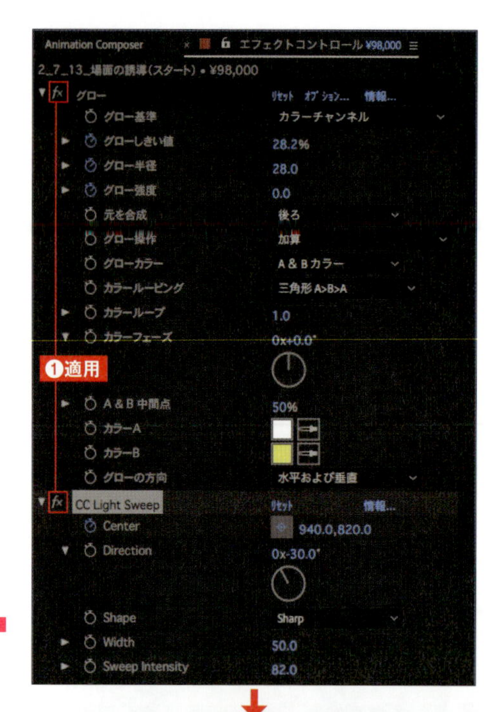

❸ 文字にエフェクトを適用する

文字レイヤーのエフェクトコントロールパネル内の<グロー>と< CC Light Sweep >のエフェクトを適用する❶。マーカー上の「文字光る」と「文字きらりん」にリンクされているが、< CC Light Sweep >の< Center >位置がずれている場合には、キーフレーム上でCenterの位置を文字を横切るように調整してもらいたい❷。

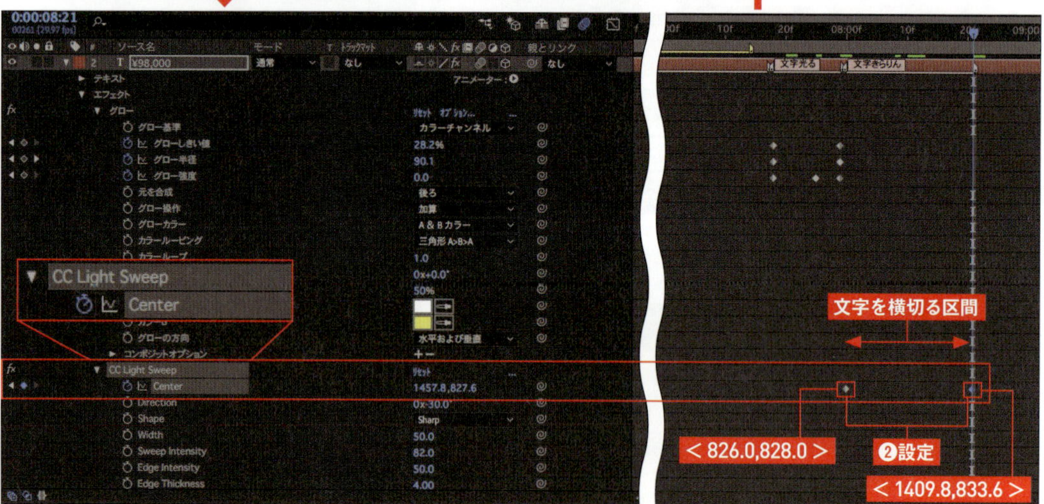

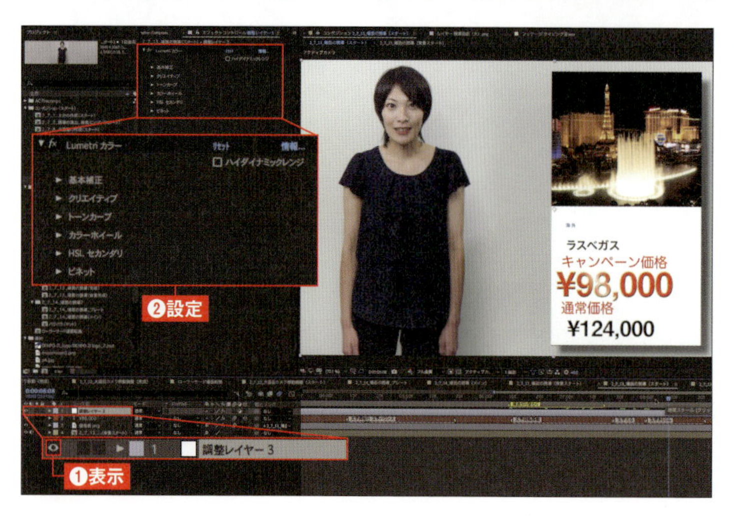

❹ Lumetriカラーを適用して色味を整える

最後に< Lumetri カラー >で色調補整された<調整レイヤー 3 >を表示して❶、全体の色味を整えれば❷、完成だ。

SECTION

05 人物のジェスチャーで誘導する②

引き続き、ジェスチャー動画を使用した場面の誘導を解説していく。2つの撮影された動画をタイミングに合わせて合成していこう。

2つの動画を合成する

完成動画

利用するプロジェクトファイル：「2_7_誘導の演出」フォルダ→「2_7_誘導の演出」ファイル
利用するコンポジション：<コンポジション（スタート）>→「2_7_14_場面の誘導2（スタート）」フォルダ→<2_7_14_場面の誘導_プレート（スタート）>

コンポジションを開くと、数字が並べられたプレートが画面左に確認できる。ここでは、女性の動きに合わせてプレートが変化していく演出を施していく。

コンポジションを確認する

1 設定を確認する

画面左のプレートには、女性のジェスチャーに合わせてスケールアップする効果とプレートが回転している効果を適用している。

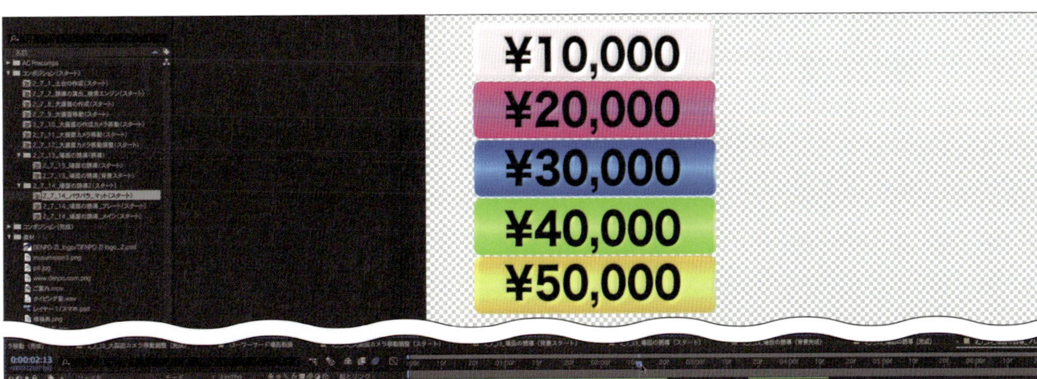

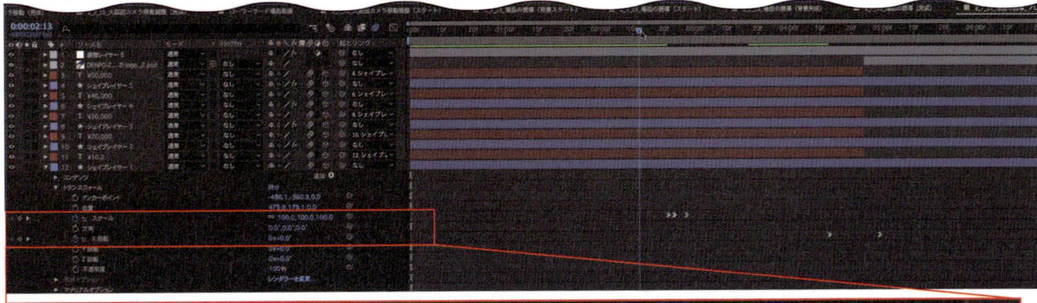

❷ 看板提示.movを確認する

人物の動きとプレートの動きのタイミングは、タイムラインの一番下に配置されている< [看板提示 .mov] >を表示させて合わせている。タイミングが確認できたら、再び看板提示 .mov を非表示にして隠してもらいたい。

動画とプレートの設定を行う

❶ 重ねている動画の1つにエフェクトを適用する

「2_7_14_ 場面の誘導 2（スタート）」フォルダ内の< 2_7_14_ パラパラ _ マット（スタート）>のコンポジションを開いてみよう。ここでは、タイミング合わせで使用した< [看板観覧 .mov] >が 2 つタイムラインに配置されており、これは同じものだ。タイムライン内、一番上の< [看板観覧 .mov] >を選択し❶、エフェクトコントロールパネル内のエフェクトをすべて適用してみよう❷。画像はガラス越しのような画面に変わる。

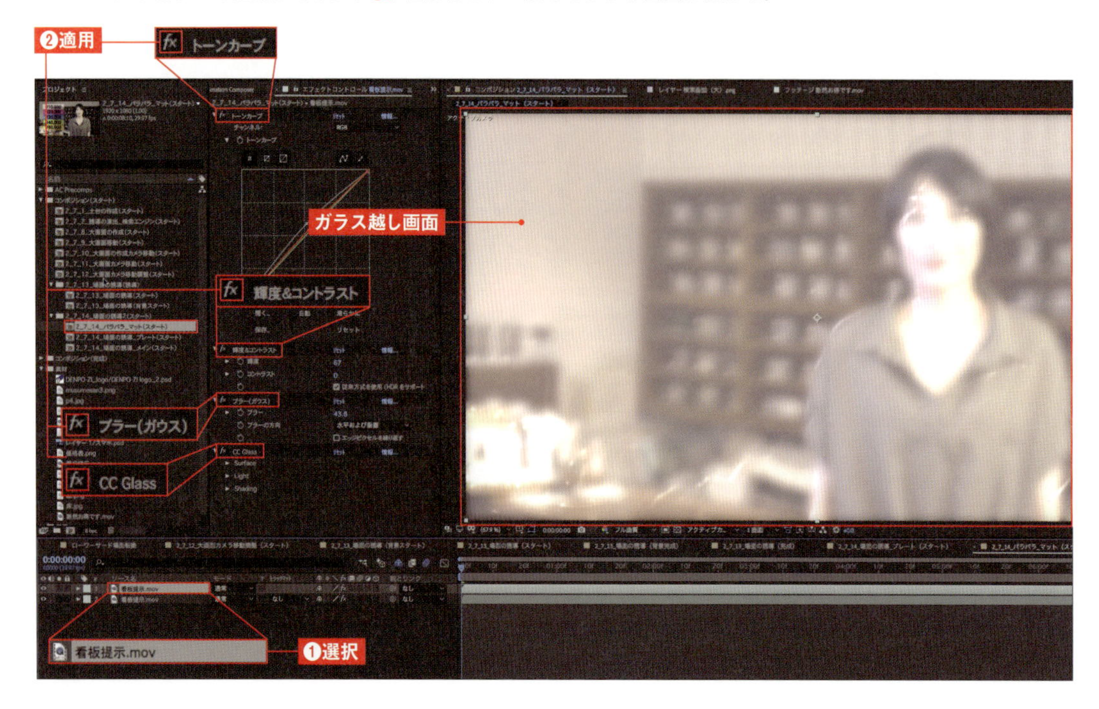

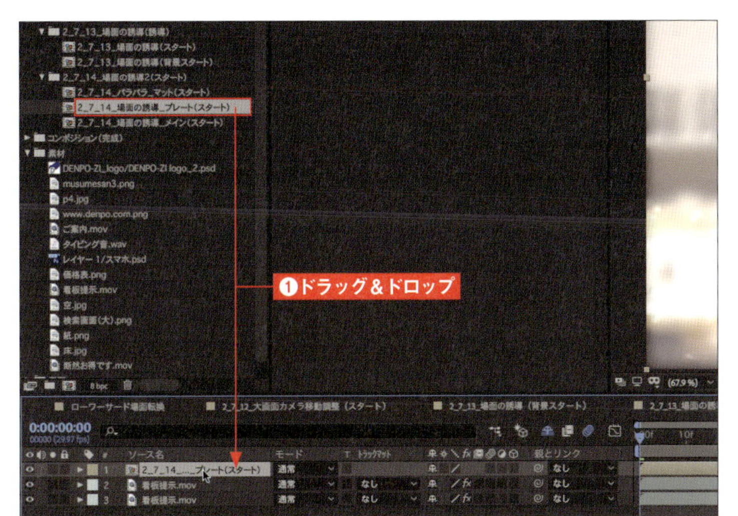

❷ コンポジションを配置してプレートを型抜きする

＜2_7_14_場面の誘導_プレート（スタート）＞のコンポジションをプロジェクトパネルからタイムラインの一番上に配置する❶。
エフェクトを適用したガラス越しの＜[看板観覧.mov]＞の＜トラックマット＞から＜アルファマット“2_7_14_場面の誘導_プレート（スタート）”＞を選択して型抜きする❷。

❸ 型抜きを確認する

型抜きが無事完了すると、パネルの後ろ側だけガラス越しのような効果が適用される。

スマートフォン内の設定を行う

1 さらにコンポジションを重ねる

再び＜2_7_14_場面の誘導_プレート（スタート）＞のコンポジションをプロジェクトパネルからタイムラインの一番上に配置し❶、重なりが確認できたら＜描画モード＞から＜乗算＞を選択して合成させてみよう❷。プレートの明るさは、＜エフェクト＞メニュー→＜カラー補正＞→＜トーンカーブ＞のエフェクトを適用して変えることもできる❸。これは、P.466で解説した「検索ガラスを演出する」と同じ方法だ。

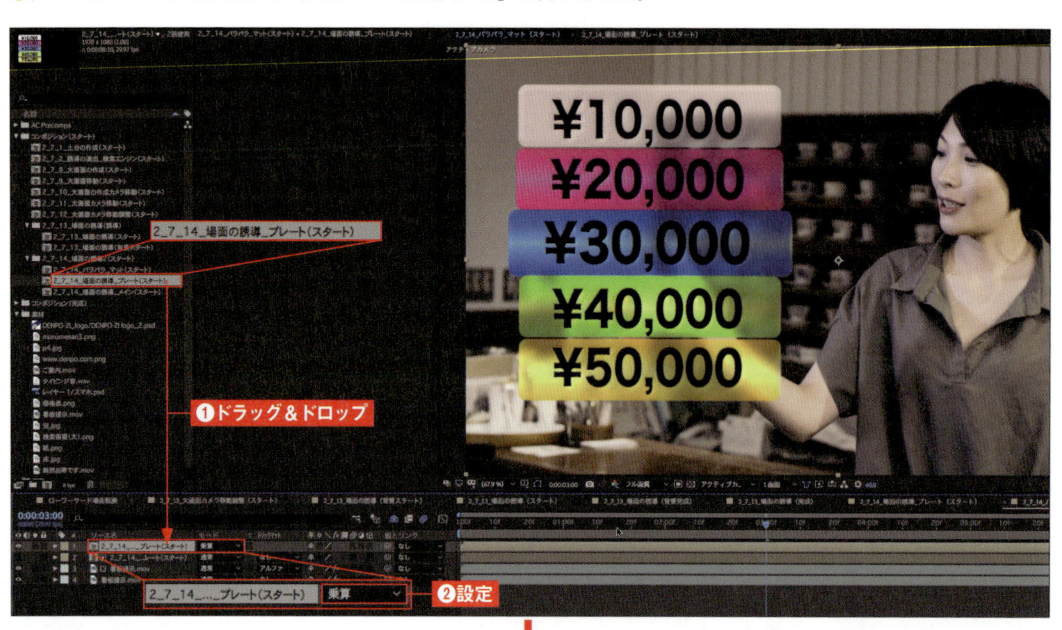

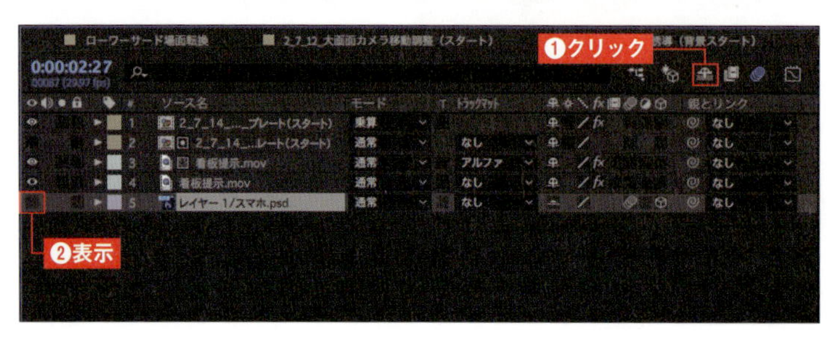

2 シャイレイヤーをオフにする

続いて＜シャイレイヤー＞をオフにして❶、隠れたレイヤー＜レイヤー1/スマホ.psd＞のレイヤーを表示させてみよう❷。表示しても画面にはまだ何も映らない。

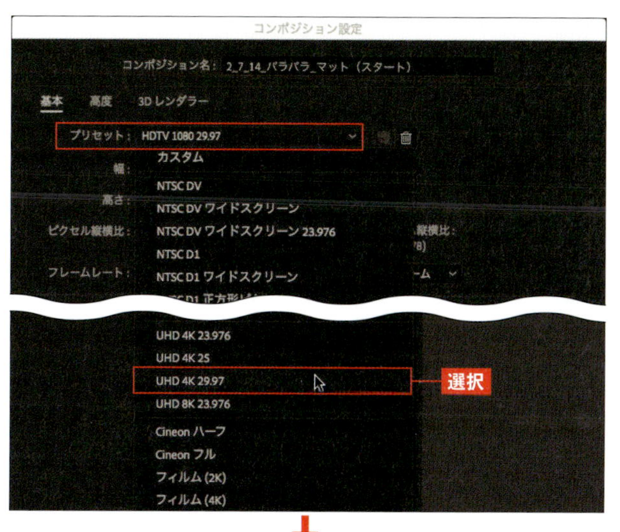

❸ スマートフォンのフレームを配置する

＜コンポジション＞メニュー→＜コンポジション設定＞をクリックし、プリセットを＜UHD 4K 29.97＞に変更する。
画面全体を見てみると、メイン画面の外側にスマートフォンのフレームが配置されたのが確認できるはずだ。画面の外にはみ出して見えていない状態だったのだ。

スマートフォンの表示までの動きを設定する

❶ 開いたコンポジションの設定を確認する

「2_7_14_場面の誘導2（スタート）」フォルダ内の＜2_7_14_場面の誘導_メイン（スタート）＞のコンポジションを開いてみよう。画面には1920×1080のコンポジションサイズで2つのレイヤー＜2_7_14_パラパラ_マット（スタート）＞、＜断然お得です.mov＞が配置されている。上に配置されているのは＜2_7_14_場面の誘導_プレート(スタート）＞のコンポジションだが、画面が1920×1080と小さいのでスマートフォン部分は隠れている。

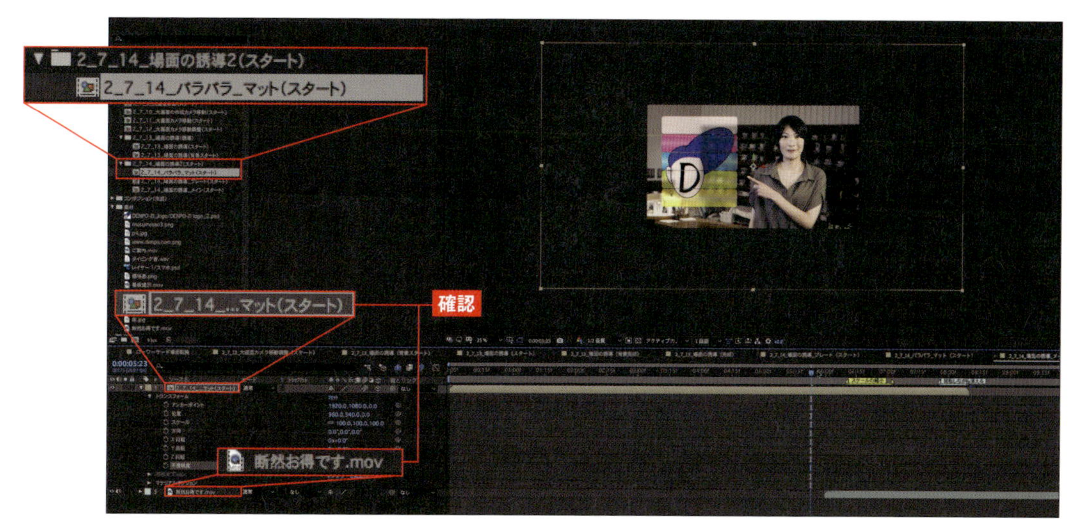

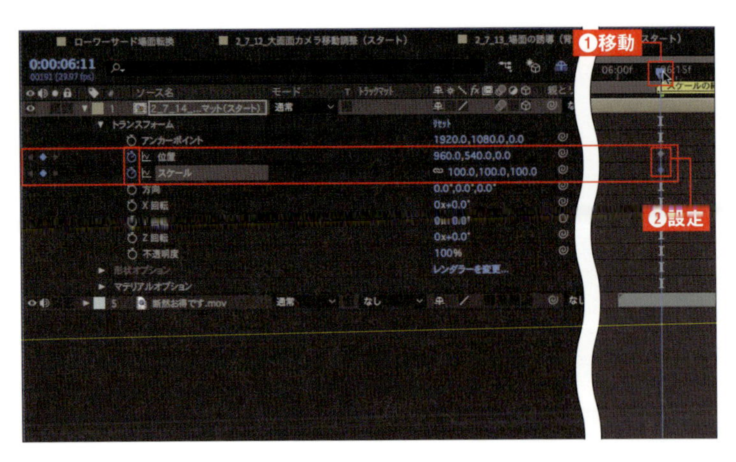

❷ 開始地点の位置とスケールを設定する

時間軸をタイムラインマーカーの「スケールの縮小」の開始地点＜06:11f＞に移動し❶、＜位置＞と＜スケール＞の＜ストップウォッチ＞をクリックしてキーフレームを追加する❷。

❸ 終了地点の位置とスケールを設定する

再び時間軸を「スケールの縮小」の終了地点＜07:02f＞に移動し❶、図のように＜位置＞と＜スケール＞を設定してみよう❷。こうすることでスマートフォン全体の画面が現れ、下に配置された＜断然お得です.mov＞のレイヤーも確認できるはずだ。

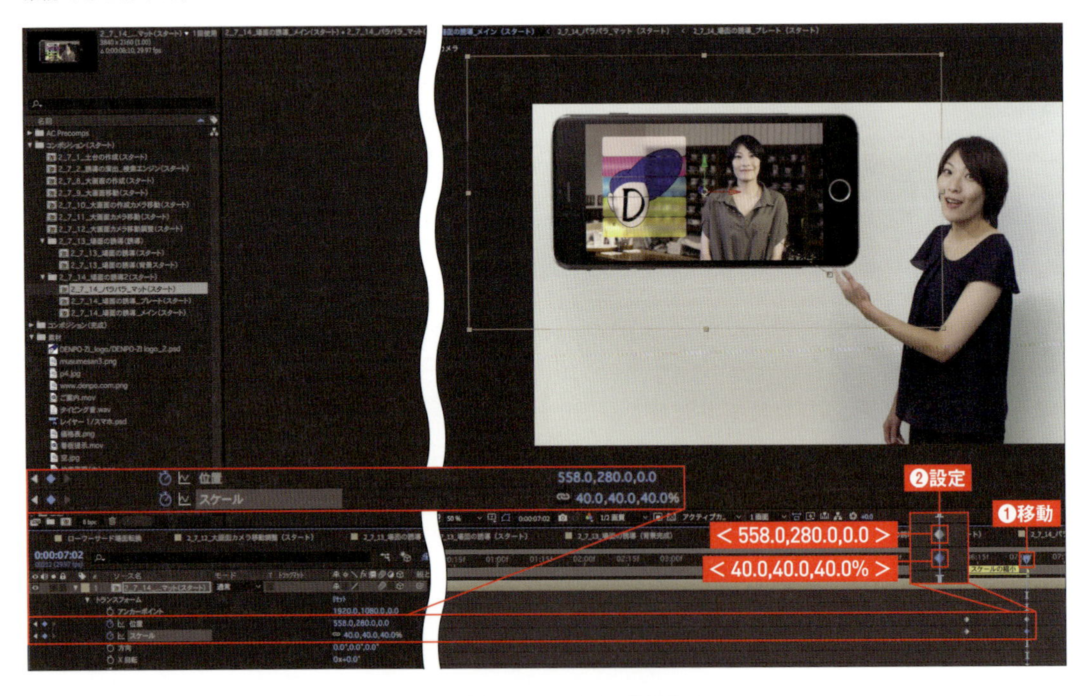

❹ プレビューで確認する

位置とスケールにイージーイーズイン（Shift＋F9キー）を適用してプレビューで確認してみよう。メイン画面からスマートフォン画面全体が表示され、後ろの＜断然お得です.mov＞とのタイミングがあっていればOKだ。

スマートフォンの最後の動きと全体の調整を行う

❶ 回転の始まりを設定する

マーカー記載の「回転しながら消える」の開始地点＜ 07:26f ＞に時間軸を合わせて❶、＜ X 回転＞＜不透明度＞の＜ストップウォッチ＞をクリックしてキーフレームを追加する❷。

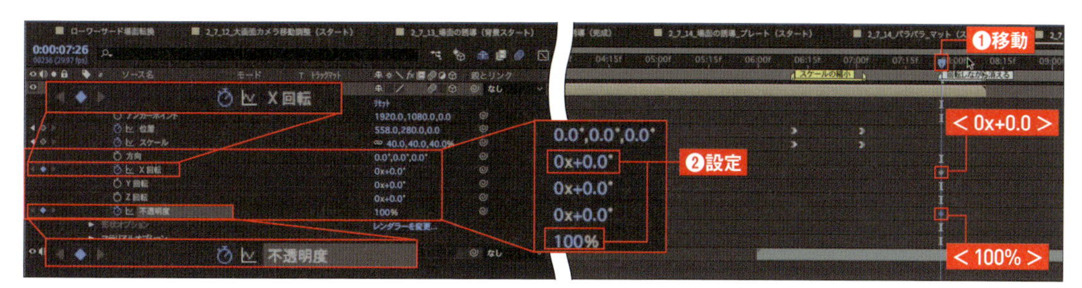

❷ 回転の終わりと消えるスマートフォンを設定する

再び時間軸を「回転しながら消える」の終了地点＜ 08:09f ＞に移動し❶、図のように＜ X 回転＞を＜ 3x+0.0° ＞に❷、＜不透明度＞を＜ 0 ＞に設定してみよう❸。メインとスマートフォン画面が回転しながら消えていくのが確認できる。

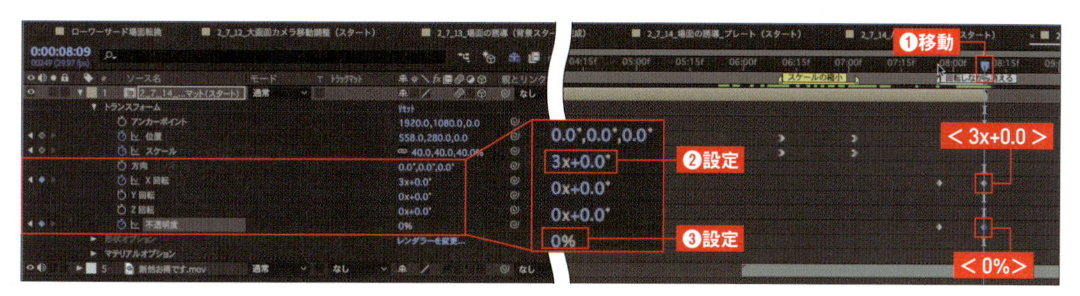

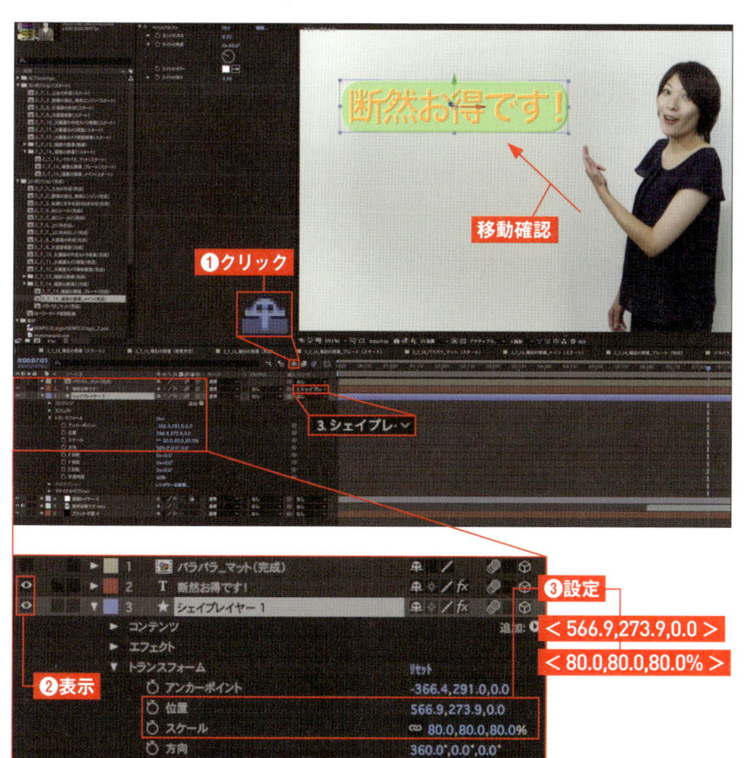

❸ 文字サイズや位置を調整する

最後にシャイレイヤーをオフに設定し❶、隠れていたレイヤー（＜断然お得です！＞＜シェイプレイヤー 1 ＞）を表示する❷。表示させた＜シェイプレイヤー 1 ＞の位置を＜ 566.9,273.9,0.0 ＞、スケールを＜ 80.0,80.0,80.0% ＞と調整し❸、スマートフォン画面に隠れるように下に移動させてみよう。文字レイヤーは、シェイプレイヤーとペアレントになっているので特に調整の必要はない。またスマートフォン画面と同じ軌道上で回転するので中心点の位置合わせも同じように設定しておくのがポイントだ。＜ 2_7_14_ パラパラ _ マット（スタート）＞のレイヤーを非表示にすると、場所を合わせやすいかもしれない。

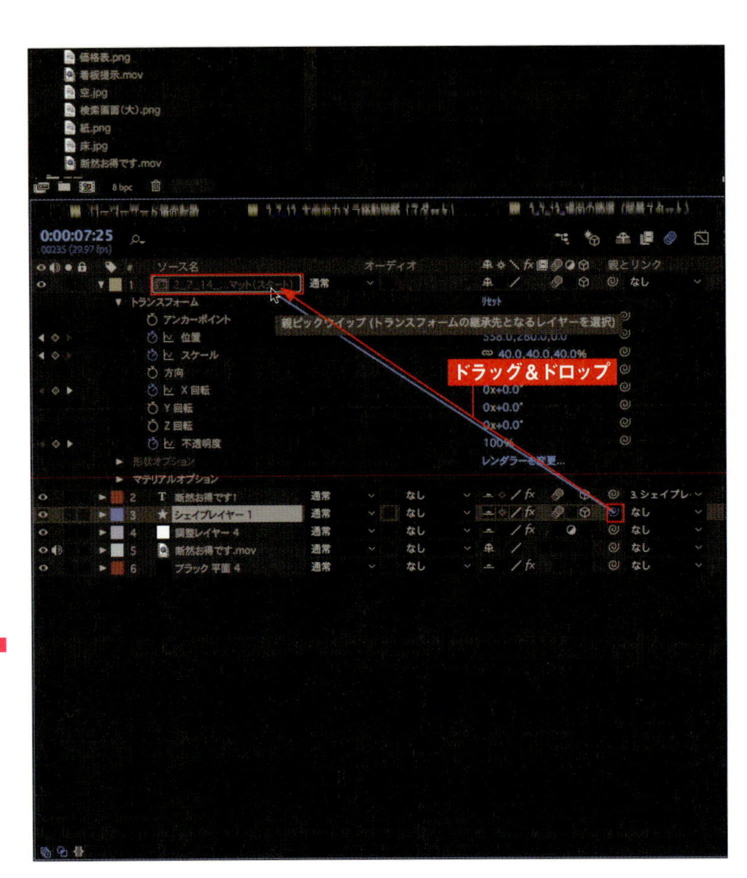

❹ ペアレントを設定する

シェイプレイヤーのペアレントを使用して、親を＜2_7_14_パラパラ_マット（スタート）＞に設定する。

❺ 設定を確認する

以上で、シェイプレイヤーも同じように回転し、スマートフォン画面が消えていくと、うしろに配置されている＜断然お得です！＞＜シェイプレイヤー1＞が見えてくる仕組みだ。

SECTION

06 誘導を演出する とっておきのプラグイン

誘導の演出だが、各誘導の設定は基本的には手動で位置調整を行っていた。ここで紹介するプラグインは、それら位置調整を自動で追尾するプラグインだ。

Sure Target

完成動画

利用するプロジェクトファイル：「2_7_ 誘導の演出」フォルダ→「2_7_ 誘導の演出」ファイル
利用するコンポジション：＜コンポジション（スタート）＞→＜2_7_15_Sure Target（完成）＞

Sure Target は、各配置されたレイヤーをターゲットに割り当てることで自動的にカメラがそれらターゲットを追尾してくれるというものだ。完成コンポジションからその特徴を理解していこう。

Sure Targetでの活用方法

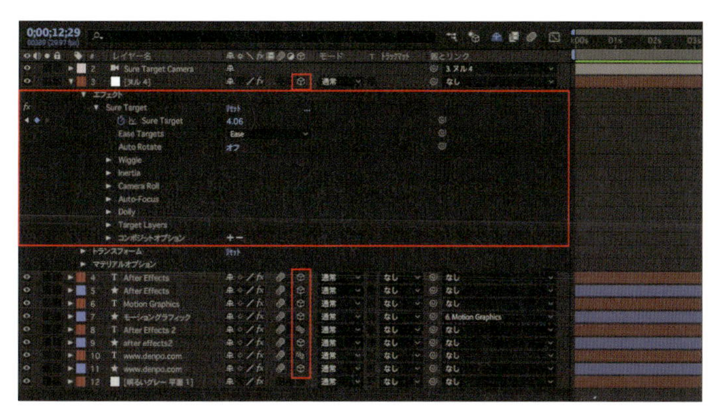

❶ 各レイヤーの設定とSureTargetを確認する

ここでは各 9 つあるシェイプレイヤーや文字レイヤーに、各ターゲットを割り当て 3D レイヤー上に配置している。

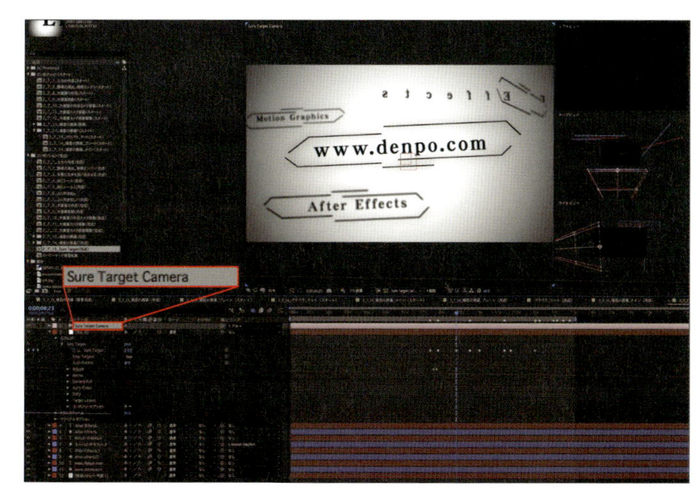

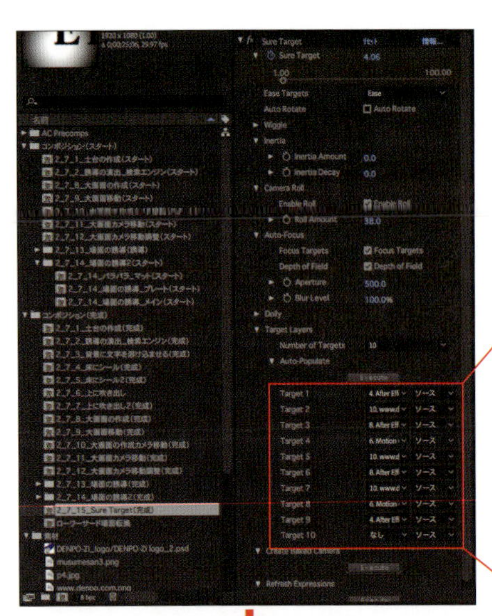

② ヌルオブジェクトのエフェクトコントロールパネルを確認する

ヌルオブジェクトのエフェクトコントロールパネルには、各レイヤーをターゲットとして9つ指定されているのが確認できるはずだ。各Target項目は、プルダウンメニューをクリックすることでタイムラインに並んでいるレイヤーをTargetとして選択することができる。

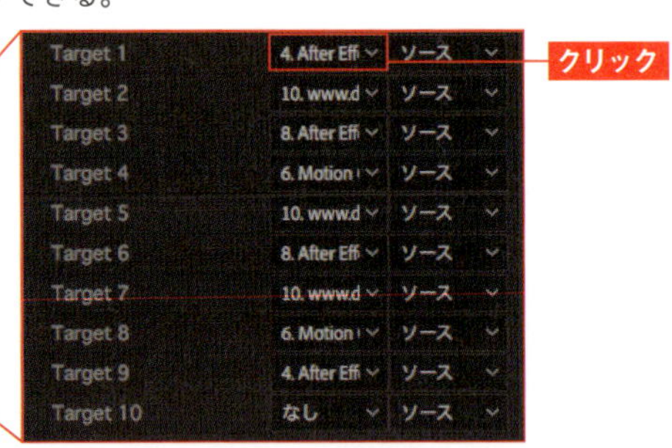

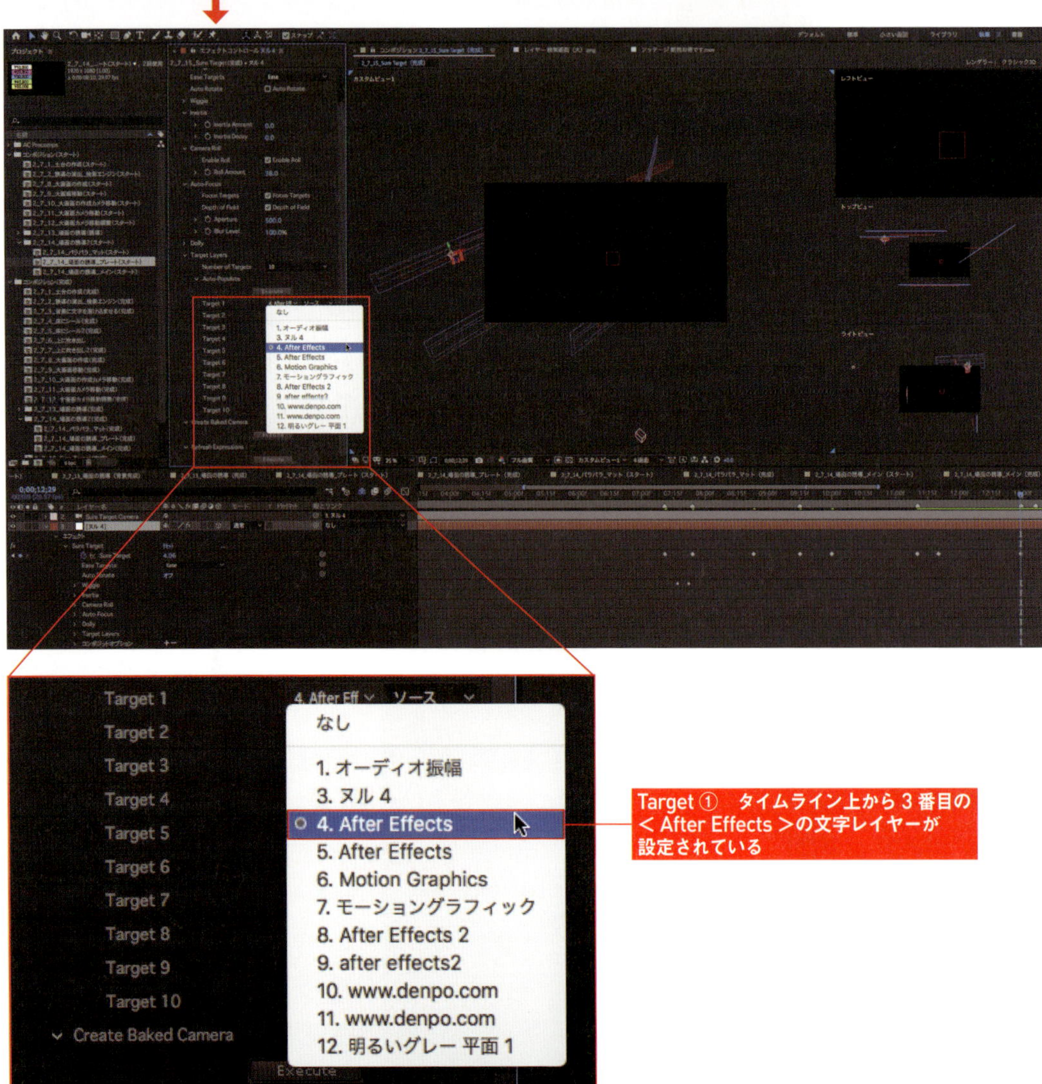

❸ Targetとカメラの動きを確認する

続いてタイムラインのヌルオブジェクトに適用された Sure Target のプロパティを確認してみよう。時間軸を最初の＜ 07:11f ＞の地点に移動させてみると＜ 1.00 ＞と設定されているのが確認できるはずだ。

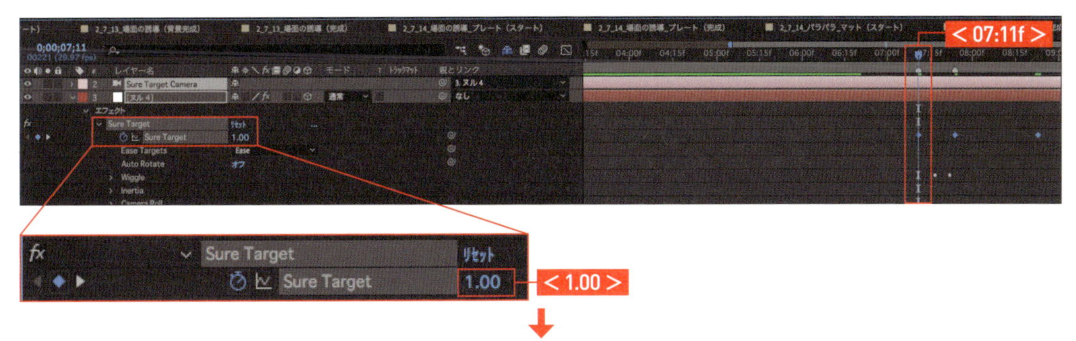

コンポジションパネルではカメラの位置が Sure Target の値と連動して動く形となる。ちょうど＜ 01:00f ＞では最初のターゲットで設定された＜ After Effects ＞を自動的に追尾している。

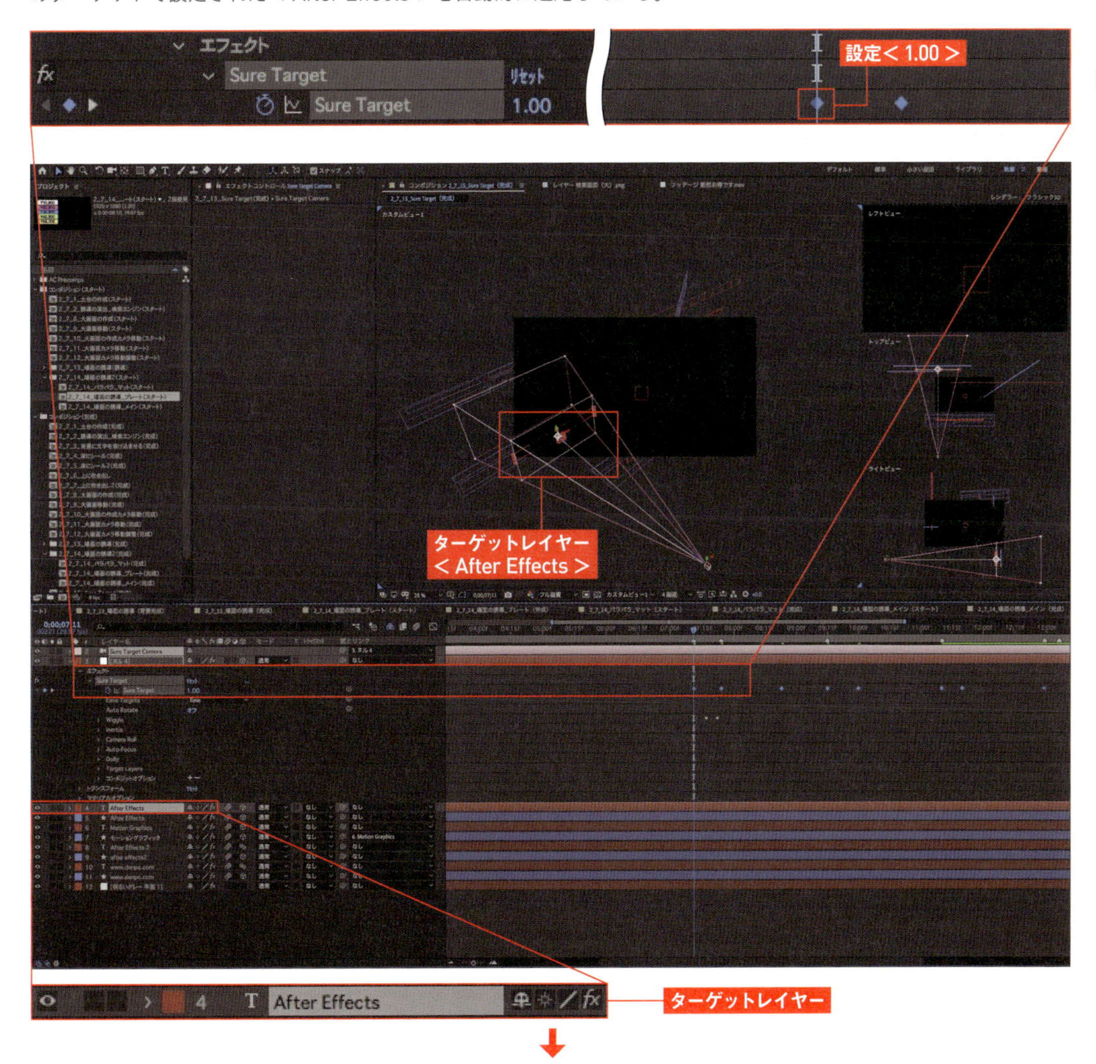

今度は< 08:23f >地点に時間軸を移動させると、Sure Target の値が< 2.02 >と変化しており、カメラの動きも数値が 1 ずつ上がっていくことで、次の Target 2 へと移動していくのだ。ここでは 2 番目のターゲットの< www.denpo.com >レイヤーをターゲットとして捕捉している。

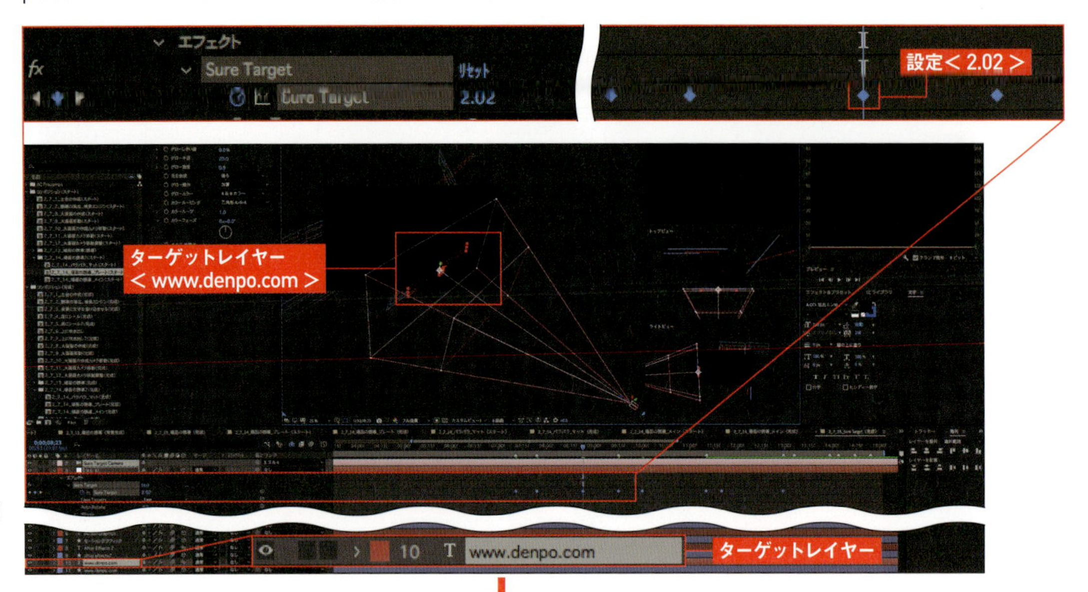

同じように< 09:15f >の地点では Sure Target の数値が< 3.09 >とさらに上がり、次の Target3 の< After Effects2 >の文字レイヤーがターゲットとして捕捉されたのが確認できるはずだ。こうして Sure Target の数値をキーフレームで打ち込むことで、自動的にターゲットをカメラで追尾してくれるのだ。

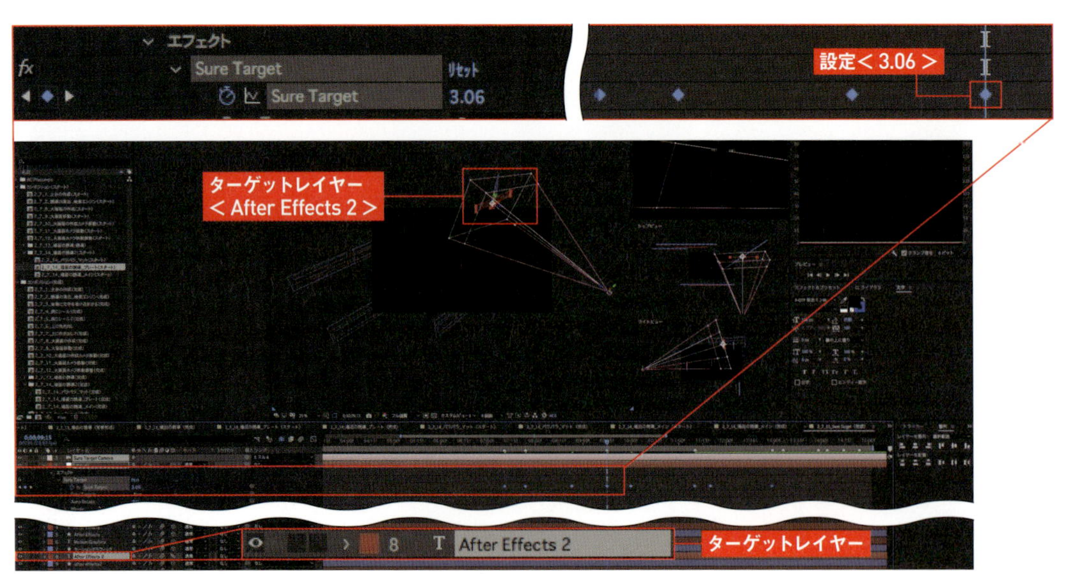

Sure Target は CHAPTER 3 でも活用するので、CHAPTER 3 に進む前に下記 Sure Target の動画解説を見て予習をしておいてほしい。

CHAPTER

3

ソーシャル動画の作成（応用編）

SECTION

01 情報サービス動画を作成するための準備をする

このCHAPTER 3では、1つの情報サービス動画を作成していく。CHAPTERすべてを使った解説になるので、順を追ってしっかりと理解していただきたい。

モーションの演出について確認する

CHAPTER 3で扱うモーションの演出についてイメージしておいてほしいので、ここにその動画を順番に掲載してみた。作品作りの手順は、CHAPTER 1と同じような感じだが、CHAPTER 3ではより複雑な配置や合成が多く登場する。**また、CHAPTER 2で解説したテクニック部分も登場する。解説に行き詰まったときは、CHAPTER 2もぜひ参照してもらいたい。**

本CHAPTERで使用するサンプルファイルは、**「3_ソーシャル動画の作成（応用）」フォルダ**内の**<3_ソーシャル動画の作成(応用).aep>プロジェクトファイル**になる。サンプルファイルのダウンロード方法はP.004に掲載しているので、再度確認していただきたい。

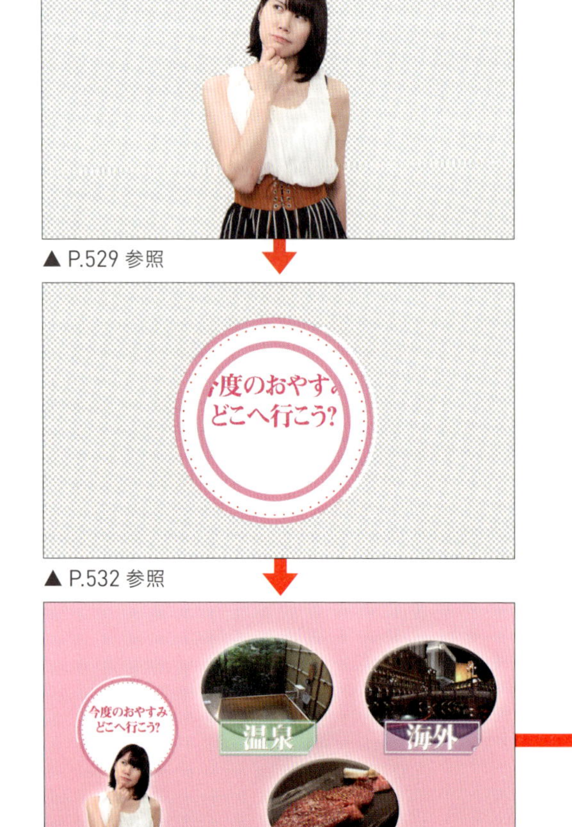

▲ P.529 参照

▲ P.532 参照

▲ P.535 参照

▲ P.540 参照

▲ P.542 参照

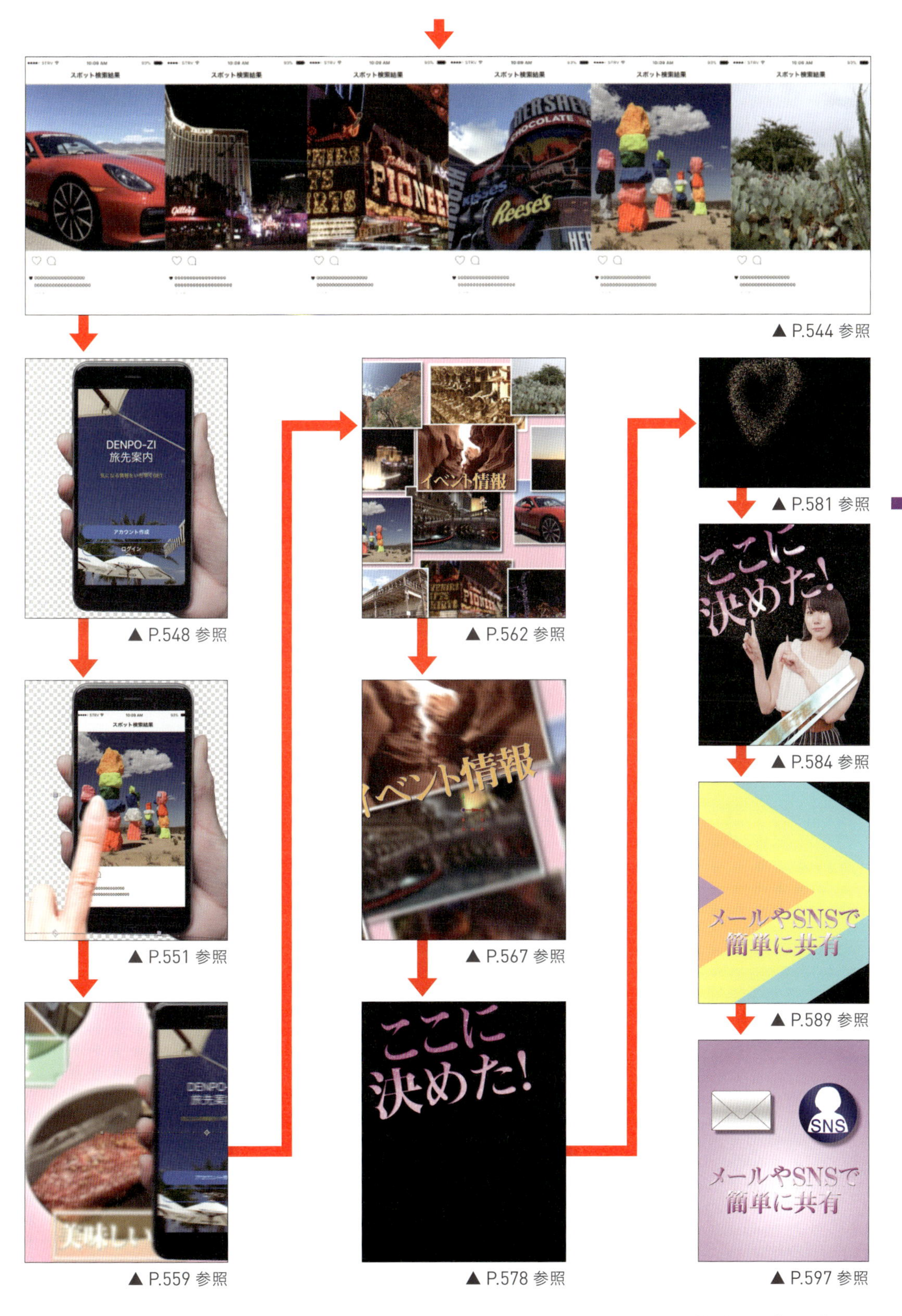

▲ P.544 参照
▲ P.548 参照
▲ P.551 参照
▲ P.559 参照
▲ P.562 参照
▲ P.567 参照
▲ P.578 参照
▲ P.581 参照
▲ P.584 参照
▲ P.589 参照
▲ P.597 参照

情報ストーリー：アプリの紹介をする情報動画。今度のお休みどこへ行こうと悩む女性が、アプリを使って行先を決める。アプリでどんなことができるかを紹介し、アプリの特徴をアピールし、最終的にメールやSNSへの誘導画面につなげていく。

SECTION

02 コンポジションの構成と素材の確認をする

サンプルファイルを確認することができたら、実際に行う情報サービス動画の主な構成について見ていこう。

進行手順の解説と情報サービス動画作成の流れ

プロジェクトパネルにある＜コンポジション（完成）＞内の各タブを番号順に開いてほしい。情報サービス動画の主なコンポジションの構成は、下記のようになっている。CHAPTER 1の紙芝居的な流れの作りとは異なり、実践的な作り方となっている。これら構成は、コンポジションパネル内の＜コンポジションフローチャート＞をクリックすることで確認できる。

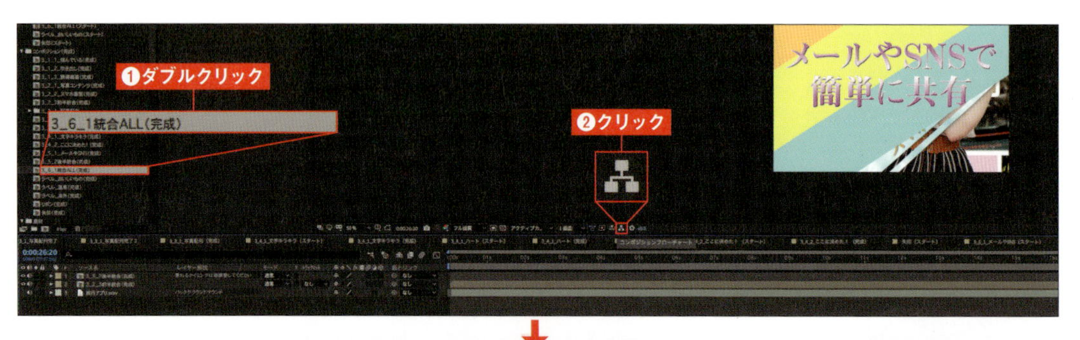

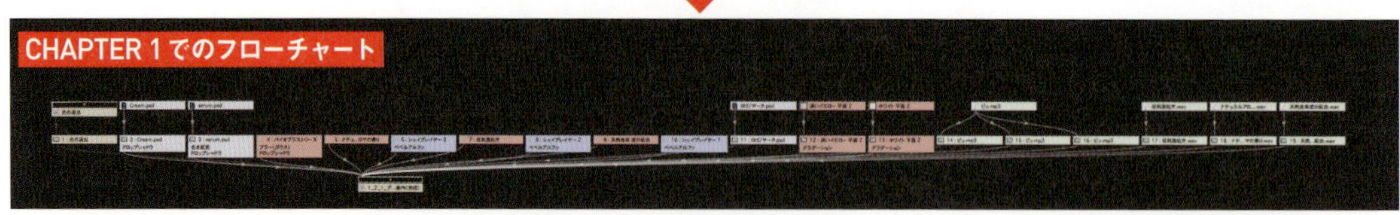

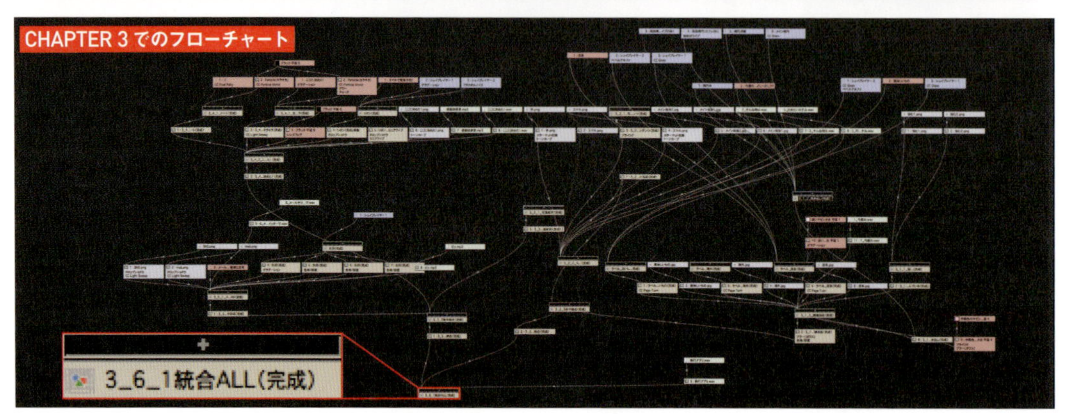

▲プロジェクトパネル内の＜コンポジション（完成）＞→＜3_6_1 統合ALL（完成）＞のコンポジションを開いたあとに❶、＜コンポジションフローチャート＞をクリックすると❷、全体の構成がフローチャートで確認できる。タブの上のをクリックすることで、フローチャートが展開されていくしくみだ。CHAPTER 1でのコンポジションと比べて縦に伸びているのが確認できるはずだ。After Effectsで部品ごとの合成を行うとこうした作りになる。このフローチャートだけではわかりづらい部分があるので、次ページにイメージを含めた構成順を、作業手順通りに解説していこう。

●情報サービス動画の主なコンポジション(題目)の構成

前半作業

STEP 1

オープニング作成：
部品(悩み)、部品(吹き出し)、部品(3種類ラベル)の各部品を作成し、オープニングの土台に配置する。

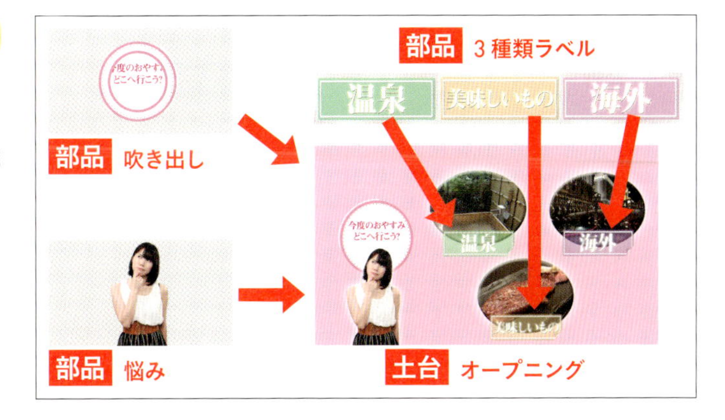

STEP 2

スマホアクションの作成：
部品（スライド写真）を作成し、スマートフォンの土台に配置してスワイプさせる。

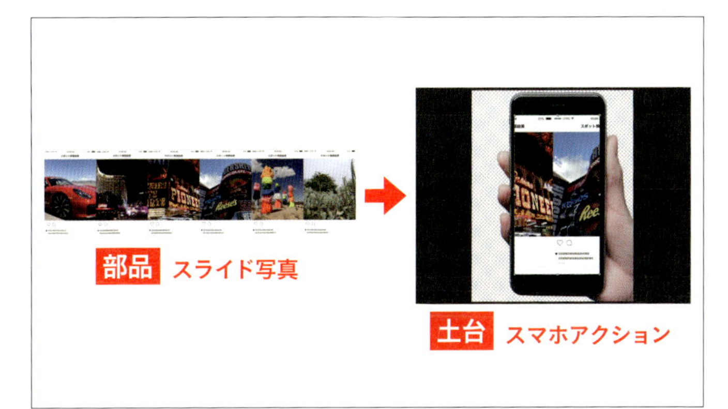

STEP 3

統合前半の作成：
「オープニング作成」と「スマホアクションの作成」の土台どうしを重ね合わせ、前半部分に統合する。

後半作業

STEP 4

写真配列アニメーションの作成：
部品（写真並べ）、部品（写真配置）を土台にパネルとして配置し、カメラを使用して自由に視点を動かしていく。

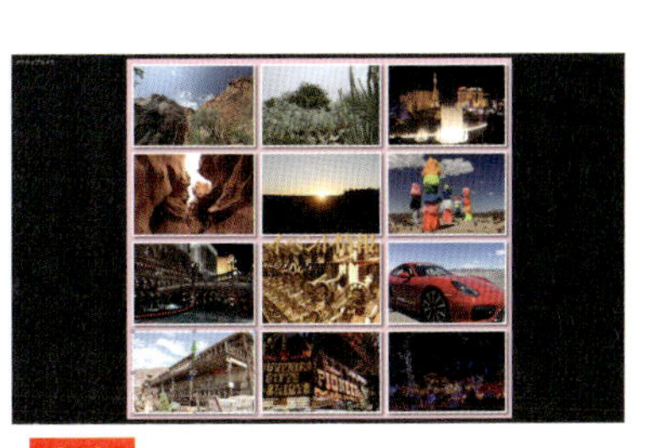

STEP 5

決めセリフの作成：
部品（キラキラ文字）、部品（飛び散るハート）、部品（リボン）を作成し、土台に配置して人物の演出に合わせてモーション設定を行う。

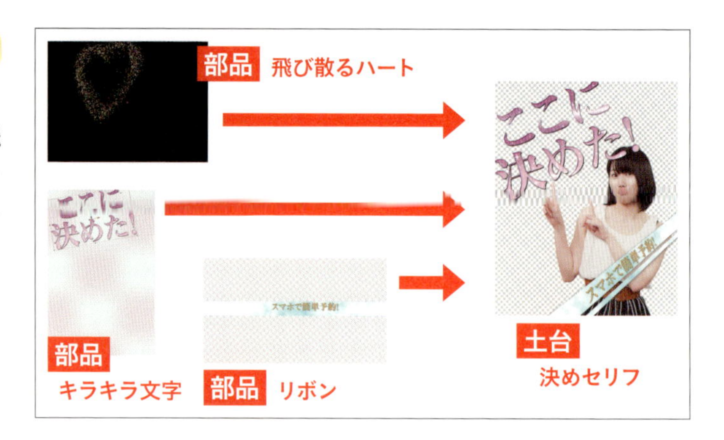

STEP 6

エンディングの作成：
部品（グラデーション矢印）を作成、文字とアイコンに合わせて演出を行う。

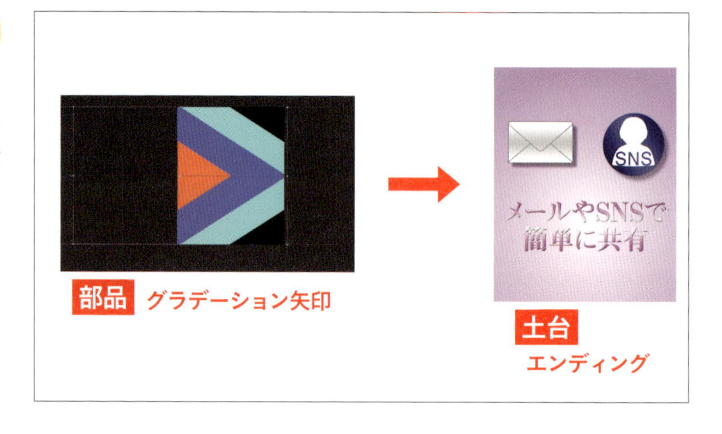

STEP 7

統合：
「無数の写真のアニメーション」「決めセリフ」「エンディング」の土台どうしを重ね合わせ、後半部分に統合。

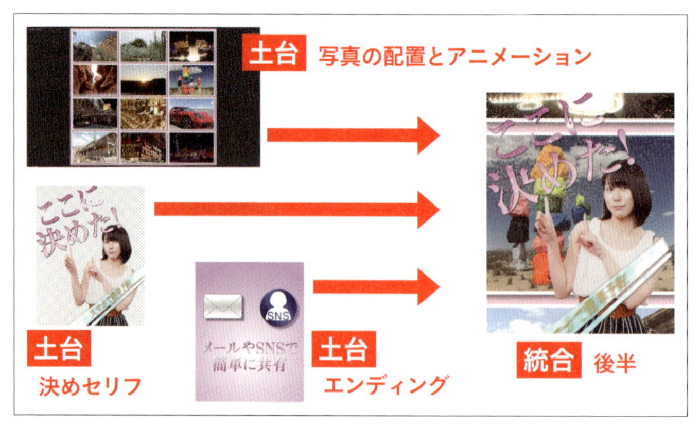

STEP 8

統合（前半）と統合（後半）の各題目を統合：
情報サービス動画の１つのまとまった作品が完成する。

後半作業

最終作業

CHAPTER 3 ソーシャル動画の作成（応用編）

プロジェクトパネルでの素材の確認

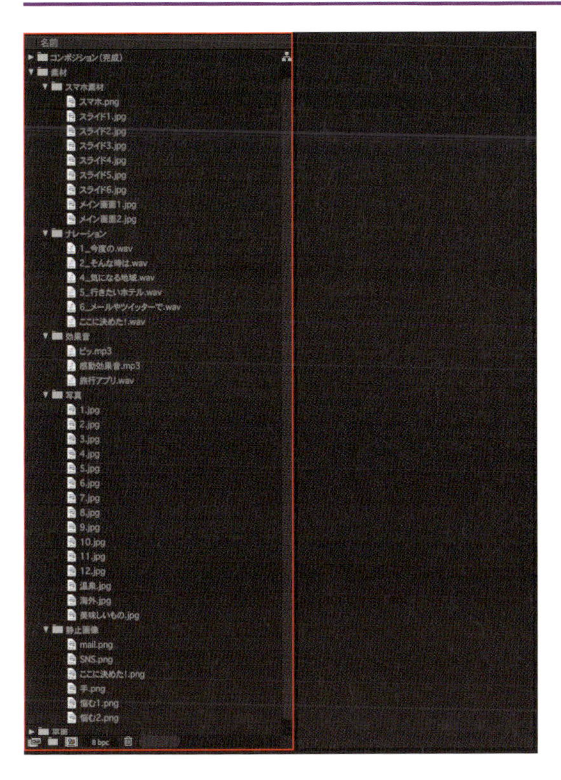

最初に CHAPTER 3 で使用する各素材を確認してみよう。CHAPTER 1 同様に、素材は After Effects の画面左上のプロジェクトパネル内の素材フォルダ内に収納されている。＜素材＞をクリックして、展開された＜スマホ素材＞＜ナレーション＞＜効果音＞＜写真＞＜静止画像＞の各素材を確認しよう。

動画の画面サイズについて

横向き

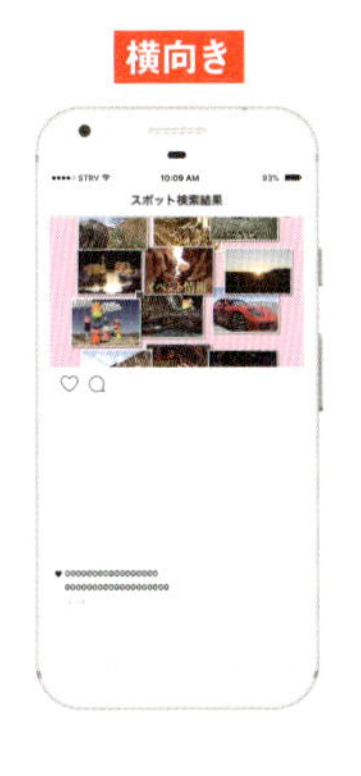

縦向き

正方形

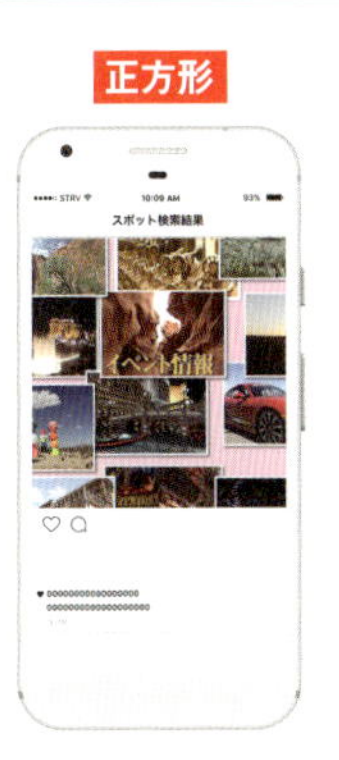

CHAPTER 2 までは、16：9 という TV の画面サイズや YouTube 動画での一般的なモニターサイズを前提に作ってきた。しかし、最近はデジタルサイネージ（電子看板）やスマートフォンの普及により、縦型や正方形などの映像視聴も増えていることから、CHAPTER 3 では縦 1350px、横 1080px というスマートフォンの縦長動画をベースとした作成を中心に解説する。出力画像の大きさが異なると、画像配置のレイアウトなども影響を受けるので、こちらにも気を配る必要がある。

◀今回の 1350 × 1080px を 1920 × 1080px の大きさでレンダリングしてしまうと左右に余白ができてしまうので、レンダリングするときは、一度サイズを確認してから行ってもらいたい

SECTION

03 オープニングを作成する

情報リービス動画の最初の構成である「オープニング」から解説していこう。女性が休みにどこへ行くか悩むシーンだ。

コンポジションを開いてプレビューで確認する

＜コンポジション（完成）＞から**＜3_1_3_誘導画面（完成）＞**のコンポジションを開く。

まずは、オープニングがどのように作られているか、プレビューで動きを確認してほしい。最終的には左の動画のような悩んでいる女性の写真、その後ろに吹き出しのような楕円、そして3つの写真のアニメーションの演出を施していく。

設定を確認する

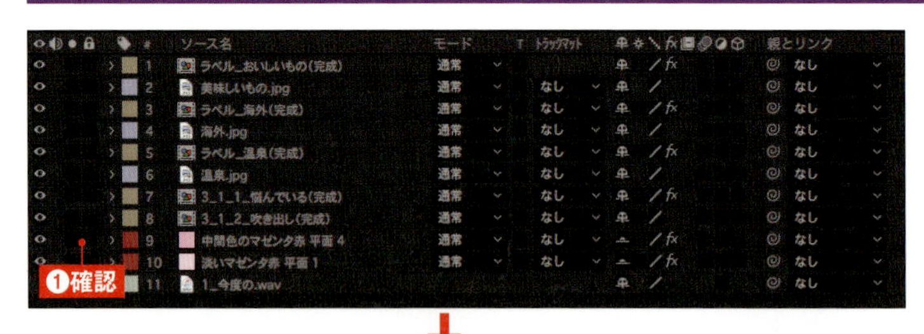

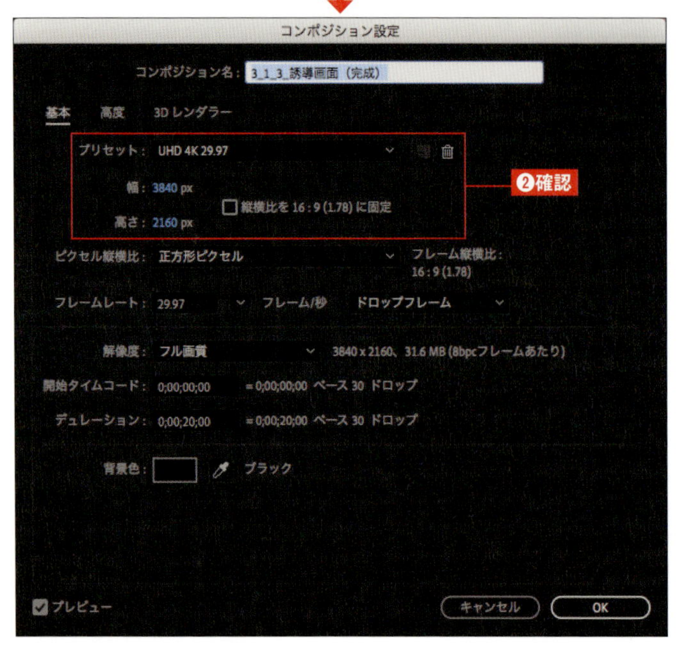

ここでは、これらの5つのコンポジション（悩み、吹き出し、3種類のラベル）を土台として活用し、P.490の誘導の演出「大画面での視点の移動で大胆に演出する」と同じように、イメージサイズが大きい（解像度が大きい）土台に、各部品を配置していく。タイムラインパネルで素材を確認したら❶、command + k キーを押して（Windowsでは Ctrl + k キー）、コンポジション設定画面を表示し、画像の大きさのプリセットを見てほしい。「UHD 4K 29.97」と3840×2160pxの大きさのコンポジションが作成されているのがわかる❷。

SECTION

04 悩む女性のモーションを作る ～オープニングの作成①

ここでは、悩んでいる写真のモーションを作成していく。具体的には写真を相互に切り替えていくアニメーションだ。

2枚の写真を相互に切り替える

完成動画

それでは最初の部品（悩み）から作成していこう。
<コンポジション (スタート) >から**< 3_1_1_ 悩んでいる (スタート) >**のコンポジションを開く。
ここでは左の完成動画のように、写真を相互に切り替えていくアニメーションを設定する。

素材の確認と設定方法について

❶ 2枚の女性の写真を確認する

ここでは、悩んでいる女性の2枚の写真（<悩む 1.png >、<悩む 2.png >）がタイムラインに重なって配置されている。これら悩んでいる女性を、1秒間隔で交互に表示させるような設定をしていきたい。

❷ 1秒間隔で配置する

通常だと、各レイヤーの長さを1秒間隔でトリミングして、コピー＆ペーストして複製してつないでいく方法が考えられる。これも正解だが、もし仮にクライアントが3時間ループしてほしいと言ったら、コピー＆ペーストを何回繰り返さなければならないか考えてしまう。ここではエクスプレッションを使用して、簡単に表示できる方法を解説していこう。

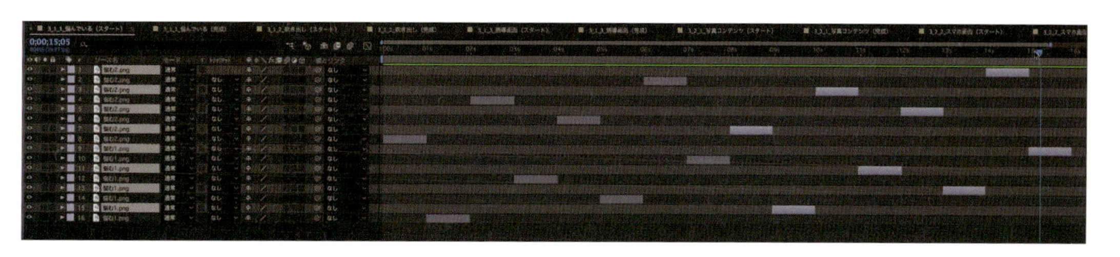

不透明度を設定してエクスプレッションを適用する

❶ 不透明度を設定する

<悩む 1.png ><悩む 2.png >を交互に 1 秒ごとに< 0% >と< 100% >の交差した<不透明度>の設定を行う。

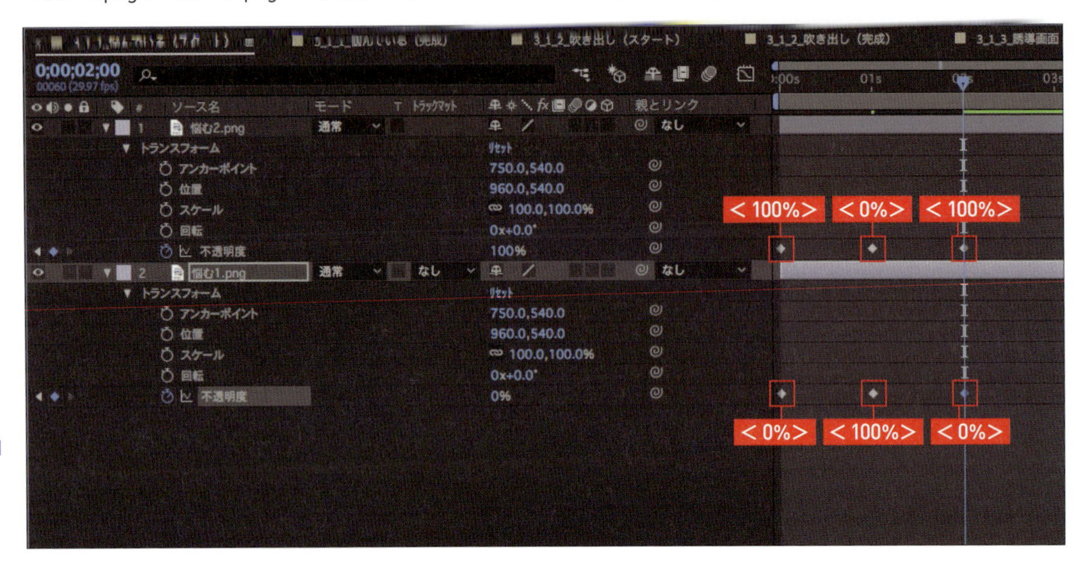

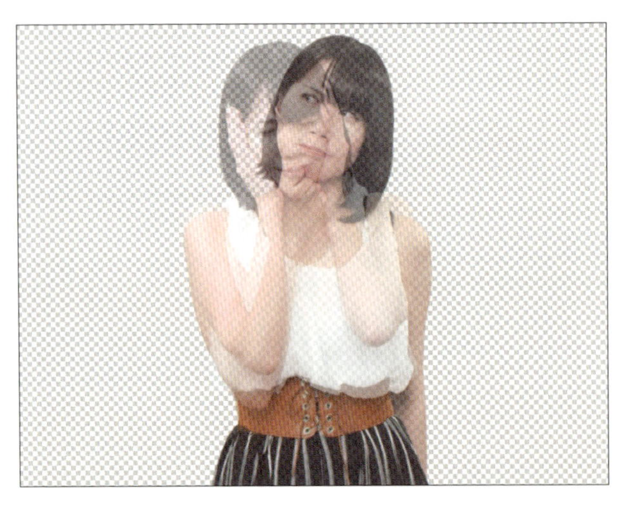

❷ プレビューで確認する

プレビューしてみると、結果的に両方がフェードイン／フェードアウト（現れて消えていく画像が交互に重なりあう）した関係になるのが確認できる。

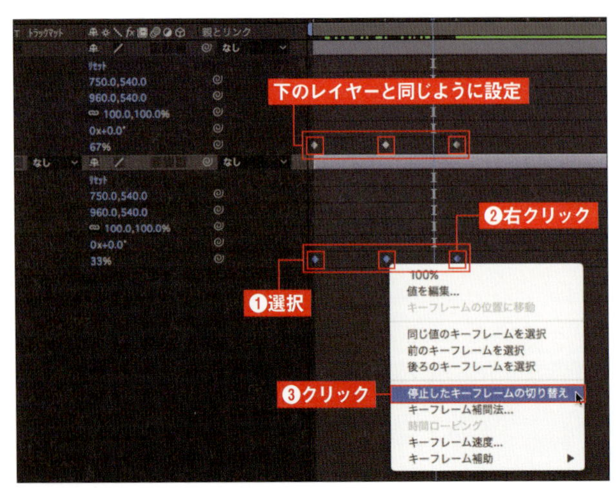

❸ 写真の切り替えを設定する

各レイヤーで設定したキーフレームを上のレイヤー、下のレイヤーと各選択し❶、キーフレームを右クリックして❷、<停止したキーフレームの切り替え>を選択する❸。各レイヤー毎に設定ができたら、フェードアウトしないで切り替わる設定になる。

❹ エクスプレッションを適用する

最後に両方のレイヤーの＜不透明度＞にエクスプレッションを適用する。＜不透明度＞を選択した状態で、shift ＋ Option ＋ ^ キー（Windowsでは Shift ＋ Alt ＋ ^ キー）で適用できる❶。キーフレームを繰り返すように「loopOut("cycle",0)」と設定することで❷、コンポジションの長さ、レイヤーの長さが続く限りループを繰り返す。

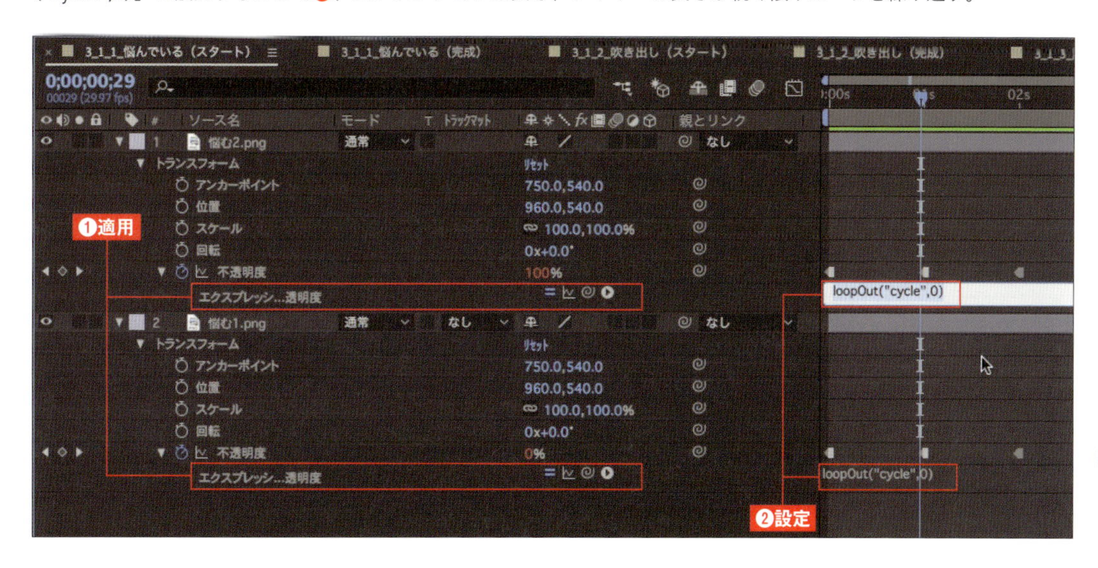

CHECK グラフィックエディターで確認する

エクスプレッションをキーフレームに変えてみると、図のような形になったのが確認できるはずだ。エクスプレッションでのループの設定はCHAPTER 2の「文字をループ再生する」で解説している（P.205参照）。ちなみに、今回は2パターンのみのイメージを相互にループさせてみたが、必要に応じてパターンの数を増やせばさらにバラエティー豊かに演出を広げることも可能だ。またパターン数を増やした場合にはフレームが飛ばないように、コンポジション設定からフレームレートを30に変更するのを忘れないでもらいたい。

TIPS

キーフレームを繰り返す設定について

「loopOut（"cycle",0)」の「0」は最初のキーフレームを繰り返す設定だが、キーフレームの繰り返し番号を指定しないで「loopOut（）;」と短縮することも可能だ。

SECTION

05 吹き出しのアニメーションを作る　～オープニングの作成②

ここでは、もう1つの部品である女性の頭の上に現れる吹き出しを作成する。シェイプレイヤーを使うのがポイントになる。

シェイプレイヤーで吹き出しを作成する

<コンポジション（スタート）>から**<3_1_2_吹き出し（スタート）>**のコンポジションを開く。
最終的に左の動画のような吹き出しを完成させていこう。

完成動画

楕円の中の文字をきれいに見せる

❶ 設定を確認する

プレビューをしてみると確認できるが、一番手前に配置してある楕円が文字の上に重なり合っているため、文字が隠れている状態だ。まずはこの楕円が現れる過程で、下に配置されて隠れている文字が次第に現れてくるようなモーションを作成していく。

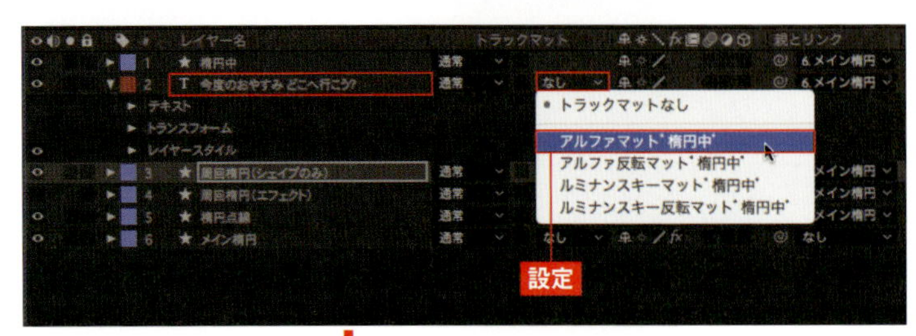

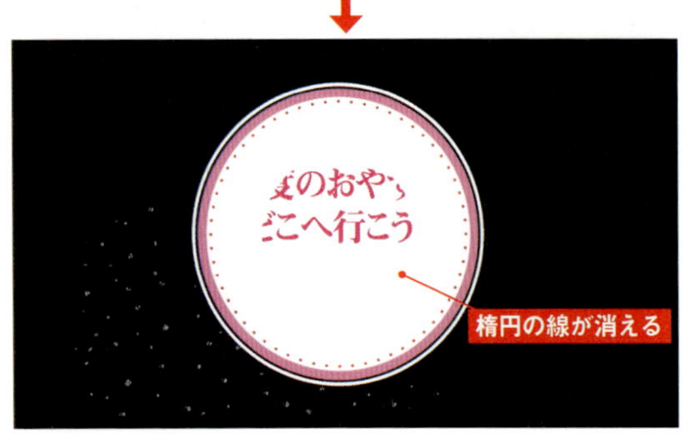

❷ 楕円に沿って文字を表示する

文字レイヤー<今度のおやすみどこへ行こう？>の<トラックマット>から<アルファマット"楕円中">を選択する。これで上に配置されているアルファチャンネル部分の楕円に沿って文字が表示されていくのが確認できる（トラックマットに関しては CHAPTER 2 の P.161 の「文字に映り込みを加える」を参照）。ただし、ここでは楕円の線部分もアルファチャンネルに含まれてしまうため、線が消えてしまう。

❸ 楕円部分を表示する

タイムラインの<楕円中>の<描画モード>から<乗算>を選択する❶。次にトラックマットの設定で非表示になったタイムラインの<楕円中>を表示する❷。白で塗られている（明るい部分）楕円部分が表示され、それに従い「線」も表示された。しかし、この線もアルファチャンネル部分なので残念ながらまだ文字と被さってしまっている状態だ。

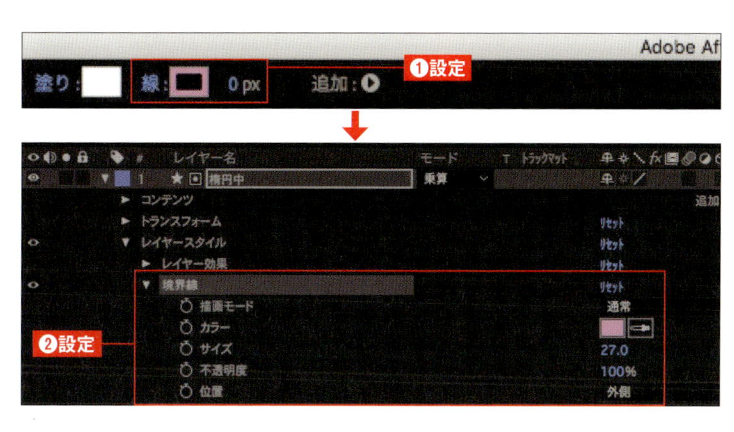

❹ 境界線を設定する

解決法として、最初にシェイプレイヤーの<線>を< 0px >に設定する❶。次に<レイヤー>メニュー→<レイヤースタイル>→<境界線>をクリックして、図のように設定する❷。レイヤースタイルは描画モードに直接影響を受けない特性があるので、独立して線のみを表示させることができる。

MEMO　線部分を独立させて表示する

<境界線>→<描画モード>のプルダウン項目を変更することで、線部分を独立させて描画モードでの表示を変えることも可能だ。

線を破線にしてアニメーションを作成する

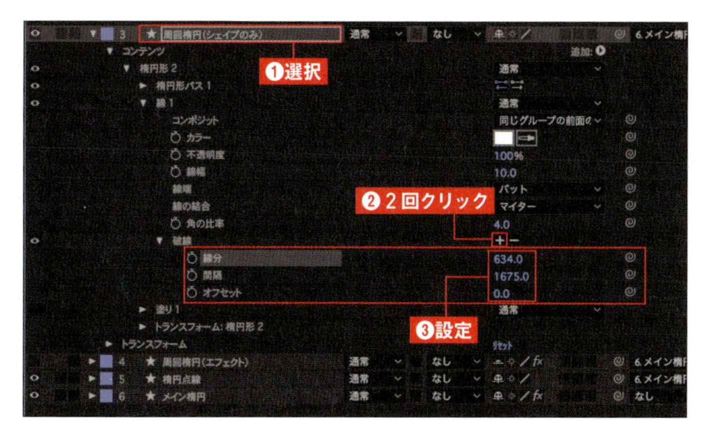

❶ 破線を周回させる

続いて一番外側の楕円の線を破線として周回させてみよう。タイムラインから<周回楕円（シェイプのみ）>を選択し❶、<破線>の➕を２回クリックして❷、間隔、オフセットの項目が追加されたのを確認、各項目を図のように設定してみよう❸。<間隔>を< 1675 >と設定することで、周回楕円の本数を極端に減らし、<線分>を< 634 >とすることで、それら減らされた周回楕円をつなぎ合わせるといった設定になる。これで単一の破線の長さを保ちつつ、移動させることができる（破線についてはCHAPTER 2 の P.218「点線模様の円形を動かす」を参照）。

破線の設定解説動画

❷ 破線を永久に回転させる

最後に＜トランスフォーム：楕円形 2 ＞の＜回転＞の項目にエクスプレッション「time*100」を適用し、1 秒間に 100 度ずつ回転するアニメーションを作成する。これで、コンポジションとレイヤーの長さが続く限り永久に回転し続ける破線が完成する。

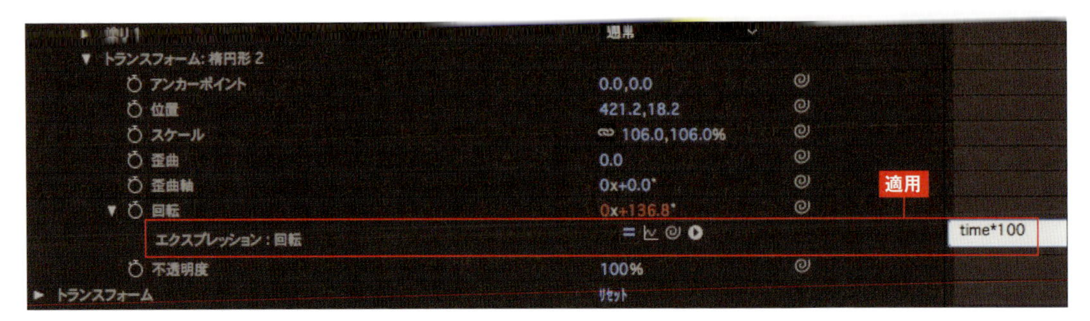

TIPS

放射状ワイプを使用する

ここで解説した以外にも、エフェクトの放射状ワイプを使用する方法もある。タイムラインパネル内にある＜周回楕円（シェイプのみ）＞を非表示にし❶、＜周回楕円（エフェクト）＞を表示して❷、エフェクトコントロールパネルを確認してもらいたい。
ここでは、楕円に＜放射状ワイプ＞を適用し❸、＜変換終了＞のパラメーターを設定して❹、表示されている円弧の長さを調整している。さらに＜開始角度＞にエクスプレッション「time*100」を適用することで回転させている❺。
この方法であれば、破線の長さの割合が確実に再現でき、＜変換終了＞を＜ 75% ＞に設定した場合、弧の長さが全体の 25% と確認でき、さらにぼかしも適用可能となる。

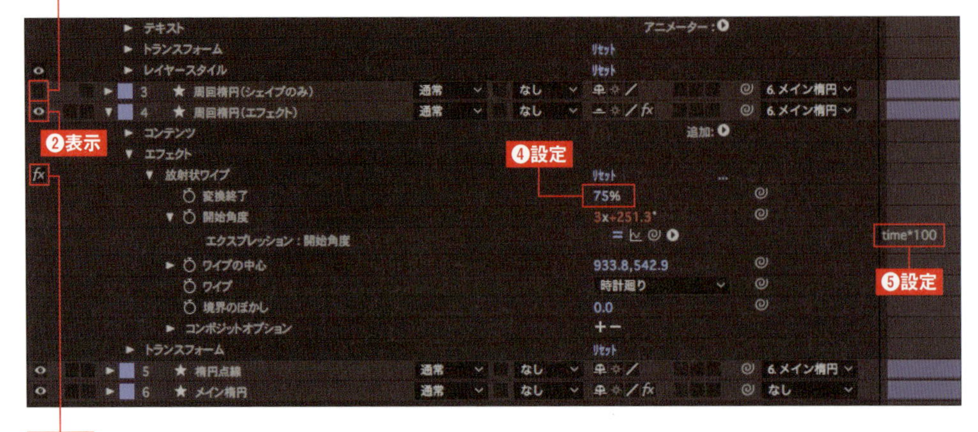

放射状ワイプを使用した周回楕円の解説動画

SECTION

06 写真／ラベルのモーションを作る　～オープニングの作成③

ここでは、写真とラベルを配置して、移動しながら各パーツにフォーカスしていくような演出を行っていく。

大画面上に各パーツを配置する

完成動画

部品（悩み）、部品（吹き出し）が完成したら、**<コンポジション（スタート）>**から**<3_1_3_誘導画面（スタート）>**のコンポジションに戻ってみよう。

ここではすでに部品制作の作業結果の部品（悩み）、部品（吹き出し）が配置されており、前SECTIONで作業した結果がコンポジション上で反映されているのが確認できる。

背景と写真を設定する

1 背景を作成する

タイムラインパネル内の<中間色のマゼンタ赤 平面 4>を選択し❶、表示する❷。エフェクトコントロールパネルから<ブラインド>と<ブラー（ガウス）>のエフェクトを適用する❸。背景はエフェクトのブラインドを使用したものだが、P.351の「ブラインドエフェクトを使って場面転換を行う」でのブラインドでの場面転換の活用とは違い、ブラインドにアニメーションを適用しない（動かさない）ことで模様のような背景を作成することができる。

❷ ナレーションの設定を確認する

続いてナレーションに沿った各モーションの設定を行うため、タイムラインパネル内の＜［1_ 今度の .wav］＞のスピーカーを表示する❶。

＜オーディオ＞→＜ウェーブフォーム＞と展開することで❷、オーディオ波形も表示される。

プレビューすると、各写真がナレーションに合わせて順番に表示されていくのが確認できる（ナレーションが「悪魔の声」に変わる場合は、イントロダクションで解説している、P.032 の「パソコンがパワー不足の場合の対処法」を参照）。

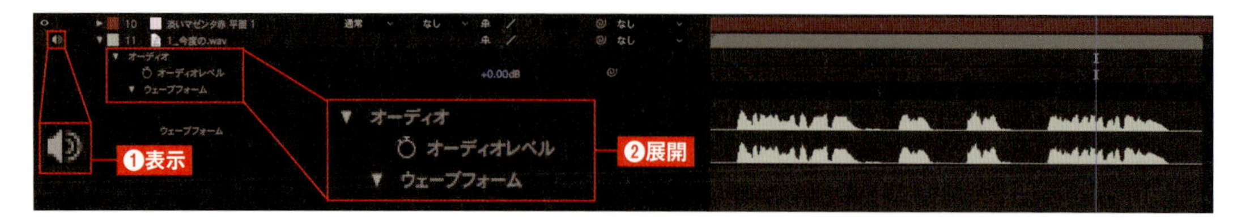

❸ 写真を楕円形にくり抜く

タイムラインパネル内の各写真（＜［美味しいもの .jpg］＞＜［海外 .jpg］＞＜［温泉 .jpg］＞）の中から＜［温泉 .jpg］＞を選択し❶、ツールパレットから楕円形ツールを選んで❷、これをダブルクリックをしてもらいたい❸。ダブルクリックすると、温泉の写真部分が楕円形の形にくり抜かれる❹。これはオブジェクトの大きさに合わせて自動的にマスクを適用してくれる機能だ。写真の大きさに最適な楕円形マスクを簡単に作成できる。

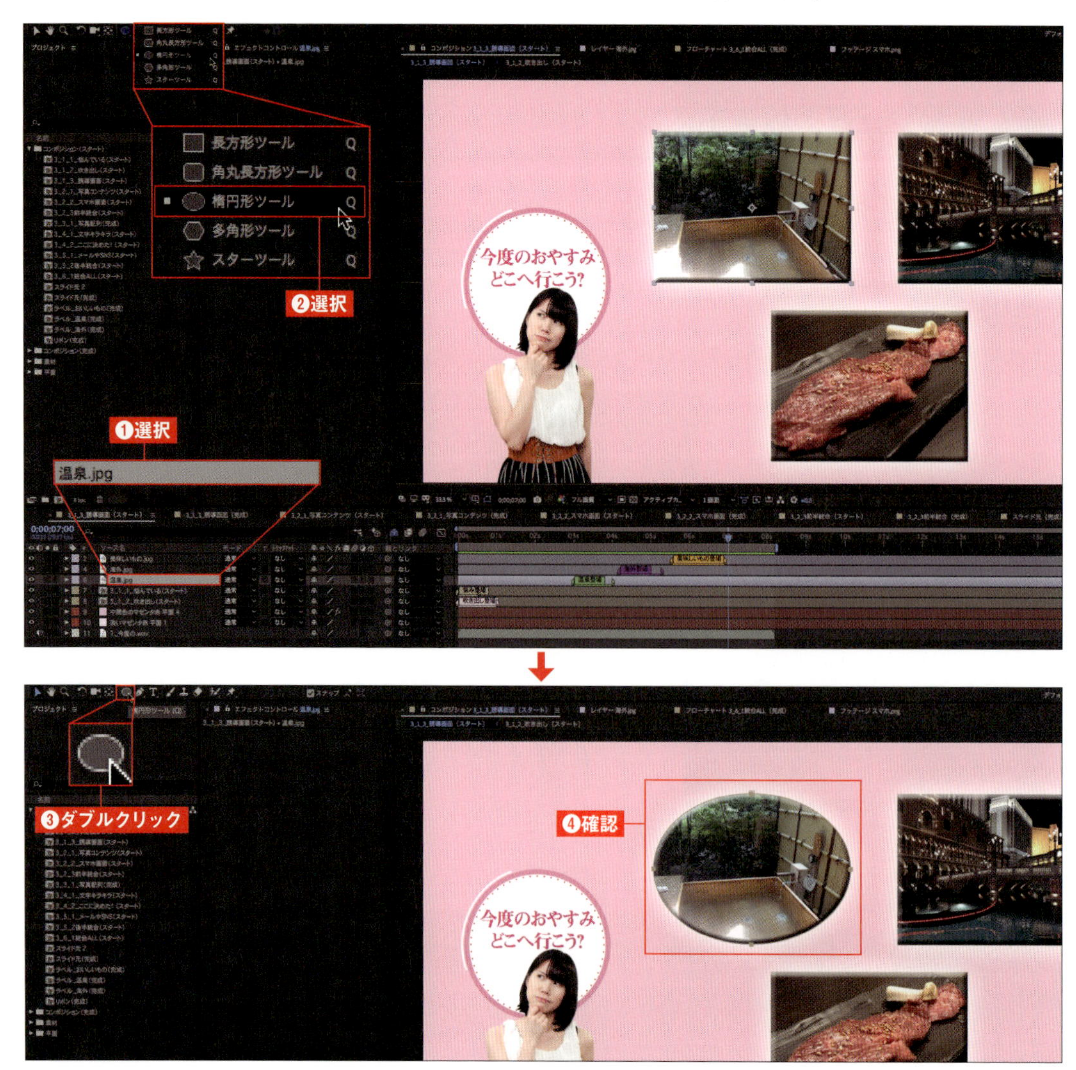

❹ ほかの写真にもマスクを適用する

P.536 の手順❸と同じように＜［美味しいもの .jpg］＞＜［海外 .jpg］＞の 2 つの写真にも楕円形マスクを適用してみよう。すべての写真に楕円形のマスクが適用されれば OK だ。

設定を確認してエフェクトを適用する

❶ 素材を確認する

続いてシャイプレイヤーをオフにすると❶、3つのレイヤー（＜ラベル _ おいしいもの（完成）＞＜ラベル _ 海外（完成）＞＜ラベル _ 温泉（完成）＞）がタイムラインパネル内に現れる。各レイヤーを非表示から表示に変えると❷、ラベルが画面内の写真の下に配置されているのが確認できる❸。タイムラインパネルが選択されているのを確認して、＜ラベル _ 温泉（完成）＞をダブルクリックする❹。

❷ ラベルデザインを確認する

コンポジションで、シェイプレイヤーと文字を使用して作成されたラベルデザインが確認できる。

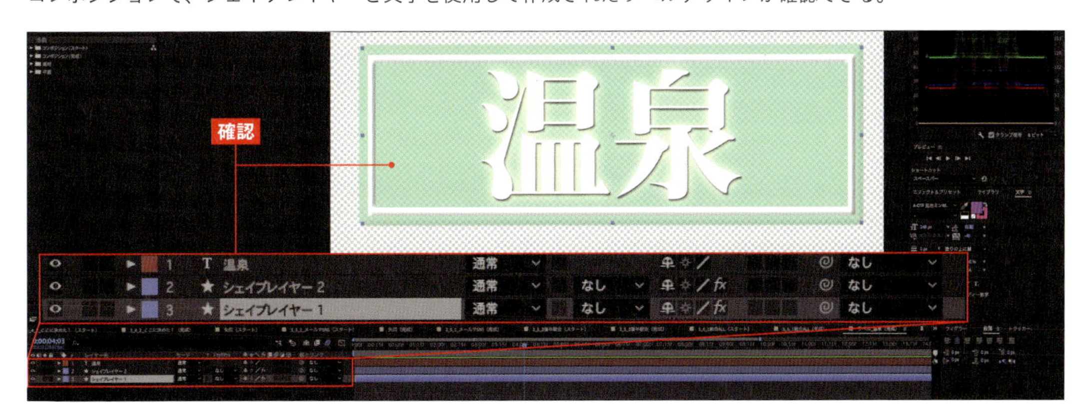

❸ CC Page Turnを適用する

再び< 3_1_3_ 誘導画面（スタート）>のコンポジションを選択して元の全体画像のコンポジションに戻り、各 3 つのラベルのエフェクトコントロール内から< CC Page Turn >を適用すると、Fold Position の設定でシールを貼るような効果が作成されているのが確認できるはずだ（CC Page Turn を使用した解説は、P.486 参照）。

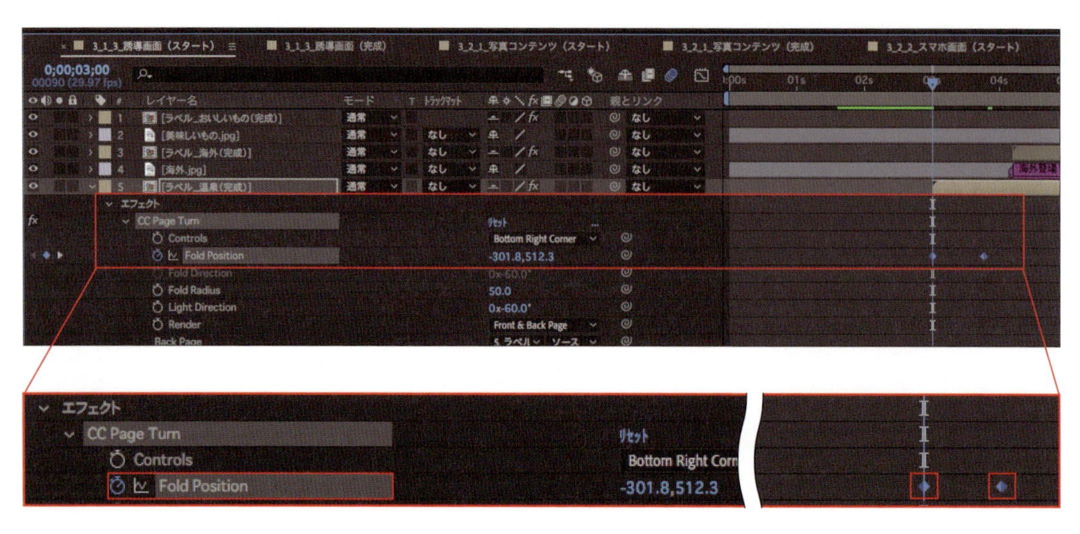

MEMO

ミニフローチャートを確認する

コンポジションパネルの上には、部品で構成された順番がミニフローチャートという項目で表示される。これはコンポジションの構成を確認するのに便利な機能だが、各コンポジション名をクリックすれば指定されたコンポジションにジャンプすることもできるので、ぜひ活用してもらいたい。

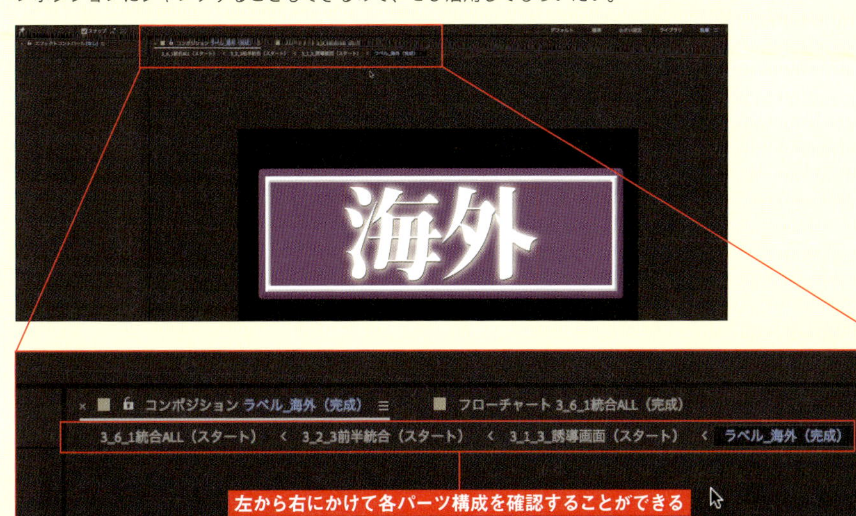

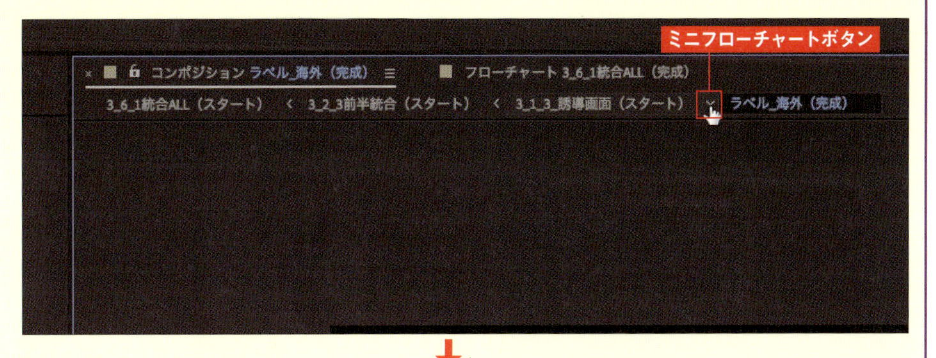

▲文字配列の一番左が大本、右に従って、部品の構成になっているのが確認できる

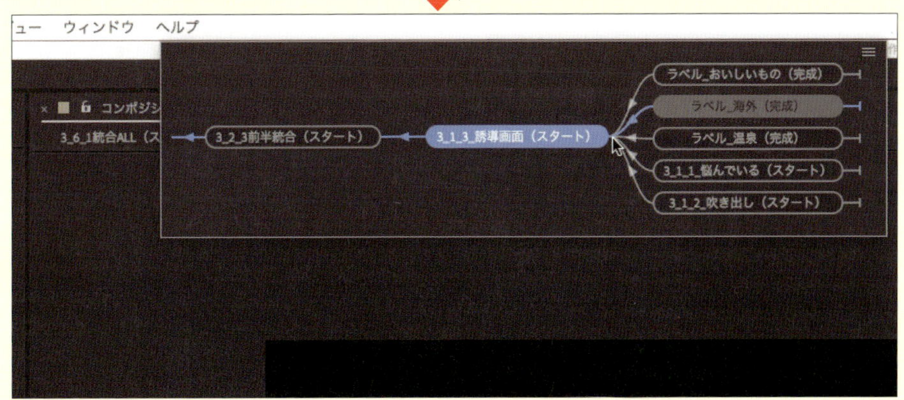

▲文字左の < をクリックすることで、ミニフローチャートを開いてコンポジションの構成を確認することができる

SECTION

07 誘導の演出を施す ～オープニングの作成④

ここでは、画面内の各位置に沿ってアニメーション設定を行う。オープニングの最後となる仕上げの作業になる。

土台の誘導を仕上げる

<コンポジション（スタート）>から**<3_2_3 前半統合（スタート）>**のコンポジションを開く。
すでに皆さんが作成した土台がタイムラインに配置されている。ここでは左の動画のように土台の誘導を仕上げていこう。

完成動画

各拠点を順番に移動させる

❶ コンポジションサイズを確認する

コンポジションサイズを確認してみよう。command + k キーを押して（Windows では Ctrl + k キー）、コンポジション設定画面を表示すると、コンポジションサイズが 1080×1350px というスマートフォン用の動画に合わせた縦長の大きさに設定されていることがわかる。
CHAPTER 2 の「大画面での視点の移動で大胆に演出する」と同じように（P.490 参照）、大画面の土台をベースに、各拠点部分を移動させフォーカスを合わせていこう。拠点となる箇所は、下記の 4 つとなり、ナレーションに合わせて順番に移動させていく。
①悩んでいる女性
②温泉
③海外
④美味しいもの

② 悩んでいる女性にフォーカスを合わせる

まず悩んでいる場面を図のように合わせて、およそ3秒位の位置のキーフレームを追加する。すでにスタート地点にキーフレームを打った方は、<現時間でキーフレームを加える、または削除する>◆でキーフレームを追加してみよう。

MEMO 波形を表示する

ここでは音に合わせやすいようにオーディオの波形を表示している。マウスでタイムラインを移動させるときに、command キー＋タイムラインをマウスで移動（Windows では Ctrl キー＋タイムラインをマウスで移動）させることでオーディオがタイムラインの軸位置に反映されて確認できる。

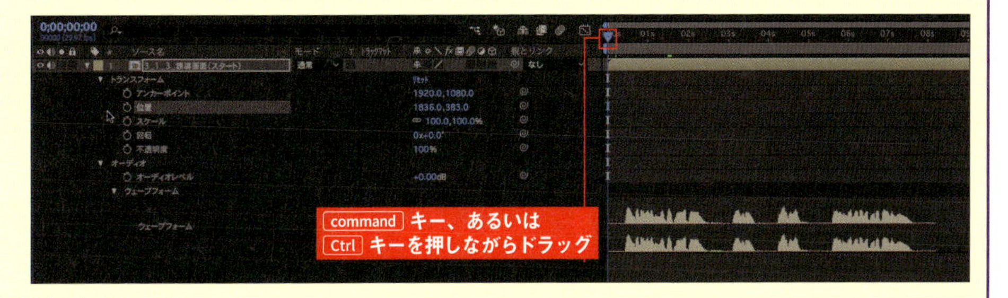

❸ 各拠点部分にキーフレームを設定する

続いて各拠点部分をナレーションに合わせながら移動させて、キーフレームアニメーションを作成していこう。続いてタイムラインの時間軸を 4 秒 6 フレーム< 04:06f >に移動し、温泉の写真地点まで全体画像を移動させてみよう。

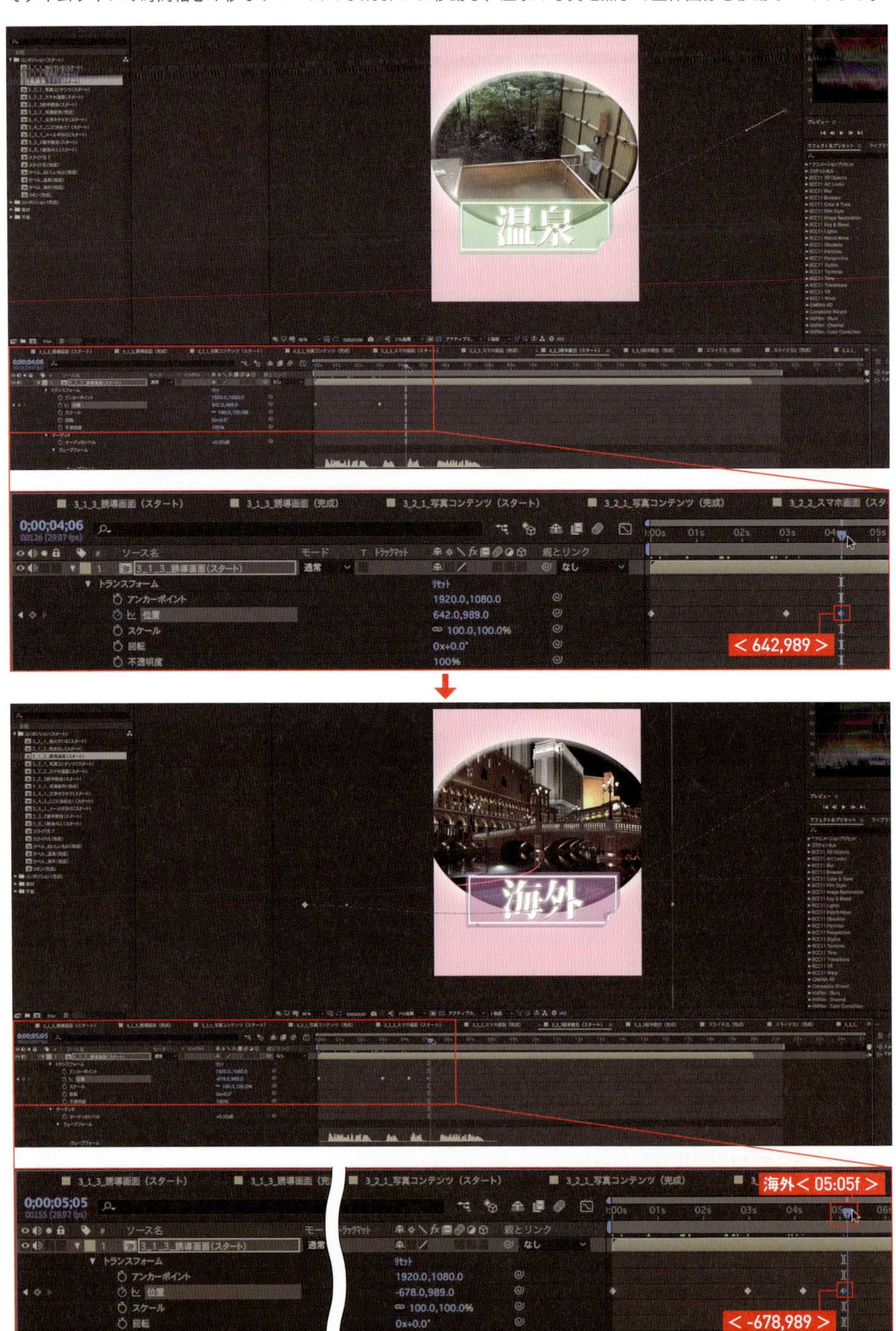

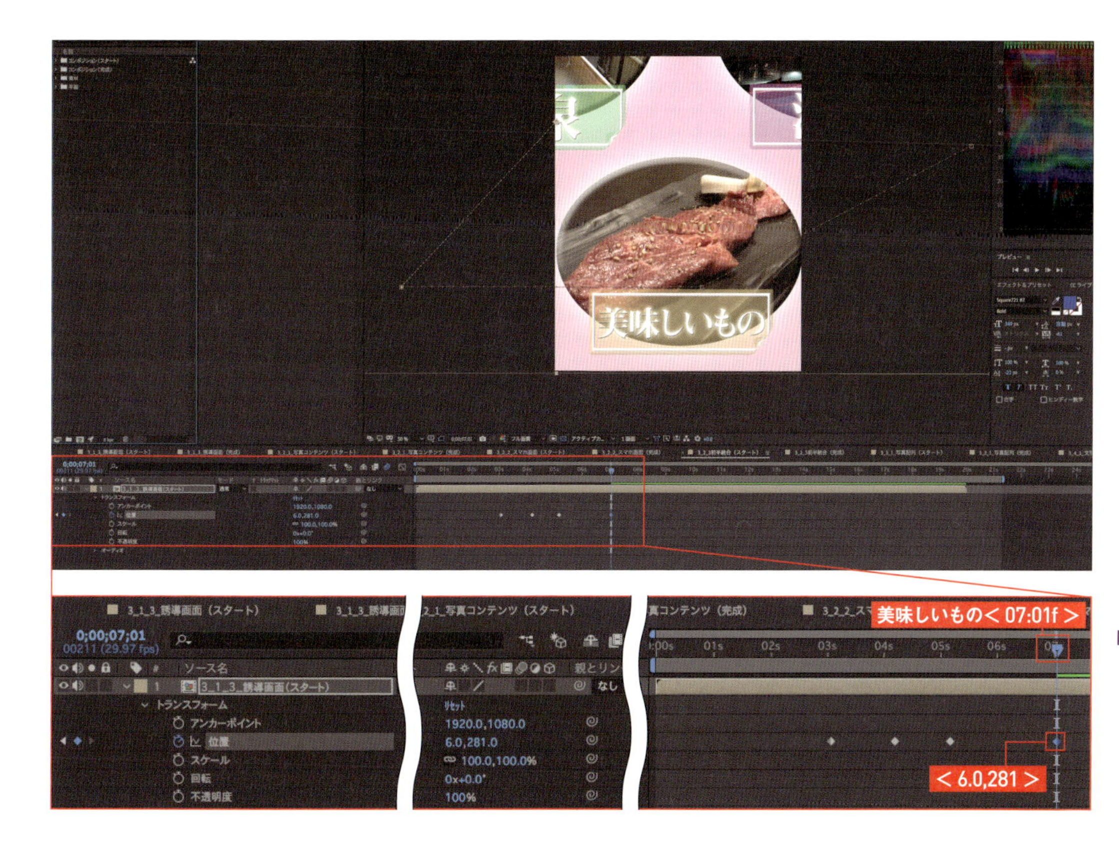

④ 軌道を確認する

無事完成すると、半円を描いていくような弧を描いた軌道が確認できる。最後に単調な動きにならないようにキーフレームにイージーイーズインなどの強弱を付け足してみよう。タイミングや配置が合わない場合には土台部分＜3_1_3_誘導画面（スタート）＞での写真の位置や大きさ、ラベルのタイミングなどを調整することで対処することが可能だ。

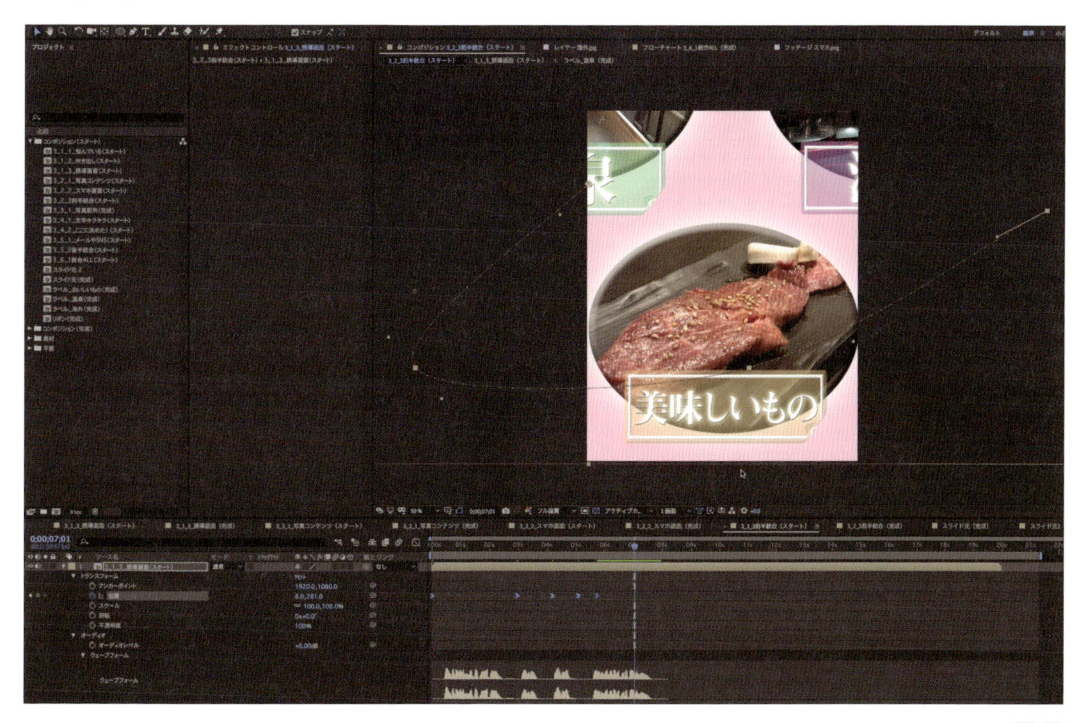

SECTION

08 スライド写真のコンポジションを整える ～スマホアクションの作成①

続いては、オープニングにつながる情報サービス動画の2番目の構成「スマホアクション画面」を作っていこう。

写真を整列配置させる

＜コンポジション（スタート）＞から**＜3_2_1_写真コンテンツ（スタート）＞**のコンポジションを開く。
最終的には左の動画のようなスマートフォン操作のアクションを作成する。

完成動画

ここでは先に、スマホアクションでスライドをさせていく写真コンテンツから解説していく。下図のようにスライド写真を配置できればOKだ。

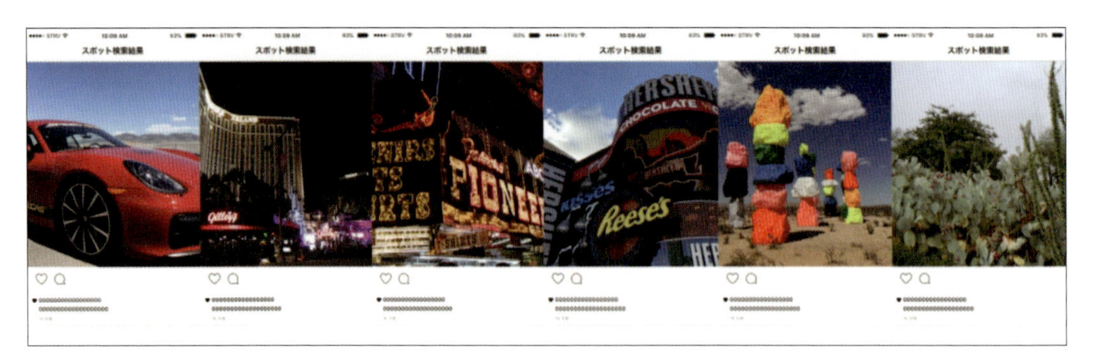

素材をタイムラインに取り込んでサイズを確認する

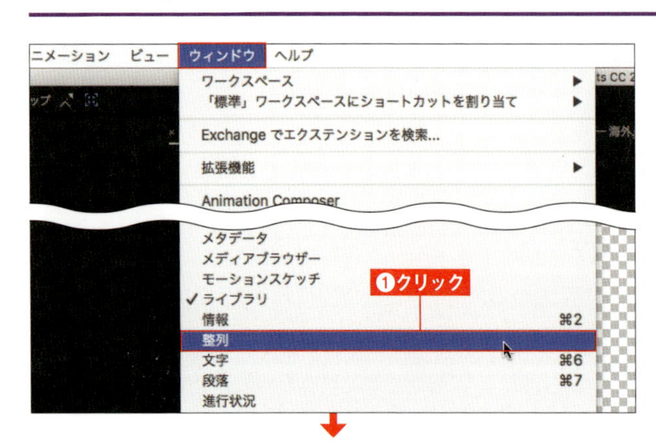

❶ スマートフォンの素材をタイムラインに取り込む

先にスライドを効率よく並べるために＜ウィンドウ＞メニュー→＜整列＞をクリックして❶、整列パネルを表示する。
プロジェクトパネル内の＜素材＞→＜スマホ素材＞に収納されている＜スライド1～6.jpg＞までをタイムラインにドラッグ＆ドロップする❷。

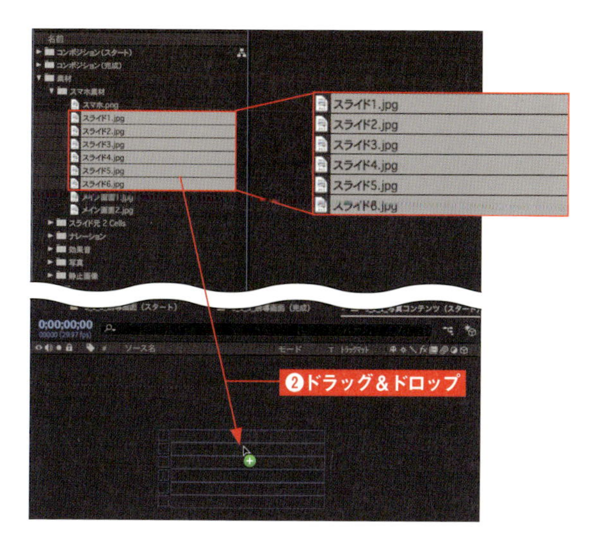

❷ コンポジションのサイズを確認する

command + k キーを押して（Windows では Ctrl + k キー）、コンポジション設定画面を表示する。コンポジションのサイズは、幅 6480×高さ 1920px となっている❶。

ここでのコンポジションサイズは、元素材のサイズ×枚数の値に合わせて設定されている。プロジェクトパネルの<素材>→<スマホ素材>→<スライド 1.jpg >を選択し❷、大きさを確認してみると 1080×1920px という大きさにトリミングされているのが確認できる❸。

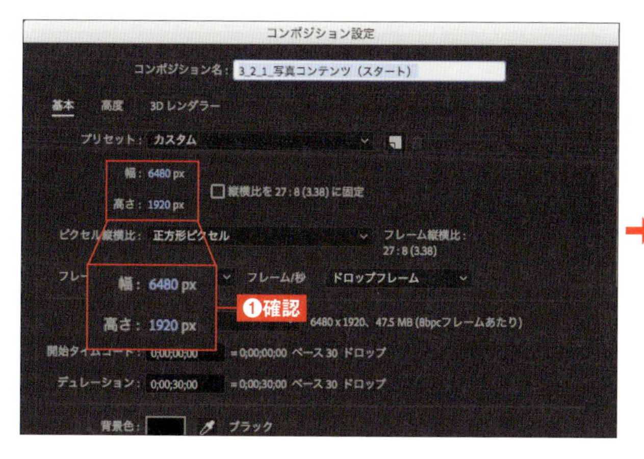

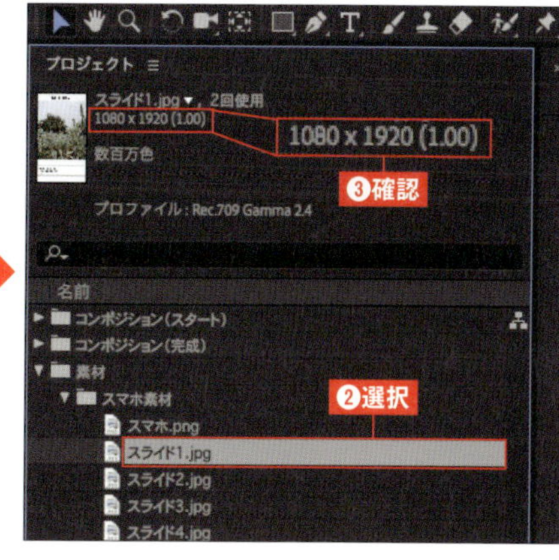

●コンポジションのサイズ

▲このコンポジションの幅は、スライド 1 枚の幅が 1080px、6 枚分を横に並べたことで 6480px という計算になる。高さは 1920px で統一されている

スライドを配置していく

ここからは、スライドを画面ぴったりに配置していく方法を解説する。

❶ 写真を右端に置く

タイムラインパネルの<スライド1.jpg>を選択し❶、整列パネルの<右揃え>をクリックすると❷、コンポジションの画面右（上手）に移動される❸。

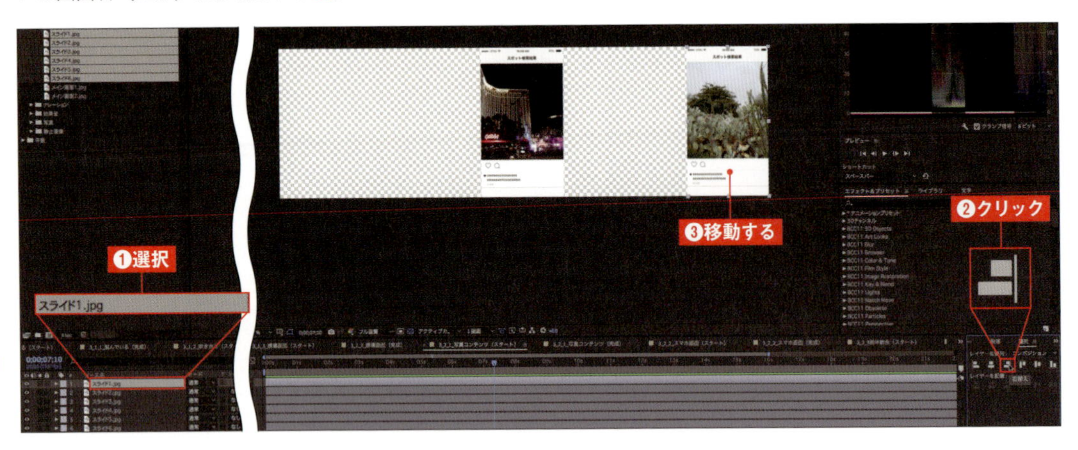

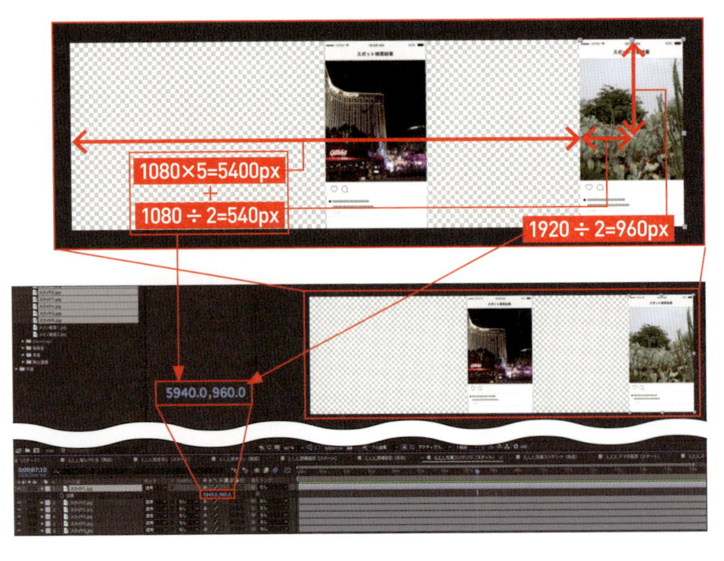

❷ ポジションを確認する

ぴったりと移動された<スライド1.jpg>のポジションを<位置>で確認すると、「5940,960」のポジション位置が確認できる。

なぜこのような半端な位置に設定されてしまうかというと、これはアンカーポイントの位置を基準に配置が計算されているからだ。コンポジションでの配置は、コンポジションの左上を基準に計算されているのだ。

TIPS

画面のサイズを調整する

スマートフォンなどで撮影された写真素材は、画面サイズが大きいので一度 Photoshop などで適切な大きさ（HD サイズなど）に縮小してから、After Effects で読み込むようにしてみよう。After Effects で画面サイズが大きい静止画像素材を扱うとメモリに負担がかかってしまい、フリーズなどの原因にもつながるからだ。

解像度の修正の解説動画

❸ 写真を左端に置く

それでは今度は＜スライド 6.jpg ＞を選択して❶、＜スライド 1.jpg ＞と同じように整列パネルの<左揃え>をクリックしてみよう❷。コンポジションの左上から計算して＜スライド 6.jpg ＞の位置は「540,960」となった。

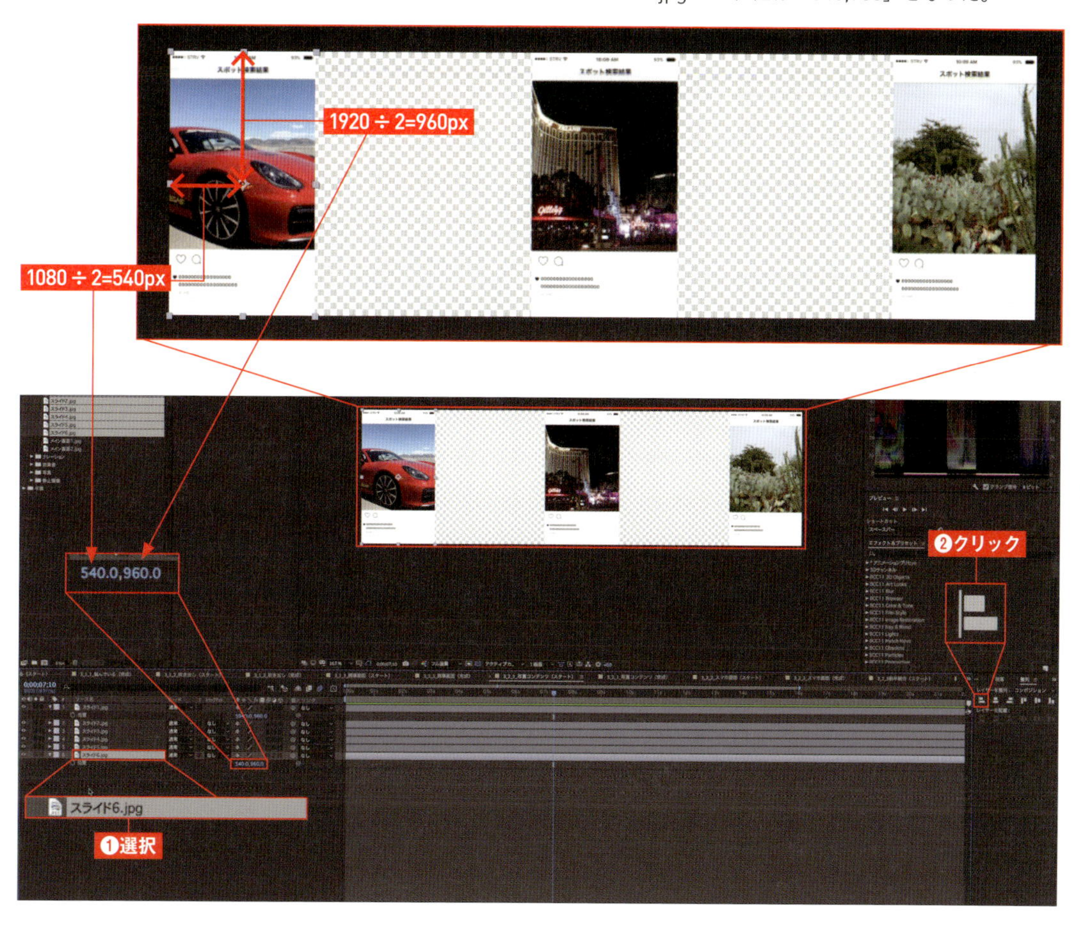

❹ 全写真を均等に配置する

続いてタイムラインパネル内の全スライドを選択する❶。整列パネルの<水平方向に均等配置>をクリックすると❷、先に並べたスライド 1.jpg とスライド 6.jpg の横位置を参照して、各スライドが均等に配置される。整列パネルはこうした配列を簡単に並べてくれる機能なので、いろいろな場面で活用してほしい。

SECTION

09 画面の切り抜きと指のモーションを設定する　～スマホアクションの作成②

スライドの作成が終了したら、今度はメインとなるスマートフォン画面の切り抜きと合成を行っていこう。

スマートフォン画面の切り抜きと合成

＜コンポジション（スタート）＞から**＜3_2_2_スマホ画面（スタート）＞**のコンポジションを開く。
画像を確認すると、スマートフォンを持った手とスマートフォンが表示されていることがわかる。まずはスマートフォン画面の切り抜き作業を行っていこう。

スマートフォン画面の切り抜きと合成を行う

❶ 切り抜き前に露出を調整する

タイムラインパネル内で＜スマホ.png＞を選択し❶、ツールパレットから長方形ツールを選択して❷、マスクで切り抜いていこう。切り抜きの前にコンポジションパネル下にある＜露出調整＞を＜+4.4＞に設定すると❸、暗いものを明るく調整できるので、画面が明るくなり液晶画面部分が把握しやすくなる。この露出調整は、レンダリングには直接影響されないので安心してもらいたい。元に戻すには左隣にある＜露出をリセット＞をクリックすることで❹、リセットされる。
なお、この露出調整は、「恐怖の心霊映像シリーズ」でもおなじみの機能だ。露出を上げると何者かが写っていたというオチにも使える（信じるか信じないかは別にして）。TIPSとして覚えておこう。

② 切り抜きを行う

画面右下から液晶部分のみを囲んで切り抜いていこう。切り抜きを開始すると、うしろに隠れていたメイン画面が現れるが、慌てず、急がず、正確に囲んで切り抜いていこう。ここでは、すでに<マスク 1>を作成して作業を行ったものを掲載しているが、下記、MEMO を参考にマスクを削除してから試してほしい。

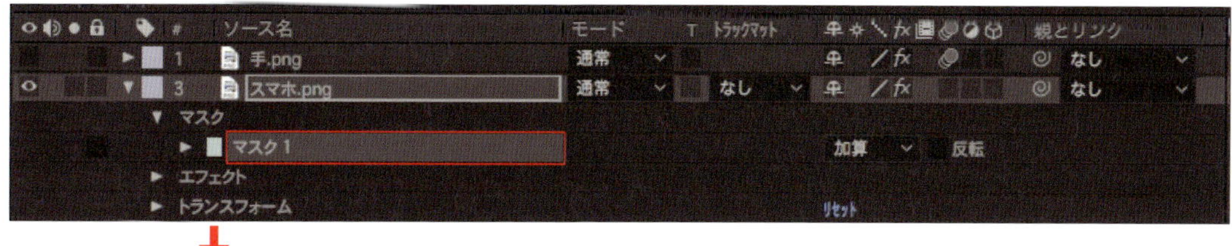

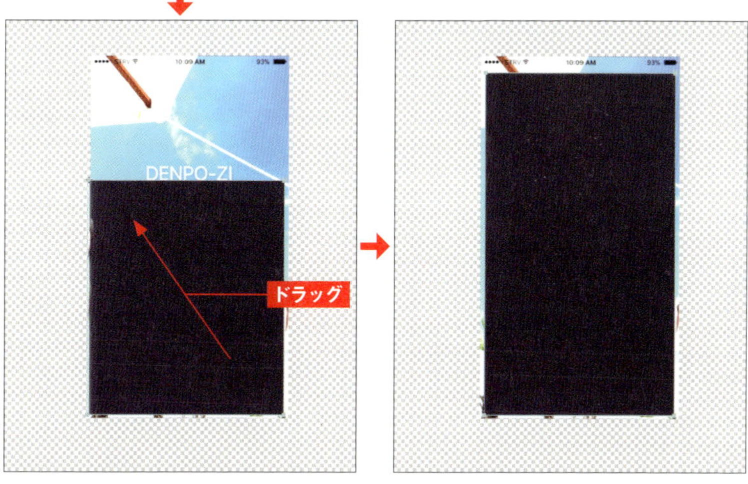

MEMO

操作を取り消す

もしマスク作成が失敗してしまったらタイムライン内の<スマホ>→<マスク>→<マスク番号>を選択して Delete キーを押すことで、失敗したマスクを削除できる。

③ マスクを反転して露出を戻す

無事マスクで液晶部分を囲い終わったら、<反転>をクリックしてマスクを反転し❶、露出も<露出をリセット>をクリックして元に戻そう❷。

❹ 指を表示する

続いてタイムラインパネル内の一番上に配置されている、<[手.png]>を表示する。ここではタイムライン上のレイヤーマーカーの記載に沿って「指タッチ」「指スワイプ」のモーションを設定していく。

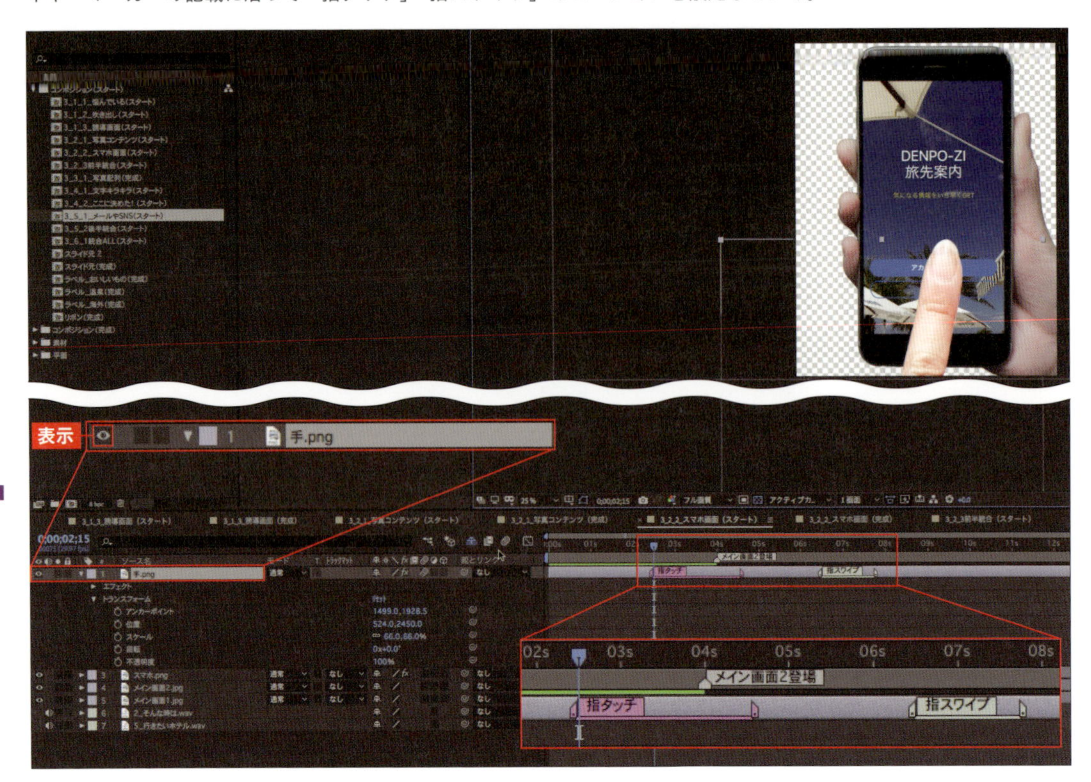

❺ モーションを設定する

最初はログイン画面でボタンを押す動作から設定していこう。マーカー記載の指タッチの半分くらいの部分で、画面下から指が出てきてタッチ。タッチしたら画面下へと戻る。ここでのキーフレームはアナログ感を出したいので、きっちり数値通りキーフレームを設定しなくてもアバウトでもタッチ感が演出できればOKだ。図を参考にしていただきたい。

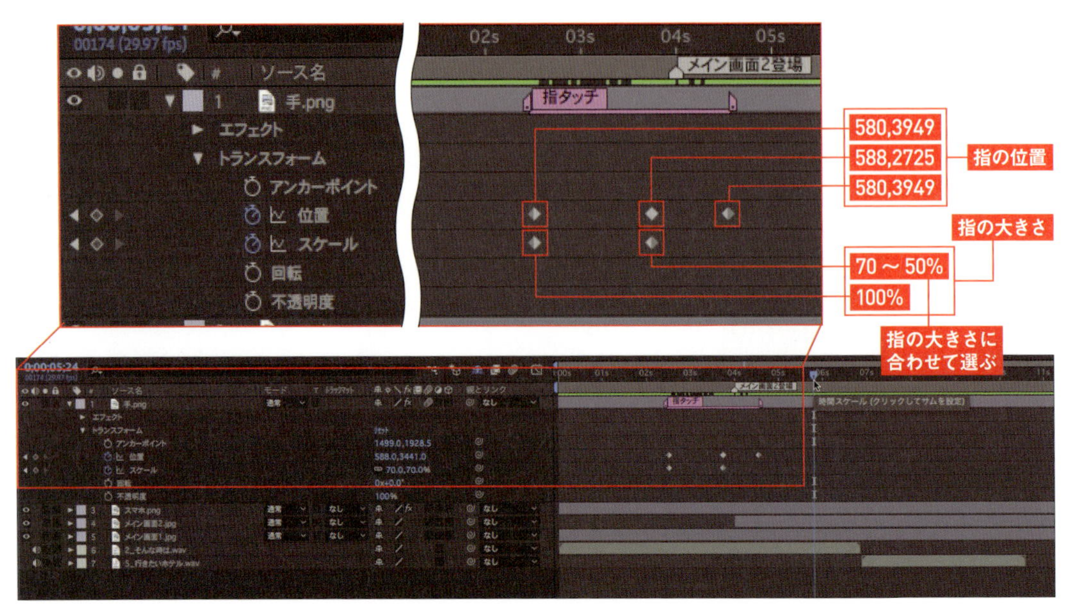

SECTION

10 写真をスワイプで切り替えるモーションを設定する ～スマホアクションの作成③

ここでは、作成したスライド写真とスマートフォン画面との合成を行い、指の動きに合わせて写真をスワイプで切り替える方法を解説する。

指の動きに合わせて写真をスライドさせる

ここでは、最初に画面の合成を行い、そのあとで指の動きを設定していく。最終的には、左図のように指の動きに合わせて写真をスライドできればOKだ。

スライドする写真を設定する

1 シェイレイヤーをオフにする

<シェイレイヤー>をオフにすると❶、タイムラインパネル内に先程作成した横に並べたスライドのコンポジションが現れるので、表示してもらいたい❷。

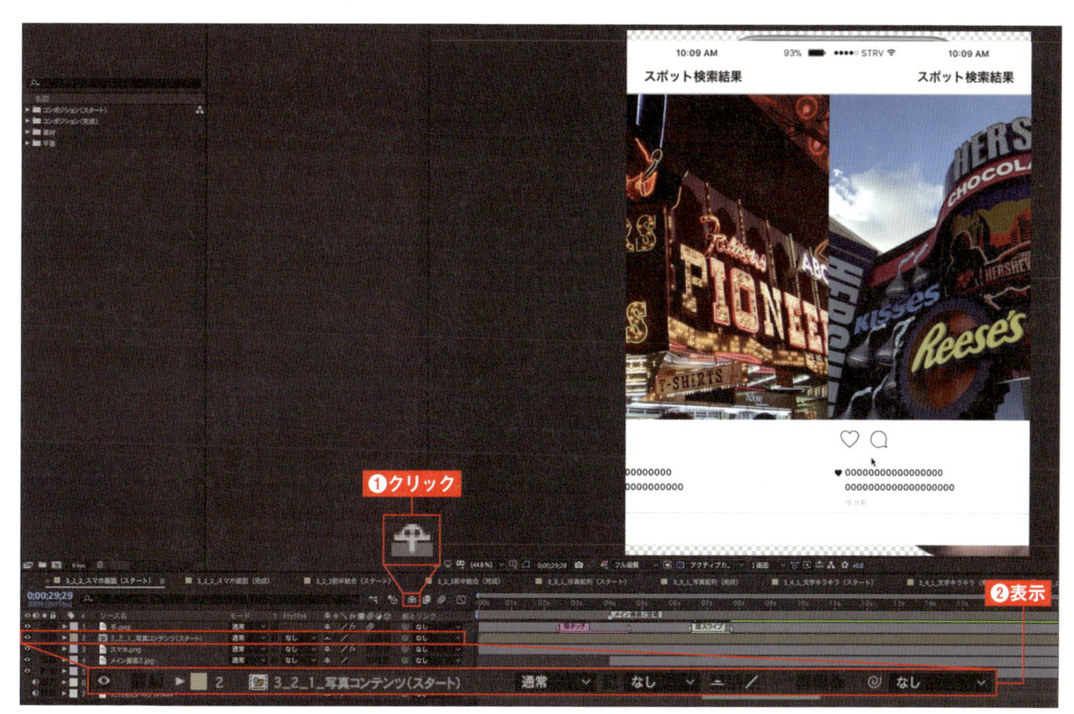

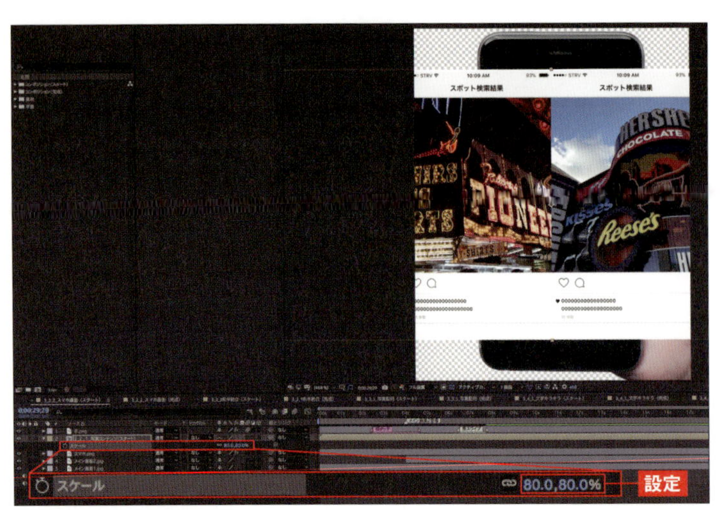

❷ 写真のサイズを調整する

<スケール>をちょうどスマートフォンの縦のサイズに合うように調整（ここでは< 80.0,80.0% >に設定）する。しかし、このままだとスライド写真がスマートフォンの前面に配置されているので、スマートフォン画面内に表示させるように設定する必要がある。

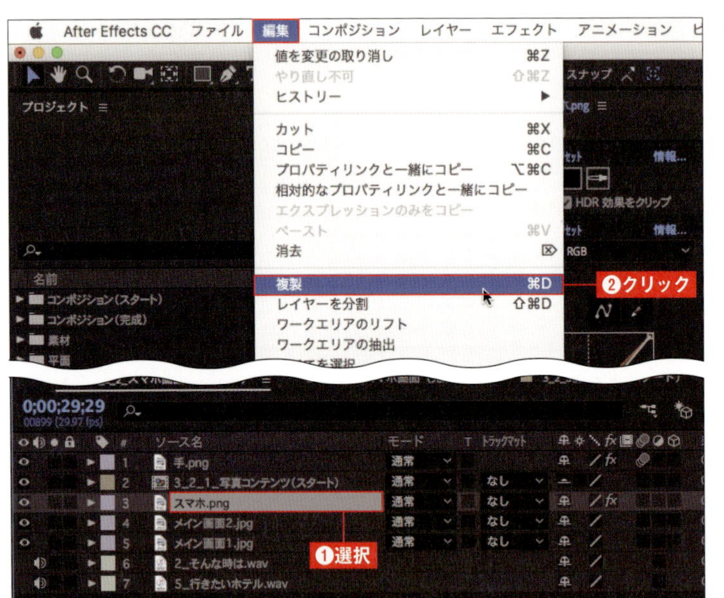

❸ スマートフォンの写真を複製して配置する

ここでは前SECTIONでマスクを適用した<［スマホ.png］>を選択して❶、複製したら❷、スライドのコンポジションの上に配置する❸。配置が完了すると、図のようにフレームが前面に配置される。しかし、スライド写真は、スマートフォンの表示画面の外に飛び出してしまっている。

④ マスクの反転を解除する

上に配置された＜［スマホ .png］＞の＜マスク 1 ＞の＜反転＞を、クリックして解除する。

⑤ 液晶部分を切り抜く

次にスライド写真のレイヤー＜［3_2_1_ 写真コンテンツ（スタート）］＞から＜トラックマット＞の項目を開いて＜アルファマット“スマホ .png”＞を選択する。これで前面に配置されたスマートフォンの液晶部分がトラックマットとして切り抜かれる。

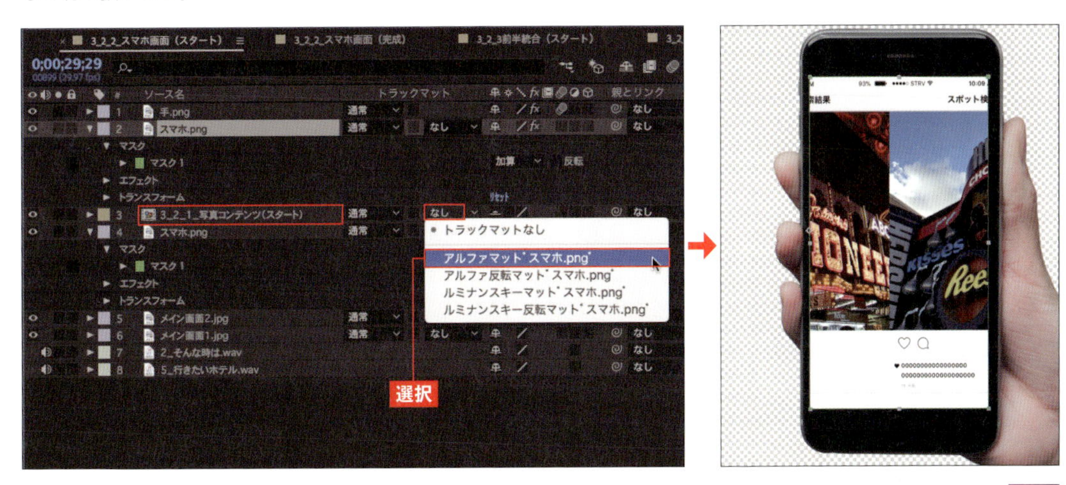

指によるスワイプを設定する

1 スワイプのモーション設定を行う

スライドがスマートフォン画面に無事配置されたら、今度は指でのスワイプだが、最初にタッチした＜［手 .png］＞のレイヤーを再度使用して、スワイプのモーション設定を図のように行う。

要領としては、指タッチが終わった指を液晶画面の左側（下手）に待機させて、一気に画面右側（上手）に移動させていく感じだ。指のタイミングはそれぞれ異なることもあるので、下図を参照して各々設定していただきたい。

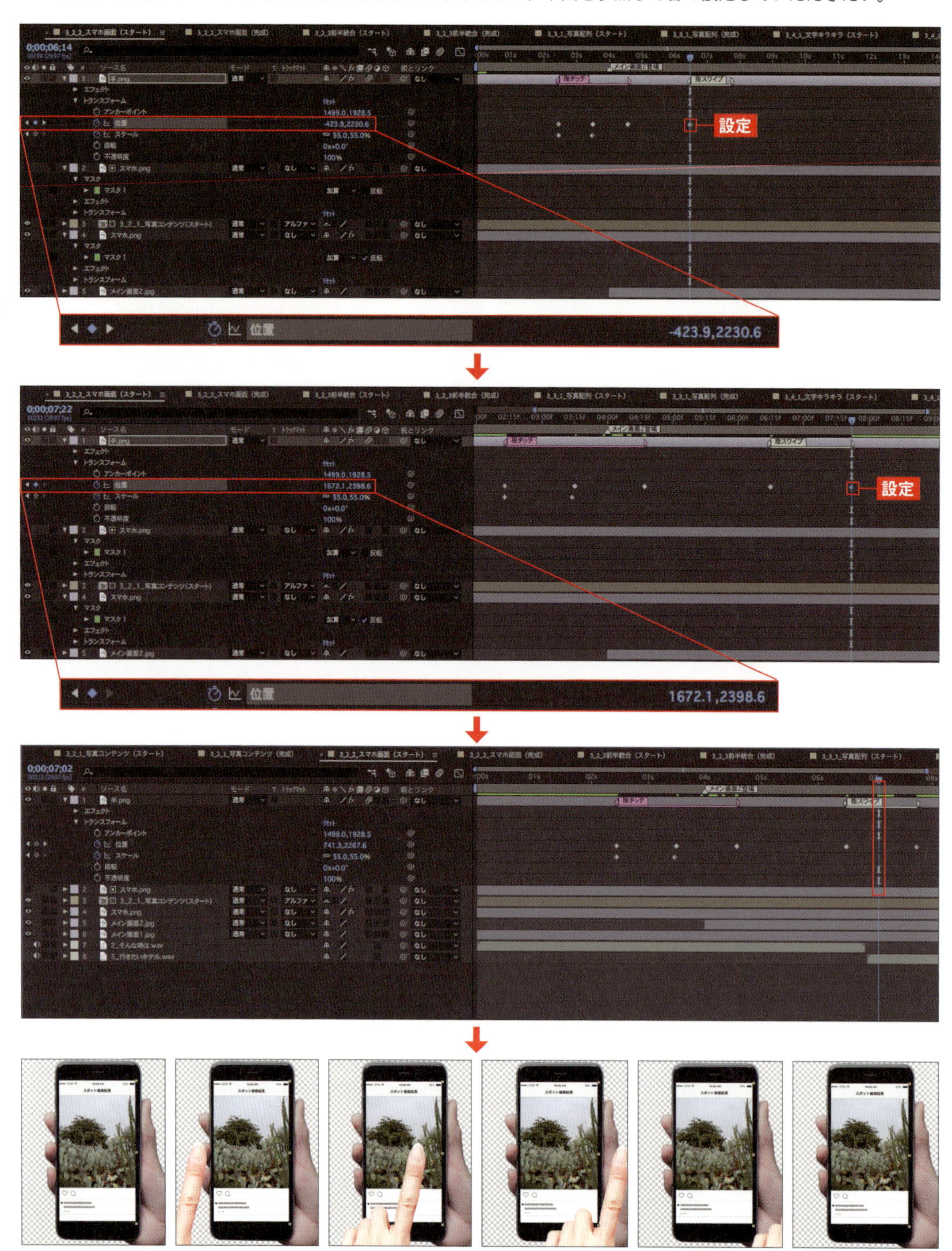

❷ 指に合わせたモーション設定を行う

続いて指の動きに合わせて、スライド< 3_2_1_ 写真コンテンツ（スタート）>を一番右から一番左のスライドへ移動させるモーションを図のように作成する。

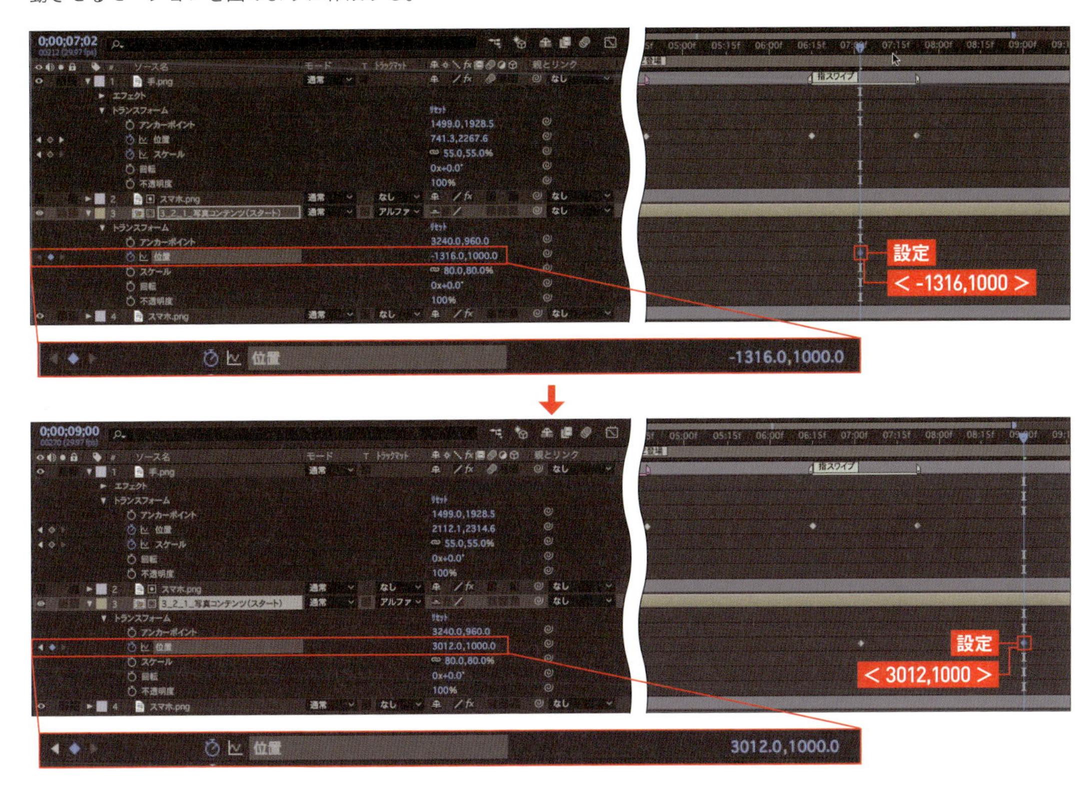

❸ 微調整を行う

イージーイーズインやモーションブラーなども追加することで躍動感が増す。

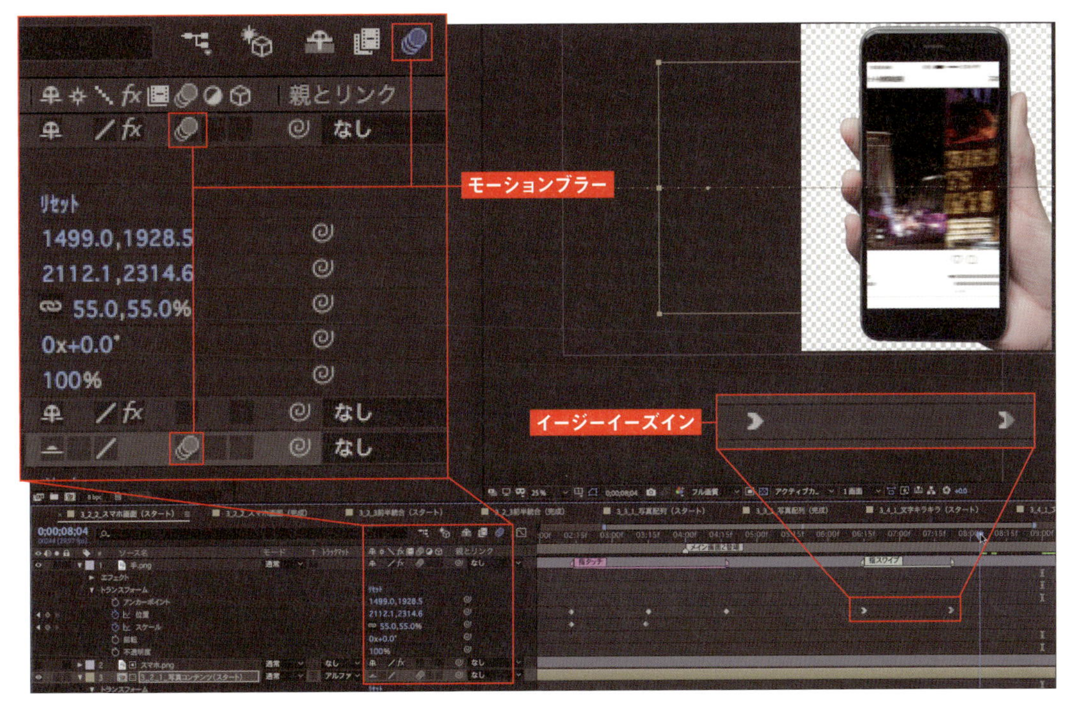

❹ 写真コンテンツをトリミングする

＜メイン画面 1.jpg ＞と＜メイン画面 2.jpg ＞のあとに、写真コンテンツが現れるように、6 秒地点＜ 06:00f ＞までレイヤーの先端を掴んで、トリミング（スタートを削る）してみよう。

MEMO

スワイプの設定について

画面に表示されているバッテリー残量や時計もスワイプでスライドしてしまうという、少し強引なスワイプだが、うまく設定はできただろうか。スワイプの詳細の解説は右の動画でも行っているので参考にしてもらいたい。

スワイプの詳細の解説動画

❺ ブラインドエフェクト効果を加える

最後に写真コンテンツを自然な形でつなげるための効果を適用していこう。

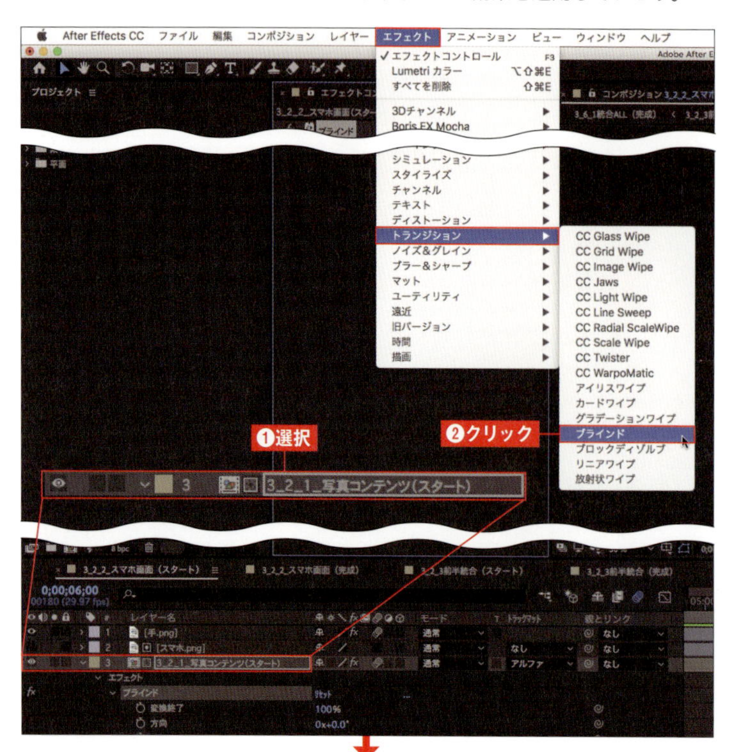

＜ 3_2_1_ 写真コンテンツ（スタート）＞を選択し❶、＜エフェクト＞メニュー→＜トランジション＞→＜ブラインド＞をクリックして❷、適用する。以降は、図のようにエフェクト、キーフレームを設定していこう。

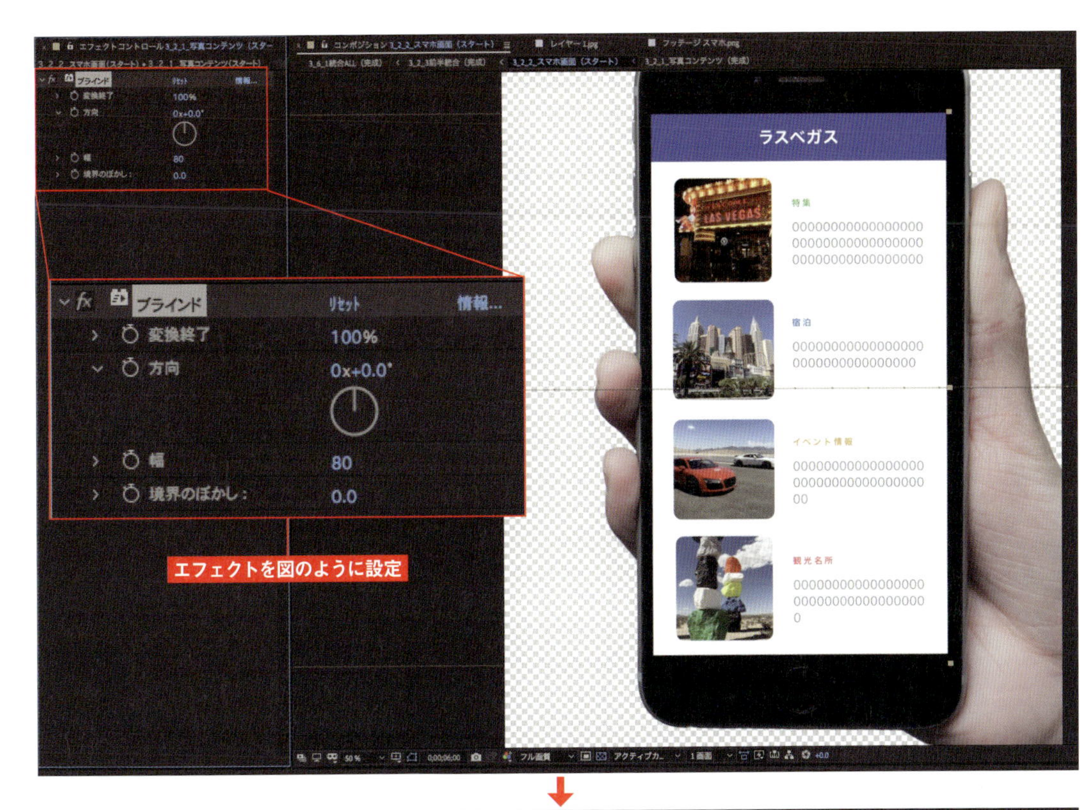

ブラインド
リセット
情報...
変換終了
100%
方向
0x+0.0°
幅
80
境界のぼかし：
0.0
エフェクトを図のように設定
ラスベガス

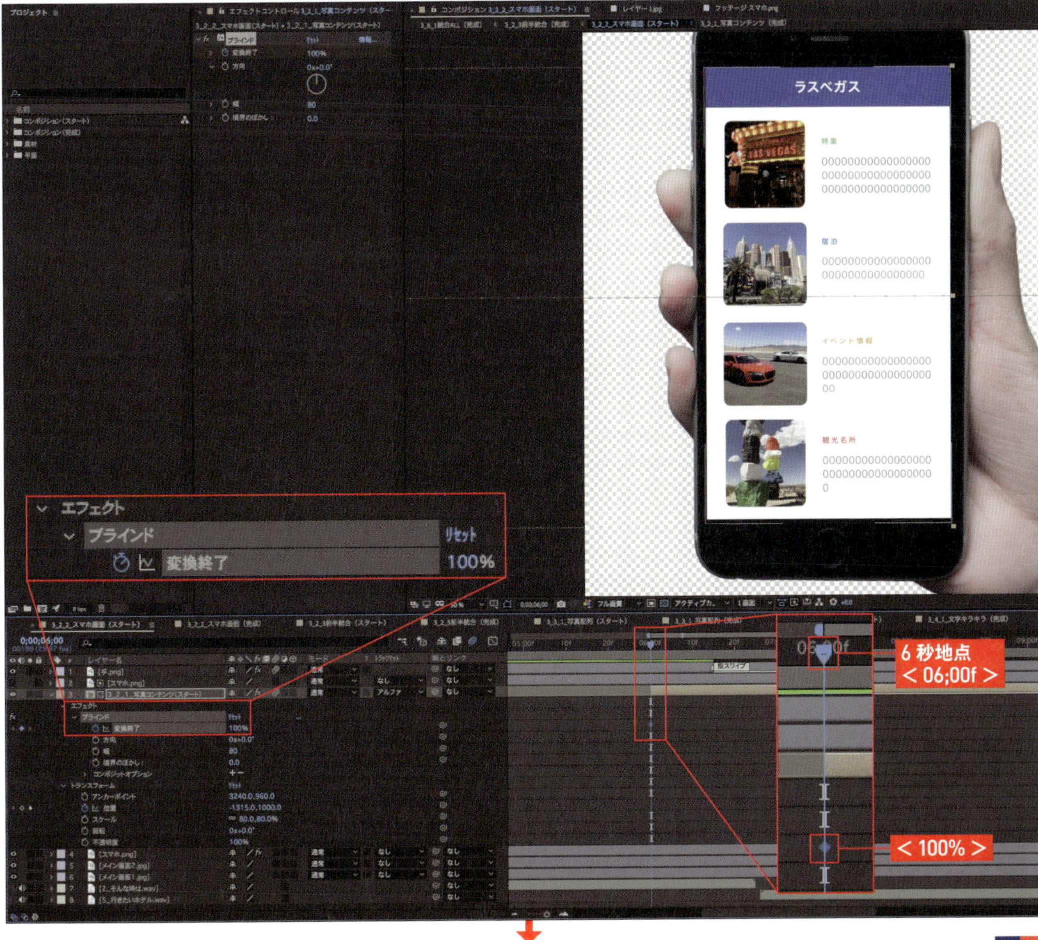

エフェクト
ブラインド
リセット
変換終了
100%
6 秒地点
＜ 06;00f ＞
＜ 100% ＞

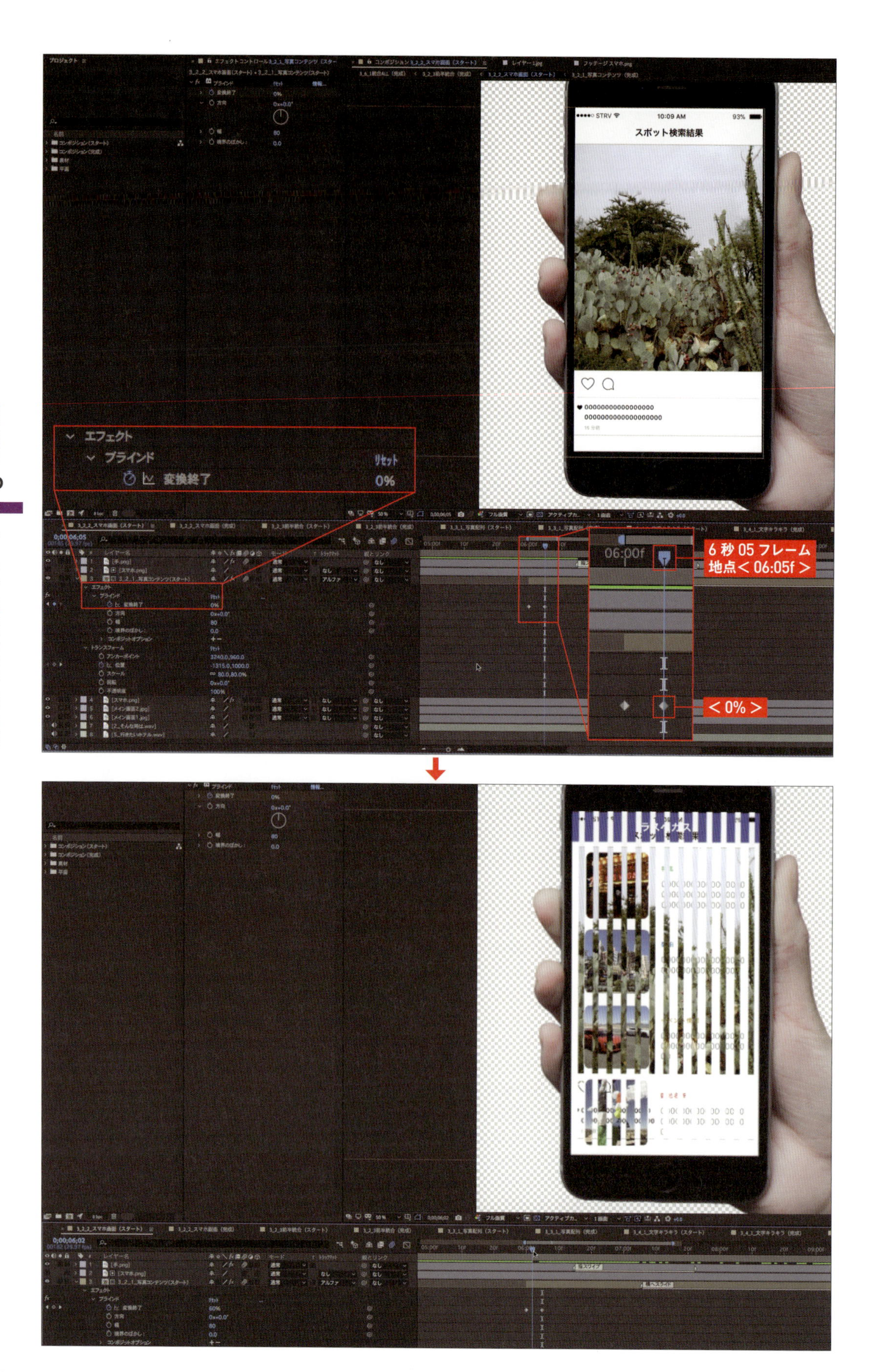
エフェクト
ブラインド
リセット
変換終了
0%
06:00f
6 秒 05 フレーム
地点＜ 06:05f ＞
＜ 0% ＞
スポット検索結果

SECTION

11 オープニングとスマホアクションを統合する

前半の最後は、オープニングとの統合作業を行っていこう。ここでの主な作業は、コンポジションを連結してサイズなどを整えていく作業となる。

オープニングとスマートフォン画面を統合する

完成動画

<コンポジション（スタート）>からオープニングで作成した**<3_2_3 前半統合（スタート）>**のコンポジションを開く。

<3_2_3 前半統合（完成）>のミニフローチャートなどを見ていただいてもわかるとおり、CHAPTER 1 と比べると、前半だけでネスト化された各部品を相当複雑に使用している。後半部分はさらに手の込んだ使い方をマスターしていくことになるが、左の動画のようにまずは前半部分を完成させよう。

コンポジションを連結してモーションとサイズを整える

1 コンポジションを連結して画面サイズを調整する

プロジェクトパネルから、作成した<3_2_2_スマホ画面（スタート）>をドラッグ & ドロップして❶、図のようにオープニングのうしろに連結するように配置、大きさを画面にスマートフォンが収まる範囲で調整してみよう❷。

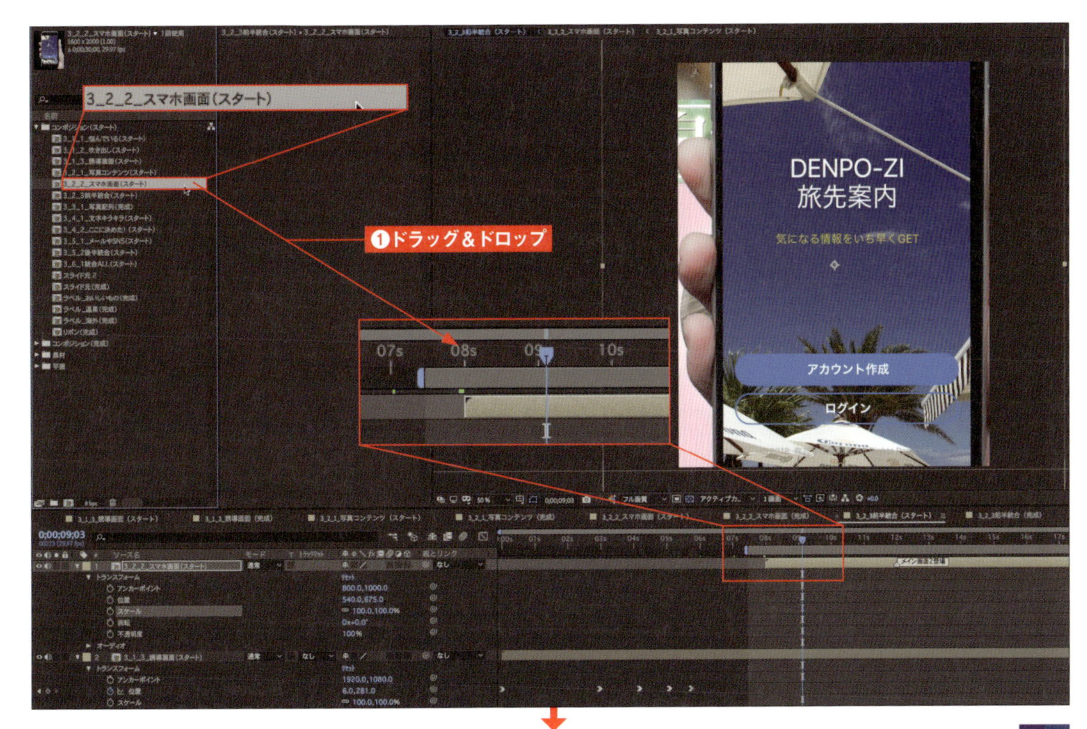

0;00;09;05

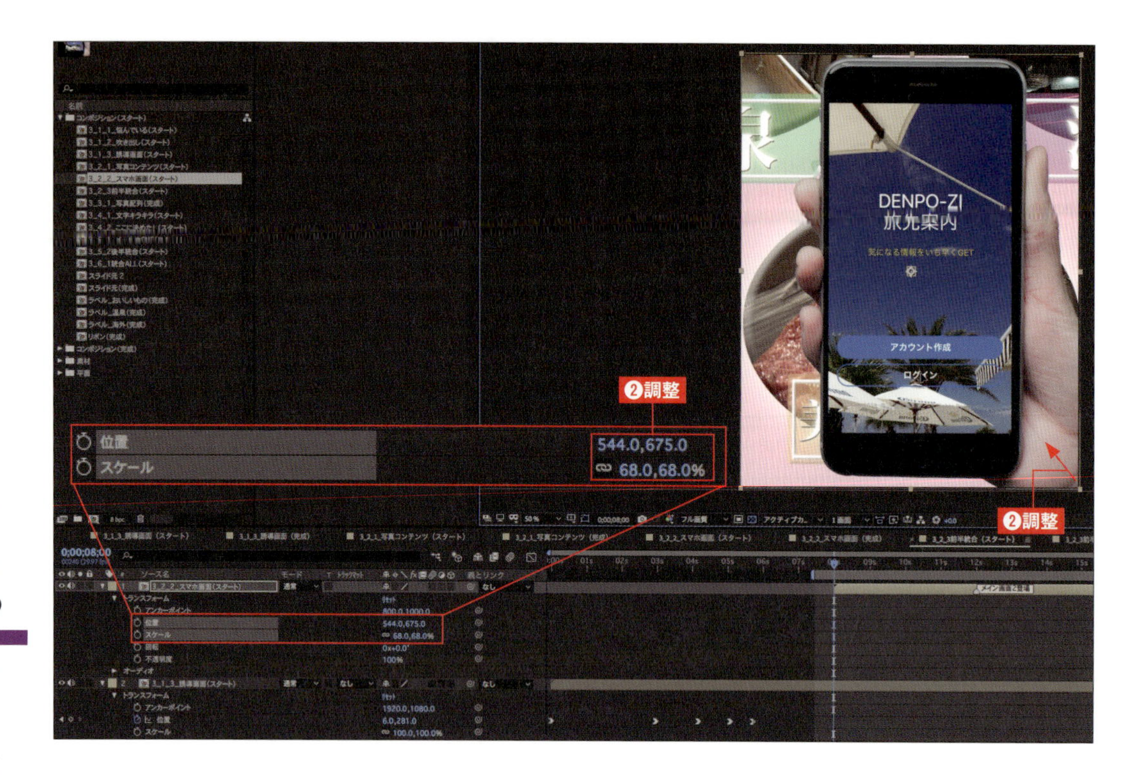

❷ スマートフォン登場のモーションを設定する

大きさの調整が完了したら、8 秒地点< 08:00f >から 9 秒地点< 09:00f >に向けて、画面右（上手）から中央に向けてスマートフォンを登場させるようにモーションを設定する。

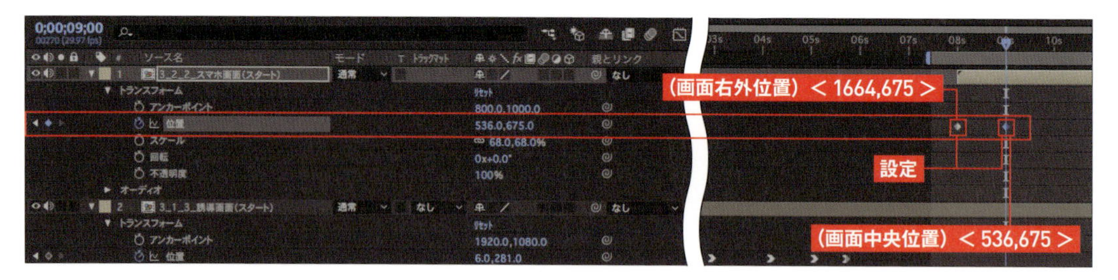

❸ オープニング部分をぼかす

続いてスマートフォンが画面前面に来たときに視点を誘導させるため、背景となっているオープニング部分をぼかす設定をしたい。<エフェクト>メニュー→<ブラー＆シャープ>→<ブラー（ガウス）>を適用する。
ここではスマートフォン登場シーンに合わせて、図のように<ブラー（ガウス）>の設定を行っていこう❶❷❸。

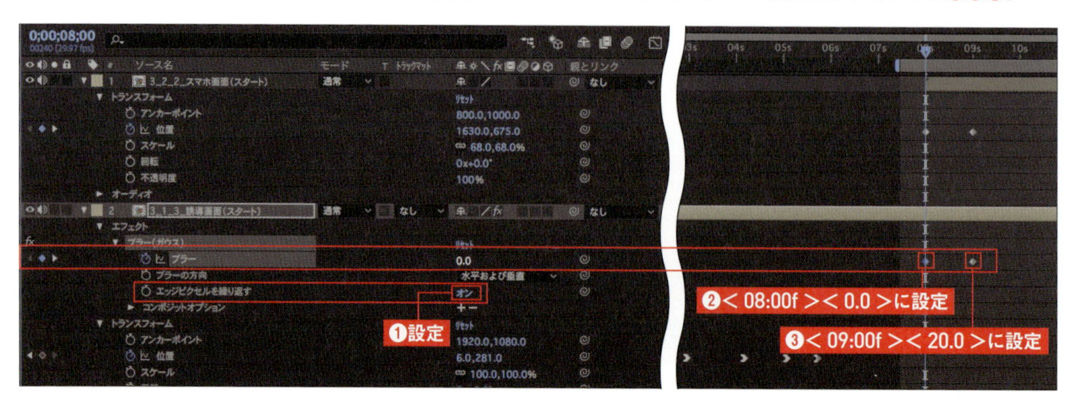

❹ イージーイーズインを適用する

図のようにイージーイーズインを適用し、スマートフォンが出てくる瞬間でぼかすことができればOKだ。また、好みに合わせてモーションブラーなどをスマートフォンに適用すると躍動感が演出できる。

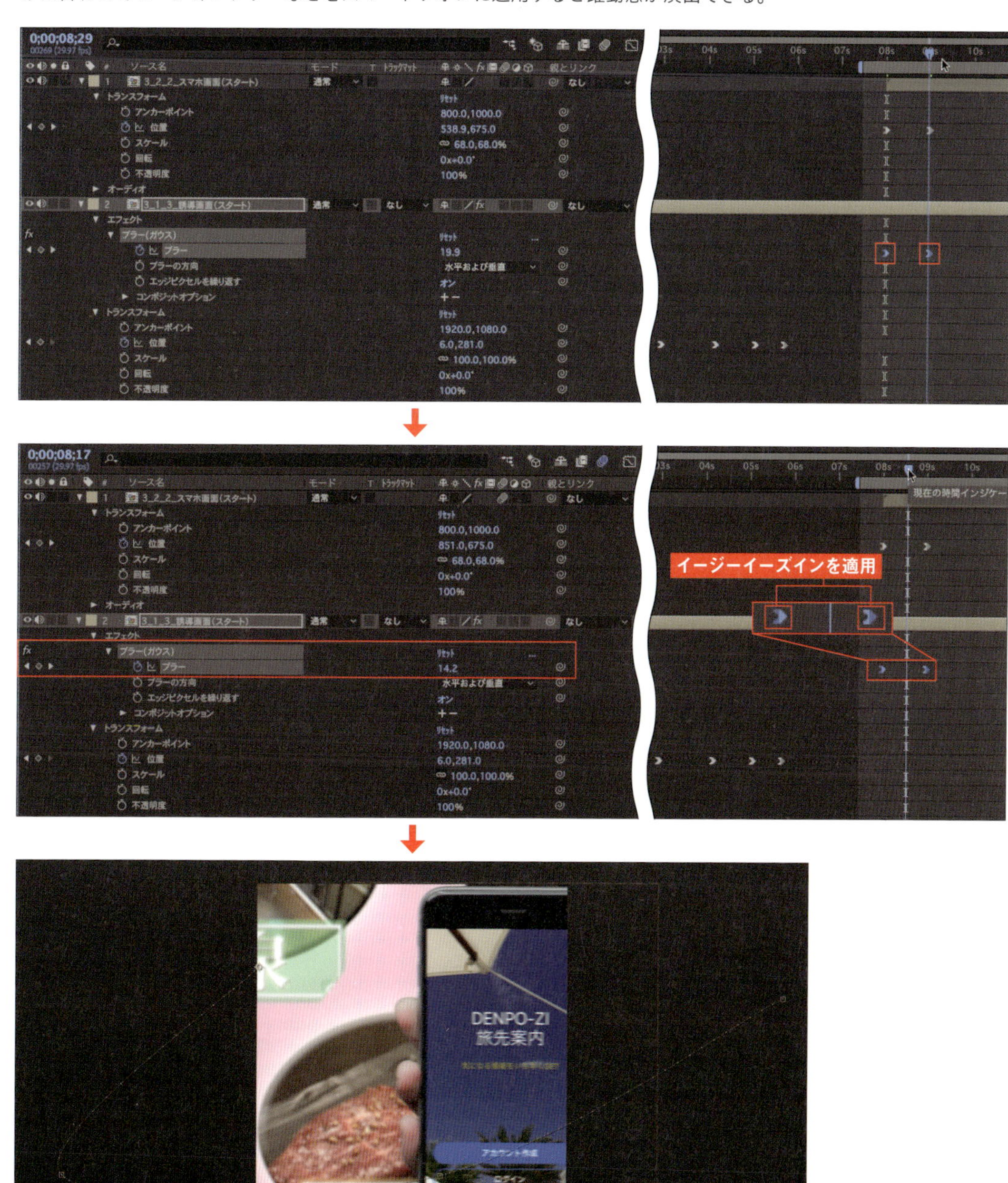

SECTION

12 写真の配置を演出する ～写真配列アニメーションの作成①

いよいよ、後半部分の解説に入る。後半パートの最初は、複数の写真を配置する方法から紹介していこう。

写真をパネル状に配置する

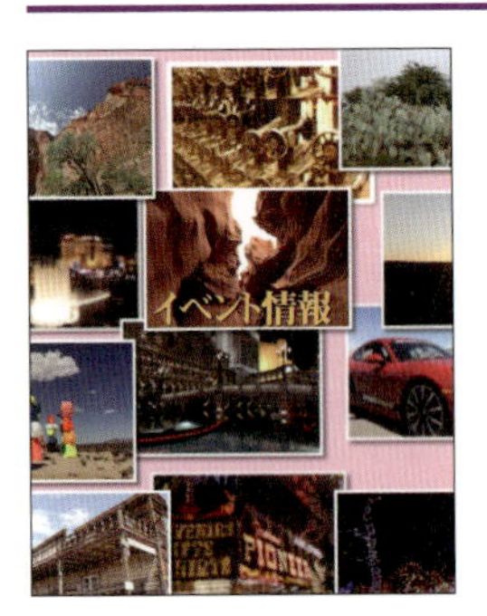

ここではCHAPTER 2の「場面転換とスライドショー」内のスクリプトによるスライドの配置をもう一度復習しながら行っていこう（P.389参照）。

<コンポジション（スタート）>から**<3_3_1_写真配列（スタート）>**のコンポジションを開く。

左の動画のように動きのある写真のベースとなるものを作っていこう。

写真を配列する

❶ 写真に縁を付ける

すでに3Dレイヤー化された12枚の写真と背景、文字が画面中央に配置されている。各写真には縁を付けたいため、縁をマスクで囲む設定を行う。

タイムラインパネル内の写真< 1.jpg >を選択し❶、ツールパレットから長方形ツールを選んでダブルクリックする❷。続けて、<エフェクト>メニュー→<描画>→<線>、<エフェクト>メニュー→<遠近>→<ドロップシャドウ>でエフェクトを追加して図のような設定にする❸。写真< 1.jpg >に適用したら続けて残り11枚の写真にも同じように適用していこう。プロジェクトでは< 2.jpg >の写真にマスクとエフェクトが適用されているので、参照しながらほかの写真にも適用してもらいたい。

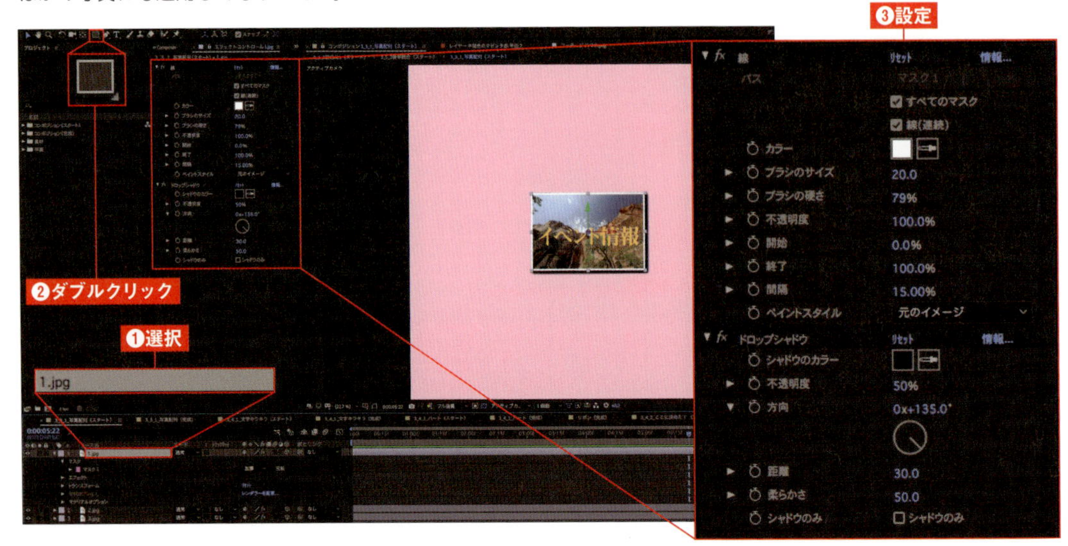

❷ エクスプレッションを追加する

一番上に配置されている< 1.jpg >の<位置>を選択し❶、エクスプレッションを追加して、下記のエクスプレッションを入力してみよう❷。

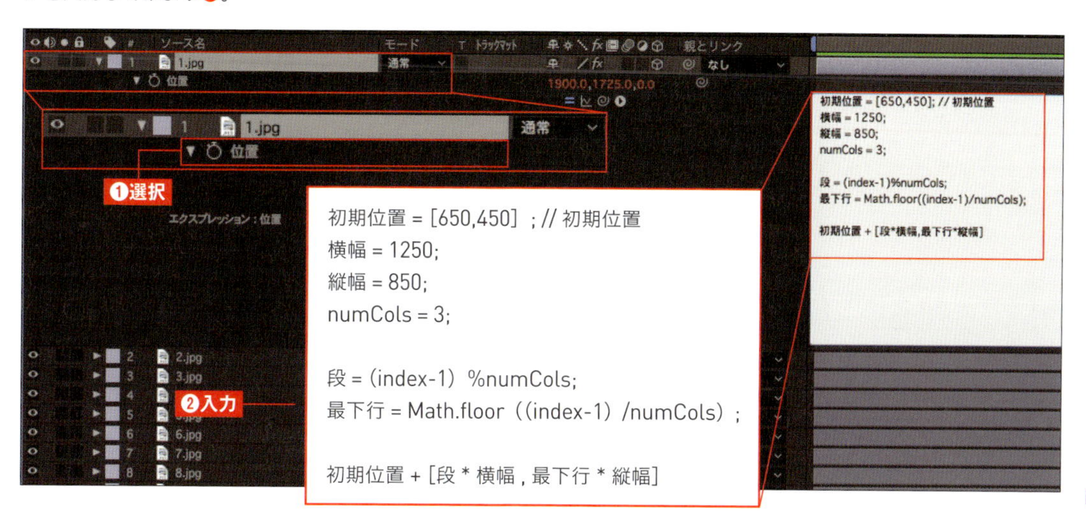

MEMO エクスプレッションの入力について

エクスプレッションの記載が面倒に感じた方は< 3_3_1_ 写真配列（完成）>のコンポジション内のレイヤー解説部分からエクスプレッションをコピー＆ペーストして使用してもらいたい。

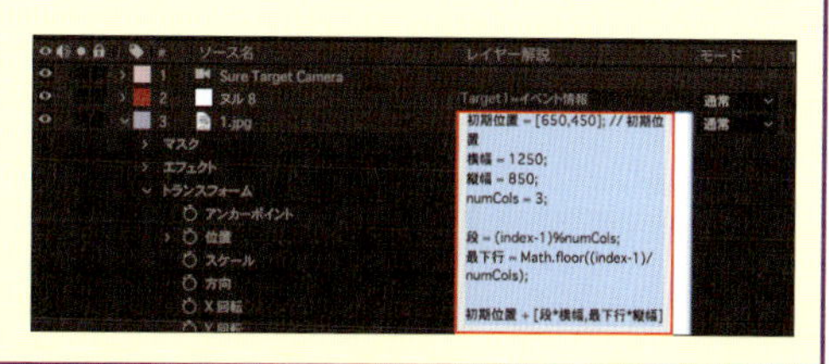

CHECK エクスプレッションの数値を理解する

エクスプレッションが適用されると、自動的にコンポジション画面の左上に 50px分の余白を挟んで写真が配置される。今回のエクスプレッションの記載では、写真 1 枚のサイズが 1200×800px のため、通常では下記のようなエクスプレッションの記載になるが、各写真の間に余白として＋ 50px分の「のりしろ」を付け足して配置していくので、「初期位置」と「写真の縦幅、横幅」も＋ 50pxで設定している。また、コンポジションサイズも各写真の余白分＋ 50pxが追加されたため、「3800×3450px」の設定になっている。

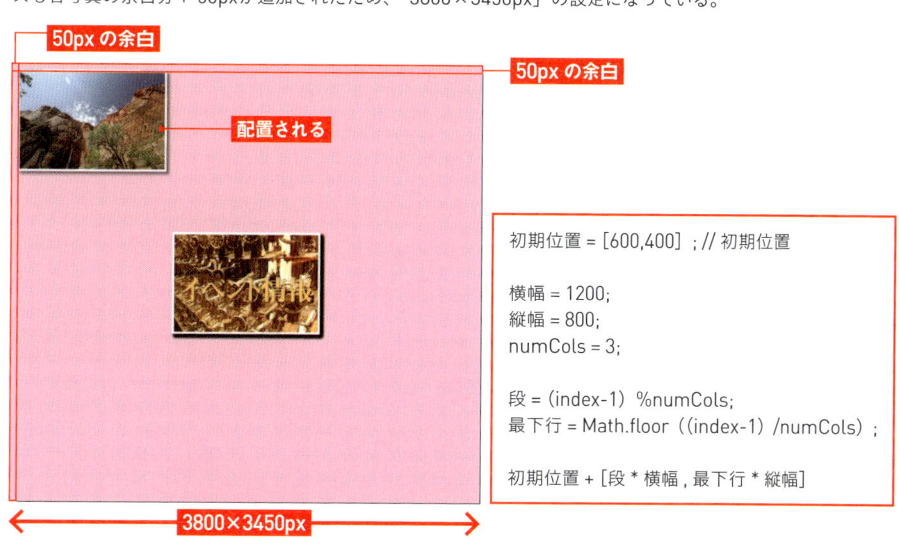

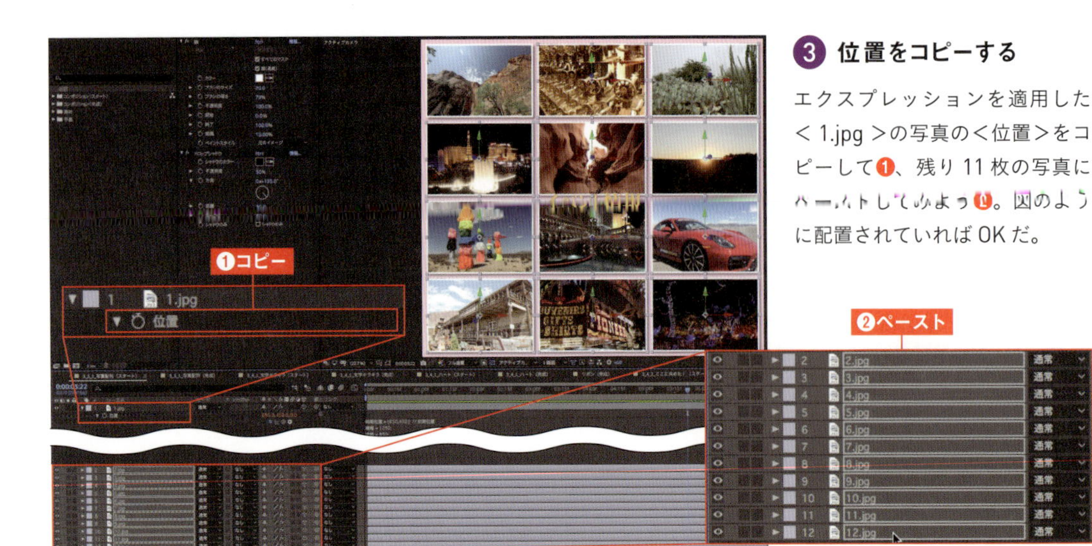

❸ 位置をコピーする

エクスプレッションを適用した＜1.jpg＞の写真の＜位置＞をコピーして❶、残り11枚の写真にペーストしてみよう❷。図のように配置されていればOKだ。

CHECK 写真の並びを入れ替える

写真の並びを入れ替えたい場合は、タイムラインの各写真の上下の並びの配置を変更する。

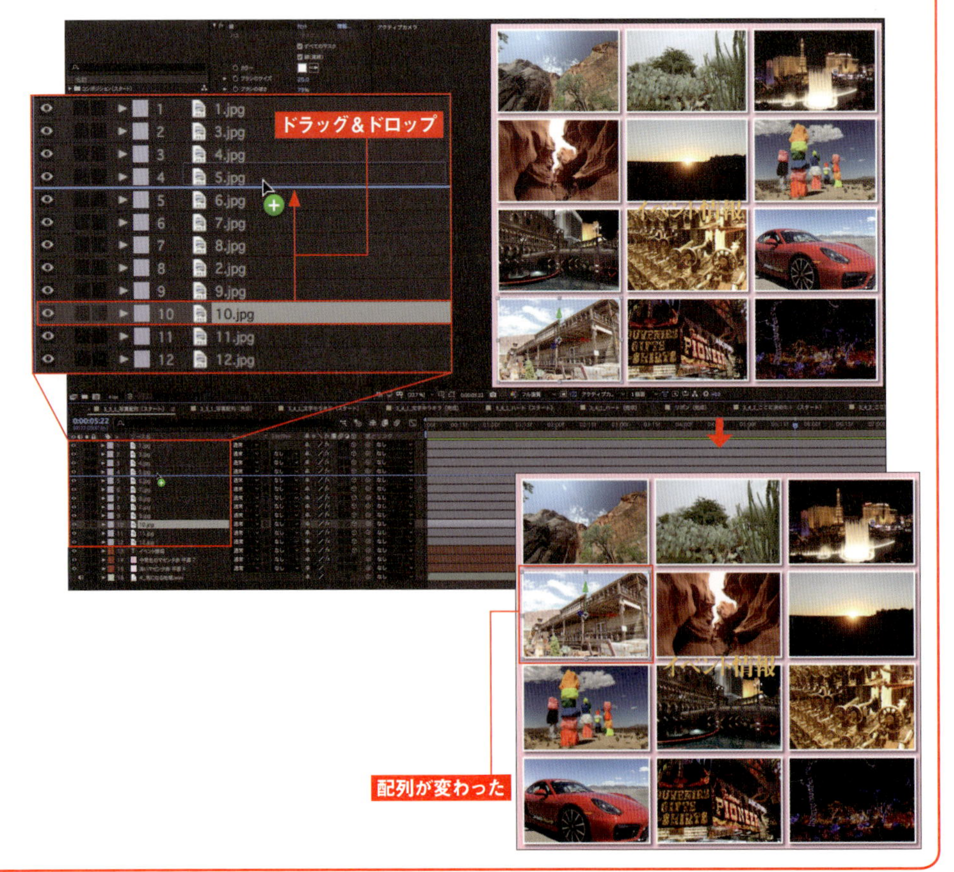

MEMO スクリプトを利用する

今回はエクスプレッションを使用して写真を並べてみたが、すでにCHAPTER 2-5のSECTION 13で解説しているスクリプトを使用しても同じ結果を得ることができる（P.403参照）。

位置をキーフレームに変換してタイムラインをクリアにする

❶ 位置をキーフレームに変換する

全写真の＜位置＞を選択して❶、＜アニメーション＞メニュー＜キーフレーム補助＞→＜エクスプレッションをキーフレームに変換＞をクリックする❷。

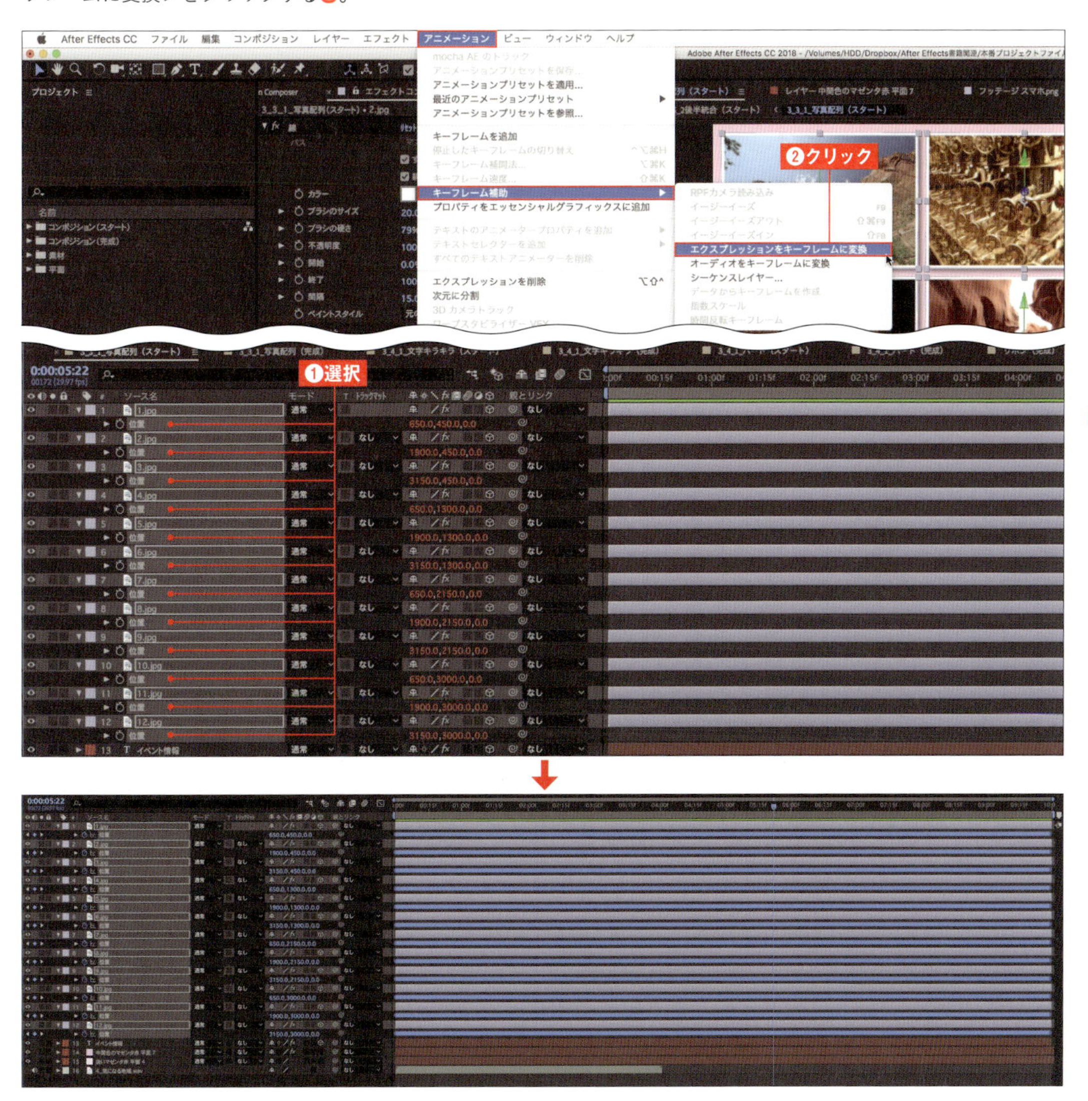

❷ キーフレームを削除する

同じように全写真の＜位置＞を選択して❶、＜ストップウオッチ＞をクリックして❷、キーフレームを削除する。無数に打たれたキーフレームを削除することでタイムライン内をクリアにして新たにキーフレーム設定を加えることができる。

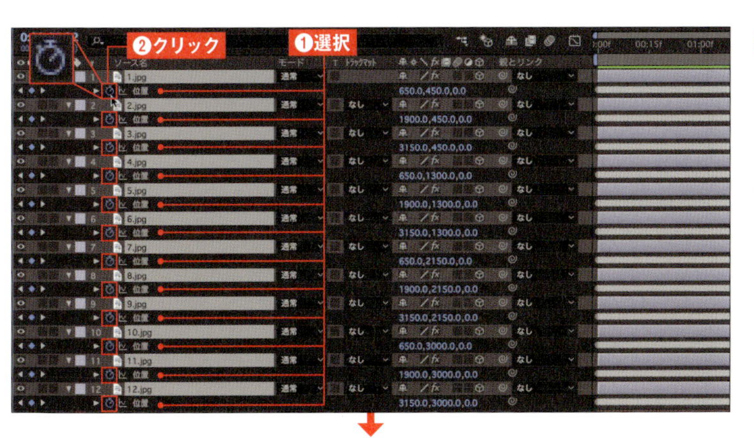

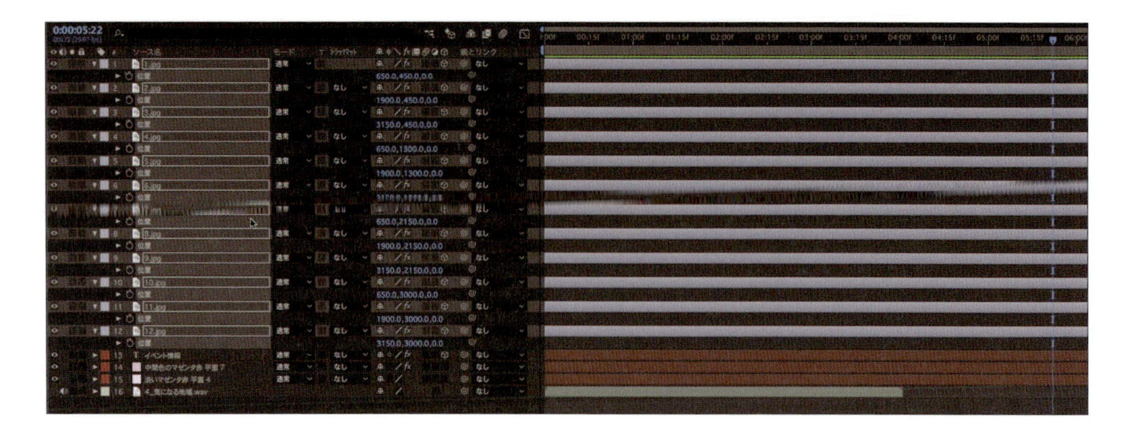

TIPS

整列した写真に変化を加える

整列した写真は、3D レイヤーの形式になっているので、各数値を調整することで、重なり合わせたり、アニメーション設定を加えてアレンジしたりすることもできる。

SECTION

13 写真をフォーカス表示する ～写真配列アニメーションの作成②

前 SECTION で配置した写真に対して、時間に沿ってそれぞれの写真をフォーカス表示していく方法を解説していこう。

配置された写真をアニメーション表示させていく

完成動画

ここで活躍するのがエフェクトの Sure Target だ。Sure Target を利用することで、左図のような演出を施すことができる。なお、Sure Target のダウンロード、インストールはイントロダクションの「プラグイン／スマートフォンアプリのダウンロードとインストール」の項（P.024）を参照してほしい。また、Sure Target の基本操作は、CHAPTER 2「誘導を演出するさまざまなプラグイン」でも解説しているので、ぜひ事前に学習してもらいたい。

ターゲットを設定する

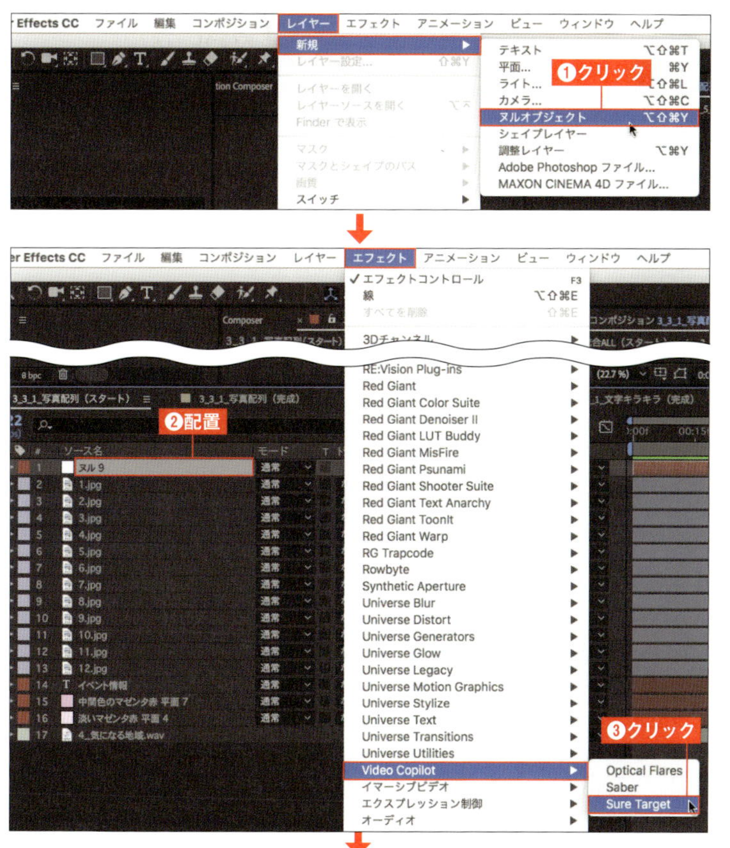

❶ ヌルオブジェクトを配置して Sure Targetを適用する

タイムラインを選択して<レイヤー>メニュー→<新規>→<ヌルオブジェクト>をクリックして❶、ヌルオブジェクトを配置する❷。<エフェクト>メニュー→<Video Copilot>→<Sure Target>をクリックする❸。エフェクトを適用したヌルのエフェクトコントロールパネルには、Sure Target のエフェクトが追加され、タイムラインには<Sure Target Camera>というカメラが追加されたのが確認できるはずだ❹。

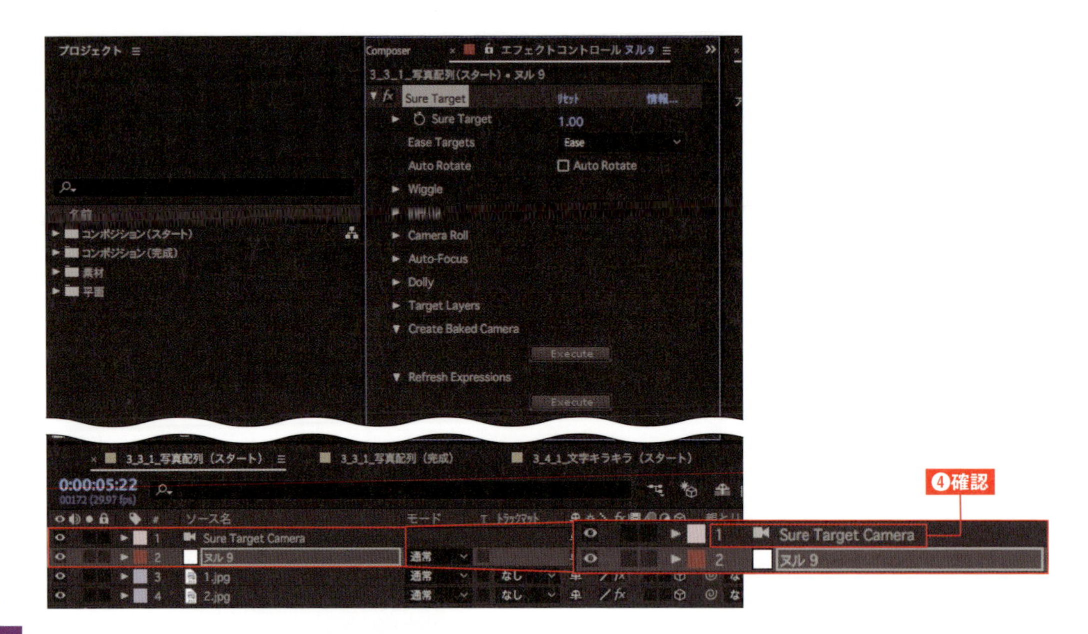

❷ Target Layersを確認する

< Sure Target >エフェクトの< Target Layers >を展開する。すると< Target1 >〜< Target10 >と記載されているパラメーターが確認できるが、ここではプルダウンメニューからどの写真をターゲットとして選んでいくかを設定できる。

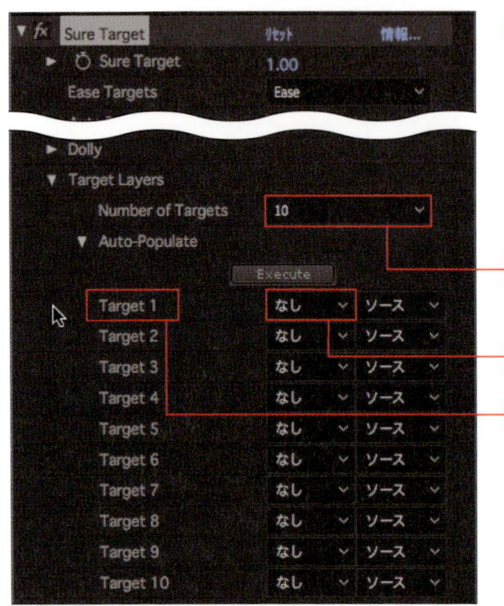

❸ ターゲットを確認する

ここでは、図のように3つのターゲット（文字と写真2枚）を時間に沿って、フォーカス表示していく設定を行っていこう。

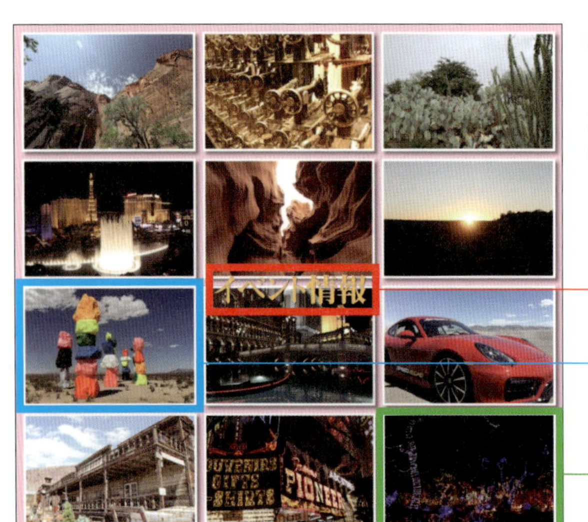

❹ ターゲットを設定する

< Target1 >のプルダウンから<イベント情報>を選択し❶、< Target2 >のプルダウンから< 12.jpg >を選択する❷。続けて、< Target3 >のプルダウンから< 7.jpg >を選択する❸。以上でターゲットの設定は完了だ。

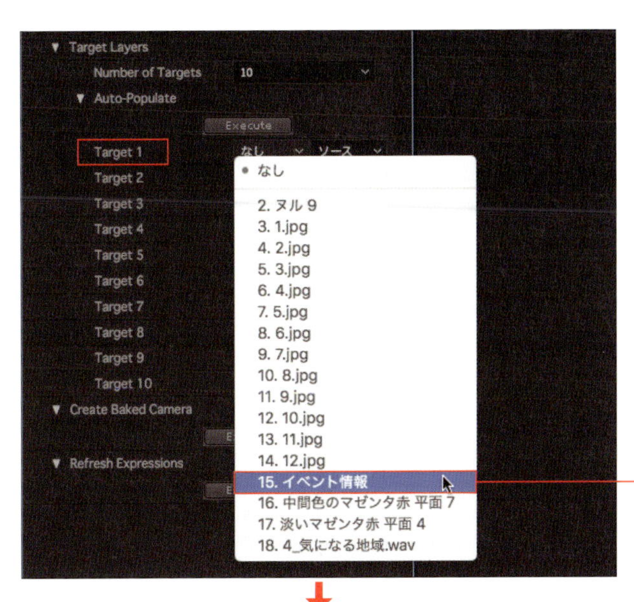

Target1 <イベント情報>を選択

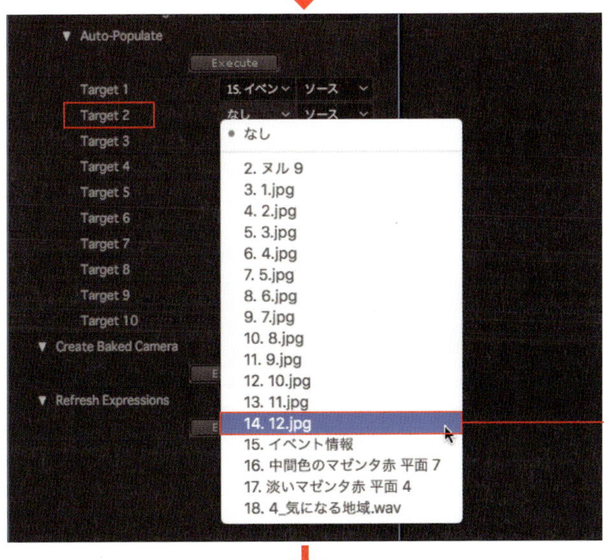

Target2 < 12.jpg >を選択

❸選択

Target3 < 7.jpg >を選択

5 3Dビュー表示を切り替える

最後にコンポジションの3Dビュー表示をここで追加した< Sure Target Camera >のビューに切り替えてみよう。

MEMO

コンポジションをリフレッシュする

ここで一度コンポジションをリフレッシュする必要があるので　<ファイル>メニュー→<プロジェクトを閉じる>をクリックして、プロジェクトを終了しよう。もちろん、閉じる前にプロジェクトの保存も忘れずに行ってもらいたい。フリーのプラグインは、不具合が発生するケースが少なくないが、コーヒーブレイクだと思って、再度保存したプロジェクトを開いていただきたい。

ターゲットの確認と移動

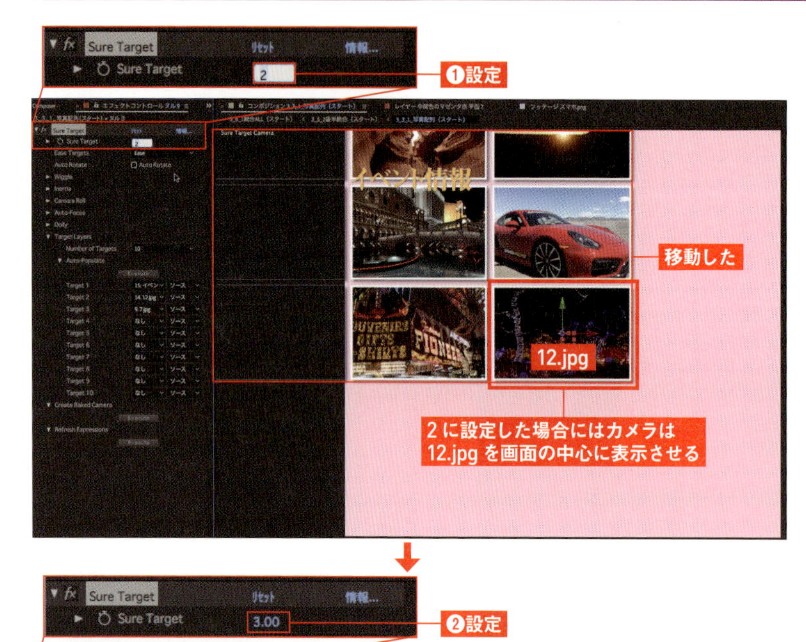

1 ターゲット移動のしくみを確認する

気を取り直して再びプロジェクトを開いてみよう。

エフェクトコントロールパネル内の< Sure Target >→< Sure Target >の横にある数値を< 2.00 >、< 3.00 >と変えてみよう❶❷。

数値が「1.00」変わるたびに、フォーカスが指定したレイヤー（イベント情報、12.jpg、7.jpg）に移動するのが確認できる。ターゲットの数を変更したい場合は、次ページのMEMOを参照してほしい。

❷ キーフレームの設定を行う

続いてタイムラインの時間に合わせてのキーフレームの設定を行っていこう。
タイムラインの< ヌルオブジェクト >のエフェクトを展開し、< Sure Target >の数値を図のように設定していく。
無事キーフレームの設定が完了したら、プレビューをしてみよう。時間に合わせてターゲットが変わっていくモーションが確認できるはずだ。

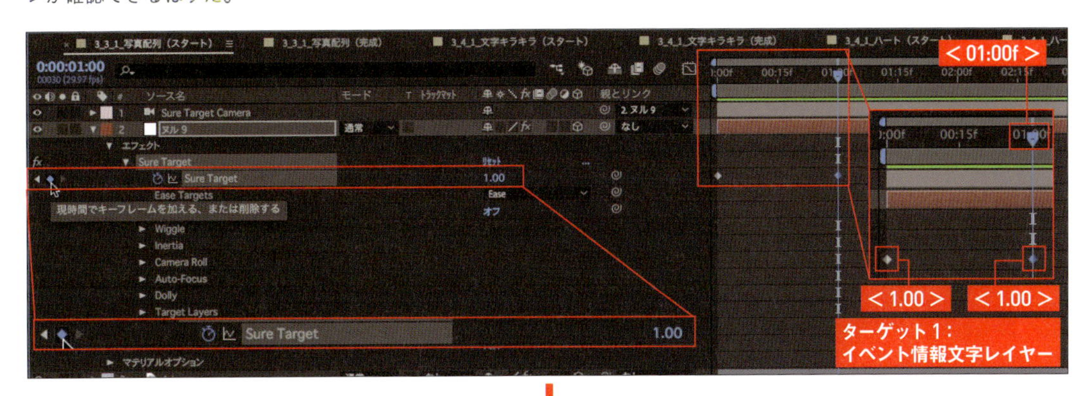

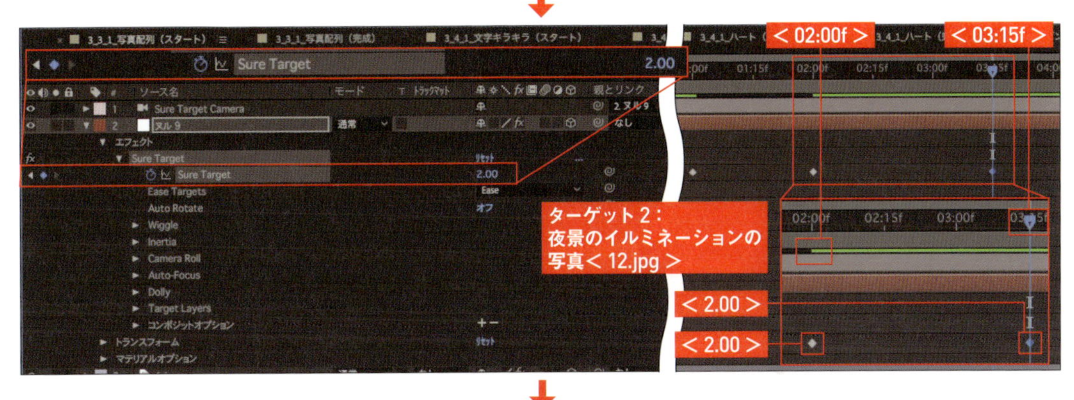

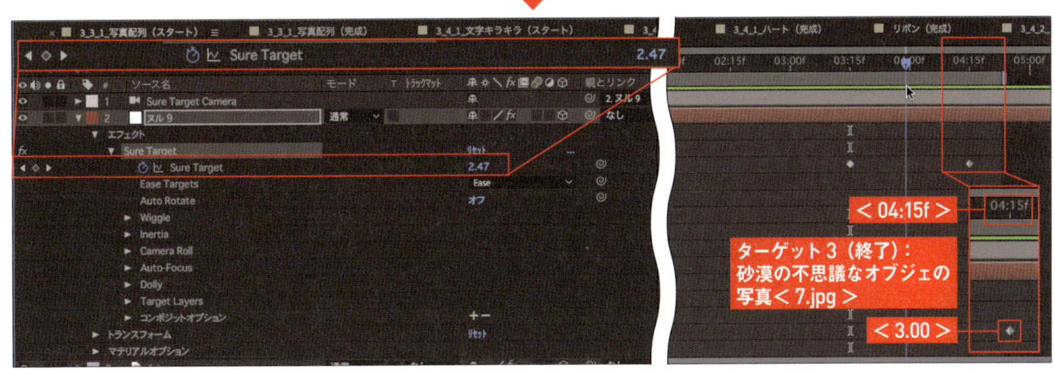

MEMO

ターゲットの数を増やす

ターゲットを変更したい場合は、指定のターゲットを選択し直すことで簡単に行える。また、ターゲットの数を増やしたい場合は、< Target Layer >→< Number of Targets >のプルダウンから数を増やすことができる。

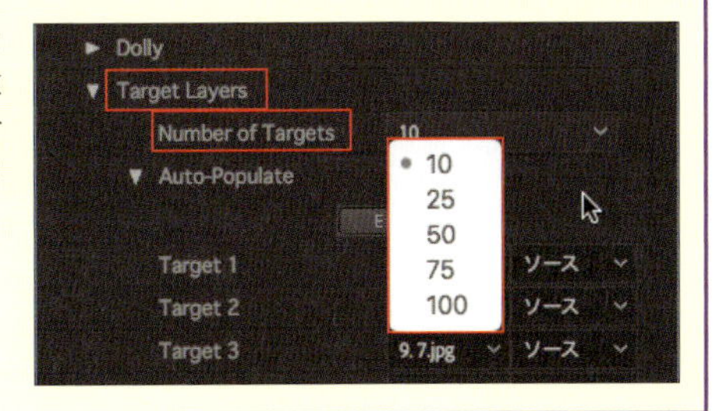

TIPS

ユニークな効果を加える

Sure Target の基本は純粋にターゲットを移動し、変更することにあるが、ターゲットの変更時にユニークな効果を加えることもできる。

●ロール効果を加える

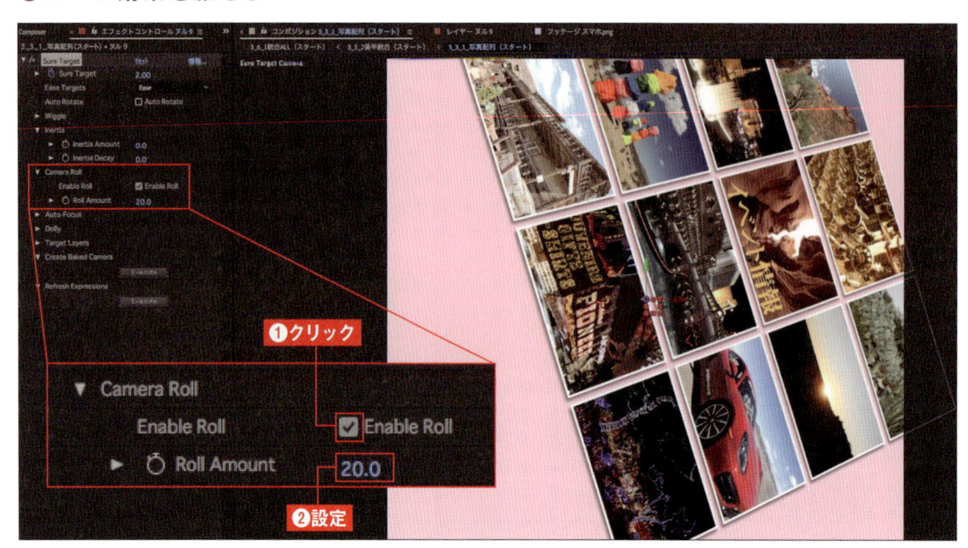

▲< Sure Target >→< Camera Roll >の項目で、カメラの移動時にロール効果を加えることができる。ここでは< Enable Roll >をオンにし❶、< Roll Amount >の数値を< 20.0 >に設定することで❷、躍動感のあるダイナミックなロール回転を加えてみた

●揺れ効果を加える

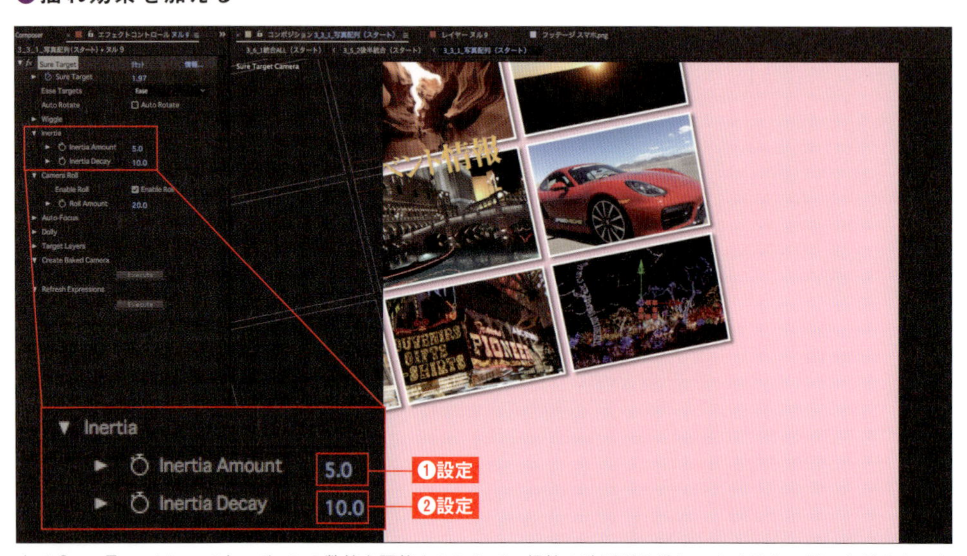

▲< Sure Target >→< Inertia >の数値を調整することで、慣性の法則が発動し、カメラターゲットが止まったときに揺れ効果を演出できる。< Inertia Amount >は慣性の揺れの大きさを、< Inertia Decay >は揺れ具合の衰退を設定する。ここでは< Inertia Amount >を< 5.0 >に❶、< Inertia Decay >を< 10.0 >に設定して❷、自然な揺れ具合を加えてみた

●被写界深度で効果を加える

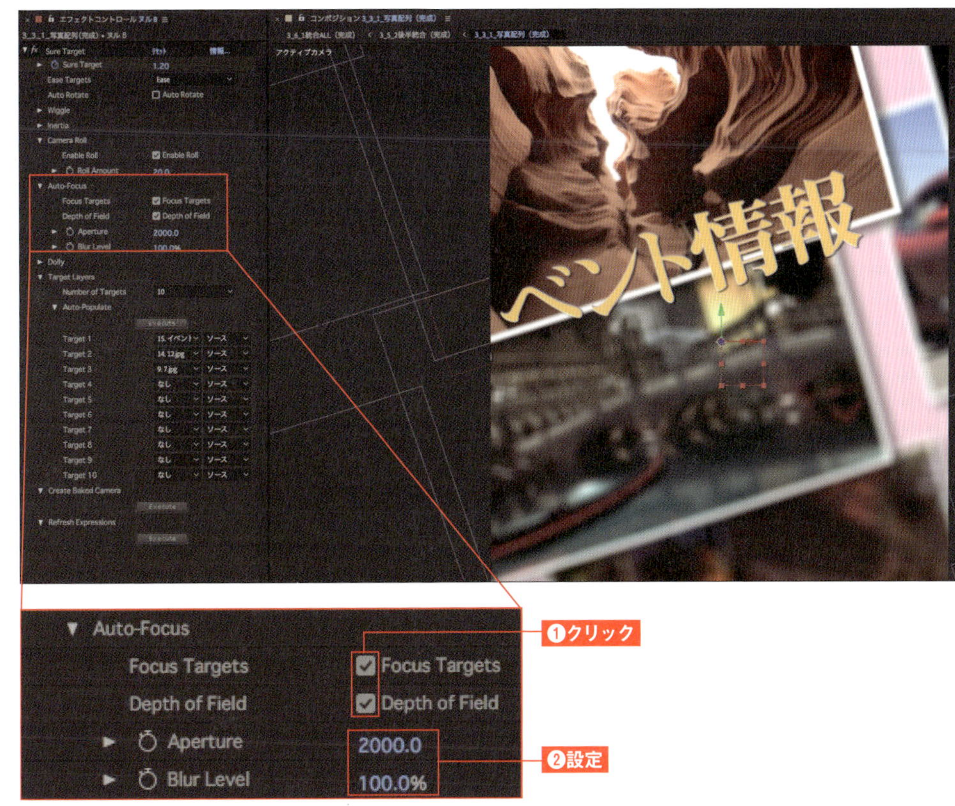

▲写真の配列が前後に配置されている場合には< Auto-Focus >を展開し、< Focus Targets >と< Depth of Field >の項目にチェックを入れることで❶、被写界深度による演出ができる。この操作は写真レイヤーの前後の距離が空いているほど効果的だ。また、< Apature >（露出）と< Blur Level >（ボケ具合）のパラメーターを上げることで❷、被写界深度を自由にコントロールすることも可能だ。別例として< 3_3_1_ 写真配列（完成）>に適用されているので、ぜひこちらも確認してもらいたい

●前後移動で複雑な動きを付ける

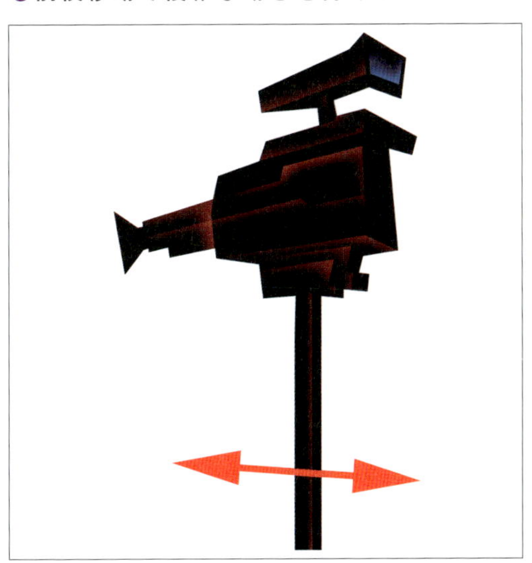

❶ Dolly機能とは

Sure Target ではターゲットをロックオンして表示する以外にも、前後移動のモーションを付け足すことができる。それが Dolly 機能だ。Dolly は「ドリー＝台車」、つまりカメラの下に台車がついていて前後移動できるカメラ機能と考えてもらいたい。この図はそのイメージだ。

❷ 画像を前に出す

< Dolly >→< Enable Dolly >のチェックをオンに設定する❶。Dolly は各 Target のパラメーターと連動しているので、ここでは Dolly1 =< Target1 >のパラメーターとして「1500.0」を入力してみた❷。< Target1 >のキーフレーム地点< 00:00f >の Sure Target Camera が Dolly 効果で前進した画像が確認できた❸。

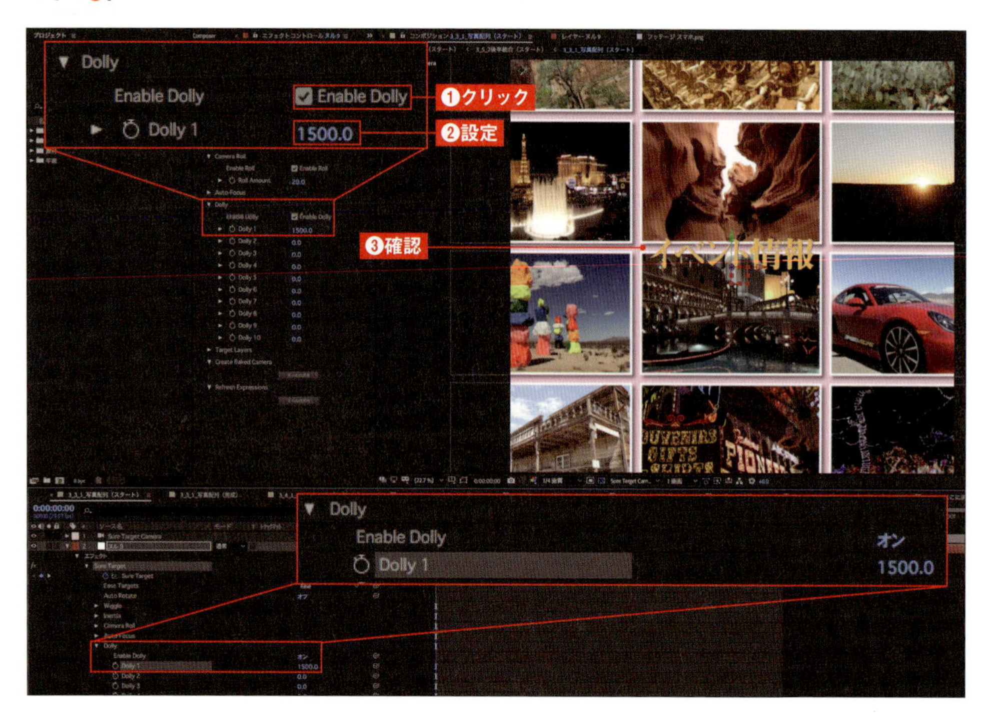

❸ 全体像を表示する

次は全体図から次第にカメラが中央に移動していく Dolly 効果をキーフレームで作成してみよう。タイムライン上の< Sure Target >→< Dolly >の< Dolly1 >のストップウオッチをオンにして❶、パラメーターに< -6500.0 >と入力する❷。キーフレームが付いたのと Sure Target Camera が後退し、全体図が見える。

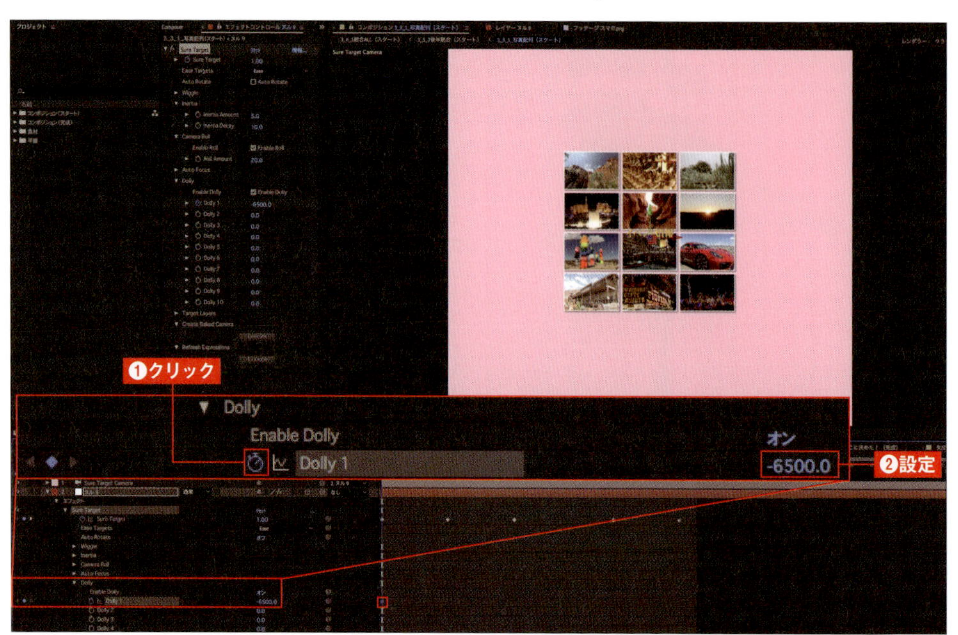

❹ モーションを作成する

続いて、Sure Target の< Target1 >のキーフレーム地点< 01:00f >に時間軸を移動し❶、今度は「0」を入力する❷。これでカメラが後ろから前に移動して、遠くから接近していくようなモーションを作成することができる。

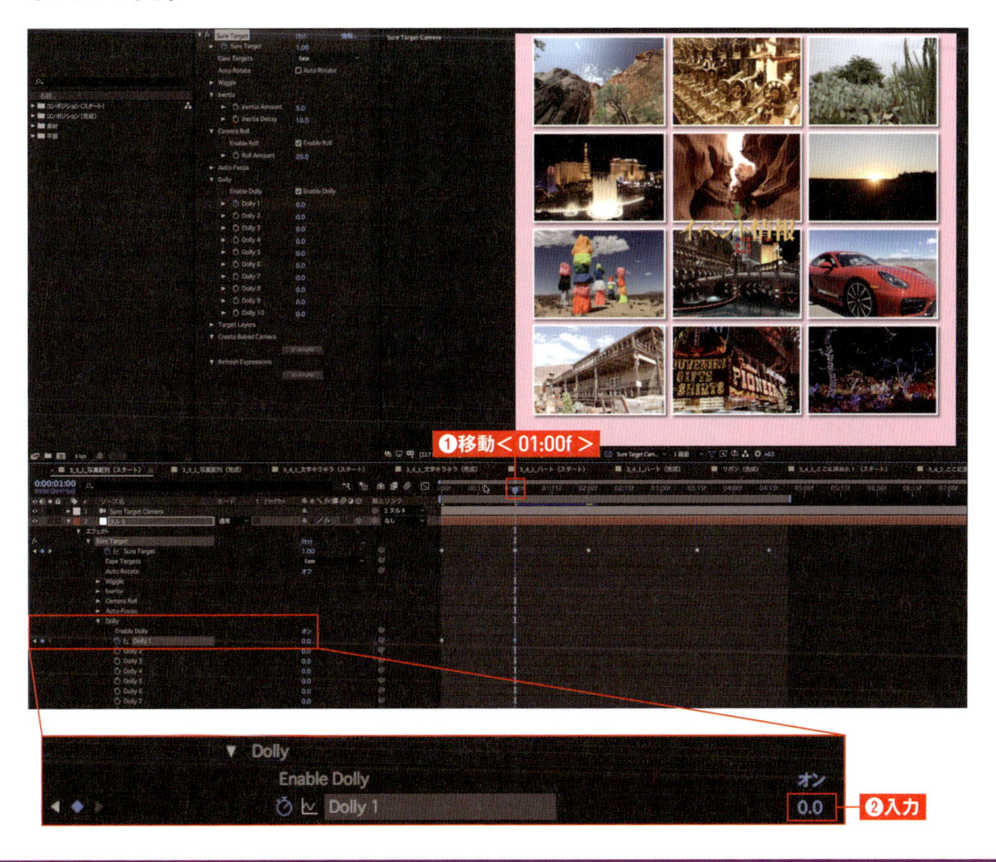

コンポジションサイズを変更する

無事 Sure Target の設定が終わったら、コンポジションサイズの調整を行っていこう。コンポジションを出力用のサイズへ変換する作業だ。

❶ 設定を確認する

＜コンポジション＞メニューから＜コンポジション設定＞をクリックするか、command + K キー（Windows では Ctrl + K キー）を押して、コンポジション設定画面を表示する。ここでは、写真が並べられているレイヤーのコンポジションサイズは 3800 × 3450px が適用されているが、これは写真を並べるときに写真間の余白も含んだ全体のサイズとなっている。本 CHAPTER のソーシャル動画（応用）は全体を通して 1080 × 1350px という縦長サイズで作品が作られているので、そのサイズに変換し直さなければならない。最初から 1080 × 1350px で作ればよいのかもしれないが、残念ながらエクスプレッションでの写真配列は、ベースとなるコンポジション内に、写真の枚数や縦横比をもとに作成されるので、ぴったりな配置にはならないのだ。

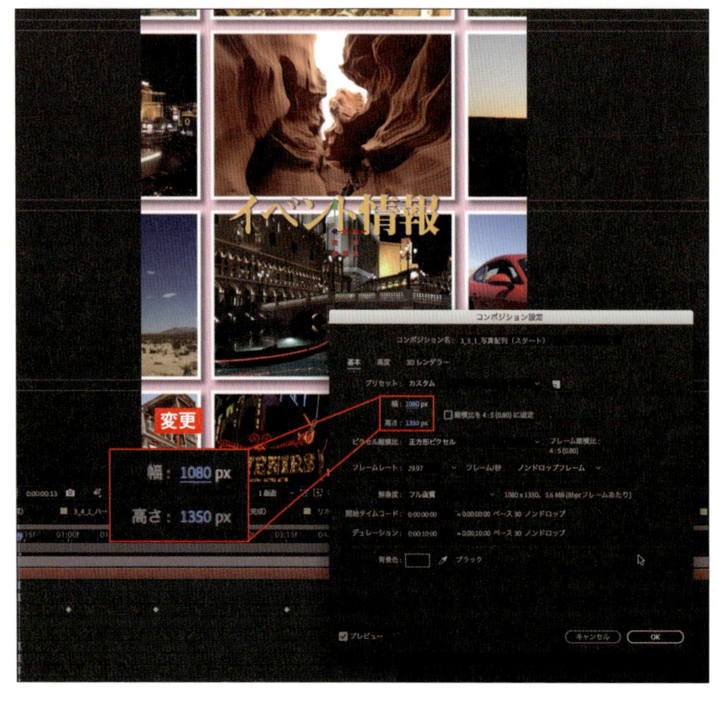

❷ 設定を変更する

ここではコンポジションのサイズを 1080 × 1350px に変更してみよう。変更すると表示されている範囲が縮小されて隠れてしまうが、これが本来最終で使用する大きさと考えてもらいたい。

❸ 微調整を行う

プレビューしてみると、大まかな画角は決定されてよい具合にフレーム内での演出が成功している。文字の位置や写真の位置などは、位置調整や大きさ調整で変えることもできるが、見えている部分のズームや広角などを調整したい場合には< Sure Target Camera >をダブルクリックしてカメラ設定を表示しよう❶。広角や望遠の設定はプリセット❷、およびズーム❸の値を調整して行う。数字が大きいほどズームになっていく。また、Dolly の値を調整することでも対処できる。

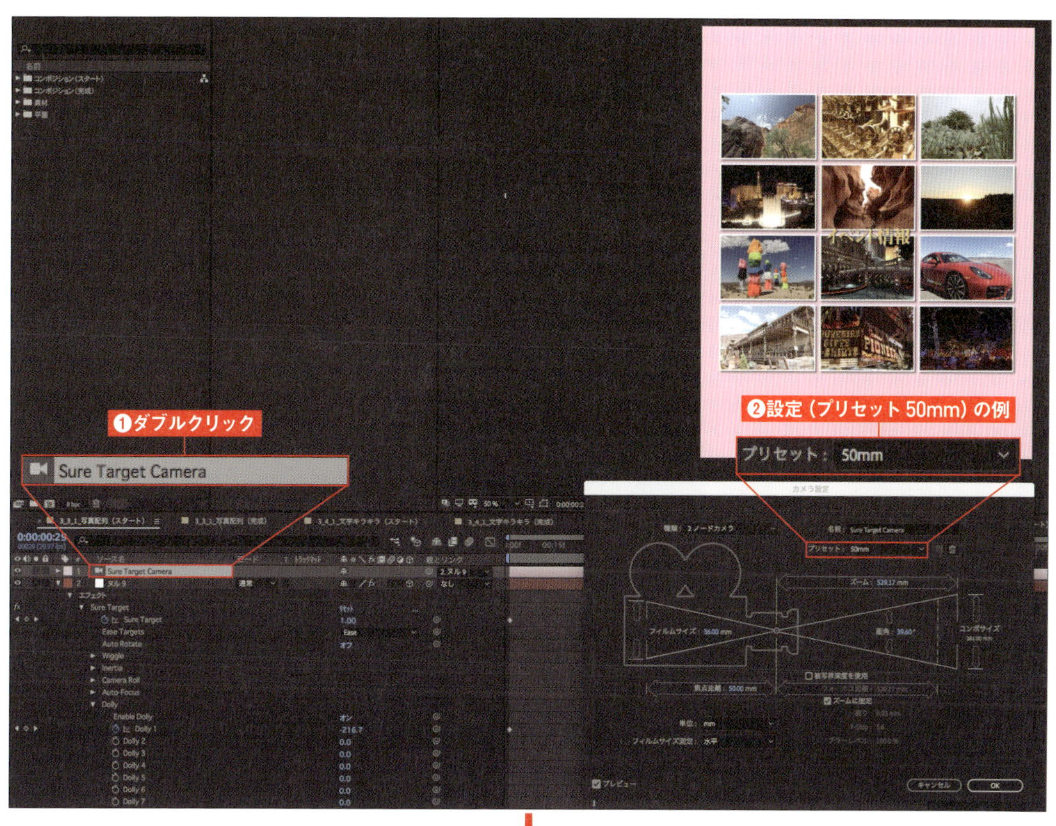

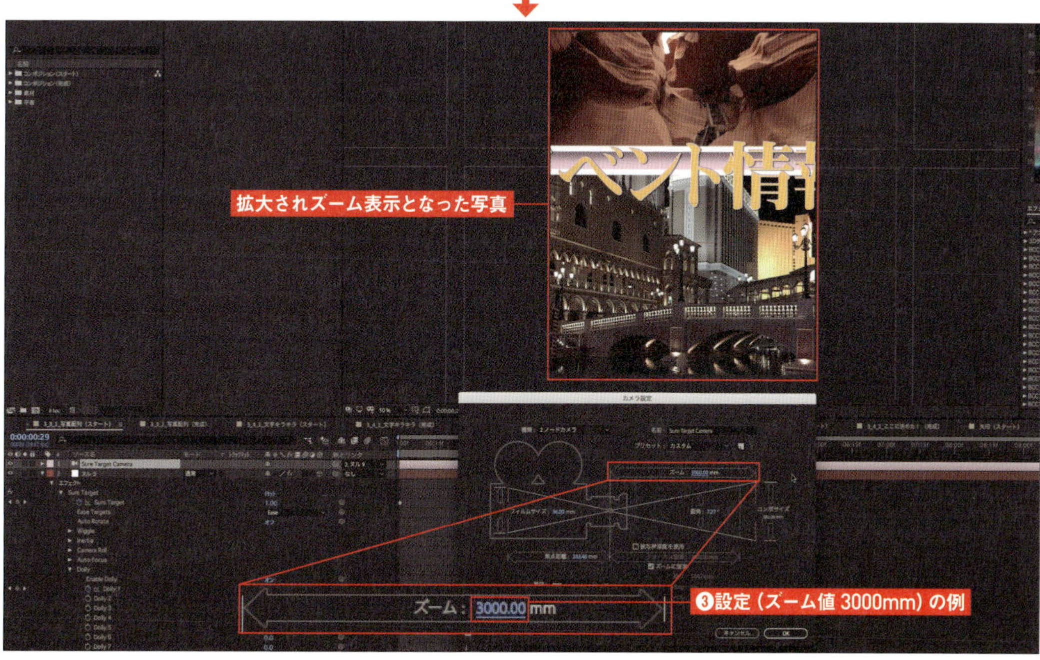

14 キラキラ文字を作る ～決めセリフの作成①

後半部分の決めセリフのシーンを作成していこう。ここでは、まずは部品（キラキラ文字）の作り方から解説していく。

文字をキラキラ光らせる

完成動画

<コンポジション（スタート）>から<3_4_1_文字キラキラ（スタート）>のコンポジションを開く。
最終的な決めセリフ部分の動画（左）とキラキラ文字（右）は左の完成動画のようになる。解説を読み進めていく前にチェックして、イメージを固めてほしい。

文字内にParticleを合成してキラキラを作成する

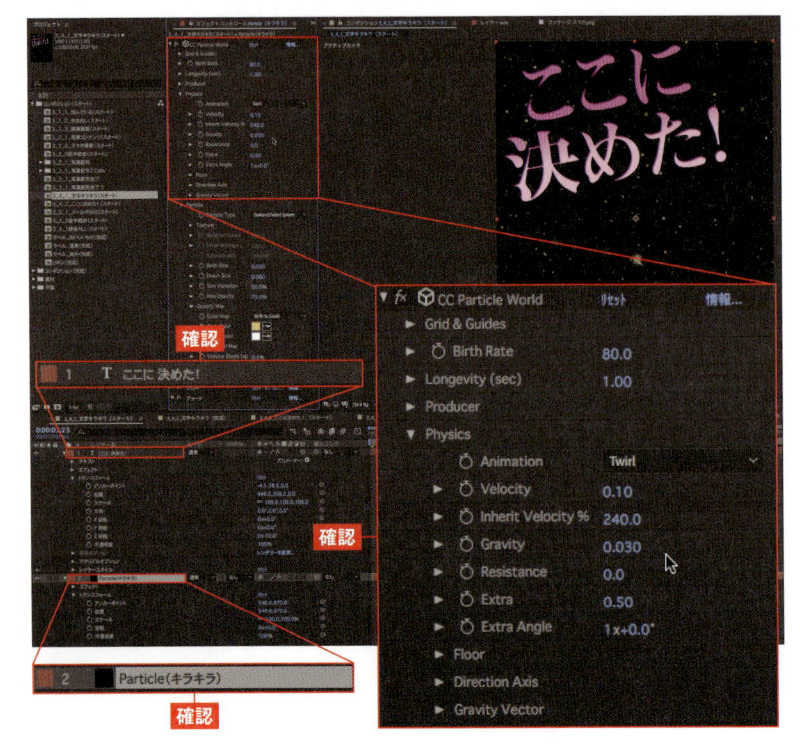

❶ 設定を確認する

画面を確認してみると、<ここに決めた！>の文字レイヤーと、背景に< Particle（キラキラ）>が配置されている。この Particle（キラキラ）は、CHAPTER 2 の「パーティクル背景（光粒）を作成する」において、CC Particle World で制作したものとまったく同じものを使用している。キラキラ感は、これらパーティクルを文字に当てることで演出することができる。CC Particle World を復習したい方は、P.336 を参照してほしい。

❷ 光粒をスターに変える

まずは、光粒をスターに変えてみよう。＜ Particle ＞→＜ Particle Type ＞のプルダウンメニューから＜ Star ＞を選択する。一瞬にしてメルヘンチックな世界へと早変わりした。

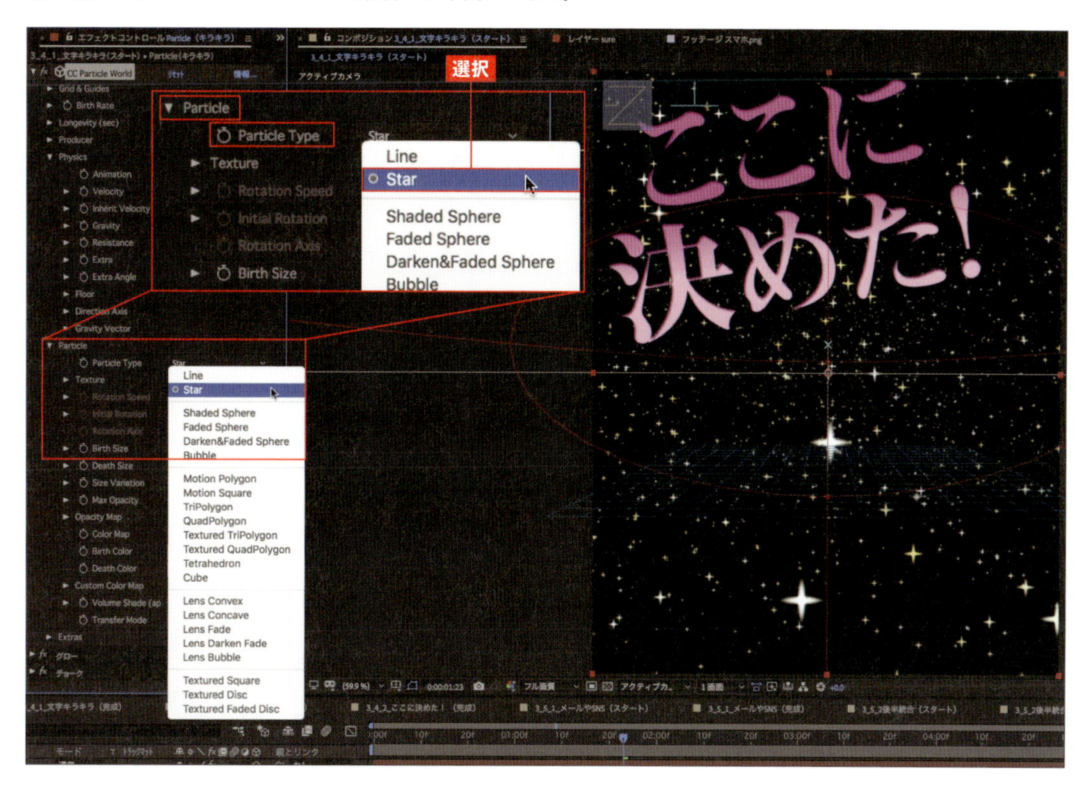

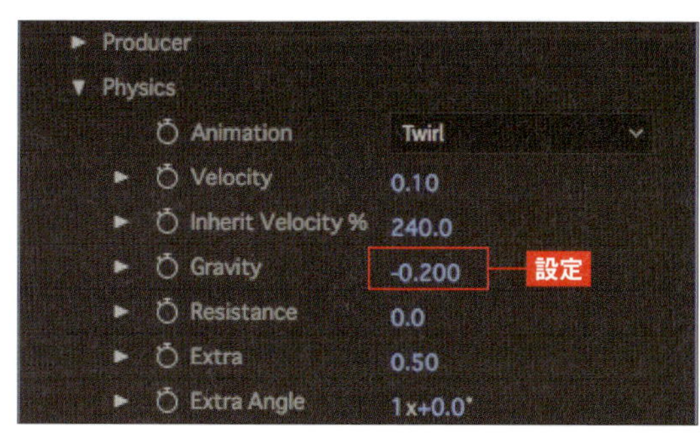

❸ スターを下から上に向けて飛ばす

このスターを下から上に向けて飛ぶように設定する。この場合には、＜ Physics ＞→＜ Gravity ＞のパラメーターを「-」マイナスに設定することで、重力を反転できる。ここでは Gravity を＜ -0.200 ＞と設定してみよう。プレビューで確認すると下から上へとスターが移動する。ニュートン力学が通用しない After Effects の世界で魔法使いになった気分を満喫してもらいたい。

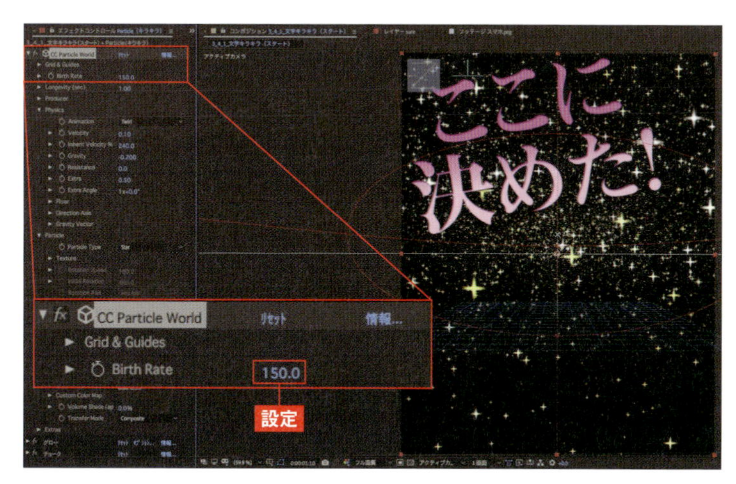

❹ スターの数を増やす

＜ Birth Rate ＞を＜ 150.0 ＞に設定する。スターの数がかなり増えたのが確認できる。

❺ 文字内にParticleを合成する

文字部分に Particle を当てはめるために、< Particle（キラキラ）>の<トラックマット>から<アルファマット“ここに決めた！”>を選択する。これで文字内に Particle(キラキラ)が合成される。キラキラの数を増やしたい場合には、Birth Rate をさらに上げてもらって構わない。

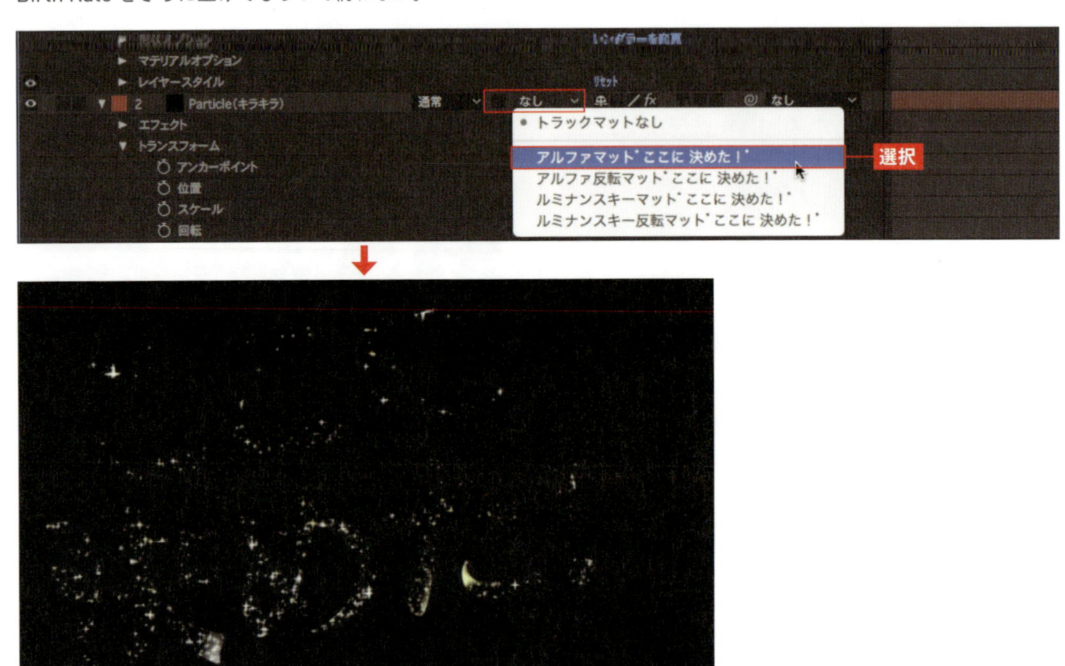

❻ キラキラ文字を完成する

最後に<ここに決めた！>の文字レイヤーを表示し❶、<描画モード>から<加算>を選択する❷。これで文字内にキラキラが合成される。CC Light Sweep の効果よりも派手な演出が期待できる。

SECTION

15 キラキラ飛び散るハートを作る ～決めセリフの作成②

部品（キラキラ文字）の応用として、ここではハート形での Particle との合成を解説していこう。

飛び散るハートを演出する

<コンポジション(スタート)>から< 3_4_1_ ハート(スタート)>のコンポジションを開く。

♡（ハート）に Particle（キラキラ）を施して、合成する方法は前 SECTION の方法とほぼ同じだが、ここではハートが大きく拡散していくような演出が付け足される。事前に左図を参考にしていただきたい。

CC Pixel Pollyを適用して設定する

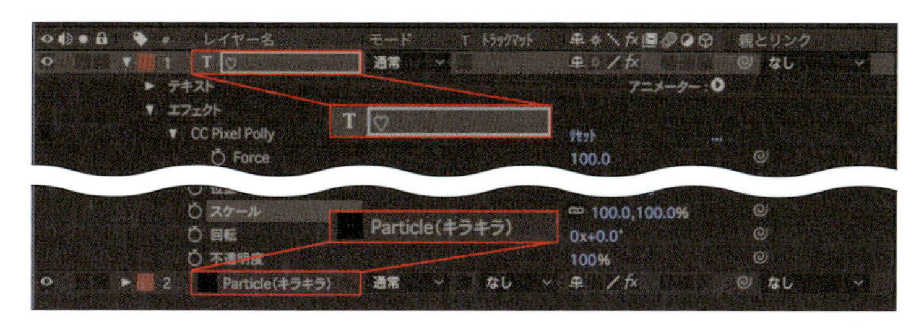

❶ 素材を確認する

コンポジション内には、< Particle（キラキラ）>と文字レイヤーの<♡>が配置されている。

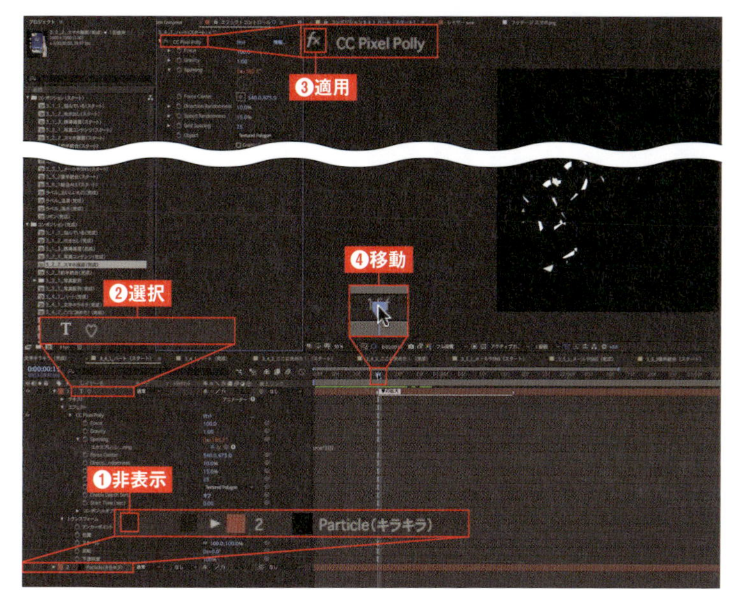

❷ ハートにエフェクトを適用する

< Particle（キラキラ）>を非表示にして❶、文字レイヤーの<♡>のみを表示する。

<♡>を選択し❷、エフェクトコントロールパネルから< CC Pixel Polly >のエフェクトを適用する❸。マーカー部分に合わせて時間軸を移動すると❹、いきなり砕けた画面結果が現れたが、これは CC Pixel Polly のエフェクトの結果だ。CC Pixel Polly はレイヤーを粉砕していくような効果を演出する。ここではハートが粉砕された形が表示されているが、プレビューで確認すると粉砕のプロセスが確認できる。

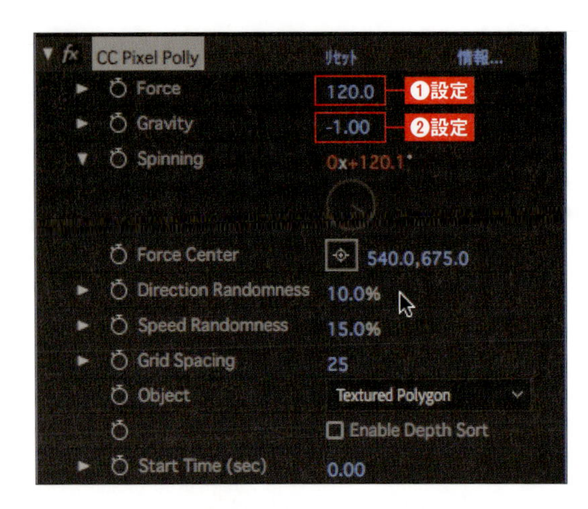

❸ CC Pixel Pollyの設定を行う

< CC Pixel Polly >の< Force >は、粉砕の力具合を指している。この値が大きければ爆裂のような粉砕を演出できるのだが、ここでは< 120.0 >としておこう❶。
< Gravity >は重力なので、粉砕されたハートが下にいくと悲しい演出になる。ここでは< -1.00 >と上に上がるように設定してみよう❷。
なお< Spring >では、粉砕された破片の回転具合を調整できる。この< Spning >には、エクスプレッションで time*360（P.064 の「エクスプレッションで不透明度の調整をする〜オープニングの作成⑧」参照）、1 秒間に 1 回転するように設定されているので、粉砕後のパラパラ感が演出できる。

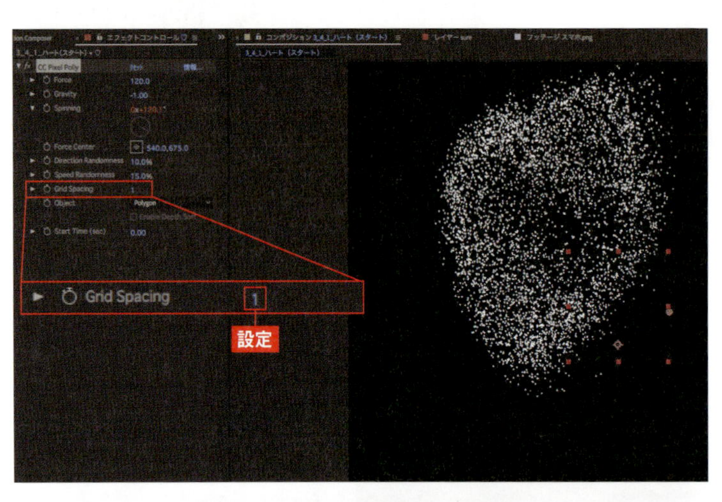

❹ 細かい破片に設定する

そのほかの項目では、< Grid Spacing >を< 1 >に設定する。こうすることで破片が細かくなる。プレビューを行っていくと粉砕されたハートの破片が上がっていくのが確認できる。

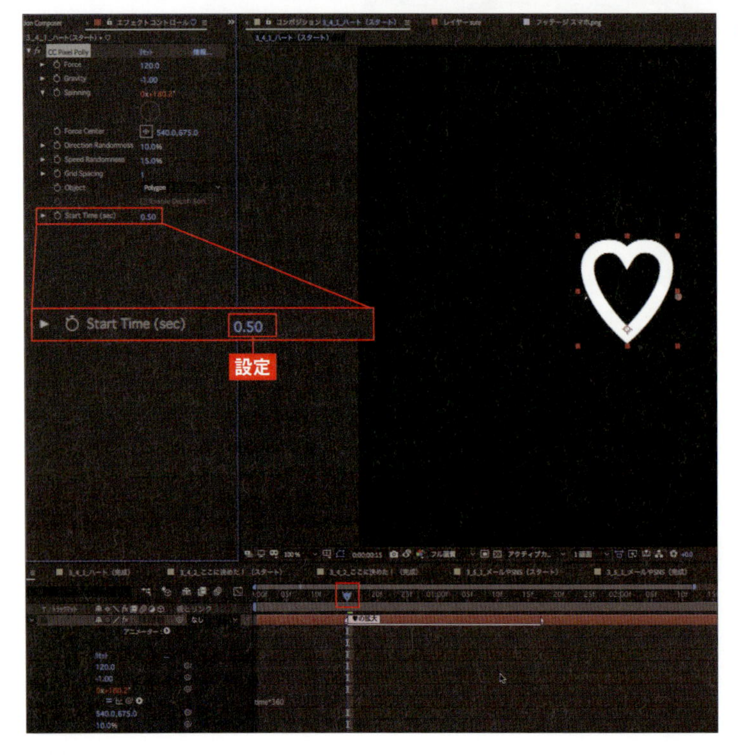

❺ 粉砕の始まる時間を設定する

< CC Pixel Polly >の最後の設定は、< Start Time >を< 0.50 >と設定する。これは粉砕の始まる時間を設定するものだ。デフォルトだと< CC Pixel Polly >は 0 秒地点< 00:00f >から急に粉砕が始まってしまうので、15 フレーム（1 秒 =30 フレーム、0.5 秒 =15 フレーム）あたりから開始するように設定してみよう。

❻ ハートのスケールを設定する

ここでは、マーカーに記載された区間で図のように0%～820%と超巨大なハートに変化するよう設定してみよう。

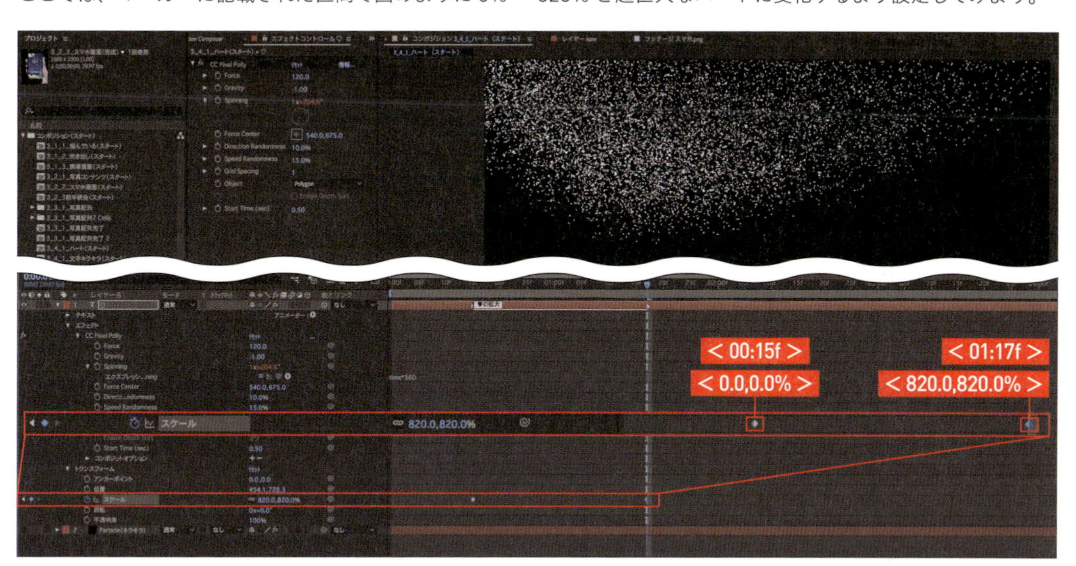

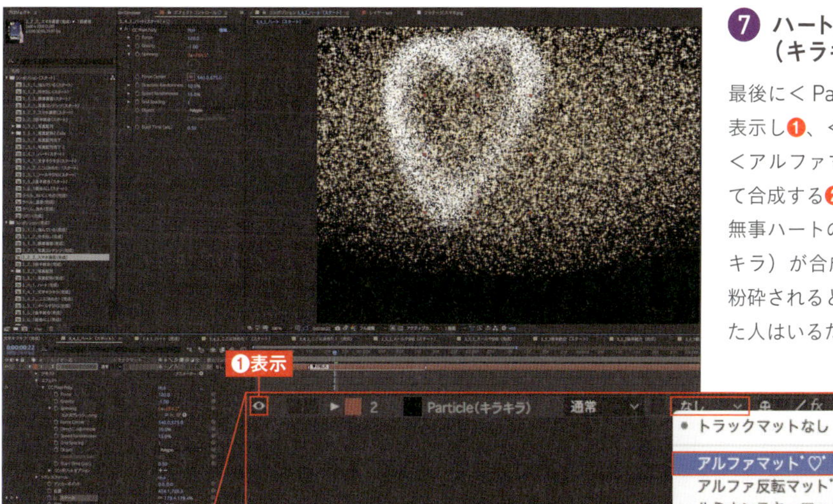

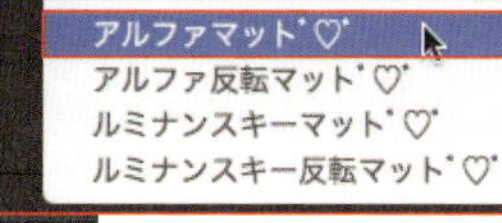

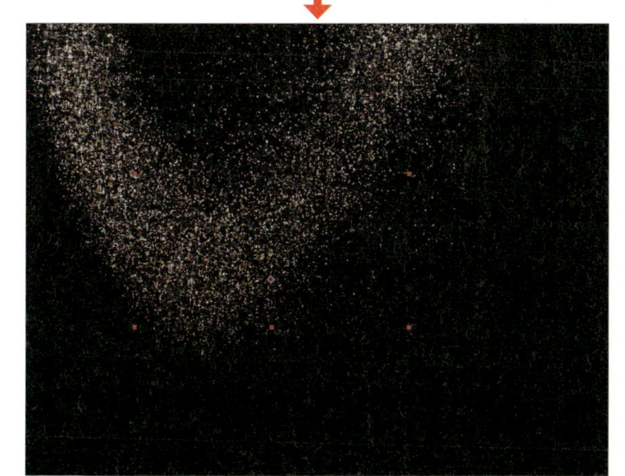

❼ ハートの粉砕とParticle（キラキラ）を合成する

最後に＜Particle（キラキラ）＞を表示し❶、＜トラックマット＞から＜アルファマット"♡"＞を選択して合成する❷。

無事ハートの粉砕とParticle（キラキラ）が合成されていれば完成だ。粉砕されるときに「ひでぶ～」と言った人はいるだろうか。

■ SECTION

16 作った部品を統合する ～決めセリフの作成③

部品（キラキラ文字）と部品（飛び散るハート）が完成したら、いよいよ土台となる（決めセリフ）部分を作成していこう。

決めセリフを統合する

<コンポジション（スタート>から**<3_4_2_ ここに決めた！（スタート）>**のコンポジションを開く。

人、文字とハート、リボンの配置で左図のように飾り付けよう。

各設定を確認する

❶ 素材の配置を確認する

すでにここでは先程作成した部品<［3_4_1_ 文字キラキラ（スタート)］>と部品<［3_4_1_ ハート（スタート)］>が配置されており、ナレーションや登場する女性にもモーションが割り当てられている。このコンポジションでは新たに<［リボン（スタート)］>のラベルが作成されているので、ダブルクリックしてみよう。

② ノイズなどの設定を確認する

タイムラインは文字とグラデーションが適用されたレイヤー、フラクタルノイズが適用されたレイヤーに分かれている。＜シェイプレイヤー１＞では、グラデーションでの輝度をベースに＜加算＞が選択され❶、フラクタルノイズのエフェクトでラベルにノイズが設定されている。また、＜シェイプレイヤー２＞ではラベル内のフラクタルノイズの範囲を設定するためにグラデーションエフェクトが適用され、＜加算＞により明るさに従ったフラクタルノイズの効果範囲が定義されている。各レイヤーを表示、非表示させることで確認してもらいたい❷❸。

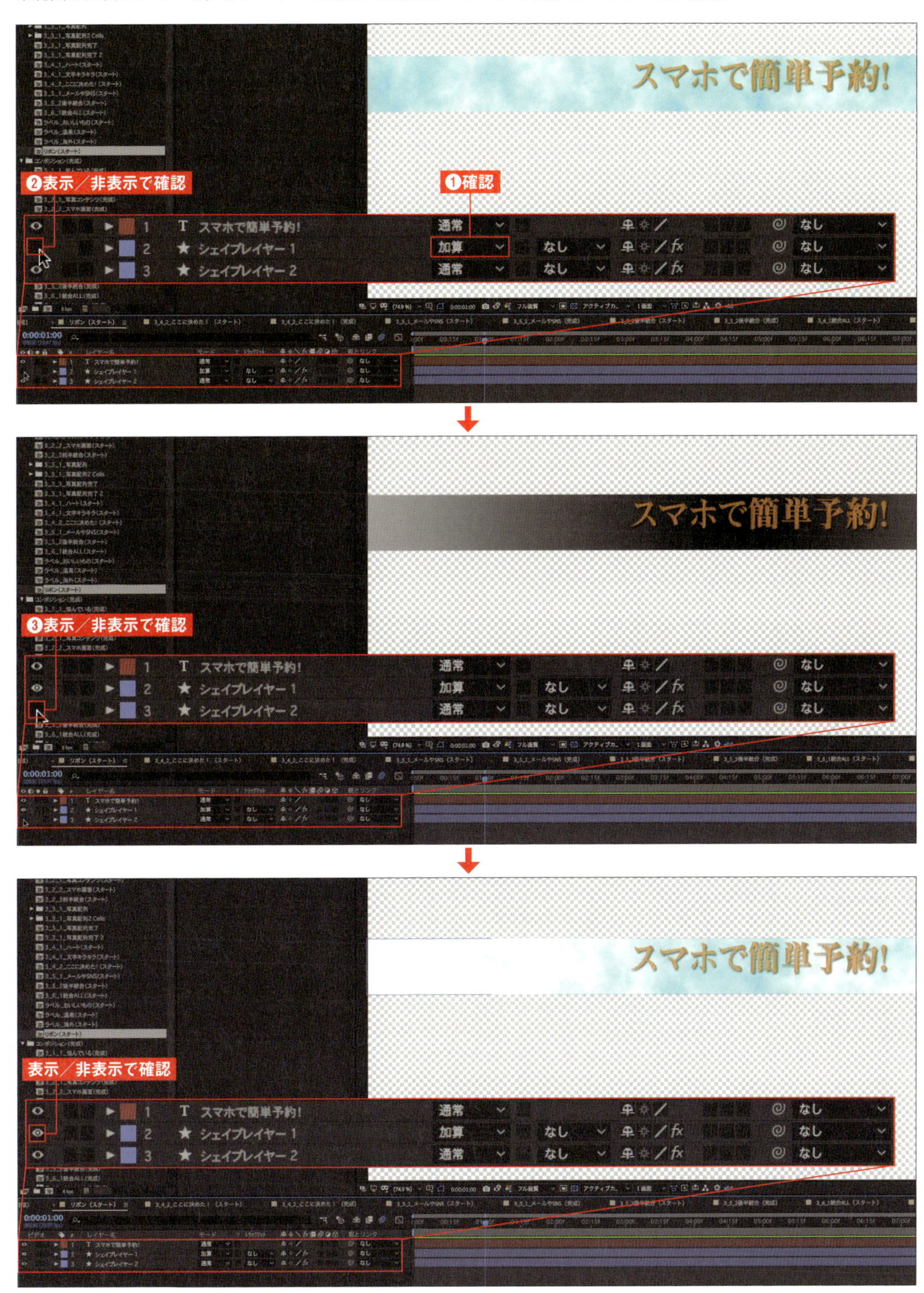

❸ マスクの設定を確認する

コンポジション<3_4_2_ここに決めた！（スタート）>に戻ろう。ネスト化されたリボンラベル<［リボン（スタート）］>には、<マスク1>が適用されており❶、反転してくり抜いたような演出が加えられている❷。エフェクトコントロールパネル内で確認すると、くり抜きを目立たせるようにドロップシャドウも適用されている❸。

リボンラベルに躍動感のある演出を施す

❶ リボンのラベルを斜めから表示させる

すでに3Dレイヤーになっているリボンラベル＜[リボン(スタート)]＞は、＜トランスフォーム＞の＜位置＞と＜方向＞を調整して、図のように左下から右上に抜けるよう配置してもらいたい。

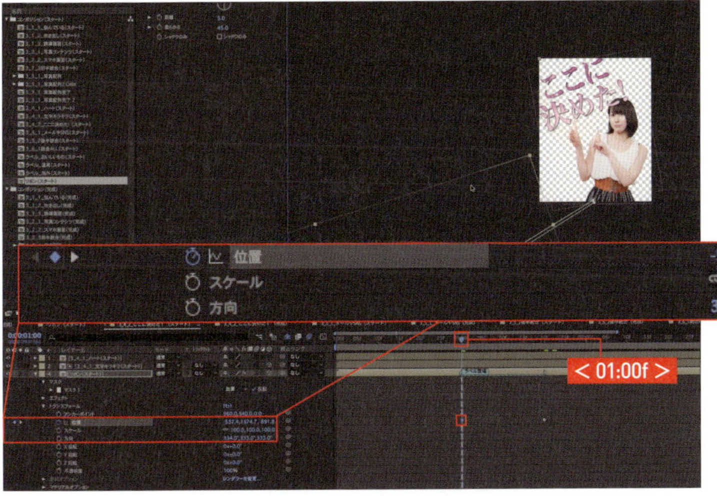

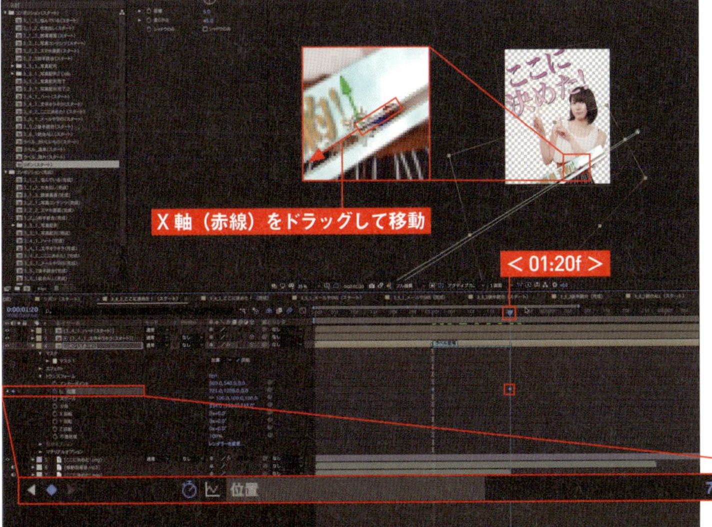

❷ キーフレームを設定する

配置が完了したら、マーカーに記載されている範囲で画面外左下から右上の配置された位置にキーフレームを設定して移動させてみよう。X軸（赤線）を掴んで移動させると簡単に斜め移動が行える。

③ モーションブラーを適用する

リボンラベル部分にモーションブラーを適用して、躍動感のある演出も可能だ。

TIPS

リニアワイプを使って演出する

リボンラベルの躍動感が気になってしまう方は、斜めに配置されたリボンが静止した状態で<方向>と<位置>のキーフレームを使わずに、リニアワイプを使って次第に現れるようなエフェクトを使ってもらっても構わない。

SECTION

17 グラデーション矢印でエンディングへと導く

後半の最後は、部品（グラデーション矢印）を使ったエンディングを解説していく。

矢印を作成して仕上げていく

＜コンポジション（スタート）＞から**＜矢印（スタート）＞**のコンポジションを開く。
エンディングは左下の動画のように、グラデーション矢印の作成と配置は右下図のように仕上げていこう。

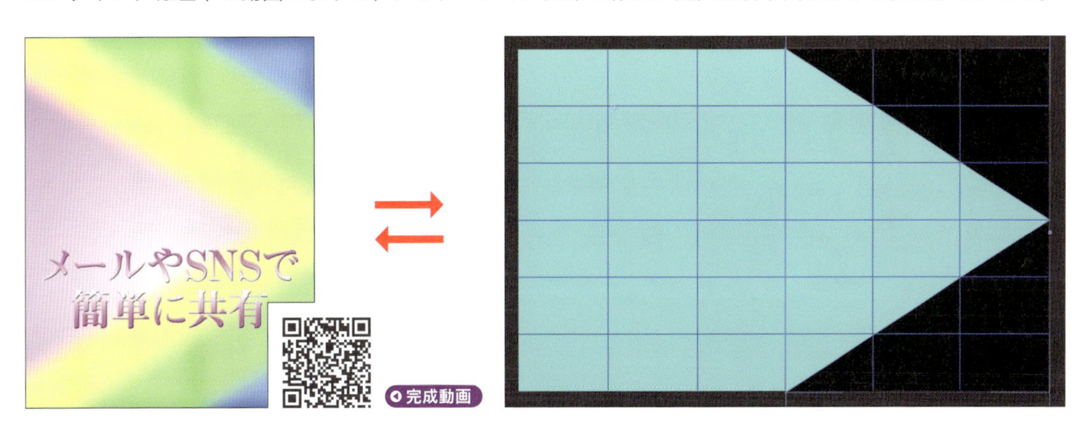

グラデーション矢印を作成する

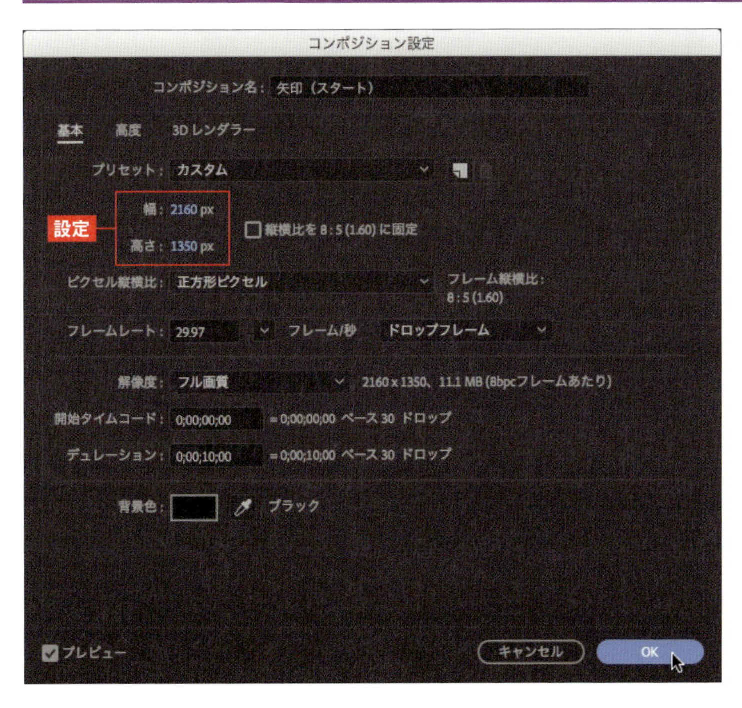

① コンポジションサイズを設定する

ここでは、部品（グラデーション矢印）の作成から解説していく。＜コンポジション＞メニューから＜コンポジション設定＞をクリックするか、command ＋ K キー（Windows では Ctrl ＋ K キー）で、コンポジション設定画面を表示しよう。コンポジションサイズは、2160×1350px と本番で使用するサイズの横を倍にした数値でコンポジションを作成する。

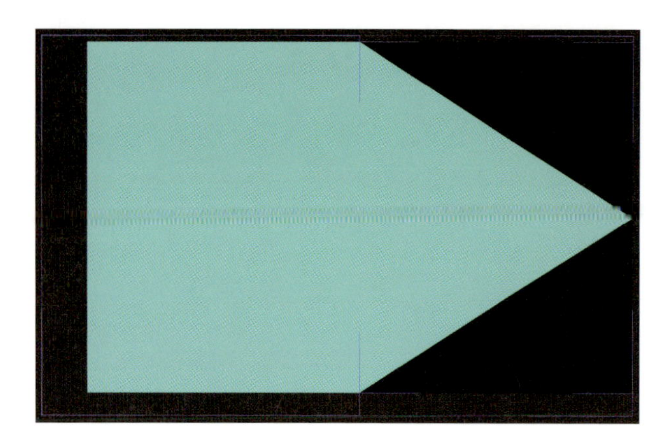

❷ 作成する矢印を確認する

ここでは、このような四角と三角を組み合わせた矢印を作成していく。

❸ 矢印の一般的な作り方

矢印の作り方は何通りかあるが、最も典型的な方法は図のようにシェイプレイヤーから❶、多角形を作成し❷、＜多角形パス 1 ＞→＜頂点の数＞を＜ 3.0 ＞に設定する方法だ❸。しかし、これは左にある正方形と中央部分でうまく結合するのが難しい❹❺。結合できたとしても、クライアントから「もう少し角を調整してくれ」などの注文が来ると即座に対応するのが困難だ。

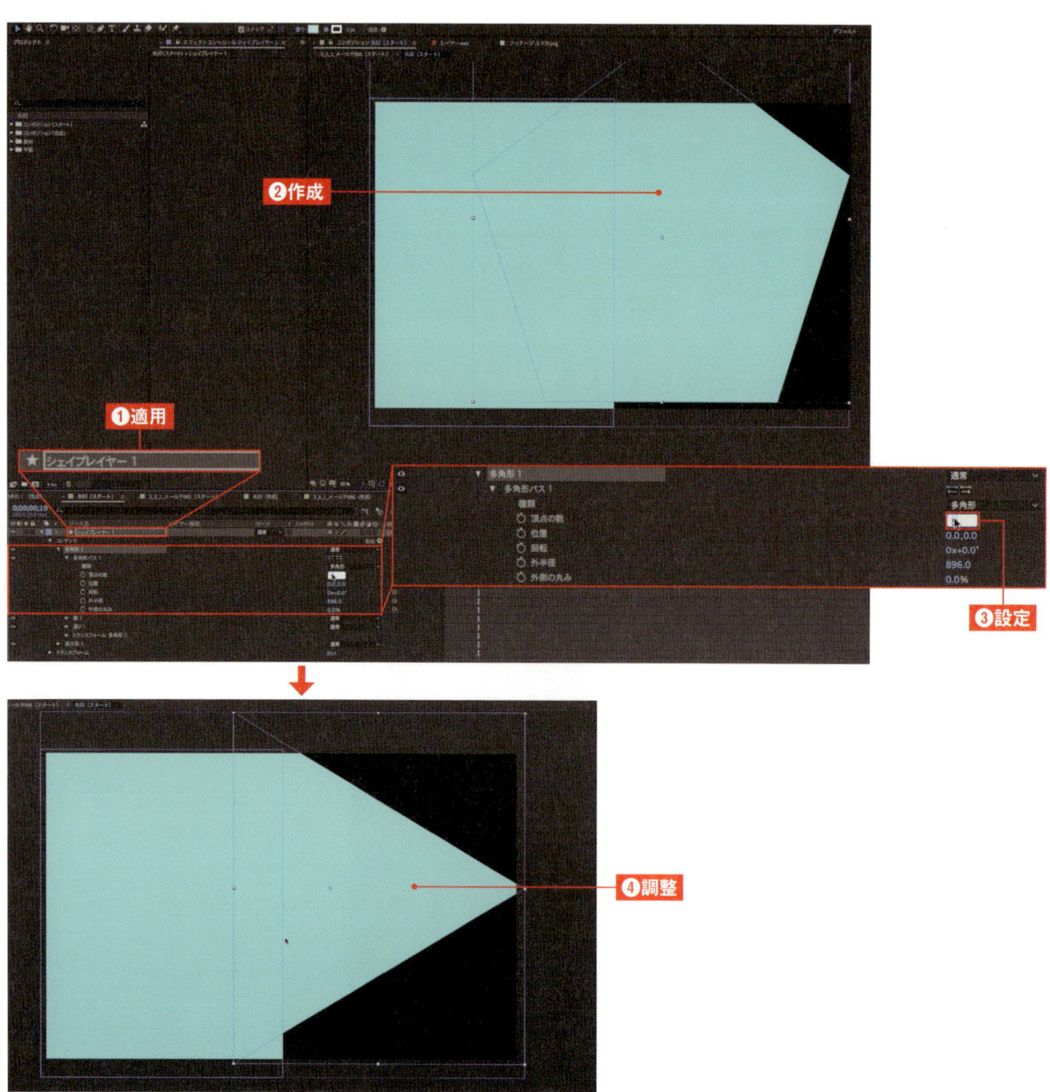

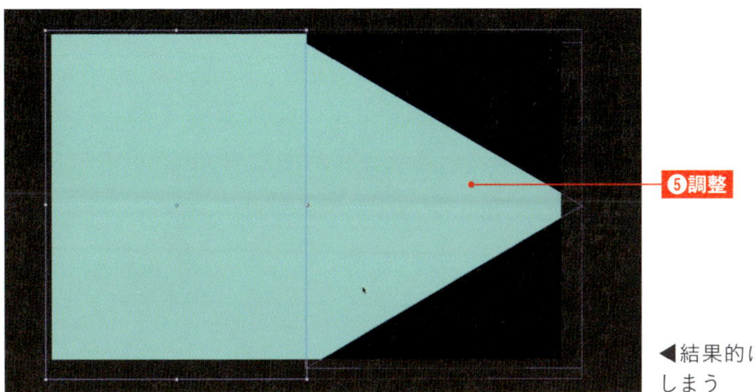

◀結果的に合わせる部分の調整が困難となってしまう

柔軟に対処できる矢印を作成する

ここでは、クライアントの注文にも即座に応えられるような、具体的な作り方を解説しよう。

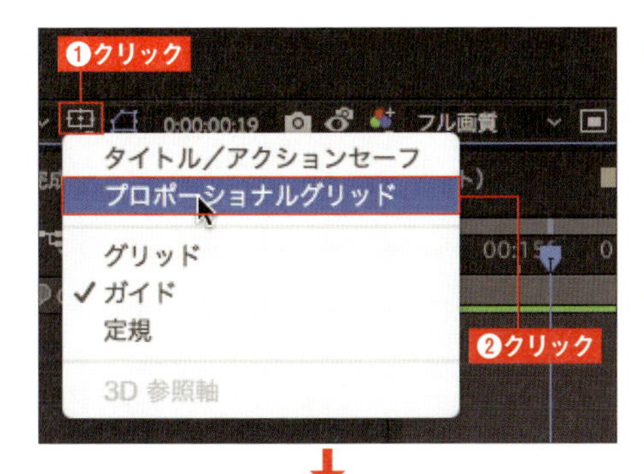

❶ プロポーショナルグリッドを設定する

まずはコンポジションパネル下にある<グリッドとガイドのオプションを選択>をクリックして❶、<プロポーショナルグリッド>を選択する❷。

プロポーショナルグリッドが表示されたら、< After Effects CC >→<環境設定>→<グリッド & ガイド>（Windows では、<編集>→<環境設定>→<グリッド & ガイド>）を開く。図のように<プロポーショナルグリッド>の<水平方向>を< 8 >に、<垂直方向>を< 12 >で設定する❸。

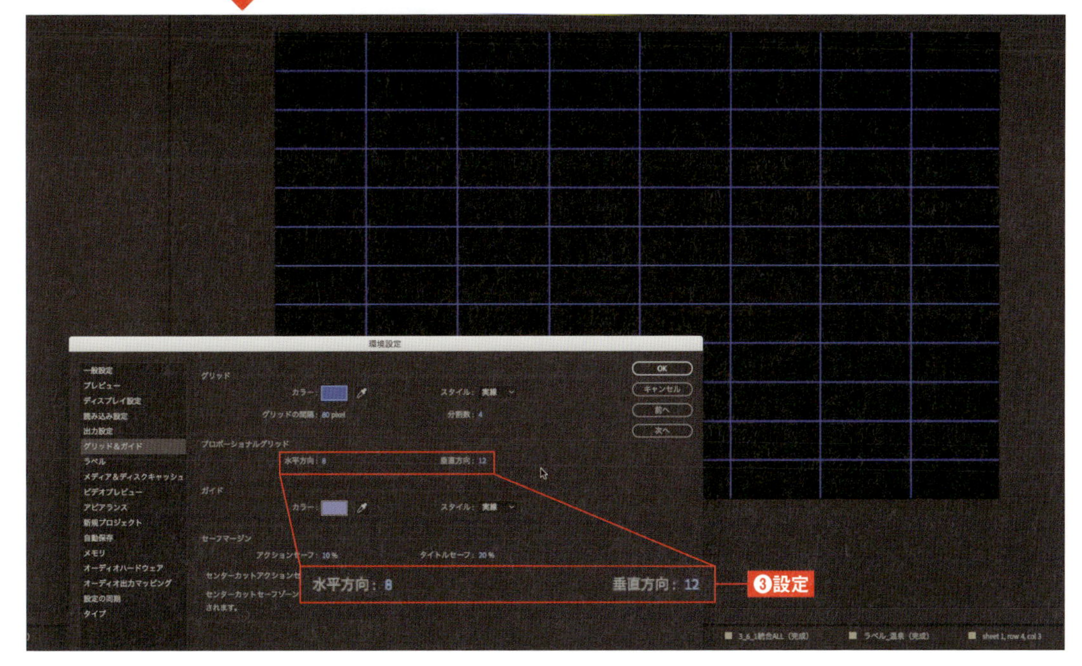

MEMO 数値の設定について

割り切れる数値を設定しないと、三角が見事に歪んでしまうので注意が必要だ。また、ここではプロポーショナルグリッドで解説しているが、グリッドを使用すれば、さらに細かいグリッド上での作業も可能だ。

❷ 長方形を作成する

プロポーショナルグリッドを表示させた状態で、図と同じ色でシェイプレイヤーに長方形を作成し❶、右辺が中央に来るようにグリッドを参照しながら配置してみよう❷。

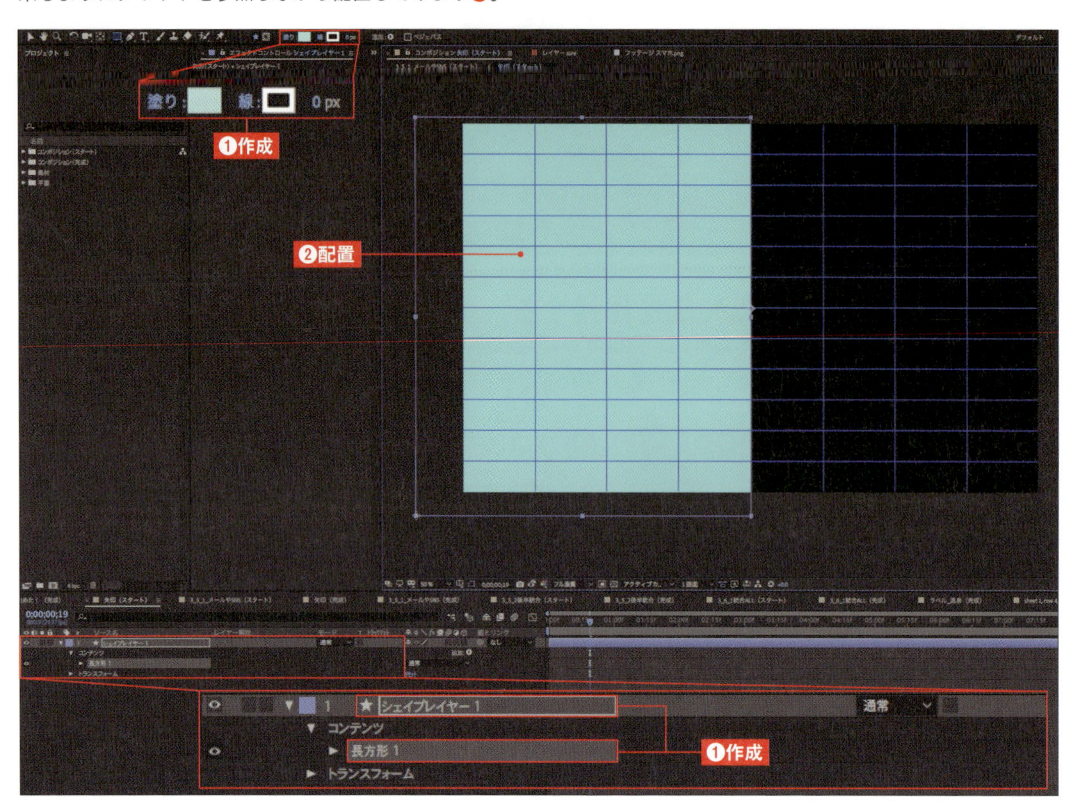

❸ 三角形を描く

続いてペンツールに切り替えて❶、プロポーショナルグリッドを参照しながら三角形を描いていこう❷❸。

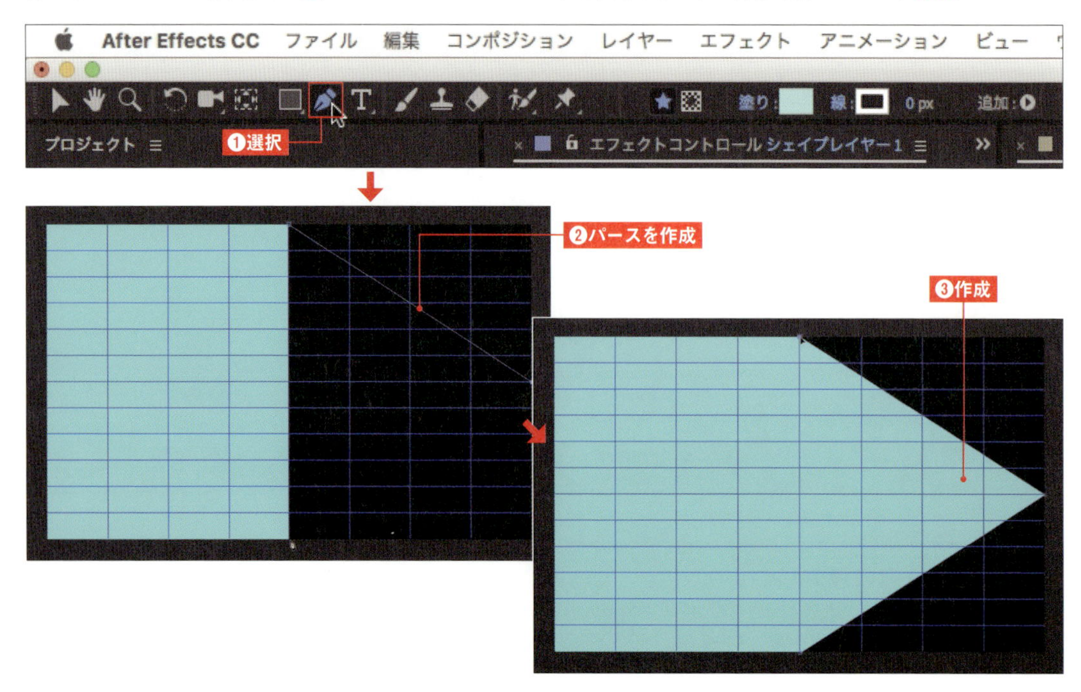

④ 三角形を微調整して仕上げる

無事作成が完了したら、ズームして❶、長方形との接点の部分を微調整していこう❷。

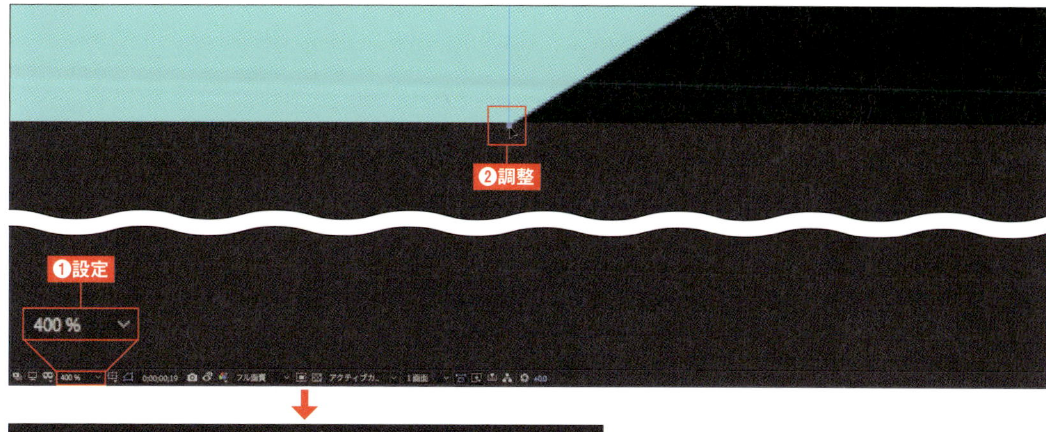

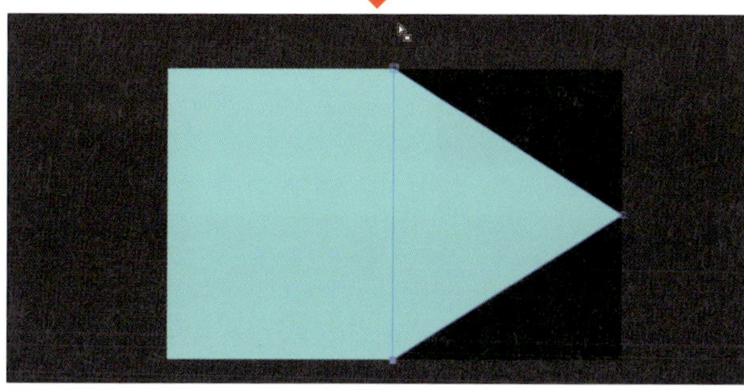

TIPS

「できるヤツ度」をアップさせる

クライアントの前では、できるだけショートカットを多用して操作することをおすすめする。試しに After Effects を起動したら下記動作を 8 秒以内にクライアントの前で行ってみてほしい。この動作はマウスを一切使う必要がないので「できるヤツ度」が 12% はアップするはずだ。

①新規コンポジションを作成

command ＋ N キー：新規コンポジションの作成（Mac）

Ctrl ＋ N キー：新規コンポジションの作成（Windows）

↓

②新規平面の作成

command ＋ Y キー：新規平面の作成（Mac）

Ctrl ＋ Y キー：新規平面の作成（Windows）

↓

③ファイルの読み込み

command ＋ I キー：ファイルの読み込み（Mac）

Ctrl ＋ I キー：ファイルの読み込み（Windows）

↓

④腕を組んで余裕表情で待機

矢印の色を変えて演出を施す

部品（グラデーション矢印）が完成したら、**<コンポジション（スタート）>**から**< 3_5_1_ メールや SNS（スタート）>**のコンポジションを開く。

❶ 設定を確認する

画面からは、すでに作成した矢印が画面左（下手）から画面右（上手）へと移動するのが確認できる。そのあとに 3 フレーム遅れで同じ矢印が並んでいる。これは CHAPTER 2 の「場面転換とスライドショー」での「基本のグラデーションパターンを形成する」で学んだテクニックだ（P.364 参照）。

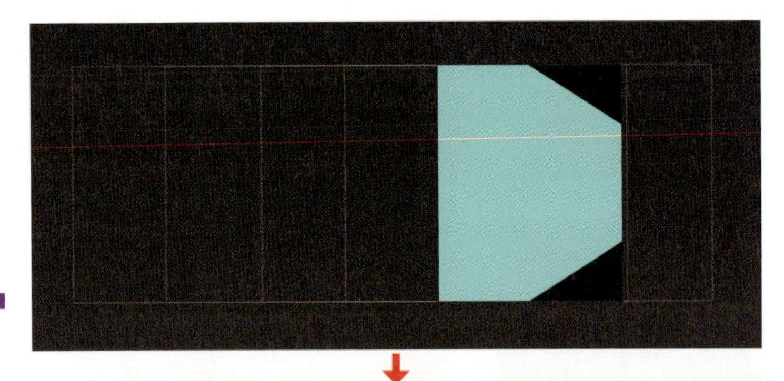

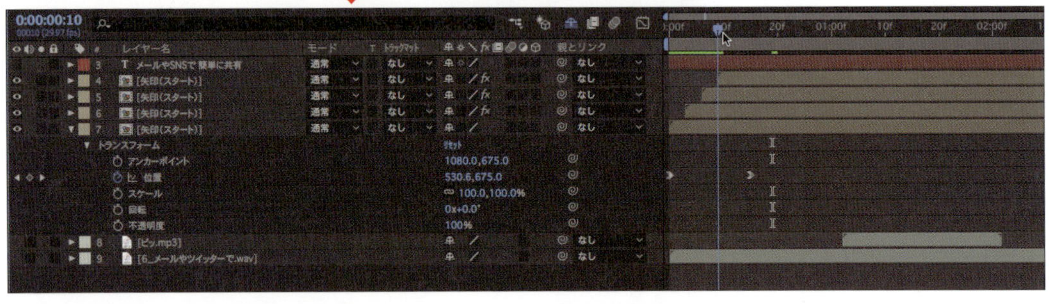

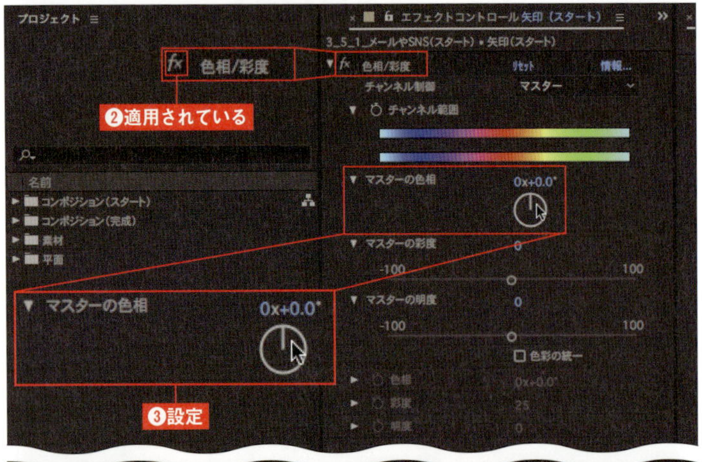

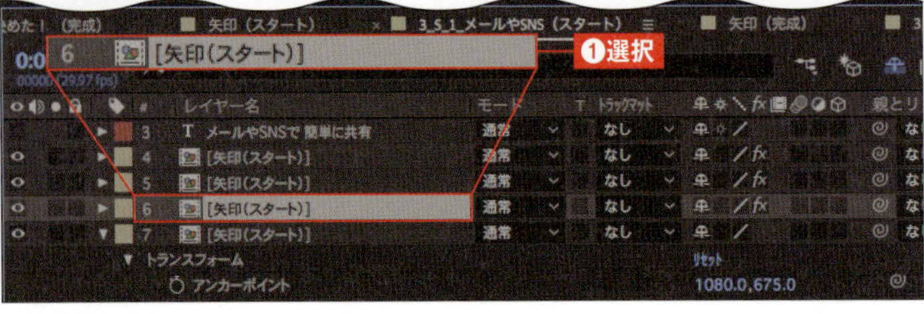

❷ 2番目の矢印の色を変更する

2 番目に来る矢印<［矢印（スタート）］>を選択し❶、エフェクトコントロールパネルを見ると、<色相 / 彩度>が適用されている❷。ここでは、各矢印の色を<色相 / 彩度>→<マスターの色相>のプロパティを変えて、異なる色に設定していく。ここでは、< 0x+66.0 >に変えてみよう❸。マスターの明度を上げると明るさが増し、ポップな感じに仕上る。

❸ 4番目の矢印の色を変更する

最後に被さる矢印＜［矢印（スタート）］＞を選択して❶、エフェクトコントロールパネルを確認すると、グラデーションのエフェクトが適用されている❷。矢印にパープルのグラデーションが適用される。

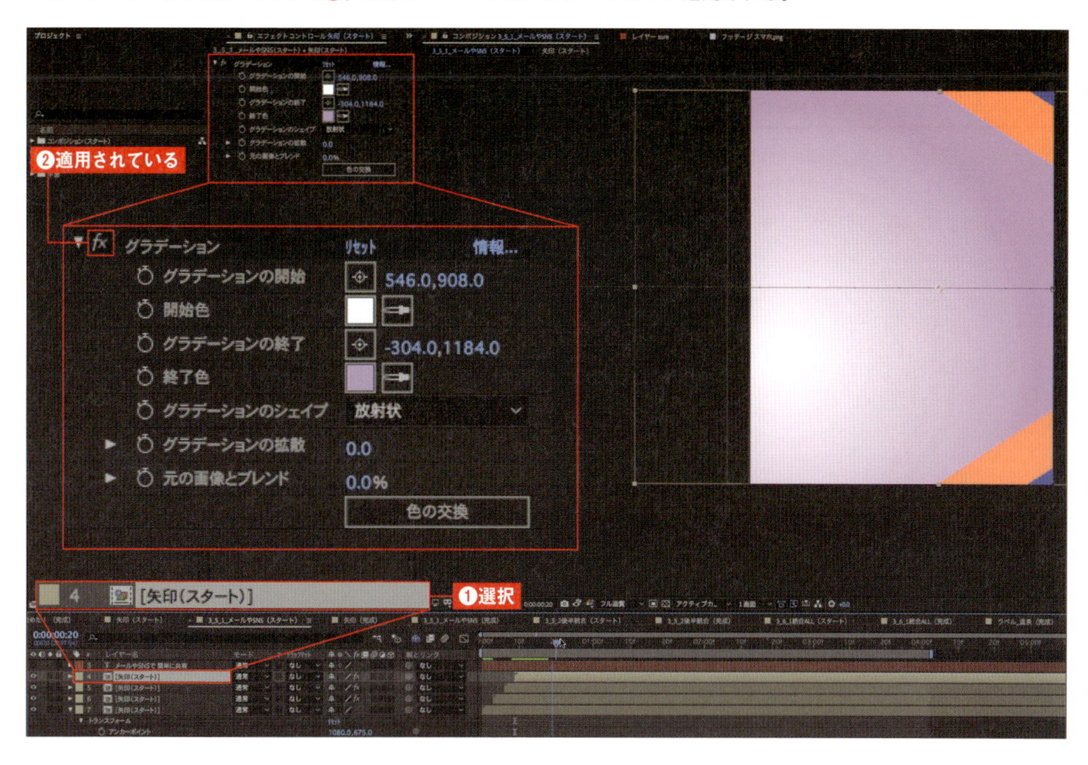

❹ 文字レイヤーを表示する

タイムラインの一番上に配置され非表示になっている＜メールや SNS で 簡単に共有＞の文字レイヤーを表示に設定すると❶、画面の一番手前に現われるのが確認できる❷。

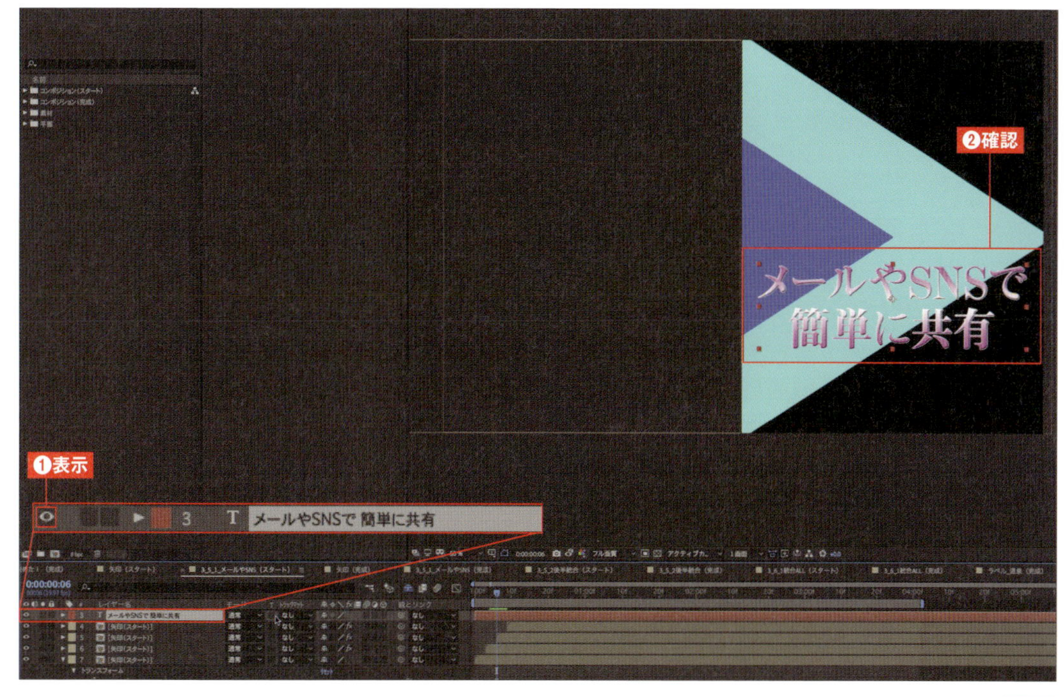

❺ 矢印と文字を合成する

「メールや SNS で 簡単に共有」の文字を矢印の登場と同じように表示させたいので、▩<下の透明部分を保持>をクリックする。これで矢印の表示部分と合成される。
「透明部分を保持」の使い方は、CHAPTER2 の「モーション & エクスプレッション」の「絵柄のある吹き出しを作る」で解説している（P.267 参照）。

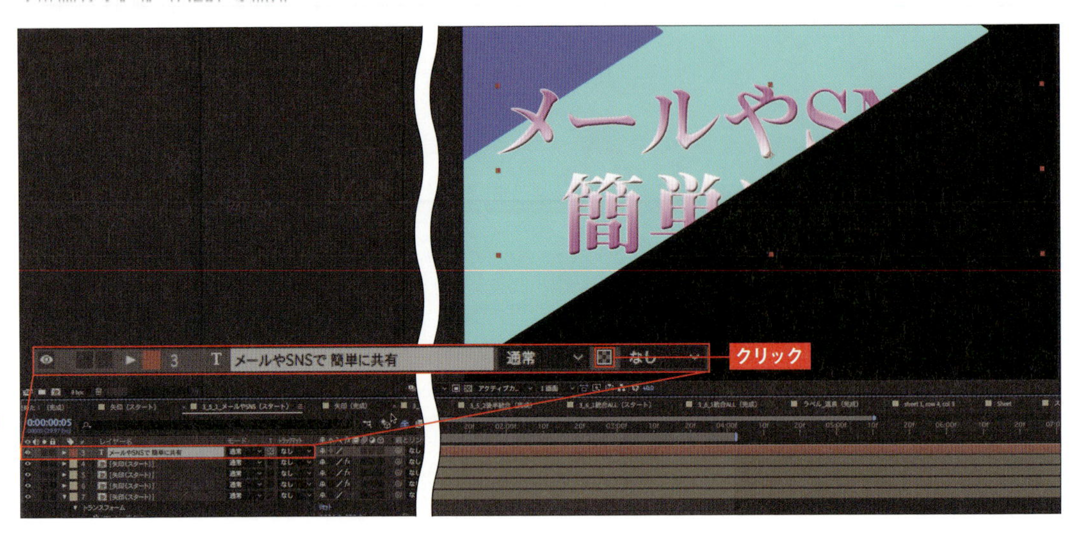

❻ 残りのレイヤーを表示して確認する

最後にシャイレイヤーをオフにして❶、タイムラインに配置されている残りのレイヤーを表示する❷。< SNS.png > < mail.png >を表示させたあとに、プレビューで確認してみるとアイコンが飛び出すようなモーションが確認できるはずだ。

SECTION

18 前半と後半のコンポジションを統合する

ここでは、前半部分と後半部分の統合を行う。コンポジションどうしをつなげて長尺のムービーに仕上げていこう。

コンポジションの統合する

無事、後半部分の3つの土台（無数の写真のアニメーション、決めセリフ、エンディング）が完成したら**<コンポジション（スタート）>**から**<3_5_2後半統合（スタート）>**のコンポジションを開く。

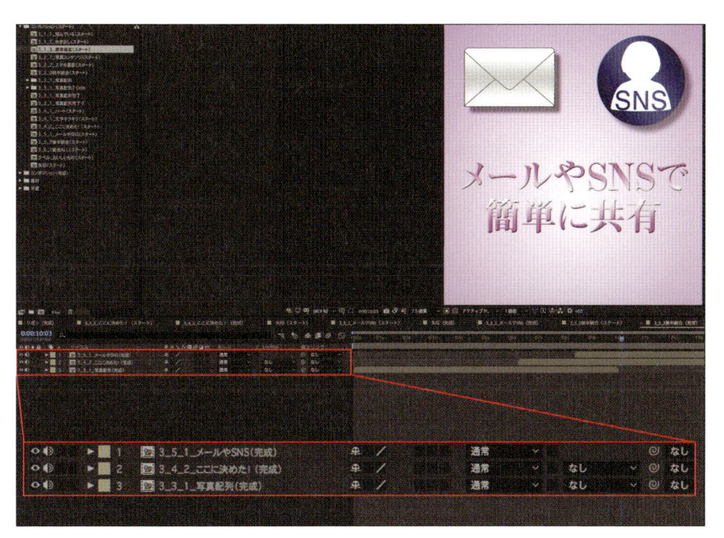

❶ 配置を確認する

3つのコンポジションの土台（写真配列アニメーション、決めセリフ、エンディング）がすでに配置されており、プレビューをすると後半部分が確認できる。図の<3_5_2後半統合（完成）>を参考に、もし途中でタイミングがずれてたり、おかしなモーションが設定されていた場合には、各土台のコンポジションに戻り修正など行ってもらいたい。

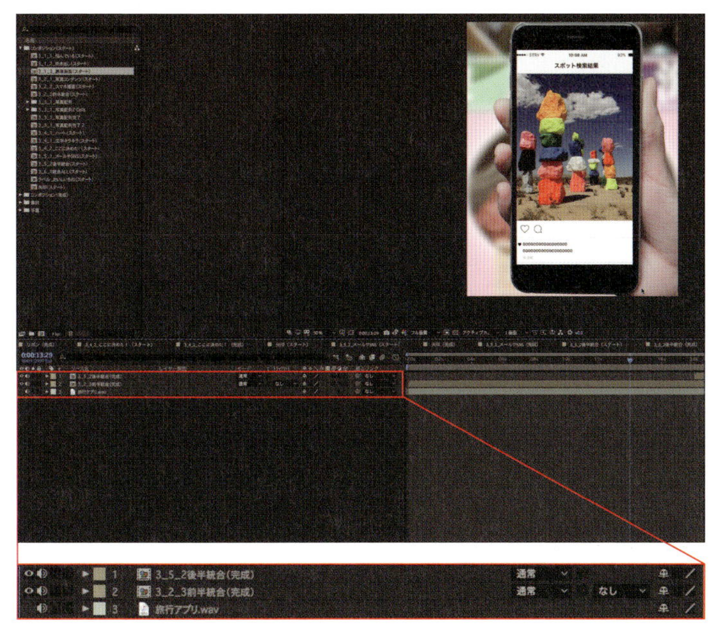

❷ 最終の完成コンポジションを確認する

<3_5_2後半統合（スタート）>の確認ができたら、<コンポジション（スタート>から<3_6_1統合ALL（スタート）>のコンポジションを開く。こちらは、前半部分と後半部分が統合された最終の完成コンポジションとなる。タイムラインの一番下にはバックグラウンドサウンドが配置されている。

図の<3_6_1統合ALL（完成）>を参考に、もし途中でタイミングがずれてたり、おかしなモーションが設定されていた場合には、各土台のコンポジションに戻り修正など行ってもらいたい。プレビューして問題がなければこれで完成だ。

Premiere Proを使った統合

CHAPTER 1、CHAPTER 3ともに、ソーシャル動画基礎と応用を解説してきたが、ここではAfter Effectsのみで完結できるようにチュートリアルを構成してみた。
ただ実際にはサウンド、ナレーション、効果音などはAfter Effectsで配置するケースは珍しく、ほとんどの現場ではAfter Effectsで動画を書き出し、Premiere Proで統合させるのが一般的だ。
Premiere Proは、同じCreative Cloudコンプリートプランに入っているおなじみの動画編集ソフトで、使用されている方も多いと思う。After Effectsで動画を書き出す方法は、CHAPTER 1の動画の書き出しでも解説したが、そのほかAfter Effectsを使用して書き出す方法もある。

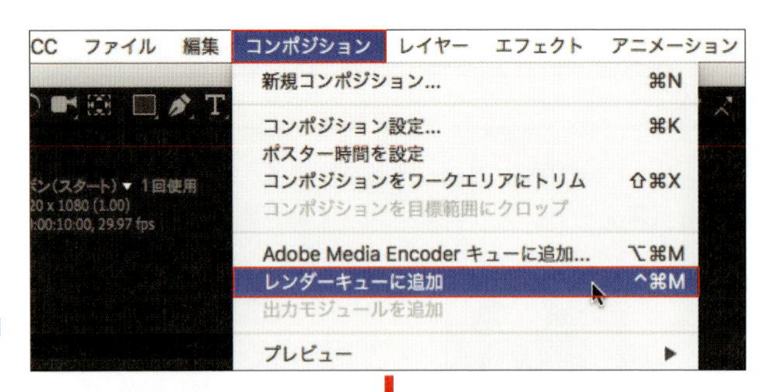

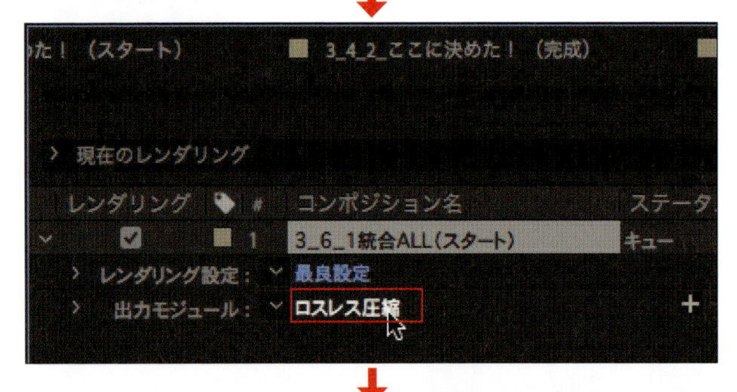

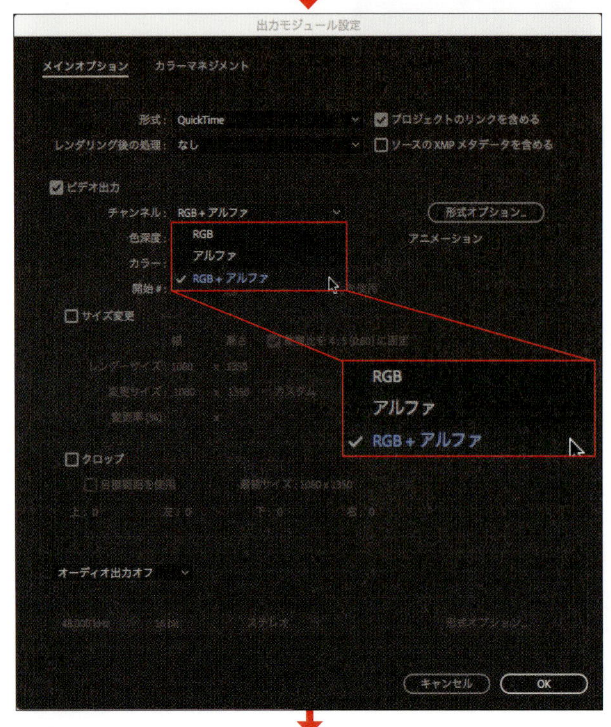

1 Premiere Proでの統合の恩恵を確認する

After Effectsで作成された各土台のコンポジションを選択し、<コンポジション>メニュー→<レンダーキューに追加>をクリックすることで、出力モジュール設定で、レンダーキューが開かれ、複数のムービーのアルファチャンネル部分を書き出すことも可能だ。

ここに決めた!
文字やエフェクト、人が切り抜かれた形式で保存できる
アルファチャンネル(透明部分)

After Effectsでの直接の書き出し解説動画

❷ Premiere Proを活用して作業する

それら書き出したムービーを、Premiere Proに読み込んでタイムライン上に配置する。サウンド、ナレーション、効果音などの位置や音量の調整がRAMプレビューすることなく簡単に行えるので、ぜひ、Premiere Proを使っているユーザーは、こちらの方法も試してもらいたい。

ここに決めた!
スマホで簡単予約

TIPS

最適なアルファチャンネル

アルファチャンネル部分での書き出しで一番便利な設定は「◯◯シーケンス」と記載されたコーデックの活用だ。シーケンスは1枚1枚をパラパラ漫画のように書き出しを行っていく形式となるため、もしアルファチャンネル部分が必要であれば、「PNG シーケンス」が最適だ。なぜかというと、相手にデータを受け渡す際にコーデックに依存しないからだ。また、パソコン間でのやり取りは Windows ／ Mac の機種の違いのほか、インストールされているソフトやコーデックによっても再生できないケースも少なくない。そうした場合には、After Effects のみがインストールされている最低限の環境で読み込める「PNG シーケンス」は、アルファチャンネル部分も書き出せて品質もよい。弱点としては1枚1枚の静止画像の連番なので「音声」は入らないことだ。

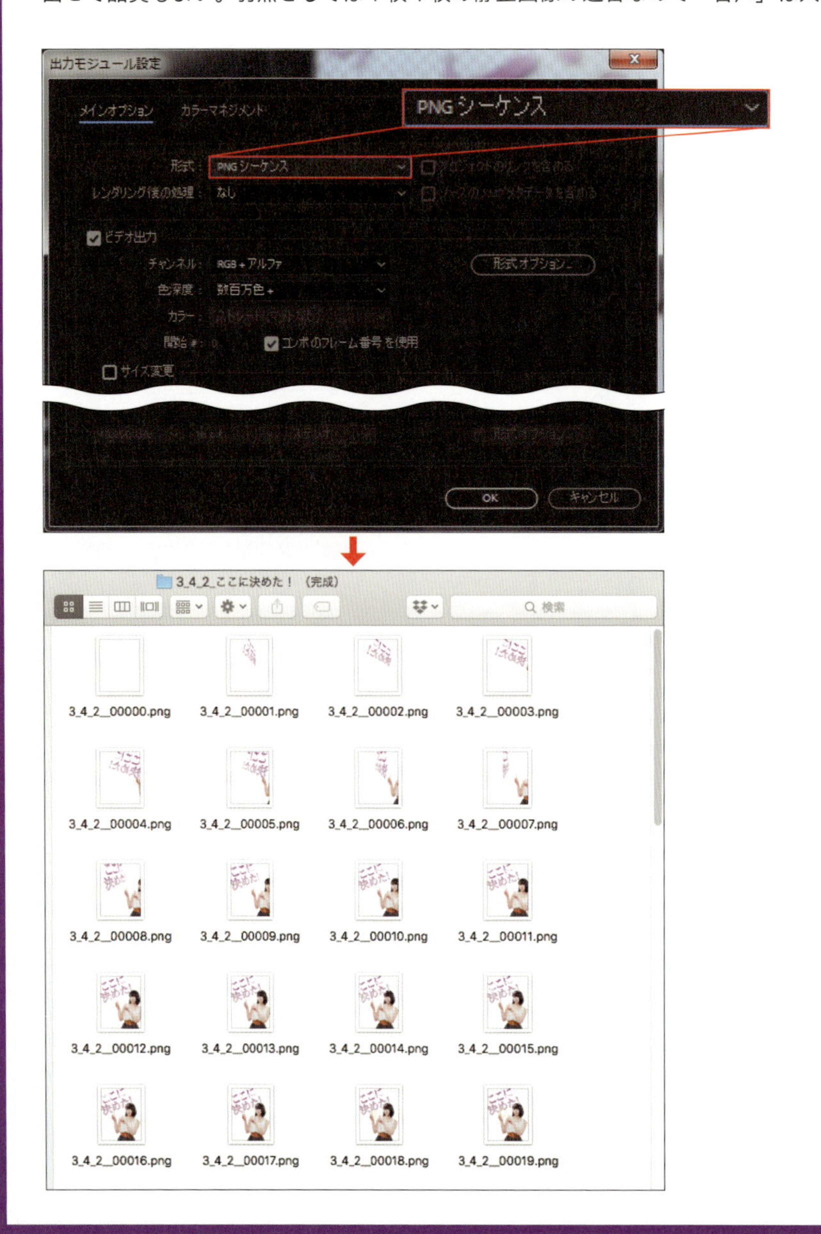

CHAPTER

4

Premiere Proとの連携

SECTION

01 サンプルファイルを確認して Premiere Pro を導入する

CHAPTER 4 では、Premiere Pro との連携を解説していこう。Premiere Pro と連携を行うことで作業効率がグンとアップする。

エッセンシャルグラフィックスを活用する

Adobe Creative Cloud コンプリートプランでは、After Effects 以外にも Premiere Pro という動画編集のアプリケーションが用意されている。ここでは、同じビデオ製品群である Premiere Pro とのエッセンシャルグラフィックスを活用したテクニック解説する。エッセンシャルグラフィックスは、Premiere Pro CC2017、After Effects CC2017 から搭載された新機能だが、CC2019 でさらに使い勝手が向上している。Premiere Pro と After Effects の各プロジェクトファイルを用意しているので、それぞれの最新版で挑んでもらいたい。使用するサンプルファイルは各 After Effects、Premiere Pro のプロジェクトファイルを使用していく。また、CHAPTER 4 で扱うモーションの演出についてイメージしておいていただきたいので、ここにその動画を順番に掲載してみた。

▲ P.604 参照

▲ P.606 参照

▲ P.618 参照

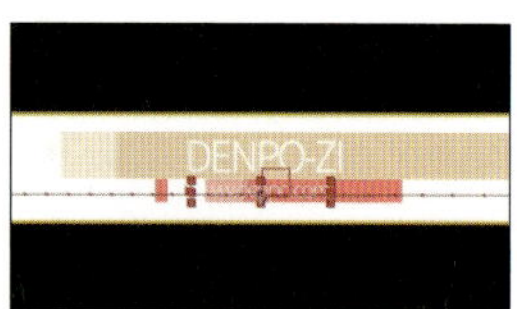

▲ P.625 参照

使用するサンプルファイルとPremiere Proについて

ここで使用するサンプルファイルは、**「4_Premiere Pro との連携」フォルダ→「4_After Effects」フォルダ内にある＜ 4_Premiere Pro との連携 .aep ＞のプロジェクトファイル**だ。「4_After Effects」フォルダと同じ階層にある「4_Premiere Pro」フォルダには、＜ 4_After Effects との連携 .prproj ＞のプロジェクトファイルもあるので、こちらも利用していく。サンプルファイルについては P.004 に掲載しているので、再度確認していただきたい。

なお、Premiere Pro をお持ちでない方は、下記 URL から体験版がダウンロードできるので、インストールしてから本 CHAPTER を読み進めてほしい。

https://www.adobe.com/jp/creativecloud/start-with-free-creativecloud.html

After EffectsとPremiere Proでの作業について

●エッセンシャルグラフィックスの活用

これまでの Premiere Pro との連携では、Premiere Pro 内で After Effects で作業したい部分を選択し、ダイナミックリンク機能を使って相互に作業環境を行き来しながら作品を完成させるというかたちが一般的だった。ダイナミックリンクを利用すると、パソコンに負担がかかり、反応がよくないほか、After Effects

に戻って作業を繰り返さねばならないこと、相互のアプリケーションを理解していないと修正が行えないことなどがあり、正直、あまり快適な作業工程とは言えなかった。
ここで解説する連携は、従来の工程とは異なり、CC 2019 で強化されたエッセンシャルグラフィックスパネルでモーショングラフィックスというテンプレートを After Effects で作成し、それを Premiere Pro に読み込んでダイレクトに修正などを行うというものになる。簡単にまとめると下記の図のようなワークフローになる。

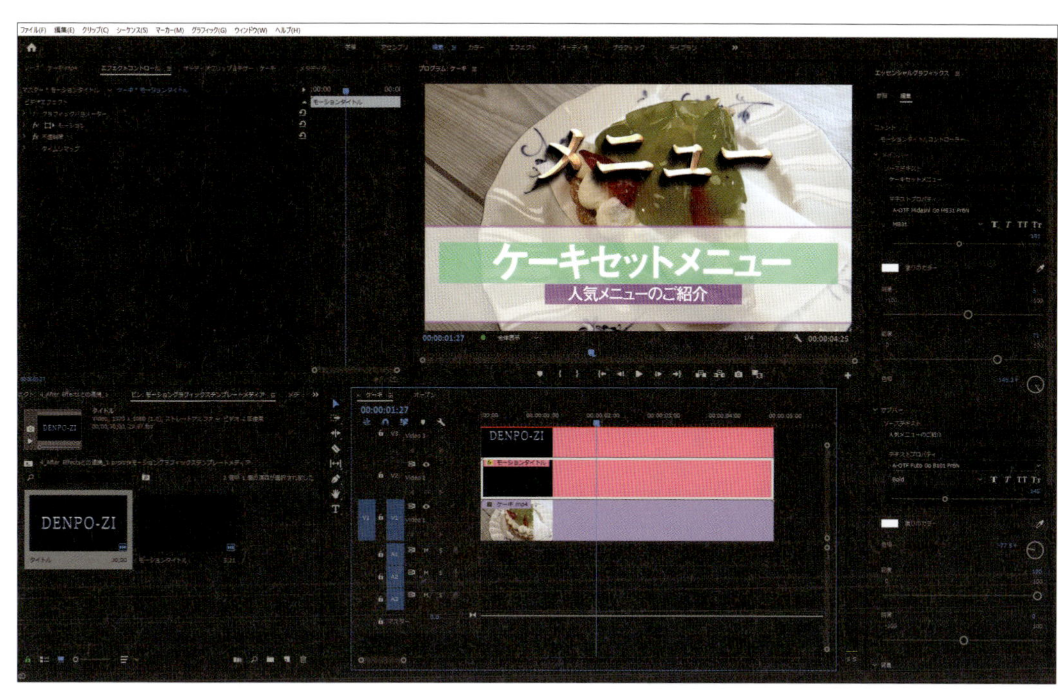

▲ Premiere Pro の画面。After Effects で作成したテンプレートを Premiere Pro に読み込んでいる

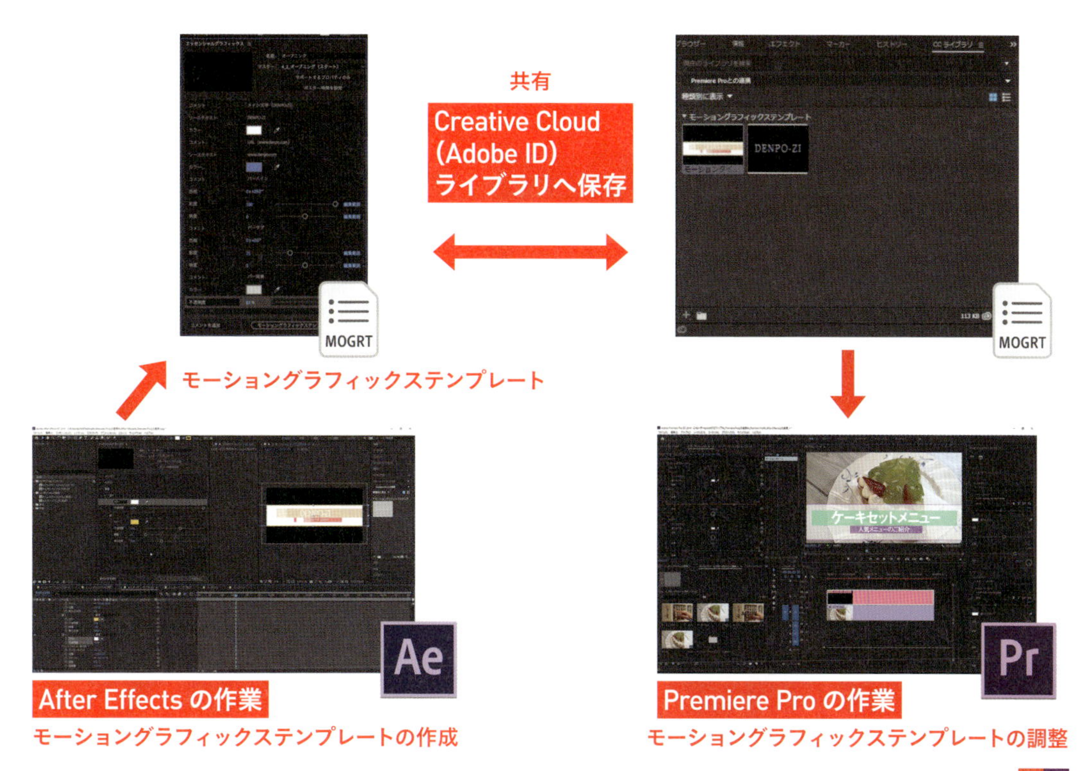

SECTION

02 モーショングラフィックステンプレートを作成する

After Effects で作成した文字を Premiere Pro にテンプレートとして追加してみよう。

After Effectsでサンプルファイルを開く

左図は CHAPTER 2-1 で解説している、レイヤースタイルを使用した文字を利用したものだ。こうした After Effects で作成された特殊な文字をテンプレート化することで、Premiere 上でテキスト文字の変更や色変更など、さまざまな修正を行うことができる。ここでは最初にそれらの文字をテンプレートとして追加／修正する方法を解説していこう。

P.602 で述べたように、サンプルファイルは、**「4_After Effects」フォルダ**内の**＜4_Premiere Pro との連携.aep＞**を利用する。このプロジェクトファイルを After Effects で開いてみよう。

エッセンシャルグラフィックスパネルでテンプレートを作る

① エッセンシャルグラフィックスパネルを表示させる

After Effects で Premiere Pro で使用するテンプレートをコンポジションから選択する。ここでは、＜コンポジション（スタート）＞フォルダ内から＜4_1_ レイヤースタイル（スタート）＞を開き❶、＜ウィンドウ＞メニュー→＜エッセンシャルグラフィックス＞をクリックして❷、エッセンシャルグラフィックスパネルを表示させてみよう。

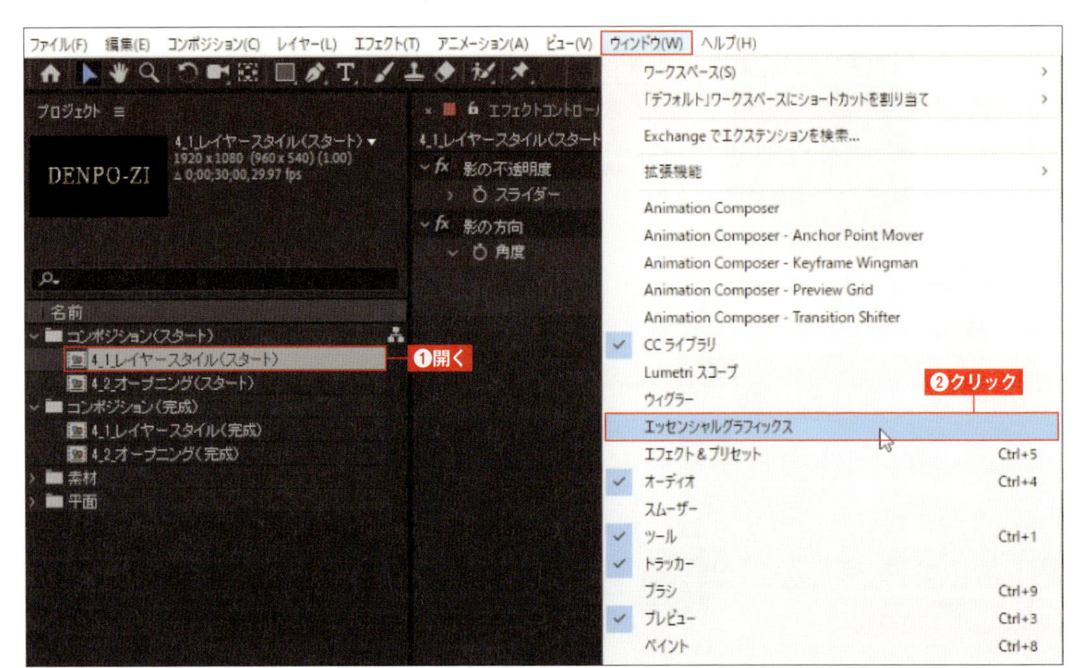

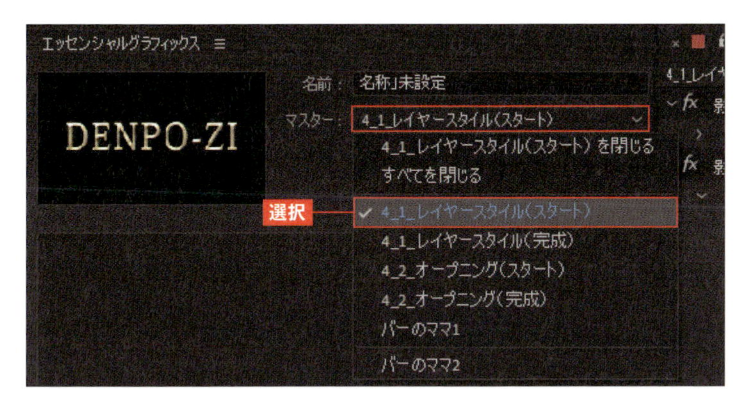

❷ テンプレートを選択する

画面にエッセンシャルグラフィックスパネルが表示されたら、<マスター>というプルダウンから、テンプレートとして使用する<4_1_レイヤースタイル（スタート）>を選択する。ここでは、<4_1_レイヤースタイル（スタート）>の文字をテンプレートとして作成してみよう。

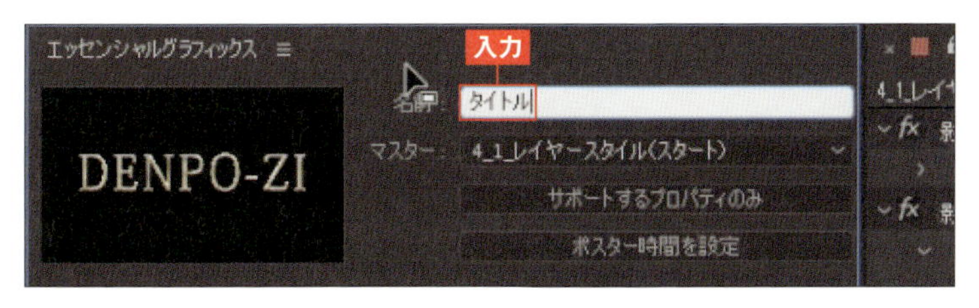

❸ 名前を変更する

一番上の<名前>をテンプレート名としてわかりやすい名称のものにする。ここでは「タイトル」という名前に変更しておこう。

❹ サポートするプロパティを展開する

続いて、<サポートするプロパティのみ>をクリックする❶。タイムラインパネルで選択されている同コンポジション<4_1_レイヤースタイル（スタート）>内の一部の項目が展開される❷。展開された項目は、テンプレートとして書き出したときにPremiere Pro内でコントロールできるプロパティを指している。展開されず、閉じたままのプロパティは残念ながらPremiere Pro内では項目変更できない。もっとも、仮にすべて変更できるようであれば、After Effectsの必要性はなくなってしまうが……。

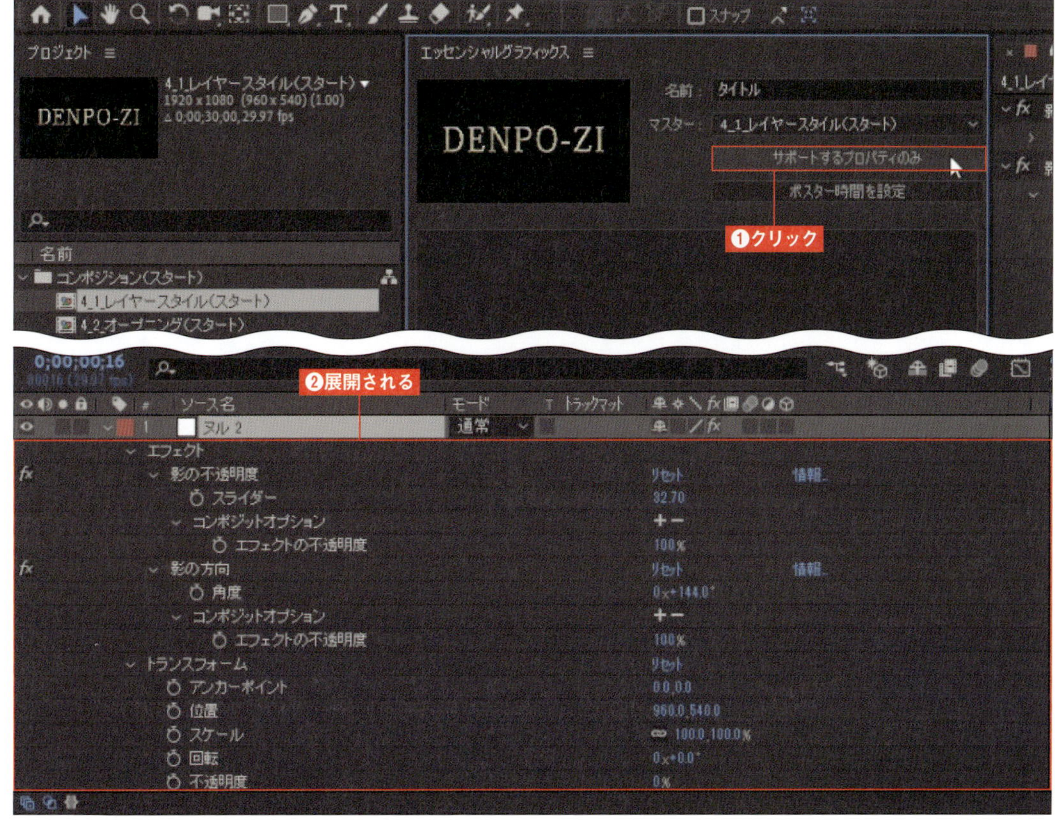

テンプレートに調整項目を追加する

1 スライダー項目を追加する

展開された範囲のタイムラインから<ヌル 2>→<影の不透明度>→<スライダー>の項目を選択し❶、エッセンシャルグラフィックスパネルの空白部分へドラッグ＆ドロップしてみよう❷。エッセンシャルグラフィックスパネル内に<スライダー>項目が追加される❸。

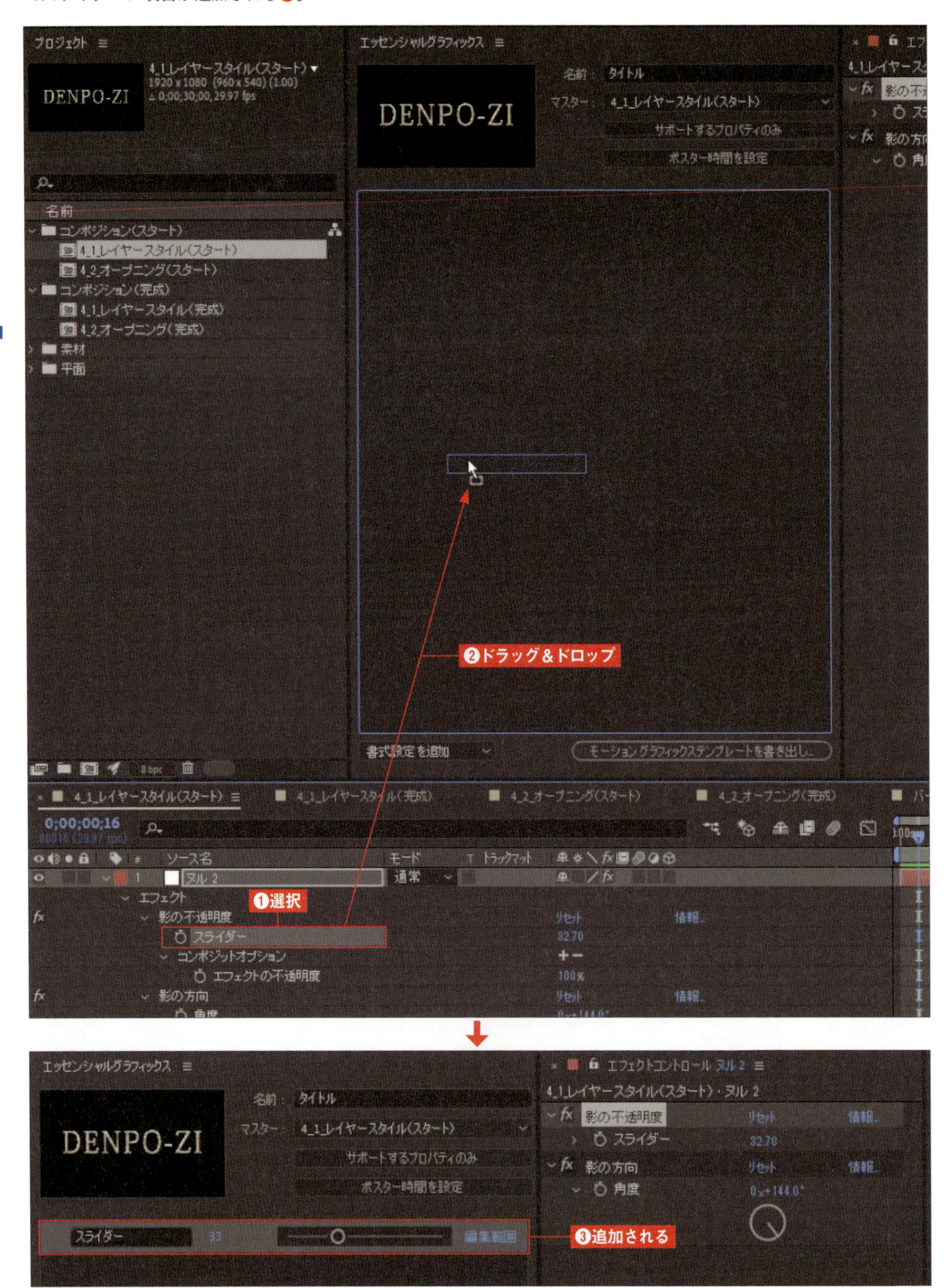

❷ 角度項目を追加する

続いて<ヌル 2>→<影の方向>→<角度>の項目もエッセンシャルグラフィックスパネルの空白部分へドラッグ＆ドロップしてみよう❶。<角度>の項目も追加される❷。

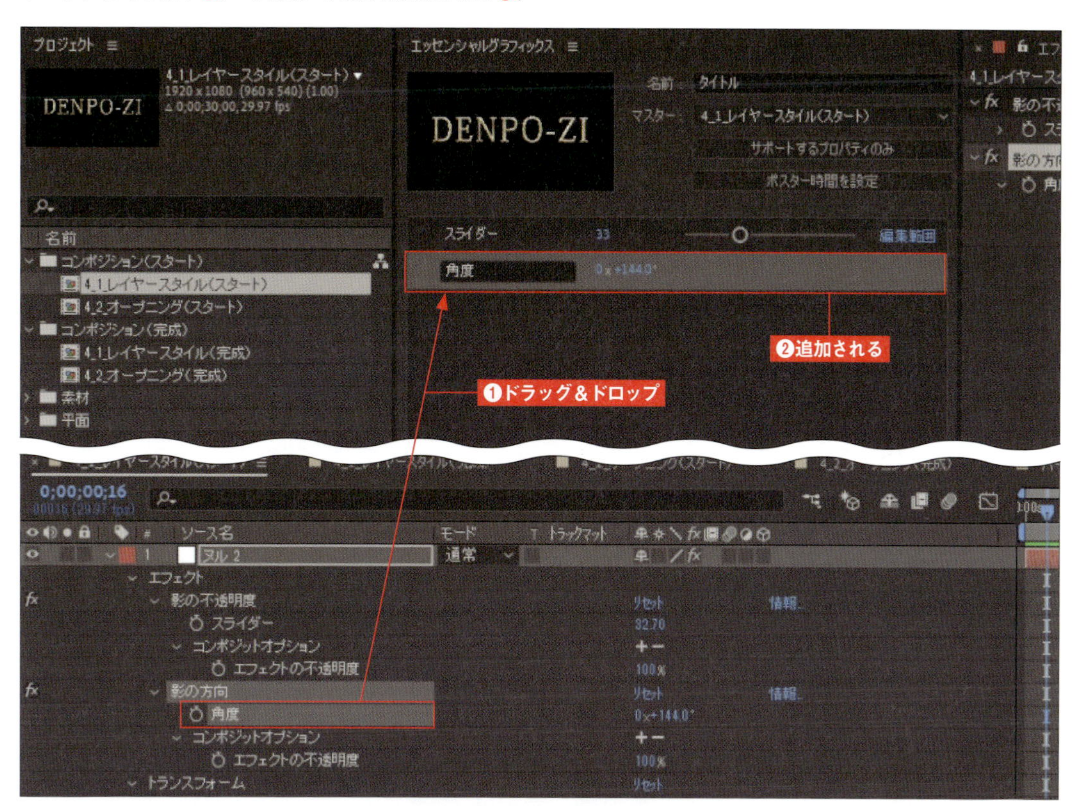

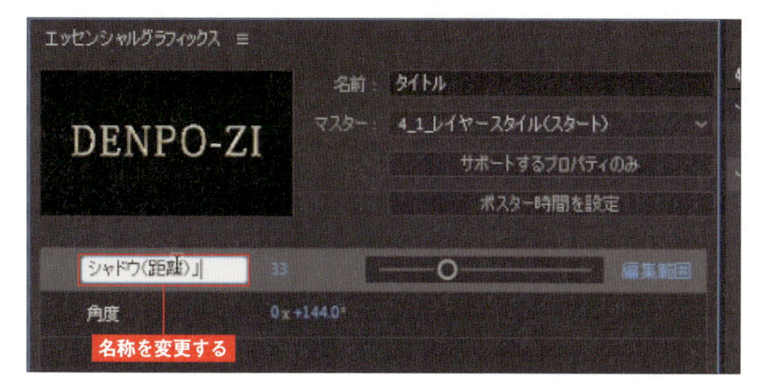

❸ スライダーの名称を変更する

エッセンシャルグラフィックス内にドロップされた項目だが、<スライダー>と記載されているだけでは何を変更する項目なのかがわからない。そこで、<スライダー>と記載された部分をクリックして、「シャドウ（距離）」と名称を変更する。

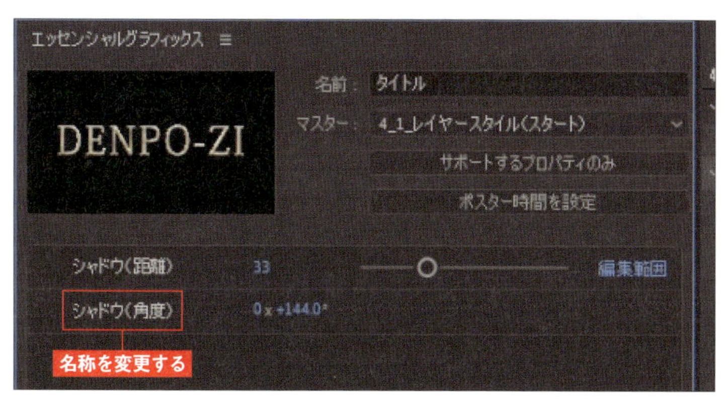

❹ 角度の名称を変更する

同様に<角度>も「シャドウ（角度）」と名称を変更してみよう。

❺ パラメーターを変更する

エッセンシャルグラフィックスパネルで<シャドウ（距離）>と<シャドウ（角度）>のパラメーターを変更すると❶、コンポジションパネルで2つの項目が更新されたのが確認できる❷。

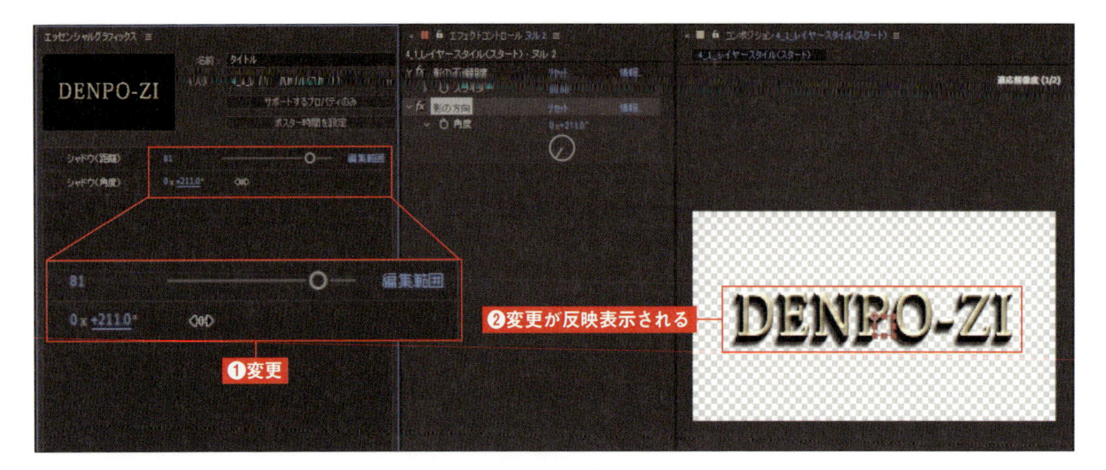

◉ テンプレートにテキスト項目を追加する

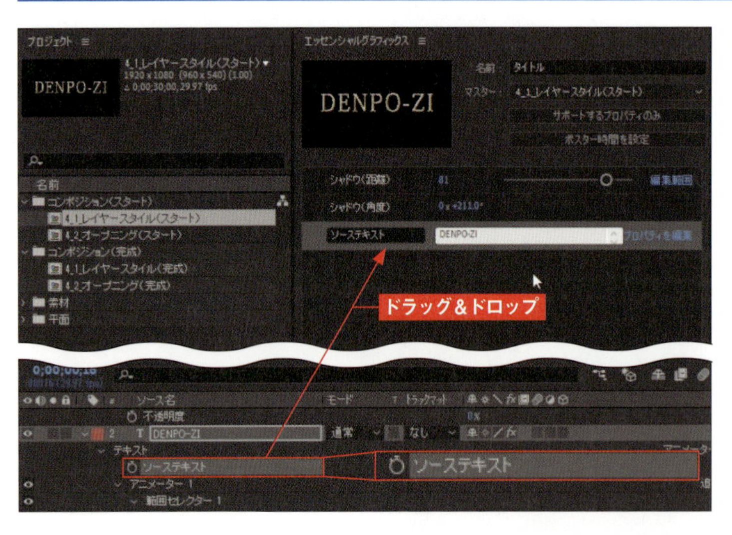

❶ ソーステキスト項目を追加する

今度はタイムラインの< DENPO-ZI >の文字レイヤー内<テキスト>→<ソーステキスト>の項目をエッセンシャルグラフィックスパネル内にドラッグ＆ドロップしてみよう。このソーステキストはレイヤー内の文字の名称を変更できる項目だ（すでに DENPO-ZI と入力されている）。

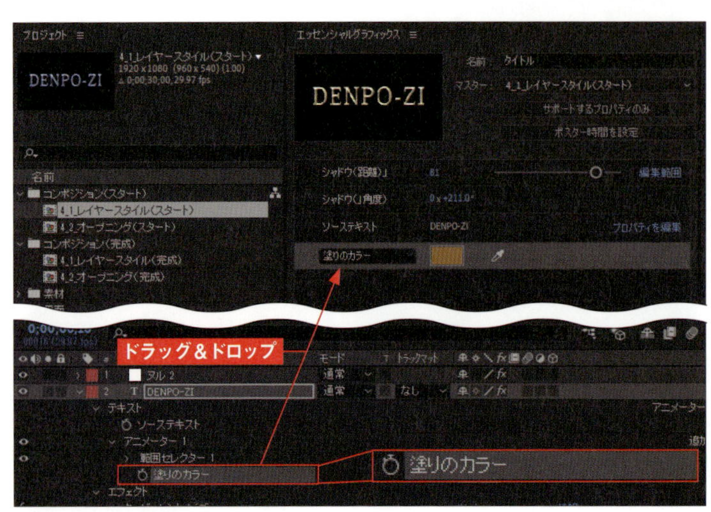

❷ 各項目を追加する

続いて<テキスト>→<アニメーター 1 >→<塗りのカラー>も同じようにエッセンシャルグラフィックスパネルへ移動させてみよう。

③ 反映を確認する

ソーステキスト部分は文字の入力と連動しており、エッセンシャルグラフィックスパネル内の入力フィールドに入力した文字が、そのままコンポジションへ反映される。

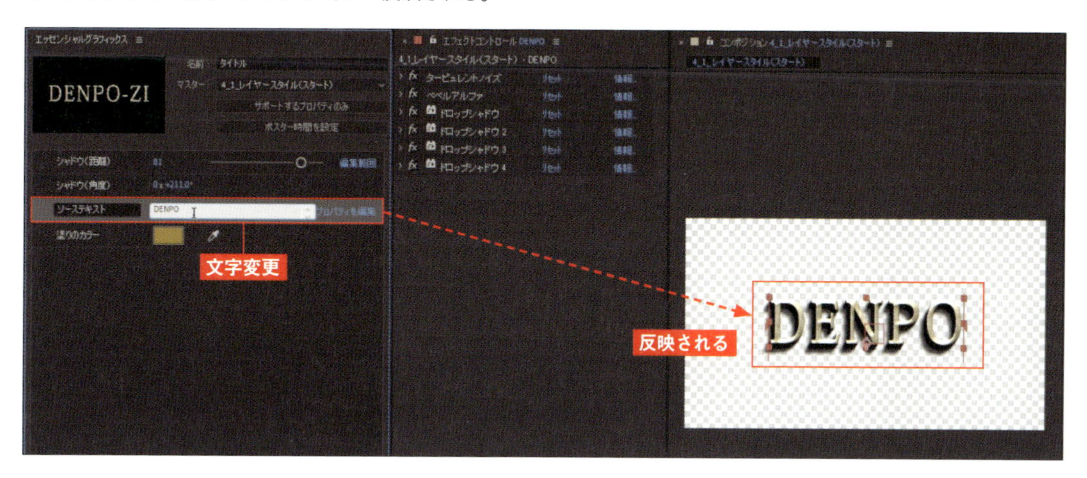

④ ソーステキストを変更する

<プロパティ編集>をクリックすると❶、ソーステキストプロパティ画面が表示される。3つの項目をそれぞれクリックして有効にすることで、エッセンシャルグラフィックスパネル内で文字の詳細な設定が行えるようになる。ここでは3つの項目すべてを有効にしてみる❷。すると、<ソーステキスト>の各プロパティ値（設定項目）を下に表示させることができる❸。フォントやサイズなど自由に変えてみてもらって構わない❹。

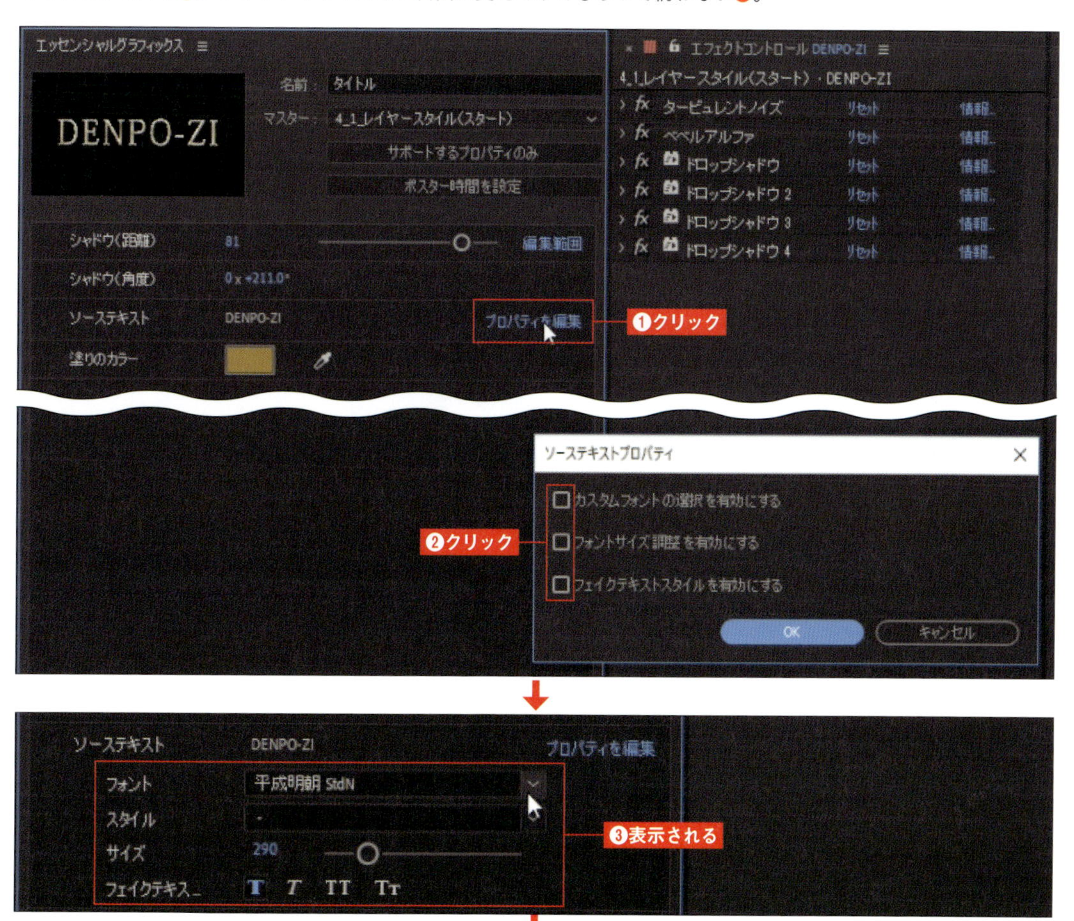

⑤ 文字の色を変更する

同じように<塗りのカラー>では、<カラー>をクリックすることで❶、カラー画面が表示されるので❷、ここで文字の色を変えることができる。

CHECK 文字の色のそのほかの変更方法

文字の色は、<塗りのカラー>以外では< CC Toner >を使用しても変えることができる。

利用しやすいようにグループ化する

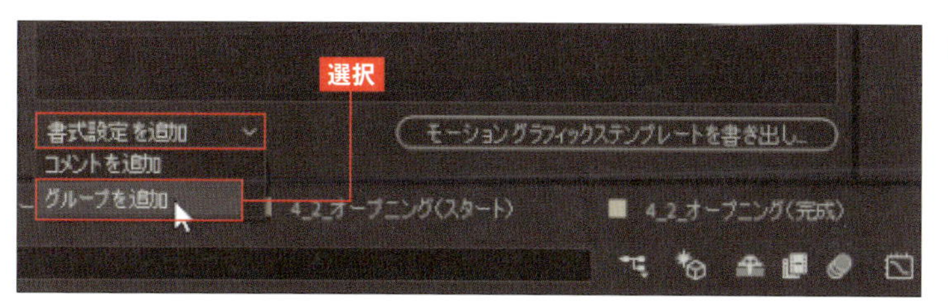

❶ グループを追加する

エッセンシャルグラフィックスに追加した項目は、グループ化することもできる。まずは、下部の<書籍設定を追加>のプルダウンメニューから<グループを追加>を選択する。

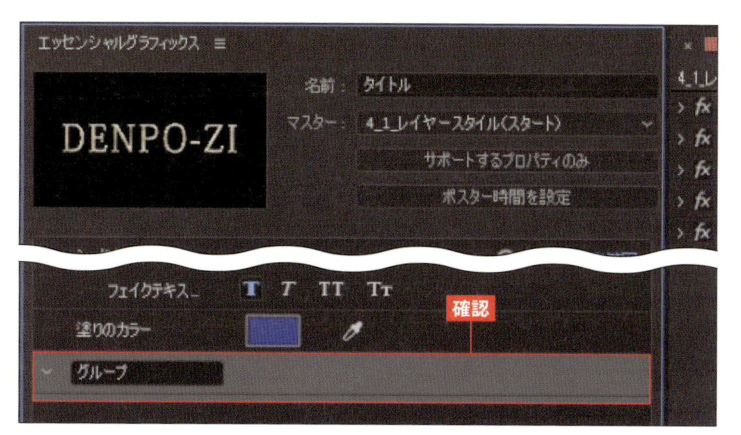

❷ レイヤーを確認する

エッセンシャルグラフィックスパネル内には、<グループ>と表記されたレイヤーが作成される。

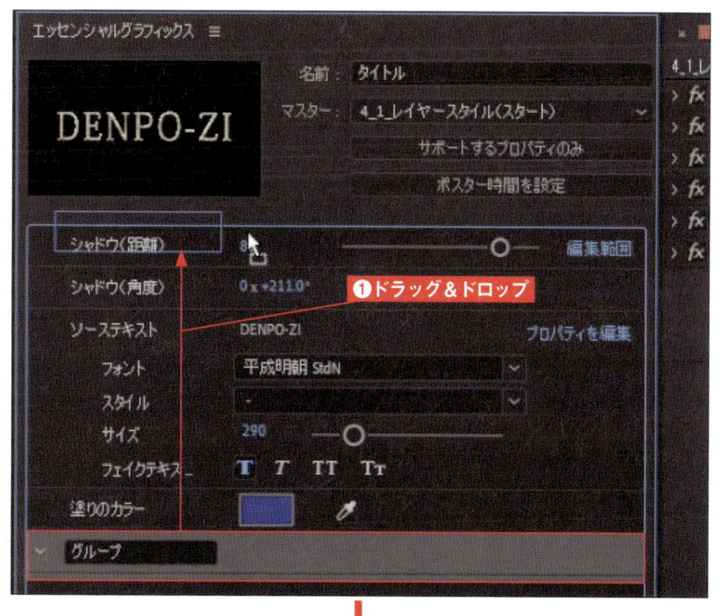

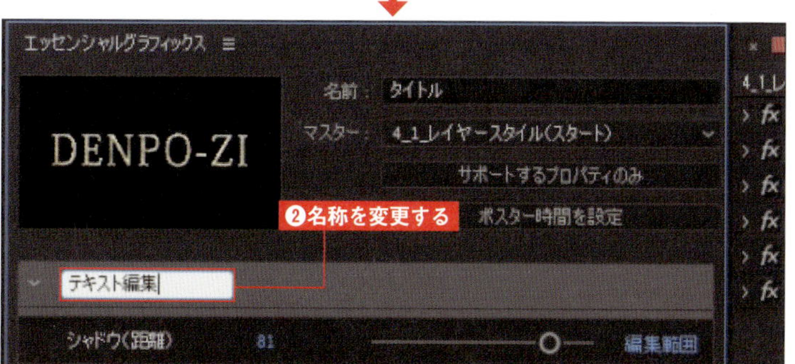

❸ 配置と名称を変更する

<グループ>のレイヤーを<シャドウ（距離）>の上となる一番上にドラッグ＆ドロップで配置する❶。レイヤーの名前を「テキスト編集」と変更する❷。

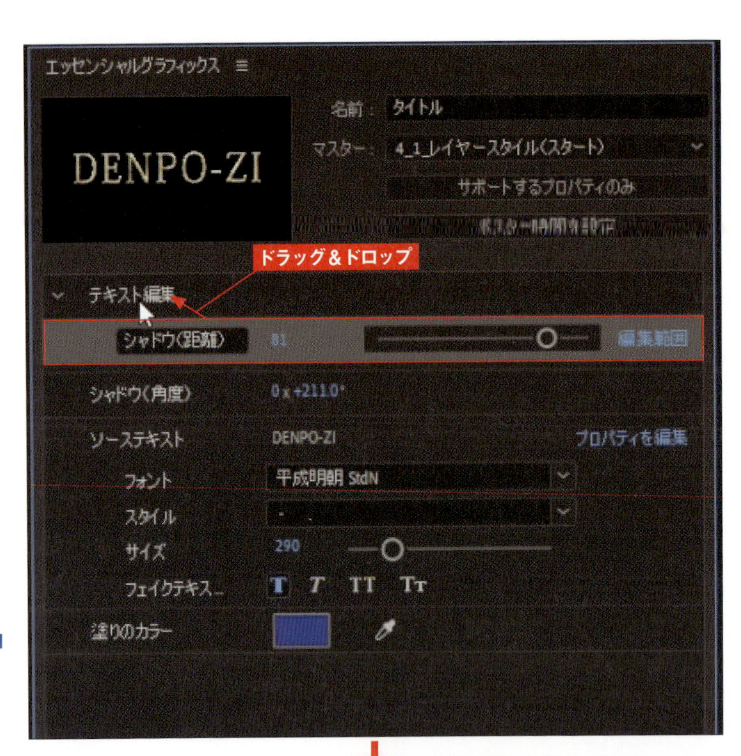

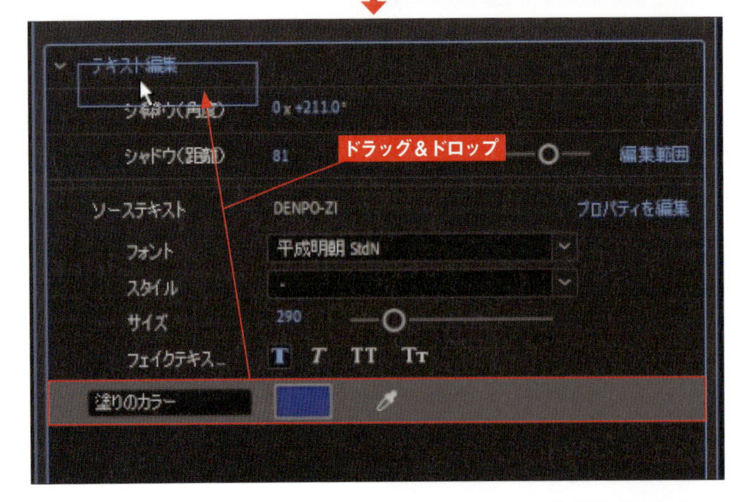

❹ テキスト編集のレイヤーに項目をまとめる

図のようにエッセンシャルグラフィックスパネル内に配置されている＜シャドウ（距離）＞＜シャドウ（角度）＞＜ソーステキスト＞＜塗りのカラー＞を＜テキスト編集＞のレイヤーにドラッグ＆ドロップして入れていこう。

❺ 項目を好きな順番に入れ替える

こうして＜テキスト編集＞の項目に各プロパティを入れることでグループ化してわかりやすくすることができる。＜テキスト編集＞内に収納されている各プロパティは、上下順番などを自由にドラッグ＆ドロップで入れ替えることができる。

◎ 設定したテンプレートを書き出す

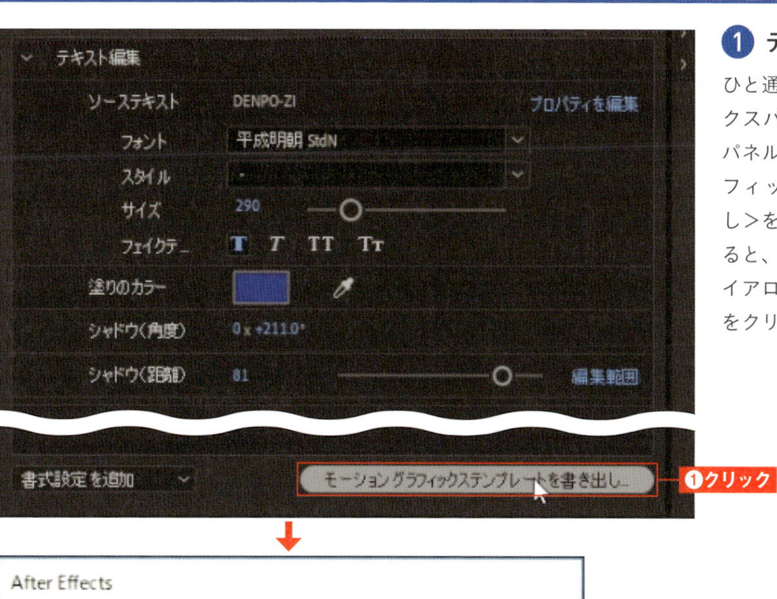

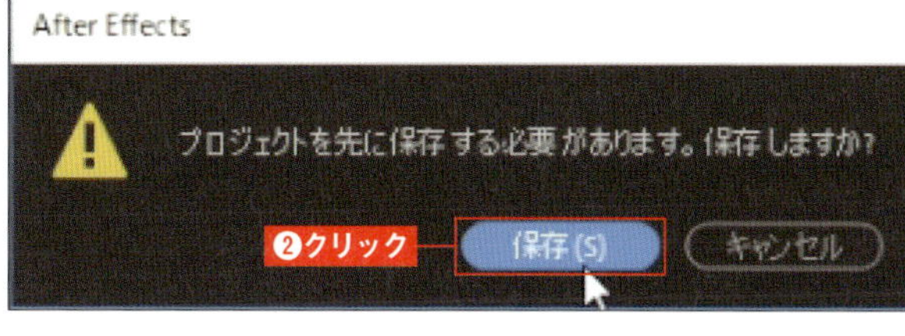

❶ テンプレートを書き出す

ひと通りエッセンシャルグラフィックスパネル内の設定が終わったら、パネル下部にある＜モーショングラフィックステンプレートを書き出し＞をクリックする❶。クリックすると、プロジェクトの保存を促すダイアログが表示されるので＜保存＞をクリックする❷。

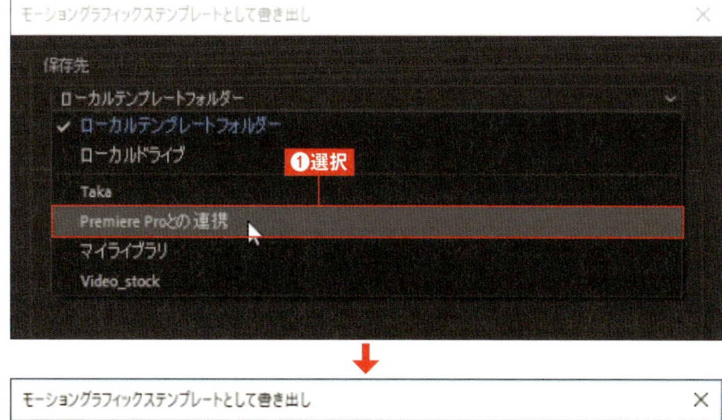

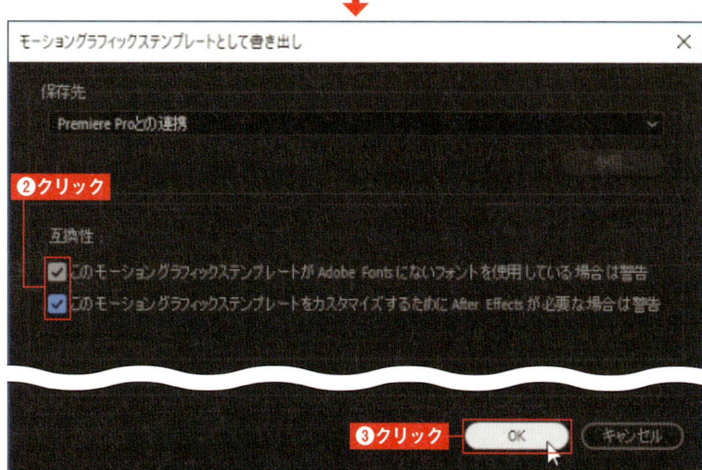

❷ テンプレートを保存する

モーショングラフィックステンプレートをどこに保存するかを聞かれるので、ここでは＜Creative Cloud＞の Adobe ID 内のライブラリである、＜Premiere Pro との連携＞を選択してみた❶。新規ライブラリの作り方は次ページで紹介しているので、参考にしてほしい。ここでの表示は環境によって異なる。2つの項目をクリックして有効にしたら❷、＜OK＞をクリックする❸。

MEMO

新規ライブラリを作成する

Premiere Pro、After Effects ともに、新規ライブラリを作成する場合には、＜CC ライブラリ＞から＜新規ライブラリを作成＞を選択する。

●Premiere Proの場合

●After Effectsの場合

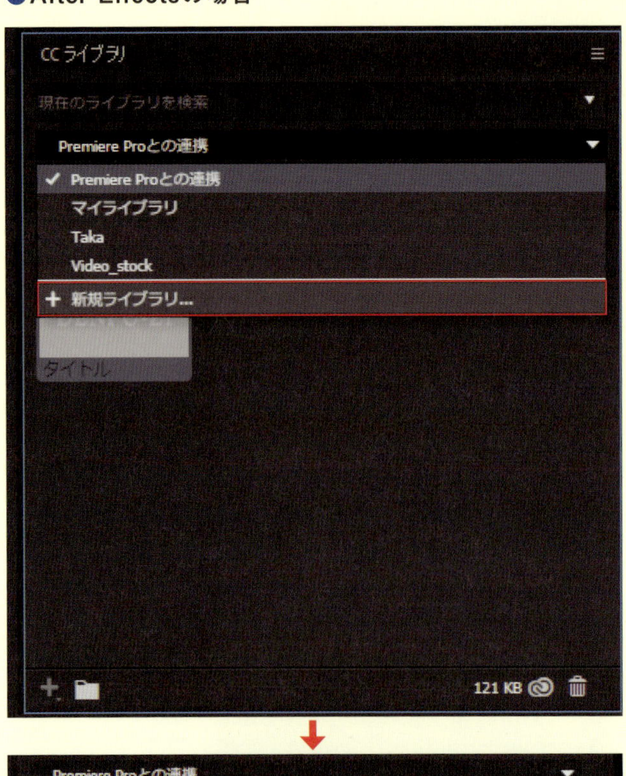

SECTION

03 Premiere Pro で作業を行う

ここでは、モーショングラフィックステンプレートを Premiere Pro に読み込んで、調整する方法を解説する。

Premiere Proでテンプレートを確認する

Premiere Pro を起動したら、<ファイル>メニュー→<プロジェクトを開く>をクリックして、**「4_Premiere Pro」フォルダ**内から**< 4_After Effects との連携 .prproj >**を選ぶか、もしくは**< 4_After Effects との連携 .prproj >**ファイルをダブルクリックして、プロジェクトファイルを開く。プロジェクトを開いたら、<ウィンドウ>メニュー→< CC ライブラリ>を選択する。CC ライブラリの中のモーショングラフィックステンプレート内を確認すると、前 SECTION で作成したタイトルのモーショングラフィックステンプレートが読み込まれているのが確認できるはずだ。

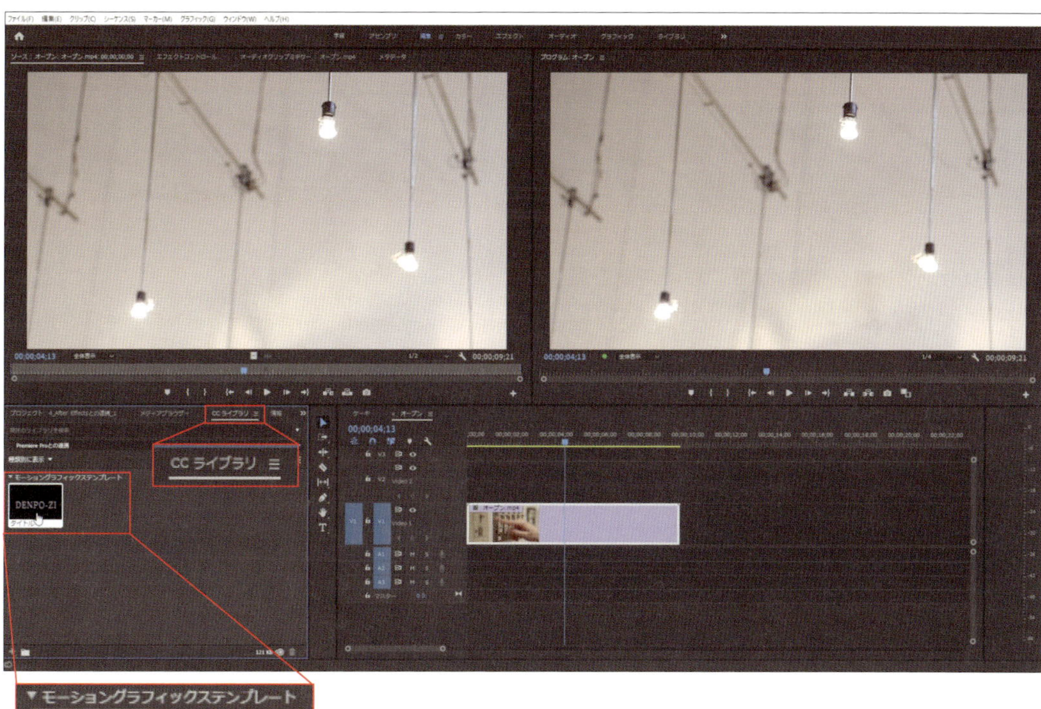

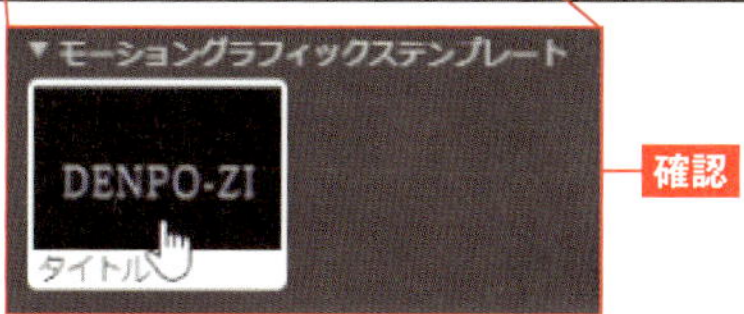

確認

MEMO ここでの表示について

ここでは Adobe ID 間でのやり取りでテンプレートが保存されているので、ほかの Adobe ID で Premiere Pro を起動した場合には、ライブラリ内には反映、表示されない。

Premiere Proでテンプレートを読み込む

1 文字と合成する

タイトルのモーショングラフィックステンプレートをオープンのシーケンスの＜V2トラック＞にドラッグ＆ドロップし❶、尺を合わせて❷、V2トラックに配置してみよう。配置が確認できると画面ではAfter Effectsで作成したモーショングラフィックステンプレートの文字と合成されたのが確認できる❸。

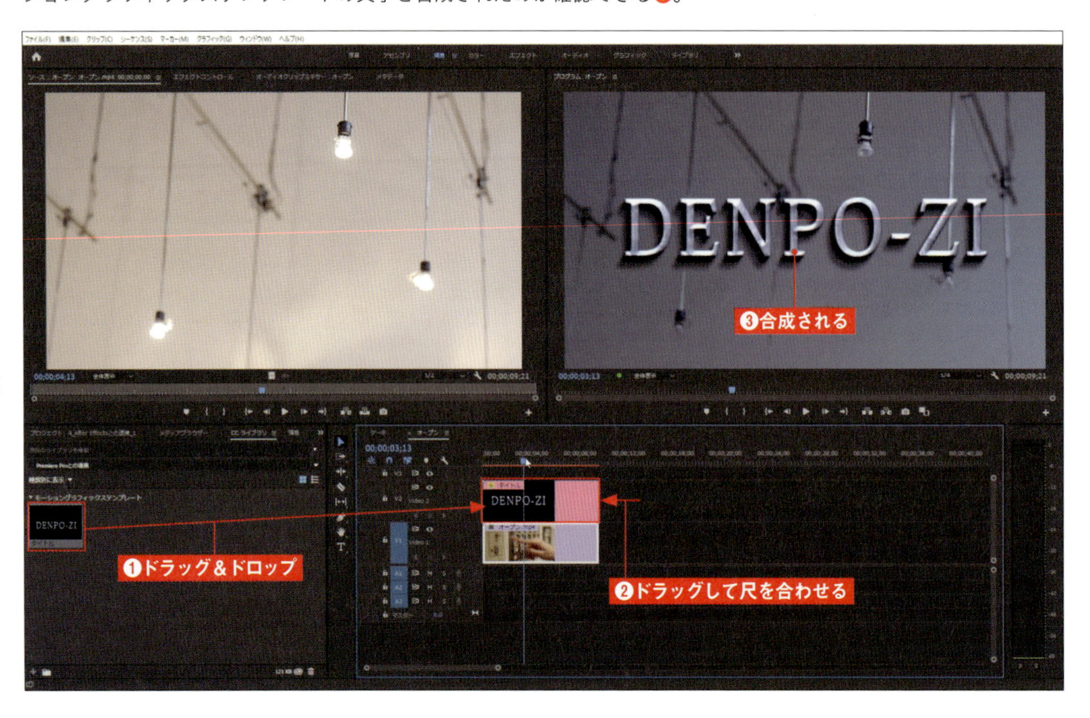

2 エッセンシャルグラフィックスパネルを表示する

＜ウィンドウ＞メニュー→＜エッセンシャルグラフィックス＞をクリックする❶。画面右にエッセンシャルグラフィックスパネルが表示される。エッセンシャルグラフィックスパネル内には＜参照＞と＜編集＞のボタンが表示されている❷。

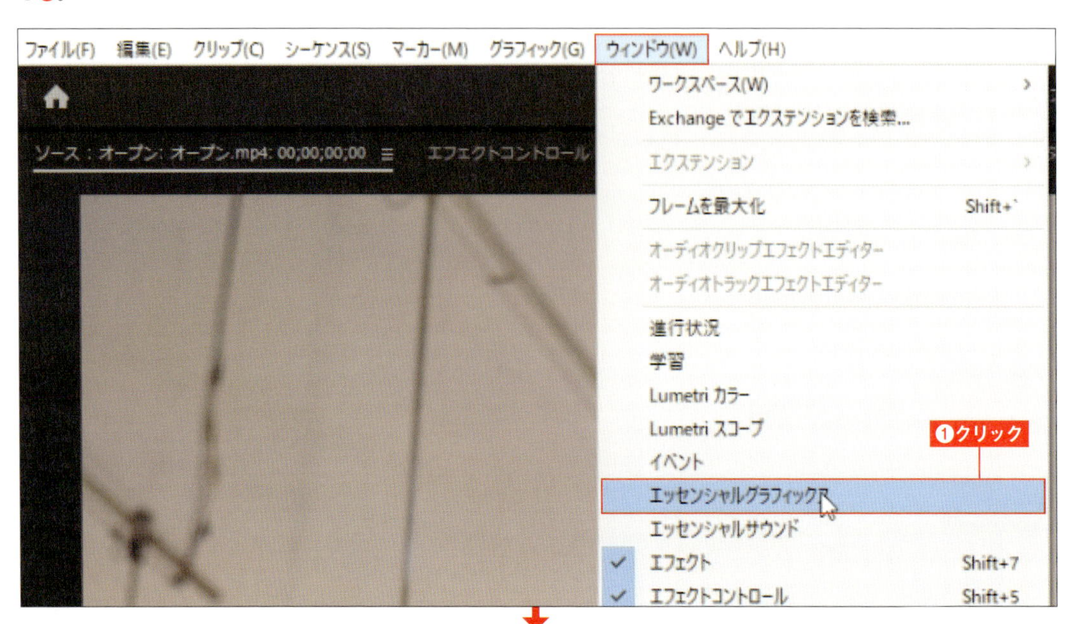

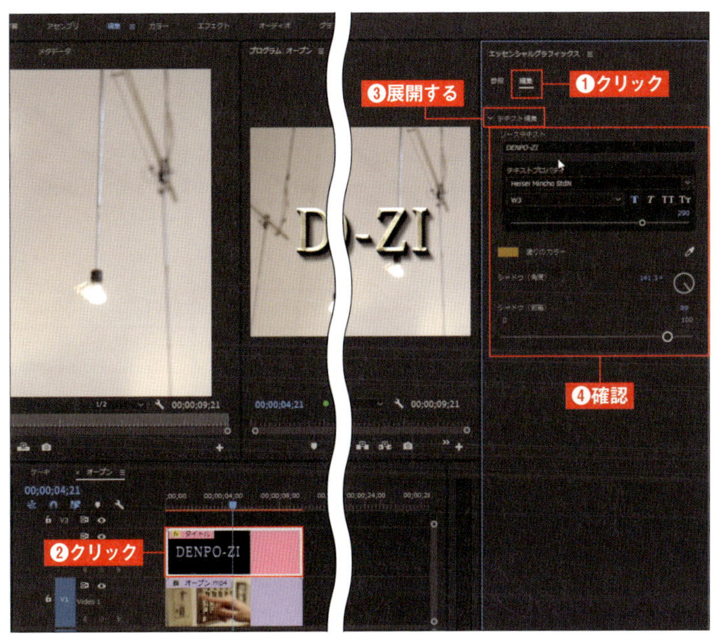

❸ 作成したテンプレートを確認する

エッセンシャルグラフィックスパネルの<編集>をクリックし❶、タイムラインのV2トラックに配置されたタイトルをクリックする❷。After Effects内で設定した<テキスト編集>のグループを展開すると❸、設定したテンプレートの項目が確認できる❹。ここで、各種設定した項目を自由にPremiere Pro内でカスタマイズすることができる。

MEMO テンプレートを購入する

エッセンシャルグラフィックスパネル内の<参照>内で< Adobe Stock >をクリックすると、市販されているさまざまなテンプレートを別途購入することも可能だ。

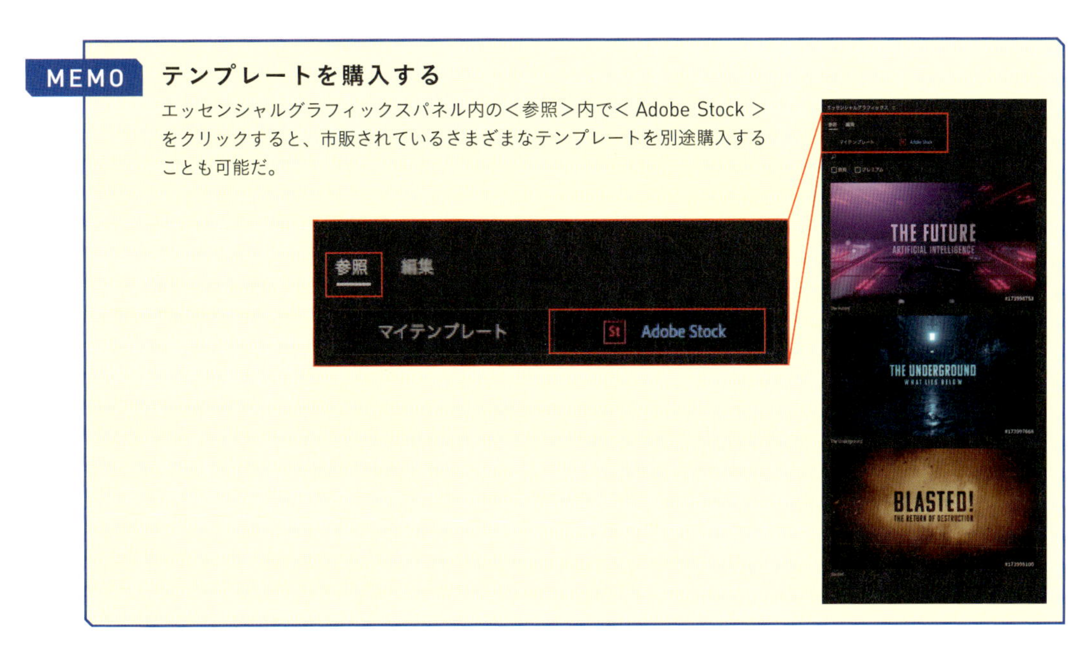

SECTION

04 モーション素材をテンプレートにし連携して編集する

ここでは、Premiere Pro に After Effects で作成したモーションを、テンプレートとして追加する方法を解説する。

モーション素材をテンプレートとして書き出す

文字などの固定されたものではなく、After Effects で作成された動きのあるモーションタイトルを、同じようにテンプレートとして書き出していこう。ここで注意しなければならないのは、After Effects で設定されたモーションのキーフレームは Premeire Pro 上で編集すること（新たにキーフレームを打つなど）ができないという点だ。

エッセンシャルグラフィックスにテンプレートを作成する

1 設定を確認してマスターを選ぶ

After Effects で**「4_Premiere Pro との連携」フォルダ**内の**「4_After Effects」フォルダ**→**< 4_Premiere Pro との連携 .aep >**のプロジェクトファイルを開く。ここでは、Premiere Pro で使用するテンプレートを After Effects のコンポジションから再度選択していこう。

<コンポジション（スタート）>フォルダ内から<4_2_ オープニング（スタート）>を開いて❶、タイムラインを確認すると、文字レイヤーとシェイプレイヤー、ネスト化されたレイヤーが配置され、タイトルのモーションの演出がされている❷。エッセンシャルグラフィックスパネルのテンプレート内のマスターから<4_2_ オープニング(スタート）>を選択してもらいたい❸。

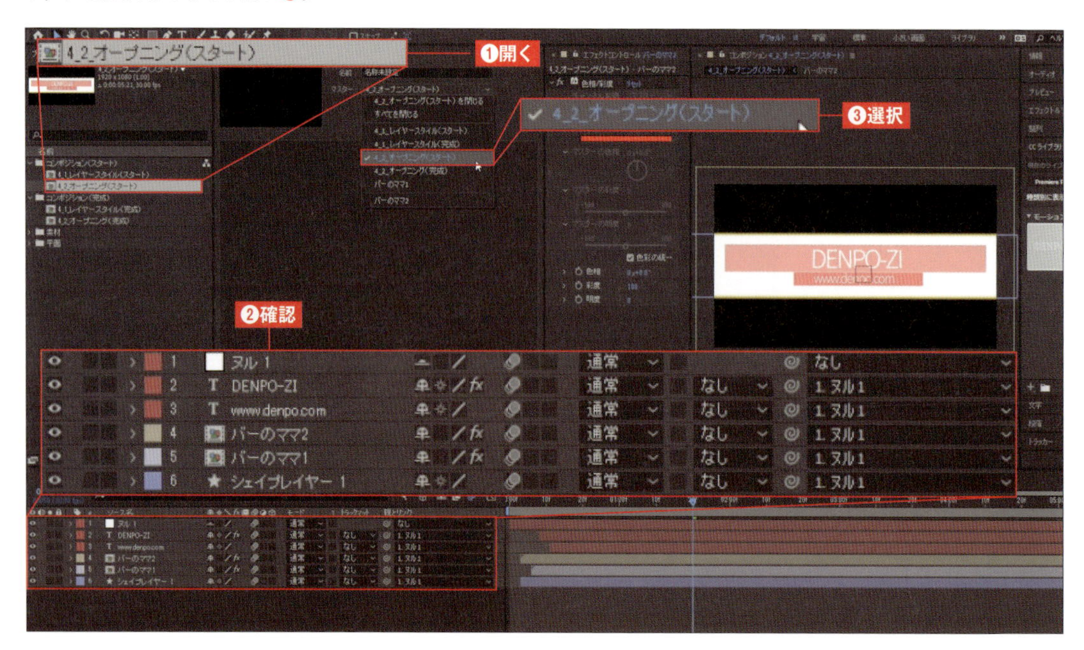

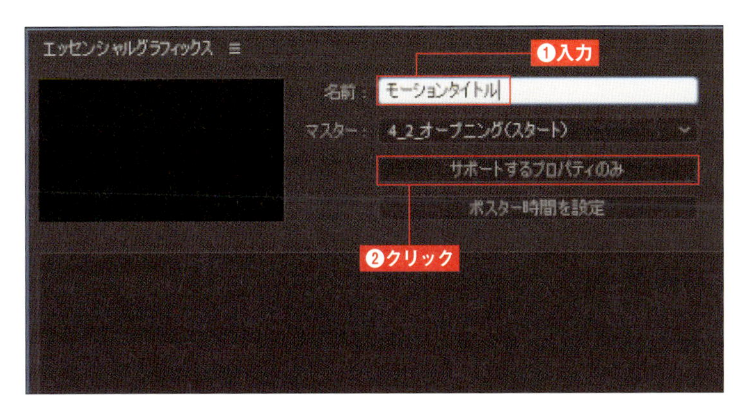

❷ 名称を変更してサポートするプロパティを確認する

エッセンシャルグラフィックスパネルでテンプレート内の名前を「モーションタイトル」と入力する❶。タイムラインパネルで時間軸を動かし、どのようなモーションタイトルなのかを確認してみよう。確認が終わったら、＜サポートするプロパティのみ＞をクリックして❷、追加する項目をチェックしておく。

❸ グループを追加する

モーショングラフィックステンプレート下部の＜書式設定を追加＞から＜グループを追加＞を選択する❶。グループ名は「メインバー」と入力してみよう❷。メインバーでは、画面中央に配置されたバーと、DENPO-ZIと記載された文字をコントロールする❸。
＜グループを追加＞では各項目ごとにグループ化することで、効率のよいプロパティの適用が行えるようになる。ちなみに、バーはお酒を提供する酒場のことで、スナックはお酒と軽食も提供するところである。ここでの解説とはまったく関係ないが、皆さん知っていただろうか。

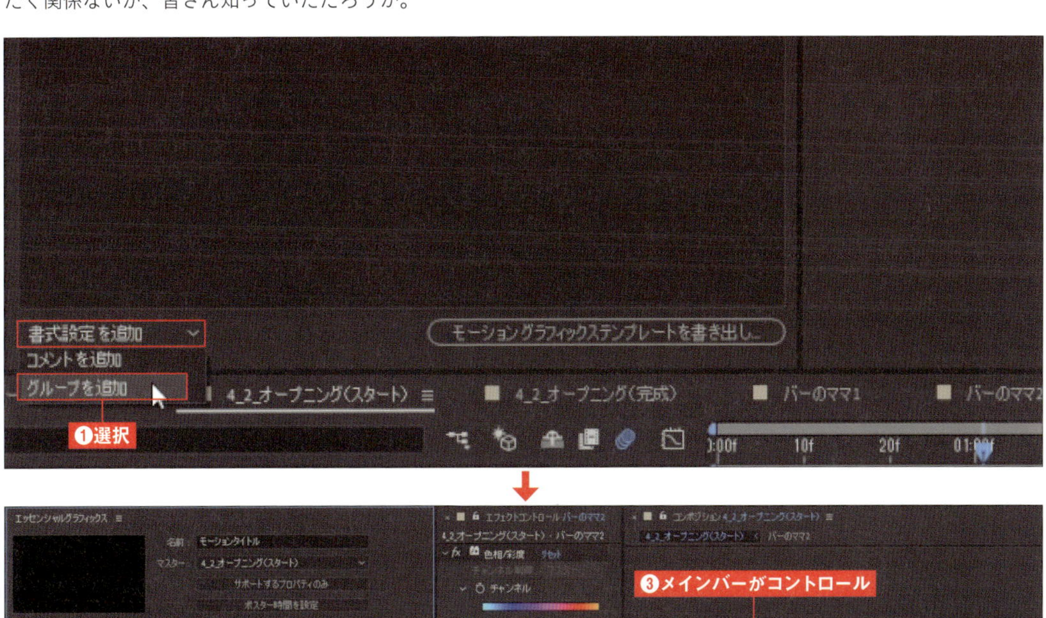

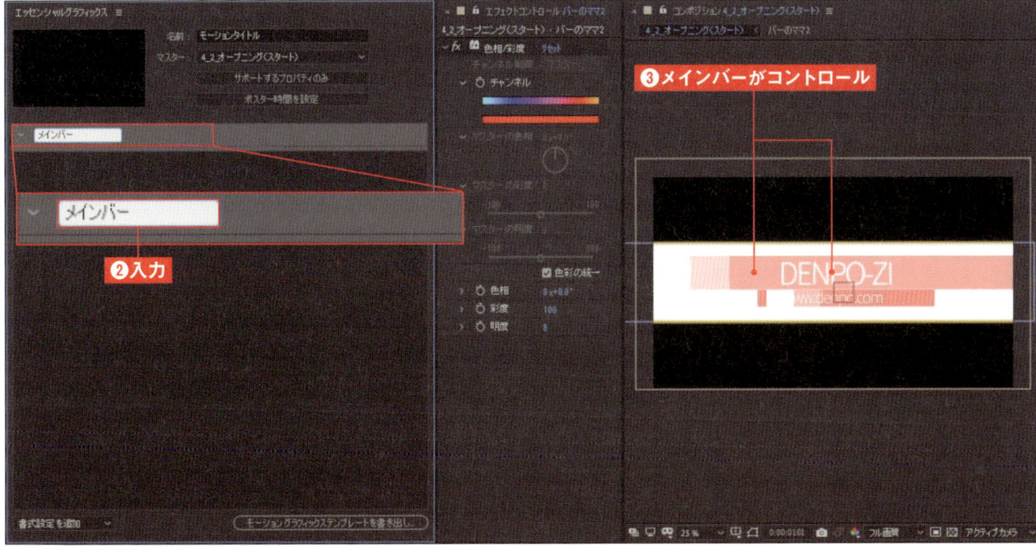

作成したグループに項目を追加していく

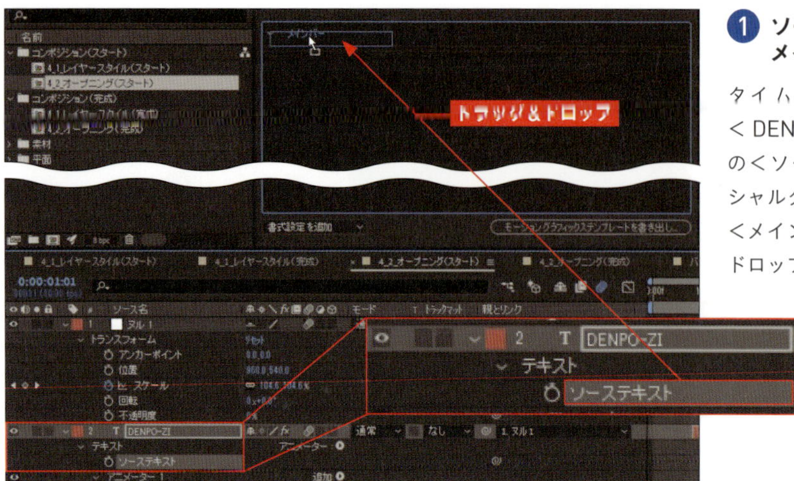

❶ ソーステキストをメインバーに追加する

タイムラインに配置されている＜DENPO-ZI＞の文字レイヤー内の＜ソーステキスト＞をエッセンシャルグラフィックス内に作られた＜メインバー＞の項目にドラッグ＆ドロップしてみよう。

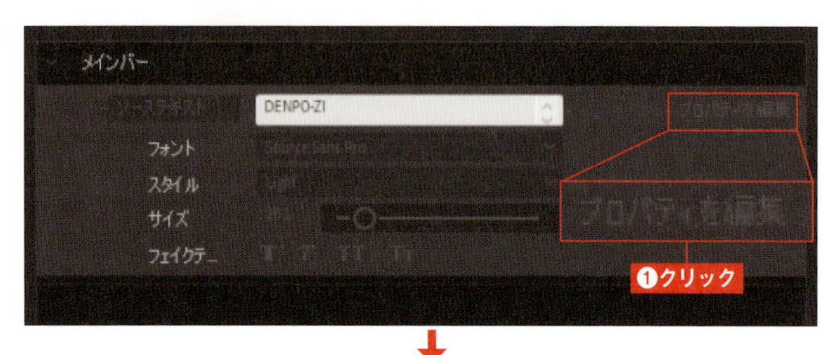

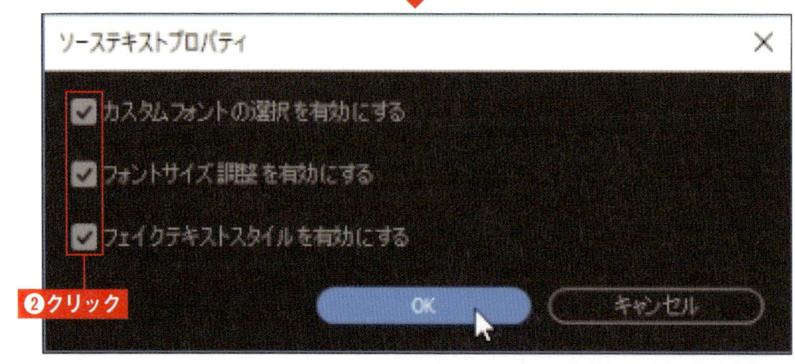

❷ テキストプロパティを設定する

無事、ドラッグが確認できたらソーステキスト内の＜プロパティを編集＞をクリックして❶、3つの項目をクリックしてチェックを入れ❷、有効にしておいてもらいたい。

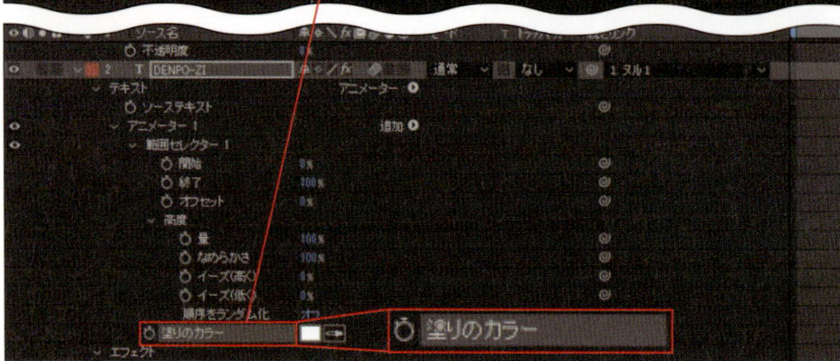

❸ 塗りのカラーをメインバーに追加する

同じように＜塗りのカラ＞ーも＜メインバー＞にドラッグ＆ドロップしてみよう。

❹ <色相/彩度>の項目をメインバーに追加する

続いてタイムラインに配置されている<バーのママ 2 >内にあるエフェクト項目内の<色相 / 彩度>の項目から<色相><彩度><明度>を同じように<メインバー>に割り当てていきたい。ドラッグ & ドロップする際は、command キー（Windows では Ctrl キー）を押しながら、<色相><彩度><明度>を連続してクリックすることで、同時に選択することができるので❶、この方法で一度に操作すると楽だ❷。ひと通りメインバーの設定が完了したら、各プロパティのスライダーを操作し値を変えて確認してみよう。

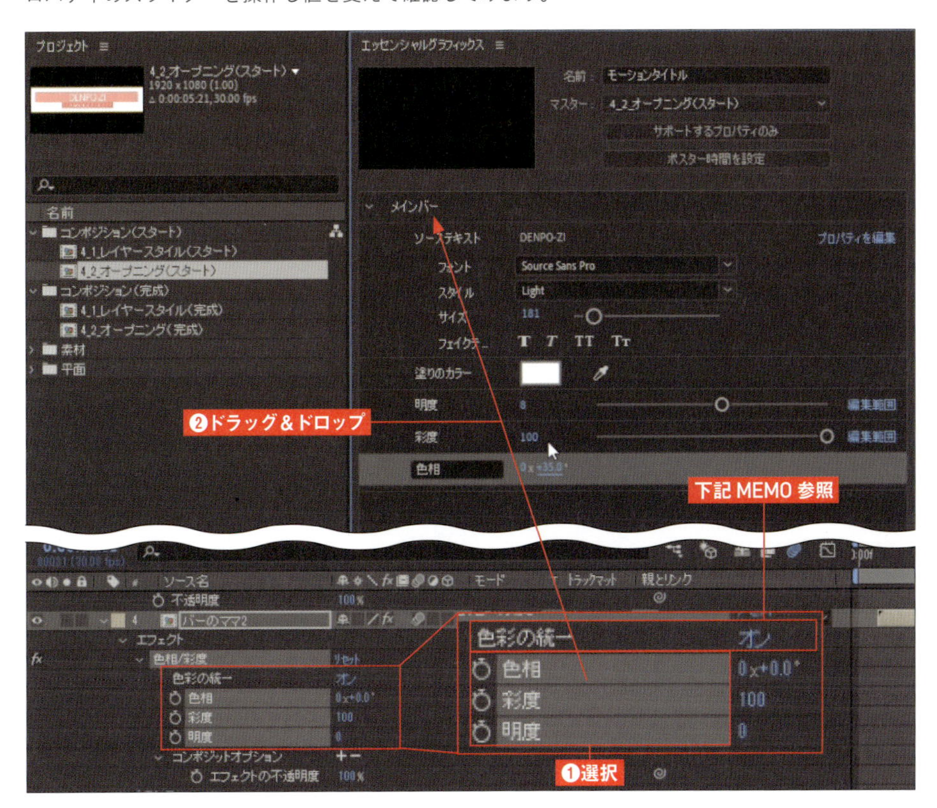

CHECK

<色相 / 彩度>の設定について

<色相 / 彩度>は、<色相の統一>を<オン>に設定しておかないと、<色相><彩度><明度>の値がアクティブにならないので注意が必要だ。

MEMO

編集範囲を制限する

プロパティ項目によっては<編集範囲>のボタンをクリックすることで、設定できる値に制限をかけることもできる。

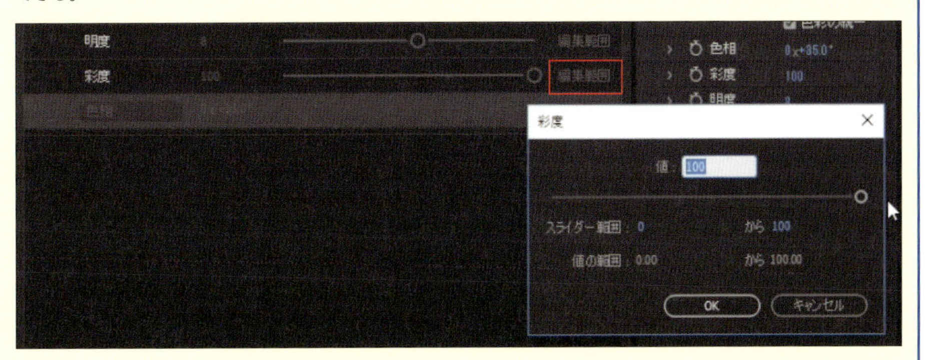

サブバーを作成して各項目を追加する

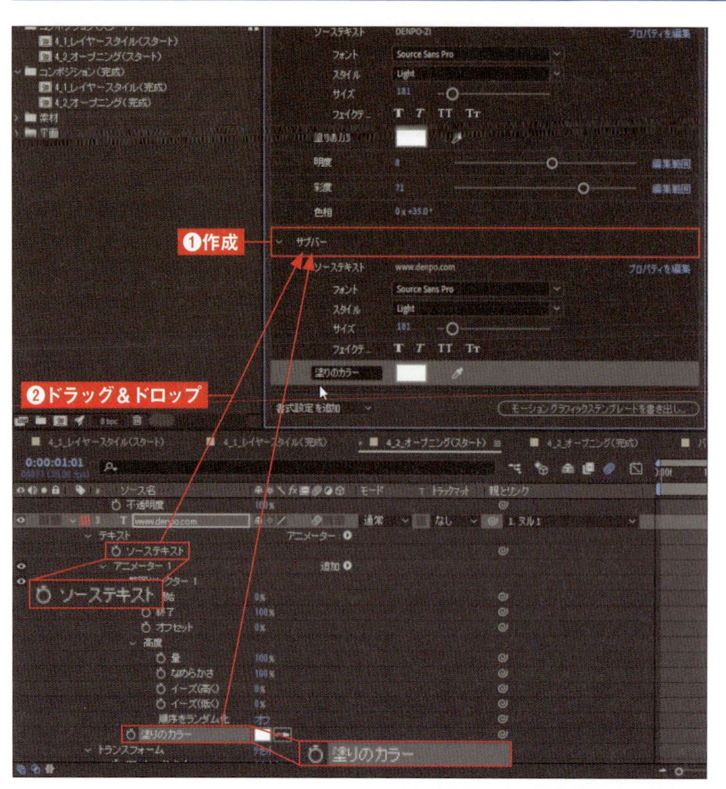

❶ 文字コントロールの設定を行う

今度は下に配置されているバー／www.denpo.com と記載された文字のコントロール設定を行っていこう。

＜書式設定を追加＞→＜グループを追加＞で、P.619 のメインバーと同じ手順で＜サブバー＞を作成する❶。タイムラインパネルの＜www.denpo.com＞の文字レイヤー内から＜ソーステキスト＞と＜塗りのカラー＞をサブバーに追加してみよう❷。

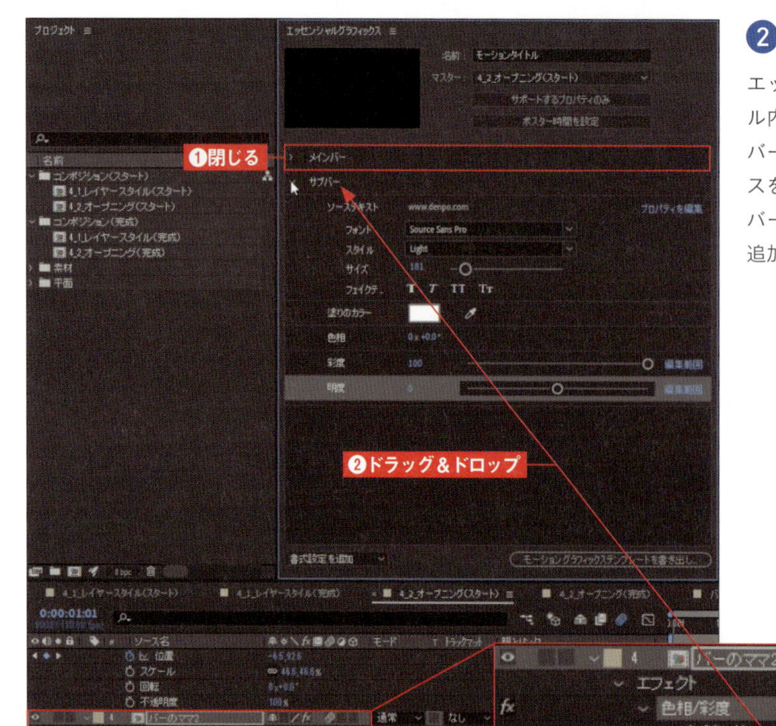

❷ 色相/彩度を追加する

エッセンシャルグラフィックスパネル内が狭くなってきたので、メインバーの■をクリックして❶、スペースを節約しておこう。続いて、サブバーに＜色相＞＜彩度＞＜明度＞を追加する❷。

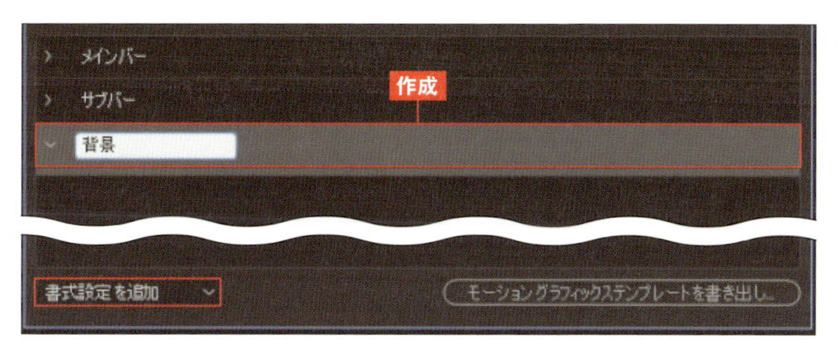

③ 背景を作成する

<書式設定を追加>から<グループを追加>を選択し、<背景>を作成する。

◎ 階層を作って各項目を追加していく

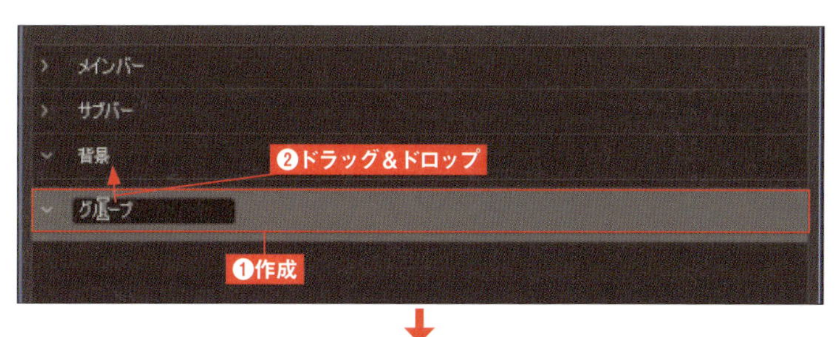

① グループを追加して階層を作る

<書式設定を追加>から<グループを追加>を選択し❶、作成した<グループ>をドラッグして<背景>にドロップしてみよう❷。ドラッグ＆ドロップしたら名称を「線」と入力する❸。こうすることでさらに階層深くグループ化することができる。

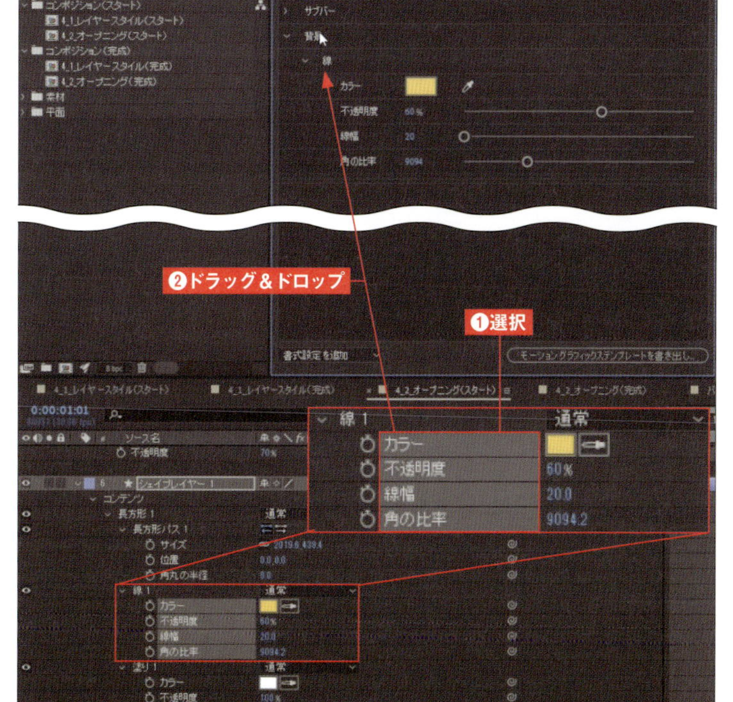

② 第2階層に各項目を追加する

タイムラインから背景となっているシェイプレイヤーの<コンテンツ>→<長方形1>→<線1>から、<カラー><不透明度><線幅><角の比率>のプロパティを全選択し❶、モーショングラフィックステンプレート内の第2階層にある<線>にドラッグ＆ドロップしてみよう❷。
無事、<線>の階層下に<カラー><不透明度><線幅><角の比率>のプロパティが入れられればOKだ。もし階層がずれたり、外れてしまった場合には、各項目を選択してドラッグ＆ドロップして入れ直せば解決できる。

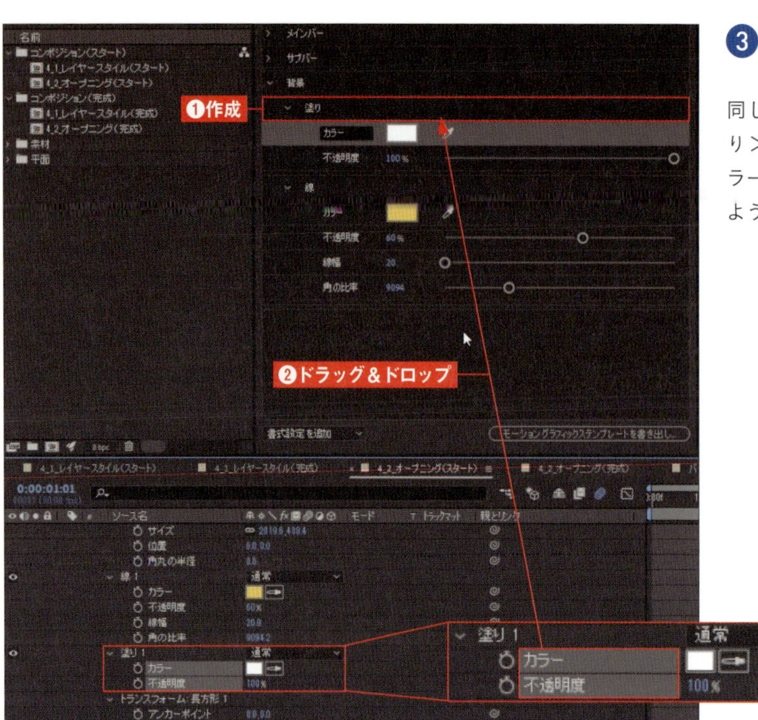

❸ さらに第2階層を作り各項目を追加する

同じように第２階層に今度は＜塗り＞を作り❶、その階層下に＜カラー＞と＜不透明度＞を追加してみよう❷。

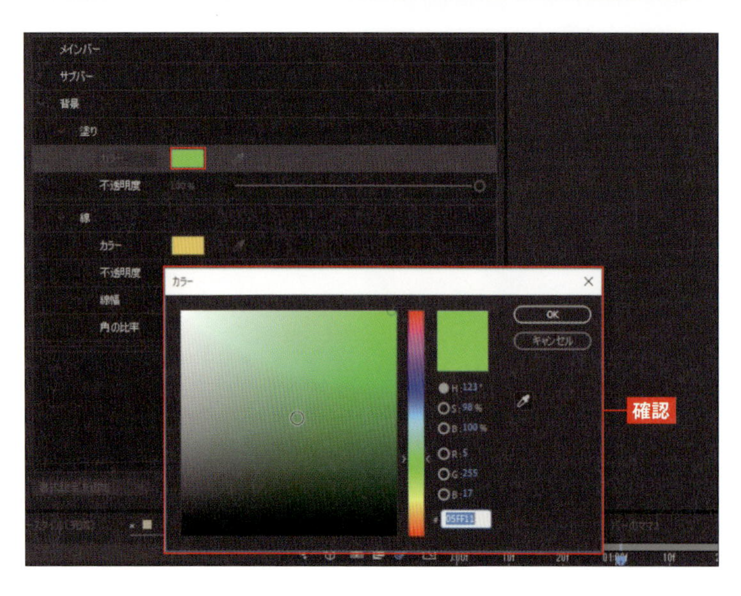

❹ 追加した各プロパティの設定を確認する

背景の設定が終了したら、モーショングラフィックステンプレート内の各プロパティの設定を確認してエッセンシャルグラフィックスが施されたかを確認してみよう。

コメントを追加してテンプレートを書き出す

❶ コメントを追加する

３つのグループの作成が完了したら、＜書式設定を作成＞で＜コメントを追加＞を選択する。

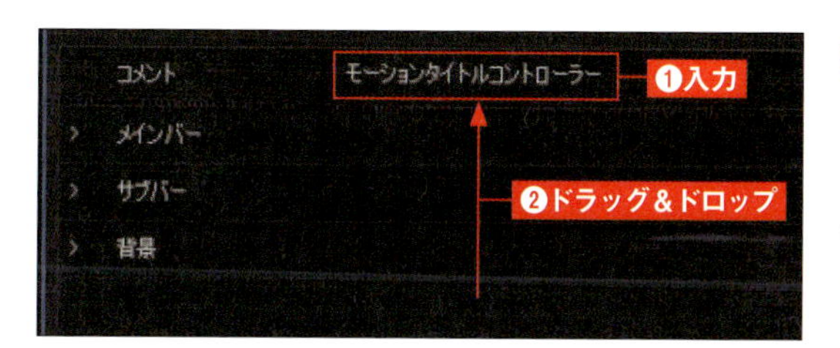

❷ コメントに記載する

コメントの右側をクリックして、「モーションタイトルコントローラー」と名称を入力し❶、一番上に配置してみよう❷。コメントへの記載は、Premiere Pro へ追加したときのコントローラーの説明程度でよいだろう。

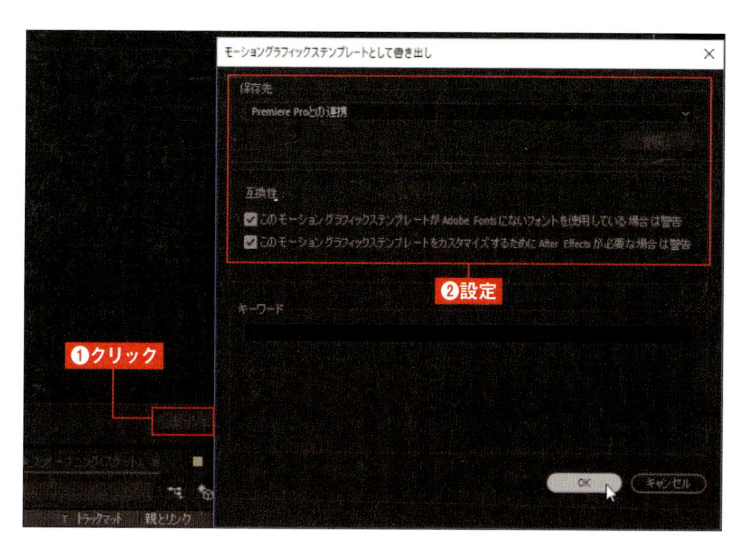

❸ テンプレートを書き出す

すべての設定が完了したら、<モーショングラフィックステンプレートを書き出し>をクリックして❶、図のように設定して保存する❷。具体的には、Adobe ID 内の< Premiere Pro との連携>内に保存先の設定を行い、2 つの項目にはチェックを入れている。

Premiere Proでテンプレートを追加する

❶ V2トラックにテンプレートを配置する

P.616 のタイトルと同様に、今度は Premiere Pro のケーキのシーケンスの V2 トラックに配置してみた❶。<編集>を選択することで❷、After Effects で設定した項目がグループ化されているのが確認できるはずだ❸。

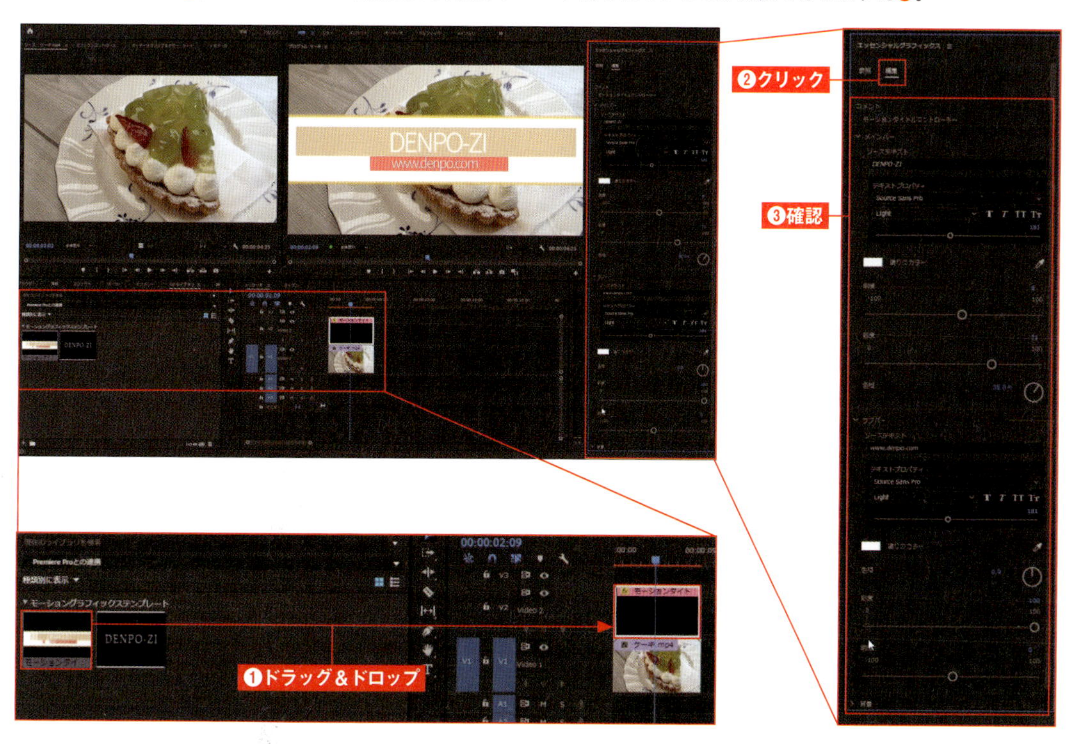

❷ 各プロパティを調整する

文字を含めた各プロパティを調整することで、Premiere Pro内でバラエティー豊かな演出を行うことができる。とくにPremiere Proで編集していく中で手の込んだオープニングシーンなどを作成したい場合には、こうしたモーショングラフィックステンプレートを活用することで劇的に作業速度がアップするだろう。

MEMO

エッシェンシャルグラフィックスパネル以外での調整

エッセンシャルグラフィックスパネルでの操作は、Premiere Pro 上のエフェクトコントロールパネル内でも調整可能だ。After Effects で作成された動きのある素材を用いたモーショングラフィックステンプレートの活用で注意してほしい点は、キーフレームの追加など、Premiere Pro 上では新たに設定を追加することはできない点だ。静的な調整のみが可能と覚えておいてほしい。

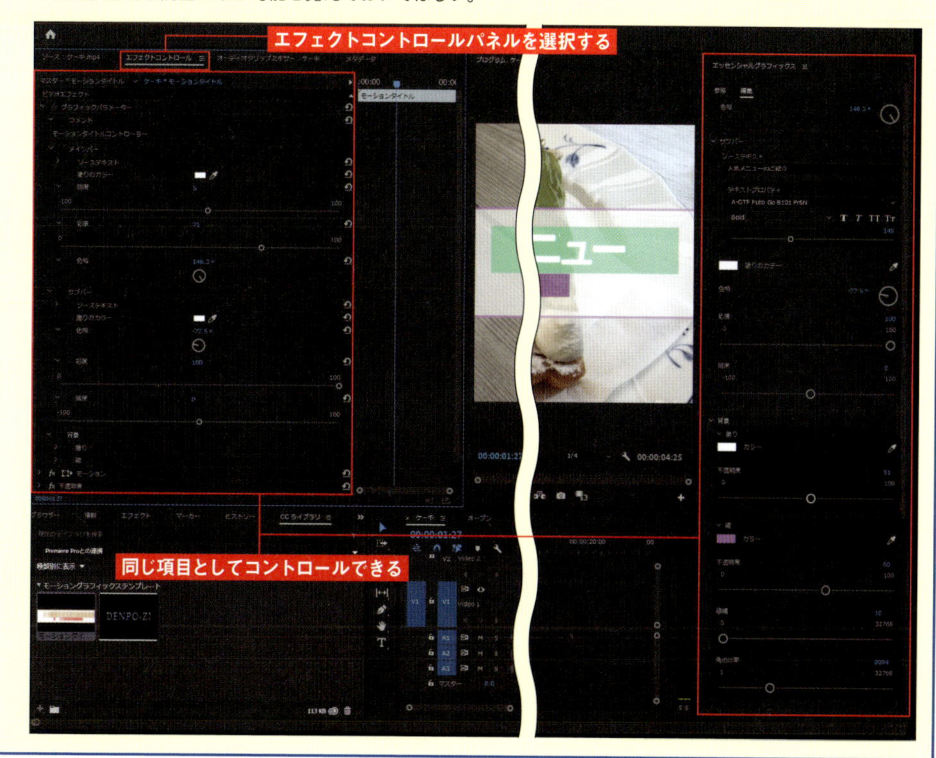

CHECK

テンプレートの場所

読み込まれたモーショングラフィックステンプレートは、プロジェクト内のモーショングラフィックステンプレートメディアのフォルダ内に格納されているので、使い回しやモーショングラフィックステンプレートどうしを重ね合わせることも簡単に行える。

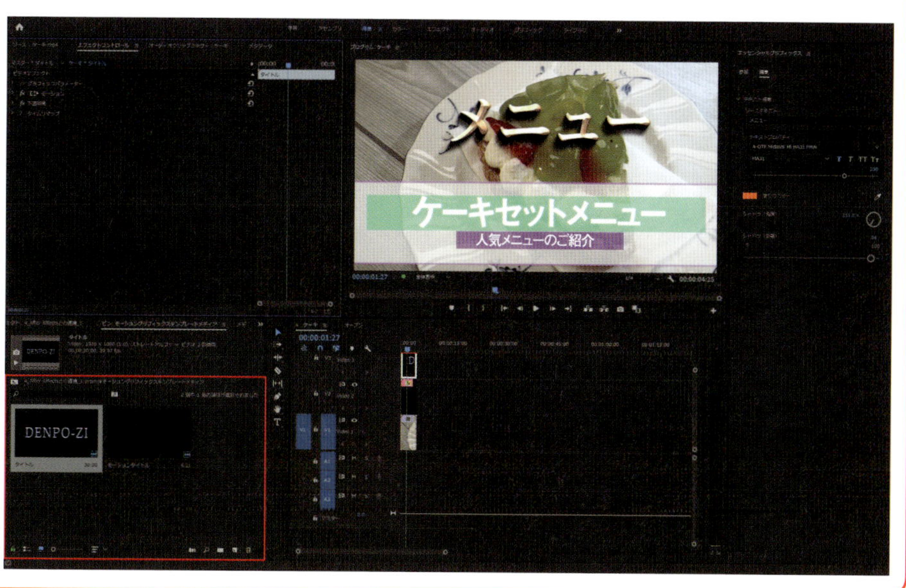

主に使用するショートカットキー

コマンド	Mac	Windows
新規コンポジションの作成	command + N	Ctrl + N
コンポジション設定	command + K	Ctrl + K
ファイルの読み込み	command + I	Ctrl + I
新規平面の作成	command + Y	Ctrl + Y
操作の取り消し	command + Z	Ctrl + Z
操作をやり直す	command + shift + Z	Ctrl + Shift + Z
選択ツール	V	V
手のひらツール	H	H
手のひらツールの一時使用	スペース(を押しながら移動)	スペース(を押しながら移動)
ズームツール(拡大)	Z	Z
ズームツール(縮小)	Z (+ option を押しながらクリック)	Z (+ Alt を押しながらクリック)
回転ツール	W	W
統合カメラツール(3D レイヤーでカメラがアクティブ時のみ有効)	C	C
アンカーポイントツール	Y	Y
マスク&シェイプツール	Q	Q
ペンツール	G	G
文字ツール	command + T	Ctrl + T
ブラシツール、コピースタンプツール、消しゴムツール	command + B で各種切り替え	Ctrl + B で各種切り替え
ロトブラシツール、エッジを調整ツール	option + W	Alt + W
パペット位置ピンツール、パペットスターチツール、パペットベンドピンツール、パペット詳細ピンツール、パペット重なりピンツール	command + P	Ctrl + P
アンカーポイントのみ表示	A	A
スケールのみ表示	S	S
位置のみ表示	P	P
回転のみ表示	R	R
不透明度のみ表示	T	T
キーフレームのみ表示	U	U

コマンド	Mac	Windows
エフェクトのみ表示	E	E
マスクのパスのみ表示	M	M
マスクのプロパティ全表示	M（2回押す）	M（2回押す）
レイヤーの複製	command ＋ D	Ctrl ＋ D
レイヤーのエクスプレッションを表示	E（2回押す）	E（2回押す）
エクスプレッションの適用	shift ＋ option ＋ ^	Shift ＋ Alt ＋ ^
	option ＋ストップウオッチ	Alt ＋ストップウオッチ
オーディオウェーブフォームのみ表示	L（2回押す）	L（2回押す）
時間軸から再生	スペース	スペース
ワークエリアから再生	テンキー 0	テンキー 0
コンポジションの開始点に移動	home	Home
コンポジションの終了点に移動	end	End
コンポジション画面の拡大	拡大：. ／ 100％表示：/	拡大：. ／ 100％表示：/
コンポジション画面の縮小	,	,
1フレーム進む・戻る	command ＋ ← または →	Ctrl ＋ ← または →
10フレーム進む・戻る	command ＋ shift ＋ ← または →	Ctrl ＋ Shift ＋ ← または →
1つ前のキーフレームに移動	J	J
1つ後のキーフレームに移動	K	K
音を再生しながら動画の確認	command ＋時間軸移動	Ctrl ＋時間軸移動
レイヤーのインポイントに移動	I	I
レイヤーのアウトポイントに移動	O	O
レイヤーを時間軸の部分で分割	command ＋ shift ＋ D	Ctrl ＋ Shift ＋ D
ワークエリア開始の設定	B	B
ワークエリア終了の設定	N	N
レイヤーのインポイントを時間軸の位置でトリミング	option ＋ [	Alt ＋ [
レイヤーのアウトポイントを時間軸の位置でトリミング	option ＋]	Alt ＋]
アンカーポイントをレイヤーの中心に配置	option ＋ command ＋ home	Ctrl ＋ Alt ＋ Home
描画モード上への切り替え	shift ＋ ^	Shift ＋ ^
描画モード下への切り替え	shift ＋ －（キーボードの「ほ」部分）	Shift ＋ －（キーボードの「ほ」部分）
選択された複数のプロパティの一括表示	S（2回押す）	S（2回押す）
シークレットモード	shift ＋環境設定	Shift ＋環境設定

本書で解説されているエクスプレッション一覧

概要	記載	例	解説	参照ページ
1 秒間に進む数値	time* 〇〇	time*30	回転のプロパティに適用した場合 1 秒間に 30 度ずつ回転していく	【CHAPTER 1】→ P.064 【CHAPTER 2】→ P.209 【CHAPTER 3】→ P.532
同期されたレイヤーから遅延して同じアクションを起こす	valueAtTime(time - 〇〇)	thisComp.layer(" レイヤー名 1").transform.scale.valueAtTime(time - 4)	同期させたレイヤーを基準に 4 秒間遅延させてアクションを起こす	【CHAPTER 1】→ P.076 【CHAPTER 2】→ P.222
ループアクション	loopOut("cycle", 〇)	loopOut("cycle",0)	2 つ以上マーカーで設定した部分を繰り返しループしていく。この設定では、最初のマーカー位置が 0 から繰り返す	【CHAPTER 2】→ P.205 【CHAPTER 3】→ P.529
ループの往復	loopOut("pingpong", 〇)	loopOut("pingpong",0)	2 つ以上マーカーで設定した部分を往復して繰り返しループしていく。この設定では最初のマーカー位置が 0 から繰り返す	【CHAPTER 2】→ P.211
ウェーブと波線幅でのループ	〇〇 *Math.sin(time* 〇)	100*Math.sin(time*1)	ウェーブの高さを 100 〜 -100 間、波線幅を緩やかな 1 の周期でループさせる	【CHAPTER 2】→ P.215 【CHAPTER 2】→ P.218
ピクピク動く	wiggle(〇 , 〇)	wiggle(30,20)	1 秒間に「頻度 30」と「強さ 20」でピクピク動く	【CHAPTER 2】→ P.225
記載された数字の範囲でランダムに数値を変化させる	random(〇 , 〇)	random(0,15)	回転プロパティなどに適用した場合には、0 〜 15 度までの数値を 1 フレームごとにランダムに表示	【CHAPTER 2】→ P.225
1 秒ごとに繰り返されるアクション	(time& 〇)* 〇 ;	(time&1)*100;	不透明度プロパティに適用した場合には、1 秒ごとに 100 と 0 を繰り返すアクションが起こる。スライダー制御のエフェクトと併用することで幅が広がる	【CHAPTER 2】→ P.238
Math.round で四捨五入と time* で数値を繰り返す	Math.round(time* 〇)	Math.round(time*1)	文字レイヤーのソーステキストに適用することで、数字アニメーションを作成できる。この設定では 1 秒ごとに四捨五入された数値が表示されていく	【CHAPTER 2】→ P.242 【CHAPTER 2】→ P.245

概要	記載	例	解説	参照ページ

エクスプレッションで記載した文字を秒数間で表示させていく	var ○ = [" ○○ "," ○○ ",""];
	var rate = ○ ;
	var i = Math.floor(time / rate) % ○.length;
	○ [i]
		var denpo = [" 最初に書いた ","After Effects 本は ","1999 年 6 月 20 日です。"," かれこれキャリアは長いけど "," いつまでたっても勉強です！ "," それでも AE 楽しいから "," 最後まで "," 勉強続けます "," く（｀・ω・´）"];
		var rate = 1;
		var i = Math.floor(time / rate) % denpo.length;
		denpo[i]
			文字レイヤーにこのエクスプレッションを適用すると、1 秒間隔でエクスプレッション内で記載した文字が表示されていく。	【CHAPTER 2】
				→ P.259

複数枚の画像を並べて配置する時にレイヤーの番号を基準として X（横）Y（縦）の位置を決めてくれる	x = (index -1) * ○○;
	y = ○○ ;
	[x ,y];
		x = (index -1) * 1200;
		y = 540;
		[x ,y];
			コンポジションに配置したレイヤーの位置に適用することで、横（(index -1）が適用されている）に複数枚の画像を 1200px 間隔で配置してくれる	【CHAPTER 2】
				→ P.389

レイヤーごとの複数枚の画像を起点を基準に段落ごとに配置してくれる	初期位置 = [○○ , ○○]; // 初期位置
	横幅 = ○○ ;
	縦幅 = ○○ ;
	numCols = ○ ;
	段 = (index-1)%numCols;
	最下行 = Math.floor((index-1)/numCols);
	初期位置 + [段 * 横幅 , 最下行 * 縦幅]
		初期位置 = [960,640];
		// 初期位置
		横幅 = 1920;
		縦幅 = 1280;
		numCols = 3;
		段 = (index-1)%numCols;
		最下行 = Math.floor((index-1)/numCols);
		初期位置 + [段 * 横幅 , 最下行 * 縦幅]
			このエクスプレッションでは、コンポジション画面左上から配置される基準の位置を 960,640 に、配置される縦横の間隔を 1920×1280 に設定し、3 段でレイヤーを配置していくような構成になっている	【CHAPTER 2】
				→ P.389
				【CHAPTER 3】
				→ P.563

レイヤースタイル一覧

スタイル名	解説	類似エフェクト
ドロップシャドウ DENPO-ZI	レイヤーに対して影を追加することができる。エフェクトのドロップシャドウと違い描画モードのオプションも選択できることで、より細かいシャドウ部分の演出を行うことができる	ドロップシャドウ
シャドウ（内側） DENPO-ZI	ドロップシャドウのレイヤースタイル同様に、シャドウ（内側）は、範囲内に薄い影を作り出すことができる。内側の影を追加することで、シルエットの深さとコントラストが強調される	
光彩（外側） DENPO-ZI	シルエットに光彩を加える。グローとの違いは、描画モードのオプションが追加されていることだ。これによって、背景に合わせて光る部分の演出を行うことができる	グロー
光彩（内側） DENPO-ZI	シルエットの内側に光彩を加える。光彩（外側）同様に、描画モードのオプションが追加されている	
ベベルとエンボス DENPO-ZI DENPO-ZI	シルエットにベベルエンボスを加える。ベベルの適用位置などのスタイルを調整したり（スタイルを使用）、ベベルのシルエットの深さ・滑らかさなども調整したりできる	ベベルアルファ
サテン DENPO-ZI	シルエットの内側を暗くし、金属感のような効果を作り出すことができる。階調の反転なども簡単に行える	タービュレントノイズ フラクタルノイズ

スタイル名	解説	類似エフェクト
カラーオーバーレイ	シルエットの色を別の色へ変換する	塗り
グラデーションオーバーレイ	複数の色を指定して、シルエット間で色を滑らかに切り替える。色を指定するには、＜カラー＞から＜グラデーションを編集する＞を選ぶ必要がある	グラデーション
境界線	シルエットの周りにアウトラインを作成する	ベガス ＜レイヤー＞メニュー→＜作成＞→＜テキストからマスクを作成＞後に、アウトラインにエフェクトの＜線＞を適用

After Effects 全エフェクト解説

本書の中で使用したエフェクトだが、こちらの動画にはAfter Effectsの全動画の使い方が解説されている。本書と併せてさまざまなエフェクトの使い方を理解してもらいたい。

INDEX

記号・数字

A・B

C・D

E・F・G

H・I・K

L・M・N

か行

さ行

た行

な行

は行

ま行

や行

ら行

わ行

■著者略歴

電報児タムラ(でんぽうじ たむら)

株式会社電報児(DENPO-ZI Co., Ltd)代表
東京都両国生粋の江戸っ子4代目。ダンスを極めるためにNYに渡るも、帰国時に動画編集ソフトを持ち帰り、1999年Apple Dream CMコンテスト「Mac World賞」受賞をきっかけに動画制作の道を進み、現在に至る。これまで8冊以上の動画専門書籍を執筆、また各種学校・企業等の動画教材開発や講師としても活躍している。
・株式会社電報児　https://www.denpo.com/
・無料で動画制作を学べる総合サイト　https://www.youtube.com/user/DENPOZI

カバー・本文デザイン
菊池　祐(株式会社ライラック)

DTP
オンサイト

編集　担当
オンサイト　伊東健太郎

Special Thanks
●モデル：青木優里佳／大澤あけみ／市原　樹／岡村ほの香
●ナレーション：日沼香菜美　(こえせん♪)　●サウンド：江部聖也
●撮影：田村公宝／亀井耶馬人　●協力：川本楊振／小川圭一／熊沢クレベル／作山晴紀／オフィス・ルード／ソーレプロモーション

■お問い合わせについて

本書の内容に関するご質問は、小社ウェブサイトのお問い合わせフォームから、もしくは下記の宛先までFAXまたは書面にてお送りください。なお電話によるご質問、および本書に記載されている内容以外の事柄に関するご質問にはお答えできかねます。あらかじめご了承ください。

〒162-0846
新宿区市谷左内町21-13
株式会社技術評論社　書籍編集部
「After Effects パーフェクト教本 現場で役立つ 広告&PRムービー制作大全」質問係
Webお問い合わせURL：https://book.gihyo.jp/116
FAX番号　03-3513-6167

なお、ご質問の際に記載いただいた個人情報は、ご質問の返答以外の目的には使用いたしません。また、ご質問の返答後は速やかに破棄させていただきます。

After Effects パーフェクト教本
現場で役立つ 広告&PRムービー制作大全

2019年5月3日　初版　第1刷発行

著者　電報児タムラ
発行者　片岡　巌
発行所　株式会社技術評論社
東京都新宿区市谷左内町21-13
電話　03-3513-6150　販売促進部
03-3513-6160　書籍編集部
印刷／製本　図書印刷株式会社

造本には細心の注意を払っておりますが、万一、乱丁(ページの乱れ)や落丁(ページの抜け)がございましたら、小社販売促進部までお送りください。送料小社負担にてお取り替えいたします。

ISBN978-4-297-10479-5 C3055
Printed in Japan